E-Book inside.

Mit folgendem persönlichen Code können Sie die E-Book-Ausgabe dieses Buches downloaden:

4tyy6-p56r0-18600-541t7

Registrieren Sie sich unter

www.hanser-fachbuch.de/ebookinside

und nutzen Sie das E-Book auf Ihrem Rechner*, Tablet-PC und E-Book-Reader.

Der Download dieses Buches als E-Book unterliegt gesetzlichen Bestimmungen bzw. steuerrechtlichen Regelungen, die Sie unter **www.hanser-fachbuch.de/ebookinside** nachlesen können.

* Systemvoraussetzungen: Internet-Verbindung und Adobe® Reader®

Kanani

Galvanotechnik

Nasser Kanani

Galvanotechnik

Grundlagen, Verfahren und Praxis
einer Schlüsseltechnologie

3., aktualisierte Auflage

HANSER

Der Autor:
Professor Dr.-Ing. Dr. habil. Nasser Kanani (ehemals TU und TFH Berlin) war zwischen 1993 und 2005 Head of Materials Science Department der Firma Atotech Deutschland GmbH in Berlin.

Bibliografische Information der Deutschen Nationalbibliothek:
Die Deutsche Nationalbibliothek verzeichnet diese Publikation in der Deutschen Nationalbibliografie; detaillierte bibliografische Daten sind im Internet über http://dnb.d-nb.de abrufbar.

www.hanser-fachbuch.de
Lektorat: Julia Stepp
Coverkonzept: Marc Müller-Bremer, www.rebranding.de, München
Titelillustration: © Frank Wohlgemuth, Lilienthal/Hamburg
Coverrealisation: Max Kostopoulos
Satz: Manuela Treindl, Fürth
Druck und Bindung: CPI books GmbH, Leck
Printed in Germany

Print-ISBN: 978-3-446-46256-4
E-Book-ISBN: 978-3-446-46533-6

Vorwort zur ersten Auflage

Das vorliegende Buch stellt eine Einführung in die Grundlagen, Verfahren und Praxis der modernen Galvanotechnik dar. Darin werden folgende Fragenkomplexe in einem logischen Zusammenhang angesprochen, um den Wissenschaftlern und Praktikern, die auf diesem Gebiet tätig sind, die theoretischen Aspekte und die neuesten Entwicklungen effektiver vermitteln zu können:

Erstens: Was ist das Aufgabengebiet der Galvanotechnik? Wie reagiert sie auf die ständig anwachsenden Anforderungen aus der Praxis? Welche Beiträge leistet sie im Hinblick auf die immer knapper werdenden Rohstoff- und Energieressourcen?

Kapitel 1 versucht, diese Fragen zu beantworten, indem es die technologische Rolle der Galvanotechnik umreißt, ihren Stellenwert in der modernen Industriegesellschaft aufzeigt und ihre bisher erreichten ökonomischen und ökologischen Ziele erörtert.

Zweitens: Welche Werkstoffe lassen sich mit Hilfe galvanotechnischer Verfahren beschichten? Wie müssen die aus ihnen hergestellten Teile und Gegenstände konstruiert sein, damit sie nach der Beschichtung die an sie gestellten funktionellen und/oder dekorativen Anforderungen erfüllen können?

Die Beantwortung dieser Fragen ist Gegenstand von Kapitel 2, in dem der Aufbau und die Eigenschaften von Metallen, Legierungen und Kunststoffen diskutiert werden und die Bedeutung und die Notwendigkeit einer „galvanisiergerechten" Konstruktion und Gestaltung der Teile aufgezeigt wird.

Drittens: Welche Abscheidungselektrolyte stehen für die Beschichtung von galvanisiergerecht konstruierten Teilen zur Verfügung und was sind ihre spezifischen Merkmale? Wie lassen sie sich den speziellen Gegebenheiten anpassen? Unter welchen Bedingungen arbeiten sie optimal? Welche Rolle kommt den Elektrolytzusätzen zu?

Diesen Fragen geht Kapitel 3 nach. Darin werden exemplarisch einige in der Praxis erprobte Abscheidungselektrolyte vorgestellt, ihre Einsatzgebiete geschildert und ihre optimalen Arbeitsbedingungen diskutiert.

Viertens: Welche Abscheidungsverfahren können herangezogen werden, um Teile, die oft aus verschiedenen Werkstoffen oder Werkstoffgruppen hergestellt wurden und unterschiedlichste Geometrie und Größe aufweisen, zu beschichten?

Kapitel 4 beschäftigt sich mit dieser Frage und stellt neben den klassischen Verfahren auch die neuesten Entwicklungen auf diesem Gebiet vor, mit deren Hilfe heute Schichten mit völlig neuen Eigenschaftsprofilen abgeschieden werden können.

Fünftens: Welche Vorgänge spielen sich während der ersten Stadien der Abscheidung ab? Inwieweit können sie die Mikrostruktur und damit die Eigenschaften der entstehenden Schicht beeinflussen? Besteht die Möglichkeit, diese Vorgänge gezielt zu steuern?

Dieses Thema wird in Kapitel 5 behandelt, welches die Prozesse der Keimbildung und des Keimwachstums aus atomistischer Sicht beschreibt und ihre Beeinflussung durch verschiedene Faktoren und Abscheidungsbedingungen untersucht.

Sechstens: Besteht die Möglichkeit, die Entstehung der ersten Kristallkeime und Cluster sowie den Prozess des Schichtwachstums direkt während des Abscheidungsvorganges, d. h. in-situ zu beobachten und sie gegebenenfalls zu beeinflussen?

Kapitel 6 widmet sich dieser Frage; es stellt die seit einiger Zeit zur Verfügung stehenden Methoden zur in-situ Beobachtung dieser Prozesse vor und zeigt anhand von Beispielen, wie die Keimbildung und das Keimwachstum durch Zugabe von Additiven beeinflusst werden können.

Siebtens: Welche Mechanismen bewirken die Haftung zwischen der sich bildenden Schicht und dem Substrat? Wie lässt sich die Haftfestigkeit der abgeschiedenen Schicht auf dem Bauteil messen und optimieren?

Dies ist das Thema von Kapitel 7, in dem die Bedeutung der Haftung für die Funktionstüchtigkeit des beschichteten Bauteils hervorgehoben wird und die verschiedenen Methoden zur qualitativen oder quantitativen Bestimmung der Haftfestigkeit vorgestellt werden.

Achtens: Welche Bedeutung kommt der Schichtdicke und ihrer Verteilung auf dem beschichteten Teil zu? Welche sind die wichtigsten Verfahren zur Schichtdickenmessung in der galvanotechnischen Praxis? Besteht die Möglichkeit, die Dickenzunahme der Schicht direkt während des Abscheidungsvorgangs zu messen?

Kapitel 8 geht auf diese Fragen ein und diskutiert neben den weit verbreiteten Verfahren zur Schichtdickenmessung auch die neuen Methoden, mit deren Hilfe eine in-situ Bestimmung der Schichtdicke bei der Leiterplattenherstellung möglich ist.

Neuntens: Welchen Einfluss übt die chemische Zusammensetzung der Schicht auf ihre Eigenschaften aus? Welche Bedeutung hat die Zusammensetzung der Schichtoberfläche für die Funktionsfähigkeit der Schicht? Welche Methoden existieren, um die chemische Zusammensetzung der Schicht, insbesondere in oberflächennahen Bereichen zu bestimmen?

Diese Fragen werden in Kapitel 9 angesprochen. Darin werden die wichtigsten analytischen Methoden beschrieben, ihre Vor- und Nachteile herausgestellt und ihre Bedeutung und Aussagefähigkeit für die galvanotechnische Praxis überprüft.

Die einzelnen Kapitel sind zwar thematisch eng miteinander verbunden und logisch aufeinander aufgebaut, sie sind jedoch so konzipiert, dass sie jeweils eine selbständige und geschlossene Einheit bilden. So kann sich der Leser nur das oder die Kapitel zu Rate ziehen, in dem bzw. in denen die ihn interessierenden Themen behandelt werden. Die zahlreichen schematischen Darstellungen und Abbildungen in den einzelnen Kapiteln sollen dabei das Verständnis von z. T. komplexen Zusammenhängen erleichtern.

Dieses Buch wäre ohne jeden Zweifel nicht zustande gekommen, wenn Frau Dipl.-Ing. A. Espinosa, die ehemalige Chefredakteurin der Fachzeitschrift *Metalloberfläche,* und Herr Prof. Dr. W. Jantsch, der Herausgeber dieser Zeitschrift, den Autor nicht immer wieder dazu ermuntert hätten. Ihnen gilt der ganz besondere Dank des Autors.

Die zahlreichen Zeichnungen und Diagramme dieses Buches wurden mit großer Sorgfalt von Frau B. Huesmann (Atotech Marketing Service) angefertigt, wofür sich der Autor an dieser Stelle herzlich bedanken möchte. Auch den Mitarbeiterinnen und Mitarbeitern von Atotech Materials Science gegenüber fühlt sich der Autor zum aufrichtigen Dank verpflichtet für die Durchführung von Untersuchungen und Analysen, namentlich Frau M. Kußmann, Frau M. Larondelle, Frau L. Liske, Herrn D. Nitsche und Herrn Th. Posthumus.

Der Firma Atotech Deutschland GmbH möchte der Autor seine tiefe Dankbarkeit dafür aussprechen, dass er die Ergebnisse interner Untersuchungen und wissenschaftlicher Berichte für dieses Buch verwenden und die benötigten Arbeitsmittel benutzen durfte.

Abschließend möchte es der Autor freilich auf keinen Fall versäumen, den unten genannten Kollegen (alle Mitarbeiter der Firma Atotech Deutschland GmbH) dafür herzlich zu danken, dass sie sich der Mühe unterzogen haben, die einzelnen Kapitel dieses Buches kritisch durchzulesen: Herrn Dr. K.-H. Pietsch (Kapitel 1, 2, 4, 5, 7, 8 und 9), Herrn Dr. W. Richtering (Kapitel 3) und Herrn Dr. R. Vogel (Kapitel 6). Ihre wertvollen Hinweise und konstruktiven Vorschläge wurden weitestgehend berücksichtigt.

Berlin, März 2000 *N. Kanani*

Vorwort zur dritten Auflage

Es steht wohl außer Frage, dass Werkstoffe im Allgemeinen und metallische Werkstoffe im Besonderen eine herausragende Rolle in unserer technisierten Welt spielen. So unterschiedlich die Werkstoffe auch hinsichtlich ihrer Mikrostruktur und Eigenschaften sein mögen - eines ist ihnen allen gemeinsam: die Oberfläche. Und gerade diese ist ihre *Achillesferse*. Denn, abgesehen davon, dass sich die Werkstoffoberfläche im Hinblick auf ihren atomaren Aufbau und ihre Eigenschaften gänzlich vom Werkstoffinnern unterscheidet, ist sie den Umwelteinflüssen schutzlos ausgesetzt und fungiert somit als Ausgangspunkt vieler Reaktionsprozesse, wie beispielsweise Korrosion und Verschleiß, die ausgehend von der Oberfläche ins Innere des Werkstoffs eindringen, seine Eigenschaften drastisch beeinträchtigen und ihn letztlich unbrauchbar machen. Es ist daher nicht verwunderlich, dass im Lauf der Zeit zahlreiche Verfahren mit dem Ziel entwickelt worden sind, die Werkstoffoberfläche vor schädlichen Umwelteinflüssen zu schützen und so die Lebensdauer des Werkstoffes zu verlängern.

Eines der wichtigsten und effektivsten Verfahren ist die Metallisierung der Werkstoffoberfläche, die u. a. chemisch oder elektrochemisch bewerkstelligt werden kann. Diese Vorgehensweise ist die Domäne der Galvanotechnik, die sich darüber hinaus auch mit der Untersuchung der Eigenschaften von abgeschiedenen Metallschichten beschäftigt und Maßnahmen zu ihrer Optimierung trifft. So bildet sie als Schlüssel- und Querschnittstechnologie die Grundlage der meisten Produktionsprozesse und Dienstleistungsvorgänge und durchdringt alle Bereiche der Gesellschaft und der Wirtschaft.

Der Wunsch des Carl Hanser Verlags, eine 3., aktualisierte und erweiterte Auflage dieses Buches herauszubringen, erfüllte mich daher mit Freude, und ich erklärte mich bereit, die gewünschte Erweiterung in Angriff zu nehmen.

Folgende Aktualisierungen wurden in der dritten Auflage vorgenommen:

Abschnitt 2.3.7.2, „Kupferlegierungen“, wurde ergänzt.

Kapitel 2, „Galvanisierbare Werkstoffe“, wurde um Abschnitt 2.5, „Verbundwerkstoffe“, und Abschnitt 2.6, „Keramische Werkstoffe“, erweitert. Dabei wurde Wert darauf gelegt, die Grundkenntnisse in diesen Fächern nur so weit zu besprechen, wie sie für den Galvanofachmann bzw. die Galvanofachfrau unerlässlich sind.

Abschnitt 3.4.2.6.8, „Einsatzgebiete“, in Abschnitt 3.4.2.6, „Chemische Verkupferung“, wurde um die Darlegung der chemisch-reduktiven Verkupferung der Bohrungen von Leiterplatten und Multilayern (Durchkontaktierung) ergänzt.

Eine der Anforderungen, die an chemisch oder elektrochemisch abgeschiedene Metallschichten gestellt werden, besteht darin, dass sie sich möglichst duktil verhalten. Mit anderen Worten wird von ihnen erwartet, dass sie die etwaigen plastischen Verformungen des Grundstoffes weitestgehend mitverfolgen, ohne dabei zu zerreißen oder abzuplatzen. Die Duktilität metallischer Schichten und ihre Messung mit Hilfe geeigneter Messverfahren wurden daher in der zweiten Auflage hinreichend diskutiert. In der vorliegenden Auflage wird diese Thematik in einem gesonderten Kapitel (Kapitel 16, „Bestimmung der Duktilität metallischer Schichten“) noch ausführlicher behandelt und durch Ergebnisse experimenteller Untersuchungen untermauert. Auch das Stichwortverzeichnis wurde entsprechend erweitert.

Zu den wichtigsten Eigenschaftsprofilen abgeschiedener Metallschichten zählt ihre Korrosionsbeständigkeit, d. h. ihre Fähigkeit, den Grundwerkstoff vor Korrosion zu schützen. Die sachgemäße Beurteilung der Korrosionsbeständigkeit solcher Schutzschichten setzt aber voraus, dass der Galvanofachmann bzw. die Galvanofachfrau die Mechanismen der elektrochemischen Korrosion kennt und mit den Methoden der Korrosionskontrolle und Korrosionsprüfung vertraut ist. Dieser Themenkomplex wird daher in dieser Auflage in einem neuen Kapitel (Kapitel 17, „Korrosionsbeständigkeit metallischer Schichten“) behandelt. Dabei wurde das Augenmerk hauptsächlich auf die Frage gerichtet, ob die aufgebrachte metallische Schutzschicht elektrochemisch edler oder unedler ist als der Grundwerkstoff. Dementsprechend wurden die notwendigen Maßnahmen zum Schutz des Grundwerkstoffs vor Korrosion diskutiert. Auch hier wurde das Stichwortverzeichnis entsprechend erweitert.

Es bleibt nur noch darauf hinzuweisen, dass die einzelnen Kapitel des vorliegenden Buches nach wie vor thematisch eng miteinander verbunden und logisch aufeinander aufgebaut sind. Sie sind jedoch so konzipiert, dass sie jeweils eine selbständige und geschlossene Einheit darstellen.

Berlin, April 2020 *N. Kanani*

Inhaltsverzeichnis

Vorwort zur ersten Auflage V

Vorwort zur dritten Auflage IX

Akronyme XXVII

Formelzeichen, Symbole, Konstanten XXXV

1 Galvanotechnik – eine Schlüsseltechnologie? 1
1.1 Einleitung 1
1.2 Beschichtungstechnologien 2
1.2.1 Aufdampfen 4
1.2.1.1 Chemical Vapor Deposition (CVD) 4
1.2.1.2 Physical Vapor Deposition (PVD) 5
1.2.1.3 Sputtern 6
1.2.2 Auftragen 6
1.2.2.1 Auftragschweißen 6
1.2.2.2 Schmelztauchen 7
1.2.2.3 Walzplattieren 8
1.2.3 Lackieren 8
1.2.3.1 Organische Lacke 9
1.2.3.2 Anorganische Lacke 9
1.2.3.3 Gleitlacke 9
1.2.4 Thermisches Spritzen 9
1.2.4.1 Atmosphärisches Plasmaspritzen (APS) 10
1.2.4.2 Niederdruck-Plasmaspritzen (LPPS) 10
1.2.4.3 Flammspritzen 11
1.3 Galvanisieren 12
1.3.1 Galvanisierungsverfahren 12
1.3.1.1 Stückgalvanisierung 12
1.3.1.2 Massengalvanisierung 13
1.3.1.2.1 Trommelgalvanisierung 14
1.3.1.2.2 Glockengalvanisierung 14
1.3.1.3 Durchlaufgalvanisierung 14
1.3.1.4 Fertigungsintegrierte Galvanisierung 15
1.4 Galvanotechnik und ihre Schlüsselrolle 16
1.4.1 Metallische Schichten 18

1.4.1.1 Chromschichten ... 18
1.4.1.2 Edelmetallschichten ... 19
1.4.1.3 Nickelschichten ... 19
1.4.1.4 Zinkschichten ... 19
1.4.1.5 Schichtkombinationen ... 20
1.4.1.6 Legierungsschichten ... 20
1.4.1.7 Dispersionsschichten ... 21
1.4.1.8 Umwandlungsschichten ... 21
1.4.1.9 Anodisierschichten ... 21
1.4.1.10 Galvanoformung ... 22
1.4.2 Anwendungsgebiete ... 22
1.5 Anforderungen an die Galvanotechnik ... 25
1.5.1 Qualität und Wirtschaftlichkeit ... 25
1.5.2 Ökologie und Umwelt ... 29
Literaturverzeichnis ... 30

2 Galvanisierbare Werkstoffe ... 33
2.1 Einleitung ... 33
2.2 Metalle ... 33
2.2.1 Aufbau (Fernordnung) ... 34
2.2.2 Gitterbaufehler ... 37
2.2.2.1 Nulldimensionale Defekte ... 37
2.2.2.1.1 Leerstellen ... 37
2.2.2.1.2 Zwischengitteratome ... 39
2.2.2.2 Eindimensionale Defekte ... 40
2.2.2.2.1 Schraubenversetzungen ... 40
2.2.2.2.2 Stufenversetzungen ... 42
2.2.2.3 Zweidimensionale Defekte ... 46
2.2.2.3.1 Krongrenzen ... 47
2.2.2.3.2 Zwillingsgrenzen ... 50
2.2.2.4 Dreidimensionale Defekte ... 52
2.2.2.4.1 Blasen ... 52
2.2.2.4.2 Poren ... 52
2.2.2.4.3 Risse ... 52
2.2.2.5 Auswirkungen ... 52
2.2.2.5.1 Theoretische Zugfestigkeit ... 53
2.2.3 Bindungsmechanismus ... 57
2.2.3.1 Elektrische Leitfähigkeit ... 58
2.2.3.2 Thermische Leitfähigkeit ... 60

2.2.4 Gliederung ... 61
2.2.4.1 Nach Schmelzpunkt ... 62
2.2.4.2 Nach Dichte ... 63
2.3 Legierungen ... 63
2.3.1 Mischkristallbildung ... 64
2.3.1.1 Einlagerungsmischkristalle ... 64
2.3.1.2 Austauschmischkristalle ... 66
2.3.2 Eisenlegierungen (Stähle) ... 69
2.3.2.1 Unlegierte Stähle ... 69
2.3.2.2 Niedriglegierte Stähle ... 70
2.3.2.3 Hochlegierte Stähle ... 70
2.3.2.4 Grundstähle ... 71
2.3.2.5 Qualitätsstähle ... 71
2.3.2.6 Edelstähle ... 72
2.3.2.7 Nichtrostende Stähle ... 72
2.3.2.8 Baustähle ... 73
2.3.2.9 Einsatzstähle ... 74
2.3.2.10 Schnellarbeitsstähle ... 74
2.3.3 Legierungselemente ... 75
2.3.4 Eigenschaften ... 77
2.3.5 Aluminiumlegierungen ... 77
2.3.5.1 Aluminium-Gusslegierungen ... 78
2.3.5.2 Aluminium-Knetlegierungen ... 79
2.3.5.3 Aushärtbare Aluminiumlegierungen ... 80
2.3.5.4 Nichtaushärtbare Aluminium-Knetlegierungen ... 80
2.3.6 Eigenschaften ... 81
2.3.7 Zink- und Kupferlegierungen ... 81
2.3.7.1 Zinklegierungen ... 81
2.3.7.2 Kupferlegierungen ... 83
2.3.7.2.1 Kupfer-Knetlegierungen ... 83
2.3.7.2.2 Kupfer-Gusslegierungen ... 85
2.3.7.2.3 Weitere Kupferlegierungen ... 86
2.3.8 Gitterbaufehler und sonstige Materialfehler ... 87
2.4 Kunststoffe ... 88
2.4.1 Aufbau (Nahordnung) ... 89
2.4.2 Amorphe Polymere ... 90
2.4.3 Teilkristalline Polymere ... 92
2.4.4 Elektrisch leitende Polymere ... 96
2.4.4.1 Methoden der Leitfähigkeitserzeugung ... 97

2.4.4.1.1 Füllermethode ... 97
2.4.4.1.2 Dotierung ... 99
2.4.4.2 Thermische und zeitliche Stabilität ... 105
2.4.4.3 Anwendungsmöglichkeiten ... 108
2.4.5 Acrylnitril-Butadien-Styrol (ABS) ... 109
2.5 Verbundwerkstoffe ... 110
2.5.1 Klassifizierung ... 111
2.5.1.1 Teilchenverbundwerkstoffe ... 112
2.5.1.2 Faserverbundwerkstoffe ... 112
2.5.1.3 Schichtverbundwerkstoffe ... 113
2.5.1.4 Durchdringungsverbundwerkstoffe ... 114
2.6 Keramische Werkstoffe ... 114
2.6.1 Herstellung ... 115
2.6.2 Klassifizierung ... 116
2.6.2.1 Oxidkeramiken ... 116
2.6.2.2 Nichtoxidkeramiken ... 117
2.6.3 Eigenschaften ... 117
2.6.4 Anwendungsgebiete ... 119
Literaturverzeichnis ... 119

3 Elektrolyte zur Abscheidung metallischer Schichten ... 123
3.1 Einleitung ... 123
3.2 Ionen im elektrischen Feld ... 124
3.3 Einfache und komplexe Ionen ... 127
3.4 Abscheidungselektrolyte ... 131
3.4.1 Galvanische Elektrolyte ... 131
3.4.1.1 Saure Elektrolyte ... 131
3.4.1.2 Neutrale Elektrolyte ... 133
3.4.1.3 Alkalische Elektrolyte ... 134
3.4.1.3.1 Cyanidhaltige Elektrolyte ... 134
3.4.1.3.2 Cyanidfreie Elektrolyte ... 136
3.4.1.4 Elektrolytzusätze ... 137
3.4.1.4.1 Glanzbildner ... 137
3.4.1.4.2 Einebner ... 141
3.4.1.4.3 Netzmittel/Tenside ... 144
3.4.1.5 Elektrolyteigenschaften ... 146
3.4.1.5.1 Elektrische Leitfähigkeit ... 146
3.4.1.5.2 Deckfähigkeit ... 150
3.4.1.5.3 Makro-Streufähigkeit ... 152

3.4.1.5.4 Mikro-Streufähigkeit ... 156
3.4.2 Außenstromlose Elektrolyte ... 157
3.4.2.1 Bestandteile ... 158
3.4.2.1.1 Metallsalze ... 158
3.4.2.1.2 Reduktionsmittel ... 160
3.4.2.1.3 Komplexbildner ... 162
3.4.2.1.4 Stabilisatoren ... 163
3.4.2.1.5 Beschleuniger ... 164
3.4.2.1.6 pH-Regulatoren ... 164
3.4.2.2 Abscheidungsgeschwindigkeit ... 165
3.4.2.3 Schichtzusammensetzung ... 166
3.4.2.4 Elektrolytüberwachung ... 166
3.4.2.4.1 Temperatur ... 167
3.4.2.4.2 pH-Wert ... 168
3.4.2.5 Chemische Vernicklung ... 169
3.4.2.5.1 Nickelsalz ... 169
3.4.2.5.2 Reduktionsmittel ... 170
3.4.2.5.3 Komplexbildner ... 170
3.4.2.5.4 Stabilisatoren ... 171
3.4.2.5.5 Beschleuniger ... 171
3.4.2.5.6 pH-Regulatoren ... 171
3.4.2.5.7 Netzmittel ... 172
3.4.2.5.8 Prozessablauf ... 172
3.4.2.5.9 Standzeit ... 173
3.4.2.5.10 Einsatzgebiete ... 175
3.4.2.6 Chemische Verkupferung ... 175
3.4.2.6.1 Kupfersalz ... 175
3.4.2.6.2 Komplexbildner ... 175
3.4.2.6.3 Reduktionsmittel ... 177
3.4.2.6.4 Stabilisatoren ... 177
3.4.2.6.5 pH-Regulatoren ... 178
3.4.2.6.6 Kupferbäder ... 178
3.4.2.6.7 Reaktionsablauf ... 179
3.4.2.6.8 Einsatzgebiete ... 180
Literaturverzeichnis ... 183

4 Verfahren zur Abscheidung metallischer Schichten ... 187
4.1 Einleitung ... 187
4.2 Chemische Metallabscheidung ... 187

4.2.1 Reduktionsverfahren ... 188
4.2.1.1 Abscheidung von Metallschichten ... 189
4.2.1.2 Abscheidung von Legierungsschichten ... 190
4.2.1.3 Abscheidung von Dispersionsschichten ... 192
4.2.1.3.1 Hartstoffe ... 194
4.2.3.1.2 Trockenschmierstoffe ... 195
4.2.1.4 Schichtdickenverteilung ... 196
4.3 Elektrochemische Metallabscheidung ... 198
4.3.1 Gleichstromverfahren ... 200
4.3.1.1 Abscheidung von Metallschichten ... 202
4.3.1.2 Abscheidung von Legierungsschichten ... 205
4.3.1.2.1 Abscheidung von Messing ... 210
4.3.1.3 Abscheidung von Dispersionsschichten ... 216
4.3.1.4 Abscheidung von „Sandwich-Schichten“ ... 221
4.3.1.5 Schichtdickenverteilung ... 223
4.3.2 Pulsstromverfahren ... 228
4.3.2.1 Abscheidung von Metallschichten ... 231
4.3.2.2 Abscheidung von Legierungsschichten ... 234
4.3.2.3 Abscheidung von Multilayern ... 236
4.3.2.4 Abscheidung von Dispersionsschichten ... 240
4.3.2.5 Schichtdickenverteilung ... 241
4.3.3 Laserinduzierte Metallabscheidung ... 244
4.3.3.1 Elektrochemische Methode ... 244
4.3.3.2 Chemische Methode ... 250
4.3.3.3 Oberflächenmorphologie ... 250
4.3.3.4 Anwendungsgebiete ... 250
Literaturverzeichnis ... 252

5 Atomistische Deutung der Schichtentstehung ... 257
5.1 Einleitung ... 257
5.2 Wanderung der Metallionen im Elektrolyten ... 257
5.2.1 Transportmechanismen ... 259
5.2.1.1 Konvektion ... 259
5.2.1.2 Diffusion ... 260
5.2.1.3 Migration ... 261
5.3 Hydratationsverhalten von Metallionen ... 262
5.3.1 Entladung von Metallionen ... 265
5.4 Phasengrenze Kathode/Elektrolyt ... 266
5.4.1 NERNSTsche Diffusionsschicht ... 267

5.4.1.1 Gleichstrom-Elektrolyse ... 267
5.4.1.2 Pulsstrom-Elektrolyse ... 270
5.4.2 Elektrolytische Doppelschicht ... 271
5.4.2.1 Gleichstrom-Elektrolyse ... 273
5.4.2.1.1 HELMHOLTZ-PERRIN-Modell ... 273
5.4.2.1.2 GOUY-CHAPMAN-Modell ... 274
5.4.2.1.3 STERN-GRAHAM-Modell ... 276
5.4.2.2 Pulsstrom-Elektrolyse ... 279
5.4.3 Reaktionshemmungen ... 280
5.4.3.1 Überspannungen ... 280
5.4.3.1.1 Konzentrationsüberspannung ... 281
5.4.3.1.2 Reaktionsüberspannung ... 281
5.4.3.1.3 Diffusionsüberspannung ... 282
5.4.3.1.4 Durchtrittsüberspannung ... 282
5.4.3.1.5 Widerstandsüberspannung ... 283
5.4.3.1.6 Kristallisationsüberspannung ... 283
5.5 Elektrokristallisation ... 284
5.5.1 Keimbildung ... 285
5.5.1.1 Homogene Keimbildung ... 285
5.5.1.2 Heterogene Keimbildung ... 287
5.5.2 Keimbildung auf der Kathodenoberfläche ... 290
5.5.2.1 Nulldimensionale Keime ... 292
5.5.2.2 Eindimensionale Keime ... 292
5.5.2.3 Zweidimensionale Keime ... 292
5.5.2.4 Dreidimensionale Keime ... 293
5.5.2.4.1 Kugelförmige Keime ... 295
5.5.2.4.2 Scheibenförmige Keime ... 296
5.5.2.4.3 Ellipsoidförmige Keime ... 297
5.5.3 Keimwachstum ... 297
5.5.3.1 KOSSEL-STRANSKI-Modell ... 298
5.5.3.2 Wachstumstypen ... 299
5.5.3.2.1 Feldorientierter Isolationstyp (FI-Typ) ... 300
5.5.3.2.2 Basisorientierter Reproduktionstyp (BR-Typ) ... 300
5.5.3.2.3 Feldorientierter Texturtyp (FT-Typ) ... 301
5.5.3.2.4 Unorientierter Dispersionstyp (UD-Typ) ... 302
5.5.3.2.5 Zwilligsübergangstyp (Z-Typ) ... 302
5.5.3.3 FRANK-Modell ... 303
5.5.4 Einflussparameter ... 306
5.5.4.1 Substrat ... 306

5.5.4.1.1 Volmer-Weber-Wachstumsmodell ... 307
5.5.4.1.2 Frank-van-der-Merwe-Wachstumsmodell ... 308
5.5.4.1.3 Stranski-Krastanov-Wachstumsmodell ... 308
5.5.4.2 Fremdatome ... 308
5.5.4.3 Stromdichte ... 309
5.6 Whisker ... 311
5.6.1 Whiskerbildung ... 313
5.6.2 Whiskerwachstum ... 314
5.6.2.1 Diffusionsgesteuertes Wachstum ... 314
5.6.2.2 Stressinduziertes Wachstums ... 315
5.6.2.3 Spiralförmiges Wachstum ... 316
5.6.3 Bedeutung ... 317
5.6.3.1 Zinn-Whisker ... 317
Literaturverzeichnis ... 320

6 In-situ Beobachtung der Schichtentstehung ... 323
6.1 Einleitung ... 323
6.2 Rastersondenmikroskopie (SPM) ... 323
6.2.1 Rastertunnelmikroskopie (STM) ... 326
6.2.1.1 Grundlagen, Verfahren ... 327
6.2.1.2 In-situ Rastertunnelmikroskopie ... 336
6.2.1.2.1 Volmer-Weber-Mechanismus ... 338
6.2.1.2.2 Frank-van-der-Merwe-Mechanismus ... 340
6.2.1.2.3 Stranski-Krastanov-Mechanismus ... 341
6.2.1.2.4 Einfluss von Elektrolytzusätzen ... 343
6.2.1.2.5 Oberflächentopographie ... 346
6.2.1.2.6 Wachstumsspiralen ... 350
6.2.2 Rasterkraftmikroskopie (RKM) ... 352
6.2.2.1 Grundlagen, Verfahren ... 352
6.2.2.2 In-situ Rasterkraftmikroskopie ... 358
6.2.2.2.1 Oberflächenvorbehandlung ... 359
6.2.2.2.2 Oberflächenaktivierung ... 362
6.2.2.2.3 Durchkontaktierung von Leiterplatten ... 363
6.2.2.2.4 Oberflächenmorphologie ... 365
Literaturverzeichnis ... 368

7 Bestimmung der Haftfestigkeit metallischer Schichten ... 373
7.1 Einleitung ... 373
7.2 Metall/Metall-Haftung ... 374

7.2.1 Diffusionstheorie ... 374
7.3 Polymer/Metall-Haftung ... 382
7.3.1 „Druckknopf"-Theorie ... 383
7.3.2 Benetzungstheorie ... 386
7.3.3 Elektrostatische Theorie ... 386
7.4 Prüfmethoden ... 388
7.4.1 Qualitative Prüfverfahren ... 389
7.4.1.1 Biege-Test ... 390
7.4.1.2 Dornbiege-Test ... 390
7.4.1.3 Gitterschnitt-Test ... 390
7.4.1.4 Reib-Test ... 391
7.4.1.5 Feil-Test ... 391
7.4.1.6 Hammerschlag-Test ... 392
7.4.1.7 Tiefungs-Test ... 392
7.4.1.8 Elektrolytischer Test ... 393
7.4.1.9 Torsions-Test ... 394
7.4.1.10 Wickel-Test ... 394
7.4.2 Quantitative Prüfverfahren ... 395
7.4.2.1 Abschäl-Test ... 395
7.4.2.2 Kobaltkegel-Test ... 397
7.4.2.3 OLLARD-Test ... 398
7.4.2.4 Abzugversuch ... 399
7.4.2.5 Ritz-Test ... 401
7.4.3 Zerstörungsfreie Prüfverfahren ... 403
7.4.3.1 Thermoschock-Test ... 403
7.4.3.2 Ultraschall-Test ... 405
7.4.3.3 Schallemissions-Test ... 407
7.4.3.4 Ultraschallmikroskopie ... 409
Literaturverzeichnis ... 411

8 Bestimmung der Dicke metallischer Schichten ... 413
8.1 Einleitung ... 413
8.2 Definitionen nach DIN EN ISO 2064 ... 413
8.2.1 Wesentliche Fläche ... 413
8.2.2 Referenzfläche ... 413
8.2.3 Messstelle ... 414
8.2.4 Schichtdicke ... 414
8.2.5 Örtliche Schichtdicke ... 414
8.2.6 Kleinste örtliche Schichtdicke ... 414

8.2.7 Größte örtliche Schichtdicke ... 414
8.2.8 Mindestschichtdicke ... 414
8.2.9 Höchstschichtdicke ... 414
8.3 Theoretische Abschätzung ... 415
8.4 Experimentelle Bestimmung ... 420
8.4.1 Zerstörende Verfahren ... 422
8.4.1.1 Mikroskopische Verfahren ... 422
8.4.1.1.1 Querschliffverfahren ... 427
8.4.1.1.2 Schrägschliffverfahren ... 436
8.4.1.1.3 Einschliffverfahren ... 439
8.4.1.2 Coulometrisches Verfahren ... 443
4.8.1.2.1 STEP-Test ... 448
8.4.2 Zerstörungsfreie Verfahren ... 452
8.4.2.1 Wirbelstromverfahren ... 453
8.4.2.2 Röntgenfluoreszenz-Verfahren ... 460
8.4.2.2.1 Kontinuierliche Messung ... 466
8.4.2.2.2 Standardfreie Messung ... 468
8.4.3 In-situ-Verfahren ... 470
8.4.3.1 Inselmethode ... 470
8.4.3.2 Optipulse-Methode ... 474
8.4.3.2.1 Optimierungsmaßnahmen ... 475
8.4.3.2.2 Wirksame Pulsform ... 476
8.4.3.2.3 Zugabe von Additiven ... 477
8.4.3.2.4 Beeinflussung der Kupferqualität ... 478
8.4.3.2.5 Bestimmung der Schichtdicke ... 480
Literaturverzeichnis ... 481

9 Bestimmung der Zusammensetzung metallischer Schichten ... 483
9.1 Einleitung ... 483
9.1.1 Auflösungsvermögen ... 488
9.1.2 Informationstiefe ... 489
9.1.3 Nachweisgrenze ... 492
9.1.4 Empfindlichkeit ... 492
9.2 Massenspektrometrische Methoden ... 492
9.2.1 Ionenstreuungs-Spektrometrie (ISS) ... 494
9.2.2 Sekundärionen-Massenspektrometrie (SIMS) ... 498
9.2.2.1 Stationäre Sekundärionen-Massenspektrometrie (SSIMS) ... 502
9.2.2.2 Dynamische Sekundärionen-Massenspektrometrie (DSIMS) ... 502
9.2.3 Sekundärneutralteilchen-Massenspektrometrie (SNMS) ... 505

9.2.3.1 Direkte Beschussmethode (DBM) . . . 507
9.2.3.2 Separate Beschussmethode (SBM) . . . 507
9.2.3.3 Externe Beschussmethode (EBM) . . . 507
9.3 Elektronenspektroskopische Methoden . . . 511
9.3.1 AUGER-Elektronenspektroskopie (AES) . . . 513
9.3.1.1 Raster-AUGER-Mikroanalyse (SAM) . . . 519
9.3.2 Elektronenspektroskopie für chemische Analyse (ESCA) . . . 520
9.3.2.1 Ultraviolett-Photoelektronenspektroskopie (UPS) . . . 521
9.3.2.2 RÖNTGEN-Photoelektronenspektroskopie (XPS) . . . 522
9.4 Mikroanalyse . . . 527
9.4.1 Energiedispersive Röntgenanalyse (EDX) . . . 532
9.4.1.1 Qualitative EDX-Analyse . . . 535
9.4.1.1.1 Punktanalyse . . . 537
9.4.1.1.2 Linienanalyse . . . 537
9.4.1.1.3 Elementsverteilungsbild . . . 538
9.4.1.2 Quantitative EDX-Analyse . . . 540
9.4.1.2.1 Ordnungszahl-Korrekturfaktor . . . 541
9.4.1.2.2 Absorptions-Korrekturfaktor . . . 541
9.4.1.2.3 Fluoreszenz-Korrekturfaktor . . . 542
9.4.2 Wellenlängendispersive Röntgenanalyse (WDX) . . . 543
9.4.2.1 BRAGGsches Reflexionsgesetz . . . 544
9.4.2.2 WDX vs. EDX . . . 549
9.5 Glimmentladungsspektroskopie (GDOES) . . . 549
Literaturverzeichnis . . . 557

10 Darstellung der Gitterstruktur metallischer Schichten . . . 563
10.1 Einleitung . . . 563
10.2 Raumgitter . . . 564
10.3 Gittertypen von Metallschichten . . . 565
10.3.1 Kubisches Gitter . . . 565
10.3.1.1 Kubisch-primitiv . . . 566
10.3.1.2 Kubisch-raumzentriert . . . 568
10.3.1.3 Kubisch-flächenzentriert . . . 571
10.3.1.3.1 Diamantgitter . . . 574
10.3.2 Hexagonales Gitter . . . 575
10.3.2.1 Hexagonal-primitiv . . . 575
10.3.2.2 Hexagonal dichtester Packung . . . 576
10.3.3 Tetragonales Gitter . . . 582
10.4 Indizierung von Gitterebenen und Richtungen . . . 584

10.4.1 MILLERsche Indizierung . . . 584
10.4.2 MILLER-BRAVAIS-Indizierung . . . 590
10.5 Gleitsysteme . . . 595
10.5.1 Kubisch-raumzentriertes Gitter . . . 596
10.5.2 Kubisch-flächenzentriertes Gitter . . . 597
10.5.3 Hexagonales Gitter . . . 599
10.6 Gittertypen von Legierungsschichten . . . 602
10.6.1 Austauschmischkristalle . . . 602
10.6.2 Einlagerungsmischkristalle . . . 604
10.6.2.1 Gitterlücken . . . 605
10.6.2.1.1 Tetraederlücken . . . 605
10.6.2.1.2 Oktaederlücken . . . 606
Literaturverzeichnis . . . 608

11 Bestimmung der Eigenspannungen metallischer Schichten . . . 609
11.1 Einleitung . . . 609
11.1.1 Chemische Fehlordnungen . . . 609
11.1.2 Strukturelle Fehlordnungen . . . 610
11.2 Arten von Eigenspannungen . . . 612
11.2.1 Eigenspannungen 1. Art . . . 612
11.2.1.1 Eigendruckspannung . . . 613
11.2.1.2 Eigenzugspannung . . . 613
11.2.2 Eigenspannungen 2. Art . . . 614
11.2.3 Eigenspannungen 3. Art . . . 615
11.3 Epitaxie-Effekte . . . 617
11.4 Messverfahren . . . 618
11.4.1 Zweistreifen-Methode . . . 619
11.4.2 Spiralkontraktometer . . . 621
11.4.3 Disk-Tensometer . . . 624
11.4.4 IS-Meter^{TM} . . . 626
11.4.5 In-situ-Messsystem MSM 200 . . . 628
11.4.6 Röntgenographische Bestimmung . . . 630
11.4.6.1 $\sin^2 \psi$-Verfahren . . . 631
11.5 Reduzierung/Beseitigung . . . 634
11.5.1 Thermische Nachbehandlung . . . 634
11.5.2 Optimierung der Zusammensetzung . . . 635
Literaturverzeichnis . . . 636

12 Bestimmung der mechanischen Eigenschaften metallischer Schichten... 639
12.1 Einleitung 639
12.2 Elastisches Verhalten 639
12.2.1 Normalbeanspruchung 640
12.2.1.1 Spannungs-Dehnungs-Diagramm 641
12.2.2 Scherbeanspruchung 642
12.2.2.1 Zusammenhang zwischen Schub- und Zugspannung 645
12.3 Plastisches Verhalten 646
12.3.1 Mechanismus 648
12.3.2 HALL-PETCH-Beziehung 651
12.4 Mikrohärte 652
12.4.1 Messmethoden 653
12.4.1.1 VICKERS-Verfahren 653
12.4.1.2 KNOOP-Verfahren 656
12.4.1.3 Instrumentierte Eindringprüfung 658
12.4.1.3.1 MARTENS-Härte 662
12.4.1.3.2 Eindringhärte 664
12.4.1.3.3 Eindringmodul 664
12.4.1.3.4 Verformungsarbeit 665
Literaturverzeichnis 666

13 Untersuchung des Verschleißverhaltens metallischer Schichten 667
13.1 Einleitung 667
13.2 Reibung 667
13.2.1 Reibungszahl 669
13.2.2 Reibungszustände 671
13.2.2.1 Festkörperreibung 671
13.2.2.2 Flüssigkeitsreibung 671
13.2.2.3 Grenzreibung 671
13.2.2.4 Mischreibung 671
13.2.2.5 Gasreibung 672
13.2.2.6 STRIBECK-Kurve 672
13.2.3 Maßnahmen zur Reibungsverminderung 674
13.3 Verschleiß 675
13.3.1 Verschleißbetrag 676
13.3.1.1 Verschleiß-Messgrößen 676
13.3.2 Verschleißmechanismen 677
13.3.2.1 Adhäsion 678
13.3.2.2 Abrasion 680

13.3.2.3 Tribooxidation ... 682
13.3.2.4 Oberflächenzerrüttung ... 683
13.3.3 Verschleißprüfung ... 684
13.3.3.1 Modellversuche ... 685
13.3.3.1.1 Falex-Tester ... 685
13.3.3.1.2 TABER-Abraser ... 686
13.3.3.1.3 Gekreuzte Zylinder ... 687
13.3.3.1.4 Stift-Scheibe-Tribometer ... 688
13.3.3.1.5 TOG-Prüfstand ... 690
Literaturverzeichnis ... 692

14 Bestimmung der physikalischen Eigenschaften metallischer Schichten ... 693
14.1 Einleitung ... 693
14.2 Schmelzpunkt ... 693
14.3 Dichte ... 694
14.3.1 Bestimmung durch Wägung ... 695
14.3.2 Bestimmung mit Pyknometer ... 695
14.3.3 Bestimmung mit hydrostatischer Waage ... 696
14.4 Reflexionsvermögen ... 698
14.5 Elektrische Eigenschaften ... 703
14.5.1 Spezifischer elektrischer Widerstand ... 703
14.5.2 Spezifische elektrische Leitfähigkeit ... 705
14.5.3 Kontaktwiderstand ... 706
14.6 Thermische Leitfähigkeit ... 706
14.6.1 Thermischer Ausdehnungskoeffizient ... 708
14.7 Magnetische Eigenschaften ... 709
14.7.1 Magnetisierung ... 710
14.7.2 CURIE-Temperatur ... 712
14.8 Benetzbarkeit ... 713
14.8.1 Oberflächenenergie ... 714
14.8.1.1 YOUNGsche Gleichung ... 715
14.8.1.1.1 Bestimmung des Benetzungswinkels ... 718
14.8.2 Lötbarkeit ... 719
14.8.2.1 Prüfmethoden ... 721
14.8.2.1.1 Benetzungswaage ... 722
14.8.3 Schweißbarkeit ... 724
14.8.4 Bondbarkeit ... 726
Literaturverzeichnis ... 729

15 Einfluss metallischer Schichten auf Bauteileigenschaften 731
15.1 Einleitung 731
15.2 Wasserstoffversprödung 732
15.2.1 Mechanismus 735
15.3 Dauerwechselfestigkeit 740
15.3.1 WÖHLER-Kurve 742
15.4 Porigkeit 744
15.4.1 Nachweismethoden 747
15.4.1.1 Ferroxyl-Test 747
15.4.1.2 Salzsprühtest 747
15.4.1.3 KESTERNICH-Test 749
15.4.1.4 Acrylamid-Gel-Test 750
Literaturverzeichnis 752

16 Bestimmung der Duktilität metallischer Schichten 753
16.1 Einleitung 753
16.2 Messverfahren 754
16.2.1 Duktilitätsmessung am Substrat-Schicht-Verbund 756
16.2.1.1 Der einfache Biegetest 757
16.2.1.2 Der Biegeversuch 758
16.2.1.3 Der zylindrische Dornbiegeversuch 759
16.2.1.4 Der konische Dornbiegeversuch 760
16.2.1.5 Der Spiralbiegeversuch 760
16.2.1.6 Der Drei-/Vier-Punkt-Biegeversuch 761
16.2.1.7 Der mechanische Wölbungsversuch 762
16.2.2 Duktilitätsmessung an Schichtfolien 765
16.2.2.1 Herstellung von Schichtfolien 765
16.2.2.2 Der Zugversuch 766
16.2.2.3 Der Tiefungsversuch 768
16.2.2.4 Der hydraulische Wölbungsversuch 768
16.2.2.5 Hydraulischer Wölbungsversuch vs. Zugversuch 774
Literaturverzeichnis 776

17 Korrosionsbeständigkeit metallischer Schichten 777
17.1 Einleitung 777
17.2 Die Triebkraft der Korrosion 778
17.3 Korrosionsmechanismen 778
17.3.1 Chemische Korrosion 778
17.3.2 Elektrochemische Korrosion 780

17.3.2.1 Galvanische Elemente ... 780
17.3.2.2 Korrosionselemente ... 786
17.4 Korrosionsschutz ... 787
17.4.1 Metallische Überzüge ... 789
17.4.1.1 Korrosionsverhalten ... 791
17.5 Korrosionsprüfungen ... 793
Literaturverzeichnis ... 794

Stichwortverzeichnis ... 795

Akronyme

A

ABS	Acrylnitril-Butadien-Styrol
ABS	Antiblockiersystem, Antilock Braking System
ADP	Ammonium Dihydrogenphosphat
AE	Arbeitselektrode
AE	AUGER-Elektron, AUGER electron
AEMA	Auger Electron Microanalysis
AES	Auger Electron Spectroscopy
AFM	Atomic Force Microscopy
AISI	American Iron and Steel Institute
AMK	Austauschmischkristall
APS	Atmosphärisches Plasmaspritzen
ARXPS	Angle-Resolved X-Ray Photoelectron Spectroscopy
ASLEEP	Automated Scanning Low Energy Electron Probe
ASTM	American Society for Testing and Materials

B

BE	Bezugselektrode
BR	Basisorientierter Reproduktionstyp

C

CFC	Kohlenstofffaserverstärkter Kohlenstoff
CGS	Centimeter, Gramm, Sekunde (Einheitssystem)
CMA	Cylindrical Mirror Analyzer
CMM	Compositionally Modulated Multilayer
CNF	Kohlenstoff-Nanofaser
cps	counts per second
CSB	Chemischer Sauerstoffbedarf
CVD	Chemical Vapor Deposition

D

DBM	Direct Bombardment Mode, Direkte Beschussmethode
DBT	Dual Bath Technique
DC	Direct Current (Gleichstrom)
DGS	Diffusionsgrenzstromdichte
DIMA	Direct Imaging Mass Analysis
DIN	Deutsches Institut für Normung

DIS	Deutsche Institution für Schiedsgerichtsbarkeit
DPP	Dual Plating Process
DSIMS	Dynamic Secondary Ion Mass Spectroscopy

E

EA	Energieanalysator
EBM	External Bombardment Mode, Externe Beschussmethode
ECSTM	Electrochemical Scanning Tunneling Microscopy
EDDT	Ethylendiamin-d-tartrat
EDS	Elektrolytische Doppelschicht
EDTA	Ethylendiamintetraacetat
EDV	Elektronische Datenverarbeitung
EDX	Energy Dispersive X-Ray Analysis, Energiedispersive Röntgenanalyse
EDXRF	Energy Dispersive X-Ray Fluorescence
EELS	Electron Energy Loss Spectroscopy
EG	Europäische Gemeinschaft
EID	Electron-Induced Desorption
EIS	Electron Impact Spectroscopy
EM	Elektromigration
EMB	Elektromagnetische Beeinflussung
EMI	Electromagnetic Interference
EMK	Einlagerungsmischkristall
EMPA	Electron Microprobe Analysis
EN	Elektronegativität
EN	Europäische Norm
EP	Epoxid
ESCA	Elektronenspektroskopie für chemische Analyse, Electron Spectroscopy for Chemical Analysis
ESDN	Electron-Stimulated Ion Desorption
ESP	Electronic Stability Program, Elektronisches Stabilitätsprogramm
ESS	Essigsaurer Salzsprühtest
EU	Europäische Union
EWG	Europäische Wirtschaftsgemeinschaft
EZ	Elementarzelle, Einheitszelle

F

FCC	Federal Communication Commission's Electronic Comment Filing System (ECFS)
FDMS	Field Desorption Mass Spectroscopy

FEES	Field Electron Energy Spectroscopy
FE-REM	Feldemission-Rasterelektronenmikroskop
FI	Feldorientierter Isolationstyp
FIM	Feld-Ionenmikroskop
FIMS	Field Ion Mass Spectroscopy
FT	Feldorientierter Texturtyp

G

GD	Druckguss
GDMS	Glow Discharge Mass Spectroscopy
GDOES	Glow Discharge Optical Emission Spectroscopy
GE	Gegenelektrode
GE	Gitterebene
GE	Gleitebene
GE	Grundeinebner
GR	Gleitrichtung
GUP	Glasfaser-Polyester-Kunststoffe

H

hdP	hexagonal dichtester Packung
HF	Hochfrequenz
HM	Hochauflösungsmikroskop
HRC	ROCKWELL-Härte mit kegelförmigem Prüfkörper (C: cone, Kegel)
HS	HELMHOLTZ Schicht

I

IC	Integrated Circuit, integrierter Schaltkreis
IEC	International Electrotechnical Commission
IEX	Ion-Excited X-Rays
IIXS	Ion-Induced X-Ray Spectroscopy
ILS	Ion Loss Spectroscopy
IMMA	Ion Microprobe Mass Analysis
INMS	Ionized Neutral Mass Spectroscopy
INS	Ion Neutralization Spectroscopy
IS	Innere Spannungen
ISO	International Organization for Standardization
ISS	Ion Scattering Spectroscopy, Ionenstreuungs-Spektrometrie
IST	Interconnect Stress Test
ITT	Instrumented Indentation Test, instrumentierte Eindringprüfung

K

KAP Kalzium-Phthalsäure
kdP kubisch-dichteste Packung
Kfz Kraftfahrzeug
kfz kubisch-flächenzentriert
kp kubisch-primitiv
krz kubisch-raumzentriert
KW Kohlenwasserstoff
KZ Koordinationszahl

L

LCD Liquid Crystal Display
LDMS Laser Desorption Mass Analysis
LEEIXS Low Energy Electron-Induced X-Ray Spectroscopy
LEELS Low Energy Electron Loss Spectroscopy
LEIS Low Energy Ion Scattering
LEMBS Low Energy Molecular Beam Scattering
LM Lichtmikroskop(ie)
LMMA Laser Microprobe Mass Analysis
LMP Laser Microprobe
LOES Laser Optical Emission Spectroscopy
LPPS Niederdruck-Plasmaspritzen
LPPS Low Pressure Plasma Spray
LU Licht-Unterbrecher

M

MA Massenanalysator
MBSS Molecular Beam Surface Scattering
MFM Magnetic Force Microscopy
MK Mischkristall
MTO Metal Turn Over

N

NDS NERNSTsche Diffusionsschicht
NE Netzebene
NE Nichteisenmetalle
NIRMS Noble Gas Ion Reflection Mass Spectroscopy
NIRS Neutral Impact Radiation Spectroscopy
NP Neutralteilchen

NSOM	Near-Field Scanning Optical Microscopy
NSS	Neutraler Salzsprühtest
NTA	Nitrilotriacetic acid, Nitrilotriacetat

O

ÖNORM	Österreichisches Normungsinstitut
OPD	Over Potential Deposition

P

PA	Polyamid
PAC	Polyacetylen
PANI	Polyanilin
PC	Personal Computer
PC	Polycarbonat
PDMS	Plasma Desorption Mass Spectroscopy
PE	Primärelektron
PE-HD	Polyethylen (High Density)
PEI	Polyetherimid
PET	Pentaerythritol
PHCS	Polyhydroxycarbonsäure
PI	Polyimid
PI	Primärion
PMMA	Polymethylmethacrylat
PP	Polypropylen
ppb	parts per billion
ppm	parts per million
PPO	Polyphenylenoxid
PPP	Polyparaphenylen
PPy	Polypyrrol
PS	Polystyrol
PSU	Polysulfon
PT	Polythiophen
PTFE	Polytetrafluorethylen
PVC	Polyvinilchlorid
PVD	Physical Vapor Deposition

Q

QMS	Quadropole Mass Spectroscopy
QSB	Quadrant Backscattered (Detector)

R

RAL	Reichs-Ausschuss für Lieferbedingungen
RE	Raumerfüllung
RE	Referenzelektrode
REK	Röntgenographische Elastizitätskonstanten
REM	Rasterelektronenmikroskop(ie)
RI	Rückgestreutes Primärion
RIBS	Rutherford Ion Backscattering
RKM	Rasterkraftmikroskop(ie)
RoHS	Restriction of the use of certain Hazardous Substances
RT	Raumtemperatur

S

SAES	Scanning Auger Electron Spectroscopy
SAM	Scanning Auger Microprobe
SBM	Separate Bombardment Mode, Separate Beschussmethode
SBT	Single Bath Technique
SDLTS	Scanning Deep Level Transient Spectroscopy
SE	Sekundärelektron
SECM	Scanning Electrochemical Microscopy
SFM	Scanning Force Microscopy
SI	Système International d'Unités (Internationales Einheitensystem)
SICM	Scanning Ion Conductance Microscopy
SIIMS	Secondary Ion Imaging Mass Spectroscopy
SIMA	Secondary Ion Microanalysis
SIMS	Secondary Ion Mass Spectroscopy, Sekundärionen-Massenspektrometrie
SIPS	Sputter-Induced Photoelectron Spectroscopy
SNMS	Secondary Neutral Mass Spectroscopy, Sekundärneutralteilchen-Massenspektrometrie
SPIXE	Scanning Photon-Induced X-Ray Emission
SPM	Scanning Probe Microscopy, Rastersondenmikroskop(ie)
SPP	Single Plating Process
SSIMS	Static Secondary Ion Mass Spectroscopy
SSXPS	Small Spot X-Ray Photoelectron Spectroscopy
STEM	Raster-Transmissionselektronenmikroskop
STEP	Simultaneous Thickness and Electrochemical Potential (Test)
STM	Scanning Tunneling Microscopy, Rastertunnelmikroskop(ie)

T

TEA Triethanolamin
TELESCA Transmission Electron Loss Spectroscopy for Chemical Analysis
TIPA Triisopropylamin
TKA Tropfenkonturanalysesystem
TOG Toleranzobergrenze
TOG Translatorische, oszillierende Gegenbewegung
TUG Toleranzuntergrenze

U

UD unorientierter Dispersionstyp
UHV Ultrahochvakuum
UMPA Universal Microprobe Mass Analyzer
UPD Under Potential Deposition
UPS Ultraviolett-Photoelektronenspektroskopie
UPS Ultra Photoelectron Spectroscopy
UV Ultraviolett
UV-VIS Ultraviolet-visible (Sspectroscopy)

V

VL Versetzungslinie

W

WDX Wavelength Dispersive X-Ray Analysis, Wellenlängendispersive Röntgenanalyse
WWV Wechselwirkungsvolumen

X

XAES X-Ray-Induced Auger Electron Spectroscopy
XPS RÖNTGEN-Photoelektronenspektroskopie
XPS X-Ray Photoelectron Spectroscopy
XRF X-Ray Fluorescence
XUPS Extremely Ultraviolet Photoelectron Spectroscopy

Z

Z Zwilligsübergangstyp
ZAF Ordnungszahl (Z), Absorption (A), Fluoreszenz (F)
ZGA Zwischengitteratom

Formelzeichen, Symbole, Konstanten

A	Ablösefläche, Bruchdehnung, Fläche, Konstante, mittlere relative Atommasse, numerische Apertur ($n_B \cdot \sin \omega$)
a	Aktivität,Gitterkonstante, Halbachse des Ellipsoids
B	magnetische Flussdichte, magnetische Induktion in $V \cdot s/m^2$
b	Gitterkonstante, Halbachse des Ellipsoids
c	Gitterkonstante, Halbachse des Ellipsoids, Konzentration, Lichtgeschwindigkeit, Vertikalachse im hexagonalen bzw. tetragonalen Gitter
D	Detektoreffizienz, Diffusionskoeffizient in cm^2/s, Dicke, Duktilität
d	Absorptionslänge, Netzebenenabstand, Schichtdicke, Netzebenenabstand
E	Einebnung, Elastizitätsmodul in N/mm^2 (YOUNG-Modul), elektrisches Feld, Energie, Redox-Potential
e	Elementarladung ($1{,}602 \cdot 10^{-19}$ C)
F	COULOMBsche Kraft, FARADAYsche Konstante (96490 C/mol), Kraft
f	Brennweite der Linse, Frequenz, Korrekturfaktor
G	freie Enthalpie, Geometriekonstante, Gewicht, Schubmodul in N/mm^2
g	Erdbeschleunigung ($9{,}81\ m/s^2$), Formfaktor
H	Aufwölbung, magnetische Feldstärke (B/H) in A/m, Höhe
h	Höhe, MILLERscher Index, PLANCKsches Wirkungsquantums ($6.626 \cdot 10^{-34}$ J·s)
I	Ablösestrom, elektrischer Strom
i	elektrische Stromdichte, Ionensorte, MILLER-BRAVAIS-Index
K	Koeffizient [$mol^2 \cdot s/g \cdot cm^3$], Komponente, Kraft
k	BOLTZMANNsche Konstante ($1{,}38 \times 10^{-23}$ J/K), Konstante, MILLERscher Index, Verschleißkoeffizient
L	Abstandsverhältnis, LORENZ-Zahl ($2{,}1 \ldots 2{,}9 \cdot 10^{-8}\ W \cdot \Omega/K^2$)
l	MILLERscher Index, Länge
M	Atommasse, Magnetisierung, Massenzunahme, molare Oberfläche
m	Ladungszahl, Masse
N	Anzahl der Gitterplätze, Anzahl der Komponenten, Lastspielzahl, Reflexionsordnung
O	Oberfläche
n	Anzahl der Kristallkeim,, Gleitebenen, Gleitrichtungen, Gleitsysteme, Brechungsindex, Ladungszahl MEYER-Exponent, Stoffmenge
P	Partialdruck
p	Druck
Q	Ladungsmenge (Elektrizitätsmenge) in C (1 C = 1 A·s), Wärmemenge in Joule
q	Ladungsmenge (Elektrizitätsmenge)

R	Eindringtiefe, elektrischer Widerstand in Ω, Radius, Radius des ROWLAND-Kreises, reflektierter Lichtstrahlung, universelle Gaskonstante (8,135 J/mol·K)
r	Abstand, Atomradius, Keimradius, kovalenter Radius in pm, Krümmungsradius
S	Makro-Streufähigkeit, Siemens (1/Ω), Stirnfläche
s	Dicke, VOIGTsche Elastizitätskonstante, Verschleißweg
T	absolute Temperatur in K, Transmissionseffizienz,
t	Abscheidungsdauer, Elektrolysedauer (Expositionszeit), MILLER-BRAVAIS- Index, Zeit
U	Beschleunigungsspannung, elektrische Spannung
u	MILLERscher Index
V	Molvolumen, Volumen, Verschleißvolumen
v	MILLERscher Index
W	Verschleißbetrag, Wahrscheinlichkeit des Einbaus eines Partikels in der Schicht
w	Einwaage, MILLERscher Index, Verschleißweg
x	Diffusionsweg
X	Kennzeichnung von hochlegierten Stählen
x	Abstand
Z	Brucheinschnürung, Ordnungszahl, Wertigkeit
z	Anzahl der Atome pro Elementarzelle

a_A	Isotopenhäufigkeit
$\ddot{A}_e$	elektrochemisches Äquivalent in g/Ah
A_g	Gleichmaßdehnung
a_{H^+}	Aktivität der wirksamen Wasserstoffionen
a_K	charakteristische Konstante
A_M	Atommasse des Matrixmetalls
$a_{Me^{z+}}$	Aktivität (wirksame Konzentration) der Metallionen
b_s	Breite
c_{ad}°	Konzentration der Adatome im Gleichgewichtszustand
c_A	atomare Konzentration von A als Funktion der Tiefe Y
c_{ad}	Konzentration der Adatome an einer Wachstumsstelle
c_{Ae}	Konzentration einer Äquivalentmenge
c_B	Konzentration des Beschleunigers
c_{H^+}	Konzentration der Wasserstoffionen
c_i	Konzentration der Metallionen der Spezies i
c_K	Konzentration der Metallionen an der Kathode
c_K	Konzentration des Komplexbildners
c_L	Konzentration der Metallionen im Inneren des Elektrolyten

$c_{\mathrm{Me}^{z+}}$	Konzentration der Metallionen in Elektrolyten
c_{Mol}	molare Konzentration
c_{O}	Konzentration des oxidierten Reduktionsmittels
c_{P}	Partikel-Konzentration im Elektrolyten
c_{R}	Konzentration des Reduktionsmittels, Konzentration der elektroaktiv auf der Partikeloberfläche adsorbierten Spezies, Konzentration des Stabilisators
c_{v}	Volumenanteil der Partikel in der Suspension
d'	scheinbare Schichtdicke
D_{A}°	Diffusionskonstante von A
D_{B}°	Diffusionskonstante von B
D_{A}	Diffusionskoeffizienten [cm^2/s] von A
D_{B}	Diffusionskoeffizienten [cm^2/s] von B
D_{K}	Kalottendurchmesser
D_{min}	theoretisch erreichbarer Spotdurchmesser
D_0	Anfangsdurchmesser
D_{s}	Oberflächendiffusionskoeffizient
d_{t}	Schichtdicke in der Kerbtiefe
d_{T}	Tunnelstrecke (STM)
D_{X}	Empfindlichkeitsfaktor ($= \alpha_{\mathrm{X}} \cdot \eta_{\mathrm{SNMS}}$)
e^-	Elektron
$E_{\perp}$	Versetzungsenergie einer Stufenversetzung
E_{O}	Verzerrungsenergie einer Schraubenversetzung
E_{F}	FERMI-Energie
E_{II}	Eindringmodul
E_{kin}	kinetische Energie
E_{L}	Energie zur Erzeugung einer Leerstelle
E_0	Energie der einfallenden Primärionen
$E_{\mathrm{F}}^{\mathrm{P}}$	FERMI-Energie der Probe
$E_{\mathrm{F}}^{\mathrm{S}}$	FERMI-Energie der Spitze
eV	Elektronenvolt ($1.602 \cdot 10^{-19}$ Joule)
E_{vak}	Vakuum-Energieniveau
E_{Z}	Energie zur Erzeugung eines Zwischengitteratoms
F_{A}	Absorptions-Korrekturfaktor
F_{E}	elektroforetische Kraft
F_{F}	Fluoreszenz-Korrekturfaktor
F_{K}	Oberfläche eines kugelförmigen Keimes
F_{max}	Maximalkraft
F_{N}	Normalkraft
F_{R}	Reibungskraft

F_R	Reibungskraft
F_t	Tangentialkraft (Querkraft)
F_Z	Ordnungszahl-Korrekturfaktor
H_c	Koerzitivfeldstärke
h_c	Kontakttiefe
H_{IT}	Eindringhärte
i°	Austauschstromdichte
i_a	anodische Stromdichte
I_a	anodischer Strom
I_A	Intensität des Photoelektrons
i_A	Stromdichte an dem Kathodenpunkt A
i_B	Stromdichte an dem Kathodenpunkt B
i_{DC}	Gleichstromstromdichte
i_{DGS}	Diffusionsgrenzstromdichte
I_k	kathodischer Strom
i_K	elektrische Stromdichte an der Kathode (HULL-Zelle), kathodische Stromdichte
i_m	mittlere Stromdichte
I_0	Intensität der Röntgenstrahlung
I_P	Intensität der Primärionen
i_P	Einbaurate der Partikel in der Schicht
I_T	Tunnelstrom (STM)
i_{tr}	Stromdichte beim Übergang Durchtritts-/Konzentrationsüberspannung
I_X	Intensität des Neutralteilchens X
$I_x^{Schicht}$	Röntgenintensität des Elementes x in der Schicht
$I_A^{\pm}$	Intensität der Sekundärionen des Elementes A
J_i	Teilchenstromdichte $[mol/m^2 \cdot s]$
J_p	Photonenfluss
$(J_i)_D$	Teilchenstromdichte infolge der Diffusion
k^0	elektrochemische Reaktionskonstante
L_0	Anfangslänge
L_c	kritische Last
L^{n-}	Liganden eines Komplexes
m_0	Ruhemasse
m_E	effektive Masse des Elektrons
Me	Metall
Me^{z+}	Kation
m_g	Masse
m_{MTO}	Masse für 1 MTO
M_r	Remanenz

M_S	Sättigungsmagnetisierung
N^*	Zahl der Zusammenstöße der Partikel untereinander
N'	Anzahl der Zwischengitterplätze
n_A	Anzahl der Mole der Atomarten A
N_A	AVOGADRO-Zahl ($6{,}022 \cdot 10^{23}$ mol^{-1})
n_B	Anzahl der Mole der Atomarten B, optischer Brechungsindex (Brechzahl), Anzahl der Mole der Kationen, die pro Sekunde und cm^2 zur Kathode diffundieren
N_{Ion}	Anzahl der Ionen, die die Diffusionsschicht durchqueren
N^*_{Ion}	Anzahl der Ionen im Elektrolyten
N_K	Anzahl der sich pro Zeiteinheit bildenden Kristallkeime
n_L	Anzahl der Leerstellen
N_L	LOSCHMIDTsche Zahl ($6{,}022 \cdot 10^{23}$ mol^{-1})
n_{MTO}	Anzahl der MTOs
N^*_P	Anzahl der Partikel im Elektrolyten
N_{PI}	Anzahl der auftreffenden Primärionen
$N^{\pm}_{SI}$	Anzahl der positiv oder negativ geladenen Sekundärionen
P_{max}	Maximalkraft
$p^{\pm}_A$	Ionisierungswahrscheinlichkeit
p^-_X	Ionisierungswahrscheinlichkeit bei der Emission der Teilchenart X
p^+_X	Ionisierungswahrscheinlichkeit bei der Emission der Teilchenart X
Q_A	Aktivierungsenergie von A
Q_B	Aktivierungsenergie von B
$R_{\eta_{KA}}$	Überspannung an den Kathodenpunkten $R_{\eta_{AA'}}$ und $R_{\eta_{AB}}$
$R_{\eta_{KB}}$	Überspannung an den Anodenpunkten $R_{\eta_{AA'}}$ und $R_{\eta_{AB}}$
r^*	kritischer Keimradius bei der homogenen Keimbildung
r_1	Dimensionen eines Realkristalls
R_a	mittlere Rauheit (arithmetisches Mittel der Abweichung von der Mittellinie)
r_A	Atomradius
R_e	Streckgrenze
R_{EA}	Elektrolytwiderstand zwischen dem Kathodenpunkt A und Anode
R_{EB}	Elektrolytwiderstand zwischen dem Kathodenpunkt B und Anode
r_i	Ionenradius
r_M	Rückstreufaktor der Primärelektronen
R_m	Zugfestigkeit
R^{n+}	Reduktionsmittel
r_0	Entfernung von der Versetzungslinie
R_p	Dehngrenze
r_P	Partikelradius

$R_{\text{Übergang}}$ Kontaktwiderstand
R_z gemittelte Rautiefe
$\overline{r}^*$ kritischer Keimradius bei der heterogenen Keimbildung
$S^{\pm}$ Ausbeute der Sekundärionen
(mittlere Anzahl der Sekundärionen pro Primärion)
S_B Glanzgrad
t_a anodische Pulszeit
t_k kathodische Pulszeit
t_p Pausenzeit
T_R Rekristallisationstemperatur
T_S Schmelzpunkt
u_i Ionenbeweglichkeit
U_k kritische Anregungsspannung
U_s Spannungsabfall
U_T Tunnelspannung (STM)
U_v Verzerrungsenergie
v_A Abscheidungsgeschwindigkeit
V_A Volumen eines Atoms
v_E Geschwindigkeit des Elektrons
V_{EZ} Volumen der Elementarzelle
v_H horizontale Geschwindigkeit
V_K Volumen eines kugelförmigen Keimes
V_o Konstante
$\overline{v}$ durchschnittliche Geschwindigkeit der Adatome auf der Kathodenoberfläche
W/s Verschleißintensität
W/t Verschleißrate
W_a Adhäsionsarbeit
W_{elast} elastische Arbeit
W_L linearer Verschleißbetrag
W_M massenmäßiger Verschleißbetrag
W_{plast} plastische Arbeit
W_Q planimetrischer Verschleißbetrag
W_V volumetrischer Verschleißbetrag
W_a^d dispersiver Anteil der Adhäsionsarbeit
W_a^p polarer Anteil der Adhäsionsarbeit
ZA^{m+} Zentralion eines Komplexes
z_D Anzahl der Atome in der Elementarzelle des Diamantgitters
z_i Ladungszahl, Wertigkeit der Ionen
z_{hex} Anzahl der Atome in der hexagonalen Elementarzelle

z_{kfz}	Anzahl der Atome in der kubisch-flächenzentrierten Elementarzelle
z_{krz}	Anzahl der Atome in der kubisch-raumzentrierten Elementarzelle
z_p	Anzahl der Atome in der kubisch-primitiven Elementarzelle
α	Gittermodifikation, Längenausdehnungskoeffizient, Linearer Ausdehnungskoeffizient in K^{-1}, Schliffwinkel, Raumwinkel, Symmetriekoeffizient, Volumenanteil der in der Schicht eingebauten Partikel, Winkel
β	Gittermodifikation, Konstante, Kristallmodifikation, Neigungswinkel, Raumwinkel, Winkel
γ	Gittermodifikation, Grenzflächenenergie in mN/m, Volumenausdehnungskoeffizient, Raumwinkel, Winkel
δ	Kippwinkel, Glanzwinkel
ε	Dehnung, Dielektrizitätskonstante, elektrochemisches Potential, Gitterdehnung
η	Überspannung, Viskosität oder Zähigkeit
Θ	Abnahmewinkel, Benetzungswinkel, BRAGG-Winkel, Elektronenaustrittswinkel bezüglich der Oberflächennormale, Korngrenzenwinkel, Rückstreuwinkel
χ	elektrische Leitfähigkeit in S/m oder $m/\Omega \cdot mm^2$
κ	spezifische elektrische Leitfähigkeit ($1/\rho$)
λ	spezifische Wärmeleitfähigkeit oder Wärmeleitzahl ($W/m \cdot K$), Wellenlänge
μ	absolute Permeabilität, chemisches Potential, werkstoffspezifische Absoroptionskoeffizient
ν	Lichtfrequenz, POISSONsche Zahl
ρ	Dichte in g/cm^3, Kugelradius, spezifischer elektrischer Widerstand in $\Omega \cdot mm^2/m$, Versetzungsdichte in mm/mm^3 oder $1/cm^2$
σ	Standardabweichung, Zugspannung
τ	Schubspannung
Φ	Konstante, Maß für Wechselwirkungen zwischen freien und adsorbierten Ionen
φ	Drehwinkel, Elektrodenpotential
ψ	Einfallswinkel
ω	halber Öffnungswinkel der Frontlinse
α_X	Nachionisierungskoeffizient
γ_c	kritische Oberflächenenergie
γ_M	Oberflächenenergie des Metalls
γ_p	Glanzkoeffizient, Oberflächenenergie des Polymers
γ_{PM}	Grenzflächenenergie Polymer/Metall
δ_{diffus}	Dicke der diffusen Schicht
δ_{EDS}	Dicke der elektrolytischen Doppelschicht

δ_N	Dicke der NERNSTschen Diffusionsschicht
δ_p	pulsierende Diffusionsschicht
δ_s	stationäre Diffusionsschicht
ε°	elektrische Feldkonstante, Gleichgewichtspotential, Standardpotential
ε_0	Dielektrizitätskonstante im Vakuum ($8{,}8542 \cdot 10^{-12}$ F/m)
$\varepsilon_{Me/Me^{z+}}$	Gleichgewichtspotential
$\varepsilon_{\varphi,\psi}$	Gitterdehnung
η_a	anodische Überspannung
η_c	Konzentrationsüberspannung
η_d	Diffusionsüberspannung
η_D	Durchtrittsüberspannung
η_{IT}	W_{elast}/W_{plast}
η_k	kathodische Überspannung
η_K	Kristallisationsüberspannung
η_R	Reaktionsüberspannung
η_{SNMS}	Verstärkungsfaktor des verwendeten SNMS-Systems
η_W	Widerstandsüberspannung
Θ	Kontakt- oder Benetzungswinkel
Θ_a	anodische Stromausbeute
Θ_k	kathodische Stromausbeute
λ_E	Elektronenleitfähigkeit, Wellenlänge des Elektrons
λ_{eff}	effektive Austrittstiefe
λ_G	Gitterleitfähigkeit
λ_L	Wellenlänge des Lichts
Λ_{Mol}	molare Leitfähigkeit
μ_r	relative Permeabilität
μ_R	Reibungszahl
v_i	Wanderungsgeschwindigkeit der Ionen
ρ_G	temperaturunabhängiger Anteil von ρ
ρ_M	Dichte des Matrixmetalls
ρ_P	Dichte des Partikels
ρ_W	temperaturabhängiger Anteil von ρ
σ	Korngrenzenspannung
σ_A	Wirkungsquerschnitt für die Emission der AUGER-Linie
σ_a	Spannungsamplitude
σ_B	Zugfestigkeit
σ_E	Eigenspannung
σ_p	Photonen-Wirkungsquerschnitt
σ_m	Mittelspannung

σ_0	Oberspannung
σ_{th}	theoretische Zugfestigkeit
σ_u	Unterspannung
τ_{max}	theoretische Schubfestigkeit
τ_B	Scherfestigkeit
Φ_A	Austrittsarbeit
φ_{diffus}	Potential in der diffusen Schicht
φ_L	Potential der Elektrolytlösung
φ_{Me}	Potential der Metallelektrode
Φ_{Probe}	Elektronen-Austrittsarbeit der Probe
$\varphi(r)$	LENNARD-JONES-Potential
$\varphi_{spez.}$	Potential in der spezifisch adsorbierten Schicht
Φ_{Spitze}	Elektronen-Austrittsarbeit der Sondenspitze
φ_{starr}	$\varphi_L - \varphi_{Me}$
Ψ	Amplitude der Wellenfunktion
Ω	elektrischer Widerstand
$\Delta\varepsilon$	Potentialverschiebung
$\Delta\rho$	Dichteunterschied
$\Delta\varphi$	Potentialdifferenz
$\Delta\Theta$	Änderung des BRAGG-Winkels
Δd	Änderung des Netzebenenabstands, Dickenänderung
ΔE	Energiedifferenz
ΔG	Änderung der freien Enthalpie
$\Delta\overline{G}$	Änderung der freien Enthalpie bei der heterogenen Keimbildung
$\Delta\overline{G}^*$	Keimbildungsarbeit bei der heterogenen Keimbildung
ΔG^*	maximale Keimbildungsarbeit
ΔG_0^*	Keimbildungsarbeit für nulldimensionale Keime
ΔG_1^*	Keimbildungsarbeit für eindimensionale Keime
ΔG_2^*	Keimbildungsarbeit für zweidimensionale Keime
ΔG_3^*	Keimbildungsarbeit für dreidimensionale Keime
ΔG_O	Oberflächenarbeit
ΔG_V	Volumenbeitrag zur Änderung der freien Enthalpie
Δg_V	Änderung der freien Enthalpie pro Volumeneinheit
ΔL	Längenänderung
Δp	Differenzdruck
ΔT	Temperaturdifferenz
ΔV	Volumenänderung
Δx_A	mittlere Eindringtiefe der diffundierten Atome A
Δx_B	mittlere Eindringtiefe der diffundierten Atome B

1 Galvanotechnik – eine Schlüsseltechnologie?

1.1 Einleitung

Metallische und nichtmetallische Werkstoffe, die unter großem Energieaufwand gewonnen werden, bilden die Grundpfeiler unserer technischen Zivilisation und haben entscheidend zur Entwicklung der modernen Industriegesellschaft beigetragen. Die unterschiedlichsten Gebrauchsgegenstände, Werkzeuge, Bauteile, Konstruktionselemente, Maschinen und Anlagen, die mit Hilfe von aufwendigen Produktionsverfahren aus diesen Werkstoffen hergestellt werden, haben naturgemäß eine begrenzte Lebensdauer, die durch äußere Faktoren und Umwelteinflüsse noch stark verkürzt werden kann. Häufig sind es mechanische Wechselwirkungen mit den Kontaktpartnern oder chemische bzw. elektrochemische Reaktionen mit der Umgebung, die von der Oberfläche des Werkstoffes ausgehend früher oder später zu einer Beeinträchtigung der Funktionstüchtigkeit, oder schlimmer noch zum Versagen des Bauteils mit möglichen katastrophalen Folgen für die Menschen und ihre Umwelt führen können. Hinzu kommt, dass Werkstoffe immer mehr bis an die Grenzen ihrer Eigenschaften belastet und die aus ihnen gefertigten Bauteile aus Gewichts- und Kostengründen mit immer weniger Masse dimensioniert werden. Ohne zusätzliche flankierende Maßnahmen ist daher ein Versagen der Halbzeuge und Bauteile sozusagen vorprogrammiert.

Die Oberfläche eines Bauteils als *Grenzfläche* zwischen dem Bauteil und seiner Umgebung (Luft, Gas, Flüssigkeit, Festkörper) ist in aller Regel mechanischen, chemischen, elektrochemischen und/oder thermischen Beanspruchungen ausgesetzt, die einzeln oder kombiniert, zügig oder schlagartig bzw. wechselnd auf sie einwirken können. Hinzu kommt, dass sie aufgrund ihres atomaren Aufbaus per se einen besonders kritischen Bereich darstellt. So kann es nicht ausbleiben, dass sie sich früher oder später durch Einwirkungen äußerer Einflüsse stark verändert.

Tab. 1.1 stellt einen Versuch zur Klassifizierung der möglichen Prozesse dar, die zu einer schädlichen Veränderung der Bauteiloberfläche führen können [1.1].

Solche und ähnliche Oberflächenbeschädigungen sind es, die die Funktionalität eines Bauteils stark beeinträchtigen und zu seinem endgültigen Versagen führen können. Für Abhilfe können hier zweckdienliche Überzüge und Beschichtungen sorgen, welche die Bauteiloberfläche vor schädigenden Umwelteinflüssen schützen und so die Funktionalität des Bauteils sicherstellen.

Tab. 1.1: Veränderung der Bauteiloberfläche infolge der Einwirkung der Umgebung

Bauteiloberfläche in Kontakt mit	Veränderung der Bauteiloberfläche durch
atmosphärischer Luft	Verschmutzung, Verwitterung
heißen Gasen	Oxidation, Verzunderung
strömenden Flüssigkeiten	Kavitation, Erosion
Mikroorganismen	mikrobiologische Schädigung
Chemikalien	chemische/elektrochemische Korrosion
bewegenden Gegenkörpern	tribologische Schädigung, Verschleiß

Zu berücksichtigen ist, dass auch die Steigerung von Produktivität und Leistungen technischer Anlagen und Maschinen im Mittelpunkt des Interesses steht. Dies wiederum erhöht zwangsläufig die Beanspruchung bestimmter Segmente oder Bauteile. Deshalb gilt es, die hoch beanspruchten und gefährdeten Teile durch geeignete Beschichtung ihrer Oberfläche besonders zu schützen oder so zu verändern, dass sie hohen Belastungen standhalten können. Dieser Sachverhalt ist bei der Auswahl der Beschichtungswerkstoffe zu berücksichtigen, um die Folgekosten durch mögliche Maschinenausfälle gering zu halten.

Die immer knapper werdenden natürlichen Rohstoffressourcen diktieren geradezu derartige Maßnahmen, da sie einen sparsamen Umgang mit den Werkstoffen überhaupt erst möglich machen. Zugleich ist zu erwarten, dass die Notwendigkeit eines intelligenten und vernünftigen Energieverbrauchs diese Einsicht noch weiter schärft.

1.2 Beschichtungstechnologien

Die Erkenntnis, dass es notwendig ist, die Oberfläche durch Auftragen organischer oder anorganischer Schichten bzw. metallischer Überzüge vor Umwelteinflüssen zu schützen und so die Lebensdauer von Erzeugnissen, Bauteilen und Gebrauchsgegenständen in beträchtlichem Maße zu verlängern, stellt an sich einen gewaltigen technischen Fortschritt dar. Allein die Tatsache, dass dadurch die für die Herstellung von Maschinen und Anlagen benötigte Werkstoffmenge im Sinne einer effektiven Material- und Energieeinsparung reduziert werden kann, verdeutlicht die enorme wirtschaftliche Bedeutung dieser Art des Oberflächenschutzes.

Als Beschichten bezeichnet man im Allgemeinen das Aufbringen einer fest haftenden Schutzschicht auf die Oberfläche eines Werkstücks, die entweder aus einer einzelnen, einfachen Schicht oder mehreren in sich zusammenhängenden Schichten bzw. Legierungen bestehen kann. Die aufzubringende Beschichtungsmaterialien können gasförmig (z. B. CVD und PVD), flüssig (z. B. Lackieren und Emaillieren), fest (z. B. Auftragschweißen und Thermisches Spritzen) oder gelöst sein (z. B. Galvanisieren).

Die schier unübersichtliche Vielfalt der gängigen Beschichtungsverfahren, die oft zum Schutz technischer Oberflächen eingesetzt werden, werden in DIN 8580 wie folgt klassifiziert:

Gruppe	Untergruppe
Beschichten aus dem flüssigen Zustand	▶ Schmelztauchen ▶ Anstrichen, Lackieren ▶ Färben ▶ Emaillieren, Glasieren ▶ Beschichten durch Gießen ▶ Drucken, Bedrucken ▶ Sol-Gel-Verfahren ▶ Laserumschmelzen
Beschichten aus dem plastischen Zustand	▶ Spachteln
Beschichten aus dem breiigen Zustand	▶ Putzen, Verputzen
Beschichten aus dem körnigen/ pulverförmigen Zustand	▶ Wirbelsintern ▶ Elektrostatisches Beschichten ▶ Beschichten durch thermischen Spritzen
Beschichten durch Schweißen	▶ Schmelzauftragschweißen
Beschichten durch Löten	▶ Auftragsweichlöten ▶ Auftragshartlöten ▶ Auftragshochtemperaturlöten
Beschichten aus dem gas- oder dampfförmigen Zustand	▶ Vakuumbedampfen ▶ Vakuumbestäuben ▶ CVD-Verfahren
Beschichten aus dem ionisierten Zustand	▶ Galvanisches Beschichten aus wässrigen Elektrolyten ▶ Galvanisches Beschichten aus nicht-wässrigen Elektrolyten ▶ Galvanisches Beschichten aus Salzschmelzen ▶ Chemisches Beschichten

Aus der Fülle der genannten Oberflächenschutzmethoden sollen im Folgenden nur die in Tab. 1.2 zusammengestellten Beschichtungsverfahren kurz erörtert werden [1.2, 1.3].

Tab. 1.2: Beschichtungstechnologien zum Schutz von technischen Oberflächen

Verfahren	Verfahrensvarianten
Aufdampfen	Chemical Vapor Deposition (CVD) Physical Vapor Deposition (PVD) Sputtern (Aufstäuben)
Auftragen	Auftragsschweißen Schmelztauchen Walzplattieren
Lackieren	Organische Lacke Anorganische Lacke Gleitlacke
Thermisches Spritzen	Atmosphärisches Plasmaspritzen (APS) Niederdruck-Plasmaspritzen Flammspritzen
Galvanisieren	Chemisch aufgebrachte metallische Schichten Elektrochemisch aufgebrachte metallische Schichten

Es bedarf freilich keiner besonderen Erwähnung, dass die unerlässliche Voraussetzung für ein erfolgreiches Beschichten bei all diesen Beschichtungsverfahren eine vorausgehende, sachgemäße und einwandfreie Vorbehandlung und die gründliche Reinigung der Bauteiloberfläche sind.

1.2.1 Aufdampfen

Mit Aufdampfen werden Beschichtungsverfahren umschrieben, mit deren Hilfe Metalle, Legierungen oder chemische Verbindungen unter Hochvakuum durch Zufuhr thermischer Energie oder Teilchenbeschuss abgeschieden werden. Hierbei wird das Beschichtungsmaterial aus einem Feststoff in die Dampfphase überführt, und der – aufgrund des Temperaturunterschiedes zwischen Wärmequelle und Substrat – kondensierte Metalldampf schlägt sich flächig auf dem Substrat nieder.

1.2.1.1 Chemical Vapor Deposition (CVD)

Das CVD-Verfahren kennzeichnet eine Beschichtungstechnik, mit deren Hilfe eine Schicht aus Elementen oder chemischen Verbindungen durch chemische Reaktion von Reaktionsgasen erzeugt wird. Diese relativ aufwendige Verfahrenstechnik findet seit 1960 hauptsächlich zur industriellen Erzeugung von Verschleißschutzschichten Anwendung. Sie beruht darauf, dass flüchtige Verbindungen unter Zuführung von Wärme chemisch reagieren und als Schicht auf der Bauteiloberfläche kondensieren. Dabei handelt es sich um die Abscheidung von Feststoffen aus der Gasphase, die auf chemischen Weg erzeugt wird. Chemische Reaktionen, die dabei genutzt werden, sind zum Beispiel:

- Titankarbid TiC aus Titantetrachlorid $TiCl_4$ und Methan CH_4
- Titannitrid TiN aus Titantetrachlorid $TiCl_4$ und Stickstoff N_2
- Aluminiumoxid Al_2O_3 aus Aluminiumchlorid $AlCl_3$, Kohlendioxid CO_2 und Wasserstoff H_2

Die besonderen Vorteile von CVD-Schichten sind ihre sehr gute Haftung und Konturenfolgung auf kompliziert geformten Bauteilen. Die Gründe hierfür sind zum einen die Verankerung der Schicht im Trägerwerkstoff durch Diffusion, zum anderen das Einbringen der Beschichtungsstoffe als Gase.

1.2.1.2 Physical Vapor Deposition (PVD)

Während beim CVD-Verfahren unter Druck und Wärme sehr harte Reaktionsschichten durch die Abscheidung von Substanzen aus gasförmigen Metallverbindungen unter Zuhilfenahme von Reaktivgasen erzeugt werden, erfolgt die Abscheidung von Schutzschichten beim PVD-Verfahren aus der Metall-Dampfphase. Typische Arbeitsdrucke liegen im Bereich von 10^{-4} Pa bis ca. 10 Pa (1 Pascal = $1 \cdot 10^{-5}$ bar = $9{,}87 \cdot 10^{-6}$ atm). Das Verfahren erlaubt es, Bauteile unterschiedlicher Werkstoffe, Geometrien und Beschaffenheiten zu beschichten. Die Struktur der aufwachsenden Schicht kann durch die gewählten Beschichtungsparameter und über die Substrattemperatur beeinflusst werden.

Das PVD-Verfahren ermöglicht das Aufdampfen verschiedener Metalle. Führt man dem Prozess Reaktivgase wie Sauerstoff, Stickstoff oder Kohlenwasserstoffe zu, lassen sich auch Oxide, Nitride oder Karbide abscheiden. Die so erzeugten Schichten weisen hervorragende Eigenschaften auf; sie sind dicht, homogen, duktil und haftfest. Die Funktion der Beschichtung kann unterschiedlichste Anforderungen erfüllen. So sind z. B. Oberflächen als Oxidationsschutz, Kontaktstellen mit geringerem Übergangswiderstand oder Haftschichten für anschließende galvanische Metallisierung möglich.

Als Beschichtungen kommen heute vor allem Hartstoffschichten auf Basis von Titannitrid (TiN), Titancarbonitrid (TiCN) oder Titanaluminiumnitrid (TiAlN) zum Einsatz. Dünne Schichten von einigen Nanometern bis hin zu einigen Mikrometern werden bereits in vielen Bereichen angewandt, wie der Elektronikindustrie, der Lichttechnik und der Medizinaltechnik.

Eine Variante des PVD-Verfahrens ist die so genannte Kathodenzerstäubung oder Sputtern.

1.2.1.3 Sputtern

Beim Sputtern (engl.: *to sputter* = zerstäuben) wird mittels Hochspannung und bei einem Druck von ca. 2 bis $5 \cdot 10^{-5}$ bar (2 bis 5 Pa) ein Prozessgas, in der Regel Argon, ionisiert. Die dabei entstehenden Argon-Ionen werden durch ein elektrisches Feld auf das abzuscheidende Material (Target, Kathode) beschleunigt. Beim Auftreffen der Ionen werden Atome und Atomverbände aus dem Target herausgeschlagen. Diese kondensieren dann, nach vielen Streuereignissen durch Zusammenstöße mit den Restgasmolekülen, als Adatome auf der Werkstückoberfläche (Probe, Anode, Präparat). Durch diese diffuse Kondensation entsteht eine gleichmäßig dicke Schicht auf dem Präparat. Versieht man das Target mit einer Wasserkühlung, so können Schichtdicken von wenigen Nanometern bis ca. 1 µm aufgesputtert werden.

Wird dem Arbeitsgas (Argon) ein Reaktionsgas, z. B. Sauerstoff oder Stickstoff zugesetzt, dann entstehen Ionen des Reaktionsgases, die mit den gesputterten Schichtatomen in der Vakuumkammer reagieren. Die entstandenen Reaktionsprodukte scheiden sich dann an der Substratoberfläche ab. Ein Beispiel wäre:

$$4\,Al\,(\text{Target}) + 3\,O_2 \rightarrow 2\,Al_2O_3\,(\text{Schicht}) \qquad (1.1)$$

Technisch von Bedeutung ist die Kathodenzerstäubung z. B. für die Herstellung dünner Schichten und metallischer Gläser.

1.2.2 Auftragen

Als Auftragen bezeichnet man im Allgemeinen das Aufbringen von dünnen, fest haftenden Schutzschichten auf Bauteiloberflächen.

1.2.2.1 Auftragschweißen

Beim Auftragsschweißen werden sowohl das Beschichtungsmaterial als auch ein dünner Bereich der Werkstückoberfläche mittels schweißtechnischer Verfahren geschmolzen, so dass sich durch Diffusion eine porenfreie und haftfeste Oberflächenschicht bildet.

Je nach Arbeitsweise unterscheidet man zwischen manuellem und automatisiertem Auftragsschweißen.

Beim manuellen Auftragsschweißen wird der Zusatzwerkstoff als dünner Draht mit einem Durchmesser zwischen 0,15 und 0,6 mm manuell zur Bearbeitungsstelle geführt.

Der Laserstrahl schmilzt den Draht auf. Die entstandene Schmelze verbindet sich fest mit dem Grundwerkstoff, der ebenfalls angeschmolzen wird, und erstarrt wieder. Der Arbeitsprozess wird durch strömendes Argongas von der Luft abgeschirmt.

Beim automatisierten Auftragsschweißen wird der Zusatzwerkstoff hingegen maschinell zur Bearbeitungsstelle geführt. Als Zusatzwerkstoff verwendet man häufig ein Metallpulver, das schichtweise poren- und rissfrei mit dem Grundwerkstoff verschmolzen wird. Nach dem Erkalten entsteht eine Metallschicht, die eine hochfeste Schweißverbindung darstellt und mechanisch bearbeitet werden kann.

Das Auftragsschweißen findet Anwendung in der Reparatur, Veredelung oder Modifikation von Bauteiloberflächen.

1.2.2.2 Schmelztauchen

Das Prinzip des Schmelztauchens besteht darin, dass das zu beschichtende metallische Bauteil in ein schmelzflüssiges Metallbad eingetaucht wird. Dabei bildet sich eine Legierungsschicht an der Grenzfläche Bauteil/Metallschmelze, die nach dem Herausziehen des Bauteils zu einer metallischen Schicht erstarrt. Die Entstehung der Legierungsschicht führt dazu, dass zwischen dem Werkstück und dem Überzug eine extrem gute Haftung entsteht. Beispielsweise ist bei einem feuerverzinkten Stahlteil das Abplatzen der Zinkschicht praktisch ausgeschlossen.

Damit das Verfahren erfolgreich durchgeführt werden kann, müssen zwei Voraussetzungen erfüllt sein:

1. Die Schmelzpunkte der beiden Metalle dürfen nicht zu nahe beieinander liegen. Denn einerseits muss das schmelzflüssige Metallbad genügend heiß sein, andererseits darf das Werkstück beim Eintauchen nicht so heiß werden, dass es anzuschmelzen beginnt.
2. Das schmelzflüssige Metall muss das Werkstück einwandfrei benetzen, damit sich eine fest haftende Schicht auf der auf der Werkstückoberfläche bilden kann.

Ein Nachteil des Schmelztauchens besteht darin, dass die der Metallverbrauch und die Materialkosten im Vergleich zu galvanotechnischen Verfahren relativ hoch sind.

1.2.2.3 Walzplattieren

Beim Walzplattieren wird das Beschichtungsmetall auf den metallischen Trägerwerkstoff, auf dem sich bereits eine elektrolytisch abgeschiedene Nickelschicht oder ein Nickel-Feinblech als Haftvermittler befindet, gelegt und fixiert. Wenn die Schmelzpunkte der beiden Metalle weit auseinander liegen, wird das Plattieren durch Anwendung von Druck ausgeführt. Die Plattierungsschichten können einseitig oder beidseitig auf den Trägerwerkstoff aufgebracht sein. Der Plattierungswerkstoff verleiht dem Verbund Eigenschaften wie Korrosions- oder Hitzebeständigkeit. Meistens besteht der Grundwerkstoff aus preiswertem Kohlenstoffstahl, der die für die Anwendung erforderliche Festigkeit aufweist.

Die Verteilung der Elemente zwischen dem Plattiermaterial und dem Grundwerkstoff ist für die Haftfestigkeit, die Zähigkeits- und Festigkeitseigenschaften, das Korrosionsverhalten, die Wärmebehandlung, das Schneiden und das Schweißen plattierter Grobbleche von entscheidender Bedeutung. Diese werden im Apparatebau für die chemische und petrochemische Industrie eingesetzt.

Plattierte Bleche bieten als Verbundwerkstoffe eine wirtschaftliche Lösung für Anwendungen, wo z. B. die Statik dickwandige Bauteile verlangt, aber eine verhältnismäßig dünne Plattierschicht ausreicht.

1.2.3 Lackieren

Lack ist ein flüssiger oder auch pulverförmiger Beschichtungsstoff, der dünn auf Gegenstände aufgetragen und durch chemische oder physikalische Vorgänge zu einem durchgehenden Film aufgebaut wird.

Lacke bestehen grundsätzlich aus vier Komponenten: Bindemittel, Lösemittel (bzw. Verdünnungsmittel), Pigmenten und Zusatzstoffen (Klarlacke und viele Grundierungen haben keine Pigmente). Das Bindemittel verbindet den jeweiligen Untergrund mit dem Pigment, es hat also eine vernetzende oder verklebende Wirkung. Bindemittel sind meist farblos. Das Lösemittel hält Bindemittel und Pigmente flüssig. Seine Aufgabe ist es, nach der Verarbeitung zu verdunsten, so dass die Farbe fest und trocken wird. Das Pigment verleiht der gestrichenen Fläche die gewünschte Farbigkeit.

1.2.3.1 Organische Lacke

Organischen Lacke werden auf die Bauteiloberfläche aufgespritzt und nach dem Ablüften eingebrannt. Sie können bei Temperaturen bis 200 °C eingesetzt werden. Es gibt jedoch Speziallacke, die bei 500 °C dauerhaft belastet werden können.

Flüchtige organische Verbindungen sind kohlenstoffhaltige Stoffe, die leicht verdampfen bzw. schon als Gas bei niedrigen Temperaturen (z. B. Raumtemperatur) vorliegen.

1.2.3.2 Anorganische Lacke

Flüssige anorganische Lacke, die zum Lackieren technischer Oberflächen verwendet werden, bestehen aus Chrom- und Phosphorverbindungen und enthalten Aluminiumpulver als Pigment. Sie werden mit Hilfe von Spritzpistolen auf das Werkstück gebracht und nach dem Ablüften und Trocknen bei 350 °C eingebrannt. Anorganische Lacke werden zur Erzeugung von porenfreien Schutzschichten zum Korrosions- und Oxidationsschutz bei Temperaturdauerbelastungen bis 600 °C aufgetragen.

1.2.3.3 Gleitlacke

Gleitlacke sind trockene, extrem hoch belastbare Schmiersysteme. Sie finden Anwendung für den Einsatz bei langsamen Bewegungen und hohen Flächenpressungen sowie bei tribologisch kritischen Materialkombinationen, z. B. Edelstahl auf Edelstahl.

Gleitlacke werden mittels Spritzpistolen auf die Bauteiloberfläche aufgespritzt und dienen dann als Schmierstoff. Nach dem Ablüften wird die Lackschicht eingebrannt. Je nach Gleitstoff und Binder werden diese Lacke zwischen 260 und 800 °C eingesetzt.

1.2.4 Thermisches Spritzen

Unter dem Begriff „Thermisches Spritzen" sind unterschiedliche Spritzverfahren zusammengefasst, die entsprechend DIN 32530 nach der Art des Spritzzusatzwerkstoffs, der Fertigung oder des Energieträgers unterteilt werden.

Beim Thermischen Spritzen wird ein pulver- oder drahtförmiger Beschichtungswerkstoff mit hoher thermischer und/oder kinetischer Energie auf die Bauteiloberfläche so aufgeschleudert, dass sich dort eine Schicht ausbildet. Mit einer Vielzahl von zur Verfügung stehenden Prozessvarianten kann ein breites Spektrum an Werkstoffen wie Metalle und Keramiken, aber auch Hochleistungspolymere zu technischen Beschichtungen verarbeitet werden. Die Schichtdicken reichen von ca. 30 µm bis zu mehreren Millimetern.

1.2.4.1 Atmosphärisches Plasmaspritzen (APS)

Unter den thermischen Spritzprozessen ist das Plasmaspritzen das vielseitigste Verfahren, da es ausreichend Wärmeenergie entwickelt, um praktisch jeden Spritzwerkstoff anzuschmelzen. Dabei ist durch die Verwendung pulverförmiger Spritzwerkstoffe die Auswahl der Beschichtungsmaterialien nahezu unbegrenzt.

Bei diesem Beschichtungsverfahren wird ein hochfrequenter Lichtbogen in einem Plasmabrenner zwischen einer wassergekühlten Anode (Düse) und einer Kathode (Elektrode) gezündet. Prozessgase (im Allgemeinen ein Gemisch aus Argon, Wasserstoff, Stickstoff und Helium) fließen zwischen den beiden, werden ionisiert und bilden einen Spritzstrahl aus heißem Plasma, dessen Temperatur 16 600 °C beträgt (die Oberflächentemperatur der Sonne beträgt etwa 6 000 °C!). Der Spritzwerkstoff wird in den Plasmastrahl injiziert, angeschmolzen und auf die Substratoberfläche geschossen.

Zu den besonderen Vorteilen des Atmosphärischen Plasmaspritzens zählen u. a.:

- Hohe Haftfestigkeit der Beschichtung am Substrat
- Genaue Kontrollmöglichkeit von Schichtdicke und Schichteigenschaften
- Geringe Wärmeeinbringung in das Werkstück (kein Verzug)
- Beschichtung von Werkstücken mit komplizierter Geometrie
- Einfaches Abdecken von Bereichen, die nicht beschichtet werden dürfen.

1.2.4.2 Niederdruck-Plasmaspritzen (LPPS)

Plasmaspritzverfahren werden in der Regel unter Normalatmosphäre durchgeführt (Atmosphärisches Plasmaspritzen, APS). Darüber hinaus kann das Verfahren bei der Verarbeitung oxidationskritischer Werkstoffe auch in einer Vakuumkammer als Niederdruck-Plasmaspritzen (Low Pressure Plasma Spray) ausgeführt werden.

Gegenüber dem atmosphärischen Plasmaspritzen ermöglicht das Plasmaspritzen im Niederdruck eine bedeutende Steigerung der Haftfestigkeit, Dichte und Reinheit der Schichten.

1.2.4.3 Flammspritzen

Beim Flammspritzen wird das Spritzgut, Draht oder Pulver, mit einer Acetylen/Sauerstoffflamme an- bzw. aufgeschmolzen und anschließend auf die entfettete und durch Strahlen mit Aluminiumoxid aufgeraute Werkstückoberfläche aufgespritzt. Beim An- bzw. Aufschmelzen findet eine Oxidation statt, wodurch sich eine Oxidhaut um die Spritzpartikel bildet. Diese wird jedoch beim Aufprall der Partikel auf die Werkstückoberfläche von dem noch schmelzflüssigen Kern durchgeschlagen. Die Partikel verformen sich dabei fladenförmig und erfahren eine Schrumpfung beim Erkalten. Dadurch entsteht eine mechanische Verhakung mit der aufgerauten Werkstückoberfläche.

Flammspritzen kommt bei der Beschichtung von Oberflächen metallischer und nichtmetallischer Werkstoffe zum Einsatz und hat sich besonders im Triebwerksbau für Dichtungsbeläge, Maßkorrekturschichten und Verschleißschutzschichten bewährt. Hier lassen sich durch genaue Massenflussmesser Schichten von hoher Qualität herstellen.

Im Vergleich zu anderen thermischen Spritzverfahren besitzt das Flammspritzen eine geringe Flammentemperatur (ca. 3 000 °C) und eine niedrige Partikelgeschwindigkeit (ca. 40 m/s). Dies führt zu Schichten mit einer hohen Porosität (10-15 %), einem hohen Oxidgehalt (10-15 %) und geringer Haftfestigkeit (ca. 8 MPa).

Der Drahtflammspritzprozess verwendet metallische Drähte als Beschichtungswerkstoff. Der Spritzdraht wird in einer Düse in die Flamme geführt, an- bzw. aufgeschmolzen, durch die Druckluft zu Partikeln zerstäubt, die auf die Werkstückoberfläche aufgespritzt werden. Das Brenngas (Azetylen, Propan oder Wasserstoff) wird im Spritzbrenner in exaktem Volumenverhältnis mit Sauerstoff gemischt, um einen gleichmäßigen Prozessablauf zu gewährleisten. Das Verfahren wird häufig für die Reparatur von Maschinenelementen eingesetzt. Die Flammenenergie erlaubt, je nach verwendetem Brenngas, die Verarbeitung von harten und weichen Drähten.

Der Pulverflammprozess wird für Schichtwerkstoffe eingesetzt, die sich nicht als Drähte oder Stäbe herstellen lassen, wie beispielsweise Ni-Cr-B-Legierungen. Dabei wird der pulverförmige Spritzzusatz in einer Brenngas- oder Sauerstofflamme an- bzw. aufgeschmolzen und mit Hilfe der expandierenden Verbrennungsgase auf die Werkstückoberfläche geschleudert.

1.3 Galvanisieren

Neben den genannten Beschichtungstechnologien spielt das Metallisieren von Bauteiloberflächen mittels galvanotechnischer Verfahren eine besondere Rolle. Dabei handelt es sich um das Niederschlagen von metallischen Schichten bzw. Überzügen zum Schutz von Bauteilen. Zu diesem Zweck werden in der Regel wässrige Elektrolyte herangezogen. Diese sind Metallsalzlösungen, in denen das Salz des abzuscheidenden Metalls aufgespalten und in Form von Ionen vorliegt. Je nachdem, ob die Entladung der Ionen mit Hilfe einer äußeren Spannungsquelle oder eines dem Elektrolyten zugegebenen Reduktionsmittels erfolgt, spricht man von elektrochemischer bzw. chemischer Metallabscheidung (s. Abschnitt 4.2). Das zuletzt genannte Verfahren, das auch als außenstromlose Metallabscheidung bekannt ist, findet häufig zur Metallisierung von elektrisch nicht leitenden Materialien, wie beispielsweise Kunststoffen, Anwendung. Die elektrochemische Methode, die auch als galvanische Metallabscheidung bezeichnet wird, dient zur Beschichtung von metallischen Werkstoffen oder Verstärkung von chemisch aufgebrachten Schichten.

Das Spektrum der Werkstoffe, die nach entsprechender Vorbehandlung und Reinigung chemisch oder galvanisch beschichtet werden, ist sehr breit und umfasst unterschiedlichste Materialien. Zu ihnen gehören neben Kunststoffen niedrig bis hochlegierte Stähle, Aluminium-, Magnesium- und Nickel-Legierungen sowie Kobalt- und Titan-Werkstoffe. Für spezielle Zwecke können auch keramische Werkstoffe beschichtet werden.

1.3.1 Galvanisierungsverfahren

Die Galvanisierung von Werkstücken, Bauteilen und Massenartikeln (im Allgemeinen Sprachgebrauch Ware genannt) erfolgt in speziellen Anlagen. Je nach Größe und Geometrie der zu galvanisierenden Gegenstände und dem angewandten Galvanisierungsverfahren unterscheidet man zwischen, Gestell-, Massen-, Durchlauf- und fertigungsintegrierter Galvanisierung [1.4–1.8].

1.3.1.1 Stückgalvanisierung

Fertigteile oder Halbzeuge, die sich wegen ihrer Größe, Geometrie oder individuellen Konstruktion nicht als Schüttgut galvanisieren lassen, werden auf Gestellen, d. h. speziellen Einhängevorrichtungen befestigt und ihrem Material entsprechend mit einem flexiblen oder festen Arbeitsprogramm vorbehandelt, galvanisiert und erforderlichenfalls auch nachbehandelt. Man spricht auch von Gestellgalvanisierung. Diese kann manuell, halbautomatisch oder vollautomatisch stattfinden.

Die Aufhängung der Teile am Gestell erfolgt bei der Handgalvanik manuell (Handanlage); danach werden die Gestelle von Hand über die Behandlungsbäder transportiert, in die einzelnen Vorbehandlungs- und Galvanisierungsbäder abgesenkt und nach Ablauf der vorgeschriebenen Behandlungsdauer wieder herausgenommen. Anschließend werden die galvanisierten Teile gründlich gespült, getrocknet und zur Entnahmestelle transportiert. Die manuelle Gestellgalvanisierung stellt naturgemäß eine kostenintensive Fertigung dar. Sie ist aber besonders dann vorteilhaft, wenn man gebogene oder rohrförmige Teile galvanisieren will. In solchen Fällen müssen die Gestelle in den einzelnen Galvanisierungsstufen so geführt und geschwenkt werden, dass die Elektrolytreste vollständig auslaufen können [1.6].

Von halbautomatischer Gestellgalvanisierung spricht man dann, wenn die Gestelle, nachdem sie von Hand in die einzelnen Behandlungsbäder eingehängt und mechanisch bewegt worden sind, selbsttätig zur Einhangstelle zurückwandern. Eine Variante der halbautomatischen Arbeitsweise besteht darin, dass die Gestelle mit Hilfe eines Deckenfahrwerks und einer Handsteuerung vorschriftsmäßig in die einzelnen Behandlungs- und Spülbäder eingefahren und wieder ausgefahren werden. Der Vorteil dieser Vorgehensweise besteht neben einer Reduzierung der körperlichen Arbeit auch darin, dass dadurch der Galvanisierungsvorgang auf die Besonderheiten der zu beschichtenden Ware abgestimmt werden kann [1.6].

Weit verbreitet sind vollautomatische Galvanisierungsanlagen, bei denen die Warenträger selbsttätig die Vorbehandlungs-, Galvanisierungs- und Nachbehandlungsbäder durchlaufen. Diese rechnergesteuerten Automaten übernehmen nicht nur die Steuerung des gesamten Warentransports (Entnahme der zu galvanisierenden Teile aus dem Warenspeicher, Ausfahren der galvanisierten Ware zum Abhängen), sondern auch die Überwachung des Galvanisierungsprozesses (Kontrolle der Elektrolytzusammensetzung, Dosierung der Zusätze, Regelung und Steuerung der Abscheidungstemperatur und der Beschichtungsdauer).

1.3.1.2 Massengalvanisierung

Bei den zu galvanisierenden Teilen handelt es sich oft um schüttbare Massenartikel wie Schrauben oder Muttern, die nicht ohne weiteres auf Gestelle aufgesteckt werden können. Bedingt durch ihre Geometrie, Abmessung und Form machen sie den Einsatz besonderer Galvanisierungseinrichtungen erforderlich. Der Galvanobetrieb unterscheidet hier zwischen Trommel- und Glockenanlagen. Kleinteile, bei denen die Gefahr besteht, dass sie sich verbiegen, verkratzen oder ineinander verhaken, eignen sich nicht für Massengalvanisierung.

1.3.1.2.1 Trommelgalvanisierung

Trommelaggregate, die sich für die Galvanisierung größerer Mengen von Massenartikeln als besonders geeignet erwiesen haben, sind perforierte runde oder vieleckige Trommeln, die sich in Schrägstellung um ihre Rotationsachse drehen. In ihnen können gleichartige Kleinteile, die leicht abrollen und gegen intensives Umwälzen unempfindlich sind, galvanisiert werden. Die Beschickung der Trommel mit mechanisch oder chemisch vorbehandelten Kleinteilen erfolgt außerhalb des Elektrolyten. Danach werden die Trommeln nacheinander in die Vorbehandlungs-, Galvanisierungs- und Nachbehandlungsbädern abgesenkt und wieder herausgeholt. Zu diesem Zweck werden sie entweder halbautomatisch mit Hilfe von Elektrozügen oder vollautomatisch mittels Hub- und Transportwagen in Bewegung gesetzt. Die Entleerung der Trommel und die Trocknung der galvanisierten Massenteile können ebenfalls vollautomatisch erfolgen.

1.3.1.2.2 Glockengalvanisierung

Glockenapparate sind vieleckige, glockenförmige Behälter, die sich in Senkrechtstellung um ihre Rotationsachse drehen. Sie sind am Umfang und am Boden perforiert und eignen sich besonders für die Galvanisierung kleinerer Warenmengen. Dementsprechend benötigen sie geringere Elektrolytmengen. Die Aggregate werden nach der Beschickung mit der Ware in die Elektrolytbehälter eingetaucht und nach der Beendigung des Galvanisierungsprozesses herausgenommen. Im Gegensatz zu Trommelaggregaten bieten die Glockenapparate die Möglichkeit der Entnahme von Stichproben während der Galvanisierung, ohne dass eine Unterbrechung des Metallisierungsvorgangs notwendig wäre.

1.3.1.3 Durchlaufgalvanisierung

Die Galvanisierung von Bändern, Drähten und Rohren erfolgt im so genannten Endlos-Durchlaufverfahren, bei dem die Ware im Elektrolyten an einer Reihe oder zwischen zwei Reihen von Anoden mit hoher Durchlaufgeschwindigkeit vorbeigezogen wird [1.5, 1.7]. Demzufolge herrschen beim Durchlaufverfahren gänzlich andere Verhältnisse als bei der Stück- bzw. Gestellgalvanisierung. Durch die einfache und kontinuierlich gleiche Geometrie der zu galvanisierenden Ware kann die Oberflächenmetallisierung optimal gestaltet werden. Wegen der hohen Abscheidungsgeschwindigkeit hängt die Expositionszeit von der Länge des Galvanisierungsbehälters ab. Infolgedessen ist es notwendig, dass die Metallabscheidung in mehreren, hintereinander angeordneten Behältern durchgeführt wird. Elektrolyte, die beim Durchlaufverfahren zum Einsatz kommen, zeichnen sich daher durch ihren hohen Metallgehalt und ihre große Leitfähigkeit aus. Da keine Tiefenstreuung erforderlich ist, enthalten sie meist keine speziellen Zusätze.

Der hohe Automatisierungsgrad der Durchlaufgalvanisierung erlaubt, die Tätigkeit des Galvaniseurs lediglich auf Überwachung und Wartung zu beschränken.

Ein wesentlicher Vorteil des Durchlaufverfahrens ist darin begründet, dass man im Falle der Bandgalvanisierung die beiden Seiten des Bandes mit unterschiedlichen Schichtdicken versehen kann, was eine effektive Rohstoff- und Energieeinsparung bedeutet.

1.3.1.4 Fertigungsintegrierte Galvanisierung

Durch die Integration des Galvanisierungsprozesses in die mechanische Fertigung lässt sich der Bedarf an problematischen Stoffen sparsam gestalten. Auch der Verbrauch von umweltgefährdenden Substanzen kann dadurch stark verringert werden [1.8]. Die fertigungsintegrierte Galvanisierung erlaubt es ferner, die Arbeitsschritte so zu steuern, dass bestimmte Vorbehandlungsstufen entfallen, wodurch der Verbrauch an Materialien

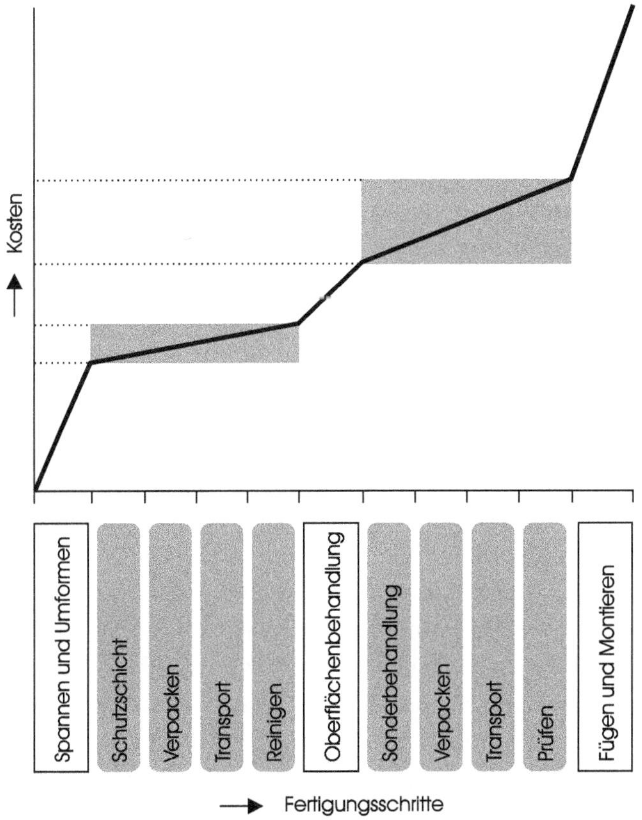

Abb. 1.1: Kostenreduzierung durch fertigungsintegrierte Galvanisierung

minimiert werden kann. Die bemerkenswerten Verbesserungen, die durch die fertigungsintegrierte Galvanisierung sowohl in ökonomischer als auch in ökologischer Hinsicht erreicht werden können, lassen sich wie folgt zusammenfassen:

- Einsparung an Chemikalien
- Abwasserarme Betriebsweise
- Vollständige Rückführung von Wertstoffen in die Prozessbäder
- Geringerer Energieverbrauch

In Abb. 1.1 sind mögliche Investitionseinsparungen, die sich durch die fertigungsintegrierte Galvanisierung ergeben, graphisch dargestellt (grau schattiert) [1.8].

Aus dieser Darstellung ist ersichtlich, dass durch die fertigungsintegrierte Galvanisierung die Kapitalkosten für Lagerung und Transport von Materialien erheblich gesenkt werden können. Auch die kostenintensiven Arbeitsgänge, die zum Schutz der Oberfläche bei einer Fertigung an getrennten Standorten erforderlich sind, lassen sich dadurch vermeiden.

1.4 Galvanotechnik und ihre Schlüsselrolle

Die *Gütegemeinschaft Galvanotechnik e. V.* definiert die Galvanotechnik und ihre Aufgaben wie folgt [1.9]:

„Unter Galvanotechnik sind alle Verfahren zur Oberflächenbehandlung von Metallen und Nichtmetallen zu verstehen, die zur Herstellung metallischer Überzüge aus Elektrolytlösungen und Salzschmelzen unter Ausnutzung eines Transportes von Ionen und Elektronen dienen. Die Schichteigenschaften werden dabei durch Vorbehandlung [des Werkstücks], Galvanisieren und Nachbehandlung definiert eingestellt."

Die Galvanotechnik hat sich in wenigen Jahrzehnten von einer stark empirisch orientierten Beschichtungstechnik zu einer wissenschaftlich begründeten Schlüsseltechnologie entwickelt. Ihre Beschichtungsmethoden werden unter Berücksichtigung der Art, Zusammensetzung und Eigenschaften von Schichten systematisch entwickelt, wobei bestimmten Prozessparametern, wie beispielsweise der Abscheidungsgeschwindigkeit, dem Wirkungsgrad und dem Streuvermögen des Elektrolyten, besonderes Augenmerk gewidmet wird. Mit Hilfe dieser Methoden ist es möglich, reine Metall- oder Legierungsschichten von nahezu beliebiger Dicke abzuscheiden. Die Eigenschaften solcher metallischen Schichten unterscheiden sich in der Regel von denen der metallurgisch hergestellten Metalle und Legierungen. Die Gründe hierfür sind im mikroskopischen bzw.

Tab. 1.3: VICKERS-Mikrohärte (HV) verschiedener Metalle

Metall	Herstellungsverfahren	
	metallurgisch	galvanotechnisch
Cadmium	30	50
Chrom	350	1 000
Kobalt	200	500
Kupfer	50	150
Nickel	150	500
Zink	30	130
Zinn	10	10

Tab. 1.4: Galvanotechnisch erzeugte Schutzschichten und Überzüge

Art des Überzugs	Beispiele
Metallschichten	Chrom, Hartchrom Edelmetalle (Gold, Platin, Palladium, Rhodium, Silber) Kupfer Nickel Zink Zinn
Schichtkombinationen	Kupfer-Nickel Kupfer-Nickel-Chrom
Legierungsschichten	Gold-Kupfer-Cadmium Kupfer-Nickel-Chrom Nickel-Cadmium, Nickel-Kobalt, Nickel-Phosphor Zink-Kobalt, Zink-Eisen, Zink-Nickel Zinn-Blei, Zinn-Kobalt
Dispersionsschichten	Chrom + Aluminiumoxid Kobalt + Chromkarbid, Kobalt + Chromoxid (Nickel-Phosphor) + SiC, (Nickel-Phosphor) + Teflon
Umwandlungsschichten	Brünieren Chromatieren Phosphatieren
Anodisierschichten	Eloxieren von Aluminium Anodisieren von Magnesium Anodisieren von Titan
Galvanoformung	Eisen Kupfer Nickel, Nickel-Kobalt

submikroskopischen Gefügeaufbau solcher Metallschichten zu suchen (s. Abschnitt 2.2). Am Beispiel der VICKERS-Mikrohärte lässt sich dieser Sachverhalt deutlich demonstrieren. Aus den Angaben in Tab. 1.3 geht nämlich hervor, dass galvanotechnisch erzeugte Metallschichten durchweg härter sind als die auf metallurgischem Wege gewonnenen Metalle.

Die Galvanotechnik ermöglicht es ferner, Umwandlungsschichten (Konversionsschichten) zu erzeugen, Verbundsysteme aus Metall und nichtmetallischen Einlagerungen (Dispersionsschichten) abzuscheiden, partielle Beschichtungen (selektive Metallabscheidung) vorzunehmen, defekte Überzüge zu reparieren (Werkstückrecycling) und Teile mit kompliziert geformten Oberflächenprofilen anzufertigen (Galvanoformung). Aus der Fülle dieser Möglichkeiten sind in Tab. 1.4 nur einige wenige exemplarisch genannt.

1.4.1 Metallische Schichten

Die folgenden Ausführungen befassen sich exemplarisch mit den spezifischen Merkmalen einiger in Tab. 1.4 genannten metallischer Schichten und Überzüge und ihren Anwendungsgebieten.

1.4.1.1 Chromschichten

Galvanisch abgeschiedene Chromschichten zeichnen sich durch hohe Anlaufbeständigkeit, Härte und Verschleißfestigkeit sowie eine niedrige Reibungszahl und geringe Klebneigung aus. Mit einer Dicke von 0,2 bis 0,6 µm und einer Farbtönung von silberglänzend bis matt lassen sie sich zu dekorativen Zwecken verwenden. Dadurch sind spezielle Design-Effekte realisierbar. Neben dem bläulich-weißen Chrom verwendet man auch Schwarzchromschichten mit einer Dicke von 0,5 bis 2 µm für optische Geräte und Kameras.

Mit Hartchrom bezeichnet man hingegen einen Chromüberzug, der je nach Anforderung in einer Dicke von 10 bis 500 µm auf dem Bauteil aufgebracht wird. Durch Einsatz von hartverchromten Zylindern, Ventilen und Kolbenstangen von Diesellokomotiven ist es gelungen, die Abstände zwischen den Generalüberholungen von einigen 10 000 Kilometern auf über 1 Mio. Kilometer zu erhöhen [1.10]. Hartverchromte Teile werden ferner im Bergbau, in der Flugzeugindustrie, Hydraulik und Umformtechnik sowie für die Herstellung medizinischer und chirurgischer Instrumente verwendet.

1.4.1.2 Edelmetallschichten

Bereits hauchdünne Schichten aus Edelmetallen zeigen große Wirkung. Die galvanische Abscheidung von Edelmetallen spielt daher in der Elektrotechnik/Elektronik, Optik, Luft- und Raumfahrt sowie im chemischen Apparatebau eine besondere Rolle. Sie erlaubt, in speziellen Fällen eine partiell begrenzte Beschichtung, beispielsweise auf elektrischen Kontakten oder gestanzten Bändern, vorzunehmen, womit der Verbrauch von Edelmetall optimal gestaltet werden kann. Galvanisch versilberte Hochfrequenzleitungen, die den gleichen Zweck erfüllen wie massive Silberleitungen, stellen ein weiteres Beispiel dieser Art dar.

Die Edelmetallabscheidung bietet die Möglichkeit, Goldlegierungen unterschiedlicher Karätigkeit mit besonderen technologischen Eigenschaften zu erzeugen [1.10]. Solche Goldüberzüge können überall dort, wo die Gefahr der Metallallergie besteht, gute Dienste leisten. Dass sie zugleich den besten Korrosionsschutz darstellen, bedarf keiner besonderen Erwähnung. Palladiumschichten werden nicht nur für dekorative Zwecke, sondern besonders wegen ihrer guten Gleiteigenschaften und hohen Härte für Kontaktbauelemente und Steckverbindungen eingesetzt.

1.4.1.3 Nickelschichten

Nickelschichten finden ihren größten Einsatz im dekorativen Korrosionsschutz. So werden Armaturen, Teile von Fahrzeugen und Beleuchtungskörpern - um nur einige Beispiele zu nennen - mit Nickelschutzschichten versehen. Durch die Vernickelung von Kunststoffteilen können metallisches Aussehen, hohes Reflexionsvermögen und geringes Gewicht sinnvoll miteinander verbunden werden. Auch in der Galvanoformung spielen Nickelschichten wegen ihrer Härte, Verschleißfestigkeit und Korrosionsbeständigkeit eine große Rolle.

1.4.1.4 Zinkschichten

In der Automobilindustrie wird dem Schutz vieler tragender Teile vor Korrosion große Bedeutung beigemessen. Die Oberflächen dieser Teile werden deshalb verzinkt. Die anschließende Chromatierung[1] und Versiegelung in speziellen organischen oder an-

[1] Als Chromatieren bezeichnet man eine Gruppe von Verfahren, mit deren Hilfe Werkstücke mit einer chromhaltigen Schutzschicht versehen werden (Chromate sind Salze der Chromsäure H_2CrO_4). Die erzeugten Chromatschichten sind anorganische nichtmetallische Schutzschichten. Die häufigste Funktion von Chromatschichten ist der Korrosionsschutz, sie können aber auch zur Erzeugung eines Haftgrundes für nachfolgende Schichten eingesetzt werden.

organischen Lösungen dienen dazu, die Schutzwirkung der Zinkschicht zu erhöhen. Der so erreichte effektive Schutz vor Korrosion hat dazu geführt, dass die Zahl galvanisch verzinkter und nachbehandelter Teile am Kraftfahrzeug ständig zugenommen hat. Die optisch ansprechenden Chromatierungsschichten machen zudem eine Farblackierung der Stahlbauteile oft überflüssig.

1.4.1.5 Schichtkombinationen

Schichtsysteme aus Kupfer, Nickel und Chrom, die in der genannten Reihenfolge auf Gebrauchsteile aus Metall oder Kunststoff abgeschieden werden, haben sich als dekorativer Oberflächenschutz sehr bewährt und das ästhetische Design am Auto erst möglich gemacht. Darüber hinaus schützt eine solche Schichtkombination das metallische Bauteil gegen Korrosion und Verschleiß und verleiht dem Kunststoff Eigenschaften, die er nicht oder nur im begrenzten Umfang besitzt. Hierzu gehören: Kratzfestigkeit, Härte, Steifigkeit, Wärmebeständigkeit, elektrisch leitende Oberfläche und dekoratives Aussehen. Ferner lassen sich durch Einsatz galvanisierter Kunststoffe beachtliche Gewichtseinsparungen im Automobilbau erreichen. Besonders erwähnenswert ist in diesem Zusammenhang die Möglichkeit der Abschirmung (Shielding) von elektrischen und elektronischen Bauelementen und Maschinen gegen störenden Empfang oder die Abgabe von elektromagnetischen Wellen (Elektrosmog) durch die (partielle) Galvanisierung des Kunststoffgehäuses.

1.4.1.6 Legierungsschichten

Vielfach werden an die Oberfläche Anforderungen gestellt, die eine reine Metallschicht allein nicht erfüllen kann. In solchen Fällen werden die Oberflächen mit Legierungsschichten versehen. Schichten aus Gold-Kupfer-Cadmium-Legierung zeichnen sich z. B. durch ihre exzellente Korrosionsbeständigkeit aus. Nickel-Kobalt-Schichten finden wegen ihrer hohen Festigkeit Anwendung in der Galvanoformung zur Anfertigung von Fadenkreuzen und Zielfernrohren.

Durch chemisch abgeschiedene Nickel-Phosphor-Schichten mit Phosphorgehalten zwischen 8 bis 15 %, auch Chemisch Nickel genannt, erzielt man konturengetreue und planparallele Beschichtungen, die hohen Korrosions- und Verschleißwiderstand aufweisen und gut löt- bzw. schweißbar sind. Zinn-Kobalt-Schichten finden für dekorative Zwecke Anwendung [1.10, 1.23]. Schichten aus Zink-Kobalt, Zink-Eisen und Zink-Nickel zeichnen sich durch ihre hervorragende Schutzwirkung gegen Korrosion aus und werden zunehmend als Korrosionsschutzschichten in der Automobil- und Bauindustrie sowie in Haushaltswaren eingesetzt.

1.4.1.7 Dispersionsschichten

Diese aus Metall und Festkörperpartikeln bestehenden Schutzschichten zeichnen sich durch ihre hervorragenden Verschleiß- und Notlaufeigenschaften aus. Nickelschichten mit 8-10 Vol.-% Siliziumkarbid werden zur Erhöhung der Lebensdauer von Motoren, beispielsweise in Baumsägen, eingesetzt. Sie fanden auch zur Innenbeschichtung von Leichtmetallzylindern für Verbrennungsmotoren Anwendung, werden jedoch seit einiger Zeit durch andere Schichtsysteme ersetzt. Dispersionsschichten aus Kobalt-Chromkarbid werden zur Beschichtung von Verschleißteilen für Flugzeugturbinen, die bis zu 800 °C Dauerbelastung aushalten müssen, eingesetzt. Chromschichten mit Al_2O_3-Einlagen werden zur Herstellung von Kolbenringen von Dieselmotoren verwendet. Monokristalline Diamanten, die elektrolytisch in Nickel eingebettet werden, fungieren als Schneidekanten in Werkzeugen, wie Bandsägen, Schleifscheiben oder Dentalbohrern [1.11].

1.4.1.8 Umwandlungsschichten

Die infolge chemischer Reaktion der Schicht mit speziellen Lösungen auf der Oberfläche entstehenden Umwandlungs- oder Konversionsschichten, zu denen beispielsweise die Chromatschichten gehören, erhöhen die Korrosionsbeständigkeit des Bauteils. Von dieser Möglichkeit wird insbesondere bei Schichten aus Zink und seinen Legierungen Gebrauch gemacht. Die aus sehr dünnen Deckschichten bestehenden Chromatschichten können transparent oder blau, gelb, oliv bzw. schwarz sein und so die unterschiedlichsten dekorativen Zwecke erfüllen. Sie stellen zugleich einen exzellenten Haftgrund für organische Beschichtungen dar, die sich wiederum sehr gut einfärben lassen. So lässt sich z. B. die optische Kennzeichnung einzelner Baugruppen wesentlich effektiver gestalten. Bei Aluminium und seinen Legierungen finden spezielle Chromatierungs-Phosphatierungs[2]-Mischungen Anwendung.

1.4.1.9 Anodisierschichten

Die Verschleißfestigkeit und Korrosionsbeständigkeit von Teilen aus Aluminium und seinen Legierungen lassen sich durch anodische Oxidation der Oberfläche (Eloxieren) wesentlich verbessern [1.12]. Die dabei entstehenden so genannten *Eloxal*schichten (*el*ektrolytische *Ox*idation von *Al*uminium) mit einer Dicke von 5 bis 25 µm eignen sich zudem hervorragend zum Einfärben. Die Farbstoffpartikel, die in die Poren der Eloxal-

---

[2] Als Phosphatieren (Phosphate sind Salze der ortho-Phosphorsäure H_3PO_4) bezeichnet man ein Verfahren zur Vorbehandlung von Feinblechoberflächen vor dem Lackieren. Hierdurch werden zum einen die Haftfestigkeit der Lackschicht und zum anderen auch der Korrosionsschutz verbessert. Die gebräuchlichsten Verfahren für Stahl sind die Zinkphosphatierung und die Alkaliphosphatierung.

schicht eindringen, können auf der Aluminiumoberfläche lichtechte bis dunkelbraune bzw. schwarze Farbtönungen erzeugen. Den gleichen Effekt erreicht man auch durch die Behandlung der Aluminiumteile in selbstfärbenden Anodisierelektrolyten oder mit Metallpartikeln, die elektrolytisch in den Poren der Anodisierschicht abgeschieden werden [1.10]. Einsatzgebiete von eloxierten Teilen sind u. a.: Bauindustrie, Luft- und Raumfahrt, Elektro- und Computerindustrie, Optik und Medizintechnik.

1.4.1.10 Galvanoformung

Metallteile mit komplizierten Formen und Oberflächenstrukturen können mit Hilfe einer speziellen Technik, die als Galvanoformung bekannt ist, hergestellt werden [1.5, 1.13]. Die Dimensionen reichen dabei von Werkzeugen zum Herstellen von Mikro-Präzisionsteilen, beispielsweise Kronenräder in Armbanduhren, bis hin zu großflächigen Automobil- und Flugzeugteilen sowie Raketenbrennkammern mit Kühlkanälen. Zu diesem Zweck werden Modelle aus Wachs, Gips, Kunststoff oder Metall als Negativ des Teiles angefertigt und mit einer ausreichend dicken Metallschicht galvanisch beschichtet. Der verwendete Elektrolyt muss ein gutes Streuvermögen besitzen, damit sich das Metall in allen Vertiefungen und Ecken des Modells abscheiden kann (s. Abschnitt 3.4.1.5.4). Nur so lässt sich eine exakte Abformung der Oberfläche anfertigen. Danach wird das galvanogeformte Teil vom Modell getrennt und weiter bearbeitet. Weitere Anwendungsgebiete der Galvanoformung sind u. a. der Maschinenbau, die graphische Industrie und die Dentaltechnik.

1.4.2 Anwendungsgebiete

Die bisherigen Ausführungen haben deutlich gemacht, dass die Galvanotechnik eine ganze Reihe von Fertigungsverfahren erleichtert oder überhaupt erst möglich macht. Galvanotechnisch erzeugte Schichten und Überzüge besitzen, ihrem Verwendungszweck entsprechend, bestimmte Eigenschaften und sind in der Lage, unterschiedlichste Anforderungen ästhetischer oder technischer Art zu erfüllen. So können sie die Lebensdauer und die Wartungsintervalle von Bauteilen, Maschinen und Anlagen um ein Vielfaches verlängern. Die in Tab. 1.5 zusammengestellten Angaben bezüglich Härte, Verschleiß und Reibungskoeffizienten einiger galvanisch oder chemisch abgeschiedener Schichten sollen dies dokumentieren [1.20].

Tab. 1.6 fasst die wichtigsten Eigenschaften galvanotechnisch erzeugter Schichten zusammen und zeigt Beispiele für ihre praktische Umsetzung in verschiedenen Industriebereichen [1.14].

Tab. 1.5: Härte, Verschleißwiderstand und Reibungskoeffizienten galvanisch bzw. chemisch abgeschiedener Schichten

Schicht	Abscheiderate [µm/min]	VICKERS-Mikrohärte HV	Verschleiß [$mg \cdot 10^{-3}$][4)]	Reibungs-koeffizient
Hartchrom	0,6-0,8	800-1 100	0,9	0,15-0,18
Nickel[1)]	1-10	200-450	4-5	0,4-0,6
Ni + PFTE[2)]	1-2	300	4-5	0,15-0,3
Ni + SiC	2-5	400-500	0,4-0,6	0,5-0,7
Nickel[3)]	0,3	400-(700)	(2)-4	0,3-0,4
Ni + P + PTFE[2)]	0,05-0,8	300-(700)	(0,7)-3	0,1-0,2
Ni + P + SiC	< 0,3	500-(> 1 000)	(0,2)-0,4	0,5-0,7
Ni + P + Co	1-2	700-(1 200)	2-3	0,1-0,15

1) Galvanisch abgeschieden
2) Polytetrafluorethylen
3) Chemisch abgeschieden
4) Mit Taber-Abraser ermittelt
Zahlenangaben in (...) bedeuten: nach der Wärmebehandlung

Die Fallbeispiele in Tab. 1.6 dokumentieren die Tatsache, dass es mit Hilfe galvanotechnischer Beschichtungsverfahren möglich ist, die spezifischen Merkmale und Eigenschaften eines Werkstoffes mit denen einer geeigneten Schicht sinnvoll zu kombinieren und so eine zweckentsprechende Aufgabenteilung zwischen den einzelnen Bestandteilen des Verbundsystems Bauteil/Schicht vorzunehmen. Während beispielsweise dem Grundwerkstoff die Aufgabe zufällt, die hinsichtlich mechanischer Eigenschaften an das Bauteil gestellten Anforderungen zu erfüllen, wird die Schicht für ausreichende Korrosionsbeständigkeit, Härte und Verschleißfestigkeit und den gewünschten Oberflächenglanz aufkommen. Damit wird zugleich eine Differenzierung zwischen funktionellen und dekorativen Aufgaben der Schicht vorgenommen. Dementsprechend spricht man häufig von funktioneller bzw. dekorativer Galvanotechnik.

Ziel der funktionellen Galvanotechnik soll demnach sein, korrosions- und verschleißfeste Schichten oder solche mit günstigen Gleit- und Notlaufeigenschaften bzw. guter Löt- und Schweißbarkeit zu erzeugen. Auf das Aussehen soll es dabei weniger ankommen, da solche Schichten u. U. einer mechanischen Nachbearbeitung unterworfen werden müssen.

Bei der dekorativen Oberflächenveredlung steht hingegen die Forderung nach ästhetischem Aussehen der Oberfläche im Vordergrund. Es wird lediglich eine hinreichend gute Haftung der Schicht zum Grundwerkstoff gefordert.

Tab. 1.6: Eigenschaften und Anwendungsbeispiele galvanotechnisch erzeugter Schichten

Schichteigenschaft	Anwendungszweck	Beispiel
Optische Eigenschaften		
Farbe	Ästhetisches Aussehen	Vermessingte Möbelbeschläge und Leuchten
Glanz	Dekoratives Aussehen/ Reflexionsvermögen	Verchromte Armaturen, versilberte Spiegel
Physikalische Eigenschaften		
Elektrische Leitfähigkeit	Leitung des elektrischen Stroms auf der Oberfläche	Kupfer-Leiterbahnen auf gedruckten Schaltungen
Thermische Leitfähigkeit	Verbesserte Wärmeübertragung auf der Oberfläche	Verkupferte Böden von Töpfen für Elektroherde
Magnetische Leitfähigkeit	Hohe Koerzitivfeldstärke	Kobalt-Nickel-Legierungen auf Magnetspeichern
Chemische Eigenschaften		
Chemische Beständigkeit	Schutz gegen Chemikalien	Blei-Zinn-Schichten als Ätzresist bei gedruckten Schaltungen
Korrosions-beständigkeit	Schutz gegen Korrosionsangriff	Zink und Zinklegierungen auf Stahlteilen
Mechanische Eigenschaften		
Duktilität	Verbesserung der plastischen Verformbarkeit	Verkupferte Bohrlöcher bei Multilayer-Leiterplatten
Härte	Verbesserung des adhäsiven Verschleißes	Nickel-Phosphor-Schichten in der Bergbauindustrie
Technologische Eigenschaften		
Gleitfähigkeit	Verbesserung der Trockengleiteigenschaften	Blei-Zinn-Kupfer-Schichten für Gleitlager
Haftfähigkeit	Verbesserung der Haftung	Messingschichten auf Reifeneinlegedraht
Lötbarkeit	Löten ohne aggressive Flussmittel	Zinn-Blei-Schichten auf Leiterbahnen gedruckter Schaltungen
Schmierfähigkeit	Verbesserung der Verformbarkeit	Verkupfern beim Drahtziehen
Verschleißfestigkeit	Erhöhung der Lebensdauer	Hartverchromte Werkzeuge
Zerspanbarkeit	Formgebung durch spanabhebendes Bearbeiten	Kupferschichten auf Tiefdruckzylindern

Angesichts der stetig steigenden Ansprüche der modernen Industriegesellschaft im Hinblick auf technologischen Fortschritt und ihres sich ständig wandelnden Modebewusstseins erscheint allerdings die Unterscheidung zwischen funktioneller und dekorativer Galvanotechnik zumindest in einigen Bereichen fehl am Platz zu sein. Worauf es aber letzten Endes ankommt, ist die optimale Abstimmung der Eigenschaften von Bauteil und Schicht unter Berücksichtigung ökonomischer und ökologischer Aspekte.

1.5 Anforderungen an die Galvanotechnik

Die bisherigen Überlegungen haben deutlich gemacht, dass es kaum einen Industriebereich gibt, der ohne Einsatz galvanotechnisch beschichteter Teile auskommen kann. Solche Teile werden u. a. in der Architektur, in der Textil- und Möbelindustrie, im Maschinen- und Flugzeugbau, in der Luft- und Raumfahrt sowie in der Elektro- und Elektronikindustrie benötigt und finden auch zunehmend Anwendung in der Feinwerk- und Medizintechnik. Ihr Einsatz in optischen Geräten und Haushaltswaren sowie in der Sport- und Campingindustrie, aber auch in der Modebranche ist zu einer Selbstverständlichkeit geworden. Es ist also nicht zu übersehen, dass die Galvanotechnik wie kaum ein anderer Industriezweig nicht nur im technischen Bereich, sondern auch in unserem alltäglichen Leben mit unterschiedlichem Grad an Wahrnehmbarkeit Eingang gefunden hat. Sie hat nicht nur bestehende Produkte verändert, sondern völlig neue Produktgruppen hervorgebracht und dadurch alle Branchen beeinflusst, die für ihre spezifischen Problemlösungen auf sie zurückgreifen.

Die Galvanotechnik ist zweifellos eine Basis- bzw. Grundlagentechnologie - oder wie es im Englischen heißt, eine *enabling technology* - und wird es auch in der Zukunft bleiben. Ihre Omnipräsenz birgt allerdings die Gefahr in sich, dass die Anforderungen an sie nicht immer den realen Gegebenheiten Rechnung tragen, wie im Folgenden gezeigt wird.

1.5.1 Qualität und Wirtschaftlichkeit

Hinsichtlich Qualität und der damit verbundenen wirtschaftlichen Überlegungen werden seitens der Konstrukteure und Ingenieure Anforderungen an die galvanotechnisch erzeugten Schichten gestellt, die im Wesentlichen wie folgt zusammengefasst werden können [1.15, 1.16]:

- Möglichst geringe und gleichmäßige Dicke
- Glatte Oberfläche
- Kompakter und feinkörniger Gefügeaufbau

- Hohe Haftung zum Grundwerkstoff
- Hohe Korrosionsbeständigkeit
- Frei von inneren Spannungen
- Ausreichende Duktilität
- Hohe Härte und Festigkeit
- Hoher Verschleißwiderstand
- Konstante und niedrige Reibungszahl

Diese Eigenschaften sollen zudem gezielt einstellbar und reproduzierbar sein. Die Konsequenz dieser Anforderungen läuft darauf hinaus, dass die Eigenschaften der Schichten in weiten Grenzen beeinflussbar sein müssen. So wird erwartet, dass beispielsweise Kupferschichten für Anwendungen in der Elektrotechnik und Elektronik hohe elektrische Leitfähigkeiten besitzen, als Beschichtungsmaterial für Druckwalzen jedoch hohe Härte aufweisen. Häufig werden Kombinationen von zwei oder mehreren Eigenschaften gefordert, wie z. B. hohe Korrosionsbeständigkeit und großen Verschleißwiderstand. Nicht selten kommt es auch vor, dass Kombinationen von Eigenschaften verlangt werden, die ihrem Wesen nach entgegengesetzt gerichtet sind, wie etwa hohe Zugfestigkeit bei gleichzeitiger hoher Duktilität. In allen Fällen wird von den aufgebrachten metallischen Überzügen auch erwartet, dass sie die ihnen zugedachten dekorativen und funktionellen Aufgaben während der ganzen Einsatzdauer erfüllen.

Weitere Wünsche der Konstrukteure und Ingenieure an die Adresse der Galvanotechnik finden ihren Ausdruck in den folgenden Formulierungen:

- Es sollen möglichst keine Anforderungen an den Grundwerkstoff, an die konstruktive Gestaltung des Bauteils und an die Fertigung bzw. Verbindungstechnik gestellt werden.
- Die Eigenschaften des Konstruktionswerkstoffs dürfen beim Beschichten keinerlei Veränderungen erfahren.
- Die Maßgenauigkeit des Bauteils soll erhalten bleiben.
- Reparaturen am beschichteten Bauteil sollten problemlos durchführbar sein.
- Die Beschichtung und Lieferung sollen schnellstens und äußerst kostengünstig gestaltet werden.

Bei allem Verständnis für diese Forderungen und Wünsche müssen sich Konstrukteure und Ingenieure, wie auch Galvaniseure darüber im Klaren sein, dass die Schichteigenschaften durch zahlreiche Faktoren beeinflusst werden [1.17]. Hierzu gehören u. a. die Art und Natur des Grundwerkstoffs, die Beschaffenheit der Oberfläche des daraus hergestellten Bauteils, die Reinigung und Vorbehandlung der Bauteiloberfläche, die Zusammensetzung des Abscheidungselektrolyten, die Abscheidungsbedingungen und schließlich die mechanische, thermische oder chemische Nachbehandlung des Verbundsystems Bauteil/Schicht.

Ausgehend von der Tatsache, dass zwischen Grundwerkstoff und Schicht vielfältige atomare Wechselwirkungen stattfinden, kommt dem Zustand und der Qualität der Oberfläche des Grundwerkstoffes eine besondere Bedeutung zu. Sie muss chemisch und physikalisch homogen sein, weder Poren oder Risse besitzen noch Dopplungen, Schrumpfungen oder Lunker aufweisen. Bei nichtmetallischen Werkstoffen muss die Oberfläche noch aktivierbar sein.

Ebenso von entscheidender Bedeutung ist die konstruktive Gestaltung des zu beschichtenden Bauteils. Im Fachjargon spricht man von „galvanisiergerechter" Konstruktion [1.1, 1.5, 1.18, 1.19]. Damit sind - über die richtige Auswahl des Grundwerkstoffes hinaus - alle gestalterischen und konstruktiven Maßnahmen gemeint, die eine optimale Beschichtung erst möglich machen. Aus diesem Blickwinkel betrachtet, lassen sich die „Gegenforderungen" der Galvanotechnik an Konstrukteure und Ingenieure wie folgt formulieren:

- Exponierte Stellen, wie Kanten, Ecken und Profile, möglichst galvanisiergerecht gestalten.
- Konstruktive Vorkehrungen treffen, damit die bei der Galvanisierung entstehenden Gase ungehindert entweichen können.
- Sicherstellen, dass die Behandlungslösungen von der Bauteiloberfläche abtropfen können.
- Die Konstruktion so auslegen, dass die beschichteten Flächen spangebend nachgearbeitet werden können.
- Bauteile möglichst aus artgleichen Werkstoffen zusammensetzen.
- Die miteinander zu vernietenden Teile vor dem Vernieten galvanisieren lassen.
- Bei Lötverbindungen berücksichtigen, dass sie sich nur unter erhöhtem Aufwand galvanisieren lassen.
- Schweißverbindungen so gestalten, dass die Schweißnähte und ihre thermisch beeinflussten Nachbarzonen nachgearbeitet werden können.
- Rohre und andere Hohlprofile, die nur außen galvanisiert werden müssen, nicht mit nach innen offenen Spalten versehen.
- Massenartikel so konstruieren, dass sie beim Galvanisieren in Trommeln oder Glocken nicht ineinander verhaken oder miteinander verkleben.

Konstrukteure und Ingenieure müssen darüber informiert werden, dass ungünstig gestaltete Werkstücke und Bauteile nicht nur zu einer ungleichmäßigen Schichtdickenverteilung Anlass geben, sondern auch zu Unregelmäßigkeiten in der Schichtoberfläche führen. Diese können beim Einwirken thermischer, mechanischer oder chemischer Beanspruchungen aufreißen, wodurch das Bauteil an den ungeschützten Stellen den schädigenden Umwelteinflüssen ausgesetzt wird. Dass dies eine starke und nicht immer voraussehbare Beeinträchtigung der Funktionalität des Verbundsystems Bauteil/Schicht zur Folge haben kann, braucht nicht besonders betont zu werden.

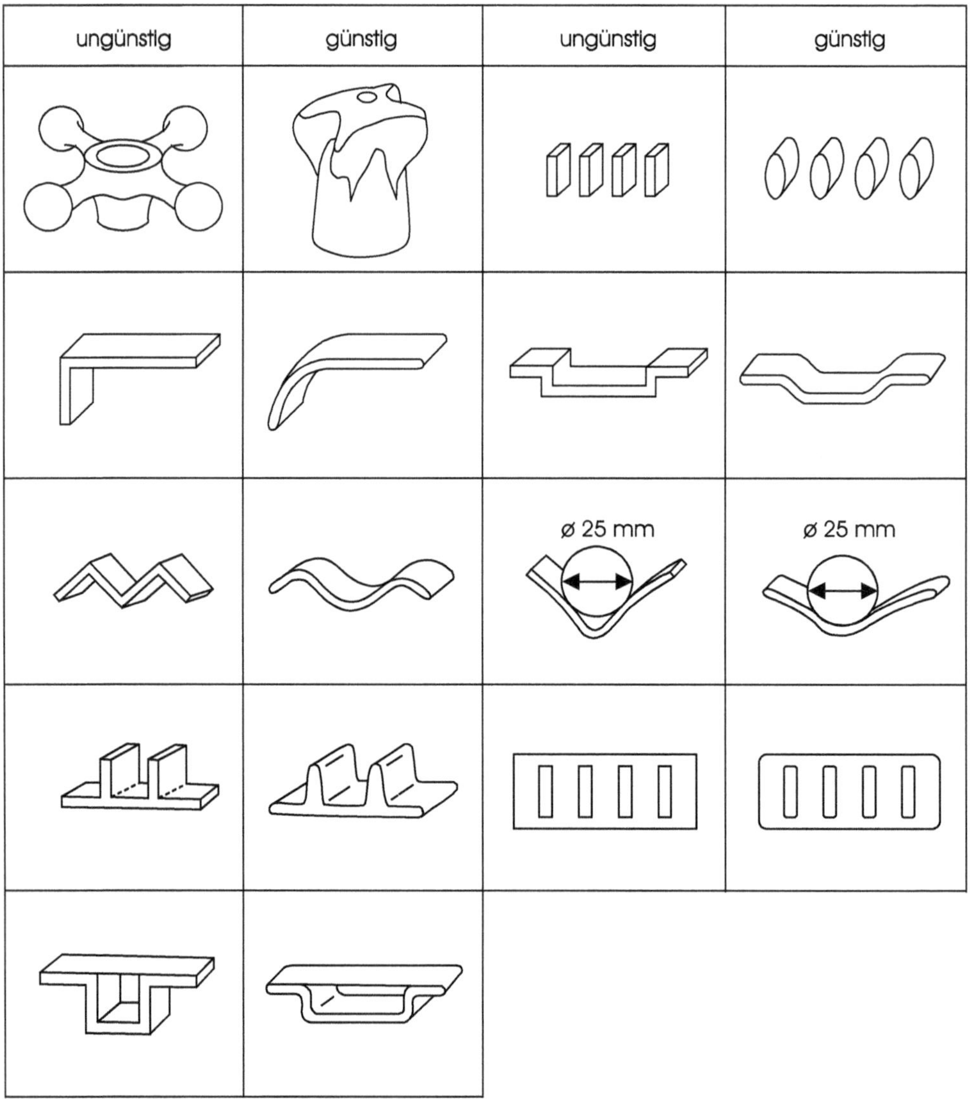

Abb. 1.2: Gegenüberstellung von „ungünstiger" und „günstiger" Konstruktion von Werkstücken und Bauteilen [1.18]

Abb. 1.2 zeigt einige Beispiele, die den Unterschied zwischen „ungünstiger" und „günstiger" Gestaltung von Bauteilen verdeutlichen.

Diese Beispiele machen deutlich, wie wichtig es ist, die konstruktive Bauteilgestaltung bereits in der Planungsphase an die Bedingungen einer optimalen Beschichtung anzupassen. Dabei sollte stets der Grundsatz beachtet werden, dass sich die Funktionalität eines Verbundsystems aus der Verknüpfung der Werkstoffeigenschaften, der konstruktiven Gestaltung des Bauteils und den Eigenschaften der Schicht ergibt.

1.5.2 Ökologie und Umwelt

Aufgabe der Galvanotechnik ist es, die Oberflächen von Bauteilen, Werkzeugen, Gebrauchsgegenständen und Massenartikeln kostengünstig und zweckentsprechend mit metallischen Überzügen zu versehen, um sie vor den schädigenden äußeren Einflüssen zu schützen, ihre Funktionstüchtigkeit sicherzustellen und ihre Lebensdauer zu erhöhen.

Durch die kontinuierliche Optimierung galvanotechnischer Beschichtungsverfahren sind bereits beachtliche Erfolge in dieser Hinsicht erzielt worden. Das reicht aber nicht; die Galvanotechnik muss weiterhin alle Anstrengungen aufbieten, um diese Aufgabe so weit wie möglich umweltschonend und unter Berücksichtigung ökologischer Aspekte zu erledigen. Hierzu gehören einerseits der sparsame Umgang mit Rohstoffen und Energie und andererseits die Beseitigung von anfallenden Abfallprodukten. Die Galvanobetriebe sind daher in aller Regel mit speziellen Anlagen und Verfahren ausgerüstet, die eine Rückgewinnung von Wertstoffen, Chemikalien und Wasser sowie die Beseitigung der Schadstoffe in Abluft und Abwässern ermöglichen. Die Installation und das Betreiben solcher Anlagen erfordern zwar zusätzliche und u. U. beachtliche Investitionen, sind jedoch zwingend notwendig.

Durch die Entwicklung und Einführung abstoffarmer Technologien und progressiver Spültechniken ist es gelungen, den für die Rückgewinnung von Wertstoffen und die Reinigung von Abluft und Abwasser erforderlichen Arbeits- und Energieaufwand stark herabzusetzen [1.4]. Des Weiteren sind Bemühungen im Gange, mehr denn je komplexbildnerfreie Elektrolyte mit niedrigeren Metallionen-Konzentrationen einzusetzen und die benötigten Mengen an Spülwässern möglichst gering zu halten.

Ein zukunftsweisender Weg in diese Richtung scheint der so genannte prozessintegrierte Umweltschutz zu sein. Dabei handelt es sich um eine Technologie, die es ermöglichen soll, die Ursachen der Umweltbelastung durch die effektive Senkung der Stoffverluste bereits am Entstehungsort zu beseitigen, statt die umweltschädigenden Wirkungen im

Nachhinein zu begrenzen zu versuchen [1.21, 1.22]. Diese als stoffverlustminimierte Prozesstechnik bekannt gewordene Arbeitsweise soll ferner helfen, die ökonomischen und ökologischen Primärmaßnahmen in den Produktionsprozess zu integrieren und dadurch weitgehend geschlossene interne Stoffkreisläufe zu schaffen. Wichtigstes Ziel dabei soll es sein, die interne Stoffkreislaufschließung und die externe Abfallverwertung so zu optimieren, dass neben der Umweltverträglichkeit, Prozesssicherheit und Qualitätssicherung auch eine effektive Kostensenkung erreicht werden kann.

Literaturverzeichnis

[1.1] *Czichos, H.*: „Konstruktionselement Oberfläche", Konstruktion 37 (1985), Heft 6, 219-227

[1.2] *Haefer, R. A.*: „Oberflächen- und Dünnschicht-Technologie, Teil I und II", Springer-Verlag Berlin, 1987

[1.3] *Bode, E.*: „Funktionelle Schichten", Hoppenstedt Technik Tabellen Verlag Darmstadt, 1989

[1.4] Autorenkollektiv: „Galvanotechnisches Fachwissen", VEB Deutscher Verlag für Grundstoffindustrie Leipzig, 1982

[1.5] *N. N.*: „Taschenbuch für Galvanotechnik, Bd. 1 Verfahrenstechnik", 13. Auflage, LPW-Chemie GmbH Neuß, 1988

[1.6] *N. N.*: „Korrosionsschutz von Stahlteilen durch galvanisches Verzinken", Informationsschrift der Arbeitsgemeinschaft der Deutschen Galvanotechnik (AGG) Düsseldorf

[1.7] *Kreisel, R.*: „Galvanische Anlagen und Ausrüstungen" in „Technologie der Galvanotechnik", herausgegeben von *B. Gaida und K. Aßmann*, Eugen G. Leuze Verlag Saulgau/Württ., 1996

[1.8] *Mollath, G.*: „Kriterien für fertigungsflussintegrierte Oberflächentechnik", Galvaniktagung Oberflächentechnik - Wirtschaftliche Perspektive, Berlin, Mai 1997

[1.9] *Gütegemeinschaft Galvanotechnik e. V.*: „Gütesicherung in der Galvanotechnik", Eugen G. Leuze Verlag Saulgau/Württ., 1987, 2/2

[1.10] *Metzger, W.*: „Galvanisierenbietet heute viele Möglichkeiten, teure Metalle einzusparen", Sonderdruck aus Maschinenmarkt, Heft 6 (1982), 2-5

[1.11] *Metzger, W.*: „Wichtige Verfahren zur galvanischen Veredelung von Oberflächen", Sonderdruck aus Maschinenmarkt, Heft 25 (1982), 6-8

[1.12] *N. N.*: „Oberflächenschutz und attraktive Optik durch Eloxal", Informationsschrift der Arbeitsgemeinschaft der Deutschen Galvanotechnik (AGG) Düsseldorf

[1.13] *N. N.*: Galvanoformung Informationsschrift der Arbeitsgemeinschaft der Deutschen Galvanotechnik (AGG) Düsseldorf

[1.14] *Autorenkollektiv*: „Praktische Galvanotechnik", 4. Auflage, Eugen G. Leuze Verlag Saulgau/Württ., 1984

[1.15] *Illgner, K. H.*: „Forderungen des Ingenieurs an die Galvanotechnik", Galvanotechnik 71 (1980), Nr. 5, 452-457

[1.16] *Merz, H.*: „Anforderungen an die Oberflächen-Veredlung", Oberflächen Werkstoffe, Nr. 1-2 (1995), 8-9

[1.17] *Dini, J. W.*: „Electrodeposition", Noyws Publications Park Ridge (USA), 1993, 2

[1.18] *Simon, H., Thoma, M.*: „Funktionelle Bauteiloberflächen durch angewandte Galvanotechnik", Konstruktion 37 (1985) 6, S. 235-214

[1.19] *N. N.*: „Galvanisiergerechtes Konstruieren", Informationsschrift der Arbeitsgemeinschaft der Deutschen Galvanotechnik (AGG) Düsseldorf

[1.20] *Fuchs, R. und Paulet, J.-F.*: „Ökonomisch und ökologisch vertretbare Verschleißschutzschichten auf Aluminium-Formteilen", Praxis-Forum Tagung Oberflächentechnik „High-Tech-Finishing", TCI Verlag GmbH Berlin, 1992

[1.21] *Fischwasser, K.*: „Galvanotechnik 2001", Metalloberfläche 52 (1998) 6, 446-447

[1.22] *Fischwasser, K., Blittersdorf, R. und Schwarz, R.*: „Stoffverlustminimierte Prozesstechnik - Eine Systemlösung in der Galvanotechnik und Metallchemie", Metalloberfläche 51 (1997) 5, 338-342

[1.23] *Kanani, N.*: „Chemische Vernicklung Nickel-Phosphor-Schichten, Herstellung, Eigenschaften, Anwendungen", 1. Auflage, Eugen G. Leuze Verlag Saulgau/Württ., 2007

2 Galvanisierbare Werkstoffe

2.1 Einleitung

Werkstücke, Bauteile und Gebrauchsgegenstände, die galvanotechnisch beschichtet werden, sind in der Regel metallischer oder nichtmetallischer Natur. Stähle (Eisenlegierungen) und Nicht-Eisenlegierungen (NE-Metalle) gehören zu der erstgenannten Kategorie von Werkstoffen, während Kunststoffe und Keramiken Beispiele für die letztgenannte Materialgruppe darstellen.

Unabhängig von der Natur des Werkstoffes ist eine sorgfältige Reinigung bzw. Vorbehandlung der Bauteiloberfläche eine unerlässliche Voraussetzung für die Herstellung eines Verbundsystems aus Bauteil und Schicht mit optimalen und auf die Erfordernisse der Praxis abgestimmten Eigenschaftsprofilen. Dabei ist zu berücksichtigen, dass die Reinigungs- und Vorbehandlungsmaßnahmen materialspezifisch und von Fall zu Fall unterschiedlich zu gestalten sind. Hier soll jedoch auf diese Thematik nicht näher eingegangen, sondern auf die einschlägige Fachliteratur verwiesen werden.

Ausgehend von der Erkenntnis, dass der zu beschichtende metallische oder nichtmetallische Werkstoff die Eigenschaften der Schicht weitgehend beeinflussen kann, ist es notwendig, sich mit dem atomaren Aufbau der Metalle und ihrer Legierungen bzw. der molekularen Struktur der Kunststoffe näher zu beschäftigen. In Anbetracht der Tatsache, dass es sich bei den galvanotechnisch aufgebrachten Überzügen um metallische Schichten handelt, soll hier der Beschreibung des Aufbaus metallischer Werkstoffe größere Aufmerksamkeit gewidmet werden.

2.2 Metalle

Bei den metallischen Werkstoffen, die zur Herstellung von Erzeugnissen unterschiedlichster Art verwendet werden, handelt es sich nur in den seltensten Fällen um reine Metalle. In aller Regel verwendet man Legierungen, d. h. Werkstoffe, die aus zwei oder mehreren Metallen bestehen und oft auch nichtmetallische Bestandteile enthalten. Der Grund liegt darin, dass häufig nur Legierungen die in der Praxis geforderten mechanischen und chemischen Eigenschaften besitzen. Im Folgenden soll zunächst auf reine Metalle und deren atomaren Aufbau und im Anschluss daran auf die besonderen Charakteristika der Legierungen eingegangen werden.

2.2.1 Aufbau (Fernordnung)

Metalle sind polykristalline Werkstoffe, d. h. sie bestehen aus einer Vielzahl kleiner Kristalle, die nur in den seltensten Fällen ideal und perfekt aufgebaut und frei von atomaren Gitterbaufehlern sind. Diese so genannten Realkristalle werden als Kristallite oder Körner bezeichnet. Abb. 2.1 zeigt exemplarisch eine im Rasterelektronenmikroskop (REM) angefertigte Aufnahme solcher Kristallite (Körner) am Beispiel von Aluminium.

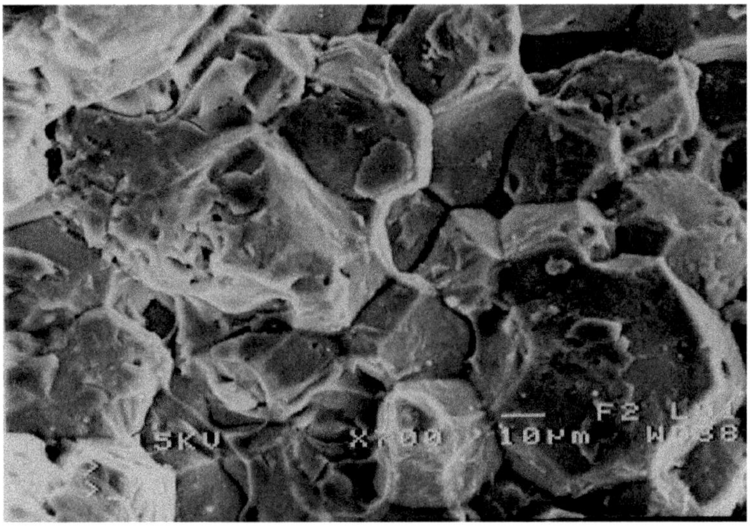

Abb. 2.1: Aluminiumkristallite (REM-Aufnahme)

Zu erkennen sind Kristallite unterschiedlicher Größe, die durch Korngrenzen voneinander getrennt sind. Ähnliche Kristallite sind in Abb. 2.2 zweidimensional und schematisch dargestellt. Die Kristallite sind unterschiedlich orientiert und durch Korngrenzen gegeneinander abgegrenzt. Die schwarzen Punkte repräsentieren die Mittelpunkte der Metallatome, die innerhalb der einzelnen Kristallite gitterartig streng angeordnet sind.

Kennzeichnend für (ideale) Kristalle ist die strenge und regelmäßige Anordnung ihrer Atome, die sich über viele interatomare Abstände erstreckt. Man spricht von Fernordnung und meint damit die geordnete Aneinanderreihung der Atome über makroskopische Bereiche hinweg. Abb. 2.3 zeigt beispielsweise die regelmäßige räumliche Anordnung der Atome in dem so genannten kubisch-primitiven Kristallgitter. Kubisch-primitiv soll in diesem Kontext bedeuten, dass die Metallatome an den Ecken eines Kubus angeordnet sind. Der interatomare Abstand a, der sich bei den meisten Metallen zwischen 0,25 und 0,5 nm bewegt, wird als Gitterkonstante bezeichnet.

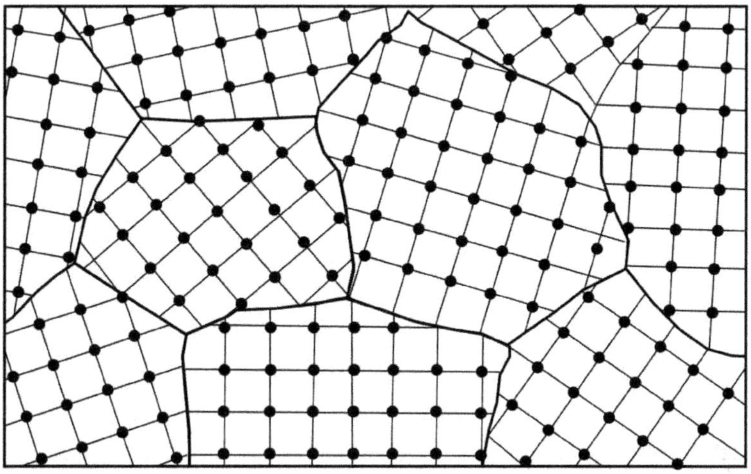

Abb. 2.2: Schematische Darstellung des Aufbaus eines polykristallinen Metalls

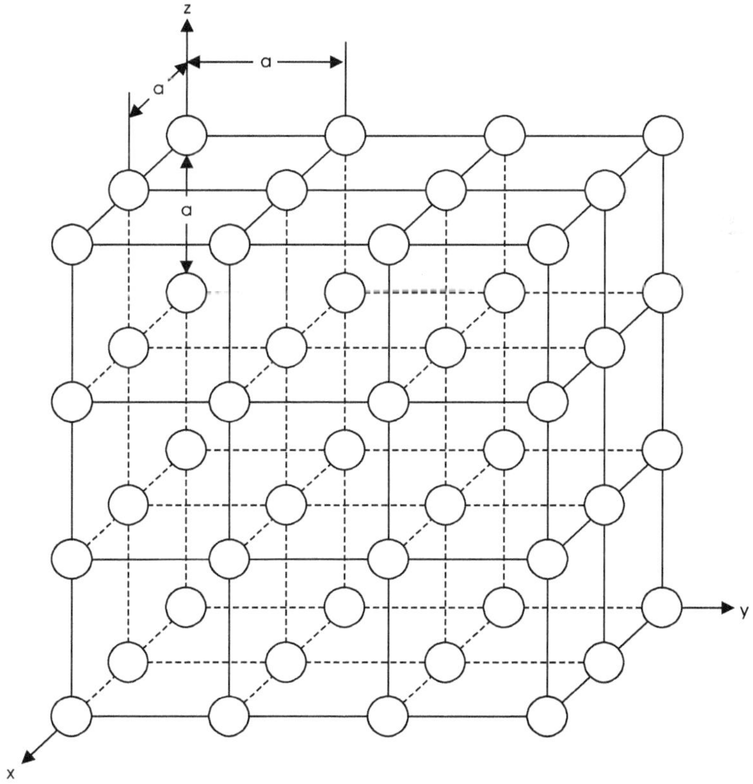

Abb. 2.3: Räumliche Anordnung der Atome in einem idealen kubisch-primitiven Kristall mit der Gitterkonstante *a*

Sind die Gitterkonstanten entlang der drei Raumkoordinaten x, y und z unterschiedlich und betragen a, b und c, dann erhält man das in Abb. 2.4 wiedergegebene Raumgitter.

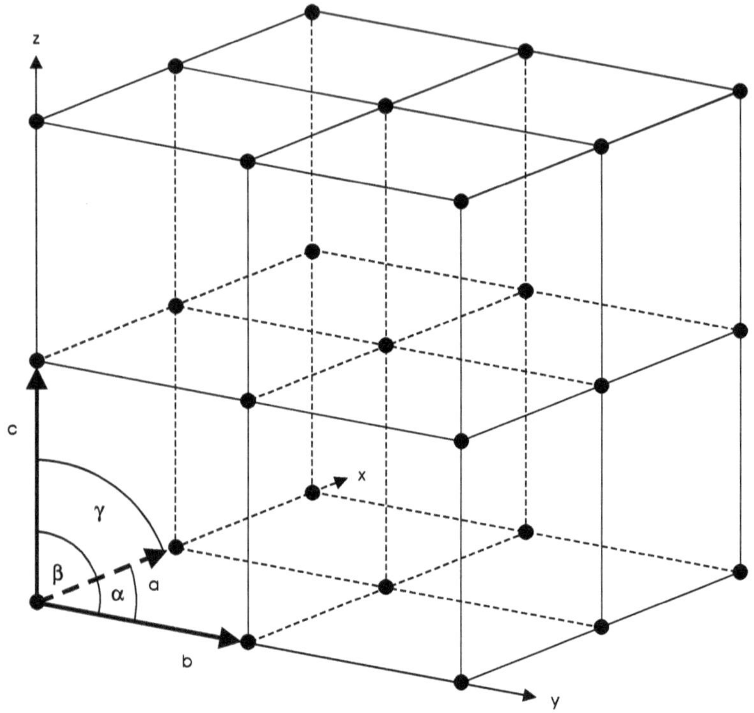

Abb. 2.4: Räumliche Anordnung der Atome in einem ideal aufgebauten Kristall mit unterschiedlich Gitterkonstanten *a*, *b* und *c* und den Raumwinkeln α, β und γ

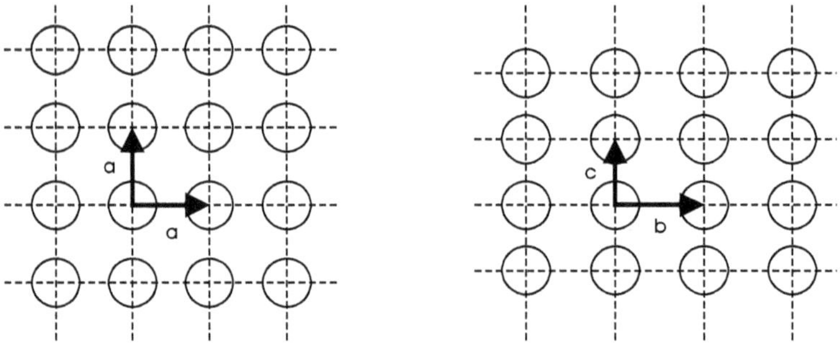

Abb. 2.5: Darstellung zweier Gitterebenen
Rechts: Gitterebene eines idealen kubisch-primitiven Kristalls mit der Gitterkonstante *a*
Links: Gitterebene eines primitiven, nicht kubischen Kristalls mit den drei Gitterkonstanten *a* (senkrecht zur Zeichenebene), *b* und *c*

Zur Beschreibung eines Raumgitters wird die so genannte Elementarzelle (EZ) herangezogen, die durch die Gitterkonstanten *a*, *b* und *c* und die durch die Koordinatenachsen eingeschlossenen Winkel α, β und γ beschrieben wird. Im Falle eines kubischen Kristallgitters ($a = b = c$) sind die drei Gitterwinkel gleich groß ($\alpha = \beta = \gamma$) und betragen 90°.

Jede mit Atomen belegte Ebene des Kristallgitters wird als Gitter- oder Netzebene (GE, NE) bezeichnet. In Abb. 2.5 sind exemplarisch zwei Netzebenen dargestellt, die die beiden oben beschriebenen Kristallgitter repräsentieren.

2.2.2 Gitterbaufehler

Ideal aufgebaute Kristalle sind geometrische Fiktionen. In Wirklichkeit hat man es mit Realkristallen zu tun, die mit verschiedenen Fehlern behaftet sind. Die Abweichungen von der regelmäßigen Atomanordnung eines perfekten Kristalls werden als Gitterbaufehler bezeichnet. Diese lassen sich als null-, ein-, zwei- und dreidimensional klassifizieren.

2.2.2.1 Nulldimensionale Defekte

Bei den nulldimensionalen oder punktförmigen Kristallfehlern handelt es sich um atomare Fehlordnungen, die dadurch gekennzeichnet sind, dass bestimmte Gitterplätze unbesetzt sind oder einige Metallatome sich zwischen den regulären Gitterpositionen befinden. Im ersten Fall spricht man von Leerstellen, im zweiten von Zwischengitteratomen.

Den nulldimensionalen Gitterbaufehlern, insbesondere den Leerstellen, kommt bei der Metallisierung von metallischen Grundwerkstoffen eine wichtige Rolle zu. Sie erleichtern nämlich die atomaren Wechselwirkungen zwischen dem Grund- und Schichtwerkstoff, ein Vorgang, der u. a. für die Haftfestigkeit der Schichten bestimmend ist.

2.2.2.1.1 Leerstellen

Unter einer Leerstelle versteht man das Fehlen eines Atoms an einem regulären Gitterplatz. Theoretisch können nur am absoluten Nullpunkt (0 K) alle Gitterplätze belegt sein. Mit steigender Temperatur steigt der Radius der Atomschwingungen (BROWNsche Molekularbewegung), und mehr und mehr Atome können sich wegen dieser Amplitude und aufgrund von Stoßprozessen nicht an ihrem Platz halten. So können Leerstellen beispielsweise dadurch entstehen, dass Gitteratome aus dem Inneren des Kristalls zur Kristalloberfläche wandern und diese dann verlassen. Gitterverzerrungen, Volumenänderungen und Oberflächenfehler sind dann, wie in Abb. 2.6 angedeutet, die Folgen eines solchen Prozesses.

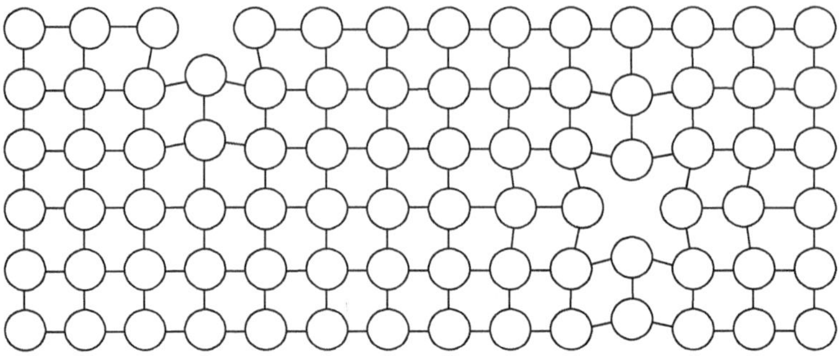

Abb. 2.6: Elastische Gitterverzerrungen im Inneren eines Realkristalls bzw. submikroskopische Fehlstellen an der Kristalloberfläche verursacht durch die Anwesenheit von Leerstellen

Die Leerstellenkonzentration c_L in einem Realkristall lässt sich mit Hilfe folgender Gleichung ermitteln:

$$c_L = N \cdot e^{-(E_L/k\,T)} \tag{2.1}$$

Darin bedeuten N die Anzahl der Gitterplätze, E_L die Energie, die notwendig ist, um ein Atom von seinem Gitterplatz an die Kristalloberfläche zu transportieren, $k = 1{,}38 \cdot 10^{-23}$ J/K die BOLTZMANNsche Konstante und T die absolute Temperatur in Kelvin (K).

Aufgrund dieser Beziehung erkennt man, dass die Leerstellenkonzentration von der Energie, die zur Erzeugung einer Leerstelle notwendig ist, und der Temperatur abhängt. Die Bildungsenergien von Leerstellen für einige Metalle sind in Tab. 2.1 angegeben. Demnach liegt die Bildungsenergie einer Leerstelle bei etwa 1 eV[1]. In dieser Tabelle sind auch die Wanderungsenergien der Leerstellen aufgeführt, d. h. jene Energie, die aufgebracht werden muss, damit eine Leerstelle ihren Gitterplatz wechselt.

Mit Hilfe von Gl. (2.1) erhält man beispielsweise für die Leerstellenkonzentration in einem Cu-Kristallit bei der Temperatur von 1 100 K und der Bildungsenergie von 1,1 eV den Wert von 10^{-5}. Das bedeutet, dass bei dieser Temperatur etwa jeder 100 000te Gitterplatz des Cu-Kristallits unbesetzt ist. Anders ausgedrückt, der mittlere Abstand zwischen den benachbarten Leerstellen beträgt nur einige Atomabstände.

---

[1] Ein Elektronenvolt (eV) stellt die Energie E dar, die ein Elektron besitzt, nachdem es mit einer Beschleunigungsspannung von $U = 1$ V beschleunigt wurde. Diese Energie ergibt sich aus der Multiplikation der Beschleunigungsspannung mit der Elementarladung $e = 1{,}602 \cdot 10^{-19}$ J ($E = e \cdot U$).

Tab. 2.1: Bildungs- und Wanderungsenergie von Leerstellen bei einigen Metallen [2.1]

Metall	Bildungsenergie [eV]	Wanderungsenergie [eV]
Au	0,96-1,00	0,55-0,80
Ag	1,02-1,10	0,83-0,88
Cu	1,00-1,40	0,70-1,20
Pt	1,20-1,40	1,10-1,50
Al	0,74-0,79	0,50-0,60
Ni		≈ 1,50

Generell kann man feststellen, dass bei den meisten Metallen die Leerstellenkonzentration dicht unterhalb des Schmelzpunktes größenordnungsmäßig etwa 10^{-4} beträgt. Das entspricht etwa 100 Millionen Leerstellen pro mm^2 Gitterebene. Mit abnehmender Temperatur fällt die Leerstellenkonzentration exponentiell ab und beläuft sich bei Raumtemperatur (RT) auf ca. 10^{-12}, d. h. eine Leerstelle pro mm^2 Gitterebene.

Die Beweglichkeit der Atome im Inneren des Kristallgitters wird in starkem Maße von der Anzahl der vorhandenen Leerstellen bestimmt. Besonders bei thermisch aktivierten Prozessen, zu denen Diffusionsvorgänge im kristallinen Zustand gehören, kommt die wichtige Rolle der Leerstellen zum Tragen.

2.2.2.1.2 Zwischengitteratome

Befindet sich ein Metallatom nicht an seinem regulären Gitterplatz, sondern, wie aus Abb. 2.7 hervorgeht, zwischen den Gitterplätzen, so spricht man von einem Zwischengitteratom (ZGA). Diese entstehen, wenn Metallatome ihre Gitterplätze verlassen, aber im Inneren des Kristallgitters stecken bleiben. Dieser als FRENKEL-Mechanismus bezeichnete Vorgang erzeugt Zwischengitteratome und Leerstellen gleicher Konzentration, so dass keine Volumenänderung im Kristallgitter eintritt.

Bezeichnet man die Energie, die zur Verschiebung eines Atoms von seinem Gitterplatz auf einen Zwischengitterplatz benötigt wird, mit E_Z, die Anzahl der Leerstellen mit n_L und die Anzahl der möglichen Zwischengitterplätze mit N', so erhält man

$$n_L \approx \sqrt{(N \cdot N')} \cdot e^{-E_Z/k\,T} \qquad (2.2)$$

Gemäß dieser Beziehung ist die Bildungsenergie eines Zwischengitteratoms höher als die einer Leerstelle und beträgt etwa 3 eV. Dies hat zur Folge, dass die Konzentration der Zwischengitteratome auch bei hohen Temperaturen vernachlässigbar klein ist.

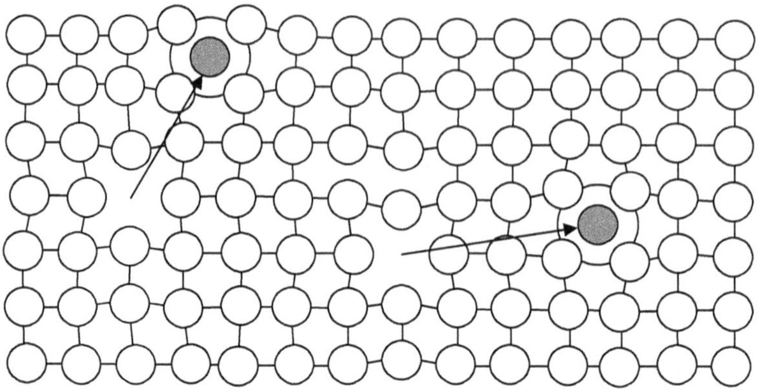

Abb. 2.7: Elastische Gitterverspannungen im Realkristall und submikroskopische Unebenheiten auf der Kristalloberfläche verursacht durch die Anwesenheit von Zwischengitteratomen

Typisch für Zwischengitteratome ist, dass sie im thermischen Gleichgleichgewicht nicht auftreten, wohl aber bei Bestrahlungsprozessen, bei denen hochenergetische Teilchen die Gitteratome von ihren Plätzen stoßen können. Ihre Anwesenheit verursacht große elastische Verzerrungen im Metallgitter.

2.2.2.2 Eindimensionale Defekte

Als Beispiel für eindimensionale, d. h. linienförmige Kristallfehler sind die so genannten Versetzungen zu nennen, von denen man generell zwei Arten, nämlich Schrauben- und Stufenversetzungen voneinander unterscheidet. Streng genommen stellen diese beiden Versetzungsarten Grenzfälle dar, da häufig Kombinationen aus den beiden, d. h. „gemischte“ Versetzungen in Realkristallen vorkommen.

2.2.2.2.1 Schraubenversetzungen

Abb. 2.8 zeigt die veränderte, vom idealen Aufbau abweichende Anordnung der Gitterebenen eines kubisch-primitiven Realkristalls bei Anwesenheit einer Schraubenversetzung.

Aus dieser Darstellung geht hervor, dass das Vorhandensein einer Schraubenversetzung, die symbolisch mit ⊙ bezeichnet wird, eine wendelförmige Verzerrung der Netzebenen bewirkt. Diesen Sachverhalt veranschaulicht Abb. 2.9 noch deutlicher. Daraus ist auch der Verlauf der Versetzungslinie (VL), d. h. die Drehachse der Schraube zu entnehmen.

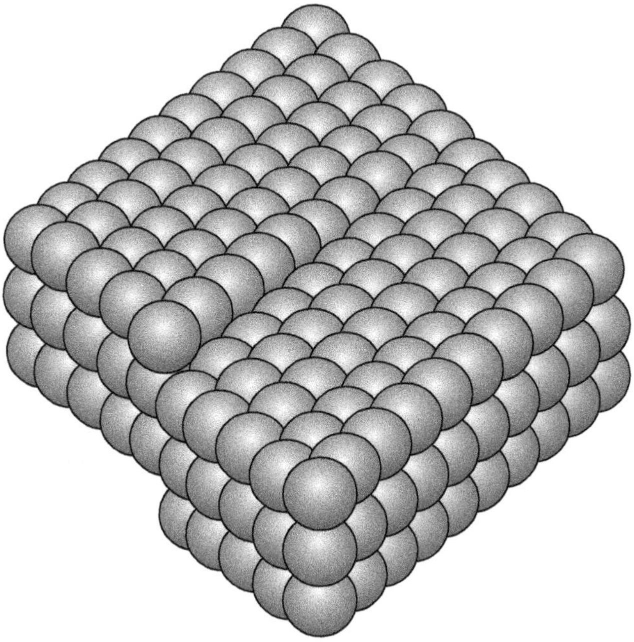

Abb. 2.8: Schematische Darstellung einer Schraubenversetzung in einem Realkristall mit kubisch-primitivem Gitter [2.2]

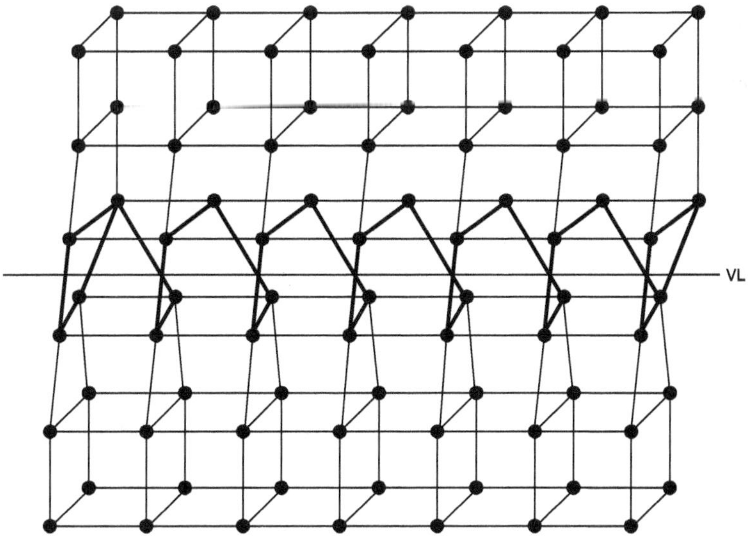

Abb. 2.9: Spiralförmige Verdrehung der Netzebenen in einem kubisch-primitiven Realkristall bedingt durch das Vorhandensein einer Schraubenversetzung [2.3]

Die spiralförmige Anordnung der Gitterebenen um die Drehachse der Schraubenversetzung hat zur Folge, dass man nach einem vollständigen Umlauf um die Versetzungslinie die nächst benachbarte Gitterebene vorfindet. Die Versetzungslinie kann daher nicht innerhalb des Realkristalls enden, sondern tritt entweder an der Kristalloberfläche aus oder bildet einen geschlossenen Ring innerhalb des Realkristalls.

Die Anwesenheit einer Schraubenversetzung verursacht in dem sie umgebenden Kristallbereich elastische Gitterverzerrungen. Für die Verzerrungsenergie $E_\odot$ einer Schraubenversetzung ergibt sich aufgrund theoretischer Überlegungen die folgende Beziehung:

$$E_\odot \propto \ln(r_1 / r_0) \tag{2.3}$$

Darin stellen die beiden Größen r_1 und r_0 Längen dar, die sich wie folgt charakterisieren lassen: Während r_0 eine beliebige Entfernung von der Versetzungslinie markiert, entspricht r_1 den Dimensionen des Realkristalls. Die Energie einer Versetzung beträgt etwa $5{,}5 \cdot 10^{-9}$ Joule pro Meter.

Nach Gl. (2.3) nimmt die Versetzungsenergie einer Schraubenversetzung mit dem natürlichen Logarithmus des Abstandes von der Versetzungslinie ab. Das bedeutet, dass Schraubenversetzungen weit reichende elastische Spannungsfelder im Kristallgitter erzeugen. Die Bewegung der Schraubenversetzungen in den einzelnen Kristalliten unter der Einwirkung äußerer Kräfte bestimmt u. a. die plastische Verformbarkeit polykristalliner Metalle und ihrer Legierungen.

Bei der Metallabscheidung spielen die Schraubenversetzungen insofern eine besondere Rolle, als sie vielfach ein kontinuierliches Schichtwachstum ermöglichen. An ihren Durchstoßpunkten aus der Oberfläche der einzelnen Kristallite kann nämlich während des Abscheidungsvorgangs der Prozess des Kristallwachstums ohne vorherige Keimbildung stattfinden (s. Abschnitt 5.6.2.2).

2.2.2.2.2 Stufenversetzungen

Eine Stufenversetzung, die symbolisch mit $\perp$ dargestellt wird, kann man sich vereinfacht als eine „halbe" Netzebene vorstellen, die, wie in Abb. 2.10 skizziert, in das Kristallgitter eingezwängt worden ist. Die untere Kante der halben Gitterebene wird als Versetzungslinie (VL) bezeichnet. Sie steht senkrecht zur Zeichenebene und befindet sich in der so genannten Gleitebene (GE) [2.5].

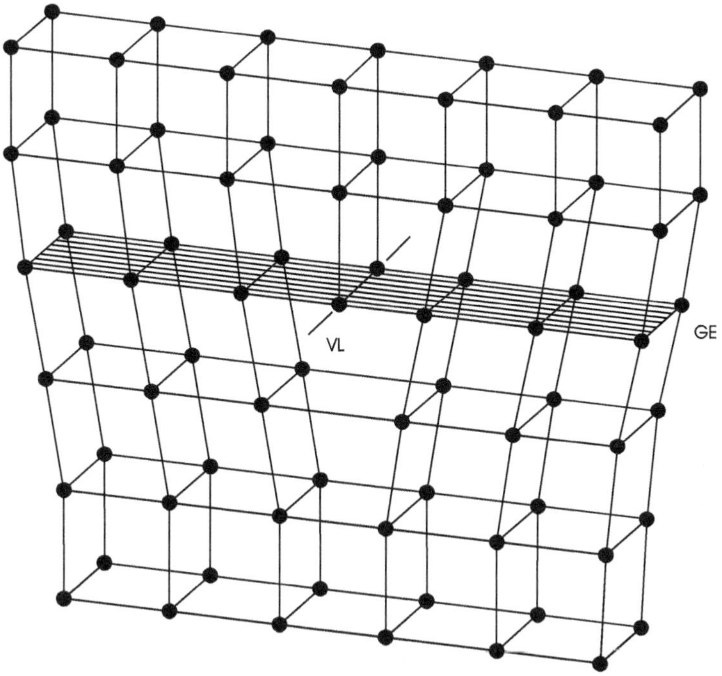

Abb. 2.10: Entstehung einer Stufenversetzung in einem kubisch-primitiven Realkristall als Folge einer in das Kristallgitter eingeschobenen „halben“ Gitterebene [2.4]

Auch im Falle der Stufenversetzung muss die Versetzungslinie definitionsgemäß entweder an der Kristalloberfläche beginnen bzw. enden oder innerhalb des Kristallgitters einen geschlossenen Linienzug bilden.

Aus der Darstellung in Abb. 2.10 geht auch hervor, dass durch den Einschub der zusätzlichen Netzebene Deformationen im Kristallgitter entstehen. Die Metallatome im Kristallbereich, der die eingeschobene Netzebene beinhaltet, werden zusammengedrängt, während die Metallatome des darunter liegenden Kristallbereiches auseinander gezogen werden. Die Grenzfläche zwischen den beiden Kristallbereichen nennt man Gleitebene. Sie ist in Abb. 2.11 schematisch wiedergegeben.

Die Versetzungslinie (die untere Kante der halb eingeschobenen Netzebene) liegt in der Gleitebene. Unter der Wirkung äußerer Scherkräfte bewegt sich die Versetzungslinie entlang bestimmter kristallographischen Richtungen nach rechts oder links. Diese werden als Gleitrichtungen (GR) bezeichnet. Die Bewegung der Versetzungslinie bestimmt entscheidend die plastische Verformbarkeit des Realkristalls.

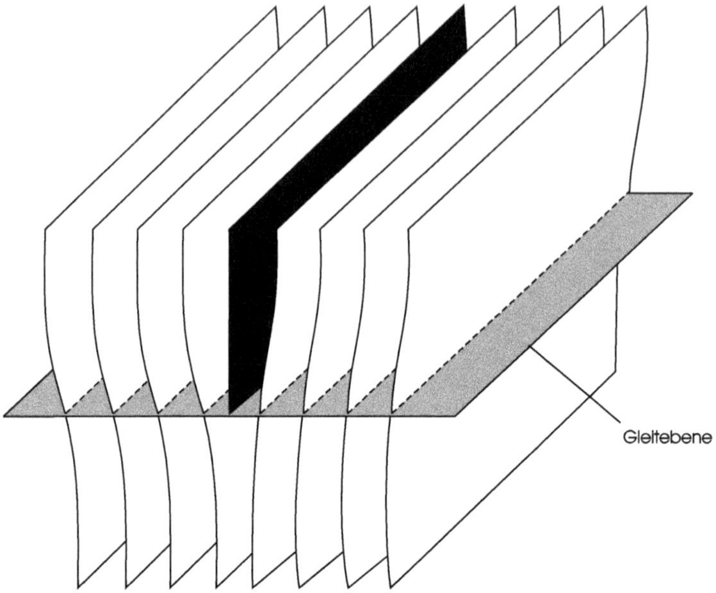

Abb. 2.11: Darstellung einer Stufenversetzung als eine halb eingeschobene Netzebene (schwarz) [2.7]

Für die Versetzungsenergie $E_\perp$ einer Stufenversetzung ergibt sich die folgende Beziehung:

$$E_\perp = 3/2 \cdot E_\odot \tag{2.4}$$

Demnach ist die Versetzungsenergie einer Stufenversetzung größer als die einer Schraubenversetzung. Stufenversetzungen verursachen somit weit reichende elastische Druck- bzw. Zugspannungen im Gitter des Realkristalls. Diesen Sachverhalt veranschaulicht Abb. 2.12.

Die in Abb. 2.13 reproduzierte Aufnahme zeigt eine Stufenversetzung in einem 10^{-2} µm dicken Germanium-Einkristall [2.6]. Diese Aufnahme wurde in einem 100-kV-Elektronenmikroskop mit einem Auflösungsvermögen von $3 \cdot 10^{-4}$ µm gemacht. Die Linien stellen die Netzebenen im Kristall dar. Ihr Abstand beträgt $3{,}27 \cdot 10^{-4}$ µm. Deutlich zu erkennen ist die nur halb eingeschobene Netzebene.

Die Gesamtlänge der Versetzungslinien pro Volumeneinheit wird als Versetzungsdichte (ρ) definiert und in [mm/mm^3] bzw. [1/cm^2] angegeben. Nichtverformte Metalle enthalten 10^6 bis 10^8 mm/mm^3 bzw. 10^6 bis 10^8/cm^2 Versetzungen. Dies entspricht einer Gesamtlänge von etwa 1 km Versetzungslinie in einem Volumen von 1 mm^3.

Durch Kaltverformung[2] nimmt die Versetzungsdichte stark zu. Sie beträgt in kaltverformten Metallen etwa $10^{12}/cm^2$, d. h. eine Länge von etwa 10 000 km in 1 mm^3. Die starken elastischen Gitterverzerrungen, die dadurch entstehen, beeinflussen insbesondere die mechanischen Eigenschaften der Metalle.

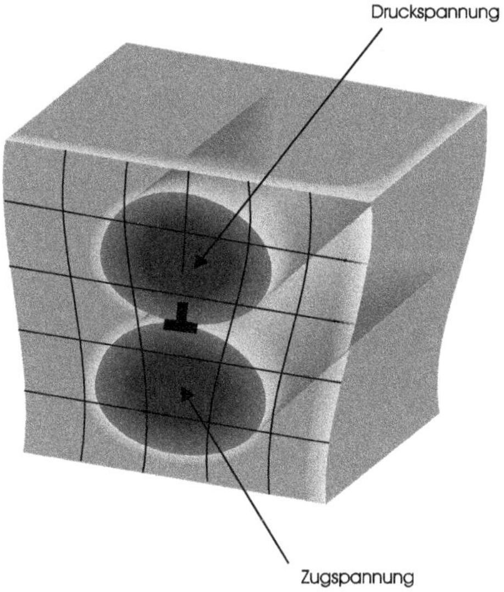

Abb. 2.12:
Geometrie und Ausmaß elastischer Druck- und Zugspannungen um die Versetzungslinie einer Stufenversetzung in einem kubisch-primitiven Realkristall [2.8]

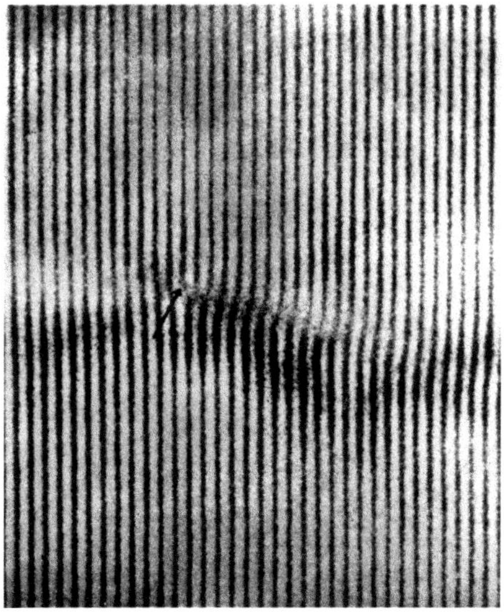

Abb. 2.13:
Stufenversetzung in einem 10^{-2} µm dicken Germanium-Einkristall [2.6]

Berücksichtigt man, dass sich die kristallinen Strukturen und die Gitterkonstanten des zu beschichtenden metallischen Gegenstandes und der Schicht in aller Regel unterscheiden, so ist leicht zu erkennen, dass es keine vollständige Anpassung zwischen den Atomgittern der beiden Partner entlang der gemeinsamen Grenzfläche geben kann. Abb. 2.14 verdeutlicht diesen Sachverhalt und zeigt, wie man sich die Bildung solcher Stufenversetzungen in der Schicht vorstellen kann.

Beim Zusammenfügen zweier kubisch-primitiver Kristalle (stellvertretend für das Verbundsystem Substrat/Schicht) mit gleich großen Atomen, jedoch unterschiedlichen Gitterkonstanten, müssen sich in der Schicht Stufenversetzungen bilden, damit eine

---

2 Als Kaltverformung bezeichnet man die Verformung von Metallen bei einer Temperatur unterhalb der so genannten Rekristallisationstemperatur (T_R). Diese liegt bei reinen Metallen bei etwa 40 % des Schmelzpunkts in Kelvin ($T_R \approx 0{,}4\ T_S$ K)

Anpassung der beiden Kristallgitter entlang der Grenzfläche überhaupt möglich wird. Diese Feststellung ist im Hinblick auf Wechselwirkungen zwischen dem Substrat und der Schicht während der Metallabscheidung von besonderer Bedeutung. Darüber hinaus können die so entstandenen Stufenversetzungen die Eigenschaften der Schicht entscheidend beeinflussen. Beispielsweise sind sie weitgehend bestimmend für die Haftfestigkeit und das plastische Verformungsvermögen der abgeschiedenen Überzüge.

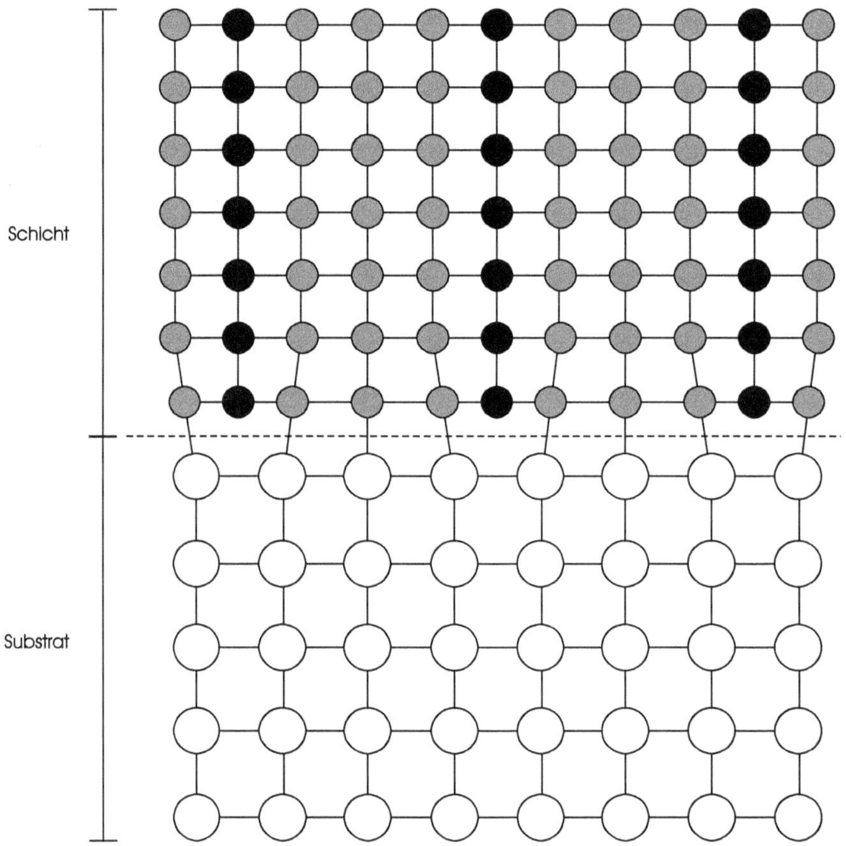

Abb. 2.14: Entstehung von Stufenversetzungen beim Zusammenfügen zwei kubisch-primitiver Kristalle mit gleich großen Atomen, aber unterschiedlichen Gitterkonstanten

2.2.2.3 Zweidimensionale Defekte

Als Bausteine von metallischen Werkstoffen liegen die Kristallite oder Körner hinsichtlich ihrer Orientierung in der Regel mehr oder weniger statistisch verteilt vor. Unter bestimmten Bedingungen weisen sie jedoch Vorzugsrichtungen auf, die man als Kristalltexturen bezeichnet. In jedem Fall sind sie durch Korngrenzen gegeneinander abgegrenzt.

Diese stellen die bekanntesten Vertreter zweidimensionaler oder flächenhafter Kristallfehler dar. Dabei ist zwischen den so genannten Groß- und Kleinwinkelkorngrenzen zu unterscheiden. Hier sollen nur die Großwinkelkorngrenzen in Betracht gezogen werden, da sie die eigentlichen Korngrenzen zwischen den benachbarten Kristalliten bilden. Neben diesen gehören auch die so genannten Zwillingsgrenzen zu der Kategorie von zweidimensionalen Gitterbaufehlern.

2.2.2.3.1 Krongrenzen

Korngrenzen entstehen, wie aus Abb. 2.15 hervorgehet, dann, wenn Kristallite bei ihrem allseitigen Wachstum aufeinander stoßen.

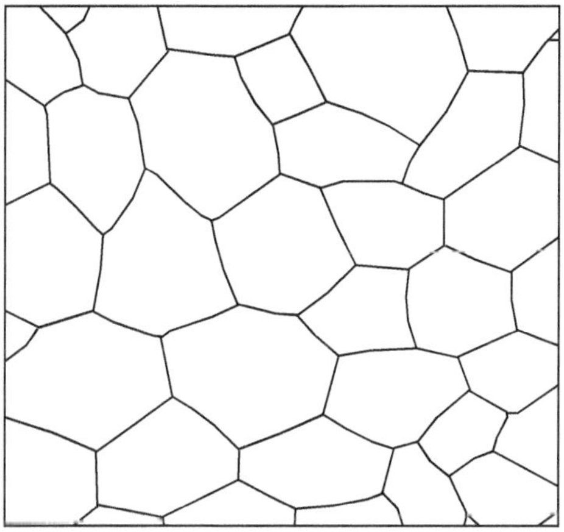

Abb. 2.15: Entstehung von Korngrenzen infolge des Zusammenstoßes wachsender Kristallite unterschiedlicher Orientierung

Der atomare Aufbau einer Korngrenze ist in Abb. 2.16 skizziert. Er ist gekennzeichnet durch die unregelmäßige Anordnung der Atome, so dass keine Kohärenzbeziehung mehr zwischen den Atomgittern benachbarter Kristallite existiert. Man spricht von Nahordnung, d. h. geordnete Aneinanderreihung der Atome in kleinsten Bereichen. Die starken Gitterstörungen im Grenzbereich zwischen zwei benachbarten Körnern führen zur Ausbildung einer strukturlosen, d. h. amorphen Zone, die sich über mehrere Atomabstände erstreckt.

Der prinzipielle Unterschied zwischen dem kristallinen und amorphen Zustand ist in Abb. 2.17 angedeutet.

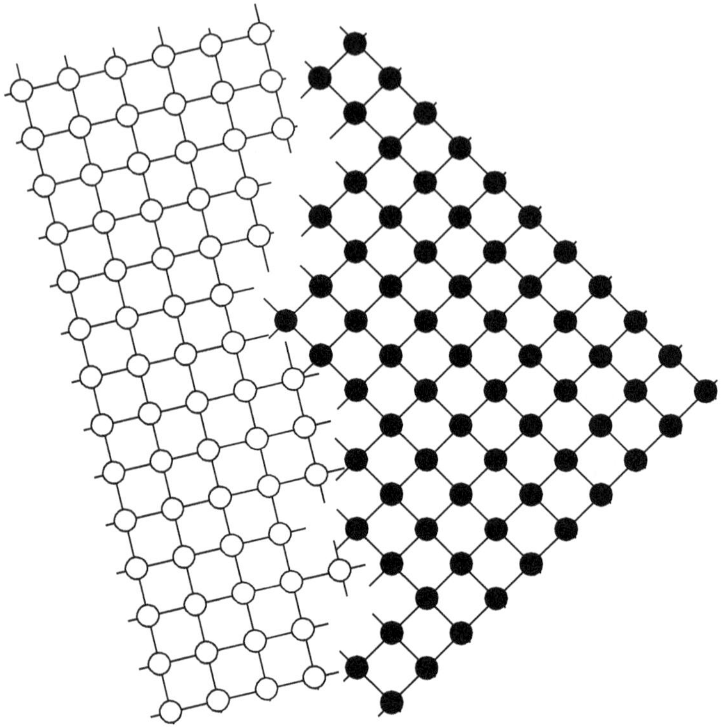

Abb. 2.16: Atomare Struktur einer Korngrenze zwischen zwei benachbarten Kristalliten unterschiedlicher Orientierung

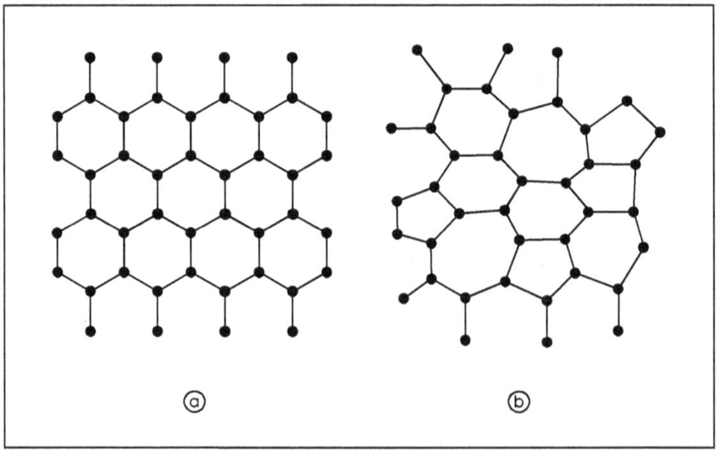

Abb. 2.17: Struktureller Unterschied zwischen kristallinem Zustand mit Fernordnung (a) und amorphem Zustand mit Nahordnung (b)

Während sich der kristalline Zustand durch eine streng regelmäßige Anordnung der Atome über sehr große Gitterbereiche auszeichnet (Fernordnung), beobachtet man beim amorphen Zustand lediglich eine Nahordnung, d. h. sehr kleine, submikroskopische Bereiche, die eine gewisse atomare Regelmäßigkeit aufweisen.

(Großwinkel)korngrenzen stellen zugleich Bereiche erhöhter Energie dar, die mit zunehmender Orientierungsdifferenz zwischen den sich berührenden Kristalliten zunächst ansteigt und bei Orientierungsunterschieden größer als 30° mehr oder weniger unveränderlich bleibt.

Zur Abschätzung der Energie von Korngrenzen sind folgende Überlegungen erforderlich:

Als Teil des Gefüges sind Korngrenzen zwar nicht im thermodynamischen Gleichgewicht, können jedoch, wie in Abb. 2.18 angedeutet, in einer durch das Zusammenstoßen von drei Körnern gebildeten Korngrenzenecke ein lokales mechanisches Gleichgewicht bilden.

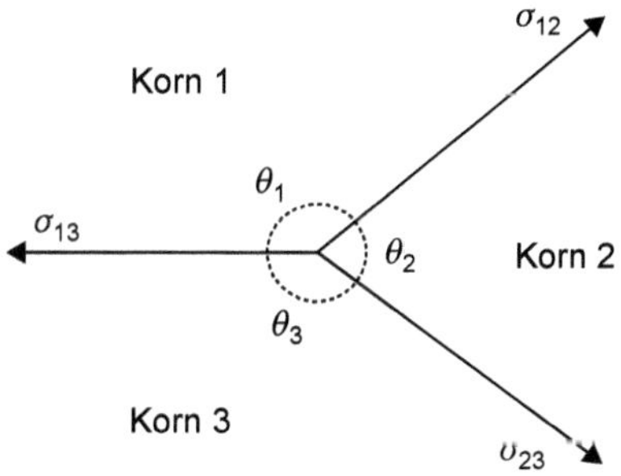

Abb. 2.18: Mechanisches Gleichgewicht in einer Korngrenzenecke (σ: Korngrenzenspannung)

Das mechanische Gleichgewicht bedeutet in diesem Fall in erster Nährung ein Kräftegleichgewicht der in Richtung der Korngrenzen herrschenden Spannungen σ_{12}, σ_{23} und σ_{13} in der Korngrenzenecke. Für das Kräftegleichgewicht erhält man, wenn man die horizontalen und vertikalen Kraftkomponenten getrennt in Betracht zieht, folgende Beziehung:

$$\frac{\sigma_{12}}{\sin\theta_3} = \frac{\sigma_{23}}{\sin\theta_1} = \frac{\sigma_{31}}{\sin\theta_2} \tag{2.5}$$

Sie ermöglicht eine Abschätzung der Energien vor Korngrenzen, da Korngrenzenenergien in J/m^2 in erster Nährung als Korngrenzenspannungen in N/m aufgefasst werden können. Für größere Korngrenzenwinkel Θ, d. h. bei Großwinkelkorngrenzen, tritt eine Sättigung der Energie auf, die sich in der Größenordnung von 0,5 J/m^2 bewegt.

2.2.2.3.2 Zwillingsgrenzen

Zwillingsgrenzen bilden eine besondere Art von Korngrenzen. Sie entstehen unter bestimmten Bedingungen, z. B. dann, wenn zwei Kristallite eine verzerrungsfreie gemeinsame Grenzfläche bilden. Das ist zum Beispiel dann der Fall, wenn die beiden Kristallite spiegelsymmetrisch zur ihrer Grenzfläche angeordnet sind. Die Voraussetzung dafür ist, dass sich die atomare Stapelfolge, wie aus Abb. 2.19 ersichtlich, entlang der so genannten Zwillingsgrenze spiegelsymmetrisch gestaltet. Dies hat zur Folge, dass die Netzebenen der benachbarten Kristallite durch Umklappen um die Zwillingsgrenze ineinander übergeführt werden können. In diesem Fall spricht man von einer kohärenten Zwillingsgrenze. Im Gegensatz hierzu entsteht eine inkohärente Zwillingsgrenze dann, wenn der umgeklappte Bereich nicht den ganzen Kristallit durchzieht, sondern innerhalb dessen endet. Der Verlauf der beiden Zwillingsgrenzen ist in Abb. 2.19 wiedergegeben.

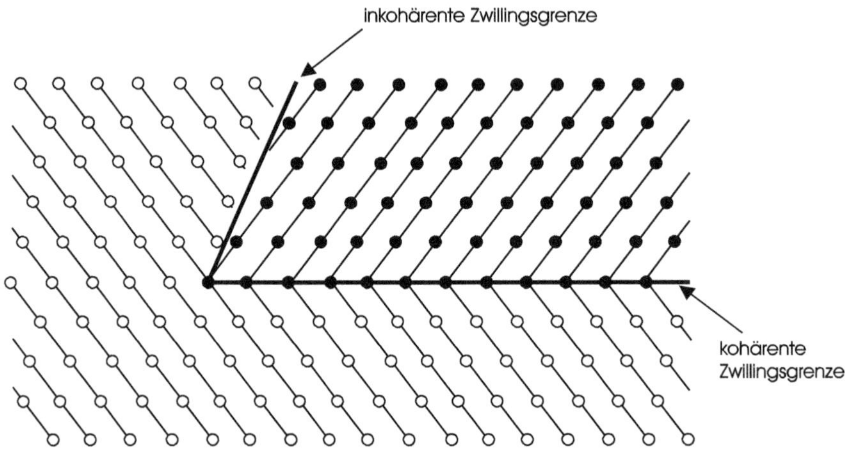

Abb. 2.19: Entstehung und Verlauf einer kohärenten (mit spiegelsymmetrischer Anordnung der atomaren Stapelfolge) bzw. einer inkohärenten Zwillingsgrenze zwischen zwei Kristallen [2.1]

Abb. 2.20 zeigt die Entstehung einer Zwillingslamelle, die zwischen zwei kohärenten Zwillingsgrenzen eingegrenzt ist.

Kohärente Zwillingsgrenzen erscheinen unter dem Lichtmikroskop stets als Geraden, während inkohärente Zwillingsgrenzen unregelmäßige Linienzüge aufweisen. Das typische Erscheinungsbild von Zwillingsgrenzen und Zwillingslamellen im Lichtmikroskop ist in Abb. 2.21 schematisch wiedergegeben.

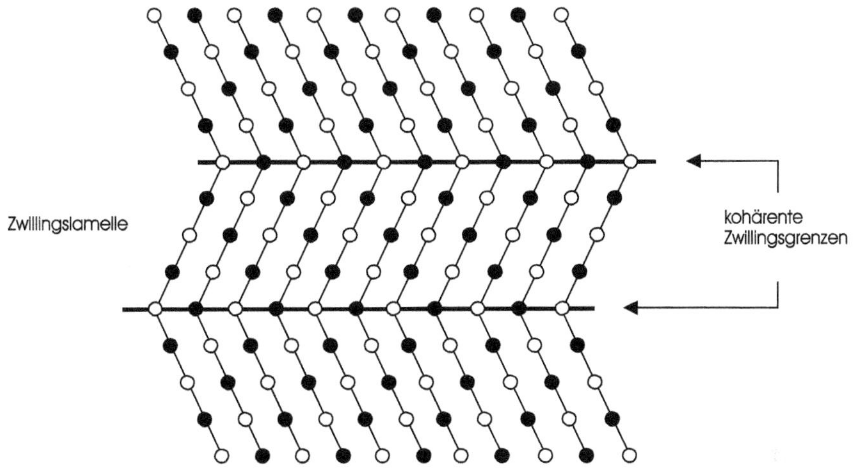

Abb. 2.20: Entstehung einer Zwillingslamelle zwischen zwei kohärenten Zwillingsgrenzen

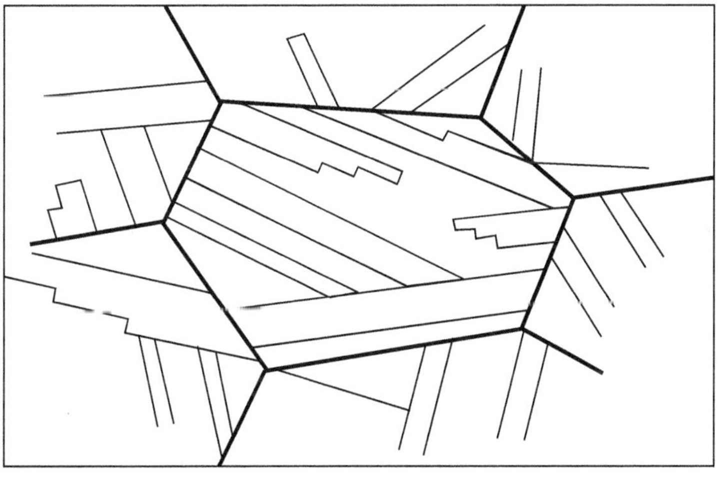

Abb. 2.21: Erscheinungsbild kohärenter bzw. inkohärenter Zwillingsgrenzen und Zwillingslamellen im Lichtmikroskop [2.8]

Hinsichtlich der Energie von Zwillingsgrenzen sei folgendes angemerkt: Der Sättigungswert der Energie von (Großwinkel)Korngrenzen (~ 0,5 J/m^2) wird durch steile Einbrüche bei speziellen Korngrenzen unterbrochen. Zwillingsgrenzen zählen z. B. zu solchen Korngrenzen. Perfekte aufgebaute kohärente Zwillingsgrenzen haben sehr kleine Energien. Inkohärente Zwillingsgrenzen besitzen hingegen eine den (Großwinkel)Korngrenzen vergleichbare Korngrenzenenergie.

2.2.2.4 Dreidimensionale Defekte

Typische dreidimensionale Gitterbaufehler in Realkristallen sind Blasen, Poren und Risse, die sowohl als Volumen- als auch als Oberflächenfehler in Erscheinung treten können.

2.2.2.4.1 Blasen

Blasen sind mikroskopische Hohlräume, deren Ursachen Lufteinschlüsse oder gasbildende Substanzen (z. B. Wasserdampf) sind. Sie entstehen dadurch, dass die in einer Metallschmelze gelösten Gase während der Erstarrung nicht austreten können und im Kristallgitter gefangen bleiben.

2.2.2.4.2 Poren

Als Poren werden jene Blasen bezeichnet, die man mit bloßem Auge gerade noch erkennen kann. Sie bilden als Volumenfehler geschlossene, mit Gas gefüllte Hohlräume. Als Oberflächenfehler stellen sie hingegen offene, nicht mit Fremdstoffen aufgefüllte Vertiefungen dar, die im Allgemeinen ungleichmäßig über die Werkstoffoberfläche verteilt sind.

Geschlossene Poren im Inneren des Metalls beeinträchtigen seine mechanischen Eigenschaften und setzen seine Dichte herab. Offene Poren auf der Oberfläche erschweren ihrerseits die Abscheidung ebener und glatter Metallschichten.

2.2.2.4.3 Risse

Risse haben ihre Ursachen zum einen in den Gitterverzerrungen, die durch null- und eindimensionalen Gitterbaufehler bedingt sind, und zum anderen in den inneren Spannungen, die eine Folge von thermischer und/oder mechanischer Beanspruchung des Metalls sind. Unter Einwirkung äußerer Kräfte entstehen an der Spitze solcher Risse lokale Spannungskonzentrationen, die eine instabile Rissausbreitung ins Innere des Metalls unter Energiefreisetzung auslösen. Die instabile Rissausbreitung verläuft mit hoher Geschwindigkeit und bedingt im Allgemeinen den makroskopischen Sprödbruch.

2.2.2.5 Auswirkungen

Die vorstehend kurz beschriebenen Gitterbaufehler beeinflussen weitestgehend die physikalischen, chemischen und mechanischen Eigenschaften von polykristallin aufgebauten Metallen. In Tab. 2.2 ist der Versuch unternommen worden, diesen Einfluss in groben Zügen zu umreißen, ohne dabei die z. T. komplexen synergistischen Effekte zu berücksichtigen.

Tab. 2.2: Gitterbaufehler und ihre Auswirkungen auf die physikalischen und mechanischen Eigenschaften der Metalle

Gitterbaufehler	Einfluss auf
(nulldimensional) Leerstellen, Zwischengitteratome	elektrische und thermische Leitfähigkeit
(eindimensional) Schrauben- und Stufenversetzungen	mechanische Eigenschaften, Festigkeit, Duktilität und Härte
(zweidimensional) Großwinkelkorngrenzen, Zwillingsgrenzen	Kriechverhalten und Korrosionsbeständigkeit
(dreidimensional) Blasen, Poren und Risse	mechanische Eigenschaften, Festigkeit und Duktilität

Es sei angemerkt, dass in besonders reinen Metallen, die zudem auch nur wenige Gitterbaufehler beinhalten, die Versetzungen weitgehend ungehindert gleiten können. Dies erklärt das große Verformvermögen und die geringe Festigkeit reiner Metalle. Gitterstörungen in Form von Fremdatomen, Korngrenzen u. a. behindern die Bewegung der Versetzungen. In dem Maße, indem die Versetzungen in ihrer Gleitbewegung gestört werden, erhöht sich die Grenze der elastischen Belastbarkeit metallischer Werkstoffe. Von diesem Sachverhalt macht man für die Festigkeitssteigerung durch Kaltverformung Gebrauch. Dabei muss man natürlich eine Verringerung des plastischen Verformungsvermögens des Werkstoffes in Kauf nehmen. Dieser Sachverhalt soll am Beispiel der theoretischen Zugfestigkeit erläutert werden.

2.2.2.5.1 Theoretische Zugfestigkeit

Um zwei benachbarte Gitterebenen in einem kristallinen Festkörper gegeneinander verschieben zu können, bedarf es einer Schubkraft bzw. einer Schubspannung τ, die parallel zu den Gitterebenen wirkt und in der Lage ist, die atomaren Bindungskräfte zwischen den benachbarten Gitterebenen zu überwinden und sie gegeneinander zu verschieben (Abb. 2.22 oben). Die Größe dieser Schubspannung als Funktion der Verschiebung δ ist in Abb. 2.22 (unten) dargestellt. Sie steigt zunächst mit wachsender Verschiebung und erreicht ihr Maximum, wenn die Atome der beiden Gitterebenen genau übereinander liegen. Diese Situation ist in Abb. 2.22 (oben) mit der Lage der Atome 1, 3 gegenüber den Atomen 2 und 4 angedeutet. Sie stellt aber einen labilen Zustand dar, da die potentielle Energie ihr Maximum erreicht hat. Die beiden Gitterebenen beginnen nun, gegeneinander zu „rutschen“, und die Schubspannung nimmt ab, bis sie ein Minimum erreicht. Danach setzt sich das Wechselspiel von vorn fort.

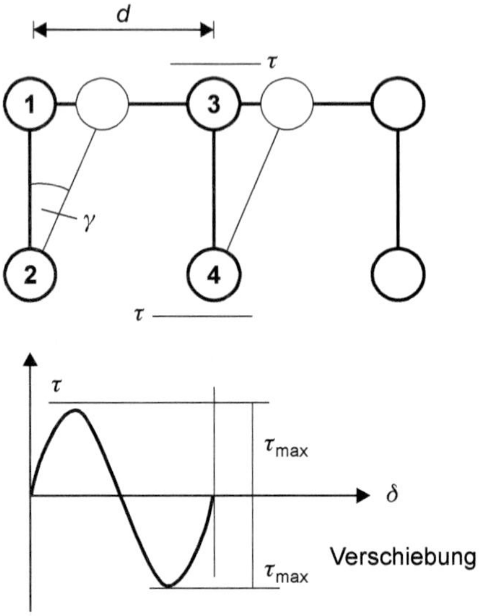

Abb. 2.22: Bestimmung der theoretischen Schubfestigkeit
Oben: Verschiebung zwei benachbarter Netzebenen
Unten: Schubspannung τ als Funktion der Verschieben δ

Die höchste Schubspannung, die erforderlich ist, um zwei benachbarte Gitterebenen gegeneinander zu verschieben, wird als theoretische Schubfestigkeit $\tau_{\max}$ bezeichnet. Ihr Wert beträgt aufgrund theoretischer Überlegungen

$$\tau_{\max} = E / 15 \tag{2.6}$$

E ist der Elastizitätsmodul (E-Modul[3]). Tab. 2.3 enthält die Elastizitätsmoduln einiger Metalle und Legierungen.

Für die theoretischen Schubfestigkeiten von Aluminium und Stahl ergeben sich beispielsweise aufgrund von Gl. (2.6) die Werte 4 670 bzw. 14 000 N/mm^2.

[3] Der Elastizitätsmodul (auch YOUNG-Modul genannt) ist ein werkstoffspezifischer Kennwert, der den Zusammenhang zwischen Spannung σ und Dehnung ε bei linear-elastischem Verhalten eines festen Körpers beschreibt ($\sigma = E \cdot \varepsilon$). Sein Betrag ist umso größer, je mehr Widerstand der Festkörper seiner elastischen Verformung entgegensetzt. Ein Bauteil aus einem Werkstoff mit einem hohen E-Modul ist steif (Baustahl), ein Bauteil aus einem Material mit einem niedrigen E-Modul ist nachgiebig (Gummi).

Tab. 2.3: Elastizitätsmoduln einiger Metalle und Legierungen

Metall/Werkstoff	Elastizitätsmodul [N/mm²]
Blei	16 560
Aluminium	70 000
Zink	94 000
Titan	105 000
Kupfer	140 000
Chrom	190 000
Nickel	207 000
Eisen (α-Fe)	209 000
Molybdän	320 000
Wolfram	411 000
Messing	78 000
Stahl	190 000 bis 210 000 bei RT

Als theoretische Zugfestigkeit σ_{th} eines Festkörpers bezeichnet man die maximale Zugspannung im einaxialen Zugversuch[4], die der der Festkörper ertragen kann, ohne zu Bruch zu gehen. Ihr Zahlenwert ergibt sich aus theoretischen Überlegungen als $\sigma_{th} = 2 \cdot \tau_{max}$. Für Aluminium bzw. Stahl würde man somit theoretische Zugfestigkeiten in Höhe 9 340 N/mm² bzw. 28 000 N/mm² erhalten. Die tatsächlich gemessenen Werte für die Zugfestigkeit liegen jedoch, wie aus Tab. 2.4 hervorgeht, um Größenordnungen darunter.

Die Diskrepanz zwischen den theoretisch errechneten und experimentell gemessenen Werten für die Zugfestigkeit ist auf das Vorhandensein von Gitterbaufehlern und ihren Auswirkungen zurückzuführen. Nur fehlerfreie Einkristalle weisen Zugfestigkeiten auf, die den theoretischen errechneten Werten nahe kommen. Zu solchen fehlerfreien Einkristallen gehören die Whisker, die vor allem praktisch frei von Versetzungen sind. Abb. 2.23 demonstriert schematisch die Abhängigkeit der Festigkeit eines Kristalls von der Menge der in ihm vorhandenen Versetzungen.

[4] Der Grad des Spannungszustands wird von der Anzahl der Hauptspannungen bestimmt. Im Zugversuch herrscht ein einachsiger Spannungszustand: In Richtung der Belastung nur Hauptspannungen und keine weiteren Spannungen.

Tab. 2.4: Zugfestigkeiten einiger Metalle und ihrer Legierungen in N/mm^2

Eisenwerkstoffe	
Eisen	180 bis 250
Gusseinsen	140 bis 280
Flussstahl	400 bis 600
Hochfester Stahl	1 500
Nichteisenwerkstoffe	
Aluminium	70 bis 110
Aluminiumlegierungen	140 bis 550
Kupfer	140 bis 200
Messing	120 bis 400
Magnesium	100 bis 130
Magnesiumlegierungen	200 bis 280
Titan	250 bis 700
Titanlegierungen	700 bis 1 400

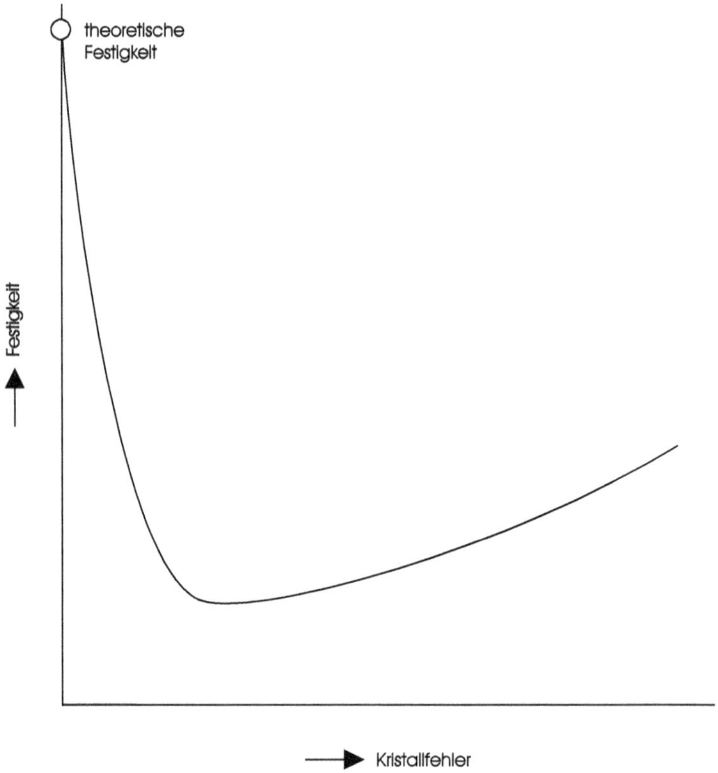

Abb. 2.23: Einfluss eindimensionaler Gitterbaufehler (Versetzungen) auf die Festigkeit eines Kristalls

Aus dem Kurvenverlauf gehr hervor, dass die theoretische Zugfestigkeit mit zunehmender Versetzungsdichte abnimmt und ein Minimum durchläuft. Sie steigt jedoch wieder an. Der Grund hierfür liegt darin, dass sich Versetzungen bei ihrer Bewegung gegenseitig behindern und dadurch eine Verfestigung des Kristalls herbeiführen. Wie theoretische Überlegungen gezeigt haben, steigt die Festigkeit proportional zur Quadratwurzel der Versetzungsdichte ($\sigma \propto \sqrt{\rho}$).

2.2.3 Bindungsmechanismus

Was Metalle von anderen Festkörpern unterscheidet, sind nicht etwa die hinlänglich bekannten allgemeinen Eigenschaften, wie Härte und Festigkeit, elastische und plastische Verformbarkeit oder Reflexionsvermögen und Glanz, sondern einzig und allein der Bindungsmechanismus, die so genannte metallische Bindung. Dahinter steht folgender Sachverhalt:

Metallatome haben ein bis vier Elektronen in der äußersten Schale, die als Außen- oder Valenzelektronen bezeichnet werden. Diese Elektronen sind relativ locker gebunden, da die Atomkerne nur geringfügige Anziehungskräfte auf sie ausüben, und können deshalb leicht abgegeben werden. Die so entstandenen, nicht mehr gebundenen Elektronen gehören quasi allen Metallatomen an und können sich frei und unregelmäßig zwischen ihnen hin- und herbewegen. Man spricht von einem Elektronengas, weil sich die Elektronen wie Gasteilchen verhalten und den Raum zwischen den Metallatomen ausfüllen (Abb. 2.24).

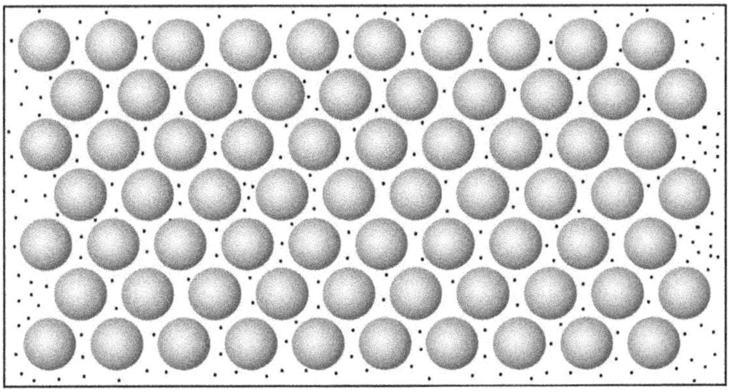

Abb. 2.24: Entstehung des Elektronengases im Metallverband

Durch die Abgabe der Außenelektronen verlieren die Metallatome ihre elektrische Neutralität und werden zu positiv geladenen Metallionen[5]. Der Zusammenhalt des Metalls erfolgt nun durch die gegenseitige starke elektrostatische Anziehung zwischen dem elektrisch negativ geladenen Elektronengas und dem positiv geladenen Ionengerüst. Dieser Bindungsmechanismus bestimmt alle Eigenschaften, die für metallische Werkstoffe so charakteristisch sind.

Die metallische Bindung weist keine bevorzugte Richtung auf, d. h. eine gerichtete Wirkung der Bindungskräfte liegt nicht vor. Dieser Sachverhalt erklärt die Neigung der Metalle, Raumgitter mit dichtester Kugelpackung zu bilden, bei der der zur Verfügung stehende Raum möglichst vollständig mit den kugelförmig gedachten Atomen ausgefüllt wird. Infolgedessen ist der leere Raum zwischen den aneinander liegenden Atomen möglichst klein. Hieraus resultieren die relativ hohe Dichte und Festigkeit der Metalle. Ebenso sind die Elastizität und die plastische Verformbarkeit der Metalle sowie der charakteristische Glanz metallischer Werkstoffe auf diese Bindungsart zurückzuführen.

Auch die gute elektrische und thermische Leitfähigkeit der Metalle lassen sich aufgrund der metallischen Bindung begründen.

2.2.3.1 Elektrische Leitfähigkeit

Die elektrische Leitfähigkeit χ mit der Einheit S/m (Siemens pro Meter) ist die physikalische Größe, die die Fähigkeit eines Stoffes zum Leiten des elektrischen Stromes angibt. Definitionsgemäß ist $1\ \text{S} \equiv 1/\Omega$, demnach ist $1\ \text{S/m} = 1/\Omega \cdot \text{m}$.

Die frei beweglichen Elektronen im Elektronengas übernehmen den Elektrizitätstransport und sind für die gute elektrische Leitfähigkeit der Metalle bei Raumtemperatur verantwortlich, weshalb sie auch als Leitungselektronen bezeichnet werden. Metalle sind also Elektronenleiter und werden als solche Leiter 1. Klasse genannt[6].

---

[5] Da gleichartig geladene Ladungsträger sich abstoßen, müssten sich die Metallionen auch gegenseitig abstoßen. Dies tun sie jedoch nicht, weil sich das negativ geladene Elektronengas zwischen ihnen befindet. Die Anziehung zwischen den Metallionen und den Elektronen ist stärker als die gegenseitige Abstoßung zwischen den Metallionen. Das Ergebnis ist, dass diese unbeweglich bleiben. Metallionen fehlt also ein wichtiges Merkmal der echten Ionen, nämlich die Beweglichkeit. Während echte Ionen unter dem Einfluss eines elektrischen Feldes in Bewegung geraten, verharren die Metallionen in ihrer regelmäßigen Anordnung weiter. Sie sind deshalb keine Ionen im strengen Sinne des Wortes. Die negativ geladenen Elektronen im Elektronengas stoßen sich gegenseitig zwar ab, da sie aber frei beweglich sind und das Bestreben haben, sich gegenseitig auszuweichen, verteilen sie sich im Metallgitter gleichmäßig.

[6] Als Leiter 2. Klasse werden wässrige Elektrolyte bezeichnet, da sie im Unterschied zu Metallen Ionenleiter sind.

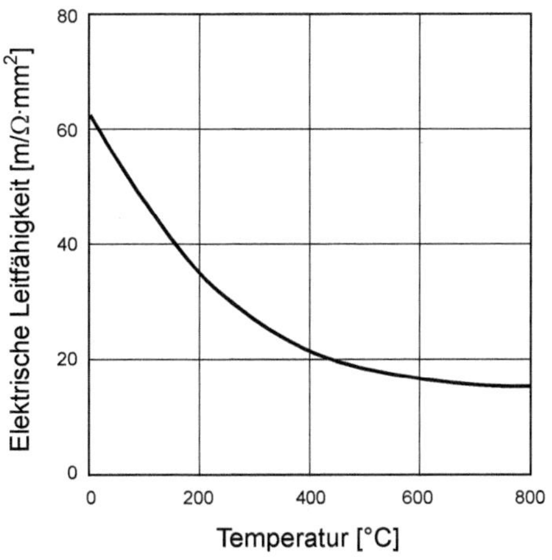

Abb. 2.25: Abnahme der elektrischen Leitfähigkeit des Kupfers mit steigender Temperatur

Die gegenseitige Behinderung der Leitungselektronen bei höheren Temperaturen führt allerdings zu einer Abnahme der elektrischen Leitfähigkeit[7], ein Sachverhalt, der eine weitere typische Eigenschaft der Metalle darstellt. Abb. 2.25 zeigt die Temperaturabhängigkeit der elektrischen Leitfähigkeit am Beispiel des Kupfers.

Hinzukommt, dass die Leitungselektronen unabhängig von der Temperatur an den Gitterbaufehlern gestreut und aus ihrer Bewegungsrichtung abgelenkt werden. Dabei treffen sie auf die Metallionen, denen sie einen Teil ihres Impulses übertragen. Dieser Vorgang ist übrigens die Ursache für die Erwärmung eines stromdurchflossenen Metalldrahtes.

Beide Effekte verursachen eine Erhöhung des elektrischen Widerstandes R. Man unterscheidet deshalb zwischen einem temperaturabhängigen und einem temperatur*un*abhängigen Anteil des spezifischen elektrischen Widerstandes ρ: $\rho_W = f(T)$ und $\rho_G \neq f(T)$. Dieser gibt für ein bestimmtes Leitermaterial an, wie groß der Widerstand R (in Ω) für einen 1 Meter langen Leiter mit einem Querschnitt von 1 mm² bei 20 °C (293 K) ist.

Der temperaturabhängige und der temperatur*un*abhängige Anteil sind voneinander unabhängig und überlagern sich, ein Sachverhalt, der seinen Ausdruck in der als MATTHIESSENsche Regel bekannten Beziehung findet:

$$\rho = \rho_W + \rho_G \tag{2.7}$$

[7] Mit steigender Temperatur vollführen die Metallatome und die Atomrümpfe mehr und mehr Schwingungsbewegungen und hemmen dadurch die Fortbewegung der Leitungselektronen. Die Folge ist, dass der elektrische Widerstand eines Metalldrahtes zunimmt bzw. seine elektrische Leitfähigkeit abnimmt.

Die Änderung des spezifischen elektrischen Widerstandes mit zunehmender Temperatur ist in Abb. 2.26 am Beispiel eines durch Leerstellen, Zwischengitter- und Fremdatome gestörten Kristallgitters schematisch dargestellt.

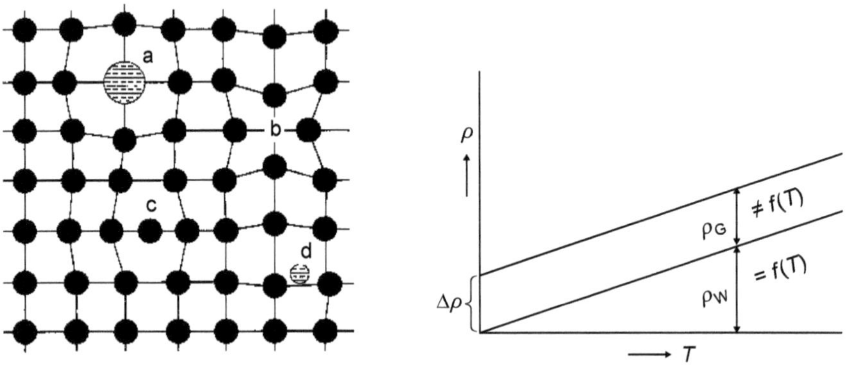

Abb. 2.26: Einfluss der Gitterbaufehler auf den spezifischen elektrischen Widerstand (a und d: Fremdatome, b: Leerstelle, c: Zwischengitteratom)

2.2.3.2 Thermische Leitfähigkeit

Temperaturunterschiede in einem Metall verursachen einen Wärmefluss in ihm. Die Wärmeleitfähigkeit wird durch die Geschwindigkeit bestimmt, mit der sich die Erwärmung an einem Punkt durch das Metall ausbreitet. Sie ist somit das Vermögen eines Metalls, die thermische Energie mittels Wärmeleitung in zu transportieren.

Für die in der Zeit $\mathrm{d}t$ in einem Temperaturgefälle $\mathrm{d}T/\mathrm{d}x$ durch die Fläche A mit der Wanddicke d strömende Wärmemenge $\mathrm{d}Q$ gilt im stationären Fall die Beziehung

$$\frac{\mathrm{d}Q}{\mathrm{d}t} = -\lambda \cdot \frac{A}{d} \cdot \frac{\mathrm{d}T}{\mathrm{d}x} \tag{2.8}$$

$\lambda = f(T)$ ist die spezifische Wärmeleitfähigkeit oder Wärmeleitzahl mit der Einheit $\mathrm{W/m \cdot K}$ und gibt an, welche Wärmemenge von der einen Seite eines Metalls mit einem Querschnitt von 1 m^2 und einer Dicke von 1 m bei einem Temperaturunterschied von 1 Grad in einer Stunde zur anderen Seite geleitet wird.

In der Regel sind gute elektrische Leiter, also Metalle, auch gute Wärmeleiter. Dieser Sachverhalt hat natürlich einen tieferen physikalischen Grund, der in der Wirkungsweise des freien Elektronengases zu finden ist. Die Wärmeleitung stellt einen Transportvorgang dar. Sie wird bei Metallen vor allem durch die freien Elektronen bewirkt.

Infolge ihrer großen Beweglichkeit fungieren sie nicht nur als Ladungsträger, sondern auch als Träger thermischer Energie, indem die Schwingungsenergie von einer Atomschicht zur nächsten weiterleiten. So leisten sie einen entscheidenden Beitrag zu Wärmeleitfähigkeit. Die Wärmeleitzahl λ setzt sich daher aus zwei Anteilen zusammen, nämlich der Elektronenleitfähigkeit λ_E und der Gitterleitfähigkeit λ_G:

$$\lambda(T) = \lambda_E + \lambda_G \tag{2.9}$$

Da der elektronische Anteil überwiegt, ist das Verhältnis der thermischen (λ) zur elektrischen Leitfähigkeit χ bei Temperaturen oberhalb der DEBYE-Temperatur[8] für alle Metalle annähernd gleich und hängt nur von der absoluten Temperatur ab.

$$\frac{\lambda}{\chi} = \frac{\pi^2}{3}\left(\frac{k}{e}\right)^2 \cdot T = L \cdot T \tag{2.10}$$

k ist die BOLTZMANNsche Konstante (= $1{,}38 \cdot 10^{-23}$ J/K). Die Konstante L, die LORENZ-Zahl, liegt für reine Metalle bei Raumtemperatur zwischen 2,2 bis $2{,}6 \cdot 10^{-8}$ W · Ω/K².

Dieser Zusammenhang wird auch durch das WIEDEMANN-FRANZsche Gesetz ausgedrückt, welches besagt, dass bei konstanter Temperatur unabhängig von der Natur des Metalls eine direkte Proportionalität zwischen der elektrischen Leitfähigkeit χ und der Wärmeleitzahl λ existiert. Bei tieferen Temperaturen ist dieser Zusammenhang allerdings wegen der Überlappung unterschiedlicher, temperaturabhängiger Einflüsse nicht mehr erfüllt.

2.2.4 Gliederung

Metalle werden häufig nach ihrem Schmelzpunkt oder ihrer Dichte in Gruppen eingeteilt. So wird einerseits zwischen niedrig- und hochschmelzenden Metallen, andererseits zwischen Leicht- und Schwermetallen unterschieden. Dass diese Einteilung nicht das einzige Unterscheidungsmerkmal der Metalle sein kann, ist offenkundig. Man denke z. B. an die Klassifizierung der Metalle in edle und unedle, je nach ihrem elektrochemischen Standardpotential.

---

8 Die Elektronen werden auch von den Phononen (thermischen Gitterschwingungen in einem Kristall) gestreut. Je höher die Temperatur ist, desto mehr Phononen sind vorhanden und desto mehr Elektronenstreuung ist zu erwarten. Oberhalb der DEBYE-Temperatur ist die Zahl der Phononen ungefähr proportional zur absoluten Temperatur, und man beobachtet, dass in diesem Temperaturbereich der Widerstand jedes einigermaßen reinen Metalls ebenfalls proportional zu Temperatur ansteigt. Die bekannteste Elektron-Phonon-Wechselwirkung ist die Temperaturabhängigkeit des elektrischen Widerstands des reinen Kupfers. Dieser beträgt 1,55 µΩ/cm bei 0 °C und 2,28 µΩ/cm bei 100 °C.

2.2.4.1 Nach Schmelzpunkt

Als physikalische Größe stellt der Schmelzpunkt (T_S) ein Maß für die Stabilität der Metalle dar. Man unterscheidet niedrigschmelzende (T_S < 1 000 °C), hochschmelzende (T_S = 1 000 bis 2 000 °C) und höchstschmelzende (T_S > 2 000 °C) Metalle[9]. Tab. 2.5 enthält die Schmelzpunkte einiger Metalle.

Tab. 2.5: Einteilung der Metalle nach dem Schmelzpunkt

Metall	Symbol	Schmelzpunkt T_S [°C]
Niedrigschmelzende Metalle		
Zinn	Sn	232
Cadmium	Cd	321
Blei	Pb	327
Zink	Zn	420
Hochschmelzende Metalle		
Silber	Ag	960
Gold	Au	1 063
Kupfer	Cu	1 083
Nickel	Ni	1 450
Kobalt	Co	1 490
Eisen	Fe	1 536
Vanadium	V	1 890
Zirkonium	Zr	1 900
Chrom	Cr	1 903
Höchstschmelzende Metalle		
Molybdän	Mo	2 620
Tantal	Ta	2 990
Iridium	Ir	2 450
Osmium	Os	3 050
Wolfram	W	3 400

[9] Der höchste bisher gemessene Schmelzpunkt einer metallischen Verbindung ist der des Tantalcarbids und liegt bei 3 880 °C.

2.2.4.2 Nach Dichte

Als Dichte ρ bezeichnet man das Verhältnis Masse (M) zu Volumen (V); sie wird in g/cm^3 angegeben. Je nach Dichte werden Metalle als Leichtmetalle (ρ < 5 g/cm^3) bzw. Schwermetalle (ρ > 5 g/cm^3) in größere Gruppen zusammengefasst. Da sich das Volumen eines Metalls mit der Temperatur ändert, ist die Dichte eine temperaturabhängige Größe. Die Dichtewerte einiger Metalle, die in Tab. 2.6 angegeben sind, gelten für T = 20 °C.

Tab. 2.6: Dichtewerte von Leicht- und Schwermetallen

Metall	Symbol	Dichte bei 20 °C [g/cm^3]
Leichtmetalle		
Lithium	Li	0,53
Magnesium	Mg	1,73
Beryllium	Be	1,82
Aluminium	Al	2,70
Titan	Ti	4,54
Schwermetalle		
Zirkon	Zr	6,50
Antimon	Sb	6,68
Zink	Zn	7,13
Zinn	Sn	7,29
Eisen	Fe	7,86
Kadmium	Cd	8,64
Bismut	Bi	9,78
Molybdän	Mo	10,20
Blei	Pb	11,34
Wolfram	W	19,30
Gold	Au	19,32
Platin	Pt	21,45

2.3 Legierungen

Wie bereits erwähnt, werden reine Metalle seltenen als Werkstoffe für die Herstellung von Gebrauchsgegenständen, Massenartikeln, Konstruktionselementen oder Bauteilen herangezogen, da sie den in der Praxis gestellten Anforderungen nicht gerecht werden können. Erst durch das Zusammenlegieren von zwei oder mehreren Metallen mit oder ohne andere nichtmetallische Substanzen erhält man Werkstoffe, die die geforderten Eigenschaften besitzen.

Eine Legierung besitzt zwar metallische Merkmale, wie Glanz, Festigkeit, plastische Verformbarkeit und elektrische Leitfähigkeit, ihre Eigenschaften unterscheiden sich jedoch erheblich von denen der einzelnen Elemente, aus denen sie aufgebaut ist. Beispielsweise sind die mechanischen Eigenschaften von Stählen (Eisen-Kohlenstoff-Legierungen) denen des reinen Eisens bei weitem überlegen.

Die Elemente, die eine Legierung aufbauen, werden allgemein als Komponenten (K) bezeichnet. Je nach Anzahl der Komponenten (K = 2, 3, 4, ... *n*) spricht man von Zwei-, Drei-, Vier- oder Mehrstofflegierungen. Auch die Bezeichnungen binäre (K = 2), ternäre (K = 3) und quaternäre (K = 4) Legierungen sind weit verbreitet [2.37].

2.3.1 Mischkristallbildung

Atomistisch betrachtet, handelt es sich bei der Legierungsbildung um den Einbau fremder Atome in das Kristallgitter eines Grundmetalls, das den Hauptbestandteil der Legierung ausmacht. Man spricht von Bildung fester Lösungen, oder Mischkristallbildung (MK). Je nach Art und Größe der Fremdatome entstehen dabei unterschiedliche Kristallgitter. Generell ist zwischen zwei Typen von Mischkristallen, Einlagerungsmischkristalle (EMK) und Austauschmischkristallen (AMK), zu unterscheiden.

2.3.1.1 Einlagerungsmischkristalle

Ist der Atomradius des Fremdatoms kleiner als der des Grundmetalls, so nehmen die Fremdatome in statistischer Verteilung Zwischengitterplätze ein. Es kommt zur Bildung von so genannten Einlagerungsmischkristallen, bei denen die Fremdatome, wie in Abb. 2.27 angedeutet, interstitiell im Kristallgitter des Grundmetalls gelöst sind.

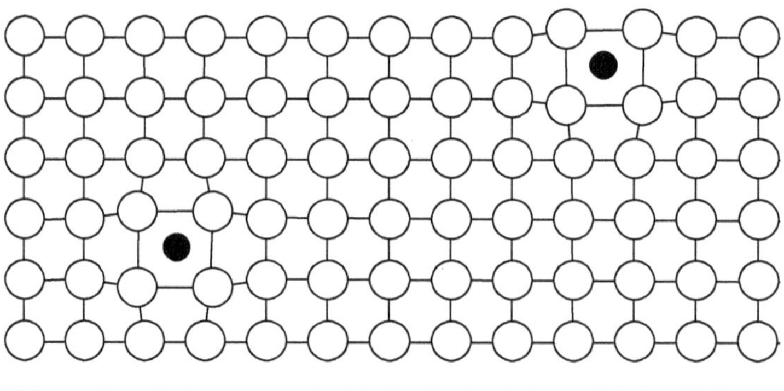

Abb. 2.27: Bildung eines Einlagerungsmischkristalls durch interstitiellen Einbau von Fremdatomen kleinerer Atomradien im Kristallgitter des Grundmetalls

Damit ein Einlagerungsmischkristall entstehen kann, müssen gewisse Bedingungen erfüllt sein. Die wichtigste dabei ist, dass Radius der Atome der Legierungskomponente mindesten um 15 % kleiner ist als der Atomradius des Wirtsmetalls. Ist diese Bedingung erfüllt, dann können sich die Atome der Legierungskomponente in statistischer Verteilung in die Zwischengitterplätze des Wirtgitters einzwängen. Das prominenteste Beispiel für diesen Fall ist die Einlagerung von Kohlenstoff (Atomradius = $0{,}91 \times 10^{-10}$ m) im Gitter des Eisens (Atomradius = $1{,}25 \times 10^{-10}$ m), die die Grundlage für die Stahlherstellung darstellt.

Die Anwesenheit von interstitiell gelösten Fremdatomen bewirkt elastische Verzerrungen im Kristallgitter des Grundmetalls. Dadurch werden die Eigenschaften der Legierung in charakteristischer Weise beeinflusst.

Bilden sich Anhäufungen von Fremdatomen innerhalb einzelner Kristallite des Grundmetalls, so spricht man von inkohärenten Ausscheidungen[10]. Solche Ausscheidungen bestimmen vor allem das chemische Verhalten der Legierung. Diesen Fall illustriert Abb. 2.28.

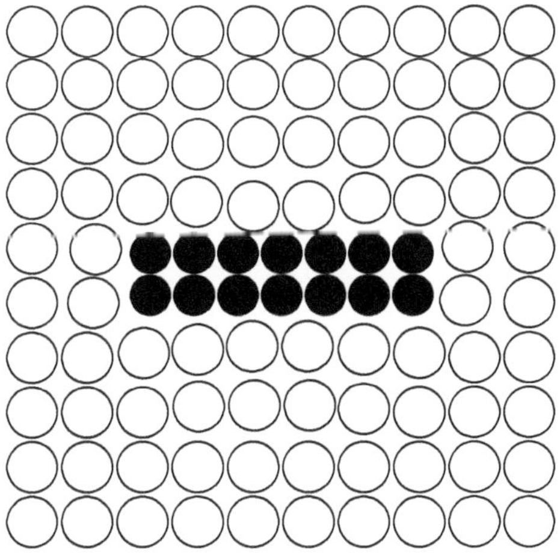

Abb. 2.28: Entstehung von Ausscheidungen aus Fremdatomen innerhalb der Kristallite des Grundmetalls

[10] Bei Legierungen kommt es häufig zur Bildung von Einschlüssen (Inklusionen) und Ausscheidungen (Präzipitaten). Einschlüsse sind feste Fremdphasen. Ausscheidungen stellen insofern Sonderfälle von Einschlüssen dar, als bei ihnen die Fremdphase aus dem Werkstoffmaterial selbst gebildet wird. Dies ist z. B. der Fall, wenn sich bei der Abkühlung eines Mischkristalls die Minderheitenkomponente eine eigene Phase im Inneren des Werkstoffs bildet.

Ein bekanntes Beispiel ist die Bildung und Ausscheidung von Mangan(II)-sulfid (MnS_2) in legierten Stählen. Mangan wird zur Erhöhung der Festigkeit und Zähigkeit dem Stahl zugegeben. Es bindet den im Rohstahl vorhandenen Schwefel als Mangansulfid und reduziert bei größeren Konzentrationen die Verformungsfähigkeit des Stahls senkrecht zur Walzrichtung.

2.3.1.2 Austauschmischkristalle

Sind die Atomradien der gelösten Fremdatome gleich groß wie die des Grundmetalls, so können sie unter bestimmten Voraussetzungen die Atome des Grundmetalls substituieren, indem sie ihre Gitterplätze einnehmen. Dies führt zur Entstehung von so genannten Austausch- oder Substitutionsmischkristallen. Das Atomgitter eines solchen Austauschmischkristalls ist in Abb. 2.29 wiedergegeben.

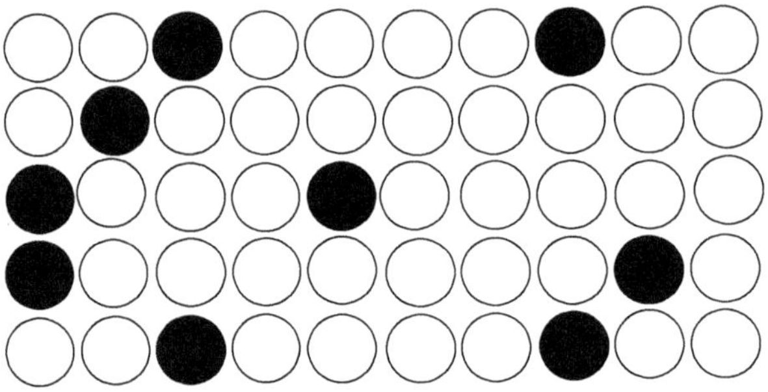

Abb. 2.29: Entstehung eines Austauschmischkristalls infolge Substitution einiger Atome des Grundmetalls durch Fremdatome gleicher Größe

Weitere Voraussetzungen für die Entstehung eines Substitutionsmischkristalls sind:

- Beide Komponenten müssen den gleichen Gittertyp aufweisen.
- Beide Komponenten müssen in ihren chemischen Eigenschaften ähnlich sein.
- Beide Komponenten müssen im flüssigen Zustand vollständig mischbar sein.

Diese Voraussetzungen sind beispielsweise bei Kupfer und Nickel gegeben, weshalb sie für die Bildung eines Austauschmischkristalls prädestiniert sind.

Während die Gitterverzerrung bzw. Volumenänderung des Grundmetalls in diesem Fall vernachlässigbar klein ist, können sich bestimmte Eigenschaften des Grundmetalls (z. B. die elektrische Leitfähigkeit) durch die substitutionell gelösten Fremdatome entscheidend ändern.

Besitzen die gelösten Fremdatome hingegen einen größeren Radius als die des Grundmetalls, so können sie nur unter bestimmten Bedingungen dessen Atome substituieren. Damit sind aber merkliche Veränderungen der Eigenschaften des Grundmetalls verbunden. Dieser Fall ist in Abb. 2.30 schematisch dargestellt.

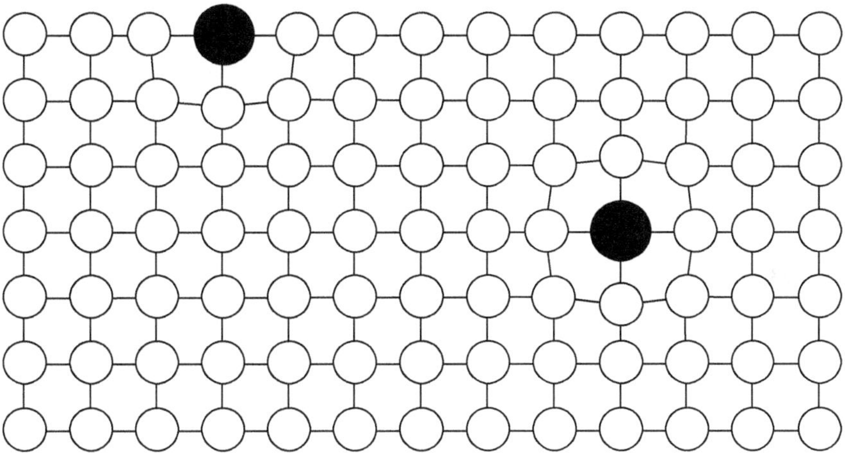

Abb. 2.30: Gitterverspannungen und Volumenänderungen im Grundmetall infolge substitutionell gelöster Fremdatome größerer Atomradien

Legierungen sind, unabhängig davon, ob sie homogen (einphasig) oder heterogen (mehrphasig) aufgebaut sind, polykristalline Werkstoffe und besitzen als solche alle bereits diskutierten Gitterbaufehler. Auch bei ihnen bilden sich Korngrenzen zwischen den benachbarten Kristalliten unterschiedlicher Orientierung. Als amorphe Übergangsbereiche stellen diese zweidimensionalen Fehler geometrisch und energetisch bevorzugte Stellen für die Ausscheidung von Fremdatomen dar. Solche Konglomerate werden als Korngrenzenausscheidungen bezeichnet. Dieser Sachverhalt wird durch die schematische Darstellung in Abb. 2.31 verdeutlicht.

Abb. 2.32 zeigt schematisch das mikroskopische Erscheinungsbild solcher Korngrenzenausscheidungen. Dass solch kleine oder größere Ansammlungen von Fremdatomen die chemischen und mechanischen Eigenschaften einer Legierung drastisch verändern können, liegt auf der Hand.

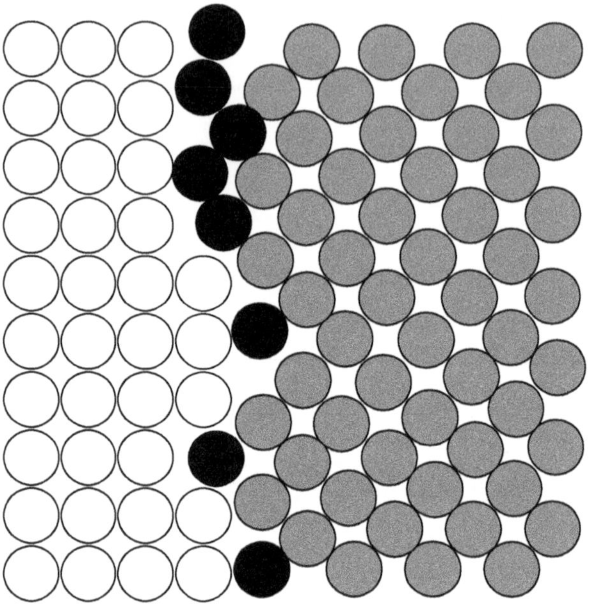

Abb. 2.31: Bevorzugte Ausscheidung von Fremdatomen entlang der Korngrenzen in Legierungen

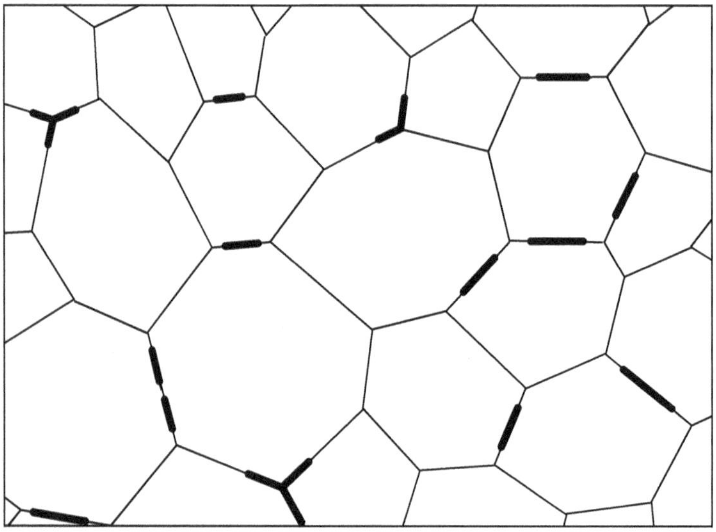

Abb. 2.32: Erscheinungsbild der Korngrenzenausscheidungen im Lichtmikroskop

2.3.2 Eisenlegierungen (Stähle)

Unter Stahl versteht man nach DIN EN 10020 Eisen-Kohlenstoff-Legierungen, die zwischen 0,06 und 2,06 % Kohlenstoff enthalten. Zusätzlich zu Kohlenstoff enthalten Stähle weitere metallische sowie nichtmetallische Beimengungen. Durch Legieren mit anderen Metallen, z. B. Chrom, Nickel, Vanadium, Molybdän und Wolfram können die mechanischen Eigenschaften des Stahls in weiten Grenzen variiert werden. Während Chrom die Härte und Warmfestigkeit des Stahls verbessert, erhöhen Nickel und Vanadium seine Zähigkeit. Durch Legieren mit Molybdän und Wolfram kann man ebenfalls eine Steigerung der Warmfestigkeit und der Härte des Stahls bewerkstelligen.

Stähle - mit 95 % Gewichtsanteil an weltweit eingesetzten Metallen - sind die meist verwendeten Werkstoffe. Die etwa 2 500 verschiedenen Stahlsorten werden fast überall und unter allen denkbaren Bedingungen eingesetzt. Viele Bauteile aus Stahl müssen daher durch geeignete Beschichtungen und Überzüge, u. a. galvanotechnisch aufgebrachte Schichten, gegen Korrosion und Verschleiß geschützt werden.

Stähle werden nach verschiedenen Aspekten unterteilt. Häufig werden sie aber gemäß DIN EN 10020 nach ihrer Zusammensetzung in drei Kategorien unlegierte, niedriglegierte und hochlegierte Stähle klassifiziert.

2.3.2.1 Unlegierte Stähle

Unlegierte Stähle sind Stähle, deren Gehalte an Legierungselementen die in Tab. 2.7 angegebenen Grenzwerte nicht überschreiten.

Unlegierte Stähle sind nicht für eine Wärmebehandlung vorgesehen.

Tab. 2.7: Grenzwerte an Legierungselementen für unlegierte Stähle

Gehalt an Legierungselement in %					
Mangan	1,65	Aluminium	0,10	Wolfram	0,10
Silizium	0,50	Selen	0,10	Molybdän	0,08
Kupfer	0,40	Vanadium	0,10	Titan	0,05
Blei	0,40	Wismut	0,10	Zirkonium	0,05
Nickel	0,30	Kobalt	0,10	Niob	0,05
Chrom	0,30	Tellur	0,10	Bor	0,0008

Durch eine Wärmebehandlung lässt sich Stahl in starkem Maße in seinem Werkstoffverhalten beeinflussen. Dadurch können seine Eigenschaften auf die Verwendung bzw. Beanspruchung angepasst werden. Zu diesem Zweck wird der Stahl in Wärmebehandlungsanlagen und unter geeigneten Atmosphären für unterschiedliche Zeiten auf bestimmte Temperaturen erhitzt und anschließend mehr oder weniger schnell abgekühlt. Die Reichweite dabei erstreckt sich von der Ofenabkühlung bis hin zum schroffen Abschrecken im Wasser [2.37].

2.3.2.2 Niedriglegierte Stähle

Niedriglegierte Stähle sind Stähle, bei denen der Gesamtanteil an Legierungselementen unter 5 % liegt. Sie haben prinzipiell ähnliche Eigenschaften wie unlegierte Stähle. Technisch wichtig ist aber, dass ihre mechanischen Eigenschaften durch Wärmebehandlung wesentlich beeinflusst werden können.

Die Bezeichnung von niedriglegierten Stählen erfolgt dadurch, dass die chemischen Symbole der Legierungselemente in der Reihenfolge sinkender Anteile angegeben werden. Dabei werden die Gehalte an

- C, N, P, S, Ce mit 100,
- Al, Cu, Mo, Ti, V, B, Be, Ta, Zr, Nb, Pb mit 10, und
- Cr, Co, Mn, Ni, Si, W mit 4 multipliziert.

Demnach steht das Kürzel 15CrNi6 für einen niedriglegierten Stahl mit den Legierungselementen Chrom und Nickel. Der Kohlenstoffgehalt beträgt 15/100 = 0,15 %. Das Legierungselement mit dem höchsten Anteil steht an erster Stelle nach dem Kohlenstoffgehalt, in diesem Fall also Chrom. Diesem ist die erste Zahl, d. h. 6 zugeordnet. Somit beträgt der Chromgehalt des Stahls 6/4 = 1,5 %. Dem zweiten Element, dem Nickel, ist keine Zahl zugeordnet, da dessen Anteil weniger als 1 % ist. Als weiteres Beispiel sei das Kürzel 30NiCrMo12 6 genannt. Es symbolisiert einen niedriglegierten Stahl mit 30/100 = 0,3 % Kohlenstoff, 12/4 = 3 % Nickel, 6/4 = 1,5 % Chrom und Spuren von Molybdän.

2.3.2.3 Hochlegierte Stähle

Hochlegierte Stähle sind Stähle, bei denen der Anteil *eines* der Legierungselemente (ausgenommen Kohlenstoff) mindestens 5 % beträgt. Ziel dabei ist es, durch Zulegieren bestimmter Elemente besondere physikalische, chemische und mechanische Eigenschaften zu erreichen.

Hochlegierte Stähle werden durch den Buchstaben X gekennzeichnet. Diesem wird der 100-fache Kohlenstoffgehalt nachgestellt, dem wiederum die chemischen Symbole der Legierungselemente in der Reihenfolge sinkender Anteile folgen. Danach werden die Anteile der wichtigsten Legierungselemente in % aufgeführt, d. h. ihre Gehalte werden direkt angegeben. Folgende zwei Beispiele sollen dies erläutern:

X12CrNi18 8 symbolisiert einen hochlegierten Stahl mit 12/100 = 0,12 % Kohlenstoff, 18 % Chrom und 8 % Nickel.

X5CrNiMoV18 8 2 steht für einen hochlegierten Stahl mit 5/100 = 0,05 % Kohlenstoff, 18 % Chrom, 8 % Nickel, 2 % Molybdän. Der Gehalt an Vanadium liegt unter 1 %.

Stähle werden gemäß DIN EN 10020 auch nach den Anforderungen an ihre Gebrauchseigenschaften in drei große Hauptgüteklassen Grund-, Qualitäts- und Edelstähle eingeteilt. Während Grundstähle unlegierte Stähle sind, können Qualitäts- und Edelstähle sowohl unlegiert als auch legiert sein (Tab. 2.8).

Tab. 2.8: Zusammensetzung der Stähle der drei Hauptgüteklassen

Hauptgüteklasse	Zusammensetzung	
	ungeliert	legiert
Grundstähle	ja	nein
Qualitätsstähle	ja	ja
Edelstähle	ja	ja

2.3.2.4 Grundstähle

Grundstähle, auch Massenstähle genannt, sind Stähle, deren Festigkeitseigenschaften nicht durch eine Wärmebehandlung sichergestellt werden. Ein Beispiel ist der Grundstahl S235 JRG 2 (alte Bezeichnung: St 37-2). Die dem Buchstaben S nachfolgende Zahl gibt die Streckgrenze des Grundstahls in N/mm^2 an.

2.3.2.5 Qualitätsstähle

Qualitätsstähle sind unlegierte oder legierte Stähle mit besonderen Anforderungen an ihre Eignung zum Kaltverformen, ihre Beständigkeit gegen atmosphärische Korrosion oder ihre elektrischen bzw. magnetischen Eigenschaften. Sie sind daher meist für eine Wärmebehandlung vorgesehen. Der Gehalt an Phosphor und Schwefel (so genannte Eisenbegleiter) liegt bei Qualitätsstählen unter 0,045 %. Ein Beispiel ist der Qualitätsstahl S355 J2G 3 (alte Bezeichnung: St 52-3 N).

Qualitätsstähle werden mit C *x* gekennzeichnet, wobei x = (Kohlenstoffgehalt in %) · 100 ist. Demnach sind C 22, C 45 und C 60 Qualitätsstähle mit einem Kohlenstoffgehalt von 22/100 = 0,22 %, 45/100 = 0,45 % und 60/100 = 0,60 %. Ihre Streckgrenzen betragen 340, 490 und 580 N/mm^2.

Qualitätsstähle werden u. a. zur Herstellung von Blechen, Bändern, Rohren, Doppel-T-Trägern und anderen Profilen herangezogen.

2.3.2.6 Edelstähle

Edelstähle sind unlegierte oder legierte Stähle, deren Eigenschaften im Allgemeinen durch eine Wärmebehandlung (z. B. Vergüten) sichergestellt werden und eine größere Reinheit als Qualitätsstähle aufweisen. Der Gehalt an Phosphor und Schwefel liegt bei ihnen unter 0,035 %. Je nach Gefüge können Edelstähle ferritisch (z. B. der Stahl mit der Werkstoffnummer 1.4003) oder austenitisch (z. B. der hochlegierte Stahl X5CrNi18 10 mit der Werkstoffnummer 1.4301) sein.

Edelstähle werden mit Ck *x* bezeichnet, wobei x = (Kohlenstoffgehalt in %) · 100 ist. Das k steht dabei für einen besonders kleinen Gehalt an Phosphor und Schwefel. Ck 45 ist also ein Edelstahl mit einem Kohlenstoffgehalt von 45/100 = 0,45 %.

Die Anwendungsgebiete der Edelstähle sind recht umfangreich. Je nach Anforderungen werden die Edelstähle im Schienenfahrzeugbau, Nutzfahrzeugbau, Reaktorbau, Klimabereich, in der Fördertechnik, Wassertechnik, Zuckerindustrie, Agrartechnik, Nahrungsmittelindustrie, Kunststoffindustrie, Möbelindustrie, Innenarchitektur, Nahrungsmittelverarbeitung Medizintechnik oder in Heizungs- und Klimaanlagen, Haushalts- und Küchengeräten, Dampfkesseln sowie Destillationskolonnen und Flugmotoren eingesetzt.

2.3.2.7 Nichtrostende Stähle

Die Annahme, ein Edelstahl sei immer ein *nichtrostender Stahl* ist nicht zutreffend, auch wenn umgangssprachlich nichtrostende Stähle häufig als Edelstähle bezeichnet werden. Ein Edelstahl muss nicht zwangsläufig ein nichtrostender Stahl sein, ebenso wenig muss ein nichtrostender Stahl gleich ein Edelstahl sein.

Nichtrostende Stähle, umgangssprachlich als rost- oder säurebeständig bezeichnet, zeichnen sich dadurch aus, dass sie mindestens 10,5 bis 13 % Chrom enthalten. Dieses Legierungselement liegt im austenitischen oder ferritischen Mischkristall gelöst vor und erzeugt an der Stahloberfläche eine dichte Passivschicht aus Chromoxid, die den

Werkstoff vor Korrosionsangriff schützt. Weitere Legierungselemente, wie Nickel, Molybdän, Mangan und Niob verbessern die mechanischen Eigenschaften des Stahls und erhöhen seine Korrosionsbeständigkeit.

Die Korrosionsbeständigkeit von nichtrostenden Stählen sinkt mit steigendem Kohlenstoffgehalt, da Chrom eine hohe Affinität zum Kohlenstoff hat und mit ihm hartes, sprödes Chromcarbid bildet. Dieses scheidet sich an den Korngrenzen aus und beeinträchtigt damit die korrosionsschützende Wirkung der Passivschicht. Darüber hinaus geben die Chromkarbidteilchen Anlass zur interkristallinen Korrosion. Um diese unerwünschte Effekte zu vermeiden, hält man den Kohlenstoffgehalt des Stahl so niedrig wie möglich und stabilisiert ihn durch Zugabe von Legierungselementen wie Niob oder Titan, die eine noch höhere Affinität zum Kohlenstoff haben als Chrom, also stärkere Carbidbildner[11] sind.

Der am meisten eingesetzte Legierungstyp unter den nichtrostenden Stählen ist der Stahl X5CrNi18 10 (Werkstoffnummer 1.4301). Bei diesem Werkstoff handelt es sich um einen relativ weichen, nicht magnetischen austenitischen Stahl, der wegen seiner guten Umformbarkeit eine breite Anwendung in der Industrie, in medizinischen Geräten oder im Haushalt (Töpfe, Gabel, Löffel, Spülbecken u. ä.) gefunden hat.

Stähle werden auch nach ihren, für den Anwender wichtigen Eigenschaften und Verwendungsmöglichkeiten in Gruppen gegliedert. So unterscheidet man u. a. Baustähle, Einsatzstähle und Schnellarbeitstähle.

2.3.2.8 Baustähle

Baustähle sind alle Stähle, die nicht unmittelbar zur Herstellung von Werkzeugen verwendet werden. Zu ihnen zählen fast alle kohlenstoffarmen Stähle. Sie sind meist niedriglegierte Stähle und werden nicht wärmebehandelt, weshalb sie über mäßige, aber für viele Anwendungen durchaus ausreichende Eigenschaften verfügen. Baustähle haben in der Regel eine Zugfestigkeit von weniger als 500 N/mm^2 und finden häufig im Stahl- und Maschinenbau Anwendung.

Baustähle sind in DIN EN 10025 genormt. Sie werden durch das Vorsatzzeichen S gekennzeichnet; die nachfolgende Zahl gibt die Streckgrenze in N/mm^2 an. Als Beispiele seien die Baustähle S235 JR (früher St 37-2) und S355 J2G3 (früher St 52-3 N) genannt.

[11] Unter Carbiden sind in diesem Zusammenhang Verbindungen von Metallen (typische Beispiele: Chrom, Titan und Wolfram) mit Kohlenstoff des Typs Me_xC_y zu verstehen. Sie besitzen in der Regel keine exakt definierte Stöchiometrie, da bei der Verbindungsbildung die Kohlenstoffatome in die Lücke des Metallgitters eingelagert werden. Carbide zeichnen sich durch hohe Schmelzpunkte (3000 bis 4000 °C) sowie eine hohe mechanische und thermische Stabilität aus.

2.3.2.9 Einsatzstähle

Einsatzstähle sind unlegierte oder niedriglegierte Stähle, die einen Kohlenstoffgehalt von maximal 0,25 % enthalten. Beispielsweise sind Ck 15G (unlegierter Edelstahl mit 0,15 % C, weichgeglüht) und 25MoCr4 BF Einsatzstähle.

Da Einsatzstähle zum Härten zu wenig Kohlenstoff enthalten, werden sie in einer kohlenstoffhaltigen Atmosphäre auf Temperaturen um die 1 000 °C erhitzt. Dabei diffundiert der Kohlenstoff (je nach Aufkohlungsmittel 0,1 bis 0,3 mm/h) von außen in die Randschicht des Stahls ein. Dadurch wird eine Härtung der Stahloberfläche bewirkt, während der Kern noch weich bleibt. Einsatzstähle werden zur Herstellung von Zahnrädern, Wellen und Bolzen herangezogen.

2.3.2.10 Schnellarbeitsstähle

Die Bezeichnung Schnellarbeitsstähle umfasst eine Gruppe hochlegierter Werkzeugstähle mit bis zu 2,2 % Kohlenstoff und bis zu 30 % Anteil an Legierungselementen wie Kobalt, Wolfram, Molybdän, Nickel, Vanadium und Titan. Diese bilden zusammen mit dem Kohlenstoff die für den Einsatzzweck maßgeblichen Carbide.

Schnellarbeitsstähle zeichnen sich durch große Härte (Warmhärte bis 600 °C), Verschleißfestigkeit, Anlassbeständigkeit und Warmfestigkeit aus. Beschichtungen aus Titannitrid (TiN) steigern diese Härte und Verschleißfestigkeit noch weiter und erhöhen dabei auch die Korrosionsbeständigkeit.

Schnellarbeitsstähle werden mit dem Kennbuchstaben S und nachfolgenden Zahlen gekennzeichnet, die in der Reihenfolge die Massenanteile der Legierungselemente Wolfram, Molybdän, Vanadium und Kobalt in ganzen gerundeten Zahlen angeben. Die beiden folgenden Beispiele sollen dies verdeutlichen:

- S2-10-1-8 ist ein Schnellarbeitsstahl mit 2 % W, 10 % Mo, 1 % V und 8 % Co.
- S10-4-3-10 ist ein Schnellarbeitsstahl mit 10 % W, 4 % Mo, 3 % V und 10 % Co.

Schnellarbeitsstähle werden hauptsächlich für Werkzeuge zur spanenden Metallverarbeitung mit Werkzeugsmaschinen, Spiralbohrern, Fräsern und Drehmeißeln verwendet. Aufgrund ihrer Eigenschaften ermöglichen sie sehr hohe Schnittgeschwindigkeiten.

2.3.3 Legierungselemente

Die Qualität eines Stahls wird sowohl durch die Herstellungsverfahren als auch durch die (erwünschten) Legierungselemente und die aufgenommenen (unerwünschten) Begleitelemente beeinflusst. Die Legierungselemente verleihen dem Stahl bestimmte Verarbeitungseigenschaften sowie Korrosionsbeständigkeit und Verschleißfestigkeit. Die Begleitelemente können jedoch die verarbeitungstechnischen und mechanischen Eigenschaften des Stahls sowie sein Korrosionsverhalten in unerwünschter Weise verändern. Die wichtigsten Legierungselemente sind:

Aluminium: Aluminium wirkt stark desoxidierend und denitrierend. Durch die Bildung von Aluminiumnitriden hoher Härte wird insbesondere die Alterungsanfälligkeit von Stählen erheblich vermindert. Bei ferritischen Chromstählen führt das Zulegieren von Aluminium neben einer Verbesserung der Zunderbeständigkeit auch zu einer verringerten Empfindlichkeit gegenüber interkristalliner Korrosion.

Chrom: Chrom erhöht die Zugfestigkeit durch Mischkristallbildung und verringert die kritische Abkühlgeschwindigkeit. Die Einhärtetiefe erhöht sich und die Zunderbeständigkeit nimmt zu. Ebenso wirkt Chrom bei ferritischen und austenitischen Stählen ab einer Konzentration von 13 % durch die Bildung einer resistenten Chromoxid-Schicht korrosionshemmend.

Kobalt: Kobalt verbessert die Anlassbeständigkeit und erhöht die Warmfestigkeit des Stahls.

Kohlenstoff: Kohlenstoff erhöht die Härte und Festigkeit des Stahls. Allerdings wird durch zu hohen Kohlenstoffgehalt seine Kaltformbarkeit stark herabgesetzt.

Mangan: Mangan wird zur Erhöhung der Festigkeit und Zähigkeit eines Stahls verwendet. Es bindet Schwefel als Mangansulfid und reduziert bei größeren Konzentrationen die Verformungsfähigkeit senkrecht zur Walzrichtung.

Molybdän: Die Durchhärtbarkeit von Stählen wird durch einen Molybdänanteil von 0,2 % erhöht, dabei wird die Anlassversprödung behindert. Wegen der bei hohen Temperaturen gefügestabilisierenden Wirkung findet sich Molybdän in Stählen für hohe Betriebstemperaturen.

Nickel: Nickel ist in Verbindungen mit Chrom das Hauptlegierungselement nichtrostender austenitischer Stähle mit hervorragenden Zähigkeitseigenschaften bis zu extrem niedrigen Temperaturen. Besonders für die Vergütung großer Querschnitte ist die Verwendung von Nickel von Vorteil, da hohe Festigkeits- und optimale Zähigkeitswerte erzielt werden. Eine alleinige Anwendung von Nickel ist nicht anzuraten, da es anlassversprödend wirkt. Deshalb wird Nickel meist in Verbindung mit Molybdän angewandt.

Phosphor: Phosphor ist ein unerwünschtes Begleitelement im Stahl. Der Gehalt an Phosphor wird daher auf ein Minimum reduziert, da er stark anlassversprödend wirkt. Die Kaltsprödigkeit und die Empfindlichkeit gegen Schlagbeanspruchung sind Auswirkungen dieses zähigkeitsmindernden Begleitelements.

Schwefel: Schwefel ist wie Phosphor ein unerwünschtes Begleitelement im Stahl. Ausreichende Mangananteile binden allerdings den Schwefel zu Mangansulfid, welches einen relativ hohen Schmelzpunkt hat. Die Rot- und Heißbruchgefahr wird durch diese Maßnahme verringert. Bei diversen Automatenstählen wird allerdings mehr Schwefel zugesetzt, um kurzbrüchige Späne zu erzeugen.

Silizium: Durch Silizium als Legierungselement wird die Zunderbeständigkeit bei hitzebeständigen Stählen verbessert. Es wird vorwiegend zur Stahlberuhigung eingesetzt, was besonders für die Zähigkeit und Alterungsbeständigkeit von Baustählen wichtig ist.

Stickstoff: Bei austenitischen Stählen wird durch Stickstoff als Legierungselement das Austenitgefüge stabilisiert. Die Festigkeit wird durch feindispersive Nitridausscheidungen gesteigert, zusätzlich verbessern sich die mechanischen Eigenschaften bei erhöhter Temperatur. Allerdings können diese Ausscheidungsvorgänge zu einer Alterung und somit zu einer Beeinträchtigung der Zähigkeitseigenschaften führen. Bei unlegierten und niedriglegierten Stählen erhöht sich die Empfindlichkeit gegenüber interkristalliner Korrosion.

Titan: Als Legierungselement führt Titan zu einer verringerten Anfälligkeit gegenüber interkristalliner Korrosion und erhöht so die Korrosionsbeständigkeit des Stahls. Diese Wirkung wird durch feinverteilte Karbide erzielt, die vom Titan gebildet werden. Zusätzlich wirkt Titan denitrierend, desoxidierend und schwefelbindend.

Vanadium: Vanadium verbessert die Zähigkeitseigenschaften des Stahls. Diese Wirkung basiert auf der Bildung fein verteilter Karbide, die schon bei einem Vanadiumanteil von 0,1 % die Anlassversprödung behindern.

Wasserstoff: Wasserstoff kann sich infolge bestimmter chemischer Reaktionen, beispielsweise bei der Herstellung oder der Oberflächenbehandlung des Stahls, atomar bilden und in das Gefüge des Stahls eindringen. Dort wird er sich an den Gitterstörstellen zu molekularem Wasserstoff rekombinieren und verbleiben. Die damit verbundene Druckerhöhung führt zu inneren Spannungen und zu einer Versprödung des Stahls, ohne dass dadurch eine Erhöhung der Festigkeit eintritt. Im Endergebnis entstehen Risse, die sich von innen nach außen ausbreiten.

2.3.4 Eigenschaften

Tab. 2.9 enthält einige Eigenschaften des Eisens und seiner Legierungen.

Tab. 2.9: Eigenschaften einiger Eisenlegierungen im Vergleich zu Eisen

Werkstoff	①	②	③	④	⑤	⑥	⑦	⑧
	g/cm^3	N/mm^2	°C	W/m · K	K^{-1}	J/kg · K	S/m	K^{-1}
Eisen	7,87	215 500	1 536	75,3	11,7	459,8	10,3	6,57
Stahl C15	7,85	208 000	1 510	52	11,1	459,8	9,3	5,7
Stahl C35	7,84	206 000	1 490	52	11,1	459,8	8,6	5,2
Stahl C60	7,83	204 000	1 470	51	11,1	459,8	7,9	4,7
41Cr4	7,84	207 000	1 490	41,8	11,0	459,8	8,0	
X10Cr13	7,75	220 000	1 500	27,2	10,0	459,8	1,7	
X12CrNi188	7,00	195 000	1 400	16,3	16	501,6	1,3	
36 % Ni-Stahl	8,13	145 000	1 450	10,5	0,9	514,2		
Grauguss	7,20	80 000-130 000	1 150-1 300	54	9,0	543,4	1-2	

① Dichte
② Elastizitätsmodul
③ Schmelztemperatur
④ Wärmeleitfähigkeit
⑤ Linearer Ausdehnungskoeffizient ($\cdot 10^{-6}$)
⑥ Spezifische Wärme
⑦ Elektrische Leitfähigkeit ($\cdot 10^{6}$)
⑧ Temperaturkoeffizient des elektrischen Widerstands ($\cdot 10^{-3}$)

2.3.5 Aluminiumlegierungen

Obgleich das unlegierte Aluminium bei der Verarbeitung infolge der Kaltverfestigung „hart" wird, bleiben seine mechanischen Eigenschaften, insbesondere seine Festigkeit, unzureichend. Diese lässt sich aber durch Legieren von Aluminium mit anderen Metallen erhöhen. Aluminium kann mit vielen Metallen, u. a. mit Beryllium, Chrom, Eisen, Kupfer, Magnesium, Molybdän, Silizium, Titan, Zink und Zirkonium legiert werden.

Als Basismaterial dient dabei in den meisten Fällen Reinaluminium mit einem Reinheitsgrad von 99,5 %. Bereits geringe Zusätze von Legierungselementen ändern stark die Eigenschaften des reinen Aluminiums; sie setzen seine Festigkeit und Härte herauf, ohne die Verformbarkeit zu beeinträchtigen. Festigkeitswerte, die dabei erreicht werden können, stehen denen von Stahl nur wenig nach (Tab. 2.10).

Tab. 2.10: Streckgrenzen von Aluminiumlegierung im Vergleich zu Reinaluminium

Aluminium/Aluminiumlegierung	Streckgrenze [N/mm^2]
Al 99,5	40
AlMg1	100
AlMg3	120
AlMg4,5Mn	150
AlMgSi0,5	190
AlZnMgCu1,5	450

Die elektrische Leitfähigkeit von Aluminium wird allerdings durch diese und andere Legierungselemente herabgesetzt.

Aluminiumlegierungen zeichnen sich besonders durch ihr geringes Gewicht aus. Nicht nur im Flugzeug- und Fahrzeugbau ist geringes Gewicht von Interesse, auch alle tragbaren Geräte und Werkstücke sollen möglichst leicht sein. Die Verwendung von Aluminiumlegierungen ist daher überall dort sinnvoll, wo Masse bewegt werden muss und es auf geringes Gewicht und hohe Festigkeit ankommt. Dies ist insbesondere im Flugzeugbau, in der Luft- und Raumfahrt sowie in der Weltraumtechnik der Fall.

Aluminiumlegierungen werden nach der Art der Verarbeitung und der Festigkeitssteigerung in zwei große Gruppen eingeteilt. Nach der Art der Verarbeitung unterscheidet man zwischen Aluminium-Gusslegierungen und Aluminium-Knetlegierungen. Nach der Art der Festigkeitssteigerung unterscheidet man wiederum zwischen aushärtbaren und nichtaushärtbaren Aluminiumlegierungen.

2.3.5.1 Aluminium-Gusslegierungen

Aluminium-Gusslegierungen finden, wie die Bezeichnung andeutet, in gegossenem Zustand eingesetzt. Zu ihnen gehören die Legierungen des Typs AlSi, AlSiMg, AlSiCu, AlMg, AlMgSi, AlCuTi und AlCuTiMg. Sie zeichnen sich durch hervorragende Gießeigenschaften, d. h. Dünnflüssigkeit und geringe Schwindung aus.

Der Bedarf an Aluminium-Gusslegierungen hat durch die Kraftfahrzeugindustrie, die ein Großabnehmer dieser Legierungen für die Herstellung von Motorblöcken und Kolben ist, stark zugenommen. Den Aluminium-Gusslegierungen werden oft höhere Anteile an Zusatzelementen beigegeben als bei den Aluminium-Knetlegierungen. Zum Beispiel beträgt bei Legierungen für Gussstücke im Maschinen- und Apparatebau der Anteil an Silizium bis zu 13,5 %, für Motorkolben bis zu 26 %.

2.3.5.2 Aluminium-Knetlegierungen

Aluminium-Knetlegierungen finden in verformtem („geknetetem“) Zustand Verwendung. Sie werden vor allem durch Umformen, also Walzen und Strangpressen durchgeknetet, ein Vorgang, der ihnen den Namen gegeben hat [2.37].

Zu den Aluminium-Knetlegierungen zählen die aushärtbaren Legierungen des Typs AlCuMg, AlCuSiMn, AlMgSi, AlZnMg und AlZnMgCu sowie die nichtaushärtbaren Legierungen des Typs AlMn, AlMg, und AlMgMn.

Als Aushärten (Wärmebehandlung) bezeichnet man im Allgemeinen die thermische Behandlung bestimmter Aluminium-Legierungen, wodurch drastische Eigenschaftsänderungen, insbesondere Verbesserungen der mechanischen Eigenschaften erzielt werden. Die Aushärtung erfolgt in drei Arbeitsschritten:

- Glühen der Legierung dem Ziel, eine Homogenisierung zu erreichen.
- Rasche Abkühlung der Legierung auf Raumtemperatur durch Abschrecken in Wasser, um den homogenisierten Zustand einzufrieren.
- Auslagern, d. h. Erwärmen und Halten bei einer Temperatur, die wesentlich unterhalb der Homogenisierungstemperatur liegt, um eine Entmischung und dadurch eine Festigkeitssteigerung zu erzielen.

Die Auslagerungstemperatur kann je nach Zusammensetzung der Aluminiumlegierung zwischen Raumtemperatur und 100 °C betragen. Die Haltezeit bei der Auslagerungstemperatur bewegt sich je nach Legierungszusammensetzung zwischen einer Stunde und einer Woche.

Aluminium-Knetlegierungen werden zu Halbzeugen in Form von Bändern, Blechen, Ronden, Rohren, Stangen, Drähten und Strangpressprofilen verarbeitet. Ferner werden sie wegen ihrer hohen Festigkeit und geringen Dichte als Werkstoffe für Transportbehälter sowie Konstruktionsteile im Fahrzeugbau, Flugzeugbau und Schiffsbau verwendet.

2.3.5.3 Aushärtbare Aluminiumlegierungen

Die aushärtbaren Aluminiumlegierungen zeichnen sich dadurch aus, dass ihre Festigkeit durch Aushärten gesteigert werden kann. Zu ihnen gehören Aluminium-Silizium-Magnesium-Legierungen AlMgSi0,5 und AlMgSi1. Die Korrosionsbeständigkeit dieser Werkstoffe ist mit der von Aluminium 99,5 % vergleichbar. Legierungen mit 10 % Si, 0,5 % Mg, 0,5 % Mn und 0,5 % Fe haben die höchste Korrosionsbeständigkeit unter den Aluminium-Knetlegierungen. Weitere aushärtbare Aluminiumlegierungen sind Aluminium-Kupfer-Magnesium-Legierungen AlCuMg0,5, AlCuMg2 und AlCu3Mg. Bei diesen Werkstoffen sind hohe Festigkeitswerte zu erreichen. Ihre Korrosionsbeständigkeit ist jedoch gering. AlZnMgCu0,5 ist ebenfalls eine aushärtbare Aluminiumlegierung, bei der die höchste Zugfestigkeit von > 500 N/mm^2 erreicht werden kann.

2.3.5.4 Nichtaushärtbare Aluminium-Knetlegierungen

Bei nichtaushärtbaren Aluminium-Knetlegierungen ist eine Festigkeitssteigerung durch Aushärtung nicht möglich. Zu ihnen gehören Aluminium-Magnesium-Legierungen, obgleich im System Aluminium-Magnesium eine der Voraussetzungen zur Aushärtung vorliegt, nämlich eine ausgeprägte Temperaturabhängigkeit des Lösungsvermögens von Aluminium für Magnesium. Bei Magnesiumgehalten über 3 % sind zwar Aushärtungserscheinungen zu beobachten, sie sind aber für die Technik unbedeutend. Typische Nichtaushärtbare Aluminium-Magnesium-Legierungen enthalten 1 bis 7 % Mg. Sie zeichnen sich durch Beständigkeit in Seewasser, gute Schweißbarkeit und starke Kaltverfestigung aus. Aus ihnen werden Walz-, Press- und Schmiedeprodukte hergestellt. AlMg0,5 und AlMg1 sind Legierungen von sehr hoher Reinheit. Als Basismetall zur Herstellung dieser Werkstoffe wird hochreines Aluminium (99,99 %) verwendet. Diese Legierungen zeichnen sich durch sehr hohe Korrosionsbeständigkeit aus. Ihre Festigkeitswerte sind höher als die des Reinst- und Reinaluminiums. Ferner sind die Aluminium-Magnesium-Legierungen AlMg1, AlMg3, AlMg5 und AlMg7 auf der Basis von Reinaluminium zu erwähnen, die sehr korrosions- und seewasserbeständig sind. Die Festigkeit nimmt bei diesen Werkstoffen mit steigendem Magnesiumgehalt zu.

2.3.6 Eigenschaften

Tab. 2.11 enthält einige Eigenschaften des Aluminiums und seiner Legierungen.

Tab. 2.11: Eigenschaften einiger Aluminiumlegierungen zu Aluminium

Werkstoff	①	②	③	④	⑤	⑥	⑦	⑧
	g/cm^3	N/mm^2	°C	W/m · K	K^{-1}	J/kg · K	S/m	K^{-1}
Aluminium	2,70	67 500	660	221	23,8	919,6	35	4,0
AlCuMg1	2,8	71 500	535-640	158,8	22,8		18,5	3,5
AlMgSi1	2,7	70 000	600-640	175,6	23,2		31	3,5
AlMg5	2,63	69 000	580-630	170	23,5		16,5	2,1
AlCuNi	2,8	71 000	520-640	167,2	23,0		22	

① Dichte
② Elastizitätsmodul
③ Schmelztemperatur
④ Wärmeleitfähigkeit
⑤ Linearer Ausdehnungskoeffizient ($\cdot 10^{-6}$)
⑥ Spezifische Wärme
⑦ Elektrische Leitfähigkeit ($\cdot 10^{6}$)
⑧ Temperaturkoeffizient des elektrischen Widerstands ($\cdot 10^{-3}$)

2.3.7 Zink- und Kupferlegierungen

In Abschnitt 2.3.5 und Abschnitt 2.3.6 wurden Aluminiumlegierungen stellvertretend für Leichtmetalle (Dichte < 5,0 g/cm^3) erörtert. In diesem Abschnitt sollen Zink- und Kupferlegierungen als Beispiele für Schwermetalle (Dichte > 5,0 g/cm^3) kurz diskutiert werden. Dabei zu beachten ist, dass Zink und seine Legierungen mit einem elektrochemischen Potential von -0,76 V zu den unedleren Metallen zählen, während Kupfer und seine Legierungen mit einem elektrochemischen Potential von +0,34 V der Gruppe der edleren Metallen angehören.

2.3.7.1 Zinklegierungen

Als Zinklegierung bezeichnet man eine Verbindung oder Mischung des Zinks mit anderen Metallen. Eine typische Zinklegierung besteht aus 4 % Aluminium, 1,25 % Kupfer, 0,1 % Eisen, 0,08 % Magnesium und je 0,007 % Blei, Cadmium und Zinn; der Rest ist Zink.

Zu den wichtigsten Zinklegierungen gehört der Zink-Druckguss, der 91 bis 94 % Zink, 3,4 bis 5 % Aluminium und 2,5 bis 4 % Kupfer enthält. Die Bedeutung des Zink-Druckgusses liegt vor allem in der kostengünstigen und schnellen Herstellung von Gegenständen, wenn genügend große Stückzahlen gefordert werden. Dabei wird die flüssige Schmelze einer Zinklegierung unter einem hohen Druck von 80 bis 120 bar (1 bar = 10^5 N/m^2 = 10^5 Pa) und auf extrem schnelle Weise in eine Druckgussform gedrückt. Dieser Vorgang geschieht innerhalb von ca. 20 bis 30 Millisekunden, so dass Gussteile von hoher Präzision, Härte und Festigkeit erzeugt werden [2.37].

Wegen des verhältnismäßig niedrigen Schmelzpunkts (380–390 °C) und des engen Erstarrungsintervalls der Zinklegierungen können beim Zink-Druckguss besonders enge Toleranzen und anspruchsvolle Oberflächen erzeugt werden. Auf diese Weise ist die Fertigung großer Stückzahlen aus einer Form möglich. Die Stückzahlen können zwischen 1 000 Stück/h bei Kleinteilen und etwa 100 Stück/h bei Großteilen betragen. Die Formhaltbarkeit liegt zwischen 500 000 und 5 Mio. Gussteilen.

Das Spektrum der Anwendungen des Zink-Druckgusses reicht von der Kfz-Industrie, dem Maschinen- und Apparatebau, der Sanitärindustrie und Elektrotechnik bis hin zu Gebrauchsgegenständen und Spielzeugen. Zink-Druckguss eignet sich sowohl für kleinste Teile (z. B. Reißverschlusskrallen) als auch für mittelgroße Teile mit komplizierter Formgebung (z. B. Gehäuse für Elektrogeräte). Viele Griffe und Schlösser an Türen und Fenstern sowie wie Modelleisenbahnen und Spielzeugautos sind aus Zink-Druckguss.

Die beiden Zink-Druckgusssorten GD-ZnAl4 und GD-ZnAl4Cu1 (DIN 1743 Blatt 2) werden für kleine Maschinenteile komplizierter Gestaltung vorwiegend im Fahrzeugbau sowie bei Haushalts- und Büromaschinen verwendet und machen etwa 50 % aller Druckgusserzeugnisse aus.

Hinsichtlich der Korrosionsbeständigkeit des Zink-Druckgusses sei Folgendes angemerkt: Zink ist in neutralen und schwach alkalischen Medien korrosionsbeständig, da sich auch in diesem Fall auf der Oberfläche eine dichte und fest haftende Schicht von basischem Zinkkarbonat bildet. Durch solche Schichten erhält Zink-Druckguss ein Passivpotential von -0,3 bis -0,1 V gegenüber der Normalwasserstoffelektrode (das Normalpotential von Zink liegt wie bereits erwähnt bei -0,76 V) und damit einen gewissen Korrosionsschutz. Bei stark korrosiven Beanspruchungen von Zink-Druckgussteilen, vor allem in sauren Medien, sind jedoch resistentere metallische oder nichtmetallische Schutzüberzüge notwendig. Eine effektive Möglichkeit zum Schutz des Zink-Druckgusses vor Korrosion ist durch die chemische Vernicklung (chemische Abscheidung von Nickel-Phosphor-Schichten) gegeben.

2.3.7.2 Kupferlegierungen

Technische Kupferlegierungen sind groß an der Zahl. Das in Abb. 2.33 dargestellte Schema[12] gibt die Unterteilung der Kupferlegierungen wieder.

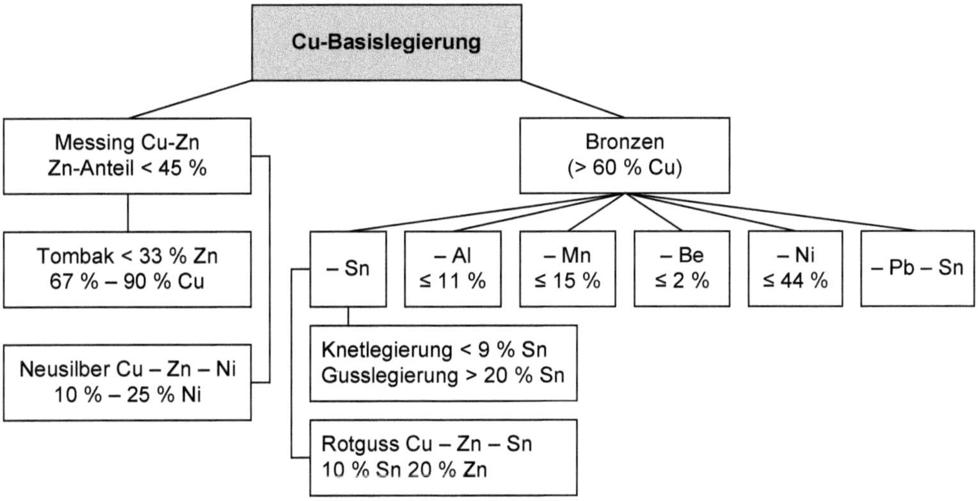

Abb. 2.33: Unterteilung der Kupferlegierungen

Kupferwerkstoffe werden je nach der Art der Verarbeitung in Kupfer-Knetlegierungen und Kupfer-Gusslegierungen eingeteilt.

Beispiele für Kupfer-Knetlegierungen sind Kupfer-Zink-Legierungen (Messing, Tombak) und Kupfer-Zink-Nickel-Legierungen (Neusilber). Kupfer-Knetlegierungen zeichnen sich dadurch aus, dass sie bei Raumtemperatur mechanisch gut verformbar sind. Sie finden in verformtem („geknetetem") Zustand Anwendung.

Beispiele für Kupfer-Gusslegierungen sind Kupfer-Zinn-Legierungen (Bronzen und Rotguss). Sie werden in gegossenem Zustand eingesetzt.

2.3.7.2.1 Kupfer-Knetlegierungen

Kupfer kann in seinem kubisch-flächenzentrierten Gitter bis zu 39 % Zink durch Substitution in statistischer Verteilung aufnehmen. Dabei bläht sich das Gitter wegen des größeren Atomradius von Zink ($r_{Zn} = 1{,}58 \cdot 10^{-10}$ m; $r_{Cu} = 1{,}28 \cdot 10^{-10}$ m) etwas auf.

[12] Quelle: „Grundwissen des Ingenieurs", 13. Auflage, Fachbuchverlag Leipzig, 2002, S. 555

Der entstandene Mischkristall wird als α-Mischkristall bezeichnet. Er ist, wie Kupfer selbst, kubisch-flächenzentriert dichtester Packung.

Eine Legierung aus Kupfer und Zink mit einem Zinkgehalt von 30 bis etwa 40 % wird als Messing bezeichnet. Da sie praktisch nur aus α-Mischkristallen besteht, spricht man auch von α-Messing.

Die Eigenschaften von Messing lassen sich wie folgt zusammenfassen: Die Farbe von Messing variiert je nach Mischungsverhältnis von goldorange (bei hohem Kupferanteil) bis hellgelb. Wegen seiner goldähnlichen Farbe wird Messing oft für Verzierungen und Beschläge verwendet.

Messing ist unmagnetisch und besitzt, ähnlich wie Kupfer, eine sehr gute Korrosionsbeständigkeit. Es ist etwas härter als reines Kupfer; seine Formänderungsfähigkeit nimmt mit steigendem Zinkgehalt zu. Eine Messingsorte mit 30 % Zink (CuZn30) weist von allen Messingsorten die beste plastische Verformbarkeit (hohe Bruchdehnung) auf. Da aus ihr früher häufig Kartuschen für Artilleriegeschosse hergestellt wurden, wird diese Legierung auch als Kartuschenmessing bezeichnet.

Messing ist nicht aushärtbar, d. h. seine Festigkeit kann nur durch geeignete Legierungselemente gesteuert werden. Der E-Modul von Messing beträgt 78 000 bis 123 000 N/mm^2, und seine elektrische Leitfähigkeit liegt bei ca. 15 $m\Omega/mm^2$. Eine häufig verwendete Messingsorte ist CuZn37 mit 37 % Zink und einer Dichte von etwa 8,3 g/cm^3.

Technische Bedeutung hat Messing dort, wo es gleichzeitig auf gute elektrische Leitfähigkeit und mechanische Stabilität ankommt. Beispiele hierfür sind Antennen, die aus Messing gefertigt werden. Häufig wird Messing wegen seiner guten Korrosionseigenschaften auch für Armaturen und Formstücke in der Sanitärinstallation verwendet.

Es gibt verschiedene Messingsorten, die sich durch ihren Zinkanteil unterscheiden. Bekannt sind u. a. Tombak (auch als französisches Gold bekannt) und Gelbguss. Die Bezeichnung Tombak umfasst Messingsorten mit mehr als ca. 70 % Kupfer. Als Gelbguss wurden früher Legierungen mit 56 bis 80 % Kupfer bezeichnet, die für den Guss verwendet wurden.

Messingsorten, die außer Kupfer und Zink noch weitere Legierungselemente wie Aluminium, Blei, Eisen, Nickel und Mangan enthalten, werden als Sondermessinge bezeichnet. Durch Zulegieren dieser Metalle können die Eigenschaften von Messing an spezielle Anforderungen angepasst werden. Der Nickel- bzw. Bleigehalt kann dabei bis zu 3 %

betragen. Sondermessinge zeichnen sich durch hohe Festigkeit, hohe Korrosionsbeständigkeit und verbesserte Notlauf-, Verschleiß- und Gleiteigenschaften aus. Zusätze von Blei verbessern die Zerspanbarkeit, weshalb solche Messinge auch als Automatenmessinge bezeichnet werden.

Neusilber ist die Bezeichnung für eine Legierung aus 45 bis 70 % Kupfer, 8 bis 45 % Zink und 5 bis 30 % Nickel mit Beimengungen von Blei, Zinn oder Eisen. Es ist eine silberweiß glänzende Legierung, die sich wegen ihres Nickelgehalts durch besondere Härte und Korrosionsbeständigkeit auszeichnet. Die Dichte von Neusilber beträgt 8,7 g/cm^3, seine elektrische Leitfähigkeit liegt bei ca. 3 bis 5 mΩ/mm^2 und die Wärmeleitfähigkeit beläuft sich auf 25 bis 35 W/m·K.

Neusilber wird vor allem als Untergrundmaterial für versilbertes Besteck verwendet. Ferner wird es in feinmechanischen und elektrotechnischen Geräten und medizinischen Gerätschaften eingesetzt. Weitere Anwendungsgebiete von Neusilber sind Reißverschlüsse, Schmuckgegenstände und Blechblasinstrumente. Außerdem findet es immer dann Anwendung, wenn ein Widerstand gegen Korrosion infolge der Einwirkung von Salzwasser erforderlich ist.

2.3.7.2.2 Kupfer-Gusslegierungen

Zu den wichtigsten Kupfer-Gusslegierungen zählt die Bronze. Sie ist eine unmagnetische Legierung aus Kupfer (80 bis 90 %) und Zinn. Ihre Dichte beträgt 8,7 g/cm^3 bei einem Zinnanteil von 15 %. Die Schmelztemperatur der Bronze variiert je nach Zusammensetzung, liegt aber oft knapp unter 1 000 °C.

Als Sammelbegriff umfasst Bronze alle Legierungen, die einen Kupferanteil von mindestens 60 Prozent aufweisen, wie beispielsweise:

- Aluminiumbronze (5 bis 10 % Aluminium)
- Manganbronze (12 % Mangan)
- Berylliumbronze (2 % Beryllium)
- Bleibronze (bis zu 26 % Blei)
- Phosphorbronze (7 % Zinn, 0,5 % Phosphor)
- Rotguss (Zink und Blei gemeinsam 10–20 %)
- Siliziumbronze (1–2 % Silizium)

Als Bronzesorten sollen hier die Glockenbronze, die Phosphorbronze und die Aluminiumbronze sowie Potin näher betrachtet werden.

Die Glockenbronze besteht aus 78 % Kupfer und 22 % Zinn. Sie wird, wie der Name vermuten lässt, zur Herstellung von Glocken benutzt.

Die Phosphorbronzen bestehen aus Kupfer und Zinn und einem kleinen Anteil Phosphor. Sie werden für die Produktion von hartgezogenen Drähten, Federn und Lager herangezogen.

Die Aluminiumbronzen enthalten bis zu 10 % Aluminium. Sie werden für Kalt- und Warmverformungsverfahren eingesetzt.

Die französische Bezeichnung Potin steht für eine Bronze mit hohem Zinngehalt. Neben Kupfer und Zinn enthält diese Legierung auch Silber, Blei und Spuren anderer Metalle. Sie wurde früher für die Herstellung von Münzen verwendet.

Die Anwendungsgebiete für Bronze sind zahlreich. Sie wurde in der Vergangenheit und wird auch in der Gegenwart für die Fertigung von Kunstgegenständen verwendet (Kunstguss). Seit dem Mittelalter wird Bronze auch für die Herstellung von Kirchenglocken eingesetzt. Auch Ehrenauszeichnungen, Denkmäler, Skulpturen und olympische Medaillen werden oft in Bronze gefertigt. Ferner spielt dieser Werkstoff als Klangkörper im Bereich der Musik eine große Rolle, wie etwa bei Schlagzeugbecken. Zinnbronzen werden oft für Armaturen und Lager sowie Behälter und Reaktoren verwendet. Auch das sogenannte Münzkupfer, das in vielen Ländern für Münzen eingesetzt wird, ist in Wirklichkeit eine Zinnbronze mit 95 % Cu, 4 % Sn und 1 % Zn.

Rotguss ist die Bezeichnung für eine Kupfer-Zinn-Zink-Legierung mit 80 bis 90 % Kupfer, 1,5 bis 11 % Zinn und 1 bis 9 % Zink. Darüber hinaus enthält die Legierung etwas Blei und Nickel. Rotguss zeichnet sich durch gute Gleit- und Notlaufeigenschaften aus und ist verschleißfest. Die Zugfestigkeit bewegt sich zwischen 150 bis 300 N/mm^2. Er wird für die Herstellung hydraulischer Anlagen, Gleitlager, Zahnräder und Schneckenräder verwendet.

2.3.7.2.3 Weitere Kupferlegierungen

Als weitere wichtige Kupferlegierungen sind Lagermetall, Konstantan, Manganin und Monelmetall zu nennen.

Lagermetall ist eine Legierung aus Kupfer, Blei und Zinn mit 78 % Cu, 15 % Blei und 7 % Zinn. Sie findet Anwendung bei der Herstellung von Lagern, technischen Aggregaten mit bewegten Teilen und Achslagern.

Konstantan ist eine Legierung aus Kupfer und Nickel mit 55 % Kupfer und 45 % Nickel. Sie zeichnet sich durch einen über weite Temperaturbereiche annähernd konstanten elektrischen Widerstand aus und wird daher als Widerstandsdraht verwendet.

Manganin ist eine Legierung aus Kupfer, Nickel (4 %) und Mangan (13 %). Sie wird zur Herstellung von Präzisionswiderständen verwendet.

Monelmetall, das etwa 30 % Cu, weniger als 70 % Ni und kleine Mengen von Eisen und anderen Elementen enthält, hat einen charakteristischen silbrigen Schimmer. Es wird für die Herstellung von chemischen Reaktionsgefäßen, Turbinenschaufeln, Ventilen, Bolzen und korrosionsbeständigen Schrauben sowie verschiedenen Maschinenteilen der chemischen und Lebensmittelindustrie verwendet.

2.3.8 Gitterbaufehler und sonstige Materialfehler

Wie reine Metalle weisen auch Legierungen als polykristalline Werkstoffe häufig eine Vielzahl von Leerstellen, Zwischengitteraromen, Versetzungen, Korngrenzen, Zwillingsbildungen, Poren und Rissen auf. Über diese hinaus sind auch oft größere Hohlräume, so genannte Lunker, bei ihnen zu beobachten. Diese entstehen während Schmelz- und Gießvorgänge. Bei der Erstarrung einer Metallschmelze tritt in der Regel eine Volumenabnahme (Schwindung) auf, die zur Folge hat, dass in den zuletzt erstarrten Bereichen des Gussstückes ein mehr oder minder großer Hohlraum entsteht. Lunker haben im Allgemeinen eine ausgeprägte, werkstoffabhängige Trichterform.

Ferner beinhalten Legierungen fast immer unterschiedliche gewollte oder unerwünschte Einschlüsse bzw. Ausscheidungen.

Wie weit solche Materialfehler den Gebrauchswert eines Bauteils mindern können, hängt von verschiedenen Umständen ab. Während Poren und Einschlüsse auf der Werkstoffoberfläche eine einwandfreien galvanische Beschichtung u. U. unmöglich machen, Können Risse und Lunker die Festigkeitseigenschaften des Bauteils stark beeinträchtigen. Hinzukommt, dass Risse bei dynamischer Beanspruchung zum Dauerbruch führen und so ein frühzeitiges Versagen des Bauteils einleiten können.

2.4 Kunststoffe

Kunststoffe, auch Polymere genannt, sind Werkstoffe organischer Natur. Sie bilden eine große Gruppe von Grundwerkstoffen, die wegen ihrer besonderen Eigenschaften immer mehr Anwendung finden.

Kunststoffe besitzen in der Regel ein niedriges spezifisches Gewicht und zeichnen sich durch hohe chemische Beständigkeit und gute plastische Verformbarkeit aus. Andererseits verhalten sie sich bei tiefen Temperaturen spröde und zeigen geringe Festigkeit bei Temperaturen > 100 °C. Es sind diese z. T. konträren Eigenschaften, die die Grenzen des praktischen Einsatzes von Kunststoffen bestimmen. Vergleicht man Kunststoffe hinsichtlich ihrer physikalischen, chemischen und technologischen Eigenschaften mit Metallen, so stellt man fest, dass es, wie aus Tab. 2.12 hervorgeht, kaum Gemeinsamkeiten oder Ähnlichkeiten zwischen diesen beiden wichtigen Werkstoffgruppen gibt [2.37].

Tab. 2.12: Qualitativer Vergleich von Kunststoffen und Metallen hinsichtlich ihrer Eigenschaften

Eigenschaft	Metalle	Kunststoffe
Physikalisch		
Elektrische Leitfähigkeit	hoch	niedrig
Wärmeleitfähigkeit	hoch	niedrig
Thermische Ausdehnung	niedrig	hoch
Reflexionsvermögen	hoch	niedrig
Magnetismus	ja	nein
Chemisch		
Chemische Beständigkeit	niedrig	hoch
Korrosionswiderstand	mittel	mittel bis hoch
Technologisch		
Spezifisches Gewicht	hoch	niedrig
Spezifische Festigkeit	hoch	mittel
Verschleißwiderstand	hoch	niedrig
Härte	hoch	niedrig

Tab. 2.13 enthält quantitative Angaben über verschiedene Eigenschaften von Metallen und Kunststoffen.

Tab. 2.13: Quantitativer Vergleich von Kunststoffen und Metallen hinsichtlich ihrer Eigenschaften

Eigenschaft		Metalle	Kunststoffe
Dichte	[g/cm^3]	0,53 ... 22,55 (Li, Ir)	0,8 ... 2,2
Zugfestigkeit	[N/mm^2]	13 ... 2 745 (Pb, Mo)	7,85 ... 800 (GUP*)
Spezifischer elektrischer Widerstand	[$\Omega \cdot$ cm]	$1{,}5 \cdot 10^{-6}$ ... $42 \cdot 10^{-6}$ (Ag, Ti)	10^9 ... 10^{18}
Wärmeleitfähigkeit	[W/m · K]	1,7,2 ... 459,4 (Ti, Ag)	0,116 ... 0,349
Linearer Wärmeausdehnungskoeffizient	[K^{-1}]	$44{,}10^{-6}$ ... $61 \cdot 10^{-6}$ (W, Hg)	$0{,}4 \cdot 10^{-4}$ ... $6 \cdot 10^{-4}$
Temperaturanwendungsbereich	[°C]	schmelzpunkt- und belastungsabhängig	-70 ... 200
Biegefestigkeit, Kerbschlag- und Schlagzähigkeit		hoch	relativ gering
Spanlose und spanende Formbarkeit		meist gut	allgemein sehr gut
Korrosionsbeständigkeit		bedingt	gut
Alterungsbeständigkeit		gut	begrenzt
Brennbarkeit		nicht bei massiven Teilen	wenig bis leicht
Giftigkeit		in einigen Fällen	nicht gegeben
Elektrostatische Aufladung		nicht vorhanden	gegeben
Dielektrische Verluste		nicht vorhanden	gegeben

* Glasfaser-Polyester-Kunststoffe

2.4.1 Aufbau (Nahordnung)

Am Aufbau der Kunststoffe sind im Wesentlichen die Elemente Kohlenstoff, Wasserstoff, Sauerstoff, Chlor, Fluor und Stickstoff beteiligt. Im Gegensatz zu den Metallen und ihren Legierungen sind es jedoch nicht Atome, die die Grundbausteine der Polymere bilden, sondern niedrigmolekulare Verbindungen, die Monomere genannt werden. Diese werden durch chemische Synthese, z. B. Polymerisation, Polyaddition oder Polykondensation zu Makromolekülen miteinander verknüpft.

Geht man von der Definition eines Kristalls aus, wonach ein Kristall ein anisotroper, homogener Körper ist, der aus dreidimensional periodisch angeordneten, gleichen Struktureinheiten besteht (Fernordnung), dann trifft die Feststellung zu, dass Polymere keine kristallinen, sondern amorphe Stoffe sind. Diese weisen nur in sehr kleinen Bereichen eine gewisse Ordnung ihrer Bausteine auf. In diesen Bereichen kann man eine mehr oder minder regelmäßige Gruppierung einiger Bausteine um einen anderen Baustein herum feststellen. Dieser Sachverhalt wird als Nahordnung bezeichnet. Die schematischen Modelle in Abb. 2.34 verdeutlichen den Unterschied zwischen dem kristallinen und dem amorphen Aufbau.

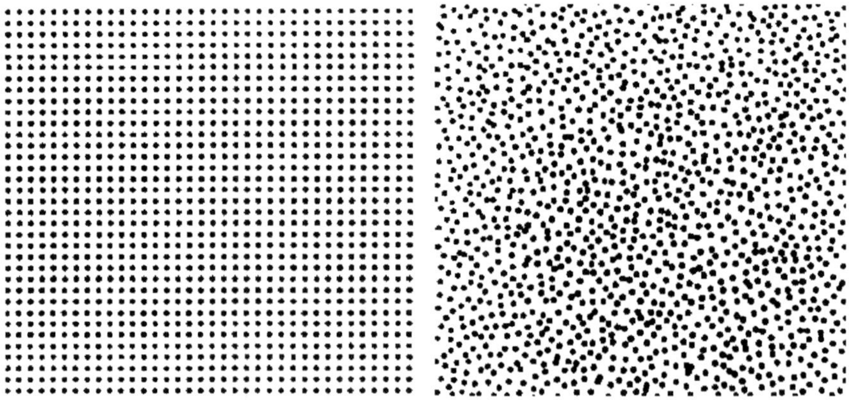

Abb. 2.34: Modell einer kristallinen (links) und einer amorphen Struktur (rechts)

Ein amorpher Stoff gleicht einer unterkühlten Flüssigkeit, deren Zähigkeit so hoch ist, dass sie sich wie ein fester Körper verhält. Zu amorphen Stoffen zählen neben den Kunststoffen auch die meisten Gläser und alle Gummisorten.

Doch gibt es einige Kunststoffe, bei denen innerhalb der amorphen Matrix kristalline Bereiche eingebettet sind. Solche Polymere werden als teilkristallin bezeichnet.

2.4.2 Amorphe Polymere

Makromoleküle sind in Form von sehr langen Ketten oder Fäden ausgebildet. Wegen ihrer Länge und Flexibilität bilden die Molekülketten nicht kristalline, sondern vorwiegend amorphe Strukturen. Eine solche amorphe Struktur ist in Abb. 2.35 schematisch skizziert. Darin stellen die Kreise keine Atome dar, sondern symbolisieren die Bausteine des Polymers.

Die Molekülketten können, wie in Tab. 2.14 angedeutet, linear angeordnet oder miteinander vernetzt bzw. verzweigt sein [2.11].

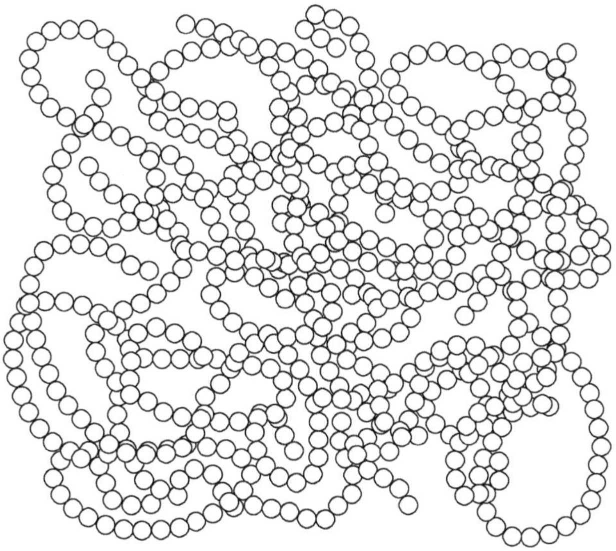

Abb. 2.35: Schematische Darstellung des molekularen Aufbaus eines polymeren Werkstoffes [2.10]

Tab. 2.14: Struktur und Gruppeneigenschaften von duroplastischen und thermoplastischen Kunststoffen

	Kunststoffgruppe	
	Duroplaste	**Thermoplaste**
Struktur	Dreidimensional vernetzte Makromoleküle Raumnetzmoleküle 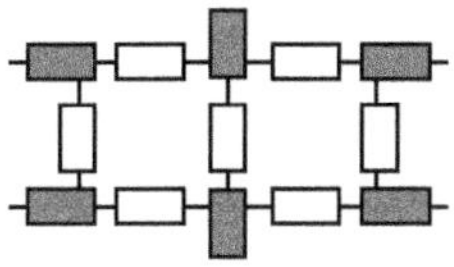	Eindimensional kettenförmige Makromoleküle Fadenmoleküle 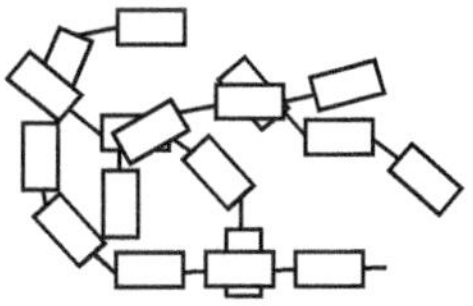
Bindungs-mechanismus	Makromolekül und Makromolekülverband: primäre Bindungen, Valenzbindungen 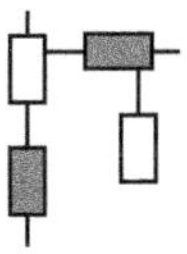	Makromolekül: primäre Bindungen Makromolekülverband: sekundäre Bindungen, Van-der-Waalssche Kräfte 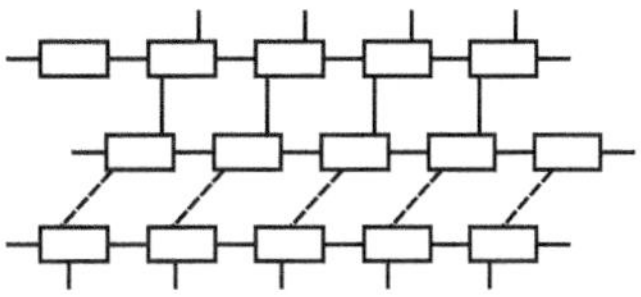

Der Zusammenhalt des Molekülverbands wird dabei, abgesehen von den Molekülverhakungen, vorwiegend durch die zwischenmolekularen Bindungskräfte bestimmt. Die mechanischen Eigenschaften amorpher Polymere werden somit durch ihren molekularen Aufbau und die gegenseitige Anordnung ihrer Molekülketten stark beeinflusst.

Amorphe Kunststoffe sind im festen Zustand glasartig und meist spröde. Bei höheren Temperaturen gehen sie in den thermoelastischen Zustand über und lassen sich gut biegen, ziehen und drücken, da die Makromoleküle sich nun um die C-C-Bindung bewegen können. Bei weiterer Temperaturerhöhung werden sie thermoplastisch und können spritzgegossen, extrudiert, kalandriert[13] oder geschweißt werden, da die zwischenmolekularen Kräfte weitgehend aufgehoben sind.

Beispiele für amorphe Kunststoffe sind: Polycarbonat (PC), Polymethylmethacrylat (PMMA), Polystyrol (PS) und Polyvinylchlorid (PVC).

2.4.3 Teilkristalline Polymere

Die Anordnung der Atome in den Molekülketten kann auch kristalline Züge aufweisen, wenn die interatomaren Bindungskräfte sehr ausgeprägt sind. In einem solchen Fall liegen die Makromoleküle streckenweise zwischen den amorphen Bereichen als Kristallite in gebündelter Form vor, so dass der Kunststoff einen teilkristallinen Aufbau aufweist. Dieser Fall ist in Abb. 2.36 schematisch dargestellt.

Teilkristalline Kunststoffe sind opak (durchschimmernd), wärmebeständig und besitzen eine höhere Festigkeit und Zähigkeit als amorphe Kunststoffe. Bei Temperaturerhöhung gehen sie langsamer in den thermoplastischen Zustand über, da die Teilkristallinität die Bewegung der Moleküle behindert. Erst oberhalb des Schmelzbereichs des Kristallits beginnt der thermoplastische Zustand.

Beispiele für teilkristalline Kunststoffe sind: Polyamid (PA), Polyethylen (PE-HD: High Density) und Polypropylen (PP).

[13] Das Kalandrieren ist ein Verfahren zur Herstellung von Folien auf Walzmaschinen durch Aufheizen und Walzen von Kunststoffen. Im Kalander erfolgt das Ausformen der Folie auf Breite und Dicke. Das Kalanderverfahren hat große Bedeutung für die Beschichtung von vielen Substraten und ist – je nach Maschinenausstattung und Materialaufbau – eine Alternative zur Extrusionsbeschichtung.

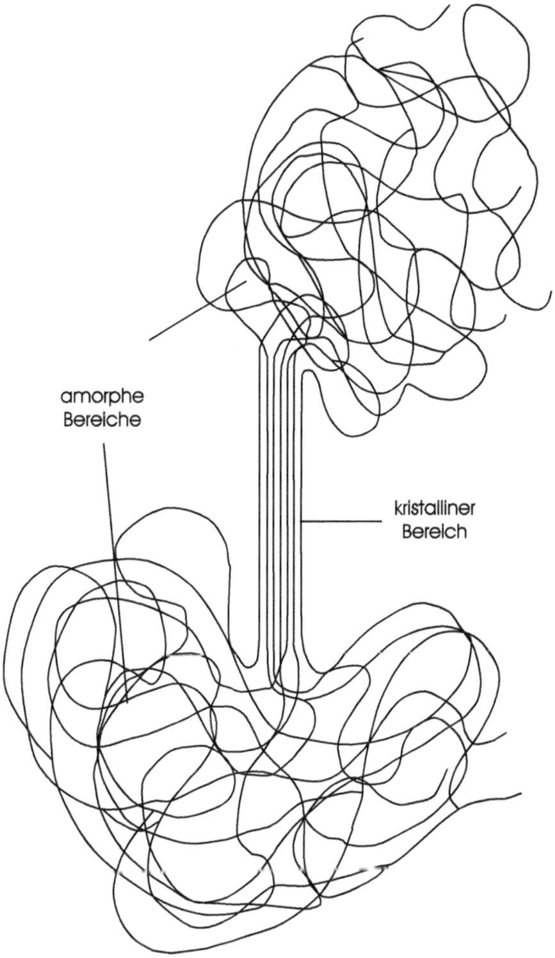

Abb. 2.36: Schematische Darstellung des teilkristallinen Aufbaus eines polymeren Werkstoffes mit amorpher Grundmasse [2.12]

Sowohl die amorphen als auch die teilkristallinen Kunststoffe können völlig regellos und unorientiert oder gerichtet vorliegen. Der unorientierte amorphe Zustand kann durch äußere Einflüsse oder die Wirksamkeit zwischenmolekularer Bindungskräfte so weit aufgehoben sein, dass die Makromoleküle eine mehr oder weniger bevorzugte Richtung annehmen. Der teilkristalline Zustand kann orientiert bzw. unorientiert vorliegen. Der orientierte kristalline Zustand ist dadurch gekennzeichnet, dass die teilweise gebündelten Makromoleküle unter der Einwirkung äußerer Einflüsse oder zwischenmolekularer Bindungskräfte parallel zueinander gelagert sind und eine bevorzugte Richtung aufweisen. Diese Verhältnisse sind in Abb. 2.37 schematisch dargestellt.

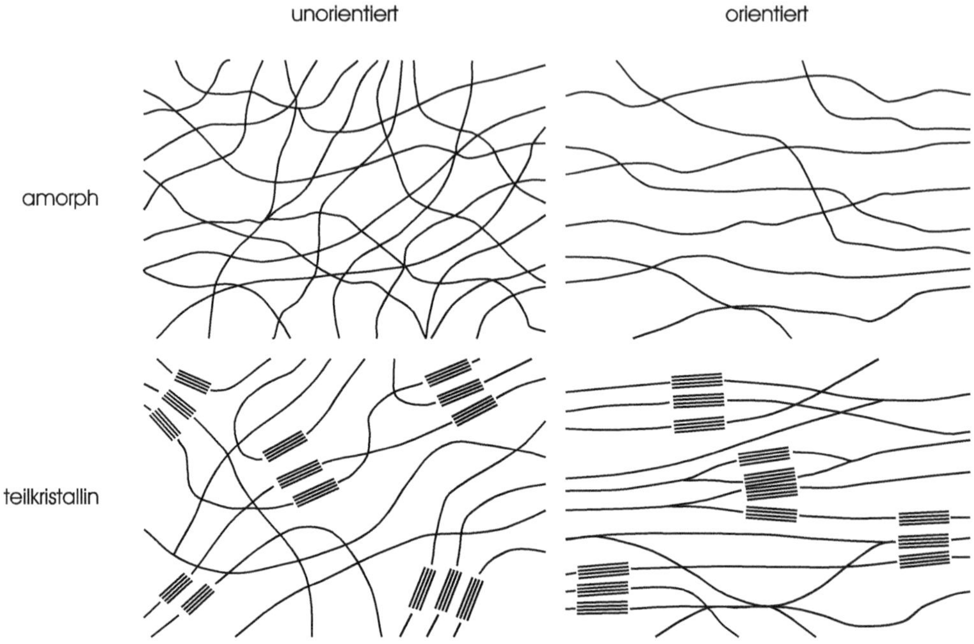

Abb. 2.37: Molekularstruktur und Orientierung bei amorphen und teilkristallinen Polymeren [2.13]

Am Beispiel der Änderung des spezifischen Volumens in Abhängigkeit von der Temperatur lässt sich das unterschiedliche Verhalten von amorphen und teilkristallinen Kunststoffen erläutern. Aufschlussreich dabei ist der Vergleich mit einem Metall. Die Verhältnisse sollen anhand von Abb. 2.38 diskutiert werden.

Bei polykristallin aufgebauten Metallen nimmt das spezifische Volumen mit steigender Temperatur stetig zu, bis der Schmelzpunkt T_S erreicht ist (Abb. 2.38a). Beim Schmelzpunkt geht der kristalline Zustand in den schmelzflüssigen über. Dabei findet eine merkliche Volumenzunahme statt, die sich durch eine sprunghafte Unstetigkeit im Kurvenverlauf bemerkbar macht. Oberhalb des Schmelzpunktes nimmt das Volumen weiter zu; der kristalline Aufbau löst sich gänzlich auf und geht in den amorphen Zustand der Metallschmelze über.

Kennzeichnend für das Verhalten amorpher Kunststoffe unter der Einwirkung thermischer Energie ist die so genannte Glastemperatur T_g (Abb. 2.38b). Unterhalb dieser Temperatur ist die Beweglichkeit der Kettenmoleküle praktisch eingefroren. Mit steigender Temperatur nehmen die Schwingungsbewegungen der Kettenmoleküle zu, wodurch sich das spezifische Volumen des amorphen Kunststoffs vergrößert. Beim Erreichen der

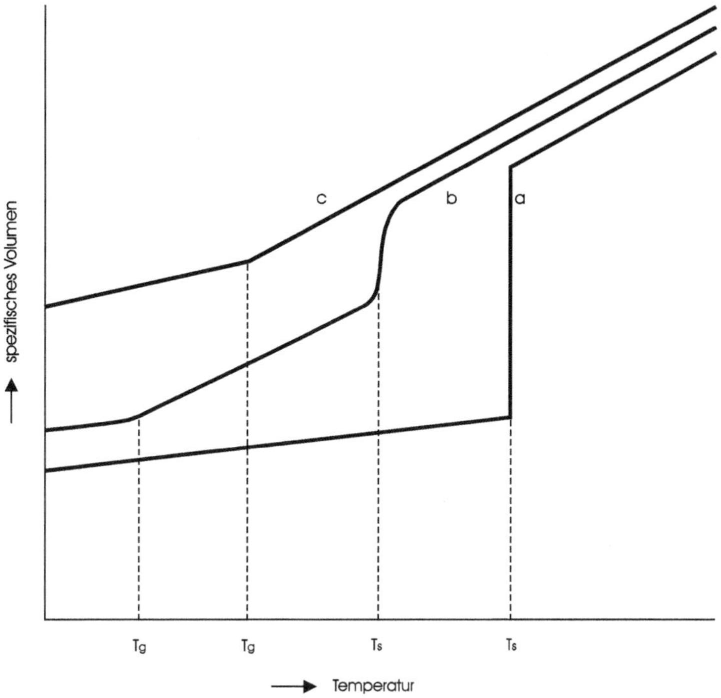

Abb. 2.38: Thermisch bedingte Änderung des spezifischen Volumens eines amorphen (c) bzw. teilkristallinen Polymers (b) im Vergleich zu einem polykristallinen Metall (a) [2.14]

Glastemperatur kommt es zu einem Auftauen des amorphen Zustandes, was sich durch eine Steigungsänderung der Funktion $V = f(T)$ bemerkbar macht. Da dieser Übergang in der Regel nicht sehr ausgeprägt ist, muss die exakte Lage der Glastemperatur aus dem Schnittpunkt der an die beiden Kurvenäste angelegten Tangenten ermittelt werden. Nach dem Überschreiten der Glastemperatur setzt eine weitere Volumenzunahme ein. Die kettenförmigen Makromoleküle bleiben dabei bis in den Schmelzbereich erhalten. Ihr Zerfall tritt erst ein, wenn die Schmelztemperatur überschritten wird.

Das thermische Verhalten teilkristalliner Kunststoffe nimmt eine Mittelstellung zwischen dem rein kristallinen und völlig amorphen Zustand ein. Bei diesen Polymeren besitzen die Kristallite dank den zwischen ihnen befindlichen amorphen Bereichen gewisse Bewegungsmöglichkeiten selbst bei niedrigen Temperaturen. Dies wird durch die Wärmeeinwirkung noch zusätzlich verstärkt. Beim Erwärmung eines teilkristallinen Kunststoffes bleiben die kristallinen Anteile zunächst erhalten, während sich die amorphen Bereiche bis zur Glastemperatur mehr und mehr auflösen (Abb. 2.38b). Mit weiterem Temperaturanstieg erfolgt eine zunehmende Auflockerung der kristallinen

Anteile, die schließlich beim Erreichen des Schmelzpunktes in den amorphen Zustand der Schmelze übergehen. Das Verhältnis des kristallinen Anteils zum amorphen Anteil, das als Kristallinitätsgrad bezeichnet wird, ist somit bestimmend für das Verhalten teilkristalliner Kunststoffe unter thermischer Belastung. Je größer der Kristallinitätsgrad ist, desto höher sind Dichte, Festigkeit, Härte, Wärmebeständigkeit und Schmelztemperatur des Kunststoffs.

2.4.4 Elektrisch leitende Polymere

Polymere unterscheiden sich von Metallen u. a. auch dadurch, dass in ihnen vorwiegend gerichtete, kovalente Bindungen herrschen. Kennzeichnend für diese Bindungsart ist, dass die Elektronen weitgehend lokalisiert sind. Darin ist auch das Verhalten der Polymere als gute Isolatoren, d. h. Nichtleiter, begründet[14]. Als Nichtleiter bezeichnet man einen Stoff, der keine oder eine praktisch unbedeutende elektrische Leitfähigkeit von $< 10^{-8}$ S/cm besitzt.

Als Nichtleiter bilden Kunststoffe zusammen mit den Leitern und Halbleitern drei Stoffklassen, deren elektrische Leitfähigkeit eine Variationsbreite von 24 Zehnerpotenzen aufweist. Diese Einteilung geht aus Tab. 2.15 hervor, in der die Metalle Silber, Kupfer, Gold und Aluminium als die besten elektrischen Leiter aufgeführt sind.

Tab. 2.15: Elektrische Leitfähigkeiten einiger Leiter, Halbleiter und Nichtleiter in S/m

Leiter (Metalle)		Halbleiter		Nichtleiter (Isolatoren)	
Silber	$62{,}8 \cdot 10^{6}$	Germanium	$1 \cdot 10^{0}$	Glas	$1 \cdot 10^{-9}$
Kupfer	$59{,}8 \cdot 10^{6}$	Silizium	$1 \cdot 10^{-3}$	Porzellan	$1 \cdot 10^{-13}$
Gold	$42{,}6 \cdot 10^{6}$	Galliumarsenid	$1 \cdot 10^{-6}$	Quarz	$1 \cdot 10^{-18}$
Aluminium	$32{,}7 \cdot 10^{6}$	Selen	$1 \cdot 10^{-8}$	Kunststoffe	

Bemerkenswert ist in diesem Zusammenhang das Verhalten von Kohlenstoff, der bekanntlich sowohl als Graphit (Leiter) als auch als Diamant (Nichtleiter) auftreten kann. Als Graphit besitzt er ein elektrische Leitfähigkeit von $3 \cdot 10^{6}$ S/m, als Diamant $2 \cdot 10^{-15}$ bis $3 \cdot 10^{-14}$ S/m.

[14] Normalerweise ist ein Elektron an seinem speziellen Atomkern gebunden, d. h. man findet es stets in der Umgebung seines Atomkerns (lokalisiertes Elektron). Ein delokalisiertes Elektron springt hingegen zwischen dem einen und dem anderen Atomkern hin und her. Die elektrische Leitung in Metallen wird durch solch delokalisierten Elektronen erst möglich. Das Konzept der *Mehrzentrenbindung* erweitert die Definition der kovalenten Bindung: Elektronen werden nicht nur zwei Atomkernen zugeordnet, sondern binden gleich mehrere Atome aneinander, d. h. mehrere Atomkerne teilen sich mehrere Elektronen.

Es gibt aber auch Kunststoffe, die in der Lage sind, den elektrischen Strom mehr oder weniger zu leiten. Diese Fähigkeit zählt zu den herausragenden Eigenschaften der so genannten leitfähigen Polymere. Bei diesen Polymeren handelt es sich um organische Verbindungen, die durch bestimmte Maßnahmen elektrische leitend gemacht werden [2.15-2.32].

2.4.4.1 Methoden der Leitfähigkeitserzeugung

Zwei bekannte Verfahren, die zur Herstellung von elektrisch leitenden Polymeren eingesetzt werden, sind die so genannte Füllermethode und die Dotierung.

2.4.4.1.1 Füllermethode

Bei der Füllermethode werden dem Kunststoff Metallpartikel aus Blei, Gold oder Silber bzw. Leitruß oder Edelstahlfasern zugefügt. Die Leitfähigkeit des so elektrisch leitend gemachten Polymers hängt von der Menge des Füllstoffs ab. Bei geringen Mengen kann es nicht zu einer Leitfähigkeit kommen, da die isolierenden Kunststoffbereichen zwischen den Feststoffpartikeln einen Ladungstransport nicht zulassen. Erst wenn eine ausreichende Menge an Füllstoff im Polymer eingelagert worden ist, können sich durchgehende elektrisch leitende Pfade aus Füllstoffpartikeln bilden und messbare Leitfähigkeiten bewirken. Man spricht in diesem Fall von einem Perkolationsnetzwerk [2.21]. Diese Verhältnisse sind in Abb. 2.39 angedeutet. Das so hergestellte elektrisch leitende Polymer enthält in der Regel etwa 20 % Massenanteil an Metallpartikeln.

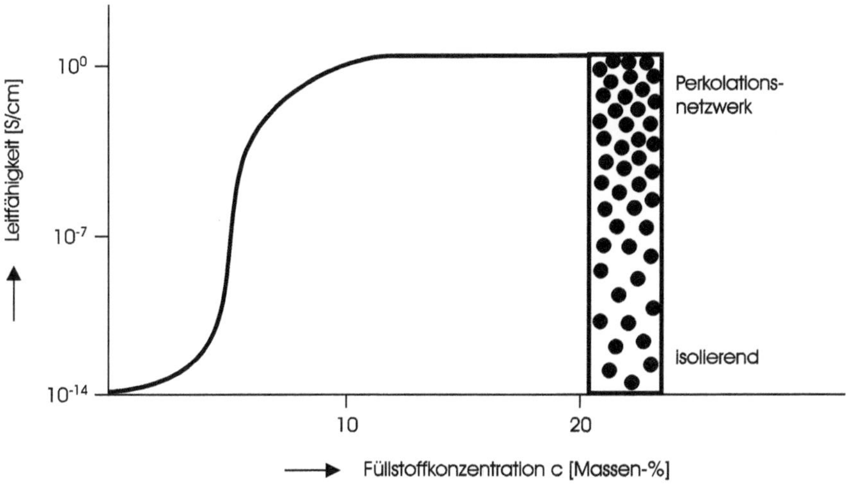

Abb. 2.39: Abhängigkeit der Leitfähigkeit eines Polymers von der Menge des Füllstoffs [2.21]

Dieses Verfahren weist allerdings einige spezifische Nachteile auf:
Zum einen lässt sich mit dieser Methode nur ein relativ enger Leitfähigkeitsbereich von 10^{-2} bis 10^{6} S/m reproduzierbar einstellen [2.15].
Zum anderen besteht bei geringen Konzentrationen, wie aus der schematischen Skizze in Abb. 2.39 ersichtlich, kein oder nur wenig Kontakt zwischen den Metallpartikeln.

Pfade, die durch die sich berührenden Metallpartikel entstehen, bilden Stromlinien und tragen als solche zur elektrischen Leitfähigkeit des Polymers bei (Abb. 2.40). Andere, entlang derer keine Berührungspunkte zwischen den Metallpartikeln zustande kommen, leisten bei niedrigen elektrischen Feldstärken keinen Beitrag zur elektrischen Leitfähigkeit und erfahren bei hohen Feldstärken Spannungsdurchschläge. Erhöht man aber die Konzentration des elektrisch leitenden Füllstoffs im Polymer, so erfolgt - bedingt durch die häufigere Berührung der Metallpartikel miteinander - ein plötzlicher, sprunghafter Anstieg der elektrischen Leitfähigkeit zu Werten, die in der Nähe der des Füllmetalls liegen.

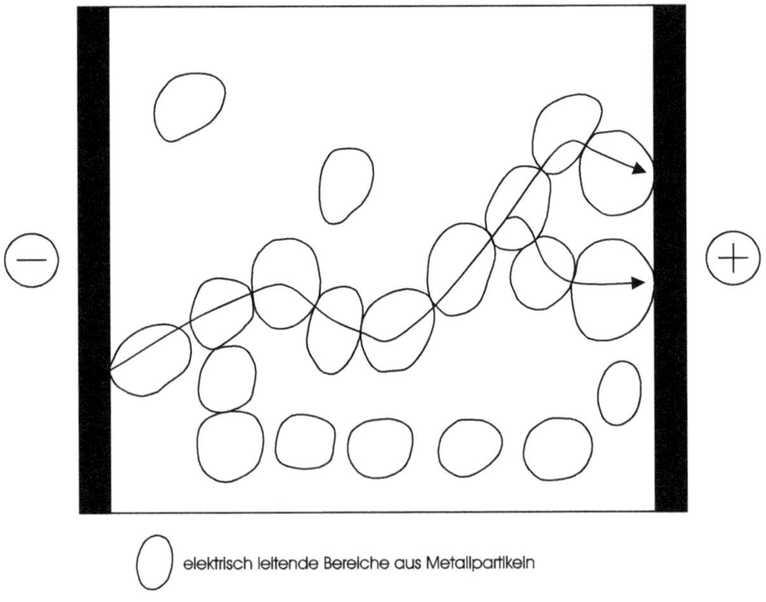

Abb. 2.40: Stromleitende Pfade entlang sich berührender Metallpartikel eingebettet in der isolierenden Kunststoffmasse [2.15]

Ein weiterer Nachteil der Füllermethode besteht darin, dass sich die Metallpartikel wegen ihrer größeren spezifischen Dichte in den tiefer liegenden Schichten des Polymers anreichern, wenn keine Gegenmaßnahmen getroffen werden.

Neuerdings werden auch staubfreie Kohlenstoff-Nanofasern (CNF) als Leitfähigkeitsträger verwendet, die um ein tausendfaches kleiner sind als die herkömmlichen Kohlenstofffasern. Das überdurchschnittliche Längen/Durchmesser-Verhältnisse (*L*/*D*) verleiht diesem Werkstoff ein exzellentes Eigenschaftsprofil. Wegen seiner Geometrie, aber auch seiner chemischen Eigenschaften löst sich dieser Nano-Füllstoff nicht aus dem Grundmaterial, und behält die gewünschten Eigenschaften über Jahre bei. Des Weiteren verleiht die CNF dem Kunststoff eine höhere Temperaturstabilität, ein besseres Fließverhalten und eine hervorragende Oberflächenqualität. Diese Eigenschaften machen den Kunststoff besonders geeignet für den Einsatz in der Elektronik- und Halbleiterindustrie.

2.4.4.1.2 Dotierung

Der Begriff Dotierung, der aus der Halbleitertechnologie entlehnt ist, hat bei organischen Materialien eine prinzipiell andere Bedeutung. Als Dotierung bezeichnet man hier jene Maßnahmen, mit deren Hilfe den Molekülketten Ladungen in Form von Elektronen entzogen oder zugefügt werden. Diese Vorgehensweise erinnert an Oxidation oder Reduktion in der Elektrochemie.

Die Dotierung beruht auf folgendem Sachverhalt:
Nach dem Energiebändermodell[15] können sich Elektronen nur in teilweise gefüllten Energiebändern bewegen. Voll besetzte bzw. leere Energiebänder können daher keinen Beitrag zur elektrischen Leitfähigkeit leisten. Das nur teilweise bis zur Fermi-Grenze[16] gefüllte Energieband bei einem Metall hat demnach zur Folge, dass die Elektronenbeweglichkeit einen Ladungstransport im elektrischen Feld bewirkt. Im Vergleich zu Metallen sind bei Halbleitern alle Energiebänder bis zur Fermi-Grenze voll besetzt, während die darüber befindlichen Energiebänder leer sind. Die Energielücke zwischen dem energetisch am höchsten besetzten Valenzband und dem darüber liegenden unbesetzten Leitungsband ist allerdings klein und beträgt nur etwa 0,5 bis 1,5 eV, so dass thermisch angeregte Elektronen aus dem Valenzband in das Leitungsband gelangen können. Bei einem Isolator ist diese Energielücke vergleichsweise groß und beträgt > 3 eV. Sie kann daher bei normalen Temperaturen von Elektronen nicht übersprungen werden (Abb. 2.41).

---

15 Quantenmechanische Modellvorstellung zur Beschreibung des Energiespektrums der Elektronen in Festkörpern: In einem ausgedehnten Kristall spalten sich die Energiezustände der Elektronen infolge der Wechselwirkung der Atome auf und überlagern sich zu Energiebändern. Neben besetzten und unbesetzten Energiebändern gibt es verbotene Zonen (Energielücken oder Bandlücken), in denen die Elektronen sich nicht aufhalten können.

16 Bei sehr tiefen Temperaturen werden sämtliche Energiezustände bis zu einer Grenzenergie (Fermi-Energie, Fermi-Grenze) besetzt. Das oberste, bei $T = 0$ K voll besetzte Band heißt Valenzband, das niedrigste leere oder teilweise besetzte Leitungsband. Von der Besetzung dieser Bänder sowie deren Abstand zueinander hängen viele physikalische Eigenschaften ab, u. a. die unterschiedliche elektrische Leitfähigkeit von Isolatoren, Halbleitern und Metallen. Die zur Fermi-Energie gehörende Fläche konstanter Energie im Wellenvektorraum ist die Fermi-Fläche.

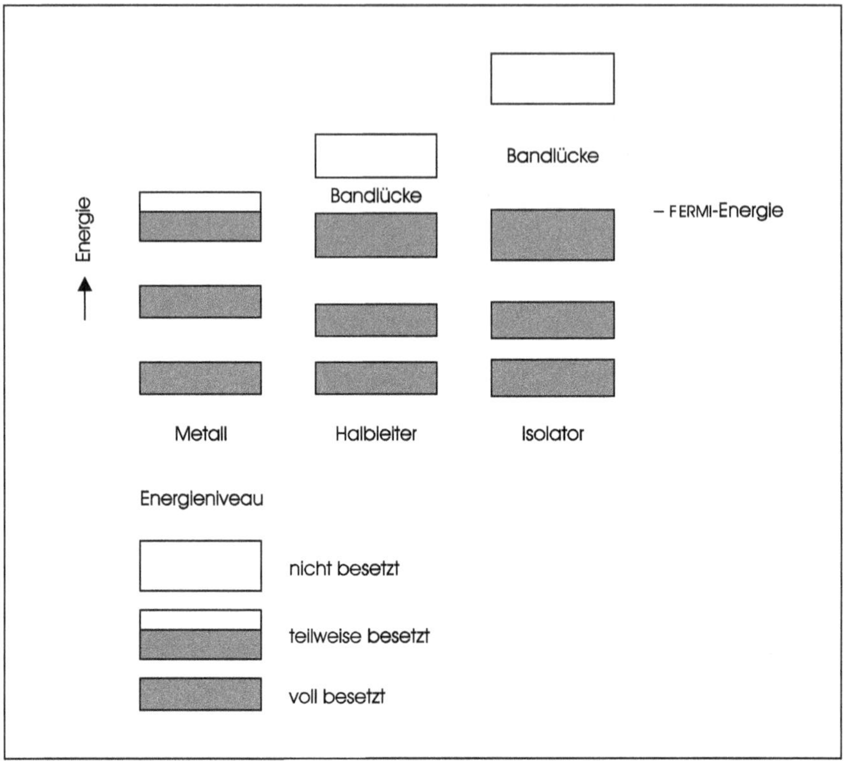

Abb. 2.41: Energiebänder von Metallen, Halbleitern und Isolatoren nach dem Energiebändermodell

Polymere bestehen bekanntlich aus endlosen Ketten von Kohlenstoffatomen, die linear oder in Form von aneinander gekoppelten Fünf- oder Sechsringen vorliegen, an denen neben vorwiegend Wasserstoff auch Stickstoff und Schwefel gebunden sein können. Im Grundzustand verhalten sich Polymere wie Isolatoren oder Halbleiter, wenn sie die gleiche Bandstruktur wie diese besitzen. Das heißt, ihre Valenz- und Leitungsbänder sind durch eine mehr oder weniger große Energielücke voneinander getrennt. Erst durch Dotieren mit Akzeptoren oder Donatoren kann in ihnen ein Ladungstransport stattfinden, der eine beachtliche Steigerung der elektrischen Leitfähigkeit zur Folge haben kann [2.16].

Akzeptoren sind Elektronenempfänger, wie J, AsF_5, BF_4, ClO_4^- und $FeCl_3$, während Donatoren elektronenabgebende Stoffe sind, zu denen beispielsweise die Alkalimetalle (Natrium, Kalium, Calcium) gehören. Die Dotierung mit solchen Substanzen bewirkt eine Veränderung der Bandstruktur des Polymers dahingehend, dass entweder Elektronen aus dem Valenzband herausgenommen (p-Dotierung) oder in das Leitungsband eingebracht (n-Dotierung) werden. Das dotierte Polymer wird elektrisch leitfähig, weil nun entweder das Valenzband- oder das Leitungsband teilweise gefüllt ist. Durch Dotieren entstehen positive oder negative Ladungen in den Polymerketten. Zum Ladungsausgleich bilden sich aus dem Dotierungsmittel Gegen-Ionen, die sich in die Polymermatrix einlagern.

Diese so genannten intrinsisch[17] leitfähigen Polymere weisen elektrische Leitfähigkeiten zwischen 10^{-12} bis 10^{5} [S/m] auf. Abb. 2.42 zeigt den Unterschied zwischen Kunststoffen mit elektrisch leitendem Füllstoff und intrinsisch leitfähigen Polymeren hinsichtlich ihrer Leitfähigkeiten [2.16, 2.19, 2.32].

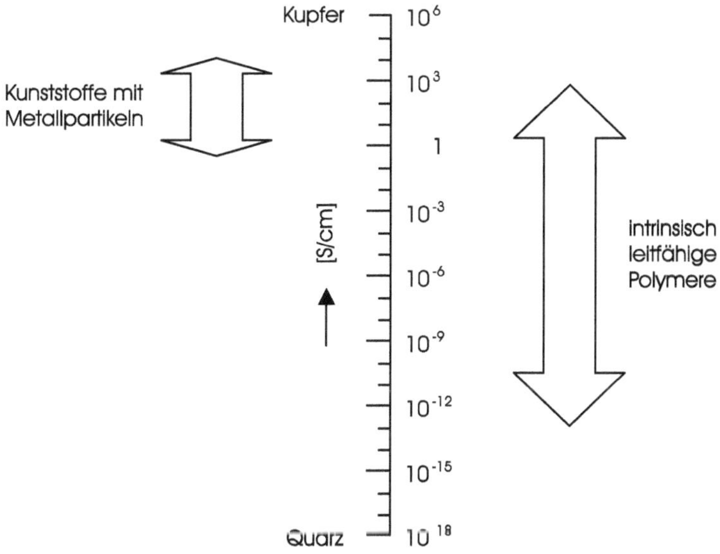

Abb. 2.42: Vergleich der Leitfähigkeiten von Kunststoffen mit metallischen Beimengungen und intrinsisch leitfähigen Polymeren

Der Mechanismus der elektrischen Leitung in intrinsisch leitfähigen Polymeren ist noch nicht in allen Details verstanden. Es wird angenommen, dass sie durch Ladungsinseln (so genannte Solitonen, Polaronen und Bipolaronen) verursacht wird, die sich um die Gegen-Ionen bilden [2.16, 2.19, 2.20]. Als gesichert gilt jedoch, dass das Hin- und Herhüpfen der Elektronen zwischen den Polymerketten wesentlich mehr zur elektrischen Leitfähigkeit beiträgt als der Elektronentransport entlang einzelner Ketten.

Die wichtigsten und meist untersuchten intrinsisch leitfähigen Polymere sind Polyacetylen (PAC), Polyparaphenylen (PPP), Polyanilin (PANI), Polythiophen (PT) und Polypyrrol (PPy), deren chemische Strukturen in Abb. 2.43 wiedergegeben sind [2.16–2.29].

---

17 Intrinsisch: von innen her, aus eigenem Antrieb

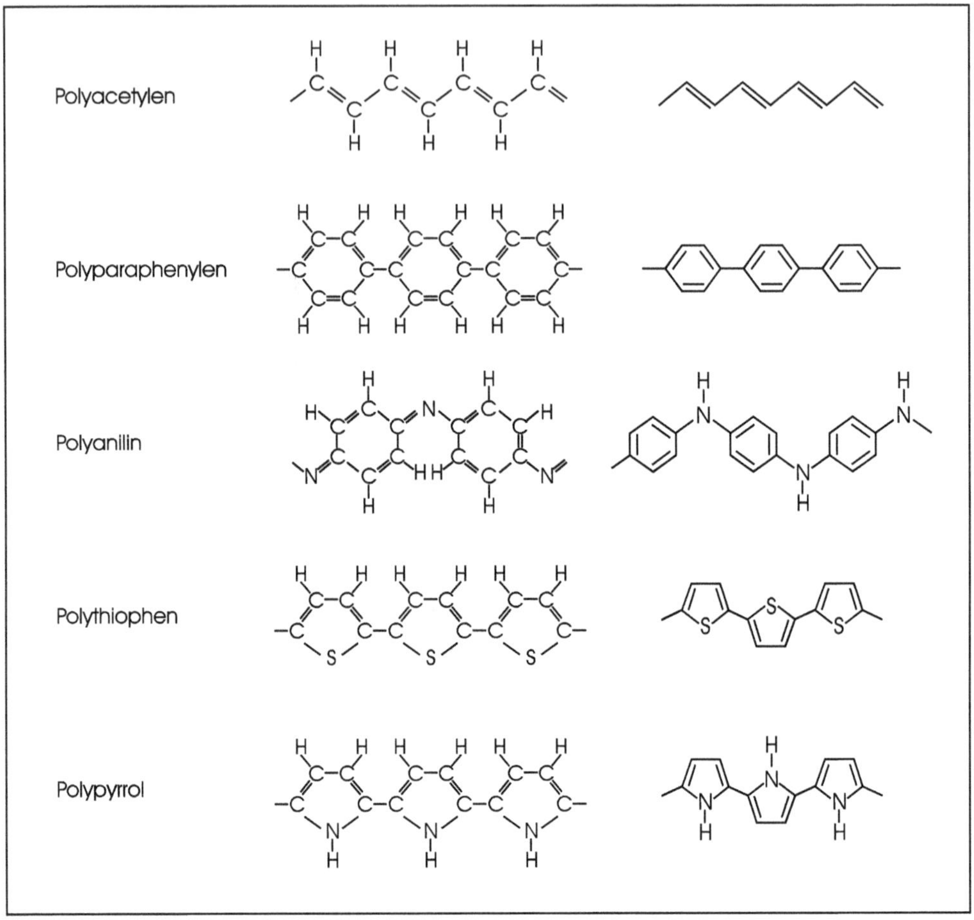

Abb. 2.43: Chemische Strukturen der wichtigsten intrinsisch leitfähigen Polymere

Polyacetylen ist vom Aufbau her das einfachste intrinsisch leitfähige Polymer. Chemische und strukturelle Übergänge, die notwendig sind, damit aus einem isolierenden Polymer ein leitfähiges wird, lassen sich daher am Beispiel Polyacetylen relativ einfach darstellen [2.15]. Wie in Abb. 2.44 angedeutet, entsteht Polyacetylen durch die Dehydrierung von Polyethylen. Es besteht aus einer durchgehenden Kohlenstoffkette, bei der im Gegensatz zu Polyethylen, an jedem Kohlenstoffatom nur ein Wasserstoffatom hängt. Demzufolge überlappen jeweils zwei Elektronen benachbarter Kohlenstoffatome, die vorher an der Bindung mit Wasserstoffatomen beteiligt waren, als π-Elektronen zu einer Doppelbindung senkrecht zur C-C-Bindung. Die Kohlenstoffatome sind somit entlang der Kette abwechselnd über Einfach- und Doppelbindungen miteinander verknüpft, die allerdings fortwährend miteinander die Plätze tauschen. Es entsteht die so genannte konjugierte Bindungsstruktur, die ein Mittelding zwischen einer Einfach- und einer Doppelbindung darstellt. Sie ist typisch für leitfähige Polymere.

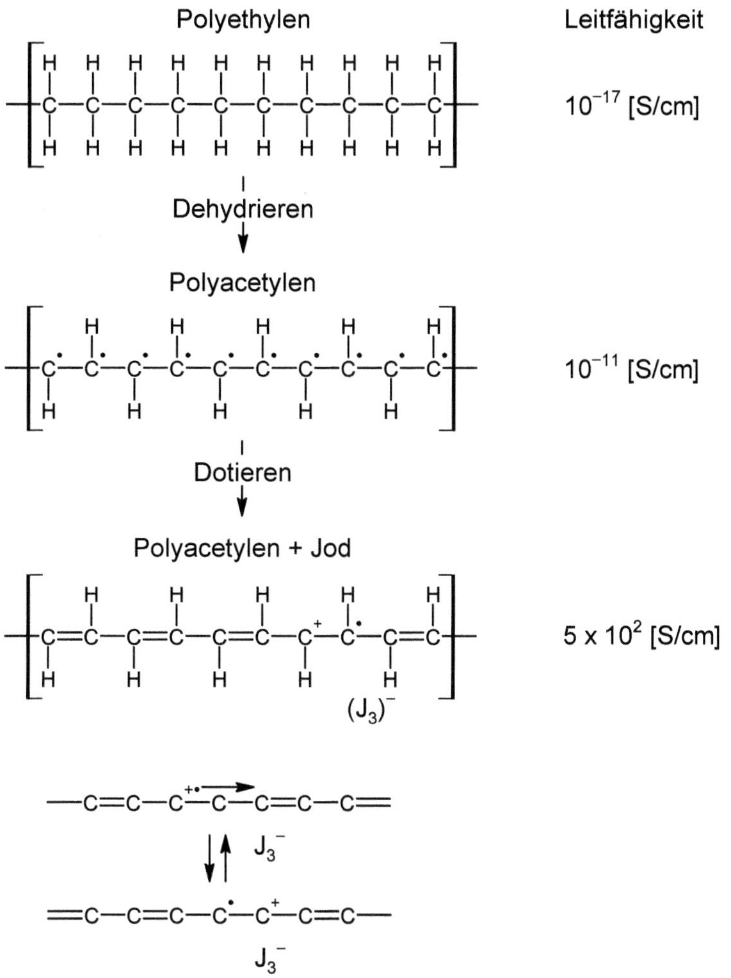

Abb. 2.44: Entstehung von Polyacetylen und Änderung seiner elektrischen Leitfähigkeit durch Dotieren mit Jod [2.15]

Nach dem Entstehen nimmt Polyacetylen rasch Sauerstoff auf, der wegen seiner hohen Elektronenaffinität als Akzeptor wirkt und dadurch zu einer Erhöhung der ursprünglichen elektrischen Leitfähigkeit von 10^{-15} auf 10^{-9} S/m führt. Durch Dotieren mit Jod wird die Polyacetylenkette mit positiven und beweglichen Ladungsträgern aufgeladen, die seine Leitfähigkeit noch einmal um weitere 13 Zehnerpotenzen auf $5 \cdot 10^4$ S/m heraufsetzten. Die Zunahme der Leitfähigkeit von Polyacetylen durch Dotieren mit Brom oder Arsenpentafluorid AsF_5 im Vergleich zu Jod ist in Abb. 2.45 wiedergegeben.

Aus dieser Darstellung ist ersichtlich, dass sich die elektrische Leitfähigkeit von Polyacetylen bei hohen Dotiergraden an die von schlecht leitenden Metallen wie beispielsweise Bismut ($0{,}867 \cdot 10^6$ S/m) annähert.

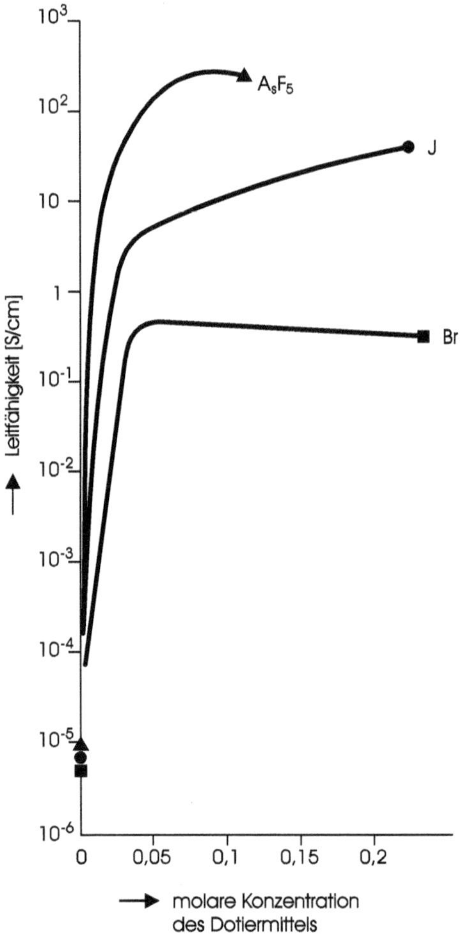

Abb. 2.45: Anstieg der elektrischen Leitfähigkeit von trans-Polyacetylen durch Dotieren mit Br, J bzw. AsF_5 [2.19]

Tab. 2.16 enthält die elektrischen Leitfähigkeiten von dotierten Polymeren im Vergleich zu Metallen und anderen Materialien.

Tab. 2.16: Elektrische Leitfähigkeiten von dotierten Polymeren im Vergleich zu denen der Metalle und Nichtmetalle

Material	Leitfähigkeit [S/m]
Silber	$62{,}89 \cdot 10^6$
Kupfer	$59{,}77 \cdot 10^6$
Gold	$42{,}55 \cdot 10^6$
Eisen	$10{,}29 \cdot 10^6$
Titan	$2{,}30 \cdot 10^6$
Bismut	$0{,}87 \cdot 10^6$
Graphit	$1 \cdot 10^6$
Polyacetylen, dotiert	bis 10^5
Polypyrrol, dotiert	bis 10^3
Polythiophen, dotiert	2 bis $1 \cdot 10^2$
Silizium	$43{,}50 \cdot 10^{-8}$
Nylon	$1 \cdot 10^{-14}$
Diamant	$2 \cdot 10^{-15}$ bis $3 \cdot 10^{-14}$

2.4.4.2 Thermische und zeitliche Stabilität

Ein wesentliches Kriterium für die praktische Anwendung von intrinsisch leitfähigen Polymeren ist die Stabilität ihrer elektrischen Leitfähigkeit unter Umweltbedingungen. Von besonderem Interesse dabei ist der Einfluss von Temperatur und Lagerung auf die elektrische Leitfähigkeit. Die Temperaturabhängigkeit der Leitfähigkeit von mit Jod dotiertem Polyacetylen für verschiedene Dotiergrade ist in Abb. 2.46 dargestellt.

Hieraus geht hervor, dass die elektrische Leitfähigkeit von schwach dotiertem Polyacetylen eine wesentlich stärkere Temperaturabhängigkeit aufweist als die des hoch dotierten.

An dieser Stelle sei erwähnt, dass die meisten leitfähigen Polymere einen mehr oder weniger starken Anstieg der Leitfähigkeit mit steigender Temperatur aufweisen, was sie als nichtmetallische Leiter ausweist.

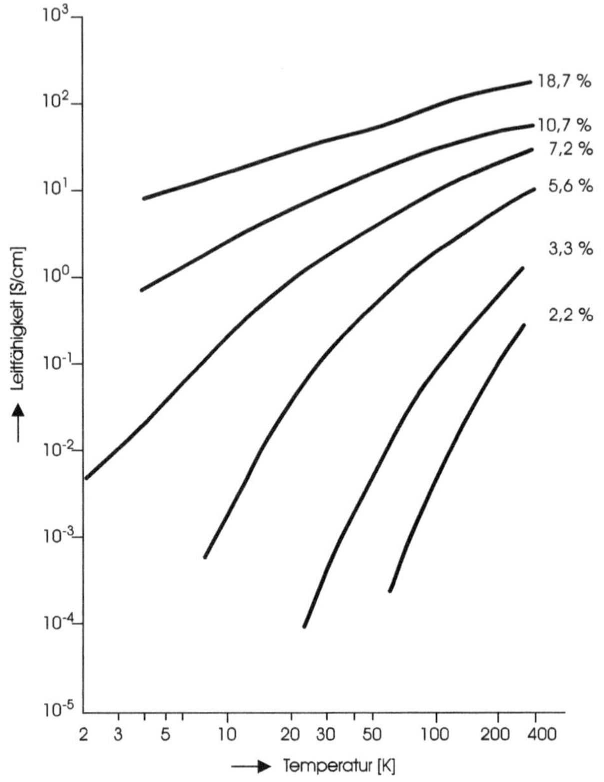

Abb. 2.46: Temperaturabhängigkeit der elektrischen Leitfähigkeit von mit Jod dotiertem Polyacetylen für verschiedene Dotiergrade [2.16]

Auskunft über die Änderung der elektrischen Leitfähigkeit von schwach mit Jod dotiertem Polyacetylen in Abhängigkeit von der Lagerzeit bei verschiedenen Temperaturen gibt Abb. 2.47.

Diese Darstellung macht deutlich, dass man durch die Erniedrigung der Temperatur eine beachtliche Stabilität der Leitfähigkeit erreichen kann.

Zu den leitfähigen Polymeren, die besonderes technisches Interesse erweckt haben, gehört Polypyrrol. Es wird elektrochemisch hergestellt, wobei der Oxidationsvorgang und die Einlagerung des Gegen-Ions während der Polymerisation stattfinden [2.17]. Seine elektrische Leitfähigkeit liegt bei 10^4 [S/m] und weist im Vergleich zu Polyacetylen größere thermische und zeitliche Stabilität auf. Die zeitliche Abnahme der Leitfähigkeit von Polypyrrol an Luft und bei verschiedenen Temperaturen geht aus Abb. 2.48 hervor.

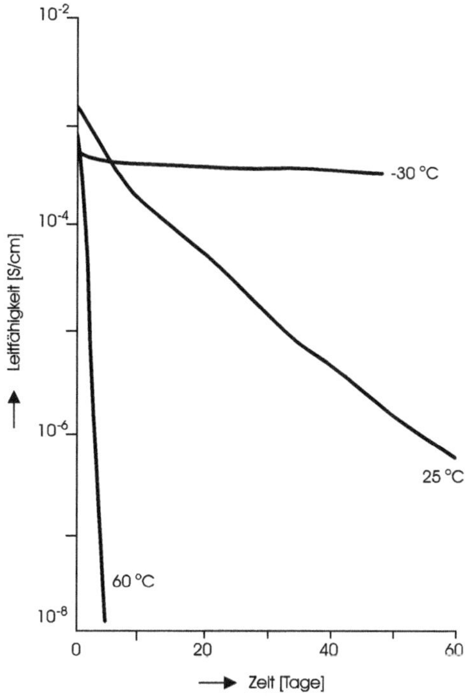

Abb. 2.47: Zeitliche Änderung der elektrischen Leitfähigkeit von schwach mit Jod dotiertem Polyacetylen bei Lagerung an Luft und bei verschiedenen Temperaturen [2.18]

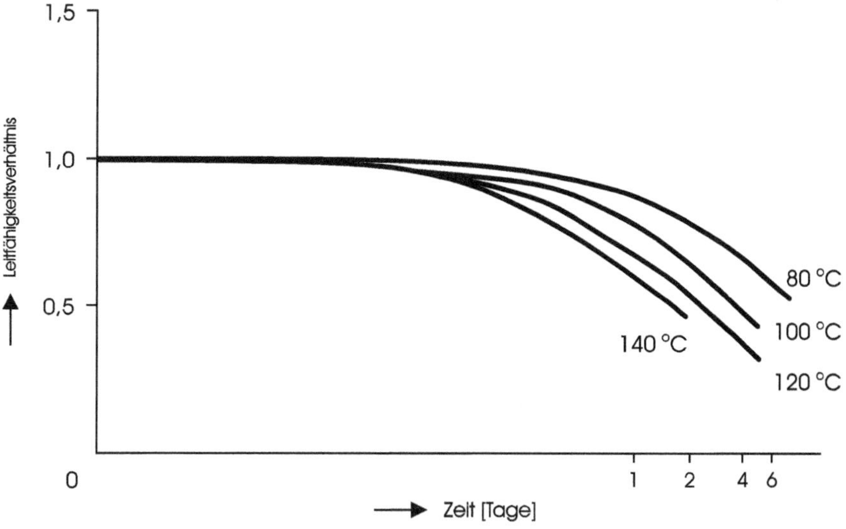

Abb. 2.48: Zeitliche Änderung der elektrischen Leitfähigkeit von Polypyrrol an Luft und bei verschiedenen Temperaturen [2.17]

Wie aus dieser Darstellung hervorgeht, ist die Abnahme der elektrischen Leitfähigkeit an Luft umso stärker, je höher die Temperatur für die Alterung gewählt wird. Die zeitliche Abnahme der Leitfähigkeit von Polypyrrol mit dem Anion der Benzolsulfonsäure ($C_6H_6O_3S$) als Gegen-Ion im Vergleich zu mit Jod dotiertem Polyacetylen an Luft ist in Abb. 2.49 dargestellt.

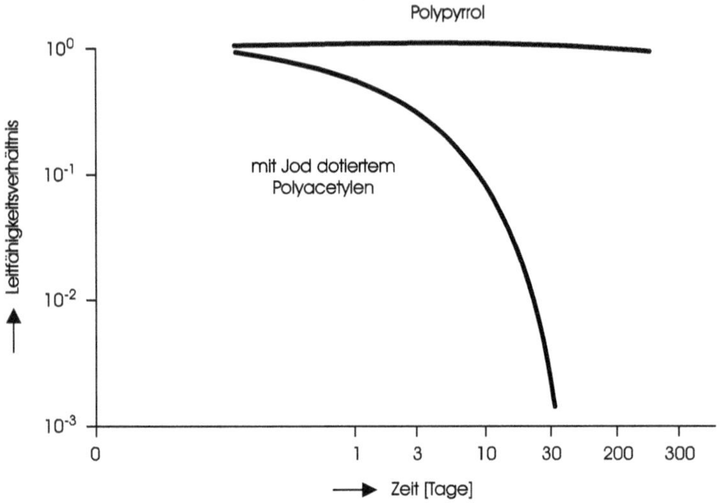

Abb. 2.49: Zeitliche Abhängigkeit der elektrischen Leitfähigkeiten von Polypyrrol und Polyacetylen bei Raumtemperatur [2.17]

Während die Leitfähigkeit von Polyacetylen innerhalb von 30 Tagen um den Faktor 1 000 zurückgeht, erfährt die von Polypyrrol erst nach 200 Tagen eine geringfügige Abnahme.

2.4.4.3 Anwendungsmöglichkeiten

Maßgebend für die technische Anwendung intrinsisch leitfähiger Polymere ist neben der Stabilität ihrer Leitfähigkeit unter betrieblichen Bedingungen (Wärme und Lagerung) auch ihre Formbarkeit. Von den vielen denkbaren und bereits erprobten Einsatzmöglichkeiten seien hier beispielsweise Akkumulatoren und Displays genannt. Ferner können sie zur Vermeidung von statischen Aufladungen bei Metallgehäusen, zur photovoltaischen Stromerzeugung oder als Elektroden für Batterien und Brennstoffzellen eingesetzt werden. Viel versprechend ist ihr Einsatz bei der Herstellung von gedruckten Schaltungen und Multilayer-Leiterplatten [2.30-2.36].

Erwähnt sei ergänzend auch die Fähigkeit bestimmter leitfähiger Polymere, ihre Farbe als Antwort auf bestimmte Umweltbedingungen zu wechseln. Dieses Verhalten macht ihren Einsatz als Sensoren, etwa um bestimmte Verbindungen nachzuweisen oder andere Parameter anzuzeigen, denkbar.

2.4.5 Acrylnitril-Butadien-Styrol (ABS)

Als besonders gut „galvanisierbare“ Kunststoffe werden Acrylnitril-Butadien-Styrol (ABS[18]), ABS/Polycarbonat (ABS/PC), Polyamid (PA), Polyetherimid (PEI), Polyimid (PI), Polypropylen (PP), Polyphenylenoxid (PPO), Polysulfon (PSU), Polyester, Epoxid (EP) genannt.

Tab. 2.17: Eigenschaften von ABS (Acrylnitril-Butadien-Styrol)

Physikalische Eigenschaften		
Dichte	[g/cm^3]	1,05-1,07
Elektrische Leitfähigkeit		Isolator
Mechanische Eigenschaften		
E-Modul	[GPa]	1,1-2,9
Zugfestigkeit	[N/mm^2]	27-55
Bruchdehnung	[%]	6-8
VICKERS-Mikrohärte	HV	6-15
Dauerfestigkeit	[N/mm^2]	11-22
Bruchzähigkeit	[$\sqrt{m}$ · N/mm^2]	1,2-4,2
Verschleißfestigkeit		gering
Thermische Eigenschaften		
Maximale Betriebstemperatur	[K]	350-370
Thermische Ausdehnung	[10^{-6}/K]	70-75
Spezifische Wärme	[J/kg · K]	1 500-1 510
Thermische Leitfähigkeit	[W/m · K]	0,17-0,24
Vicat-Zahl[19] B		92-102
Chemische Eigenschaften		
Beständigkeit in Frischwasser		gut
Beständigkeit in Meerwasser		gut
Beständigkeit gegenüber schwachen Säuren		gut
Beständigkeit gegenüber schwachen Alkalien		gut
Beständigkeit gegenüber starken Säuren		gut
Beständigkeit gegenüber starken Alkalien		gut
Beständigkeit in organischen Lösungsmitteln		mittel

[18] Handelsnamen: Novodur, Terluran, Vestodur

[19] Die Vicat-Zahl ist ein Maß für die Wärmebeständigkeit eines Polymers. Es wird gemessen, bei welcher Temperatur eine Stahlnadel unter einem bestimmten Gewicht um ein bestimmtes Maß in die Kunststoffoberfläche eindringt. Man misst also die Erweichungstemperatur. Der Buchstabe A steht für die Belastung 10 N, B für 50 N.

Der wichtigste „galvanisierfähige“ Kunststoff ist jedoch das ABS mit der chemischen Summenformel $(CH_2\text{-}CH\text{-}C_6H_4)_n$, das grundsätzlich aus einer kompakten Hartphase, Styrol, und einem fein verteilten weichen Phase, Butadien, besteht [2.38]. Seine Eigenschaften sind in Tab. 2.17 zusammengestellt.

Galvanisch beschichtete ABS-Teile (s. Abschnitt 6.2.2.2.1 und Abschnitt 7.3.1) werden überall dort eingesetzt, wo es u. a. auf elektrische Abschirmung, Abriebfestigkeit und Schlagfestigkeit ankommt.

2.5 Verbundwerkstoffe

Anforderungen, die heute an Werkstoffe gestellt werden, lassen sich oft mit herkömmlichen Metallen, Legierungen oder Kunststoffen nicht mehr ausreichend erfüllen. Aus diesem Grunde bedient man sich der sogenannten Verbundwerkstoffe, die sich in den letzten 60 bis 70 Jahren zu einer eigenständigen Werkstoffgruppe entwickelt haben. Zu den Vorteilen von Verbundwerkstoffen gegenüber konventionellen Materialien zählen die höhere Festigkeit und Steifigkeit bezogen auf die Dichte, die höhere Ermüdungsfestigkeit und Schlagfestigkeit sowie die bessere Korrosionsbeständigkeit und Wärmeleitfähigkeit.

Verbundwerkstoffe oder auch Kompositwerkstoffe (Composites) sind Materialien, die, wie die Bezeichnung vermuten lässt, aus zwei oder mehreren miteinander verbundenen Werkstoffen bestehen und einen neuen Werkstoff mit eigenen technischen Eigenschaften bilden. Durch die Kombination der Werkstoffe, die auch als Phasen (Bereiche einheitlicher Struktur), Komponenten, Bestandteile oder Grundstoffe bezeichnet werden, wird eine Verbesserung der Eigenschaften des Endwerkstoffs angestrebt. Ziel dabei ist es, die unterschiedlichen Vorteile der einzelnen Werkstoffe im Endwerkstoff zu kombinieren und ihre Nachteile möglichst auszuschließen. Allerdings darf dabei nicht übersehen werden, dass sich bestimmte werkstoffliche Eigenschaften nicht immer vereinen.

Die Dichte eines Verbundwerkstoffes ergibt sich aus der Summe der Dichten seiner einzelnen Komponenten. Die Eigenschaften, die nicht aus der Addition der Eigenschaften der einzelnen Komponenten resultieren, sondern von der Größe, Form und Verteilung der Komponenten abhängen, werden als Struktureigenschaften bezeichnet.

Die Vielfalt der Verbundwerkstoffe ergibt sich aus den Kombinationen der Grundstoffe, die metallisch, organisch oder anorganisch sein können. Aus der Vielzahl der natürlichen und künstlichen Verbundwerkstoffe können hier Granit (ein Gemisch aus Feldspat, Quarz und Glimmer) und Stahlbeton (Stahlstäbe oder Stahlgeflecht, eingebettet in Beton) als Beispiele genannt werden.

Als Gemische aus verschiedenen Grundstoffen besitzen die Verbundwerkstoffe in der Regel andere, oft günstigere Eigenschaften als ihre einzelnen Bestandteile. In diesem Sinne bestehen Ähnlichkeiten zu den Legierungen, die ebenfalls bessere Eigenschaften aufweisen als ihre einzelnen Komponenten, wie beispielsweise höhere Elastizitätsmodule, verbessertes Kriechverhalten sowie höhere Biegefestigkeit und Wärmeformbeständigkeit. Dennoch dürfen Legierungen nicht als Verbundwerkstoffe aufgefasst werden, da bei ihnen die Komponenten gelöst oder fein verteilt vorliegen, während bei den Verbundwerkstoffen die Einzelstoffe unverändert bleiben.

2.5.1 Klassifizierung

Verbundwerkstoffe können, wie in Abb. 2.50 angedeutet, je nach Geometrie und räumlicher Anordnung der Komponenten in vier große Gruppen unterteilt werden:

- Teilchenverbundwerkstoffe
- Faserverbundwerkstoffe
- Schichtverbundwerkstoffe
- Durchdringungsverbundwerkstoffe

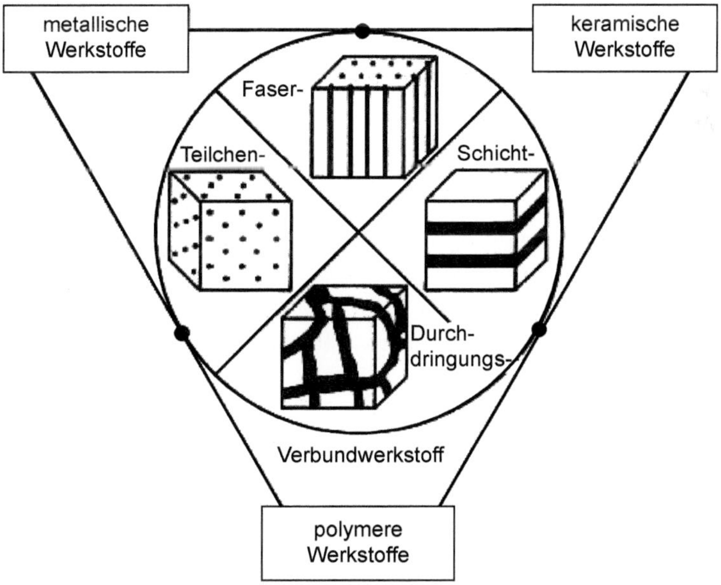

Abb. 2.50: Möglichkeiten der Kombination und räumliche Anordnung der Werkstoffe [2.39]

2.5.1.1 Teilchenverbundwerkstoffe

Bei den Teilchenverbundwerkstoffen, auch Dispersionswerkstoffe genannt, werden zahlreiche mehr oder minder große Teilchen in eine andere Komponente eingebettet, die als Matrix bezeichnet wird. Das Matrixmaterial kann metallischer, organischer oder anorganischer Natur sein.

Die Teilchengrößen liegen in der Regel im Bereich von 0,01 bis 0,1 µm. Ihre mittleren Abstände betragen 0,1 bis 0,5 µm. Um eine gute Verstärkung zu erreichen, werden möglichst kleine Partikel verwendet, die gleichmäßig in der Matrix verteilt sind. Bei den Partikeln kann es sich um Oxide, Carbide, Nitride, Boride oder auch um Graphit handeln. Zwei Beispiele für Teilchenverbundwerkstoffe sind:

- Keramikverbunde (keramische Teilchen in keramischer Matrix)
- Polymerbeton (mineralische Teilchen in polymerer Matrix)

Bestimmte Teilchenverbundwerkstoffe werden zur Herstellung von Kolben und Pleueln für Verbrennungsmotoren verwendet.

2.5.1.2 Faserverbundwerkstoffe

Faserverbundwerkstoffe sind Werkstoffe, bei denen kurze oder lange Fasern in einer Matrix eingebettet sind. Ziel der Herstellung solcher Werkstoffe ist es, die Steifigkeit der Faser in Verbindung mit der Möglichkeit der Formgebung durch die Matrix zu nutzen.

Als Fasern werden Glas-, Kohlenstoff-, Keramik-, Aramid- Bor-, Stahl-, Natur- und Nylonfasern verwendet.

Als Matrixwerkstoffe kommen Kunststoffe (Duromere, Duroplaste, Elastomere, Thermoplaste), Metalle und Keramiken zum Einsatz. Je nach Matrixmaterial werden die Faserverbundwerkstoffe in drei Hauptklassen unterteilt:

- Verbundwerkstoffe mit Metallmatrix (Metal Matrix Composite, MMC): Hierbei kommen im Prinzip alle Metalle und Legierungen infrage, tatsächlich werden aber Leichtmetalle wie Aluminium, Magnesium und Titan und deren Legierungen verstärkt.
- Verbundwerkstoffe mit Kunststoffmatrix (Polymer Matrix Composite, PMC): Hierbei werden sowohl Thermo- als auch Duroplaste verstärkt. Die Verbundwerkstoffe dieses Typs sind auf Anwendungen im Temperaturbereich ≤ 200 °C beschränkt. Als Fasermaterial kommen hier u. a. Glas und Kohlenstoff in Betracht. Glasfaserverstärkter

Kunststoff (GFK) und kohlenstofffaserverstärkter Kunststoff (CFK) sind zwei wohlbekannte Beispiele.

- Verbundwerkstoffe mit Keramikmatrix (Ceramic Matrix Composite, CMC): Hierbei handelt es sich um eine zwischen Langfasern eingebettete Matrix aus klassischen Keramikwerkstoffen, wie beispielsweise Al_2O_3 und SiC, die durch keramische Fasern verstärkt werden.

Zwischen den Fasern und der Matrix bildet sich eine Grenzschicht, in der die Kraft zwischen den beiden Komponenten übertragen wird. Eine ausreichende Haftung zwischen den Fasern und der Matrix sowie eine gute Verträglichkeit ihrer thermischen Eigenschaften sind für den praktischen Einsatz dieser Werkstoffe von großer Bedeutung.

Die Kurzfasern mit einer Länge zwischen 0,1 und 1 mm sind in der Matrix statistisch verteilt. Kurzfaser-Verbundwerkstoffe werden vorzugsweise bei Bauteilen mit Spannungen aus unterschiedlichen Richtungen eingesetzt. Die Langfasern verlaufen hingegen oft entlang einer bestimmten Richtung.

Faserverbundwerkstoffe werden in zahlreichen Industriebereichen eingesetzt, etwa im Karosseriebau, in der Luft- und Raumfahrttechnik und der Motortechnik.

2.5.1.3 Schichtverbundwerkstoffe

Die Schichtverbundwerkstoffe, auch Laminate genannt, bestehen aus mehreren Schichten von mehr oder weniger verschiedenen Materialien unterschiedlicher Dicke, die miteinander verpresst oder verklebt sind. Die Ausrichtung der Lagen wechselt sich von Schicht zu Schicht ab, um eine relativ hohe Festigkeit in allen Richtungen zu erhalten. Die Unterscheidung zwischen einem Matrixmaterial und einem Verstärkungsstoff ist in diesem Fall offenkundig nicht sinnvoll. Beispiele für Schichtverbundwerkstoffe sind:

- Glasfaserverstärktes Aluminium
- Bimetall (bestehend aus zwei Metallen unterschiedlicher Wärmeausdehnung)

Abb. 2.51 zeigt (von oben nach unten) den schematischen Aufbau der drei diskutierten Verbundarten mit wachsendem Volumenanteil der Teilchen, Fasern und Schichten.

Abb. 2.51: Teilchenverbund, Faserverbund, Schichtverbund mit wachsendem Volumenanteil [2.40]

Eine spezielle Art der Schichtverbundwerkstoffe bilden die sogenannten Sandwichstrukturen. Diese bestehen aus drei Schichten, von denen die beiden äußeren identisch sind, wie beispielsweise Aluminiumbleche, die mit einem polymeren Schaumkern verklebt sind. Die äußere Funktionsschicht wird in der Regel durch thermisches Spritzen, Tauchen, Galvanisieren, Schweißen oder Walzplattieren aufgetragen und dient oft dazu, den Verschleiß des Trägermaterials herabzusetzen oder es vor Korrosion zu schützen.

2.5.1.4 Durchdringungsverbundwerkstoffe

Durchdringungsverbundwerkstoffe sind Materialien, in denen die beteiligten Phasen, wie in Abb. 2.50 zu sehen ist, zusammenhängende Gerüste bilden. Sie werden häufig für Werkzeuge und verschleißfeste Teile eingesetzt, beispielsweise für Bohrer, Fräser und Ziehsteine. Ferner finden sie auch Anwendung für die Düsen von Raketentreibwerken.

2.6 Keramische Werkstoffe

Der Begriff Keramik umfasst eine Vielzahl anorganischer nichtmetallischer Werkstoffe, die allgemein als keramische Werkstoffe bezeichnet werden.[20] Bis auf eine Ausnahme, nämlich Graphit, handelt es sich bei diesen Werkstoffen um Verbindungen von Metallen mit Nicht- oder Halbmetallen.

[20] Im angelsächsischen Sprachgebrauch umfasst der Begriff „ceramics" zusätzlich auch Glas, Email, Glaskeramik und anorganische Bindemittel, wie Zement, Kalk und Gips.

2.6.1 Herstellung

Die keramischen Werkstoffe werden im Gegensatz zu Metallen, Polymeren oder Gläsern aus Keramikpulvern hergestellt. Die Pulver werden zunächst in die gewünschte geometrische Form gebracht (z. B. Quader, Zylinder, Ringe oder komplexere Strukturen) und danach einer Temperaturbehandlung unterzogen. Anders ausgedrückt: Keramische Werkstoffe werden bei Raumtemperatur aus einer Rohmasse geformt und erhalten ihre typischen Eigenschaften durch einen Sintervorgang bei hohen Temperaturen. Beim Sintern schrumpfen sie allseitig zu dichten Werkstücken mit genauen oder endnahen Konturen zusammen. Der Sinterprozess verleiht ihnen ihre außerordentliche Härte und Verschleißfestigkeit. Der Herstellungsprozess keramischer Werkstoffe kann somit wie folgt zusammengefasst werden:

Pulver	Form	Hitze
Feststoff in natürlicher oder künstlich hergestellter feinkörniger Verteilung	Trockenpressen, plastische Formgebung, Schlickerguss	Verfestigung durch Brennen (Sintern)

Der Grund, warum keramische Werkstoffe auf diese Art und Weise gefertigt werden, und nicht wie die metallischen Materialien, die erst geschmolzen und dann in eine Form gegossen werden, liegt darin, dass ihre Ausgangsmaterialien oft sehr hohe Schmelztemperaturen besitzen, wie die folgenden Beispiele belegen:

Oxid	Dichte in g/cm^3	Schmelztemperatur °C
Al_2O_3	3,99	2 050
BeO	3,01	2 570
CaO	3,32	2 580
MgO	3,57	2 840

Die nichtoxidischen keramischen Werkstoffe, wie beispielsweise Carbide bzw. Nitride, besitzen noch höhere Schmelztemperaturen, die um 2 150 bis 2 780 °C bzw. 2 300 bis 3 000 °C liegen. Technologisch ist es nicht ohne weiteres möglich, Schmelzen mit so hohen Temperaturen herzustellen und sie dann in geeignete Formen zu gießen. Das in Abb. 2.52 wiedergegebene Schema stellt eine Gegenüberstellung der Grundoperationen bei der Herstellung von Keramiken, Metallen (Stahl) und Polymeren dar.

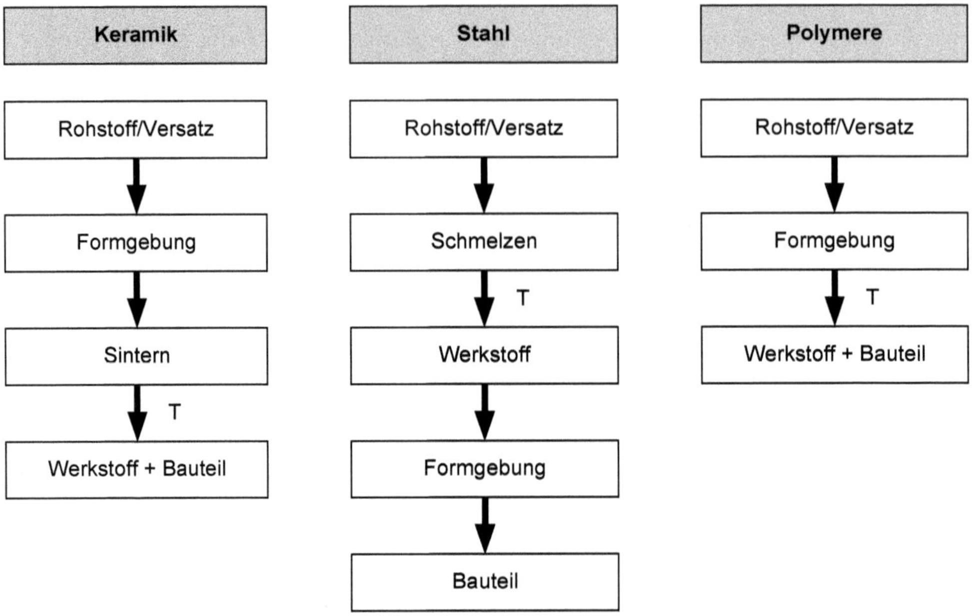

Abb. 2.52: Grundoperationen bei der Herstellung von Keramik, Metall und Polymeren [2.41]

2.6.2 Klassifizierung

Aus chemischer Sicht werden die keramischen Werkstoffe in Oxidkeramiken und Nichtoxidkeramiken unterteilt.

2.6.2.1 Oxidkeramiken

Die oxidkeramischen Werkstoffe werden nach keramischen Methoden aus natürlichen oder synthetischen Oxiden und Oxidverbindungen hergestellt, wie beispielsweise:

- Aluminiumoxid (α-Al_2O_3)
- Magnesiumoxid (MgO)
- Zirkonoxid (ZrO_2)
- Aluminiumtitanat (Al_2TiO_5)
- Bariumtitanat ($BaTiO_3$)

Die Oxidkeramiken sind im Wesentlichen, d. h. zu > 90 %, einphasige Metalloxide hohen Reinheitsgrads, die bei sehr hohen Sintertemperaturen gleichmäßige Gefüge mit sehr guten Eigenschaften entwickeln.

2.6.2.2 Nichtoxidkeramiken

Die nichtoxidkeramischen Werkstoffe werden nach keramischen Methoden aus synthetischen Rohstoffen wie Karbiden, Nitriden, Boriden oder Siliciden hergestellt. Sie weisen einen hohen Anteil an kovalenten Bindungen auf, die ihnen, auch bei hohen Einsatztemperaturen, sehr gute mechanische Eigenschaften verleihen.

Karbide, wie beispielsweise Siliciumcarbid (SiC), Borcarbid (B_4C), Titancarbid (TiC) und Wolframkarbid (WC), sind feuerfeste, harte Substanzen, die in den bekannten Lösungsmitteln unlöslich sind. Sie besitzen höchste Härte und Feuerfestigkeit und sind chemisch weitgehend inert.

Metallische Nitride wie Siliciumnitrid (Si_3N_4), Aluminiumnitrid (AlN), Bornitrid (BN) und Titannitrid (TiN) sind in der Regel Einlagerungsverbindungen (interstitielle Legierungen) und bilden sehr harte Kristalle.

Bei den meisten Boriden handelt es sich um Verbindungen mit Metallen, von denen viele keramische Eigenschaften aufweisen und so zu den Nichtoxidkeramiken gezählt werden. Titanborid (TiB_2) und Zirconiumborid (ZeB_2) zeichnen sich durch ihre hohe elektrische und thermische Leitfähigkeit aus.

Silicide, wie beispielsweise Molybdändisilicid ($MoSi_2$), sind binäre metallische Verbindungen und werden den intermetallischen Verbindungen zugerechnet. Sie sind Halbleiter und weisen metallischen Glanz auf.

2.6.3 Eigenschaften

Keramische Werkstoffe besitzen Eigenschaften, die bei anderen Werkstoffen in dieser Form nicht vorkommen, wie beispielsweise hohe Festigkeit, Härte und Abriebfestigkeit bei gleichzeitig niedriger Dichte. Für diese bemerkenswerten Eigenschaften keramischer Werkstoffe sind die hohen Anziehungskräfte zwischen den einzelnen Kristalliten verantwortlich, die teilweise durch kovalente Bindungen, teilweise auch durch extrem feste ionische Wechselwirkungen zustande kommen. Ihre geringe Zugfestigkeit ist eine Folge örtlicher Fehlstellen und Poren.

Auch hinsichtlich thermischer Leitfähigkeit zeichnen sich die keramischen Werkstoffe aus. Ihre elektrische Leitfähigkeit - bis hin zu Halbleitereigenschaften - kann durchaus bemerkenswert sein. Andererseits besitzen viele Keramiken die Eigenschaft eines elektrischen Isolators. Die geringe elektrische Leitfähigkeit in diesem Fall ist auf das Fehlen freier Elektronen zurückzuführen.

Keramische Werkstoffe weisen ferner günstige chemische Eigenschaften auf, d. h. sie sind meist im hohen Maße korrosionsbeständig [2.42]. Während die Korrosion bei Metallen ein elektrochemischer Vorgang ist, bestimmt bei den Keramiken die Löslichkeit des Materials das Ausmaß der Korrosion. Entscheidend für niedrige Korrosionsbeträge sind die chemische Zusammensetzung und die Mikrostruktur.

Den Vorteilen der keramischen Werkstoffe stehen auch Nachteile gegenüber, wie beispielsweise die Tatsache, dass sie wegen ihrer großen Härte und Sprödigkeit empfindlich gegen Schlageinwirkungen sind. Die wichtigsten Vor- und Nachteile keramischer Werkstoffe lassen sich wie folgt zusammenfassen:

- **Vorteile:** Hohe Härte und Druckfestigkeit, hohe Temperaturbeständigkeit, geringe Dichte, hohe Korrosionsbeständigkeit
- **Nachteile:** Nicht verformbar, empfindlich gegen Schlageinwirkung, keine Zugbelastung, geringe Temperaturwechselbeständigkeit

Die Brüchigkeit keramischer Werkstoffe, d. h. ihr Bruch bei geringer Deformation, stellt einen großen Nachteil dar. Da sie nicht wie Metalle verformbar sind, können sie keine großen Zugbelastungen tragen. Daher verwendet man sie meist als Bauteile für Sonderaufgaben oder als Hochlast-Bauteile in Kombination mit anderen Werkstoffen. Die geringe Temperaturwechselbeständigkeit ist ebenfalls ein wesentlicher Nachteil für bestimmte technische Anwendungen.

Je nach Schwerpunkt des geforderten Eigenschaftsprofils unterscheidet man zwischen strukturellen und funktionellen Keramiken.

Die Strukturkeramiken besitzen hohe Festigkeit, Härte und Verschleißfestigkeit oft in Kombination mit chemischer und thermischer Beständigkeit.

Funktionskeramiken weisen besondere Wärmeleit-/Isolationsfähigkeit oder spezielle elektrische und magnetische Eigenschaften, wie Piezoelektrizität und Supraleitfähigkeit, auf.

2.6.4 Anwendungsgebiete

Keramische Materialien finden sich nahezu in jeder industriellen Produktionslinie, jedem Büro und jedem Haushalt. Sie werden überall dort im Maschinenbau oder in der Elektronik eingesetzt, wo es z. B. auf geringe Wärmeleitfähigkeit und geringes spezifisches Gewicht ankommt. Abriebfeste Bauteile finden in der Automobilindustrie oder der Luft- und Raumfahrt Verwendung, wo hochtemperaturbeständige Materialien mit geringem spezifischem Gewicht erwünscht sind. Gründe für all diese Anwendungen sind die nützlichen chemischen, elektrischen, mechanischen, thermischen und strukturellen Eigenschaften der keramischen Werkstoffe.

Die modernen keramischen Werkstoffe werden als Hochleistungskeramiken bezeichnet. Der Begriff Hochleistungskeramik ist in DIN V ENV 12212 definiert als „hoch entwickelter, hoch leistungsfähiger keramischer Werkstoff, der überwiegend nichtmetallisch und anorganisch ist und über bestimmte zweckmäßige Eigenschaften verfügt." Dank ihrer enormen Verschleißfestigkeit konkurrieren die Hochleistungskeramiken aus Al_2O_3, Si_3N_4 oder SiC mit den traditionellen verschleißfesten Werkstoffen wie Hartmetallen (Wolframkarbid-Kobalt-Verbindungen). Sie übernehmen spezifische Aufgaben, die nur sie aufgrund ihrer besonderen Eigenschaften erfüllen können. Ihre industriellen Einsatzgebiete sind Hochleistungskeramik für Verschleißanwendungen, Hochleistungskeramik für Hochtemperaturanwendungen, Hochleistungskeramik für korrosive Anwendungen und Hochleistungskeramik für Filtrationsanwendungen.

Literaturverzeichnis

[2.1] *Böhm, H.*: „Einführung in die Metallkunde", Bibliographisches Institut Mannheim, 1968

[2.2] *Kröner, E.*: „Versetzungen in Kristallen" in „Moderne Probleme der Metallphysik", herausgegeben von *A. Seeger*, Springer-Verlag Berlin, 1965

[2.3] *Guy, A. G.*: „Metallkunde für Ingenieure", Akademischer Verlagsgesellschaft Frankfurt/M., 1970

[2.4] Lange, K.: „Gleitung" in „Lexikon der Werkstofftechnik", herausgegeben von *H. Gräfen*, VDI Verlag GmbH Düsseldorf, 1991

[2.5] *van Vlack, L. H.*: „Elements of Materials Science", Addison-Wesley Publishing Company California, 1971

[2.6] *Weizel, H.*: „Festkörperphysik" in „Physik - gestern, heute, morgen" (Autorenkollektiv), Heinz Moos Verlag München, 1971

[2.7] *Genzel, L.*: „Die feste Materie, Atome und Elektronen im Festkörper", Umschau Verlag Frankfurt/M., 1973

[2.8] *Hayden, H. W., Moffatt, W. G., Wulff, J.*: „The Structure and Properties of Materials, Volume III: Mechanical Behavior", John Wiley & Sons New York, 1965

[2.9] *Cottrell, A. H.*: „An Introduction to Metallurgy", Edward Arnold Publishers London, 1971

[2.10] *Hayden, H. W., Moffatt, W. G., Wulff, J.*: „The Structure and Properties of Materials, Volume I: Structure", John Wiley & Sons New York, 1965

[2.11] *Ehrentraut, P.*: „Eigenschaften und Einsatz von Kunststoffen in der Beschichtung", Metalloberfläche 22 (1968) 10, 289-294

[2.12] *Autorenkollektiv*: „Werkstoffe der Elektrotechnik und Elektronik", VEB Deutscher Verlag für Grundstoffindustrie Leipzig, 1979

[2.13] *Neumann, A.* (Hrsg.): „Werkstoffe mit Zukunft", Urania-Verlag Leipzig, 1977

[2.14] *Katzer, F.*: „Werkstofftechnik", VEB Verlag Berlin, 1988

[2.15] *Weddigen, G.*: „Elektrisch leitende Kunststoffe", Physik in unserer Zeit, Nr. 4 (1983)

[2.16] *Roth, S.*: „Metallisch leitende Polymere" in „Elektrisch leitende Kunststoffe", Technische Akademie Esslingen, Symposium, 15.-16. April 1985

[2.17] *Münstedt, H.*: „Physikalisches Altern von intrinsisch elektrisch leitfähigen Polymeren" in „Elektrisch leitende Kunststoffe", Technische Akademie Esslingen, Symposium, 15.-16. April 1985

[2.18] *Menke, K. und Roth, S.*: „Chemische Stabilität metallisch leitender Polymere, in „Elektrisch leitende Kunststoffe", Technische Akademie Esslingen, Symposium, 15.-16. April 1985

[2.19] *Menke, K. und Roth, S.*: „Metallisch leitfähige Polymere I", Chemie in unserer Zeit, Nr. 1 (1986), 1-8

[2.20] *Menke, K. und Roth, S.*: „Metallisch leitfähige Polymere II", Chemie in unserer Zeit, Nr. 2 (1986), 33-43

[2.21] *N. N.*: „Elektroaktive organische Materialien", in „Neue Chancen durch neue Stoffe", Schriftenreihe des Fonds der Chemischen Industrie, Heft 27, Frankfurt a. M., 1986

[2.22] *Ku, C. C. and Liepius, R.*: „Electrical Properties of Polymers", Hanser Publishers, Munich 1987

[2.23] *Alcacer L.* (Editor): „Conducting Polymers Special Applications", D. Riedel Publishing Company, Dordrecht/Holland 1987

[2.24] *Kaner, R. B. und MacDermid, A. G.*: „Elektrisch leitende Kunststoffe", Spektrum der Wissenschaft, April (1988), 54-59

[2.25] *Mair, H. J. und Roth, S.* (Hrsg.): „Elektrisch leitende Kunststoffe", Carl Hanser Verlag München, 1989

[2.26] *Salanek, W. R., Clark, D. T. and Samualsen, E. B.*: „Science and Applications of Conducting Polymers“, Adam Hilger, Bristol 1991

[2.27] *Ewe, T.*: „Polymere unter Strom“, Bild der Wissenschaft 11 (1991), 16-20

[2.28] *Haupt, S. G., Riley, D. R. and McDevitt, J. T.*: „Conductive Polymer/High-Temperature Superconductor Composite Structures“, Advanced Materials, No. 10 (1993), 755-756

[2.29] *Bäuerle, P.*: „Intrinsically Conducting Polymers - Quo Vadis?“, Advanced Materials, No. 12 (1993), 879-885

[2.30] *Sailor, M. J. and Curtis, C. L.*: „Conducting Polymer Connections for Moleclular Devices“ Advanced Materials, No. 9 (1994), 688-692

[2.31] *Clery, D.*: „After Years in the Dark, Electric Plastic Finally Shines“, Science, Vol. 263 (1994), 1700-1703

[2.32] *Bischoff, S., Dunsch, L. und Plieth, W.*: „Leitfähige Polypyrrol-Schichten“, Metalloberfläche 50 (1996), 23-25

[2.33] *Kanani, N., Bressel, B. and Meyer, H.*: „A Direct Elektrolytic Copper Plating Process for Printed Circuit Boards“, Interfinish 92, International Congress for Surface Finishing (1992), 1260-1275

[2.34] *Whitlaw, K. J.*: „The Use of Conductive Organic Coatings for Metallisation of Printed Circuit Boards“, Trans. Ins. Metal Finishing 70 (3) (1992), 135-140

[2.35] *Meyer, H. und Szimmat, K.* „Die Durchkontaktierung von Leiterplatten auf Basis von leitfähigen Polymeren“, ZEV-Leiterplatten 3 (1992), 18-24

[2.36] *Lewis, R.*: „Are Your Holes Conjugated?“, Trans Inst. Metal Finishing 71 (4) (1993), 149-155

[2.37] *Kanani, N.*: „Werkstoffkunde für Oberflächentechniker und Galvaniseure - 700 Fragen und Antworten“, Carl Hanser Verlag München 2006

[2.38] *Kanani, N.*: „Chemische Vernicklung Nickel-Phosphor-Schichten, Herstellung, Eigenschaften, Anwendungen“, 1. Auflage, Eugen G. Leuze Verlag Saulgau/ Württ., 2007

[2.39] „Lexikon Werkstofftechnik“, herausgegeben von *H. Gräfen*, VDI Verlag GmbH Düsseldorf, 1991, S. 1074

[2.40] *Easterling, K. und Tschech, E.*: „Werkstoffe im Trend“, Verlag Technik GmbH Berlin, 1997, 26

[2.41] *Hoppert, H.*: „Keramische Werkstoffe“ in „Handbuch Konstruktionswerkstoffe. Auswahl, Eigenschaften, Anwendungen“, herausgegeben von *E. Moeller*, Carl Hanser Verlag München, Wien 2014, S. 681

[2.42] *Moeller, E.*: „Handbuch Konstruktionswerkstoffe - Auswahl, Eigenschaften, Anwendung“, 2., überarbeitete Auflage, Carl Hanser Verlag München, Wien 2014, S. 681

3 Elektrolyte zur Abscheidung metallischer Schichten

3.1 Einleitung

Elektrolyte sind chemische Verbindungen, die aus Ionen bestehen und in der Regel im flüssigen Zustand vorliegen. Säuren, Basen und Salze sind Elektrolyte.

Wenn Stoffe in Wasser in mehr oder minder bewegliche Ionen zerfallen, spricht man von elektrolytischer Dissoziation. Sie kommt zustande, weil die Anwesenheit der Wassermoleküle die elektrischen Bindungskräfte zwischen den Ionen des betreffenden Stoffes stark herabsetzt. Dieser Sachverhalt lässt sich mit Hilfe des COULOMBschen Gesetzes erläutern, welches besagt, dass die Kraft *F* zwischen zwei kugelförmigen elektrischen Ladungen wie folgt ermittelt werden kann:

$$F = \frac{1}{\varepsilon_0} \cdot \frac{Q_1 \cdot Q_2}{4 \cdot \pi \cdot r^2} \tag{3.1a}$$

Darin bedeuten: $\varepsilon_0 = 8{,}8542 \cdot 10^{-12}$ F/m die Dielektrizitätskonstante im Vakuum, Q_1 und Q_2 Ladungsmengen, r der Abstand zwischen den beiden Ladungen.

Befinden sich die beiden kugelförmigen Ladungen im Wasser, so modifiziert sich das COULOMBsche Gesetz zu

$$F = \frac{1}{\varepsilon_0 \cdot \varepsilon_{r(H_2O)}} \cdot \frac{Q_1 \cdot Q_2}{4 \cdot \pi \cdot r^2} \tag{3.1.b}$$

Die Dielektriszitätskonste des Wassers $\varepsilon_{r(H_2O)}$ beträgt 81,5. Dies bedeutet, dass die Bindungskraft *F* zwischen den beiden Ionen auf ca. 1/80stel ihres ursprünglichen Wertes sinkt.

Man unterscheidet *starke* und *schwache* Elektrolyte, je nachdem ob sie vollständig oder unvollständig in Ionen zerfallen, wenn sie in Wasser gelöst werden.

Löst man beispielsweise 1 Mol Chlorwasserstoffsäure (Salzsäure, HCl) in Wasser, erhält man gemäß

$$HCl \rightarrow Cl^- + H_3O^+ \tag{3.2}$$

1 Mol H_3O^+-Ionen, d. h., eine vollständige Dissoziation findet statt.

Löst man hingegen 1 Mol Fluorwasserstoffsäure (Flusssäure, HF) in Wasser

$$HF \rightarrow F^- + H_3O^+ \quad (3.3)$$

ergeben sich nur 0,03 Mol H_3O^+, d. h. 0,97 Mol Moleküle bleiben undissoziiert (unvollständige Dissoziation). Die Ursache hier ist der geringere kovalente Radius von Fluor (r_F = 70,9 pm[1]) im Vergleich zu dem des Chlors (r_{Cl} = 99,4 pm).

Sowohl in starken als auch in schwachen Elektrolyten umgeben sich die durch den Dissoziationsprozess entstandenen Ionen aufgrund elektrostatischer Anziehung mit einer Hydrathülle, die aus Dipol-Molekülen des Wassers besteht. Dieser Vorgang wird als Hydratation oder Hydration der Ionen bezeichnet. Dabei lagern sich die Wasserdipole mit ihrem negativen Ende (O^{2-}) an positiv geladene Ionen (Kationen), und mit ihrem positiven Ende (H^+) an negativ geladene Ionen (Anionen) an. H_3O^+, genannt Oxonium, soll also in den Reaktionsgleichungen (3.2) und (3.3) zum Ausdruck bringen, dass die positiv geladenen Wasserstoffionen (Protonen) nicht als H^+ in der Lösung vorliegen, sondern von Wassermolekülen umgeben sind.

Handelt es sich bei den an Ionen angelagerten Molekülen um die Moleküle eines anderen Lösungsmittels als Wasser, dann spricht man von Solvatation. Die Hydrat- bzw. Solvathülle ist bei kleineren Ionen stärker ausgeprägt als bei größeren Ionen, die die gleiche Ladung haben.

3.2 Ionen im elektrischen Feld

Hydratisierte oder solvatisierte Ionen kann man nun als Ladungen mit einem kugelsymmetrischen Feld betrachten. Zwischen diesen Kugelladungen herrschen COULOMBsche Kräfte (so nennt man die Wechselwirkungen zwischen elektrischen Punktladungen oder Ladungsverteilungen). Infolgedessen werden die Kugeln so lange gegenseitig angezogen bzw. abgestoßen, bis es zu einer regelmäßigen Verteilung der positiven und negativen Ionen kommt. Ein positives Ion versucht, sich mit möglichst vielen negativen Ionen zu umgeben, umgekehrt ist ein negatives Ion bestrebt, möglichst viele positive Ionen an sich zu ziehen. Es kommt zu einer Nahordnung der Ionen, in der jedes Ion gleichzeitig Zentralion einer Ionenwolke und Bestandteil einer entgegengesetzt geladenen Ionenwolke ist.

1 Ein Pikometer (pm) entspricht 10^{-12} Meter.

Wird nun mittels zwei Elektroden (Anode und Kathode), deren Abstand l beträgt, eine Spannung U an die Elektrolytlösung angelegt (Abb. 3.1), so baut sich ein elektrisches Feld E zwischen ihnen auf, dessen Betrag durch folgende Beziehung gegeben ist:

$$E = \frac{U}{l} \tag{3.4}$$

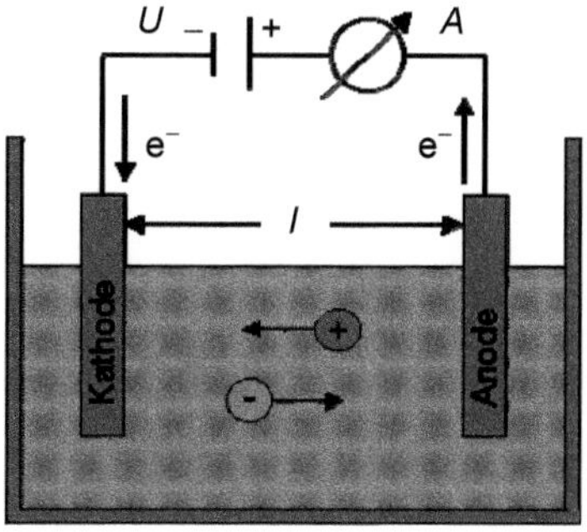

Abb. 3.1: Entstehung eines elektrischen Feldes zwischen der Anode und Kathode in einem Elektrolyten

Dadurch wird die Nahordnung der Ionen gestört. Während die positiven Ionen versuchen, zur negativen Elektrode (Kathode) zu wandern, haben die negativen Ionen das Bestreben, zur positiven Elektrode (Anode) zu gelangen. Das Zentralion und seine dazugehörige Ionenwolke wandern so in entgegengesetzte Richtungen. Man spricht von einem *elektrophoretischen Effekt*[2]. Auf die Ionen der Sorte i mit der Ladungszahl z_i wirkt die elektroforetische Kraft:

$$F_E = z_i \cdot e \cdot E \tag{3.5}$$

e ist die Elementarladung.

Die Kraft F_E bewirkt, dass die Kationen zur Kathode und die Anionen zur Anode beschleunigt werden. Dieser Beschleunigung wirkt jedoch eine Reibungskraft F_R entgegen, deren Betrag sich mit Hilfe des STOKESschen Gesetzes bestimmen lässt:

$$F_R = 6 \cdot \pi \cdot r_i \cdot \eta \cdot v_i \tag{3.6}$$

[2] Als Elektrophorese bezeichnet man die Wanderung elektrisch geladener Teilchen durch einen als Trägermaterial dienenden Stoff in einem elektrischen Feld. Sie ist eine Technik, bei der Gemische von Stoffen oder Teilchen aufgetrennt werden, weil sie in einem elektrischen Feld verschieden schnell wandern.

Darin bedeuten: r_i der Ionenradius; v_i die Wanderungsgeschwindigkeit der Ionen und η die Viskosität oder Zähigkeit des Elektrolyten. Diese beschreibt die innere Reibung der Elektrolytlösung und ist abhängig von Druck und Temperatur; bei Druckerhöhung nimmt sie zu, bei Temperaturerhöhung ab.

Nach einer kurzen Beschleunigung stellt sich eine konstante Wanderungsgeschwindigkeit ein:

$$v_i = \frac{z_i \cdot e \cdot E}{6 \cdot \pi \cdot r_i \cdot \eta} \tag{3.7}$$

Sie ist gemäß (3.6) nicht nur von der Viskosität des Elektrolyten und den charakteristischen Größen z_i und r_i, sondern auch von der Feldstärke abhängig, die aus der angelegten Spannung resultiert. Dividiert man die Geschwindigkeit durch die Feldstärke, erhält man die so genannte Ionenbeweglichkeit u_i:

$$u_i = \frac{|v_i|}{|E|} = \frac{z_i \cdot e}{6 \cdot \pi \cdot r_i \cdot \eta} \tag{3.8}$$

Sie sinkt mit wachsender Konzentration, da die interionischen Wechselwirkungen zunehmen, und ist zudem vom Druck und von der Temperatur abhängig. Die Beweglichkeit einiger Kationen und Anionen sind Tab. 3.1 zu entnehmen. Auffallend sind die hohen Beweglichkeiten von H^+ und OH^- im Vergleich zu den anderen Ionen.

Tab. 3.1: Beweglichkeiten einiger Kationen und Anionen

Kation	u_i [m²/s · V]	Anion	u_i [m²/s · V]
H^+	$36{,}23 \cdot 10^{-8}$	OH^-	$20{,}64 \cdot 10^{-8}$
NH_4^+	$7{,}63 \cdot 10^{-8}$	SO_4^{2-}	$8{,}29 \cdot 10^{-8}$
K^+	$7{,}62 \cdot 10^{-8}$	I^-	$7{,}96 \cdot 10^{-8}$
Ag^+	$6{,}24 \cdot 10^{-8}$	Cl^-	$7{,}91 \cdot 10^{-8}$
Zn^{2+}	$5{,}47 \cdot 10^{-8}$	CO_3^{2-}	$7{,}46 \cdot 10^{-8}$
Na^+	$5{,}19 \cdot 10^{-8}$	NO_3^-	$7{,}40 \cdot 10^{-8}$
Fe^{2+}	$4{,}80 \cdot 10^{-8}$	F^-	$5{,}70 \cdot 10^{-8}$

Ionen werden so zum Träger der Elektrizität in Elektrolyten und sind die Ursache dafür, dass diese den elektrischen Storm leiten können. Elektrolyte werden daher als Ionenleiter bezeichnet und im Unterschied zu Metallen, die bekanntlich Elektronenleiter und definitionsgemäß Leiter 1. Klasse sind, als Leiter 2. Klasse eingestuft. Bei gleicher Stoffmengenkonzentration leiten schwache Elektrolyte den elektrischen Strom schlechter als starke Elektrolyte.

3.3 Einfache und komplexe Ionen

Wässrige Elektrolyte, die in der Galvanotechnik zur Abscheidung metallischer Schichten eingesetzt werden, sind Metallsalzlösungen, in denen die Metallsalze aufgespalten in Form von elektrisch geladenen Ionen vorliegen. Diese können einfache, positiv geladene Metallionen Me^{z+} (Kationen) oder positive bzw. negativ geladene Komplexionen sein. Darüber hinaus sind weitere Ionen, wie beispielsweise Wasserstoffionen H^+, Hydroxidionen OH^- und Säurerest-Ionen (Anionen) im Elektrolyten vorhanden.

Wie in Abb. 3.2 am Beispiel eines Kupferions und eines Sulfations angedeutet, bilden sich im Elektrolyten aufgrund elektrostatischer Kräfte Wolken von Wassermolekülen (Hydrathüllen) um die positiv geladenen Kupferionen und die negativ geladenen Sulfationen. Dabei erfahren die Wassermoleküle, je nachdem, ob sie sich einem Kupferion oder einem Sulfation anlagern, unterschiedlicher Ausrichtung. Der Grund hierfür liegt zum einen in der räumlichen Struktur und zum anderen im Dipolcharakter des Wassermoleküls.

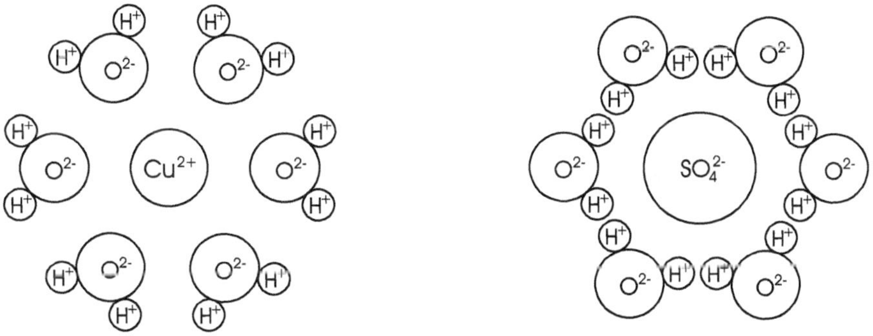

Abb. 3.2: Bildung von Hydrathüllen um positiv oder negativ geladene Ionen am Beispiel eines Kupferions und eines Sulfations

Das gleiche gilt auch für die Komplexionen. Diese besitzen allerdings im Gegensatz zu den einfachen Kationen und Anionen einen komplizierten Aufbau. Der Grund dafür liegt in der Tatsache, dass Komplexe Verbindungen höherer Ordnung[3] sind, die sich aus Verbindungen erster Ordnung zusammensetzen. Sie besitzen Eigenschaften, die sich von denen ihrer Bestandteile in aller Regel unterscheiden.

[3] Die Reaktionsgeschwindigkeit, d. h. die zeitliche Abnahme der Konzentration eines Ausgangsstoffes A, hängt vom Produkt einer Anzahl von Konzentrationen ab. Es gilt: $-{}^{dc}A/_{dt} = k\, c_A{}^a \cdot c_B{}^b \ldots c_N{}^n$. Die Reaktionsordnung ist definiert als die Summe der Exponenten der Konzentrationsausdrücke in diesem Gesetz. Bei Reaktionen erster Ordnung ist die Reaktionsgeschwindigkeit nur von der Konzentration des Ausgangsstoffes abhängig. Bei Reaktionen zweiter Ordnung ist sie jedoch abhängig von den Konzentrationen der Ausgangsstoffe.

Der Aufbau eines Komplexes lässt sich vereinfacht wie folgt beschreiben: Im Mittelpunkt des Komplexes steht ein Zentralion, häufig das eines Schwermetalls, um welches sich in regelmäßiger räumlicher Anordnung andere Ionen oder ungeladene Moleküle gruppieren (Abb. 3.3). Diese werden allgemein als Liganden bezeichnet. Das Zentralion kann über seine normale Wertigkeit hinaus weitere Ionen oder Gruppen von Ionen binden. Die konventionelle Vorstellung bezüglich der Wertigkeit chemischer Elemente reicht daher zur vollständigen Beschreibung solcher Komplexionen nicht mehr aus.

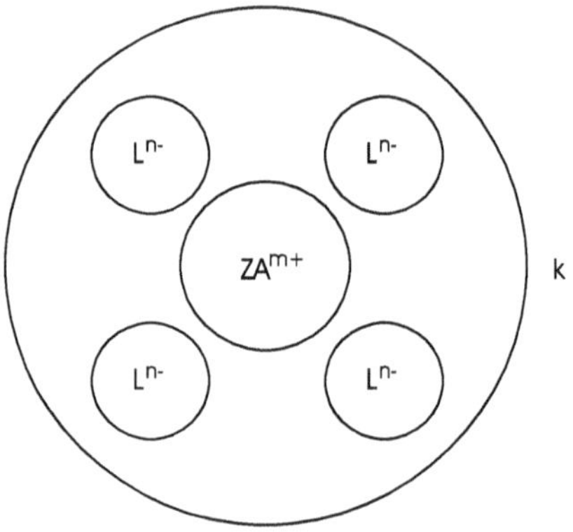

Abb. 3.3: Schematischer Aufbau eines Komplexes; ZA^{m+}: Zentralion, L^{n-}: Liganden (m, n : Ladungszahlen; k: positiv, negativ oder gleich Null) [3.1]

Die Bindung zwischen dem Zentralion und den Liganden wird vorwiegend durch elektrostatische Anziehung oder unpolare Elektronenbindung bewirkt. Die Anzahl der Liganden wird durch die so genannte Koordinationszahl festgelegt. Dabei besteht zwischen der Koordinationszahl und der Wertigkeit des Zentralions kein Zusammenhang. Die Koordinationszahl beträgt häufig 4, 6 oder 8. Der Grund dafür sind bestimmte Ordnungsprinzipien, die sich durch die herrschenden sterischen Verhältnisse ergeben. In Abb. 3.4 sind die drei wichtigsten Koordinationen dargestellt.

Da die Liganden meistens größer sind als das Zentralion, wird dieses mehr oder weniger völlig abgeschirmt. Dadurch kann sein chemischer Charakter völlig unterdrückt werden.

Viele in der Galvanotechnik eingesetzte Elektrolyte enthalten Komplexe. Als eine typische komplexe Verbindung kann hier das Tetrakaliumhexacyanidoferrat(II)[4] genannt werden, deren Summenformel $C_6FeK_4N_6$ lautet. Dieser Komplex wird in der Regel mit seiner Gruppenformel $K_4[Fe(CN)_6]$ angegeben (die eckigen Klammern sollen zum Ausdruck bringen, wie komplex das Molekül aufgebaut ist und in welche Ionen es zerfällt, wenn es in Wasser gelöst wird).

4 Auch Kaliumhexacyanoferrat(II) oder gelbes Blutlaugensalz genannt.

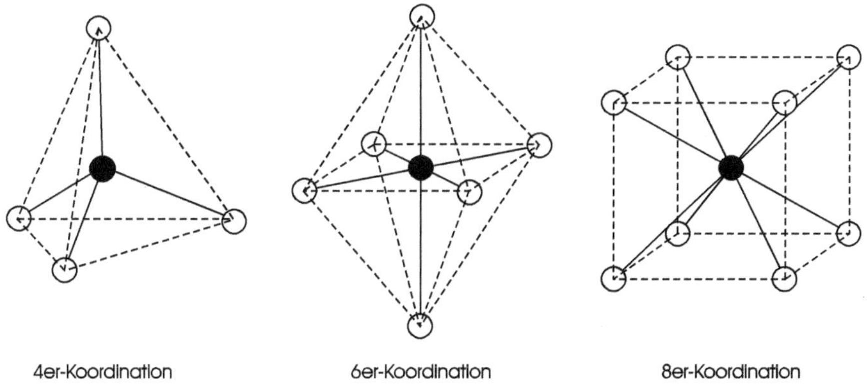

Abb. 3.4: Die wichtigsten Koordinationen bei Metallkomplexen (●: Zentralion, O: Liganden) [3.2]

Das Tetrakaliumhexacyanidoferrat(II) entsteht durch die Reaktion von Eisen(II)-cyanid mit Kaliumcyanid gemäß folgender Reaktionsgleichung:

$$Fe(CN)_2 + 4\,KCN \rightarrow K_4[Fe(CN)_6] \qquad (3.9a)$$

Die Konstitutionsformel dieses Komplexes zeigt, wie sechs CN-Liganden ein Eisenion als Zentralion umgeben:

$$K_4[Fe(CN)_6] \rightarrow 4\,K^+ + [Fe(CN)_6)^{4-} \equiv 4\,K^+ + \left[\begin{array}{ccc} & CN & \\ CN & & CN \\ & Fe & \\ CN & & CN \\ & CN & \end{array}\right]^{4-} \qquad (3.9b)$$

Zentralion: Eisen(II)-Ion
Liganden: 6 CN

Die Konstitutionsformel des Ions dieses Komplexes lässt sich wie folgt angeben:

$$4\,K^+ \left[\begin{array}{ccc} & CN & \\ CN & & CN \\ & Fe & \\ CN & & CN \\ & CN & \end{array}\right]^{4-}$$

Neben Liganden, die nur eine Koordinationsstelle besitzen, mit der sie Komplexe bilden können, gibt es andere, die über mehrere Koordinationsstellen verfügen, mit denen sie das Zentralion umschließen können. Solche Komplexe werden als Chelate (griech.: Krebsschere) bezeichnet. In diese Kategorie fallen beispielsweise die beiden Komplexbildner Ethylendiamintetraacetat (EDTA) und Ethylendiammoniumdiperchlorat (Quadrol®) mit den Gruppenformeln

$$(HOOC\text{-}CH_2)_2N\text{-}CH_2\text{-}CH_2\text{-}N(CH_2\text{-}COOH)_2$$

$$(CH_3CH(OH)CH_2)_2N\text{-}CH_2\text{-}CH_2\text{-}N(CH_2CH(OH)CH_3)_2$$

Die Konstitutionsformeln dieser Komplexbildner lauten wie folgt [3.3, 3.4]:

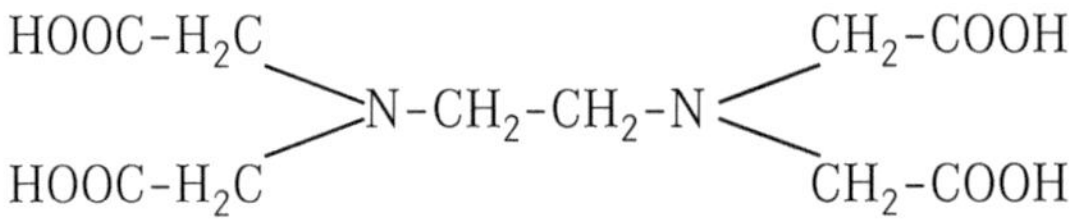

EDTA

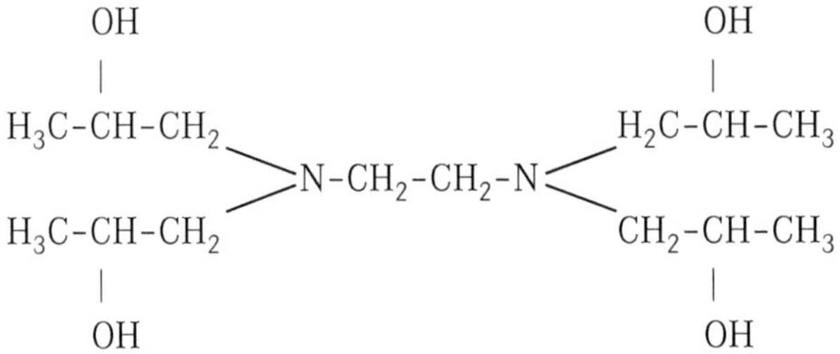

Quadrol®

Am Beispiel von EDTA erkennt man, dass es an den beiden Stickstoffatomen über zwei Koordinationsstellen und an den vier Sauerstoffatomen der Acetat-Gruppen über vier Koordinationsstellen verfügt [3.3].

3.4 Abscheidungselektrolyte

Zur Abscheidung metallischer Schichten bedient man sich in der Galvanotechnik in der Regel wässriger Elektrolyte, die im Fachjargon des Galvaniseurs Abscheidungsbäder oder einfach Bäder genannt werden. Sie enthalten neben Metallsalzen, die die Ionen des abzuscheidenden Metalls liefern, noch weitere Zusatzstoffe, die zum einen die Aufgabe haben, den Abscheidungsprozess zu optimieren, und zum anderen dazu dienen, die Eigenschaften der abzuscheidenden Metallschicht positiv zu beeinflussen.

Je nachdem, ob die zur Entladung der Metallionen benötigten Elektronen einer äußeren Spannungsquelle entnommen werden, oder von einem Reduktionsmittel zur Verfügung gestellt werden, spricht man von galvanischen oder außenstromlosen Abscheidungselektrolyten.

3.4.1 Galvanische Elektrolyte

In den letzten Jahrzehnten sind zahlreiche galvanische Elektrolyte unterschiedlichster Art entwickelt worden, um den vielfältigen Anforderungen der Praxis Genüge zu leisten. Legt man den pH-Wert als allgemeines Unterscheidungsmerkmal zugrunde, so kann man diese Elektrolyte als sauer ($pH < 7$), neutral ($pH \approx 7$) oder alkalisch ($pH > 7$) klassifizieren.

Im Folgenden werden exemplarisch einige typische Vertreter dieser Elektrolyte kurz beschrieben.

3.4.1.1 Saure Elektrolyte

Saure Elektrolyte enthalten meistens einfache Metallsalze wie Sulfate oder Chloride (seltener Phosphate oder Sulfamate[5]) und die jeweiligen Säuren. Die abzuscheidenden Metallionen liegen in diesen Elektrolyten kationisch zusammen mit den anionischen Sulfat- und Chloridresten vor. Ein typischer Vertreter dieser Elektrolyte ist der schwefelsaure Kupferelektrolyt [3.5] mit der Grundzusammensetzung

150–250 g/l	Kupfer(II)-sulfat-Pentahydrat $CuSO_4 \cdot 5\, H_2O$
30– 75 g/l	Schwefelsäure (ρ = 1,84 g/cm^3)
30–150 mg/l	Chlorid (Cl^--Ion)

[5] Sulfamate sind Salze der Sulfamidsäure (Amidosulfonsäure) H_3SO_3N.

Das Kupfersulfat fungiert als Lieferant von Kupfer(II)-Ionen. Aus einem reinen Kupfersulfatelektrolyten können jedoch nur schwammige, grobkristalline und spröde Kupferschichten abgeschieden werden. Erst die Zugabe der Schwefelsäure ermöglicht die Abscheidung kompakter, feinkristalliner und duktiler Schichten. Sie verbessert zugleich die Leitfähigkeit des Elektrolyten.

Dem Kupfersulfatelektrolyten werden noch Glanzzusätze (s. Abschnitt 3.4.1.4.1) zugegeben, um glänzende Kupferschichten abscheiden zu können. Die Zugabe von Chlorid ist für die optimale Arbeitsweise des glanzzusatzhaltigen Elektrolyten von großer Bedeutung. Man stellt den Chloridgehalt zwischen 30 und 150 mg/l ein. Bei Chloridgehalten < 20 mg/l erhält man streifige und raue Kupferschichten. Überschreitet der Chloridgehalt die obere Grenze, scheiden sich matte Schichten ab. Außerdem verschlechtert sich der Deckfähigkeit (s. Abschnitt 3.4.1.5.2) des Elektrolyten.

Aus dem sauren Kupfersulfatelektrolyten werden Kupferschichten bei einer Elektrolyttemperatur von 20-45 °C und einer Abscheidungsstromdichte von 1-20 A/dm^2 abgeschieden.

Ein weiteres Beispiel für saure Elektrolyte ist der hochchloridhaltige Nickelelektrolyt mit der Zusammensetzung

200 g/l	Nickel(II)-chlorid-Hexahydrat $NiCl_2 \cdot 6\ H_2O$
bis 100 g/l	Nickel(II)-sulfat-Heptahydrat $NiSO_4 \cdot 7\ H_2O$
30-50 g/l	Borsäure H_3BO_3

Der pH-Wert dieses Elektrolyten bewegt sich zwischen 2,5 und 4 [3.7]. Die Borsäure dient als Puffer zur Konstanthaltung des pH-Wertes. Die Nickelschichten werden bei einer Elektrolyttemperatur von 40-70 °C und einer Abscheidungsstromdichte von 3-10 A/dm^2 abgeschieden.

Es gibt auch saure galvanische Elektrolyte, die organische oder anorganische Komplexe als Lieferanten von Metallionen enthalten. So führt z. B. die Borflusssäure $H[BF_4]$ zu Fluoroboratelektrolyten und die Hexafluorokieselsäure $H_2[SiF_6]$ zu Fluorosilikatelektrolyten [3.7]. Auch in diesen Fällen liegen die Ionen der abzuscheidenden Metalle kationisch vor.

Verbreitet sind ferner einige saure Elektrolyte, die das abzuscheidende Metall als anionische Komplexe enthalten [3.7]. Hierzu zählen Chromelektrolyte und saure Goldelektrolyte mit den jeweiligen Anionen $[HCr_2O_7]^-$ und $[Au(CN)_2]^-$ oder $[Au(CN)_4]^-$.

3.4.1.2 Neutrale Elektrolyte

Als neutrale Elektrolyte werden solche bezeichnet, die im schwach sauren bis schwach alkalischen pH-Bereich arbeiten. Wegen ihrer geringen elektrischen Leitfähigkeit sind sie jedoch nicht sehr verbreitet. Eine Ausnahme bilden die neutralen Zinkelektrolyten mit einem pH-Wert zwischen 8,8 und 7,5. Sie enthalten zwei oder mehrere komplex gebundene Zinksalze, die in einem bestimmten Verhältnis zueinander stehen. Während die eine Gruppe aus Komplexsalzen des Ammoniumchloridzinkats der Zusammensetzung $Zn[(NH_3)_2Cl_2]$ oder $Zn[(NH_4)_2Cl_4]$ besteht, gehören zur zweiten Gruppe Verbindungen des Zinks mit einem Chelatbildner, der in den meisten Fällen auf der Basis von Polyhydroxycarbonsäure (PHCS)[6] aufgebaut ist. Die typische Zusammensetzung eines neutralen Zinkelektrolyten wird wie folgt angegeben [3.8]:

26- 52 g/l	Zink (als Metall)
105-165 g/l	Chlorid (Cl^--Ion)
45- 90 g/l	Chelatbildner

Häufige Anwendung finden auch neutrale Edelmetallelektrolyte (pH = 6,8 bis 7,5), die zur Erhöhung der elektrischen Leitfähigkeit Leitsalze enthalten. Hierzu zählen Goldelektrolyte, deren typische Zusammensetzung mit

7 g/l	Gold (als Kaliumdicyanoaurat(I) $K[Au(CN)_2]$)
7 g/l	Kupfer (als Dikaliumcyanocuprat(I) $K_2[Cu(CN)_3]$)
28 g/l	Natriumdihydrogenphosphat NaH_2PO_4

angegeben wird [3.9]. Aus diesem Elektrolyten werden Goldschichten bei einer Elektrolyttemperatur von 65-75 °C und einer Abscheidungsstromdichte 0,5-1 A/dm^2 abgeschieden.

In die Kategorie neutraler Elektrolyte fallen auch Gold-Palladium-Nickel-Elektrolyte, bei denen die abzuscheidenden Metallionen als kationische Komplexe $[Pd(NH_3)_4]^{2+}$ oder $[Ni(NH_3)_6]^{2+}$ bzw. $[Au(CN)_2]^-$ oder $[Au(SO_3)_2]^{3-}$ vorliegen [3.7].

6 Polyhydroxycarbonsäuren entstehen durch die Oxidation der Aldehyd- und der primären Hydroxylgruppe von einfachen Zuckern. Sie bilden eine wichtige Gruppe von biologisch abbaubaren Materialien.

3.4.1.3 Alkalische Elektrolyte

Die Gruppe der alkalischen Elektrolyte lässt sich in cyanidhaltige und cyanidfreie Elektrolyte unterteilen.

3.4.1.3.1 Cyanidhaltige Elektrolyte

Als cyanidische alkalische Elektrolyte bezeichnet man solche, die einen gewissen Gehalt an so genanntem „freiem Cyanid“ enthalten. Was damit gemeint ist, lässt sich am Beispiel eines cyanidischen Kupferelektrolyten erläutern [3.5].

Das Kupfer(I)-cyanid CuCN, das als Lieferant von Kupferionen fungiert, löst sich in Wasser nicht. Es ist aber in der Lösung eines Alkalicyanids (NaCN oder KCN) löslich und geht dabei gemäß folgender Reaktion in einen cyanidischen Komplex über:

$$CuCN + 2\ NaCN \rightarrow Na_2[Cu(CN)_3] \quad \text{Dinatriumtricyanocuprat(I)} \qquad (3.10a)$$

$$CuCN + 2\ KCN \rightarrow K_2[Cu(CN)_3] \quad \text{Dikaliumtricyanocuprat(I)} \qquad (3.10b)$$

Die Dissoziation des Komplexsalzes Dinatriumtricyanocuprat(I) bzw. Dikaliumtricyanocuprat(I) erfolgt wie folgt:

$$Na_2[Cu(CN)_3] \rightarrow 2\ Na^+ + [Cu(CN)_3]^{2-} \rightarrow 2\ Na^+ + Cu^+ + 3\ (CN)^- \qquad (3.11a)$$

$$K_2[Cu(CN)_3] \rightarrow 2\ K^+\ [Cu(CN)_3]^{2-} \rightarrow 2\ K^+ + Cu^+ + 3\ (CN)^- \qquad (3.11b)$$

Cyanidische alkalische Kupferelektrolyte müssen daher über den zur Bildung des Kupferkomplexes erforderlichen Gehalt an Alkalicyanid hinaus eine bestimmte Menge an „freiem Cyanid“ in Form von Natrium- oder Kaliumcyanid enthalten. Die Gründe dafür sind die folgenden:

Durch die Einwirkung des in der Luft enthaltenen Kohlenstoffdioxids wird das Alkalicyanid teilweise zersetzt. Ist beispielsweise kein Überschuss an Natriumcyanid vorhanden, fällt ein Teil des Kupfers nach der Umwandlung des Natriumcyanids in Natriumcarbonat als unlösliches Kupfer(I)-cyanid oder Kupferhydroxid $Cu(OH)_2$ aus.

Verfügt der Elektrolyt nicht über die ausreichende Menge an Natriumcyanid, so überziehen sich die Anoden mit unlöslichen Krusten von Kupfercyanid. Ihre Löslichkeit wird dadurch herabgesetzt, was zu einer Verarmung des Elektrolyten an Kupfer führt.

Ist kein freies Cyanid im Elektrolyten vorhanden, scheidet sich eine schwammige Kupferschicht ab.

Die Zusammensetzung eines cyanidischen alkalischen Kupferelektrolyten mit einem niedrigen Kupfergehalt wird wie folgt angegeben [3.5]:

25 g/l	Kupfer(I)-cyanid CuCN
30 g/l	Natriumcyanid NaCN
3 g/l	Natriumsulfit Na_2SO_3
6 g/l	Natriumcarbonat Na_2CO_3

Der pH-Wert des Elektrolyten beträgt 12. Aus diesem Elektrolyten werden Kupferschichten bei einer Elektrolyttemperatur von 20–30 °C und einer Abscheidungsstromdichte von 2–2,5 A/dm² abgeschieden. Der Elektrolyt wird vorwiegend zur Vorverkupferung von Zinkdruckguss-Teilen eingesetzt.

Ein cyanidischer alkalischer Kupferelektrolyt mit einem hohen Kupfergehalt weist folgende Zusammensetzung auf [3.10]:

270 g/l	Dikaliumtricyanocuprat(I) $K_2[Cu(CN)_3]$
10–30 g/l	Natriumcyanid NaCN
10 g/l	Kaliumcyanid KCN
5 g/l	Natriumsulfit Na_2SO_3
5 g/l	Natriumhydroxid NaOH

Der Elektrolyt hat ebenfalls einen pH-Wert von 12 und enthält noch Glanzzusätze. Daraus werden Kupferschichten bei einer Elektrolyttemperatur von 65 °C und einer Abscheidungsstromdichte von 1,5–4 A/dm² abgeschieden.

Weitere Beispiele für cyanidische alkalische Elektrolyte sind cyanidhaltige Zink-, Silber- und Goldelektrolyte. Bei den Zinkelektrolyten unterscheidet man je nach Cyanidgehalt zwischen hoch- mittel- und niedrigcyanidhaltigen Elektrolyten. Die Zusammensetzungen dieser Elektrolyte sind Tab. 3.2 zu entnehmen.

Tab. 3.2: Zusammensetzung cyanidischer alkalischer Zinkelektrolyte [3.8, 3.31]

Bestandteile	Konzentration [g/l]		
	hochcyanidhaltig	mittelcyanidhaltig	niedrigcyanidhaltig
Zn	30– 50	15	7– 15
NaCN	75–150	40	10– 30
NaOH	75–150	90	80–150

Den Elektrolyten werden oft noch 15 bis 30 g/l Natriumcarbonat zugesetzt, um ihre Stabilität zu erhöhen. Ferner werden ihnen Sulfide in geringer Konzentration beigegeben, um etwaige im Elektrolyten vorhandene Fremdmetalle auszufällen [3.8].

Von großer Bedeutung für eine gute Dickenverteilung der aus cyanidischen alkalischen Zinkelektrolyten abgeschiedenen Zinkschichten ist neben der Zinkionen-Konzentration auch das Verhältnis der NaCN- bzw. NaOH-Konzentration zur Zinkionen-Konzentration. In der Praxis arbeitet man daher mit den so genannten M-Faktoren, die wie folgt definiert sind:

$$M_{\mathrm{CN}} = \frac{\mathrm{NaCN}}{\mathrm{Zn}}$$

$$M_{\mathrm{OH}} = \frac{\mathrm{NaOH}}{\mathrm{Zn}}$$

Ein hoher M_{CN}-Faktor, d. h. ein hoher NaCN-Gehalt, hat eine Verringerung der anwendbaren kathodischen Stromdichte, jedoch eine Verbesserung der Streufähigkeit (s. Abschnitt 3.4.1.5.4) des Elektrolyten zur Folge. Ein hoher M_{CN}-Faktor ist daher dann von Vorteil, wenn Bauteile komplizierter Geometrie oder stark profilierte Werkstücke verzinkt werden sollen. Umgekehrt führt ein hoher M_{OH}-Faktors, also ein hoher NaOH-Gehalt, zu einer Erhöhung des Wirkungsgrades des Abscheidungsprozesses, aber einer Verringerung der Deckfähigkeit [3.31].

Die Flexibilität bei der Wahl der Zusammensetzung der cyanidischen alkalischen Zinkelektrolyte erlaubt somit, auf den Abscheidungsprozess gezielt Einfluss zu nehmen.

Als weitere alkalische Elektrolyte sind cyanidhaltige Legierungselektrolyte zu nennen, die zur Abscheidung von Kupfer-Zink-, Kupfer-Zinn-, Gold-Kupfer-Cadmium- oder Gold-Kupfer-Zink-Legierungsschichten eingesetzt werden. [3.7].

3.4.1.3.2 Cyanidfreie Elektrolyte

Als typische Vertreter der cyanidfreien alkalischen Elektrolyte sind die Zinkelektrolyte zu nennen, die bei der Gestellverzinkung bzw. Verzinkung von Massenartikeln Verwendung finden. Die Zusammensetzungen dieser Elektrolyte werden mit (12 bis 14 g/l Zink + 120 bis 160 g/l Natriumhydroxid) bzw. (11 bis 13 g/l Zink + 110 bis 150 g/l Natriumhydroxid) angegeben [3.31]. Das optimale Verhältnis von Natriumhydroxid zu Zink beträgt 8 bis 10. Je höher die Gehalte an Zink- und Natriumhydroxid sind, umso höher ist der Wirkungsgrad der Zinkabscheidung.

Den cyanidfreien alkalischen Zinkelektrolyten fehlt die stabilisierende Wirkung des Cyanids. Sie werden daher dann eingesetzt, wenn man aus anlagen- oder entsorgungstechnischen Gründen keine Cyanidverbindungen verwenden möchte, auf die Vorteile einer guten Schichtdickenverteilung aber nicht verzichten will.

Die cyanidfreien alkalischen Zinkelektrolyte werden bei einer Elektrolyttemperatur von 18-35 °C und Abscheidungsstromdichte von 0,5-6 A/dm^2 betrieben [3.31, 3.32].

3.4.1.4 Elektrolytzusätze

Galvanische Elektrolyte enthalten außer Metallsalzen noch anorganische und/oder organische Leitsalze zur Verbesserung ihrer elektrischen Leitfähigkeit. Ferner werden ihnen spezielle Zusätze anorganischer oder organischer Natur beigegeben, um ihre Arbeitsweise (Stabilität, Einebnung, Metallverteilung) zu optimieren und die chemischen, physikalischen und technologischen Eigenschaften (Korrosionsbeständigkeit, Reflexionsvermögen, Härte, Festigkeit, Duktilität, Eigenspannungen, Verschleißwiderstand, Lötbarkeit) der Schichten positiv zu beeinflussen.

Beim Einsatz dieser Zusätze ist allerdings besondere Sorgfalt geboten, da sie oft nur in ganz bestimmten Konzentrationen zum gewünschten Effekt führen. Eine Abweichung von den optimalen Konzentrationen kann schwerwiegende Abscheidungs- und Schichtfehler zur Folge haben.

Im Folgenden soll die Wirkung einiger der wichtigsten Zusätze näher betrachtet werden.

3.4.1.4.1 Glanzbildner

In der Galvanotechnik spielen Schichten mit hohem Reflexionsvermögen nicht nur bei dekorativen, sondern auch bei funktionellen Aufgaben eine wichtige Rolle. Die Abscheidung von Schichten mit glänzenden Oberflächen bringt wesentliche Arbeitseinsparungen, indem sie das nachträgliche mechanische Polieren überflüssig macht.

Definiert man den Glanz, d. h. das Reflexionsvermögen einer Oberfläche, als ihre Fähigkeit, einfallendes Licht zu reflektieren, so stellt man fest, dass unebene und raue Oberflächen im Vergleich zu ebenen und glatten einen geringeren Glanz besitzen. Glänzende Oberflächen kennzeichnen feinkristalline Materialien, bei denen die Kristallitgröße oft unter 0,3 μm^2 liegt. Oberflächen mit hohem Reflexionsvermögen erhält man daher durch Abscheidung feinkristalliner Schichten. Zu diesem Zweck gibt man dem Abscheidungselektrolyten metallische oder organische Verbindungen zu, die als

Glanzbildner bekannt sind. Da eine exakte Vorhersage über die Wirkungsweise von Glanzbildnern nicht möglich ist, geht man empirisch vor. Die Auswahl und der Einsatz dieser Substanzen beruhen auf praktischen Erfahrungen.

Man unterscheidet zwei Gruppen von Glanzbildnern, Glanzträger (engl.: carrier) und Glanzzusätze (engl.: brightener) [3.12, 3.13, 3.14].

Die Zugabe von Glanzträgern, die auch als primäre Glanzmittel oder Glanzmittel erster Klasse bezeichnet werden, führt zu einer deutlichen Verfeinerung der Kristallite der abgeschiedenen Schicht. Dadurch erzielt man zwar ausreichendes Reflexionsvermögen, aber keinen Hochglanz. Zu den bekanntesten Glanzträgern gehören [3.6]:

- Sulfonimide
- Sulfonamide
- Benzolsulfonsäure (mono-, di- und tri-Sulfonsäuren)
- Naphthalinsulfonsäure (mono-, di- und tri-Sulfonsäuren)
- Alkylsulfonsäure
- Sulfinsäure
- Arylsulfonsulfonate

Primäre Glanzmittel enthalten die Bindung C-S, wobei der Schwefel die Oxidationszahl 4 und 6 besitzt. Die Bindungen werden an der Kathode zersetz, und die Endstufe der Zersetzung ist häufig Sulfid. Viele primäre Glanzmittel führen daher zu einer relativ hohen Schwefelkonzentration in der abgeschiedenen Schicht.

Primäre Glanzmittel sind dennoch unentbehrlich, weil sie die Wirksamkeit der sekundären Glanzmittel, die auch Glanzmittel zweiter Klasse genannt werden, verstärken. Sekundäre Glanzmittel ergeben allein und selbst bei sehr niedrigen Konzentrationen ausgesprochen hochglänzende Niederschläge, auch wenn häufig nur innerhalb eines begrenzten Stromdichtbereichs. Allerdings sind die Schichten meist sehr spröde und zeigen hohe Eigenzugspannungen, die häufig unerwünscht sind. Gibt man sekundäre Glanzmittel einem Elektrolyten zu, der bereits eine ausreichende Menge an primärem Glanzmittel enthält, dann erhält man Hochglanzschichten über einen weiten Stromdichtebereich, wobei die Duktilität der Schichten in der Regel ausreichend gut bleibt. In Tab. 3.3 sind die wichtigsten der in der Praxis üblichen Glanzzusätze zusammengestellt.

Glanzmittel werden in unterschiedlichen Konzentrationen verwendet. In manchen Fällen beträgt die Konzentration zwischen 1 und 5 g/l, in anderen Fällen 1 bis 10 g/l.

Tab. 3.3: Einige in der Praxis übliche Glanzzusätze (sekundäre Glanzmittel) [3.15]

Bezeichnung	Konstitutionsformel/Gruppenformel
Thioharnstoff	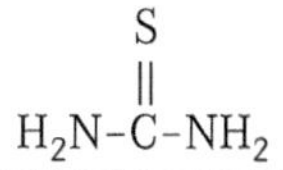
Acylthioharnstoff	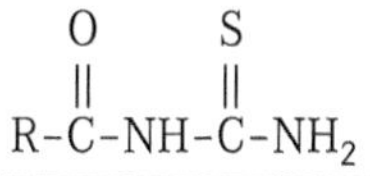
Mercaptoalkysulfonsäure	$HS\text{-}C_nH_{2n}\text{-}SO_3H$
Disulfide	$[S\text{-}C_nH_{2n}\text{-}SO_3]_2$
Thiocarboxylsäureamide	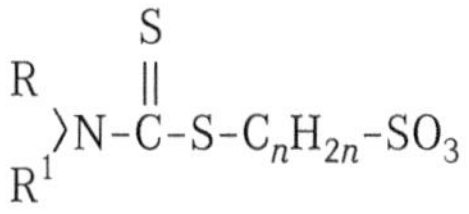
Thiocarbamat	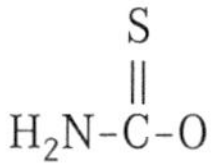
Thiosemicarbazone	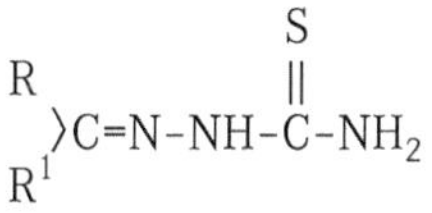
Thiohydantoin	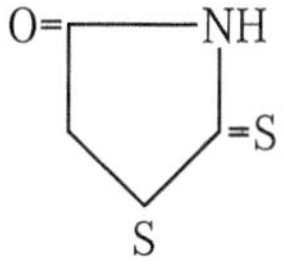

Von der großen Palette der möglichen Glanzbildner werden nur sehr wenige technisch eingesetzt, da man neben dem gewünschten Effekt der Glanzbildung auch auf die etwaigen negativen Auswirkungen solcher Substanzen auf die Schichteigenschaften zu achten hat. Um eine mögliche Verschlechterung der mechanischen Eigenschaften der Schicht zu vermeiden, werden die sekundären Glanzmittel stets in Kombination mit den primären Glanzmitteln verwendet, die einer Beeinträchtigung solcher Eigenschaften entgegenwirken.

Bestimmte Elektrolyte erzeugen nur in sehr engen Temperatur- und Stromdichtebereichen glänzende Schichten. Dies ist z. B. bei Chromelektrolyten der Fall. In Abb. 3.5 ist der Glanzbereich der Chromabscheidung in Abhängigkeit von der Abscheidungstemperatur und Stromdichte dargestellt.

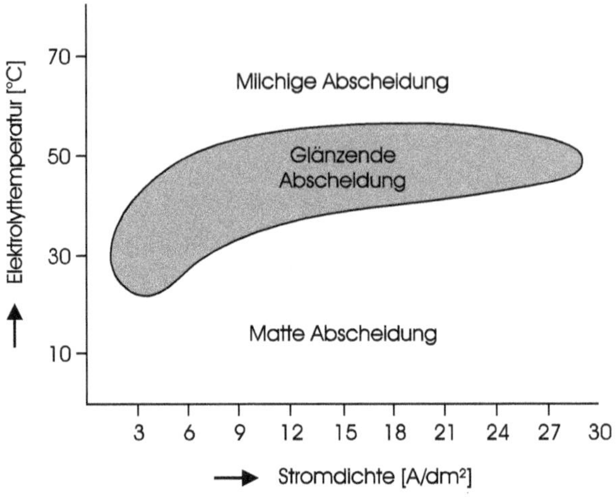

Abb. 3.5: Glanzbereich der Chromabscheidung in Abhängigkeit von Abscheidungstemperatur und Stromdichte [3.10, 3.16]

Aus dieser Darstellung geht hervor, dass für jede Elektrolyttemperatur ein gewisser Bereich für zulässige Stromdichte und umgekehrt für jede Stromdichte ein bestimmter Bereich für die zulässige Abscheidungstemperatur besteht. Für verschiedene Chromelektrolyte ergeben sich hinsichtlich Lage und Größe unterschiedliche Glanzbereiche. Die Form des Glanzbereiches bleibt jedoch unverändert. Ein möglichst weiter Glanzbereich für die Stromdichte ist insofern von großer Bedeutung, als nur dann auch stark profilierte Teile an allen Stellen mit einer glänzenden Chromschicht versehen werden können. Ein solcher Bereich lässt sich beispielsweise durch die richtige Wahl der Abscheidungstemperatur einstellen.

Es sind viele theoretische Vorstellungen entwickelt worden, um die Wirkungsweise der Glanzbildner zu erklären. Aller Wahrscheinlichkeit nach ist die Glanzbildung auf einen gesteuerten und gehemmten Kristallisationsvorgang zurückzuführen. Diese Überlegung beruht auf der Tatsache, dass die Metallabscheidung zunächst durch die Bildung zahlreicher Kristallkeime auf der Substratoberfläche ausgelöst wird. Aus den wachstumsfähigen Kristallkeimen entwickeln sich dann Körner unterschiedlicher Größe und Orientierung. Es wird nun vermutet, dass der dem Abscheidungselektrolyten zugegebene Glanzbildner an den Rauheitsspitzen der Substratoberfläche adsorbiert wird und die Metallabscheidung an diesen aktiven Stellen inhibiert. Als Folge davon schlagen sich die zu elementarem Metall reduzierten Metallionen in den Rautiefen der Substratoberfläche nieder und gleichen dadurch die vorhandenen Unebenheiten aus. Das Ergebnis ist eine glatte und glänzende Schichtoberfläche. Die Abscheidung glänzender Schichten ist somit oft mit einem gewissen Einebnungseffekt verbunden.

3.4.1.4.2 Einebner

Bei der Abscheidung metallischer Schichten kann sich die arbeitsintensive und zeitaufwendige mechanische Bearbeitung der zu beschichtenden Oberfläche durch Schleifen und Polieren als großer Kostenfaktor zu Buche schlagen [3.17]. Die Schleif- und Polierkosten können aber drastisch gesenkt werden, wenn es gelingt, einebnende Schichten abzuscheiden. Daher ist es oft erwünscht, möglichst glatte Schichten abzuscheiden, um die Unebenheiten des Grundwerkstoffes auszugleichen.

Die Fähigkeit eines Abscheidungselektrolyten, eine metallische Schicht abzuscheiden, die eine glättere Oberfläche besitzt als das Werkstück, definiert man als sein Einebnungsvermögen [3.10, 3.11, 3.14, 3.18, 3.19].

Vom Einebnungseffekt spricht man, wenn in den Kerben der zu beschichtenden Oberfläche mehr Metall abgeschieden wird als auf ihren Rändern. Er kann durch folgende Beziehung quantifiziert werden:

$$E = \frac{d_t - d}{R_z} \cdot 100\,\% \tag{3.12a}$$

Darin bedeuten: E die Einebnung, d_t die Schichtdicke in der Kerbtiefe, d Schichtdicke und R_z die gemittelte Rautiefe der zu beschichtenden Oberfläche.

Man unterscheidet zwischen geometrischer und echter Einebnung.

Kennzeichnend für die geometrische Einebnung ist, dass in der Kerbtiefe eine dickere Schicht abgeschieden wird als auf ihren Rändern (Abb. 3.6 oben). Dieser Effekt wird durch die Geometrie und Gestalt der Kerbe bestimmt.

Eine echte Einebnung liegt dagegen vor, wenn die Abscheidungsgeschwindigkeit in der Kerbe höher ist, als in den benachbarten Bereichen (Abb. 3.6 Mitte). Sie wird durch die Zugabe spezieller Additive zum Elektrolyten erreicht, die man als Einebner bezeichnet. Diese Substanzen entfalten ihre Wirkung, d. h. die Hemmung der Metallabscheidung, nur dort, wo sie rasch nachgeliefert werden, nämlich an den Profilhöhen der Oberfläche. Die spezifische einebnende Wirksamkeit dieser Substanzen ist recht unterschiedlich und zudem auch temperaturabhängig. Sie kann in vielen Fällen durch Warenbewegung oder Lufteinblasung intensiviert werden.

Die Einebnung ist eine Funktion der Schichtdicke und nimmt mit ihrem Anstieg zu (Abb. 3.6 unten).

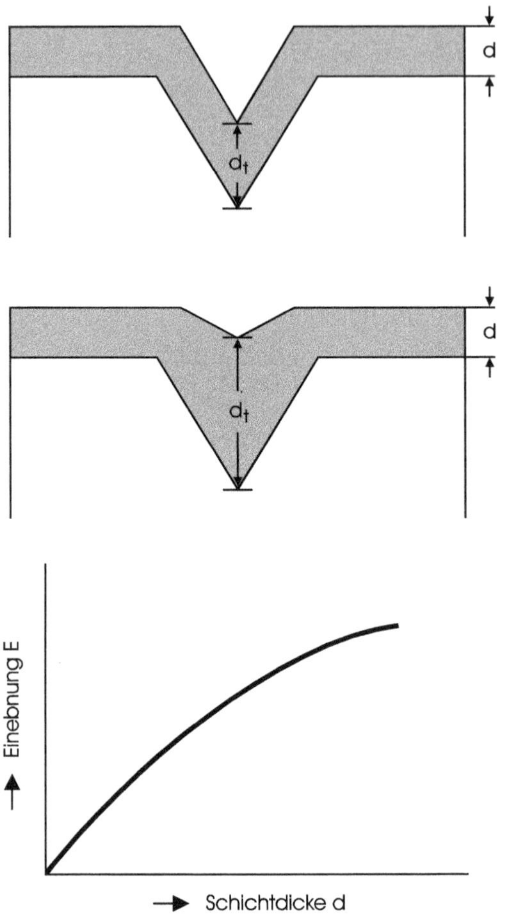

Abb. 3.6: Zur Definition der Einebnung
Oben: geometrische Einebnung
Mitte: echte Einebnung
Unten: Einebnung als Funktion der Schichtdicke

Einige galvanische Elektrolyte zeigen eine besonders ausgeprägte einebnende Wirkung. Zu ihnen gehört der Glanznickelelektrolyt, dessen Einebnungsvermögen Abb. 3.7 demonstriert. Auf der polierten Oberfläche einer Platte aus Kupfer-Zink-Legierung wurden mit Hilfe eines Ritzdiamanten bei einer Belastung von 0,5 N Rillen erzeugt. Danach erfolgte die Glanznickelabscheidung in einem Glanznickelelektrolyten bei 58 °C, pH = 4,0 und einer kathodischen Stromdichte von 4 A/dm^2.

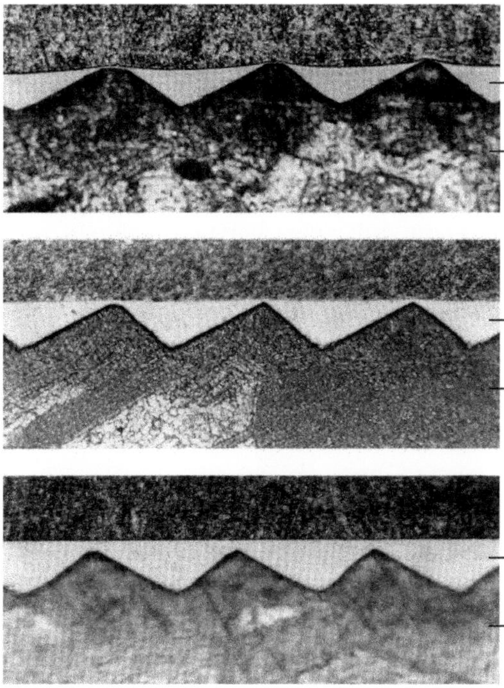

Abb. 3.7: Abhängigkeit der Einebnung von Glanznickelschichten von der Expositionszeit (von oben nach unten: 7, 14 bzw. 21 min), $V = 350 : 1$ [3.7]

Aus dieser Bilderreihe geht hervor, dass wegen der hohen Einebnungswirkung des Glanznickelelektrolyten die Nickelabscheidung zuerst in den Rillen erfolgt. Der Einebnungseffekt verstärkt sich mit zunehmender Schichtdicke, so dass nach entsprechender Abscheidungsdauer die auf der Substratoberfläche vorhandenen Kerben und Kratzer gänzlich durch die Glanznickelschicht verdeckt werden.

Eine negative Einebnung liegt dann vor, wenn die Schicht in den Vertiefungen dünner ist als an anderen Stellen, d. h., wenn eine Verstärkung der Unebenheiten stattfindet. Dies ist beispielsweise bei einigen cyanidischen Elektrolyten der Fall.

Die Einebnung kann auch durch Messung der Rauheit der Bauteiloberfläche vor und nach dem Beschichten ermittelt werden. Man sollte aber der Vergleichbarkeit wegen Schichten mit einer Dicke von etwa 20 µm beurteilen [3.35]. Es gilt dann für die Einebnung E

$$E = \frac{R_{z,\,\text{vorher}} - R_{z,\,\text{nachher}}}{R_{z,\,\text{vorher}}} \cdot 100 \tag{3.12b}$$

3.4.1.4.3 Netzmittel/Tenside

Galvanische Elektrolyte enthalten oft spezielle Zusätze, die man als Netzmittel bzw. Tenside bezeichnet. Beide Substanzen zeichnen sich durch ihren unsymmetrischen und bipolaren Aufbau (•—) aus. Sie bestehen aus einem hydrophilen (wasserfreundlichen) „Kopf" (•) und einem hydrophoben (wasserfeindlichen) „Schwanz" (—). Je nachdem, ob der hydrophile Teil aus einem Anion oder einem Kation besteht, unterscheidet man zwischen anionaktiven und kationaktiven Netzmitteln bzw. Tensiden. Die hydrophilen Anteile bestehen aus polaren funktionellen Gruppen wie z. B. ($-COO^-$, $-SO_3^-$), während die hydrophoben Gruppen in der Regel unpolare Kohlenwasserstoffreste darstellen [3.21-3.22]. Es gibt aber auch nicht-ionogene Substanzen, die nicht aufgespalten sind und sich die notwendigen Ionen durch Anlagerung der Ionen des Wassers verschaffen [3.11].

Netzmittel sind oberflächenaktive Substanzen, d. h., ihre Wirkung beruht darauf, dass sich ihre Moleküle an der Elektrolytoberfläche anreichern. Dabei orientieren sie sich mit dem hydrophilen Kopf zur Elektrolytlösung und mit dem hydrophoben Schwanz zur angrenzenden Luft. Diese Ausrichtung der Netzmittelmoleküle führt zu einer Erniedrigung der Oberflächenspannung des Elektrolyten.

Die praktische Bedeutung des Netzmitteleinsatzes lässt sich besonders anschaulich am Beispiel der Verchromung erläutern. Beim Verchromen findet eine starke Gasentwicklung (Wasserstoff) statt. Die sich dabei bildenden Gasblasen zerplatzen an der Elektrolytoberfläche und verursachen ein Versprühen des Chromelektrolyten. Um die dadurch bedingte Beeinträchtigung der Arbeitsbedingung[7] zu beheben, sind aufwendige Absaugvorrichtungen notwendig. Gibt man aber dem Chromelektrolyten Netzmittel zu, die beispielsweise aus chromsäurebeständigen Fluorverbindungen bestehen, wird seine Oberflächenspannung von 70 mN/m auf 20 mN/m herabgesetzt. Dadurch wird die Bildung des Sprühnebels weitestgehend unterdrückt [3.20]. Gleichzeitig bildet sich eine dünne kompakte Schaumdecke auf der Elektrolytoberfläche, die die Elektrolytverluste durch Verdampfung weitgehend verhindert.

Die Netzmittel- bzw. Tensidmoleküle reichern sich auch an der Grenzfläche Werkstück/Elektrolyt an, wobei ihre hydrophilen Gruppen hydratisiert und in die Elektrolytlösung hineingezogen werden, während sich ihre hydrophoben Anteile in Richtung des zu beschichtenden Werkstücks ausrichten. Die sich daraus ergebende regelmäßige Anordnung der Netzmittel- bzw. Tensidmoleküle führt zur einer Erniedrigung der Grenzflächenspannung, d. h., die Benetzbarkeit des Werkstücks durch die Elektrolytlösung wird wesentlich erleichtert, was die Voraussetzung für ein einwandfreies Beschichten ist.

[7] Chrom(VI)-Verbindungen sind giftig und kanzerogen!

In der Galvanotechnik werden vorzugsweise anionaktive bzw. nicht-ionogene Netzmittel verwendet. Sie stoßen die entstehenden Wasserstoffblasen ab, wodurch die Bildung von Poren in der Oberfläche des zu beschichtenden Werkstücks vermieden wird. Die Klassifizierung der Tenside geht aus Tab. 3.4 hervor.

Tab. 3.4: Einteilung der Tenside (n = 10–20, m = 8–16, o = 5–20) [3.21]

Typ	Hydrophile Gruppe	Beispiel		Bezeichnung
Anionisch	$-COO^{\ominus}$	$CH_3-(CH_2)_n-COO^{\ominus}$	mit $Na^{\oplus}$: Kernseife mit $K^{\oplus}$: Schmierseife	Seifen
	$-O-SO_2-O^{\ominus}$	$CH_3-(CH_2)_n-O-SO_2-O^{\ominus}$		Fettalkoholsulfate
	$-SO_2-O^{\ominus}$	$CH_3-(CH_2)_n-SO_2-O^{\ominus}$		Alkylsulfonate
		$CH_3-(CH_2)_m$-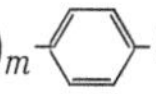-$SO_2-O^{\ominus}$		Alkylarylsulfonate
Kationisch	CH_3 | $-N^{\oplus}-CH_3$ | CH_3	CH_3 | $CH_3-(CH_2)_n-N^{\oplus}-CH_3$ $Cl^{\oplus}$ | CH_3		Alkyltrimethylammoniumchlorid
Amphotensid zwitterionisch	CH_3 | $-N^{\oplus}-CH_2-CO-O^{\oplus}$ | CH_3	CH_3 | $CH_3-(CH_2)_n-N^{\oplus}-CH_2-CO-O^{\oplus}$ | CH_3		N-Alkylbetain
Nicht ionogen	$-O-(CH_2-CH_2-O-)_L-H$	a) $CH_3-(CH_2)_m-O-(CH_3-CH_2-O-)_L-H$ b) $CH_3-(CH_2)_m$--$O-(CH_2-CH_2-O-)_L-H$ c) $CH_3-(CH_2)_n-C(=O)-O-(CH_2-CH_2-O-)_L-H$		Polyethylenglykol-Addukte von $n \cdot$  mit a) Alkyl-alkoholen b) Alkyl-phenolen c) Fettsäuren

Die Zugabe von Netzmitteln soll ferner folgendes bewirken:

- Spezielle organische Zusätze, die in Wasser nicht oder nur wenig löslich sind, lösen oder ihre Verteilung im Elektrolyten stabilisieren.
- Die Koagulation und Sedimentation von Feststoffen, die als Schmutz in den Elektrolyten gelangen und zu porigen Schichten führen, verzögern.
- Das Kristallwachstum hemmen und dadurch das Glanzvermögen der abzuscheidenden Schicht erhöhen.
- Das Ablaufen der Elektrolytrückstände von den beschichteten Werkstücken erleichtern und dadurch die Ausschleppverluste verringern.

Dabei ist zu berücksichtigen, dass die Art der eingesetzten Netzmittel grundsätzlich dem Elektrolyttyp anzupassen ist. Falsch ausgewählte Netzmittel können Betriebsstörungen nach sich ziehen. Auch die richtige Dosierung ist von wesentlicher Bedeutung. Ist die zugesetzte Menge zu gering, dann besteht die Gefahr der Porenbildung auf der Schichtoberfläche, ist sie zu hoch, muss man mit negativen Folgen für die Schichteigenschaften rechnen.

Ferner ist bei der Wahl von Netzmitteln auch die Art der Elektrolytbewegung (Lufteinblasung, Warenbewegung) zu berücksichtigen.

3.4.1.5 Elektrolyteigenschaften

In der Galvanotechnik ist man stets bemüht, möglichst kompakte, gleichmäßige und gut haftende Schichten zu erzeugen. Zu den zahlreichen Faktoren, die diese und andere Schichteigenschaften beeinflussen, gehören die spezifischen Eigenschaften des verwendeten Elektrolyten, deren wichtigsten im Folgenden erörtert werden.

3.4.1.5.1 Elektrische Leitfähigkeit

Ein wesentliches Merkmal wässriger Elektrolyte ist, dass sie in Ionen dissoziieren. Je größer der Dissoziationsgrad eines Elektrolyten, umso größer ist seine elektrische Leitfähigkeit. Der Dissoziationsgrad einiger Elektrolyte ist in Tab. 3.5 zusammengestellt [3.10, 3.29].

Die durch die Dissoziation entstandenen Ionen wandern im Elektrolyten unter der Einwirkung des elektrischen Feldes, das zwischen der Anode und Kathode herrscht, zwischen den beiden Elektroden hin und her. Als Wanderungsgeschwindigkeit eines Ions wird die Geschwindigkeit in cm/s definiert, die sich bei einem Elektrodenabstand von 1 cm und einer Spannung von 1 V ergibt. Sie ist eine charakteristische Konstante der betreffenden Ionenart. Hemmend auf die Wanderungsgeschwindigkeit wirken die umgebenden Ionen und Moleküle.

Die Wanderungsgeschwindigkeiten einiger wichtiger Ionen sind Tab. 3.6 zu entnehmen. Daraus geht hervor, dass sich entgegengesetzt geladene Ionenarten, z. B. H^+ und OH^- oder Cu^{2+} und SO_4^{2-}, verschieden schnell im Elektrolyten bewegen.

Tab. 3.5: Dissoziationsgrad einiger Elektrolyte

0,1 N Lösung von	Dissoziationsgrad [%]
H_2SO_4	96
HNO_3	92
HCl	91
H_3PO_4	81
NaOH	80
KOH	73
$ZnCl_2$	24
Na_2SO_4	13
NaCl	12
$ZnSO_4$	0,17
$CuSO_4$	0,01

Tab. 3.6: Wanderungsgeschwindigkeit einiger Ionen

Ion	v [cm/h]
H^+	11,34
OH^-	6,01
Cl^-	2,25
K^+	2,18
SO_4^{2-}	2,13
NO_3^-	2,09
Ag^+	1,76
Fe^+	1,73
Na^+	1,32
Cu^{2+}	1,04

Infolgedessen tritt an der Anode bzw. Kathode eine stärkere Verarmung oder Anreicherung an der einen oder anderen Ionenart ein. Ferner stellt man fest, dass die Wanderungsgeschwindigkeiten der Ionen sehr klein sind. Die Folge davon ist, dass an den zu beschichtenden Teilen eine Verarmung an den betreffenden Ionen eintritt, wenn man nicht durch geeignete Maßnahmen, z. B. Lufteinblasung oder Warenbewegung, für eine ausreichende Bewegung in der Elektrolytlösung und damit einen Konzentrationsausgleich sorgt.

Bei Elektrolyten arbeitet man vorzugsweise mit der spezifischen elektrischen Leitfähigkeit χ (im Folgenden kurz Leitfähigkeit genannt). Sie ist gleich dem reziproken Wert des spezifischen elektrischen Widerstands ρ ($\chi = 1/\rho$) und besitzt die Dimension [m/($\Omega \cdot mm^2$)] oder [mS/cm], wobei S (Siemens) gleich [1/Ω] ist. Beispiele für die Leitfähigkeit von Elektrolyten sind in Tab. 3.7 gegeben.

Tab. 3.7: Leitfähigkeit einiger Elektrolyte [3.19]

Elektrolyt	χ [m/Ω · mm²]
Zinkelektrolyt, schwefelsauer	$4{,}9 \cdot 10^{-6}$ (bei 25 °C)
Nickelelektrolyt	$10{,}4 \cdot 10^{-6}$ (bei 50 °C)
Kupferelektrolyt, sauer	$11{,}0 \cdot 10^{-6}$ (bei 25 °C)
Kupferelektrolyt, cyanidisch	$21{,}5 \cdot 10^{-6}$ (bei 60 °C)
Zinkelektrolyt, cyanidisch	$25{,}2 \cdot 10^{-6}$ (bei 25 °C)
Chromelektrolyt	$65{,}7 \cdot 10^{-6}$ (bei 50 °C)

Man stellt fest, dass die elektrische Leitfähigkeit von Metallen, z. B. Silber mit $\chi = 63\ \text{m}/\Omega \cdot \text{mm}^2$ und Kupfer mit $\chi = 60\ \text{m}/\Omega \cdot \text{mm}^2$, etwa um den Faktor 10^6 höher ist als die des am besten leitenden Elektrolyten (hier der Chromelektrolyt).

Ein anderes Beispiel: Eine 30%ige Schwefelsäure hat bei 18 °C eine um 800 000 Mal schlechtere Leitfähigkeit als Kupfer.

Die Leitfähigkeit eines Elektrolyten hängt von dem Dissoziationsgrad, der Wanderungsgeschwindigkeit der einzelnen Ionen, der Temperatur und der Zusammensetzung des Elektrolyten ab. Dabei ist zu berücksichtigen, dass nicht nur die Beweglichkeit der Ionen, sondern auch ihre Wertigkeit und Konzentration die Leitfähigkeit beeinflussen. Die durch Hydrathüllen abgeschirmten Ionen gehen allerdings für den Stromtransport verloren und leisten keinen Beitrag zur Leitfähigkeit des Elektrolyten. Die Abhängigkeit der Leitfähigkeit einiger Elektrolyte von der Konzentration ist in Abb. 3.8 dargestellt.

Man erkennt, dass die Leitfähigkeit mit steigender Konzentration zunächst zunimmt, um bei höheren Konzentrationen ein Maximum zu erreichen. Dabei ist das Ausmaß der Leitfähigkeitsänderung von Elektrolyt zu Elektrolyt unterschiedlich.

Die Abweichung der Leitfähigkeit vom theoretisch zu erwartenden linearen Verlauf wird durch die elektrostatischen (Coulombschen) Kräfte verursacht, die zwischen den einzelnen Ionen wirksam sind. Die Coulombsche Kraft F ist nach dem Coulombschen Gesetz die Kraft, die zwischen zwei kugelsymmetrisch verteilten elektrischen Ladungen herrscht. Sie ist durch die Beziehung (3.1a) gegeben.

Gemäß dieser Beziehung ist der Betrag der Kraft proportional zum Produkt der beiden Ladungsmengen und umgekehrt proportional zum Quadrat des Abstandes der Kugelmittelpunkte.

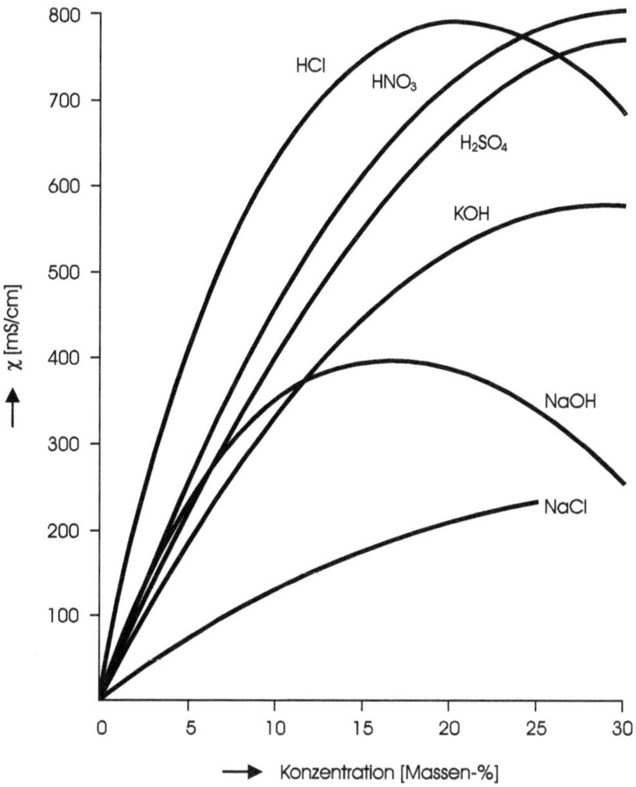

Abb. 3.8: Leitfähigkeit verschiedener Elektrolyte in Abhängigkeit von der Konzentration [3.30]

Der deutliche Abfall der Leitfähigkeit bei hohen Ionenkonzentrationen hat seine Ursache nun darin, dass die COULOMBschen Kräfte bei immer kleiner werdenden Abständen zwischen den Ionen besonders wirksam werden. Sie werden mit wachsender Annäherung der Ionen (als Folge der Konzentrationserhöhung) stärker und führen zu einer zunehmenden wechselseitigen Behinderung der Ionen bei ihrer Wanderung im Elektrolyten.

Die Leitfähigkeit eines Elektrolyten hat zwar keinen direkten Einfluss auf die Eigenschaften der abgeschiedenen Metallschicht, ist sie jedoch nicht ausreichend, dann muss man mit folgenden Erscheinungen rechnen:

- Die primäre Stromdichteverteilung (s. Abschnitt 3.4.1.5.3) verschlechtert sich, wodurch an den vorspringenden Ecken und Kanten des zu beschichtenden Teils mehr Metall abgeschieden wird. Das Ergebnis ist eine ungleichmäßige Schichtdickenverteilung.
- Die thermischen Verluste werden erhöht, wodurch zusätzliche Kosten für aufwendige Kühlvorrichtungen zur Konstanthaltung der Elektrolyttemperatur erforderlich werden.

Einen negativen Einfluss auf die Leitfähigkeit des Elektrolyten üben hohe Konzentrationen an Alkali- oder Erdalkali-Kationen sowie kationische Verunreinigungen fremder Metalle aus.

Zur Erhöhung der Leitfähigkeit werden den Elektrolyten oft Salze, Säuren oder Alkalien zugegeben, die man als „Leitsalze" bezeichnet. Bei sauren Elektrolyten verwendet man beispielsweise Chloride und Säuren, bei neutralen Elektrolyten Chloride und bei alkalischen Elektrolyten Natriumhydroxid sowie Natriumcyanid.

Will man die Leitfähigkeiten verschiedener Elektrolyte miteinander vergleichen, so muss man sie auf eine Einheit beziehen. Es ist üblich, die Leitfähigkeit entweder auf die Konzentration 1 Mol/l (molare Konzentration c_{Mol}) oder auf die Konzentration $c_{\text{Äe}}$ einer Äquivalentmenge 1 Äe/l zu beziehen[8]. Im ersten Fall ergibt sich die molare Leitfähigkeit

$$\Lambda_{\text{Mol}} = \frac{\chi}{c_{\text{Mol}}} \quad [\text{cm}^2/\Omega \cdot \text{mol}] \qquad (3.13a)$$

Im zweiten Fall erhält man die Äquivalentleitfähigkeit

$$\Lambda_{\text{Äe}} = \frac{\chi}{c_{\text{Äe}}} \quad [\text{cm}^2/\Omega \cdot \text{val}] \qquad (3.13b)$$

3.4.1.5.2 Deckfähigkeit

Als Deckfähigkeit, mitunter auch Deckkraft, Deckvermögen, Tiefenstreuung oder Tiefenwirkung genannt, bezeichnet man die Fähigkeit eines Elektrolyten, die zu beschichtende Substratoberfläche mit einer metallischen Schicht vollständig zu bedecken und auch in den Vertiefungen und Hohlräumen, als Bereichen niedriger Stromdichte, wenigstens ein Minimum an Schichtdicke abzuscheiden. Sie stellt somit ein Maß für die Keimbildungsarbeit auf der Substratoberfläche dar und wird u. a. durch die Natur des Substrats und die Beschaffenheit seiner Oberfläche sowie die Abscheidungsbedingungen beeinflusst [3.33].

Die Deckfähigkeit verbessert sich mit dem Anstieg der Stromdichte, verschlechtert sich jedoch mit zunehmender Temperatur.

Die Metallabscheidung setzt bekanntlich erst beim Überschreiten eines bestimmten Abscheidungspotentials ein, das von der Art und dem Zustand der Substratoberfläche

[8] Äquivalentmasse eines Elementes = molare Masse/Äquivalentzahl [g/val].

sowie dem Elektrolyten abhängig ist. Maßgeblich für die Deckfähigkeit ist daher die so genannte Deckstromdichte, die mindestens vorliegen muss, damit die Metallabscheidung auf der gesamten Oberfläche erfolgt.

Zur Bestimmung der Deckfähigkeit wird vielfach die HULL-Zelle herangezogen [DIN 50957, 3.7, 3.11]. Sie ist ein verkleinertes Abscheidungsbad, in dem die Anode und die Kathode schräg zueinander angeordnet sind (Abb. 3.9).

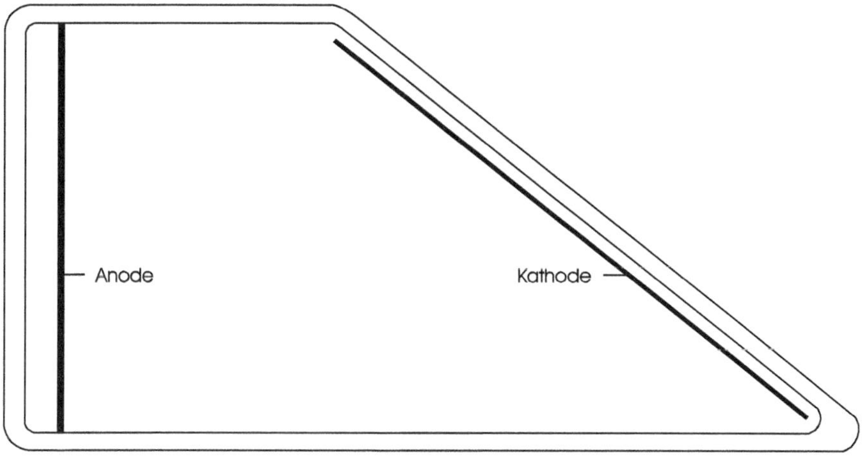

Abb. 3.9: HULL-Zelle zur experimentellen Bestimmung der Deckfähigkeit galvanischer Elektrolyte

Die HULL-Zelle gibt es in zwei verschiedenen Größen, mit einem Inhalt von ¼ Liter (250 Milliliter) und mit einem Inhalt von 1 Liter. Die Maße betragen für die

- ¼-Liter-HULL-Zelle: 64 mm, 48 mm, 127 mm
- 1-Liter-HULL-Zelle: 85 mm, 120 mm, 212 mm

Die Füllhöhe beträgt bei der kleineren HULL-Zelle 47 mm, bei der größeren HULL-Zelle 70 mm.

Bedingt durch den unterschiedlichen Abstand zwischen den beiden Elektroden herrscht an jeder Stelle der Kathode eine andere Stromdichte, so dass in einer Untersuchung ein ganzer Stromdichtebereich überblickt werden kann. Die Form der Zelle gestattet, die galvanische Metallabscheidung in einem verhältnismäßig großen Stromdichtebereich zu beurteilen. Man kann so leicht mit einem Test herausfinden, wie die galvanisch abgeschiedene Schicht bei verschiedenen Stromdichten ausfällt, und die Deckfähigkeit des Elektrolyten anhand der Bedeckung der Kathodenoberfläche beurteilen.

Die Deckfähigkeit ist als gut zu bezeichnen, wenn die Metallabscheidung bereits bei einer niedrigen Stromdichte stattgefunden hat.

Bei der Auswertung ermittelt man den Bereich (in cm), in dem die Abscheidung visuell optimal erfolgt ist, gemessen von der der Anode am nächsten liegenden Kante des Kathodenblechs [3.35]. Verwendbar sind die Bereiche zwischen 0,6 und 8,3 cm, für die dann die Stromdichte nach folgender Zahlenwertgleichung berechnet werden kann:

Für die ¼ Liter HULL-Zelle: $$i_K = I \cdot (5{,}10 - 5{,}40 \log x) \tag{3.14a}$$

Für die 1 Liter HULL-Zelle: $$i_K = I \cdot (3{,}26 - 3{,}04 \log x) \tag{3.14b}$$

I ist der durch die HULL-Zelle fließende Strom, der im Bereich 0 bis 10 A gewählt wird, x (in cm) der gemessene Abstand auf dem Blech.

Eine besondere Rolle spielt die Deckfähigkeit bei der Chromabscheidung, da sie in diesem Fall besonders schlecht ist. Eine gleichmäßige Bedeckung der zu verchromenden Teile mit einer Chromschicht kann nämlich nur durch eine hohe Deckstromdichte erreicht werden, die bis zu 100 % über der eigentlichen Abscheidungsstromdichte liegen kann [3.19]. Dabei überzieht sich die gesamte Substratoberfläche innerhalb von 1 bis 3 Minuten mit einer gleichmäßigen Chromschicht. Die weitere Verchromung erfolgt danach mit einer geringeren Stromdichte.

Legierter Stahl, Stahl mit hohem Kohlenstoffgehalt und Gusseisen sowie Aluminium und seine Legierungen erfordern im Vergleich zu unlegiertem Stahl, Kupfer und Nickel hohe Deckstromdichten [3.19].

3.4.1.5.3 Makro-Streufähigkeit

Bei der galvanischen Metallabscheidung wächst die sich bildende Metallschicht nicht überall gleichmäßig auf, da der Prozess des Kristallwachstums durch verschiedene Faktoren beeinflusst wird.

Als Makro-Streufähigkeit, auch Streufähigkeit, Streukraft oder Streuvermögen genannt, bezeichnet man die Fähigkeit eines Elektrolyten, auf dem zu beschichtenden Substrat eine möglichst gleichmäßige Schicht abzuscheiden. Je gleichmäßiger die Dickenverteilung der Schicht ist, desto besser ist die Makro-Streufähigkeit. Sie kann daher als Maß für die Schichtdickenverteilung herangezogen werden. Dass eine gute Deckfähigkeit die Voraussetzung für eine hohe Makro-Streufähigkeit ist, bedarf keiner besonderen Erwähnung.

Die Makro-Streufähigkeit eines Elektrolyten ergibt sich aus der primären und sekundären Stromdichteverteilung [3.11, 319, 3.33].

Die primäre Stromdichtverteilung wird nach dem OHMschen Gesetz durch das elektrische Feld bestimmt, welches wiederum durch die geometrischen Verhältnisse des Systems, d. h. die Größe und Gestalt des Elektrolytbehälters, die Form und Anordnung der Anode und Kathode sowie den Abstand zwischen ihnen gegeben ist. Wie in Abb. 3.10a und 3.10b angedeutet, herrscht an den Kanten, Spitzen und Ecken der Kathode stets eine Konzentration der elektrischen Feldlinien und damit eine höhere kathodische Stromdichte. Diese Erscheinung ist umso stärker, je geringer die elektrische Leitfähigkeit des Elektrolyten ist. Der in Abb. 3.10c angedeutete parallele Verlauf der elektrischen Feldlinien kommt jedoch in der Praxis nicht vor.

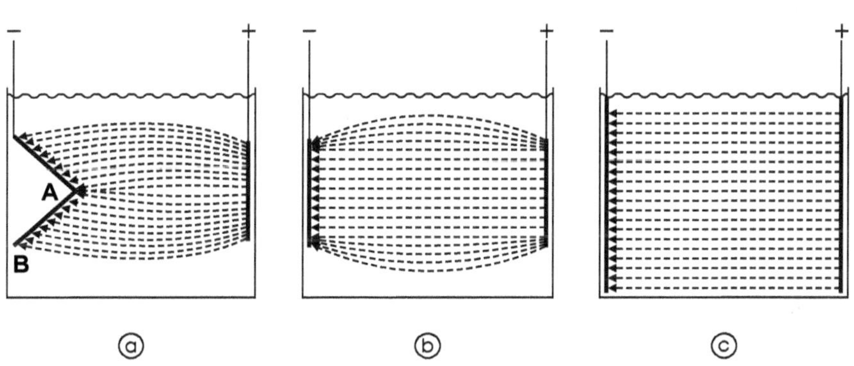

Abb. 3.10: Primäre Stromdichteverteilung als Funktion des elektrischen Feldes zwischen der Anode und Kathode

Die Stromdichten an zwei Kathodenpunkten, die unterschiedlich von der Anode entfernt sind (s. Abb. 3.10a), verhalten sich umgekehrt proportional zu ihren Entfernungen:

$$i_A / i_B \sim d_A / d_B \quad (3.15a)$$

i_A und i_B sind die Stromdichten an den Kathodenpunkten A und B, d_A und d_B sind ihre Entfernungen von der Anode.

Für einfache Elektrodenformen lässt sich die primäre Stromdichteverteilung wie folgt berechnen:

$$i_A / i_B \sim R_{EB} / R_{EA} \quad (3.15b)$$

R_{EA} und R_{EB} beschreiben die Elektrolytwiderstände der Kathodenpunkte A und B zur Anode. Aus dieser Beziehung folgt, dass durch Ausgleichen der Widerstände RA und RB eine gleichmäßige primäre Stromdichteverteilung erreicht werden kann. Das ist bei profilierten Teilen durch Vergrößerung des Abstandes zwischen der Anode und Kathode möglich.

Die sekundäre Stromdichteverteilung entsteht aus der primären Stromdichteverteilung durch die Wirkung einer Überspannung[9] an der Werkstückoberfläche. Sie kennzeichnet die elektrochemischen Eigenschaften des Systems, die ihren Ausdruck in der kathodischen Überspannung bzw. Polarisation[10] finden. Darunter sind alle Einflussgrößen zu verstehen, die die kathodische Metallabscheidung behindern. Die Überspannung bzw. Polarisation kann daher als Maß für die Abweichung des Elektrodenpotentials vom Gleichgewichtspotential infolge des Stromdurchganges betrachtet werden. Je höher sie ist, desto gleichmäßiger ist die Stromdichteverteilung. Alle Faktoren, die sie erhöhen, verbessern auch die Stromdichteverteilung. Hierzu gehören die Zusammensetzung, Leitfähigkeit und Bewegung des Elektrolyten sowie die Abscheidungsstromdichte.

Für die sekundäre Stromdichteverteilung ergibt sich folgender Zusammenhang:

$$i_A / i_B \sim (R_{\eta_{KB}} + R_{EB} + R_{\eta_{AB}}) / R_{\eta_{KA}} + R_{EA} + R_{\eta_{AA}}) \quad (3.16)$$

$R_{\eta_{KA}}$ und $R_{\eta_{KB}}$ beschreiben die Überspannungen an den Kathodenpunkten $R_{\eta_{AA}}$, und $R_{\eta_{AB}}$ an den Anodenpunkten.

Für die experimentelle Bestimmung der Makro-Streufähigkeit kann die Hull-Zelle oder die Haring-Blum-Zelle verwendet werden. Letztere ist in Abb. 3.11 schematisch dargestellt.

9 Als Überspannung bezeichnet man in der Elektrotechnik die elektrische Spannung in elektrotechnischen Geräten und Anlagen, die höher ist als die Nennspannung. Dabei ist eine Abweichung bis 10 % zulässig, darüber hinaus besteht die Gefahr von Geräteschäden. In der Elektrochemie kann entsprechend Überspannung (Symbolzeichen: η) als Folge der durch einen elektrischen Strom erzwungenen Redox-Reaktionen auftreten. Die Ursache dafür sind Abscheidungsprodukte, die sich auf der Kathodeoberfläche absetzen und so einen direkten Elektronenaustausch behindern. Bei Metallschichten ist diese Überspannung vernachlässigbar, da sie Elektronen gut leiten. Entstehen jedoch Gase, wie z. B. Wasserstoff oder Sauerstoff, an der Kathode, so stellt man hohe Überspannungen fest. Die Überspannung ist abhängig von dem Kathodenmaterial und seiner Absorptionsfähigkeit für Gase.

10 In der Elektrochemie versteht man unter Polarisation die Potenzialdifferenz einer Elektrode im Strom führenden und stromlosen Zustand. Die Polarisation wird z. B. durch chemische Veränderungen an den Elektroden während des Stromflusses (Überspannungen) oder durch die bei der Elektrolyse erzwungenen Konzentrationsänderungen im Elektrolyten verursacht.

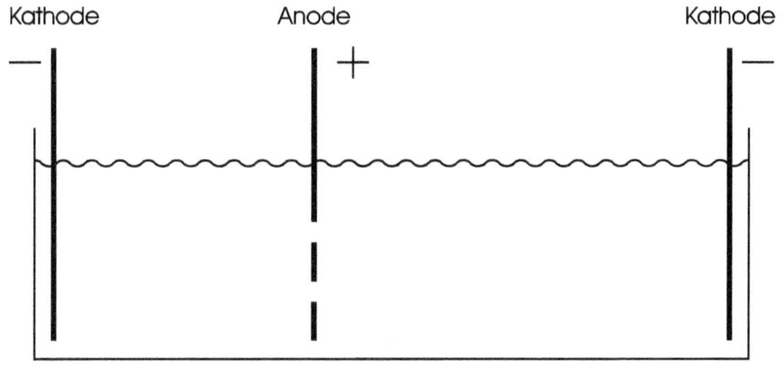

Abb. 3.11: HARING-BLUM-Zelle zur experimentellen Bestimmung der Streufähigkeit galvanischer Elektrolyte [3.26]

In dem rechteckigen Elektrolytbehälter befinden sich zwei Kathoden gleicher Fläche in einer Entfernung im Verhältnis von 5 : 1 von der perforierten Anode. Sieht man von gewissen Randeffekten ab, so ist davon auszugehen, dass sich in der Zelle ein gleichmäßiges elektrisches Feld von parallel verlaufenden Stromlinien zwischen Anode und Kathode aufbaut. Dies ist die Voraussetzung, um allgemein gültige Aussagen über die Streufähigkeit machen zu können.

Die geometrische Anordnung der Elektroden hat zur Folge, dass keine optimalen Bedingungen für eine konstante Elektrolytzusammensetzung in der HARING-BLUM-Zelle vorliegen und dass sich der Elektrolytzusammensetzung mit der Abscheidungsdauer ändert. Da sich die Elektrolytwiderstände in beiden Behälterabschnitten im Verhältnis 5 : 1 verhalten, ist zu erwarten, dass im Normalfall, d. h. bei primärer Stromdichteverteilung, fünfmal mehr Metall auf der nahen Kathode abgeschieden wird als auf der entfernten Kathode. Ist dies der Fall, so wird die Makro-Streufähigkeit definitionsgemäß gleich Null angenommen. Die spezifischen Eigenschaften des Elektrolyten stören jedoch dieses Verhältnis und führen zu anderen Zahlenwerten. Sie ändern die Mengen der abgeschieden Metalle zugunsten der entfernten Kathode und rufen somit eine positive Makro-Streufähigkeit hervor. Man ermittelt das Verhältnis

$$M = M_{\text{nah}} \,/\, M_{\text{fern}} \tag{3.17a}$$

M_{nah} ist die Massenzunahme der anodennahen Kathode, M_{fern} die der anodenfernen Kathode.

Bei einem Abstandsverhältnis von $L = 5 : 1$ und dem Verhältnis M der Metallmengen auf der nahen und der fernen Kathode lässt sich die Makro-Streufähigkeit S mit Hilfe der Beziehung

$$S = \frac{L - M}{L + M - 2} \cdot 100\,\% \tag{3.17b}$$

berechnen. Der Zahlenwert hat eine Messunsicherheit von ±10 %.

Für cyanidische und saure Kupferelektrolyte ergeben sich nach dieser Methode die Werte 25-30 % bzw. 2-5 % [3.27]. Dieses Ergebnis deutet darauf hin, dass die cyanidischen Kupferelektrolyte hinsichtlich der Makro-Streufähigkeit den sauren Kupferelektrolyten weit überlegen sind. Generell kann festgestellt werden, dass sich komplexbildner- und glanzzusatzhaltige Elektrolyte durch ihre sehr gute Makro-Streufähigkeit auszeichnen. Saure Kupferelektrolyte weisen hingegen eine wesentlich geringere Makro-Streufähigkeit auf. Man wird daher immer, wenn eine möglichst gleichmäßige Schichtdickenverteilung auch auf kompliziert geformten Teilen gefordert wird, auf cyanidische oder alkalisch-cyanidfreie Elektrolyte zurückgreifen.

Es ist jedoch zu berücksichtigen, dass bei der galvanischen Abscheidung metallischer Schichten unter praktischen Bedingungen der Verlauf der elektrischen Feldlinien nicht so ideal ist wie in der HARING-BLUM-Zelle. Sie streuen mehr oder weniger stark in Abhängigkeit von der Form der zu beschichtenden Teile, der Art ihrer Befestigung an den Gestellen, der Anordnung der Anoden etc. Diese Bedingungen tragen dazu bei, dass auch bei sauren Kupferelektrolyten in vielen Fällen eine ausreichende Schichtdickenverteilung erreicht werden kann.

Besonders problematisch hinsichtlich Makro-Streufähigkeit sind die Chromelektrolyte mit sechswertigen Chromionen, die selbst den sauren Elektrolyten unterlegen sind [3.26]. Dies hat dazu geführt, dass man in bestimmten Fällen trotz der damit verbundenen Nachteile Chrom aus Elektrolyten mit dreiwertigen Chromionen abscheidet.

Elektrolytbewegung und Temperaturerhöhung führen häufig zu einer Verschlechterung der Makro-Streufähigkeit.

3.4.1.5.4 Mikro-Streufähigkeit

Das Mikroprofil der zu beschichtenden Substratoberfläche, das eine Folge der Mikrorauheit ist, hat zur Folge, dass bei der galvanischen Metallabscheidung Schichtdickenunterschiede zwischen höher und tiefer liegenden Stellen des Substrats auftreten. Die winzigen Vertiefungen sind bezüglich der Metallabscheidung benachteiligt, weil sie für die Nachlieferung von Metallionen aus dem Elektrolyten schlechter zugänglich sind.

Die Mikro-Streufähigkeit eines Elektrolyten wirkt sich daher vornehmlich im Bereich des Mikroprofils aus (man spricht auch von tertiärer Stromdichteverteilung). Sie ist umso besser, je weniger Metall auf den Erhöhungen der Substratoberfläche abgeschieden wird. Voraussetzung dafür ist, dass die galvanische Metallabscheidung in Richtung der Vertiefungen aktiviert wird. Dies kann dadurch zustande kommen, dass Substanzen, die die Metallabscheidung aktivieren, in den Vertiefungen der Substratoberfläche eingebaut werden. Den gleichen Effekt erreicht man, wenn Stoffe, die die Metallabscheidung inhibieren, auf den Erhöhungen der Substratoberfläche adsorbiert werden [3.28].

Häufig beobachtet man, dass die Mikro-Streufähigkeit umso besser ist, je schlechter die Makro-Streufähigkeit des Elektrolyten ist und umgekehrt. Die Mikro-Streufähigkeit geht stets mit einer Einebnung des Mikroprofils einher.

3.4.2 Außenstromlose Elektrolyte

Die außenstromlosen Elektrolyte, die auch als chemisch-reduktiv oder einfach chemisch arbeitende Elektrolyte bezeichnet werden (s. Abschnitt 4.2), enthalten außer den löslichen Metallsalzen noch geeignete Reduktionsmittel, deren Aufgabe darin besteht, die zur Entladung der Metallionen benötigten Elektronen zur Verfügung zu stellen.

Theoretisch müsste es möglich sein, aus einem außenstromlosen Elektrolyten, der nur die Ionen des abzuscheidenden Metalls und das Reduktionsmittel enthält, eine metallische Schicht abzuscheiden. Praktisch ist dies jedoch nicht möglich, da ein solch einfach zusammengesetzter Elektrolyt entweder instabil ist und sich spontan zersetzt oder keine brauchbaren Schichten liefert. Die spontane Zersetzung wird z. B. dann ausgelöst, wenn katalytisch wirksame fremde Partikel in der Elektrolytlösung vorhanden und homogen verteilt sind. An diesen Partikeln werden die Metallionen reduziert und als Atome abgeschieden. Folglich findet eine unkontrollierte Metallabscheidung („Wildabscheidung“) statt.

Um dies zu verhindern und die Stabilität des Elektrolyten zu erhöhen, werden verschiedene anorganische oder organische Zusätze, auch Additive genannt, dem Elektrolyten zugegeben. Diese Zusätze sollen gleichzeitig den Abscheidungsvorgang optimal steuern, die Abscheidungsgeschwindigkeit in zweckmäßiger Weise beeinflussen, die Schichteigenschaften wie Härte, Duktilität, Verschleißwiderstand, Korrosionsbeständigkeit und Lötbarkeit günstig gestalten, die Eigenspannungen der Schichten herabsetzen und schließlich ihren Glanz erhöhen.

Aus diesen Gründen enthalten außenstromlose Elektrolyte in der Regel mehrere Bestandteile, auf deren spezifischen Wirkungen im Folgenden eingegangen werden soll.

3.4.2.1 Bestandteile

Da eine einzige Substanz nicht alle erwünschten Forderungen gleichzeitig erfüllen kann, werden oft Kombinationen von verschiedenen Substanzen in ausgewogenen Verhältnissen dem Abscheidungselektrolyten zugegeben. Diese sind: Komplexbildner, Stabilisatoren, Beschleuniger, pH-Regulatoren (Puffer) und Netzmittel, die in sehr geringen Konzentrationen zugegeben werden. Die richtige Auswahl und Zusammensetzung dieser Substanzen sind für die einwandfreie Prozessführung und die Qualität der abzuscheidenden Schichten von ausschlaggebender Bedeutung, da sie häufig nicht nur unterschiedlich, sondern sogar gegenläufig wirken können.

3.4.2.1.1 Metallsalze

Metallsalze sind chemische Verbindungen, die in wässrigen Lösungen in positive Metallionen und negative Säurerestionen dissoziieren.

Metallsalze, die bei der chemischen Metallabscheidung Verwendung finden und als Lieferanten der Ionen des abzuscheidenden Metalls fungieren, können beispielsweise Carbonate, wie Kupfer(II)-carbonat ($CuCO_3$) und Nickel(II)-carbonat ($NiCO_3$) oder Sulfate, wie Kupfer(II)-sulfat-Pentahydrat ($CuSO_4 \cdot 5\ H_2O$)[11] und Nickel(II)-sulfat-Heptahydrat ($NiSO_4 \cdot 7\ H_2O$) sein.

Die chemischen Formeln der letzten beiden Beispiele deuten an, dass diese Metallsalze so genanntes Kristallwasser[12] enthalten, d. h. chemisch gebundenes Wasser, das sich mit seinen Molekülen an der Salzbildung beteiligt hat und erst beim Erhitzen entweicht. Die Formeln besagen ferner, dass ein Mol kristallisiertes Kupfer(II)-sulfat 5, und ein Mol kristallisiertes Nickel(II)-sulfat 7 Moleküle Wasser enthält. Die prozentualen Kupfer- und Nickelgehalte dieser Salze lassen sich wie folgt aus deren Mollmassen (250 bzw. 281 g/mol) bestimmen:

$$CuSO_4 \cdot 5\ H_2O:\quad \%\ Cu = (64/250) \cdot 100\ \% = 25{,}6$$

$$NiSO_4 \cdot 7\ H_2O:\quad \%\ Ni = (59/281) \cdot 100\ \% = 21{,}0$$

---

[11] Formal korrekt wäre die Schreibweise $[Cu(OH_2)_4]SO_4 \cdot 1\ H_2O$, da im Kristall vier Wassermoleküle direkt an das Kupfer(II)-Ion koordiniert sind.

[12] Besteht ein Molekül aus mehreren Bestandteilen, die relativ selbstständig sind und sich leicht abtrennen lassen, dann werden sie durch einen Punkt in der chemischen Formel von dem Molekül getrennt. Dies gilt insbesondere für das Kristallwasser in kristallisierten Salzen.

Tab. 3.8 enthält als weiteres Beispiel die wichtigsten Zinksalze, die in Galvanotechnik Verwendung finden.

Tab. 3.8: Zinksalze und ihre Zinkgehalte

Zinksalz	Chemische Formel	Zinkgehalt in %
Zinksulfat-Heptahydrat	$ZnSO_4 \cdot 7\ H_2O$	22,7
Zinkcyanid	$Zn(CN)_2$	55,6
Dinatriumtetracyanozincat	$Na_2[Zn(CN)_2]$	30,4
Zinkcarbonat	$ZnCO_3$	52,1
Zinkchlorid	$ZnCl_2$	48,0

Neben den einfachen Metallsalzen (Einzelsalzen), wie beispielsweise Nickel(II)-sulfat ($NiSO_4$), gibt es auch so genannte Doppelsalze. Diese sind molekulare Verbindungen zweier einfacher neutraler Salze[13]. Sie bestehen nur im festen Zustand als Doppelsalz. Die physikalischen und chemischen Eigenschaften der Einzelsalze bleiben erhalten und addieren sich. In wässrigen Lösungen dissoziieren die Doppelsalze ebenso wie die Einzelsalze in ihre Ionen). Diese und die Säurerestionen zeigen die üblichen Eigenschaften. Ein Beispiel ist das Nickelammoniumsulfat, das in Nickelionen, Ammoniumionen und Sulfationen dissoziiert:

$$NiSO_4 \cdot (NH_4)SO_4 \rightarrow Ni^{2+} + 2\ NH_4^+ + 2\ SO_4^{2-} \tag{3.18}$$

Doppelsalze sind nicht mit den so genannten Komplexsalzen zu verwechseln, obwohl diese oft auch aus zwei einfachen Salzen entstehen. Komplexsalze dissoziieren nicht in ihre einzelnen Ionen, sondern es bilden sich größere Komplexe mit besonderen Eigenschaften. Das Komplexion wird durch eckige Klammern gekennzeichnet. Ein Beispiel ist die Dissoziation des Kaliumtetracyanocuprats(I) in Kaliumionen und Tricyanocupration. Das Komplexsalz liefert in wässrigen Lösungen Zwei einfache Kationen und ein komplexes Anion:

$$K_2[Cu(CN)_3] \rightarrow 2\ K^+ + [Cu(CN)_3]^{2-} \tag{3.19a}$$

Auch das komplexe Anion kann in einfache Ionen dissoziieren:

$$[Cu(CN)_3]^{2-} \rightarrow Cu^{2+} + 3\ CN \tag{3.19b}$$

[13] Neutrale Salze entstehen z. B. durch vollständige Neutralisation zwischen einer Base und einer Säure. In den neutralen Salzen sind die Wasserstoffatome der zugehörigen Säure vollständig durch Metallatome ersetzt. Klassisches Beispiel: $NaOH + HCl \rightarrow NaCl + H_2O$.

Diese Dissoziation erfolgt je nach der Beständigkeit des Komplexsalzes meist nur zu einem geringen Teil.

Weitere Komplexsalze, die in der Galvanotechnik verwendet werden, sind:

- Kaliumdicyanoargentat $K[Ag(CN)_2]$
- Trikaliumhexacyanoferrat $K_3[Fe(CN)_6]$
- Tetrakaliumhexacyanoferrat $K_4[Fe(CN)_6]$
- Natriumdicyanoargentat $Na[Ag(CN)_2]$
- Natriumdicyanoaurat $Na[Au(CN)_2]$
- Dinatriumtetracyanocadmat $Na_2[Cd(CN)_4]$
- Dinatriumtetracyanozincat $Na_2[Zn(CN)_4]$
- Dinatriumtricyanocuprat $Na_2[Cu(CN)_3]$

3.4.2.1.2 Reduktionsmittel

Neben dem Metallsalz ist das Reduktionsmittel der wichtigste Bestandteil eines chemisch-reduktiv arbeitenden Elektrolyten, und zwar aus folgenden Gründen:

- Die Konzentration des Reduktionsmittels im Elektrolyten spielt eine große Rolle. Ihre Erhöhung führt zu einem Anstieg der Abscheidungsgeschwindigkeit.
- Durch die Überführung der Metallionen in den metallischen Zustand beeinflusst das Reduktionsmittel die Elektrolytstabilität.
- Die Zusammensetzung und die Mikrostruktur der abgeschiedenen Schicht und damit ihre Eigenschaften werden in entscheidendem Maße durch das Reduktionsmittel beeinflusst.

Die besondere Bedeutung des Reduktionsmittels manifestiert sich auch darin, dass oftmals der Abscheidungselektrolyt nach ihm genannt wird.

Die bei der außenstromlosen Abscheidung metallischer Schichten häufig verwendeten Reduktionsmittel sind in Tab. 3.9 zusammengestellt. Die Aufstellung gibt auch Aufschluss über die Oxidationsreaktionen dieser Reduktionsmittel in wässriger Lösung, die zur Freisetzung von Elektronen führen.

Ergänzend zu Tab. 3.9 enthält Tab. 3.10 nähere Angaben über die Reduktionsmittel, ihre Redox-Potentiale und Einsatz bei der außenstromlosen Metallabscheidung.

Tab. 3.9: Oxidationsreaktionen einiger Reduktionsmittel in wässriger Lösung unter Freisetzung von Elektronen

Reduktionsmittel	Reaktionen
Hypophsphit	(1) $H_2PO_2^- + 2\,OH^- \rightarrow 2\,H_2PO_3^{2-} + H_2 + 2\,e^-$ (2) $H_2PO_2^- + 2\,OH^- \rightarrow H_2PO_3^- + H_2O + 2\,e^-$
Formaldehyd	(1) $HCHO + 3\,OH^- \rightarrow HCOO^- + H_2O + 2\,e^-$ (2) $2\,HCHO + 4\,OH^- \rightarrow 2\,HCOO^- + H_2O + H_2 + 2\,e^-$
Borhydrid	(1) $BH_4^- + 4\,OH^- \rightarrow BO_2^- + 2\,H_2O + H_2 + 4\,e^-$ (2) $BH_4^- + 8\,OH^- \rightarrow BO_2^- + 6\,H_2O + 8\,e^-$
Hydrazin	(1) $N_2H_4 + 2\,OH^- \rightarrow N_2 + 2\,H_2O + H_2 + 2\,e^-$ (2) $N_2H_4 + 4\,OH^- \rightarrow N_2 + 4\,H_2O + 4\,e^-$
Thiosulfat	(1) $S_2O_3^{2-} + 6\,OH^- \rightarrow 2\,SO_3^{2-} + 3\,H_2O + 4\,e^-$

Tab. 3.10: Reduktionsmittel, ihre Redox-Potentiale und ihre Anwendungen [3.24]

Reduktions-mittel	Chemische Formel	Mol-masse [g/mol]	Verfügbare Elektronen	Redox-Potential [V]	Zur Abscheidung von
Natrium-hypophosphit	$NaH_2PO_2 \cdot H_2O$	88,90	2	-1,57 alkalisch -1,38 sauer	Nickel, Kobalt
Natrium-borhydrid	$NaBH_4$	37,80	8	-1,24 alkalisch	Nickel, Kobalt
Formaldehyd	HCHO	30,03	2	-1,11 alkalisch	Kupfer, Silber
Dimethyl-aminoboran	$(CH_3)_2NH \cdot BH_3$	58,90	6	-1,18 alkalisch	Nickel, Kupfer, Silber
Hydrazin	N_2H_4	32,00	4	-1,16 alkalisch	Nickel

Die Wirksamkeit des Reduktionsmittels wird u. a. von seinem Redox-Potential bestimmt. Eine der Grundvoraussetzungen für die Ingangsetzung der chemischen Metallabscheidung besteht darin, dass das Reduktionsmittel ein unedleres Redox-Potential haben muss als das abzuscheidende Metall. Dabei muss man darauf achten, dass diese Potentialdifferenz nicht zu groß ist, da sonst eine optimale Elektrolytführung im Hinblick auf die Abscheidung von Schichten guter Qualität nicht gewährleistet ist. So eignet sich zum Beispiel das Natriumhypophosphit $NaH_2PO_2 \cdot H_2O$ (E = -1,57 V) zwar für die Abscheidung von Nickel (E = -0,25 V), jedoch nicht für das elektrochemisch edlere Kupfer (E = 0,34 V). Hierfür muss ein anderes Reduktionsmittel eingesetzt werden, welches ein höheres Redox-Potential besitzt. Das Formaldehyd HCHO mit E = -1,11 V erweist sich in diesem Fall als das geeignete Reduktionsmittel.

3.4.2.1.3 Komplexbildner

Von besonderer Wichtigkeit für den praktischen Gebrauch von außenstromlosen Elektrolyten ist, dass eine unkontrollierte Metallabscheidung möglichst unterdrückt wird. Dieses Ziel lässt sich durch Komplexierung der Metallionen mittels Komplexbildner erreichen, wodurch ihre Ausfällung als unlösliche Metallverbindungen verhindert wird. Komplexbildner beeinflussen somit die Elektrolytstabilität, das Anspringverhalten des Bades und die Abscheidungsgeschwindigkeit entscheidend. Sie dürfen jedoch nicht so stabil sein, dass ihre Reduktion zu elementarem Metall unmöglich wäre. Tritt dieser Fall ein, den man als Passivierung bezeichnet, so geht die Abscheidungsgeschwindigkeit gegen Null. Auf der Baueiloberfläche bildet sich ein oxidischer Film, der das Ablagern von Metallatomen verhindert.

Komplexbildner sind chemische Verbindungen, die mit den Ionen des abzuscheidenden Metalls Komplexionen bilden. Diese verhalten sich elektrochemisch anders als die Ionen, aus denen sie sich zusammensetzen. Durch die Komplexbildung bleibt zwar die nominelle Metallkonzentration unverändert, die Konzentration der verfügbaren Metallionen in der Elektrolytlösung wird jedoch stark herabgesetzt.

Die Konzentration der Komplexbildner im Elektrolyten kann sehr unterschiedlich sein. Oft liegt sie deutlich unterhalb der der Hauptkomponenten des Elektrolyten. Die durch Ausschleppung bedingten Verluste an Komplexbildnern müssen entsprechend kompensiert werden.

Berücksichtigt man die Tatsache, dass die Abscheidungsbedingungen und die mechanisch-technologischen Eigenschaften der abgeschiedenen Schichten in einem sehr engen Zusammenhang stehen, so kann man die Komplexbildung gewissermaßen als eine wichtige Steuerungsgröße für den Prozess der Schichtabscheidung heranziehen. Komplexbildner sind in der Galvanotechnik unverzichtbar. Es müssen aber alle Möglichkeiten ausgeschöpft werden, um ihre negativen Auswirkungen auf die Umwelt zu minimieren.

Zu den wichtigsten Komplexbildnern zählen die in Tab. 3.11 zusammengestellten Verbindungen.

Tab. 3.11: Häufig verwendete Komplexbildner für außenstromlose Schichtabscheidung

Bezeichnung	Gruppenformel	Summenformel
Äpfelsäure	HOOC-CH(OH)-CH_2-COOH	$C_4H_6O_5$
Zitronensäure	HOOC-CH_2-C(OH)(COOH)-CH_2-COOH	$C_6H_8O_7$
Ethylendiamin-tetraacetat (EDTA)	$(HOOC\text{-}CH_2)_2N\text{-}CH_2\text{-}CH_2\text{-}N(CH_2\text{-}COOH)_2$	$C_{10}H_{16}N_2O_8$
Ethylenediamine-tetraphosphonate (EDTP)	$\{(HO)_2PO\text{-}CH_2)_2N\text{-}CH_2\text{-}CH_2\text{-}N(CH_2\text{-}PO(OH)_2\}_2$	$C_6H_{18}N_2O_9P_3$
Kalium-Natrium-Tartrat* (Seignette-salz, Rocheller Salz)	$KOOC\text{-}(CH_2O)_2\text{-}COONa$	$KNaC_4H_4O_6$
Milchsäure	HOOC-CHCOH-CH_3	$C_3H_6O_3$
Nitrilotriessigsäure (NTA[14])	$N(CH_2\text{-}COOH)_3$	$C_6H_9NO_6$
Ethylendiammonium-diperchlorat (Quadrol®)	$\{CH_3CH(OH)CH_2\}_2N\text{-}CH_2\text{-}CH_2\text{-}N\{CH_2CH(OH)CH_3\}_2$	$C_{14}H_{32}N_2O_4$

* Tartrate sind die Salze der Weinsäure C_4H_6O.

3.4.2.1.4 Stabilisatoren

Für den störungsfreien Betrieb eines außenstromlos arbeitenden Abscheidungselektrolyten ist es wichtig, dass durch geeignete Maßnahmen die spontane Zersetzung des Elektrolyten unterbunden und seine Stabilität ausreichend sichergestellt wird. Dieses Ziel erreicht man durch Zugabe bestimmter Stoffe und Verbindungen, die man als Stabilisatoren bezeichnet. Die Konzentrationen dieser Substanzen müssen sehr niedrig gehalten werden, da sonst die Abscheidungsgeschwindigkeit stark verringert werden kann. Stabilisatoren verhindern die spontane Zersetzung des Elektrolyten dadurch, dass sie katalytisch wirksame Kristallisationskeime maskieren. Es ist anzunehmen, dass sie dabei an der Oberfläche der suspendierten Partikeln adsorbiert werden und die Keimbildungsreaktion verhindern. Die Adsorption des Stabilisators kann natürlich auch an der zu beschichtenden Oberfläche stattfinden und zu einer Verzögerung der Abscheidung führen.

[14] NTA, auch Tris-(carboxymethyl)-amin genannt, ist ein weißes, kristallines Pulver oder besteht aus farb- und geruchlosen Kristallen mit einem Schmelzpunkt bei 242 °C. Es ist in Wasser schwer, in Ethanol und Alkohol dagegen gut löslich. Als stickstofforganischer Komplexbildner dient NTA in erster Linie zur Komlexierung jener Ionen, die die Wasserhärte verursachen, wie Mg^{2+} und Ca^{2+}. Seine komplexierende Wirkung ist jedoch nicht auf die Erdalkalimetalle beschränkt.

Man unterscheidet metallische und nichtmetallische Stabilisatoren. Zu der ersten Gruppe gehören die Metalle Blei, Kadmium und Zinn, während die bivalenten schwefelhaltige Verbindungen, wie beispielsweise Thioharnstoff (CH_4N_2S), Blei(II)-sulfid (PbS), Zinn(II)-sulfid (SnS) und Natriumethylxanthat, zu der zweiten Gruppe zählen.

Hinsichtlich der Wirkungsweise von Stabilisatoren gilbt es verschiedene Modellvorstellungen, von denen zwei im Folgenden kurz erläutert werden sollen.

Das sterische Modell z. B. geht davon aus, dass kleine überwiegend 3-dimensionale Partikel vom Stabilisator umhüllt werden und daher deutlich mehr „Stabilisatorarbeit" erfahren, als eine zweidimensionale Fläche, auf der Metall außenstromlos abgeschieden werden soll. Das Modell zeigt auf, dass es zu ‚Konflikten' kommen kann, wenn beispielsweise kleine und kleinste Strukturen isoliert auf einem Nichtleiter vorhanden sind. Der Stabilisator ‚erkennt' in diesen Strukturen einen Partikel, den es vor dem Metallisieren zu bewahren gilt, was zwangsweise zu Fehlbelegungen führen würde (Skip-Plating). Nur eine geschickte Wahl der Stabilisatorkonzentration, mitunter Kombinationen, führen zum Ziel.

Ein zweites Modell geht von der „Vergiftung" der Oberfläche mit reaktionsfreudigen Stoffen aus. Die Vergiftung unterbindet durch Veränderung der Oberflächeneigenschaften des zu metallisierenden Untergrundes die Einleitung der Austauschreaktion oder verhindert den Zerfall des Reduktionsmittels in unmittelbarer Nähe der Kathodenoberfläche und damit die Lieferung von Elektronen.

3.4.2.1.5 Beschleuniger

Beschleuniger sind Substanzen, die die Effektivität des Reduktionsmittels im Elektrolyten heraufsetzen, eine schnellere Verfügbarkeit von freien Metallionen bewirken und so die Abscheidungsgeschwindigkeit heraufsetzen. Somit beschleunigen sie die Kinetik des Schichtwachstums, ohne dabei die Wirkung der Stabilisatoren aufzuheben, was, wiederum eine unkontrollierte „Wildabscheidung" provozieren würde.

Als Beschleuniger werden meist Anionen von Mono- und Dicarbonsäuren, Bernsteinsäure ($C_4H_6O_4$) und Adipinsäure ($C_3H_4O_4$) sowie deren Salze, ferner Alkalifluoride, Tetraborate und Selenate verwendet.

3.4.2.1.6 pH-Regulatoren

Die außenstromlosen Elektrolyte arbeiten häufig in einem verhältnismäßig schmalen pH-Bereich, der streng eingehalten werden muss. Andernfalls sind die gewünschten

Schichteigenschaften in Frage gestellt. Die Metallabscheidung geht aber in der Regel mit einer mehr oder weniger intensiven Wasserstoffentwicklung einher, was zwangsläufig zu einer Veränderung der Wasserstoffionen-Konzentration im Elektrolyten führt. Ein Überschuss oder ein Mangel an Wasserstoffionen kann wiederum das Redox-Potential in der einen oder anderen Richtung verschieben und dadurch die Arbeitsweise des Elektrolyten empfindlich stören. Aus diesem Grunde werden den Elektrolyten vielfach so genannte pH-Regulatoren zugegeben, um den für die einwandfreie Metallabscheidung erforderlichen pH-Wert konstant zu halten. Solche Substanzen werden allgemein als Puffer bezeichnet. Zu berücksichtigen dabei ist, dass jeder Puffer nur in einem bestimmten pH-Bereich wirksam ist. Er stabilisiert den pH-Wert, indem er Wasserstoffionen abgibt oder aufnimmt, so dass die wirksame Wasserstoffionen-Konzentration im Elektrolyten praktisch unverändert bleibt.

Tab. 3.12 enthält einige gängige Pufferlösungen, die bei der chemischen Metallabscheidung eingesetzt werden.

Tab. 3.12: Als Puffer eingesetzte organische Säuren

Organische Säure	Gruppenformel
Essigsäure	CH_3COOH
Propionsäure	CH_3CH_2COOH
Succinsäure	CH_2COOH
Glutarsäure	$COOH(CH_2)_3COOH$
Adipinsäure	$CO_2II(CII_2)CO_2H$

3.4.2.2 Abscheidungsgeschwindigkeit

Der Zusammenhang zwischen der Abscheidungsgeschwindigkeit v_A, ausgedrückt als die zeitliche Zunahme der Schichtdicke in µm/h, und verschiedenen Faktoren lässt sich mathematisch wie folgt formulieren:

$$v_A = f(T, \mathrm{pH}, c_{Me}^{z+}, c_R, c_O, O/V, c_K, c_S, c_B, n_1, n_2 \ldots) \quad (3.20)$$

Darin bedeuten:

T Abscheidungstemperatur
c_{Me}^{z+} Konzentration der Metallionen in Elektrolyten
c_R Konzentration des Reduktionsmittels
c_O Konzentration des oxidierten Reduktionsmittel

O/V Literbelastung (das Verhältnis der zur Beschichtung ins Bad eingebrachten Oberfläche zum Badvolumen)
c_K Konzentration des Komplexbildners
c_S Konzentration des Stabilisators
c_B Konzentration des Beschleunigers
n_i Zusätzliche Faktoren, wie Kontaminationen, Bad- oder Warenbewegung etc.

Von diesen Parametern üben in der Regel die Abscheidungstemperatur und der pH-Wert des Elektrolyten sowie die Natur und Konzentration der Stabilisatoren den stärksten Einfluss auf die Abscheidungsgeschwindigkeit aus.

3.4.2.3 Schichtzusammensetzung

Die Zusammensetzung c_i der abgeschiedenen Schicht, d. h. ihr Gehalt an Legierungselementen lässt sich als Funktion der Abscheidungsbedingungen und Elektrolytbestandteile wie folgt mathematisch ausdrücken:

$$c_i = f(T, \mathrm{pH}, c_{\mathrm{Me}}^{z+}, c_R, c_O, \mathrm{O/V}, c_K, c_S, c_B, n_1, n_2 \ldots) \quad (3.22)$$

Von den aufgeführten Einflussgrößen haben der pH-Wert, die Abscheidungstemperatur und das Verhältnis c_{Me}^{z+}/c_R den stärksten Effekt auf die Schichtzusammensetzung.

3.4.2.4 Elektrolytüberwachung

Beim Einsatz außenstromlos arbeitender Elektrolyte sind grundsätzlich folgende Aspekte zu berücksichtigen:

- Für die Herstellung von hochreinen Chemikalien, die als Elektrolytzusätze benötigt werden, sind beachtliche Energiemengen erforderlich. Diese teuren Substanzen sind an den hohen Betriebskosten dieses Beschichtungsverfahrens maßgeblich beteiligt.
- Die Abscheidungsrate ist im Vergleich zu den galvanischen Verfahren niedrig, was bei der Abscheidung relativ dicker Schichten hohe Expositionszeiten erforderlich macht.
- Die Konzentration der Metallionen im Elektrolyten beeinflusst die Abscheidungsgeschwindigkeit und damit die Schichteigenschaften. Um Schichten beliebiger Dicke abzuscheiden, müssen daher genügend Metallionen im Elektrolyten vorhanden sein und nach dem Verbrauch nachdosiert werden. Die Notwendigkeit der kontinuierlichen Ergänzung der verbrauchten Elektrolytzusätze manuell oder durch automatische Regenerierungseinrichtungen macht die Handhabung dieser Elektrolyten aufwendig.

- Die Konstanthaltung der Konzentrationen der Elektrolytbestandteile ist von ausschlaggebender Bedeutung für die Qualität der abgeschiedenen Schichten. Die Veränderung der Konzentrationen der einzelnen Elektrolytbestandteile über die zulässigen Grenzen hinaus kann zu unerwünschten Folgen führen. Zum einen kann sie die spontane Zersetzung des Elektrolyten bewirken, zum anderen Anlass zur Passivierung des Elektrolyten geben. Beide Grenzfälle machen den Abscheidungselektrolyten unbrauchbar und verursachen beträchtliche wirtschaftliche Verluste.
- Die chemische Zusammensetzung des Elektrolyten und die Abscheidungsbedingungen, unter denen die Schicht abgeschieden wird, üben einen entscheidenden Einfluss auf die Schichteigenschaften aus. Die Zusammensetzung des Elektrolyten ändert sich im Verlauf des Abscheidungsprozesses, was eine Beeinträchtigung der Schichteigenschaften zur Folge haben kann. Das gleiche gilt auch für etwaige Änderungen der Abscheidungsbedingungen.
- Eine einwandfreie Arbeitsweise des Elektrolyten muss daher durch Konstanthaltung der Abscheidungsbedingungen sichergestellt werden. Dies lässt sich durch Überwachung, Kontrolle und Einhaltung der vorgeschriebenen Grenzwerte für Dichte, Zusammensetzung, pH-Wert und Temperatur des Elektrolyten sowie weitere Einflussgrößen bewerkstelligen.

Im Folgenden soll am Beispiel der Temperatur und des pH-Werts die Bedeutung der Elektrolytüberwachung verdeutlicht werden.

3.4.2.4.1 Temperatur

Die genaue Kontrolle der Elektrolyttemperatur gehört zu den wichtigsten und einfachsten Maßnahmen der Elektrolytüberwachung, da sie weitestgehend den Abscheidungsprozess beeinflusst. Beispielsweise werden die Stabilität und die Abscheidungsgeschwindigkeit außenstromlos arbeitender Elektrolyte entscheidend von der Temperatur bestimmt. Welch einen Einfluss die Elektrolyttemperatur auf das Ergebnis der Metallabscheidung hinsichtlich der Schichtdicke hat, soll am Beispiel außenstromloser Abscheidung von Palladiumschichten anhand von Abb. 3.12 demonstriert werden.

Die Arbeitsweise eines Elektrolyten kann sich durch Temperaturschwankungen um wenige Grad oftmals entscheidend ändern. Eine Temperaturerhöhung verbessert die Leitfähigkeit des Elektrolyten und beeinflusst den Verbrauch von Elektrolytzusätzen.

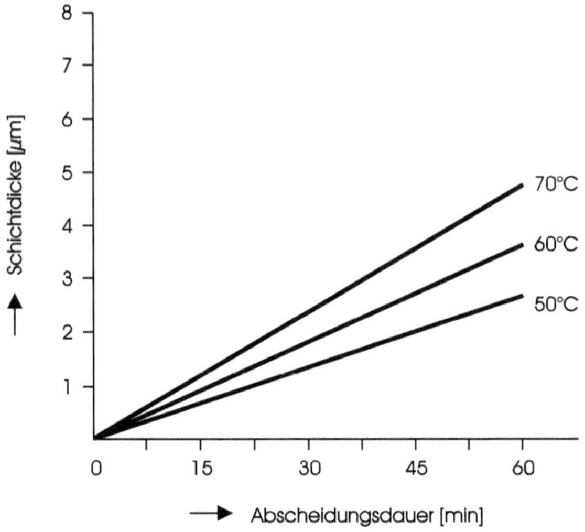

Abb. 3.12: Einfluss der Elektrolyttemperatur auf die Schichtdicke am Beispiel außenstromloser Abscheidung von Palladiumschichten

3.4.2.4.2 pH-Wert

Der pH-Wert (pH = –log c_{H^+}) ist ein Maß für die Konzentration der Wasserstoffionen im Elektrolyten. Die Konzentrationsangabe c_{H^+} berücksichtigt jedoch nur Wasserstoffionen, die nicht durch Hydrathüllen abgeschirmt sind. Daher ist sinnvoller die Aktivität a_{H^+}, die den Anteil der wirksamen Wasserstoffionen angibt, als Konzentrationsmaß (pH = -log a_{H^+}) heranzuziehen. Die Aktivität als die „effektive Konzentration" ergibt sich als Produkt der Konzentration mit einem Korrekturfaktor:

$$a = f \cdot c \qquad (3.22)$$

Der Korrekturfaktor $f \leq 1$ wird Aktivitätskoeffizient genannt und muss experimentell ermittelt werden.

Der pH-Wert eines Elektrolyten ist für den Prozess der Metallabscheidung von großer technischer Bedeutung. Er beeinflusst u. a.

- die elektrische Leitfähigkeit des Elektrolyten,
- die Beständigkeit des zu beschichtenden Werkstücks,
- die Abscheidungsgeschwindigkeit,
- die Mitabscheidung von Wasserstoff,
- die Schichteigenschaften.

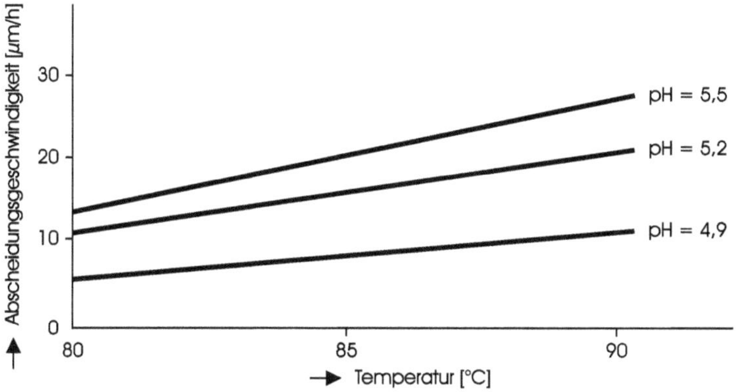

Abb. 3.13: Einfluss des pH-Wertes auf die Geschwindigkeit der außenstromlosen Abscheidung von Nickel-Phosphor-Schichten

Abb. 3.13 dokumentiert die Abhängigkeit der Abscheidungsgeschwindigkeit vom pH-Wert des Elektrolyten am Beispiel außenstromloser Abscheidung von Nickel-Phosphor-Schichten.

3.4.2.5 Chemische Vernicklung

Ein prominentes Beispiel für die außenstromlose Metallabscheidung ist die weit verbreitete, chemische Vernickelung von Teilen aus Metall oder Kunststoff. Dabei handelt es sich um die Abscheidung von Nickel-Phosphor-Schichten aus Nickel-Phosphor-Elektrolyten. Die Schichten enthalten nach EN ISO 4527 Phosphorgehalte zwischen 2 und 15 Massen-%; bei Phosphorgehalten unterhalb 9 % sind sie kristallin, bei Phosphorgehalten oberhalb 9 % dagegen amorph. Dieser Sachverhalt verleiht diesen Schichten eine Flexibilität, die man kaum bei anderen metallischen Schichten antrifft. Ihre hervorragenden Eigenschaften lassen sich zudem durch gezielte thermische Behandlung der beschichteten Teile auf die spezifischen Bedürfnisse der Praxis abstimmen [3.34].

3.4.2.5.1 Nickelsalz

Die wichtigsten Nickelsalze, die als Lieferanten von Nickelionen in Frage kommen, sind unter Angabe ihres Nickelgehaltes in Tab. 3.13 zusammengestellt. Als Nickelsalz verwendet man aber meist das Nickel(II)-sulfat-Hexahydrat.

Tab. 3.13: Nickelsalze und ihre Nickelgehalte

Nickelsalz	Formel	Nickelgehalt [%]
Nickel(II)-carbonat	$NiCO_3$	49,4
Nickel(II)-chlorid-Hexahydrat	$NiCl_2 \cdot 6\ H_2O$	24,7
Nickel(II)-sulfat-Hexahydrat	$NiSO_4 \cdot 6\ H_2O$	22,4
Nickel(II)-sulfat-Heptahydrat	$NiSO_4 \cdot 7\ H_2O$	21,0
Nickel(II)-sulfamat-Tetrahydrat	$Ni(NH_2SO_3)_2 \cdot 4\ H_2O$	18,0
Nickel(II)-ammonium-Tetrahydrat	$Ni(NH_4)_2 \cdot 4\ H_2O$	14,8

3.4.2.5.2 Reduktionsmittel

Als Reduktionsmittel dient Natriumhypophosphit $NaH_2PO_2 \cdot H_2O$, das aus farblosen hydroskopischen Kristallen (Molmasse: 107) besteht und in Wasser leicht löslich ist (100 g $NaH_2PO_2 \cdot H_2O$ pro 100 g H_2O bei 25 °C).

3.4.2.5.3 Komplexbildner

Um eine zu hohe Konzentration von freien Nickelionen in der Elektrolytlösung zu verhindern, werden den Nickel-Phosphor-Elektrolyten Komplexbildner in Konzentrationen um 0,2 mol/l zugesetzt. Sie bilden mit den Nickelionen stabile Nickelkomplexe, wodurch die Zahl der freien Nickelionen herabgesetzt und die Ausfällung von Nickelhydroxiden, die sich in diesen schwach sauren Elektrolyten leicht bilden können, zurückgedrängt wird [3.34]. Tab. 3.14 gibt Auskunft über die gängigen Komplexbildner, die bei der chemischen Vernicklung verwendet werden.

Tab. 3.14: Komplexbildner bei der chemischen Vernicklung [3.36]

Anionen	Säuren
Acetate	CH_3COOH
Succinate	$HOOCCH_2CH_2COOH$
Malate	$HOOCHCH_2(OH)COOH$
Malonate	$HOOCCH_2COOH$
Pyrophosphate Aminoacetate	$H_2O_3POPO_3H_2$
Aminoacetate	NH_2CH_2COOH
Citrate	$HOOCCH_2(OH)C(COOH)_2$

3.4.2.5.4 Stabilisatoren

Die Stabilität der Nickel-Phosphor-Elektrolyten kann durch lokale Überhitzung der Elektrolytlösung, zu hohe Konzentration des Reduktionsmittels und die Anwesenheit von Spurenelementen im Elektrolyten beeinträchtigt werden. Auch die sich im Elektrolyten bildenden Suspensionen unlöslicher Verbindungen, wie z. B. Nickelhydroxid und Nickelphosphat, können zu dieser unerwünschten Erscheinung beitragen, da sie als Zentren für die so genannten „wilde" Kristallisation fungieren können. Den Nickel-Phosphor-Elektrolyten werden daher zusätzlich noch Stabilisatoren (Cadmium, Blei, Zinn, Thioharnstoff etc.) zur Erhöhung der Elektrolytstabilität beigegeben. Die Konzentration des Stabilisators muss allerdings in Abhängigkeit von dem Nickelgehalt des Elektrolyten und dem Verhältnis Werkstückoberfläche/Elektrolytvolumen sorgfältig bestimmt werden. Setzen sich zu viele Nickelniederschläge auf den Innenwänden des Elektrolytbehälters ab, so muss die Konzentration des Stabilisators erhöht werden. Umgekehrt, wenn an den Kanten des zu vernickelnden Teiles als Folge zu geringer Dicke der Nickelschicht Verfärbungen entstehen, dann muss man die Konzentration des Stabilisators reduzieren. Die Konzentration des Stabilisators bewegt sich in der Regel um 1-6 ppm [3.34].

3.4.2.5.5 Beschleuniger

Die Abscheidungsgeschwindigkeit von chemischen Vernickelungsbädern ist relativ niedrig und liegt größenordnungsmäßig bei 10 bis 20 µm/h. Der langsame und geschwindigkeitsbestimmende Schritt scheint die Oxidation des Reduktionsmittels (Natriumhypophosphits) zu sein. Durch Zugabe von Beschleunigern (Anionen von Mono- und Dicarbonsäuren sowie Fluoride und Borate) kann die Abscheidungsgeschwindigkeit heraufzusetzen werden. Man vermutet, dass dadurch die Bindung zwischen Wasserstoff und Phosphoratomen im Natriumhypophosphit geschwächt und so die Adsorption von Wasserstoff an der katalytisch wirksamen Oberfläche erleichtert wird.

3.4.2.5.6 pH-Regulatoren

Außenstromlose Nickel-Phosphor-Elektrolyte arbeiten in einem engen pH-Bereich von 4,6 bis 5,6. Da selbst geringfügige Änderungen des pH-Wertes sowohl die Abscheidungsgeschwindigkeit als auch der Phosphorgehalt und damit die Eigenschaften der abgeschiedenen Nickel-Phosphor-Schichten stark beeinflussen, werden den Elektrolyten Puffersubstanzen (pH-regulierende Stoffe) zugegeben, um den pH-Wert über längere Betriebszeiten konstant zu halten.

3.4.2.5.7 Netzmittel

Den Nickel-Phosphor-Elektrolyten können noch Netzmittel zugegeben werden, um die Benetzbarkeit der Oberfläche des zu vernickelnden Werkstücks zu erhöhen, das Anhaften von Wasserstoffbläschen zu verhindern und ein gleichmäßiges Schichtwachstum zu erzielen.

Die Konzentrationen der dem Nickel-Phosphor-Elektrolyten zugegebenen Komplexbildner, Stabilisatoren, Beschleuniger, Puffersubstanzen und Netzmittel müssen so aufeinander abgestimmt sein, dass eine hohe Elektrolytstabilität und eine optimale Abscheidungsgeschwindigkeit gewährleistet sind [3.34].

3.4.2.5.8 Prozessablauf

Der Prozess der außenstromlosen Abscheidung von Nickel-Phosphor-Schichten lässt sich stark vereinfacht mit Hilfe folgender Reaktionsgleichungen beschreiben:

$$NiSO_4 + 3\ NaH_2PO_2 + 3\ H_2O \rightarrow \mathbf{Ni}\downarrow + 3\ NaH_2PO_3 + 2\ \mathbf{H_2}\uparrow + H_2SO_4 \quad (3.23a)$$

$$3\ NaH_2PO_2 \rightarrow NaH_2PO_3 + 2\ \mathbf{P}\downarrow + 2\ NaOH + H_2O \quad (3.23b)$$

Der gemäß (3.23b) freigesetzte Phosphor baut sich in die Nickelschicht, die aufgrund (3.23a) auf der Werkstückoberfläche entsteht.

Tab. 3.15 gibt Auskunft über drei chemische Vernickelungsbäder (Natriumhypophosphit-Elektrolyte), aus denen Nickel-Phosphor-Schichten abgeschieden wurden.

Wie aus der Tabelle hervorgeht, liegen die Vorteile der Verfahrenseigenschaften unter den genannten Elektrolyttypen auf der Seite des Vernickelungsbades vom Typ III. Die Gehalte an Nickel und Natriumhypophosphit sind in diesem Elektrolyten geringer als bei den anderen. Ferner besitzt dieser Elektrolyt eine höhere Stabilität, d. h. eine geringere Neigung zur „Wildabscheidung", eine hohe Abscheidungsgeschwindigkeit und eine längere Standzeit. Dieser Elektrolyt kann zudem bei höheren pH-Werten und Abscheidungstemperaturen betrieben werden. Allerdings muss darauf hingewiesen werden, dass der geringere Phosphorgehalt der aus diesem Elektrolyten abgeschiedenen Schichten eine Verschlechterung der Korrosionsbeständigkeit bedeutet.

Tab. 3.15: Bestanteile und Abscheidungsparameter drei chemischer Vernickelungsbäder

Badbestandteile/Badparameter		Badtyp I	Badtyp II	Badtyp III
Nickelgehalt	[g/l]	7,3	7,3	6,3
Natriumhypophosphit	[g/l]	40	40	30
pH-Wert		4,6-5,2	4,6-5,2	4,8-5,6
Abscheidungstemperatur	[°C]	86-92	86-92	88-95
Abscheidungsgeschwindigkeit	[µm/h]	12-14	13-15	18-25
Standzeit*	[MTO]	5-6	5-7	9-12
Standzeit*	[g/l Ni]	37-44	37-50	57-63
Literbelastung	[dm^2/l]	bis 2	bis 2	bis 3
Badbewegung/Lufteinblasung		erforderlich	erforderlich	erforderlich
Filtration		kontinuierlich	kontinuierlich	kontinuierlich
Badstabilität		hoch	hoch	sehr hoch
Phosphorgehalt der abgeschiedenen Schicht	[%]	10-11	11-12	8-9

* Unter Standzeit ist das maximale Alter (Lebensdauer) des Elektrolyten zu verstehen, bei dem Schichten gleicher Qualität wie zu Beginn des Badansatzes abgeschieden werden können. MTO (Metal Turn Over) ist ein Maß für das Alter des Elektrolyten. 1 MTO bedeutet, dass die gesamte Anfangsmenge an Nickelionen ausgearbeitet und kontinuierlich ergänzt worden ist.

3.4.2.5.9 Standzeit

Das Alter oder die Lebensdauer bzw. Standzeit eines Nickel-Phosphor-Elektrolyten wird in MTO (Metal Turn Over) angegeben. Hierunter ist, wie bereits erwähnt, die aus einem solchen Elektrolyten abgeschiedene und wieder ergänzte Menge Nickel als Vielfaches der Ansatzkonzentration in g/l zu verstehen. Die Anzahl der MTOs (n_{MTO}), d. h. das Alter eines chemischen Vernicklungsbades lässt sich somit aus dem Verhältnis der insgesamt durchgesetzten Masse (m_{g}) und der Masse für 1 MTO (m_{MTO}) wie folgt [3.37] ermitteln:

$$n_{\mathrm{MTO}} = m_{\mathrm{g}} \,/\, m_{\mathrm{MTO}} \tag{3.24}$$

Beispielsweise erhält man bei einem Elektrolytvolumen von 100 Litern und einem Anteil von Nickelionen (Ni^{2+}) von 6 g/l

$$m_{\mathrm{MTO}} = 100\,\mathrm{l} \cdot 6\,\mathrm{g/l} = 600\,\mathrm{g}\ \mathrm{Ni}^{2+}$$

Wenn seit dem Neuansatz des Elektrolyten 1 800 g Nickel daraus abgeschieden und entsprechend wieder dem Elektrolyten zugegeben wurden, dann erhält man für die Anzahl der MTOs

$$n_{\mathrm{MTO}} = 1800 / 600 = 3$$

Die früheren chemischen Vernicklungsbäder (die so genannten 1. und 2. Generation) hatten eine relativ kurze Lebensdauer, die sich zwischen 2 bis 10 MTO bewegte. Diese Bäder mussten verwerfen werden, nachdem etwa 30 bis 80 g/l Nickel aus ihnen abgeschieden und wieder ergänzt worden war, andernfalls bestand die Gefahr, dass sich einige der wichtigsten funktionellen Eigenschaften der abgeschiedenen Nickel-Phosphor-Schichten verschlechterten [3.34].

Eine Verlängerung der Lebensdauer der Nickel-Phosphor-Elektrolyte war daher aufgrund folgender Aspekte von besonderem wirtschaftlichem und umwelttechnischem Interesse:

- Die durch das Alter des Elektrolyten bedingte Abnahme der Abscheidungsgeschwindigkeit und die Verschlechterung der Schichteigenschaften können nur in einem begrenzten Rahmen toleriert werden.
- Elektrolyte, die bereits am Ende ihrer Betriebsfähigkeit gelangt sind und deshalb entsorgt werden mussten, enthalten eine ganze Reihe verschiedener Stoffe unterschiedlicher Toxizität in zum Teil beachtlichen Konzentrationen.
- Die Entsorgung verbrauchter Elektrolyte ist von großer umwelttechnischer Bedeutung; zum einen weil das Nickel komplex gebunden ist, zum anderen weil die CSB[15]-Werte der verbrauchten Elektrolyte sehr hoch sind.

Es hat daher nicht an Versuchen gefehlt, die Stanzeit der chemischen Vernickelungsbäder soweit wie möglich durch geeignete Maßnahmen zu verlängern. Dank diesen Entwicklungsarbeiten sind seit den 80er Jahren des vergangenen Jahrhunderts so genannte Nickel-Phosphor-Elektrolyte der 3. Generation im Einsatz, deren Nutzungsdauer praktisch nur noch durch unabsichtliche Kontaminationen (Nitrat aus zur Anlagenreinigung verwendeter Salpetersäure) oder Verluste (Leckagen durch versehentlich geöffnete Tankventile, etc.) begrenzt wird. In der Produktion werden nun Standzeiten von 200 MTO und mehr erreicht.

[15] CSB (Chemischer Sauerstoffbedarf) umfasst nahezu alle Abwasserinhaltsstoffe, die oxidierbar sind. Die Bestimmungsmethode des CSB-Wertes ist die Oxidation mit Chromschwefelsäure bei höheren Temperaturen in Anwesenheit von Katalysatoren.

3.4.2.5.10 Einsatzgebiete

Die Anwendungen von chemisch abgeschiedenen reinen Nickel-Phosphor-Schichten und seit einiger Zeit auch von Nickel-Phosphor-Dispersionsschichten und Nickel-Phosphor-Legierungsschichten werden insbesondere durch den Tatbestand bestimmt, dass man mit ihnen auch Nichtleiter und kompliziert geformte Werkstücke gleichmäßig beschichten kann. Die Einteilung der Anwendungen erfolgt in der Regel nach Industriezweigen. Sie könnte jedoch genauso gut nach grundwerkstoffspezifischen Gesichtspunkten erfolgen. Kunststoffe, Stähle, Aluminium, Aluminiumlegierungen und Buntmetalle, alle chemisch vernickelt, könnten dann einzelnen Branchen zugeordnet werden.

Die Anwendungen dieser Schichten sind so vielfältig und ihre Einsatzgebiete so zahlreich [3.34], dass hier nur einige von ihnen stichwortartig genannt werden können: Automobilindustrie, Bergbau, chemische Industrie, Computerindustrie, Druckindustrie, Elektrotechnik und Elektronik, Erdöl- und Gasindustrie, Kunststoffindustrie, Luft- und Raumfahrt, Maschinenbau und Textilindustrie.

3.4.2.6 Chemische Verkupferung

Ein weiteres Beispiel für die außenstromlose Metallabscheidung ist die chemische Verkupferung von Kunststoffen. Die chemisch-reduktive Abscheidung von Kupfer erfolgt hauptsächlich aus alkalischen Lösungen, die die gleichen funktionellen Bestandteile enthalten wie die Vernicklungselektrolyte. Tab. 3.16 gibt eine Übersicht über die Bestandteile von Elektrolyten zur chemischen Kupferabscheidung.

In Abhängigkeit von der Zusammensetzung des Elektrolyten und der Temperatur können Abscheidungsgeschwindigkeiten bis zu 8 µm/h aus erreicht werden.

3.4.2.6.1 Kupfersalz

Als Metallsalz bei der chemischen Verkupferung findet Kupfersulfat (z. B. Kupfer(II)-sulfat-Pentahydrat, $CuSO_4 \cdot 5\ H_2O$) Verwendung, das mit Komplexbildnern umgesetzt wird.

3.4.2.6.2 Komplexbildner

Bei der chemischen Kupferabscheidung scheidet sich neben Kupfer auch Kupfer(I)-oxid ab. Dadurch verschlechtert sich die Eigenschaft der Kupferschicht. Zur Verhinderung werden Kupfer(I)-komplexbildner, z. B. Cyanidionen, den Bädern zugesetzt.

Tab. 3.16: Typische Komponenten chemischer Kupferbäder [3.38]

Metallsalz	Kupfersulfat Kupferacetat Kupfercarbonat Kupferformiat Kupfernitrat
Reduktionsmittel	Formiat Formaldehyd Dimethylaminboran Natriumhypophosphit Hydrazinsulfat
Komplexbildner	Kalium-Natrium-Tartrat Ethylenediaminetetraphosphonate (EDTP) Ammoniumhydroxid Pyridin-3-sulfonsäure
Stabilisatoren	Thioglycolsäure Mercaptobenzthiazol Thioharnstoff Cyanid Vanadiumoxid
pH-Regulator	Salzsäure Schwefelsäure Natriumhydroxid Kaliumhydroxid
Abscheidungsbedingungen	Temperatur: 26–70 °C pH-Wert: 9,0–13,0 Abscheiderate: 1–7,5 µm/h

Als Komplexbildner können ferner Tartrate, Glukonate, Lektate, Citrate, EDTA oder Quadrol® verwendet werden.

Der Komplexbildner hat die Aufgabe Kupferionen bei einem alkalischen pH-Wert in Lösung zu halten. Gleichzeitig werden die frei verfügbaren Kupferionen deutlich herabgesenkt, so dass die Abscheidung von Kupfer auch vom Komplexbildner beeinflusst wird. Die Abscheiderate zeigt eine steigende Tendenz, wenn man die folgende Reihe betrachtet: Tartrat < EDTA < Quadrol®.

Die Komplexbildner kann man in drei Gruppen einteilen [3.38], wobei jede Gruppe für sich die gleichen Eigenschaften aufweist.

Die erste Gruppe umfasst EDTA und NTA. Beide Verbindungen enthalten Carboxylgruppen. Der Einfluss der Konzentration des freien Komplexbildners ist gering.

Die zweite Gruppe sind Diamine mit Hydroxylgruppen mit ausgeprägtem Einfluss auf die Abscheiderate, so z. B. Quadrol®.

Zur dritten Gruppe zählen TEA (Triethanolamin) und TIPA (Triisopropylamin), beides Monoamine mit Hydroxylgruppen. Hier steigt die Rate zunächst an, bis zu 20mal schneller als bei EDTA-Bädern, um dann bei einem Verhältnis Komplexbildner zu Kupfer von 3 : 1 wieder zu sinken.

Das unterschiedliche Verhalten der Komplexbildner wird auf die individuelle Adsorbtionskinetik der einzelnen Gruppen, gekoppelt mit der Komplexbildungskonstanten, zurückgeführt.

3.4.2.6.3 Reduktionsmittel

Als Reduktionsmittel bei der chemischen Verkupferung kann beispielsweise eine wässrige Lösung von Formaldehyd (HCHO) verwendet werden.

3.4.2.6.4 Stabilisatoren

Die Anforderungen an ein chemisches Kupferbad können sehr verschieden sein und verlangen daher unterschiedliche Stabilisatoren oder Kombinationen von Stabilisatoren.

Chemische Kupferbäder sind thermodynamisch metastabile Systeme. Sie müssen deshalb durch den Zusatz von Stabilisatoren soweit stabilisiert werden, dass nur eine gewollte Abscheidung auf metallischen Substraten oder aktivierten Oberflächen erfolgt. Stabilisatoren sorgen dafür, dass inaktive, d. h. elektrisch nicht leitende Oberflächen vor einer Verkupferung geschützt bleiben. Inaktive Oberflächen sind in den meisten Fällen das Wannenmaterial, das mit dem chemischen Kupferbad stets im Kontakt ist, aber auch kleine Partikel aus Metall. Andererseits können Stabilisatoren auch die stets vorhandene Neigung zur Selbstzersetzung, durch Anheben des stark kathodischen Potentials in den anodischen Bereich, unterdrücken helfen.

Stabilisatoren können aus verschiedenen Verbindungen wie Dextrin, Gelatine, Cyanid sowie verschiedenen Schwefel- oder Selenverbindungen bestehen. Die Auswahl eines Stabilisators muss sorgfältig vorgenommen werden, ebenso seine Dosierung.

Mit der Anwendung von Stabilisatoren ändert sich nicht nur das Badverhalten auf destabilisierende Einflüsse, auch die abgeschiedenen Kupferschichten ändern sich in ihrem Gefüge. Der Stabilisator (oder Bruchstücke des Stabilisatormoleküls) wird in den meisten

Fällen in die Schicht eingebaut. Dadurch geschieht eine ungewollte Veränderung der technologischen Eigenschaften, die meist als negativ einzustufen ist.

Die intensive Suche nach geeigneten Stabilisatoren dauert noch an [6.4]. Substanzen werden in langen Testserien auf ihre Eignung geprüft, wie sie wirken und in welcher Menge sie eine messbare stabilisierende Wirkung entfalten. Die Messung des Stabilisatorgehaltes im Bad ist äußerst problematisch, da seine Wirkung von wesentlich mehr Parametern abhängt, als von der reinen Konzentration. In speziellen Fällen, wie z. B. beim Cyanid, das man mit einer ionensensitiven Elektrode erfassen kann, gelingt eine Kontrolle.

3.4.2.6.5 pH-Regulatoren

Bei der außenstromlosen Kupferabscheidung dient als pH-Regulator (Puffer) u. a. Natriumhydroxid (NaOH, Alkali) in einer Konzentration, so dass sich ein pH-Wert zwischen 11 und 13 einstellt.

3.4.2.6.6 Kupferbäder

Die in der Praxis eingesetzten Kupferelektrolyte weisen folgende Zusammensetzung und Abscheidungsbedingungen auf:

Kupfersulfat, $CuSO_4 \cdot 5\ H_2O$	5-10 g/l
Natriumhydroxid, NaOH	4-5 g/l
Kalium-Natrium-Tartrat, $KNaC_4H_4O_6 \cdot 4\ H_2O$	5-10 g/l
Formaldehyd, HCHO	5-10 g/l
pH-Wert:	12-13
Temperatur:	20-30 °C
Abscheidungsgeschwindigkeit:	1-2 µm/h

Als Beispiel kann die Zusammensetzung eines Elektrolyten wie folgt angegeben werden:

Kupfer(II)-sulfat-Pentahydart, $CuSO_4 \cdot 5\ H_2O$	10 g/l
Natriumhydroxid, NaOH	10 g/l
Kalium-Natrium-Tartrat, $KNaC_4H_4O_6 \cdot 4\ H_2O$	50 g/l
Formaldehyd, HCHO (37%ig)	10 g/l
Stabilisator	10-100 mg/l

Die Kupferabscheidung aus diesem Elektrolyten erfolgt bei 20-35 °C mit einer Abscheidungsgeschwindigkeit von 5 µm/h.

3.4.2.6.7 Reaktionsablauf

Die bei der chemischen Kupferabscheidung ablaufende Redox-Reaktion bei Verwendung von Formaldehyd (HCHO) als Reduktionsmittel lässt sich wie folgt zusammenfassen:

$$HCOO^- + 3\ OH- + Cu^{2+} + 2\ H_2O + Cu \tag{3.25}$$

Die einzelnen Teilschritte dabei sind die folgenden:

Es kommt zum Zerfall des Formaldehyds im alkalischen Medium:

$$2\ HCHO + 2\ OH^- \rightarrow 2\ HCOO_2H + H_2 + 2\ e^- \tag{3.26}$$

Neben dieser Teilreaktion gibt es einen weiteren möglichen Verlauf:

$$HCHO + OH^- \rightarrow H_2C(OH)O^- \tag{3.27}$$

$$H_2C(OH)O^- + OH^- \rightarrow HCO_2^- + H_2O + H^-_{ads} \tag{3.28}$$

In der zweiten Stufe erfolgt die Reduktion des Kupferions zu metallischem Kupfer:

$$Cu^{2+} + 2\ e^- \rightarrow Cu \tag{3.29}$$

Oder, wenn anstelle der Elektronen Hydridionen das 2-wertige Kupfer reduzieren:

$$Cu^{2+} + 2\ H^-_{ads} \rightarrow Cu + H_2 \tag{3.30}$$

Wie aus Gl. (3.30) deutlich wird, erfolgt die Reduktion des Kupferions unter Bildung von Wasserstoff, was die Stromausbeute des Reduktionsmittels herabsetzt.

Eine Nebenreaktion, die bei der außenstromlosen Kupferabscheidung stattfindet, ist die Disproportionierung[16] von Formaldehyd:

$$2\ HCHO + NaOH \rightarrow HCOONa + CH_3OH \tag{3.31a}$$

[16] Von einer Disproportionierung bei einer Redox-Reaktion spricht man dann, wenn ein Element gleichzeitig als Oxidations- und Reduktionsmittel auftritt. Das Element liegt vorher in einer mittleren Oxidationsstufe, nachher teils in einer positiveren und teils in einer negativeren Oxidationsstufe vor. Beispiel: Reaktion von Chlor in kalter Natronlauge zu Natriumchlorid, Natriumhypochlorit und Wasser:

$$\overset{0}{Cl_2} + 2\ NaOH \rightarrow Na\overset{1-}{Cl} + Na\overset{1+}{Cl}O + H_2O$$

Demnach wird das Formaldehyd in Gegenwart von Natriumhydroxid zum Natriumformiat (Natriumsalz der Ameisensäure); dabei entsteht Methanol. Diese Umsetzung von Formaldehyd in alkalischen Lösungen wird als CANNIZZARO-Reaktion bezeichnet.

Eine weitere Nebenreaktion ist der Zerfall des Natriumformiats:

$$HCOONa + NaOH \rightarrow Na_2CO_3 + H_2 \quad (3.31b)$$

Infolge der beiden Nebenreaktionen reichert sich der Elektrolyt an Natriumformiat und Natriumcarbonat an, und es kommt zu einer hohen Salzfracht, die sich negativ auf die Kupferabscheidung bemerkbar macht. Deshalb muss kontinuierlich Natriumhydroxid nachdosiert werden, um den pH-Wert einzuhalten.

3.4.2.6.8 Einsatzgebiete

Ein wichtiges Anwendungsgebiet der chemisch-reduktiven Verkupferung ist die Herstellung von elektrisch leitenden Schichten auf Polymeren, vorzugsweise auf ABS-Kunststoffen. Ferner findet sie Verwendung bei der Herstellung von gedruckten Schaltungen (Leiterbahnen auf und Bohrlochmetallisierung in Leiterplatten) [3.37, 3.38].

Im Folgenden soll die Vorgehensweise bei der chemischen Verkupferung der Bohrungen von Leiterplatten und Multilayern (letztere sind Leiterplatten mit mehreren Innenlagen) kurz skizziert werden. Besonders bei hochwertigen Multilayern kommt es darauf an, dass in den Bohrungen mit *aspect ratios*[17] > 20 eine einwandfreie Kupferbelegung erreicht wird. Dieser als Durchkontaktierung bezeichnete Fertigungsabschnitt gewährleistet das Funktionieren der Leiterplatte. Durchkontaktierungen sind, wie in Abb. 3.14 ersichtlich, vertikale elektrische Verbindungen zwischen den Leiterbahnen. Sie lassen sich in einem chemischen Kupferbad realisieren, dessen Mikro-Streufähigkeit, d. h. die Fähigkeit, Kupfer in den Poren und Kratzern abzuscheiden, bei fast 100 % liegt. Die hohe Mikro-Streufähigkeit stellt zudem die gleichmäßige Dicke und die Homogenität der abgeschiedenen dünnen Kupferschicht sicher.

Die abzuscheidenden Kupfer-Ionen werden von einem gelösten Kupfersalz, z. B. $CuSO_4$, bereitgestellt, und die zu ihrer Reduktion benötigten Elektronen werden durch das Reduktionsmittel Formaldehyd HCHO geliefert (man spricht auch von Formalin, womit eine wässrige Formaldehyd-Lösung gegebenenfalls mit Zusatz von Methanol gemeint ist). Dabei wird Formaldehyd gemäß Reaktionsgleichung (3.26) aufoxidiert.

[17] Verhältnis der Bohrungslänge zum Bohrungsdurchmesser

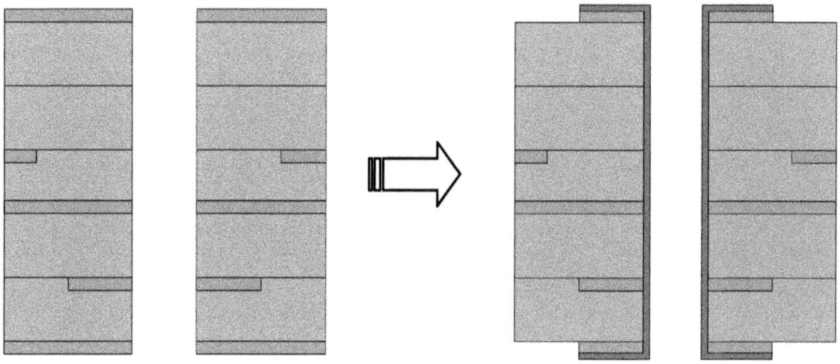

Abb. 3.14: Chemische Verkupferung der Bohrungen einer Leiterplatte (Durchkontaktierung)

Der Reaktionsmechanismus der chemischen Kupferabscheidung kann somit vereinfacht durch die folgende Redoxreaktion wiedergegeben werden:

$$Cu^{2+} + HCHO + 3\ OH^- \rightarrow Cu^0 + HCOO^- + 2\ H_2O \tag{3.32}$$

Da die Redoxreaktion in stark alkalischen Medien mit pH-Werten um 12 bis 13 abläuft, muss durch Zusatz geeigneter Komplexbildner ein Ausfällen von Kupferhydroxid Cu(OH) verhindert werden. Ferner müssen dem thermodynamisch instabilen Kupferbad Stabilisatoren zugegeben werden, um es zu stabilisieren. Die Gefahr, dass Bruchstücke des Stabilisatormoleküls in die Kupferschicht eingebaut werden und ihre technologischen Eigenschaften negativ beeinflussen, ist dabei kaum von Belang, da nur dünne Kupferschichten als Leitschicht abgeschieden werden. Die Kenndaten zwei chemische Kupferbäder sind wie folgt:

Komplexbildner	Stabilisator	Baddichte g/cm^3	pH-Wert	Temperatur T °C	Abscheidungsrate µm/h
EDTA	S, CN	1,045	12,8-13	60	3
Quadrol	S, CN	1,026	13-13,2	45	5

Langsam abscheidende Kupferbäder mit Abscheidungsraten von ≤ 3 µm/h erfordern eine hohe Expositionszeit, wodurch der Abscheidungsprozess verlängert wird. Schnell abscheidende Kupferbäder mit Abscheidungsraten von ≥ 7 µm/h sind wiederum ohne Regelungstechnik nicht zu betreiben.

Bei der praktischen Durchführung der chemischen Verkupferung müssen noch einige zusätzliche Maßnahmen getroffen werden. Als erstes müssen die zuvor gereinigten

Innenwände der Bohrungen durch Bekeimung leitend gemacht werden. Dieser Arbeitsschritt erfolgt in der Regel mittels hochreaktiver Palladiumkeime in einem Bekeimungsbad (Palladium ist bekanntlich ein exzellenter Katalysator). An den Palladiumkeimen scheidet sich Kupfer ab, da es unedler ist als Palladium. So entsteht eine sehr dünne, aber leitfähige Kupferschicht, die anschließend in einem weiteren Prozessschritt durch galvanische Kupferabscheidung verstärkt wird. Erst dann ist die für das Funktionieren der Leiterplatte notwendige Dicke der Kupferschicht erreicht.

Eine Verkupferungsanlage muss daher mehrere aufeinanderfolgende Bäder umfassen, durch die die Leiterplatte schrittweise laufen muss. Man beginnt zweckmäßig mit Reinigungsbädern, es folgen dann die Prozesse der Bekeimung, der chemischen Kupferabscheidung und schließlich der galvanischen Verstärkung der dünnen, chemisch abgeschiedenen Kupferschicht.

Eine Sonderanwendung der chemischen Verkupferung stellt die Beschichtung einer Nichtleiteroberfläche mit Kupfer zur elektromagnetischen Abschirmung (Shielding) dar. Eine solche Abschirmung schreibt der Gesetzgeber vor, damit sich elektrische oder elektronische Geräte nicht gegenseitig beeinflussen und stören (z. B. in FCC Docket No. 20789, USA, oder European EMI[18], Rules of the European Community, 92/31/EWG). Im Allgemeinen wird eine elektromagnetische Abschirmung über den Frequenzbereich von 100 kHz bis 10 GHz von 60 dB gefordert. Dies lässt sich mit einer etwa 1 bis 2 µm dicken Schicht außenstromlos abgeschiedenen Kupfers bewerkstelligen. Damit das Kupfer nicht altert und in seinen abschirmenden Eigenschaften nachlässt, wird auf der Kupferschicht eine dünne Nickelschicht abgelegt, die ebenfalls außenstromlos als Korrosionsschutz abgeschieden wird.

[18] Die elektromagnetische Beeinflussung (EMB) oder Electromagnetic Interference (EMI) ist eine durch magnetische und elektrische Felder verursachte Beeinflussung der Funktionalität von Geräten. Alle elektronischen Geräte geben infolge elektromagnetischer Aktivitäten Emissionen ab und stören sich somit gegenseitig. Diese Strahlungen werden durch die Veränderung von Strömen hervorgerufen. Die elektromagnetische Beeinflussung kann beispielsweise zu Störungen in elektronischen Schaltkreisen, in Rundfunk- und Mobilfunkgeräten oder zum Datenverlust in EDV-Anlagen führen.

Literaturverzeichnis

[3.1] *Oehme, F.*: „Chemie für Galvaniseure - Bildung und Zerstörung von Komplexen“, Oberfläche-Surface 25/Heft 12 (1984), 434

[3.2] *Aßmann, K.*: „Verfahren zur Abwasserbehandlung“ in „Technologie der Galvanotechnik“, herausgegeben von *B. Gaida und K. Aßmann*, Eugen G. Leuze Verlag Saulgau/Württ, 1996

[3.3] *Hoffmann, R.*: „Chemie für die Galvanotechnik“, Eugen G. Leuze Verlag Saulgau/Württ., 1988

[3.4] *Ehrich, H.-J.*: „Herstellung gedruckter Schaltungen“ in „Technologie der Galvanotechnik“, herausgegeben von *B. Gaida und K. Aßmann*, Eugen G. Leuze Verlag Saulgau/Württ., 1996

[3.5] *Roth, E.*: „Galvanisch hergestellte Metallüberzüge - Kupfer und seine Legierungen“ in „Praktische Galvanotechnik“, 4. Auflage, Autorenkollektiv, Eugen G. Leuze Verlag Saulgau/Württ., 1984

[3.6] *Brugger, R.*: „Galvanisch hergestellte Metallüberzüge - Nickel“ in „Praktische Galvanotechnik“, 4. Auflage, Autorenkollektiv, Eugen G. Leuze Verlag Saulgau/Württ., 1984

[3.7] LPW Taschenbuch für Galvanotechnik, Bd. 1 Verfahrenstechnik, 13. Ausgabe, 1988

[3.8] *Jelinek, T. W.*: „Galvanisch hergestellte Metallüberzüge - Zink“ in „Praktische Galvanotechnik“, 4. Auflage, Autorenkollektiv, Eugen G. Leuze Verlag Saulgau/Württ., 1984

[3.9] *Knodler, A.*: „Galvanisch hergestellte Metallüberzüge - Gold und seine Legierungen“ in „Praktische Galvanotechnik“, 4. Auflage, Autorenkollektiv, Eugen G. Leuze Verlag Saulgau/Württ., 1984

[3.10] *Gaida, B.*: „Galvanotechnik in Frage und Antwort“, Eugen G. Leuze Verlag Saulgau/Württ,. 1983

[3.11] *Dettner, H. W.*: „Lexikon für Metalloberflächen-Veredlung“, Eugen G. Leuze Verlag Saulgau/Württ., 1989

[3.12] *John, W.*: „Galvanisch abzuscheidende Metalle - Nickel“ in „Technologie der Galvanotechnik“, herausgegeben von *B. Gaida und K. Aßmann*, Eugen G. Leuze Verlag Saulgau/Württ., 1996

[3.13] *Kanani, N.*: „Abscheiden von Metallen ohne äußere Stromquelle“ in „Technologie der Galvanotechnik“, herausgegeben von *B. Gaida und K. Aßmann*, Eugen G. Leuze Verlag Saulgau/Württ., 1996

[3.14] *Dini, J. W.*: „Electrodeposition, The Materials Science of Coating and Substrates“, Noyes Publications, Park Ridge, New Jersey, USA, 1993

[3.15] *Dietz, K. H.*: „Kontrolle organischer Zusätze im sauren Kupferbad für die Leiterplattenfertigung“, Galvanotechnik 78 (1987), Nr. 8, 2290-2298

[3.16] *Jelink, T. W.*: „Galvanisch hergestellte Metallüberzüge - Chrom“ in „Praktische Galvanotechnik“, 4. Auflage, Autorenkollektiv, Eugen G. Leuze Verlag Saulgau/Württ., 1984

[3.17] *Andreas, B.*: „Vorbehandlungsverfahren Schleifen und Polieren“ in „Technologie der Galvanotechnik“, herausgegeben von *B. Gaida und K. Aßmann*, Eugen G. Leuze Verlag Saulgau/Württ., 1996

[3.18] *Schulz-Harder, J.*: „Ein neuer Mechanismus des Einflusses von Badzusätzen auf die Stromdichteverteilung bei der Metallabscheidung auf rauen Kathoden und seine experimentelle Begründung“, Dissertation, TU Berlin, 1971

[3.19] *Autorenkollektiv*: „Galvanotechnisches Fachwissen“, VEB Deutscher Verlag für Grundstoffindustrie Leipzig, 1982

[3.20] *Ludwig, R.*: „Galvanisch abzuscheidende Metalle - Chrom“ in „Technologie der Galvanotechnik“, herausgegeben von B. *Gaida und K. Aßmann*, Eugen G. Leuze Verlag Saulgau/Württ., 1996

[3.21] *Latscha, H. P.*: „Was sind eigentlich Tenside?“, GIT Fachzeitschrift Labor 1 (1987), 29-30

[3.22] *Fabry, B.*: „Tenside. - Eigenschaften, Rohstoffe, Produktion, Anwendungen“, Chemie in unserer Zeit, Nr. 4 (1991), 214-222

[3.23] *Frick, W.*: „Metallabscheidung ohne äußere Stromquelle“, Galvanotechnik 76 (1985) 5, 548-551

[3.24] *Riedel, W.*: „Funktionelle Chemische Vernicklung“, Eugen G. Leuze Verlag Saulgau/Württ., 1989

[3.25] *Ehrich, H.-J.*: „Moderne Aspekte der chemischen Verkupferung zur Herstellung gedruckter Schaltungen“, Galvanotechnik 68 (1977), 960-969

[3.26] *Lausmann, G. A. und Unruh, J. N. M.*: „Die galvanische Verchromung“, Eugen G. Leuze Verlag Saulgau/Württ., 1998

[3.27] *Todt, H.-G.*: „Technische Aspekte der cyanidischen und sauren Verkupferung“, Sonderdruck aus Galvanotechnik, Heft 12 (1967)

[3.28] *Plieth, W., Schröder, N. und Sandmann G.*: „Qualitätssicherung, Analytik und Prozessoptimierung bei der Kupferabscheidung“ in „Kupferschichten - Herstellung, Eigenschaften und Anwendungen“, herausgegeben von *N. Kanani*, Eugen G. Leuze Verlag Saulgau/Württ., 2000

[3.29] *Jelinek, T. W.*: „Galvanische Verfahren in der Praxis“ in „Praktische Galvanotechnik“, 4. Auflage, Autorenkollektiv, Eugen G. Leuze Verlag Saulgau/Württ., 1984

[3.30] *Oehme, F.*: „Chemie für Galvaniseure - Die Leitfähigkeit von Lösungen“, Oberfläche-Surface 25/Heft 7 (1984), 213-214

[3.31] *Ramisch, J. und Jelinek, W.*: „Zink und Zinklegierungen“ in „Technologie der Galvanotechnik“, herausgegeben von *B. Gaida und K. Aßmann*, Eugen G. Leuze Verlag Saulgau/Württ., 1996

[3.32] *Jansen, R. und Preikschat, P.*: „Cyanidfreie alkalische Verzinkung“, Metalloberfläche 51 (1997) 6, 430-434

[3.33] *Dombrowsky, N.*: „Goldgalvanik in der Mikrosystemtechnik - Herausforderungen durch neue Anwendungen“, Dissertation, Institut für Mikrosystemtechnik der Universität Karlsruhe (TH), 2007

[3.34] *Kanani, N.*: „Chemische Vernicklung: Nickel-Phosphor-Schichten, Herstellung, Eigenschaften, Anwendungen“, 1. Auflage, Eugen G. Leuze Verlag Saulgau/Württ., 2007

[3.35] *Müller, K.-P.*: „Praktische Oberflächentechnik: Vorbehandeln, Beschichten, Prüfen“, Friedr. Vieweg & Sohn Verlagsgesellschaft Braunschweig, 1996

[3.36] *Schlesinger, M.*: „Electroless Deposition of Nickel“ in „Modern Electroplating“ by *M. Schlesinger and M. Paunovic* (Editors), Fourth Edition, John Wiley & Sons, Inc. London, 2000

[3.37] *Unruh, J. N. M.*: „Lehrbuch für Galvaniseure (Lehrstufe 2)“, Eugen G. Leuze Verlag Saulgau/Württ., 2003

[3.38] *Mahlkow, H. Middeke H. und Wolf, J.*: „Außenstromlos abgeschiedene Kupferschichten“ in „Kupferschichten: Abscheidung, Eigenschaften, Anwendungen“, herausgegeben von *N. Kanani*, Eugen G. Leuze Verlag Saulgau/Württ., 2000

4 Verfahren zur Abscheidung metallischer Schichten

4.1 Einleitung

Eine metallische Schicht kann nur dann aus einer wässrigen Elektrolytlösung auf einem Substrat (Kathode, Ware, Werkstück, Bauteil) abgeschieden werden, wenn genügend Elektronen zur Verfügung stehen, um die in der Elektrolytlösung vorhandenen Metallionen zu entladen. Je nach der Herkunft dieser Elektronen unterscheidet man zwischen zwei Hauptverfahren. Diese sind als chemische (ohne äußere Spannungsquelle) und elektrochemische (mit äußerer Spannungsquelle) Metallabscheidung allgemein bekannt. Abb. 4.1 zeigt eine Übersicht der verschiedenen Varianten dieser beiden Abscheidungsverfahren. Die laserinduzierte Metallabscheidung stellt eine relativ neue Entwicklung dar und kann sowohl chemisch als auch elektrochemisch vorgenommen werden.

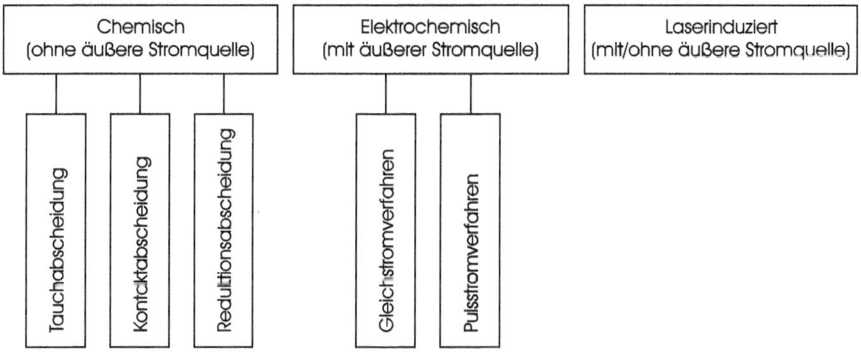

Abb. 4.1: Verfahren zur chemischen bzw. elektrochemischen Abscheidung metallischer Schichten

Im Folgenden sollen die spezifischen Merkmale dieser Verfahren etwas näher erörtert werden.

4.2 Chemische Metallabscheidung

Kennzeichnend für die chemische Metallabscheidung ist, dass die zur Entladung der Metallionen benötigten Elektronen nicht durch eine äußere Spannungsquelle geliefert werden. Man spricht daher vielfach von außenstromloser Metallabscheidung. Dabei sind drei Verfahrensvarianten zu unterscheiden, die als Tauch-, Kontakt- und Reduktionsverfahren bekannt sind. Die beiden erstgenannten Abscheidungsmethoden werden nur für spezielle Zwecke eingesetzt [4.1]. Das Reduktionsverfahren, das große technische Bedeutung erlangt hat, wird im Folgenden erörtert [4.2].

4.2.1 Reduktionsverfahren

Das Prinzip der Schichtabscheidung mittels Reduktionsverfahren ist in Abb. 4.2 angedeutet. Die Entladung der in der Elektrolytlösung vorhandenen Metallionen erfolgt durch Elektronen, die von einem Reduktionsmittel R^{n+} zur Verfügung gestellt werden. Aus diesem Grund hat sich auch die Bezeichnung „chemisch-reduktive" Metallabscheidung für dieses Verfahren eingebürgert. Das Reduktionsmittel wird vorher dem Elektrolyten zugegeben.

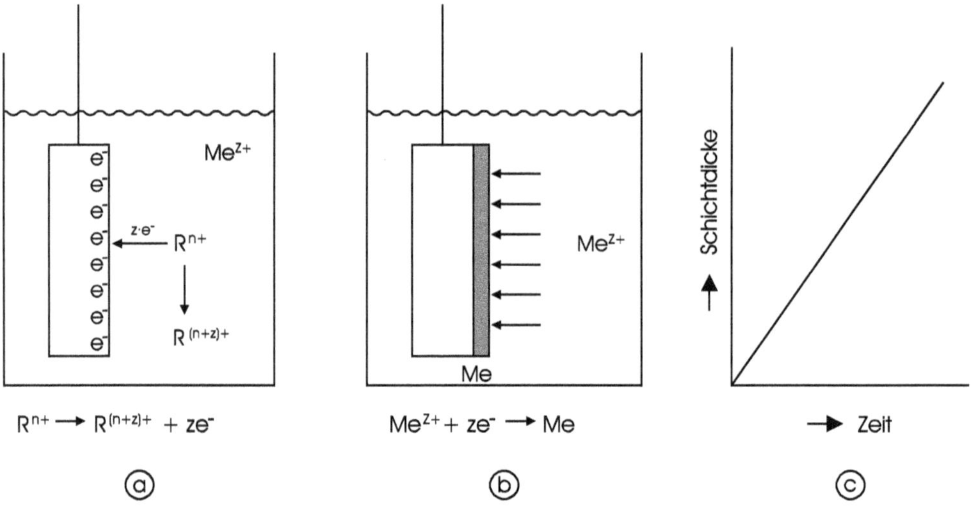

Abb. 4.2: Prinzip der Reduktionsabscheidung
a: Oxidation des Reduktionsmittels
b: Reduktion der Metallionen und Entstehung der Schicht
c: zeitliche Zunahme der Schichtdicke

Ein Vorteil des Reduktionsverfahrens besteht darin, dass man damit auch elektrisch nicht leitende Materialien, wie Kunststoffe, Glas und Keramik, metallisieren kann. Die Voraussetzung dafür ist allerdings eine sachgemäße Vorbehandlung der Oberfläche dieser Werkstoffe, die man als Oberflächenaktivierung bezeichnet. Sie umfasst die Gesamtheit aller Maßnahmen, die die Werkstoffoberfläche in einen Zustand versetzen, der die anschließende Metallisierung erst möglich macht. Ein bekanntes Beispiel hierfür ist die in der Leiterplattentechnik weit verbreitete Behandlung der Bohrlöcher im Epoxidharz-Basismaterial mit einer $SnCl_2/PdCl_2$-Lösung vor der chemischen Verkupferung.

Dabei bilden sich auf den elektrisch nicht leitenden Mantelflächen der Bohrungen Palladiumkeime, die bei der Bildung der Kupferschicht als Kristallisationszentren fungieren.

4.2.1.1 Abscheidung von Metallschichten

Die sich bei der Reduktionsabscheidung auf der Oberfläche eines metallischen Substrats abspielenden Vorgänge können formal durch zwei Reaktionsgleichungen beschrieben werden. Es sind die Oxidation des Reduktionsmittels und die Reduktion (Entladung) der Metallionen. Die sich als Summe der beiden Reaktionsgleichungen ergebende Redox-Reaktion lässt sich am Beispiel eines *z*-wertigen Metalls wie folgt beschreiben:

$$\begin{array}{l} \mathrm{R}^{n+} \rightarrow \mathrm{R}^{(n+z)+} + z \cdot \mathrm{e}^- \\ \underline{\mathrm{Me}^{z+} + z \cdot \mathrm{e}^- \rightarrow \mathrm{Me}\qquad\qquad} \\ \mathrm{R}^{n+} + \mathrm{Me}^{z+} \rightarrow \mathrm{R}^{(n+z)+} + \mathrm{Me} \end{array} \qquad (4.1)$$

Die Gleichung für die Redox-Reaktion bringt zum Ausdruck, dass das Reduktionsmittel R^{n+} durch Abgabe von z Elektronen zu $R^{(n+z)+}$ oxidiert wird, und die dabei frei werdenden Elektronen (e^-) die Kationen Me^{z+} des abzuscheidenden Metalls zu elektrisch neutralen Metallatomen Me reduzieren. Diese schlagen sich dann als eine metallische Schicht auf der Substratoberfläche nieder. Dabei kommt dem Substrat im Hinblick auf den Elektronenaustausch zwischen dem Reduktionsmittel und den Kationen des abzuscheidenden Metalls eine besondere Rolle zu. Das Reduktionsmittel gibt Elektronen an die Substratoberfläche ab, die dann dort von den ankommenden Metallionen aufgenommen werden. Somit fungiert das Substrat als ein elektronenübertragendes Medium und greift in das elektrochemische Geschehen katalytisch ein. Das heißt, die Metallabscheidung erfolgt über eine kontrollierte chemische Reduktion, die durch die Substratoberfläche katalysiert und erst möglich wird. Ist die Metallabscheidung an der katalytisch wirkenden Substratoberfläche erst einmal in Gang gesetzt, so wird sie durch die sich bildende Metallschicht weiter aufrechterhalten bleiben. Dies bedeutet, dass auch die sich auf die Substratoberfläche niederschlagende Metallschicht katalytisch wirksam bleiben muss, damit ein Überzug von gewünschter Dicke abgeschieden werden kann. Aus diesem Grund spricht man auch von „autokatalytischer Metallabscheidung". Fehlt die katalytische Wirkung bei der entstehenden Metallschicht, kommt der Abscheidungsprozess zum Stillstand, sobald sich auf der Substratoberfläche ein geschlossener dünner Film aus dem Schichtmetall gebildet hat. Metalle, die chemisch-reduktiv abgeschieden werden können, sind im Periodensystem der Elemente in Abb. 4.3 besonders hervorgehoben.

Die Abscheidung von Metalloiden, wie Bor und Phosphor, ist nur als Legierungsbestandteil von technischer Bedeutung.

Ia	IIa	IIIa	IVa	Va	VIa	VIIa	VIII			Ib	IIb	IIIb	IVb	Vb	VIb	VIIb	O
1 H																1 H	2 He
3 Li	4 Be											5 B	6 C	7 N	8 O	9 F	10 Ne
11 Na	12 Mg											13 Al	14 Si	15 P	16 S	17 Cl	18 Ar
19 K	20 Ca	21 Sc	22 Ti	23 V	24 Cr	25 Mn	26 Fe	27 Co	28 Ni	29 Cu	30 Zn	31 Ga	32 Ge	33 As	34 Se	35 Br	36 Kr
37 Rb	38 Sr	39 Y	40 Zr	41 Nb	42 Mo	43 Tc	44 Ru	45 Rh	46 Pd	47 Ag	48 Cd	49 In	50 Sn	51 Sb	52 Te	53 I	54 Xe
55 Cs	56 Ba	57 La	72 Hf	73 Ta	74 W	75 Re	76 Os	77 Ir	78 Pt	79 Au	80 Hg	81 Tl	82 Pb	83 Bi	84 Po	85 At	86 Rn
87 Fr	88 Ra	89 Ac	104 Ku														

Abb. 4.3: Übersicht über chemisch-reduktiv abscheidbare Metalle und Metalloide

4.2.1.2 Abscheidung von Legierungsschichten

Das chemisch-reduktive Verfahren wird auch eingesetzt, um Legierungsschichten abzuscheiden. Als Beispiele hierfür sind Nickel-Phosphor- und Nickel-Bor-Schichten zu nennen. Von großer technischer Bedeutung sind Nickel-Phosphor-Schichten mit Phosphorgehalten zwischen 2 und 15 %, die sowohl im kristallinen ($P < 9$ %) als auch im amorphen Zustand ($P > 9$ %) hervorragende Eigenschaften besitzen [4.58]. Die Hauptkomponenten eines chemisch-reduktiven Nickel-Phosphor-Elektrolyten sind Nickelsalze, Komplexbildner und ein geeignetes Reduktionsmittel (s. Abschnitt 3.4.2.5). Das Nickelsalz fungiert als Lieferant von Nickelionen, während die Funktion des Reduktionsmittels darin besteht, zum einen die in der Elektrolytlösung vorhandenen Nickelionen zu metallischem Nickel zu reduzieren und zum anderen den für die Legierungsschicht benötigten Phosphor zur Verfügung zu stellen. Die Voraussetzung für die Erfüllung dieser Doppelaufgabe ist, dass das Redox-Potential des Reduktionsmittels negativer ist als das des Nickelions. Der Potentialunterschied darf allerdings nicht zu groß sein, da sonst durch die erhöhte Keimbildungsgeschwindigkeit eine Zersetzung der Elektrolytlösung eintreten kann. Das Redox-Potential des Hypophosphit-Ions liegt bei pH = 7 um -1,065 V und erhöht sich bei einem pH-Wert von 4,5 auf -0,88 V. Damit eignet sich das Natriumhypophosphit als Reduktionsmittel und ist in der Lage, die Nickelionen in einem weiten pH-Bereich zu reduzieren.

Die sich bei der Abscheidung von Nickel-Phosphor-Schichten abspielenden Mechanismen sind noch nicht restlos geklärt, und die bisher vorgelegten theoretischen Vorstellungen sind nicht widerspruchsfrei. Aufgrund experimenteller Befunde lässt sich jedoch die elektrochemische Natur des Abscheidungsprozesses durch Postulierung anodischer und kathodischer Reaktionen annähernd genau beschreiben [4.3, 4.4]. Dabei wird angenommen, dass die Ausbildung von anodischen und kathodischen Bereichen auf der Substratoberfläche durch die physikalischen und chemischen Inhomogenitäten des Substratmaterials und der sich darauf aufbauenden Nickel-Phosphor-Schicht verursacht wird. Für den anodischen Prozess ergibt sich nach dem heutigen Kenntnisstand folgende Reaktionsgleichung:

$$[H_2PO_2]^- + H_2O \rightarrow [H_2PO_3]^- + H_{ads} + H^+ + e^- \qquad (4.2)$$

Demnach werden an katalytisch wirksamen Oberflächenbereichen die Hypophosphit-Ionen $[H_2PO_2]^-$ zu Phosphit-Ionen $[H_2PO_3]^-$ oxidiert. Die dabei freigesetzten Wasserstoffatome H_{ads} werden teilweise an der Substratoberfläche adsorbiert. Durch die Entstehung von H^+-Ionen wird die Elektrolytlösung in unmittelbarer Nähe der Substratoberfläche zunehmend sauerer. Die kathodischen Reaktionen lauten:

$$Ni^{2+} + 2 \cdot e^- \rightarrow Ni \qquad (4.3)$$

$$[H_2PO_2]^- + 2\,H^+ + e^- \rightarrow P + 2\,H_2O \qquad (4.4)$$

$$2\,H^+ + 2 \cdot e^- \rightarrow H_2 \qquad (4.5)$$

Sie beschreiben formal die Entstehung von Nickel, Phosphor und Wasserstoff. Durch die Zusammenfassung der Reaktionen (4.2) und (4.3) erhält man

$$Ni^{2+} + 2\,[H_2PO_2]^- + 2\,H_2O \rightarrow \mathbf{Ni} + 2\,[H_2PO_3]^- + H_2 + 2\,H^+ \qquad (4.6)$$

Diese Reaktion beschreibt die Reduktion von Nickelionen zu metallischem Nickel. Der Reduktionsvorgang wird von Wasserstoffentwicklung begleitet. Das Molverhältnis des abgeschiedenen Nickels zur gebildeten Wasserstoffmenge liegt zwischen 1 : 1,76 und 1 : 1,93 [4.3].

Die summarische Betrachtung der Reaktionen (4.2) und (4.4) ergibt:

$$2\,[H_2PO_2]^- + H^+ \rightarrow \mathbf{P} + [H_2PO_3]^- + H_{ads} + H_2O \qquad (4.7)$$

Diese Reaktion liefert die Erklärung für die Entstehung von Phosphor. Schließlich lässt sich der katalytische Zerfall des Hypophosphits durch die Reaktionen (4.2) und (4.5) wie folgt beschreiben:

$$[H_2PO_2]^- + H_2O + H^+ + e^- \rightarrow [H_2PO_3]^- + H_{ads} + H_2 \tag{4.8}$$

Über die Bedeutung der Abscheidungsparameter für den Abscheidungsprozess und die Eigenschaften der abgeschiedenen Nickel-Phosphor-Schichten gibt Tab. 4.1 Auskunft.

Tab. 4.1: Abscheidungsparameter und ihre Bedeutung für den Abscheidungsprozess und die Eigenschaften der abgeschiedenen Nickel-Phosphor-Schichten

Abscheidungsparameter	Bedeutung für
Abscheidungstemperatur	Abscheidungsgeschwindigkeit, Elektrolytstabilität, Haftung und Aussehen der Schicht
pH-Wert	Abscheidungsgeschwindigkeit, Anspringverhalten und Stabilität des Elektrolyten, Zusammensetzung und Eigenschaften der Schicht
Abscheidungsgeschwindigkeit	Dicke, Aussehen, Struktur und Gefüge der Schicht
Abscheidungspotential	Abscheidungsgeschwindigkeit und Anspringverhalten des Elektrolyten
Filtration	Elektrolytstabilität und Oberflächenbeschaffenheit der Schicht
Warenbewegung/Badbewegung	Struktur, Gleichmäßigkeit und Aussehen der Schicht

4.2.1.3 Abscheidung von Dispersionsschichten

Das Reduktionsverfahren eignet sich auch für die Abscheidung von Dispersionsschichten. Hierunter versteht man metallische Beschichtungen, die feine, feste Partikel[1] aus einem anderen, meist nichtmetallischem Stoff in gleichmäßiger Verteilung enthalten. Durch die Mitabscheidung solcher Dispersionspartikeln lassen sich die mechanischen Eigenschaften der Schichten, insbesondere ihr Verschleiß- und Gleitverhalten, in weiten Grenzen variieren. Dabei ist zu berücksichtigen, dass je kleiner ein Dispersionsteilchen ist, desto mehr Oberfläche er im Verhältnis zu seinem Volumen besitzt. Dies lässt sich am Beispiel kugelförmiger Partikel leicht demonstrieren (Abb. 4.4).

Das Verhältnis Oberfläche/Volumen (O/V) beträgt bei einer Kugel mit dem Radius ρ

$$\frac{O}{V} = \frac{4 \cdot \pi \cdot \rho^2}{\frac{4}{3} \cdot \pi \cdot \rho^3} = \frac{3}{\rho} \tag{4.9}$$

[1] Andere Bezeichnungen: Dispersant, Dispergat, Dispersoid, disperse Phase.

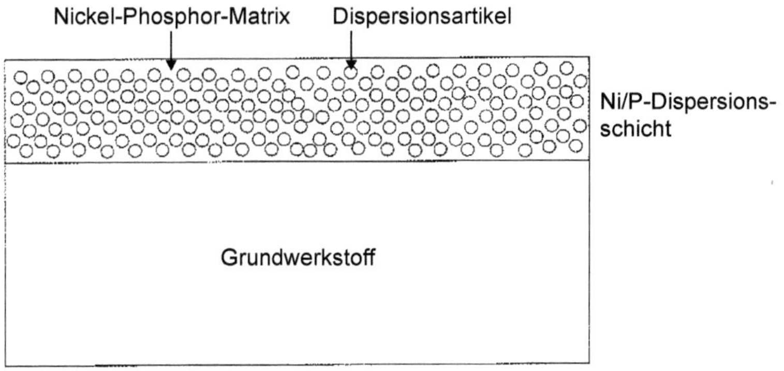

Abb. 4.4: Chemisch abgeschiedene Schicht mit eingelagerten kugelförmigem Dispersionsteilchen

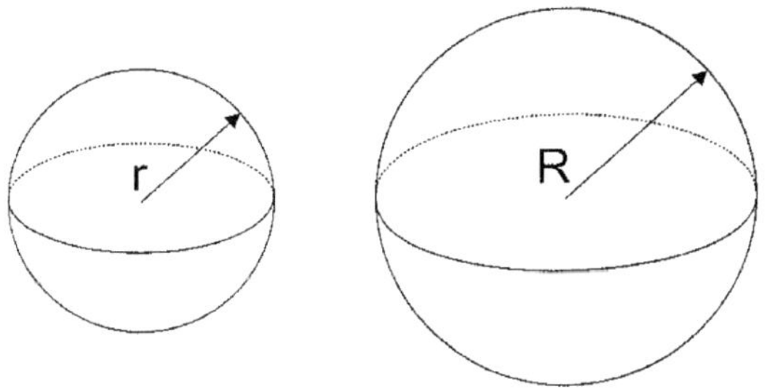

Abb. 4.5: Oberfläche-Volumen-Verhältnis bei kugelförmigen Partikeln

Vergleicht man nun zwei kugelförmige Dispersionsteilchen mit den Radien r und R (Abb. 4.5), wobei $r < R$ ist, dann gilt

$$\frac{3}{r} > \frac{3}{R}$$

Das größere O/V-Verhältnis kleinerer Dispersionsteilchen intensiviert ihre Effektivität. Aus diesem Grund neigt man dazu, immer mehr kleinere Partikel mit abzuscheiden und sie in die Schicht einzubauen. Die Teilchengröße liegt oft zwischen 5 und 1 µm, gelegentlich sogar weit darunter im Nano-Bereich (nanoskalige Dispersionsteilchen).

Generell unterscheidet man zwischen zwei Gruppen von Dispersionsteilchen: Hartstoffe und Trockenschmierstoffe.

4.2.1.3.1 Hartstoffe

Die Hartstoffartikel bestehen vorwiegend aus Carbiden (B_4C, Cr_2C_3, SiC, TiC, WC), Nitriden (kubisches Bornitrid cBN[2], Si_3N_4, TiN) und Oxiden (Al_2O_3, CeO_2, Cr_2O_3, SiO_2, ThO_2, TiO_2, ZrO_2,). Tab. 4.2 enthält exemplarisch Angaben über die Härte einiger dieser Hartstoffe.

Tab. 4.2: Härte einiger Hartstoffe in GPa (1 GPa = 10^3 N/mm^2)

Carbide	Härte in GPa
B_4C	37
Cr_3C_2	13
SiC	35
WC	21-24
Nitride	
TiN	15-20
Oxide	
Al_2O_3	18-23
Cr_2O_3	29
TiO_2	7-11

Informationen über die Kristallstruktur und Festigkeitswerte einiger Hartstoffe enthält Tab. 4.3.

Tab. 4.3: Kristallstruktur und Festigkeitswerte einiger Hartstoffe

Hartstoff	Kristallstruktur	Festigkeit [N/mm^2]
Al_2O_3	Hexagonal	18-23
Cr_2C_3	Orthorhombisch	10-18
Cr_2O_3	Hexagonal	29
SiC	Diamantgitter	20-30

Tab. 4.4 gibt Auskunft über die physikalischen Eigenschaften einiger Hartstoffe.

Partikel aus Hartstoffen, zu denen insbesondere der Diamant zu zählen ist, erzeugen zusätzliche Fehlstellen in der Schichtmatrix und verhindern dadurch die Bewegung der Versetzungen (s. Abschnitt 2.2.2.2) unter Belastung, insbesondere wenn ihre Korngröße unterhab 1 µm ist. Dadurch erhöhen sie die Härte aber auch die Sprödigkeit der Schichten.

2 cBN (Amborite, Borzon) wird durch die Umwandlung des hexagonalen BN_{hex} hergestellt.

Durch die Einlagerung solcher Partikel wird eine hohe Festigkeit gegen abrasiven Verschleiß erreicht.

Tab. 4.4: Physikalische Eigenschaften einiger Hartstoffe

	Dichte [g/cm³]	Schmelzpunkt [°C]	Ausdehnungskoeffizient [K^{-1}]	Wärmeleitzahl [W/m · K]
Al_2O_3	3,99	2 050	$8{,}3 \cdot 10^6$	25
B_4C	2,51	2 450	$6{,}0 \cdot 10^6$	29
SiC	3,21	2 300	$4{,}51 \cdot 0^{6}$-$5{,}5 \cdot 10^6$	60-150
TiN	5,40	2 950	$9{,}4 \cdot 10^6$	38
WC	15,70	2 780	$5{,}2 \cdot 10^6$	117

Mit steigendem Einbauvolumen kommen die Eigenschaften der Hartstoffpartikel verstärkt zur Geltung, und die abgeschiedene Dispersionsschicht wird zunehmend zur Trägerin dieser Eigenschaften. Tab. 4.5 enthält beispielhaft einige typische Eigenschaften von Diamant und dem kubischen Bornitrid (cBN). Zum Vergleich sind auch die entsprechenden Daten des Titannitrids (TiN) angegeben.

Tab. 4.5: Einige typische Eigenschaften von Diamant, dem kubischen Bornitrid und dem Titannitrid

		Diamant	cBN	TiN
Härte	[GPa]	8 000-10 000	55-65	15-20
E-Modul	[GPa]	-	500-550	250-260
Reibungszahl (gegen Stahl)		0,7-0,9	0,4	0,6

Diamant, kubisches Bornitrid und Titancarbid verhalten sich hinsichtlich ihrer Härten wie 4 : 2 : 1.

4.2.3.1.2 Trockenschmierstoffe

Bei den Trockenschmierstoffen handelt es sich hautsächlich um Graphit, Polytetrafluorethylen (PTFE, Teflon), Molybdänsulfid (MoS_2) und hexagonales Bornitrid (BN_{hex}). In Tab. 4.6 sind die wichtigsten Eigenschaften dieser Stoffe zusammengetragen.

Während die Teilchen aus Hartstoffen im Regelfall scharfkantig sind, weisen die aus Trockenschmierstoffen meist eine kugelförmige Gestalt auf. Bei Gleitbeanspruchung werden sie auf den Reibpartner übertragen und bilden so einen dünnen Trockenschmierfilm, der einen sehr geringen Reibwiderstand aufweist.

Tab. 4.6: Eigenschaften von Trockenschmierstoffen

Eigenschaften	Graphit	PTFE	Molybdänsulfid	BN_{hex}
Farbe	schwarz	farblos	grauschwarz	weiß
VICKERS-Mikrohärte HV	0,89-1,26	< 1,26	1,26-1,43	~ 2
Dichte [g/cm³]	2,1-2,3	2,2	4,8	2,3
Kristallstruktur	hexagonal, Schichtgitter	teilkristalline polymere Molekülkette	hexagonal, Schichtgitter	hexagonal
Reibungszahl	0,1-0,2	0,04-0,1	0,04-0,1	0,2-0,3
Belastbarkeit	0	•	•••	•••
Temperaturlimit [°C]	600	260	450	300-760
Oxidationsprodukte	CO, CO_2	C_2F_4	MoO_3, SO_2	-
Chemische Beständigkeit	•••	•••	•••	•••
Korrosionsschutzwirkung	••	••	•	••

•: niedrig, ••: mittel, •••: hoch

4.2.1.4 Schichtdickenverteilung

Die Reduktionsabscheidung zeichnet sich durch eine Reihe verfahrensspezifischer Vorteile aus. Im Vordergrund stehen die hohe Härte und Verschleißfestigkeit sowie die bemerkenswerte Korrosionsbeständigkeit der abgeschiedenen Schichten. Besonders hervorzuheben ist aber die gleichmäßige Schichtdickenverteilung, die sich dabei unabhängig von der Natur und Geometrie des zu beschichtenden Materials erreichen lässt. Abb. 4.6 demonstriert schematisch die Gleichmäßigkeit der Schichtdicke auf einem Bauteil von relativ komplexer Geometrie.

Die REM-Aufnahme einer 15 µm dicken Kupferschicht in Abb. 4.7 dokumentiert die bei der reduktiven Metallabscheidung zu erwartende gleichmäßige Schichtdickenverteilung. Die Kupferschicht wurde auf einem Kunststoffsubstrat aus Acrylnitril-Butadien-Styrol (ABS) abgeschieden und anschließend durch Auflösung des Kunststoffsubstrats in Acetonlösung abgezogen [4.6]. Danach wurde sie auf beiden Seiten chemisch vernickelt und metallographisch präpariert.

Die Gleichmäßigkeit der Schichtdickenverteilung bei der außenstromlosen Metallabscheidung ist in der hohen Makro-Streufähigkeit der verwendeten Reduktionselektrolyte begründet. Darunter ist das Vermögen eines Elektrolyten zu verstehen, unter den gegebenen Abscheidungsbedingungen eine möglichst gleichmäßig dicke Schicht auf der gesamten Oberfläche der Ware zu erzeugen.

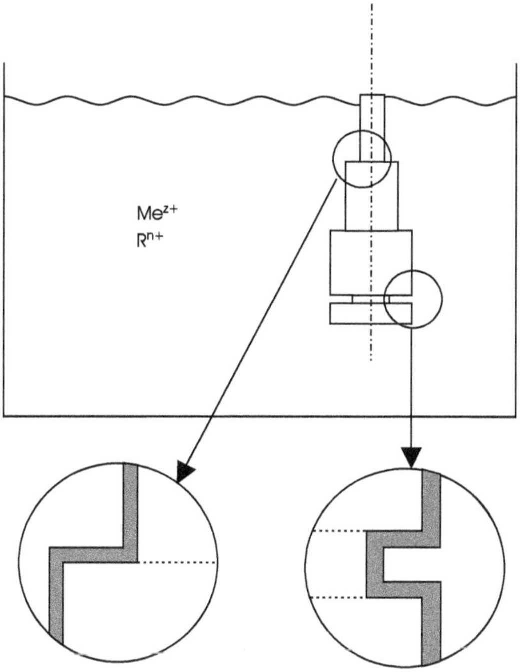

Abb. 4.6: Gleichmäßige Beschichtung eines Bauteils von komplexer Geometrie mittels Reduktionsverfahren

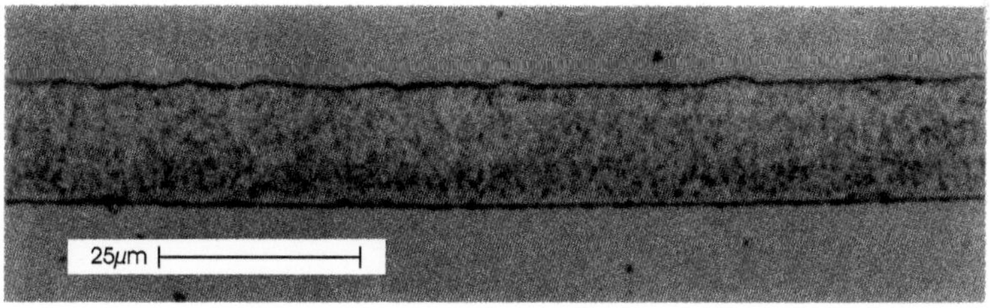

Abb. 4.7: Gleichmäßige Schichtdickenverteilung am Beispiel einer chemisch-reduktiv abgeschiedenen Kupferschicht

Die Abscheidung von Schichten gleichmäßiger Dicke ist besonders für die Einhaltung enger Toleranzen von großer Bedeutung und setzt, insbesondere bei kompliziert geformten Gegenständen, einen ungehinderten Zugang der Elektrolytlösung zu allen Teilen des zu beschichtenden Werkstücks voraus. Dies soll anhand der in Abb. 4.8 reproduzierten Querschliffaufnahme der Düse eines Tintenstrahldruckers gezeigt werden. Die aus Messing hergestellte Düse mit einem Innendurchmesser von 80 µm wurde auf der Innenseite mit einer (10,5 ± 0,5) µm dicken Nickel-Phosphor-Schicht beaufschlagt.

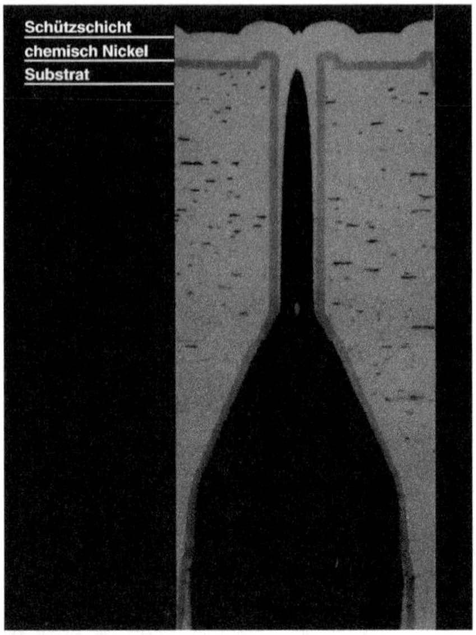

Abb. 4.8: Gleichmäßigkeit einer 10 µm dicken Nickel-Phosphor-Schicht auf der Innenseite der Düse (Innendurchmesser 80 µm) eines Tintenstrahldruckers

4.3 Elektrochemische Metallabscheidung

Das Prinzip der elektrochemischen Metallabscheidung soll in Anlehnung an die Skizze in Abb. 4.9 erläutert werden.

Wie aus dieser Darstellung hervorgeht, findet beim Eintauchen eines metallischen Gegenstandes (Elektrode) in die Elektrolytlösung unter bestimmten Bedingungen eine spontane Metallauflösung, wobei die Metallatome das Metallgitter verlassen und in Form von positiv geladenen Ionen (Kationen) in den Elektrolyten wandern. Infolge dieses Vorgangs, der als anodische Metallauflösung bezeichnet wird, entsteht ein Überschuss an positiv geladenen Metallionen in der unmittelbaren Umgebung der Metallelektrode. Gleichzeitig bildet sich durch die zurückgelassenen Elektronen ein gleich großer negativer Ladungsüberschuss in der Metallelektrode, die eine elektrostatische Anziehungskraft auf die Metallionen ausüben. Infolgedessen entladen sich die Metallionen und scheiden sich auf der Elektrodenoberfläche wieder ab. Diesen Vorgang bezeichnet man als kathodische Metallabscheidung. Es kommt zu einem dynamischen Gleichgewicht, das sich wie folgt charakterisieren lässt:

$$\mathrm{Me} \rightleftharpoons \mathrm{Me}^{z+} + z \cdot \mathrm{e}^- \tag{4.10}$$

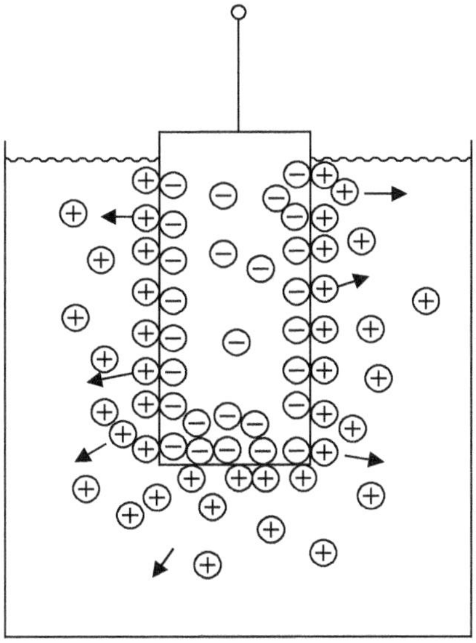

Abb. 4.9: Spontane Entstehung von Überschussladungen entlang der Grenzfläche Metall/Elektrolyt beim Eintauchen eines Metallstücks in einen wässrigen Elektrolyten

Der Doppelpfeil soll den reversiblen Charakter dieses Gleichgewichtszustandes zum Ausdruck bringen und andeuten, dass im zeitlichen Mittel genau so viele Metallionen das Metallgitter verlassen und ins Elektrolytinnere wandern wie durch Elektronenaufnahme entladen und als Metallatome wieder abgeschieden werden. Die Potentialdifferenz $\Delta\varphi = \varepsilon_{Me/Me^{z+}}$, die sich an der elektrolytischen Doppelschicht (EDS) entlang der Grenzfläche Metallelektrode/Elektrolyt einstellt und diesen Gleichgewichtszustand charakterisiert, wird als Gleichgewichtspotential bezeichnet (s. Abschnitt 5.4.2).

Die anodische Metallauflösung und die kathodische Metallabscheidung bewirken jeweils einen elektrischen Strom, den man als anodischen bzw. kathodischen Strom bezeichnet. Der anodische Strom I_a wird als positiv, der kathodische Strom I_k als negativ definiert. Bezogen auf die Substratoberfläche ergibt sich entsprechend die anodische Stromdichte i_a bzw. die kathodische Stromdichte i_k. Im Gleichgewichtszustand sind die beiden Stromdichten dem Betrag nach gleich groß, so dass an der Kathode nach außen hin kein Nettostrom fließt. Es gilt:

$$|I_k| = |I_n| = I° \text{ bzw. } |i_k| = |i_n| = i° \tag{4.11}$$

$i°$ ist die so genannte Austauschstromdichte. Sie stellt ein Maß für die Geschwindigkeit dar, mit der der reversible Prozess der Metallauflösung und -abscheidung an der Kathode abläuft. Stört man diesen Gleichgewichtszustand, indem man die überschüssigen Elektronen mittels eines Drahtes der Metallelektrode entzieht und so den Ladungsüberschuss abbaut, dann werden mehr und mehr Metallionen die Metallelektrode verlassen und ins Elektrolytinnere wandern. Folglich setzt eine verstärkte anodische Metallauflösung ein. Führt man umgekehrt der Metallelektrode über eine Spannungsquelle Elektronen zu, so werden an der Grenzfläche Metall/Elektrolyt immer mehr Metallionen entladen, die sich dann auf der Elektrodenoberfläche niederschlagen.

Die elektrochemische Metallabscheidung beruht nun darauf, dass die zur Entladung der Metallionen benötigten Elektronen im Gegensatz zur Reduktionsabscheidung nicht von einem Reduktionsmittel, sondern von einer externen Spannungsquelle zur Verfügung gestellt werden. Aus diesem Grund wird dieses Metallisierungsverfahren vielfach auch als „Metallabscheidung mit Fremdstrom“ oder „galvanische Metallabscheidung“ bezeichnet. Je nachdem ob man dabei mit Gleich- oder Pulsstrom arbeitet, unterscheidet man zwischen Gleichstrom- und Pulsstromverfahren.

4.3.1 Gleichstromverfahren

Von einer Gleichstrom-Elektrolyse spricht man, wenn zwei Metallelektroden, die über eine äußere Spannungsquelle leitend miteinander verbunden sind, in eine Elektrolytlösung tauchen [4.7]. Der prinzipielle Aufbau einer Gleichstrom-Elektrolysezelle ist in Abb. 4.10 dargestellt.

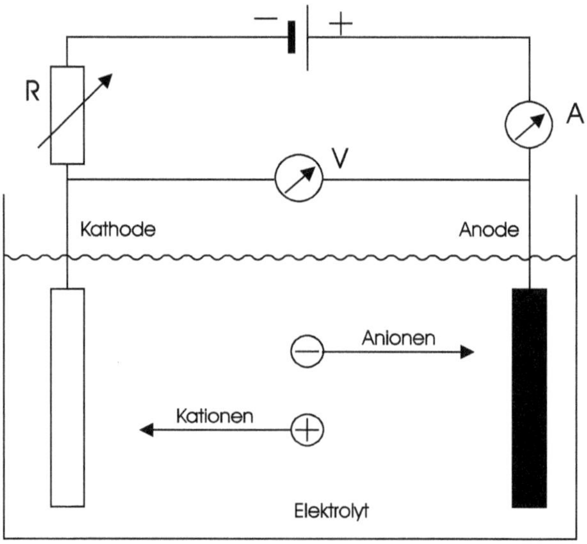

Abb. 4.10: Prinzipieller Aufbau einer Gleichstrom-Elektrolysezelle

Das Ausmaß der anodischen Metallauflösung bzw. der kathodischen Metallabscheidung lässt sich nun durch das Anlegen einer äußeren elektrischen Spannung stark beeinflussen. Als Folge stellt sich an der Phasengrenze Kathode/Elektrolyt eine andere, vom Gleichgewichtspotential verschiedene Potentialdifferenz ($\varepsilon \neq \varepsilon_{Me/Me^{z+}}$) ein, und die Bedingung $|i_k| = |i_n|$ verliert ihre Gültigkeit. Die Differenz zwischen dem tatsächlich herrschenden Potential und dem Gleichgewichtspotential bezeichnet man als Überspannung η. Es gilt also:

$$\eta = \left|\varepsilon - \varepsilon_{Me/Me^{z+}}\right| \tag{4.12}$$

Je nachdem ob dabei das Gleichgewichtspotential in anodischer oder kathodischer Richtung überschritten wird, spricht man von anodischer (η_a) bzw. kathodischer Überspannung (η_k). Unter der Annahme, dass der Durchtritt der Ladungsträger durch die elektrolytische Doppelschicht (Durchtrittsreaktion) der einzige Mechanismus ist, der das Ausmaß des reversiblen Kathodenprozesses bestimmt, lässt sich mit der so genannten Durchtrittsüberspannung η_D jene zusätzliche Spannung definieren, die zur Überwindung dieser Barriere aufgebracht werden muss. Sie tritt vor allem bei Elektroden mit geringer Austauschstromdichte auf. Die anodische Metallauflösung und die kathodische Metallabscheidung lassen sich nun durch folgende Exponentialfunktionen mathematisch beschreiben:

$$i_a = i^\circ \times e^{\frac{\alpha \cdot z \cdot F}{R\,T}\eta_D} \tag{4.13}$$

$$i_k = -i^\circ \times e^{\frac{-(1-\alpha)\cdot z \cdot F}{R\,T}\eta_D} \tag{4.14}$$

In diesen Gleichungen stellt α einen Symmetriekoeffizienten dar, der alle Zahlenwerte zwischen 0 und 1 annehmen kann. Er ist ein Maß für die Potentialabhängigkeit der Durchtrittsgeschwindigkeit. In diesem Sinne wird er auch als Ladungsdurchtrittsfaktor bezeichnet. Ferner bedeuten F die FARADAYsche Konstante (96 490 C/mol), R die universelle Gaskonstante (8,135 J/mol · K) und T die absolute Temperatur in K. Bei vorgegebener Stromdichte hängt die Durchtrittsüberspannung gemäß folgender Beziehung von der Austauschstromdichte ab:

$$\eta_D = \frac{R\,T}{(1-\alpha \cdot z \cdot F)} \cdot \ln\left(\frac{i^\circ}{i_k}\right) \tag{4.15}$$

Dies ist übrigens der Grund dafür, dass eine Verringerung der Austauschstromdichte, z. B. durch Vergiftung der Kathodenoberfläche, eine Erhöhung der Überspannung erfordert.

Abb. 4.11 gibt den Verlauf der Stromdichte-Potential-Kurven für die anodische Metallauflösung bzw. kathodische Metallabscheidung in Abhängigkeit von der Potentialänderung wieder.

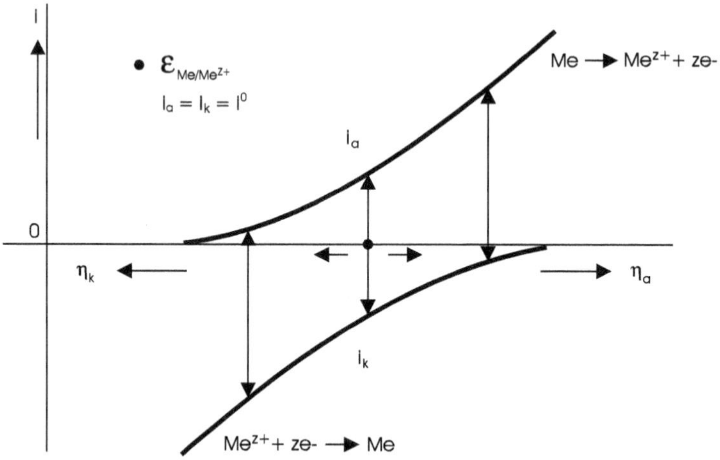

Abb. 4.11: Verlauf der anodischen Metallauflösung bzw. kathodischen Metallabscheidung in Abhängigkeit von der Potentialänderung

4.3.1.1 Abscheidung von Metallschichten

Beim Anlegen einer elektrischen Spannung zwischen den beiden Elektroden der Elektrolysezelle entsteht ein Elektronenfluss, der von der Anode über den äußeren Verbindungsdraht zur Kathode fließt (Elektronenleitung). Dabei geht die Anode in Lösung, und die entstandenen Kationen wandern zur Kathode. Die in der Elektrolytlösung vorhandenen Anionen bewegen sich umgekehrt in Richtung der Anode. Der Stromtransport im Elektrolyten erfolgt somit durch die Bewegung der positiv bzw. negativ geladenen Ionen (Ionenleitung).

Entscheidend für den Prozess der elektrochemischen Metallabscheidung sind nun der Antransport und die Nachlieferung der positiv geladenen Metallionen aus dem Inneren der Elektrolytlösung zur Kathode. Das Ausmaß dieses Stofftransportes wird durch die hydrodynamischen Bedingungen bestimmt, unter denen der Elektrolyt an der Kathode vorbeibewegt wird. Der Antransport von entladbaren Metallionen aus dem Inneren der Elektrolytlösung zur Kathode erfolgt hauptsächlich über drei Bewegungsmechanismen, die als Migration, Konvektion und Diffusion bekannt sind (s. Abschnitt 5.2.1).

Maßgeblich für die kathodische Abscheidung von Metallschichten ist Gl. (4.14). Bei den folgenden Überlegungen wird daher eine Darstellungsweise dafür gewählt, die es erlaubt, die für die Metallabscheidung charakteristischen Größen $\varepsilon_{Me/Me^{z+}}$, $i°$ und α graphisch zu ermitteln. Zu diesem Zweck trägt man, wie in Abb. 4.12 geschehen, den natürlichen Logarithmus der kathodischen Stromdichte als Funktion der Potentialänderung auf.

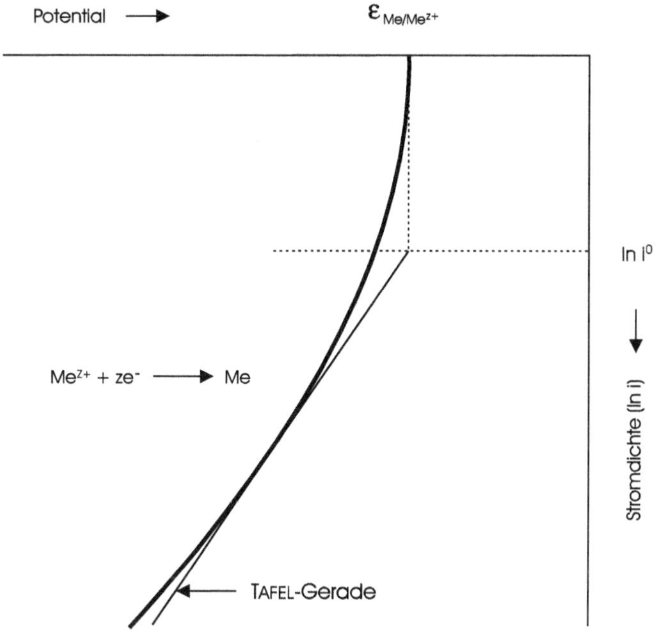

Abb. 4.12: Abhängigkeit der kathodischen Stromdichte vom Potential; graphische Ermittlung von $\varepsilon_{Me/Mez+}$, $i°$ und α durch Tangentenkonstruktion

Wie aus dieser Darstellung hervorgeht, lässt sich die Lage des Gleichgewichtspotentials durch die Asymptote der logarithmischen Funktion ln*i* ermitteln. Die dazugehörige Austauschstromdichte kann durch die Tangentenkonstruktion bestimmt werden. Sie ergibt sich aus dem Schnittpunkt der Asymptote mit der an die Stromdichte-Potential-Kurve angelegten Tangente. Diese, deren Steigung dem Durchtrittskoeffizienten α proportional ist, wird als TAFEL-Gerade bezeichnet.

Die kathodische Metallabscheidung wird durch die Entladung der Metallionen initiiert, die sich in unmittelbarer Nähe der Grenzfläche Kathode/Elektrolyt befinden. Der Durchtritt der Ladungsträger durch die elektrolytische Doppelschicht ist daher zu Beginn des Abscheidungsvorgangs der geschwindigkeitsbestimmende Prozessschritt. Mit zunehmender Verarmung des Kathodenraums an entladbaren Metallionen kann der Prozess der Metallabscheidung nur noch durch die Nachlieferung von Kationen aus der Elektrolytlösung weiter in Gang gehalten werden. Die kathodische Metallabscheidung wird daher im Verlauf der Elektrolyse mehr und mehr durch diffusionsbedingte Transportvorgänge gesteuert. Für den Fall, dass die Diffusion der Metallionen zur Kathode zum geschwindigkeitsbestimmenden Prozessschritt wird, erhält man den in Abb. 4.13 wiedergegebenen Verlauf für die Stromdichte-Potential-Kurve.

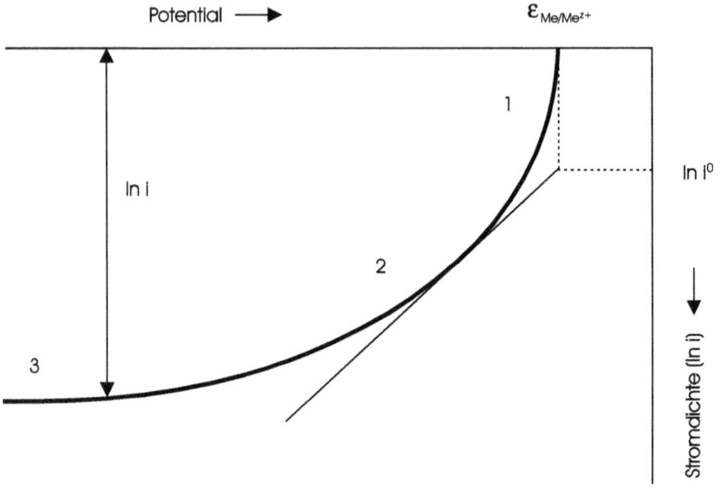

Abb. 4.13: Verlauf der Stromdichte-Potential-Kurve bei durchtrittsgesteuerter (1) und diffusionskontrollierter (3) Metallabscheidung; (2): beide Mechanismen wirksam

In der Praxis muss man davon ausgehen, dass sich nur bestimmte Metalle aus wässrigen Elektrolyten elektrochemisch abscheiden lassen. Sie sind im Periodensystem der Elemente in Abb. 4.14 durch Umrandung hervorgehoben.

Ia	IIa	IIIa	IVa	Va	VIa	VIIa	VIII			Ib	IIb	IIIb	IVb	Vb	VIb	VIIb	O
1 H																1 H	2 He
3 Li	4 Be											5 B	6 C	7 N	8 O	9 F	10 Ne
11 Na	12 Mg											13 Al	14 Si	15 P	16 S	17 Cl	18 Ar
19 K	20 Ca	21 Sc	22 Ti	23 V	24 Cr	25 Mn	26 Fe	27 Co	28 Ni	29 Cu	30 Zn	31 Ga	32 Ge	33 As	34 Se	35 Br	36 Kr
37 Rb	38 Sr	39 Y	40 Zr	41 Nb	42 Mo	43 Tc	44 Ru	45 Rh	46 Pd	47 Ag	48 Cd	49 In	50 Sn	51 Sb	52 Te	53 I	54 Xe
55 Cs	56 Ba	57 La	72 Hf	73 Ta	74 W	75 Re	76 Os	77 Ir	78 Pt	79 Au	80 Hg	81 Tl	82 Pb	83 Bi	84 Po	85 At	86 Rn
87 Fr	88 Ra	89 Ac	104 Ku														

Abb. 4.14: Übersicht der aus wässrigen Elektrolyten elektrochemisch abscheidbaren Metalle [4.5]

4.3.1.2 Abscheidung von Legierungsschichten

Die bisher betrachtete Entladung einer einzigen Ionensorte bei der kathodischen Abscheidung eines Metalls ist nur in ganz wenigen Fällen der alleinige elektrochemische Vorgang an der Kathode. Vielfach findet eine gleichzeitige Entladung von zwei oder mehreren Ionensorten statt. Die Mitabscheidung von Wasserstoff mit ihren häufig unerwünschten Begleiterscheinungen stellt ein allzu bekanntes Beispiel hierfür dar. Aus dieser Tatsache ergibt sich die Möglichkeit, zwei oder mehrere Metalle gleichzeitig abzuscheiden, und zwar derart, dass man als Ergebnis des Abscheidungsprozesses eine Legierungsschicht als Überzug erhält [4.8, 4.9].

Die elektrochemische Abscheidung einer binären Legierungsschicht, d. h. die gleichzeitige Abscheidung von zwei Metallen Me1 und Me2, lässt sich anhand der dazugehörigen Stromdichte-Potential-Kurven theoretisch behandeln. Dabei sollen folgende Annahmen gelten:

- Me1 ist elektrochemisch edler als Me2 ($\varepsilon_1^0 > \varepsilon_2^0$).
- Die Austauschstromdichten i_1^0 und i_2^0 sind nicht gleich groß ($i_1^0 > i_2^0$).
- Der Abscheidungsprozess ist ausschließlich durchtrittskontrolliert, wobei $\eta_{D,1} \neq \eta_{D,2}$.

Unter Berücksichtigung dieser Annahmen können nun folgende unterschiedliche Fälle bei der Legierungsbildung diskutiert werden:

Für den Fall, dass die Durchtrittsfaktoren α_1 und α_2 gleich groß sind, erhält man gemäß Gl. (4.14):

$$i_1 = -i_1^0 \times e^{\frac{-(1-\alpha_1)\cdot z\cdot F}{R\,T}\cdot\eta_{D,1}} \tag{4.16}$$

$$i_2 = -i_2^0 \times e^{\frac{-(1-\alpha_2)\cdot z\cdot F}{R\,T}\cdot\eta_{D,2}} \tag{4.17}$$

Die dazugehörigen Stromdichte-Potential-Kurven, die die Abscheidung Me1 und Me2 beschreiben, sind in Abb. 4.15 graphisch dargestellt.

Aus dem Verhältnis der beiden kathodischen Stromdichten i_1 und i_2

$$\frac{i_1}{i_2} = \frac{i_1^0}{i_2^0}\, e^{\frac{(1-\alpha)\cdot z\cdot F}{R\,T}\cdot(\eta_{D,2}-\eta_{D,1})} \tag{4.18}$$

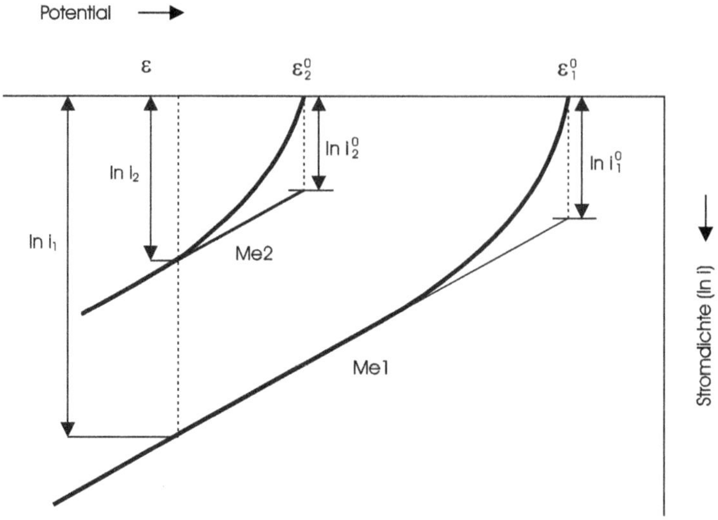

Abb. 4.15: Gleichzeitige Abscheidung zweier Metalle Me1 und Me2 mittels Gleichstrom-Elektrolyse unter der Bedingung, dass $\varepsilon_1^0 > \varepsilon_2^0$, $i_1^0 > i_2^0$ und $\alpha_1 = \alpha_2$

lässt sich für diesen Fall folgende Schlussfolgerung ableiten: Bei gleichzeitiger Abscheidung zweier Metalle hängt das Verhältnis der Abscheidungsstromdichten von den Austauschstromdichten und der Differenz der Gleichgewichtspotentiale ab. Je größer i_1^0 im Vergleich zu i_2^0, und je positiver das Gleichgewichtspotential von Me1 gegenüber dem von Me2 ist, umso größer ist die abgeschiedene Menge von Me1 im Vergleich zu Me2.

Der Fall $\alpha_1 = \alpha_2$ stellt eine starke Vereinfachung der Verhältnisse dar. Im Allgemeinen sind die Durchtrittskoeffizienten für die einzelnen kathodischen Reaktionen nicht identisch. Für die Stromdichte-Potential-Kurven bedeutet dies, dass sie nicht mehr mit gleicher Steigung verlaufen. Dadurch können sich gänzlich andere Verhältnisse einstellen [4.10].

Für den Fall, dass $\alpha_1 < \alpha_2$ bzw. $\alpha_1 \ll \alpha_2$ ist, ergeben sich die in Abb. 4.16a bzw. Abb. 4.16b dargestellten Stromdichte-Potential-Kurven.

Hieraus geht hervor, dass mit größer werdendem α_2 die Menge des abgeschiedenen Me2 gegenüber der des Me1 zunimmt. Steigt der Wert von α_2 so weit an, dass die Stomdichte-Potential-Kurve von Me2 diejenige von Me1 schneidet (Abb. 4.16b), dann ergeben sich folgende Verhältnisse:

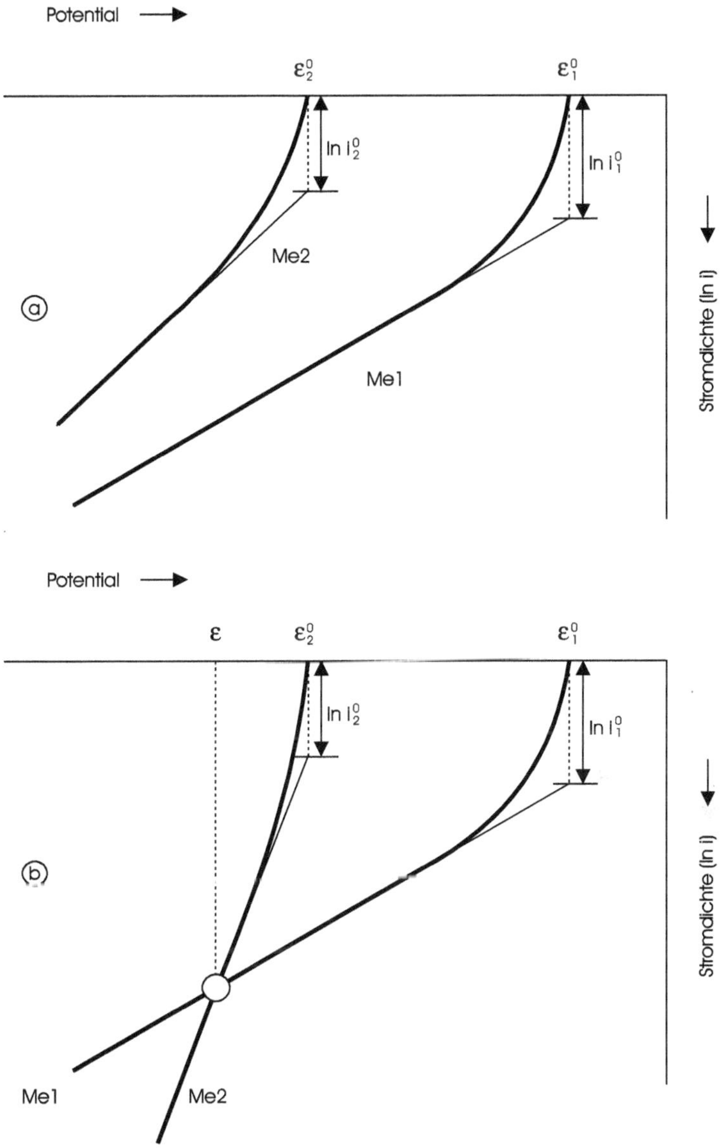

Abb. 4.16: Gleichzeitige Abscheidung von Me1 und Me2 mittels Gleichstrom-Elektrolyse unter der Bedingung, dass $\varepsilon_1^0 > \varepsilon_2^0$, $i_1^0 > i_2^0$ und $\alpha_1 < \alpha_2$ (a) bzw. $\alpha_1 \ll \alpha_2$ (b)

Bei Abscheidungspotentialen positiver als ε wird mehr Me1 und bei Abscheidungspotentialen negativer als ε umgekehrt mehr Me2 abgeschieden. Beim Abscheidungspotential ε, bei dem sich die Stromdichte-Potential-Kurven von Me1 und Me2 schneiden, sind die Abscheidungsstromdichten der beiden Metalle gleich groß ($\ln i_1 = \ln i_2$). Folglich werden gleiche Mengen von Me1 und Me2 im Verhältnis 1 : 1 abgeschieden. Die kathodische Stromausbeute[3] beträgt in diesem Fall für jedes Metall 50 %. Hieraus lässt sich die folgende Schlussfolgerung ableiten: Um bei der Abscheidung von zwei unterschiedlichen Metallen eine Legierungsschicht zu erhalten, ist es notwendig, dass die dazugehörigen Stromdichte-Potential-Kurven möglichst nah beieinander liegen. Der Idealfall liegt vor, wenn sie miteinander identisch sind. Dieser Fall ist jedoch sehr unwahrscheinlich und kommt praktisch nicht vor. Je nach Elektrolytzusammensetzung und Bindungsart der Metallionen können die Abscheidungspotentiale der beiden Metalle mehr oder weniger weit auseinander liegen. Beispielsweise differieren die Abscheidungspotentiale hydratisierter Metallionen in den Lösungen einfacher Salze so stark, dass ihre gleichzeitige Entladung praktisch ausgeschlossen ist. Eine Annäherung der dazugehörigen Stromdichte-Potential-Kurven lässt sich aber oft durch die Überführung der hydratisierten Metallionen in Komplexverbindungen realisieren. Durch die Komplexierung der zu entladenden Metallionen wird einerseits die Konzentration an entladbaren Kationen geringer, andererseits aber ändert sich ihr Abscheidungspotential. Daraus ergibt sich die Möglichkeit, die Abscheidungspotentiale der beiden abzuscheidenden Metalle durch Zugabe geeigneter Komplexbildner zum Elektrolyten in weiten Grenzen zu variieren. Dies ist der Grund dafür, dass für die Abscheidung von Legierungsschichten hauptsächlich komplexe Salzlösungen verwendet werden. Die Voraussetzung für die gleichzeitige Abscheidung zweier Metalle aus solchen Elektrolyten ist, dass sich das Abscheidungspotential der einen Komplexverbindung stärker verschieben lässt als das der anderen.

An dieser Stelle sei darauf hingewiesen, dass für die gleichzeitige Entladung zwei unterschiedlicher Kationen an der Kathode nicht immer die Lage ihrer Normalpotentiale in der elektrochemischen Spannungsreihe maßgebend sein muss. Das heißt, die Prämisse, wonach sich ein chemisch edleres Metall stets stärker abscheiden muss als ein unedleres, trifft, wie aus Abb. 4.17 ersichtlich, nicht immer zu.

Dieser Fall beruht auf der Annahme, dass die Abscheidung des edleren Metalls Me1 nach dem Beginn der Elektrolyse hauptsächlich durch den Antransport seiner Kationen zur Kathode bestimmt wird. Sie ist somit diffusionskontrolliert, und die Abscheidungsgeschwindigkeit wird durch die kathodische Grenzstromdichte limitiert.

[3] Unter der kathodischen Stromausbeute Θ_k ist das Verhältnis der tatsächlich auf der Kathode abgeschiedenen Metallmenge zu dem theoretisch errechneten Wert zu verstehen. Sie wird in Prozent angegeben und stellt ein Maß für den Wirkungsgrad des Abscheidungsprozesses dar.

Die Abscheidung von Me2 soll hingegen als durchtrittsgesteuert ablaufen. Diese Darstellung zeigt, dass bei genügend hohen negativen Abscheidungspotentialen (links von ε) die Abscheidungsstromdichte des unedleren Metalls Me2 diejenige von Me1 überwiegen wird ($\ln i_2 > \ln i_1$). Das heißt, unter diesen Bedingungen wird das unedlere Metall Me2 mehr abgeschieden als das edlere Me1.

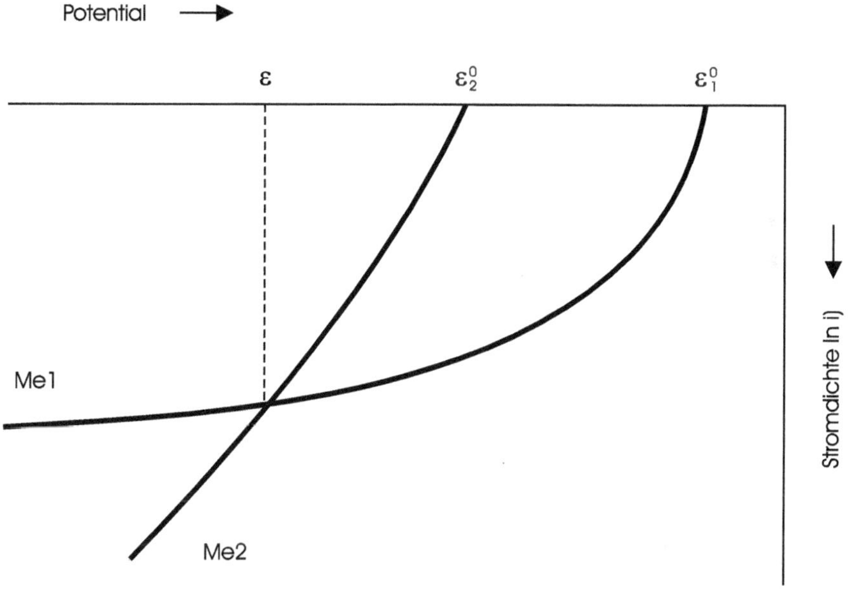

Abb. 4.17: Gleichzeitige Abscheidung von Me1 und Me2 mittels Gleichstrom-Elektrolyse unter der Bedingung, dass $\varepsilon_1^0 > \varepsilon_2^0$ und $\alpha_1 < \alpha_2$

Die hier im Zusammenhang mit der Abscheidung von Legierungsschichten dargelegten Überlegungen haben nur dann Gültigkeit, wenn sich die gleichzeitig ablaufenden kathodischen Entladungsvorgänge nicht gegenseitig beeinflussen. Dies ist jedoch nur selten der Fall.

Die Übersicht in Abb. 4.18 gibt einen Anhaltspunkt über die elektrochemische Abscheidung binärer Legierungsschichten [4.5, 4.11]. Sie macht Aussagen darüber, welche Legierungsschichten bereits Eingang in die Technik gefunden haben und welche nur gelegentlich angewandt werden. In dieser Übersicht sind auch jene Legierungsschichten berücksichtigt worden, deren Abscheidung im Wesentlichen nur im Labor nachgewiesen werden konnte.

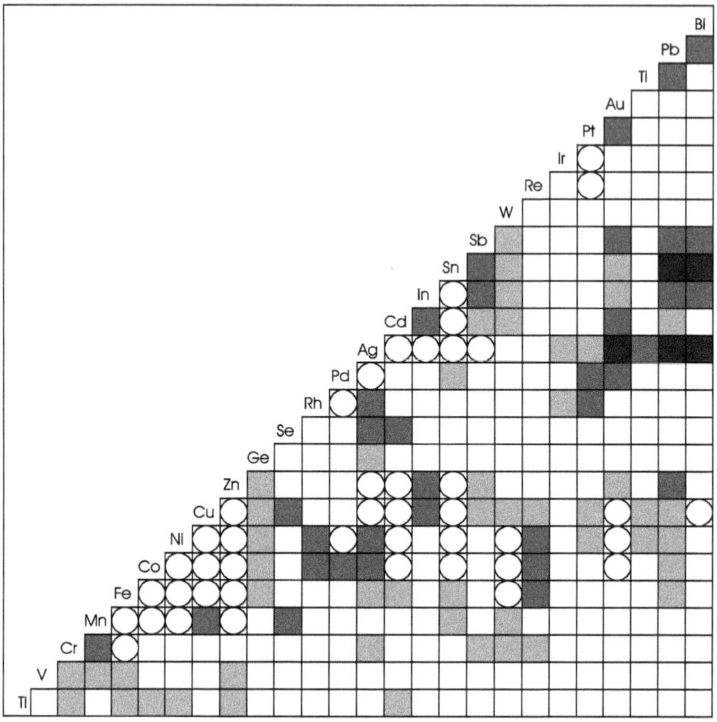

Abb. 4.18: Übersicht über galvanisch abscheidbare binäre Legierungsschichten; O: technisch etabliert, ■: gelegentliche Anwendung, ▒: Abscheidung im Labormaßstab [4.11]

4.3.1.2.1 Abscheidung von Messing

Die Abscheidung von Messing soll im Folgenden als ein Beispiel für die Legierungsabscheidung gelten.

Messing ist eine Legierung aus Kupfer und Zink. Das handelsübliche Messing mit einem Zinkgehalt von 30 bis 35 % besteht aus α-Mischkristallen[4] und wird daher als α-Messing oder einfach Messing bezeichnet.

Messing ist zwar etwas härter als reines Kupfer, lässt sich jedoch gut umformen. Seine Formänderungsfähigkeit nimmt mit steigendem Zinkgehalt zu, bis sie bei Gehalten von

[4] Kupfer kann bis zu 39 % Zink durch Substitution in statistischer Verteilung in sein Atomgitter aufnehmen. Dabei bläht sich das Gitter wegen des größeren Atomradius von Zink ($r_{Zn} = 1{,}58 \cdot 10^{-10}$, $r_{Cu} = 1{,}28 \cdot 10^{-10}$ m) etwas auf. Der dadurch entstandene Mischkristall hat das gleiche Atomgitter wie Kupfer und wird als α-Mischkristall bezeichnet.

30 bis 35 % Zn ein Maximum erreicht[5]. Die elektrische Leitfähigkeit von Messing liegt bei ca. $15 \cdot 10^6$ S/m; der *E*-Modul beträgt 78 000 bis 123 000 N/mm². Eine sehr häufig verwendete Messingsorte, die 37 % Zink enthält (CuZn37)[6], besitzt eine Dichte von etwa 8,3 g/cm³. Messing ist unmagnetisch, korrosionsbeständig, und seine Farbe variiert je nach Mischungsverhältnis von goldorange bis hellgelb (Tab. 4.7).

Tab. 4.7: Zusammensetzung und Farbe von Messing

Zusammensetzung	Name	Verwendung
80 % Kupfer + 20 % Zink	Messing (goldorange)	Unechtes Blattgold
70 % Kupfer + 30 % Zink	Messing (hellgelb)	Blasinstrumente, Armaturen, Beschläge, Schrauben

Wegen seiner goldähnlichen Farbe wird Messing oft für Verzierungen und Beschläge verwendet. Häufig wird es auch wegen seiner guten Korrosionseigenschaften für Armaturen und Formstücke in der Sanitärinstallation herangezogen.

Galvanisch abgeschiedene Messingüberzüge besitzen die gleichen Eigenschaften wie metallurgisch hergestelltes Messing und werden daher oft für verschiedene technische und dekorative Zwecke eingesetzt.

Die galvanische Abscheidung von Messingschichten ist nur dann möglich, wenn es gelingt, die beiden Metalle Kupfer und Zink gleichzeitig abzuscheiden. Dies bedeutet praktisch wiederum, dass die Konzentrationen der Kupfer- und Zinkionen, die Abscheidungstemperatur, die Stromdichte und der pH-Wert des Elektrolyten so aufeinander abgestimmt werden müssen, dass die Abscheidungspotentiale der beiden Metalle in etwa gleich groß sind.

Aus den Stromdichte-Potential-Kurven von Kupfer und Zink kann man ersehen, ob und aus welchen Elektrolyten sie abgeschieden werden.

Die Kurven A und B in Abb. 4.19 beziehen sich auf die Abscheidung von Kupfer und Zink aus jeweils einer 1 molaren Sulfatlösung. Die beiden Stromdichte-Potential-Kurven liegen etwa 1 V auseinander. Aus einer Sulfatlösung lassen sich also Kupfer und Zink nicht gemeinsam und gleichzeitig abscheiden.

[5] Die Legierung CuZn30 weist von allen Messingsorten die beste plastische Verformbarkeit (hohe Bruchdehnung) auf. Da aus ihr früher häufig Kartuschen für Artilleriegeschosse hergestellt wurden, nannte man diese Legierung Karthuschenmessing.

[6] Früher wurde die Bezeichnung Ms 63 verwendet, d. h. mit Angabe des Kupferanteils.

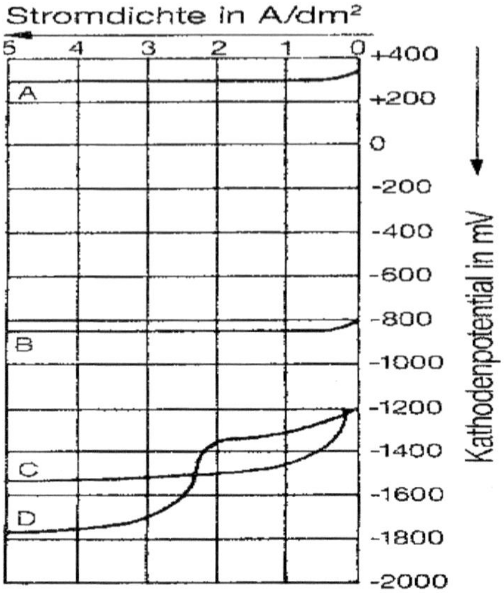

Abb. 4.19: Stromdichte-Potential-Kurven von Kupfer und Zink in unterschiedlichen Elektrolyten [4.61]
A und B: 1 molare Kupfer- bzw. Zinksulfatlösung
C: 20 g/l Kupfer + 5 g/l Natriumcyanid + 10 g/l Natriumhydroxid
D: 60 g/l Zinkcyanid + 36 g/l Natriumcyanid + 60 g/l Natriumhydroxid

Die Kurven C und D geben die Stromdichte-Potential-Kurven von Kupfer und Zink hingegen in cyanidischen Elektrolyten wieder. Durch die Komplexbildung des Cyanids sind die Abscheidungspotentiale von Kupfer und Zink nach edleren Werten hin verschoben worden, wobei dies bei Kupfer etwas ausgeprägter ist als bei Zink (Abscheidungspotential von Kupfer -1,16 V, das von Zink -1,22 V). Aus dieser Darstellung geht hervor, dass beim Anlegen einer Spannung von etwa -1,5 V sowohl die Kupfer- als auch die Zinkionen mit der gleichen Stromdichte von etwa 2,4 A/dm^2 entladen werden. Dies ist der Grund, weshalb für die Abscheidung von Messingschichten durchweg cyanidische Elektrolyte verwendet werden. Dabei dienen als Metallträger Kupfer- und Zinkcyanid. Beide Verbindungen sind in Wasser unlöslich, lösen sich aber leicht unter Bildung von Komplexen in Alkalicyanidlösungen (Natriumcyanid oder Kaliumcyanid). Folgende Komplexsalze entstehen:

$CuCN + 2\ NaCN \rightarrow Na_2[Cu(CN)_3]$	Dinatriumtricyanocuprat
$CuCN + 2\ KCN \rightarrow K_2[Cu(CN)_3]$	Dikaliumtricyanocuprat
$Zn(CN)_2 + 2\ NaCN \rightarrow Na_2[Zn(CN)_4]$	Dinatriumtetracyanozinkat
$Zn(CN)_2 + 2\ KCN \rightarrow K_2[Zn(CN)_4]$	Dikaliumtetracyanozincat

Aus cyanidischen Elektrolyten werden in der Regel Messingschichten mit einem Massenanteil von 65 bis 80 % Kupfer abgeschieden.

Messingelektrolyte finden im Wesentlichen aus zwei Gründen Anwendung:

- Für technische Zwecke
- Für dekorative Zwecke

Die wichtigste technische Anwendung ist die Reifenherstellung. Da Gummi bzw. die Kautschukmasse sehr gut auf Messing haftet, wird der Reifenkord aus dünn gezogenem Stahldraht vermessingt. Die Reifenhersteller verlangen ein Messing mit einem Kupferanteil von 68 bis 73 %.

Zum Vermessingen wird beispielsweise der folgende Elektrolyt eingesetzt [4.59]:

▶ Kupfercyanid	90 g/l
▶ Zinkcyanid	24 g/l
▶ Natriumcyanid	72 g/l
▶ freies Natriumcyanid	24 g/l
▶ Natriumhydroxid	10-20 g/l
▶ pH-Wert	12
▶ Temperatur	30-60 °C
▶ Stromdichte	0,8-5,4
▶ Anoden	75 : 25 (Cu : Zn)

Das Anodenverhältnis Cu : Zn wird auf die gewünschte Messinglegierung eingestellt, die je nach verwendeter Kautschukmasse unterschiedlich sein kann. Die wichtigen Badparameter sind der Kupfergehalt, das freie Cyanid, der NaOH-Gehalt und die Badtemperatur. Es können Stromdichten von 1 bis ca. 20 A/dm^2 angewendet werden. Als Badzusätze werden Tartrate, Zitrate u. a. auch Äthanolamin vorgeschlagen [4.59]. Die Messingniederschläge enthalten 63 bis 82 % Kupfer.

Als freies Cyanid wird jene Cyanidmenge bezeichnet, die über das in den Komplexen Dinatriumcyanocuprat(I) und Dinatriumtetracyanozincat gebundenes Cyanid hinaus noch im Elektrolyten vorhanden ist. Wenn zu wenig Cyanid vorhanden ist, nimmt der anodische Wirkungsgrad ab, die Spannung steigt infolge des höheren Widerstandes des Elektrolyten, und die Überzüge neigen zur Blasenbilden. Andererseits bewirkt ein zu hoher Gehalt an freiem Cyanid ein Ansteigen des Zinkgehalts der Legierung und eine Abnahme des kathodischen Wirkungsgrads.

In der Literatur werden Elektrolyte für hohe Leistungen beschrieben, die hohe Hydroxidgehalte aufweisen. In diesen Elektrolyten wird neben dem Cyano-Komplex nach

$$2\ Zn(CN)_2 + 4\ NaOH \rightarrow Na_2[Zn(CN)_4] + Na_2[Zn(OH)_4] \quad (4.19)$$

Dinatriumtetrahydroxozinkat gebildet. Folgendes Gleichgewicht kann dabei auftreten:

$$Na_2[Zn(CN)_4] \underset{CN^-}{\overset{OH^-}{\rightleftharpoons}} Na_2[Zn(OH)_4] \quad (4.20)$$

Diese Gleichgewichtsreaktion ist besonders bei der Korrektur von Messingelektrolyten, die hohe Mengen an Natriumhydroxid ausweisen, zu beachten.

Bei Messingelektrolyten wird - im Gegensatz zu den Kupferelektrolyten - das an Zink gebundene Cyanid bei der titrimetrischen Analyse miterfasst. Das titrierbare Cyanid wird auch als Gesamtcyanid bezeichnet. Das so genannte freie Cyanid ergibt sich aus der Differenz des titrierbaren Cyanids abzüglich des stöchiometrisch an Natriumtetracyanozinkat gebundenen Cyanids [4.60].

Die zunehmende Nachfrage nach dekorativen Oberflächen ist der Grund dafür, dass Messingelektrolyte auch für dekorative Zwecke entwickelt wurden. Eine Aktualität erlangten solche Schichten nach dem Inkrafttreten der Bedarfsgegenständeverordnung (BedGgstV) vom 16.04.1992 (Neufassung 16.06.2008), durch die die Anwendung des allergiehervorrufenden Nickels beschränkt wurde. So werden heute Schnallen, Knöpfe, Taschenbügel und Billigschmuck, um nur einige wenige Beispiele zu nennen, mit Messingniederschlägen versehen. Dabei ist die Farbe der abgeschiedenen Messingüberzüge abhängig von der Legierungszusammensetzung (Tab. 4.8).

Tab. 4.8: Farbe der Messingüberzüge [4.60]

Farbe	Massenanteil an Kupfer [%]
rot	90-100
rotgelb	80-90
gelb	65-80
rötlich	60-65
gelb	50-60
weiß-grau	< 50

In der Literatur wird eine Vielzahl verschiedener Messingelektrolyte für dekorative Zwecke beschrieben. Der hier betrachtete Elektrolyt hat sich in der Praxis sowohl als Matt- als auch als Glanzmessingelektrolyt in Trommel- und Gestellbädern bewährt [4.60]:

Typischer Grundansatz

▶ Kupfercyanid	28 g/l ≈ 20 g/l Cu
▶ Zinkcyanid	36 g/l ≈ 20 g/l Zn
▶ Natriumcyanid (Gesamtnatriumcyanid)	64 g/l ≈ 63 g/l
▶ Natriumcarbonat mit und ohne Glanzzusätze	30 g/l

Analysenwerte

▶ Kupfer	20 ± 3 g/l
▶ Zink	20 ± 3 g/l
▶ Gesamtcyanid	2,9-3,2-fache des Zinkgehalts
▶ Natriumcarbonat	30-80 g/l
▶ Ammonium	< 1 g/l
▶ pH-Wert	9-10

Arbeitsbedingungen

▶ Temperatur	20-50 °C
▶ Stromdichte (Gestell)	0,1-1,0 A/dm^2
▶ Stromdichte (Trommel)	< 0,5 A/dm^2
▶ Stromausbeute	75-90 %
▶ Anodische Stromdichte	< 1 A/dm^2
▶ Kathodenbewegung	2-4 m/min

Der Elektrolyt eignet sich zum Beschichten von Gestellartikel bis zu einer Schichtdicke von etwa 20-30 µm. In Trommeln werden in der Regel nur Überzüge mit geringer Schichtdicke abgeschieden. Hochglänzende Überzüge bis zu einer Schichtdicke von 3 µm werden meistens auf Nickelüberzügen abgeschieden. Zusatzfreie Elektrolyte reproduzieren den Glanzgrad des Grundmaterials bis zu einer Schichtdicke von ca. 1 µm. Sind glänzende dickere Überzüge erwünscht, so kommen Glanzzusätze, die den cyanidischen Glanzkupferzusätzen ähnlich sind, zur Anwendung. Üblicherweise werden Messingüberzüge mit einem Massenanteil von 25-35 % Zink abgeschieden [4.60].

Die Neigung der Messingüberzüge zum Verfärben, d. h. die Bildung von dunklen Flecken und Anlauffarben, kann durch Chromatieren verzögert werden.

Messingüberzüge mit einem Zinkanteil von ca. 35 bis 40 % weisen eine „schmutzig" rote Farbe auf. Solche Überzüge entstehen bevorzugt in den niedrigen Stromdichtebereichen. Der Massenanteil an Zink wird durch eine Reihe von Faktoren beeinflusst. Er steigt an mit

- Zunahme des pH-Wertes
- Abnahme der Stromdichte
- Zunahme der Zinkionen-Konzentration
- Abnahme der Kupferionen-Konzentration
- Abnahme der Arbeitstemperaturen,
- Abnahme der Elektrolyt- oder Kathodenbewegung
- Zunahme des Ammoniumgehalts
- Abnahme des Natriumcyanidgehalts

Sehr aktuell ist eine Messingfarbe mit einem Stich ins grünliche. Helle, grünlich gelbe Überzüge werden bei pH-Werten von 9 bis 10, hohen Stromdichten, guter Bewegung, hohem Gesamtcyanidgehalt, Temperaturen von 40–50 °C und normalen Ammoniumgehalten erhalten. Als Anoden dient Messing mit einem Massenanteil von 70 % Kupfer.

4.3.1.3 Abscheidung von Dispersionsschichten

Die Eigenschaften galvanisch abgeschiedener Metall- oder Legierungsschichten können erheblich verändert werden, wenn man feine, nichtmetallische Partikel aus Hart- oder Trockenchmierstoffen in die Elektrolytlösung gibt und dafür sorgt, dass sie während der Elektrolyse zur Kathode gelangen und dort mit abgeschieden werden [4.12–4.16]. Die so erhaltenen Dispersionsschichten, auch Kompositschichten genannt, bestehen aus einer metallischen Matrix mit nichtmetallischen Einlagerungen. Die Menge der in der Schicht eingebetteten Feststoffpartikel hängt von der Größe und der Dichte der Teilchen, dem pH-Wert, der Zusammensetzung, der Viskosität und der Temperatur des Elektrolyten sowie von der Stromdichte ab. Die dispergierten Partikel, die einen Durchmesser zwischen 0,1 bis 30 μm haben können, beeinflussen den Schichtaufbau und verändern damit die Eigenschaften der Schicht in verschiedener Weise. Die Erniedrigung der Eigenzugspanungen und damit der Neigung zur Rissbildung oder die Veränderung der oberflächenrelevanten Eigenschaften wie Adhäsions- und Abrasionsverhalten können als Beispiele derartiger Veränderungen genannt werden.

Für die Verbesserung der mechanischen und thermischen Eigenschaften galvanisch abgeschiedener Schichten, wie Härte, Zugfestigkeit und Temperaturbeständigkeit, werden Hartstoffe, wie Karbide von Chrom, Silizium, Titan und Wolfram, bzw. Oxide von Aluminium, Silizium, Titan und Zirkonium oder auch Titannitrid in die Metallmatrix eingebaut. Das tribologische Verhalten lässt sich insbesondere durch Einbau von Partikeln aus Bornitrid, Graphit, Graphitfluorid, Molybdänsulfid und Polytetrafluoräthylen (PTFE) optimieren. Die Wirkung der Feststoffpartikel beruht nun darauf, dass sie bereits nach geringem Abtrag der Schichtoberfläche freigelegt werden. Als Hartstoffeinlagerung bestimmen sie dann die Härte und das abrasive Verschleißverhalten, als Schmierstoffeinlagerung die Gleit- und Notlaufeigenschaften der Schicht.

Die Eigenschaften der Dispersionsschichten werden auch maßgeblich durch die Art und Verteilung der eingelagerten Dispersoide bestimmt. Die zunehmende Miniaturisierung hoch beanspruchter Bauteile erfordert Dispersionsschichten mit extrem feinen Dispersanten der Größenordnung 1 bis 100 nm. Diese müssen zudem noch thermostabil sein, d. h. selbst bei hohen Temperaturen sich in der Matrix nicht lösen. Solche Partikel bewirken eine Art Dispersionshärtung, indem sie die Bewegung der Versetzungen in den Kristalliten erschweren. Darüber hinaus verhindern sie ein thermisch bedingtes Wachstum der Kristallite.

Eine Übersicht über mögliche Kombinationen von Metallmatrix und Dispersoiden gibt Tab. 4.9.

Tab. 4.9: Übersicht über galvanisch abscheidbare Dispersionsschichten [4.12]

Matrixmetall	Oxide	Karbide	Sulfide	Sulfate	Sonstiges
Ag	Al_2O_3	SiC			
Au	Al_2O_3	SiC			
Cd	Eisenoxide	SiC, WC			
Co	verschiedene Oxide				Natürliche und künstliche Glimmer
Cr	Al_2O_3				
Cu	Al_2O_3, CeO_2, TiO_2, ZrO_2	SiC, WC, ZrC	MoS_2	$BaSO_4$, $SrSo_4$	Glimmer, Graphit
Fe	Al_2O_3, Eisenoxide	SiC, WC	MoS_2		Natürliche und künstliche Glimmer
Ms		SiC			
Ni	Al_2O_3, BeO_2, CdO, CeO_2, Eisenoxide, MgO, SiO_2, ThO_2, TiO_2, ZrO_2	SiC, WC, VC	MoS_2	$BaSO_4$	Bornitrid, Teflon, Glimmer

Die z. Z. industriell eingesetzten Dispersionsschichten sowie mögliche zukünftige Entwicklungen auf diesem Gebiet sind in Tab. 4.10 zusammengestellt [4.16].

Tab. 4.10: Industriell bereits im Einsatz befindlichen Dispersionsschichten (grau unterlegt) und mögliche zukünftige Entwicklungen

Dispersionsschicht	Anwendungsgebiet
$Co\text{-}Cr_2O_3/Co\text{-}Ni\text{-}Cr_2C_3$	Temperaturbeständige Dispersionsschichten Luftfahrt
Me + Graphit, Me + Öl	Verschleißschutzschichten für Anwendungen ohne Schmierung
$Ni\text{-}Al_2O_3$ + Cr-Schicht	Für dekorative Zwecke
Ni-BN, Ni-Graphit, Ni-MoS	Automobilindustrie
Ni-PTFE	Reibungsschutzschicht Automobilindustrie
Ni-SiC	Verschleißbeständige Dispersionsschicht Automobilindustrie
Ni + Diamant	Für mikroelektronische Zwecke
$Ni + NiFeS_2$, $Cu + Cu_2O$, $Ni + TiO_2$	Als katalytisch wirksame Oberflächen
Ni + Cr+ Al + Si + TiC	Kompakte und temperaturbeständige Schutzschichten
$Zn + SiO_2$	Korrosionsbeständige Dispersionsschichten

Um die dispergierten Feststoffpartikel gleichmäßig in die Metallmatrix einbauen zu können, müssen diese in der Elektrolytlösung homogen verteilt sein. Das heißt, sie müssen im Elektrolyten entgegen der Wirkung der Schwerkraft ständig in Suspension gehalten werden. Dies lässt sich durch mechanische Bewegung der Elektrolytlösung mittels Rührwerke, Lufteinblasung oder Ultraschall bzw. Umwälzung des Elektrolyten durch Pumpen realisieren. Bei sehr feinen Partikeln gibt man der Elektrolytlösung geeignete Dispergierungsmittel zu, die in Ionen übergehen und als solche dann an der Oberfläche der Feststoffpartikel adsorbiert werden. Dadurch laden sich diese elektrisch gleichgerichtet auf. Die abstoßenden elektrostatischen Kräfte verhindern die Bildung von Koagulaten, die sich leicht absetzen können [4.15].

Zur Deutung möglicher Mechanismen, die die elektrochemische Mitabscheidung von Feststoffpartikeln steuern, sind mehrere Modelle vorgeschlagen worden. Sie beruhen im Wesentlichen auf der Annahme der Wirksamkeit von drei unterschiedlichen Vorgängen [4.13, 4.16]:

1. Elektrophoretische Bewegung positiv geladener Partikel zur Kathode
2. Adsorption der Partikel auf der Kathodenoberfläche aufgrund van-der-WAALSscher Kräfte
3. Mechanischer Einschluss der Partikel in der Schicht

Tab. 4.11: Modelle zur Berechnung der Einbaurate von Partikeln in der Metallmatrix

Modell	Symbol	Bedeutung
Saifullin-Kahlilova-Modell $m = \frac{c_P}{\rho_M + \frac{c_P}{1000}\cdot\left(1-\frac{\rho_M}{\rho_P}\right)}$	m:	Massen-% der in der Schicht eingebauten Partikel
	c_P:	Partikel-Konzentration im Elektrolyten
	ρ_M:	Dichte des Matrixmetalls
	ρ_P:	Dichte des Partikels
Bazzard-Boden-Modell $m = \frac{\frac{4}{3}\pi\cdot r_P^3\cdot\rho_P}{\frac{4}{3}\pi\cdot r_P^3\cdot\rho_P + 4\pi\cdot r_P^2\cdot\ddot{A}\cdot i\cdot t}$	r_P:	Partikelradius
	$\ddot{A}$:	Elektrochemisches Äquivalent[7] des Marixmetalls
	i:	Stromdichte
	t:	Abscheidungsdauer
Guglimi-Modell $\frac{c_V}{\left(\frac{1}{k}+c_V\right)} = \alpha\cdot\frac{A_M\cdot i_\beta^0}{z\cdot F\cdot\rho_M\cdot V_0}\cdot i^{(1-\beta)}$	c_V:	Volumenanteil der Partikel in Suspension
	α:	Volumenanteil der in der Schicht eingebauten Partikel
	A_M:	Atommasse des Matrixmetalls
	i^0:	Austauschstromdichte
	β, V_0:	Konstanten
	z:	Wertigkeit des Matrixmetalls
	k:	Konstante, ein Maß für Wechselwirkungen zwischen Partikeln und Kathode
Kariapper-Foster-Modell $\frac{dV_P}{dt} = \frac{N^*\cdot k\cdot c_P}{1+k\cdot c_P}$	dV_P/dt:	Volumen von pro cm^2 und s adsorbierten Partikeln
	N^*:	Zahl der Zusammenstöße der Partikel untereinander
Valdes-Cheh-Modell $i_P = k^0\cdot c_S\cdot\left[\exp\left(\frac{-\alpha\cdot z\cdot F}{R\cdot T}\eta_D\right) - \exp\left(\frac{(1-\alpha)\,z\cdot F}{R\cdot T}\eta_D\right)\right]$	i_P:	Einbaurate der Partikel in der Schicht
	k^0:	Elektrochemische Reaktionskonstante
	c_S:	Konzentration der elektroaktiven, auf der Partikeloberfläche adsorbierten Spezies
Celis-Roos-Buelens-Modell $m=\frac{4\cdot\pi\cdot r^3\cdot\rho_P\cdot N_{Ion}\cdot\frac{N_P^*}{N_{Ion}^*}\left(\frac{i_{tr}}{i}\right)^{\Phi}\cdot W}{\frac{3\cdot A_M\cdot i}{z\cdot F}+4\cdot\pi\cdot r^3\cdot\rho_P\cdot N_{Ion}\cdot\frac{N_P^*}{N_{Ion}^*}\left(\frac{i_{tr}}{i}\right)^{\Phi}\cdot W}$	N_{Ion}:	Anzahl der Ionen, die die Diffusionsschicht durchqueren
	N_P^*:	Anzahl der Partikel im Elektrolyten
	N_{Ion}^*:	Anzahl der Ionen im Elektrolyten
	i_{tr}:	Stromdichte beim Übergang Durchtritts-/Konzentrationsüberspannung
	Φ:	Konstante, ein Maß für Wechselwirkungen zwischen freien und adsorbierten Ionen (Φ = 0: Durchtrittsmechanismus)
	W:	Wahrscheinlichkeit des Einbaus eines Partikels in der Schicht

[7] Nach dem 1. Faradayschen Gesetz ist die Masse m einer aus einem Elektrolyten abgeschiedenen Stoffmenge der durchflossenen Ladung Q proportional: $m = \ddot{A}e\cdot Q$; der Proportionalitätsfaktor $\ddot{A}e$ heißt elektrochemisches Äquivalent des abgeschiedenen Stoffes.

Die wichtigsten dieser Modelle, die auf eine quantitative Erfassung der Einbaurate der Partikel in der Metallmatrix abzielen, sind in Tab. 4.11 zusammengestellt [4.16].

Diese Modelle stellen naturgemäß mehr oder weniger Näherungslösungen dar, da sie auf vereinfachenden Annahmen basieren. Dementsprechend erlauben sie auch keine exakten Vorhersagen. Dennoch sind sie nützlich, da sie potentielle Möglichkeiten und Wege zur Entwicklung weiterer, neuartiger Dispersionsschichten aufzeigen.

Aufgrund des zuletzt genannten Modells kann man sich die Mitabscheidung und den Einbau der Feststoffpartikel in der Schicht phänomenologisch als Folge von fünf Prozessschritten vorstellen, die in Abb. 4.20 schematisch angedeutet sind.

Das Modell betrachtet die Bewegung der Partikel aus dem Innern des Elektrolyten bis zum Einbau in der Schicht. Es postuliert als erstes die Bildung einer elektroaktiven Ionenwolke um die Partikel herum, sobald diese dem Elektrolyten zugegeben werden.

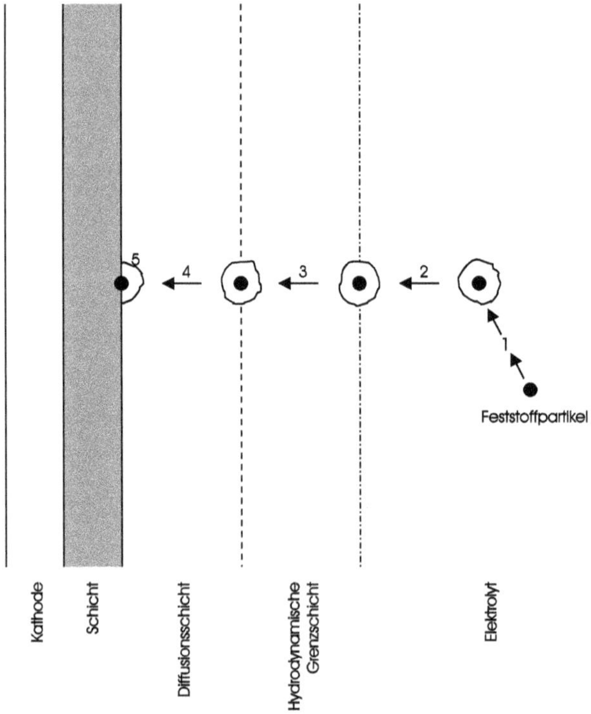

Abb. 4.20: Prozessschritte bei der Mitabscheidung und dem Einbau von Feststoffpartikeln in der Schicht; Bildung einer Ionenwolke um die Partikel (1), Transport durch Konvektion (2), durch Diffusion (3), Reduktionsreaktion (4), Adsorption (5) [4.14]

Die so ionisch umhüllten Partikel gelangen dann durch Konvektion in die hydrodynamische Grenzschicht, durchqueren diese und werden durch Diffusion in Richtung Kathode weiter transportiert. Nachdem eine vollständige oder teilweise Reduktion der elektroaktiven Ionenwolke erfolgt ist, werden die Partikel abgeschieden und in die Schicht eingebaut.

4.3.1.4 Abscheidung von „Sandwich-Schichten"

Neben den Metall-, Legierungs- und Dispersionsschichten lassen sich mit Hilfe von elektrochemischen Verfahren auch so genannte Sandwich-Schichten abscheiden, die aus zwei oder mehreren aufeinander abgeschiedenen Einzelschichten bestehen. Die einzelnen Schichten sind extrem dünn und können unter speziellen Abscheidungsbedingungen im Nanometerbereich abgeschieden werden. Solche sandwichartigen Schichtsysteme gewinnen für den Einsatz in der Mikro- und Nanotechnologie zunehmend an Bedeutung. Ihre besonderen physikalischen und chemischen Eigenschaften können darüber hinaus auch weitere Anwendungsgebiete in der Galvanotechnik erschließen.

Das Prinzip der Abscheidung von Sandwich-Schichten beruht auf folgenden Überlegungen. Die kathodische Abscheidung eines Metalls ist nur dann möglich, wenn das Potential der Kathode negativer ist als das reversible Gleichgewichtspotential dieses Metalls $\varepsilon_{\mathrm{Me/Me}^{z+}}$, das sich mit Hilfe der NERNSTschen Gleichung

$$\varepsilon_{\mathrm{Me/Me}^{z+}} = \varepsilon^0_{\mathrm{Me/Me}^{z+}} + \frac{R \cdot T}{z \cdot F} \cdot \ln \frac{a_{\mathrm{Me}^{z+}}}{a_{\mathrm{Me}}} \tag{4.21}$$

berechnen lässt. $\varepsilon^0_{\mathrm{Me/Me}^{z+}}$ ist das Standardpotential, $a_{\mathrm{Me}^{z+}}$ die Aktivität (wirksame Konzentration) der Metallionen in der Elektrolytlösung und a_{Me} die Aktivität des reinen Metalls. Sie ist definitionsgemäß gleich 1.

Die Richtung der kathodischen Reaktion $\mathrm{Me}^{z+} + z \cdot \mathrm{e}^- \rightarrow \mathrm{Me}$ wird durch das angelegte Potential ε bestimmt. Die Metallabscheidung kann nur bei $\varepsilon < \varepsilon_{\mathrm{Me/Me}^{z+}}$ stattfinden, und die abgeschiedene Metallphase ist nur unter diesen Bedingungen thermodynamisch stabil. Das NERNSTsche Gleichgewichtspotential $\varepsilon_{\mathrm{Me/Me}^{z+}}$ repräsentiert somit die obere Grenze der thermodynamischen Stabilität. Man spricht von der Metallabscheidung im kathodischen Überspannungsbereich ($\eta < 0$).

Es ist jedoch häufig beobachtet worden, dass die kathodische Abscheidung eines Metalls auch bei Potentialen erfolgen kann, die größer sind als das NERNSTsche Gleichgewichtspotential ($\varepsilon_{\mathrm{Me/Me}^{z+}}$). Es handelt sich dabei um eine adsorptive Metallabscheidung in der Größenordnung einer Monolage [4.17]. Da sie aber oft die Initialphase der kathodischen

Metallabscheidung auf dem fremden Substrat darstellt, spricht man von Unterpotentialabscheidung (UPD: Under Potential Deposition) und analog von Metallabscheidung im kathodischen Unterspannungsbereich ($\eta > 0$).

Die Unterpotentialabscheidung kommt nun bei der Herstellung von Sandwich-Schichten zum Tragen. Je nachdem ob sich nur ein adsorbierbares Metallion Me'^{z+} oder mehrere Metallionen Me''^{z+}, Me'''^{z+} ... in der Elektrolytlösung befinden, kann man Ein- oder Mehrfachschichten in der Gestalt [Me]/Me'/Me''/Me'''/... erzeugen. [Me] soll hier das metallische Substrat symbolisieren. Die Darstellung in Abb. 4.21 zeigt schematisch den Aufbau von Sandwich-Schichten, die aus zwei- bzw. drei Monoschichten bestehen.

Die Dicke der ersten Schicht aus Me' kann eine (Abb. 4.21a) oder mehrere Monolagen (Abb. 4.21b) betragen. Neben Sandwich-Schichten (Abb. 4.21c) können auch Legierungsschichten (Abb. 4.21d) hergestellt werden.

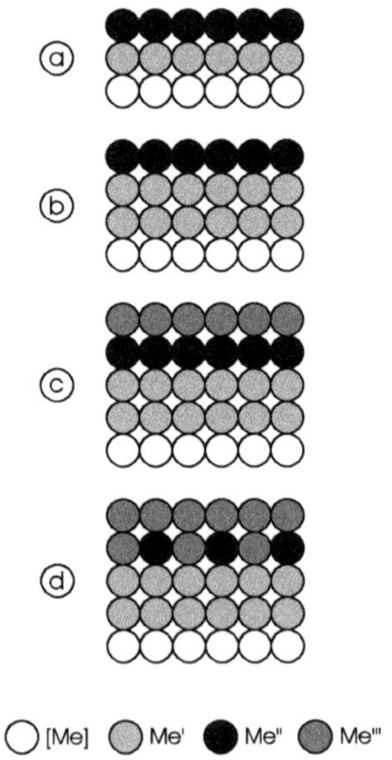

Abb. 4.21: Schematische Darstellung des Aufbaus von zweifachen (a, b) und dreifachen (c) Sandwich-Schichten; (d) Legierungsbildung

Ein eindrucksvolles Beispiel für Herstellung eines Dreikomponenten-Schichtsystems ist die Abscheidung von Silber, Blei und Thallium auf Gold [Au]/Ag/Pb/Tl [4.18]. Dabei dient ein Gold-Einkristall der kristallographischen Orientierungen (111) als Substrat. Für die Abscheidung definierter Monoschichten werden die im Folgenden genannten Konzentrationen der einzelnen Komponenten verwendet.

Silber:	10^{-5} M $AgClO_4$
Blei:	10^{-5} bis $5 \cdot 10^{-3}$ M $Pb(ClO_4)_2$
Thallium:	10^{-3} M $Tl(ClO_4)$
Leitsalz:	0,5 M $NaClO_4$+10^{-3} M $HClO_4$

Die Herstellung der Sandwich-Schicht vollzieht sich folgendermaßen: Als erstes wird Silber im Unter- und Überspannungsbereich abgeschieden. Dabei wird die Silberionen-Konzentration so gering gewählt, dass auf der unbedeckten Oberfläche der Goldelektrode durch diffusionskontrollierte Abscheidung im Unterspannungsbereich ein Silberfilm der Dicke 0,2 bis 5 Monolagen entsteht. Die Dicke des Silberfilms kann durch längere Polarisationszeit im Überspannungsgebiet stufenlos von einer auf mehrere Monolagen erhöht werden. Anschließend erfolgt durch weitere kathodische Polarisation in Richtung des Gleichgewichtspotentials des Bleis die Abscheidung der Bleischicht im Unterspannungsbereich. Aufgrund der sehr niedrig gehaltenen Silberionen-Konzentration erfolgt die Abscheidung der Silberschicht, wie bereits erwähnt, diffusionskontrolliert und mit einer Geschwindigkeit, die um mehrere Größenordnungen kleiner ist als die der durchtrittskontrollierten Bleiabscheidung. Daher ist die Einlagerung des Silbers in der Bleischicht vernachlässigbar gering. Um die dritte Schicht aus Thallium aufbauen zu können, ist es notwendig, zwei Zweikomponenten-Systeme, nämlich [Au]/Ag/Pb und [Ag]/Pb/Tl miteinander zu kombinieren [4.18]. Die Eigenschaften des dadurch entstandenen Dreikomponenten-Systems [Au]/Ag/Pb/Tl werden dann durch die der beiden Zweikomponenten-Systeme bestimmt.

Durch entsprechende Maßnahmen kann der Abscheidungsvorgang auch in umgekehrter Richtung erfolgen.

4.3.1.5 Schichtdickenverteilung

Der prinzipielle Aufbau eines Beschichtungstanks zur galvanischen Metallabscheidung mittels Gleichstromverfahren ist in Abb. 4.22 skizziert.

Während das zu beschichtende Werkstück die negative Elektrode darstellt, bilden die Anoden die positiven Elektroden. Man unterscheidet unlösliche und lösliche Anoden. Die Verwendung unlöslicher Anoden setzt voraus, dass das abzuscheidende Metall in Form von löslichen Metallverbindungen dem Elektrolyten zugeführt wird. Lösliche Anoden hingegen liefern die Metallmenge, die aus dem Elektrolyten auf der Werkstückoberfläche abgeschieden wird, im gleichen Maße nach. Das Ergebnis der Metallabscheidung wird maßgeblich durch die Qualität, den Reinheitsgrad und das Gefüge der löslichen Anoden beeinflusst.

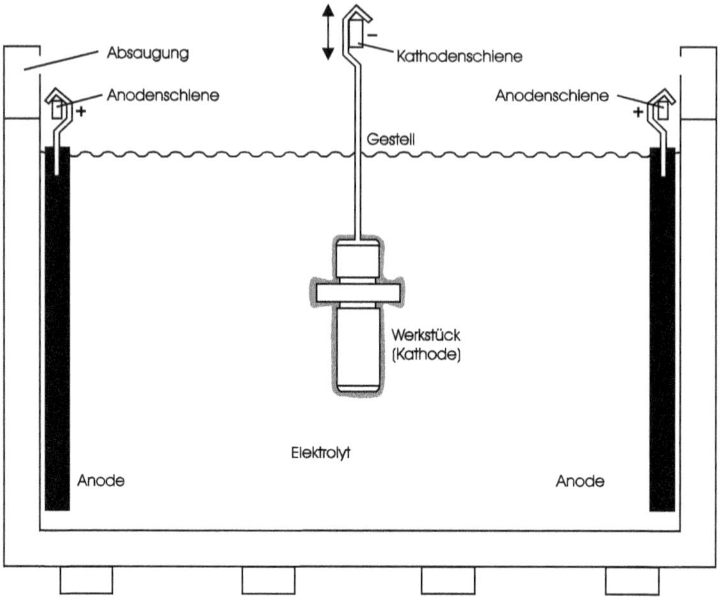

Abb. 4.22: Prinzipieller Aufbau einer galvanischen Anlage zur Abscheidung metallischer Schichten mittels Gleichstromverfahren [4.5]

Die zur Kathode wandernden Metallionen schlagen sich nach der Entladung auf die Werkstückoberfläche nieder. Dabei ist die Abscheidungsgeschwindigkeit v_A mit der kathodischen Stromdichte i_k gemäß dem FARADAYschen Gesetz in folgender Weise verknüpft. Darin symbolisiert Θ_k die kathodische Stromausbeute.

$$v_A = \Theta_k \frac{i_k}{z \cdot F} \; [\text{mol/cm}^2 \cdot \text{s}] \qquad (4.22)$$

Wie in Abb. 4.23 angedeutet, erhält man aber in diesem Fall im Gegensatz zur chemisch-reduktiven Abscheidung (vgl. Abb. 4.6) keine gleichmäßige Schichtdickenverteilung.

Zum besseren Vergleich der Schichtdickenverteilung bei den beiden Abscheidungsverfahren ist in Abb. 4.24 der Querschliff eines Schraubengewindes abgebildet, das zunächst chemisch und anschließend galvanisch vernickelt wurde.

Man erkennt, dass während die chemisch abgeschiedene Nickel-Phosphor-Schicht eine gleichmäßige Dicke aufweist, die Stärke der elektrochemisch aufgebrachten Nickelschicht in den Vertiefungen des Schraubengewindes um etwa die Hälfte geringer ist als auf den Erhebungen.

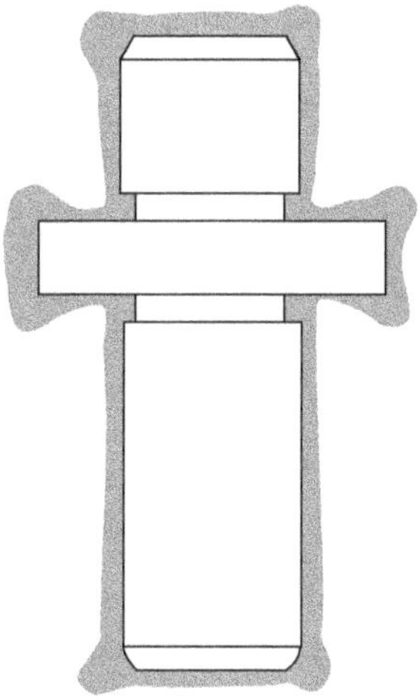

Abb. 4.23:
Ungleichmäßige Schichtdickenverteilung beim Beschichten eines Bauteils von komplexer Geometrie mittels Gleichstromverfahren

Abb. 4.24:
Querschliffaufnahme eines zunächst chemisch und anschließend galvanisch vernickelten Schraubengewindes (geätzt in H_2O_2/H_2SO_4, $V = 200$)

Besonders bei Werkstücken und Bauteilen komplexer Geometrie kann die Dicke von galvanisch abgeschiedenen Schichten sehr ungleichmäßig ausfallen. Die Ursache für diese unerwünschte Erscheinung liegt darin, dass die örtliche Schichtdicke von der Stromlinienverteilung zwischen Anode und Kathode abhängt (s. Abschnitt 3.4.1.5.3). Der Verlauf der Stromlinien wird u. a. von geometrischen Faktoren, wie Form, Größe und Anordnung der beiden Elektroden, bestimmt. Die elektrischen Feldlinien verlaufen im Allgemeinen nicht parallel, sondern konzentrieren sich bevorzugt an den vorspringenden Kanten und Ecken des zu beschichtenden Gegenstandes. Diesen Sachverhalt veranschaulicht die in Abb. 4.25 wiedergegebene Skizze.

Auch die Oberflächenmorphologie des Werkstücks spielt dabei eine Rolle. Sie macht sich besonders dann bemerkbar, wenn die Oberfläche, wie in Abb. 4.26 angedeutet, ausgeprägte Rauheitsspitzen aufweist.

Die Ursache für die ungleichmäßige Schichtdickenverteilung in diesem Fall liegt darin, dass der Antransport der abscheidbaren Metallionen zu den verschiedenen Stellen der Substratoberfläche über unterschiedlich lange Diffusionsstrecken erfolgt. Vor der Kathodenoberfläche bildet sich eine dünne Schicht, die so genannte NERNSTsche Diffusionsschicht (vgl. Abb. 4.20), innerhalb der die Metallionen-Konzentration linear abfällt.

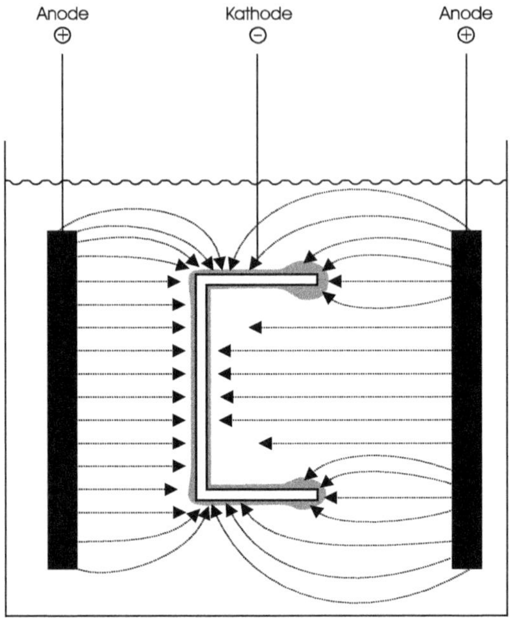

Abb. 4.25: Verlauf und Verteilung der elektrischen Feldlinien zwischen Anode und Kathode als Ursache für ungleichmäßige Schichtdickenverteilung

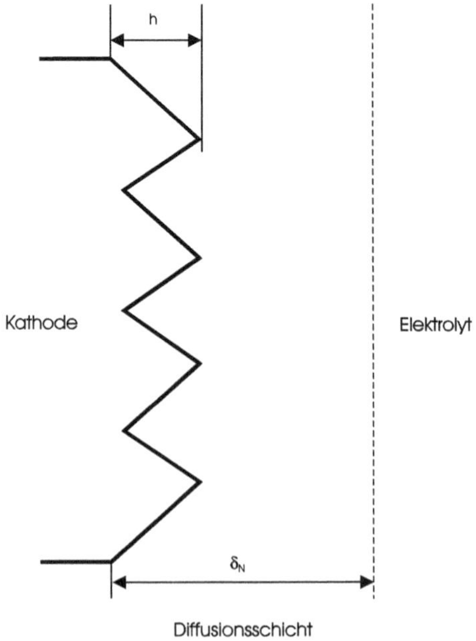

Abb. 4.26: Verstärkte Metallabscheidung an den Rauheitsspitzen der Werkstückoberfläche infolge inhomogenen Verlaufs der Stromlinien

Wenn nun die Kathode eine aufgeraute Oberfläche aufweist, deren Rauheitsspitzen im Vergleich zur Dicke der Diffusionsschicht klein sind, dann ist der Diffusionsweg zu ihnen kürzer als zu den benachbarten Vertiefungen. Die Rauheitsspitzen sind somit vom Standpunkt des Stofftransportes bevorzugt und wachsen schneller als die benachbarten Vertiefungen. Die Folge davon ist, dass an diesen Stellen mehr Metall abgeschieden wird als in den Rautiefen, so dass sich die Oberflächenrauheit intensiviert [4.19]. Es wäre denkbar, die Kathode so weit von der Anode anzubringen, dass die unterschiedlichen lokalen Abstände zwischen den beiden Elektroden praktisch keine Rolle mehr spielen. Dies würde jedoch sehr hohe Abscheidungspotentiale erfordern und einen wirtschaftlich unvertretbaren Energieverbrauch zur Folge haben.

Eine wirksame Abhilfe gegen die ungleichmäßige Schichtdickenverteilung besteht darin, das Einebnungsvermögen des Elektrolyten, d. h. seiner Fähigkeit, die Unregelmäßigkeiten der Substratoberfläche durch Abscheidung einer glatten Schicht auszugleichen, mit Hilfe spezieller Zusätze zu verbessern (s. Abschnitt 3.4.1.4.2). Bei geometrisch einfach geformten Bauteilen genügt es jedoch oft, durch eine zweckmäßige Anordnung der Anode eine bessere Schichtdickenverteilung zu erzielen (Abb. 4.27).

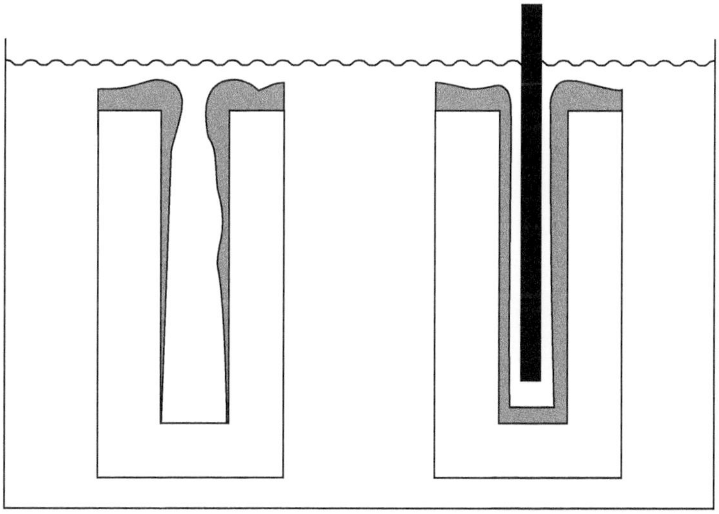

Abb. 4.27: Bessere Schichtdickenverteilung durch zweckmäßige Anordnung der Anode

Das Beispiel in Abb. 4.28 zeigt, wie man mit Hilfe zusätzlicher Anoden (so genannte Hilfsanoden) eine günstigere Schichtdickenverteilung erreichen kann.

Dieses Beispiel zeigt, dass eine verstärkte Metallabscheidung an den Ecken des Werkstücks, der so genannte „Hundeknochen"-Effekt, durch Einsatz von Hilfsanoden wirksam unterbunden werden kann.

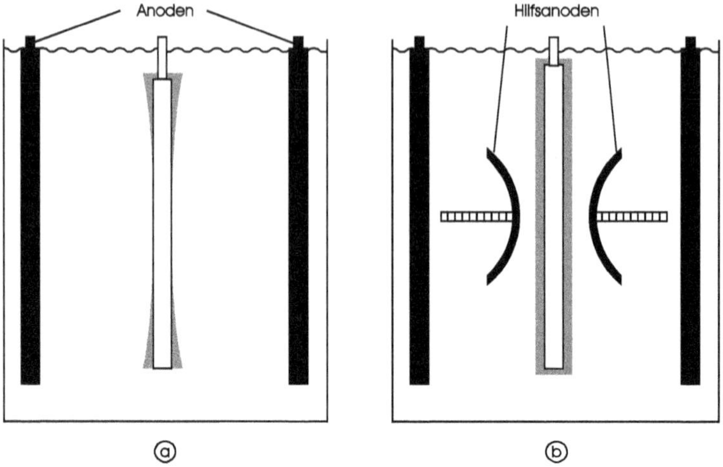

Abb. 4.28: Schichtdickenverteilung; a: ohne Hilfsanoden, b: mit zusätzlichen Anoden [4.5]

4.3.2 Pulsstromverfahren

Die Metallabscheidung mittels Pulsstromverfahren, die häufig auch als Pulse-Plating bezeichnet wird, ist ein relativ neues Verfahren, bei dem ein sich zeitlich verändernder Gleichstrom, Pulsstrom genannt, verwendet wird [4.20–4.36]. Die am häufigsten verwendete Strom-Zeit-Funktion ist der rechteckförmige Pulsstrom. Dabei lassen sich generell zwei Varianten unterscheiden, die als unipolare und bipolare Strompulse charakterisiert werden können [4.21, 4.28]. Bei unipolaren Strompulsen, die aus einfachen oder einem Gleichstrom überlagerten Rechteckpulsen bestehen, wird der Strom kathodisch geschaltet. Bei der bipolaren Arbeitsweise hingegen werden die Strompulse sowohl kathodisch als auch anodisch geschaltet (Umkehrpulsstrom). Dadurch wird die abzuscheidende Schicht periodisch kathodisch aufgebaut. Die dazwischen wirksamen anodischen Strompulse dienen zur teilweisen Auflösung der Schicht. Durch dieses Wechselspiel lassen sich Schichten mit bestimmten Eigenschaften erzeugen.

Die einfachsten Strom-Zeit-Funktionen sind in Abb. 4.29 zusammengestellt.

Die mit (k) gekennzeichneten Bereiche entsprechen Strommengen, die die kathodische Metallabscheidung bewirken. Die mit (a) bezeichneten Flächen stellen die anodischen Strommengen dar, die zur teilweisen Auflösung der kathodisch abgeschiedenen Metallschicht verwendet werden. Den Strom-Zeit-Funktionen ist zu entnehmen, dass bei den einfachen bzw. überlagerten Rechteckpulsen zwei aufeinander folgende kathodische Strompulse ($i \neq 0$) durch eine Strompause ($i = 0$) voneinander getrennt sind. Bei den Umkehrpulsen liegen die Verhältnisse etwas anders. Hier kommen zwischen den kathodischen Strompulsen nicht nur Strompausen, sondern auch anodische Strompulse vor.

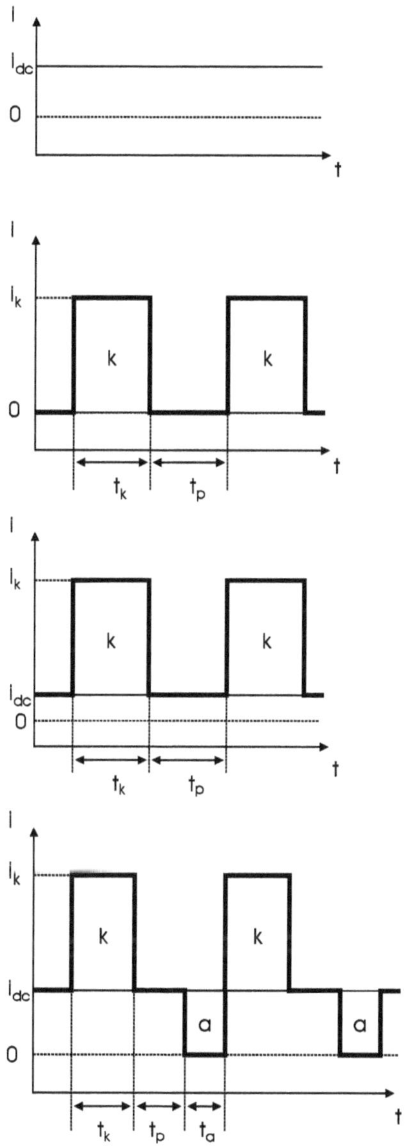

Abb. 4.29: Strom-Zeit-Funktionen und ihre charakteristischen Größen bei der Metallabscheidung mit Pulsstrom; von oben nach unten: einfache Rechteckpulse, überlagerte Rechteckpulse, periodische Umkehrpulse

Auch andere, kompliziertere Strom-Zeit-Funktionen sind möglich. Je komplexer aber der zeitabhängige Stromverlauf ist, umso komplizierter gestaltet sich der Prozess der Metallabscheidung. Dies gilt insbesondere für den Stofftransport im Elektrolyten und die Aufladung der elektrolytischen Doppelschicht an der Grenzfläche Kathode/Elektrolyt. Beide Vorgänge bestimmen bekanntermaßen den Abscheidungsprozess wesentlich.

Zu den wichtigsten Einflussgrößen bei der Schichtabscheidung mit Gleichstrom, wie der Elektrolytzusammensetzung, dem pH-Wert, der Elektrolyttemperatur und der Stromdichte, kommen bei der Pulsstrom-Elektrolyse noch die Pulsparameter hinzu, d. h. die maximale kathodische und anodische Stromdichte sowie die Pausen zwischen den Strompulsen. Entsprechend nimmt die Anzahl der voneinander unabhängigen und frei wählbaren Parameter bei der Abscheidung mit Pulsstrom zu. Sie beeinflussen den Abscheidungsmechanismus entscheidend. Bei den einfachen Rechteckpulsen sind die voneinander unabhängigen Parameter die kathodische Pulsstromdichte i_k, die Pulszeit t_k sowie die Pausenzeit t_p. Bei Rechteckpulsen, die einem Gleichstrom überlagert sind, ist darüber hinaus auch die Gleichstromkomponente i_{dc} als ein weiterer Parameter zu berücksichtigen. Sie kann anodisch (+) oder kathodisch (-) sein. Bei dem in Abb. 4.29 dargestellten Fall ist die Gleichstromkomponente als positiv angenommen worden. Für die Bestimmung der Stromdichte bei Umkehrpulsen sind hingegen fünf voneinander abhängige Parameter erforderlich. Diese sind: die kathodische Pulsstromdichte i_k, die anodische Pulsstromdichte i_a, die kathodischen (t_k) und anodischen (t_a) Pulszeiten sowie die Pausenzeit t_p. Tab. 4.12 gibt Auskunft über die Anzahl der frei wählbaren Parameter.

Tab. 4.12: Frei wählbare Parameter und die mittlere Stromdichte für die Metallabscheidung mit Pulsstrom [4.22]

Stromform	Wählbare Parameter	Mittlere Stromdichte
Gleichstrom	1	$i_m = i_{dc}$
Rechteckpulse	3	$i_m = i_k \frac{t_k}{t_k + t_p}$
Überlagerte Rechteckpulse	4	$i_m = i_k \frac{t_k}{t_k + t_p} + i_{dc}$
Umkehrpulse	5	$i_m = \frac{i_k\, t_k - i_a\, t_k}{t_a + t_k + t_p}$

Durch die drei Größen Stromdichte, Pulszeit und Pausenzeit lässt sich somit die vierte Variable, d. h. die mittlere Stromdichte i_m, eindeutig bestimmen. Sie kann formal mit der Stromdichte, die bei der Abscheidung mit Gleichstrom maßgeblich ist, verglichen werden. Zur Erzielung vergleichbarer Stromdichten bei der Abscheidung mit Pulsstrom müssen jedoch in Abhängigkeit von der Länge der Puls- und Pausenzeiten wesentlich höhere Pulsströme aufgebracht werden. Die Größe $t_k/(t_k + t_p)$, mit der beim Pulse-Plating oft operiert wird und deren Produkt mit i_k die mittlere Stromdichte ergibt, wird als prozentuale Einschaltdauer oder duty cycle bezeichnet.

4.3.2.1 Abscheidung von Metallschichten

Der prinzipielle Aufbau einer Elektrolysezelle zur Metallabscheidung mit Pulsstrom ist in Abb. 4.30 schematisch dargestellt.

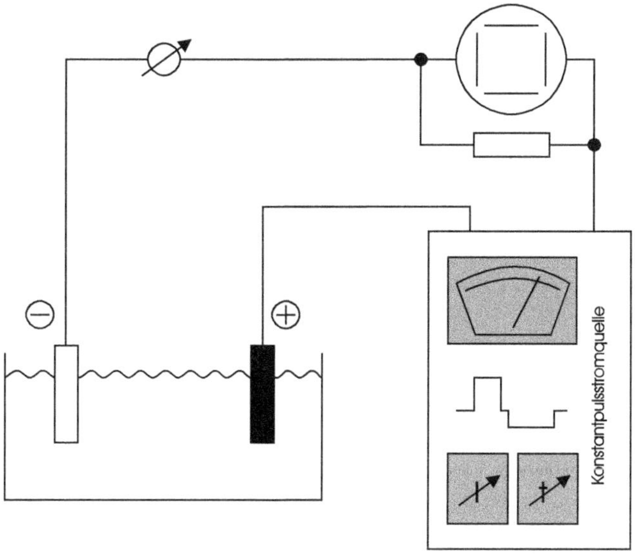

Abb. 4.30: Experimentelle Anordnung zur Metallabscheidung mittels Pulsstrom-Elektrolyse [4.31]

Die komplexen Verhältnisse bei der Abscheidung von Metallschichten mit Pulsstrom sollen im Folgenden am Beispiel eines einfachen rechteckförmigen kathodischen Strompulses erörtert werden [4.21]. Ein solcher Strom ist gekennzeichnet durch die kathodische Pulsstromdichte i_k, die Dauer des Strompulses t_k und der Strompause t_p. Sie liegt im Allgemeinen im Millisekundenbereich. Diese drei Größen lassen sich unabhängig voneinander einstellen. Dadurch ist die vierte Größe, nämlich die mittlere Stromdichte i_m, eindeutig festgelegt.

Wie aus der schematischen Skizze in Abb. 4.31 hervorgeht, laufen während der Pulsstromabscheidung des Metalls Me charakteristische Konzentrationsänderungen an der Kathodenoberfläche ab. In dieser Darstellung sind der Verlauf des Strompulses (i_k), die zeitliche Veränderung der Metallionen-Konzentration $c_{Me^{z+}}$ und der Konzentration der Reduktionsprodukte c_R vor der Kathode eingezeichnet.

Die Konzentration der Metallionen vor der Kathode sinkt während des ersten Strompulses von $c_{Me^{z+}}$ auf $c'_{Me^{z+}}$ ab, steigt aber im Verlauf der ersten Strompause auf $c''_{Me^{z+}}$ an.

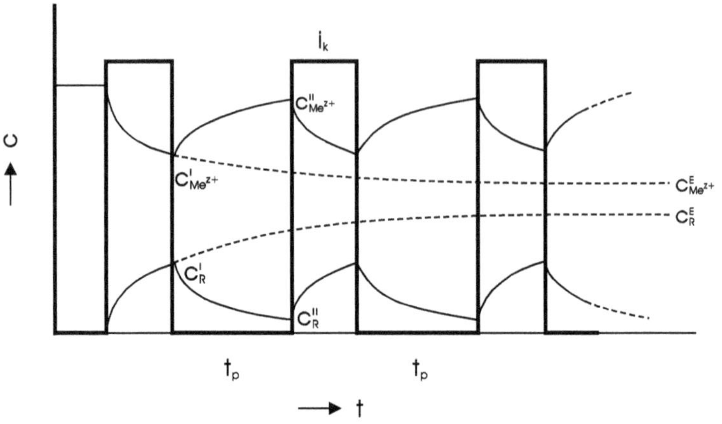

Abb. 4.31: Zeitliche Änderung der Metallionen-Konzentration $c_{Me^{z+}}$ und der Konzentration der Reduktionsprodukte c_R während der Metallabscheidung mit Pulsstrom

Während des zweiten Strompulses nimmt sie wieder ab, erhöht sich jedoch in der zweiten Strompause und so fort. So stellt sich im quasi-stationären Zustand an der Kathode eine Metallionen-Konzentration ein, die wesentlich höher ist als diejenige, die bei der Gleichstrom-Elektrolyse zu erwarten ist ($c^E_{Me^{z+}}$).

Während der kathodischen Metallabscheidung entstehen im Elektrolyten gleichzeitig metallische oder nichtmetallische Reduktionsprodukte, die mit abgeschieden werden und sich in die Schicht einbauen können. Sie können aber auch ins Innere der Elektrolytlösung wandern. Charakteristisch für die Pulsstrom-Elektrolyse ist, dass die entstehenden Reduktionsprodukte während der Strompausen in den Elektrolyten zurückgedrängt werden. Infolgedessen ist die Wahrscheinlichkeit, dass die Reduktionsprodukte in die Schicht eingebaut werden, gering, wodurch man einen metallischen Niederschlag hoher Reinheit erhält.

Im vorliegenden Fall sinkt die Konzentration der Reduktionsprodukte c_R vor der Kathode, die am Ende des ersten Strompulses c'_R betrug, während der darauf folgenden Strompause auf c''_R ab. Dieser Vorgang setzt sich so lange fort, bis sich für die Konzentration der Reduktionsprodukte im quasi-stationären Zustand ein Wert ergibt, der wesentlich niedriger ist als der bei der Gleichstrom-Elektrolyse (c^E_R).

Ein besonders eindrucksvolles Beispiel für den Rückgang der Konzentration der vor der Kathode entstandenen Reduktionsprodukte während der Strompausen stellt die Pulsstromabscheidung von Palladium dar. Dieses Metall vermag bekanntlich große Mengen von Wasserstoff aufzunehmen. Es konnte jedoch nachgewiesen werden, dass die mit Pulsstrom aus einer Lösung der Zusammensetzung 0,33 M $Pd(NH_3)_2(NO_2)_2$ + 1,25 M NH_4NO_3 + 0,15 M $NaNO_2$ abgeschiedenen Palladiumschichten einen sehr niedrigen Wasserstoffgehalt aufweisen. Abb. 4.32 zeigt den Einfluss der Pulspausen auf den Wasserstoffgehalt der Palladiumschichten.

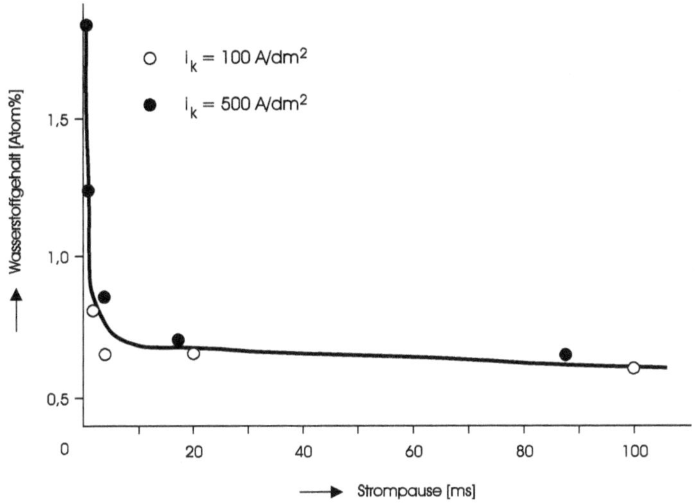

Abb. 4.32: Wasserstoffgehalt von mit Pulsstrom abgeschiedenen Palladiumschichten als Funktion der Pulspause; pH = 9, i_m= 15 A/dm² [4.25]

Zu verzeichnen ist ein steiler Abfall des Wasserstoffgehalts mit zunehmender Pulspause, unabhängig von der Höhe der kathodischen Pulsstromdichte i_k. Dieser Befund lässt schlussfolgern, dass bei der Verdrängung des Wasserstoffs die Dauer der Pulspause die wichtigste Rolle spielt. Der starke Rückgang des Wasserstoffgehalts der Palladiumschichten ist offensichtlich eine Folge der Desorptionsvorgänge während der Pulspausen.

Ergänzend sei darauf hingewiesen, dass bei der Pulsstrom-Elektrolyse wegen der hohen Pulsstromdichten zu Beginn des Stromflusses eine stärkere Reduktion der Kathodenoberfläche und damit eine Art Oberflächenreinigung stattfindet. Dies bedeutet eine Vermehrung der möglichen Haftstellen auf der Kathodenoberfläche. Andererseits erhöht sich mit zunehmender Pulsstromdichte die freie Energie der Ladungsträger, was eine höhere Keimbildungshäufigkeit zur Folge hat. Aufgrund dieser Sachverhalte sind bei der Pulsstromabscheidung feinkörnige, kompakte und zudem auch gut haftende Schichten zu erwarten (Abschnitt 8.4.3.2).

Die Pulsstrom-Elektrolyse ist bisher u. a. zur Abscheidung von Cadmium-, Kupfer-, Nickel- und Zinkschichten, um nur einige Beispiele zu nennen, eingesetzt worden.

Sie wird zunehmend zur Abscheidung von Kupferschichten bei der Herstellung von Leiterplatten (s. Abb. 4.37) angewandt [4.27–4.36].

4.3.2.2 Abscheidung von Legierungsschichten

Die für die Abscheidung reiner Metallschichten angestellten Überlegungen gelten grundsätzlich auch für die Pulsstromabscheidung von Legierungsschichten, die aus zwei oder mehreren Komponenten bestehen können. Hierbei sind ergänzend noch folgende Aspekte zu berücksichtigen:

- Die bei der Pulsstrom-Elektrolyse angewandten Pulsstromdichten sind in der Regel hoch und betragen ein Vielfaches der mittleren Stromdichte. Infolgedessen werden weitaus höhere Abscheidungspotentiale erreicht, als dies bei der Gleichstromabscheidung der Fall ist. So kann sich bei der Pulsstromabscheidung einer binären Legierungsschicht das Potential der unedleren Komponente so weit in positiver Richtung verschieben, dass deren Abscheidung gegenüber dem anderen Legierungspartner begünstigt wird. Voraussetzung hierfür ist, dass die unedlere Komponente in ausreichender Menge im Elektrolyten vorhanden ist. Ist dies nicht der Fall, kann ihre Konzentration während des Strompulses auf Null absinken. In einem solchen Fall kann eine Erhöhung des Abscheidungspotentials keinen Anstieg des Anteils dieser Komponente in der Legierungsschicht bewirken.
- Die Mitabscheidung von Wasserstoff während der kathodischen Abscheidung einer Metallschicht führt zu einem Anstieg des pH-Wertes in der Diffusionsschicht. Dadurch kann die Zusammensetzung des abgeschiedenen Niederschlags stark beeinflusst werden. Bei der Pulsstrom-Elektrolyse ist die Zunahme des pH-Wertes jedoch wegen der Nachlieferung der Wasserstoffionen im Vergleich zur Gleichstromabscheidung geringer.
- Bei der Abscheidung mit Pulsstrom ist die Konzentration der entladbaren Metallionen vor der Kathode zu Beginn des Stromflusses höher als bei der Gleichstromabscheidung. Eine Steigerung der durchschnittlichen Abscheidungsgeschwindigkeit ist mit Hilfe des Pulsstroms dennoch nicht zu erreichen, da die höhere Abscheidungsgeschwindigkeit, die sich während der Strompulse ergibt, durch die Strompausen wieder wettgemacht wird.
- Bei der Gleichstrom-Elektrolyse nimmt die Stromausbeute der Metallabscheidung ab, sobald die Grenzstromdichte überschritten wird. Der gleiche Effekt ist auch bei der Pulsstromabscheidung zu erwarten. Der Unterschied besteht nun darin, dass, während man bei der Abscheidung reiner Metallschichten mit Pulsstrom in der Regel unterhalb der Grenzstromdichte bleibt, diese Bedingung bei der Abscheidung von Legierungsschichten nicht immer eingehalten werden kann.

- Der Einfluss der Pulsparameter auf die Zusammensetzung einer binären Legierungsschicht, bei der die Abscheidung der einen Komponente durchtritts-, der anderen aber diffusionskontrolliert ist, kann wesentlich anders sein als wenn die Abscheidung beider Komponenten von ein und demselben Mechanismus bestimmt wird. Dies gilt im besonderen Maße für Legierungsschichten, die mehrere Komponenten beinhalten.
- Jeder Strompuls erzwingt eine neue Keimbildung, was einerseits zu einer Verarmung der Diffusionsschicht an abscheidbaren Metallionen führt, andererseits eine Kornverfeinerung der abgeschiedenen Schicht zur Folge hat. Die Strompausen bewirken wiederum eine Anreicherung der Diffusionsschicht an entladbaren Kationen. Das Ergebnis dieses Wechselspiels sind Legierungszusammensetzungen, die bei der Gleichstromabscheidung in der Regel nicht erreicht werden können.

Ein Beispiel für die Legierungsabscheidung mit Pulsstrom ist in Abb. 4.33a zu sehen. Darin ist die Zusammensetzung der aus sauren Elektrolytlösungen abgeschiedenen Gold-Kobalt-Schichten in Abhängigkeit vom Kobaltgehalt des Elektrolyten dargestellt [4.21]. Solche Legierungsschichten finden vielfache technische Anwendungen, insbesondere als elektrische Kontakte. Zum Vergleich sind auch die bei der Abscheidung solcher Legierungsschichten mit Gleichstrom gewonnenen Ergebnisse mit berücksichtigt (Abb. 4.33b).

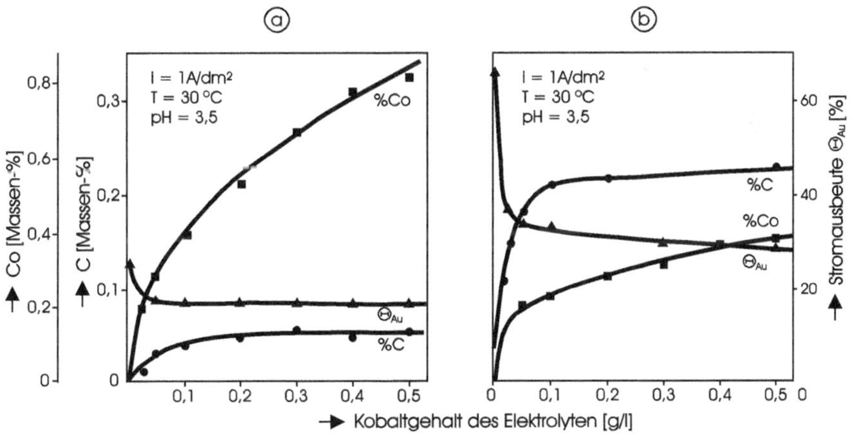

Abb. 4.33: Kobalt- und Kohlenstoffgehalte von mit Gleichstrom (a) bzw. Pulsstrom (b) abgeschiedenen Gold-Kobalt-Schichten [4.21]

Man erkennt, dass der Kobaltgehalt der mit Pulsstrom abgeschiedenen Legierungsschicht doppelt so hoch ist wie beim Gleichstrom. Gleichzeitig beobachtet man einen Rückgang des Kohlenstoffgehalts der mit Pulsstrom abgeschiedenen Legierungsschicht auf ¼ gegenüber dem mit Gleichstrom erhaltenen Niederschlag. Diese Befunde bestätigen die vorhin angestellten grundsätzlichen Überlegungen bezüglich der Charakteristika der Pulsstrom-Elektrolyse. Während die Abscheidung des unedleren Kobalts begünstigt und damit dessen Gehalt in der Legierungsschicht erhöht wird, nimmt der Anteil des Kohlenstoffs ab. Das letztere ist darauf zurückzuführen, dass während der Strompausen die kohlenstoffhaltigen Reduktionsprodukte aus der kathodischen Diffusionsschicht in den Elektrolyten weggedrängt werden. Als Folge davon wird weniger Kohlenstoff in die Legierungsschicht eingebaut.

Neben Gold-Kobalt-Schichten können auch Gold-Nickel-, Silber-Palladium- und Nickel-Phosphor-Schichten mit Pulsstrom abgeschieden werden.

4.3.2.3 Abscheidung von Multilayern

Unter Multilayer ist hier ein Schichtaufbau zu verstehen, bei dem sich zwei verschiedene metallische Schichten zyklisch abwechseln. Die Anzahl der Lagen, die aus Metall- oder Legierungsschichten bestehen können, kann theoretisch beliebig hoch sein. Solche Multilayer werden häufig auch als kompositionsmodulierte Mehrschichtsysteme (CMM: Compositionally Modulated Multilayers) bezeichnet, da man das Zusammenwirken der Metallschichten oder die Zusammensetzung der Legierungsschichten systematisch beeinflussen kann [4.37–4.42].

Multilayersysteme besitzen elektrische, magnetische und optische sowie chemische und mechanische Eigenschaften, die sich von denen der anderen Metall- oder Legierungsschichten erheblich unterscheiden können. Es ist daher damit zu rechnen, dass sie in Zukunft die Palette galvanotechnischer Beschichtungen erweitern und weitere Anwendungsgebiete erschließen werden.

Für die Abscheidung von Multilayern bieten sich generell zwei Verfahren an, die man als Doppel- bzw. Einzelelektrolytverfahren bezeichnet.

Beim Doppelelektrolytverfahren (DBT: Dual Bath Technique oder DPP: Dual Plating Process) wird das zu beschichtende Teil abwechselnd in zwei unterschiedliche Elektrolyten eingetaucht und beschichtet. Die Vorteile dieser Vorgehensweise sind die folgenden:

- Verfügbarkeit konventioneller und praxiserprobter Elektrolyte
- Möglichkeit der Abscheidung sehr dünner Metall- bzw. Legierungsschichten
- Möglichkeit der Herstellung beliebiger Metall- oder Legierungskombinationen

Diesen Vorteilen stehen allerdings auch Nachteile gegenüber:

- Unterbrechung des Abscheidungsprozesses zwecks Überführung des zu beschichtenden Teiles in den nächsten Elektrolyten
- Gefahr einer Verunreinigung der Elektrolyte durch Materialausschleppung
- Notwendigkeit von Zwischenschritten (Oberflächenspülung und -aktivierung) zwischen den einzelnen Abscheidungsprozessen
- Erheblicher, durch das Umsetzen des Teiles bedingter Zeitaufwand

Die aufgezählten Unzulänglichkeiten des Doppelelektrolytverfahrens haben Anlass zur Verbreitung der anderen Methode, nämlich des Einzelelektrolytverfahrens (SBT: Single Bath Technique oder SPP: Single Plating Process) gegeben. Dieses Verfahren zeichnet sich dadurch aus, dass sich die Ionen der beiden abzuscheidenden Metalle zusammen mit den anderen erforderlichen Zusätzen im Elektrolyten befinden. Um aus einem solchen Elektrolyten die zum Aufbau des Multilayers benötigte Schichtfolge abzuscheiden, ist es notwendig, die Abscheidungspotentiale der einzelnen Metallionen weit auseinander zu verschieben. Dies lässt sich durch Variation der Konzentrationen der Metallionen bzw. Verwendung geeigneter Komplexbildner erreichen. Es hat sich jedoch gezeigt, dass die Abscheidung der Schichten am besten durch die Änderung der Stromdichte als eines der wichtigsten Abscheidungsparameter bewerkstelligt werden kann. Dabei ist von folgender Überlegung auszugehen:

Bei niedrigen Stromdichten wird die elektrochemisch edlere Komponente in Form einer reinen Metallschicht abgeschieden. Bei höheren Stromdichten hingegen erreicht man das Abscheidungspotential der elektrochemisch unedleren Komponente, so dass eine Legierungsschicht abgeschieden werden kann. Um die Legierungsbildung zu unterbinden und zwei möglichst reine Metallschichten zu erhalten, muss man die edlere Komponente in so geringer Konzentration dem Elektrolyten zugeben, dass sie diffusionskontrolliert abgeschieden wird. Der Pulsstrom eignet sich daher besonders für die Abscheidung homogener Multilayer. Dabei unterscheidet man zwischen dem so genannten Doppelpuls- und Dreifachpulsverfahren, die in Abb. 4.34 graphisch wiedergegeben sind.

Beim Doppelpulsverfahren wird, wie aus Abb. 4.34a ersichtlich, zwischen zwei Strompulsen, nämlich der Abscheidungsstromdichte der edleren und der der unedleren Komponente umgeschaltet. Diese Arbeitsweise führt zu einer zeitlichen Veränderung des Potentials, und zwar dergestalt, dass dieses im Bereich niedriger Stromdichten nur wenig unter das Abscheidungspotential der edleren Komponente absinkt. Die Abscheidung eines homogenen Multilayers kann damit aber nicht erreicht werden.

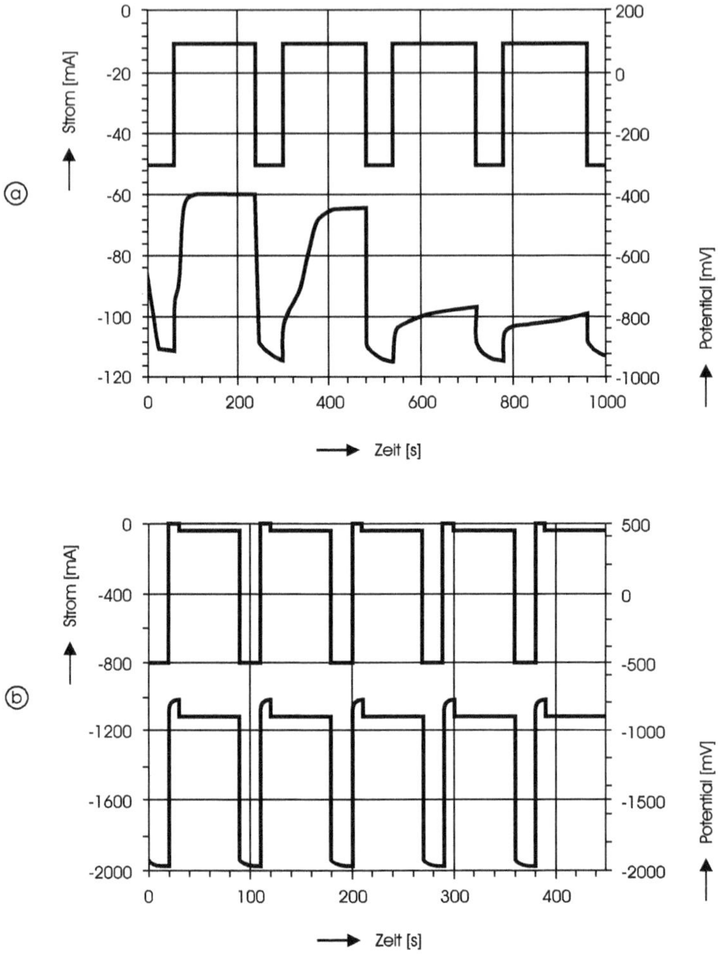

Abb. 4.34: Strom- und Potentialverlauf beim Doppel- (a) bzw. Dreifachpulsverfahren (b) [4.40]

Tab. 4.13: Reinheitsgrad der mit Pulsstrom abgeschiedenen Multilayer [4.40]

Multilayer	Zusammensetzung
Silber	96 % Ag, 4 % Cu
Kupfer	87 % Cu, 13 % Ag
Platin	82 % Pt, 18 % Co
Kobalt	64 % Co, 36 % Pt
Palladium	96 % Pd, 1,5 % Co, 2,5 % P
Kobalt	35 % Co, 63 % Pd, 2,0 % P

Das Dreifachpulsverfahren zeichnet sich dadurch aus, dass man, wie in Abb. 4.34b angedeutet, dem Strompuls zunächst eine Strompause folgen lässt mit dem Ziel, das Elektrodenpotential nach der Abscheidung der unedleren Komponente rasch unter das Abscheidungspotential der edleren Komponente zu verschieben. Im Gegensatz zum Doppelpulsverfahren beobachtet man in diesem Fall eine zeitlich gleichmäßige Änderung des Potentials, welches während der Strompause stark abfällt. Durch diese Maßnahme ist es möglich, eine klare Trennung zwischen den einzelnen Schichten des Multilayers zu realisieren.

Als Beispiele für die Abscheidung von Multilayern mit Hilfe des Pulsstromverfahrens können die Silber/Kupfer-, Platin/Kobalt- und Palladium/Kobalt-Schichten genannt werden, deren Reinheitsgrade in Tab. 4.13 angegeben sind.

Der Grund dafür, dass die Schichten aus den unedleren Metallen Kupfer- und Kobalt, verglichen mit denen aus den edleren Metallen Silber, Platin und Palladium, geringere Reinheitsgrade aufweisen, liegt darin, dass es bei ihrer Abscheidung zu einer Legierungsbildung kommt.

Die in Abb. 4.35 reproduzierte REM-Aufnahme zeigt den Aufbau eines Platin/Kobalt-Multilayers.

Neben Multilayern aus zwei relativ reinen Metallschichten können auch solche aus zwei Legierungsschichten hergestellt werden. Dies setzt voraus, dass durch Variation der Stromdichte eine Änderung der Zusammensetzung der Schicht bewirkt werden kann. Die REM-Aufnahme in Abb. 4.36 zeigt beispielsweise den Aufbau einer solchen Legierung.

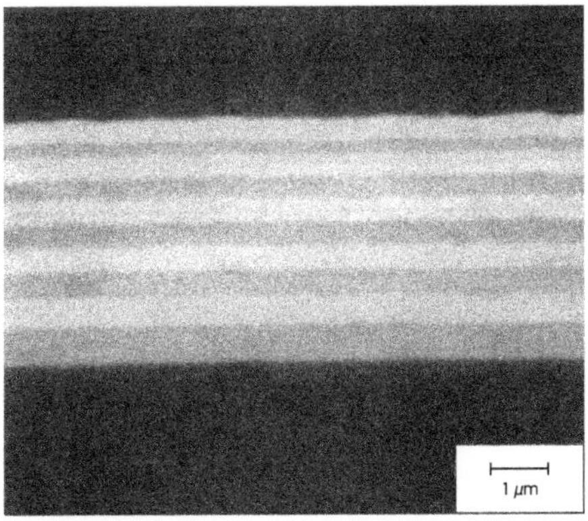

Abb. 4.35:
REM-Aufnahme eines Platin/Kobalt-Multilayers [4.40]

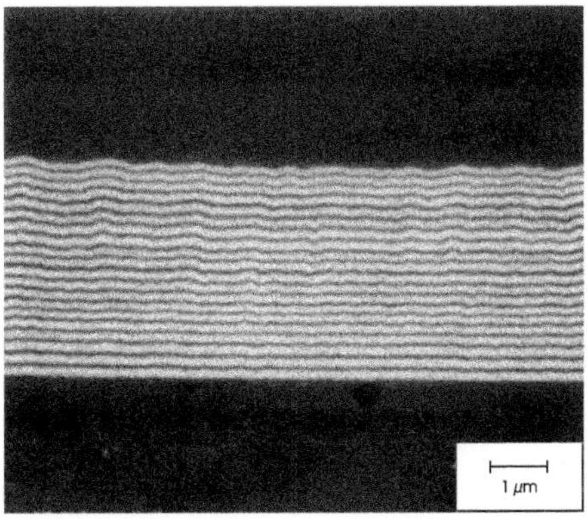

Abb. 4.36:
REM-Aufnahme eines aus Gold-Kobalt-Legierungsschichten hergestellten Multilayers [4.40]

Die Herstellung von Multilayern mit Hilfe des Einzelelektrolytverfahrens ist mit folgenden Vorteilen verbunden:

- Kein Umsetzen des Teiles zwischen verschiedenen Elektrolyten
- Keine Zwischenbehandlung des beschichteten Teiles
- Variation der Stromdichte ohne großen apparativen Aufwand
- Geringer Zeitaufwand

Demgegenüber sind als spezifische Nachteile zu nennen:

- Bedarf an speziellen Elektrolyten, die erst entwickelt werden müssen.
- Mögliche Materialkombinationen werden durch die Verfügbarkeit der erforderlichen Metallsalze und Komplexe bestimmt.
- Es ist nicht immer möglich, die Legierungsbildung in der Übergangszone zwischen den Schichten auszuschließen.

4.3.2.4 Abscheidung von Dispersionsschichten

Die Abscheidung von Dispersionsschichten mit elektrisch leitenden Einlagerungen lässt sich schwieriger bewerkstelligen als solche mit nicht leitenden Teilchen. Für das Einbetten von Dispersoiden in einer aufwachsenden Schicht sind generell die Adhäsionskräfte an der Phasengrenze Partikel/Elektrolyt maßgeblich, da sie den Transport der Partikel im Elektrolyten und ihr Verhalten in der Diffusionsschicht bestimmen und somit für die Einbaurate verantwortlich sind. Im Vergleich zu den elektrisch nicht leitenden Teilchen, bei denen die maximale Einbaurate bedingt durch die schwachen Adhäsionskräfte erst bei einer bestimmten Strömungsgeschwindigkeit der Elektrolytlösung erreicht wird, liegen die Verhältnisse bei den elektrisch leitenden Teilchen etwas anders. Der Einbau solcher Partikel in der Schicht wird nur zu Beginn des Abscheidungsvorganges durch die Geschwindigkeit des Stofftransportes bestimmt. Die Einbaurate bleibt nach dem Erreichen der Sättigung der Schicht an Partikeln praktisch unverändert und wird wegen der Wirksamkeit starker Adhäsionskräfte in diesem Fall nicht mehr durch die Geschwindigkeit der Elektrolytbewegung beeinflusst. Weitere Einflussgrößen, die für die Eigenschaften von Dispersionsschichten mit elektrisch leitenden Partikeln bestimmend sind, sind die Stabilität dieser Partikel gegenüber der Elektrolytlösung und ihr Verhalten nach dem Einbau in der aufwachsenden Schicht. Nicht zuletzt muss man auch den möglichen Einfluss der elektrisch leitenden Partikel auf die Stromverteilung berücksichtigen.

Die Mitabscheidung elektrisch leitender Metallpartikel und deren Einbau in eine metallische Matrix scheinen somit unter anderen Bedingungen abzulaufen als bei nicht leitenden Dispersoiden. Es hat sich gezeigt, dass man solche Dispersionsschichten durch Modulation des elektrischen Stromes, d. h. mit Hilfe des Pulse-Plating-Verfahrens, abscheiden kann. Die Abscheidung von Nickel-Kobalt-Dispersionsschichten mit Zirkonium-Einlagerungen auf Teilen aus kohlenstofffaserverstärktem Kohlenstoff (CFC) konnte mit diesem Verfahren realisiert werden [4.23]. CFC ist ein Verbundwerkstoff, bei dem die Kohlenstofffasern in eine Kohlenstoffmatrix eingelagert sind. Solche Verbundwerkstoffe finden weit verbreitete Verwendung u. a. als Hitzeschilder in der Raumfahrtindustrie und als Isolationsmaterial bei Hochtemperaturöfen. Die Hitzebeständigkeit der aus CFC erzeugten Teile kann durch das Beschichten mit einer poren- und rissfreien Dispersionsschicht bis auf die thermische Stabilität des Beschichtungsmaterials erhöht werden. Als hitzebeständige Dispersionsschichten kommen binäre oder ternäre Legierungsschichten aus Aluminium, Chrom, Eisen, Kobalt, Nickel und Silizium unterschiedlicher Zusammensetzung in Frage, in denen geeignete Metallpartikel eingelagert werden. Solche Legierungsschichten lassen sich allerdings nicht ohne weiteres aus einer Elektrolytlösung abscheiden. Im Falle von Nickel und Kobalt sind die Bedingungen für die Abscheidung einer Legierungsschicht günstig, da die Abscheidungspotentiale dieser Metalle sehr eng beieinander liegen. Während die Mitabscheidung von Chrom als Dispersant wegen seines stark differierenden Abscheidungspotentials Schwierigkeiten bereitet, scheint der Einbau von Zirkoniumpartikeln in einer Nickel-Kobalt-Schicht durchaus machbar zu sein. Zu diesem Zweck dient ein Nickel-Kobalt-Elektrolyt mit einem Ni/Co-Verhältnis von 8 : 2 bis 2 : 8, dem Zirkoniumpartikel mit einer Körnung von 1–5 µm in einer Massenkonzentration von 50 g/l zugegeben werden. Für die Schichtabscheidung aus diesem Elektrolyten hat sich eine Stromumkehrung im Verhältnis 50 : 20 als optimal erwiesen [4.23]. Die so abgeschiedenen Nickel-Kobalt-Zirkonium-Dispersionsschichten weisen keine starken inneren Spannungen auf. Die Entstehung von Wasserstoff und damit die Bildung von Wasserstoffporen bleibt bei ihnen wegen der Desorption des Wasserstoffs in den Strompausen aus. Demzufolge sind sie frei von Poren und Rissen. Die abgeschiedenen Dispersionsschichten zeigen auch keine dendritischen Ablagerungen an Kanten und Oberflächenrauheiten, die man aufgrund der bevorzugten Konzentration des elektrischen Stroms an solchen Stellen erwartet. Offensichtlich verhalten sich die Zirkoniumpartikel wie elektrisch neutrale Teilchen. Die Oberflächenstruktur der Beschichtung weist bis zu einer Dicke von 3 mm keine Unregelmäßigkeiten auf.

4.3.2.5 Schichtdickenverteilung

Wegen periodischer kathodischer Metallabscheidung und anodischer Metallauflösung erwartet man beim Pulsstromverfahren im Allgemeinen eine gleichmäßigere Schichtdickenverteilung als beim Gleichstromverfahren. Ein Beispiel hierfür zeigen die Querschliffaufnahmen in Abb. 4.37.

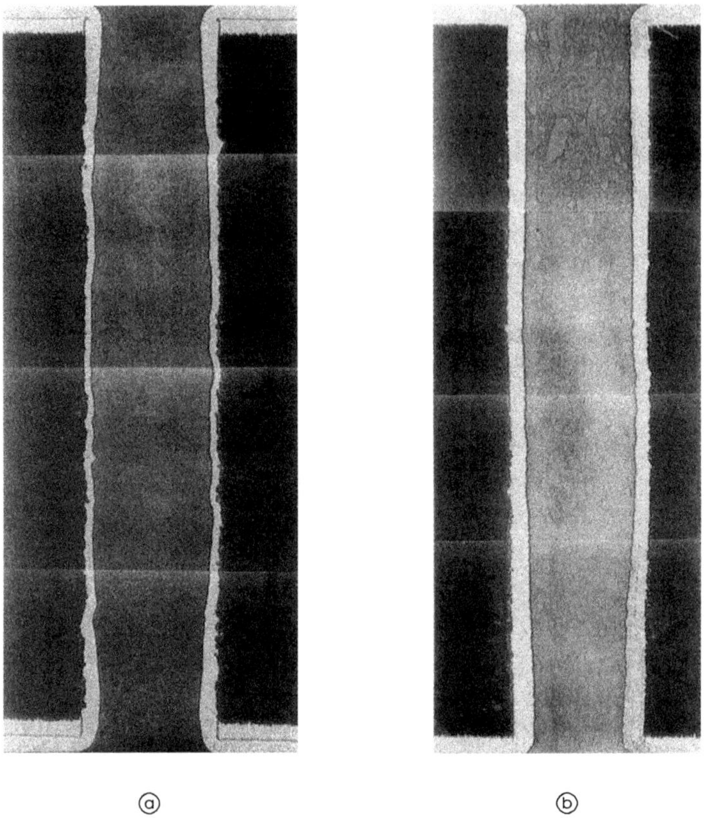

Abb. 4.37: Dickenverteilung der in den Bohrungen einer Leiterplatte abgeschiedenen Kupferschicht;
a: Gleichstrom (i_{DC} = 8 A/dm^2; v_H = 0,6 m/min)
b: Pulsstrom (i_m = 8 A/dm^2; v_H = 0,6 m/min)

Es handelt sich dabei um eine mit Gleich- bzw. Pulsstrom abgeschiedene, 35 µm dicke Kupferschicht, mit der die Bohrungen einer Leiterplatte durchkontaktiert wurden. Die Beschichtung erfolgte in beiden Fällen in einer Horizontalanlage, in der die Leiterplatte waagerecht mit der konstanten Geschwindigkeit (v_H) transportiert und von unten durch den Elektrolyten angeströmt wird. Im Vergleich zum Gleichstrom (Abb. 4.37a) weist die mit Pulsstrom abgeschiedene Kupferschicht eine bedeutend gleichmäßigere Schichtdickenverteilung auf (Abb. 4.37b). Der Grund liegt darin, dass bei der Gleichstromabscheidung mehr Kupfer in den Bereichen hoher Stromdichten (Bohrlochkanten und -ecken) abgeschieden wird als in den Stellen, in denen niedrigere Stromdichten herrschen (Bohrlochmitte). Bei der Kupferabscheidung mit Pulsstrom sorgen die kurzen anodischen Strompulse hingegen dafür, dass ein Rücklösen des Kupfers an Kanten und Ecken stattfindet und damit eine gleichmäßigere Schichtdickenverteilung erreicht wird.

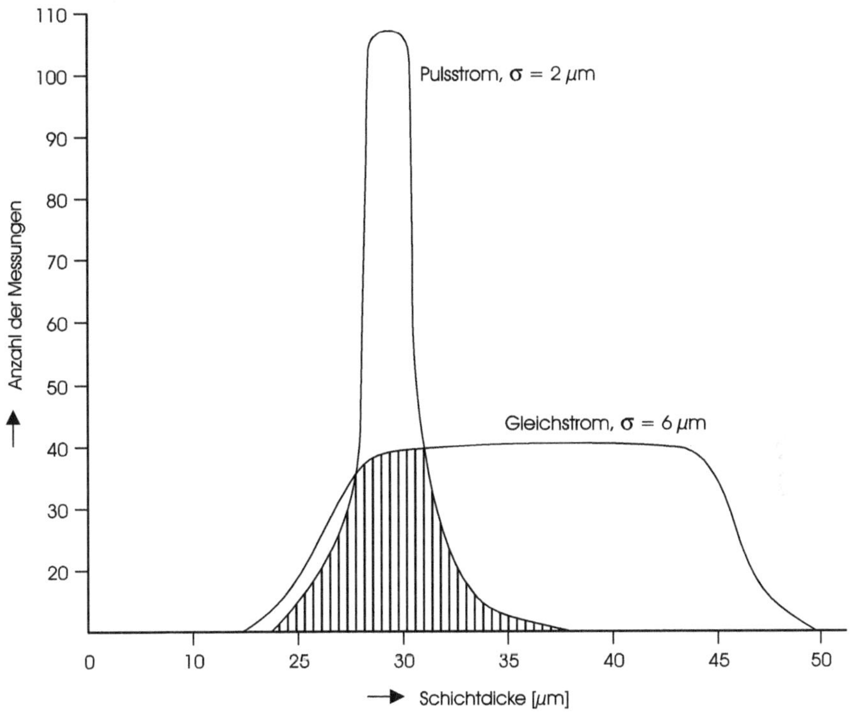

Abb. 4.38: Statistische Auswertung der Dickenverteilung bei einer mit Gleichstrom (a) bzw. Pulsstrom (b) abgeschiedener Kupferschicht (σ: Standardabweichung)

Auch die statistische Auswertung der Schichtdickenmessung (Abb. 4.38) zeigt wesentlich größere Dickenschwankungen bei der mit Gleichstrom abgeschiedenen Kupferschicht.

Danach beträgt die Differenz Δd zwischen der maximalen und minimalen Schichtdicke beim Gleichstromverfahren 31 µm, beim Pulsstromverfahren jedoch nur noch 19 µm.

Hinsichtlich des Gefügeaufbaus der mit Pulsstromverfahren abgeschiedenen Schichten lässt sich generell folgendes anmerken:

Wie bereits erwähnt, benötigt man bei der Pulsstrom-Elektrolyse einen höheren Spitzenstrom als beim Gleichstromverfahren, um eine bestimmte Metallmenge innerhalb einer festgelegten Zeit abscheiden zu können, Dies ist notwendig, um die Strompausen zu kompensieren. Aus diesen höheren Strömen resultieren aber höhere Abscheidungspotentiale, die zu einer verstärkten Keimbildung führen können. Die Folge davon ist ein im Vergleich zur Metallabscheidung mit Gleichstrom feinkörnigerer Überzug mit verbesserten Eigenschaften.

4.3.3 Laserinduzierte Metallabscheidung

Neuere Untersuchungen [4.43-4.57] haben ergeben, dass unter der Einwirkung eines fokussierten Laserstrahls eine beschleunigte Metallabscheidung erreicht werden kann. Experimentellen Befunden zufolge lässt sich die Abscheidungsgeschwindigkeit im bestrahlten Bereich der Substratoberfläche unter bestimmten Bedingungen um das 1 000-fache erhöhen [4.43]. Laut Angaben in der Literatur [4.45] ist es sogar möglich, unter Anwendung eines Lasers mit der Leistungsdichte 10^3 kW/cm^2 eine Abscheiderate von 10 µm/s zu erreichen. Mit Hilfe dieses als laserinduzierte Metallabscheidung bekannt gewordenen Verfahrens ist es auch möglich, eine selektive Abscheidung sowohl außenstromlos als auch mittels Gleichstrom vorzunehmen.

4.3.3.1 Elektrochemische Methode

Die schematische Darstellung in Abb. 4.39 zeigt den prinzipiellen Aufbau einer experimentellen Einrichtung zur laserinduzierten Metallabscheidung mit Gleichstrom:

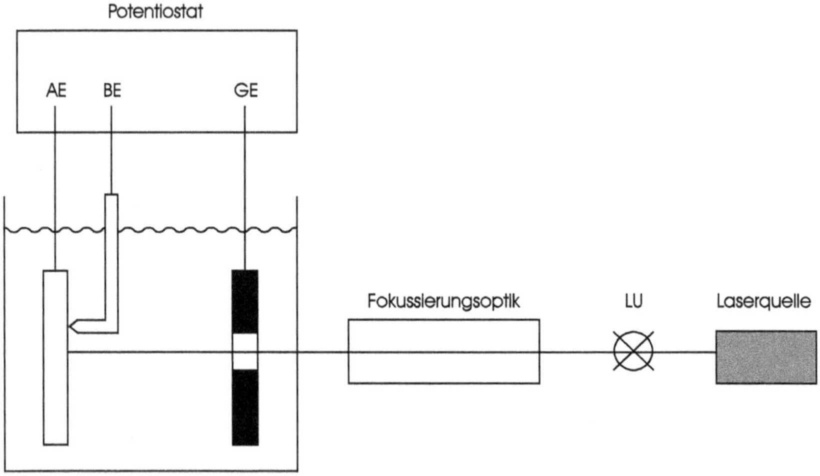

Abb. 4.39: Experimentelle Einrichtung zur laserinduzierten Metallabscheidung: AE: Arbeitselektrode (Substrat), GE: Gegenelektrode, BE: Bezugselektrode, LU: mechanischer Licht-Unterbrecher

Die Einrichtung besteht im Wesentlichen aus dem Laserkopf, der Fokussierungsoptik und der Elektrolysezelle. Zu den wichtigsten Lasertypen, die dabei Anwendung finden, gehört der Ar^+-Laser. Der fokussierte Laserstrahl durchdringt eine Aussparung in der Anode und trifft auf die Oberfläche des sich im Elektrolyten befindlichen und als Kathode geschalteten Substrats. Der durch die Strahlfokussierung theoretisch erreichbare Spotdurchmesser lässt sich wie folgt berechnen [4.50]:

$$D_{min} = 1{,}27 \cdot \frac{\lambda \cdot f}{d} \qquad (4.23)$$

Darin bedeuten λ die Wellenlänge und d den Durchmesser des einfallenden Laserstrahls. f ist die Brennweite der Linse.

Die Leistungsdichte des verwendeten Laserstrahls schwankt in der Regel zwischen 0,1 und 2 kW/cm^2 [4.43, 4.44, 4.47]. Bei kontinuierlicher Bestrahlung würde eine extreme lokale Erwärmung im Bereich der Auftreffstelle des Laserstrahls eintreten. Um dies zu verhindern, werden periodische Lichtimpulse benutzt. Zu diesem Zweck dient der mechanische Licht-Unterbrecher (LU), auch Chopper genannt. Die Impulsdauer kann sich dabei zwischen 0,5 und 40 ms bewegen [4.47]. Es hat sich gezeigt, dass die Erwärmung der bestrahlten Zone auch dann eintritt, wenn der fokussierte Laserstrahl auf die Rückseite des Substrats gerichtet ist [4.43]. Diese experimentelle Beobachtung deutet darauf hin, dass photolytische Effekte[8] hier wie auch bei den anderen Abscheidungsverfahren wegen der hohen Konzentration und Beweglichkeit der Ladungsträger keine wesentliche Rolle spielen.

Um bestimmte Muster auf der Substratoberfläche abzuscheiden, muss die Auftreffstelle des Laserstrahls gezielt um- und abgelenkt werden. Zu diesem Zweck platziert man die Elektrolysezelle auf einem Kreuztisch, der mittels eines Schrittmotors in x- und y-Richtung verschoben werden kann [4.47]. Der gleiche Effekt lässt sich auch dadurch erreichen, dass man die Richtung des Laserstrahls, wie in [4.43] beschrieben, mit Hilfe eines rotierenden Spiegels gezielt verändert. Dadurch ist die Möglichkeit gegeben, den Laserstrahl zeitlich definiert und mit hoher Energiedichte auf das zu beschichtende Substrat zu fokussieren. So konnten dünne Schichten mit einer Breite von 2 µm selektiv abgeschieden werden [4.50].

Die Vorgänge, die sich bei der laserinduzierten Metallabscheidung abspielen, können mit Hilfe eines thermischen Modells hinreichend beschrieben werden [4.43, 4.44, 4.47]. Dieses Modell beruht auf der Tatsache, dass ein Teil des einfallenden Laserstrahls vom Substrat absorbiert wird. Dadurch entsteht an der Grenzfläche Substrat/Elektrolyt eine lokale Wärmequelle, die einen Temperaturgradienten im bestrahlten Substratbereich und umgebenden Elektrolyten verursacht. Die Skizze in Abb. 4.40 soll diese Verhältnisse verdeutlichen.

---

8 Als Photolyse bezeichnet man die Zersetzung oder Dissoziation von chemischen Verbindungen durch Absorption elektromagnetischer Strahlung (besonders von Licht). Es gilt: Je niedriger die Wellenlänge der elektromagnetischen Welle ist, umso höher ist die Energie, die pro Photon übertragen werden kann.

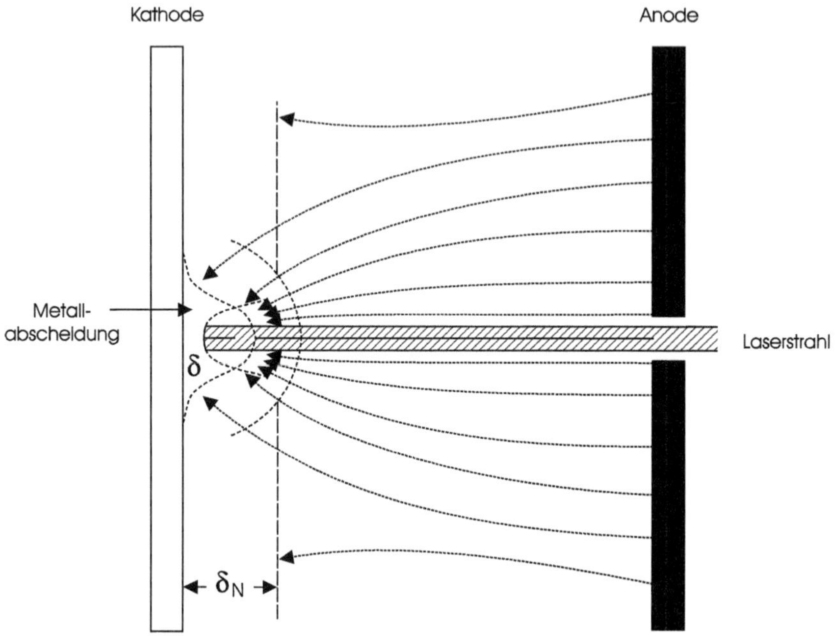

Abb. 4.40: Lokale Erhitzung der Auftreffstelle des Laserstrahls [4.46]
——: elektrische Feldlinien
---------: Äquipotentiallinien[9]

Man erkennt, dass die Dicke δ der durch den Laserstrahl erhitzten Zone wesentlich kleiner ist als die NERNSTsche Diffusionsschicht δ_N. Die Erwärmung der Elektrolytlösung erfolgt nun durch die Wärmeübertragung. Dabei entsteht eine lokalisierte hydrodynamische Konvektion, die in der bestrahlten Zone zu einem verstärkten Stofftransport führt. Dieser durch die intensive Mikrorührung bedingte Stofftransport trägt seinerseits zu einem Anstieg der Stromdichte und damit zu einer Beschleunigung der lokalen Metallabscheidung bei. Ein Vergleich der Elektrolytbewegung durch Lufteinblasung, Ultraschall bzw. Laserstrahl unterstreicht die Bedeutung der thermisch bedingten lokalen Konvektion (Abb. 4.41) [4.45].

Bei Verwendung von Laserstrahlen hoher Energie kann es sogar zum Sieden der Elektrolytlösung und damit zu einer noch heftigeren Mikrorührung im bestrahlten Bereich kommen. Es wird über lokale Erhitzungen der Elektrolytlösung bis zu 120–140 °C in solchen Fällen berichtet [4.43, 4.44]. Die dabei entstehenden Dampfblasen beschleunigen

[9] Die Lage der Äquipotentiallinien und ihre gegenseitigen Abstände ermöglichen Aussagen über die Eigenschaften des elektrischen Feldes. Je kleiner der Abstand der Äquipotentiallinien desto größer die elektrische Feldstärke. Die Feldlinien verlaufen immer senkrecht zu den Äqupotentiallinien. Zwischen den Äquipotentiallinien besteht überall die gleiche Spannung.

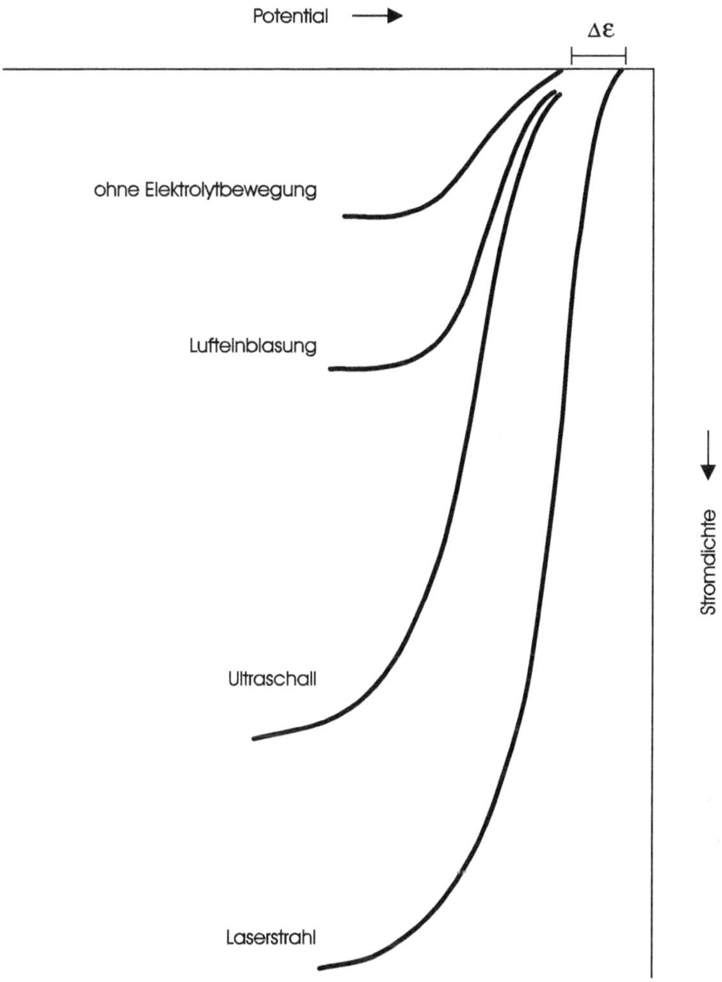

Abb. 4.41: Potentialverschiebung $\Delta\varepsilon$ und Erhöhung der Abscheidungsstromdichte durch unterschiedlich intensive Elektrolytbewegung

den lokalen Stofftransport noch mehr, indem sie temperaturabhängige kinetische Größen wie den Diffusionskoeffizienten der abzuscheidenden Metallionen sehr stark beeinflussen. Diese heftige Mikrorührung bewirkt ferner eine Reduzierung der Dicke der NERNSTschen Diffusionsschicht und einem Anstieg der Geschwindigkeit der Metallabscheidung.

Die lokale Erwärmung der bestrahlten Grenzfläche Substrat/Elektrolyt hat darüber hinaus eine weitere Konsequenz, die sich aus thermodynamischen Gesetzmäßigkeiten ergibt. Wie aus Abb. 4.42 ersichtlich, findet nämlich eine Verschiebung des Elektrodenpotentials mit zunehmender Temperatur statt.

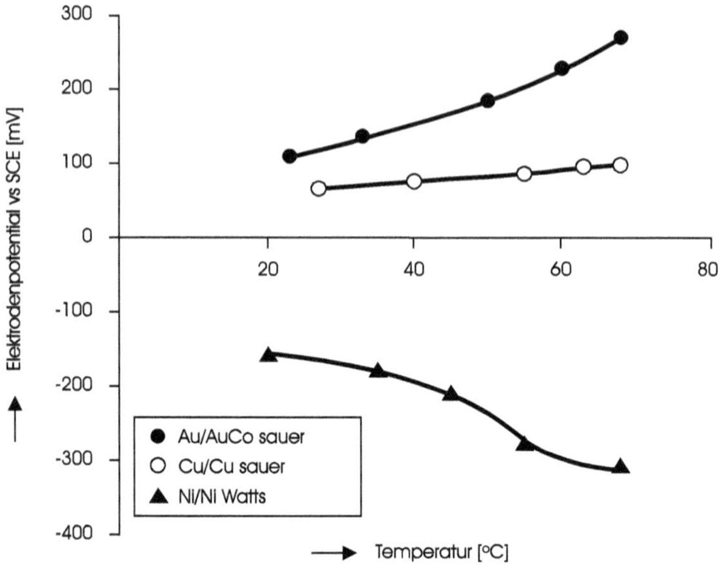

Abb. 4.42: Verschiebung des Elektrodenpotentials einiger Metalle mit zunehmender Temperatur [4.47]

Dieser Temperatureffekt ist allerdings vorwiegend im Bereich niedriger Überspannungen wirksam, in dem der Prozess der Metallabscheidung durch den Ladungsumsatz entlang der elektrolytischen Doppelschicht bestimmt wird. Das Ausmaß der thermischen Verschiebung des Elektrodenpotentials wird durch die spezifischen Merkmale des aus dem Substrat und dem Elektrolyten bestehenden Systems bestimmt. Die dadurch bedingte Erhöhung der Abscheidungsstromdichte beträgt größenordnungsmäßig ein bis zwei Zehnerpotenzen [4.54]. Im Bereich hoher Überspannungen, in dem die Abscheidungsstromdichte durch den diffusionskontrollierten Stofftransport bestimmt wird, scheint hingegen der Mechanismus der Mikrorührung die Hauptrolle schlechthin zu spielen. In diesem Fall ist eine Erhöhung des Stroms beim Einfallen der Laserstrahlen nur dann möglich, wenn zusätzliche Metallionen nachgeliefert werden können [4.43].

Zu berücksichtigen ist ferner, dass das Elektrodenpotential auch mit zunehmender Leistungsdichte des verwendeten Laserstrahls zu höheren (edleren) Werten verschoben wird. Dieser Sachverhalt lässt sich am Beispiel des Systems $Cu/CuSO_4$ in Abb. 4.43 demonstrieren.

Die Änderung des Elektrodenpotentials - unabhängig davon, ob sie thermisch oder energetisch bedingt ist - führt zur Ausbildung eines Lokalelementes zwischen der bestrahlten Zone und dem sie umgebenden nicht bestrahlten Bereich. Erfolgt die Verschiebung des Elektrodenpotentials in positiver Richtung, wie dies bei Gold und Kupfer der Fall ist

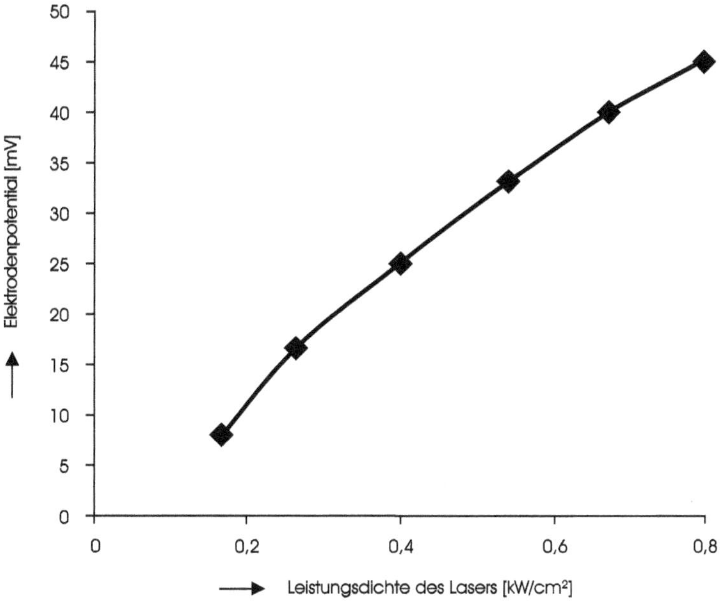

Abb. 4.43: Verschiebung des Elektrodenpotentials mit zunehmender Leistungsdichte des Laserstrahls am Beispiel des Systems $Cu/CuSO_4$ [4.47]

(Abb. 4.42), so verhält sich die bestrahlte Zone kathodisch, während der umliegende nicht bestrahlte Bereich als Anode fungiert. Beim System $Cu/CuSO_4$, bei dem ähnliche Verhältnisse herrschen, findet demzufolge eine verstärkte Kupferabscheidung in der erwärmten Zone statt, während in den benachbarten kälteren Regionen eine anodische Metallauflösung erfolgt. Umgekehrte Vorgänge laufen ab, wenn das Elektrodenpotential in negativer Richtung verschoben wird. Dies ist z. B. beim System Ni/Ni^{2+} der Fall (Abb. 4.42). Hier tritt die Metallauflösung in der bestrahlten Zone ein, während die Metallabscheidung in dem umliegenden nicht bestrahlten Bereich erfolgt.

Abb. 4.44 zeigt die REM- und Querschliffaufnahme einer auf einem vernickelten Be-Cu-Substrat laserinduziert abgeschiedenen Goldschicht.

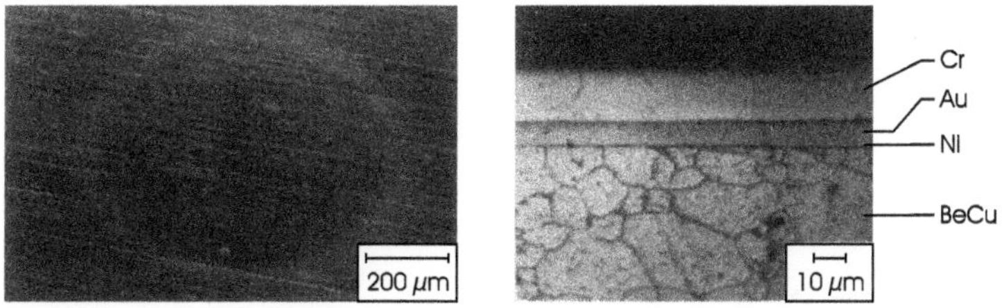

Abb. 4.44: REM- und Querschliffaufnahme einer laserinduziert abgeschiedenen Goldschicht (∅ = 800 µm, *d* = 10 µm)

4.3.3.2 Chemische Methode

Auch die autokatalytische Metallabscheidung kann durch Bestrahlung des zu beschichtenden Substrats mit einem geeigneten Laser initiiert und beschleunigt werden. Die bereits diskutierten Effekte, die Erwärmung der bestrahlten Zone und die Verschiebung des Elektrodenpotentials, sind auch in diesem Fall wirksam. Hinzu kommt die folgende Überlegung: Die autokatalytische Metallabscheidung erfolgt bekanntlich erst oberhalb einer bestimmten Mindesttemperatur. Hieraus ergibt sich die Möglichkeit einer gezielten, selektiven Beschichtung des Substrats. Hält man nämlich die Temperatur des Elektrolyten unterhalb dieses Grenzwertes, so kann die Metallabscheidung nur in der bestrahlten Zone erfolgen, in der die Energie des Laserstrahls absorbiert und in Wärme umgesetzt wird. Die dabei stattfindende Verschiebung des Elektronenpotentials führt zur Ausbildung eines Lokalelements zwischen der bestrahlten Zone und dem umliegenden Bereich, wodurch der Prozess der Metallabscheidung intensiviert wird.

Durch laserinduzierte Metallabscheidung sind gute Ergebnisse bei den außenstromlos arbeitenden Kupfer-, Nickel- und Goldelektrolyten erreicht worden [4.47, 4.53]. Die relativ niedrigen Abscheidungsgeschwindigkeiten dieser Elektrolyte bei niedrigen Temperaturen konnten durch den Einsatz geeigneter Laserstrahlen um den Faktor 100 erhöht werden.

4.3.3.3 Oberflächenmorphologie

Charakteristisch für die laserinduziert abgeschiedenen Metallschichten ist ihre grobkörnige bis blumenkohlartige Oberflächenmorphologie [4.47, 4.49, 4.50, 4.53], die auf die extrem hohen Temperaturen und Stromdichten zurückzuführen ist. Sie lässt sich aber durch speziell modifizierte Elektrolyte und Zusätze beeinflussen. Ferner scheinen die Überspannung und der pH-Wert einen gewissen Einfluss auf die Morphologie und Mikrostruktur dieser Schichten zu haben und unter bestimmten Bedingungen kornverfeinernd zu wirken [4.47]. Zu berücksichtigen ist noch, dass es bei der Laserbestrahlung unvermeidlich zu einer Überlappung der bestrahlten Zonen kommt. Als Folge davon wird der Übergangsbereich zwischen den benachbarten Zonen mehrmals bestrahlt, wodurch dort eine Schuppenstruktur entsteht [4.54].

4.3.3.4 Anwendungsgebiete

Um die Effizienz der laserinduzierten Metallabscheidung voll ausnützen zu können, müssen besondere Maßnahmen getroffen werden. Als erstes ist dafür zu sorgen, dass möglichst ein großer Anteil der Strahlungsenergie des Lasers zur Substratoberfläche gelangt, dort absorbiert und in Wärme umgesetzt wird. Die Wellenlänge des Laserstrahls ist daher so zu wählen, dass praktisch keine Absorption in der Elektrolytlösung stattfindet. Eine notwendige Voraussetzung hierfür ist die Abwesenheit von Schwebepartikeln und Gasbläschen in der Elektrolytlösung. Andernfalls muss man hohe Leistungsverluste durch die Streuung des Laserstrahls in Kauf nehmen. Umgekehrt muss das zu beschichtende Substrat in der Lage sein, einen möglichst hohen Anteil der Strahlungsenergie zu absorbieren und in Wärme umzuwandeln. Die thermische Leitfähigkeit (Wärmeleitfähigkeit) des Substratmaterials ist daher ein wichtiges Kriterium für die Effizienz der laserinduzierten Metallabscheidung. Je höher die Wärmeleitfähigkeit des Substratmaterials, desto geringer ist die in der bestrahlten Zone entstehende Wärmemenge und damit auch die Abscheidungsgeschwindigkeit. Bei Substraten mit unzureichender thermischer Leitfähigkeit wird hingegen die im Bestrahlungsbereich entstehende Wärme langsamer abtransportiert. Dies führt zu einer starken Erhitzung des bestrahlten Bereichs und einer verstärkten lokalen Metallabscheidung. Ferner muss man darauf achten, dass der verwendete Laserstrahl hinreichend fokussiert werden kann, um in der Auftreffstelle eine möglichst hohe lokale Erwärmung erreichen zu können. Dieser Gesichtspunkt ist insbesondere bei dickeren Substraten wichtig, bei denen es durch radialen und lateralen Wärmefluss zu einer starken Verminderung der Stromdichte und damit der Abscheidungsgeschwindigkeit kommen kann. Schließlich ist die Änderung des Absorptionsgrads des Substrats dem Wachstum der Metallschicht in den bestrahlten Zonen zu berücksichtigen.

Als einen möglichen Anwendungsbereich der laserinduzierten Metallabscheidung ist vor allem die Fertigung elektronischer Bauteile zu nennen. Hier lassen sich feinste, d. h. eng begrenzte Strukturen und Leiterbahnen im µm-Bereich realisieren. Das Verfahren kann auch zum Reparieren solcher Strukturen und Leiterbahnen auf gedruckten Schaltungen eingesetzt werden. Ferner sind elektrische Kontakte zu nennen, bei denen die selektive Beschichtung eine besondere Rolle spielt.

Die notwendigen hohen Investitionskosten stellen allerdings einen einschränkenden Faktor für die Anwendung der laserinduzierten Metallabscheidung dar. Sie werden hauptsächlich durch die Auswahl des Lasers (Wellenlängenbereich und Leistung) sowie der Betriebsart (kontinuierlich oder gepulst, Pulsdauer und -frequenz) bestimmt. Ein weiterer einschränkender Faktor ist die Dicke des zu beschichtenden Substrats. Bei relativ dicken Substraten mit hoher Wärmeleitfähigkeit sind sehr hohe Leistungen notwendig, um den Effekt der Laserstrahlung zu nutzen. Starke Fokussierung des Laserstrahls hat wiederum eine Verkleinerung der beschichteten Fläche zur Folge.

Literaturverzeichnis

[4.1] *Kanani, N.:* „Abscheidung von Metallen ohne äußere Stromquelle“ in „Technologie der Galvanotechnik“, herausgegeben von *B. Gaida und K. Aßmann*, Eugen G. Leuze Verlag Saulgau/Württ., 1996

[4.2] *Frick, W.:* „Metallabscheidung ohne äußere Stromquelle“, Galvanotechnik 76 (1985) 5, 548-551

[4.3] *Gawrilow, G. G.:* „Chemische (stromlose) Vernicklung“, Eugen G. Leuze Verlag Saulgau/Württ., 1974

[4.4] *Riedel, W.:* „Funktionelle Chemische Vernicklung“, Eugen G. Leuze Verlag Saulgau/Württ., 1989

[4.5] *Simon, H. und Thoma, M.:* „Funktionelle Bauteiloberflächen durch angewandte Galvanotechnik“, Konstruktion 37 (1985) 6, 214-235

[4.6] *Kanani, N.:* „Untersuchung der Schichteigenschaften von Kupferüberzügen aus außenstromlosen Bädern“, Galvanotechnik, 80 (1989) 12, 4242-4260

[4.7] *Wendt, H.:* „Elektrolyse“ in „Ullmanns Encyklopädie der technischen Chemie, Band 3“, Verlag Chemie Weinheim, 1973

[4.8] *Raub, E. und Müller, K.:* „Grundlagen der Metallabscheidung“, in „Handbuch der Galvanotechnik, Band I“, herausgegeben von *H. Dettner und J. Elze*, Carl Hanser Verlag München, 1969

[4.9] *Fischer, H.:* „Galvanotechnik“ in „Ullmanns Encyklopädie der technischen Chemie, Band 12“, Verlag Chemie Weinheim, 1976

[4.10] *Bockris, J. O'M. and Reddy, A. K. N.:* „Modern Electrochemistry, Volume 2“, Plenum Press New York, 1972

[4.11] *Liebscher, H.:* „Legierungsabscheidung, Entwicklung, Möglichkeiten und Grenzen der Anwendung“, 18. Ulmer Gespräch, „Neue Schichtsysteme für die Industrie“, Eugen G. Leuze Verlag Saulgau/Württ., 1996

[4.12] *Haefer, R. A.:* „Oberflächen- und Dünnschicht-Technologien, Teil I“, Springer-Verlag Berlin, 1987

[4.13] *N. N.:* „Taschenbuch für Galvanotechnik, Band 1“, 13. Ausgabe, LPW-Chemie GmbH, Neuß, 1988

[4.14] *Celis, J.-P. et al.:* „Mechanism of electrolytic composite plating: survey and trends“, Trans. Inst. Metal Finish. 69 (1991) 4, 133-139

[4.15] *Müller, K.-P.:* „Praktische Oberflächentechnik“, Vieweg & Sohn Verlaggesellschaft mbH Braunschweig, 1996

[4.16] *Celis, J.-P. und Fransaer, J.:* „Wohin führt die elektrolytische Dispersionsabscheidung?“, Galvanotechnik 88 (1997), Nr. 7, 2229-2235

[4.17] *Budevski, E., Staikov, G. and Lorenz, W. J.:* „Electrochemical Phase Formation and Growth“, VCH Verlagsgesellschaft mbH Weinheim 1996

[4.18] *Pauling, H. J. und Jütter, K.*: „Sandwich-Schichten, Teil 1 und 2, Metalloberfläche 49 (1995) 3/4, 167-171, 259-262

[4.19] *Dossenbach, O.*: „Die Bedeutung des Stofftransports in der Galvanotechnik", Galvanotechnik 73 (1982) 11, 1184-1189

[4.20] *Ibl, N.*: „Zur Kenntnis der Metallabscheidung mittels Pulselektrolyse", Metalloberfläche 33 (1979) 2, 51-59

[4.21] *Knödler, A.*: „Abscheidung von Legierungen mittels Pulse-Plating", 4. Ulmer Gespräch, „Die Herstellung von Legierungsüberzügen in der Galvanotechnik und aktuelle Anwendungen", Deutsche Gesellschaft für Galvanotechnik e. V. Düsseldorf, 1982

[4.22] *Landolt, D.*: „Allgemeine Überlegungen zum Einfluss der Stromform auf die Metallabscheidung", Oberfläche-Surface, 1 (1984), 6-15

[4.23] *Sova, V.*: „Aufbau der Legierungen durch Dispersions-Pulse-Plating-Verfahren", Proceedings of the 3rd International Congress for Surface Technology, SURTEC-Kongress Berlin '85, VDE-Verlag GmbH Berlin, 1985

[4.24] *Paatsch, W.*: „Galvanotechnik mit Strompulsen", Metalloberfläche 40 (1986) 9, 387-390

[4.25] *Puippe, J. Cl. und Leaman, F.*: „Pulse-Plating", Schriftenreihe Galvanotechnik 21, Eugen G. Leuze Verlag Saulgau/Württ., 1986

[4.26] *Pearson, T. and Dennis, J. K.*: „Facts and Fictions about Pulseplating", Trans. Inst. Metal Finish, 69 (1991) 3, 75-79

[4.27] *Pearson, T. and Dennis J. K.*: „The effect of pulsed reverse current on the polarization behaviour of acid copper plating solutions containing organic additives", Journal of Applied Electrochemistry 20 (1990), 196-208

[4.28] *Pearson, T. and Dennis, J. K.*: „Effect of pulsed reverse current on the structure and hardness of copper deposits obtained from acidic electrolytes containing organic additives", Surface and Coatings Technology, 42 (1990), 69-79

[4.29] *Kalantary, M. R. and Gabe, D. R.*: „Pulse Plating of Copper for Printed Circuit Board Technology", Metal Finishing, April (1991), 21-27

[4.30] *Coughlan, S.*: „Improved Plating of Small Holes and other Benefits Found Using Pulse Plating of Acid Copper in PCB Manufacture", Trans. I. M. F. 73 (1995) 2, 54-57

[4.31] *Baltrusch, S.*: „Der Einfluss von Umkehr-Pulsstrom auf den inneren Aufbau und die Eigenschaften galvanischer Nickelschichten aus dem WATTS-Bad", Dissertation, Humboldt-Universität zu Berlin, 1996

[4.32] *Whitelaw, K. J.*: „Pulse Periodic Reverse Copper Plating of High Aspect Ratio Holes", Proceedings ICP Printed Circuits Expo 1997, March 9-13, (1997), S. 13.1.1-S. 13.1.9

[4.33] *Woodman, A. S., Anderson, E. B. and Kimble, M. C.*: „Additive-Free Plating of High Aspect Ratio Through-Holes“, Proceedings ICP Printed Circuits Expo 1997, March 9-13, (1997), S. 13.3.1-S. 13.3.8

[4.34] *Holtzman, M.*: „WST, A Total Systems Approach to Pulse Plating“, Proceedings ICP Printed Circuits Expo 1997, March 9-13, (1997), S. 13.4.1-S. 13.4.4

[4.35] *Retallik, R. C.*: „Periodic Pulse Reverse Plating: Installation and Qualifikation eines verbesserten Verkupferungsprozesses für die Herstellung von Leiterplatten“, Produktion von Leiterplatten und Systemen 1 (1999), 63-68

[4.36] *Senge, G.*: „Conversion of DC Plating Processes to Reverse Pulse Plating Process, From Qualification to Mass Production“, IPC Printed Circuits Expo 1999, March 14-18, 1999, Long Beach, California, S. 15.2.1-S. 15.2.11

[4.37] *Tench, D. M. and White, J. T.*: „Consideration in Electrodeposition of Compositionally Modulated Alloys“, J. Electrochem. Soc., Vol. 137, No. 10 (1990), 3061-3064

[4.38] *Zabludosky, V. A., Fedotova, N. V. and Shtapenko, E. F.*: „Structure, Texture and Properties of Metallic Multilayers Deposited by a Program-controlled Pulse Current Method“, Trans IMF 74 (3) (1996), 106-107

[4.39] *Zabludovsky, V. A. and Shtapenko, E. F.*: „The Obtaining of Cobalt Multilayers by Programme-controlled Pulse Current“, Trans IMF 75 (5) (1997), 203-204

[4.40] *Zielonka, A.*: „Neue Werkstoffe durch elektrochemisch abgeschiedene Multilayer“, Galvanotechnik 88 (1997) 4, 1122-1129

[4.41] *Atanassov, A. und Celis, J.-P.*: „Extrem dünne Sandwich-Metallschichten“, Metalloberfläche 51 (1997) 2, 93-100

[4.42] *Chawa, G., Wilcox, G. D. and Gabe, D. R.*: „Compositionally Modulated Zinc Alloy Coatings For Corrosion Protection“, Trans IMF 76 (3) (1998), 117-120

[4.43] *Gutfeld, von R. J. und Puippe, J. Cl.*: „Erhöhung der Metallabscheidungs- und der Metallauflösungsgeschwindigkeit durch Laser-Strahlen“, Oberfläche-Surface 22/Heft 9 (1981), 294-297

[4.44] *Puippe, J. Cl., Acosta, R. E. and Gutfeld, von R. J.*: „Investigation of Laser-Enhanced Electroplating Mechanisms“, J. Electrochem. Soc., Vol. 128, No. 12 (1981), 2539-2545

[4.45] *Gutfeld, R. J. von and Romankiw, L. T.*: „Laser Enhanced Plating“, Gold Bull. (4) (1982) 15, 120-125

[4.46] *Romankiw, L. T.*: „Electrochemical Technology in Electronic Today and its Future: A Review“, Oberfläche-Surface 25, Heft 8 (1984), 238-247

[4.47] *Friedrich, F. und Raub, Ch. J.*: „Zur Möglichkeit der laserunterstützten Elektrolyse“ Metalloberfläche 38 (1984) 6, 237-243

[4.48] *Zahavi, J., Tamir, S. and Halliwell, M.*: „Laser-Induced Deposition on Semiconductor and Polymeric Substrates“, Plating and Surface Finishing 2 (1986), 57-64

[4.49] *Raub, Ch. J., Baumgärtner, M und Khan, H. R.*: „Laserunterstützte elektrolytische Abscheidung aus Goldelektrolyten“, Metalloberfläche 40 (1986) 9, 371-374

[4.50] *Friedrich, F. und Raub, Ch. J.*: „Untersuchungen zur laserunterstützten Palladiumabscheidung“, Galvanotechnik 77 (1986), 2658-2664

[4.51] *Raub, Ch. J., Khan, H. R. and Baumgärtner, M.*: „High Temperature Gold Deposition from Acid Cynide Baths“, Gold Bulletin, 19 (1986), 3, 70-74

[4.52] *Khan, H. R., Baumgärtner, M and Raub, Ch. J.*: „High Temperature Electrodeposition of Gold-Iron, Gold-Cobalt and Gold-Nickel Layers and Their Properties“, Proceedings of the Symposium on Electrodeposition Technology, Theory and Practice edited by *L. T. Romakiw*, The Electrochemical Society, NJ 1987, 165-178

[4.53] *Khan, H. R., Kittel, M. U. and Raub, Ch. J.*: „Laser-Induced Selective Deposition on Metal Using Elektroless Gold“, Plating and Surface Finishing 8 (1988), 58-64

[4.54] *Paatsch, W.*: „Laser-induzierte Metallabscheidung aus wässrigen Elektrolyten“, Metalloberfläche 42 (1988), 8, 365-369

[4.55] *Gesemann, R.*: „Laseraktivierung und Lasermetallisierung von dielektrischen Substraten aus chemisch-reduktiven Bädern“, Galvanotechnik 81 (1990), 2, 454-459

[4.56] *Morgenstern, T. and Schultze, J. W.*: „Laser deposition of metals and polymers in Si-microstructures“, Electrochimica Acta, Vol. 42, (1997), 3057-3064

[4.57] *Sato, Y. et al.*: „Laser-Enhanced Palladium Electroless Plating“, Trans IMF, 75 (1) (1997), 4-6

[4.58] *Kanani, N.*: „Chemische Vernicklung: Nickel-Phosphor-Schichten, Herstellung, Eigenschaften, Anwendungen“, 1. Auflage, Eugen G. Leuze Verlag Saulgau/Württ., 2007

[4.69] *Hahn, D.*: „Technologie der elektrolytischen Abscheidung von Kupfer- und Kupferlegierungen“ in „Kupferschichten: Abscheidung, Eigenschaften, Anwendungen“, herausgegeben von *N. Kanani*, Eugen G. Leuze Verlag Saulgau/Württ., 2000

[4.60] *Ludwig, H.*: „Elektrolytische Kupferabscheidung“ in „Kupferschichten: Abscheidung, Eigenschaften, Anwendungen“, herausgegeben von *N. Kanani*, Eugen G. Leuze Verlag Saulgau/Württ., 2000

[4.61] *N. N.*: „Praktische Galvanotechnik, Lehr- und Handbuch“, 3. Auflage, Eugen G. Leuze Verlag Saulgau/Württ., 1970

5 Atomistische Deutung der Schichtentstehung

5.1 Einleitung

Die Abscheidung metallischer Schichten aus wässrigen Elektrolyten beruht darauf, dass die in der Elektrolytlösung vorhandenen Metallionen an die Kathode (Substrat, Werkstück, Ware, Bauteil) gelangen, sich durch Elektronenaufnahme an der Grenzfläche Kathode/Elektrolyt entladen und als Metallatome auf die Kathodenoberfläche niederschlagen. Die zur Entladung der Metallionen benötigten Elektronen werden entweder einer äußeren Spannungsquelle entnommen (elektrochemische Metallabscheidung) oder von einem dem Elektrolyten zugegebenen Reduktionsmittel zur Verfügung gestellt (chemische Metallabscheidung). Die Lieferanten der Metallionen sind Metallsalze, die in der Elektrolytlösung enthalten sind, oder lösliche Metallanoden, die in Lösung gehen. Der Vorgang der elektrochemischen Metallabscheidung ist in Abb. 5.1 skizziert.

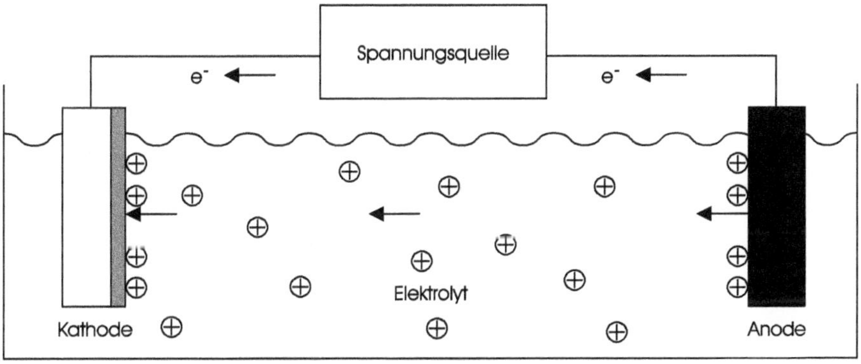

Abb. 5.1: Wanderung der Metallionen zur Kathode und Entstehung einer Metallschicht auf der Kathodenoberfläche

5.2 Wanderung der Metallionen im Elektrolyten

Der Prozess der galvanischen Metallabscheidung umfasst mehrere Teilschritte, deren wichtigsten die folgenden sind:

- Antransport der hydratisierten Metallionen oder Komplexe aus dem Inneren der Elektrolytlösung zur Kathode
- Abstreifen der Hydrathülle der Metallionen an der Grenzfläche Kathode/Elektrolyt

- Ladungsaustausch und Entstehung von adsorbierten Atomen[1] (Adatomen) an der Kathodenoberfläche
- Bildung von Kristallkeimen durch Oberflächendiffusion der Adatome auf der Kathodenoberfläche
- Wachstum der thermodynamisch stabilen Kristallkeime zu einer metallischen Schicht

In Abb. 5.2 sind diese Teilschritte schematisch zusammengefasst, wobei hervorzuheben ist, dass auch diese Darstellung die tatsächlichen Verhältnisse stark vereinfacht wiedergibt.

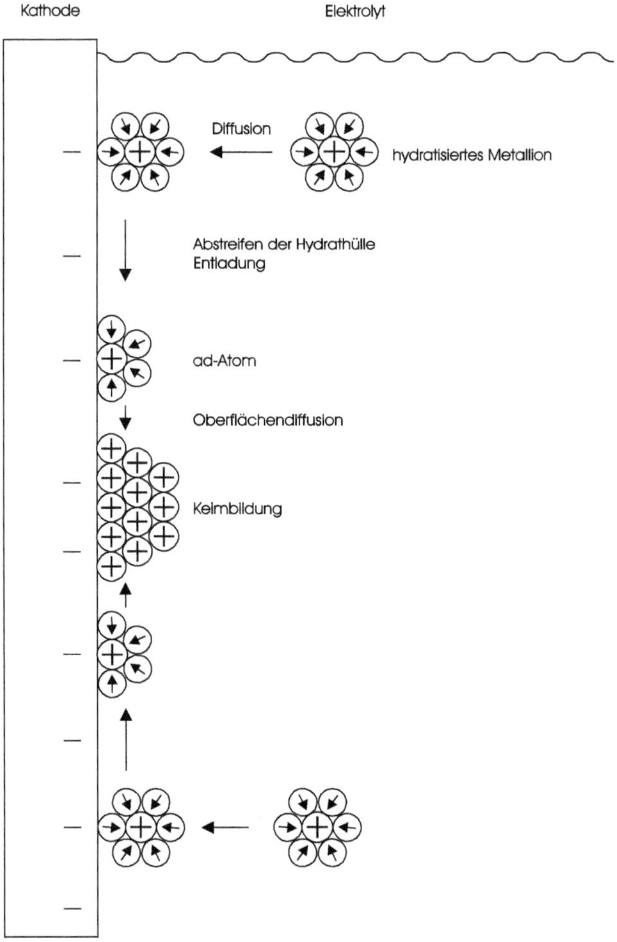

Abb. 5.2: Wanderung der hydratisierten Metallionen zur Kathode, Abgabe der Hydrathülle, Entstehung von Adatomen, Bildung von Kristallkeimen auf der Kathodenoberfläche

[1] In der Oberflächenphysik bezeichnet man mit Adatom (oder ad-Atom) ein Fremdatom, das an eine Festkörperoberfläche gebunden ist.

5.2.1 Transportmechanismen

Der Antransport der Metallionen aus dem Inneren der Elektrolytlösung zur Kathode erfolgt durch drei Stofftransportmechanismen, die mit unterschiedlicher Wirksamkeit (Intensität) am Gesamtstofftransport beteiligt sind. Diese sind: Konvektion, Diffusion und Migration.

Unter der Voraussetzung, dass alle drei Stofftransportmechanismen gleichzeitig wirken, lässt sich die Teilchenstromdichte J_i (oder der Fluss) der Ionen der Spezies i mit der Konzentration c_i, die sich im Abstand x von der Kathodenoberfläche befinden und unter dem Einfluss des elektrischen Potentials[2] φ mit der Geschwindigkeit v_i im Elektrolyten bewegen, mit Hilfe der NERNST-PLANCK-Gleichung quantitativ erfassen:

$$J_i = \underbrace{c_i\, v(x)}_{\text{Konvektion}} \underbrace{- D_i \frac{\partial c(x)}{\partial x}}_{\text{Diffusion}} - \underbrace{\frac{z_i\, F}{R\, T} \cdot D_i\, c_i \cdot \frac{\partial \varphi(x)}{\partial x}}_{\text{Migration}} \tag{5.1}$$

Darin sind: D der Diffusionskoeffizient [cm^2/s], $\partial c/\partial x$ der Konzentrationsgradient, z_i die Wertigkeit der Ionen, F = 96 485 C/mol die FARADAYsche Konstante, R = 8,3145 J/mol · K die universelle Gaskonstante und T die Temperatur in Kelvin.

Der erste Term in dieser Gleichung quantifiziert den Beitrag der Konvektion zum Ionentransport, der zweite Term den der Diffusion und der dritte Term den der Migration.

Im Folgenden werden die drei Stofftransportmechanismen im Einzelnen kurz erörtert.

5.2.1.1 Konvektion

Unter Konvektion (v. lat.: convehere = mittragen, mitnehmen), die in der Regel nur bei Flüssigkeiten und Gasen auftritt, versteht man allgemein die Mitführung bzw. Übertragung einer physikalischen Eigenschaft oder Größe, wie Wärme (Wärmeübertragung) oder elektrische Ladung (Ladungsübertragung), durch Strömungen in Flüssigkeiten oder Gasen.

Bei der Konvektion wandert die Energie von einem Ort höherer Temperatur zu einem Ort niedrigerer Temperatur. Der Energietransport ist jedoch – im Gegensatz zur Wärmeleitung – mit einem Stofftransport verbunden.

[2] Jedem Punkt eines elektrischen Feldes kann eine potentielle Energie, ein elektrisches Potential φ, zugeordnet werden. Sie entspricht der Arbeit, die man aufwenden muss, um eine Ladung vom feldfreien Raum zum entsprechenden Punkt des Feldes zu befördern. Das elektrische Potential wird zur Definition der elektrischen Spannung U herangezogen, die eine Potentialdifferenz $\Delta\varphi$ zwischen zwei Raumpunkten darstellt ($U = \Delta\varphi = \varphi_2 - \varphi_1$).

Der Stofftransport im Elektrolyten, z. B. die Wanderung der Metallionen mit der Geschwindigkeit v_i zur Kathode, kommt oft durch die Dichteunterschiede zwischen den Orten unterschiedlicher Temperaturen zustande. Der Temperaturgradient erzeugt eine Auftriebskraft. In diesem Fall spricht man von freier oder natürlicher Konvektion, d. h. die Konvektionsströmung entsteht als Ausgleichsvorgang von selbst. Der aus dem Dichteunterschied resultierende Druckunterschied Δp ist die treibende Kraft der natürlichen Konvektion. Er ist vom Dichteunterschied $\Delta\rho$ und der wirksamen Höhe h wie folgt abhängig:

$$\Delta p = p_2 - p_1 = h \cdot g \cdot \Delta\rho = h \cdot g \cdot (\rho_2 - \rho_1) \tag{5.2}$$

Darin bedeuten: $g = 9{,}81\ \mathrm{m/s^2}$ die Erdbeschleunigung, ρ_2 die höhere Dichte und ρ_1 die geringe Dichte.

Mit abnehmendem Abstand zur Kathode wird jedoch der Anteil der Konvektion am Stofftransport immer kleiner, so dass in der Nähe der Kathodenoberfläche praktisch keine Konvektion mehr herrscht. Für die Durchführung technischer Elektrolysen ist es aber von großer Bedeutung, dass die Verminderung der Kationen-Konzentration an der Kathodenoberfläche verhindert wird. Aus diesem Grund erhöht man die Elektrolytbewegung in Abscheidungsbädern beispielsweise durch mechanisches Rühren, Lufteinblasen oder Einsatz von Pumpen. Das heißt, die Konvektion wird von außen aufgezwungen (erzwungener Konvektion). Für Laboruntersuchungen verwendet man häufig einen Magnetrührer[3].

5.2.1.2 Diffusion

Als Diffusion (v. lat.: diffundere = ausgießen, verstreuen, ausbreiten) bezeichnet man die selbständig verlaufende, gerichtete Vermischung von Stoffen (Gasen, Flüssigkeiten, Festkörpern), die miteinander in Berührung stehen und verschiedener Konzentrationen besitzen. Sie erfolgt ohne äußere Einwirkung und beruht auf der thermischen Eigenbewegung der Teilchen (Atome, Moleküle, Kolloidteilchen oder Ladungsträger). Die Teilchenbewegung wird durch Konzentrationsunterschiede hervorgerufen. Dabei wandern die Teilchen (diffundieren) von Orten höherer Konzentration zu solchen niedrigerer Konzentration, bis die Konzentrationsunterschiede ausgeglichen ist. Die Diffusion ist somit ein thermisch aktivierter Ausgleichsprozess, der einen makroskopischen Stofftransport bis zum Konzentrationsausgleich bewirkt.

[3] Der Magnetrührer ist ein motorisiertes Rührgerät. Unter einer heizbaren Herdplatte rotiert ein Dauermagnet mit bis zu 1 200 Umdrehungen pro Minute. Ein mit Teflon umschichtetes Magnetrührstäbchen in der Elektrolytlösung wird durch diesen Dauermagneten in Rotation versetzt, so dass sich im Elektrolyten ein Wirbel bildet. Magnetrührstäbchen gibt es in verschiedenen Größen.

In Elektrolyten sind die Moleküle und Ionen (Kationen und Anionen) in ständiger, statistisch nicht gerichteter Wärmebewegung (BROWNsche Bewegung). Besteht in einem Elektrolyten für eine Substanz, z. B. für eine bestimmte Ionenart, ein Konzentrationsgefälle (Konzentrationsgradient $\partial c/\partial x$), wird es durch die gerichtete Bewegung der Ionen ausgeglichen, die aus Bereichen hoher in Bereiche geringer Konzentration diffundieren. So bewirkt die Diffusion in Elektrolyten einen mikroskopischen Stofftransport bis zum Konzentrationsausgleich.

Bei festgelegtem Druck p und festgelegter Temperatur T ergibt sich für die Teilchenstromdichte $(J_i)_D$ [mol/m^2 · s] infolge der Diffusion folgende Beziehung:

$$(J_i)_D = -K\left(\frac{\partial \mu}{\partial x}\right)_{p,T} \tag{5.3a}$$

Darin sind μ das chemische Potential und x der Diffusionsweg. K ist ein Koeffizient [mol^2 · s/g · cm^3], der mit dem Diffusionskoeffizienten D [cm^2/s], der Konzentration c [mol/cm^3], der Temperatur T in Kelvin und der universellen Gaskonstante R [J/mol · K] wie folgt zusammenhängt:

$$K = \frac{D\,c}{R\,T} \tag{5.3.b}$$

5.2.1.3 Migration

In einer ruhenden flüssigen Lösung, in der kein elektrisches Feld wirkt, erfolgt der Stofftransport, sei es ein geladenes Teilchen, wie ein Ion, oder ein ungeladenes Teilchen, wie ein Atom oder Molekül, durch Konvektion und Diffusion. Ist hingegen ein elektrisches Feld wirksam, wie dies in einer mit Elektrolyt gefüllten elektrolytischen Zelle zwischen Anode und Kathode der Fall ist (äußere Spannungsquelle!), dann sind die Ionen (Anionen und Kationen) einer elektrostatischen Kraft ausgesetzt. Unter der Voraussetzung, dass die elektrische Leitfähigkeit des Elektrolyten an jedem Ort gleich groß ist, ergibt sich die Stärke des elektrischen Feldes aus dem Quotienten der Spannung und dem Abstand zwischen den beiden Elektroden. Die elektrische Feldstärke übt auf die positiv bzw. negativ geladenen Ionen eine Kraft aus, die ihre Beweglichkeit in der Elektrolytlösung beschleunigt. Sie erfahren also eine vom elektrischen Feld induzierte Bewegung, die als Migration (v. lat.: migrare = wandern) bezeichnet wird. Sie ist im gesamten Elektrolyten wirksam. Als Folge davon wandern die positiv geladenen Metallionen zur Kathode, die negativ geladenen Anionen zur Anode.

Die Moleküle der Elektrolytlösung verhindern jedoch eine beschleunigte Bewegung der Metallionen durch Stöße und Reibung, so dass sich nach kurzer Zeit eine mehr oder weniger konstante Geschwindigkeit der Kationen einstellt. Sie ist sehr gering und beträgt größenordnungsmäßig nur wenige µm/s. Der Anteil der Migration am Transport der Kationen zur Kathode ist daher geringfügig.

Die Migration kann nur dann einen wesentlichen Beitrag zum Gesamtstofftransport leisten, wenn der Potentialgradient $\partial\varphi/\partial x$ hinreichend groß ist. Dies ist jedoch bei den normalerweise gut leitenden Elektrolyten meist nicht der Fall. Bei ihnen ist die durch das elektrische Feld auf die Ionen ausgeübte Kraft vernachlässigbar gering. Ist der Potentialgradient im Vergleich zum Konzentrationsgradienten $\partial c/\partial x$ klein, dann können sich Ionen sogar gegen das elektrische Feld bewegen.

Um einen etwaigen Einfluss der Migration am Gesamtstofftransport auszuschalten, werden den Elektrolyten Leitsalze (auch Leitelektrolyte genannt) zugegeben, die den Elektrolytwiderstand herabsetzen und die Ionenbewegung erleichtern. Solche Leitsalze sind z. B. Chloride und Säuren für saure Elektrolyte, Chloride für neutrale Elektrolyte und Natriumhydrid oder Natriumcyanid für alkalische Elektrolyte.

5.3 Hydratationsverhalten von Metallionen

Die abzuscheidenden Metallionen liegen in der Elektrolytlösung nur selten oder in sehr geringen Mengen in Form von einfach aufgebauten Ionen vor. In der Regel sind sie von anderen Atomen, Molekülen oder Ionen, insbesondere aber von Wassermolekülen umgeben. Im letzteren Fall spielt die geometrische Struktur des Wassermoleküls, die in Abb. 5.3 schematisch wiedergegeben ist, eine wichtige Rolle.

Die Ausbildung eines Valenzwinkels von 104,45° zwischen den Wasserstoffatomen ist die Ursache für die starken Dipoleigenschaften des Wassermoleküls. Die elektrostatische Anziehung zwischen den positiv geladenen Metallionen und den Wassermolekülen führt zur Entstehung von hydratisierten Metallionen, auch solvatisierte Kationen genannt, die durch eine Hydrathülle abgeschirmt sind. Ihr Aufbau lässt sich durch die allgemeine Formel $[Me(H_2O)_x]^{z+}$ symbolisieren. Darin steht Me^{z+} für das *z*-wertige Metallion (Kation), während *x* die Anzahl der Wassermoleküle angibt, die das Metallion umgeben. In Abb. 5.4 ist der Aufbau eines hydratisierten Kations schematisch dargestellt. Zum Vergleich ist auch die Struktur eines hydratisierten Anions angegeben.

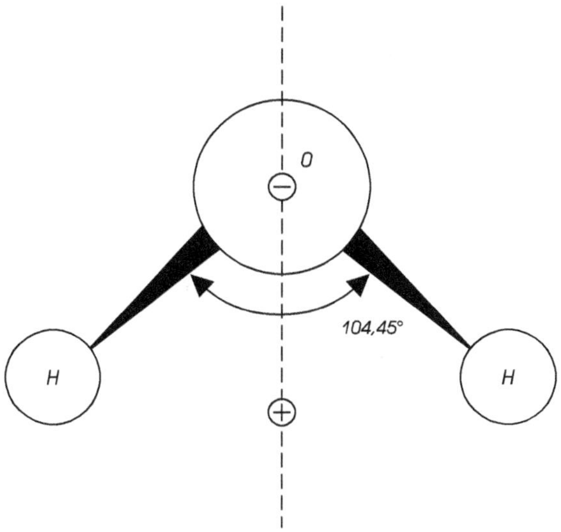

Abb. 5.3: Schematische Darstellung eines H_2O-Moleküls unter Berücksichtigung der Schwerpunkte der positiven und negativen Ladungen [5.1]

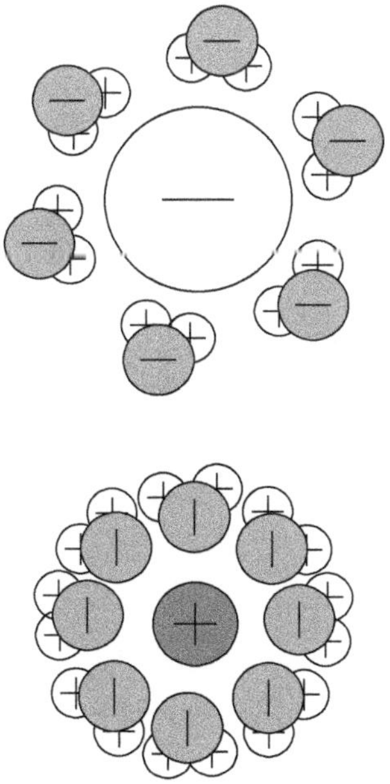

Abb. 5.4: Hydratisiertes Kation bzw. Anion [5.2]

Tab. 5.1: Ionenradien einiger Kationen und Anionen in pm (1 pm = 10^{-12} m)

Element	Symbol	Atomradius	Ionenradius
Kation			
Aluminium	Al	143	Al^{3+}: 57
Cadmium	Cd	149	Cd^{+}: 114 Cd^{2+}: 103
Chrom	Cr	124	Cr^{2+}: 84 Cr^{3+}: 64 Cr^{4+}: 56
Eisen	Fe	124	Fe^{3+}: 67
Gold	Au	144	Au^{+}: 137 Au^{3+}: 91
Kupfer	Cu	128	Cu^{+}: 96 Cu^{2+}: 97
Nickel	Ni	125	Ni^{2+}: 78 Ni^{3+}: 62
Palladium	Pd	138	Pd^{2+}: 86 Pd^{4+}: 64
Platin	Pt	137	Pt^{2+}: 85 Pt^{4+}: 70
Silber	Ag	144	Ag^{+}: 113 Ag^{2+}: 89
Titan	Ti	145	Ti^{2+}: 80 Ti^{3+}: 69 Ti^{4+}: 61
Zink	Zn	133	Zn^{2+}: 83
Zinn	Sn	151	Sn^{4-}: 294 Sn^{2+}: 93 Sn^{4+}: 74
Anion			
Chlor	Cl	99	Cl^{-}: 181
Fluor	F	64	F^{-}: 133
Phosphor	P	110	P^{3-}: 212 P^{3+}: 44
Sauerstoff	O	66	O^{2-}: 132 O^{+}: 22
Schwefel	S	104	S^{2-}: 195 S^{4+}: 37 S^{6+}: 29
Stickstoff	N	70	N^{3-}: 171

Man erkennt, dass die Wassermoleküle beim Kation mit dem Sauerstoffatom, beim Anion jedoch mit den Wasserstoffatomen auf das Ion gerichtet sind. Ionen weisen also, je nachdem ob sie positiv oder negativ geladen sind, und bedingt durch die „dreieckförmige" Struktur und den polaren Charakter des Wassermoleküls unterschiedliches Hydratationsverhalten auf.

Aus der Darstellung geht ferner hervor, dass das Ausmaß der Hydratation bei den Kationen größer ist als bei den Anionen. Dies liegt daran, dass Kationen wegen Abgabe von Elektronen einen kleineren Ionenradius besitzen als Anionen[4], die Elektronen aufnehmen. Tab. 5.1 enthält exemplarisch die Ionenradien einiger Kationen und Anionen.

Die Anzahl der Wassermoleküle, die das Metallion abschirmen und die primäre Hydrathülle bilden, ist unterschiedlich und kann zwischen 1 und 12 betragen. In Tab. 5.2 ist die Anzahl der angelagerten Wassermoleküle am Beispiel einiger Kationen und Anionen angegeben.

Tab. 5.2: Anzahl der angelagerten Wassermoleküle an Kationen bzw. Anionen

K^+	Na^+	Ca^{2+}	Li^+	Mg^{2+}	Br^-	Cl^-
4	8	10–12	12	14	2	3

Da die Wechselwirkungen zwischen dem Metallion und den umgebenden Wassermolekülen überwiegend elektrischer Natur sind, bildet sich um das Metallion ein elektrisches Feld. Das Metallion wird aber durch die primäre Hydrathülle nicht gänzlich abgeschirmt. Daher werden weitere Wassermoleküle außerhalb der primären Hydrathülle in ihrer Orientierung so beeinflusst, dass sie eine sekundäre Hydrathülle um das Metallion bilden. Kennzeichnend für die primäre Hydrathülle ist, dass sie im Gegensatz zu der sekundären am Metallion haften bleibt, während sich dieses der Kathode nähert.

5.3.1 Entladung von Metallionen

Die Metallionen, die durch Konvektion und/oder Diffusion aus dem Inneren der Elektrolytlösung an die Grenzfläche Kathode/Elektrolyt herantransportiert werden, entladen sich durch Aufnahme von Elektronen und werden gemäß $Me^{z+} + z \cdot e^- \rightarrow Me$ zu neutralen Atomen. Auf ihrem Wege zur Kathodenoberfläche müssen sie aber eine Barriere überwinden. Diese besteht aus zwei Schichten, die sich spontan bilden. Es sind: die Nersntsche Diffusionsschicht (NDS) und die elektrolytische Doppelschicht (EDS).

---

[4] Ionenradien und Atomradien stehen in Zusammenhang. Bei Kationen ist der Ionenradius kleiner als der Atomradius. Je größer die positive Ladung ist, desto kleiner ist der Ionenradius. Bei Anionen ist hingegen der Ionenradius größer als der Atomradius. Je größer die negative Ladung ist, desto größer ist der Ionenradius.

Die Entstehung dieser Schichten kann selbst durch intensives Rühren der Elektrolytlösung nicht unterbunden werden. Abb. 5.5a zeigt schematisch die Phasengrenze Kathode/Elektrolyt. Darin symbolisiert x den Abstand von der Kathode.

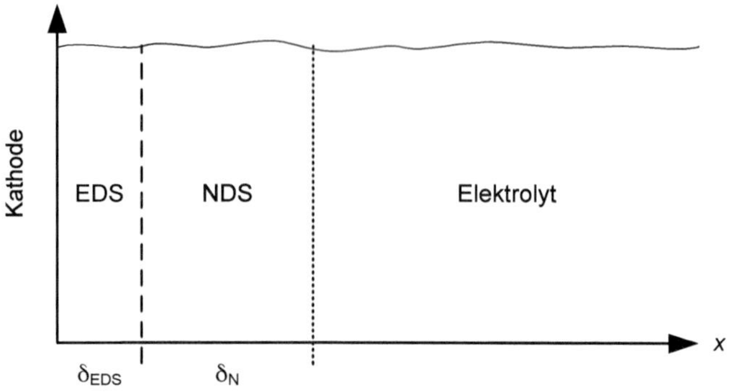

Abb. 5.5a: Phasengrenze Kathode/Elektrolyt ($\delta_{EDS} \approx 10^{-8}$ cm, $\delta_N \approx 10^{-2}$ cm)

Daraus geht hervor, dass die NERNSTsche Diffusionsschicht mit einer Dicke δ_N von ca. 10^{-2} cm um Größenordnungen stärker ist als die elektrolytische Doppelschicht, deren Dicke δ_{EDS} etwa 10^{-8} cm beträgt.

Die Metallionen müssen zuerst durch die NERNSTsche Diffusionsschicht hindurch diffundieren und anschließend die elektrolytische Doppelschicht durchqueren, ehe sie die Kathodenoberfläche erreichen, um dort entladen zu werden.

Zum besseren Verständnis des Entladungsvorgangs der Metallionen bzw. der kathodischen Metallabscheidung wird im Folgenden der Aufbau der Phasengrenze Kathode/Elektrolyt näher betrachtet.

5.4 Phasengrenze Kathode/Elektrolyt

Sowohl die Kathode als auch die mit ihr in Kontakt stehende Elektrolytlösung stellen kondensierte Formen der Materie dar. Sie besitzen aber unterschiedliche atomare Strukturen und infolgedessen auch unterschiedliche Eigenschaften. Die Grenzfläche Kathode/Elektrolyt einen stellt daher einen Übergangsbereich dar, der durch seinen besonderen Aufbau die Kinetik und damit den Prozess der Metallabscheidung erheblich beeinflusst [5.3–5.9]. Die Struktur der NERNSTschen Diffusionsschicht und die der elektrolytischen Doppelschicht sind daher Gegenstand der folgenden Ausführungen.

5.4.1 NERNSTsche Diffusionsschicht

Die NERNSTsche Diffusionsschicht ist eine adhärierende, konvektionsfreie Schicht, die auch durch starkes Rühren der Elektrolytlösung nicht entfernt werden kann. Der einzige wirksame Transportmechanismus innerhalb dieser Schicht ist die Diffusion, vermittels derer die Metallionen zur Kathodenoberfläche gelangen. Dies bedeutet, dass der Entladungsvorgang der Metallionen stets mit einem Diffusionsvorgang gekoppelt ist. Dieser würde im Idealfall in Richtung senkrecht zur Kathodenoberfläche stattfinden. Die Voraussetzungen dafür wären allerdings, dass sich ein stationärer (zeitunabhängiger) Zustand einstellt und das Volumen der Elektrolytlösung so groß ist, dass etwaige Konzentrationsänderungen durch den Stromfluss vernachlässigt werden können.

5.4.1.1 Gleichstrom-Elektrolyse

In einer Elektrolytlösung mit Überschuss an Leitsalz, die nicht gerührt wird und in der kein Strom fließt, würde der Verlauf der Metallionen-Konzentration vom Inneren der Elektrolytlösung bis zur Kathodenoberfläche geradlinig sein. Das heißt, die Konzentration der Metallionen an der Kathode (c_K) wird der Konzentration der Metallionen im Elektrolyten (c_L) gleich sein. Dieser Fall ist in Abb. 5.5b mit ① gekennzeichnet.

Nach Einschalten des Stromes sinkt die Metallionen-Konzentration innerhalb der NERNSTschen Diffusionsschicht, da die Entladung der ersten Metallionen bereits eingesetzt hat (② in Abb. 5.5b). In der NERNSTschen Diffusionsschicht stellt sich ein konstanter Konzentrationsgradient ein ($\partial c/\partial x$ = const.) ein.

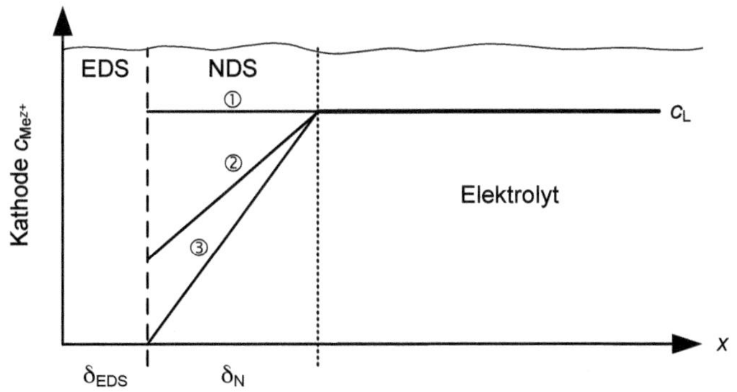

Abb. 5.5b: Veranschaulichung des Konzentrationsverlaufs in der NERNSTschen Diffusionsschicht
①: ohne Strom ($c_K = c_L$)
②: bei kleinen Strömen ($c_K < c_L$)
③: im Grenzstrombereich ($c_K = 0$)

Für die kathodische Stromdichte i_k ergibt sich bei 100 % kathodischer Stromausbeute Θ_k:

$$i_k = z \cdot F \cdot D \cdot \frac{c_L - c_K}{\delta_N} \tag{5.4a}$$

Sie ist also proportional zur Neigung $(c_L - c_K)/\delta_N$ des Konzentrationsgradienten.

Wird nun der Strom soweit gesteigert, dass die Konzentration der Metallionen an der Grenzfläche Kathode/Elektrolyt infolge der verstärkt eingesetzten Entladung gleich Null wird ($c_K = 0$, ③ in Abb. 5.5b), dann erreicht die kathodische Stromdichte ihren Maximalwert, der in diesem Fall als Diffusionsgrenzstromdichte (i_{DGS}) bezeichnet wird:

$$i_{DGS} = \frac{z \cdot F \cdot D}{\delta_N} c_L \tag{5.4b}$$

Demnach ist die Diffusionsgrenzstromdichte der Konzentration der Metallionen im Inneren der Elektrolytlösung (c_L) direkt proportional. In einem solchen Fall wird die Geschwindigkeit der Metallabscheidung nur durch den diffusionsbedingten Antransport von Metallionen limitiert, der den langsamsten Schritt des Abscheidungsprozesses darstellt.

Die Diffusionsgrenzstromdichte i_{DGS} entspricht der maximalen Geschwindigkeit, mit der eine Metallschicht unter den gegebenen Bedingungen abgeschieden werden kann. Dieser Fall liegt vor, wenn alle an die Kathodenoberfläche herandiffundierenden Metallionen sofort entladen werden. Eine weitere Zunahme der Stromdichte durch die Steigerung des Potentials ist daher nicht mehr möglich.

Unter den Bedingungen der Diffusionsgrenzstromdichte erhält man in der Praxis allerdings raue und pulvrige Niederschläge.

Das Konzentrationsprofil, das sich innerhalb der NERNSTschen Diffusionsschicht ausbildet, verläuft in Wirklichkeit nicht geradlinig, wie in Abb. 5.5b vereinfacht dargestellt. Sein Verlauf wird eher so sein, wie in Abb. 5.5c angedeutet. Die Dicke der NERNSTschen Diffusionsschicht δ_N lässt sich dann, wie aus Abb. 5.5c hervorgeht, durch Anlegen von Tangenten an das Konzentrationsprofil c_L ermitteln.

Hinzu kommt, dass sich das Konzentrationsprofil mit zunehmendem Strom kontinuierlich ändert und ins Innere der Elektrolytlösung verschoben wird. Die Änderung des Konzentrationsprofils als Funktion der Zeit ($t = t_0, t_1, t_2, t_3, ...$) ist in Abb. 5.5d schematisch dargestellt.

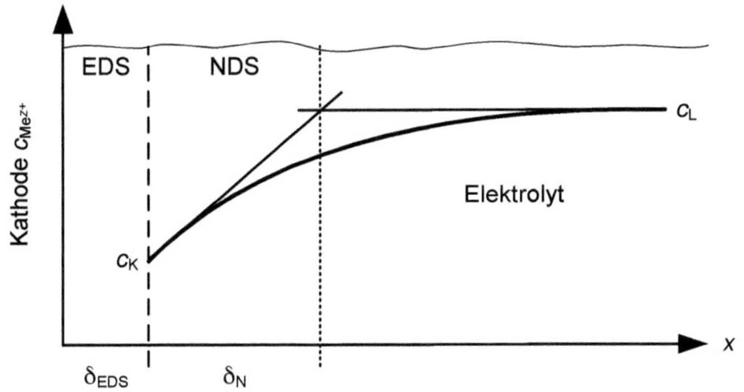

Abb. 5.5c: Bestimmung der Dicke der NERNSTschen Diffusionsschicht δ_N mittels Tangentenkonstruktion

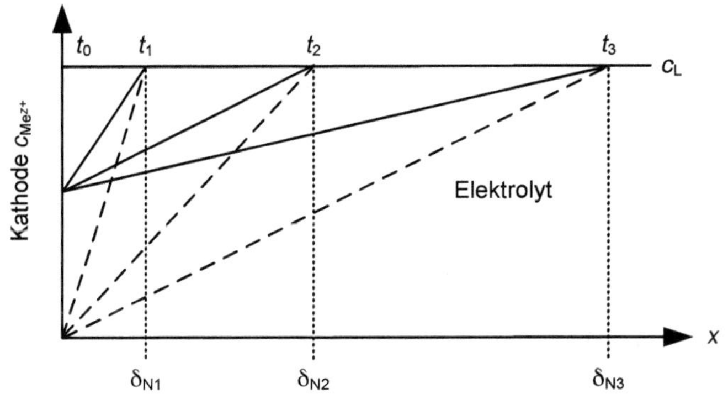

Abb. 5.5d: Zeitliche Verschiebung des Konzentrationsprofils ins Innere der Elektrolytlösung

Die Verschiebung des Konzentrationsprofils setzt sich solange fort, bis sich näherungsweise stationäre Verhältnisse einstellen und δ_N einen zeitlich konstanten Wert annimmt ($\delta_N = \delta_{N\,(stationär)}$). Dieser wird durch die hydrodynamischen Verhältnisse vor der Kathodenoberfläche bestimmt.

Die Dicke δ_N der NERNSTschen Diffusionsschicht beträgt beim Vorherrschen natürlicher Konvektion im Elektrolyten etwa 0,2 mm. Durch verstärkten Antransport von Metallionen mittels starker erzwungener Konvektion kann sie auf 0,001 mm 10^{-4} cm herabgedrückt werden.

Durch die Entladung der Kationen an der Grenzfläche Kathode/Elektrolyt tritt eine Verarmung an Metallionen vor der Kathodenoberfläche ein. Der Ausgleich dieses Konzentrationsgradienten und die Nachlieferung weiterer Kationen zur Kathode erfolgt durch Diffusion, die als der einzige Transportmechanismus innerhalb der NERNSTschen Diffusionsschicht wirksam ist.

Die Anzahl der Mole der Kationen, die pro Sekunde und cm^2 zur Kathode diffundieren, bezeichnet man als Diffusionsstrom n_D. Dieser ist mit der Differenz zwischen der Metallionen-Konzentration c_L im Inneren des Elektrolyten und c_K in unmittelbarer Nähe der Kathode wie folgt verknüpft:

$$n_D = D \frac{dc}{dx} = \frac{c_L - c_K}{\delta_N} \tag{5.5}$$

5.4.1.2 Pulsstrom-Elektrolyse

Auch bei der Metallabscheidung mit Pulsstrom spielen die Transportmechanismen, die die Nachlieferung von Metallionen zur Kathode bewerkstelligen, insbesondere aber die Diffusion, eine entscheidende Rolle. Im Gegensatz zur Gleichstrom-Elektrolyse ist jedoch hier zwischen zwei Diffusionsschichten zu unterscheiden, die sich vor der Kathode ausbilden. Sie sind in Abb. 5.6 stark vergrößert dargestellt.

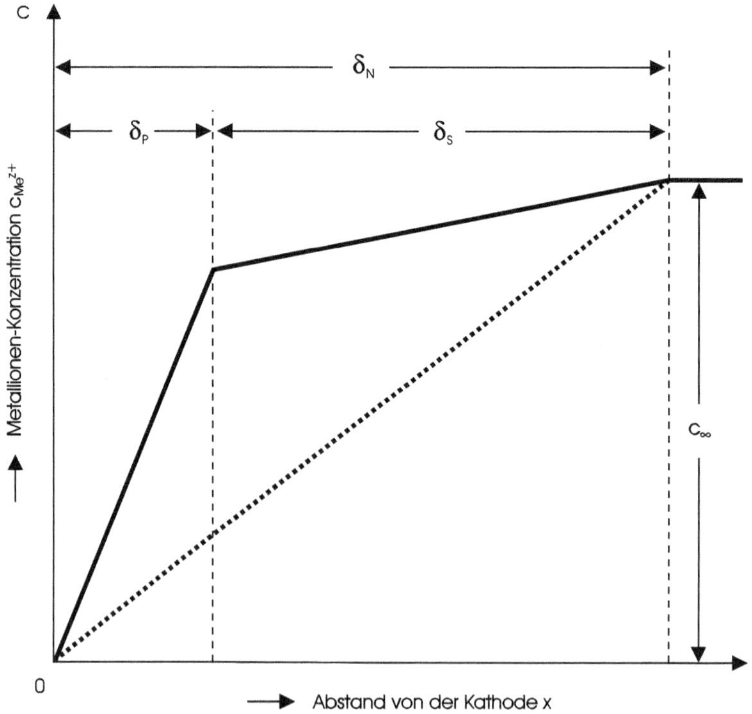

Abb. 5.6: Aufbau der Diffusionsschicht bei der Pulsstrom-Elektrolyse (δ_N: NERNSTsche Diffusionsschicht, δ_s: stationäre Diffusionsschicht, δ_p: pulsierende Diffusionsschicht im quasi-stationären Zustand) [4.22]

Infolge der hydrodynamischen Bewegungen gelangen die entladbaren Metallionen aus dem Inneren der Elektrolytlösung zunächst zur äußeren Grenze der stationären Diffusionsschicht δ_S, die analog zur Gleichstrom-Elektrolyse im Kathodenraum entsteht. Anschließend gelangen sie in die so genannte pulsierende Diffusionsschicht δ_P, die sich unmittelbar vor der Kathodenoberfläche ausbildet. Sie baut sich in Abhängigkeit von der Pulsfrequenz periodisch auf und ab. Demzufolge nimmt die Konzentration der entladbaren Metallionen innerhalb dieser Schicht periodisch ab und zu. Dabei wird jedes Mal derselbe Konzentrationszyklus durchlaufen, weshalb man diesen Zustand als „quasi-stationär" bezeichnet. Je dünner die pulsierende Diffusionsschicht ist, desto besser kann sie dem Oberflächenprofil der Kathode folgen. Dann sind auch alle Bereiche der Kathodenoberfläche für die Abscheidung gleich gut zugänglich. Die Gesamtdicke der Diffusionsschicht entspricht der Ausdehnung der NERNSTschen Diffusionsschicht, die sich bei der Gleichstrom-Elektrolyse ausbildet. Der Verlauf der Metallionen-Konzentration innerhalb δ_S, δ_P und δ_N ist in Abb. 5.6 wiedergegeben.

Ein Vergleich zwischen der Gleich- und Pulsstrom-Elektrolyse hinsichtlich der Diffusionsschicht führt zu folgenden Feststellungen:

Mit sehr kurzen Strompulsen lassen sich bei der Pulsstrom-Elcktrolyse extrem dünne Diffusionsschichten erzeugen, da der sich ausbildenden Diffusionsschicht unter diesen Bedingungen keine Zeit mehr bleibt, sich auszubreiten. Für den Konzentrationsausgleich sorgen dann die Strompausen zwischen den Strompulsen. Reaktionsprodukte, wie Kohlenstoff, Wasserstoff und Sauerstoff, die als solche nicht abscheidbar sind und deshalb an der Kathode adsorbiert und möglicherweise in den Überzug eingebaut werden können, diffundieren während der Pausezeiten ins Innere der Elektrolytlösung zurück. Ferner kann man durch die geeignete Wahl der Pulsstromdichte die kathodischen bzw. anodischen Reaktionen bevorzugt ablaufen lassen und unter Ausnutzung des spezifischen Adsorptions- und Desorptionsverhaltens den Einbau unterschiedlicher Substanzen in das Kristallgitter der entstehenden Schicht steuern. Somit eröffnet die Pulsstrom-Elektrolyse die Möglichkeit, nicht nur höhere Abscheidungsgeschwindigkeiten zu erreichen, sondern auch durch gezielte Beeinflussung der Zusammensetzung der abgeschiedenen Schichten ihre Eigenschaften in weiten Grenzen zu variieren.

5.4.2 Elektrolytische Doppelschicht

Erreichen die Metallionen die Kathodenoberfläche durch die NERNSTsche Diffusionsschicht hindurch, so müssen sie eine weitere Barriere überwinden, nämlich die elektrolytische Doppelschicht. Sie ist eine Folge der Ansammlung von Elektronen und Metallionen entlang der Grenzfläche Kathode/Elektrolyt. Ihr Aufbau kann in erster Nährung, wie aus Abb. 5.7 ersichtlich, mit einem Doppelschichtkondensator verglichen werden.

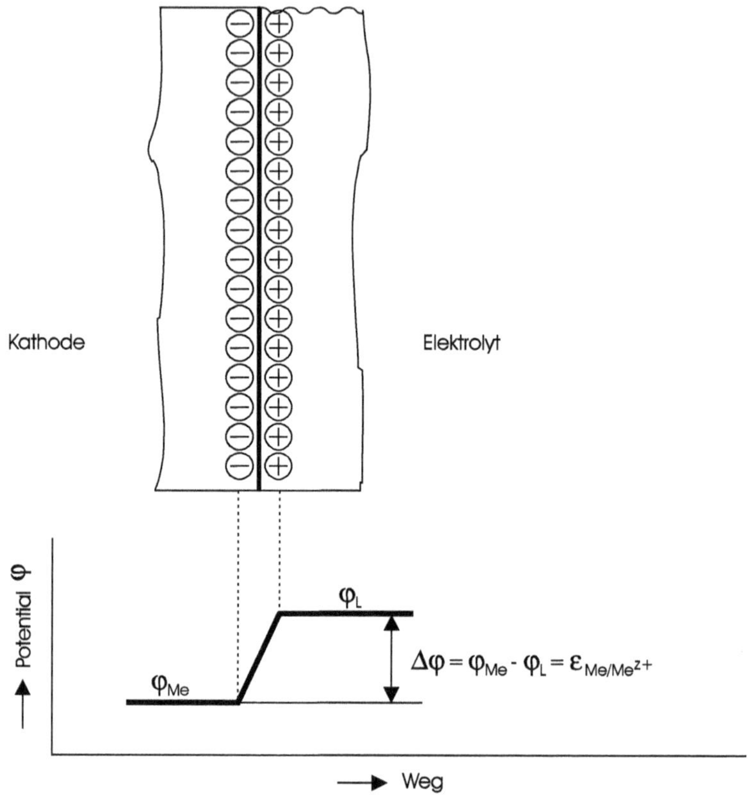

Abb. 5.7: Entstehung der elektrolytischen Doppelschicht (EDS) entlang der Grenzfläche Kathode/Elektrolyt

In Abb. 5.7 stellt $\Delta\varphi$ die Differenz zwischen dem Potential der Metallelektrode φ_{Me} und dem der Elektrolytlösung φ_L dar.

Die elektrolytische Doppelschicht bildet somit die Phasengrenze zwischen einem Elektronenleiter (Kathode) und einem Ionenleiter (Elektrolyt). Hier vollzieht sich die Entladung der Metallionen, wobei sie ihre Ladung nicht vollständig verlieren, sondern eine gewisse Restladung und damit auch einen Teil ihrer Hydrathülle beibehalten. In diesem Zustand werden sie nach dem Durchtritt durch die elektrolytische Doppelschicht auf der Kathodenoberfläche adsorbiert und bilden dort Adatome.

5.4.2.1 Gleichstrom-Elektrolyse

Vorbemerkung: Bei einem elektrochemischen Vorgang setzt sich der Gesamtstrom aus zwei Anteilen zusammen, dem FARADAYschen und dem kapazitiven Strom (Kapazitätsstrom). Während der FARADAYsche Strom die Geschwindigkeit der elektrochemischen Reaktion bestimmt, ist der kapazitive (nicht FARADAYsche) Strom für die Aufladung und Entladung der elektrolytischen Doppelschicht verantwortlich. Er ist beim Gleichstromverfahren gleich Null, kann aber bei der Pulsstrom-Elektrolyse beträchtlichen Anteil annehmen.

Die Ergebnisse umfangreicher Untersuchungen haben zur Entwicklung von Modellvorstellungen zur Beschreibung des Aufbaus der elektrolytischen Doppelschicht geführt. Die wichtigsten dieser Modelle sind das HELMHOLTZ-PERRIN-, das GOUY-CHAPMAN- und das STERN-GRAHAM-Modell.

5.4.2.1.1 HELMHOLTZ-PERRIN-Modell

Nach dem HELMHOLTZ-PERRIN-Modell kann man sich den Aufbau der elektrolytischen Doppelschicht als eine starre Anordnung von Ladungsträgern entlang der Grenzfläche Kathode/Elektrolyt vorstellen. Diese Anordnung hat zur Folge, dass sich die Elektronen (kathodenseitig) und die Metallionen (elektrolytseitig) in äquivalenten Mengen gegenüberstehen. Der Abstand zwischen ihnen entspricht etwa einem Ionenradius. Das HELMHOLTZ-PERRIN-Modell der starren elektrolytischen Doppelschicht ist in Abb. 5.8 skizziert.

Nach diesem Modell weist die elektrolytische Doppelschicht Eigenschaften auf, die denen eines elektrischen Plattenkondensators mit konstanter Kapazität nahe kommen. Die Änderung des Potentials innerhalb der HELMHOLTZ-Schicht δ_H ist konstant.

$$\left(\frac{d\varphi}{dx}\right)_{\delta_{starr}} = \text{const.} \tag{5.6}$$

DAS HELMHOLTZ-PERRIN-Modell stellt eine starke Vereinfachung der tatsächlichen Verhältnisse dar. Es berücksichtigt nämlich nicht die räumlich-statistische Verteilung der Metallionen vor der Kathode, die sich aus der Überlagerung elektrostatischer Anziehung und der im Elektrolyten herrschenden Wärmebewegung ergibt. Die in verdünnten Elektrolytlösungen vor der Kathode herrschende räumliche Ladungsverteilung kann daher mit Hilfe dieses Modells nicht erfasst werden. Es beschreibt jedoch die Verhältnisse in hoch konzentrierten Elektrolyten mehr oder weniger befriedigend.

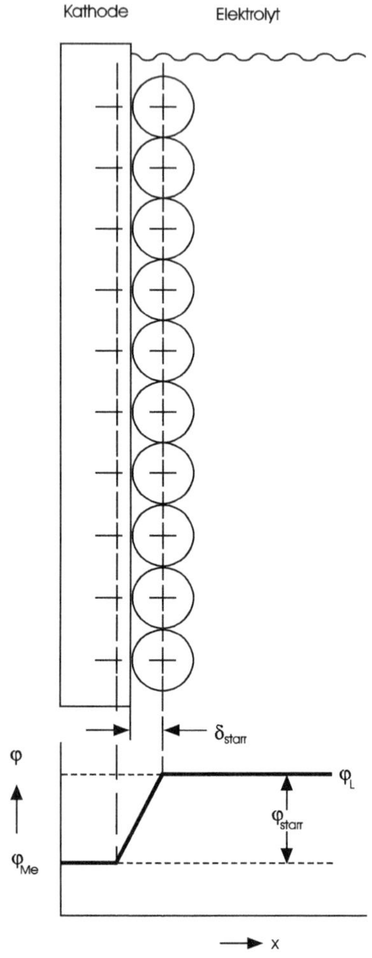

Abb. 5.8: HELMHOLTZ-PERRIN-Modell der elektrolytischen Doppelschicht; Potentialverlauf an der Grenzfläche Kathode/Elektrolyt $\Delta\varphi = \varphi_L - \varphi_{Me} = \varphi_{starr}$

5.4.2.1.2 GOUY-CHAPMAN-Modell

Das GOUY-CHAPMAN-Modell geht korrekterweise von der Annahme aus, dass infolge der Wärmebewegung, insbesondere bei Elektrolyten niedriger Konzentration, eine Auflockerung im Sinne einer diffusen Verteilung der Metallionen vor der Kathode stattfindet. Dabei nimmt die Anzahl der Metallionen mit steigendem Abstand von der Kathode exponentiell ab und nähert sich asymptotisch dem Wert Null im Inneren der Elektrolytlösung. Infolgedessen kann nur ein Teil der Metallionen durch die Grenzflächenkräfte von der Kathode angezogen werden, der Rest verteilt sich räumlich diffus in unmittelbarer Nähe der Kathode. Bei der Beschreibung der elektrolytischen Doppelschicht unterscheidet das

GOUY-CHAPMAN-Modell daher zwischen zwei Potentialbereichen, einem starren Bereich, in dem das Potential wie beim HELMHOLTZ-PERRIN-Modell sprunghaft und linear verläuft, und einem diffusen Bereich, in dem sich das Potential exponentiell ändert. Die Verhältnisse sind skizzenhaft in Abb. 5.9 dargestellt.

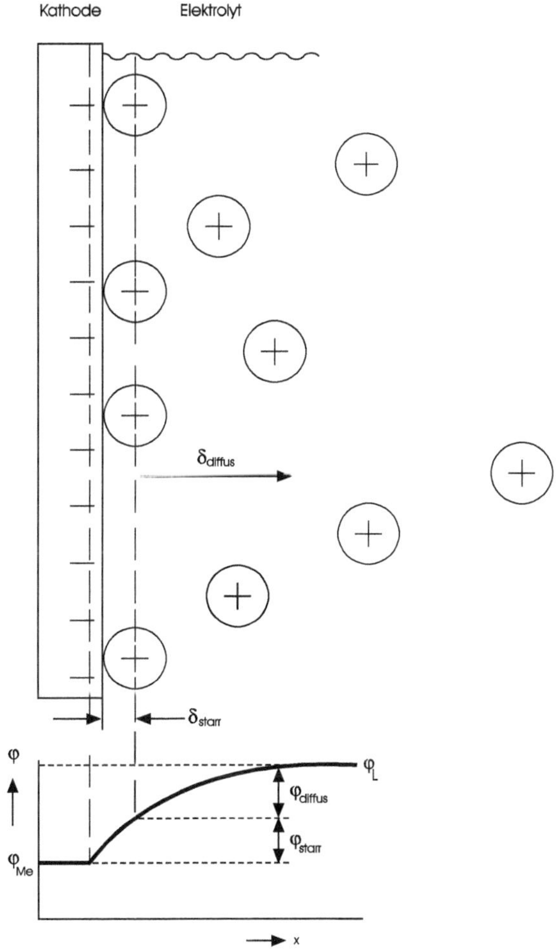

Abb. 5.9: GOUY-CHAPMAN-Modell der elektrolytischen Doppelschicht; Potentialverlauf an der Grenzfläche Kathode/Elektrolyt $\Delta\varphi = \varphi_{starr} + \varphi_{diffus}$ [5.9]

Gemäß dem GOUY-CHAPMAN-Modell enthält der starre Teil der elektrolytischen Doppelschicht die an der Kathode adsorbierten Metallionen, während die Elektrolytschicht unmittelbar vor der Kathode die diffuse ionale Raumladung repräsentiert. Diese durch die thermische Bewegung der Metallionen bedingte räumliche Ladungsverteilung wird mit zunehmendem Abstand von der Kathodenoberfläche stetig diffuser und schwächer.

Dem starren Teil (HELMHOLTZ-Schicht) wird der steile, nahezu lineare Gradient des Potentials zugeordnet. Im diffusen Teil (GOUY-CHAPMAN-Schicht), der sich in die Elektrolytlösung hineinerstreckt, stellt sich ein exponentieller Potentialverlauf ein. Unter bestimmten Voraussetzungen erhält man für die Änderung des Potentials innerhalb der diffusen Schicht δ_{diffus} folgende Beziehung:

$$\left(\frac{\mathrm{d}\varphi}{\mathrm{d}x}\right)_{\delta_{\text{diffus}}} = \sqrt{\frac{2\,R\,T}{\varepsilon} \sum_{i=1}^{s} c_{\text{i}} \left[\exp\left(-\frac{z_{\text{i}}\,F\,\varphi}{R\,T}\right) - 1\right]} \tag{5.7}$$

Darin ist ε die Dielektrizitätskonstante, c_{i} Konzentration der Metallionen der Spezies i im Inneren der Elektrolytlösung. Die räumliche Ladungsdichte wird über die Summe aller Ladungen ermittelt. Bei verdünnten Elektrolytlösungen beträgt die Dicke der diffusen Schicht größenordnungsmäßig etwa 10^{-4} cm. Bei Elektrolyten hoher Konzentration nimmt die Dicke Werte zwischen 10^{-7} bis 10^{-8} cm an und nähert sich der Größenordnung der starren Schicht.

5.4.2.1.3 STERN-GRAHAM-Modell

Auch das GOUY-CHAPMAN-Modell der elektrolytischen Doppelschicht ist nicht in der Lage, die vor der Kathode tatsächlich herrschenden Verhältnisse exakt zu beschreiben, und zwar aus folgenden Gründen: Auf der Kathodenoberfläche bildet sich spontan eine aus gerichteten Wasserdipolen bestehende Adsorptionsschicht, die mit der primären Hydrathülle der Metallionen vergleichbar ist. Darüber hinaus besteht die Möglichkeit, dass bestimmte organische Moleküle oder grenzflächenaktive Anionen die Moleküle der primären Wasserschicht partiell verdrängen und auf der elektrisch negativ geladenen Kathodenoberfläche adsorbiert werden. Man spricht in diesem Fall von einer spezifischen Adsorption oder Kontaktadsorption. Diese zunächst überraschende Beobachtung, die experimentell vielfach bestätigt worden ist, beruht auf der Tatsache, dass sich Anionen in der elektrolytischen Doppelschicht anders verhalten als Kationen. Aufgrund ihrer größeren Ionenradien sind sie im Allgemeinen weniger stark hydratisiert und können daher nach einer teilweisen Dehydratation direkt mit der Kathodenoberfläche in Wechselwirkung treten. Auch chemische Interaktionen zwischen den dehydratisierten Anionen und der Kathode können dabei eine gewisse Rolle spielen. Die spezifisch adsorbierten Anionen werden so stark angezogen, dass sie auf der Kathodenseite ihre Hydrathüllen verlieren. Infolgedessen kommen ihre Mittelpunkte der Kathode näher als die der vollständig hydratisierten Metallionen. Diese hingegen werden durch ihre feste Hydrathülle daran gehindert, bis an die Kathodenoberfläche vorzudringen. Unter Beibehaltung ihrer primären Hydrathülle werden sie im Wesentlichen durch die Wirkung COULOMBscher Kräfte auf der Kathodenoberfläche adsorbiert. Dabei hängt der Grad der Adsorption stark von der Ladung der Kathode ab. Diese im Wesentlichen von STERN und GRAHAM entwickelten Vorstellungen bezüglich der Struktur der elektrolytischen Doppelschicht sind in Abb. 5.10a skizziert.

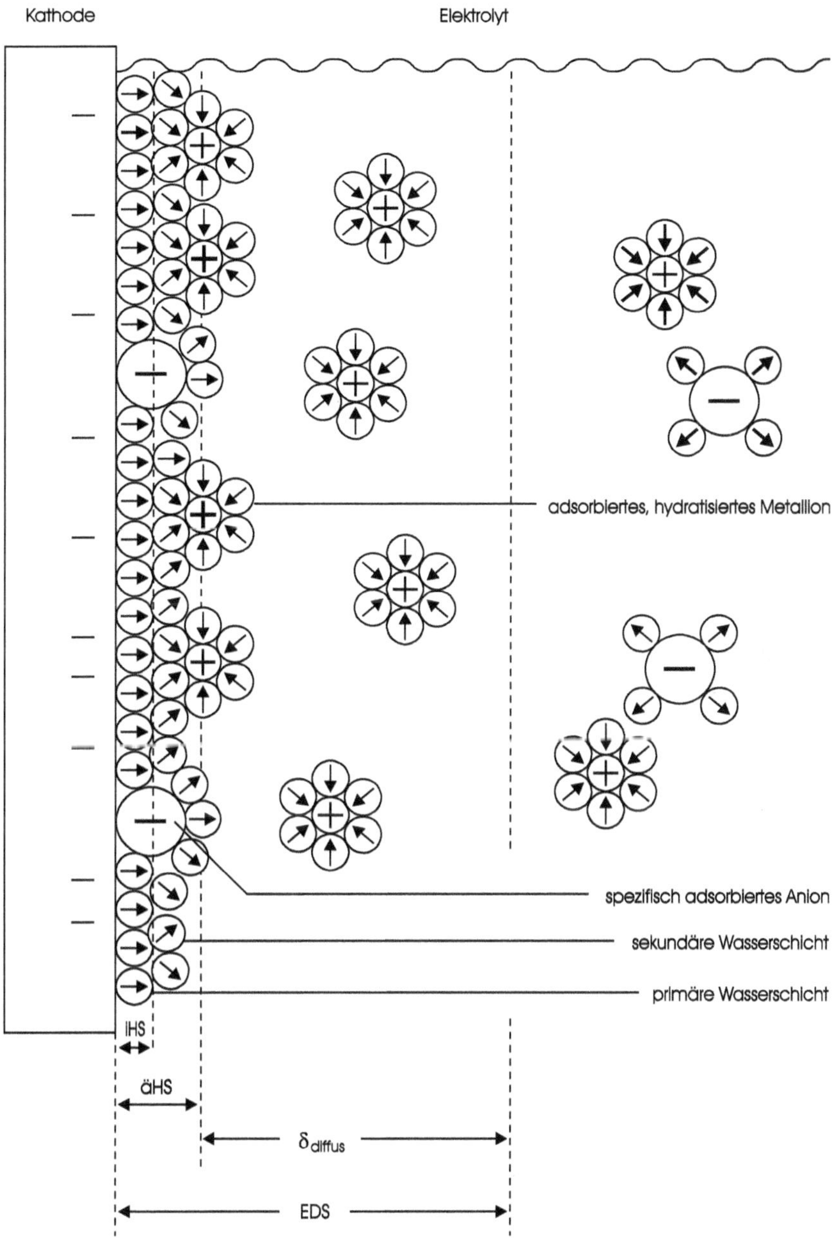

Abb. 5.10a: STERN-GRAHAM-Modell der elektrolytischen Doppelschicht: elektrostatisch adsorbierte primäre Wasserschicht/spezifisch adsorbierte Anionen [5.9]

Die Ebene der Ladungsmittelpunkte der spezifisch adsorbierten Anionen wird als die innere HELMHOLTZ-Ebene definiert. Sie schließt den Adsorptionsfilm ein, der aus den von der Kathode elektrostatisch angezogen und ausgerichteten Wassermolekülen und bestimmten grenzflächenaktiven Substanzen aus der Elektrolytlösung besteht. Die räumliche Ausweitung dieses Bereiches wird die innere HELMHOLTZ-Schicht (iHS) genannt. Entsprechend bezeichnet man den geometrischen Ort aller Ladungsschwerpunkte der an der Kathode adsorbierten Metallionen als die äußere HELMHOLTZ-Ebene. Sie stellt die äußere Begrenzung der starren HELMHOLTZ-Schicht dar. An diesen als die äußere HELMHOLTZ-Schicht (äHS) bezeichneten Bereich schließt sich die so genannte diffuse Schicht an, in der die Metallionen frei beweglich sind und deren räumliche Ausdehnung durch die Gesamtionen-Konzentration der Elektrolytlösung bestimmt wird. Die Konzentration der positiv geladenen Metallionen innerhalb dieser Schicht muss dergestalt sein, dass sie die negative Überschussladung der Kathode völlig ausgleichen kann. Der Verlauf der Potentialänderung innerhalb der elektrolytischen Doppelschicht nach dem STERN-GRAHAM-Modell ist in Abb. 5.10b wiedergegeben.

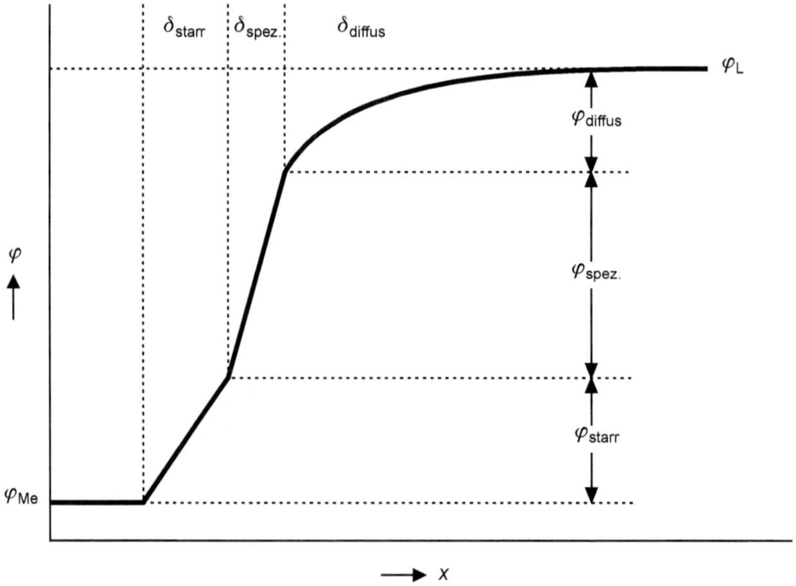

Abb. 5.10b: STERN-GRAHAM-Modell der elektrolytischen Doppelschicht; Potentialverlauf an der Grenzfläche Kathode/Elektrolyt $\Delta\varphi = \varphi_{starr} + \varphi_{spez.} + \varphi_{diffus}$ [5.8]

5.4.2.2 Pulsstrom-Elektrolyse

Der Pulsstrom beeinflusst nicht nur den Aufbau der Diffusionsschicht, sondern auch den der elektrolytischen Doppelschicht. Diese kann, wie bereits erwähnt, mit einem Doppelschichtkondensator verglichen werden, dessen Plattenabstand sehr klein und dessen Kapazität daher sehr hoch ist und durch einen Kapazitätsstrom (kapazitiven Strom) geladen wird. Letzteres wird durch folgende Überlegung klar:

Legt man, wie in Abb. 5.11 angedeutet, eine Wechselspannung an eine elektrolytische Doppelschicht an, so wird sie im Rhythmus der Wechselspannung umgeladen.

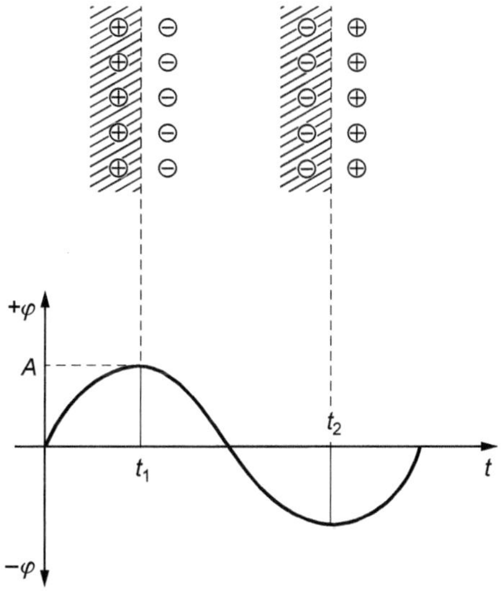

Abb. 5.11: Elektrodenpotential φ als Funktion der Zeit t infolge der Umladung der elektrolytischen Doppelschicht bei Anlegen einer Wechselspannung (A: sin ($2\ \pi\ f\ t$), f: Frequenz) [5.1]

Dies entspricht dem Auf- und, Entladen eines Kondensators, d. h. durch den aus Spannungsquelle, Leitungsdraht, Elektrodenwiderstand und Elektrolytwiderstand gebildeten Stromkreis kann ein Wechselstrom fließen, ohne dass es eines Ladungsdurchtritts durch die Phasengrenzen Elektrode/Elektrolyt bedarf. Das ist dadurch bedingt, dass die Wechselkomponente der anliegenden Spannung einen zusätzlichen Kapazitätsstrom hervorruft. Dabei treten keine Ladungen durch die Grenzschicht hindurch; wenn das der Fall wäre, dann würde ein „FARADAYscher Strom“ unter elektrolytischer Zersetzung der Lösung fließen.

Um das Elektrodenpotential auf den Wert zu verschieben, der für die kathodische Metallabscheidung erforderlich ist, muss man der elektrolytischen Doppelschicht elektrische Ladung zuführen. Die Zeit, die zur Aufladung der Doppelschicht benötigt wird, hängt von einer Reihe von physikalischen und chemischen Faktoren ab, darunter auch von der Stromdichte. Ändert sich plötzlich der Wert oder die Richtung des angelegten Stromes, wie dies bei der Pulsstrom-Elektrolyse der Fall ist, dann ändert sich auch das Elektrodenpotential und somit der Zustand der elektrolytischen Doppelschicht.

Bei der Pulsstrom-Elektrolyse sind die Zeiten für die Aufladung und Entladung der Doppelschicht viel kürzer als die Pulsdauer bzw. die Pausenzeit zwischen den Strompulsen. Der Ladestrom, der zu Beginn des Pulses für die Aufladung der elektrolytischen Doppelschicht erforderlich ist, wird am Ende des Pulses nach der Entladung der Doppelschicht zurück gewonnen. Er geht also für die Metallabscheidung nicht verloren.

5.4.3 Reaktionshemmungen

Auf ihrem Weg aus dem Inneren der Elektrolytlösung bis zu ihrem Einbau im Kristallgitter der Kathode müssen die hydratisierten Metallionen verschiedene Stadien durchlaufen. Zunächst müssen sie in die Nähe der Grenzfläche Kathode/Elektrolyt gelangen. Dies wird im Wesentlichen durch die natürliche oder gezwungene Konvektion in der Elektrolytlösung bewerkstelligt. Dabei können auch die Anziehungskräfte des elektrischen Feldes um die Kathode herum eine Rolle spielen. Danach folgen die Metallionen dem Konzentrationsgefälle in der NERNSTschen Diffusionsschicht und diffundieren durch diese hindurch zur Kathodenoberfläche. Dort angelangt, müssen sie die elektrolytische Doppelschicht durchqueren, um als Adatome adsorbiert zu werden. Die Adatome müssen sich dann durch Oberflächendiffusion zu Atomen rekombinieren. Erst dann kann der Einbau der Atome in das Kristallgitter der Kathode erfolgen, ein Vorgang, dem die Entstehung und das Wachstum der Schicht folgen.

Jeder dieser Teilschritte kann kinetisch gehemmt und damit für den Prozess der Schichtentstehung und des Schichtwachstums geschwindigkeitsbestimmend sein. Zur Überwindung solcher Hemmungen müssen Überspannungen aufgebracht werden, die die einzelnen Teilschritte charakterisieren und für den Vorgang der Schichtabscheidung von großer praktischer Bedeutung sein können.

5.4.3.1 Überspannungen

Je nach Ort und Natur der Hemmung unterscheidet man verschiedene Arten von Überspannungen. Zu ihnen gehören die Konzentrations-, die Reaktions-, die Diffusions-, die

Durchtritts-, die Widerstands- und die Kristallisationsüberspannung ($\eta_c, \eta_R, \eta_d, \eta_D, \eta_W, \eta_K$) [5.9–5.11]. Bei der elektrochemischen Abscheidung metallischer Schichten kommt es oft zu einer Überlagerung der verschiedenen Überspannungen, so dass sich die für die Elektrokristallisation maßgebliche Gesamtüberspannung η_{ges} aus der Summe der einzelnen Überspannungen zusammensetzt:

$$\eta_{ges} = \eta_c + \eta_R + \eta_D + \eta_d + \eta_W + \eta_K \quad (5.8)$$

Die Gesamtüberspannung hängt u. a. von dem Elektrolyttyp, den Elektrolytzusätzen, der kathodischen Stromdichte und der Art des abzuscheidenden Metalls ab.

In der Regel sind es die Diffusions- und die Durchtrittsüberspannung, die bei der kathodischen Metallabscheidung die maßgebliche Rolle spielen. Dabei ist der Durchtritt der Metallionen durch die elektrolytische Doppelschicht oft der wichtigste Teilschritt. Infolgedessen kann die Durchtrittsüberspannung für die Elektrokristallisation von entscheidender Bedeutung sein. Nichtsdestotrotz müssen in vielen Fällen auch die anderen, dem Durchtrittsprozess vor- oder nach gelagerten Überspannungen berücksichtigt werden.

5.4.3.1.1 Konzentrationsüberspannung

Die Konzentrationsüberspannung η_c kommt dadurch zustande, dass im Verlauf der Elektrolyse zwischen der Kathode und dem Innern der Elektrolytlösung Bereiche entstehen, die unterschiedliche Metallionen-Konzentrationen aufweisen. Die Ursache hierfür ist die Konkurrenz zwischen dem Stoffumsatz und Stofftransport, die eine Hemmung der Transportvorgänge im Elektrolyten zur Folge hat. In den galvanischen Elektrolyten ist die Konzentration der reaktionsfähigen Metallionen jedoch so hoch, dass normalerweise nur geringfügige Konzentrationsüberspannungen auftreten.

5.4.3.1.2 Reaktionsüberspannung

Die Reaktionsüberspannung η_R wird dann hervorgerufen, wenn die Metallionen auf ihrem Weg zur Kathodenoberfläche chemische Reaktionen eingehen, die so langsam ablaufen, dass sie für den gesamten Prozess der Metallabscheidung geschwindigkeitsbestimmend sind. Es handelt sich bei solchen Reaktionen im Wesentlichen um Hydratations- und Dehydratationsvorgänge sowie Komplexbildung und Komplexzerfall, also Vorgänge, die der kathodischen Entladung der Metallionen vorgelagert sind. Die Reaktionsüberspannung kann aber auch durch Hemmung bestimmter chemischer Teilreaktionen in der Nähe der Kathodenoberfläche oder in der HELMHOLTZ-Schicht verursacht werden, die dem Durchtrittsprozess nachgelagert sind. Die Vereinigung von Adatomen durch

Oberflächendiffusion auf der Kathodenoberfläche stellt eine solche Reaktion dar. In den meisten Fällen verlaufen allerdings die dem Ladungsdurchtritt vor- oder nachgelagerten Reaktionen schneller als die Durchtrittsreaktion selbst, so dass die Reaktionsüberspannung im Allgemeinen eine untergeordnete Rolle spielt.

5.4.3.1.3 Diffusionsüberspannung

Die Diffusionsüberspannung η_d ist das Ergebnis eines Konzentrationsunterschiedes zwischen dem Lösungsinneren und der Kathodenoberfläche bei Stromfluss. Wie schon angemerkt, kommt es im Verlauf der kathodischen Entladung in der Nähe der Kathodenoberfläche zu einer Verarmung an entladbaren Metallionen. Als Folge davon bildet sich in unmittelbarer Nähe der Kathode eine Elektrolytschicht aus, deren Konzentration an Metallionen geringer ist als die des übrigen Elektrolyten. Der Konzentrationsgradient innerhalb dieser Schicht wird nun zur treibenden Kraft für die Nachlieferung von entladbaren Metallionen an die Kathode. Wenn alle zur Kathode transportierten Metallionen sofort entladen werden und eine Nachlieferung nicht oder nur sehr langsam stattfindet, dann kann dies durch unzureichenden Vorrat an Metallionen in der Elektrolytlösung, räumliche Hindernisse im Abscheidungsbad oder Belegung der Kathodenoberfläche mit Fremdstoffen aus dem Elektrolyten verursacht worden sein. Diese Vorgänge führen zu einer Prozesshemmung, die als Diffusionsüberspannung bezeichnet wird.

Dividiert man Gl. 5.4a durch Gl. 5.4b, so erhält man

$$\frac{i_k}{i_{DGS}} = 1 - \frac{c_K}{c_L} \quad \text{bzw.} \quad \frac{c_K}{c_L} = 1 - \frac{i_k}{i_{DGS}} \tag{5.9a}$$

Nach Nernst ergibt sich

$$\eta_d = \frac{R\,T}{z \cdot F} \ln \frac{c_K}{c_L} = \frac{R\,T}{z \cdot F} \ln \left(1 - \frac{i_k}{i_{DGS}}\right) \tag{5.9b}$$

Diese Gleichung gilt, wenn allein die Diffusion für die Entladung der Metallionen geschwindigkeitsbestimmend ist.

5.4.3.1.4 Durchtrittsüberspannung

Die wesentlichste Voraussetzung für die elektrochemische Metallabscheidung ist der Ladungsaustausch zwischen der Kathode und den ankommenden hydratisierten Metallionen entlang der elektrolytischen Doppelschicht. Die treibende Kraft für diesen Ladungsdurchtritt ist die zwischen der Kathodenoberfläche und der äußeren HELMHOLTZ-Ebene herrschende und linear verlaufende Potentialdifferenz, da der exponentielle Anteil der Potentialdifferenz, der auf die diffuse Doppelschicht entfällt, der Entladung der Metallionen und damit dem Prozess der elektrochemischen Metallabscheidung verloren geht. Die Entladung der Metallionen lässt sich somit formal wie folgt beschreiben: Die Hydrathülle des Metallions verformt sich bzw. sprengt so weit, dass es die starre HELMHOLTZ-Schicht durchqueren und der Kathodenoberfläche genügend nahe kommen kann. Von der Kathode her kommend, durchtunneln die Elektronen ihrerseits die HELMHOLTZ-Schicht und lösen den Entladungsprozess aus. Eine Hemmung des Durchtrittsmechanismus ruft eine Durchtrittsüberspannung η_D hervor, mit deren Vorhandensein man bei der galvanischen Abscheidung metallischer Schichten stets rechnen muss. Für η_D ergibt sich

$$\eta_D = -\frac{R\,T}{\alpha \cdot z \cdot F} \cdot \frac{\ln i_k}{\ln i^0} \tag{5.10}$$

Darin ist i_k die kathodische Stromdichte. Die charakteristischen Parameter i^0 und $0 \le \alpha \le 1$ sind die Austauschstromdichte und der so genannte Durchrittsfaktor. Gl. (5.10) beschreibt den Verlauf der kathodischen Metallabscheidung für reine Durchtrittsspannung.

5.4.3.1.5 Widerstandsüberspannung

Die Widerstandsüberspannung η_W ist auf eine Potentialdifferenz außerhalb der elektrolytischen Doppelschicht zurückzuführen. Sie stellt einen OHMschen Spannungsabfall dar und kann durch den Widerstand der NERNSTschen Diffusionsschicht, eines Reaktionsfilms oder einer dreidimensionalen Deckschicht auf der Kathode verursacht werden. Eine solche Schicht kann z. B. ein schlecht leitender fester oder flüssiger Deckfilm sein, der die Kathodenoberfläche durchgehend bedeckt und dadurch den Durchtritt der potentialbestimmenden Metallionen durch die Grenzfläche Kathode/Elektrolyt hemmt. Die Widerstandsüberspannung wird daher auch als ein Teil der Durchtrittsüberspannung aufgefasst. Messtechnisch lässt sich die Widerstandsüberspannung von den anderen Überspannungsarten leicht trennen.

5.4.3.1.6 Kristallisationsüberspannung

Die elektrolytische Metallabscheidung verläuft in zwei aufeinander folgenden und miteinander gekoppelten Schritten, nämlich die Entstehung von thermodynamisch stabilen Kristallkeimen an bestimmten Stellen der Kathodenoberfläche und deren Wachstum. Beide Vorgänge können grundsätzlich bei einer charakteristischen Überspannung ablaufen, die man allgemein als Kristallisationsüberspannung η_K bezeichnet.

Dabei ist zu berücksichtigen, dass die Keimbildung einen größeren Anteil an der Überspannung erfordert als das Kristallwachstum, da die Aktivierungsenergie[5] für ihre Auslösung höher ist. Der Einbau der Metallatome in das Kristallgitter der Kathode kann nur an bestimmten Wachstumsstellen stattfinden. Erfolgt die Entladung der Metallionen an einer anderen Stelle der Kathodenoberfläche, so müssen die entstandenen Adatome durch Oberflächendiffusion zu diesen Wachstumsstellen diffundieren. Die Kristallisationsüberspannung wird daher auch dann hervorgerufen, wenn der Prozess der Keimbildung durch die Oberflächendiffusion der Adatome den langsamsten Schritt bei der Metallabscheidung darstellt. Da die Konzentration der Adatome an der Kathodenoberfläche in Abhängigkeit von der Anzahl, Art und Verteilung der Wachstumsstellen örtlich stark variiert, muss man im Allgemeinen mit einer lokal unterschiedlichen Kristallisationsüberspannung rechnen (s. Abschnitt 5.5.2.4).

5.5 Elektrokristallisation

Für die Entstehung einer Metallschicht auf der Kathodenoberfläche sind zwei miteinander gekoppelte Prozesse erforderlich, die man als Keimbildung und Kristallwachstum bezeichnet. Die Keimbildung erfolgt durch die diffusionsgesteuerte Kombination der Adatome auf der Kathodenoberfläche. Der Wachstumsprozess setzt ein, sobald die entstandenen Kristallkeime eine kritische Größe erreicht haben.

Beide Vorgänge, die bei der Elektrokristallisation ähnlich ablaufen wie bei normalen Kristallisationsprozessen, sind von nachhaltiger Auswirkung auf den Aufbau und damit die Eigenschaften galvanisch abgeschiedener Schichten. Der wesentliche Unterschied besteht darin, dass bei der Elektrokristallisation die für die Keimbildung erforderlichen Metallatome erst entstehen müssen. Dies geschieht dadurch, dass die hydratisierten oder komplexierten Metallionen die Grenzfläche Kathode/Elektrolyt durchqueren und nach der Neutralisation durch Ladungsaustausch auf der Kathodenoberfläche lokale Kristallkeime bilden. Bei der Kristallisation einer Metallschmelze hingegen sammeln sich von vornherein neutrale Metallatome zu Kristallkeimen an, die spontan weiter wachsen, sobald sie eine kritische Größe erreicht haben. Zum besseren Verständnis der komplexen Vorgänge bei der Elektrokristallisation soll daher der Keimbildungsprozess am Beispiel der Erstarrung einer Metallschmelze erläutert werden [5.12].

[5] In der Chemie versteht man unter Aktivierungsenergie die Energie (Wärmemenge), die einem System zugeführt werden muss, um darin eine Reaktion auszulösen. In der Physik bezeichnet man die Energie, die erforderlich ist, um ein Teilchen (Molekül, Atom, Elektron) aus einem bestimmten Energieniveau in ein höheres Energieniveau zu überführen, als Aktivierungsenergie.

5.5.1 Keimbildung

Keimbildung oder Nukleation ist der erste Teilprozess, der einen Phasenübergang erster Ordnung einleitet. Der Übergang einer Metallschmelze in den kristallinen Zustand stellt einen solchen Phasenübergang dar. Die Bildung von Kristallkeimen ist zunächst kinetisch gehemmt; sind die Keime jedoch einmal infolge thermischer Fluktuationen innerhalb der Schmelze entstanden, so wachsen sie schnell zu einer makroskopischen Phase an, die unter den gegebenen Bedingungen thermodynamisch stabil ist. Je nach kinetischen Bedingungen unterscheidet man zwischen homogener und heterogener Keimbildung.

5.5.1.1 Homogene Keimbildung

Die homogene Keimbildung, d. h. die Bildung von Keimen in einer reinen Metallschmelze, resultiert aus lokalen Temperaturschwankungen, die stochastisch über die gesamte Schmelze als Ausgangsphase verteilt sind. Sie erfordert eine starke Unterkühlung der Schmelze und ist technisch von untergeordneter Bedeutung.

Wird die Schmelze eines reinen Metalls abgekühlt, kommt es beim Unterschreiten des Schmelzpunktes (Unterkühlung) zur Bildung der ersten Kristallkeime. Dieser Vorgang hat eine Änderung des Energieinhalts der Metallschmelze zur Folge, die thermodynamisch als ein abgeschlossenes System zu betrachten ist. Diese Energieänderung lässt sich mit Hilfe einer thermodynamischen Größe, nämlich der freien Enthalpie G, quantitativ erfassen. Der aus der Erstarrung von n Atomen zu einem Kristallkeim resultierende Volumenbeitrag zur Energieänderung soll hier mit ΔG_V symbolisiert werden. Da die an der Keimbildung beteiligten Atome bei der Erstarrung ihre kinetische Energie verlieren, handelt es sich bei ΔG_V um eine Energiemenge, die vom System abgegeben und deshalb per Definition mit negativem Vorzeichen zu versehen ist. Andererseits muss bei der Bildung eines Kristallkeims eine Grenzfläche zwischen dem Keim und der ihn umgebenden Schmelze geschaffen werden. Hierfür ist eine entsprechende Oberflächenarbeit ΔG_O erforderlich, die folgerichtig mit positivem Vorzeichen in die Berechnungen eingeht. Die Grenzflächenenergie γ zwischen dem Kristallkeim und der Schmelze hängt von der Natur des Metalls und der Größe der Oberfläche des Keimes ab. Die gesamte Änderung der freien Enthalpie ΔG des Systems bei der Bildung eines kugelförmigen Kristallkeims mit dem Radius r, dem Volumen $V_K = 4/3\ \pi\ r^3$ und der Oberfläche $F_K = 4\ \pi\ r^2$ ergibt sich als Summe der Energiebeiträge ΔG_V und ΔG_O.

$$\Delta G = \Delta G_V + \Delta_O = -4/3\,\pi\, r^3 \cdot \Delta g_V + 4\,\pi\, r^2\, \gamma \tag{5.11}$$

Darin bedeutet Δg_V die Änderung der freien Enthalpie pro Volumeneinheit des erstarrten Festkörpers.

Die Annahme eines kugelförmigen Keimes ist insofern berechtigt, als man berücksichtigten muss, dass dadurch das Verhältnis Oberfläche zu Volumen (O/V) und damit die erforderliche Grenzflächenenergie bei der Bildung eines Kristallkeims minimiert wird. Die Kurvenverläufe für ΔG_V und ΔG_O und die daraus resultierende Änderung der gesamten freien Enthalpie ΔG in Abhängigkeit vom Keimradius r, d. h. der Anzahl der Atome im Kristallkeim, sind in Abb. 5.12 dargestellt.

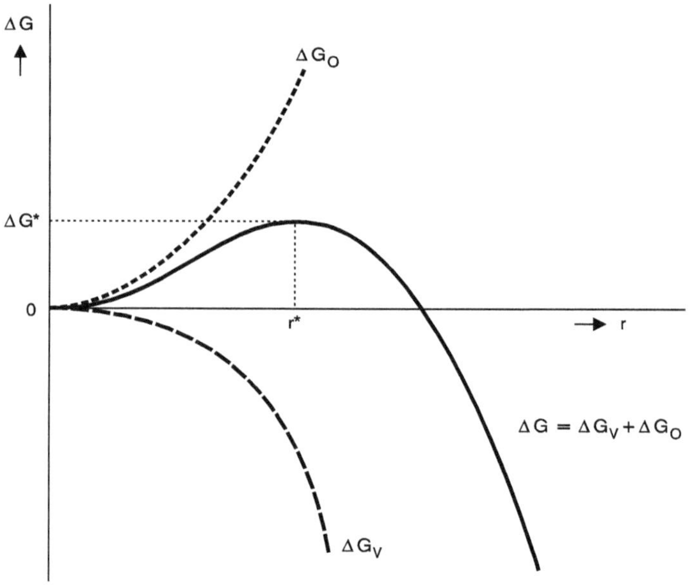

Abb. 5.12: Änderung der freien Enthalpie ΔG in Abhängigkeit vom Keimradius r; ΔG^*: maximale Keimbildungsarbeit

Ist der Radius r eines sich zufällig inmitten der Metallschmelze gebildeten Kristallkeims größer als der kritische Keimradius $r^* = 2\,\gamma/\Delta g_V$, so wächst er spontan weiter, da sein Wachstum eine Abnahme $\frac{d(\Delta G)}{dr} < 0$ der freien Enthalpie zur Folge hat. Daher sind nur Kristallkeime mit $r > r^*$ thermodynamisch stabil und wachstumsfähig. Umgekehrt, wenn der Radius des zufällig entstandenen Kristallkeims kleiner ist als der kritische Keimradius ($r < r^*$), dann ist er thermodynamisch nicht stabil und wird sich unter Verringerung seines Radius wieder auflösen. Das Weiterwachsen eines solchen Kristallkeims würde nämlich eine Zunahme $\frac{d(\Delta G)}{dr} > 0$ der freien Enthalpie bedeuten.

ΔG^* symbolisiert die thermodynamische Energiebarriere, die überwunden werden muss, damit die Kristallisation nach dem Mechanismus der homogenen Keimbildung eingeleitet werden kann. Sie stellt die maximale Keimbildungsarbeit dar, die für die Bildung von

Kristallkeimen kritischer Größe notwendig ist. Durch die Differenzierung von Gl. (5.11) erhält man für die Keimbildungsarbeit den Ausdruck

$$\Delta G^* = \frac{16\,\pi\,\gamma^3}{3\,\Delta g_V^2} \tag{5.12}$$

5.5.1.2 Heterogene Keimbildung

Der oben dargelegte Mechanismus der homogenen Keimbildung stellt einen Sonderfall dar und wird aus energetischen Gründen nur unter bestimmten Bedingungen wirksam. Vielfach folgt die Erstarrung einer Metallschmelze dem Mechanismus der heterogenen Keimbildung, bei der die Behälterwand oder die in der Schmelze befindlichen Fremdpartikel als Kristallisatoren fungieren und den Kristallisationsprozess auslösen. Begründet liegt dies darin, dass solche Verunreinigungen mit ihrer eigenen Energie die Aktivierungsenergie der Keimbildung katalytisch senken.

Die heterogene Keimbildung kann auch durch Zugabe von Fremdpartikeln in die Schmelze ausgelöst werden, die sich zu stabilen wachstumsfähigen Kristallisationskeimen herausbilden. Diese als Impfung bezeichnete metallurgische Maßnahme stellt zugleich eine Möglichkeit dar, die Korngröße des Gussgefüges zu beeinflussen. Die Wirkung beruht darauf, dass die zugegebenen Fremdpartikel als aktive Zentren die Energiebarriere für die Bildung der Kristallkeime kritischer Größe vermindern.

Wesentlich bei der heterogenen Keimbildung ist, dass die Oberfläche des als Kristallisators wirkenden Fremdkörpers durch die Kristallkeime, jedoch nicht durch die Metallschmelze benetzt wird. Dabei stellt der Benetzungswinkel Θ, auch Kontaktwinkel[6] genannt, ein Maß für den Grad der Benetzung des Kristallisators durch den Kristallkeim dar. Abb. 5.13 illustriert die Entstehung eines kalottenförmigen Kristallkeims an der Wand des Schmelztiegels.

Für die Änderung der freien Enthalpie $\Delta\overline{G}$ bei der heterogenen Keimbildung erhält man aufgrund ähnlicher Überlegungen wie bei der homogenen Keimbildung die folgende Beziehung:

$$\Delta\overline{G} = -1/3\,\pi\,r^3 \cdot (2 - 3\cos\Theta + \cos^3\Theta) \cdot \Delta G_V + 2\,\pi\,r^2 \cdot (1 - \cos\Theta) \cdot \gamma \tag{5.13}$$

6 Unter Kontaktwinkel ist der Winkel zu verstehen, den eine Tangente an die Tropfenkontur im Drei-Phasen-Punkt zur Oberfläche des Festkörpers bildet und somit ein Maß für die Benetzbarkeit einer Oberfläche oder Grenzfläche durch eine andere Phase darstellt. Je größer der Kontaktwinkel, umso schlechter ist die Benetzung.

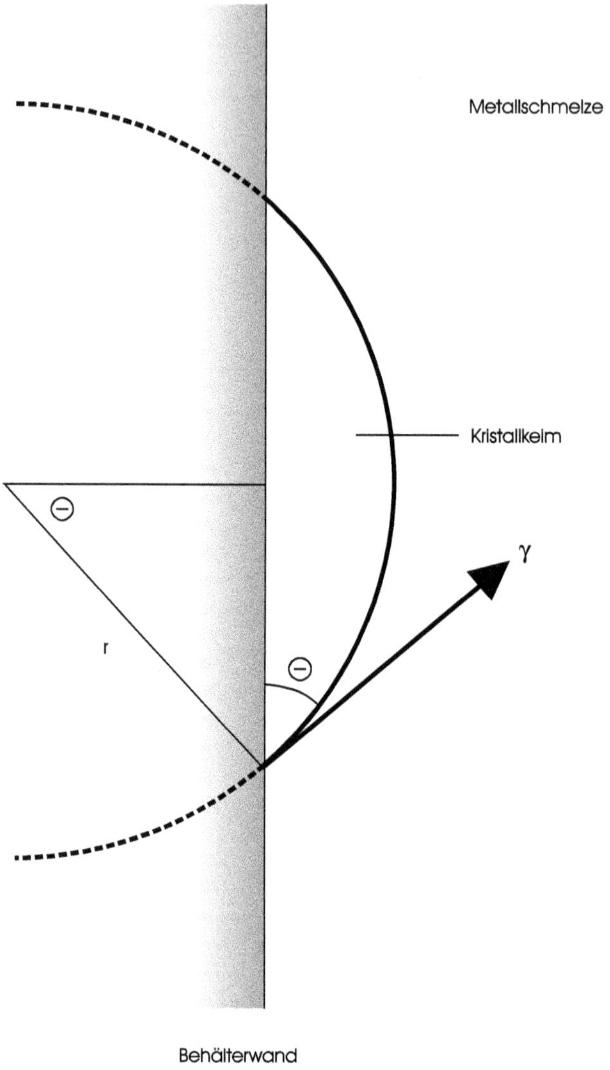

Abb. 5.13: Entstehung eines kalottenförmigen Kristallkeims an der Behälterwand durch heterogene Keimbildung

Der erste Term in Gl. (5.13) stellt die Energie dar, die bei der Entstehung eines kalottenförmigen Kristallkeims freigesetzt wird. Der zweite Term symbolisiert diejenige Energie, die zum Aufbau einer stabilen und isotropen Grenzfläche zwischen dem Kristallkeim und der Schmelze benötigt wird. Gemäß dieser Beziehung ist die Änderung der freien Enthalpie nicht nur vom Keimradius, sondern auch vom Benetzungswinkel abhängig. Abb. 5.14 illustriert diesen Zusammenhang am Beispiel drei verschiedener Werte für den Benetzungswinkel.

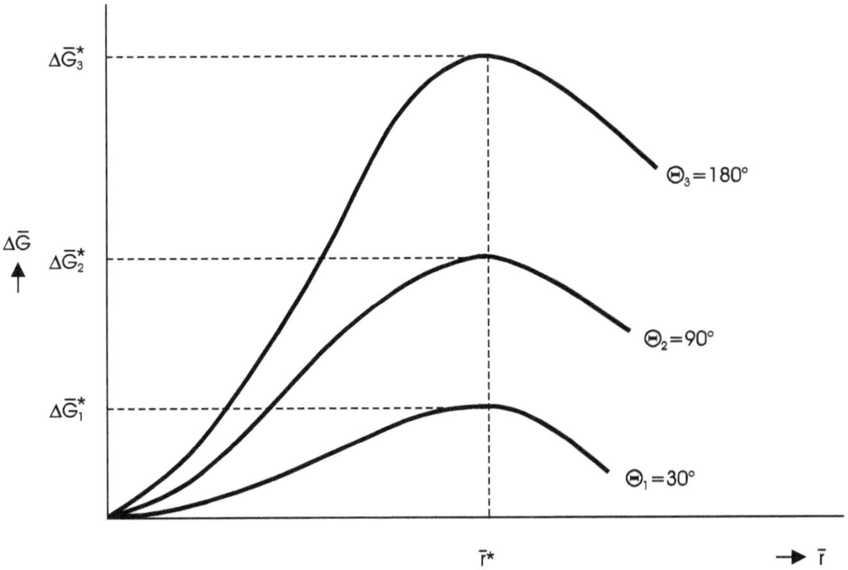

Abb. 5.14: Änderung der freien Enthalpie bei der heterogenen Keimbildung in Abhängigkeit vom Keimradius *r* und Benetzungswinkel Θ ($\overline{r}^*$: kritischer Keimradius)

$\overline{r}^*$ symbolisiert den kritischen Keimradius, den stabile und wachstumsfähige Kristallkeime erreichen. Für die Keimbildungsarbeit $\Delta\overline{G}^*$, die für die Bildung von Kristallkeimen kritischer Größe erforderlich ist, erhält man durch die Ableitung von Gl. (5.13)

$$\Delta\overline{G}^* = \frac{16\,\pi\,\gamma^3}{3\,\Delta g_V^2}\left[\frac{2-3\cos\Theta+\cos^3\Theta}{4}\right] = \Delta G^*\cdot\frac{f(\Theta)}{4} \qquad (5.14)$$

Für den theoretischen Fall, dass $\Theta = 0°$ ist, d. h., bei vollständiger Benetzung der Behälterwand durch den entstehenden Kristallkeim, ergibt sich $\Delta\overline{G}^* = 0$, was gleichbedeutend ist mit einer spontanen Kristallisation der Metallschmelze. Umgekehrt erhält man für $\Theta = 180°$, d. h., wenn keine Benetzung der Behälterwand durch den Kristallkeim stattfindet, die Relation $\Delta\overline{G}^* = \Delta G^*$. Dieser Fall entspricht der homogenen Keimbildung und erfordert die höchste Keimbildungsarbeit. Bei Benetzungswinkeln zwischen 0° und 180° weist $\Delta\overline{G}^*$ Zahlenwerte auf, die stets kleiner sind als die jeweiligen Keimbildungsarbeiten für homogene Keimbildung. Beispielsweise wird bei $\Theta = 90°$ eine maximale Keimbildungsarbeit benötigt, die halb so groß ist wie der bei homogenen Keimbildung ($\Delta\overline{G}^* = 1/2\cdot\Delta G^*$). Der Prozess der heterogenen Keimbildung wird jedoch für Benetzungswinkel von $90° < \Theta < 180°$ zunehmend erschwert, da sich der Wert von $\Delta\overline{G}^*$ ständig erhöht. Bei $\Theta = 180°$ erreicht $\Delta\overline{G}^*$ ihren höchsten Wert und wird, wie bereits festgestellt, mit ΔG^* identisch.

5.5.2 Keimbildung auf der Kathodenoberfläche

Der Entstehungsmechanismus der ersten Kristallkeime auf der Kathodenoberfläche infolge der Elektrokristallisation lässt sich nun phänomenologisch wie die Kristallisation einer Metallschmelze beschreiben. Er kann auf die Entstehung von Agglomeraten von Adatomen kritischer Größe zurückgeführt werden, die sich nach dem Mechanismus der heterogenen Keimbildung auf der Kathodenoberfläche bilden und durch Aufnahme weiterer Adatome vergrößern. Die Voraussetzung für diesen Vorgang ist, dass die Metallionen durch die elektrolytische Doppelschicht hindurch treten und zur Kathode gelangen. Kommen sie nach der partiellen Verdrängung der primären Wasserschicht und dem Durchtritt durch die elektrolytische Doppelschicht mit dem Kristallgitter der Kathode in Berührung, so wird ihre Hydrathülle unter dem Einfluss des elektrischen Feldes dergestalt gesprengt, dass sie mehr oder weniger neutralisiert werden. Treffen die Metallionen bei diesem Vorgang auf spezifisch adsorbierte Anionen, dann müssen sie diese zu umgehen versuchen, da die Energiebarriere für den Durchtritt an solchen Stellen sehr hoch sein kann. Die Entladung komplex gebundener Metallionen vollzieht sich in ähnlicher Weise. Unter dem stark deformierenden Einfluss der hohen Feldstärke in der elektrolytischen Doppelschicht verlieren sie in der HELMHOLTZ-Schicht gänzlich oder teilweise ihre Komplexhülle.

Für die Entstehung der Kristallkeime kritischer Größe sind nun, wie in Abb. 5.15 skizziert, zwei Möglichkeiten denkbar: Entweder erfolgt der Durchtritt der Metallionen zur Kathodenoberfläche direkt an energetisch günstigen Stellen, die als aktive Zentren fungieren und wo sich stabile und wachstumsfähige Kristallkeime bilden können, oder an energetisch weniger günstigen Stellen. Im letzteren Fall müssen die Adatome durch nachfolgende Oberflächendiffusion zu den aktiven Zentren transportiert werden.

Der Vorgang der Oberflächendiffusion der Adatome lässt sich anhand von Abb. 5.16 näher beschreiben. Die hydratisierten Metallionen streifen beim Annähern an die Kathode ihre Hydrathülle nur teilweise ab und können so eine gewisse Restladung beibehalten. In diesem besonders energiearmen Zustand diffundieren sie auf der Kathodenoberfläche zu der nächstgelegenen Wachstumsstelle.

Die durchschnittliche Geschwindigkeit $\overline{v}$ der Adatome auf der Kathodenoberfläche, hervorgerufen durch die konstante elektrische Kraft F beträgt

$$\overline{v} = \frac{D_S \cdot F}{k \cdot T} \tag{5.15}$$

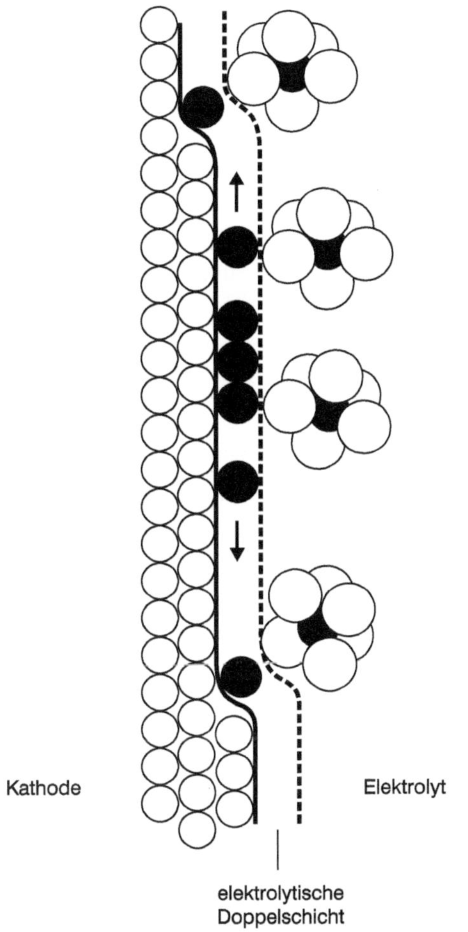

Abb. 5.15:
Durchtritt der Metallionen durch die elektrolytische Doppelschicht zu den aktiven Zentren, z. B. Stufen

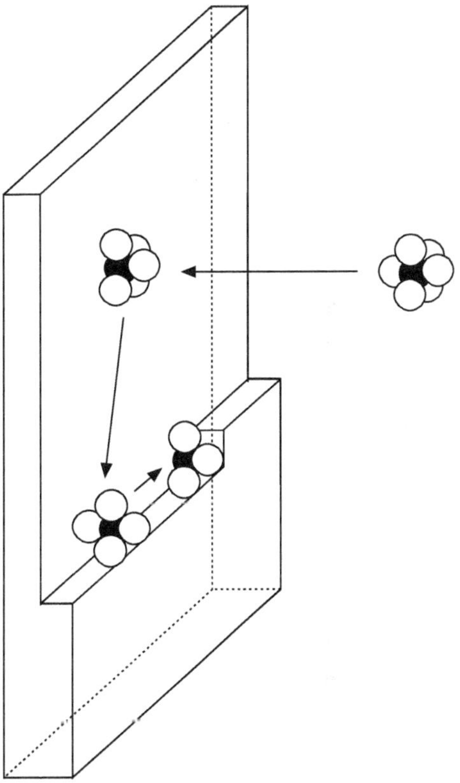

Abb. 5.16:
Diffusion der Adatome auf der Kathodenoberfläche zu den energetisch günstigen Wachstumsstellen, z. B. Stufen oder Ecken

Darin ist D_s der Oberflächendiffusionskoeffizient, und $k = 1{,}381 \cdot 10^{-23}$ J/K die BOLTZMANN-Konstante. Der Massentransport an der Oberfläche besteht überwiegend aus Diffusion. Auch die Elektromigration (EM)[7] kann dabei eine Rolle spielen.

Nach Lage und Gestalt der entstehenden Kristallkeime unterscheidet man vier verschiedene Keimtypen, nämlich null-, ein-, zwei- und dreidimensionale Keime.

---

[7] Unter Elektromigration versteht man einen Materialtransport durch allmähliche Bewegung von Ionen in einem festen Leiter, der durch den elektrischen Strom verursacht wird.

5.5.2.1 Nulldimensionale Keime

Als nulldimensionale Keime bezeichnet man die Anlagerung einzelner Adatome an einem aktiven Zentrum auf der Kathodenoberfläche. Der Vorgang der nulldimensionalen Keimbildung erfordert die geringste Keimbildungsarbeit.

5.5.2.2 Eindimensionale Keime

Eindimensionale Keime entstehen durch die Anlagerung der Adatome an den monoatomaren Stufen auf der Kathodenoberfläche [5.13]. Die erforderliche Keimbildungsarbeit ist in diesem Fall entsprechend höher als bei der Bildung nulldimensionaler Kristallkeime.

5.5.2.3 Zweidimensionale Keime

Bei den zweidimensionalen Kristallkeimen handelt es sich um flächenhafte Aggregate von Adatomen, die einen gewissen Orientierungszusammenhang mit dem Kristallgitter der Kathode aufweisen. Diese als Epitaxie bekannte Erscheinung tritt dann ein, wenn die Gitterstruktur der Kathode und der entstehenden Schicht dem gleichen oder ähnlichen Kristalltyp angehören. Als Beispiel hierfür kann die elektrolytische Abscheidung von Zinn auf Eisen herangezogen werden [5.14, 5.15]. α-Fe besitzt ein kubisch-raumzentriertes Atomgitter mit der Gitterkonstante a = 0,287 nm, während β-Sn ein tetragonal-raumzentriertes Atomgitter mit den Gitterkonstanten a = 0,583 nm und c = 0,473 nm aufweist (s. Abschnitt 10.3.3). Die Elementarzellen beider Elemente sind in Abb. 5.17a zu sehen.

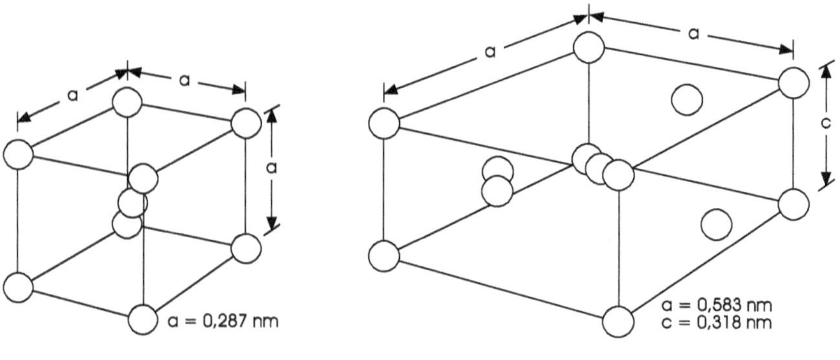

Abb. 5.17a: Elementarzelle des kubisch-raumzentrierten α-Eisens (links) und des tetragonal-raumzentrierten β-Zinns (rechts)

Die Struktur der sich epitaxial auf dem Eisensubstrat bildenden intermetallischen Phase $FeSn_2$ ist in Abb. 5.17b wiedergegeben.

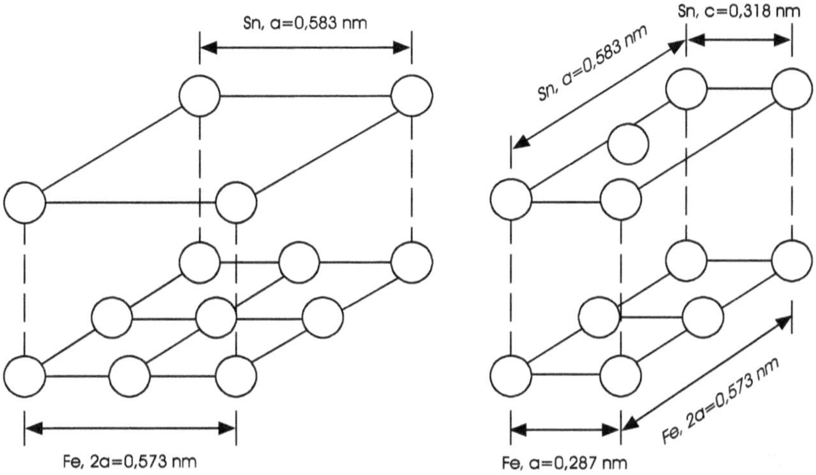

Abb. 5.17b: Epitaxiales Aufwachsen des tetragonal-raumzentrierten β-Sn auf dem kubisch-raumzentrierten α-Fe; links: (001)-Ebene von Zinn auf (100)-Ebenen von vier Fe-Elementarzellen, rechts: (100)-Ebene von $FeSn_2$ auf (100)-Ebenen von zwei Fe-Elementarzellen [5.14, 5.15]

Die orientierte Keimbildung der intermetallischen Phase $FeSn_2$ auf dem Eisensubstrat kann man sich anhand von Abb. 5.17b wie folgt vorstellen: Zwei Punktreihen der vier nebeneinander liegenden Elementarzellen des α-Eisens bleiben bei der Entstehung von $FeSn_2$ erhalten, während sechs Punktreihen herauswandern, um für die neu eingebauten Zinnatome Platz zu schaffen. $FeSn_2$ kristallisiert tetragonal (a = 0,653 nm, c = 0,533 nm); seine Elementarzelle besteht aus zwei senkrecht übereinander liegenden tetragonal basis-zentrierten Fe-Zellen. Innerhalb jeder dieser beiden Fe-Zellen liegen je vier Zinnatome quadratisch angeordnet [5.14, 5.15].

Die aufzubringende Keimbildungsarbeit für die Erzeugung zweidimensionaler Keime ist höher als die der null- und eindimensionalen Keimbildung.

5.5.2.4 Dreidimensionale Keime

Dreidimensionale Keime stellen räumliche Ansammlungen von Adatomen dar, deren Gitteranordnung keinen Orientierungszusammenhang mehr mit dem Kristallgitter der Kathode aufweist. Die Verhältnisse bei der Bildung solcher Kristallkeime sind in Wirklichkeit sehr komplex. Bei völlig glatter und strukturloser Kathodenoberfläche ist die Wechselwirkung zwischen dem Kristallkeim und der Kathode von ihren jeweiligen Kristallorientierungen abhängig. Wenn die Kathode eine strukturierte Oberfläche besitzt, was in der Regel der Fall ist, dann kann die Oberflächenmorphologie zusätzlich einen starken Einfluss auf den Keimbildungsprozess ausüben. Besteht zwischen den Kristallgittern der Kathode und der entstehenden Schicht eine Strukturanalogie, dann ist auch in diesem Fall mit einer epitaxialen Keimbildung zu rechnen. Von besonderer Bedeutung bei der dreidimensionalen Keimbildung ist das Vorhandensein von Kristallbaufehlern sowie Kanten, Ecken und Stufen auf der Kathodenoberfläche, die als aktive Zentren wirksam werden und den Prozess der Keimbildung sehr stark beeinflussen können. Die Keimbildungsarbeit für die Bildung dreidimensionaler Kristallkeime kritischer Größe ist naturgemäß höher als bei den bereits diskutierten Fällen.

Die erforderlichen Keimbildungsarbeiten für die Bildung der Kristallkeime unterschiedlicher Dimensionen sind in Abb. 5.18 wiedergegeben.

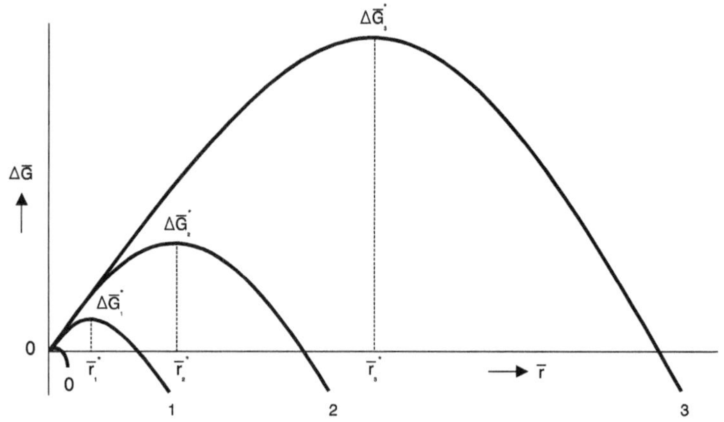

Abb. 5.18: Änderung der freien Enthalpie bei der Bildung von null-, ein-, zwei- und dreidimensionalen Kristallkeimen; ΔG_0^*, ΔG_1^*, ΔG_2^* und ΔG_3^*: Keimbildungsarbeiten für die Entstehung von Kristallkeimen kritischer Größe [5.13]

Das spontane Wachstum thermodynamisch stabiler Kristallkeime ist, wie bereits dargelegt, mit der Abnahme der freien Enthalpie verknüpft. Abb. 5.18 zeigt die Änderung der freien Enthalpie in Abhängigkeit vom Keimradius bei der Bildung von null-, ein-, zwei- und dreidimensionalen Kristallkeimen. Daraus lässt sich ableiten, dass die erforderliche maximale Keimbildungsarbeit für die Bildung von Kristallkeimen kritischer Größe von null- zu dreidimensionaler Keimbildung hin stark zunimmt. In umgekehrter Richtung nimmt unter vergleichbaren Bedingungen die Keimbildungsgeschwindigkeit $\mathrm{d}N_\mathrm{K}/\mathrm{d}t$, d. h. die Anzahl N_K der sich pro Zeiteinheit bildenden Kristallkeime, rapide ab. Gl. (5.16) bringt diesen Sachverhalt zum Ausdruck.

$$\frac{\mathrm{d}N_\mathrm{K}}{\mathrm{d}t} = a_\mathrm{K} \cdot \exp\left(-\frac{\Delta \bar{G}^*}{R\,T}\right) \tag{5.16}$$

a_K ist eine charakteristische Konstante. Die kritische Keimgröße, bei der das spontane Kristallwachstum einsetzt, wird bei der elektrochemischen Abscheidung metallischer Schichten maßgeblich durch die Kristallisationsüberspannung η_K bestimmt, die durch Gl. (5.17) gegeben ist:

$$\eta_K = \frac{2\,\gamma\,V}{z\,F\,\overline{r}^*} = \frac{R\,T}{z\,F}\ln\frac{c_{ad}}{c_{ad}^0} \tag{5.17}$$

Darin bedeuten: V das Molvolumen des Kristallkeims kritischer Größe, z die Anzahl der umgesetzten Elektronen, c_{ad} die Konzentration der Adatome an einer Wachstumsstelle und c_{ad}^0 die Konzentration der Adatome im Gleichgewichtszustand.

Aus dieser Beziehung lässt sich ableiten, dass die Kristallisationsüberspannung und damit die Keimbildungsgeschwindigkeit - solange Wachstumsstellen vorhanden sind - um so höher sind, je größer die Konzentration der Adatome ist.

Dreidimensionale Keime können kugel-, scheiben- oder ellipsoidförmig sein.

5.5.2.4.1 Kugelförmige Keime

Kugelförmige Keime zeichnen sich durch ihr günstiges O/V Verhältnis (Oberfläche/Volumen) aus, wodurch die erforderliche Grenzflächenenergie minimiert wird. Die Änderung der freien Enthalpie ist bei der Bildung kugelförmiger Keime durch Gl. (5.14) gegeben. Diese Gleichung lässt erkennen, dass die Änderung der freien Enthalpie nicht nur vom Keimradius r, sondern auch von dem Benetzungswinkel Θ abhängt.

Das Zustandekommen des Benetzungs- oder Randwinkels ist wie folgt begründbar: Die Wechselwirkungen zwischen den Atomen des Kathodenmaterials werden durch Kohäsionskräfte bestimmt. An der Grenzenfläche Kathode/Elektrolyt herrschen jedoch Wechselwirkungen, die ihre Ursachen in Adhäsionskräften haben. Je nach Verhältnis von Adhäsions- und Kohäsionskräften kann die Kathodenoberfläche von den ankom-

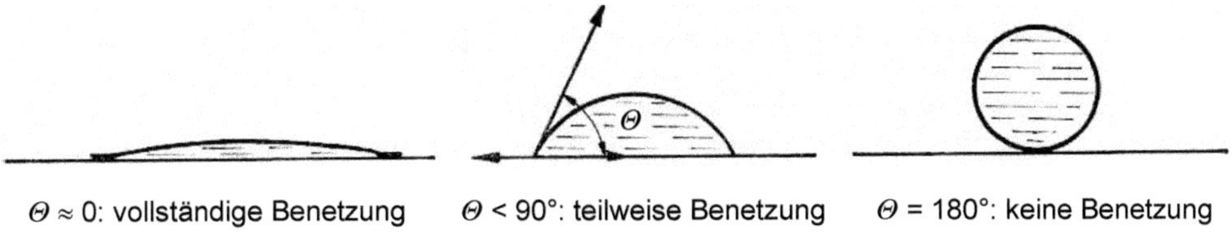

Abb. 5.19: Unterschiedliche Benetzung der Kathodenoberfläche durch Metallionen

menden Metallionen benetzt werden oder auch nicht. Bei einer vollständigen Benetzung ($\Theta = 0°$) ist die Adhäsion größer als die Kohäsion, umgekehrt ist bei einer Nichtbenetzung ($\Theta = 180°$) die Kohäsion größer als die Adhäsion. Somit kann man, wie in Abb. 5.19 angedeutet, den Randwinkel Θ als Ausdruck der Benetzung auffassen.

5.5.2.4.2 Scheibenförmige Keime

Die Annahme eines kugelförmigen Keimes ist nur insofern berechtigt, als das Verhältnis O/V (Oberfläche/Volumen) und damit die aufzubringende Grenzflächenarbeit minimiert wird. Zu berücksichtigen dabei ist jedoch das Ausmaß der Benetzung der Kathodenoberfläche durch die Metallionen.

Unter der Annahme, dass scheibenförmige Keime mit einem Grundkreisradius r und der Höhe h auf der Kathodenoberfläche entstehen, entfällt zwar der Einfluss des Benetzungswinkels, der Grenzflächenenergie, die aufgebracht werden muss, damit sich eine Grenzfläche um diese Keime bildet, kommt aber eine besondere Bedeutung zu. Je geringer sie ist, desto leichter geht der Prozess der Keimbildung vonstatten. Energetisch interessant ist also die Frage, wann ein scheibenförmiger Keim die kleinste Oberfläche besitzt, und damit die geringste Oberflächenenergie für seine Bildung erforderlich ist.

Die Oberfläche eines solchen Keimes beträgt $O = 2 \cdot \pi \cdot r^2 + 2 \cdot \pi \cdot r \cdot h$, sein Volumen $V = \pi \cdot r^2 \cdot h$. Mit $h = V/(\pi \cdot r^2)$ erhält man für die Oberfläche als Funktion des Radius r

$$O = f(r) = 2 \cdot \pi \cdot r^2 + 2 \cdot \frac{V}{r} \tag{5.18}$$

Die Bedingungen für das Auftreten eines Extremwertes, also minimale Oberfläche, lauten $\frac{\mathrm{d}O}{\mathrm{d}r} = 4 \cdot \pi \cdot r - \frac{2 \cdot V}{r^2} = 0$ und $\frac{\mathrm{d}^2O}{\mathrm{d}r^2} = 4 \cdot \pi + \frac{4 \cdot V}{r^3} > 0$. Dieser Minimalwert kann demnach nur für $4 \cdot \pi \cdot r_1 = \frac{2 \cdot V}{r_1^2}$ oder $r_1 = \sqrt[3]{\frac{V}{2 \cdot \pi}}$ auftreten. Hieraus ergibt sich für die Höhe des Keimes $h_1 = \frac{V}{\pi \cdot r_1^2} = 2 \cdot r_1$. Die Tatsache, dass $\frac{\mathrm{d}^2O}{\mathrm{d}r^2} = 12 \cdot \pi > 0$ ist, bedeutet, dass von allen möglichen, scheibenförmigen Keimen nur diejenigen die kleinste Oberfläche aufweisen, deren Radius gleich r_1 und deren Höhe gleich h_1 ist. Die Änderung der freien Enthalpie hängt in diesem Fall primär von den geometrischen Verhältnissen, ausgedrückt durch den so genannten Formfaktor $g = f(h/r)$, ab. Diese Abhängigkeit ist in Abb. 5.20 schematisch dargestellt.

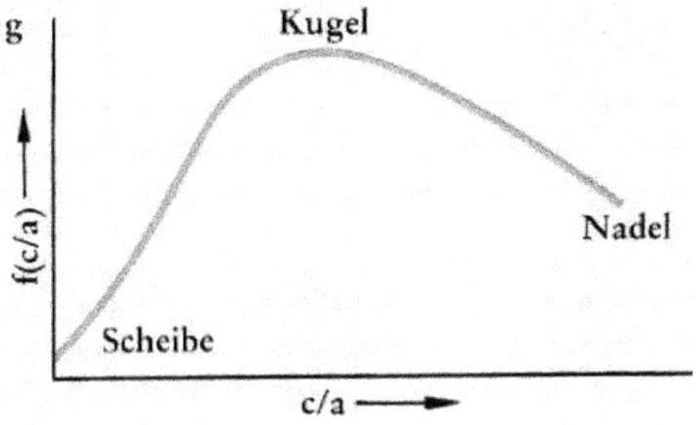

Abb. 5.20:
Bedingungen für die Bildung scheiben- oder kugelförmiger Keime

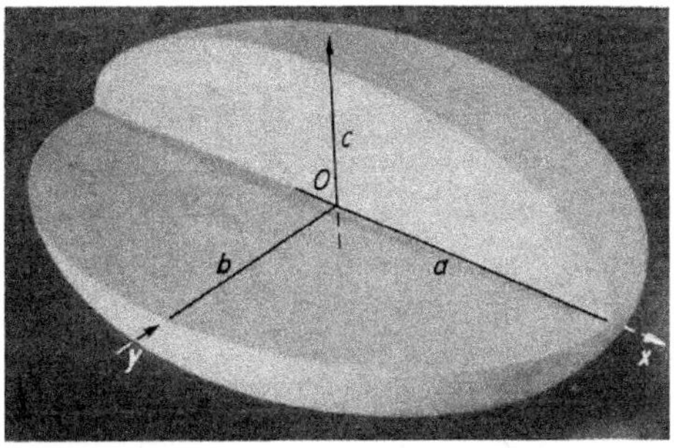

Abb. 5.21:
Entstehung ellipsoidförmiger Keime

5.5.2.4.3 Ellipsoidförmige Keime

Ob die Entstehung der Metallschicht auf der Kathode ihren Ausgangspunkt in der Bildung kugel- oder scheibenförmiger Keime findet, hängt neben dem Formfaktor auch von der elastischen Verzerrungsenergie zwischen den Schicht- und dem Substratgittern ab. Abb. 5.20 lässt schlussfolgern, dass die niedrigste Verzerrungsenergie bei scheibenförmigen und die höchste bei kugelförmigen Keimen zu erwarten ist. Gleichzeitig ist aber zu berücksichtigen, dass ein scheibenförmiger Keim ein größeres Verhältnis O/V besitzt und daher von Standpunkt der Grenzflächenenergie nicht gerade die günstigste Morphologie darstellt. Aus diesem Grund ist anzunehmen, dass dreidimensionale Keime auch die Gestalt eines abgeplatteten Rotationsellipsoids besitzen können (Abb. 5.21).

Im rechtwinkligen Koordinatensystem gilt für ein Ellipsoid die allgemeine Gleichung

$$\frac{x^2}{a^2}+\frac{y^2}{b^2}+\frac{z^2}{c^2}=1 \tag{5.19}$$

Hierbei bedeuten a, b, und c die halben Längen der Hauptachsen des Ellipsoids. Ist $a = b = c$, so handelt es sich um eine Kugel. Sind zwei der Halbachsen gleichgroß, dann liegt ein Rotationsellipsoid, und zwar ein gestrecktes, vor.

5.5.3 Keimwachstum

Der Übergang der nach der Entladung der Metallionen entstandenen Adatome in den kristallinen Zustand und das Wachstum der ersten Kristallite stellen den letzten Teilschritt in der Reihenfolge der Vorgänge dar, die sich bei der galvanischen Abscheidung einer metallischen Schicht auf der Kathode abspielen. Mikroskopisch betrachtet, ist der

Prozess des Kristallwachstums eine Folge der Anlagerung von Metallatomen an die stabilen Kristallkeime, die sich auf der Kathodenoberfläche gebildet haben. Dabei ist zu berücksichtigen, dass das Kristallwachstum bei der Elektrokristallisation - im Unterschied zu den Wachstumsprozessen in elektrisch neutralen Metallschmelzen - unter gleichzeitiger Einwirkung von Gitterkräften und elektrostatischen Wechselwirkungen vor sich geht. Ein weiterer Unterschied besteht darin, dass bei der Elektrokristallisation die hydratisierten oder komplex gebundenen Metallionen stets von anderen artfremden Kationen, Anionen und neutralen Molekülen umgeben sind. Trotz dieser unterschiedlichen energetischen Verhältnisse kann man für die phänomenologische Beschreibung des Kristallwachstums bei der Elektrokristallisation jene Mechanismen und Modelle heranziehen, die für das Kristallwachstum in elektrisch neutralen Metallschmelzen entwickelt worden sind.

5.5.3.1 Kossel-Stranski-Modell

Nach dem Kossel-Stranski-Modell lagern sich die Metallatome bevorzugt an den Stellen der Kathodenoberfläche an, an denen ihr Einbau in das Gitter mit größtem Energiegewinn verbunden ist. So ist zu erwarten, dass das Wachstum der Kristallkeime bevorzugt an jenen Stellen der Kathodenoberfläche erfolgt, die den erforderlichen Energieaufwand auf ein Minimum reduzieren. Zu solchen Stellen zählen Ecken, Kanten, Stufen und Kinken (diese sind Sprünge in einer Versetzungslinie). Die interatomaren Anziehungskräfte im Inneren des Kristallgitters der Kathode sind durch die benachbarten Atome abgesättigt. Die auf der Kathodenoberfläche befindlichen Atome hingegen sind in der Lage, mit ihren freien Valenzkräften in ihre Umgebung hineinzuwirken. Diese Wirkung ist naturgemäß an den genannten Unregelmäßigkeiten der Kathodenoberfläche am stärksten. Demzufolge findet die Anlagerung der Metallatome bevorzugt und unter minimalem Energiebedarf an diesen Wachstumsstellen statt, die auch als Halbkristalllagen bezeichnet werden. Es sei auch daran erinnert, dass an diesen Stellen die größten Stromdichten herrschen, was den Prozess des Kristallwachstums stark fördern kann. Abb. 5.22 veranschaulicht die häufigsten Oberflächenfehler.

Die ankommenden Adatome lagern sich entweder direkt oder durch Oberflächendiffusion in den Fehlstellen der Kathodenoberfläche an. Die Stabilität der dabei von ihnen eingenommenen Positionen wird durch die Gitterenergie bestimmt. Sie ist jene Energie, die aufgebracht werden muss, um ein Atom in das Kristallgitter der Kathode einzubauen. Bildet sich nun durch die Kombination der Adatome nur ein einziger thermodynamisch stabiler, d. h. wachstumsfähiger Kristallkeim, der auch ungestört weiter wachsen kann, so entsteht ein Einkristall. In der Regel sind aber die elektrochemisch abgeschiedenen Schichten polykristallin, d. h., sie bestehen aus einer Vielzahl von Kristalliten.

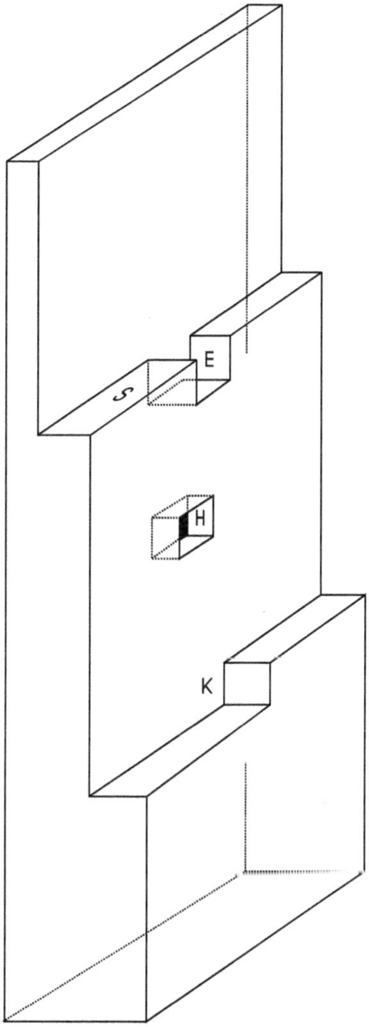

Abb. 5.22: Wachstumsstellen auf der Kathodenoberfläche; E: Ecke, H: Hohlraum, K: Kante, S: Stufe

5.5.3.2 Wachstumstypen

Der polykristalline Aufbau der entstandenen Schicht lässt sich unter Berücksichtigung der Größe, Form, Verteilung und Orientierung der Kristallite auf wenige Grundtypen zurückführen, die als feldorientierter Isolationstyp, basisorientierter Reduktionstyp, feldorientierter Texturtyp, unorientierter Dispersionstyp und Zwilligsübergangstyp bekannt sind [5.13, 5.16, 5.17]. Vielfach beobachtet man aber Übergangsformen. Diese Grundtypen werden im Folgenden anhand von Querschliffaufnahmen kurz diskutiert.

5.5.3.2.1 Feldorientierter Isolationstyp (FI-Typ)

Im Überspannungsbereich 0 bis 10 mV findet im Allgemeinen eine eindimensionale Keimbildung statt. Die Kristallkeime wachsen zu isolierten Kristalliten, die meist in Richtung der Stromlinien orientiert sind. Der Wachstumsprozess vollzieht sich langsam an den Seiten der Kristallite, wobei glatte Flächen entstehen. Für technische Anwendungen ist dieser Wachstumstyp unerwünscht, da er keine zusammenhängende Schicht darstellt und einen ungünstigen Einfluss auf die Eigenschaften der Schicht ausübt.

Der FT-Typ tritt am hüufigsten beim elektrolytischen Abscheiden niedrigschmelzender Metalle, wie Blei oder Zinn, aber auch bei der Abscheidung von Silberschichten aus Nitratelektrolyten auf. Ein Beispiel für den FI-Typ ist in Abb. 5.23 zu sehen.

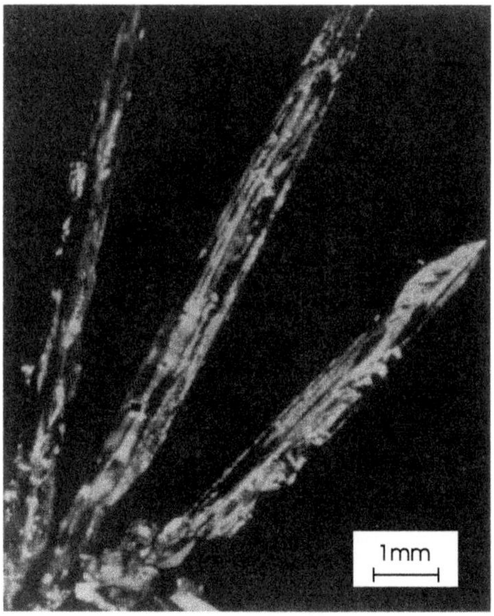

Abb. 5.23: Feldorientierter Isolationstyp: Ag-Kristallite [5.17]

5.5.3.2.2 Basisorientierter Reproduktionstyp (BR-Typ)

Im Überspannungsbereich 10 bis 100 mV erfolgt eine zweidimensionale Keimbildung, wodurch ein flächenhaftes Kristallwachstum möglich wird. Die Wachstumsrichtung ist senkrecht zur Wachstumsebene und wird durch die Geschwindigkeit des langsamsten Vorgangs, der zweidimensionalen Keimbildung, bestimmt [5.13]. Die Kristallite der Schicht stellen dabei Fortsetzungen der Kristallite des Substrats dar. Sie haben meist einen groben und kompakten Aufbau. Die technische Bedeutung dieser Schichten liegt darin, dass sie mitunter ähnliche Eigenschaften besitzen wie das Substratmetall. Abb. 5.24 zeigt ein Beispiel für den BR-Typ.

Der BR-Typ tritt häufig auf, wenn das Grundmaterial und der Schichtwerkstoff gleiche oder ähnliche Raumgitter besitzen, und resultiert in höchsten Haftfestigkeitswerten.

5.5.3.2.3 Feldorientierter Texturtyp (FT-Typ)

In einem Bereich von 100 bis 150 mV der Gesamtüberspannung bilden sich zunächst vereinzelt, mit dem Anstieg der Überspannung aber immer mehr dreidimensionale Kristallkeime. Dies führt zu einem kompakten Gefüge aus feinen Fasern, die parallel zu den Stromlinien verlaufen und deren Abgrenzungen undeutlich sind. Zwischen den Kristalliten können sich Fremdpartikel einlagern. Die dadurch bedingten hohen Eigenspannungen und die ausgeprägte Anisotropie der Kristallite haben einen ungünstigen Einfluss auf die Eigenschaften dieser Schichten, deren technischer Einsatz dadurch eingeschränkt wird.

Der FT-Typ wird häufig bei der Abscheidung von Metallen aus zusatzfreien Elektrolyten beobachtet. Ein Beispiel für den FT-Typ ist in Abb. 5.25 zu sehen.

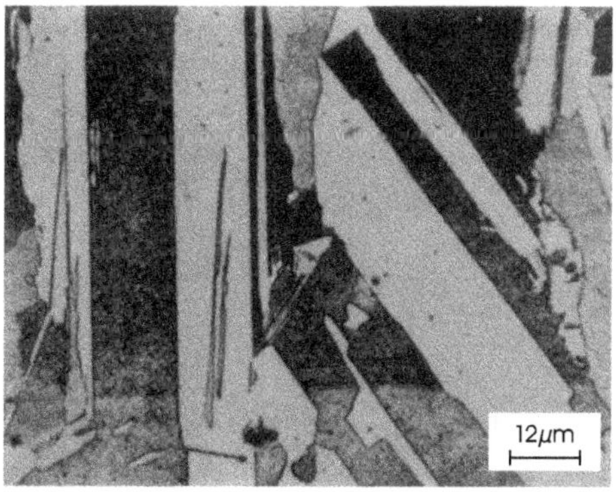

Abb. 5.24:
Basisorientierter Reproduktionstyp: Cu-Kristallite [5.17]

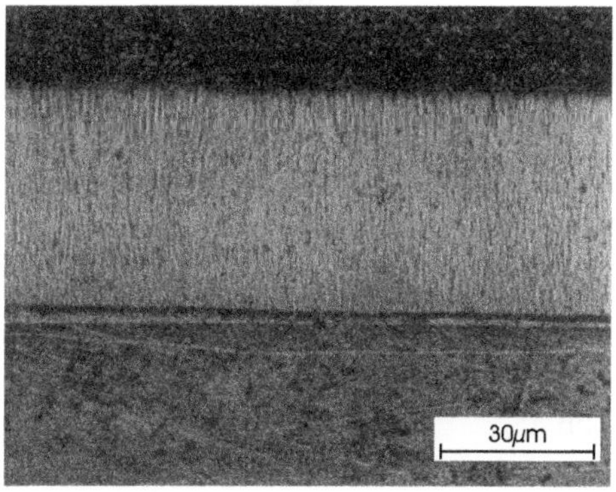

Abb. 5.25:
Feldorientierter Texturtyp: Co-Kristallite [5.13]

5.5.3.2.4 Unorientierter Dispersionstyp (UD-Typ)

Bei Überspannungen > 200 mV können infolge hoher Kristallisationsgeschwindigkeiten sehr kleine Kristallkeime entstehen, die zur Bildung eines Mikrogefüges aus feinen, regellos orientierten Kristalliten ohne deutlich sichtbare Korngrenzen führen. Eine lichtmikroskopische Identifizierung der einzelnen Kristallite ist in diesem Fall nicht mehr möglich. Das Fehlen einer ausgeprägten Ausrichtung der Kristallite ist ein Hinweis darauf, dass der Prozess der Keimbildung statistischen Charakter hat. Dieser Wachstumstyp zeichnet sich durch feine Verteilung der eingelagerten Fremdpartikel, die auf das Mikrogefüge der Schicht stabilisierend wirkt. Dank ihrer guten Eigenschaften sind solche Schichten für technische Anwendungen besonders geeignet. Abb. 5.26 zeigt ein Beispiel für den UD-Typ.

5.5.3.2.5 Zwilligsübergangstyp (Z-Typ)

Der Z-Typ kennzeichnet den Übergang zwischen dem FT- und BR-Typ. Dieser Gefügetyp entsteht, wenn die Kristallisationsüberspannung η_K zur Bildung zweidimensionaler Kristallkeime in der Zwillingslage ausreicht. Unter diesen Bedingungen fungieren die kristallographischen Zwillingsebenen der Kristallite als Wachstumsebene, auf denen sich dann Zwillinge bilden können. Die Zwillingsgrenzen erscheinen im Mikroskop als gerade Linien. Die Zwillingsbildung kann zu einer Beeinträchtigung der plastischen Verformbarkeit der Schicht führen. Ein Beispiel für den Z-Typ ist in Abb. 5.27 wiedergegeben.

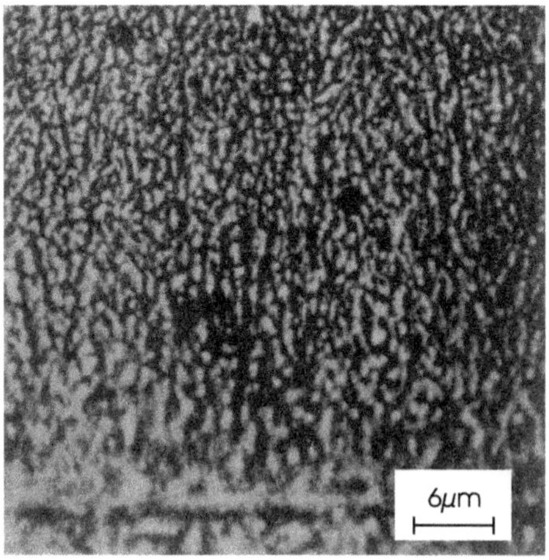

Abb. 5.26:
Unorientierter Dispersionstyp:
Cu-Kristallite [5.17]

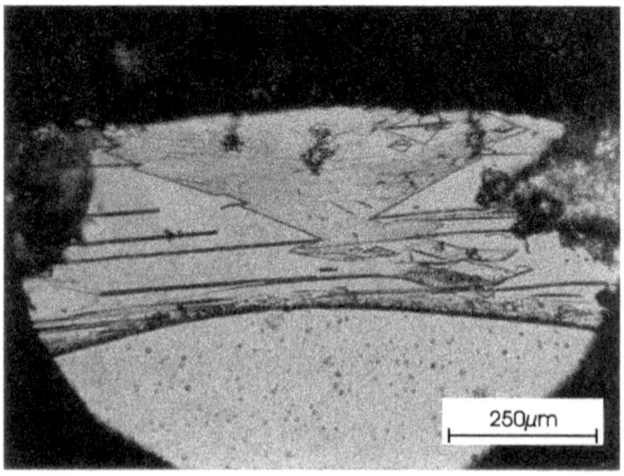

Abb. 5.27:
Zwillingsübergangstyp:
Fe-Kristallite [5.13]

5.5.3.3 FRANK-Modell

Wie bereits erwähnt, lagern sich die ankommenden Adatome an jenen Stellen auf der Kathodenfläche an, die energetisch günstige Zentren für Keimbildung und Keimwachstum darstellen. Der Vorgang setzt sich so lange fort, bis die Fehlstellen auf der Kathodenoberfläche gänzlich besetzt und ausgeheilt sind. Abb. 5.28 illustriert, wie sich durch den fortwährenden Wachstumsprozess allmählich eine neue Netzebene ausbreitet.

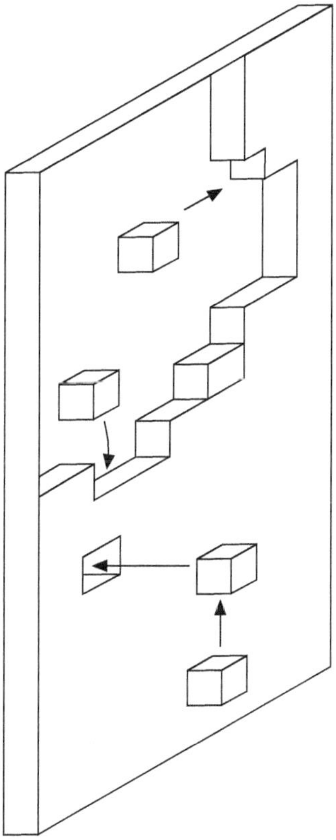

Abb. 5.28: Entstehung einer neuen Netzebene auf der Kathodenoberfläche durch Verschwinden aller Wachstumsstellen

Sobald sich aber eine neue und ideal aufgebaute Netzebene auf der Kathodenoberfläche gebildet hat, muss der Wachstumsprozess zum Stillstand kommen. Damit aber dieser Prozess nicht aufhört, ist es notwendig, dass sich auf dieser perfekten Netzebene zweidimensionale Kristallkeime bilden, die als neue Wachstumszentren fungieren können. Die Bildung solcher Kristallkeime auf einer intakten Netzebene stellt aber einen Vorgang dar, der der homogenen Keimbildung vollkommen analog ist. Das heißt, es müssen sich zufällig irgendwo kleine, flächenhafte Kristallkeime der neuen Netzebene bilden, die durch thermodynamische Schwankungen die kritische Größe überschreiten und weiter wachsen. Die Aktivierungsenergie für die Entstehung solcher Kristallkeime ist jedoch so hoch, dass dieser Vorgang als unwahrscheinlich angesehen werden muss. Er würde nämlich sehr hohe kathodische Stromdichten erfordern, die in der Praxis und unter normalen Bedingungen nicht zu realisieren sind. Daher ist davon auszugehen, dass ein solcher Keimbildungsprozess als Voraussetzung für das weitere Kristallwachstum praktisch ausgeschlossen ist. Der enorme Energiebedarf für die Bildung zweidimensionaler Kristallkeime entfällt jedoch, sobald der FRANKsche Wachstumsmechanismus wirksam wird [5.18, 5.19]. Es handelt sich dabei um ein kontinuierliches Kristallwachstum ohne vorherige Keimbildung, also ein Vorgang, der sich nicht notwendigerweise an den Ecken, Kanten oder Stufen der Kathodenoberfläche abspielen muss, sondern durch die im Kristallgitter der Kathode vorhandenen Baufehler ausgelöst werden kann. Der Ausgangspunkt dieses Wachstumsmodells ist die Tatsache, dass die die Schicht aufbauenden Kristalle in aller Regel mit unterschiedlichen Gitterbaufehlern behaftet sind. Zu ihnen gehören Schraubenversetzungen, die durch eine spiralförmige Verdrehung der Netzebenen entlang einer Drehachse entstehen. Sie treten aus der Kathodenoberfläche heraus und erzeugen dort, wie aus Abb. 5.29 ersichtlich, atomare Stufen. Diese weiten sich durch die Anlagerung der abgeschiedenen Metallatome aus und ermöglichen dadurch ein spiralförmiges Kristallwachstum. Die Drehachsen der Schraubenversetzungen als Ausgangspunkte der Stufen bleiben dabei unbeweglich.

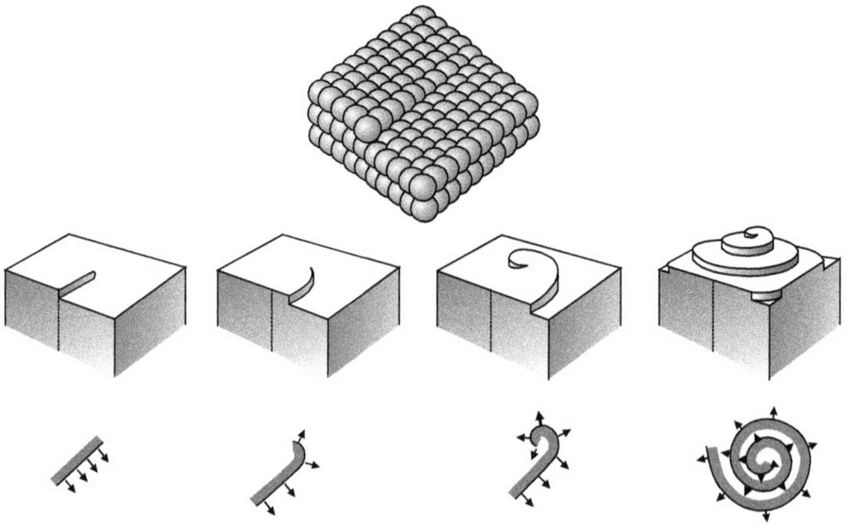

Abb. 5.29: Spiralförmiges Kristallwachstum um den Durchstoßpunkt einer Schraubenversetzung [5.20, 5.21]

Die Wachstumspyramide setzt sich weiter fort, und die Netzebene vergrößert sich kontinuierlich, solange weitere Metallatome nachgeliefert werden. Auf diese Weise entsteht eine neue Netzebene, die allmählich die gesamte Kathodenoberfläche überzieht. Dabei bleibt aber die Schraubenversetzung als solche erhalten und macht somit die Notwendigkeit der Bildung zweidimensionaler Kristallkeime als Voraussetzung für die Entstehung neuer Netzebenen überflüssig. So windet sich die Wachstumsstufe fortwährend in eine Spirale ein, bei der der Abstand zwischen den einzelnen Windungen proportional dem Radius eines zweidimensionalen Kristallkeim entspricht. Da die Kathodenoberfläche von vielen Schraubenversetzungen durchstoßen wird, sind genügend Wachstumszentren vorhanden, die den Wachstumsprozess beschleunigen. Ein Beweis für die Wirksamkeit dieses Wachstumsmechanismus ist in Abb. 5.30 zu sehen.

Abb. 5.30: Spiralförmiges Wachstum von Cu-Kristalliten um die Durchstoßpunkte von Schraubenversetzungen (V = 450 : 1) [5.17]

Das Heraustreten zahlreicher Schraubenversetzungen aus der Kathodenoberfläche führt in der Praxis häufig zu einer Aufrauung der Oberfläche der abgeschiedenen Schicht. Die Ursache dafür liegt auf der Hand: An den Spitzen der Wachstumsspiralen kommt es zu einem Zusammendrängen der elektrischen Feldlinien und damit zu einer Erhöhung der Stromdichte, die eine verstärkte Metallabscheidung zur Folge hat. Bei Elektrolyten niedriger Leitfähigkeit wird der Aufrauungseffekt - bedingt durch geringe ionale Konzentration - besonders stark begünstigt. Im Extremfall kann ein Pyramidenwachstum zur Ausbildung nadelähnlicher Gebilde führen, die als Dendriten bekannt sind [5.22].

5.5.4 Einflussparameter

Die Prozesse der Keimbildung und des Keimwachstums auf der Kathodenoberfläche können durch eine Reihe von Parametern entscheidend beeinflusst werden. Zu den wichtigsten Einflussgrößen gehören u. a.:

- Die Kristallstruktur des Kathodenmaterials
- Fremdatome auf der Kathodenoberfläche
- Die Kristallstruktur der abzuscheidenden Metallschicht
- Die Zusammensetzung und der pH-Wert des Elektrolyten
- Die Abscheidungsbedingungen wie Temperatur und Stromdichte

Im Folgenden soll die Beeinflussung der Keimbildung und des Kristallwachstums auf der Kathodenoberfläche durch die Natur des Kathodenmaterials, Fremdatome auf der Kathodenoberfläche und die Stromdichte näher erörtert werden.

5.5.4.1 Substrat

Das Kristallwachstum als Folge kontinuierlicher Entstehung neuer Netzebenen kann durch das Gefüge und die Oberflächenmorphologie des Substrats beeinflusst werden. Besonders ausgeprägt ist dieser Einfluss, wenn es sich um dünne Schichten handelt. Die einzelnen Kristallite solcher Schichten weisen oft eine Orientierung auf, die ihnen vom Substrat aufgezwungen wird. Auch in Bezug auf die Kristallitgröße ist ein gewisser Zusammenhang zwischen der Schicht und dem Substrat zu beobachten. Handelt es sich beim Substrat um ein feinkristallines Material, so entsteht als Ergebnis der Abscheidung ebenfalls eine feinkristalline Schicht und umgekehrt. Erst mit zunehmender Dicke setzt sich allmählich die Eigenstruktur der Schicht durch, und der Einfluss des Substrats lässt nach.

Unter Berücksichtigung interatomarer Bindungskräfte und der Wechselwirkungen zwischen der Kathode und der sich bildenden Schicht lässt sich der Aufbau der Grenzfläche Kathode/Schicht mit Hilfe von Modellvorstellungen charakterisieren, die ursprünglich für die Beschreibung von Wachstumsprozessen aus der Gas- bzw. Schmelzphase entwickelt wurden. Bei diesen Modellvorstellungen handelt es sich um das VOLMER-WEBER-, FRANK-VAN-DER-MERWE- und das STRANSKI-KRASTANOV-Wachtumsmodell.

Allen drei Modellvorstellungen gemeinsam ist, dass sie von Monolagen (engl.: monolayer) ausgehen. Eine Monolage ist eine Schicht von Atomen auf einer Festkörperoberfläche, deren Dicke einem Atomdurchmesser entspricht. Der Begriff Monolage wird als Maßeinheit verwendet und bedeutet vollständige Bedeckung einer reinen Substratoberfläche durch eine abgeschiedene kristalline Schicht. Die Zeitspanne, in der sich die Substratoberfläche mit einer Monolage bedeckt, definiert man als Monozeit (t_{mono}). Diese Definition beruht auf der Annahme, dass jedes auf die Substratoberfläche auftreffende Atom mit der Wahrscheinlichkeit 1 adsorbiert wird und haften bleibt. Die Monozeit ist abhängig von der Temperatur T und dem Druck p[8] ($t_{mono} \propto \sqrt{T / p}$).

5.5.4.1.1 VOLMER-WEBER-Wachstumsmodell

Für den Fall, dass die Bindungskräfte unter den Atomen der Schicht größer sind als zwischen ihnen und den Atomen der reinen Substratoberfläche (Kohäsion > Adhäsion), sagt das VOLMER-WEBER-Wachstumsmodell die Entstehung von individuellen Kristalliten voraus, die dreidimensional auf dem Substrat aufwachsen (Abb. 5.31a).

Das Wachstum erfolgt in Form von Inseln und führt zu einer großen Oberfläche (s. Abschnitt 6.2.1.2.1).

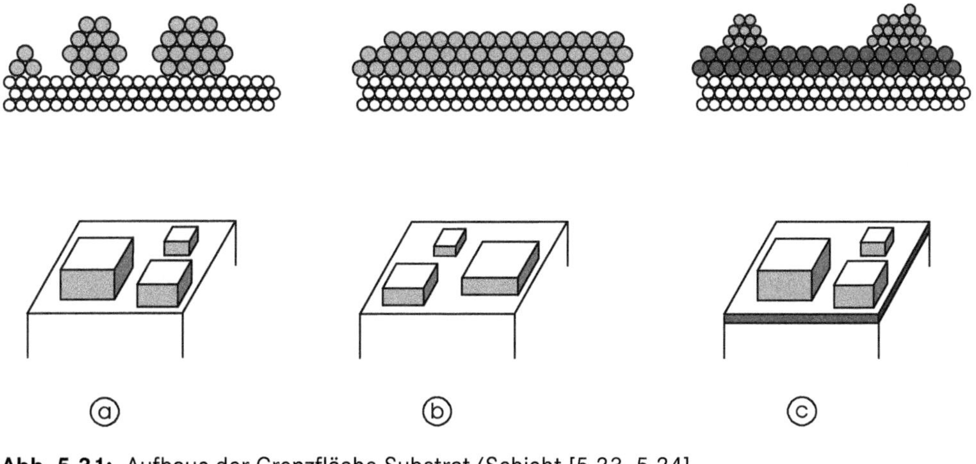

Abb. 5.31: Aufbaus der Grenzfläche Substrat/Schicht [5.23, 5.24]
a: VOLMER-WEBER-Modell
b: FRANK-VAN-DER-MERWE-Modell
c: STRANSKI-KRASTANOV-Modell

[8] Bei einem Druck von $p = 10^{-6}$ mbar wird eine Monolage pro Sekunde abgeschieden, bei $p = 10^{-11}$ mbar eine Monolage pro 86 400 Sekunden.

5.5.4.1.2 Frank-van-der-Merwe-Wachstumsmodell

Für den Fall, dass die Bindungskräfte unter den Atomen der Schicht kleiner sind als zwischen ihnen und den Atomen der reinen Substratoberfläche (Kohäsion $<$ Adhäsion) und darüber hinaus beide Atomarten in ihrer Größe identisch sind, sagt das Frank-van-der-Merwe-Wachstumsmodell ein epitaxiales Schichtwachstum voraus. Die neue Schicht wächst Monolage für Monolage, wie in Abb. 5.31b angedeutet (s. Abschnitt 6.2.1.2.2).

5.5.4.1.3 Stranski-Krastanov-Wachstumsmodell

Wenn die Bindungskräfte unter den Atomen der Schicht identisch sind mit denen unter den Atomen der reinen Substratoberfläche (Kohäsion $\approx$ Adhäsion), die Adhäsion auf der ersten Monolage jedoch höher ist als auf der reinen Substratoberfläche und die Durchmesser der beiden Atomarten unterschiedlich sind, wird das Stranski-Krastanov-Wachstumsmodell wirksam. In diesem Fall bildet sich auf dem Substrat, wie in Abb. 5.31c zu sehen ist, zunächst eine Monolage aus, und anschließend eine epitaxial aufwachsende dünne Schicht mit verzerrtem Atomabstand, die dann in ein dreidimensionales Kristallwachstum übergeht (s. Abschnitt 6.2.1.2.3).

5.5.4.2 Fremdatome

Bei den bisherigen Betrachtungen bezüglich des Aufbaus der Grenzfläche Kathode/Schicht wurde die etwaige Anwesenheit fremder Atome auf der Kathodenoberfläche nicht berücksichtigt. Diese können aber, aus welchen Gründen auch immer, auf der Kathodenoberfläche bereits vorhanden sein, oder während der Schichtabscheidung aus dem Elektrolyten stammen. In jedem Fall können sie die Prozesse der Keimbildung und des Keimwachstums auf der Kathodenoberfläche erheblich beeinflussen. Sind beispielsweise die Wachstumszentren auf der Kathodenoberfläche durch Fremdatome blockiert oder durch die mit abgeschiedenen und adsorbierten Fremdionen besetzt, müssen sich die ankommenden Metallatome an energetisch weniger günstigen Wachstumsstellen einzulagern versuchen. Dies kann aber zur Bildung neuer Kristallisationszentren führen, was natürlich eine Erhöhung der Keimzahl bedeutet. Dadurch werden die relativen Geschwindigkeiten der miteinander konkurrierenden Prozesse der Keimbildung und des Keimwachstums entscheidend beeinflusst. Dieser Sachverhalt eröffnet die Möglichkeit, durch Steuerung oder Hemmung des Keimbildungsprozesses die Mikrostruktur, d. h., Größe, Verteilung und Orientierung der Kristallite der Schicht, zweckmäßig zu manipulieren, um ihre Eigenschaften dadurch gezielt beeinflussen zu können.

5.5.4.3 Stromdichte

Zu den wichtigsten Einflussgrößen bei der elektrochemischen Abscheidung metallischer Schichten gehört die Stromdichte. Sie bestimmt nicht nur die Abscheidungsgeschwindigkeit, d. h. die Wachstumsgeschwindigkeit der Schicht (Abb. 5.32), sondern auch im hohen Maße die Größe und Verteilung der Kristallite.

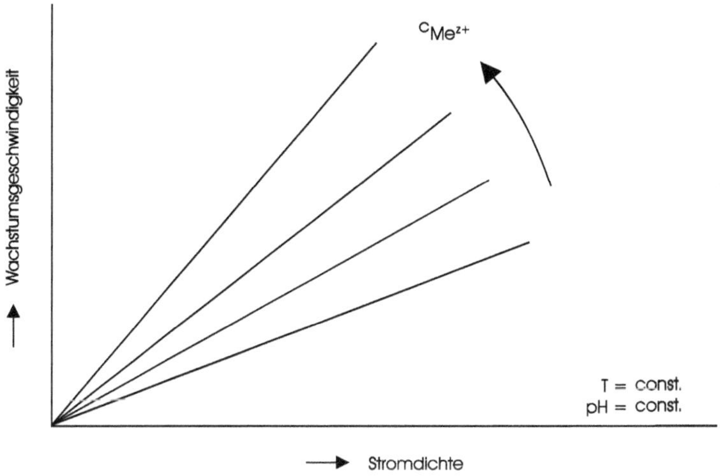

Abb. 5.32: Einfluss der Stromdichte auf die Wachstumsgeschwindigkeit der Schicht bei verschiedenen Metallionen-Konzentrationen

Die in Abb. 5.33 reproduzierten Gefügebilder dokumentieren die Auswirkung der Erhöhung der Stromdichte auf die Mikrostruktur der Schicht am Beispiel von Eisenschichten, die aus einem Eisensulfatelektrolyten (pH = 2,0; T = 60 °C) abgeschieden wurden.

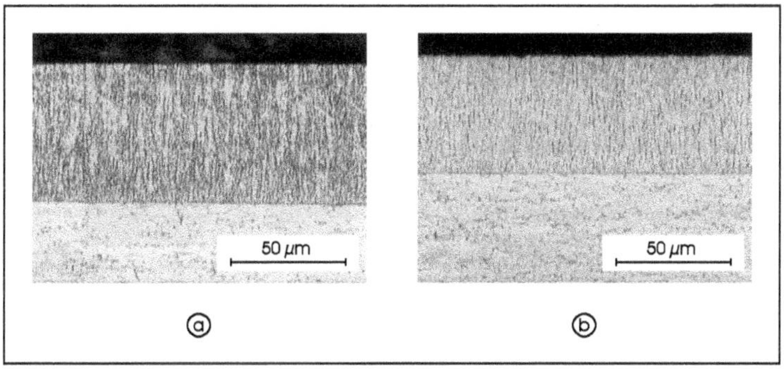

Abb. 5.33: Einfluss der Stromdichte auf das Gefüge elektrochemisch abgeschiedener Eisenschichten; a: i = 5 A/cm^2, b: i = 10 A/cm^2 [5.25]

Noch deutlicher wird die Bedeutung der Stromdichte, wenn man die Verhältnisse beim Pulsstromverfahren in Betracht zieht. Bei diesem Verfahren lassen sich mit sehr kurzen Strompulsen extrem dünne kathodische Diffusionsschichten erzeugen, da dadurch der sich ausbildenden Diffusionsschicht keine Zeit mehr bleibt, sich auszubreiten. In einem solchen Fall sorgen dann die Strompausen für den Konzentrationsausgleich. Hinzu kommt, dass man beim Pulsstromverfahren einen höheren Spitzenstrom benötigt, um eine bestimmte Metallmenge innerhalb einer festgelegten Zeit abzuscheiden, als beim Gleichstromverfahren. Dies ist notwendig, um die Strompausen kompensieren zu können. Aus den höheren Strompulsen resultieren aber zwangsläufig höhere Abscheidungspotentiale, die zu einer verstärkten Keimbildung führen. Als Folge davon erwartet man die Entstehung feinkörnigerer Schichten. Abb. 5.34 zeigt Querschliff- und Oberflächenaufnahmen von Nickelschichten, die aus einem zusatzfreien WATTS-Elektrolyten (240 g/l $NiSO_4 \cdot 7\ H_2O$, 30 g/l $NiCl_2 \cdot 6\ H_2O$ und 30 g/l H_3BO_3) mit Gleich- bzw. Pulsstrom abgeschieden wurden.

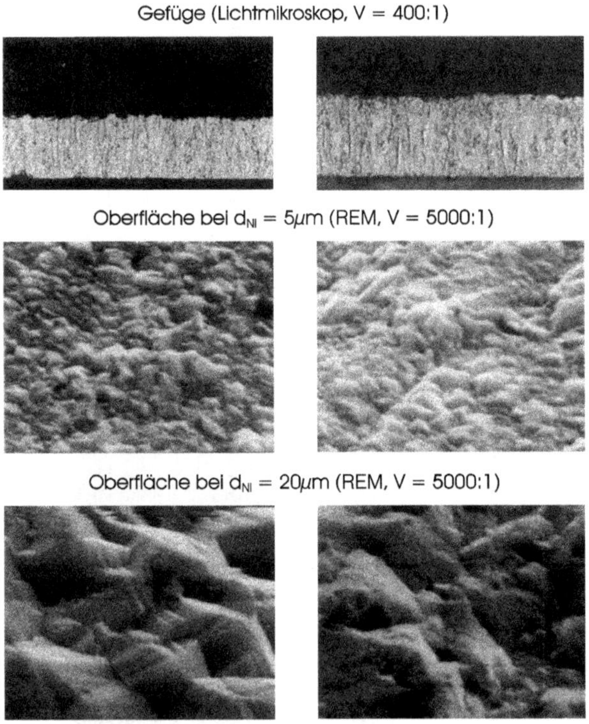

Abb. 5.34: Gefügeaufbau und Oberflächenmorphologie von mit Gleichstrom bzw. Pulsstrom abgeschiedenen Nickelschichten;
Links: Gleichstrom (i_{DC} = 47 mA/cm²),
Rechts: Pulsstrom (i_m = 47 mA/cm²) [5.26]

Beide Nickelschichten weisen eine ausgeprägte Säulenstruktur mit unterschiedlich starkem Breitenwachstum auf.

Ein weiterer wichtiger Gesichtspunkt beim Pulsstromverfahren ist die Tatsache, dass Reduktionsprodukte, wie z. B. Kohlenstoff, Wasserstoff und Sauerstoff, während der Strompausen größtenteils ins Innere der Elektrolytlösung zurückgedrängt und dadurch nicht in die Schicht eingebaut werden können. Durch die geeignete Wahl der kathodischen bzw. anodischen Pulsstromdichte kann man somit bestimmte Reaktionen bevorzugt ablaufen lassen und unter Ausnutzung der spezifischen Adsorption und Desorption den Einbau unterschiedlicher Substanzen in das Kristallgitter der Schicht steuern. Das heißt, es lassen sich mit Pulsstrom nicht nur höhere Abscheidungsgeschwindigkeiten, sondern auch Zusammensetzungen erreichen, die beim Gleichstromverfahren nicht ohne weiteres einzustellen sind.

5.6 Whisker

Whisker (engl.: Barthaar) sind haarförmige Einkristalle von wenigen Mikrometern Durchmesser, die bis zu mehreren 100 µm lang sein können [5.27-5.37]. Als Einkristalle sind sie fast frei von Gittebaufehlern und besitzen deshalb wesentlich höhere Festigkeiten als polykristalline Materialien.

Die in Abb. 5.35 angegebenen Festigkeitswerte sind ein Beleg für die extrem hohe Zugfestigkeit von Eisen-Whiskern, verglichen mit anderen Eisen- und Stahlerzeugnissen.

Experimentelle Beobachtungen haben gezeigt, dass die Festigkeit von Whiskern mit zunehmendem Durchmesser rasch abfällt. Abb. 5.36 stellt diesen Sachverhalt schematisch dar.

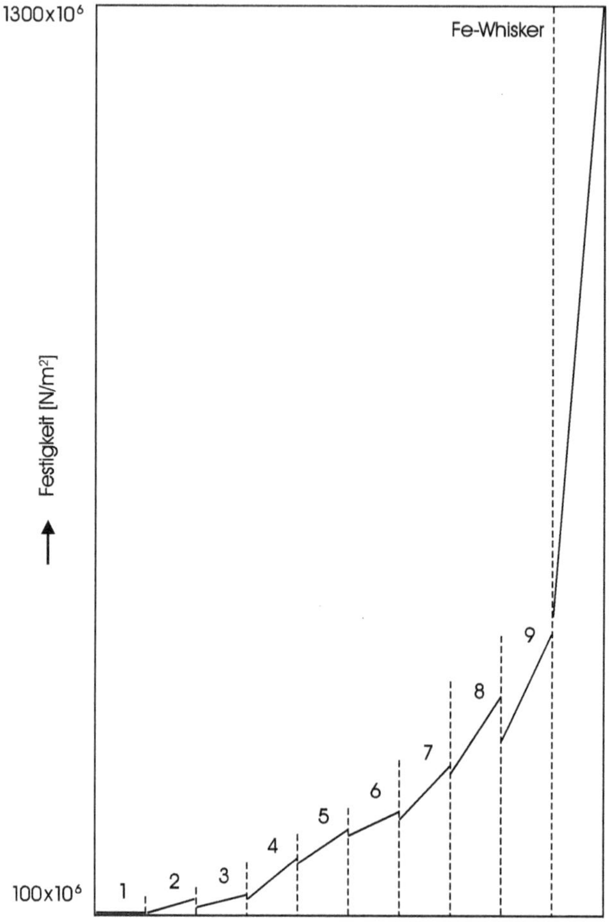

Abb. 5.35: Zugfestigkeiten von verschiedenen Eisenwerkstoffen
1: Eisen-Einkristall, 2: α-Eisen, 3: feinkörniger Stahl, 4: kaltverformter Stahl,
5: Stahl mit perlitischem Gefüge, 6: Stahl mit Zwischenstufengefüge,
7: Stahl mit martensitischem Gefüge, 8: martensitischer Stahl nach Austempering,
9: kaltgezogener Stahldraht

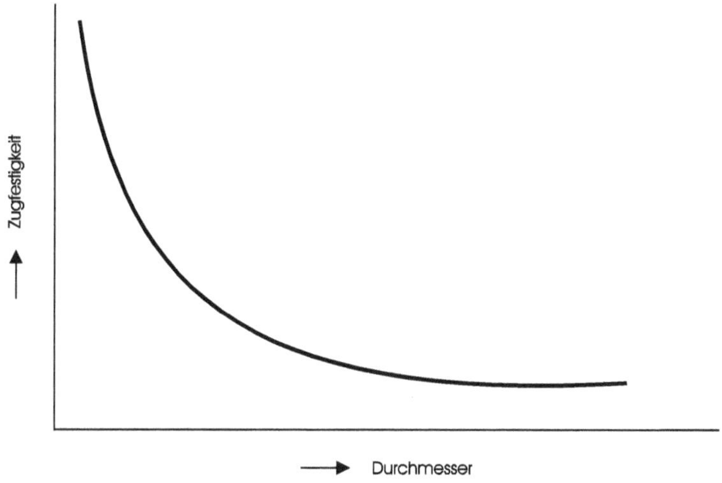

Abb. 5.36: Festigkeit eines Whiskers in Abhängigkeit von seinem Durchmesser

5.6.1 Whiskerbildung

Whisker können unter verschieden Bedingungen auftreten. Häufig werden sie auf der Oberfläche galvanisch abgeschiedener Schichten beobachtet. Ein Beispiel dieser Art ist in Abb. 5.37 zu sehen.

Hinsichtlich der Bildung von Whiskern unterscheidet man generell zwei Fälle:

- Spontaner Whiskerbildung
- Druckwhisker

Abb. 5.37: Whisker auf der Oberfläche eines verzinkten Stahlgehäuses (nach 2 Jahren Betriebszeit)

Gelangen die zum Aufbau der Whisker benötigten Atome direkt durch die Schicht zu dem Entstehungsort der Whisker, ohne dabei andere fremde Phasen zu durchqueren, dann spricht man von spontaner Whiskerbildung (proper whisker). Entstehen die Whisker aber erst durch Einwirkung äußerer Druckspannungen, dann liegen so genannte Druckwhisker (squeeze whisker) vor.

Während die Wachstumsgeschwindigkeit bei spontaner Whiskerbildung unter günstigsten Bedingungen höchstens 1 cm/Jahr betragen kann, erreicht sie bei Druckwhiskern Werte bis zu 1 m/Jahr.

5.6.2 Whiskerwachstum

Das Wachstum von Whiskern kann auf verschiedene Ursachen zurückgeführt werden. Zu ihnen zählen u. a. die inneren Spannungen in den abgeschiedenen Schichten, die Beschaffenheit des Substratmaterials und das unterschiedliche thermische Verhalten des Schicht- und Substratwerkstoffs. Darüber hinaus haben die Abscheidungsparameter und insbesondere die Umgebungsbedingungen, unter denen die beschichteten Bauteile eingesetzt werden, einen entscheidenden Einfluss auf das Whiskerwachstum.

Im Folgenden sollen drei Mechanismen diskutiert werden, die für das Wachstum von Whiskern verantwortlich sein können.

5.6.2.1 Diffusionsgesteuertes Wachstum

Das Wachstum von Whiskern kann man mit Hilfe eines auf Diffusionsvorgängen basierenden Wachstumsmodells zufrieden stellend begründen. Aus der Beobachtung, dass die Unregelmäßigkeiten an der Whiskerspitze in den zeitlich aufeinander folgenden Stadien des Wachstums oft unverändert bleiben, kann man schlussfolgern, dass die zum Aufbau und Wachstum der Whisker benötigten Atome aus den umliegenden Bereichen zu den Wachstumsstellen diffundieren müssen. Dabei können zwei Diffusionsmechanismen wirksam sein, Selbst- und Korngrenzendiffusion. Bei der Selbstdiffusion sind nur Atome einer Art beteiligt. Sie wandern durch den Festkörper, den sie selbst aufbauen (Wanderung von gittereigenen Atomen). Der Platzwechsel von Atomen ist thermisch bedingt und läuft auch ohne Konzentrationsgefälle ab. Bei der Korngrenzendiffusion wandern die Atome entlang der Korngrenzen und durchqueren dabei Bereiche, die aus unterschiedlichen Atomen aufgebaut sind. Sie bewegen sich wegen der geringeren Packungsdichte im Korngrenzenbereich relativ schnell. Aufgrund ihrer niedrigen Aktivierungsenergie leistet die Korngrenzendiffusion einen größeren Beitrag zum Transport von Atomen als die Selbstdiffusion.

Die Frage, welcher der beiden Diffusionsmechanismen die entscheidende Rolle beim Wachstum von Whiskern spielt, lässt sich von Fall zu Fall und anhand der zugehörigen Diffusionskoeffizienten beantworten. Ein Vergleich der Diffusionskoeffizienten der Selbst- und Korngrenzendiffusion bei Raumtemperatur, aber auch bei höheren Temperaturen, lässt die Schlussfolgerung zu, dass der Beitrag der Selbstdiffusion zum Wachstum der Whisker im Gegensatz zur Korngrenzendiffusion im Allgemeinen geringfügig ist. Für den Fall, dass die Diffusion der Metallatome entlang der Korngrenzen innerhalb der Schicht für das Wachstum der Whisker allein verantwortlich ist, kann man sich den Wachstumsprozess anhand der schematischen Darstellung in Abb. 5.38 veranschaulichen.

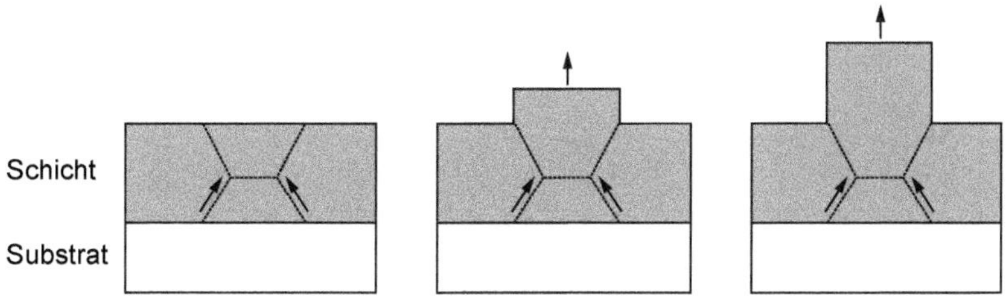

Abb. 5.38: Whiskerwachstum infolge der Diffusion der Metallatome entlang der Korngrenzen innerhalb der Schicht [5.32]

Für die Richtigkeit des Diffusionsmodells zur Erklärung des Whiskerwachstums spricht auch die Beobachtung, dass keine Dickenabnahme in der Nähe der Entstehungsorte der einzelnen Whisker stattfindet [5.37].

5.6.2.2 Stressinduziertes Wachstums

Dass der Diffusionsmechanismus nicht einzig und allein für das Wachstum von Whiskern verantwortlich ist, wird durch folgende Überlegung deutlich:

Das Volumen eines Whiskers mit einem Durchmesser von 4 µm und einer Länge von 1 000 µm, der aus einer 10 µm dicken Schicht heraus gewachsen ist, beträgt 12 560 µm^3. Dies entspricht dem Volumen eines Schichtbereichs mit einem Durchmesser von 40 µm, aus dem die Metallatome stammen müssen. Bilden sich nun mehrere solche Whisker in enger Nachbarschaft, wie dies oft der Fall ist, dann muss die Frage beantwortet werden, welche Kräfte die Nachlieferung der zum Weiterwachsen der Whisker benötigten Atome sicherstellen. Experimentelle Befunde deuten darauf hin, dass die in der Schicht wirksamen Eigendruckspannungen als treibende Kraft für den Stofftransport primär in Betracht kommen [5.37]. Sie werden nicht nur durch die Gitterbaufehler der Kristalle verursacht, sondern können auch eine Folge von Gitterverzerrungen sein, die durch die Anwesenheit fremder Substanzen in der Schicht bedingt sind. Solche Verunreinigungen stammen in der Regel aus dem Abscheidungselektrolyten, der neben den gezielt beigegebenen Zusätzen auch ungewollte Substanzen enthält.

5.6.2.3 Spiralförmiges Wachstum

Neben den geschilderten Wachstumsmechanismen, die unter Einwirkung von Diffusion und Eigendruckspannungen tätig werden, muss noch ein weiterer Mechanismus als mögliche Ursache für das Wachstum von Whiskern in Betracht gezogen werden. Es handelt sich um den Mechanismus des spiralförmigen Wachstums entlang der Schraubenversetzungen, die aus der Schicht heraustreten und deren Austrittspunkte auf der Schichtoberfläche atomare Stufen erzeugen (s. Abb. 5.31 und Abschnitt 6.2.1.2.6). Solche Stufen stellen, energetisch betrachtet, günstige Wachstumsstellen dar, an die sich die Metallatome leicht anlagern können. Den Wachstumsprozess der Whisker kann man sich nun so vorstellen, dass sich Metallatome, die durch Leerstellendiffusion an die Schichtoberfläche gelangt sind, infolge der Oberflächendiffusion an diese Stufen anlagern können. So werden die Stufen um die Drehachsen der Schraubenversetzungen ausgebaut, und ein spiralförmiges Kristallwachstum findet statt. Das Wandern der Metallatome entlang der Drehachsen der Schraubenversetzungen bewirkt eine Verminderung der Versetzungsenergie, wodurch die treibende Kraft für das spiralförmige Kristallwachstum zustande kommt. Charakteristisch für Whisker, die nach diesem Mechanismus entstanden sind, sind ihre scharfen Spitzen (Abb. 5.39).

Dieses Wachstumsmodell wird auch gelegentlich zur Erklärung der extrem hohen mechanischen Festigkeiten der Whisker herangezogen, die in vielen Fällen den theoretischen Werten nahe kommen.

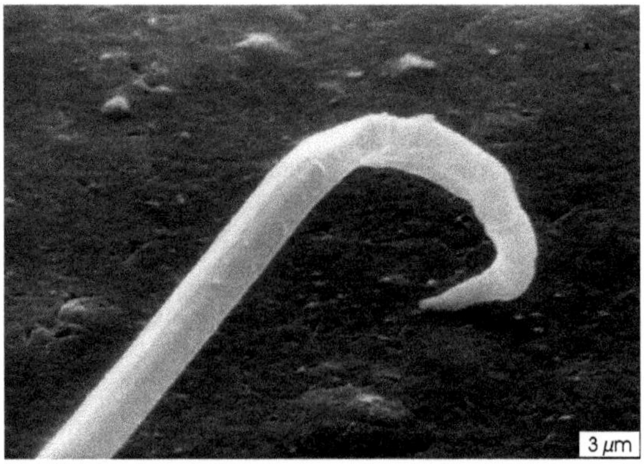

Abb. 5.39: Spitze eines nach dem Mechanismus des spiralförmigen Wachstums aufgewachsenen Zink-Whiskers

5.6.3 Bedeutung

Als elektrisch leitende Metallfäden können Whisker durch Kurzschlüsse zum Ausfall von z. B. Telefon- und Funkanlagen, Relais und gedruckten Schaltungen führen und dadurch große Schäden mit katastrophalen Folgen verursachen. Angaben der Literatur zufolge können manche Whisker elektrische Ströme von 10 mA [5.33], gelegentlich sogar bis zu 25 mA [5.35] leiten, ohne dabei zu schmelzen.

Den destruktiven Charakter solcher Whisker kann man sich erst dann klar machen, wenn man die zunehmende Tendenz zur Miniaturisierung elektrischer und elektronischer Schaltungen in Betracht zieht, wodurch der Abstände zwischen den stromführenden Leitungen und Leiterbahnen immer kleiner werden.

5.6.3.1 Zinn-Whisker

Viele Gegenstände aus Stahl oder Kupfer und seinen Legierungen werden durch galvanische Verzinnung mit sehr dünnen Zinnschichten von wenigen µm versehen. Diese Schichten sind an Luft und in Wasser unter Normalbedingungen sehr beständig, da sie durch eine schützende Oxidschicht passiviert werden. Auch von verdünnten Säuren und Basen werden sie nicht angegriffen. Dennoch ist nicht die gute Korrosionsbeständigkeit der Hauptgrund für den Einsatz der Zinnschichten, sondern ihre Lebensmittelverträglichkeit; sie sind nämlich ungiftig und daher aus der Lebensmittelindustrie (Weißblech) nicht wegzudenken.

Ein weiterer, wesentlicher Grund für die weite Verbreitung galvanisch aufgebrachter Zinnschichten ist aber ihre exzellente Lötbarkeit. Dies erklärt die große Bedeutung der Zinnüberzüge für die Elektronik- und Elektronikindustrie (Kupferkontakte, Kupferbänder, elektronische Bauelemente). Gerade hier zeigt sich jedoch die besondere Bedeutung der Whiskerbildung, die teilweise erst nach Jahren erfolgt, so dass die beginnenden Gefahren nicht rechzeitig erkannt werden können.

Zinn-Whisker wachsen unter bestimmten Bedingungen aus den Zinnüberzügen heraus und können bis über 100 µm lang werden. Sie stellen eine große Gefahr für die miniaturisierten elektronischen Bauteile und Schaltkreise, wenn sie lang genug sind, um den Spalt zwischen den Anschlüsse der Bauelemente zu überbrücken. Dadurch können sie Kurzschlüsse und Funktionsstörungen mit unabsehbaren Folgen verursachen. Es wird berichtet, dass Zinn-Whisker einen elektrischen Widerstand von 50 Ω besitzen können und erst bei einer Stromstärke von 10 mA zu schmelzen beginnen [5.35].

In Abb. 5.40 ist ein typischer Zinn-Whisker mit einer Länge von etwa 100 μm und einer Dicke von 2 bis 3 μm zu sehen.

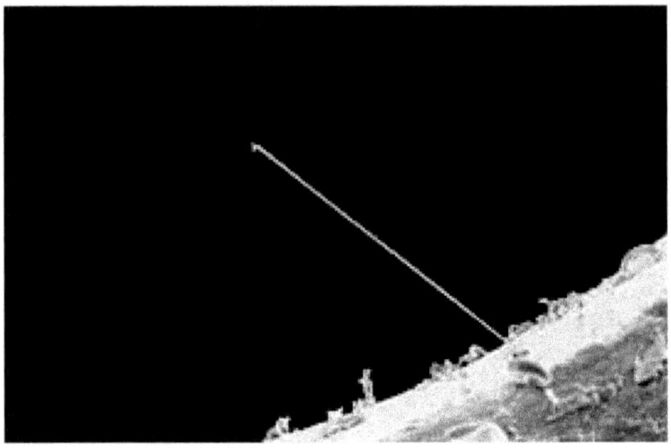

Abb. 5.40: REM-Aufnahme eines typischen Zinn-Whiskers mit einer Länge von etwa 100 μm und einer Dicke von 2–3 μm [5.38]

Für die Bildung von Zinn-Whiskern werden unterschiedliche Ursachen genannt. Einer der Gründe liegt darin, dass an der Grenzfläche Zinnschicht/Basismaterial oft Spannungen auftreten. Beispielsweise ist bei den mit Zinn beschichteten Kupferteilen zu berücksichtigen, dass die Diffusionsgeschwindigkeit der Kupferatome in das Zinn viel schneller ist als die der Zinnatome in das Kupfer. An der Grenzfläche kommt es zur Bildung einer intermetallischen Kupfer-Zinn-Verbindung, wobei die Gesamtzahl der Atome in der Zinnschicht ansteigt. Da sich aber das Volumen der Zinnschicht bei der Aufnahme der eindiffundierenden Kupferatome nicht ändert, bilden sich Druckspannungen in ihr. Diese werden nur abgebaut, wenn Whisker aus der Zinnschicht herausragen.

Dieser Mechanismus der Whiskerbildung kann durch Verhinderung der Bildung der intermetallischen Kupfer-Zinn-Verbindung gehemmt werden. Zu diesem Zweck ist es notwendig, dass eine Nickelsperrschicht zwischen den beiden Partnern, der Zinnschicht und dem Kupferbasismaterial, aufgebracht wird. Eine weitere Maßnahme besteht darin, eine Veränderung der Struktur der intermetallischen Schicht durch Baking (Ausheizen) herbeizurufen.

Es weitere Ursache für die Entstehung von Spannungen in der Zinnschicht liegt im folgenden Sachverhalt. Galvanisch abgeschiedene Zinnschichten haben eine polykristalline Struktur. Die Oberflächen der Kristallite (Zinnkörner) oxidieren an der Luft bzw. bei hoher Feuchtigkeit oder korrosiver Atmosphäre. Das sich bildende Oxid ist voluminös und, wenn es sich zwischen den Körnern entsteht, ruft es Spannungen hervor, die zur Whiskerbildung Anlass geben können.

Auch dieser Mechanismus der Whiskerbildung kann ausgeschaltet werden, indem man dafür Sorge trägt, dass verzinnte Teile in möglichst trockenen Umgebungen eingesetzt werden.

Eine dritte Ursache der Whiskerbildung bei Zinnschichten ist im unterschiedlichen thermischen Verhalten der Zinnschicht und des Grundwerkstoffs begründet, ein Umstand, auf den bereits im Zusammenhang mit Zink-Whiskern hingewiesen wurde.

Die thermischen Ausdehnungskoeffizienten von Zinn und Kupfer liegen nicht weit auseinander (α_{Sn} = 26,7 · 10^{-6} K^{-1} bei 20 °C, α_{Cu} = 16,5 · 10^{-6} K^{-1} bei 20 °C), so dass Temperaturänderungen nur eine geringe Auswirkung bei verzinnten Kupferteilen hervorrufen können. Bei einigen Bauelementen werden jedoch Basismaterialien mit niedrigem thermischem Ausdehnungskoeffizienten, wie beispielsweise Eisen/Nickel, verwendet. In solchen Fällen entstehen Druckspannungen während der Erwärmung der Bauteile, da die Ausdehnung der aufgebrachten Zinnschicht durch die geringere Ausdehnung des Basismaterials begrenzt ist.

Whisker entstehen besonders leicht bei bleifreien Zinn-Loten. Zwischen den Bauelementen, die mit solchen Loten verarbeitet wurden, besteht stets die Gefahr von Kurzschlüssen, die zur Bauteilschädigung bzw. Fehlfunktion führen können. Bisher wurde die Whiskerfreiheit und damit die Langzeitstabilität solcher Baugruppen, aber auch von Sicherheitssystemen wie beispielsweise ABS (engl.: Antilock Braking System, Antiblockiersystem) bei Fahrzeugbremsen und ESP (engl.: Electronic Stability Program, Elektronisches Stabilitätsprogramm) für Kraftfahrzeuge durch Einsatz von bleihaltigen[9] Loten gewährleistet. Mit der Einführung der RoHs[10] besteht jedoch die Herausforderung, auch ohne Blei whiskersichere Zinnüberzüge herzustellen.

[9] Am 18.09.2000 hat das Europäische Parlament die EU-Richtlinie 2000/53/EG über Altfahrzeuge („EU-Altautoverordnung") verabschiedet, in der die gesetzlichen Vorschriften für das Recycling von Altfahrzeugen geregelt werden. Die Richtlinie schreibt Höchstgrenzen für einige Schwermetalle vor, die ab sofort bei der Produktion von Neufahrzeugen und Ersatzteilen einzuhalten sind. Im Anhang II der Richtlinie vom 27. Juni 2002 heißt es: „Ein Höchstkonzentrationswert von bis zu 0,1 Gewichtsprozent Blei, sechswertigem Chrom und Quecksilber je homogenem Werkstoff und 0,01 Gewichtsprozent Cadmium je homogenem Werkstoff wird toleriert, sofern diese Stoffe nicht absichtlich hinzugefügt wurden."

[10] Das Kürzel RoHS ist ein Akronym für *Restriction of the use of certain hazardous substances in electrical and electronic equipment* (Beschränkung der Verwendung bestimmter gefährlicher Stoffe in Elektro- und Elektronikgeräten). Es handelt sich dabei um eine Zusammenfassung der EG-Richtlinie 2002/95/EG zum Verbot bestimmter Substanzen bei der Herstellung und Verarbeitung von elektrischen und elektronischen Geräten und Bauteilen.

Literaturverzeichnis

[5.1] *Hamann, C. H. und Vielstich, W.*: „Elektrochemie I“, Verlag Chemie Weinheim, 1975

[5.2] *Dunsch, L.*: „Vom Ion zur Elektrode“, VEB Deutscher Verlag für Grundstoffindustrie Leipzig, 1983

[5.3] *Freise, V.*: „Zur Theorie der diffusen Doppelschicht“, Zeitschrift für Elektrochemie, Bd. 56, Nr. 8 (1952), 822-827

[5.4] *Bockries, O'M., Devanathan, M. A. V. and Müller, K.*: „On the structure of charged interfaces“, Proc. Roy. Soc. A 274, 55 (1963), 55-79

[5.5] *Dehahay, P.*: „Double Layer and Electrode Kinetics“, Interscience Publishers New York, 1965

[5.6] *Conway, B. E.*: „Theory and Principle of Electrode Processes“, The Ronald Press Company New York 1965

[5.7] *Levine, S., Mingins, J. and Bell, G. M.*: „The Discrete Effect in Ionic Double-Layer Theory“, J. Electroanal. Chem. 13 (1967), 280-329

[5.8] *Beck, F.*: „Elektroorganische Chemie“, Verlag Chemie Weinheim, 1974

[5.9] *Landsberg, R., Bartelt, H.*: „Elektrochemische Reaktionen und Prozesse“, VEB Deutscher Verlag der Wissenschaften Berlin, 1977

[5.10] *Hamann, C. H. und Vielstich, W.*: „Elektrochemie II“, Verlag Chemie Weinheim, 1981

[5.11] *Schwabe, K.*: „Physikalische Chemie - Elektrochemie, Band 2“, Akademie-Verlag Berlin, 1986

[5.12] *Kanani, N.*: „Kristallisation und Transformation in binären Systemen“, Physik in unserer Zeit, 13 (1982) 3, 71-80

[5.13] *Liebscher, H.*: „Elektrochemische Metallabscheidung“ in „Oberflächenveredeln und Plattieren von Metallen“, herausgegeben von *A. Knauschner*, VEB Deutscher Verlag für Grundstoffindustrie Leipzig, 1983

[5.14] *Schütz, W.*: „Über gesetzmäßige Verwachsung von $FeSn_2$ mit α-Eisen beim Verzinnen von Weißblech“, Metalloberfläche 25 (1971) 6, 190-194

[5.15] *Knauschner, A.*: „Schmelztauchverfahren“ in „Oberflächenveredeln und Plattieren von Metallen“, herausgegeben von *A. Knauschner*, VEB Deutscher Verlag für Grundstoffindustrie Leipzig, 1983

[5.16] *Fischer, H.*: „Elektrolytische Abscheidung und Elektrokristallisation von Metallen“, Springer-Verlag Berlin, 1950

[5.17] *Vetter, K. J.*: „Elektrochemische Kinetik“, Springer-Verlag Berlin, 1961

[5.18] *Frank, F. C.*: „Crystal Growth and Dislocation“, Z. Elektrochem. 56 (1952), 822

[5.19] *Kaischew, R.*: „Keimbildung bei der elektrolytischen Metallabscheidung“, Chemie-Ing.-Techn. 39 (1967) 9/10, 554-562

[5.20] *Kitaigorodsky, A. I.*: „Order and Disorder in the World of Atoms“, Mir Publishers Moscow, 1980

[5.21] *Kittel, C.*: „Einführung in die Festkörperphysik“, Oldenbourg Verlag München, 1969

[5.22] *Raub, E. und Müller, K.*: „Grundlagen der Metallabscheidung“, in „Handbuch der Galvanotechnik, Band I“, herausgegeben von *H. Dettner und J. Elze*, Carl Hanser Verlag München, 1969

[5.23] *Landolt, D.*: „Beziehung zwischen Herstellung, Struktur und Eigenschaften von PVD und galvanischen Schichtsystemen“, in „Neue Schichtsysteme für die Industrie“, 18. Ulmer Gespräch, Eugen G. Leuze Verlag Saulgau/Württ., 1996

[5.24] *Nicols, R. J. et al.*: „Classification of growth behaviour for copper on various substrates with in-situ scanning probe microscopy“, Surface Science 335 (1995), 110-119

[5.25] *Schmidt, C. et al.*: „Elektrolytische Eisenschichten“, Metalloberfläche 52 (1998) 12, 968-974

[5.26] *Baltrusch, S.*: „Der Einfluss von Umkehr-Pulsstrom auf den inneren Aufbau und die Eigenschaften galvanischer Nickelschichten aus dem WATTS-Bad“, Dissertation, Humboldt-Universität zu Berlin, 1996

[5.27] *Hardy, H. K.*: „The Filamentary Growth of Metals“, Progress in Metal Physics 6 (1956), 45-73, Pergamon Press Ltd. London

[5.28] *Frank, J.*: „Growth of Whiskers in the Solid Phase“, Acta Metallurgica, Vol. 6 (1958), 103-109

[5.29] *Blaha, F.*: „Bemerkenswerte Eigenschaften dünner Metallfäden“, Metall 1 (1959), 20-25

[5.30] *Wachholtz, R.*: „Probleme der Whiskerentstehung auf metallischen Oberflächen“, Oberfläche - Surface 2 (1970), 41-45

[5.31] *Glazunova, K. V. and Gorbunova, K. M.*: „Spontaneous Growth of Whiskers from Electrodeposited Coatings“, Journal of Crystal Growth 10 (1971), 85-90

[5.32] *Evans, C. C.*: „Whiskers“, Mills & Boon Limited London, 1972

[5.33] *Jafri, A.*: „Fighting Whisker Growth in the Communication Industry“, Plating 4 (1973), 358-361

[5.34] *Dunn, B. D.*: „Whisker Formation on Electronic Materials“, ESA Scientific & Technical Review (1976) 2, 1-10

[5.35] *Baker, R. G.*: „Spontaneous Metallic Whisker Growth“, Plating and Surface Finishing (1987) 12

[5.36] *Hitch, T. T.*: „Avoiding Electrolytic and Strain-induced Shorting Mechanisms“, Circuit World, Vol. 16 (1990) 2, 41

[5.37] *Kanani, N.*: „Zink-Whisker“, Metalloberfläche 52 (1998) 10, 782-788

[5.38] http://ch.farnell.com/jsp/bespoke/bespoke7.jsp?bespokepage=farnell/de/ed_world/news/latest_news/2006/tin_whiskers.jsp

6 In-situ Beobachtung der Schichtentstehung

6.1 Einleitung

Um metallische Schichten mit bestimmten Eigenschaften abscheiden zu können, muss man einerseits die relevanten Merkmale des zu beschichtenden Teiles, andererseits die Einflüsse der Abscheidungsparameter und ihre Synergismen berücksichtigen. Ferner muss man sich darüber im Klaren sein, dass die Schichteigenschaften weitestgehend durch die Mikrostruktur der Schicht bestimmt werden. Es bedarf natürlich keiner besonderen Erwähnung, dass die Mikrostruktur wiederum durch die Prozesse der Keimbildung und des Kristallwachstums, die sich in den ersten Stadien der Abscheidung abspielen, tief greifend beeinflusst wird (s. Abschnitt 5.5.1). Demzufolge lassen sich Schichten mit bestimmten Eigenschaften erzeugen, wenn es gelingt, die Prozesse der Keimbildung und des Kristallwachstums in-situ, d. h. während der Abscheidung zu beobachten und durch gezielte Maßnahmen zu steuern.

Solche Untersuchungen erfordern jedoch besondere Techniken. Seit dem Aufkommen der Rastersondenmikroskopie (Scanning Probe Microscopy, SPM) [6.1 - 6.45] mit ihren beiden bekanntesten Varianten, Rastertunnelmikroskopie (Scanning Tunneling Microscopy, STM) und Rasterkraftmikroskopie (Atomic Force Microscopy, AFM), steht der Realisierung dieses komplizierten, aber aufschlussreichen Arbeitsschrittes praktisch nichts mehr im Wege. Mit Hilfe der Rastersondenmikroskopie ist es nun möglich, die sich während der Schichtabscheidung an der Grenzfläche Kathode/Elektrolyt abspielenden Vorgänge direkt zu beobachten.

Im Folgenden sollen nach einer kurzen Beschreibung der Arbeitsweise dieser Technik ihre Einsatzmöglichkeiten in der galvanotechnischen Praxis aufgezeigt werden.

6.2 Rastersondenmikroskopie (SPM)

Die Rastersondenmikroskopie umfasst als Oberbegriff alle Arten der Mikroskopie, bei der das Bild einer Oberfläche nicht mit einer optischen oder elektronenoptischen Linse, sondern mittels einer nanoskopischen Sonde[1] erzeugt wird. Diese tastet die zu unter-

[1] Der Begriff Sonde ist in diesem Zusammenhang nicht immer wörtlich zu verstehen. Damit kann auch ein fokussierter Elektronenstrahl gemeint sein, wie dies z. B. bei der klassischen Rasterelektronenmikroskopie (REM) der Fall ist.

suchende Probenoberfläche Punkt für Punkt ab, und die sich für jeden einzelnen Punkt ergebenden Messwerte werden zu einem digitalen Bild zusammengesetzt.

Die Rastersondenmikroskopie beruht auf Wechselwirkungen, die sich zwischen der Sondenspitze und der Substratoberfläche abspielen. Diese Wechselwirkungen können elektrische, mechanische oder magnetische Kräfte sein. Danach unterscheidet man zwischen Scanning Tunneling Microscopy (STM), Atomic Force Microscopy (AFM) oder Magnetic Force Microscopy (MFM). Das Ergebnis der Wechselwirkung kann aber auch eine Lichtwelle sein. In diesem Fall spricht man von Near-Field Scanning Optical Microscopy (NSOM). In jedem Fall sind die Wechselwirkungen abhängig vom Abstand zwischen der Sondenspitze und der Substratoberfläche. Bewegt man die Sondenspitze in einem Abstand, der wenigen Atomdurchmessern entspricht, zeilenweise über der Substratoberfläche und registriert dabei die Intensität I der ausgelösten Signale als Funktion der Ortskoordinaten x und y, so erhält man eine dreidimensionale Abbildung der Funktion $I = f(x, y)$, die einer kartographischen Wiedergabe der Oberflächentopographie gleichkommt. Die dabei erreichbare vertikale Auflösung liegt bei etwa 10^{-3} nm; die laterale Auflösung wird durch die Form und die geometrische Ausdehnung der Sondenspitze bestimmt.

Die spezifischen Merkmale der wichtigsten Techniken der Rastersondenmikroskopie sind in Tab. 6.1 zusammengestellt. In Anbetracht der ständigen Weiterentwicklung der Rastersondenmikroskopie kann eine solche Aufstellung natürlich keinen Anspruch auf Vollständigkeit erheben.

Ein Vergleich mit der konventionellen Licht- und Rasterelektronenmikroskopie hinsichtlich Probenvorbereitung, Einsatzgebiet, Schärfentiefe, Auflösungsvermögen und Vergrößerungsfähigkeit zeigt, dass die Rastersondenmikroskopie, insbesondere im Hinblick auf Flexibilität und Auflösung, den beiden Methoden überlegen ist. Dies geht u. a. aus den Angaben in Tab. 6.2 hervor.

Mit Hilfe der Rastersondenmikroskopie können folgende Daten und Informationen bezüglich der Beschaffenheit der zu untersuchenden Oberfläche erzielt werden:

- Dreidimensionale Abbildung der Oberflächentopographie mit Vergrößerungen zwischen 500 und 10 000 000 ×
- Hinweise über monoatomare Stufen und sonstige Unregelmäßigkeiten der Oberfläche
- Auskunft über Verteilung, Größe und Geometrie von Keimen und Clustern zu Beginn der Schichtabscheidung

Tab. 6.1: Spezifische Merkmale einiger SPM-Techniken [6.32]

Methode	Bezeichnung	Sonde	Wechselwirkungsprinzip	In-situ?	Kartierte Eigenschaft
Rastertunnelmikroskopie	Scanning Tunneling Microscopy (STM)	Metallspitze	Quantenmechanischer Tunneleffekt	ja	Topographie, lokale Zustandsdichte
Rasterkraftmikroskopie	Scanning Force Microscopy (SFM)	Spitze an einem Federbalken	VAN-DER-WAALS-Kräfte	ja	Topographie, mikromechanische Eigenschaften
Elektrochemische Rastertunnel mikroskopie	Scanning Electrochemical Microscopy (SECM)	Amperometrische Mikroelektrode in isolierender Einfassung	Detektion redox-aktiver Substanzen in der Nähe der Probe	nur	Topographie, elektrochemische Reaktivität
Rasterleitfähigkeitsmikroskopie	Scanning Ion Conductance Microscopy (SICM)	Elektrolytgefüllte Mikropipette mit innerer und äußerer Ableitelektroden	Leitfähigkeit zwischen den Ableitelektroden	nur	Topographie, Diffusion von Ionen über Poren
Optische Rasternahfeldmikroskopie	Near-Field Optical Scanning Microscopy (NOSM)	Faseroptische Blende	Reflexion, Transmission, Lumineszenz, Streuung	ja	Optische Eigenschaften

Tab. 6.2: Vergleich zwischen Lichtmikroskopie (LM), Rasterelektronenmikroskopie (SEM) und Rastersondenmikroskopie (SPM)

	LM	SEM	SPM
Probenvorbereitung	(Elektro)Polieren	Bedampfen	keine
Einsatzgebiet	Luft, Flüssigkeit, Vakuum	Vakuum	Luft, Flüssigkeit, Vakuum
Schärfentiefe	mittel	gering	gering
(x, y)-Auflösung	1,0 µm	5 nm	0,1–1,0 nm
z-Auflösung	–	–	0,01 nm
Vergrößerung	$1 - 2 \cdot 10^3 \times$	$10 - 1 \cdot 10^6 \times$	$5 \cdot 10^2 - 1 \cdot 10^8 \times$

6.2.1 Rastertunnelmikroskopie (STM)

Optische Mikroskope erreichen ihre Grenze bei einer Auflösung von etwa 250 Nanometern (1 nm = 10^{-9} m), das entspricht etwa der halben Wellenlänge des sichtbaren Lichts. Mit dem Elektronenmikroskop kann diese Grenze überwunden werden, weil Elektronen kürzere Wellenlängen als Licht haben. Ein Elektron mit der Ruhemasse m_0, das durch die Spannung U auf die Geschwindigkeit v beschleunigt wird, erhält die kinetische Energie $E_{kin} = ½\, m_0 \cdot v = e \cdot U$. Für die Wellenlänge λ des Elektrons als Funktion der Beschleunigungsspannung ergibt sich die folgende Beziehung:

$$\lambda = \frac{h}{\sqrt{2\, m_0 \cdot E_{kin}}} = \frac{h}{\sqrt{2\, m_0 \cdot e \cdot U}} \tag{6.1a}$$

Darin sind: h das PLANCKsche Wirkungsquantums (6 626 · 10^{-34} J · s) und e die Elementarladung (1,602 · 10^{-19} C). Sie ist die kleinste frei existierende elektrische Ladung. Die Ruhemasse des Elektrons m_0 beträgt 9,109 · 10^{-31} kg. Für die Wellenlänge des Elektrons als Funktion der Beschleunigungsspannung erhält man somit (vgl. Abb. 8.4):

$$\lambda = \frac{6{,}626 \cdot 10^{-34}\ \mathrm{J \cdot s}}{\sqrt{2 \cdot 9{,}109 \cdot 10^{-31}\ \mathrm{kg} \cdot 1{,}602 \cdot 10^{-19}\ C \cdot U}} = \frac{1{,}226}{\sqrt{U}}\ \mathrm{nm} \tag{6.1b}$$

Bei einer Spannung in der Größenordnung von 10 V besitzen also Elektronen eine Wellenlänge im Nanometer-Bereich, in dem auch der Atomabstand in Festkörpern liegt.

Ein modernes Elektronenmikroskop vermag daher atomare Strukturen in gewissen Materialien sichtbar zu machen. Ebenso können Oberflächen mit Hilfe von Techniken, welche die Elektronenbeugung benutzen, unter bestimmten Bedingungen atomar abgebildet werden.

Keine dieser Methoden ist aber so einfach und zerstörungsfrei wie die Rastertunnelmikroskopie. Diese erlaubt die Darstellung von Oberflächen in einem weiten Größenbereich: von der Abbildung einzelner Atome und Moleküle bis hin zur Darstellung von Objekten, deren Größe im Mikrometer-Bereich liegt. Das Rastertunnelmikroskop „sieht" die Atome nicht, sondern „fühlt" sie. Dabei „tastet" eine äußerst feine Spitze die zu untersuchende Oberfläche in gleich bleibendem Abstand von wenigen Atomdurchmessern ab. Die Regelung des Abstandes zwischen Spitze und Oberfläche erfolgt mit Hilfe des so genannten Tunnelstroms, der zwischen Spitze und Probe fließt, wenn eine elektrische Spannung zwischen beiden angelegt wird.

6.2.1.1 Grundlagen, Verfahren

Die Rastertunnelmikroskopie beruht auf einem quantenmechanischen Effekt, der als Tunneleffekt bekannt ist. Er besagt, dass Elektronen eine Potentialbarriere überwinden können, selbst wenn ihre kinetische Energie kleiner als die Höhe der Potentialbarriere ist. Sie tun dies, indem sie durch die Potentialbarriere „tunneln".

Der Tunnelprozess ist eine Folge der Tatsache, dass sich Elektronen quantenmechanisch wie Wellen verhalten. Demzufolge lässt sich ihr Verhalten mit Hilfe von Wellenfunktionen beschreiben. Da Elektronen aber nicht an einem bestimmten Ort der Materie gebunden sind, kann man nur die Wahrscheinlichkeit angeben, mit der sie sich in zeitlichem Mittel an einem räumlich ausgedehnten Ort aufhalten. Dementsprechend spricht man von Elektronenwolken. Diese bilden sich in unmittelbarer Nähe der äußeren Abgrenzungen des betrachteten Objektes.

Überlappen sich die Elektronenwolken zweier Festkörper, so kann es zwischen ihnen zu einem Elektronenaustausch kommen. Die Voraussetzung dafür ist, dass es den Elektronen gelingt, die sich zwischen den beiden Festkörpern bildende Potentialbarriere zu überwinden. Dieser Vorgang soll im Folgenden am Beispiel einer metallischen Messsonde, deren Spitze sich in unmittelbare Nähe der Oberfläche eines metallischen Substrats befindet, näher diskutiert werden. Zu diesem Zweck ist in Abb. 6.1 die atomare Struktur der Messspitze bzw. der Substratoberfläche in schematischer Darstellung angegeben.

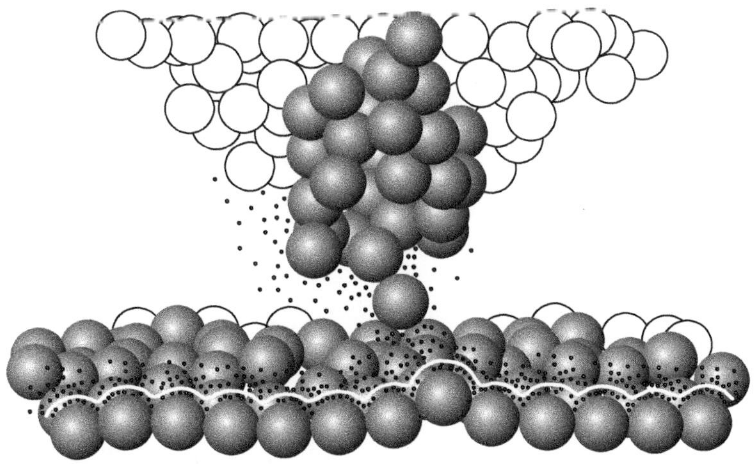

Abb. 6.1: Elektronenaustausch zwischen einer metallischen Spitze und der Oberfläche eines metallischen Substrates infolge der Überlappung der Elektronenwolken (Wild Leitz)

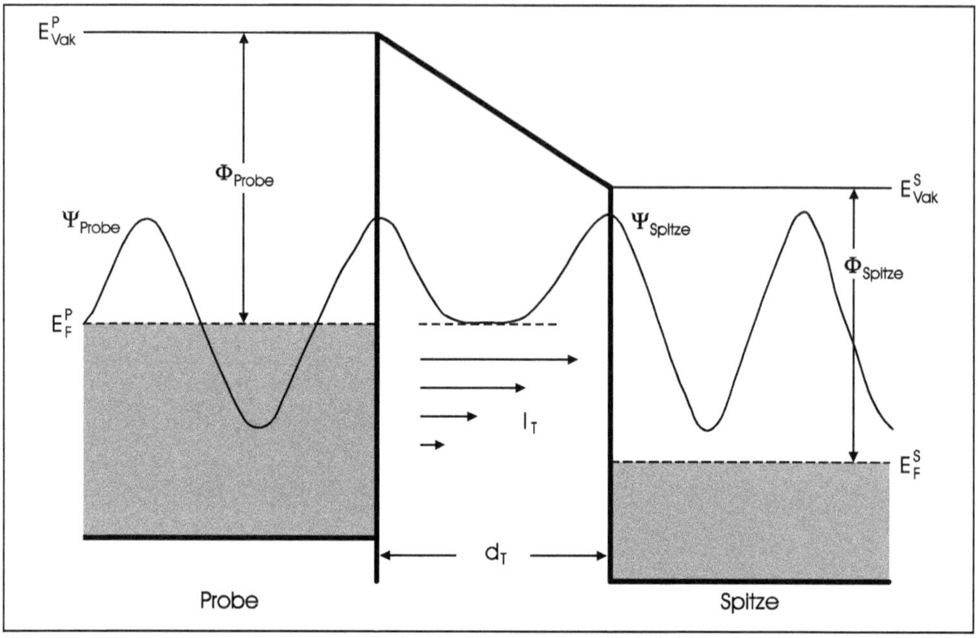

Abb. 6.2: Bildung einer Potentialbarriere zwischen der Probenoberfläche und der Messspitze [6.27]

Die sich zwischen der Messspitze und der Probenoberfläche bildende Potentialbarriere ist in Abb. 6.2 schematisch dargestellt. Sie ist abhängig von der Natur des Mediums, das sich zwischen den beiden befindet. Es wird angenommen, dass es sich im vorliegenden Fall um Vakuum handelt.

Der dick gezeichnete Linienzug gibt den Verlauf der potentiellen Energien der Elektronen wieder. Die grau gekennzeichneten Bereiche stellen die besetzten Energiezustände der für die elektrische Leitfähigkeit verantwortlichen Valenzelektronen dar. E_F^P ist die FERMI-Energie der Probe, E_F^S die der Spitze. Sie ist jene Grenzenergie, die die besetzten Energieniveaus von den unbesetzten trennt. Man erkennt, dass sowohl in der Probe als auch in der Spitze die Energieniveaus bis zur FERMI-Energie mit Elektronen besetzt sind. $\boldsymbol{\Phi}_{\text{Probe}}$ und $\boldsymbol{\Phi}_{\text{Spitze}}$ symbolisieren jeweils die Elektronen-Austrittsarbeit, d. h. die Energie, die aufgebracht werden muss, um ein Elektron vom FERMI-Niveau der Probe bzw. der Spitze abzulösen und ins Vakuum zu befördern. Sie bestimmt die Höhe der Potentialbarriere, die sich zwischen der Messspitze und der Probenoberfläche bildet. ψ ist die Amplitude der jeweiligen Wellenfunktion; sein Quadrat gibt die Aufenthaltswahrscheinlichkeit eines Elektrons an einem bestimmten Ort an. E_{vak}^P ist das Vakuum-Energieniveau der Probe, E_{vak}^S das der Spitze.

Wegen der atomaren Größenordnung der Tunnelstrecke d_T ($\leq$ 1 nm), d. h. des Abstandes zwischen der Messspitze und der Probenoberfläche, kommt es zu einer Überlappung der Wellenfunktionen der Elektronen. Dies versetzt die Elektronen in die Lage, durch die Potentialbarriere hindurch zu tunneln. Als Folge davon fließt bei Anlegen einer so genannten Tunnelspannung U_T ein elektrischer Strom zwischen der Probe und Messspitze, der als Tunnelstrom I_T bezeichnet wird. Er ergibt sich als Summe der Stromanteile, die, wie in Abb. 6.2 angedeutet, mit zunehmender Entfernung vom FERMI-Niveau der Probe EPF geringer werden.

Die Wahrscheinlichkeit für das Zustandekommen des Tunnelprozesses ist durch die Tunnelstrecke und die Höhe der Potentialbarriere gegeben. Aber auch die elektronischen Zustände der Messspitze und der Probenoberfläche haben einen entscheidenden Einfluss auf das Ausmaß des Tunnelstroms. Von fundamentaler Bedeutung ist jedoch die Tatsache, dass die Wellenfunktionen der Elektronen im Vakuum, das zwischen der Probenoberfläche und Messspitze herrscht, exponentiell abklingen. Dies hat zur Folge, dass der Tunnelstrom I_T extrem empfindlich von der Länge der Tunnelstrecke d_T abhängt. Dieser Sachverhalt lässt sich durch eine Gleichung, die ursprünglich für zwei flache Metallelektroden entwickelt wurde, quantitativ beschreiben [6.1, 6.2]:

$$I_T \propto \left(\frac{U_T}{d_T}\right) \cdot \exp\left(-A\sqrt{\Phi} \cdot d_T\right) \tag{6.2}$$

Darin stellt $A = \sqrt{2m\left(\frac{4\pi}{h}\right)}$ $[\mathrm{eV}^{-1/2} \cdot \mathrm{nm}^{-1}]$ eine Konstante dar mit m die Masse des freien Elektrons. $\boldsymbol{\Phi} = \frac{1}{2}(\boldsymbol{\Phi}_{\text{Probe}} + \boldsymbol{\Phi}_{\text{Spitze}})$ ist der arithmetische Mittelwert der Elektronen-Austrittsarbeiten der Probenoberfläche und der Messspitze [6.27].

Mit typischen Werten für $A \sim 0{,}1\ \mathrm{eV}^{-1/2} \cdot \mathrm{nm}^{-1}$ und $\boldsymbol{\Phi} \sim 4$ eV gelangt man aufgrund Gl. (6.2) zu dem Ergebnis, dass eine Änderung der Tunnelstrecke, d. h. des Abstandes zwischen der Probenoberfläche und Messspitze, um nur 0,1 nm eine Änderung des Tunnelstroms bis zu einem Faktor von 1 000 zur Folge hat. Anders ausgedrückt, eine Verlängerung der Tunnelstrecke um nur 0,1 nm bewirkt eine Verringerung des Tunnelstroms um etwa 90 %. Das bedeutet, dass praktisch nur das vorderste Atom der Messspitze (Abb. 6.1) zum gesamten Tunnelstrom beiträgt und der Anteil der weiter entfernt liegenden Atome am Zustandekommen des Tunnelstroms verschwindend gering ist. Diese starke Abhängigkeit des Tunnelstroms vom Abstand zwischen der Messspitze und Probenoberfläche ist für das unvorstellbar hohe vertikale Auflösungsvermögen des Rastertunnelmikroskops von 10^{-2}–10^{-3} nm verantwortlich.

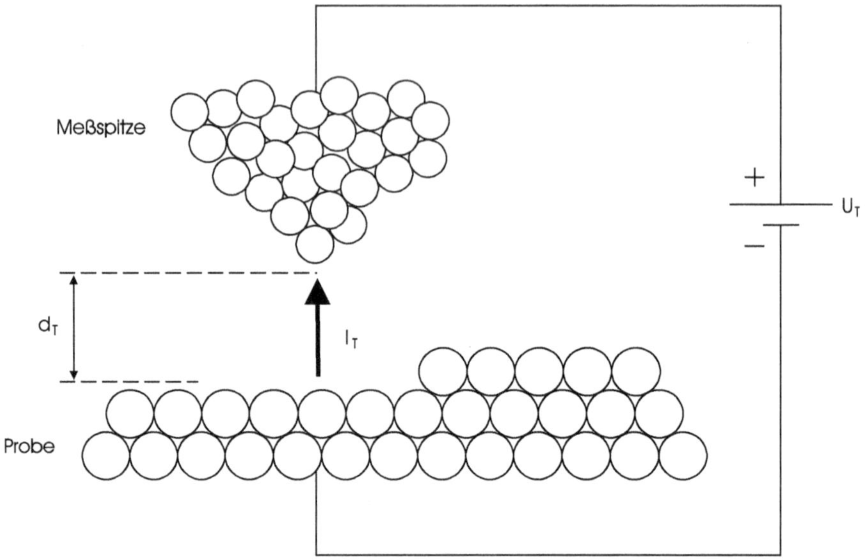

Abb. 6.3: Beeinflussung des Tunnelstroms I_T durch Anlegen einer elektrischen Spannung (Tunnelspannung U_T) zwischen der Messspitze und Probe [6.22]

Durch Anlegen einer elektrischen Spannung, der Tunnelspannung U_T zwischen der Probe und Messspitze kann man nun, wie in Abb. 6.3 angedeutet, das Ausmaß des Elektronenaustausches und damit des Tunnelstromes beeinflussen.

Die Richtung des Tunnelstroms I_T wird durch die Polarität der angelegten Tunnelspannung U_T bestimmt. Ist diese negativ, wie im vorliegenden Fall angenommen, dann fließt der Tunnelstrom in der angegebenen Richtung. Beim Anlegen einer positiven Tunnelspannung fließt der Tunnelstrom entsprechend in entgegengesetzte Richtung. Die Höhe der angelegten Tunnelspannung beeinflusst in der Regel auch das Ausmaß der Potentialbarriere. Da sie im vorliegenden Fall negativ ist, fällt das Vakuum-Energieniveau E^{P}_{vak} der Probe gegenüber dem der Messspitze E^{S}_{vak} höher aus (Abb. 6.2).

Zur Realisierung des Tunneleffektes im Rastertunnelmikroskop geht man wie folgt vor:

Eine feine Metallnadel, deren Spitze[2] im Idealfall aus einem einzigen Atom besteht (Abb. 6.1), wird mittels piezokeramischer Stellglieder bis zu einem Abstand von 0,5 bis 1 nm an die Probenoberfläche herangeführt. Dabei darf es nicht zu einem mechanischen

[2] Als Ausgangsmaterialien zur Herstellung der Messspitze werden verschiedene Metalle, vorzugsweise aber Wolfram oder Platin-Iridium-Legierung (PtIr) verwendet.

Kontakt zwischen der Messspitze und der Probenoberfläche kommen, damit der Tunnelstrom ausschließlich durch die tunnelnden Elektronen hervorgerufen werden kann. Nur so kann sichergestellt werden, dass die Messspitze mit jenen atomaren Strukturen der Probenoberfläche in elektronische Wechselwirkung tritt, die ihr am nächsten stehenden. Zur Verdeutlichung des gesagten zeigt Abb. 6.4 eine REM-Aufnahme von der Messspitze und der Probenoberfläche.

Abb. 6.4: Anordnung der Messspitze und Probenoberfläche im Rastertunnelmikroskop (REM-Aufnahme)

Durch Anlegen einer elektrischen Spannung von 2 bis 2 000 mV zwischen der Probe und Messspitze entsteht ein Tunnelstrom von 0,1 bis 10 nA. Da im Rastertunnelmikroskop (STM) im Gegensatz zum Rasterelektronenmikroskop (REM) keine freien Elektronen zum Einsatz kommen, ist die Rastertunnelmikroskopie weitgehend unabhängig von der Art des Mediums zwischen der Messspitze und der Probenoberfläche. Das Rastertunnelmikroskop kann daher sowohl im Vakuum als auch in Gasen (Luft) und Flüssigkeiten (Elektrolyten) betrieben werden.

Beim zeilenweisen Abbilden der Oberflächentopographie im Rastertunnelmikroskop verwendet man zwei Betriebsarten, für die sich die Bezeichnungen *constant height mode* und *constant current mode* eingebürgert haben. Wie aus Abb. 6.5a ersichtlich, bewegt sich die Messspitze im *constant height mode* in einer konstanten Höhe über der Probenoberfläche. Im *constant current mode* (Abb. 6.5b) fährt sie hingegen exakt das Oberflächenprofil nach.

Der *constant height mode*, bei dem der Tunnelstrom mit Hilfe eines elektronischen Reglers konstant gehalten wird, eignet sich streng genommen für die Untersuchung von „ideal“ glatten Oberflächen. Da man aber in der Praxis nicht mit solchen Oberflächen operiert, greift man häufig auf die Methode des *constant current mode* zurück.

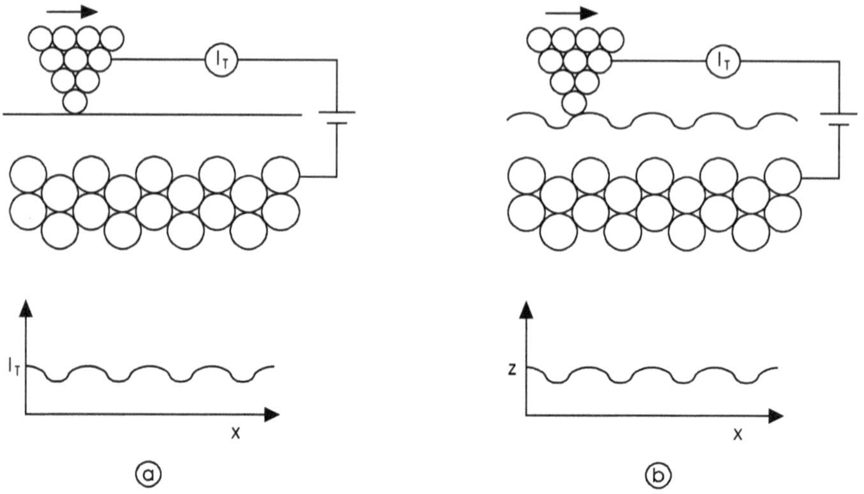

Abb. 6.5: Schematische Darstellung der beiden Betriebsarten des Rastertunnelmikroskops a) *constant height mode*, b) *constant current mode* [6.6]

Bei dieser Betriebsart fließt so lange ein konstanter Tunnelstrom zwischen der Messspitze und der Probe, solange die Messspitze beim Abrastern der Probenoberfläche keine atomaren Erhebungen oder Vertiefungen vorgefunden hat. Sobald dies aber der Fall ist, ändert sich der Tunnelstrom mit außerordentlicher Empfindlichkeit und zwar in dem Maße, in dem sich der Abstand zwischen der Messspitze und der Probenoberfläche ändert. Beim Auftreffen der Messspitze auf eine Oberflächenerhebung, was eine Verringerung der Tunnelstrecke bedeutet, steigt der Tunnelstrom rapide an. Beim Überfahren einer Oberflächenvertiefung, was einer Vergrößerung der Tunnelstrecke gleichkommt, nimmt er hingegen rasch ab.

Die Änderungen des Tunnelstroms werden als Signale registriert und dazu verwendet, um über eine elektronische Regelschaltung den ursprünglichen Abstand zwischen der Messspitze und der Probenoberfläche wiederherzustellen. Wenn der Tunnelstrom mit zunehmender Tunnelstrecke exponentiell abfällt, sorgt die Steuerelektronik dafür, dass die Messspitze bis zur ursprünglichen Entfernung an die Probenoberfläche herangeführt wird und der Tunnelstrom wieder auf seinen Anfangswert zurückkehrt. Entsprechendes gilt für den Fall, dass sich die Tunnelstrecke verringert. Die Schwankungen des Tunnelstroms werden somit durch entsprechende Auslenkungen des z-Piezoelements dergestalt kompensiert, dass die vertikalen Verstellungen der Messspitze ein „Abbild“ von den atomaren Erhebungen und Vertiefungen der Probenoberfläche liefern. In Abb. 6.6 ist die Arbeitsweise des Rastertunnelmikroskops beim Abbilden einer Oberfläche mit einer atomaren Stufe im *constant current mode* schematisch dargestellt [6.12].

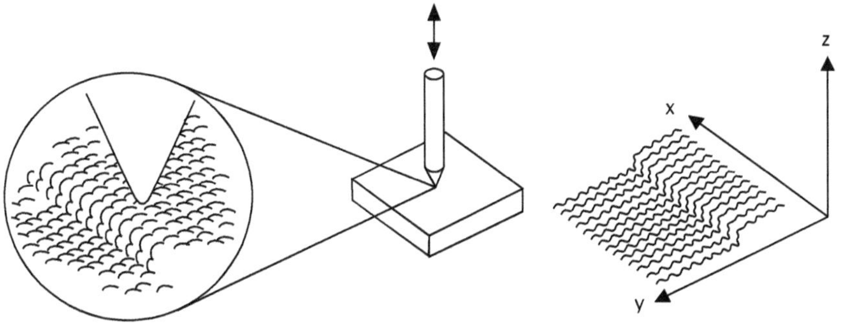

Abb. 6.6: Vertikale Nachregelung der Messspitze beim Abrastern einer Oberfläche mit einer monoatomaren Stufe

Nachdem die Messspitze einen repräsentativen Bereich der Probenoberfläche abgerastert und alle vorhandenen Unregelmäßigkeiten erfasst hat, erhält man ein dreidimensionales Bild der Oberflächentopographie. Dabei ist allerdings in Erinnerung zu rufen, dass das Rastertunnelmikroskop in Wirklichkeit nicht die Struktur der zu untersuchenden Oberfläche, sondern ihre elektronischen Eigenschaften abbildet. Das heißt, die angefertigten STM-Aufnahmen enthalten im Allgemeinen nur Aussagen über die räumliche Verteilung der elektronischen Ladungsdichte an der Probenoberfläche. Der Grund dafür ist, dass sich der Tunnelstrom proportional zur Zustandsdichte der Oberflächenatome bei der FERMI-Energie verhält. Im Fall von Metallen, bei denen die Kernpositionen mit den Schwerpunkten der elektronischen Ladungsdichten übereinstimmen, geben die gemessenen Konturen die Positionen der Atomrümpfe wieder. In solchen Fällen ist es daher zulässig, aus den STM-Bildern Aussagen über die Anordnung der Oberflächenatome abzuleiten und entsprechend von einer strukturellen Abbildung der Oberfläche zu sprechen [6.22].

Hinsichtlich der vertikalen bzw. lateralen Auflösung des Rastertunnelmikroskops sind folgende Feststellungen zu treffen: Da die Höhe der kleinsten Unebenheit auf der Probenoberfläche gleich dem Durchmesser eines Atoms oder sogar kleiner sein kann, liegt die vertikale Auflösungsgrenze des Rastertunnelmikroskops wegen der extremen Abstandsabhängigkeit des Tunnelstroms bei $< 0{,}01$ nm. Diese hohe Auflösung wird, wie aus Abb. 6.7 ersichtlich, von keiner anderen mikroskopischen Methode erreicht.

Die laterale Auflösung des Rastertunnelmikroskops wird durch die Form und Ausdehnung der Messspitze begrenzt. Eine überschlägige Berechnung ergibt, dass sie etwa $\approx 3\sqrt{R}$ beträgt, wobei R der Krümmungsradius der Messspitze ist [6.1, 6.2, 6.38]. Dies bedeutet, dass eine laterale Auflösung von < 10 nm die Anwendung einer Messspitze mit einem Krümmungsradius von $R \approx 10$ nm erforderlich macht.

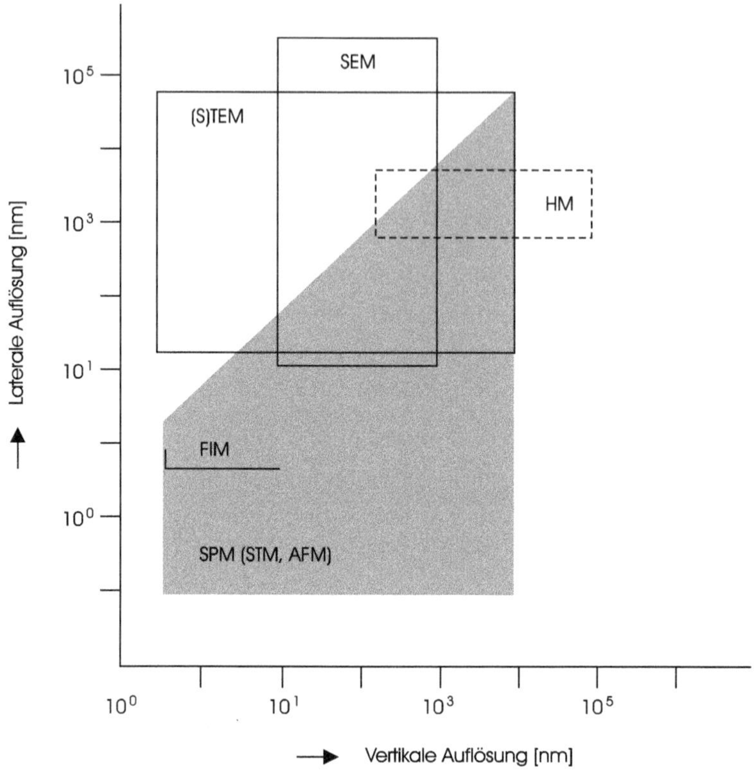

Abb. 6.7: Auflösungsvermögen des SPM (schraffierter Bereich) im Vergleich zum (Raster) Transmissionselektronenmikroskop (S)TEM, Rasterelektronenmikroskop SEM, Hochauflösungsmikroskop HM und Feld-Ionenmikroskop FIM [6.1]

Wie bedeutsam ein hohes laterales Auflösungsvermögen, d. h. wie wichtig die Verwendung einer möglichst scharfen Messspitze für STM-Untersuchungen ist, zeigt folgende Überlegung: Lässt man die zu untersuchende Oberfläche von einer Sonde abrastern, deren Spitze einen Krümmungsradius von 0,2 nm besitzt und sich in einem Abstand von 0,4 nm von der Oberfläche bewegt, so wird eine zurückgelegte Strecke von 0,5 nm etwa 80 % des Tunnelstromes ausmachen. Für die Realisierung eines hoch auflösenden Rastertunnelmikroskops mit einer lateralen Auflösung von 0,2 nm, benötigt man deshalb Messspitzen, die aus einem einzigen Atom bestehen. Solche einatomare Spitzen können mit Hilfe spezieller Präparationsschritte hergestellt werden [6.5]. Sie sind besonders dann einzusetzen, wenn die zu untersuchende Probenoberfläche eine in atomaren Dimensionen zerklüftete Topographie aufweist. Die in der Praxis verwendeten Messspitzen sind aber oft nicht einatomar, sondern bestehen aus mehren „Mikrospitzen“, die monoatomar sind. Die Skizzen in Abb. 6.8 sollen dies verdeutlichen.

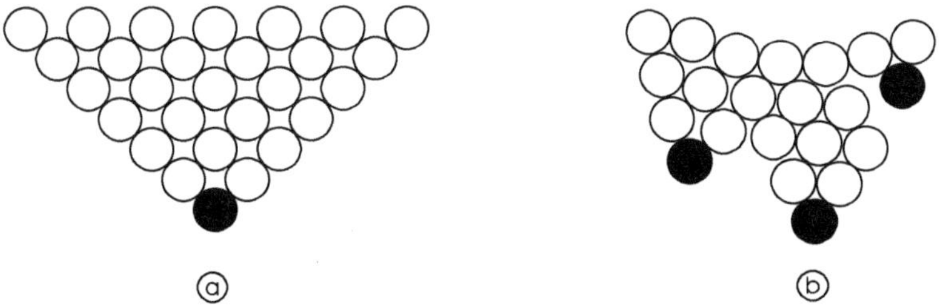

Abb. 6.8: STM-Messspitzen; a: Ideal aufgebaute monoatomare Messspitze, b: aus mehreren monoatomaren „Mikrospitzen" bestehende Messspitze

Nähert sich eine aus mehreren „Mikrospitzen" aufgebaute Messspitze beim Abtasten der Oberfläche einer monoatomaren Stufe an, so kann eine der „Mikrospitzen", deren vorderstes Atom der Stufe am nächsten ist, zum Träger des Tunnelstromes werden. Dieser Fall ist in Abb. 6.9 schematisch dargestellt.

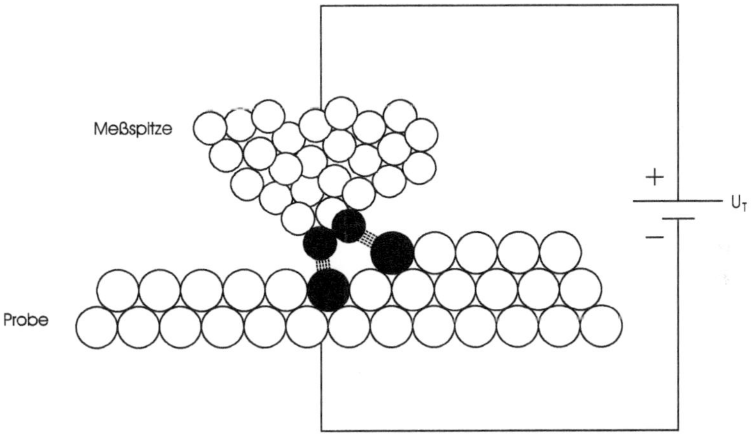

Abb. 6.9: Überspringen des Tunnelstroms beim Abtasten einer monoatomaren Stufe infolge der Wirksamkeit einer der „Mikrospitzen" der Messspitze

Das Überspringen des Tunnelstromes von einer Position in eine andere kann sich bei der Rekonstruktion der Oberflächentopographie als störend erweisen.

Die Zahlenwerte der typischen Größen bei der Rastertunnelmikroskopie sind:

- Tunnelspannung U_T 10 bis 1 000 mV
- Tunnelstrom I_T 0,1 bis 10 nA
- Tunnelstrecke d_T 0,5 bis 1 nm
- Messfeldgröße 10 bis 1 000 nm

6.2.1.2 In-situ Rastertunnelmikroskopie

Wie bereits erwähnt, kann das Rastertunnelmikroskop nicht nur an Luft oder im Vakuum, sondern auch in Elektrolytlösungen betrieben werden. Im letzteren Fall spricht man von elektrochemischer Rastertunnelmikroskopie (Electrochemical Scanning Tunneling Microscopy: ECSTM). Sie nimmt insofern eine herausragende Stellung in der Galvanotechnik ein, als sie zum tieferen Verständnis chemischer und galvanischer Abscheidung metallischer Schichten wesentlich beitragen kann.

Bei der praktischen Durchführung elektrochemischer Rastertunnelmikroskopie ist es notwendig, die 3-Elektrodenanordnung der klassischen elektrochemischen Zelle zu erweitern. Das heißt, neben der Arbeits-, Gegen- und Referenzelektrode muss auch die Messspitze, wie in Abb. 6.10 angedeutet, in der STM-Zelle untergebracht werden [6.7].

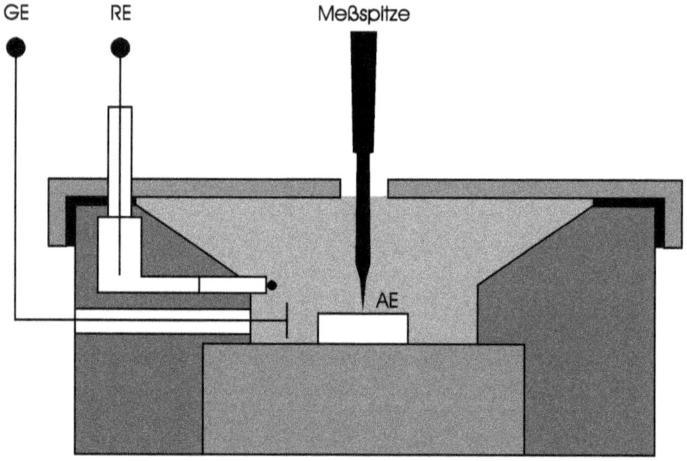

Abb. 6.10: Schematischer Aufbau einer STM-Zelle zur Durchführung von In-situ Rastertunnelmikroskopie; AE: Arbeitselektrode (Substrat, Probe), RE: Referenzelektrode, GE: Gegenelektrode

Ferner ist dafür Sorge zu tragen, dass an der Messspitze keine störenden elektrochemischen Reaktionen ablaufen. Andernfalls würden die mit solchen Reaktionen verbundenen strukturellen und elektronischen Zustandsänderungen der Messspitze zu einer Verfälschung der Ergebnisse führen. Durch die Ausschaltung etwaiger elektrochemischer Reaktionen kann auch sichergestellt werden, dass kein FARADAYscher Strom[3] über die

[3] Wird zwischen zwei Elektroden eine Spannung angelegt, so fließt ein Strom. Dieser Strom kann zwei Ursachen haben. Zum einen kann es sich um den Austausch von Elektronen zwischen der Elektrode und Substanzen in der Lösung handeln, d. h. es kommt zum Ladungsdurchtritt zwischen Elektrode und Lösung. In diesem Fall spricht man von einem FARADAYschen Strom. Die andere Ursache ist die Aufladung der elektrolytischen Doppelschicht (kapazitiver Strom).

Messspitze fließt. Dies ist deshalb von entscheidender Bedeutung, weil die elektronische Regelschaltung den FARADAYschen Strom vom Tunnelstrom, den sie zur Nachregelung der Messspitze verwendet, nicht unterscheiden kann. Der FARADAYsche Strom würde daher die Arbeitsweise des Rastertunnelmikroskops empfindlich stören.

Eine wirksame Maßnahme zur Unterbindung der elektrochemischen Reaktionen an der Messspitze und damit des FARADAYschen Stromes besteht darin, die Messsonde mit einem elektrochemisch inerten, Wachs, z. B. Apiezon[4], so zu isolieren, dass nur ihre vorderste Spitze frei und elektrochemisch aktiv bleibt [6.7]. Dadurch kann die Fläche der Messspitze, die dem Elektrolyten direkt ausgesetzt ist, auf 10^{-4} bis 10^{-8} cm^2 reduziert werden. Dementsprechend wird sich der FARADAYsche Strom, der proportional zur aktiven Fläche der Messspitze ist, erheblich verringern. Er kann durch diese Maßnahme bis auf $\leq$ 100 pA reduziert und so im Vergleich zu Tunnelströmen von 1 bis 250 nA praktisch vernachlässigt werden [6.23].

Die Bildung von zwei- und/oder dreidimensionalen Strukturen auf dem zu beschichtenden Teil zu Beginn der Metallabscheidung ist von großer Bedeutung für das Wachstum der Schicht und ihre Eigenschaften. Die Untersuchung der Bedingungen, die zur Entstehung dieser Strukturen führen, ist daher von besonderem Interesse. Die Simulation der Metallabscheidung in der STM-Zelle kann detaillierte Informationen über die Geometrie und Lage solcher Strukturen liefern und so zur Aufdeckung der Wachstumsmechanismen beitragen. [6.33, 6.40]. Doch können bestimmte Einflussgrößen die Aussagefähigkeit der elektrochemischen Rastertunnelmikroskopie beeinträchtigen oder die Ergebnisse verfälschen, wenn nicht wirksame Gegenmaßnahmen getroffen werden. Folgende Umstände können Anlass zu solchen Problemen geben:

Die Entwicklung von Gasen oder die Entstehung von Barrieren auf der zu untersuchenden Oberfläche stellen Komplikationen dar, die während des elektrochemischen Experimentes auftreten können.

Bei der Untersuchung der Oberflächentopographie kann eine zu große Mikrorauheit der Oberfläche insofern als störend wirken, als die Messspitze die zwischen den Erhöhungen liegenden „Täler" nicht mehr abtasten kann.

Oberflächenkontaminationen können zur Instabilität des Tunnelstroms führen, wenn sie auf die Messspitze übertragen werden. Bei Adsorptionsexperimenten können sie die Ergebnisse verfälschen, wenn sie von den adsorbierten Spezies kaum zu unterscheiden sind.

---

4 Die Apiezon Fette weisen hohe Qualität, Konsistenz und Kompatibilität für Hochvakuum-Anwendungen. Besonders geeignet für Elektronenmikroskopie ist das Apiezon M Fett.

6.2.1.2.1 VOLMER-WEBER-Mechanismus

Befindet sich das zu beschichtende metallische Substrat Me (Arbeitselektrode in der STM-Zelle) in einer Elektrolytlösung, die seine Ionen Me^{z+} enthält, so stellt sich ein Gleichgewichtspotential $\varepsilon_{Me/Me^{z+}}$ ein, welches mit Hilfe der NERNSTschen Gleichung beschrieben werden kann:

$$\varepsilon_{Me/Me^{z+}} = \varepsilon^0_{Me/Me^{z+}} + \frac{R\,T}{z \cdot F} \ln a_{Me^{z+}} \tag{6.3}$$

Darin bedeuten $\varepsilon^0_{Me/Me^{z+}}$ das Standardpotential, R die universelle Gaskonstante, T die Temperatur, z die Wertigkeit des Metallions, F die FARADAYsche Konstante und $a_{Me^{z+}}$ die Metallionenaktivität.

Legt man nun ein Potential E an, welches negativer ist als das Gleichgewichtspotential $\varepsilon_{Me/Me^{z+}}$, dann werden die Metallionen entladen und scheiden sich als eine metallische Schicht auf die Substratoberfläche ab. Man spricht in diesem Fall von Überpotentialabscheidung (Over Potential Deposition: OPD). Unter den Bedingungen der OPD entstehen auf der Substratoberfläche einzelne diskrete Keime oder Cluster, die, wie in Abb. 6.11 angedeutet, dreidimensional weiter wachsen.

Die isolierten Kristallite können kugelförmige oder komplexere Formen aufweisen. Die Bedeckung der Substratoberfläche ist somit in den ersten Stadien der Schichtentstehung unter den Bedingungen der OPD unvollständig, d. h., die Substratoberfläche wird nicht mit einer durchgehenden Schicht überzogen.

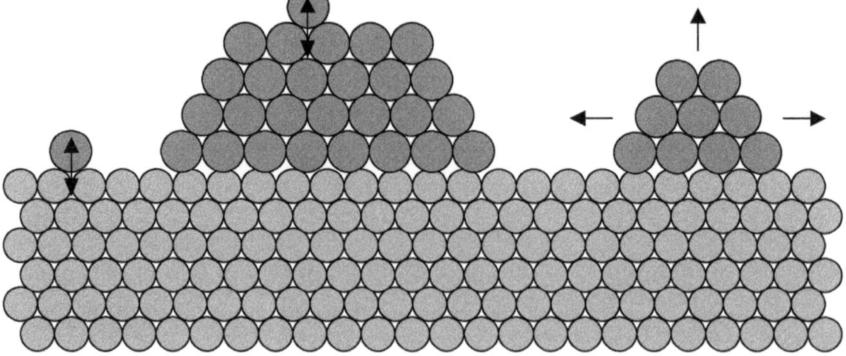

Abb. 6.11: Entstehung isolierter 3D Keime auf der Oberfläche eines arteigenen Substrats unter den Bedingungen der OPD [6.47]

Charakteristisch für die OPD ist, dass die Bindungskräfte unter den Atomen des sich abscheidenden Metalls stärker sind als die zwischen ihnen und den Atomen der Substratoberfläche. Dieser Wachstumsprozess, der die Bildung von dreidimensionalen Keimen und das anschließende dreidimensionale Kristallwachstum einschließt, ist als VOLMER-WEBER-Mechanismus bekannt.

Die OPD entspricht der normalen Metallabscheidung, d. h., sie repräsentiert jene Bedingungen, die in den meisten Fällen galvanotechnischer Abscheidungsprozesse herrschen.

Die in Abb. 6.12 reproduzierte in-situ STM-Aufnahme zeigt die Entstehung isolierter dreidimensionaler Kupferinseln auf einem Cu(111)-Substrat nach dem VOLMER-WEBER-Mechanismus. Die Kupferabscheidung erfolgte galvanisch aus einem schwefelsauren Kupferelektrolyten mit der Zusammensetzung 0,05 mM $CuSO_4$ + 0,1 M H_2SO_4 bei -250 mV (gegen Cu/Cu^{2+}).

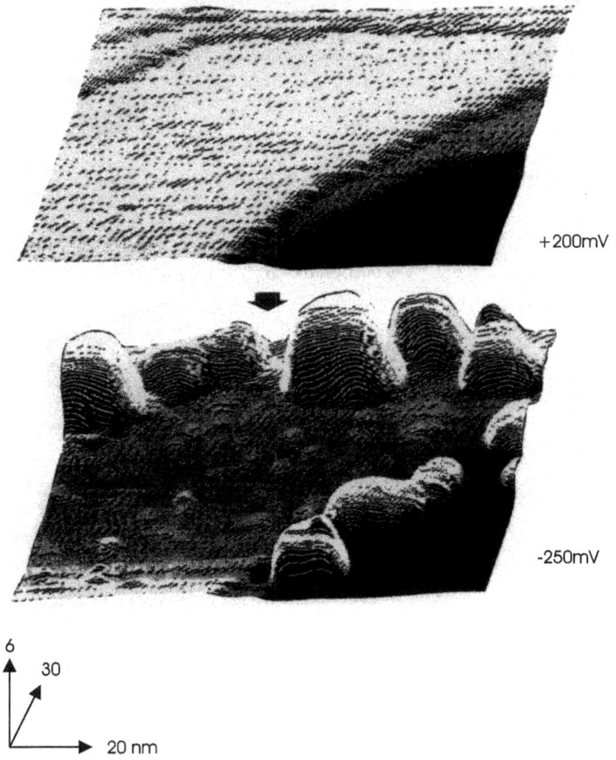

Abb. 6.12: VOLMER-WEBER-Mechanismus; In-situ STM-Aufnahme von 3D Kupferinseln auf einem Cu(111)-Substrat (Elektrolyt: 0,05 mM $CuSO_4$ + 0,1 M H_2SO_4)

Aufschlussreich ist die Beobachtung, dass die Entstehung der Kupferkristalle vorzugsweise an den atomaren Defekten der Substratoberfläche, d. h. an den atomaren Stufenkanten erfolgt. Ferner ist festzustellen, dass die Substratoberfläche zum größten Teil noch frei liegt, da sich kein zusammenhängender Kupferfilm gebildet hat.

6.2.1.2.2 FRANK-VAN-DER-MERWE-Mechanismus

Werden die Metallionen Me^{z+} nicht auf dem arteigenen Substrat Me, sondern auf einem anderen, artfremden Metall abgeschieden, dann schlagen sich erst eine oder mehrere Monolagen auf der Substratoberfläche nieder und zwar bei Potentialen, die oft positiver als das Gleichgewichtspotential $E_{Me/Me^{z+}}$ sind. Danach setzt ein zweidimensionales Schichtwachstum ein. Für diesen Fall, der am Beispiel einer Monolage (weiße Kreise) in Abb. 6.13 schematisch dargestellt ist, hat man die Bezeichnung Unterpotentialabscheidung (Under Potential Deposition: UPD) eingeführt [6.24, 6.42, 6.43, 6.47]. Die Ursache für diesen elektrochemisch wichtigen Effekt liegt darin, dass die Bindungskräfte zwischen den Atomen des sich abscheidenden Metalls und Atomen der Substratoberfläche stärker sind als die unter den Metallatomen selbst. Eine weitere maßgebliche Voraussetzung ist, dass der Grad des „Misfits" zwischen dem Substrat und der Schicht sehr geringfügig sein muss.

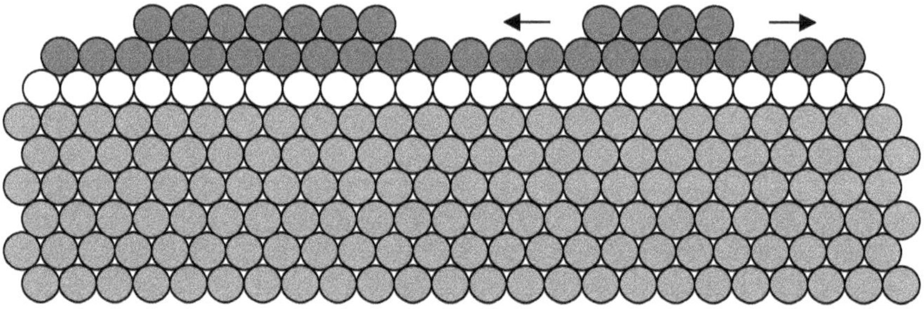

Abb. 6.13: Entstehung einer Monolage (weiße Kreise) auf der Oberfläche eines artfremden Substrats unter den Bedingungen der UPD mit anschließendem 2D Wachstum [6.47]

Die Entstehung zweidimensionaler Monolagen und das anschließende zweidimensionale Wachstum werden als FRANK-VAN-DER-MERWE-Mechanismus bezeichnet. Die in-situ STM-Aufnahme in Abb. 6.14 dokumentiert die Bildung eines zweidimensionalen Kupferfilms auf einem Au(111)-Substrat. Die Kupferabscheidung erfolgte galvanisch, wobei als Elektrolyt eine Lösung von 1 mM $CuSO_4$ + 0,1 H_2SO_4 + $3 \cdot 10^{-4}$ M BT-B[5] diente.

[5] Es handelt sich dabei um ein Benzothiazolium-Derivat, ein organisches Molekül, das in der Praxis als „Brightner" bei der Kupferabscheidung verwendet wird.

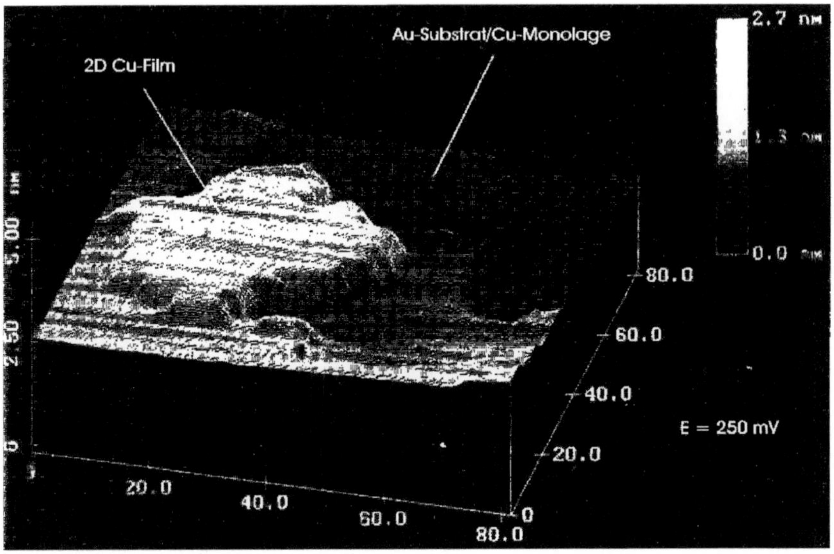

Abb. 6.14: FRANK-VAN-DER-MERWE-Mechanismus; In-situ STM-Aufnahme eines 2D Kupferfilms einem Au(111)-Substrat (Elektrolyt: 1 mM CuSO4 + 0,1 M H_2SO_4 + $3 \cdot 10^{-4}$ M BT-B) [6.33, 6.36]

Zu Beginn der Kupferabscheidung wurde das Potential für einige Minuten bei +10 mV gehalten, um eine Monolage Kupfer unter den Bedingungen der UPD abzuscheiden. Anschließend erfolgte die Kupferabscheidung bei -250 mV (gegen Cu/Cu^{2+}) im Bereich der OPD. Die in-situ STM-Aufnahme zeigt einen quasi-zweidimensionalen Kupferfilm, der sich an einer Stufenkante ausgebildet hat. Er weist eine Dicke von vier bis sieben Monolagen auf. Das Wachstum des Kupferfilms in der *z*-Richtung wird offensichtlich durch die Adsorption von BT-B eingeschränkt.

6.2.1.2.3 STRANSKI-KRASTANOV-Mechanismus

Bildet sich unter den Bedingungen der UPD zunächst eine Monolage, worauf dann - im Unterschied zum FRANK-VAN-DER-MERWE-Mechanismus - isolierte dreidimensionale Strukturen entstehen, so spricht man vom STRANSKI-KRASTANOV-Mechanismus. Dieser Fall ist in Abb. 6.15 schematisch dargestellt.

Damit der STRANSKI-KRASTANOV-Mechanismus wirksam wird, sind zwei Voraussetzungen notwendig: Zum einen müssen die Bindungskräfte zwischen den Atomen des sich abscheidenden Metalls und Atomen der Substratoberfläche stärker sein als die unter den Metallatomen; zum anderen muss der „Misfit" zwischen dem Substrat und der Schicht im Gegensatz zum FRANK-VAN-DER-MERWE-Mechanismus beträchtlich sein [6.47].

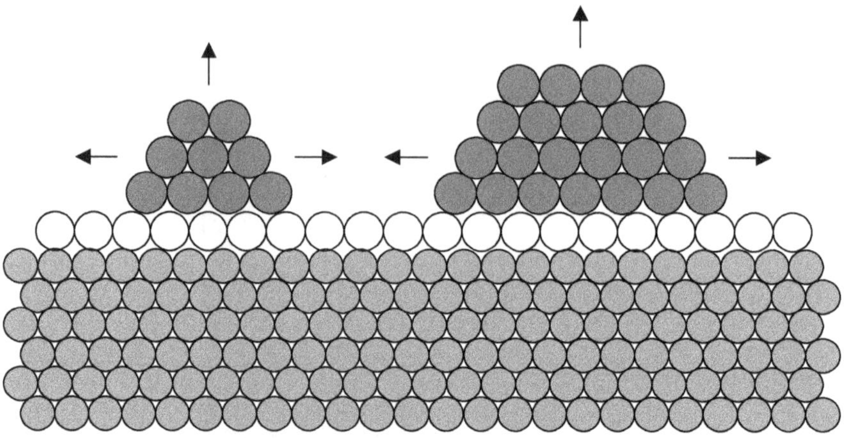

Abb. 6.15: Entstehung einer Monolage (weiße Kreise) auf der Oberfläche eines artfremden Substrats unter den Bedingungen der UPD mit anschließendem 3D Wachstum [6.47]

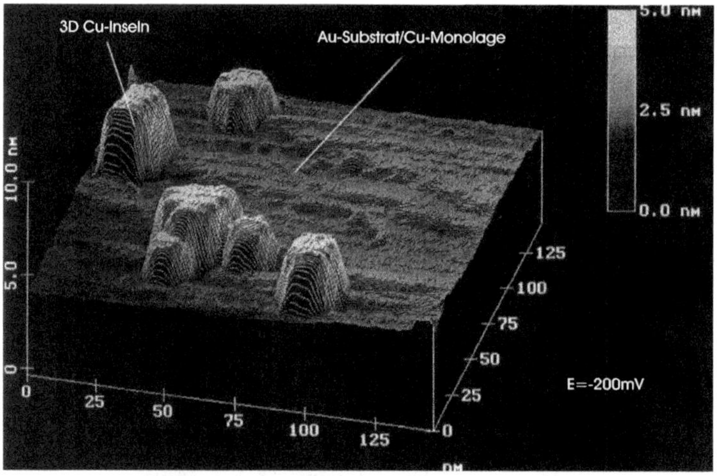

Abb. 6.16: STRANSKI-KRASTANOV-Mechanismus; In-situ STM-Aufnahme von 3D Kupferinseln einem Au(111)-Substrat (Elektrolyt: 1 mM $CuSO_4$ + 0,1 M H_2SO_4) [6.33, 6.36]

Die in Abb. 6.16 wiedergegebene in-situ STM-Aufnahme zeigt die Entstehung isolierter dreidimensionaler Kupferinseln auf einem Au(111)-Substrat nach dem STRANSKI-KRASTANOV-Mechanismus.

Die Kupferabscheidung erfolgte aus einem Elektrolyten mit der Zusammensetzung 1 mM $CuSO_4$ + 0,1 M H_2SO_4. Bei Potentialen positiver als das Gleichgewichtspotential $E_{Me/Me^{z+}}$ bildet sich zunächst unter den Bedingungen der UPD epitaktisch eine Kupfer-Monolage, die die Oberfläche des Au(111)-Substrates komplett bedeckt. Die Ursache dafür sind die starken Wechselwirkungen zwischen Kupfer und Gold. Die Kupfer-Monolage steht unter Spannung, da der Cu-Cu-Abstand mit 0,256 nm sehr viel kürzer ist als der Au-Au-Abstand, der 0,289 nm beträgt. Verschiebt man das Potential in den Bereich der OPD, dann entstehen bei -200 mV (gegen Cu/Cu^{2+}) dreidimensionale Kupferkristalle und zwar vorzugsweise an den Oberflächendefekten. Die Ausbildung der dreidimensionalen Kupferinseln führt zu einem Spannungsabbau.

6.2.1.2.4 Einfluss von Elektrolytzusätzen

Die elektrochemische Rastertunnelmikroskopie eignet sich besonders zur Untersuchung des Einflusses von Elektrolytzusätzen (s. Abschnitt 3.4.1.4) auf die Prozesse der Keimbildung und des Schichtwachstums. Die in-situ STM-Aufnahmen in Abb. 6.17 dokumentieren die Entstehung und das Wachstum von Kupferkristallen auf einem Au(111)-Substrat. Die Abscheidung wurde in einem Elektrolyten mit der Zusammensetzung 0,05 mM $CuSO_4$ + 0,1 M H_2SO_4 vorgenommen.

Die erste Aufnahme in dieser Bildreihe zeigt die Oberfläche des Au(111)-Substrates vor der Kupferabscheidung beim Potential +150 mV (gegen Cu/Cu^{2+}) im Bereich der UPD. Sie vermittelt eine Vorstellung von der atomaren Struktur der Substratoberfläche. Sobald das Potential in Richtung -200 mV (gegen Cu/Cu^{2+}) verschoben wird, entstehen unter den Bedingungen der OPD die ersten Kupferkristalle, vorzugsweise an den atomaren Oberflächendefekten. Während die Anzahl der Kupferkristalle unverändert bleibt, nimmt ihre Größe, wie aus den übrigen in-situ STM-Aufnahmen hervorgeht, kontinuierlich zu. Dennoch bleibt ein wesentlicher Teil der Substratoberfläche unbedeckt, da die entstandenen Kupferkristalle keinen zusammenhängenden Film bilden.

Setzt man dem Elektrolyten 10 mg/l des organischen Additivs Kristallviolett[6] zu, so verbessert sich der Bedeckungsgrad nur geringfügig; das Wachstum der Kupferkristalle in *z*-Richtung bleibt jedoch nach wie vor, wie aus den in-situ STM-Aufnahmen in Abb. 6.18 hervorgeht, ausgeprägt.

Die erste in-situ STM-Aufnahme in dieser Bildreihe zeigt die Oberfläche des Au(111)-Substrates vor der Kupferabscheidung beim Potential +150 mV (gegen Cu/Cu^{2+}) im Bereich der UPD. Die übrigen Aufnahmen demonstrieren das Wachstum der Kupferkristalle bei dem Potential -150 mV (gegen Cu/Cu^{2+}) im Bereich der UPD.

[6] Kristallviolett, Hexamethylpararosanilinchlorid, besitzt ähnliche Eigenschaften wie bestimmte organische Farbstoffe, die in geringen Mengen in den kommerziellen Kupferelektrolyten Verwendung finden.

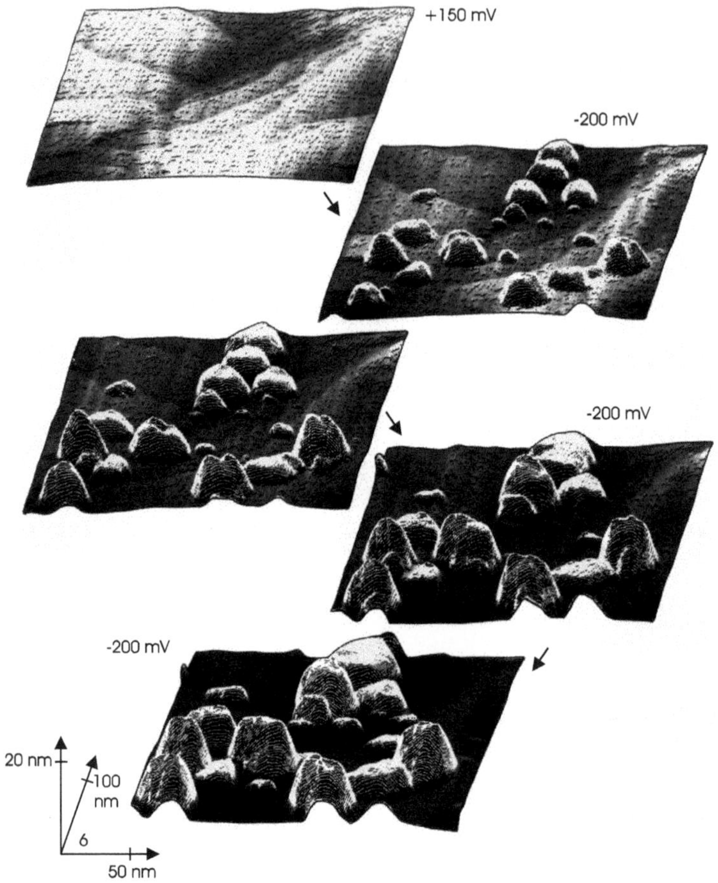

Abb. 6.17: Entstehung und Wachstum von Kupferkristallen auf einem Au(111)-Substrat (Elektrolyt: 0,05 mM $CuSO_4$ + 0,1 M H_2SO_4) [6.26]

Diese Ergebnisse deuten darauf hin, dass das Kristallviolett bei den gewählten Konzentrationen der Elektrolytbestandteile und unter den vorgegebenen Abscheidungsbedingungen nicht zur Entstehung eines lückenlosen und zusammenhängenden Kupferfilms auf der Substratoberfläche führt.

Gibt man dem Elektrolyten aber 10 mg/l BT-B, so beobachtet man anhand der in-situ STM-Aufnahmen in Abb. 6.19, dass sich die entstandenen Kupferkristalle parallel zur Substratoberfläche, d. h. quasi-zweidimensional ausdehnen. Das Ergebnis ist ein glatter und kompakter Kupferfilm auf der Oberfläche des Au(111)-Substrates.

Die erste in-situ STM-Aufnahme in dieser Bildreihe zeigt die Oberfläche des Au(111)-Substrates vor der Kupferabscheidung bei dem Potential +150 mV (gegen Cu/Cu^{2+}) im

Bereich der UPD. Die übrigen Aufnahmen dokumentieren das Wachstum des Kupferfilm bei dem Potential -250 mV (gegen Cu/Cu^{2+}) unter den Bedingungen der OPD. Der Kupferfilm breitet sich offensichtlich quasi-zweidimensional über die gesamte Oberfläche des Au(111)-Substrates aus.

Abb. 6.18:
Einfluss des Additivs Kristallviolett auf das Wachstum von Kupferkristallen auf einem Au(111)-Substrat (Elektrolyt: 1 mM $CuSO_4$ + 0,1 M H_2SO_4 + 10 mg/l Kristallviolett) [6.28, 6.29]

Abb. 6.19:
Einfluss des organischen Additivs BT-B auf das Wachstum von Kupferkristallen auf einem Au(111)-Substrat (Elektrolyt: 1 mM $CuSO_4$ + 0,1 M H_2SO_4 + 10 mg/l BT-B) [6.28, 6.29]

Die unterschiedliche Auswirkung der beiden Zusätze auf die Struktur und Ausdehnung des Kupferfilms wird durch die Aufnahme der jeweiligen Linienprofile, die in Abb. 6.20 wiedergegebenen sind, deutlich.

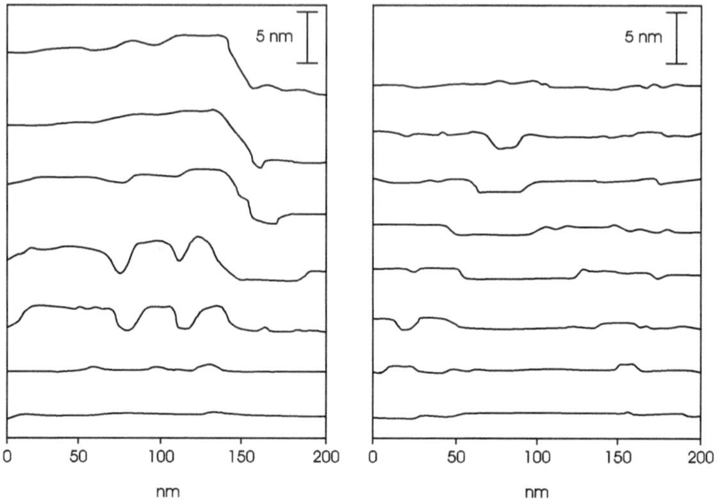

Abb. 6.20: Linienprofile zur Sichtbarmachung des Einflusses von organischen Additiven auf das Wachstum des Kupferfilms; links: Kristallviolett, rechts: BT-B [6.29]

Der Verlauf der Linienprofile lässt erkennen, dass die Zugabe von BT-B zum Kupferelektrolyten im Unterschied zum Kristallviolett bei vergleichbaren Konzentrationen der Elektrolytbestandteile und Abscheidungsbedingungen bereits in den Anfangsstadien der Kupferabscheidung zur Entstehung eines glätteren und lückenlosen Kupferfilms auf der Substratoberfläche führt.

6.2.1.2.5 Oberflächentopographie

Bei der in-situ Abbildung der Oberflächentopographie von abgeschiedenen Schichten können zwei prinzipiell unterschiedliche Verfahren in der STM-Zelle angewandt werden.

Bei dem einen Verfahren wird die Messspitze zunächst so lange zurückgezogen gehalten, bis der elektrochemisch kontrollierte Abscheidungsvorgang beendet ist und eine metallische Schicht sich vollständig auf dem Substrat gebildet hat. Erst jetzt wird Messspitze an die Schichtoberfläche herangeführt, um Tunnelbedingungen herzustellen und topographische Aufnahmen anzufertigen. Anschließend werden die aufgenommenen STM-Bilder hinsichtlich der Oberflächentopographie untersucht und interpretiert.

Diese Vorgehensweise hat den Vorteil, dass ein etwaiger Einfluss der Messspitze auf den Abscheidungsprozess ausgeschlossen ist. Beispielsweise wird die Diffusion der Metallionen zu den Wachstumsstellen, die man untersuchen will, durch die Messspitze nicht beeinträchtigt.

Der Nachteil dieser Methode besteht aber darin, dass sich der zu untersuchende Oberflächenbereich nur schwerlich, wenn überhaupt, wieder auffinden lässt. Dies ist besonders dann der Fall, wenn sehr kleine Oberflächenbereiche abgerastert werden sollen, oder wenn die Veränderungen der Oberfläche nach dem elektrochemischen Abscheidungsprozess sehr gravierend sind.

Bei dem anderen Verfahren befindet sich die Messspitze stets unter Tunnelbedingungen, so dass eine ständige in-situ Beobachtung und Abbildung der Schichtoberfläche während des Abscheidungsvorgangs möglich ist. Der Vorteil dieser Technik besteht vor allem darin, dass man mit ihrer Hilfe die Veränderungen der Oberflächentopographie in den aufeinander folgenden Stadien der Schichtentwicklung kontinuierlich verfolgen kann.

Am Beispiel der Palladiumabscheidung auf einem polierten Glaskohlenstoff soll im Folgenden die in-situ Untersuchung der Oberflächentopographie der Palladiumschicht mittels STM näher diskutiert werden [6.46].

Die Oberfläche des polierten Glaskohlenstoffs weist eine hohe Dichte an Störstellen auf, wodurch die mechanische Verankerung der Palladiumpartikel erleichtert wird. Die STM-Aufnahme in Abb. 6.21 zeigt die Oberflächenstruktur des Glaskohlenstoffsubstrates. Messungen ergaben, dass die Oberfläche eine Mikrorauheit von R_a = 1,56 nm aufweist.

Die Oberfläche des Glaskohlenstoffsubstrats wurde vor der Palladiumabscheidung 60 Sekunden lang in 0,1 M H_2SO_4 bei 1,24 V (gegen Normalwasserstoffelektrode) aktiviert. Danach erfolgte die Abscheidung von Palladium mit Pulsstromverfahren (s. Abschnitt 4.3.2) unter ständiger Elektrolytbewegung durch einen Magnetrührer.

Die in-situ STM-Aufnahme in Abb. 6.22a zeigt, dass die Substratoberfläche bereits nach 60 Sekunden mit einem Palladiumfilm bedeckt war. Dieser liegt, wie die Aufnahme erkennen lässt, in Form von Agglomeraten vor, die aus kleineren Clustern mit einem Durchmesser von etwa 15 nm aufgebaut sind. Der Durchmesser der Agglomerate beträgt etwa 150 bis 220 nm. Anhand der in-situ STM-Aufnahme in Abb. 6.22b lässt sich der Durchmesser der Agglomerate nach 600 Sekunden zu 50 bis 150 nm bestimmen: Die Clustergröße ist jedoch geringfügig größer geworden und beträgt nun 20 bis 30 nm.

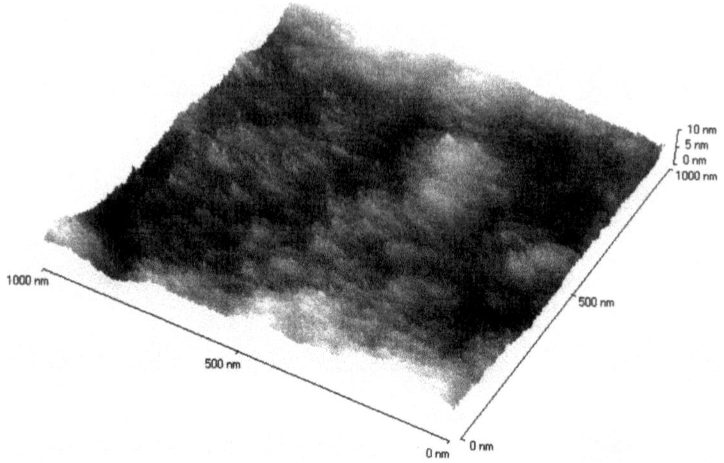

Abb. 6.21: STM-Aufnahme von der Oberfläche des Glaskohlenstoffsubstrats zur Palladiumabscheidung

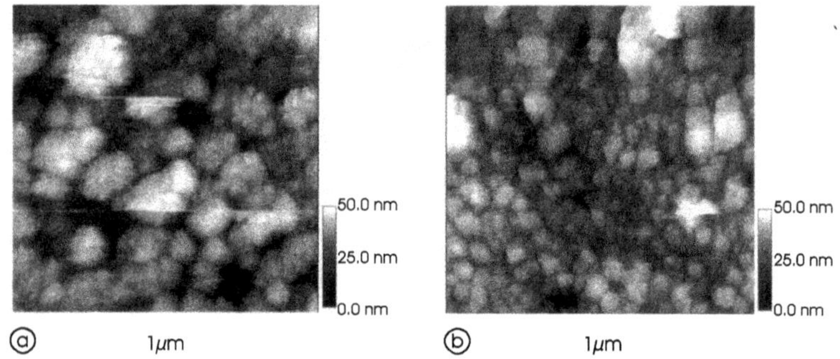

Abb. 6.22: In-situ STM-Aufnahmen von der Oberfläche einer Palladiumschicht a: nach 60 s, b: nach 600 s

Bei der Palladiumschicht, die sich nach 60 s gebildet hat, lassen sich zwischen den Agglomeraten noch flache Strukturen erkennen, die aller Wahrscheinlichkeit nach dem Substrat zuzuordnen sind (Abb. 6.22a). Offensichtlich handelt es sich bei ihnen um Stellen, auf denen kein Palladium abgeschieden wurde. Nach 600 s Palladiumabscheidung werden solche Stellen nicht mehr beobachtet, d. h., die gesamte Substratoberfläche wird mit Palladium vollständig bedeckt (Abb. 6.22b).

Die in Abb. 6.23 reproduzierten in-situ STM-Aufnahmen dokumentieren den Einfluss bestimmter Anionen auf die Oberflächenmorphologie abgeschiedener Palladiumschichten. Diese wurden aus drei verschiedenen Elektrolyten bei einem Potential von 287 mV (gegen Normalwasserstoffelektrode) abgeschieden.

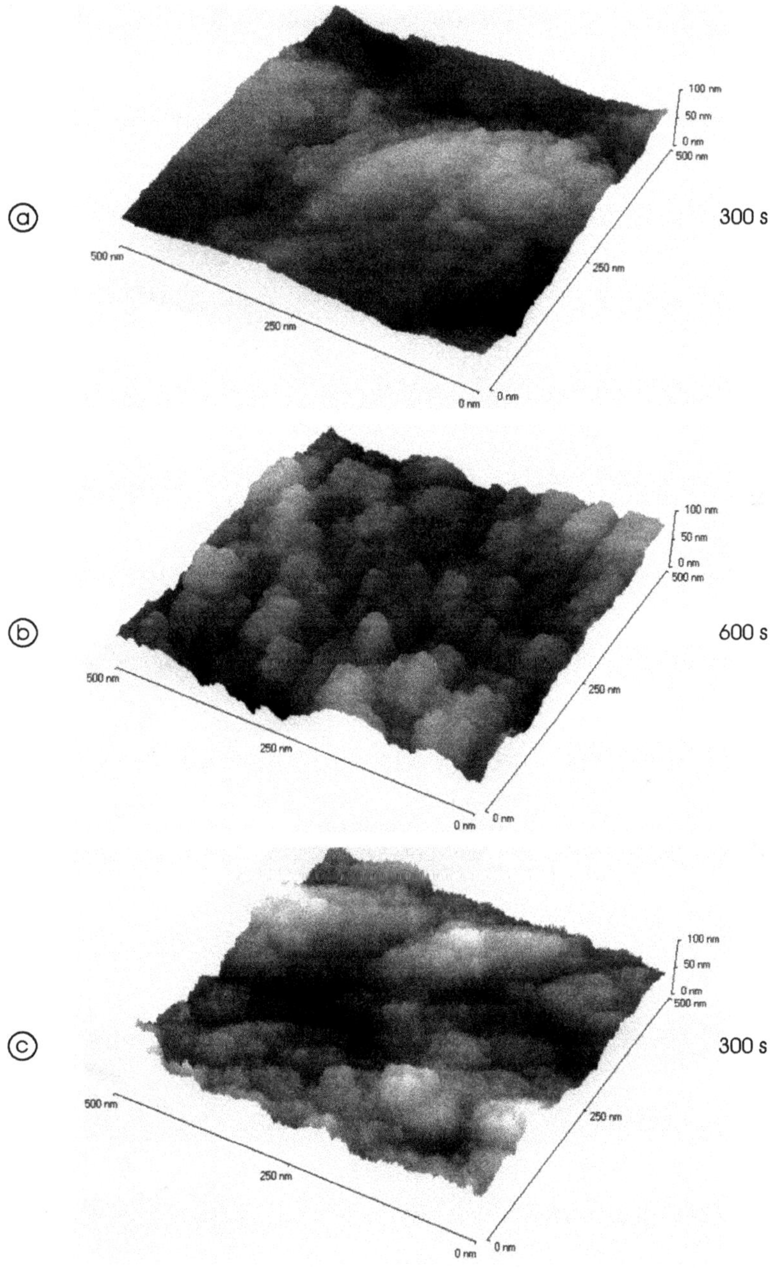

Abb. 6.23: Einfluss bestimmter Anionen auf die Oberflächenmorphologie der Palladiumschicht;
a: SO_4^{2-} (R_a = 16 nm),
b: NO_3^- (R_a = 13 nm),
c: Cl^- (R_a = 23 nm)

In allen drei Fällen besteht die Palladiumschicht aus Agglomeraten von Clustern. Die Substratoberfläche ist im Wesentlichen dicht belegt. Nur die aus dem mit Chloridionen angereicherten Elektrolyten abgeschiedene Schicht weist vereinzelt Poren auf, die 50 bis 60 nm tief sind und eventuell bis zum Substrat reichen. Darüber hinaus bewirkt die Anwesenheit von Chloridionen eine deutliche Aufrauchung der Palladiumoberfläche.

6.2.1.2.6 Wachstumsspiralen

Nicht selten beobachtet man haarförmige Strukturen, so genannte Whisker, die im Laufe der Zeit und unter bestimmten Bedingungen aus galvanisch abgeschieden Metallschichten herauswachsen (s. Abschnitt 5.6). Sie beeinträchtigen nicht nur das Aussehen der Schicht, sondern können u. U. auch Anlass zu Kurzschlüssen in elektrischen und elektronischen Schaltkreisen geben.

Eine der Ursachen für die Entstehung solcher Haarkristalle ist die Anwesenheit von so genannten Schraubenversetzungen, die eine besondere Art von Gitterbaufehlern in Realkristallen darstellen (s. Abschnitt 2.2.2.2.1). Sie verursachen eine spiralförmige Verzerrung der Gitterebenen und erzeugen dadurch weit reichende Spannungsfelder im Kristall. Die Drehachse einer Schraubenversetzung, die Versetzungslinie, endet selten innerhalb des Kristalls, sondern durchstößt in der Regel eine seiner Begrenzungsebenen und ragt aus dieser heraus. So entsteht an der Austrittsstelle der Versetzungslinie eine monoatomare Stufe. Unter bestimmten elektrochemischen Bedingungen lassen sich solche Oberflächenstufen mittels Rastertunnelmikroskop sichtbar machen. Der Grund für dieses Verhalten liegt darin, dass die Austrittsstelle der Schraubenversetzung und ihre unmittelbare Umgebung Zonen erhöhter Energie darstellen und als solche chemisch leicht angegriffen werden. Ein Beispiel dieser Art ist in Abb. 6.24 zu sehen.

Schraubenversetzungen können auch bei der Abscheidung metallischer Schichten eine besondere Rolle spielen. Gemäß dem FRANKschen Wachstumsmechanismus kann an der Austrittsstelle einer Schraubenversetzung ein kontinuierliches Kristallwachstum ohne vorherige Keimbildung stattfinden (s. Abschnitt 5.5.3.3). Dabei findet durch die fortwährende Anlagerung der sich abscheidenden Metallatome an der Austrittsstelle eine Ausweitung der Schraubenversetzung dergestalt statt, dass ein spiralförmiges Kristallwachstum zustande kommt. Die Drehachse der Schraubenversetzung bleibt dabei unbeweglich und wird zur Drehachse der neu entstandenen Wachstumsspirale.

Die in-situ STM-Aufnahme in Abb. 6.25 zeigt eine solche Wachstumsspirale. Sie ist bei der galvanischen Abscheidung von Kupfer aus einem Elektrolyten mit der Zusammensetzung 1 mM $CuSO_4$ + $5 \cdot 10^{-2}$ M H_2SO_4 auf einem Ag(111)-Substrat bei Raumtemperatur entstanden.

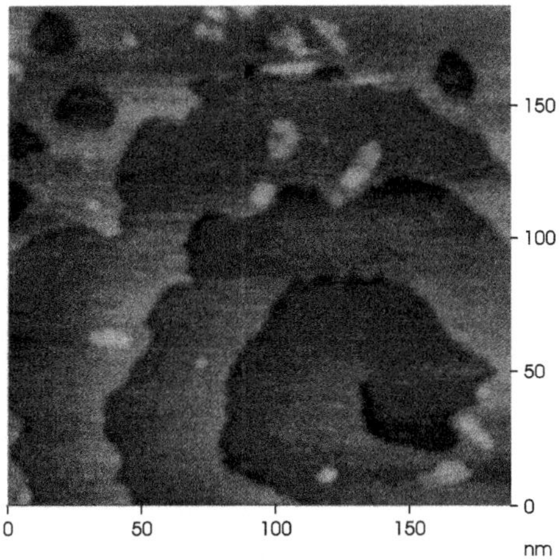

Abb. 6.24: In-situ STM-Aufnahme einer Schraubenversetzung in einer Au(111)-Ebene (Elektrolyt: $5 \cdot 10^{-3}$ M $AgClO_4$ + $5 \cdot 10^{-1}$ M $HClO_4$, E = 200 mV, T = 298 K, I_T = 10 nA, Messspitze Pt-Ir) [6.57]

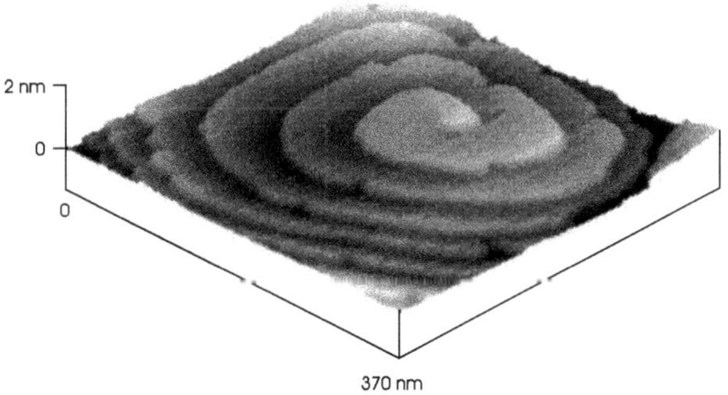

Abb. 6.25: In-situ STM-Aufnahme einer Wachstumsspirale aus Kupfer auf einem Ag(111)-Substrat (Elektrolyt: 1 mM $CuSO_4$ + $5 \cdot 10^{-2}$ M H_2SO_4, T = 298 K, E = 80 mV) [6.47]

Ist die Wachstumsgeschwindigkeit anisotrop, d. h., sie hängt von der kristallographischen Orientierung ab, so ist zu erwarten, dass sich polygonale Wachstumsspiralen bilden. Perfekt polygonal aufgebaute Wachstumsspiralen mit geradlinigen Kanten und scharfen Ecken sind bisher jedoch nur bei tiefen Abscheidungstemperaturen beobachtet worden. Erfolgt die Abscheidung bei Raumtemperatur, so entstehen Wachstumsspiralen, deren Ecken im Nanometerbereich normalerweise abgerundet sind.

Es kommt relativ selten vor, dass nur eine einzige Schraubenversetzung aus der Begrenzungsebene des Einkristalls herausragt und so als Kristallisationszentrum der

Wachstumsspirale fungiert. Häufig sind es zwei und mehr. In solchen Fällen können Wachstumsspiralen nur dann unabhängig voneinander entstehen, wenn die Abstände zwischen ihnen groß genug sind. Befinden sie sich eng beieinander, so beeinflussen sie sich gegenseitig in ihrem Wachstum, insbesondere dann, wenn ihre Vorzeichen, d. h. ihre kristallographischen Richtungen, entgegengesetzt gerichtet sind.

6.2.2 Rasterkraftmikroskopie (RKM)

Eine der wichtigsten Entwicklungen unter den Rastersondenmikroskopieverfahren ist das Rasterkraftmikroskop (RKM), das auch Scanning Force Microscope (SFM) oder Atomic Force Microscopy (AFM) genannt wird. Es nutzt die verschiedenen Kraftwechselwirkungen zwischen den Atomen einer Sondenspitze und einer Probe als Wechselwirkungsgröße und vermag, eine Oberfläche im Bereich von Mikrometern bis zu Nanometern aufzulösen. Dies ist möglich, weil die verwendeten Kraftsensoren hohe Empfindlichkeiten der Kraft- und Federauslenkungsmessung aufweisen. Typische Werte sind 10^{-12} N und 10 pm.

Das Rasterkraftmikroskop funktioniert ähnlich wie das Oberflächenprofilometer: Die Oberfläche einer Probe wird mit einer feinen Spitze (typische Spitzenradien: 10 nm bis 100 nm) mechanisch abgetastet, wobei eine topographische Karte der Probenoberfläche erstellt wird. Es kann in verschiedenen Betriebsmodi betrieben werden, welche, je nachdem welche Wechselwirkungen für die Messungen genutzt werden, in Kontakt-Modus, Nicht-Kontakt-Modus und Intermittierender Modus eingeteilt werden können. Des Weiteren kann man unterscheiden, ob es sich um einen geregelten *constant force* oder ungeregelten *constant height* Modus handelt.

Die Anwendungsgebiete der Rasterkraftmikroskopie reichen von der Abbildung atomarer Strukturen über die Untersuchung biologischer Systeme bis hin zur Charakterisierung und Qualitätskontrolle technologisch relevanter Oberflächen in der Halbleiterindustrie.

6.2.2.1 Grundlagen, Verfahren

Die bisher besprochene Rastertunnelmikroskopie setzt elektrisch leitende Proben voraus. Für die atomare Auflösung und dreidimensionale Abbildung der Oberflächentopographie von elektrisch nicht- oder schlecht leitenden Materialien (wie Kunststoffe oder passive Metalle) ist sie daher nicht geeignet. In solchen Fällen wird das Rasterkraftmikroskop, allgemein bekannt als Atomic Force Microscope eingesetzt, bei dem anstelle des Tunnelstroms die zwischen einer scharfen Abtastspitze und der Probenoberfläche wirkenden Kräfte zur Bilderzeugung herangezogen werden. Das Funktionsprinzip des AFM ist in Abb. 6.26 schematisch wiedergegeben.

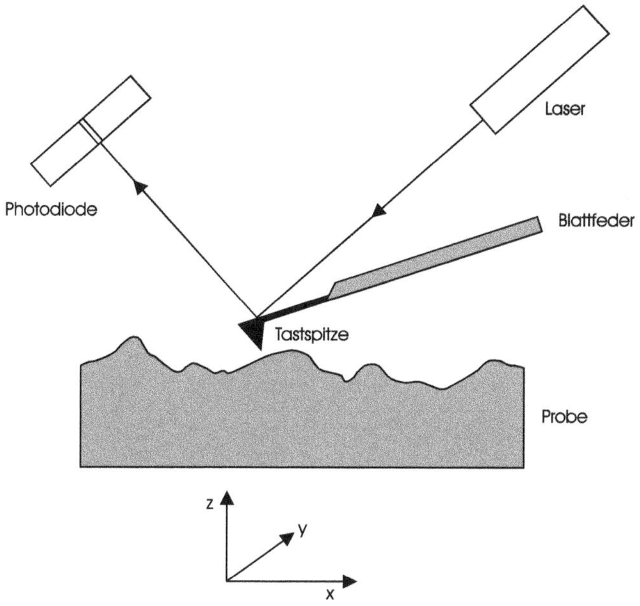

Abb. 6.26: Funktionsprinzip des Rasterkraftmikroskops (AFM)

In der AFM-Zelle rastert eine feine Abtastspitze aus Silizium-Einkristall[7], die am Ende einer weichen Blattfeder (engl.: Cantilever) mit einer Federkonstante k zwischen 0,1 und 1,0 N/m montiert ist, über der Probenoberfläche. Der Öffnungswinkel der Abtastspitze liegt bei ≈ 54,7 °, der Krümmungsradius beträgt typischerweise weniger als 10 nm. Die REM-Aufnahme in Abb. 6.27 zeigt die Geometrie und Größe einer in der Praxis häufig verwendeten Abtastspitze.

Abb. 6.27: REM-Aufnahme einer typischen Abtastspitze für den Einsatz im Rasterkraftmikroskop

[7] Die Spitze wird in diesem Fall durch präferentielles Ätzen der (100)-Ebenen des Si-Einkristalls erzeugt.

Wie in Abb. 6.26 skizziert, befindet sich die Probe auf einem *xyz*-Piezoelement und kann so gleichzeitig in *x*- und *y*-Richtung bewegt werden. Die durch die Topographie der Probenoberfläche bedingten Auslenkungen der Abtastspitze werden mit Hilfe eines Laserstrahls erfasst, der an der Rückseite der Blattfeder reflektiert und mit einer positionsempfindlichen Photodiode detektiert wird.

Die Signale der beiden Diodenhälften werden als Differenz- und Summensignal ausgegeben. Um etwaige Schwankungen der Laserintensität zu eliminieren, wird die Differenz der Einzelsignale durch das Summensignal geteilt.

Das Differenzsignal stellt ein Maß für die Durchbiegung der Blattfeder dar und wird zur Messung der Höhe eines Punktes auf der Probenoberfläche genutzt. Auf diese Weise werden die Lasersignale von der Photodiode zu einem Datensatz von Bildpunkten verarbeitet und zu einem dreidimensionalen Bild der Oberfläche umgesetzt.

Die Wirkungsweise des Rasterkraftmikroskops beruht auf dem LENNARD-JONES-Potential $\varphi(r)$, das wie folgt definiert ist:

$$\varphi(r) = 4 \cdot \varepsilon \left[\left(\frac{\sigma}{r} \right)^{12} - \left(\frac{\sigma}{r} \right)^{6} \right] \tag{6.4}$$

Die Bedeutung der in dieser Beziehung vorkommenden Größen ε, σ und r ergibt sich aus den Erläuterungen, die anhand der graphischen Darstellungen in Abb. 6.28a und 6.28b erfolgen soll.

Zwischen zwei kugelförmigen Teilchen, deren Abstand r beträgt, herrschen sowohl Anziehungs- als auch Abstoßungskräfte, die der Theorie nach Exponentialfunktionen darstellen.

Bei den anziehenden (attraktiven) Kräften handelt es sich vor allem um VAN-DER-WAALS-Kräfte[8], während die abstoßenden (repulsiven) Kräfte auf die PAULI-Repulsion zurückzuführen sind. Sie sind, etwas vereinfachend ausgedrückt, dadurch bedingt, dass sich Elektronen mit gleichem Spin abstoßen.

---

8 Elektrisch neutrale Atome stellen in Wirklichkeit Dipole mit veränderlichem elektrischen Moment dar, da die elektrischen Ladungen in ihnen nicht starr an bestimmten Plätzen gebunden sind, sondern sich periodisch bewegen können. Kommen sich zwei Atome zu nahe, tritt zwischen ihren elektrischen Ladungen eine Wechselwirkung auf, die man als VAN-DER-WAALS-Kraft bezeichnet. VAN-DER-WAALS-Kräfte sind wesentlich geringer als die normalen Bindungskräfte in Festkörpern.

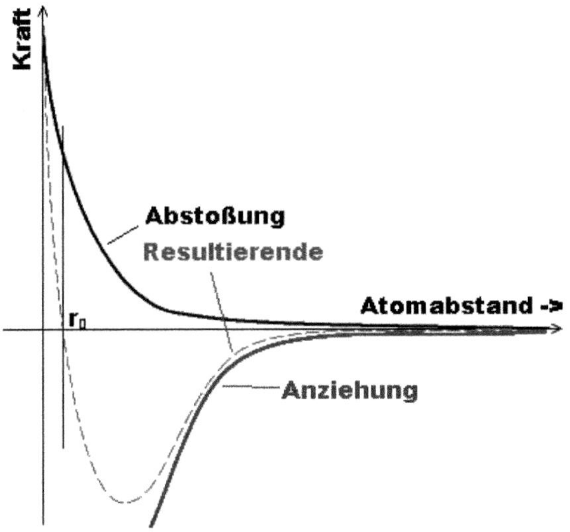

Abb. 6.28a: Anziehungs- und Abstoßungskraft zwischen zwei kugelförmigen Teilchen als Funktion des Abstands *r* zwischen den beiden Teilchen

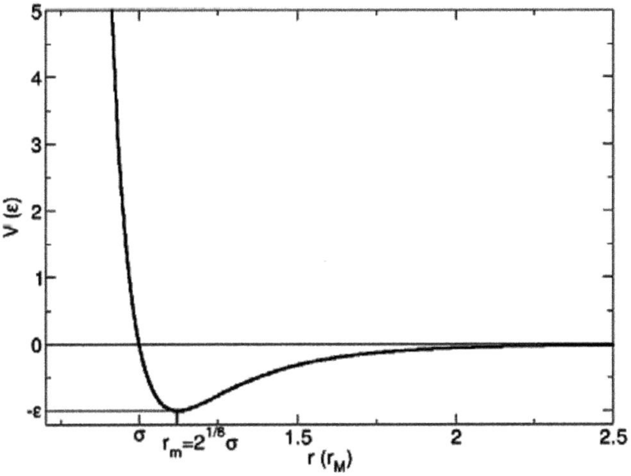

Abb. 6.28b: Schematische Darstellung des LENNARD-JONES-Potentials $\varphi = f(r)$ als Summe einer attraktiven (anziehenden) und einer repulsiven (abstoßenden) Wechselwirkung
Nullstelle bei $r_0 = \sigma$ und $\varphi(r) = \varphi(r_0) = 0$
Minimum bei $r = r_{min} = 2^{1/6} \cdot \sigma$ und $\varphi(r) = -\varepsilon$

Die beiden Teilchen ziehen sich zunächst an; mit abnehmendem Abstand beginnt jedoch die Abstoßungskraft dieser Annäherung entgegenzuwirken. Schließlich überwiegt sie ab einem bestimmten Abstand und nimmt exponentiell zu.

Die resultierende Kraft (die gestichelte Kurve) ergibt sich aus der algebraischen Summe der beiden Funktionen. Sie schneidet die *x*-Achse bei $r = r_0$, wo die beide Kräfte dem Betrag nach gleich sind und sich gegenseitig aufheben.

In ähnlicher Weise beschreibt das LENNARD-JONES-Potential $\varphi = f(r)$ die Änderung der potenziellen Energie φ von Atomen oder Molekülen in Abhängigkeit von ihrem Abstand (r) zueinander. Das Potential ist die Summe einer stetigen attraktiven (anziehenden) und einer stetigen repulsiven (abstoßenden) Wechselwirkung. In großer Entfernung überwiegt der Anteil der anziehenden Kraft, ab einer bestimmten Entfernung zweier Teilchen zueinander beginnt aber der Anteil der abstoßenden Kraft zu überwiegen und steigt extrem schnell an (Abb. 6.28b).

Nun kann man sich die Bedeutung von ε in Gl. (6.4) klarmachen. Es ist die „Tiefe" der Potentialmulde, die durch die Wechselwirkung zwischen den anziehenden und abstoßenden Kräften Zustande kommt. $\sigma = r_0$ ist der Abstand, an dem das LENNARD-JONES-Potential eine Nullstelle besitzt, es gilt also $\varphi(r_0) = 0$. $r_{min} = 2^{1/6} \cdot \sigma$ ist der Abstand, bei dem LENNARD-JONES-Potential ein Minimum aufweist. Bei diesem Abstand herrscht ein Energieminimum. Für große Abstände, d. h. wenn r gegen unendlich geht, nähert sich das LENNARD-JONES-Potential von unten der Nulllinie an.

Im Rasterkraftmikroskop wirken zwischen der Abtastspitze und der Probenoberfläche sowohl anziehende (attraktive) als auch abstoßende (repulsive) Kräfte. Die ersteren setzen sich aus magnetischen und elektrostatischen sowie Kapillar[9]- und VAN-DER-WAALS-Kräften zusammen, während die letzteren auf die gegenseitige Abstoßung der Elektronenorbitale der Abtastspitze und der Probe zurückzuführen sind. Messbare anziehende bzw. abstoßende Kräfte treten auf, wenn die Abtastspitze bis auf wenige Nanometer an die Probenoberfläche herangeführt wird. Beim Annähern werden zunächst die weit reichenden attraktiven Kräfte wirksam, wodurch die Abtastspitze von der Probe angezogen wird. Je mehr sich aber der Abstand zwischen der Abtastspitze und Probenoberfläche verkürzt, umso stärker treten die kurz reichenden repulsiven Kräfte in Erscheinung, so dass die Abtastspitze von der Probe abgestoßen wird. Diese auf die Abtastspitze wirkenden Kräfte, deren Größe F auf 10^{-13} bis 10^{-4} N abgeschätzt wird, werden auf die Blattfeder übertragen. Die dadurch bedingte vertikale Auslenkung Δz der Blattfeder lässt sich mit Hilfe des HOOKEschen Gesetzes ermitteln ($F = -k \cdot \Delta z$).

---

9 Kapillarkräfte werden durch dünne Kontaminationsschichten verursacht, die sich auf der Probenoberfläche bilden, wenn diese der atmosphärischen Luft aussetzt wird. Sie bestehen aus kondensiertem Wasser und anderen in der Luft vorhandenen Molekülen und können je nach Luftfeuchtigkeit eine Dicke von 2,5 bis 50 nm aufweisen.

Bei der Abbildung der Oberflächentopographie mittels Rasterkraftmikroskopie unterscheidet man in Analogie zu den beiden Betriebsarten (*constant current mode* und *constant height mode*) des STM zwischen dem *constant force mode* und *constant height mode*. Im ersten Fall wird die Kraft der sich auslenkenden Blattfeder konstant gehalten, indem das Differenzsignal über einen Regelkreis dem piezoelektrischen Stellelement zugeführt wird, welches dann den Abstand zwischen der Abtastspitze und der Probe in *z*-Richtung nachregelt. Bei der zweiten Betriebsart wird das *z*-Piezoelement während der Messung nicht ausgelenkt, stattdessen wird das Differenzsignal der Photodiode dem angeschlossenen Rechner zur Verarbeitung zugeleitet. Demzufolge erhält man beim *constant height mode* anstelle eines Topographiebildes ein Kraftbild.

Dieser Abbildungsmodus eignet sich besonders für die Abbildung von Strukturen mit atomarer Größenordnung.

Bei der bisher besprochenen Arbeitsweise, die als *soft contact mode* bezeichnet wird, kommen sowohl die attraktiven als auch die repulsiven Kräfte zum Tragen. Der Vorteil dieser Methode liegt nicht nur darin, dass sie einfacher zu handhaben ist, sondern auch höhere Auflösungen erreicht, indem sie die wirksameren repulsiven Kräfte mit berücksichtigt. Darüber hinaus eignet sich diese Betriebsart besonders für den Einsatz in flüssigen Medien.

Führt man aber die Abtastspitze nur so weit an die Probenoberfläche heran, dass lediglich die attraktiven Kräfte zwischen der Abtastspitze und Probenoberfläche zur Geltung kommen, dann spricht man von *non contact mode*. Die Abtastspitze wird in diesem Fall mit vorgegebener Amplitude und Frequenz in *z*-Richtung bewegt. Die attraktiven Kräfte bewirken eine Differenz zwischen der vorgegebenen und resultierenden Frequenz, die detektiert und zur Abbildung der Oberflächentopographie genutzt wird. Der Vorteil dieser Vorgehensweise besteht darin, dass nur kleine Kräfte auf die Probenoberfläche übertragen werden. Dadurch ist eine zerstörungsfreie Abbildung von weichen Oberflächen, wie z. B. organischen Molekülen und Kristallen, möglich. Auch die Wahrscheinlichkeit einer Wechselwirkung zwischen der Abtastspitze und der Probe ist in diesem Fall sehr gering. Die experimentelle Durchführung dieser Methode erfordert allerdings einen größeren Aufwand als der *soft contact mode*.

Bei der Interpretation der AFM-Aufnahmen sind folgende Sachverhalte in Betracht zu ziehen:

Zum einen muss ist damit zu rechnen, dass der relative große Öffnungswinkel der Abtastspitze das Auflösungsvermögen bei der Untersuchung steil verlaufender Strukturen einschränken kann. Zum anderen ist zu berücksichtigen, dass zusätzlich zu der Kraft in z-Richtung eine laterale Kraft in x-Richtung auf die Abtastspitze wirkt, die als Reibkraft (engl.: frictional force) darstellt. Sie kann je nach Geometrie der Abtastspitze einen entscheidenden Einfluss bei der atomaren Auflösung ausüben.

6.2.2.2 In-situ Rasterkraftmikroskopie

Das Rasterkraftmikroskop kann sowohl an Luft und im Vakuum als auch in Elektrolyten eingesetzt werden. Gerade die letztere Möglichkeit ist für die in-situ Beobachtung der Prozesse der Keimbildung und des Schichtwachstums von besonderem Interesse. Abb. 6.29 zeigt den prinzipiellen Aufbau einer elektrochemischen AFM-Zelle in schematischer Darstellung.

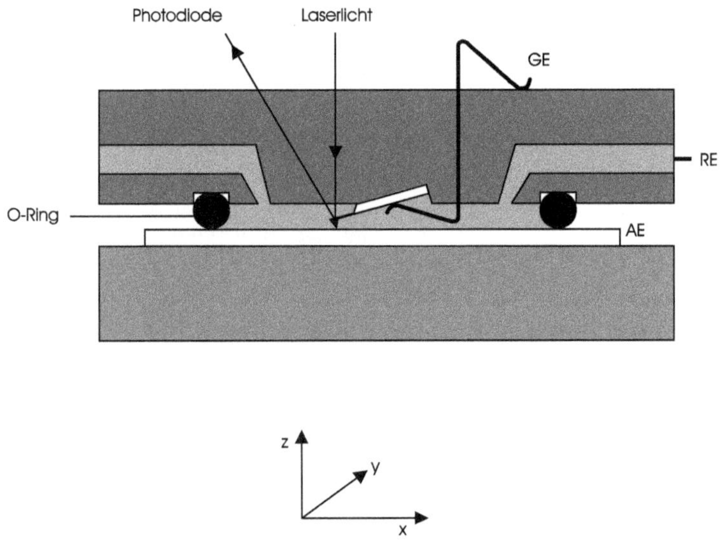

Abb. 6.29: Schematische Darstellung des Aufbaus einer elektrochemischen Zelle zur Durchführung von in-situ Untersuchungen mittels AFM

Wie aus dieser Darstellung hervorgeht, befindet sich das zu beschichtende und als Arbeitselektrode (AE) fungierende Substrat auf einem xyz-Piezoelement, das durch Anlegen einer elektrischen Spannung mit einer Genauigkeit von ca. 0,1 nm in den drei Raumrichtungen x, y und z bewegt werden kann. Das Substrat drückt gleichzeitig gegen einen O-Ring, der die elektrochemische AFM-Zelle nach außen hin abdichtet und dadurch das Elektrolytvolumen in der Zelle bestimmt. Die Referenzelektrode (RE) befindet sich in einem Elektrolytvoratgefäß. Als Gegenelektrode (GE) dient eine Metallklammer, an der die Abtastspitze befestigt ist.

Elektrochemische Untersuchungen in der AFM-Zelle ermöglichen es, die Prozesse der Keimbildung und des Kristallwachstums zeit- und ortsaufgelöst in-situ zu studieren und die Oberflächenstruktur abgeschiedener Schichten atomar abzubilden. Die elektrochemische Rasterkraftmikroskopie gestattet ferner, den Einfluss der Elektrolytzusätze auf die Mikrostruktur und Schichteigenschaften unter kontrollierten Abscheidungsbedingungen zu untersuchen. Dabei kommen die besonderen Fähigkeiten des Rasterkraftmikroskops (extrem hohe vertikale Auflösung und hohe Vergrößerung) voll zum Tragen.

Bei den elektrochemischen Experimenten in der AFM-Zelle sollte man aber auch die Möglichkeit in Erwägung ziehen, dass der Abbildungsvorgang die auf der Substratoberfläche ablaufenden Prozesse eventuell stören kann. So kann z. B. die Abtastspitze aufgrund ihrer Nähe zur Substratoberfläche den Materialtransport im Abbildungsbereich abschirmen. Außerdem besteht zwischen der Abtastspitze und der Substratoberfläche eine geringe Kraftwechselwirkung. Diese kann allerdings u. U. größer sein als die Bindungskräfte zwischen den sich auf der Substratoberfläche bildenden Keimen und dem Substrat selbst. Tritt dieser Fall ein, so können die Keime aus dem Abbildungsbereich hinaus verschoben werden.

Im Folgenden werden die Einsatzmöglichkeiten der in-situ Rasterkraftmikroskopie zur Klärung bestimmter Fragenkomplexe aus der galvanotechnischen Praxis anhand einiger ausgewählter Beispiele diskutiert.

6.2.2.2.1 Oberflächenvorbehandlung

Will man aus Kunststoffen angefertigte Teile und Gebrauchsgegenstände metallisieren, um ihnen beispielsweise einen metallischen Glanz zu verleihen, so ist es notwendig, dass die Kunststoffoberfläche zunächst mit einer elektrisch leitenden Schicht versehen wird. Dies geschieht, indem man die Kunststoffoberfläche mit Spuren eines Edelmetalls, beispielsweise Silber oder Palladium, bekeimt. An diesen Keimen setzt bei der anschließenden außenstromlosen Verkupferung oder Vernickelung die Abscheidung einer dünnen, geschlossenen und elektrisch leitenden Kupfer- oder Nickelschicht ein. Diese wird anschließend in einem nächsten Arbeitsschritt galvanisch auf die gewünschte Dicke verstärkt. Um die Edelmetallkeime aber auf der Kunststoffoberfläche haftfest verankern zu können, muss diese mit einem geeigneten Verfahren vorbehandelt, d. h. aufgeraucht und mit mikroskopisch kleinen Kavernen und Hohlräumen versehen werden. Zu diesem Zweck wird die Kunststoffoberfläche gebeizt. Am bekanntesten ist das Beizen von ABS (Acrylnitril-Butadien-Styrol) mit Chromschwefelsäure[10]-Beize mit dem Ziel, die Oberfläche des Kunststoffes zu reinigen und hydrophil, d. h. für Wasser benetzbar zu machen.

[10] Chromschwefelsäure mit der Formel H_2SO_4/CrO_3 besteht hauptsächlich aus konzentrierter Schwefelsäure und etwa 5 % Chromtrioxid (Chrom(VI)-oxid).

Die Beize besteht aus 375 g/l Chromtrioxid (CrO_3) und 375 g/l konzentrierter Schwefelsäure. Die Butadienkomponente von ABS besitzt eine Doppelbildung (R-CH=CH_2), die reagieren kann. Die Beize greift bei einer Beiztemperatur von 60 °C die Doppelbindungen der Butadienkomponente oxidativ an, löst sie innerhalb einer Ätzdauer von 8 bis 12 Minuten heraus und hinterlässt Kavernen[11]. Die Hartphase, das Acrylnitril-Styrol, wird dabei nicht angegriffen. Das Ergebnis des Beizvorganges ist eine „aufgeraute" Oberfläche. Die in Abb. 6.30a reproduzierten in-situ AFM-Aufnahmen dokumentieren die Veränderungen der ABS-Oberfläche durch die Entstehung und das Wachstum von Hohlräumen und Kavernen beim Beizprozess.

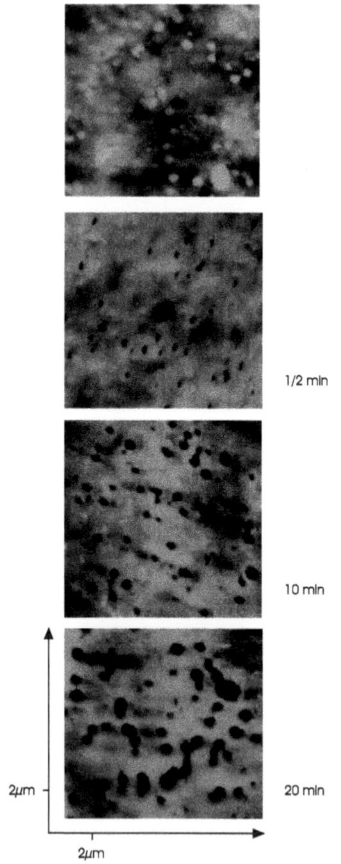

Abb. 6.30a: Entstehung und Wachstum von Kavernen in der ABS-Oberfläche infolge des Beizens mit Chromschwefelsäure in Abhängigkeit von der Beizdauer (AFM-Aufnahmen)

[11] Aus diesem Grund werden Teile aus ABS nicht ohne Beschichtung im Außenbereich eingesetzt. Die Doppelbindung der Butadienkomponente wird durch das UV-Licht angegriffen und zerstört.

Die erste Aufnahme in dieser Bildreihe zeigt die Oberfläche des ABS vor dem Beizen. Die Zunahme der Kavernendichte in Abhängigkeit von der Beizdauer ist Abb. 6.30b graphisch dargestellt.

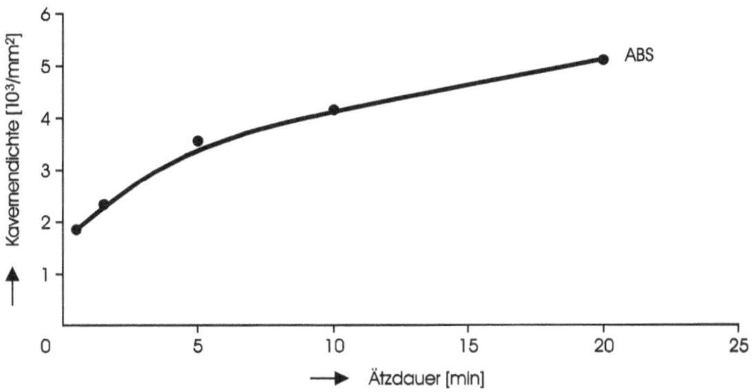

Abb. 6.30b: Änderung der Kavernendichte in Abhängigkeit von der Beizdauer

Die so genannte „Druckknopf"-Theorie als einer der möglichen Mechanismen zur Deutung der Haftung von Metallschichten auf Kunststoffsubstraten beruht auf der Existenz solcher Kavernen (s. Abschnitt 7.3.1). Sie wird insbesondere zur Erklärung der Haftfestigkeit bei metallisierten ABS-Substraten herangezogen. Die in Abb. 6.30c wiedergegebene in-situ AFM-Aufnahme zeigt die Form und Größe von Kavernen, die nach dem Herauslösen der Kautschukteilchen (Butadienkomponente) durch das Beizen entstanden sind.

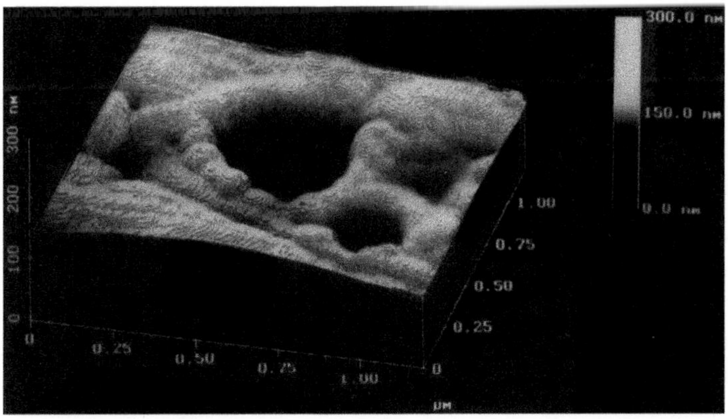

Abb. 6.30c: In-situ AFM-Aufnahme einer ABS-Oberfläche nach einer Beizdauer von 10 Minuten mit Chromschwefelsäure

6.2.2.2.2 Oberflächenaktivierung

Nachdem das Aufrauen der Kunststoffoberfläche zu der gewünschten Oberflächenstruktur geführt hat, werden Metallkeime in feinster Verteilung auf die aufgeraute Oberfläche gebracht. Diesen Arbeitsschritt bezeichnet man als Oberflächenaktivierung. Hierbei haben sich im Wesentlichen zwei Methoden durchgesetzt, die als kolloidales bzw. ionogenes Verfahren bezeichnet werden. Beide verwenden das Metall Palladium als Bekeimungsmittel.

Beim kolloidalen Verfahren werden Aktivatorlösungen eingesetzt, die das Metall Palladium in Form feiner Partikel mit einem Durchmesser von etwa 1 µm enthalten. Um eine Sedimentation der Palladiumpartikel zu verhindern und sie in Lösung zu halten, werden sie mit einem Schutzkolloid aus Zinnoxidhydrat umhüllt, das in saurer Umgebung eine positiv geladene Sphäre um die Palladiumpartikel bildet. Der Palladiumgehalt der Aktivatorlösung liegt bei etwa 0,1 g/l. Bei dem Aktivierungsvorgang werden die Palladiumpartikel mit ihren Schutzkolloiden an der Kunststoffoberfläche adsorbiert.

Beim ionogenen Verfahren wird eine Palladiumkomplexverbindung, in der das Palladium durch Liganden aus Stickstoffverbindungen komplexiert vorliegt, an der Kunststoffoberfläche adsorbiert. Der Palladiumgehalt der Aktivatorlösung schwankt in diesem Fall zwischen 0,1 und 0,5 g/l. Die an der Kunststoffoberfläche adsorbierte Palladiummenge ist beim ionogenen Verfahren etwas geringer als beim kolloidalen Verfahren.

Um die in der Aktivatorlösung schwebenden Palladiumpartikel an die Kunststoffoberfläche zu bringen, werden so genannte Beschleuniger verwendet. Beim kolloidalen Verfahren hat der Beschleuniger die Aufgabe, das Schutzkolloid von den Palladiumpartikeln zu entfernen, damit ein aktives Palladium an der Kunststoffoberfläche verbleibt. Beim ionogenen Verfahren besteht der Beschleuniger aus einem Reduktionsmittel, das die adsorbierten Palladiumionen zu metallischem Palladium reduziert.

Die Rasterkraftmikroskopie kann nun zur Bestimmung der Effektivität der Aktivierung eingesetzt werden, da sie die Verteilung und Größe der Palladiumcluster sichtbar macht und über ihre Abhängigkeit von verschiedenen Parametern Aufschluss gibt.

Die in-situ AFM-Aufnahmen in Abb. 6.31 zeigen die Oberfläche einer unbehandelten (oben) und einer mit Palladium aktivierten (unten) Polyimid-Folie. Polyimid eignet sich wegen seiner sehr glatten Oberfläche besonders für das Studium des Aktivierungsvorgangs und die Identifizierung der fein verteilten Palladiumpartikel.

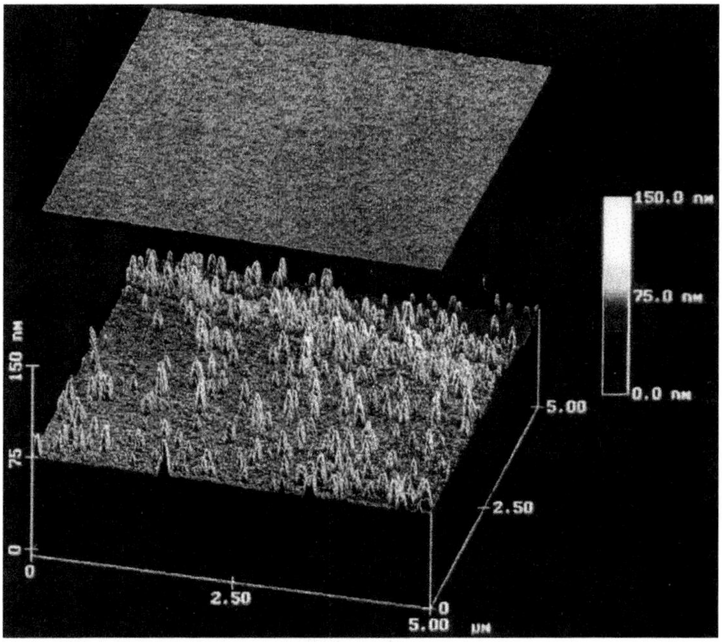

Abb. 6.31: In-situ AFM-Aufnahme einer unbehandelten (oben) und einer mit Palladium aktivierten (unten) Polyimid-Folie [6.28]

6.2.2.2.3 Durchkontaktierung von Leiterplatten

Das konventionelle Verfahren zur Durchkontaktierung der Bohrlöcher von (Multi)Leiterplatten besteht aus Aktivierung und chemischer Verkupferung der Bohrlochwandungen und anschließender galvanischer Verstärkung.

Die aufwendige und nicht ganz problemlose chemische Verkupferung hat dazu geführt, dass man in den letzten Jahren nach einem sicheren und kürzeren, aber auch im Hinblick auf Umweltverträglichkeit besseren Verfahren zur Durchkontaktierung von Leiterplatten Ausschau gehalten hat.

Bei der so genannten Direktmetallisierung umgeht man die chemische Verkupferung (s. Abschnitt 3.4.2.6) dadurch, dass man die Bohrlochwandungen nicht mit Kupfer, sondern mit einer elektrisch leitenden Schicht aus Polypyrrol versieht, die den Ausgangspunkt für die galvanische Verkupferung darstellt. Dabei stehen der Wachstumsmechanismus und die Oberflächenstruktur der auf dem Polypyrrol-Film galvanisch aufgebrachten Kupfersschicht im Mittelpunkt des Interesses. Auch hier kann das Rasterkraftmikroskop zum Studium der ersten Stadien der Kupferabscheidung und Visualisierung der Oberflächenmorphologie erfolgreich eingesetzt werden.

Die in Abb. 6.32 reproduzierten in-situ AFM-Aufnahmen dokumentieren am Beispiel der Kupferabscheidung aus einem Elektrolyten mit der Zusammensetzung 1 mM $CuSO_4$ + 0,1 M H_2SO_4 die Entstehung und das Wachstum der ersten Kupferkristalle auf einem Polypyrrol-Substrat.

Abb. 6.32: In-situ AFM-Aufnahmen: Entstehung und Wachstum von Kupferkristallen auf einem Substrat aus elektrisch leitendem Polypyrrol (Elektrolyt: 1 mM $CuSO_4$ + 0,1 M H_2SO_4) [6.34]

Die erste Aufnahme (oben) zeigt die Oberfläche des Polypyrrol-Substrats vor der Kupferabscheidung bei dem Potential +50 mV (gegen Cu/Cu^{2+}). Durch die Erhöhung des Potentials von +50 mV auf -100 mV bilden sich die ersten Kupferkristalle, die dreidimensional wachsen (Mitte). Verschiebt man das Potential von +50 mV auf -150 mV (unten), so entstehen, wie ein Vergleich zeigt, mehr Kupferkristalle.

6.2.2.2.4 Oberflächenmorphologie

Die Oberflächenmorphologie einer chemisch oder galvanisch abgeschiedenen Schicht bestimmt nicht nur ihre physikalischen, chemischen und mechanischen Eigenschaften, wie beispielsweise das Reflexionsvermögen, die Korrosionsbeständigkeit und den Verschleißwiderstand, sondern auch ihre Gleit- und Notlaufeigenschaften. Sie selbst wird vor allem durch die Elektrolytzusammensetzung und die Abscheidungsbedingungen beeinflusst.

Mit Hilfe der Rasterkraftmikroskopie ist es möglich, den Einfluss der Badparameter auf die Oberflächenmorphologie unter definierten Bedingungen in-situ und kontinuierlich zu verfolgen. Am Beispiel von chemisch-reduktiv erzeugten Nickel-Phosphor-Schichten soll im Folgenden versucht werden, diese Möglichkeit aufzuzeigen.

Nickel-Phosphor-Schichten - im Fachjargon des Galvaniseurs Chemisch Nickel genannt - zeichnen sich durch hervorragende Eigenschaften aus, die sich zudem durch sachgemäße thermische Behandlung in weiten Grenzen variieren lassen [6.48]. Wegen ihrer hohen Korrosions- und Verschleißbeständigkeit finden sie in vielen Bereichen der Industrie und Technik, insbesondere zum Beschichten von Teilen aus Stahl Anwendung.

Die in-situ AFM-Aufnahmen in Abb. 6.33 zeigen die Entstehung einer Nickel-Phosphor-Legierungsschicht mit einem Phosphorgehalt von 12 Massen-% auf einem polierten CrNi-Stahlsubstrat.

Die Oberfläche des Stahlsubstrats wurde zunächst mit Diamantpaste (Korngröße = 1 μm) mechanisch auf ca. 20 nm Rautiefe poliert und anschließend durch Elektropolieren auf eine Rautiefe von ca. 10 nm glatt poliert. Die autokatalytische Abscheidung von Nickel-Phosphor-Schichten auf dem polierten CrNi-Stahlsubstrat wurde durch einen kathodischen Spannungspuls von 3 V für 1 s ausgelöst. Diese Maßnahme ist erforderlich, da zum einen infolge des mechanischen Polierens eine Deaktivierung der Substratoberfläche eintritt. Zum anderen bildet sich beim Elektropolieren ein wenige Nanometer dicker oxidischer Film auf der Substratoberfläche.

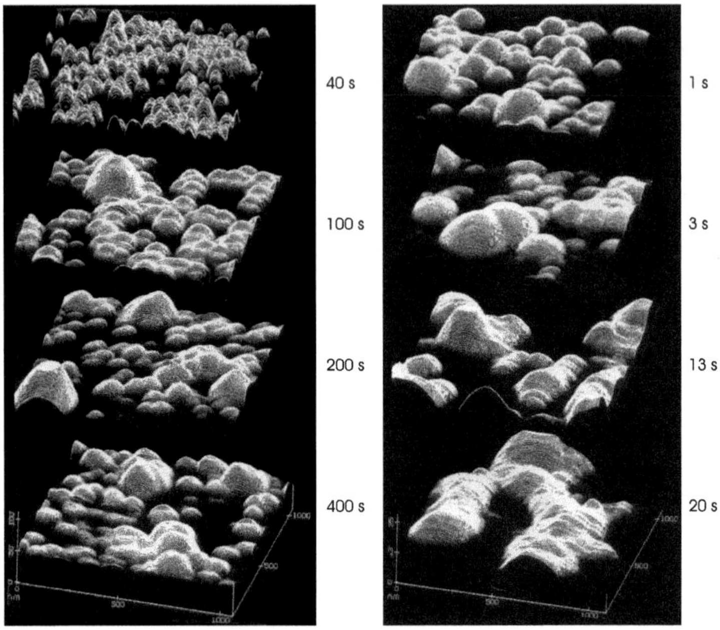

Abb. 6.33: In-situ AFM-Aufnahmen: Entstehung einer Nickel-Phosphor-Schicht auf einem CrNi-Stahlsubstrat [6.20]

Beim Anlegen des Spannungspulses entsteht auf dem Stahlsubstrat ein flächendeckender Nickel-Phosphor-Film von knolliger Morphologie. Die einzelnen Knollen haben einen mittleren Durchmesser von ca. 200 nm und eine mittlere Höhe von ca. 75 nm. Nach 3 Sekunden bildet sich eine homogene knollige Oberfläche mit einer mittleren Höhe von ca. 25 nm aus. Diese relativ uniforme Oberfläche wird an einigen Stellen von größeren Knollen mit einem Durchmesser von ca. 250 nm und einer Höhe von ca. 100 nm unterbrochen. Die Häufigkeit dieser vereinzelt auftretenden größeren Knollen liegt bei etwa $1/\mu m^2$. Nach 13 s nimmt die Häufigkeit des Auftretens größerer Knollen auf etwa $3/\mu m^2$ zu. Damit verbunden ist eine Zunahme des mittleren Durchmessers der Knollen auf ca. 500 nm und der mittleren Höhe auf ca. 250 nm. Die vereinzelt auftretenden größeren Knollen ordnen sich in Gruppen an. Nach 20 Sekunden bilden sich große Ansammlungen von Knollen mit einem Durchmesser von ca. 800 nm und einer Höhe von ca. 300 nm. Nach 40 Sekunden besteht die Oberfläche fast ausschließlich aus sehr ausgeprägten Knollen mit einem Durchmesser von ca. 300 nm und einer Höhe von ca. 30 nm. Sie wird an einigen Stellen von etwas größeren Knollen mit einem Durchmesser von 500 nm und der Höhe von 250 nm durchbrochen. Diese Oberflächenmorphologie ähnelt derjenigen, die sich nach 3 Sekunden Expositionszeit einstellt, weist jedoch eine wesentlich geringere Rautiefe von ca. 30 nm auf. Bei noch längeren Expositionszeiten wird die Oberfläche zunehmend glatter mit einer Rautiefe von etwa 20 nm:

Es zeichnen sich nur noch wenige größere Knollen ab, die einen Durchmesser von ca. 400 nm und eine Höhe von 40 nm aufweisen [6.20].

Die in-situ AFM-Aufnahmen in Abb. 6.34 dokumentieren die Oberflächenmorphologien von 1, 2, 3 und 4 μm dicken Nickel-Phosphor-Schichten mit einem Phosphorgehalt von 12 Massen-%, die auf kathodisch entfetteten CrNi-Stahlsubstraten abgeschieden wurden.

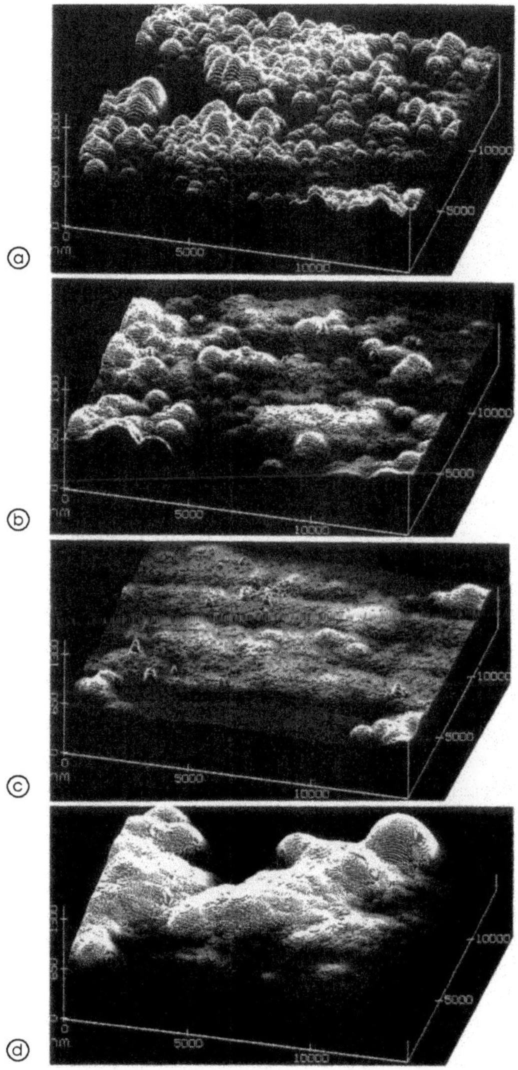

Abb. 6.34: In-situ AFM-Aufnahmen von chemisch-reduktiv auf kathodisch entfetteten CrNi-Stahlsubstraten abgeschiedenen Nickel-Phosphor-Schichten
a: 1 μm, b: 2 μm, c: 3 μm, d: 4 μm [6.20]

Wie diese Aufnahmen zeigen, weisen die Nickel-Phosphor-Schichten flächendeckend ein knolliges Wachstum auf. Der Durchmesser und die Höhe der einzelnen Knollen nehmen mit zunehmender Schichtdicke ab, was zu einer Zunahme der Knollendichte führt. Ab einer Schichtdicke von ca. 4 µm sind keine einzelnen Knollen mehr zu erkennen. Stattdessen zeigen die Schichten ein regelmäßiges, leicht welliges Aussehen, das nur selten von größeren Beulen unterbrochen wird.

Literaturverzeichnis

[6.1] *Binnig, G. and Rohrer, H.*: „Scanning Tunneling microscopy", Helvetica Physica Acta, Vol. 55 (1982), 726-735

[6.2] *Binnig, G., Rohrer, H., Gerber, Ch. and Weibel, E.*: „Surface Studies by Scanning Tunneling Microscopy", Physical Review Letters, Vol. 49 (1982), 57-60

[6.3] *Binnig, G. and Rohrer, H.*: „Scanning Tunneling Microscopy", Surface Science 126 (1983), 236-244

[6.4] *Binnig, G. und Rohrer, H.*: „Das Raster-Tunnelmikroskop", Spektrum der Wissenschaft 10 (1985), 62-68

[6.5] *Fink, H.-W.*: „Mono-atomic tips for scanning tunneling microscopy", IBM J. of Research and Development, Vol. 30, No. 5 (1986), 460-465

[6.6] *Hansma, P. K. and Tersoff, J.*: „Scanning Tunneling Microscopy", J. App. Phys., Vol. 61, No. 2 (1987), R1-R23

[6.7] *Wiechers, J.*: „Entwicklung eines Rastertunnelmikroskops für elektrochemische Anwendung und in-situ Untersuchungen zur Struktur einer Gold Elektroden-Oberfläche", Diplomarbeit, Ludwig-Maximilians-Universität, 1988

[6.8] *Krebber, U.*: „Tunnelmikroskopische Untersuchungen zur Belegung von Graphitoberflächen mit Palladium", Diplomarbeit, Westphälische Wilhelms-Universität, 1988

[6.9] *Christoph, R. und Siegenthaler, H.*: „In-situ Scanning Tunneling Microscopy at Potential Controlled Ag (100) Substrates", Electrochimica Acta (Fisher Symposium) 1988

[6.10] *Fuchs, H.*: „Strukturen-Farben-Kräfte: Wanderjahre der Raster-Tunnelmikroskopie", Phys. Bl. 45, Nr. 4 (1989), 105-115

[6.11] *Persch, G. und Strecker, H.*: „Das Rastertunnelmikroskop", Labor 2000 (1989), 72-79

[6.12] *Rabe, J. P.*: „Surface Chemistry with the Scanning Tunneling Microscope", Advanced Materials, No. 1 (1989), 13-17

[6.13] *Uosaki, K. and Kita, H.*: „Construction of an STM system and its application to electrodeposition of copper on polycrystalline platinum", J. Electroanal. Chem. 259 (1989), 301-308

[6.14] *Besenhard, J. O. et al., Kanani, N. and Meyer, H.*: „A STM Study of Pd-Catalyst for Electroless Cu Deposition on Nonconductors by Means of a Modified Graphite Substrate", J. Electrochem. Soc., Vol. 136, No. 12 (1989), 3608-3610

[6.15] *Behm, R. J., Garcia, N. and Rohrer, H.*: „Scanning Tunneling Microscopy and Related Methods", NATO ASI Series, Kluwer Academic Publishers Dordrecht, 1990

[6.16] *Hansma, P. K. et al.*: „Scanning Probe Microscopy of Liquid-Solid Interfaces" in [6.15]

[6.17] *Siegenthaler, H. and Christoph, R.*: „In-situ Scanning Tunneling Microscopy in Electrochemistry" in [6.15]

[6.18] *Heinzelmann, H. et al.*: „Force Microcopy" in [6.15]

[6.19] *Fricke, J.*: „Folgeentwicklungen des Rastertunnelmikroskops", Physik in unserer Zeit, Nr. 5 (1990), 219-221

[6.20] *Pietsch, K.-H.*: „Untersuchungen zum Wachstum und zur anodischen Auflösung von chemisch-reduktiv abgeschiedenen Nickel-Phosphor-Schichten", Dissertation, TU Berlin, 1992

[6.21] *Rohrer, H.*: „STM 10 years after", Ultramicroscopy 42-44 (1992), 1-6

[6.22] *Neddermeyer, H.*: „Rastertunnelmikroskopie an reinen und adsorbatbedeckten Oberflächen", Chemie in unserer Zeit, Nr. 1 (1992), 18-26

[6.23] *Kolb, D. M., Nichols, R. J. and Behm, R. J.*: „The Application of Scanning Tunneling Microscopy to Electrochemistry" in „Electrified Interfaces in Physics, Chemistry and Biology", edited by *R. Guidelli*, Kluwer Academic Publishers Netherlands, 1992

[6.24] *Aindow, M. and Farr, J. P. G.*: „The Use of Electrochemical Scanning Tunneling Microscopy to Study the Initial Stages of Electrodeposition *in situ*; Overpotential Deposition of Pb and Pt on HOPG", Trans. Inst. Metal Finish, 70 (1992), 171-176

[6.25] *Haiss, W., Lackey, D. and Sass, J. K.*: „A determination of copper overlayer structures on Au (111) in the presence of electrolyte additives", Chemical Physics Letters, Vol. 200, No. 4 (1992), 343-349

[6.26] *Nichols, R. J. et al., Batina, N. and Kolb, D. M.*: „An in situ scanning tunneling microscopy study of bulk copper deposition and the influence of an organic additive", J. Electroanal. Chem., 330 (1992), 381-394

[6.27] *Koenders, L.*: „Das Rastertunnelmikroskop eine Pinzette für Atome", Physik in unserer Zeit, Nr. 6 (1993), 260-266

[6.28] *Nichols, R. J., Schröer, D. and Meyer, H.*: „Application of SPM in the Metal Plating Industry“, Scanning, Vol. 15 (1993), 266-273

[6.29] *Nichols, R. J., Bach, C. E. and Meyer, H.*: „The Effect of Three Organic Additives on the Structure and Growth of Electrodeposited Copper: An In-Situ Scanning Probe Microscopy Study“, Ber. Bunsenges. Phys. Chem. 97 (1993), 1012-1019

[6.30] *Fuchs, H.*: „SXM-Methoden, nützliche Werkzeuge für die Praxis“, Phys. Bl. 50 (1994), Nr. 9, 837-842

[6.31] *Welland, M.*: „New tunnels to the surface“, Physics World 3 (1994), 32-36

[6.32] *Wittstock, G.*: „Elektrochemische Rastermikroskopie zur Grenzflächecharakterisierung“, CLB Chemie in Labor und Biotechnik, Heft 4 (1995), 166-167

[6.33] *Nichols, J. R. et al. and Baumgärtel, H.*: „Classification of growth behaviour for copper on various substrates with in-situ scanning probe microscopy“, Surface Science 335 (1995), 110-119

[6.34] *Nichols, R. J., Schröer, D. and Meyer, H.*: „An *in situ* Scanning Probe Microscopy Study of Copper Electrodeposition on Conductive Polypyrrole“, Electrochimica Acta, Vol. 40, No. 10 (1995), 1479-1485

[6.35] *Kanani, N.*: „In-situ-/ex-Situ-Schichtkontrolle“, Metalloberfläche 49 (1995) 3, 192-198

[6.36] *Bunge, E.*: „Adsorption organischer Moleküle auf der Au(111) Elektrode und ihr Einfluss bei der Kupferabscheidung: Eine *in-situ* STM-Studie“, Dissertation, Freie Universität Berlin, 1996

[6.37] *Breuer, N., Kanani, N. and Meyer, H.*: „Characterization of Electrodeposited Metal Surfaces by Scanning Probe Microscopy“, mst news 21 (1997), 20-22

[6.38] *Lorenz, W. J. and Plieth, W.* (Editors): „Electrochemical Nanotechnology“, Wiley-VCH Weinheim, 1998

[6.39] *Kornyshev, A. A. and Sumetskii, M.*: „Beyond the Landscapes: Imaging the Invisible“ in [6.38]

[6.40] *Salvarezza, R. C. and Arvia, A. J.*: „Roughness Kinetics and Mechanism Derived from the Analysis of AFM and STM Imaging Data“ in [6.38]

[6.41] *Aloisi, G., Cavallini, M. and Guidelli, R.*: „Surface structure and electrochemistry: new insight by scanning tunneling microscopy“ in [6.38]

[6.42] *Gewirth, A. A. and Niece, B. K.*: „STM and AFM Studies of the Electrified Solid-Liquid Interface: Monolayers, Multilayers, and Organic Transformations“ in [6.38]

[6.43] *Magnussen, O. M. et al.*: „Nucleation and growth at metal electrode surfaces“ in [6.38]

[6.44] *Dietterle, M. und Kolb, D. M.*: „In-situ Rastertunnelmikroskopie. Untersuchungen zu den Anfangsstadien der elektrolytischen Kupferabscheidung“, Metalloberfläche 52 (1998) 5, 382-385

[6.45] *Smith, J. R., Campbell, S. A. and Walsh, F. C.*: „The Use of Scanning Probe Microscopy in Surface Finishing and Engineering“, Trans IMF, 76 (4) (1998), B53-B61

[6.46] Atotech Deutschland GmbH, interne Berichte

[6.47] *Budevski, E., Staikov. G. and Lorenz, W. J.*: „Electrochemical Phase Formation and Growth“, VHC Verlagsgesellschaft mbH Weinheim, 1996

[6.48] *Kanani, N.*: „Chemische Vernicklung Nickel-Phosphor-Schichten, Herstellung, Eigenschaften, Anwendungen“, 1. Auflage, Eugen G. Leuze Verlag Saulgau/ Württ., 2007

7 Bestimmung der Haftfestigkeit metallischer Schichten

7.1 Einleitung

Die Funktionsfähigkeit eines beschichteten Werkstücks ist nur dann sicher gestellt, wenn eine ausreichende Haftung zwischen der aufgebrachten Schicht und dem Bauteil vorhanden ist. Selbst die beste Beschichtung ist wertlos und kann den gestellten Anforderungen nicht gerecht werden, wenn sie auf dem zu schützenden Gegenstand nicht gut haftet. Diese Feststellung ist besonders bei Korrosions- und Verschleißschutzschichten einleuchtend. Solche Beschichtungen können ihre Aufgabe nicht in vollem Umfang erfüllen, wenn sie sich infolge ungenügender Haftung partiell oder ganz vom Bauteil abheben. Tritt dieser Fall ein, dann sind die freigelegten Stellen des Bauteils den Einwirkungen der Umgebung schutzlos ausgesetzt. Ein weiteres Beispiel sind hohe Übergangswiderstände[1], die bei schlechter Haftung zwischen dem Grund- und Schichtwerkstoff entstehen und Anlass zu Problemen bei elektrischen Schaltkreisen geben. Auch die aus dekorativen Gründen aufgebrachten Schichten verfehlen freilich ihre Wirkung, wenn sie sich von der Unterlage ablösen.

Die Ursachen für eine ungenügende Haftung sind vielfältig und können durch zahlreiche Einflussgrößen in ihrer Wirkung noch verstärkt werden. Mangelhafte Reinigung und Vorbehandlung des zu beschichtenden Teiles ist zweifellos einer der entscheidendsten Ursachen. Die Wichtigkeit einer einwandfreien Oberflächenreinigung bzw. vorbe handlung kann daher nicht oft genug betont werden. Hierbei ist insbesondere auf eine sachgemäße Entfettung und Desoxidation der Oberfläche zu achten.

Besondere Vorsicht ist auch bei der mechanischen Oberflächenbehandlung metallischer Gegenstände geboten. Durch Schleifen und Polieren entsteht häufig eine dünne spröde Oberflächenschicht, die beim anschließenden Beizen oder elektrolytischen Entfetten atomaren Wasserstoff aufnehmen kann. Die Wasserstoffaufnahme kann auch während der Beschichtung stattfinden. Die eindiffundierten Wasserstoffatome können dann durch Rekombination in molekulare Form übergehen und dabei sehr hohe Druckspannungen im Grundmetall erzeugen. Scherkräfte, die dadurch an der Grenzfläche Bauteil/Schicht entstehen, können die Haftung stark herabsetzen.

---

[1] Als Übergangswiderstand bezeichnet man den elektrischen Widerstand, der auftritt, wenn der elektrische Strom von einem elektrisch leitenden Körper in einen anderen elektrisch leitenden Körper übertritt. Sind die beiden elektrisch leitenden Körper im direkten Kontakt, wie dies beim Verbund Metallschicht/Metallsubstrat der Fall ist, dann wäre korrekter, von Kontaktwiderstand zu sprechen. Häufig verwendet man jedoch auch in diesem Fall die Bezeichnung Übergangswiderstand.

Eine unzureichende Haftung muss aber nicht in allen Fällen auf eine mangelhafte Reinigung oder unsachgemäße Vorbehandlung der Bauteiloberfläche zurückgeführt werden. Der Verbundwerkstoff ist in der Praxis oft extremen Beanspruchungen ausgesetzt. Die unterschiedlichen physikalischen, chemischen, mechanischen und thermischen Eigenschaften des Grund- bzw. des Schichtwerkstoffes können dazu führen, dass die beiden Kontaktpartner unterschiedlich auf die äußeren Einflüsse reagieren. Dies kann wiederum die Haftfestigkeit stark beeinträchtigen und u. U. ein partielles Abblättern oder Ablösen der Schicht von dem Bauteil zur Folge haben.

Der Mechanismus der Haftung zwischen dem Grund- und Schichtwerkstoff ist zwar noch nicht völlig geklärt, lässt sich jedoch aufgrund metallischer, heteropolarer oder VAN-DER-WAALS-Kräfte, die zwischen den beiden Kontaktpartnern wirksam sind, deuten. Die Tatsache, dass die Mikrorauheit der zu beschichtenden Oberfläche im Allgemeinen die Haftung zur Schicht erhöht, bestätigt die These von der atomaren Wechselwirkung zwischen den beiden Kontaktpartnern. Auch eine gezielt herbeigeführte Mikroaufrauung bewirkt eine Vergrößerung der Oberfläche und damit der Kontaktfläche zwischen Bauteil und Beschichtung. Dadurch können zahlenmäßig mehr atomare Bindungen zwischen dem Werkstoffpaar zustande kommen.

Im Folgenden soll einer Beschreibung der gängigsten Methoden zur Bestimmung der Haftfestigkeit eine Betrachtung der möglichen Haftmechanismen vorangestellt werden.

7.2 Metall/Metall-Haftung

7.2.1 Diffusionstheorie

Im Hinblick auf die Haftung zwischen Bauteil und Beschichtung spielt der Mechanismus der Leerstellendiffusion eine entscheidende Rolle, indem sie Platzwechselvorgänge entlang der Grenzfläche Bauteil/Schicht ermöglicht. Die in der Oberfläche des Bauteils vorhandenen Leerstellen erleichtern die Diffusion der Atome der Schicht (B) in den Grundwerkstoff und umgekehrt die Diffusion der Atome des Grundwerkstoffs (A) in die Schicht. In Abb. 7.1 ist das Konzentrationsprofil $c_A = f(x)$ vor und nach dem Beginn des Diffusionsvorgangs schematisch dargestellt.

Je mehr Leerstellen im Grundwerkstoff vorhanden sind, umso intensiver ist der Diffusionsprozess und damit die Durchmischung der beiden Atomarten. Die Voraussetzung dafür sind allerdings vergleichbare Atomradien und eine gewisse gegenseitige Löslichkeit der Atomarten untereinander.

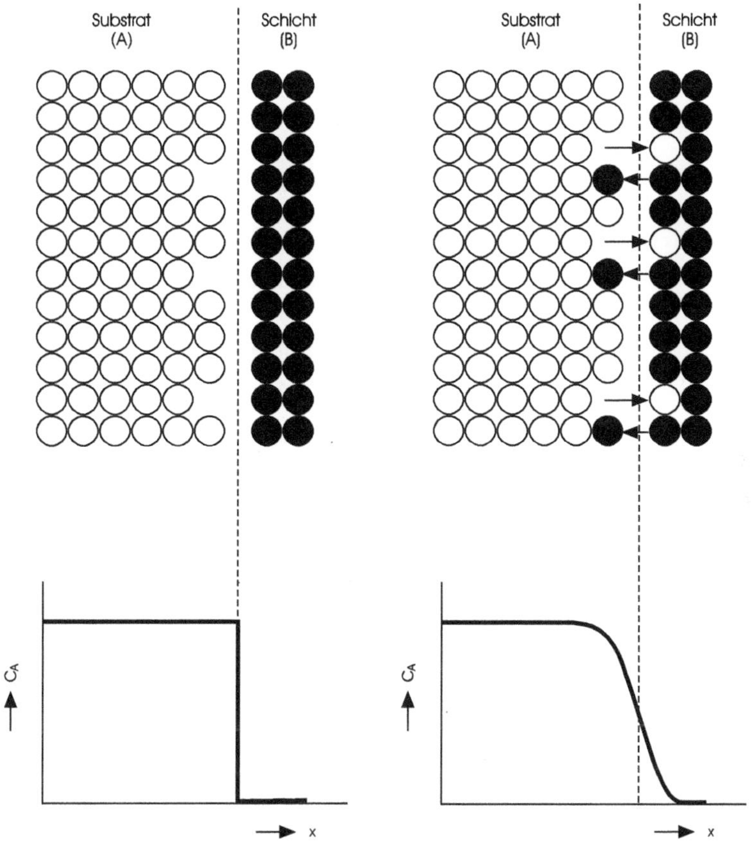

Abb. 7.1: Konzentrationsprofil c_A vor (links) und nach (rechts) dem Beginn des Diffusionsvorgangs in Abhängigkeit vom Diffusionsweg x

Da die Leerstellenkonzentration bei chemisch bzw. elektrochemisch abgeschiedenen Schichten in der Regel sehr hoch ist, findet ein reger Atomaustausch zwischen dem Bauteil und der Schicht statt. Für die quantitative Beschreibung des Diffusionsvorganges können die beiden FICKschen Diffusionsgesetze herangezogen werden. Sind n_A und n_B die Anzahl der Mole der Atomarten A und B, die in der Zeit t durch die Fläche F hindurchwandern, so lautet das 1. FICKsche Gesetz:

$$\frac{dn_A}{dt} = -F \cdot D_A \frac{dc_A}{dx} \tag{7.1a}$$

$$\frac{dn_B}{dt} = -F \cdot D_B \frac{dc_B}{dx} \tag{7.1b}$$

Darin sind: D_A und D_A [cm^2/s] die Diffusionskoeffizienten von A und B, und x ist die Entfernung von der Grenzfläche, d. h. der zurückgelegte Diffusionsweg. Das Ausmaß der Diffusion wird demnach durch die Konzentrationsgradienten dc_A/dx bzw. dc_B/dx bestimmt, wobei das Minuszeichen zum Ausdruck bringt, dass der Stofftransport dem Konzentrationsgradienten entgegengesetzt gerichtet ist.

Das erste FICKsche Gesetz beschreibt allerdings den stationären Diffusionsprozess, bei dem der Konzentrationsgradient dc_A/dx bzw. dc_B/dx während des Diffusionsvorganges konstant bleibt. Diese Annahme trifft jedoch bei nicht-stationären Diffusionsprozessen nicht zu, weil sich dabei die lokale Konzentration infolge des Stofftransports ständig mit der Zeit ändert. Das zweite FICKsche Gesetz trägt diesem Sachverhalt Rechnung und gibt die zeitliche Änderung der Konzentration an einer bestimmten Stelle unter der Annahme eines konstanten Diffusionskoeffizienten als partielle Differentialgleichung 2. Ordnung an:

$$\frac{\partial c_A}{\partial t} = D_A \cdot \frac{\partial^2 c_A}{\partial x^2} \tag{7.2a}$$

$$\frac{\partial c_B}{\partial t} = D_B \cdot \frac{\partial^2 c_B}{\partial x^2} \tag{7.2b}$$

Setzt man also voraus, dass die Atome des Substrats genauso schnell durch die Grenzfläche in die Schicht diffundieren wie die Atome der Schicht ins Substrat, d. h. $D_A = D_B = D$, und nimmt man weiter an, dass die Diffusionskoeffizienten konzentrations*un*abhängig sind $\{D_A = D_B = D \neq f(c)\}$, dann ergeben sich für die Änderungen der Konzentrationen $c_A = f(x)$ und $c_B = f(x)$ charakteristische Kurvenverläufe, die in Abb. 7.2 wiedergegeben sind [7.1, 7.2].

Für die mittleren Eindringtiefen Δx_A und Δx_B der diffundierten Atome A und B erhält man dann den Ausdruck:

$$\Delta x_A = \sqrt{D_A \cdot t} \tag{7.3a}$$

$$\Delta x_B = \sqrt{D_B \cdot t} \tag{7.3b}$$

wobei t die Diffusionsdauer symbolisiert.

Tatsächlich sind aber die Diffusionskoeffizienten D_A und D_B in vielen Fällen konzentrationsabhängig, stets aber temperaturabhängig. Die Konzentrationsabhängigkeit des Diffusionskoeffizienten wird gemäß dem 2. FICKschen Gesetz durch folgende Differentialgleichungen berücksichtigt:

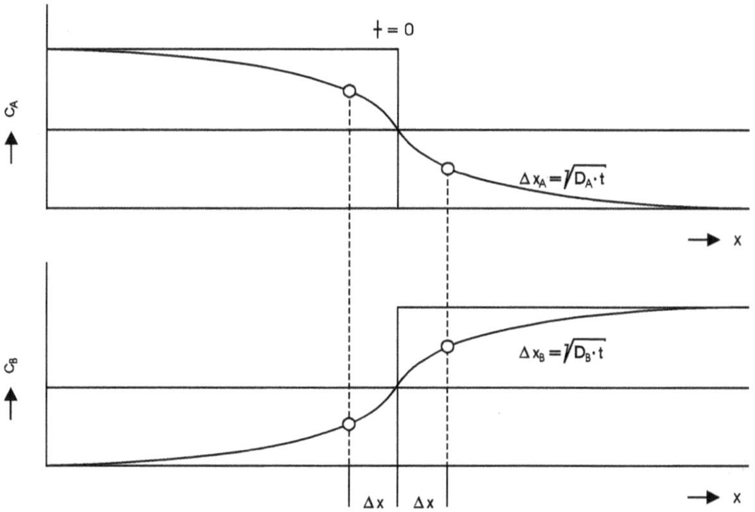

Abb. 7.2: Konzentrationsverläufe von $c_A = f(x)$ und $c_B = f(x)$ unter der Bedingung $D_A = D_B = D \neq f(c)$

$$\frac{\partial c_A}{\partial t} = \frac{\partial}{\partial x}\left(D_A \cdot \frac{\partial c}{\partial x}\right) \tag{7.4a}$$

$$\frac{\partial c_B}{\partial t} = \frac{\partial}{\partial x}\left(D_B \cdot \frac{\partial c}{\partial x}\right) \tag{7.4b}$$

Ihre Temperaturabhängigkeit lässt sich mit Hilfe einer ARRHENIUS-Beziehung wie folgt erfassen:

$$D_A = D_A^0 \cdot e^{-\frac{Q_A}{RT}} \tag{7.5a}$$

$$D_B = D_B^0 \cdot e^{-\frac{Q_B}{RT}} \tag{7.5b}$$

Darin bedeuten D_A^0 und D_B^0 Diffusionskonstanten, Q_A und Q_B Aktivierungsenergien.

Bedingt durch die starke Temperaturabhängigkeit des Diffusionskoeffizienten, kann man durch eine gezielte thermische Behandlung (Tempern) des beschichteten Bauteils die gegenseitige Diffusion der beiden Atomarten A und B über die Grenzfläche beschleunigen und dadurch die Haftfestigkeit zwischen dem Bauteil und der Beschichtung erhöhen.

Worauf es dabei ankommt, ist eine sachgerechte, auf die Eigenschaften der beiden Werkstoffe abgestimmte Wärmebehandlung. Die Dauer der Glühung lässt sich mit Hilfe von Gl. (7.3) grob abschätzen.

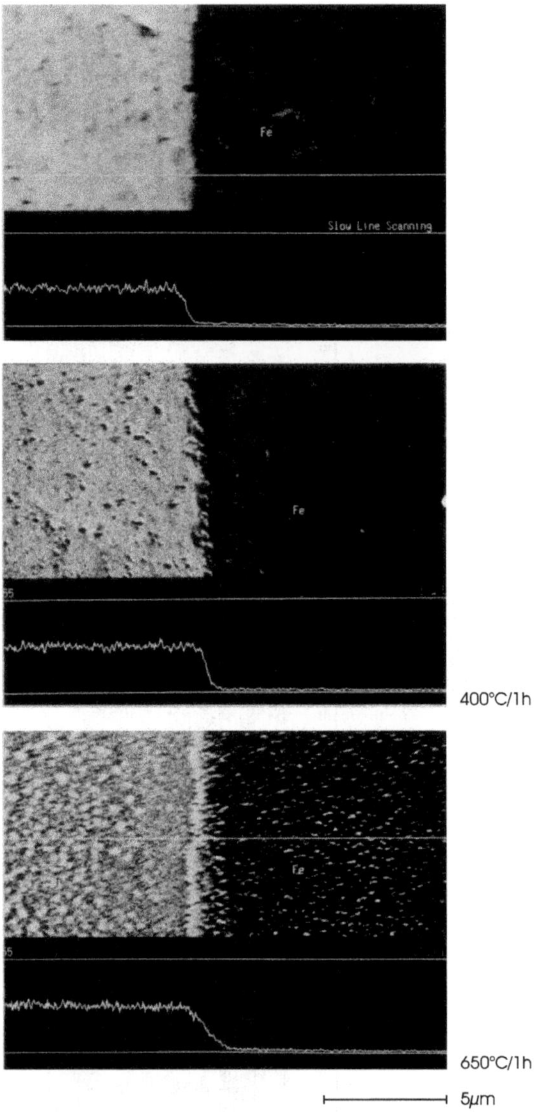

Abb. 7.3: Bildung einer Diffusionsschicht (Konzentrationsprofil des Nickels) an der Grenzfläche Stahl/Nickel-Phosphor-Schicht
Oben: nicht getempert
Mitte: getempert bei 400 °C/1h
Unten: getempert bei 650 °C/1h

Die in Abb. 7.3 reproduzierten REM-Aufnahmen stammen von einem chemisch vernickelten Stahl, der bei 400 °C bzw. 650 °C für die Dauer von einer Stunde in neutraler Atmosphäre erhitzt wurde. Die mit Hilfe energiedispersiver Röntgenmikroanalyse (EDX) ermittelten Konzentrationsprofile zeigen die Nickelverteilung in der Grenzfläche Stahl/Nickel-Phosphor-Schicht in Abhängigkeit von der Glühtemperatur.

Der Verlauf der Nickellinie für die nicht erhitzte Probe weist darauf hin, dass bereits während der Abscheidung eine gewisse Vermischung der Nickel- und Eisenatome stattgefunden hat. Man stellt fest, dass mit zunehmender Glühtemperatur immer mehr Nickel in Eisen diffundiert ist.

Ein weiteres Beispiel ist in Abb. 7.4 zu sehen. Es handelt sich um ein verzinntes Kupferrohr aus einer Warmwasserinstallation. Die Dicke der Zinnschicht liegt zwischen 0,11 und 0,15 µm. Um die Diffusion von Kupfer in Zinn und umgekehrt näher zu studieren, wurden daraus Proben entnommen und in neutraler Atmosphäre bei 100 °C bis zu drei Wochen getempert.

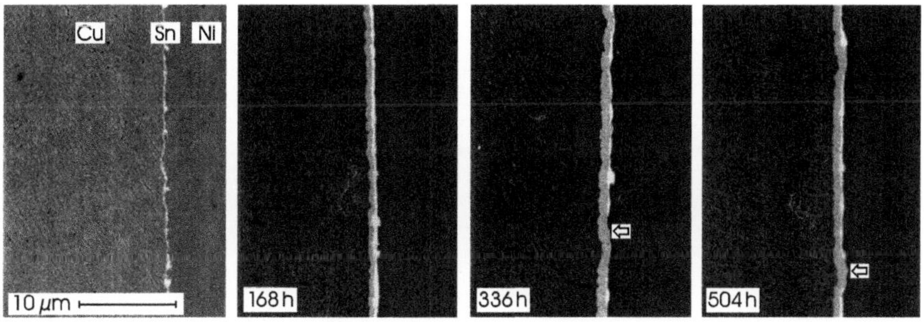

Abb. 7.4: Diffusion von Kupfer und Zinn bei 100 °C in Abhängigkeit von der Glühdauer (Ni: Schutzschicht)

Die mit einem Feldemissions-Rasterelektronenmikroskop[2] (FE-REM) aufgenommenen Bilder zeigen, dass bereits bei 100 °C/168 h eine intensive gegenseitige Diffusion von Kupfer und Zinn stattfindet, die zur Entstehung einer intermetallischen Verbindung,

---

[2] Beim Feldemissions-Rasterelektronenmikroskop werden Elektronen in einem Hochvakuum durch den Feldeffekt aus einem sehr kleinen Gebiet des Schottky-Feldemmitters emittiert. In einem Strahlbooster wird dann der Elektronenstrahl auf einem optimalen Potential von 8 kV geführt und erst in der Objektivlinse auf den gewünschten Wert, z. B. 1 kV, gebremst. Es resultiert eine hohe Auflösung von 1,5 nm bei 20 kV. Eine weitere Besonderheit stellt der Sekundärelektronendetektor dar, der innerhalb des Linsensystems angebracht ist. Hierdurch können auch bei Beschleunigungsspannungen von < 1 kV noch ausreichend SE-Elektronen für eine gute Abbildung auf den Detektor gelangen. Ein Scangenerator bewegt den Elektronenstrahl Punkt für Punkt über die Probe. Die Signale werden verstärkt und über eine digitale Videoverarbeitung auf dem Bildschirm dargestellt.

wahrscheinlich der ε-Phase (Cu_3Sn), führt. Man erkennt, dass die Diffusion von Zinn in Kupfer mit fortschreitender Dauer stärker wird, was eine Dickenzunahme der intermetallischen Verbindung zur Folge hat. Ferner stellt man fest, dass sich die Zinnschicht an manchen Stellen, hier durch Pfeile gekennzeichnet, völlig in Kupfer aufgelöst hat. In Abb. 7.5 sind die Konzentrationsprofile für Kupfer und Zinn entlang einer mit (⊕) hervorgehobenen Analysenlinie wiedergegeben.

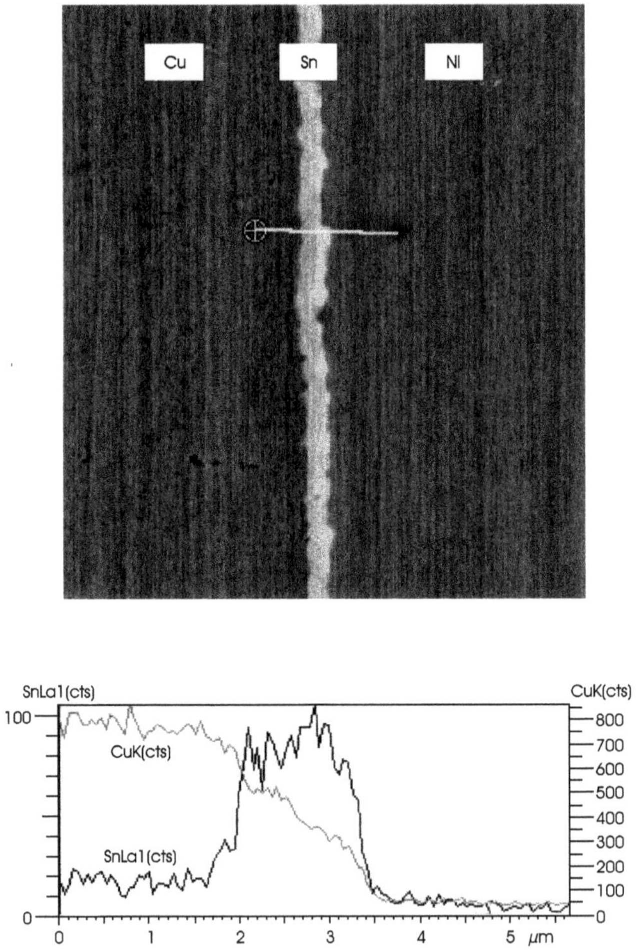

Abb. 7.5: Konzentrationsprofile von Kupfer und Zinn entlang der Analysenlinie

Die Ergebnisse der quantitativen Analyse der Konzentrationen von Kupfer und Zinn entlang dieser Linie (beginnend bei ⊕) sind in Tab. 7.1 zusammengestellt.

Tab. 7.1: Konzentrationen von Kupfer und Zinn entlang der Analysenlinie (s. Abb. 7.5)

	Cu	Sn
1	98,69	0,01
2	98,88	0,11
3	98,36	0,18
4	90,57	7,46
5	82,45	12,43
6	44,69	8,15
7	0,84	0,02
8	2,07	0,06
9	0,99	0,11
10	0,99	0,03
11	0,24	0,05
12	0,25	0,11

Die Diffusion der Substratatome in die Schicht und umgekehrt kann nicht nur positiv auf die Haftung zwischen den beiden Kontaktpartnern wirken. Es besteht auch die Möglichkeit, dass in der Grenzfläche Substrat/Schicht, wie dieses Beispiel zeigt, spröde intermetallische Phasen entstehen, die u. U. sogar eine Verminderung der Haftfestigkeit bewirken können. Das ist z. B. dann der Fall, wenn die Diffusionsgeschwindigkeiten der Atome sehr unterschiedlich sind. Als Folge davon entstehen auf der Seite, auf der die Atome schneller weg diffundieren, Poren oder Löcher. Diese als KIRKENDALL-Effekt bekannte Erscheinung führt in der Regel zu einer starken Herabsetzung der Haftfestigkeit. Ferner muss auch damit gerechnet werden, dass die eindiffundierenden Atome des Grundwerkstoffs möglicherweise die Schichteigenschaften beeinträchtigen können.

Ergänzend sei darauf hingewiesen, dass nicht nur Leerstellen, sondern auch Korngrenzen und Versetzungen bevorzugte Diffusionspfade für Atome bilden. Der Grund hierfür ist offenkundig: Die Diffusion der Atome entlang der Korngrenzen (Bereiche starker Gitterstörung) und Versetzungen (linienförmige Gitterbaufehler) erfordert eine geringere Aktivierungsenergie. Dies ist auch der Grund dafür, dass sich auf feinkristallinen Werkstoffen, deren Gefüge aus einer Unzahl von Korngrenzen besteht, infolge der Korngrenzendiffusion feinkörnige und gut haftende Schichten bilden. Etwaige Oberflächenoxide oder Kontaminationsfilme können allerdings als Diffusionsbarrieren fungieren und zu einer Herabsetzung der Haftfestigkeit führen. Hier zeigt es sich wieder einmal, wie wichtig eine optimale Reinigung der Bauteiloberfläche vor dem Beschichten ist.

7.3 Polymer/Metall-Haftung

Die Oberfläche polymerer Werkstoffe und Konstruktionsteile wird in der Regel vor der Beschichtung durch eine geeignete Vorbehandlung und Aktivierung elektrisch leitend gemacht [7.3, 7.4]. Dies geschieht vielfach durch Bekeimung mit Edelmetallpartikeln, die auf der Oberfläche inselförmige Cluster bilden. Danach erfolgt die Metallisierung, zunächst außenstromlos und anschließend elektrochemisch. Das zuletzt angewandte Verfahren erlaubt, die erforderliche Schichtdicke einzustellen. Die Querschliffaufnahme in Abb. 7.6 zeigt den Schichtaufbau auf einem Bauteil aus ABS (Acrylnitril-Butadien-Styrol), das in der Automobilindustrie verwendet wird.

Abb. 7.6: Schichtaufbau auf einem Bauteil aus Kunststoff
Von unten nach oben: ABS/Nickel/Kupfer/Nickel/Chrom (V = 500 : 1)

Die Adhäsion, d. h. die Haftung zwischen der Kunststoffoberfläche und der metallischen Schicht, wird einerseits durch die Natur des polymeren Werkstoffs und andererseits durch die vorausgegangene Oberflächenbehandlung stark beeinflusst. Aber auch die Zusammensetzung des Elektrolyten, aus dem die Metallschicht abgeschieden wird, sowie die Abscheidungsparameter spielen dabei eine wichtige Rolle. Die Diffusionstheorie, die mit einem gewissen Erfolg für die Erklärung des Haftungsmechanismus Metall/Metall herangezogen wird, kann die Haftung bei Polymer/Metall-Verbunden nicht mehr befriedigend begründen. Aus diesem Grund sind andere Modellvorstellungen entwickelt worden, deren wichtigste im Folgenden kurz erläutert werden [7.3-7.11].

7.3.1 „Druckknopf"-Theorie

Die Theorie der mechanischen Verankerung [7.3] führt die Haftfestigkeit zwischen einem Kunststoffsubstrat und einer metallischen Schicht auf das so genannte „Druckknopf-Modell" zurück, das am Beispiel von ABS-Substraten eingehend studiert worden ist. ABS besteht aus einem Styrol-Acryl-Nitril-Gerüstpolymerisat, in welchem das Butadien eingelagert ist [7.3, 7.4]. Die Oberfläche des aus ABS hergestellten Teiles wird vor der Metallisierung durch Schleifen oder Beizen mit Chromschwefelsäure aufgeraut. Dabei wird die Butadien-Phase aus dem Elastomergerüst herausgelöst, wodurch in der Oberfläche, wie die REM-Aufnahmen in Abb. 7.7 zeigen, Hohlräume und Kavernen entstehen.

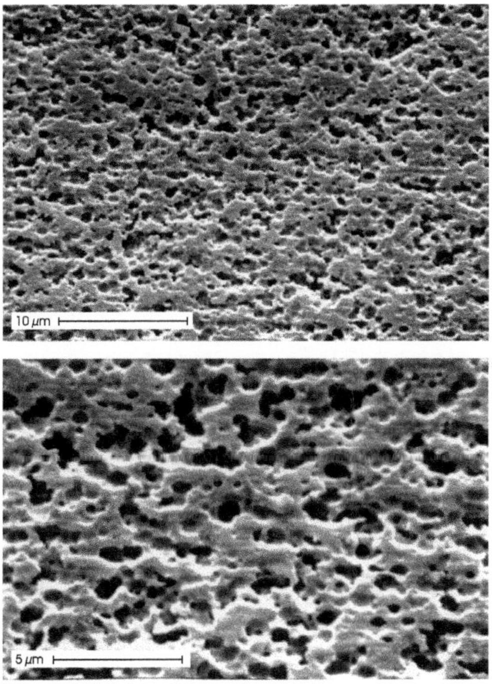

Abb. 7.7: Aussehen der ABS-Oberfläche nach dem Beizen mit Chromschwefelsäure

Die Haftung zwischen dem Kunststoffsubstrat und der Metallschicht wird nun auf die mechanische Verankerung der beiden Kontaktpartner zurückgeführt. Die Morphologie und die Geometrie der auf der ABS-Oberfläche entstandenen Hohlräume müssen so beschaffen sein, dass ein Eindringen der metallischen Schicht in die Oberflächenporen möglich und eine feste Verankerung gegeben ist. Letzteres hängt vor allem von dem Öffnungswinkel und der Form der Poren ab [7.6, 7.8]. Abb. 7.8 soll diesen Sachverhalt schematisieren.

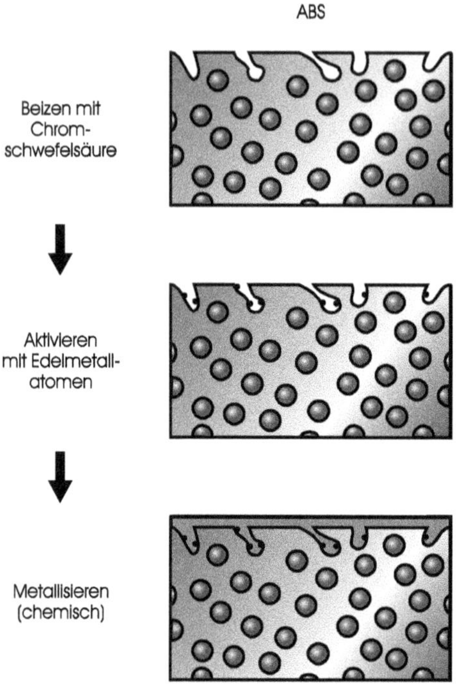

Abb. 7.8:
Beizen, Aktivieren und chemisches Metallisieren eines Substrats aus ABS [7.8]

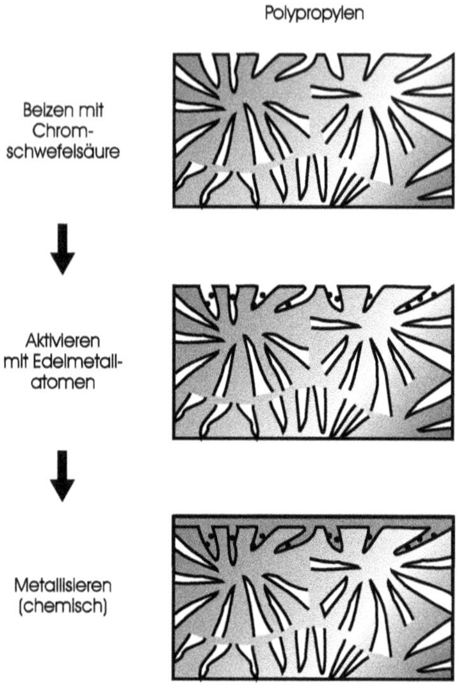

Abb. 7.9:
Beizen, Aktivieren und chemisches Metallisieren eines Substrats aus Polypropylen [7.8]

Die Kraft, die benötigt wird, um die Metallschicht vom ABS-Substrat abzuziehen, lässt sich nach der „Druckknopf“-Theorie abschätzen [7.3]. Dabei geht man davon aus, dass nach dem Beizen kugelförmige Hohlräume in der Oberfläche entstehen. Dann ist die Kraft K, die erforderlich ist, um eine Metallkugel mit dem Durchmesser r aus dem Acrylnitril-Styrol-Gerüst herauszuziehen gegeben durch:

$$K \approx 2\,\pi\,r\,\sqrt{a^2 + \left[r - \sqrt{(r^2 - a^2)^2}\right]} \qquad (7.6)$$

In dieser Formel steht $0 \leq a \leq r$ für den Abstand des Kugelmittelpunktes von der Oberfläche.

Mit Hilfe der Theorie der mechanischen Verankerung lässt sich auch die gute Haftung von Metallschichten auf Substraten aus Polypropylen, die um den Faktor 2 bis 3 höher ist als bei ABS-Teilen, begründen [7.4]. Polypropylen beinhaltet sowohl amorphe als auch teilkristalline Bestandteile und wird wegen seiner höheren Temperaturbelastbarkeit häufig verwendet. Die Haftung zwischen der metallischen Schicht und dem Polypropylen beruht, wie aus Abb. 7.9 hervorgeht, darauf, dass die amorphen Bereiche durch die Beize verstärkt angegriffen und selektiv herausgelöst werden. Die dadurch entstehenden Poren und Kavernen führen zu einer Aufrauung der Kunststoffoberfläche und tragen somit zur Erhöhung der Haftung durch mechanische Verankerung bei.

Versucht man nun die Abzugsfestigkeit, d. h. jene Kraft, die aufgebracht werden muss, um die Metallschicht von der Kunststoffoberfläche zu trennen, in Abhängigkeit von der Beizdauer zu bestimmen, so stellt man fest, dass die maximale Haftung nach einer Beizdauer von 30 min erreicht wird. Dieser Sachverhalt ist in Abb. 7.10 wiedergegeben.

Hieraus geht hervor, dass die Abzugsfestigkeit mit steigender Aufrauung der Kunststoffoberfläche durch das Beizen zunächst zunimmt. Sobald aber die Oberflächenrauheit ein bestimmtes Maß überschreitet, fällt sie wieder ab. Dieses Verhalten deutet darauf hin, dass die optimale Haftung nur bei einer bestimmten Oberflächenmorphologie erreicht werden kann.

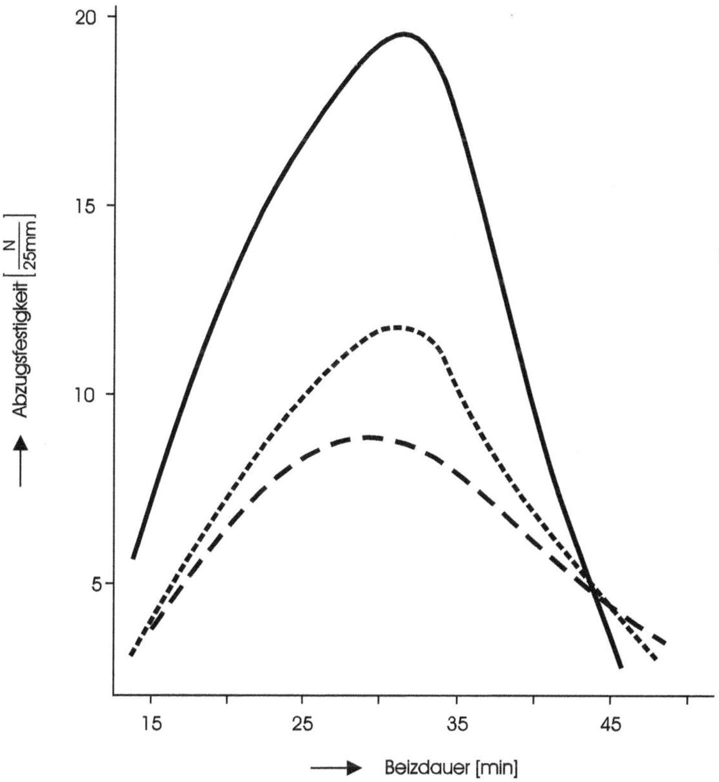

Abb. 7.10: Abzugsfestigkeit als Maß für Haftung zwischen Polypropylen und Metall in Abhängigkeit von der Beizdauer bei unterschiedlichen Kristallinitätsgraden [7.7]

7.3.2 Benetzungstheorie

Die Benetzungstheorie der Adhäsion führt die Haftung bei Verbundsystemen aus Kunststoff und Metall auf grenzflächenenergetische Wechselwirkungen zurück, die sich zwischen den beiden Kontaktpartnern abspielen. Die entscheidende Voraussetzung für die Metallisierung der Kunststoffoberfläche besteht nach dieser Theorie darin, dass der Kunststoff von der Elektrolytlösung benetzt wird [7.8-7.11]. Dabei wird auch der Tatsache Rechnung getragen, dass das Ausmaß der Benetzung durch die Grenzflächenspannungen der am Aufbau des Kunststoffs beteiligten Komponenten bestimmt wird. Nur eine vollständige Benetzung des Kunststoffs durch die Metallphase kann zu einer ausreichenden Haftung zwischen den beiden Kontaktpartnern führen.

Die Arbeit, die zur Trennung der Metallschicht von der Kunststoffoberfläche aufgewendet werden muss, bezeichnet man in diesem Fall als Adhäsionsarbeit W_a [7.8, 7.9]. Sie ist durch folgende Beziehung gegeben:

$$W_a = \gamma_P + \gamma_{Me} - \gamma_{P/Me} \tag{7.7a}$$

Darin bedeuten γ_P und γ_{Me} die Oberflächenenergien des Polymers und des Metalls, $\gamma_{P/Me}$ ist die Grenzflächenenergie zwischen den beiden.

Demnach erlaubt die Kenntnis der Oberflächenenergie des zu metallisierenden Polymers eine Abschätzung der zu erwartenden Haftfestigkeit. Die direkte Abhängigkeit der Adhäsionsarbeit W_a von den Oberflächenenergien γ_P und γ_M lässt den Schluss zu, dass in bestimmten Fällen offensichtlich nur die Benetzungstheorie die Polymer/Metall-Haftung zu deuten vermag. Unter Berücksichtigung des Postulats, wonach Oberflächenenergien aus einem dispersiven (d) und einem polaren (p) Anteil bestehen [7.8], lässt sich die Adhäsionsarbeit analog in einen dispersiven (W_a^d) und einen polaren (W_a^p) Term aufspalten:

$$W_a = W_a^d + W_a^p \tag{7.7b}$$

7.3.3 Elektrostatische Theorie

Die elektrostatische Theorie geht von der Vorstellung einer elektrolytischen Doppelschicht (s. Abschnitt 5.4.2) an der Grenzfläche Polymer/Elektrolyt aus und versucht den Mechanismus der Polymer/Metall-Haftung unter Berücksichtigung der Verhältnisse in dieser Schicht zu deuten [7.6, 7.10, 7.11]. Nach dieser Theorie bildet sich sofort eine elektrolytische Doppelschicht an der Grenzfläche Polymer/Elektrolyt aus, sobald das Kunststoffteil in die Elektrolytlösung eingetaucht wird. Die Ladungsverteilung und der Potentialverlauf in der elektrolytischen Doppelschicht sind jedoch wegen der Edelmetallbekeimung der Kunststoffoberfläche nicht eindeutig. Erst wenn sich die Grenzfläche im Verlauf der Metallisierung voll ausgebildet hat, herrschen eindeutige Verhältnisse bezüglich der Ladungsverteilung und Potentialänderung. Da das Metall leichter Elektronen abgibt als das Polymer, besitzt es an der Grenzfläche einen Überschuss an positiven Ladungen und demzufolge auch ein höheres Potential. Der Potentialverlauf in der elektrolytischen Doppelschicht im Falle Polymer/Metall-Verbund ist in Abb. 7.11 dargestellt.

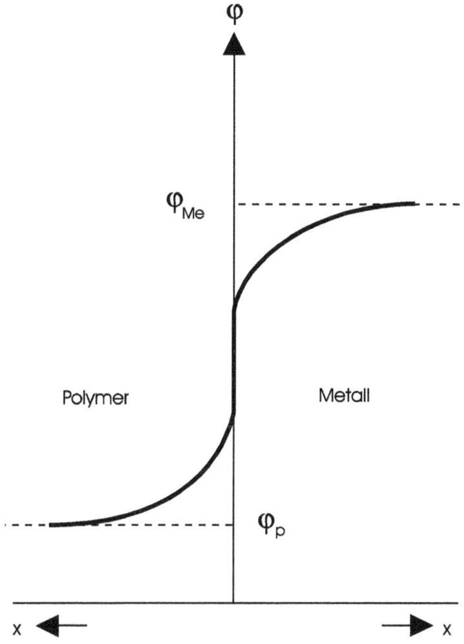

Abb. 7.11: Potentialverlauf in der Grenzfläche Polymer/Metall [7.6, 7.11]

Nach dieser Theorie bestimmen nun die zwischen den beiden Kontaktpartnern herrschenden dielektrischen und elektrischen Kräfte die Haftfestigkeit. Die theoretischen Ansätze, die dieses Modell zur Erklärung des Haftungsmechanismus vorlegt, sind zum Teil recht komplex und beruhen auf vereinfachenden Annahmen [7.6].

7.4 Prüfmethoden

Die Kenngröße Haftfestigkeit dient zur quantitativen Erfassung der Haftung. Diese Bezeichnung weist bereits auf den Charakter der Haftung als die Bindungskraft zwischen Substrat und Schicht hin. Unter Haftfestigkeit, auch Haftkraft oder Abzugsfestigkeit genannt, versteht man demnach die Kraft, die notwendig ist, um die Schicht vom Grundwerkstoff, welcher Metall oder Kunststoff sein kann, zu trennen. Im Fall von Metall/Metall-Paarung kann sich die Haftfestigkeit zwischen zwei Extremwerten bewegen. Sind die Kristallgitter und Gefüge des Grund- und des Schichtwerkstoffs völlig identisch, d. h. die Schicht bildet die Fortsetzung des Substrats, und es entsteht praktisch keine Grenzfläche zwischen den beiden, dann entspricht die Haftfestigkeit der Zugfestigkeit des Grundmetalls. Dieser Fall ist allerdings kaum in der Praxis anzutreffen, da die genannten Voraussetzungen selten erfüllt sind. Andererseits ergibt sich für die Haftfestigkeit der Wert Null, wenn die Oberfläche des Grundmetalls vor der Metallabscheidung durch geeignete Maßnahmen passiviert wird. In diesem Fall kann keine metallische Bindung zwischen den beiden Kontaktpartnern zustande kommen. Von dieser Möglichkeit macht man Gebrauch, um beispielsweise dünne Folien aus dem Schichtmaterial abzuscheiden, die sich dann vom Substrat leicht abziehen lassen.

Die Definition der Haftfestigkeit impliziert die Annahme, dass die Wirkungskomponenten der Bindungskräfte senkrecht zu der Grenzfläche zwischen dem Substrat und der Schicht stehen. In der Tat greifen auch die äußeren Kräfte, die zur Trennung der beiden Materialien angewandt werden, häufig in dieser Richtung an. Häufig treten jedoch unter bestimmten Beanspruchungsbedingungen Scherkräfte auf, die entlang der Grenzfläche Substrat/Schicht wirksam sind. Solche Scherkräfte können vorliegen, wenn bei Temperaturschwankungen das Substrat und die Schicht aufgrund ihrer unterschiedlichen thermischen Ausdehnungskoeffizienten unterschiedliche Längenänderungen erfahren. Auch bei Schichten, die zur Verbesserung der Gleiteigenschaften aufgebracht werden, treten vorwiegend Scherkräfte auf. Auf diese Zusammenhänge muss man bei der Wahl der Prüfmethode zur Bestimmung der Haftfestigkeit achten.

Die Messung der Haftfestigkeit ist ein schwieriges Unterfangen, da die Messergebnisse von vielen Einflussgrößen abhängig sein können. Streng genommen stellt die Haftfestigkeitsprüfung noch heute ein ungelöstes Problem dar und führt häufig zu der relativen Aussage, dass die ermittelte Haftung entweder ausreichend ist oder nicht. Das Ergebnis einer solchen Haftfestigkeitsprüfung sagt jedoch wenig über die tatsächlichen Bindungsmechanismen und ihre Wirksamkeit aus.

Im Laufe der Zeit ist eine Vielzahl von Meßmethoden zur Bestimmung der Haftfestigkeit entwickelt worden, die man nach ihrem Aussagewert in zwei Kategorien, nämlich qualitative oder quantitative Prüfverfahren klassifizieren kann. Eine Abgrenzung zwischen den beiden Verfahren, die bis auf wenige Ausnahmen durchweg zerstörend sind, ist nicht immer möglich. Im Folgenden werden einige der wichtigsten und weit verbreiteten Methoden zur Haftfestigkeitsprüfung erörtert [7.12, 7.21].

7.4.1 Qualitative Prüfverfahren

Die qualitativen Methoden zur Haftfestigkeitsprüfung beruhen oft auf den unterschiedlichen plastischen bzw. thermischen Eigenschaften des Grund- und des Schichtmetalls. Sie sind relativ einfach durchzuführen und bedürfen keiner anspruchsvollen Versuchseinrichtungen. Ferner ermöglichen sie die Durchführung der Haftfestigkeitsprüfung ohne allzu große Vorbereitung des Prüfobjekts. Die erzielten Prüfergebnisse sind allerdings häufig methodenabhängig und nicht reproduzierbar. Sie gestatten in der Regel eine Ja/Nein-Entscheidung, je nachdem ob der ermittelte Wert für die Haftfestigkeit den Anforderungen entspricht oder nicht. Mit den qualitativen Testmethoden können verschiedene Arten der Beanspruchung, wie Druck- und Zugbelastung, Scherung und Temperaturwechsel, simuliert werden. Die Prüfmethode muss dabei nach dem Ausmaß der Bauteilbelastung ausgewählt werden. Tab. 7.2 enthält eine Auswahl qualitativer Prüfverfahren zur Beurteilung der Haftfestigkeit verschiedener Schichtwerkstoffe.

Tab. 7.2: Methoden zur Prüfung der Haftfestigkeit verschiedener Metallschichten [7.13]

Verfahren	Schicht								
	Cr	Ni	Ni+Cr	Ni*	Cu	Zn	Ag	Cd	Sn
Biegen	+	+	+	+	+				
Tiefziehen	+	+	+	+	+				
Schleifen	+	+	+	+					
Feilen		+	+		+				
Meißeln	+	+	+				+		
Anreißen/Schneiden		+	+		+	+	+	+	+
Kugelstrahlen	+	+	+	+	+	+	+	+	+
Thermoschock-Verfahren	+	+	+	+	+				+
Elektrolytisches Verfahren	+	+	+						
Zugversuch		+	+		+	+	+	+	

* außenstromlos Nickel

7.4.1.1 Biege-Test

Bei diesem Test wird ein beschichteter Blechstreifen um 180° gebogen und darauf hin untersucht, ob sich die Schicht von der Unterlage abgelöst hat oder leicht abheben lässt [7.14]. Biegt man die Probe um den Winkel ±90° hin und her, so wird sie durch aufeinander folgende Dehnungen und Stauchungen große Beanspruchungen erleiden. Daher geht bei dieser Variante des Biege-Tests die Haftung zwischen Substrat und Schicht bereits nach wenigen Hin- und Herbiegungen verloren. Es ist zu empfehlen, den Biegeradius, der in einem bestimmten Verhältnis zur Dicke des Prüflings stehen muss, und die Anzahl der Hin- und Herbiegungen zur besseren Vergleichsmöglichkeit vor der Versuchsdurchführung festzulegen. Eine weitere Variante dieser Prüfmethode, die bei dickeren Blechstreifen herangezogen wird, besteht darin, dass der Prüfling in einen Schraubstock eingespannt und von Hand oder mit einem Hammer mehrfach hin- und hergebogen wird. Dabei wird der Krümmungsradius durch die Gestalt des Einspannbackens bestimmt. Ausreichende Haftfestigkeit liegt dann vor, wenn sich die Schicht nach einer bestimmten Anzahl von Hin- und Herbewegungen vom Grundmetall nicht löst oder abplatzt.

7.4.1.2 Dornbiege-Test

Bei dieser Prüfmethode wird der aus Grund- und Schichtwerkstoff bestehende Prüfling über einen Dorn mit einem Radius von 4 mm um 90° gebogen und dann in die Ausgangsstellung zurückgebracht. Dabei treten zwischen der Schicht und dem Substrat Scherkräfte auf, die zur Trennung ihrer Bindung führen, sobald sie die Haftfestigkeit überschreiten. Nach dreimaliger Wiederholung dieses Vorganges wird der Prüfling auf Anzeichen von Abblätterungen untersucht. Die Haftfestigkeit wird dann als gut angesehen, wenn auf der Schichtoberfläche keine Risse oder abgelöste Stellen zu beobachten sind. Diese Prüfung ist naturgemäß für die Beurteilung der Haftfestigkeit von Schichten auf dünnen Blechbändern anwendbar. Das Prüfergebnis ist weitgehend von der plastischen Verformbarkeit des Schichtmetalls abhängig, das beim Biegen um den Dorn stark beansprucht wird. Um vergleichbare Ergebnisse zu erhalten, müssen die Versuchsbedingungen hinsichtlich des Dorndurchmessers bzw. des Biegeradius und die Biegegeschwindigkeit möglichst genau festgelegt werden.

7.4.1.3 Gitterschnitt-Test

Bei dieser Methode wird mit einer gehärteten Stahlspitze ein Netzgitter von 1 bis 3 mm Kantenlänge und einer Ausdehnung von mindestens 5 cm^2 an drei verschiedenen Stellen in die zu untersuchende Schicht geritzt. Die parallelen Schnitte müssen bis auf das Grundmaterial reichen. Es entstehen dabei Kräfte, die seitlich auf die Schicht wirken.

Bei guter Haftung wird von den durch die Gitterschnitte entstandenen Quadraten kein einziges abplatzen, während sich bei ungenügender Haftfestigkeit die Beschichtung abblättert. Häufig wird bei diesem Test unter sorgfältiger Vermeidung von Luftblasenbildung ein Klebeband auf das Netzgitter aufgedrückt und nach 10 s ruckartig und senkrecht zur Oberfläche wieder abgezogen. Anschließend wird das Netzgitter auf Ablösungen untersucht. Durch kreuzweise Durchritzen der Schicht mit einem Ritzstichel kann dieser Test noch verschärft werden.

7.4.1.4 Reib-Test

Die Haftfestigkeit von metallischen Schichten auf metallischen Substraten kann auch durch Polieren der Schichtoberfläche kontrolliert werden. Dazu wird mit einer Achatschneide eine Fläche von 6,54 cm^2 auf der Schicht angerissen und 15 s mit einem gebräuchlichen Polierwerkzeug kräftig poliert. Die dabei entstehende Reibungswärme ruft eine Ausdehnung des Verbundsystems hervor. Unterscheiden sich die Ausdehnungskoeffizienten der beiden Metalle stark, so kann sich die Schicht infolge der auftretenden Scherkräfte an den Stellen mit schlechter Haftung abblättern. Die Bildung von Blasen, die beim Polieren entstehen, kann ebenfalls auf ein partielles Ablösen der Schicht hindeuten. Bei guter Haftung dürften jedoch keine Anzeichen von Abblätterungen zu beobachten sein. Die Poliergeschwindigkeit und der Druck, mit dem der Poliervorgang durchgeführt wird, bestimmen weitestgehend das Testergebnis, wohingegen die geometrische Form des zu untersuchenden Prüflings einen geringen Einfluss auf die Ermittlung der Haftfestigkeit ausübt.

7.4.1.5 Feil-Test

Bei diesem Test wird der Probekörper in einen Schraubstock gespannt und, wie in Abb. 7.12 angedeutet, an der Kante unter einem Winkel von 45° angefeilt [7.16]. Dabei ist der Probekörper so einzuspannen, dass die Schicht beim Feilen abgerissen werden kann.

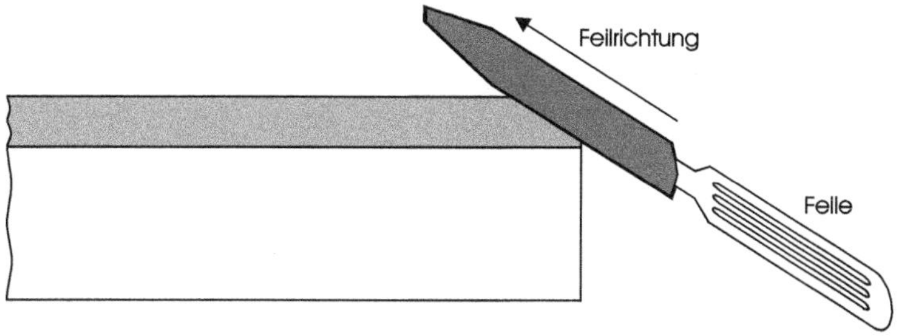

Abb. 7.12: Qualitative und zerstörende Haftfestigkeitsprüfung mit Hilfe des Feil-Tests

Es können Feilen mit verschiedenen Zahnprofilen verwendet werden. Anschließend wird der Probekörper daraufhin untersucht, ob sich die Schicht von der Unterlage abgelöst hat. Bei guter Haftung dürfen keine Abblätterungen auftreten. Der Test kann verschärft werden, indem man die Feilrichtung so wählt, dass die Ablösung der Schicht von der Unterlage begünstigt wird. Die Testergebnisse werden bei diesem Verfahren stark von der praktischen Durchführung des Feilvorganges bestimmt und sind daher kaum reproduzierbar.

7.4.1.6 Hammerschlag-Test

Schlägt man mit einem Hammer auf ein beschichtetes Bauteil, so verformt sich die Schicht plastisch, wobei sie eine Verringerung ihrer Dicke, jedoch eine Vergrößerung ihrer Fläche erfährt. Die dabei wirksam werdenden Scherkräfte können zum Ablösen der Schicht vom Substrat führen. Diese Methode hat sich insbesondere bei dickeren Schichten bewährt und zeichnet sich durch Einfachheit und Schnelligkeit aus. Bei der praktischen Durchführung dieser Methode wird ein elektromagnetisch betriebener Hammer mit einem Durchmesser von 1,59 mm eingesetzt, mit dem 1 500 bis 6 000 senkrechte Schläge pro Minute ausgeführt werden können. Das Impulsmoment der Schläge beträgt 0,68 [kg · s]. Schlecht haftende Schichten zeigen bereits nach 10 Sekunden die ersten Anzeichen von Blasenbildung oder Abblätterungen. Die Haftfestigkeit kann hingegen als ausreichend oder gut beurteilt werden, wenn nach dieser Zeit keine derartigen Schäden auftreten.

7.4.1.7 Tiefungs-Test

Der Tiefungs-Test (ERICHSEN-TEST) eignet sich ebenfalls zur Prüfung der Haftfestigkeit metallischer Verbundsysteme, vorausgesetzt, dass die Dicke des blechförmigen Grundwerkstoffes 1 bis 2 mm nicht übersteigt. Diese Methode beruht darauf, dass mit Hilfe einer geeigneten Pressvorrichtung ein Napf aus dem beschichteten Bauteil hergestellt und dabei der Zeitpunkt des Abplatzens der Schicht festgehalten wird. Bei der praktischen Ausführung wird, wie aus Abb. 7.13 ersichtlich, ein quadratischer Probekörper bestimmter Kantenlänge zwischen dem Niederhalter und der Matrize der ERICHSEN-Apparatur so eingespannt, dass die Schicht der Matrize zugewandt ist.

Anschließend wird der kugelförmige Stößel mit konstanter Vorschubgeschwindigkeit in den Prüfling gedrückt. Je nach Dicke und plastischer Verformbarkeit der aufgebrachten Schicht erfolgt bei einer bestimmten Presskraft ein Abblättern des Überzuges. Diese Kraft kann bei spezifisch festgelegten Prüfbedingungen als Maß für die Haftfestigkeit dienen. Der Augenblick der Rissbildung, die das Abblättern der Schicht einleitet, kann genauer ermittelt werden, wenn das Prüfgut zuvor mit einem geeigneten Elektrolyten getränkt und erst dann in die Prüfmaschine eingespannt wird. Kommt es dann unter

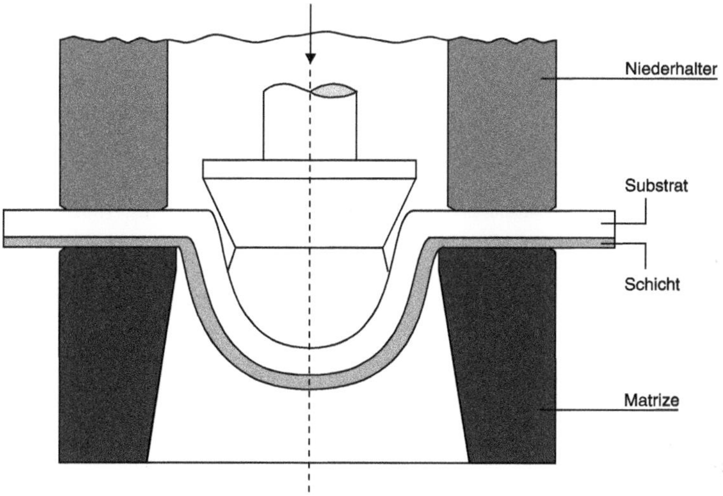

Abb. 7.13: Tiefungs-Test zur Prüfung der Haftfestigkeit [7.16]

der Presskraft des Stößels zur Bildung von Rissen in der Schicht oder zu deren lokalem Abplatzen, so gelangt der Elektrolyt zum Grundmetall und reagiert mit ihm in charakteristischer Weise. Ein Farbumschlag kann z. B. den Beginn der Reaktion anzeigen.

7.4.1.8 Elektrolytischer Test

Hierbei handelt es sich um ein elektrolytisches Verfahren, welches nur auf wenige Schichten, nämlich Kupfer, Nickel und Chrom, anwendbar ist. Dabei fungiert der beschichtete Gegenstand als Kathode, die sich in einem Elektrolyten aus 5%igem Natrium- oder Kaliumhydroxid bzw. 5%iger Schwefelsäure befindet und infolge der sich darin abspielenden elektrochemischen Reaktionen mit Wasserstoff beladen wird. Als Anode dient ein Stahlblech. Die Voraussetzung für das Funktionieren dieser Methode ist die Durchlässigkeit der Schicht für Wasserstoff. Die Prüfergebnisse sind stark von der Vorbehandlung der Oberfläche des Prüflings abhängig. Eine sachgemäße Oberflächenreinigung ist daher unerlässlich. Der Probekörper wird in der elektrochemischen Zelle dergestalt aufgehängt, dass auf 1 m^2 Schicht 5 Liter Elektrolytlösung entfallen. Die Beladungsdauer variiert zwischen wenigen Minuten und mehreren Stunden bei Raumtemperatur oder 60 °C. Die Arbeitsspannung beträgt nahezu 10 V. Der am Prüfling entstehende atomare Wasserstoff diffundiert durch die Schicht hindurch und sammelt sich in den fehlerhaften Stellen der Grenzfläche Substrat/Schicht an. Dort kommt es zur Bildung von molekularem Wasserstoff, wobei erhebliche Druckspannungen entstehen, die die Bindung zwischen dem Substrat und der Schicht stark beeinträchtigen können. Nach entsprechender Versuchsdauer bilden sich Blasen, die zum Ablösen der Schicht von der Unterlage führen.

In der Regel wird der Prüfling nach 3 Minuten aus der Elektrolyse-Zelle herausgenommen, mit Wasser gespült und mit bloßem Auge untersucht. Sind keinerlei Blasen zu sehen, so wird er für weitere 12 Minuten mit Wasserstoff beladen und danach auf gleiche Art geprüft. Besonders sorgfältig sind die Kanten und Ränder des Probekörpers nach Blasen abzusuchen. Schichten, die eine Wasserstoffbeladung von 15 Minuten und mehr ohne Blasenbildung überstehen, werden als gut haftend bezeichnet.

7.4.1.9 Torsions-Test

Bei diesem Test wird eine bandförmige Probe definierter Länge aus dem beschichteten Substrat an den Enden eingespannt und mehrmals um seine eigene Längsachse als Drehachse verdreht, bis die gegenüberliegenden Kanten zusammenstoßen. Der Winkelbetrag, bei dem es zum Ablösen der Schicht kommt, gilt als Maß für die Haftfestigkeit. Tritt keine Ablösung der Schicht auf, so liegt eine ausreichende Haftung vor, da die Torsionskräfte die zwischen Substrat und Schicht herrschenden Bindungskräfte offensichtlich nicht überwunden haben. Der Torsions-Test kann auch für die Beurteilung der Haftfestigkeit von beschichteten Drähten herangezogen werden. In diesem Fall vollzieht sich die Prüfung nach der oben dargestellten Vorgehensweise, wobei die Anzahl der Umdrehungen, die erforderlich ist, bis sich die Beschichtung vom Draht ablöst, als Maß für die Haftfestigkeit zugrunde gelegt werden kann.

7.4.1.10 Wickel-Test

Der Wickel-Test wird zur Prüfung von beschichteten Drähten eingesetzt. Dabei wird ein konischer Dorn verwendet, der zwölf Stufen von je 40 mm Breite mit Durchmessern von 2 bis 32 mm besitzt. Die Drahtprobe wird in 10 Windungen mit gleich bleibender Geschwindigkeit um jede Stufe des Dornes gewickelt [7.14]. Um einen Temperaturanstieg des Dornes zu vermeiden, wird die Wickelgeschwindigkeit auf eine Windung pro Sekunde beschränkt. Die verschiedenen Durchmesser des gestuften Dornes entsprechen dem Drahtdurchmesser oder seinem 10- bzw. 20-fachen Wert. Der Dorndurchmesser, bei dem die Schicht abzuplatzen beginnt, gilt als Maß für deren Haftfestigkeit. Bei verzinktem Kupferdraht sollte z. B. bei einem Dorndurchmesser größer als der 10-fache Wert des Drahtdurchmessers kein Abblättern der Beschichtung auftreten. Die höchste Beanspruchung erleidet die Drahtprobe, wenn der Dorn- und der Drahtdurchmesser gleich groß sind.

Der Wickel-Test kann auch an einem glatten kegel- bzw. zylinderförmigen Wickelkörper vorgenommen werden, um den die Drahtprobe Windung neben Windung aufgewickelt wird. Vereinbarungsgemäß gilt der Durchmesser, bei dem erstmalig ein Abblättern der Drahtbeschichtung beobachtet wird, als der gesuchte Vergleichswert für die Haftfestigkeit.

Die stufenweise Verringerung des Dorndurchmessers gestattet jedoch eine weitergehende Aussage über die Haftfestigkeit der Schicht.

7.4.2 Quantitative Prüfverfahren

Wie die meisten qualitativen Methoden der Haftfestigkeitsprüfung beruhen auch die quantitativen Prüfverfahren auf der Bestimmung der Kraft, die benötigt wird, um die Schicht von ihrer Unterlage zu trennen. Sie sind jedoch erheblich schwieriger auszuführen und erfordern spezielle Prüfausrüstungen. Hinzu kommt, dass die Vorbereitung von Probekörpern wesentlich zeitaufwendiger ist als bei den qualitativen Methoden. Darüber hinaus ist ihre Anwendung auf verhältnismäßig dicke metallische Schichten, die auf Prüfkörpern bestimmter Form abgeschieden sind, beschränkt. Aus den genannten Gründen haben sich die quantitativen Prüfverfahren für die betriebliche Praxis noch nicht durchsetzten können. Es existieren dennoch bereits viele Methoden zur quantitativen Haftfestigkeitsprüfung für verschiedene Materialkombinationen. Keine von ihnen ist jedoch zerstörungsfrei, so dass sie nicht für die direkte Bestimmung der Haftfestigkeit am Werkstück eingesetzt werden können. Ihr wesentlicher Vorteil besteht aber darin, dass sie Absolutwerte liefern, die wiederum einen direkten Vergleich zwischen den Ergebnissen verschiedener Prüfverfahren ermöglichen. Dabei wird die Haftfestigkeit aus dem Quotienten Kraft pro Fläche ermittelt. Es ist jedoch zu berücksichtigen, dass auch in diesem Fall die ermittelten Werte stark methodenabhängig sind. Charakteristisch für die quantitativen Methoden ist, dass man bei ihnen einen Ansatzpunkt für die Kraft zur Ablösung der Schicht von der Unterlage schaffen muss.

7.4.2.1 Abschäl-Test

In der Praxis wird der Abschäl-Test bei verschiedenen Schichten, insbesondere aber für die Prüfung der Haftfestigkeit von Kupferschichten auf Kunststoff, eingesetzt. Auf diese Weise lässt sich beispielsweise bei Leiterplatten die Haftung zwischen der Kupferkaschierung und dem Epoxidharz quantitativ ermitteln. Dabei wird an einem Ende des beschichteten Kunststoffstreifens mit einer Breite von 10 bzw. 25 mm die Kupferschicht abgehoben und in der Zugvorrichtung befestigt. Anschließend wird er unter einem Winkel von 90° und mit einer konstanten Zugkraft abgezogen. Während des Abziehvorganges ruht die Kunststoffunterlage auf den beiden Rollen der Abschälmaschine, die eine gleichmäßige und langsame Bewegung des Prüfgutes in horizontaler Richtung ermöglichen. Da die Zugfestigkeit der Kupferschicht größer ist als die Haftfestigkeit reißt sie unter der Zugbelastung nicht ab. Die ermittelte Abzugsfestigkeit wird in Newton pro 25 mm [N/25 mm] angegeben. Sie stellt ein Maß für die Haftung zwischen der Kupferschicht und dem Kunststoff dar. Abb. 7.14a zeigt die Prüfmethode in schematischer Darstellung.

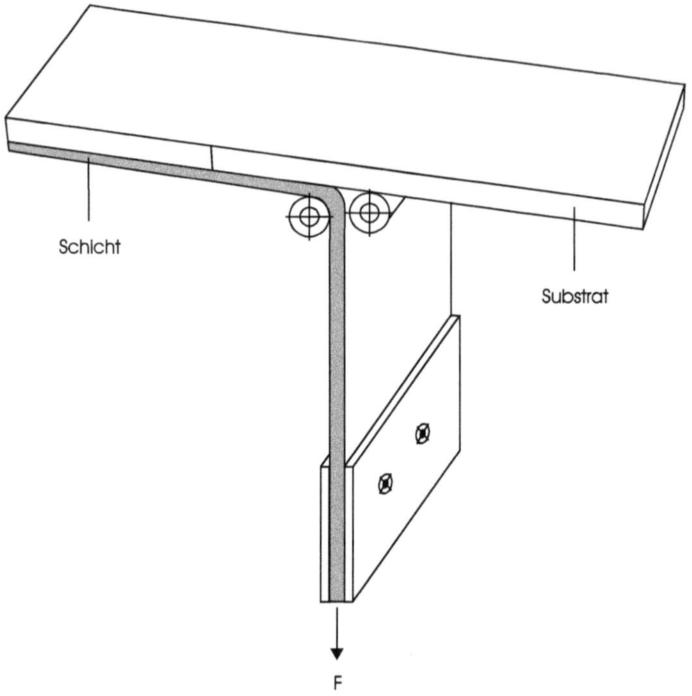

Abb. 7.14a: Abschäl-Test zur Bestimmung der Abzugsfestigkeit von Kupferschichten auf Kunststoffsubstraten [7.13]

Das dabei aufgenommene Kraft-Weg-Diagramm gibt Aufschluss über die Änderung der Abzugskraft in Abhängigkeit von der Weglänge. Wie aus Abb. 7.14b ersichtlich, steigt die Abzugskraft zu Beginn der Messung steil an, um anschließend entlang der Messlänge, die etwa 75 % der Gesamtlänge ausmacht, um einen Mittelwert, die Abzugsfestigkeit, zu pendeln. Sie fällt am Ende des Messvorgangs auf Null zurück.

Je nach dem Abzugswinkel unterscheidet man zwischen Abschäl-Test mit 90°, 180° oder einem beliebigen Abzugswinkel. Die beiden erstgenannten Verfahrensvarianten, die mit L90°, L180° bzw. T90° bezeichnet werden, sind in Abb. 7.14c schematisch dargestellt.

Bei allen Varianten des Abschäl-Tests ist zu berücksichtigen, dass die Versuchsparameter (Abzugsgeschwindigkeit, Prüftemperatur und die plastische Verformbarkeit der Schicht) einen gewissen Einfluss auf die Messergebnisse haben, der nicht unterschätzt werden darf. Es empfiehlt sich daher, bei der Angabe der ermittelten Abzugsfestigkeiten genaue Aussagen über die konkreten Versuchsbedingungen zu treffen.

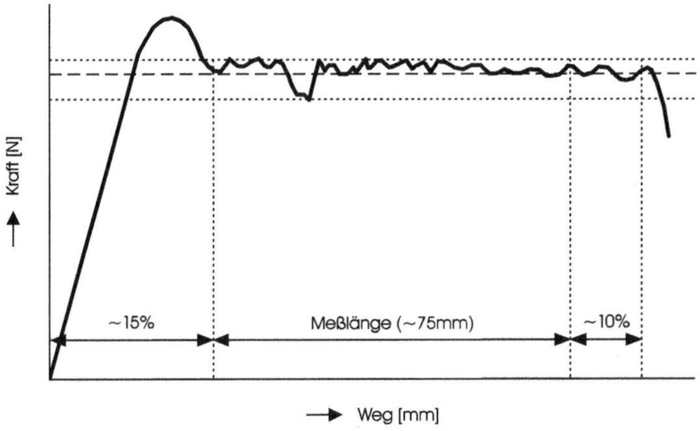

Abb. 7.14b: Kraft-Weg-Diagramm beim Abschäl-Test zur quantitativen Bestimmung der Haftfestigkeit zwischen Kupferschicht und Kunststoff

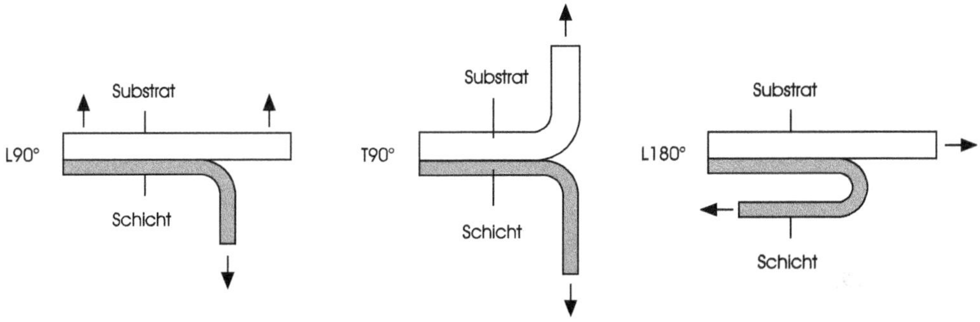

Abb. 7.14c: Schematische Darstellung des Abschäl-Tests nach angewendetem Abzugswinkel [7.6]

7.4.2.2 Kobaltkegel-Test

Bei diesem Test wird auf der zu prüfenden Schicht nach galvanoplastischem Verfahren ein pilzförmiger Aufsatz aus Kobalt mit einer Dicke von 2 bis 2,5 mm aufgebracht. Dieser Arbeitsschritt kann u. U. zwei bis drei Tage in Anspruch nehmen. Danach wird der Probekörper in einer Zerreißmaschine befestigt, in deren Einspannbacken der Kobaltkegel eingespannt wird. Anschließend wird die Kraft bestimmt, die für die Trennung der Schicht vom Grundmaterial erforderlich ist. Bei schlechter Haftung wird, wie aus Abb. 7.15a hervorgeht, die Schicht relativ leicht von der Unterlage abgehoben. Sind die Bindungskräfte zwischen den Atomen des Substrats (A) und der Schicht (B) stärker als die unter den ungleichnamigen Atomen A und B, d. h. A↔B > A↔A bzw. A↔B > B↔B, dann ist die Haftung zwischen dem des Grund- und Schichtwerkstoffs sehr groß und überwiegt sogar die Zugfestigkeit des Grundmaterials. In diesem Fall reißt bei der Haftfestigkeitsprüfung der Grundwerkstoff ab (Abb. 7.15b). Sind hingegen die Bindungskräfte zwischen den Atomen der Schicht kleiner als die zwischen den Atomen des Grundwerkstoffs (B↔B < A↔A), wird die Schicht abreißen (Abb. 7.15c).

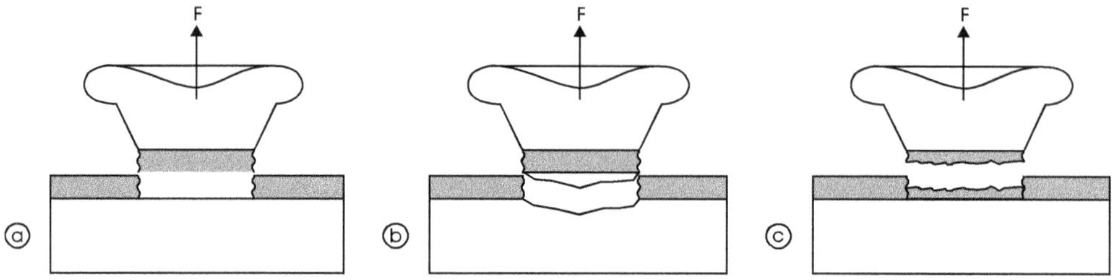

Abb. 7.15: Quantitative Bestimmung der Haftfestigkeit mittels Kobalt-Test [7.13, 7.16]
a: schlechte, b: hohe, c: ausreichende Haftung

In der Praxis wird diese Methode wegen des großen Zeitaufwands nur zur Prüfung der Haftfestigkeit von Nickelüberzügen auf Stahl eingesetzt. Ihre Anwendung bei anderen Verbundsystemen führt nicht zu verwertbaren Resultaten, da die Haftung zwischen dem Kobaltkegel und anderen metallischen Überzügen nicht ausreichend ist.

7.4.2.3 OLLARD-Test

Der OLLARD-Test wurde ursprünglich für die Bestimmung der Haftfestigkeit von Nickelüberzügen auf Stahl entwickelt. Er wird in modifizierter Form auch bei anderen Beschichtungen, insbesondere bei Chromschichten, mit gewissem Erfolg eingesetzt [7.13-7.15]. Zur praktischen Ausführung beschichtet man die Stirnfläche eines Rundstabes von 3 bis 4 cm Länge und 2 bis 3 cm Durchmesser mit dem zu prüfenden Schichtmetall. Die Schichtdicke beträgt 2,5 mm. Anschließend wird der Stab so weit abgedreht, dass die Schicht, wie aus Abb. 7.16 ersichtlich, in Form einer ringförmigen Auflagescheibe frei liegt.

Danach wird die Kraft zur Trennung der Schicht vom Substrat bestimmt, indem der Stab so durch die Bohrung einer Stahlplatte geführt wird, dass der überstehende Schichtrand auf dem Bohrungsrand zum Liegen kommt. Der Bohrungsdurchmesser soll nur geringfügig größer sein als der des abgedrehten Stabes, damit sich der Stab reibungsfrei in der Bohrung bewegen kann. Nun wird der Stab mit Hilfe einer Zugvorrichtung von unten so lange gezogen, bis er von der Schicht abreißt. Die so ermittelte Haftfestigkeit wird in N/mm^2 angegeben. Der OLLARD-Test ist für spröde Schichten nicht geeignet. Es gibt daher verschiedene Ausführungsformen dieses Testes, die für spezielle Anwendungen herangezogen werden.

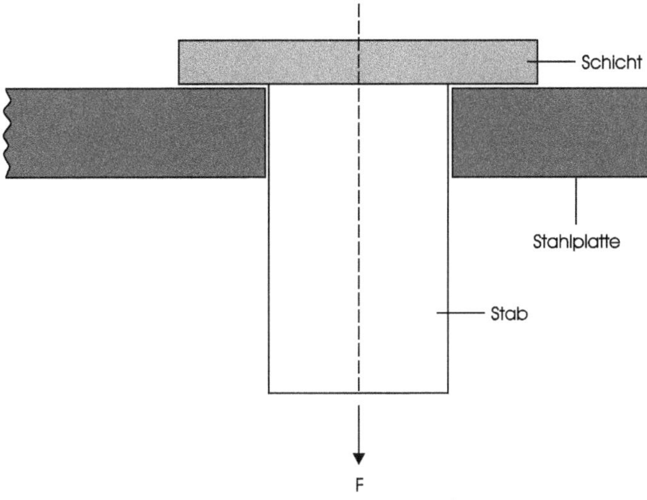

Abb. 7.16: OLLARD-Test zur Haftfestigkeitsprüfung [7.13, 7.16]

7.4.2.4 Abzugversuch

Wie in Abb. 7.17 angedeutet, kann der Zugversuch als ein weiteres Verfahren zur quantitativen Messung der Haftfestigkeit zwischen Beschichtung und Unterlage herangezogen werden. Dabei wird die Zugspannung, die zur Trennung der Schicht vom Substrat bzw. zum Bruch des Prüfkörpers führt, als Maß für die Haftfestigkeit genommen. Das Verfahren eignet sich für die Bestimmung der Haftfestigkeit metallischer Schichten aus Gold, Kupfer, Nickel, Silber, Zink, Zinn und Zinn-Nickel-Legierungen auf metallischen Substraten.

Beim Einsatz dieses Verfahrens, dessen praktische Durchführung in DIN EN 13144 beschrieben wird, ist zu berücksichtigen, dass das Messergebnis nicht nur durch die mechanischen Eigenschaften des aus Substrat und Schicht bestehenden Prüfkörpers, sondern auch durch die Vorbehandlung der Substratoberfläche beeinflusst wird. Die Herstellung des Prüfkörpers und die Vorbereitung der Messanordnung erfolgen wie folgt: Aus der ein- oder beidseitig beschichteten Probe wird eine Scheibe mit einem Durchmesser von 30 mm oder ein Quadrat von 30 mm Länge herausgeschnitten. Dabei ist darauf zu achten, dass der so angefertigte Prüfkörper keine Verformung erleidet. Die zylinderförmigen Abziehkörper bestehen aus Stahl und haben in der Regel einen Durchmesser von 20 mm. Die Länge eines Abziehkörpers darf nicht kleiner als die Hälfte seines Durchmessers sein. Sie muss so gewählt werden, dass der Abziehkörper während des Zugversuchs keine Verformungen erfährt. Die Stirnflächen der Abziehkörper, die zuvor rechtwinklig zur Zylinderachse auszuarbeiten und sorgfältig zu reinigen sind,

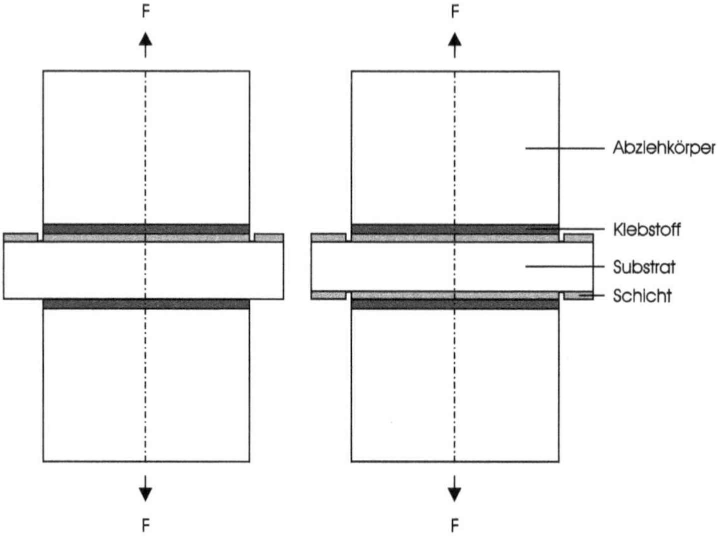

Abb. 7.17: Messanordnung zur quantitativen Bestimmung der Haftfestigkeit mittels Abzugversuch
Links: einseitig, rechts: beidseitig beschichtetes Substrat

werden mit einem Spezialklebstoff gleichmäßig beschichtet. Der Klebstoff soll möglichst nach den Anweisungen des Herstellers vorbereitet und aufgetragen werden. Nun wird der Prüfkörper zwischen die mit dem Klebstoff beschichteten Stirnflächen der Abziehkörper gelegt, die unter einem konstanten Druck gegeneinander gepresst werden. Nach dem Abbinden des Klebstoffs wird die Schicht entlang des Umfangs des Abziehkörpers bis zum Substrat durchgetrennt. Die Haftung zwischen dem Klebstoff und der Schicht kann durch leichtes Aufrauen der Schichtoberfläche mittels eines feinen Schleifpapiers weiter erhöht werden. Nun werden die Abziehkörper in die Einspannvorrichtung der Zugprüfmaschine eingespannt. Dabei ist zu beachten, dass die Zugkraft möglichst ohne Biegemoment und achsenparallel aufgebracht wird. Die Zugspannung ist so zu wählen, dass der Bruch des Prüfkörpers innerhalb von 2 min nach dem Aufbringen der Zugkraft eintritt. Die Prüfung wird bei einer Temperatur von 23 ± 2 °C und einer relativen Luftfeuchte von 50 ± 5 % durchgeführt. Als Maß für die Haftfestigkeit dient die Zugspannung σ, die sich aus der Beziehung

$$\sigma = F / S \quad [\text{N/mm}^2] \tag{7.8}$$

ergibt. Darin bedeuten F die Kraft, die zum Bruch des Prüfkörpers führt, und S die Stirnfläche des Abziehkörpers. Eine genaue Untersuchung der Bruchflächen und Bestimmung der Bruchart sind für die objektive Beurteilung der Haftfestigkeit unerlässlich.

7.4.2.5 Ritz-Test

Der Ritz-Test (scratch test) nach EN 1071 eignet sich besonders für die routinemäßige Prüfung der Haftung von Hartstoffschichten. Dabei wird ein Diamantkegel mit einem Öffnungswinkel von 120° und einem Spitzenradius von 0,2 mm unter definierten Bedingungen in die zu prüfende Schicht eingedrückt und gleichzeitig translatorsich parallel zur Schichtoberfläche bewegt (Abb. 7.18a). Dadurch entstehen entlang der Ritzspur charakteristische Risse und/oder Abplatzungen in der Schicht, die Aufschluss über ihre Haftfestigkeit geben.

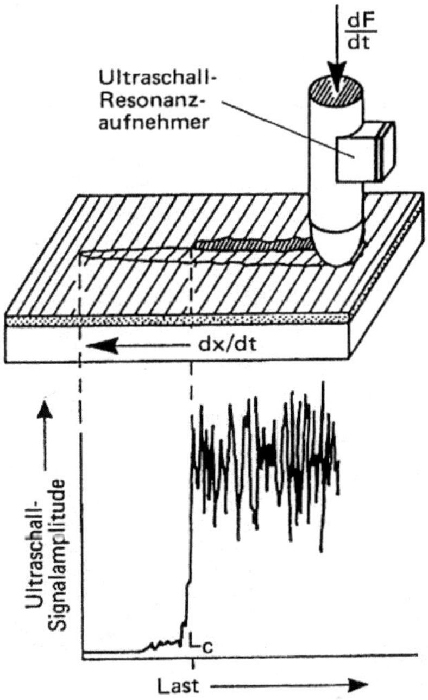

Abb. 7.18a: Ritz-Test zur quantitativen Bestimmung der Haftfestigkeit von Hartstoffschichten [7.22]

Von wesentlicher Bedeutung dabei sind zum einen die senkrecht zur Probenoberfläche aufgebrachte Last F_N, zum anderen die Ritzgeschwindigkeit dx/dt. Die Last kann entweder kontinuierlich während des Ritzvorgangs erhöht werden, bis die Schicht bricht und an Tragfähigkeit verliert, oder in Stufen aufgebracht werden, um den gleichen Effekt zu erreichen (Abb. 7.18b).

Bei kontinuierlichem Lastanstieg wird sich ab einem bestimmten Lastwert ein Abplatzen der Schicht zeigen. Dieser Wert wird als kritische Last L_c bezeichnet und kann als Maß

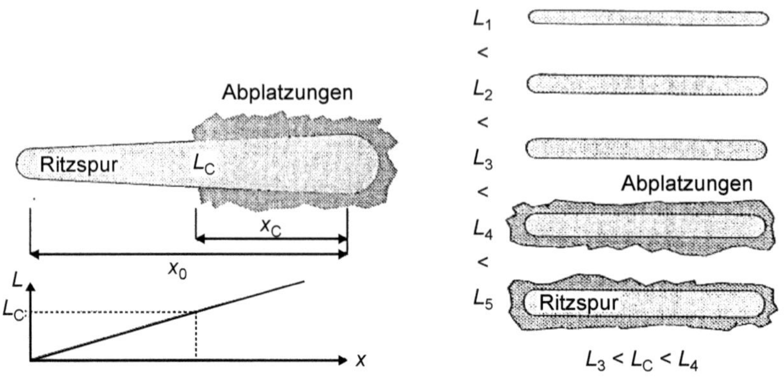

Abb. 7.18b: Aufbringung der Last beim Ritz-Test [7.22]
Links: kontinuierlich wachsende Last
Rechts: stufenweise von Spur zu Spur wachsende Last

für die Haftfestigkeit der Schicht herangezogen werden. Treten mehrere charakteristische Schädigungen auf, z. B. zuerst Rissbildung, dann Schichtabplatzung, so werden entsprechend mehrere kritische Lasten (L_{c1}, L_{c2} ...) angegeben.

Für die Evaluierung der auftretenden Schädigungen an Schicht und Substrat gibt es zwei Möglichkeiten. Zum einen kann man sie im Mikroskop beobachten, zum anderen kann man die akustische Emission während des Ritzvorgangs aufzeichnen. Im letzteren Fall ist es möglich, Korrelationen zwischen bestimmten Signalfolgen und den charakteristischen Schädigungen herzustellen. Die aus akustischen Signalen hergeleitete kritische Last wird dann mit L_{ca} symbolisiert.

Neben den genannten Möglichten der optischen Inspektion und der Aufzeichnung der akustischen Signale kann man auch die Reibungskraft F_R während des Ritzvorgangs messen.

Die charakteristische Schädigung des Werkstoffverbunds beim Ritz-Test wird entscheidend von den mechanischen Eigenschaften der Schicht und des Grundwerkstoffs bestimmt. Ist die Schicht im Vergleich zum Grundwerkstoff weich, treten große plastische Verformungen in der Schicht auf, und die kritische Last wird durch jenen Lastwert definiert, bei welchem der Grundwerkstoff erstmals freigelegt wird. Ist umgekehrt die Schicht härter als der Grundwerkstoff, so muss mit Absplittern oder einem „Buckling“ der Schicht bei der kritischen Last gerechnet werden. Als Buckling bezeichnet man die partielle Ablösung der Schicht an der Grenzfläche.

7.4.3 Zerstörungsfreie Prüfverfahren

Nahezu alle bisher behandelten Prüfverfahren zur Haftfestigkeitsprüfung sind zerstörend. Für die laufende Überwachung der Produktion sind jedoch, insbesondere im Hinblick auf die Weiterverwendung der Bauteile, zerstörungsfreie Methoden von großer Bedeutung. Bei zu hoher Haftung zwischen dem Grund- und dem Schichtwerkstoff, d. h., wenn die Haftfestigkeit größer ist als die Zugfestigkeit des beschichteten Bauteils, dann kann die Haftfestigkeitsprüfung zur Zerstörung des Bauteils führen (s. Abb. 7.15b). Zurzeit existieren nur wenige zerstörungsfreie Prüfverfahren, die zwar für die Laborpraxis in Frage kommen, jedoch keine Einsatzreife für die industriellen Fertigungsprozesse erlangt haben. Diese Prüfverfahren beruhen auf bestimmten physikalischen Effekten, die als Grundlage für die Haftfestigkeitsprüfung herangezogen werden.

7.4.3.1 Thermoschock-Test

Diese Methode beruht darauf, dass die unterschiedlichen thermischen Ausdehnungskoeffizienten des Substrats und der Schicht infolge eines raschen Temperaturwechsels zu einer Abtrennung der beiden Kontaktpartner führen, wenn eine unzureichende Haftung vorliegt. Der Längen-Ausdehnungskoeffizient α gibt die relative Längenänderung ΔL eines Stoffes bei einer Temperaturerhöhung um 1 °C an:

$$\alpha = \frac{1}{L_1} \cdot \left(\frac{L_2 - L_1}{T_2 - T_1} \right) = \frac{1}{L_1} \cdot \frac{\Delta L}{\Delta T} \tag{7.9}$$

Darin bedeut L_1 die Länge bei der Temperatur T_1, und L_2 die bei T_2, wobei $T_2 > T_1$.

Der Volumen-Ausdehnungskoeffizient γ gibt die relative Volumenänderung ΔV eines Stoffes bei einer Temperaturerhöhung um 1 °C an:

$$\gamma = \frac{1}{V_1} \cdot \left(\frac{V_2 - V_1}{T_2 - T_1} \right) = \frac{1}{V_1} \cdot \frac{\Delta V}{\Delta T} \tag{7.10}$$

Darin bedeut V_1 die Länge bei der Temperatur T_1, und V_2 die bei T_2, wobei $T_2 > T_1$.

Die beiden thermischen Ausdehnungskoeffizienten sind temperaturabhängig. Daher ist die Angabe der Bezugstemperatur zur eindeutigen Kennzeichnung erforderlich. Da α und γ sehr kleine Größen sind, erhält man aus (7.9) und (7.10) folgende Beziehung:

$$\gamma = 3 \cdot \alpha \tag{7.11}$$

In Tab. 7.3 sind die linearen thermischen Ausdehnungskoeffizienten α einiger Metalle und Legierungen zusammengestellt.

Tab. 7.3: Lineare Ausdehnungskoeffizienten verschiedener Metalle und Legierungen [7.17]

Metall	α ($\cdot 10^{-6}$) [K^{-1}]
Gusseisen, grau	7,4
Chrom	8,1
Stahl	12,0
Nickel	13,0
Kupfer	17,0
Bronze	18,8
Silber	19,0
Messing	17,4-19,2
Aluminium	25,7
Zinkguss	27,7
Blei	28,0
Kadmium	30,0
Indium	56,0

Bei dem Thermoschock-Test wird der Prüfling nach einer schnellen Erwärmung auf eine bestimmte Temperatur rasch abgekühlt. Praktisch geht man so vor, dass man zur Beurteilung der Haftfestigkeit den Prüfling in einem Ofen ca. 30 min bei 200 bis 350 °C erhitzt und anschließend in Wasser von Raumtemperatur abschreckt. Der gewählte Temperaturbereich hängt von der Natur des Substrates ab. Bei Zink liegt er bei 150 ± 5 °C, während Kupferlegierungen auf 250 ± 5 °C erhitzt werden. Bei Stählen ist die Temperatur entsprechend höher und beträgt 350 ± 5 °C. Silberüberzüge auf elektrischen Kontakten werden 20 min bei 400 °C erhitzt und anschließend bezüglich der Haftfestigkeit geprüft. An dem zuletzt genannten Beispiel erkennt man, dass auch die Erhitzungsdauer von Fall zu Fall unterschiedlich und der Natur des Prüflings angepasst sein muss. Das Erwärmen des Probekörpers kann auch in einem Ölbad vorgenommen werden. Beschichtete Bauteile, bei denen die Gefahr einer Sauerstoffaufnahme besteht, werden in neutraler oder reduzierender Atmosphäre erhitzt. Dabei ist zu berücksichtigen, dass die Erhitzung durch etwaige Kornvergröberung die Eigenschaften des zu untersuchenden Verbundsystems verändern kann. Beim Erhitzen kann es aber auch zu einer Legierungsbildung zwischen Grundmaterial und Überzug kommen, was einen Anstieg der Haftfestigkeit bedeuten würde. Nach dem Abschrecken in Wasser wird der Probekörper auf Abblätterungen untersucht. Liegen die Ausdehnungskoeffizienten des Grund- und Schichtwerkstoffes stark auseinander, so kann es aufgrund der dadurch bedingten schlechten Haftung zu einer Ablösung der Schicht kommen. Ergänzend sei angemerkt, dass auch der Druck der im Probekörper gelösten oder eingefangenen Gase, die beim Erhitzen freigesetzt werden, zu einem Abblättern oder Abschuppen der Schicht führen kann. Auf der anderen Seite kann die Austreibung des in das Grundmaterial eindiffundierten Wasserstoffs infolge des Erwärmens bei höheren Temperaturen als Vorteil dieser Prüfmethode angesehen werden. Bei einwandfreier Haftung zwischen dem Grund- und Schichtwerkstoff kann der Thermoschock-Test als zerstörungsfrei eingestuft werden.

Die in Tab. 7.4 angegebenen Temperaturen sollten nach ASTM (American Society for Testings and Materials) bei der Durchführung des Thermoschock-Tests an den aufgeführten Substrat/Schicht-Kombinationen möglichst eingehalten werden.

Tab. 7.4: Übliche Temperaturen (±10 °C) beim Thermoschock-Test gängiger Substrat/Schicht-Kombinationen (nach ASTM)

Substrat	Schicht						
	Cr, Ni, NiCr, Cu	Sn	Pb, SnPb	Zn	Au, Ag	Pd	Rh
Stahl	250 °C	150 °C	150 °C	150 °C	250 °C	350 °C	185 °C
Zn-Legierungen	150 °C	150 °C	150 °C	150 °C	150 °C	150 °C	150 °C
Cu/Cu-Legierungen	250 °C	150 °C	150 °C	150 °C	250 °C	350 °C	185 °C
Al/Al-Legierungen	220 °C	150 °C	150 °C	150 °C	220 °C	220 °C	185 °C

7.4.3.2 Ultraschall-Test

Die relativ hohe Energiedichte des Ultraschalls kann ebenfalls zur Haftfestigkeitsprüfung herangezogen werden. Das Verfahren beruht auf der Tatsache, dass der Grund- und der Schichtwerkstoff in aller Regel unterschiedliche Schallwiderstände (Dichte × Schallgeschwindigkeit) besitzen. Es macht sich das Verhalten der Schallenergie an der Grenzfläche Substrat/Schicht zu Eigen. Die auf diese Grenzfläche auffallenden Ultraschallwellen können nämlich je nach dem Schalldurchlässigkeitsvermögen der beiden Materialien reflektiert oder hindurch gelassen werden. Die Reflexion bzw. die Durchlässigkeit ist von der Haftfestigkeit abhängig, wobei der Rautiefe, der Beschaffenheit und der Gestalt der Grenzfläche eine entscheidende Rolle zukommt. Die Energie der vom Substrat in Richtung der Grenzfläche reflektierten Ultraschallwellen verursacht entsprechend ihrer Schwingungsamplitude und Frequenz eine Kraft, die den Bindungskräften zwischen Substrat und Schicht entgegengerichtet ist. Die Wirkung des Ultraschalls kann daher hinsichtlich der Frequenz wie folgt charakterisiert werden: Höhere Frequenzen ermöglichen, die Fehlstellen an der Grenzfläche Substrat/Schicht zu lokalisieren und sie in Relation zur Haftfestigkeit zu setzen. Niedrige Frequenzen hingegen erzeugen eine Spannung in der Grenzfläche, die ausreicht, um die Schicht an den Fehlstellen abzuheben.

Die Anwendung von Ultraschall ermöglicht grundsätzlich zwei verschiedene Verfahren zur Haftfestigkeitsprüfung und Ermittlung von Haftungsfehlern. Man bezeichnet sie als Reflexionsmethode bzw. Durchschallung [7.13]. Bei der Reflexionsmethode wird die Ultraschallreflexion an der Grenzfläche Substrat/Schicht (Abb. 7.19a) oder aber am Substratboden (Abb. 7.19b) zur Beurteilung der Haftfestigkeit benützt. Bei der als Durchschallung bezeichneten Methode (Abb. 7.19c) wird hingegen der durchgelassene Anteil des Ultraschalls zu diesem Zweck herangezogen.

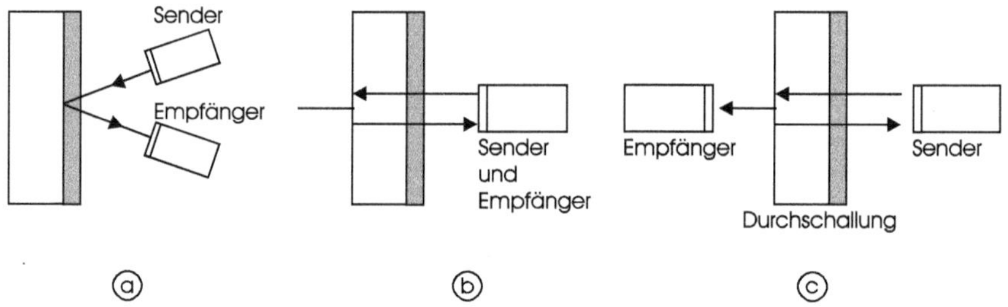

Abb. 7.19: Zerstörungsfreie Haftfestigkeitsprüfung mit Ultraschall [7.13]
a: Reflexion an der Grenzfläche Substrat/Schicht
b: Reflexion am Substratboden
c: Durchschallung

Die Messung der Ultraschallreflexion an der Grenzfläche ergibt für schlecht haftende Bereiche Impulse hoher Intensität. Bei guter Haftung werden die Ultraschallwellen jedoch zum größten Teil durch das Grundmaterial absorbiert und nur in geringem Maße an der Grenzfläche Substrat/Schicht reflektiert, so dass die gemessenen Impulse entsprechend niedrigere Intensitäten aufweisen. Die Haftfestigkeitsprüfung nach der Ultraschallreflexion am Substratboden führt ebenfalls zu qualitativ ähnlichen Ergebnissen. Bei sehr geringer oder fehlender Haftung der Schicht ist eine Messung der reflektierten Ultraschallwellen nicht möglich, da sie den Empfänger nicht erreichen können. Liegt aber eine ausreichende Haftung vor, so werden die reflektierten und durch die Schicht hindurchgehenden Ultraschallwellen hohe Messsignale ergeben. Die Prüfung der Haftfestigkeit mit Hilfe der Durchschallungsmethode ist erheblich umständlicher, da die Bestimmung der Intensität der Durchschallung im Vergleich zu den Reflexionsverfahren wesentlich schwieriger ist. Hinzu kommt, dass dieses Verfahren eine viel geringere Empfindlichkeit besitzt.

7.4.3.3 Schallemissions-Test

Charakteristisch für alle bisher genannten Methoden zur Haftfestigkeitsprüfung ist, dass sie den Endzustand, d. h. die partielle oder totale Trennung der Schicht vom Substrat, anzeigen, jedoch keine Aussagen über den Vorgang der Enthaftung machen. Die Schallemissionsanalyse, die darauf beruht, dass beim Enthaften der Schicht Energie in Form von Schallwellen im Ultraschallbereich freigesetzt wird, erlaubt hingegen, auch die Vorgänge, die sich bei der Enthaftung abspielen, näher zu studieren [7.18-7.20]. Charakteristisch für diese Art von Schallwellen sind ihre kleine Amplitude, ihr breites Frequenzband und ihre Frequenzlage.

Als Schallemission bezeichnet man die impulsförmigen, elastischen Druckwellen, die in einem Werkstoff entstehen, wenn dieser einer mechanischen oder thermischen Belastung ausgesetzt wird. Die Ursache dafür sind Spannungsrelaxationsprozesse, die unter der Belastung spontan im Werkstoff ablaufen. Sie können auf die Bewegung von Versetzungen, Zwillingsbildung, Rissbildung oder Enthaftungsvorgänge zurückgeführt werden. Das bekannteste Beispiel für das Auftreten von Schallemission ist der so genannter Zinnschrei, den man beim Verbiegen von Reinstzinn akustisch wahrnehmen kann (s. Abschnitt 10.3.3).

Die Schallemissionsanalyse wird bei der Prüfung der Haftung von metallischen bzw. nichtmetallischen Schichten auf metallischen Substraten eingesetzt. Abb. 7.20 zeigt das Blockschaltbild einer Anlage für die praktische Durchführung der Schallemissionsanalyse.

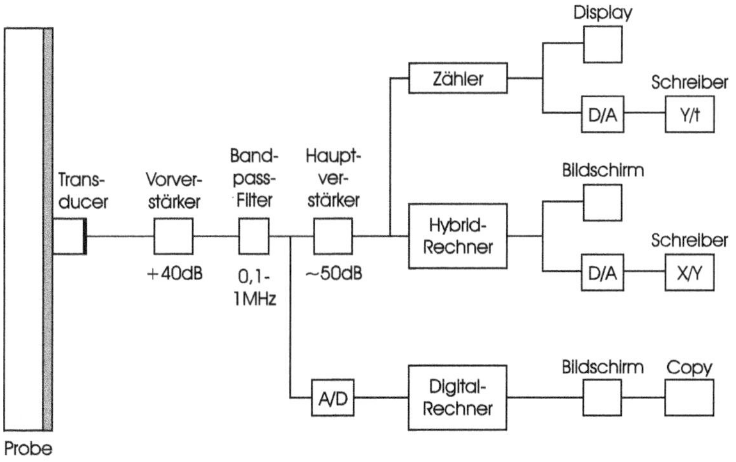

Abb. 7.20: Blockschaltbild einer Schallemissionsanalysenanlage zur Untersuchung von Enthaftungsvorgängen [7.20]

Die zu untersuchende beschichtete Metallprobe wird im Zugversuch belastet; dabei wird das zugehörige Kraft-Weg-Diagramm aufgenommen. Die Messung der Schallemission erfolgt mit Hilfe eines piezoelektrischen Schallaufnehmers, der die entstehenden Schallwellen in analoge elektrische Signale umwandelt und zur Weiterverarbeitung an ein Meßsystem weiterleitet. Dort werden die Schallwellen hinsichtlich ihrer Amplitude, Energie und Frequenz ausgewertet.

Die in Abb. 7.21 wiedergegebenen Diagramme zeigen als Beispiel den Vergleich zwischen zwei Kupferschichten, die aus zwei sauren Kupferelektrolyten mit unterschiedlichen Glanzzusätzen auf Kupferblechen abgeschieden wurden. Die Abscheidungsstromdichte beträgt in beiden Fällen 6 A/dm^2.

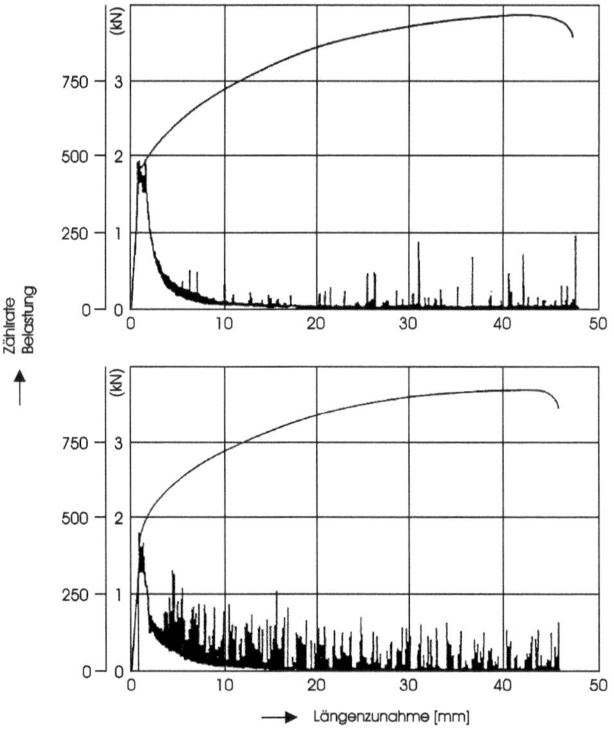

Abb. 7.21: Kraft-Weg-Diagramme und Schallemissionsraten von zwei Kupferschichten aus sauren Kupferelektrolyten mit unterschiedlichen Glanzzusätzen [7.20]

Diese Ergebnisse zeigen, dass Unterschiede im Gefüge der abgeschiedenen Kupferschichten, die durch unterschiedliche Glanzzusätze verursacht werden, einen deutlichen Einfluss auf die Intensität der Schallemission und damit auf die Haftung haben.

7.4.3.4 Ultraschallmikroskopie

Während Lichtmikroskope für die Beobachtung von Oberflächen eingesetzt werden, eignet sich das Ultraschall- oder Akustomikroskop für die Untersuchung von Bereichen, die unmittelbar unterhalb der Oberfläche liegen. Das Ultraschallmikroskop ist in der Regel mit einem Lichtmikroskop gekoppelt. Beide Mikroskope sind auf einem um 90° schwenkbaren Drehteller angeordnet und können per Knopfdruck eingesetzt werden [7.23-7.27].

Kernstück des Ultraschallmikroskops, dessen Prinzips schematisch in Abb. 7.22 wiedergegeben ist, ist eine akustische Plankonkav-Linse aus Saphir, die sich durch hohe Schallgeschwindigkeit und geringe Schalldämpfung auszeichnet und rund zwanzigmal kleiner ist als die kleinsten in Lichtmikroskopen verwendeten Linsen.

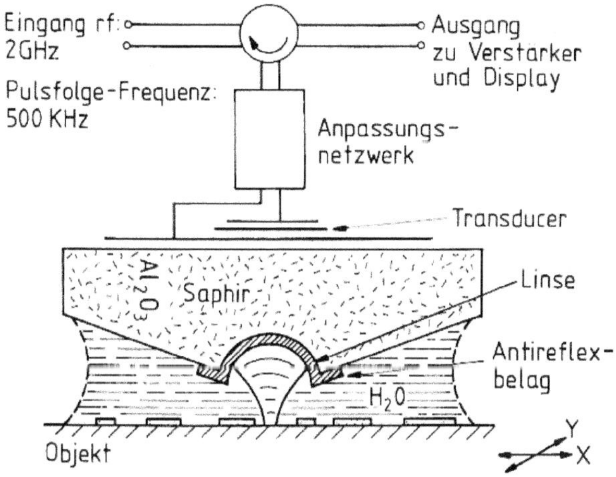

Abb. 7.22: Funktionsprinzip des Ultraschallmikroskops [7.24]

Eine Seite der Linse ist eben und trägt eine Wandlerschicht, die hochfrequente elektromagnetische Schwingungen in Ultraschallwellen umwandelt (Schallwandler). Die andere Seite der Linse besitzt eine konkave sphärische Oberfläche. Ein Kopplungsmedium zwischen Linse und Probe (Objekt) überträgt die Ultraschallwellen. Als Kopplungsmedium wird häufig Wasser verwendet. Elektronisch erzeugte Hochfrequenzimpulse rufen im Schallwandler Ultraschallschwingungen hervor. Diese breiten sich in der Linse in Form eines Wellenzugs aus, der an der Grenzfläche Linse/Kopplungsmedium stark gebrochen und schließlich auf die Linsenachse fokussiert wird [7.26].

Für eine dem lichtmikroskopischen Auflösungsvermögen gleich kommende Ultraschallmikroskopie müssen Ultraschallfrequenzen von wenigstens 1 bis 2 GHz erreicht werden. Die *z*-Verstellung der akustischen Linse erlaubt eine exakte und reproduzierbare Fokussierung mit einer Genauigkeit von besser als 0,1 µm.

Das Ultraschallmikroskop kann u. a. eingesetzt werden, um Enthaftungen zwischen Beschichtung und Substrat sichtbar zu machen. Die in Abb. 7.23 wiedergegebenen ultraschallmikroskopischen Aufnahmen, die bei f = 1 GHz und z = 0–5 µm gemacht wurden, zeigen ein Beispiel dieser Art. Es handelt sich hierbei um chrombeschichteten Stahl. Bei z = 0 µm ist nur die Chromoberfläche zu sehen, während bei z = 5 µm Enthaftungen unterhalb der Chromschicht (mit Pfeilen angedeutet) sichtbar werden.

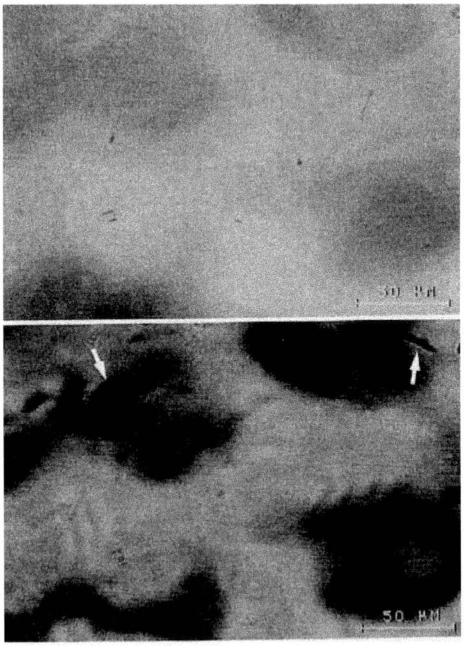

Abb. 7.23: Sichtbarmachung von Enthaftungen (Pfeile!) unterhalb einer Chromschicht auf Stahl mittels Ultraschallmikroskops[3]
(oben: z = 0 µm; unten: z = 5 µm)

[3] Quelle: „Acoustic Microscope Applications“, Vol. 2 (Informationsbroschüre der Firma Olympus)

Literaturverzeichnis

[7.1] *Hornbogen, E.*: „Werkstoffe“, Springer-Verlag Berlin, 1973

[7.2] *Krajewski, W.*: „Legierungsherstellung durch Diffusion in galvanisch abgeschiedenen Schichten“, Metalloberfläche 37 (1983) 6, 251-255

[7.3] *Heymann, K., Riedel, W. und Wodt, G.*: „Zur Theorie der Haftfestigkeit galvanischer Schichten auf ABS-Propfpolymerisaten“ in „Metallische Überzüge auf Kunststoffen“, Carl Hanser Verlag München

[7.4] *Sasse, H. P.*: „Galvanisieren von Kunststoffen“, in „Praktische Galvanotechnik“, Eugen G. Leuze Verlag Saulgau/Württ., 1984

[7.5] *Andreas, B.*: „Galvanisieren von Kunststoffen“, in „Technologie der Galvanotechnik“, Eugen G. Leuze Verlag Saulgau/Württ., 1996

[7.6] *Bischof, C. und Possart, W.*: „Adhäsion - Theoretische und experimentelle Grundlagen“, Akademie-Verlag Berlin, 1983

[7.7] *Zabach, U.*: „Kunststoffgalvanisierung zwischen Alchemie und Wissenschaft“, in „Fortschritte bei der Galvanisierung problematischer Grundstoffe“, 7. Ulmer Gespräch, Eugen G. Leuze Verlag Saulgau/Württ., 1984

[7.8] *Springer, J. und Förster, F.*: „Theorien zur Haftung stromlos abgeschiedener Metallschichten auf Polymeren, Teil I“, Metalloberfläche 38 (1984) 11, 482-486

[7.9] *Schammler, G. und Springer, J.*: „Chemische, physikalische und mechanische Bindungscharakteristiken bei stromlos beschichteten Substanzen“, Galvanotechnik 80 (1989) 5, 1549-1554

[7.10] *Förster, F. und Springer, J.*: „Theorien zur Haftung stromlos abgeschiedener Metallschichten auf Polymeren, Teil II“, Metalloberfläche 40 (1986) 10, 417-421

[7.11] *Schammler, G. und Springer, J.*: „Zur Haftung von Metall auf Nichtleitern“, in „Jahrbuch Oberflächentechnik, Band 45“, Metall-Verlag Berlin, 1989

[7.12] *Kanani, N.*: „Schichtprüfungen“, in „Technologie der Galvanotechnik“, herausgegeben von *B. Gaida und K. Aßmann*, Eugen G. Leuze Verlag Saulgau/Württ., 1996

[7.13] *Simon, H. und Thoma, M.*: „Angewandte Oberflächentechnik für metallische Werkstoffe“, Carl Hanser Verlag München, 1985

[7.14] *Nitsche, K.*: „Schichtmesstechnik“, VEB Deutscher Verlag für Grundstoffindustrie Leipzig, 1974

[7.15] *Biestek, T. und Sekowski, S.*: „Methoden zur Prüfung metallischer Überzüge“, Eugen G. Leuze Verlag Saulgau/Württ., 1973

[7.16] *Dettner, H. W. und Elze, E.* (Hrsg.): „Handbuch der Galvanotechnik, Band III“, Carl Hanser Verlag München, 1969

[7.17] *Kutzelnigg, A.*: „Die Prüfung metallischer Überzüge“, 2. Auflage, Eugen G. Leuze Verlag Saulgau/Württ., 1965

[7.18] *Moslé, H. G. und Wellenkötter, B.*: „Untersuchung des Schädigungsverhaltens beschichteter Bleche mit Hilfe der Schallemission, Teil 1“, Metalloberfläche 33 (1979) 11, 513-516

[7.19] *Moslé, H. G. und Wellenkötter, B.*: „Untersuchung des Schädigungsverhaltens beschichteter Bleche mit Hilfe der Schallemission, Teil 2“, Metalloberfläche 34 (1980) 10, 425-429

[7.20] *Moslé, H. G.*: „Schichtdicken- und Haftungsmessungen an beschichteten Werkstoffen“, Metalloberfläche 35 (1981) 12, 473-478

[7.21] *Kanani, N.*: „Haftfestigkeit und ihre Bestimmung“ in „Moderne Mess- und Prüfverfahren für metallische und andere anorganische Überzüge“, herausgegeben von *N. Kanani*, expert verlag Renningen, 2007

[7.22] *Jehn, H. A.*: „Prüfung der Haftfestigkeit“ in „Prüfung von funktionellen metallischen Schichten“, herausgegeben von *T. W. Jelineck*, Eugen G. Leuze Verlag Saulgau/Württ., 1977

[7.23] *Quate, C. F.*: „The Acoustic Microscope“, Scientific American, Vol. 241, No. 4 (1979), pp. 62-70

[7.24] *Thaer, A., Hoppe, M. und Patzelt, W. J.*: „Akustomikroskop ELSAM“, LEIZT-Mitteilung Wissenschaft und Technik, Bd. VIII, Nr. 3/4 (1982), S. 61-67

[7.25] *Hoppe, M. et al.*: „LIETZ-Akustomikroskop ELSAM, Anwendungen in der Materialuntersuchung - erste Ergebnisse“, LEIZT-Mitteilung Wissenschaft und Technik, Bd. VIII, Nr. 5 (1983), S. 125-131

[7.26] *Baumann, J. und Fritsch, G.*: „Das Ultraschall-Raster-Mikroskop“, Physik unserer Zeit, 19. Jahrg., Nr. 1 (1988), S. 16-32

[7.27] *Arndt, W.*: „Zerstörungsfreie Qualitätssicherung mit dem Ultraschallmikroskop“, Werkstoff und Innovation 1 (1991) 4, S. 53-55

8 Bestimmung der Dicke metallischer Schichten

8.1 Einleitung

Die Schichtdicke zählt zu den wichtigsten Charakteristika chemisch oder elektrochemisch abgeschiedener metallischer Überzüge, da sie weitestgehend das Verhalten des Bauteils unter den betrieblichen Bedingungen bestimmt. Aus diesem Grund gehört ihre genaue Bestimmung zu den aussagekräftigsten Prüfkriterien schlechthin. Oft erübrigt sich jede weitere Prüfung des beschichteten Werkstoffs, wenn die Schichtdicke dem festgelegten Sollwert nicht entspricht. Die quantitative Messung der Schichtdicke nimmt daher bei der Prüfung der Eigenschaften des Verbindwerkstoffs eine Sonderstellung ein.

Im Folgenden wird zunächst die Definition der Schichtdicke nach DIN EN ISO 2064 vorgestellt. Danach werden nach einer theoretischen Abschätzung der Schichtdicke die wichtigsten Bestimmungsmethoden beschrieben.

8.2 Definitionen nach DIN EN ISO 2064

In DIN EN ISO 2064 werden die Schichtdicke und die mit ihr verwandten Begriffe definiert. Diese Definitionen stellen die Grundlage für die praktische Schichtdickenbestimmung dar. Ihr Wortlaut wir im Folgenden wiedergegeben.

8.2.1 Wesentliche Fläche

Die wesentliche Fläche ist der Oberflächenbereich eines Bauteils, an dem die vorgesehene Schicht vorhanden sein muss. Auf ihr müssen auch alle vereinbarten Eigenschaften vorhanden sein. Die wesentlichen Flächen sind zwischen Besteller und Lieferer zu vereinbaren.

8.2.2 Referenzfläche

Referenzflächen sind Oberflächenbereiche von wesentlichen Flächen, in denen Einzelmessungen erfolgen; ihre Lage und Anzahl sind zwischen Besteller und Lieferer zu vereinbaren.

8.2.3 Messstelle

Die Messstelle ist der Oberflächenbereich innerhalb einer Referenzfläche, der für eine Einzelmessung erforderlich ist und einen Messwert liefert. Seine Größe ist vom jeweiligen Schichtdickenmessverfahren abhängig; seine Einheit ist mm^2 bis dm^2.

8.2.4 Schichtdicke

Die Schichtdicke ist die Dicke einer Schicht auf einem Grundwerkstoff, die schützende, dekorative oder funktionelle Aufgaben zu erfüllen hat. Aus der Schichtdicke kann unter bestimmten Bedingungen die flächenbezogene Masse berechnet werden; dabei muss jedoch die Dichte des Schichtwerkstoffs bekannt sein. Die Maßeinheit der Schichtdicke ist µm oder g/m^2.

8.2.5 Örtliche Schichtdicke

Die örtliche schichtdicke ist der Mittelwert der Einzelmessungen, die auf einer Referenzfläche durchgeführt werden.

8.2.6 Kleinste örtliche Schichtdicke

Die kleinste örtliche Schichtdicke ist der kleinste Wert aller örtlichen Schichtdicken einer wesentlichen Fläche.

8.2.7 Größte örtliche Schichtdicke

Die größte örtliche Schichtdicke ist der größte Wert aller örtlichen Schichtdicken einer wesentlichen Fläche.

8.2.8 Mindestschichtdicke

Die Mindestschichtdicke ist die geforderte Schichtdicke, die von keiner örtlichen Schichtdicke unterschritten werden darf; sie ist die Toleranzuntergrenze (TUG).

8.2.9 Höchstschichtdicke

Die Höchstschichtdicke ist die geforderte Schichtdicke, die von keiner örtlichen Schichtdicke überschritten werden darf; sie ist die Toleranzobergrenze (TOG).

8.3 Theoretische Abschätzung

Die dicke von galvanisch abgeschiedenen Metallschichten lässt sich theoretisch abschätzen. Der Ausgangspunkt dabei ist das 1. FARADAYsche Gesetz, welches besagt, dass die *Stoffmenge n*, die an einer Elektrode während der Elektrolyse abgeschieden wird, proportional zur Elektrizitätsmenge oder Ladungsmenge Q ($Q = I \cdot t$) ist, die durch den Elektrolyten geschickt wird:

$$n \propto Q \propto I \cdot t \tag{8.1a}$$

I ist der elektrische Strom, der als zeitlich konstant angenommen wird ($\mathrm{d}I/\mathrm{d}t$ = const.). Ist dies nicht der Fall, dann lautet die Proportionalitätsbeziehung:

$$n \propto Q \propto \int I \cdot \mathrm{d}t \tag{8.1b}$$

t ist die Elektrolysedauer (Expositionszeit).

Die Elektrizitätsmenge Q hat die Maßeinheit Coulomb C (1 C = 1 A · 1 s, Ampere · Sekunde).

Die *Stoffmenge n* ist eine Basisgröße mit der Einheit Mol. Ein Mol - mit dem Symbolzeichen „mol“ - ist die Stoffmenge eines Systems, das aus eben so vielen Teilchen (Atomen, Molekülen, Ionen, Elektronen) besteht, wie Atome in 12 Gramm des Nuklids Kohlenstoff-12 (^{12}C) enthalten sind. Anders ausgedrückt: 12 Gramm Kohlenstoff-12 enthalten genau 1 Mol Atome.

Die Anzahl N der Teilchen (Atome, Moleküle, Ionen, Elektronen) pro Stoffmenge n bezeichnet man als LOSCHMIDTsche Zahl N_L oder AVOGADRO-Zahl N_A:

$$N_L = N / n = 6{,}022 \cdot 10^{23}\ \mathrm{mol}^{-1} \tag{8.2}$$

Ein Mol eines Stoffes enthält also $6{,}022 \cdot 10^{23}$ Teilchen dieses Stoffes. Da ein Mol einer Teilchenanzahl von $6{,}022 \cdot 10^{23}$ entspricht, kann man aus der Anzahl der Teilchen die Stoffmenge berechnen. Wenn beispielsweise $N = 10^{25}$ Teilchen vorhanden sind, dann ergibt sich für die Stoffmenge

$$n = \frac{N}{N_A} = \frac{10^{25}}{6{,}022 \cdot 10^{23}\ \mathrm{mol}^{-1}} = 16{,}606\ \mathrm{mol}$$

Um ein Mol eines einwertigen Ions (Ladungszahl $z = 1$) elektrolytisch abzuscheiden, bedarf es der Ladungsmenge:

$$Q = e \cdot N_{\mathrm{L}} = F \tag{8.3a}$$

Darin ist $e = 1{,}602 \cdot 10^{-19}$ C die Elementarladung. F ist die FARADAYsche Konstante; ihr Zahlenwert lässt sich aus der obigen Definition ableiten. Danach ist die FARADAYsche Konstante gleich der Ladungsmenge, die zur Abscheidung eines Mols eines einwertigen Stoffes benötigt wird:

$$\begin{aligned} F = (1{,}602 \cdot 10^{-19}\ \mathrm{C}) \cdot (6{,}022 \cdot 10^{23}\ \mathrm{mol}^{-1}) &= 96\,472\ \mathrm{C/mol} \\ &\approx 96\,500\ \mathrm{As/mol} \\ &\approx \underline{26{,}8\ \mathrm{Ah/mol}} \end{aligned}$$

Sie ist auch gleich dem Betrag der Ladungsmenge eines Mols Elektronen, die zur Abscheidung benötigt bzw. abgegeben werden.

Um eine beliebige *Stoffmenge n* eines z-wertigen Ions elektrolytisch abzuscheiden, bedarf es der Ladungsmenge:

$$Q = n \cdot z \cdot F \tag{8.3b}$$

Da die Molmasse M in g/mol gleich dem Quotienten aus der Masse m einer Substanz und der Stoffmenge n dieser Substanz ist, ergibt sich für die Masse m des durch Elektrolyse abgeschiedenen Stoffes:

$$m = M \cdot n \tag{8.4a}$$

bzw. unter Einbeziehung von (8.3b)

$$m = \frac{M \cdot Q}{z \cdot F} \tag{8.4b}$$

Bei konstanter Stromstärke I ist $Q = I \cdot t$. Für die Masse m des elektrolytisch abgeschiedenen Stoffes ergibt sich somit

$$m = \frac{M \cdot I \cdot t}{z \cdot F} \tag{8.4c}$$

Bei zeitlich veränderlicher Stromstärke lautet die Gleichung für die abgeschiedene Masse m

$$m = \frac{M}{z \cdot F} \int I \cdot \mathrm{d}t \tag{8.4d}$$

Der Ausdruck $M/z \cdot F$ in Gl. (8.4b) bis Gl. (8.4d) wird als elektrochemisches Äquivalent Äe [g/Ah] bezeichnet. Das elektrochemische Äquivalent gibt an, wie viel Gramm eines Stoffes bei der Elektrolyse durch die Ladungsmenge von 1 Coulomb (= 1 A · s) auf der Elektrode abgeschieden wird. Die SI-Einheit des elektrochemischen Äquivalents ist g/As. In der Galvanotechnik werden Ladungen jedoch meist in Amperestunden (Ah) gemessen; für Äe ist daher auch die Einheit g/Ah gebräuchlich.

Tab. 8.1 enthält Angaben über die elektrochchemischen Äquivalente einiger Metallschichten.

Tab. 8.1: Elektrochemische Äquivalente einiger Metallschichten

Element	Molmasse [g/mol]	Wertigkeit	Äe [g/Ah]
Blei	207,20	2	3,8655
Cadmium	112,41	2	2,0971
Chrom	51,99	3	0,6467
Chrom	51,99	6	0,3233
Gold	196,97	1	7,3491
Kupfer	63,55	2	1,1855
Nickel	58,69	2	1,0950
Nickel	58,69	3	0,7300
Palladium	106,42	2	1,9853
Platin	195,08	2	3,6394
Silber	107,87	1	4,0247
Zink	65,41	2	1,2202
Zinn	118,71	2	2,2146
Zinn	118,71	4	1,1073

Durch Umstellen von (8.4c) bzw. (8.4d) erhält man den folgenden Ausdruck für die Elektrolysedauer (Expositionszeit) t:

$$t = \frac{m \cdot z \cdot F}{M \cdot I} \tag{8.5a}$$

$$t = \frac{m \cdot z \cdot F}{M} \int I \cdot \mathrm{d}t \qquad (8.5b)$$

Diese Gleichungen besagen, wie lange die Elektrolyse dauern muss, damit eine bestimmte Masse eines Stoffes bei einer konstanten bzw. sich zeitlich verändernden Stromstärke elektrolytisch abgeschieden wird.

Aus der Definition der Dichte ρ als Quotient aus Masse und Volumen

$$\rho = \frac{m}{V} = \frac{m}{d \cdot A} \qquad (8.6)$$

lässt sich nun die Schichtdicke d bei bekannter geometrischer Oberfläche A des Werkstücks abschätzen.

$$d = \frac{M \cdot Q}{z \cdot F \cdot \rho \cdot A} = \frac{M \cdot I \cdot t}{z \cdot F \cdot \rho \cdot A} \qquad (8.7a)$$

Bei zeitlich veränderlicher Stromstärke ergibt sich entsprechend

$$d = \frac{M}{z \cdot F \cdot \rho \cdot A} \int I \cdot t \qquad (8.7b)$$

Bei den bisherigen Überlegungen zur theoretischen Abschätzung der Schichtdicke wurde stillschweigend vorausgesetzt, dass die kathodische Stromausbeute Θ_k (auch kathodischer Wirkungsgrad genannt) bei 100 % liegt.

Mit dem Begriff kathodische Stromausbeute ist der prozentuale Anteil des Gesamtstroms gemeint, der für die kathodische Metallabscheidung gebraucht wird. Er gibt das Verhältnis der praktisch abgeschiedenen Metallmenge zur theoretisch abscheidbaren an und liegt im Allgemeinen unter 100 %[1]. Die Ursachen dafür sind, dass bestimmte Anteile des Gesamtstroms für Nebenreaktionen an der Kathode verbraucht werden. Diese Nebenreaktionen sind:

---

[1] Die anodische Stromausbeute Θ_a kennzeichnet den Anteil des praktisch gelösten Metalls im Verhältnis zum theoretisch möglichen. Auch sie liegt im Allgemeinen bei < 100 %. Die Ursachen dafür sind die Nebenreaktionen an der Anode: Mitabscheidung von Sauerstoff und Oxidation von organischen Substanzen. Für den Elektrolythaushalt ist es wichtig, dass die kathodische und die anodische Stromausbeute gleich groß sind. Dadurch wird gewährleistet, dass die Zusammensetzung und der pH-Wert des Elektrolyten beim Arbeiten konstant bleiben.

- Mitabscheidung von Wasserstoff[2]
- Reduktion von organischen Zusätzen

Die kathodische Ausbeute ist bei den verschiedenen Abscheidungsbädern sehr unterschiedlich und liegt, wie die folgenden Beispiele zeigen, je nach Elektrolyt in einem breiten Intervall von 15 % bis ≈ 100 %:

- Chromelektrolyt: 10 % - 15 %
- Messingelektrolyt: 75 %
- Cyanidischer Kupferelektrolyt: 70 % - 90 %
- Nickelelektrolyt: 95 % - 98 %
- Silberelektrolyt: 98 %
- Saurer Kupferelektrolyt: ≈ 100 %
- Saurer Zinkelektrolyt: ≈ 100 %

Unter Berücksichtigung der kathodischen Stromausbeute und des elektrochemischen Äquivalents ($\ddot{A}_e = M/z \cdot F$) lässt sich die Masse m der elektrolytisch umgesetzten Stoffmenge wie folgt angeben:

$$M = \ddot{A}_e \cdot I \cdot t \cdot \Theta_k \tag{8.8a}$$

Berücksichtigt man ferner, dass in der Galvanotechnik die Stromstärke I oft durch die Stromdichte $i = I/A$ (Stromstärke dividiert durch Oberfläche A) in A/dm^2 ersetzt wird, dann gilt:

$$m = \ddot{A}_e \cdot i \cdot A \cdot t \cdot \Theta_k \tag{8.8b}$$

Für die Schichtdicke d erhält man

$$d = \ddot{A}_e \cdot i \cdot t \cdot \Theta_k \, / \, \rho \tag{8.9}$$

Für die Elektrolysedauer t ergibt sich durch Umformen dieser Beziehung

$$t = d \cdot \rho \, / \, \ddot{A}_e \cdot i \cdot \Theta_k \tag{8.10}$$

[2] Die Mitabscheidung von Wasserstoff hat zur Folge, dass ein Teil des Gesamtstroms für die galvanische Abscheidung verloren geht. Darüber hinaus verbindeen sich Wasserstoffatome zum größten Teil zu molekularem Wasserstoff, der in Form von Gasblasen aus dem Elektrolyten entweicht.

Die Abscheidungsgeschwindigkeit $v_A = d/t$ kennzeichnet das Verhältnis von Schichtdicke zur Abscheidungsdauer und hat die Einheit µm/h. Aufgrund dieser Definition ergibt sich für die Abscheidungsgeschwindigkeit der Ausdruck

$$V = d / t = \ddot{A}_e \cdot i \cdot \Theta_k / \rho \tag{8.11}$$

Beispielsweise beträgt die Nickelmasse, die sich bei einer Stromdichte von 3 A/dm^2 und einer kathodischen Stromausbeute von 95 % nach 30 Minuten auf einem Substrat mit einer Oberfläche von 1 m^2 abscheidet:

$$m_{Ni} = (\ddot{A}_e)_{Ni} \cdot i \cdot A \cdot t \cdot \Theta_k$$
$$(\ddot{A}_e)_{Ni} = M_{Ni} / z \cdot F = 58{,}71 \text{ g/mol} / 2 \cdot 26{,}8 \text{ Ah/mol} = 1{,}095 \text{ g/Ah}$$
$$m_{Ni} = 1{,}095 \cdot 3 \cdot 1 \cdot 30 \cdot 0{,}95 = 156 \text{ g}$$

Die Dicke der Nickelschicht mit ρ_{Ni} = 8,8 g/cm^3 beträgt nach 18 Minuten

$$d_{Ni} = (\ddot{A}_e)_{Ni} \cdot i \cdot t \cdot \Theta_k / \rho_{Ni}$$
$$= 1{,}095 \cdot 3 \cdot 18 \cdot 0{,}95 / 8{,}8 = 10{,}8 \text{ µm}$$

Die Elektrolysedauer *t*, die benötigt wird, damit sich eine Nickelschicht von 5 µm Dicke abscheidet, lässt sich wie folgt ermitteln:

$$t = d_{Ni} \cdot \rho_{Ni} / \ddot{A}_e \cdot i \cdot \Theta_k$$
$$= 5 \cdot 8{,}8 / 1{,}095 \cdot 3 \cdot 0{,}95 = 8{,}5 \text{ min}$$

Die Abscheidungsgeschwindigkeit, mit der sich das Nickel bei einer Stromdichte von 1 A/dm^2 auf der Substratoberfläche niederschlägt, lässt sich dann wie folgt ausrechnen:

$$v_A = (\ddot{A}_e)_{Ni} \cdot i \cdot \Theta_k / \rho_{Ni}$$
$$= 1{,}095 \cdot 1 \cdot 0{,}95 / 8{,}8 = 11{,}8 \text{ µm/h}$$

8.4 Experimentelle Bestimmung

Wegen der außerordentlichen Bedeutung der Schichtdicke für den praktischen Einsatz beschichteter Bauteile und Gebrauchsgegenstände ist im Laufe der Zeit eine Vielzahl unterschiedlicher Methoden zu ihrer Bestimmung entwickelt worden, so dass hier nur die wichtigsten von ihnen erörtert werden können [8.1, 8.2, 8.27]. Die Übersicht in Abb. 8.1 fasst die Verfahren zur Schichtdickenmessung nach Zweck und Charakter zusammen.

Hinsichtlich des Aussagewertes einer Schichtdickenmessung (DIN EN ISO 2360) ist folgendes zu berücksichtigen. Häufig interessiert man sich für die mittlere Dicke einer Schicht, nicht selten jedoch ist die Messung der genauen Schichtdicke an bestimmten Stellen von entscheidender Bedeutung. Das Ergebnis solcher Schichtdickenmessungen sind allerdings diskrete Werte, die für die gesamte Schicht nicht unbedingt repräsentativ sein müssen. Werden aber mehrere solche diskreten Werte an unterschiedlichen Stellen der Schicht ermittelt, dann lässt sich aus ihnen ein relativ zuverlässiger Mittelwert für die Schichtdicke erhalten. Es ist deshalb zu empfehlen, dass die Schichtdickenmessung - unabhängig von dem gewählten Messverfahren - an mehreren wesentlichen Stellen der Schicht vorgenommen wird, und zwar an jeder dieser Stellen gleich mehrmals. Als wesentliche Stellen sind in diesem Zusammenhang die Bereiche zu verstehen, in denen die Schicht eine bestimmte Dicke aufweisen muss, da sonst die Funktionsfähigkeit des beschichteten Bauteils gefährdet ist. Die Anzahl der Messstellen und Messungen richtet sich nach den Anforderungen der Praxis. Hierzu gehören die Gleichmäßigkeit der Schichtdickenverteilung und die Charakteristika der anzuwendenden Messmethode. Fünf Messstellen und fünf Messungen pro Messstelle gelten als allgemein gültige Richtlinie.

Wie bereits in Abb. 8.1 angedeutet, lassen sich die in der Praxis angewandten Methoden der Schichtdickenmessungen in zwei Kategorien einteilen: zerstörend oder zerstörungsfrei. Bei der Anwendung zerstörender Messmethoden ist wiederum zu berücksichtigen, ob die Schicht allein oder das ganze Verbundsystem Bauteil/Schicht zerstört wird.

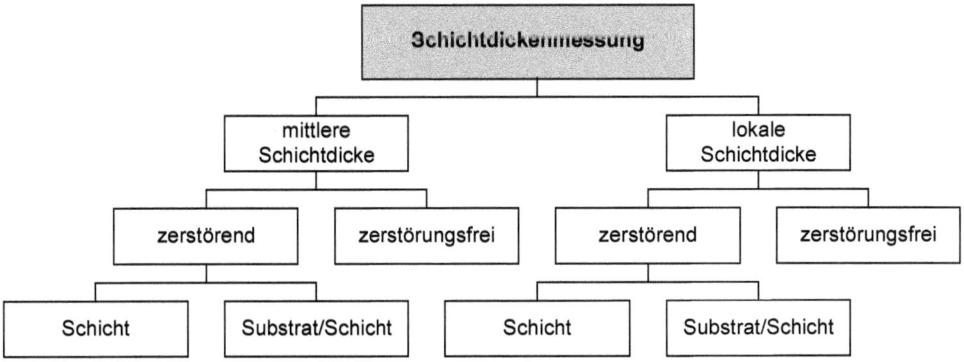

Abb. 8.1: Messmethoden zur Bestimmung der Dicke metallischer Schichten

Die zerstörenden und zerstörungsfreien Messmethoden kann man nach den ihnen zugrunde liegenden physikalischen oder chemischen Prinzipien in mehrere Gruppen einteilen [8.2]. Eine solche Einteilung, die natürlich keinen Anspruch auf Vollständigkeit erheben kann, ist in Abb. 8.2 zu sehen.

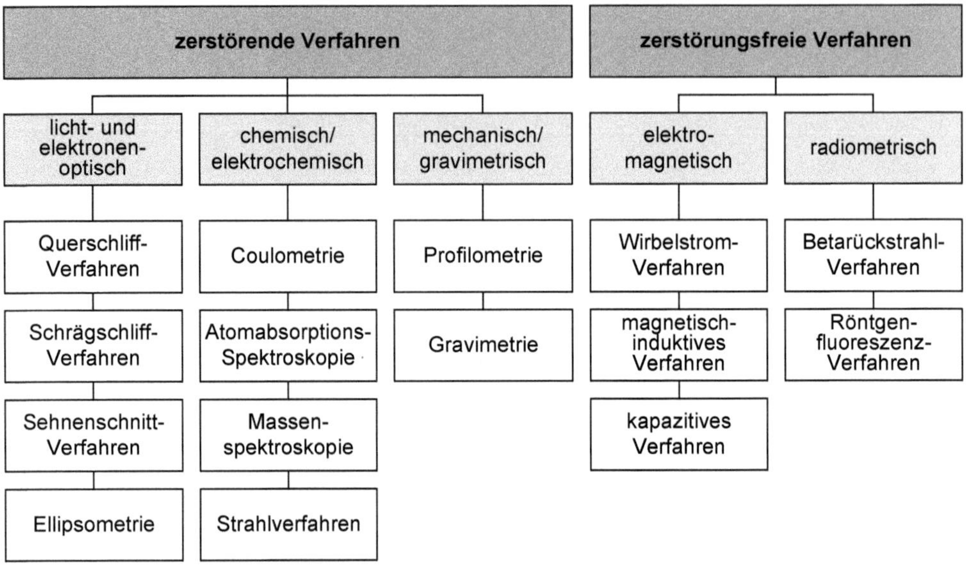

Abb. 8.2: Zerstörende und zerstörungsfreie Verfahren zur Bestimmung der Schichtdicke und die ihnen zugrunde liegenden physikalischen und chemischen Prinzipien

8.4.1 Zerstörende Verfahren

Zerstörende Verfahren zur Bestimmung der Schichtdicke haben den Vorteil, dass sie verhältnismäßig geringen apparativen Aufwands bedürfen. Als Nachteil kann bei ihnen der Umstand angesehen werden, dass sie die Zerstörung der geprüften Teile zur Folge haben und daher nur für stichprobenartige Prüfungen eingesetzt werden können. In Anbetracht ihrer großen Zahl können hier nur einige wenige von ihnen exemplarisch behandelt werden.

8.4.1.1 Mikroskopische Verfahren

Die lichtmikroskopische Methode, die vielfach auch als Schiedsmethode herangezogen wird, kommt wegen des relativ geringen Auflösungsvermögens des Lichtmikroskops bei der Messung von Schichtdicken > 2 µm zum Einsatz. Unter dem optischen Auflösungsvermögen versteht man die Fähigkeit des Mikroskops, zwei Punkte oder Linien, die eng nebeneinander liegen, voneinander zu trennen und deutlich sichtbar zu machen. Das Auflösungsvermögen hängt im Wesentlichen von der Wellenlänge λ_L des zur Beleuchtung verwendeten Lichtes ab und ist durch die folgende Beziehung gegeben:

$$d = \frac{\lambda_L}{A} = \frac{\lambda_L}{n_B \cdot \sin\omega} \qquad (8.12)$$

d ist der Abstand zwischen den beiden Punkten oder Linien, die als solche sichtbar gemacht werden müssen, und n_B der optische Brechungsindex (Brechzahl) des Mediums, das sich zwischen der Frontlinse des Objektivs und dem Untersuchungsobjekt befindet. Sie kennzeichnet die Brechung (Richtungsänderung) und das Reflexionsverhalten des Lichtes beim Treffen auf eine Grenzfläche zweier Medien. ω symbolisiert den halben Öffnungswinkel der Frontlinse, d. h. den Winkel, den zwei Lichtstrahlen, die von einem Punkt des Objekts ausgehen, miteinander bilden. Der Öffnungswinkel ω kann aus apparativen Gründen maximal 72° betragen. Den Ausdruck $A = n_B \cdot \sin \omega$ bezeichnet man als die numerische Apertur. Sie weist bei Trockenobjektiven den Wert 1,0 auf und kann bei Objektiven mit Spezialimmersion bis zu 1,66 betragen.

Gemäß Gl. (8.12) wird das Auflösungsvermögen des Mikroskops und damit letztlich die Bildhelligkeit entscheidend durch die numerische Apertur bestimmt. Die höchsten lichtmikroskopischen Auflösungen erhält man bei kleinstem Wert von λ_L (blaues Licht: λ_L = 400 nm = 0,4 µm), und größtem Brechungsindex n_B. Demnach können lichtoptisch zwei Punkte oder Linien noch voneinander getrennt wahrgenommen werden, wenn ihr Abstand nicht kleiner ist als $d = \lambda_L/A$ = 240 nm = 0,24 µm, was einer förderlichen Vergrößerung[3] von 1 500 : 1 entspricht. Bei Verwendung des weißen Lichts ($\lambda_L \approx$ 500 nm = 0,5 µm) als Beleuchtungsquelle sind Schichtdicken um 0,5 µm zwar im Labormikroskop noch erkennbar, jedoch wegen der in der Praxis unvermeidlichen Kantenabrundungen nicht mehr messbar. Höhere Vergrößerungen werden auch keine zusätzlichen Details und Einzelheiten erkennen lassen, da die förderliche oder nutzbare Vergrößerung durch das Auflösungsvermögen des Objektivs bestimmt wird. Daher wird selbst bei bester Qualität des Objektivs eine Vergrößerung von mehr als 500 bis 1 000mal der numerischen Apertur zwecklos sein, da sie nur die vorhandenen Details auseinander ziehen würde. Erst bei Schichtdicken ≥ 2 µm ist der Einsatz des Lichtmikroskops sinnvoll, und es lässt sich eine Genauigkeit[4] von etwa 10 % erreichen.

Bei Schichten mit einer Dicke von $d \leq$ 2 µm empfiehlt sich daher, von den elektronenoptischen Möglichkeiten - z. B. dem Rasterelektronenmikroskop (REM) - Gebrauch zu machen. Beim REM werden, wie in Abb. 8.3 angedeutet, Elektronen als „Lichtquelle“

[3] Die Auflösung eines Mikroskops wird durch das jeweils eingesetzte Objektiv bestimmt. Die Gesamtvergrößerung der Kombination eines Objektivs mit einem Okular ergibt sich aus der Multiplikation der Maßstabszahl des Objektivs mit der Okular-Vergrößerung. Dieses Produkt sollte das 500–1000-fache der numerischen Apertur des Objektivs betragen (Bereich der förderlichen Vergrößerung). Liefert dieses Produkt einen Wert über dem 1000fachen der numerischen Apertur, so spricht man von so genannter leerer Vergrößerung, da keine zusätzlichen Objektdetails aufgelöst werden.

[4] Der Begriff Genauigkeit (engl.: accuracy) wird fälschlicherweise häufig mit Präzision (eng.: precision) gleichgesetzt. Die Genauigkeit ist ein Maß für die Übereinstimmung zwischen dem (einzelnen) Messergebnis und dem wahren Wert der Messgröße. Eine hohe Genauigkeit lässt sich nur bei hoher Präzision erreichen.

benutzt, die in einer Vakuumkammer von einem elektrisch geheizten Filament ausgesandt werden. Der so erzeugte Primärelektronenstrahl wird durch eine Spannung beschleunigt und auf die zu untersuchende Schichtoberfläche fokussiert. Der so genannte 4QBS-Detektor ist ein spezieller Elektronendetektor und dient zur materialabhängigen Kontraststeigerung.

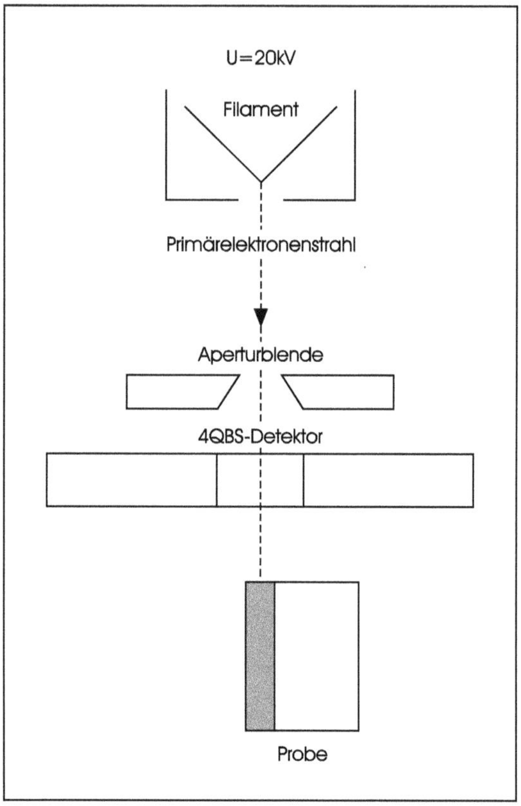

Abb. 8.3: Elektronenoptische Anordnung im Rasterelektronenmikroskop zur Messung dünner Schichten

Die Geschwindigkeit v_E, die ein Elektron durch die Beschleunigungsspannung U erreicht, ergibt sich aus folgender Beziehung:s

$$v_E = \sqrt{\frac{2 \cdot e \cdot U}{m_E}} \tag{8.13a}$$

e ist die Elementarladung. Die effektive Masse m_E des Elektrons lässt sich wie folgt ermitteln:

$$m_E = \frac{m_0}{\sqrt{\left(1 - \frac{v_E^2}{c^2}\right)}} \qquad (8.13b)$$

m_0 = 9,035 · 10^{-28} g ist die Ruhemasse des Elektrons, c die Lichtgeschwindigkeit.

Dem Elektron kann man bekanntlich die Wellenlänge λ_E zuordnen, die über das PLANCKsche Wirkungsquantum h = 6,623 · 10^{-27} J · s mit der effektiven Masse und die Geschwindigkeit des Elektrons wie folgt verknüpft ist:

$$\lambda_E = \frac{h}{m_E \cdot v_E} \qquad (8.13c)$$

Für die Abhängigkeit der Wellenlänge des Elektrons von der Beschleunigungsspannung U [V] ergibt sich:

$$\lambda_E = \frac{1,225}{\sqrt{U}} \text{ [nm]} \qquad (8.13d)$$

Diese Abhängigkeit ist in Abb. 8.4 graphisch wiedergegeben.

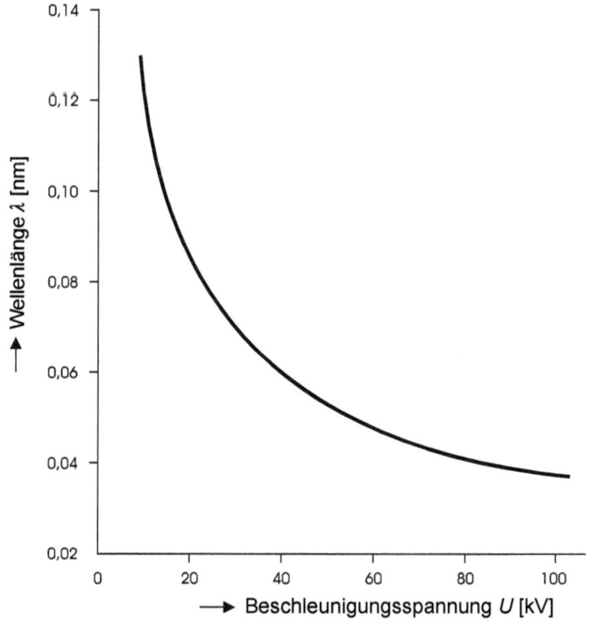

Abb. 8.4: Abhängigkeit der Wellenlänge eines Elektrons von der Beschleunigungsspannung

Daraus geht hervor, dass die Wellenlänge λ_E eines Elektrons bei einer Beschleunigungsspannung von 100 kV etwa ≈ 0,04 nm ≈ 0,4 · 10^{-4} µm beträgt. Sie ist somit um vier Zehnerpotenzen kleiner als die Wellenlänge des sichtbaren Lichts. Selbst einer Beschleunigungsspannung von 30 kV, die häufig in der Praxis Anwendung findet, entspricht eine Wellenlänge von λ_E = 0,07 nm = 0,7 · 10^{-4} µm, die wesentlich kleiner ist als die des Lichtes. Bei Verwendung derartig kurzwelliger Elektronenstrahlen vergrößert sich das Auflösungsvermögen erheblich. So lassen sich sehr dünne Schichten im Rasterelektronenmikroskop ausreichend genau ausmessen. Ein solches Beispiel ist in Abb. 8.5 zu sehen.

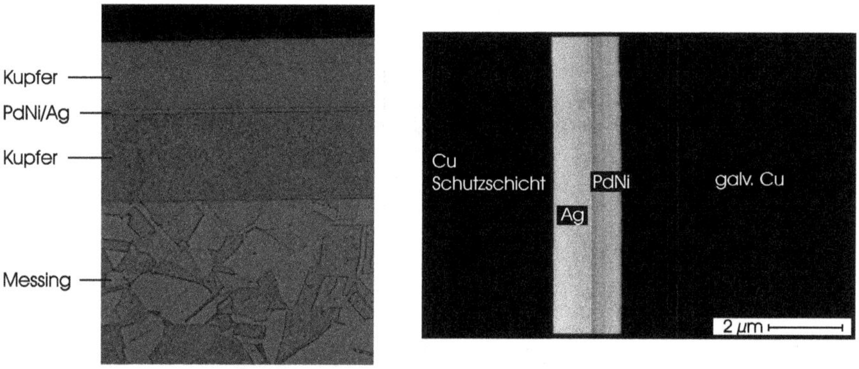

Abb. 8.5: Bestimmung der Dicke dünner Schichten; links: lichtmikroskopische Querschliffaufnahme, rechts: REM-Aufnahme (d_{NiPd} = 0,8 µm, d_{Ag} = 0,9 µm)

Bei der untersuchten Probe handelt es sich um ein Messingsubstrat, das zunächst galvanisch verkupfert und anschließend mit dünnen Schichten aus Palladium/Nickel und Silber beschichtet wurde. Um etwaige Kantenabrundungen bei der metallographischen Querschliffherstellung zu vermeiden, wurde auf der Silberschicht eine Schutzschicht aus Kupfer elektrolytisch aufgebracht. Anhand der Querschliffaufnahme kann man feststellen, dass die beiden Schichten aus Palladium/Nickel und Silber wegen ihrer sehr geringen Dicke lichtmikroskopisch nicht mehr voneinander getrennt werden können. In der Aufnahme erkennt man nur einen einzigen schmalen Streifen. Auch höhere Vergrößerungen würden zu keinem besseren Ergebnis führen. Erst im Rasterelektronenmikroskop und bei einer Beschleunigungsspannung von 20 kV lassen sich die beiden Schichten klar voneinander unterscheiden und ausmessen. Die ermittelten Schichtdicken betragen für PdNi 0,9 µm und für Silber 0,8 µm.

8.4.1.1.1 Querschliffverfahren

Mikroskopische Querschliffverfahren zur Schichtdickenmessung leisten gute Dienste, insbesondere bei der Messung der Dicke von Schichten auf ebenen Gegenständen, und bieten den Vorteil, dass man neben der Ermittlung der lokalen Dicke gleichzeitig auch die Gleichmäßigkeit der Schicht prüfen kann Als Nachteil ist die relativ komplizierte und zeitraubende Vorbereitung des Probekörpers anzusehen, die folgende Präparationsschritte umfasst [8.3-8.7]:

- Probenentnahme aus repräsentativen Stellen des beschichteten Bauteils
- Einbetten der Probe in einem geeigneten Einbettmaterial
- Schleifen und Polieren (mechanisch oder elektrolytisch) des Verbundsystems Substrat/Schicht
- Reinigen und Ätzen (chemisch oder physikalisch) des Schliffes zur Kontraststeigerung bei der mikroskopischen Beobachtung

Abb. 8.6 demonstriert die Arbeitsschritte Probenentnahme, Einfassen und Einbetten des Probekörpers sowie eine lichtmikroskopische Abbildung am Beispiel einer Multilayer-Leiterplatte.

Abb. 8.6: Entnahme, Einfassen und Einbetten einer Probe aus einer Multilayer-Leiterplatte und die zugehörige lichtmikroskopische Querschliffaufnahme

Der Probenentnahme aus dem zu untersuchenden Teil kommt eine besondere Bedeutung zu, da ungeeignete und nicht repräsentative Proben zu unzuverlässigen Aussagen über die Dicke und das Gefüge der Schicht und somit zu unbrauchbaren Ergebnissen führen. Bei diesem Arbeitsschritt ist daher dafür Sorge zu tragen, dass es nicht zu Veränderungen der Schichteigenschaften kommt und dass keine zusätzlichen Fehler, z. B. Risse, in der Schicht entstehen.

Um die zu prüfende Schicht vor mechanischen Beschädigungen beim Schleifen und Polieren zu schützen und scharfe Kanten zu erhalten, ist es in vielen Fällen angebracht, die Schicht mit einem anderen metallischen Schutzüberzug von mindestens 5 bis 10 µm Dicke zu beaufschlagen. Dies kann durch chemische oder elektrolytische Metallabscheidung bewerkstelligt werden. Bei Schichten aus Silber, Zinn und Zink hat sich eine Schutzschicht aus Kupfer bewährt; für Kupferschichten ist eine Schutzschicht aus Nickel geeignet.

Nach entsprechender Kennzeichnung folgt das Einbetten des Probekörpers in einem geeigneten Einbettmaterial. Dabei wird der Probekörper in einem Schliffhalter eingespannt und in die vorgesehene Form aus Metall bzw. Kunststoff gelegt. Bei der Wahl des Einbettmaterials ist darauf zu achten, dass die zu diesem Zweck verwendeten flüssigen Harze ohne wesentliche Temperaturerhöhung bzw. Schrumpfung oder Ausdehnung aushärten. Andernfalls ist mit möglichen Gefügeänderungen in der Schicht zu rechnen. Das Einbettmaterial sollte auch möglichst die gleiche Härte besitzen wie die zu untersuchende Schicht. Ferner soll es auch chemisch neutral sein, d. h. das Verbundsystem nicht angreifen. Transparente Einbettmaterialien haben den Vorteil, dass sie die Lage des eingebetteten Probekörpers und dessen Kennzeichnung leicht erkennen lassen.

Nach dem Einbetten erfolgt das mechanische Schleifen des Probekörpers mit dem Ziel, eine möglichst glatte Oberfläche zu erzeugen. Zum Schleifen werden häufig Schmirgelpapiere unterschiedlicher Körnung verwendet, auf denen die Schleifpartikel fixiert sind. Diese können aus Korund[5] (Al_2O_3), Siliziumkarbid (SiC) oder Schmirgel (Al_2O_3 mit 15 bis 30 % Fe_2O_3) bestehen. Der Schleifprozess beginnt damit, dass der eingegossene Probekörper aus Substrat/Schicht/Schutzschicht auf dem Schleifpapier gröbster Körnung so lange geschliffen wird, bis alle Schleifspuren nur in eine Richtung zeigen. Während des Schleifvorgangs wird der Schliff mit Wasser bespült, um einerseits die abgerissenen Schleifpartikel zu entfernen, andererseits die thermische Belastung der Probe so gering wie möglich zu halten. Nach sorgfältigem Reinigen der Schliffoberfläche mit Wasser wird der Schleifvorgang auf dem Schleifpapier der nächst feineren

---

[5] Korund (α-Al_2O_3) ist eine Modifikation von Aluminiumoxid und kristallisiert im rhomboedrischen Kristallsystem. Mit einer MOHS-Härte von 9 ist er nach dem Diamant als das zweithärteste Mineral.

Körnung fortgesetzt. Dabei ist die Schleifrichtung so zu wählen, dass sie gegenüber den im vorherigen Schleifvorgang erzeugten Schleifspuren um 90° gedreht ist. Auch in dieser Lage muss das Schleifen so lange fortgesetzt werden, bis nur noch Schleifspuren dieser Richtung zu beobachten sind. Nach sorgfältigem Bespülen der Schliffoberfläche mit Wasser erfolgt der nächste Schleifvorgang, und zwar so lange, bis eine möglichst glatte Oberfläche erreicht ist. Eine zwischen den einzelnen Schritten vorgenommene mikroskopische Kontrolle der Oberfläche ist empfehlenswert [8.3-8.5].

Der nächste Präparationsschritt besteht darin, die mechanisch bearbeitete Schliffoberfläche auf einer Polierscheibe fertig zu polieren. Die Polierscheibe, deren Drehgeschwindigkeit sich zwischen 200 und 1 500 Umdrehungen pro Minute stufenlos einstellen lässt, ist mit einem weichen, aber abriebfesten Stoffbezug aus Billardtuch, Filz, Samt oder Leder bespannt. Als Poliermittel verwendet man eine Aufschlämmung aus Tonerde (Al_2O_3) oder Magnesia Usta (MgO) in destilliertem Wasser, die aus einer Spritzflasche auf die Mitte der sich rotierenden Polierscheibe gespritzt wird. Häufig werden anstelle von Polieraufschlämmungen Pasten verwendet, die Diamantstaub mit einer Korngröße von $\leq 0{,}2\ \mu m$ enthalten. Die hochglänzende und kratzerfreie Schliffoberfläche wird nun sorgfältig mit destilliertem Wasser gereinigt und mit einer Warmluftdusche getrocknet. Nach jeder Stufe der Bearbeitung müssen die Reste des Poliermittels von der Schliffoberfläche gänzlich entfernt werden. Eine Verschleppung dieser Partikel in die nächste Bearbeitungsstufe kann den gewünschten Effekt, nämlich eine gut polierte Oberfläche zu erhalten, stark beeinträchtigen. Zu diesem Zweck wird die Schliffoberfläche mit einer weichen Bürste oder mit einem Wattebausch unter fließendem warmem Wasser abgerieben. Besonders wirksam ist das Reinigen der Schliffoberfläche im Ultraschallbad. Dadurch können die Polierpartikel aus den Mikroporen und -rissen der Schicht sowie aus den Spalten zwischen dem Probekörper und dem Einbettmaterial restlos entfernt werden. Die Reinigungsdauer liegt zwischen 10 und 30 Sekunden.

Es ist nicht auszuschließen - in der Regel muss man sogar damit rechnen -, dass durch das mechanische Schleifen und Polieren je nach Härte des Schichtwerkstoffs eine mehr oder minder dicke Bearbeitungszone auf der Oberfläche der zu untersuchenden Schicht entsteht. Sie umfasst zwei Regionen. In der obersten Schichtregion bildet sich ein sehr dünner und oft fein kristallin bis amorpher Film aus, der als Beilby-Schicht bezeichnet wird. Darunter entsteht ein stark kaltverformter kristalliner Bereich, der den Übergang zwischen der Beilby-Schicht und dem inneren, nicht beeinflussten Bereich der Schicht ausmacht. In Abb. 8.7 ist der Aufbau dieser Bearbeitungszone schematisch dargestellt.

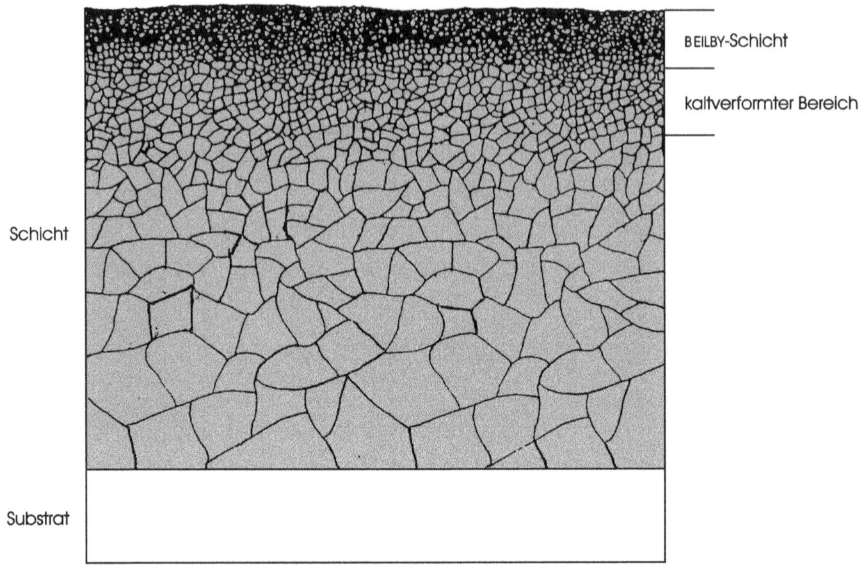

Abb. 8.7: Entstehung der Bearbeitungszone (BEILBY-Schicht, kaltverformter Bereich) durch Schleifen und Polieren der Schichtoberfläche

Charakteristisch für die BEILBY-Schicht, die die wahre Struktur der abgeschiedenen Schicht verdeckt und aufgrund ihres stark gestörten Aufbaus oft andere Eigenschaften besitzt als diese Schicht, sind hohe Versetzungsdichte und innere Spannungen. Sie enthält auch oft Verunreinigungen, die vom Schleifen und Polieren oder von der Atmosphäre herrühren. Diese können in die Schicht gelangen und ihre Eigenschaften beeinflussen. Durch abwechselndes Ätzen und Polieren kann man die BEILBY-Schicht zwar weitgehend entfernen, es wird jedoch nicht gelingen, sie restlos zu beseitigen.

Eine einwandfreie Oberflächengüte des Schliffes erreicht man durch elektrolytisches Polieren, weil dadurch eine plastische Verformung der Schichtoberfläche vermieden werden kann. Darüber hinaus wird dabei der Probekörper keiner nennenswerten thermischen Belastung ausgesetzt. Zudem ist das elektrolytische Polieren, dessen Prinzip in Abb. 8.8 schematisch dargestellt ist, zeitsparend und gut reproduzierbar.

In einem Glasbehälter befindet sich der zum elektrolytischen Polieren benötigte Elektrolyt, der durch in einem äußeren Behälter zirkulierendes Wasser gekühlt wird. Ein Thermometer kontrolliert die Elektrolyttemperatur, und ein Rührer versetzt die Elektrolytlösung in ständige Bewegung. Die als Anode geschaltete Probe wird über eine Gleichstromquelle mit der Kathode verbunden, die sich am Boden des Glasbehälters befindet. Als Kathodenmaterial wird gewöhnlich ein korrosionsbeständiges Metall

(V2A[6]-Blech oder Platin) verwendet. Die Zellspannung und die Stromstärke können mit einem Schiebewiderstand beliebig eingestellt werden. Die Einebnung erfolgt dadurch, dass die Spitzen und Erhebungen der Oberfläche durch die anodische Auflösung der Schicht bevorzugt abgetragen werden, während die tiefer liegenden Bereiche nur wenig oder gar nicht angegriffen werden. Verfolgt man die an der Schichtoberfläche ablaufenden Vorgänge anhand einer Stromdichte-Potential-Kurve, so erhält man den in Abb. 8.9 wiedergegebenen, stark idealisierten Kurvenverlauf.

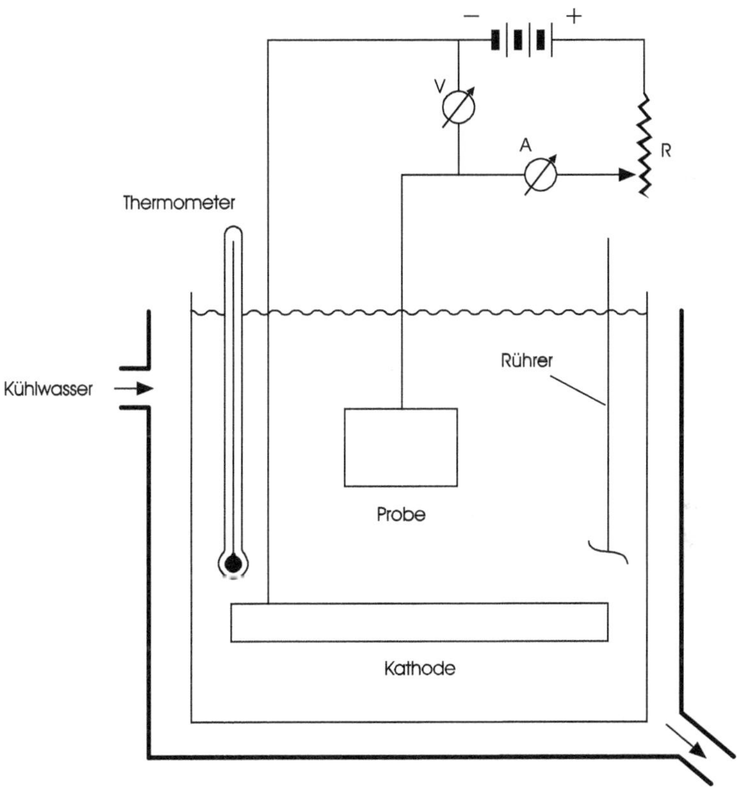

Abb. 8.8: Experimentelle Einrichtung zum elektrolytischen Polieren metallischer Schichten [8.3]

Mit zunehmendem Potential steigt die Stromdichte entlang der Strecke AB an, wobei infolge des Ätzprozesses eine anodische Auflösung der Schichtoberfläche stattfindet. Danach geht die Stromdichte - bedingt durch die beginnende Deckschichtbildung im Potentialbereich BC - stark zurück. Trotz zunehmendem Potential im Bereich CD ändert sich die Stromdichte kaum, da die gebildete Deckschicht den Ladungsaustausch

6 Rost-, säure- und hitzebständiger Stahl X5CrNi18-8

zwischen dem Elektrolyten und der Schicht stark hemmt. Die eigentliche Einebnung der Schichtoberfläche erfolgt in diesem Potentialbereich. Bei weiterer Potentialerhöhung setzt zwischen D und E die Sauerstoffreduktion ein, die zu einer Störung des Einebnungsprozesses führt. Die Geschwindigkeit des Polierprozesses wird vor allem durch das Flächenverhältnis Anode zur Kathode und den Abstand zwischen den beiden Elektroden bestimmt.

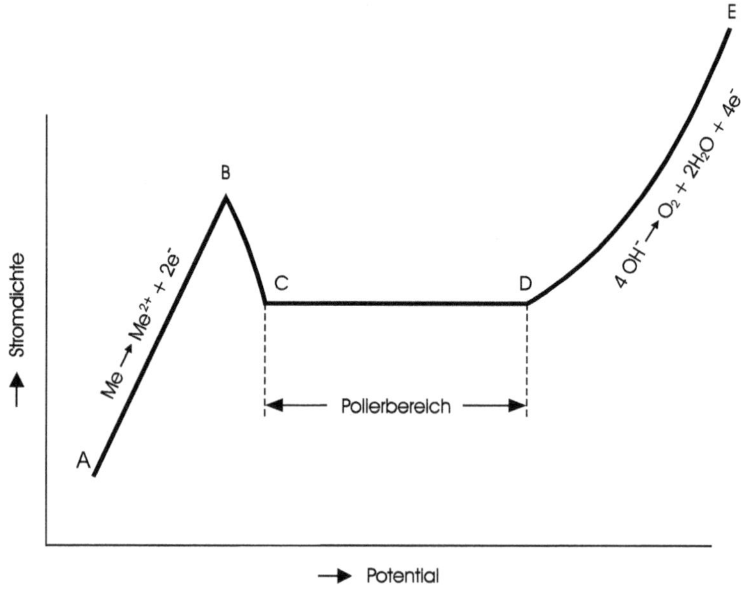

Abb. 8.9: Verlauf der Stromdichte-Potential-Kurve beim elektrolytischen Polieren [8.3]

Entscheidend für ein erfolgreiches Polieren sind:

- Einsatz des geeigneten Elektrolyten
- Einstellung der optimalen Elektrolyttemperatur
- Anlegen der richtigen Zellspannung

Angesichts des oft sehr unterschiedlichen elektrochemischen Verhaltens des Substratmaterials und des Schichtwerkstoffs ist die Ermittlung der optimalen Elektrolytzusammensetzung jedoch nicht immer so einfach. Die Höhe der Zellspannung ist deshalb von besonderer Bedeutung, da sie nicht nur die Stromstärke, sondern auch den Charakter des Abtragvorgangs entscheidend beeinflusst.

Als nachteilig beim elektrolytischen Polieren kann der Umstand angesehen werden, dass die Kanten des Schliffes bevorzugt abgetragen werden, was die genaue Ermittlung der

Schichtdicke u. U. erschweren kann. Hinzu kommt, dass sich dieses Verfahren für grobkörnige Materialien nicht besonders eignet. Darüber hinaus bereitet das elektrolytische Polieren auch gewisse Schwierigkeiten bei Legierungen mit ausgeprägt heterogenem Gefüge. Der Grund dafür liegt in der Tatsache, dass die elektrochemisch unedleren Bestandteile dieser Legierungen stärker in Lösung gehen als die edleren. Für solche Legierungen hat sich das so genannte Elektrowischpolieren, das eine Kombination von elektrolytischem und mechanischem Polieren darstellt, besonders bewährt [8.3, 8.4].

Der durch mechanisches oder elektrolytisches Polieren angefertigte Schliff lässt in der Regel keine Einzelheiten erkennen, da er das auffallende Licht nahezu vollständig und gleichmäßig reflektiert. Er wird daher angeätzt, um ein kontrastreiches Bild vom Grund- und Schichtmetall und der Schutzschicht im Mikroskop zu erzeugen und dadurch die Grenzlinien zwischen den einzelnen Kontaktpartnern hervorzuheben. Das Ätzen kann elektrochemisch oder physikalisch erfolgen. Beim elektrochemischen Ätzen, das oft als „chemisches" Ätzen bezeichnet wird, laufen Vorgänge ab, die im gewissen Sinne als Säure- bzw. Sauerstoffkorrosion aufgefasst werden können. Die unterschiedlichen elektrochemischen Potentiale der Gefügebestandteile der Schicht bewirken eine Aufteilung ihrer Oberfläche in zahlreiche submikroskopische Bezirke, die sich kathodisch bzw. anodisch verhalten. Dieser als Lokalelementbildung bezeichnete Vorgang hat seine Ursache nicht nur in der chemischen Heterogenität, sondern auch in den Unregelmäßigkeiten im Kristallgitter (z. B. Versetzungen) bzw. Gefügeaufbau (z. B. Korngrenzen) der Schicht. Aufgrund dieser Potentialunterschiede wird die Schichtoberfläche beim elektrochemischen Ätzen ungleichmäßig stark abgetragen. Je nachdem ob dabei die Korngrenzen oder die Kornflächen bevorzugt angegriffen werden, unterscheidet man zwischen Korngrenzen- bzw. Kornflächenätzung.

Die Korngrenzenätzung beruht darauf, dass die Korngrenzen stark gestörte Gefügebereiche darstellen, in denen sich metallische und/oder nichtmetallische Verunreinigungen bevorzugt ausscheiden. Demzufolge werden die Korngrenzen stärker vom Ätzmittel angegriffen als die Körner selbst. Das Ergebnis ist, dass die einzelnen Körner entlang der Korngrenzen durch grabenartige Vertiefungen voneinander getrennt werden. Bei der mikroskopischen Beobachtung des Schliffes wird das senkrecht einfallende Licht an den angegriffenen Korngrenzen diffus reflektiert, so dass sie als dunkle Linien erscheinen.

Bei der Kornflächenätzung sind die Verhältnisse anders. Hierunter versteht man einen elektrochemischen Angriff, bei dem es zu einem unterschiedlich starken Abtrag der Kornflächen kommt. Je nach Richtung und Ausmaß des Ätzangriffes reflektieren die Kornflächen das einfallende Licht unterschiedlich, so dass sie im Mikroskop als dunkle oder helle Bereiche erscheinen.

Tab. 8.2: Chemische Zusammensetzung der zum Anätzen von Schichten verwendeten Ätzlösungen (Ätztemperatur: Raumtemperatur, RT)

Schicht	Substrat	Zusammensetzung
Cr (hart)	Stahl	10 g NaOH* + 90 ml H_2O 20 Sekunden
Cu	Stahl, Epoxid	10 ml H_2O + 10 ml konz. NH_4OH + 1 ml H_2O_2 5-10 Sekunden Wischätzen
Cu	Stahl, Epoxid	100 g/l Cr(VI)-Säure + 100 g/l konz. H_2SO_4 1-3 Sekunden Wischätzen
Ni	Kupfer, Kupferlegierungen	50 ml Salpetersäure + 50 ml Eisessig 5-6 Sekunden
Ni-P	Stahl	17 ml H_2O + 65 ml Salpetersäure +18 ml Eisessig 5-10 Sekunden
Sn	Stahl, Kupfer, Kupferlegierungen	1 g krist. Ammonpersulfat $(NH_4)_2S_2O_2$ + 1 000 ml dest. H_2O
Zn	Stahl	200 g Chromsäureanhydrid CrO_3 + 1 000 ml H_2O
Zn/Zn-Fe	Stahl	10 ml H_2O+10 ml konz. NH_4OH + 1 ml H_2O_2 1-3 Sekunden Wischätzen

* Elektrolytisches Polieren (Kathode aus Edelstahl)

Als Ätzmittel stehen verschiedene Säuren und Basen sowie neutrale Lösungen zur Verfügung. Die chemischen Zusammensetzungen einiger Ätzlösungen, die sich in der Praxis für das Anätzen von Schichten im Querschliff bewährt haben, sind in Tab. 8.2 angegeben.

Die Ätzdauer richtet sich nach der Natur des Grund- und des Schichtwerkstoffs. Nach dem Ätzen muss der Schliff zunächst mit destilliertem Wasser und dann mit Alkohol gespült und anschließend sorgfältig getrocknet werden.

Besonders bewährt haben sich auch Ätzverfahren, bei denen physikalische Vorgänge zur Kontrastierung der Gefügebestandteile ausgenutzt werden. Zu ihnen zählt die Methode der Kathodenzerstäubung, bei der auf der Schliffoberfläche aufgedampfte Interferenzschichten erzeugt werden. Die experimentelle Vorrichtung ist in Abb. 8.10 schematisch dargestellt.

Wie aus dieser Darstellung hervorgeht, wird der metallographisch präparierte Schliff in der Bedampfungskammer als Anode angeschlossen. Ihm gegenüber befindet sich die Kathode, die in der Regel aus Eisen besteht. Durch das Anlegen einer elektrischen Spannung von etwa 2 kV und bei gleichzeitiger Zufuhr von Sauerstoff setzt sich innerhalb

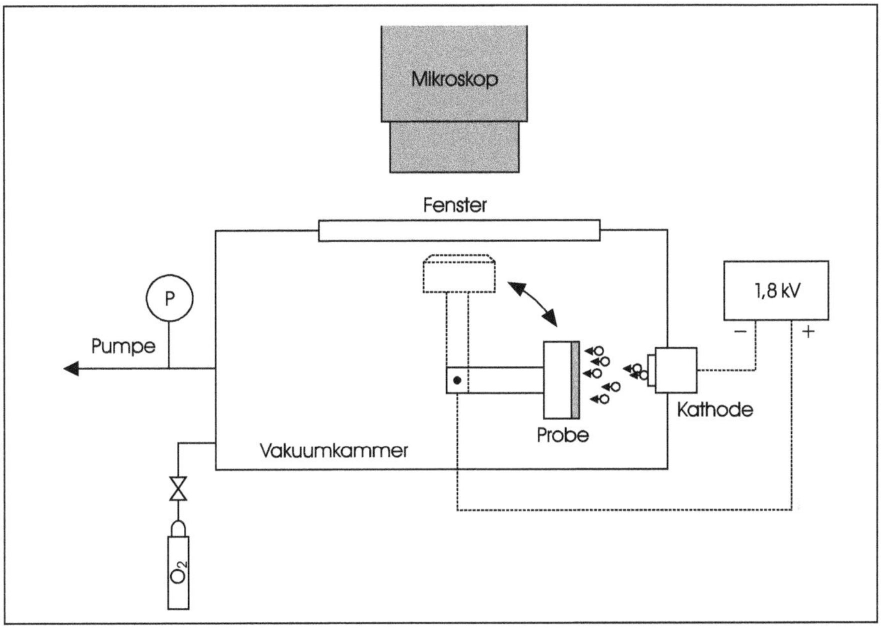

Abb. 8.10: Schematische Darstellung einer Aufdampfvorrichtung zur Erzeugung von Interferenzschichten auf der Schliffoberfläche

weniger Minuten eine sehr dünne und interferenzfähige Schicht aus Eisenoxid mit einer Dicke von ~50 nm auf der Schliffoberfläche ab. Der Vorgang kann bis zum Erreichen des gewünschten Kontrastierungseffektes mittels eines hierfür vorgesehenen Lichtmikroskops verfolgt werden, indem man zwischendurch die Probe unter das Mikroskop einschwenkt. Durch die systematische Variation der Bedampfungsparameter (Spannung, Bedampfungsdauer, Sauerstoffmenge, Kathodenmaterial) kann man unterschiedliche Interferenzfarben erzeugen, die die Einzelheiten der Schliffoberfläche lichtmikroskopisch deutlich erkennen lassen. Die Wirkung der aufgedampften Interferenzschicht geht darauf zurück, dass das einfallende Licht an der Grenzfläche Schliffoberfläche/Aufdampfschicht mehrfach reflektiert wird und dadurch zu einer Kontraststeigerung führt. Der besondere Vorteil dieser Methode besteht darin, dass sie gegenüber den Potentialunterschieden der Gefügebestandteile, die beim elektrochemischen Ätzen oft Probleme bereiten, unempfindlich ist. Zudem erhält man saubere und rückstandsfreie Schliffoberflächen. Die in Abb. 8.11 reproduzierten lichtmikroskopischen Querschliffaufnahmen demonstrieren die Stärken dieser Methode. Die Glasfasern im Epoxid-Basismaterial und die so genannte Kontaktierungsfehler werden erst nach der Aufbringung der Interferenzschicht deutlich erkennbar.

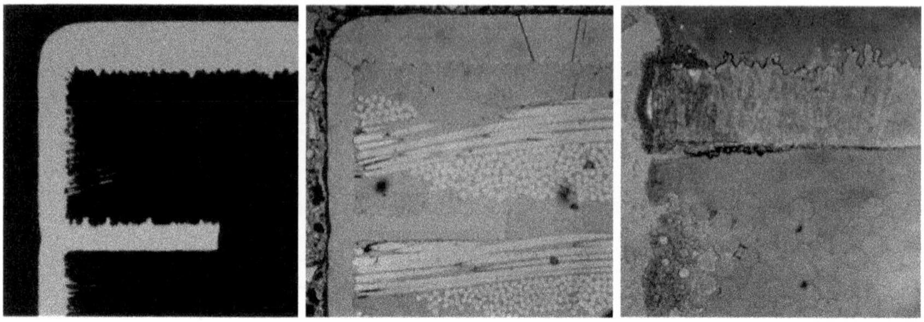

Abb. 8.11: Lichtmikroskopische Aufnahmen von Querschliffen aus Multilayer-Leiterplatten mit (links) und ohne Aufdampfschicht (Mitte); Kontaktierungsfehler (rechts)

8.4.1.1.2 Schrägschliffverfahren

Für den Fall, dass dünne Schichten hinsichtlich ihrer Dicke untersucht werden sollen, bietet das so genannte Schrägschliffverfahren gewisse Vorteile. Es eignet sich u. a. auch zur Untersuchung von Mehrfach- bzw. Legierungsschichten. Dabei wird die auf dem Bauteil aufgebrachte Schicht nicht wie bei der Anfertigung eines Querschliffs senkrecht zu ihrer Oberfläche ($\alpha = 90°$), sondern ganz wenig zu dieser geneigt ($\alpha \approx 2°$) angeschliffen. Abb. 8.12 zeigt den Schrägschliff, wobei der Schliffwinkel $\alpha \approx 2°$ aus Gründen der Übersichtlichkeit stark vergrößert gezeichnet worden ist.

Für die Berechnung der wahren Schichtdicke d ergibt sich die einfache trigonometrische Beziehung

$$d = d' \sin\alpha \tag{8.14}$$

d' ist die scheinbare Schichtdicke. Daraus resultiert, dass die Schichtdicke in Abhängigkeit vom Anschliffwinkel α eine Verbreiterung erfährt. Tab. 8.3 zeigt, welche Vergrößerungsfaktoren ($d' : d$) in Abhängigkeit von α erreicht werden können.

Tab. 8.3: Verbreiterung der Schichtdicke in Abhängigkeit vom Anschliffwinkel

Anschliffwinkel α	$\sin\alpha$	Verbreiterungsfaktor $d' : d$
30° 00′	0,50	2 : 1
11° 32′	0,20	5 : 1
5° 44′	0,10	10 : 1
3° 50′	0,07	15 : 1
2° 52′	0,05	20 : 1
2° 17′	0,04	25 : 1

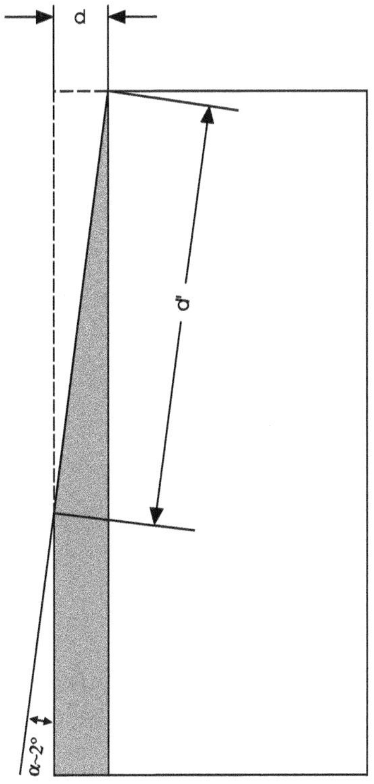

Abb. 8.12: Schrägschliff; *d*: wahre Schichtdicke, *d'*: scheinbare Schichtdicke

Die Vorgehensweise bei der Anfertigung von Schrägschliffen geht aus Abb. 8.13 hervor. Der aus Substrat/Schicht bestehende Probekörper wird auf eine Unterlage bestimmter Höhe aufgelegt, in Kunstharz einbettet und anschließend bis zur Linie AB geschliffen und poliert. Dabei muss dafür Sorge getragen werden, dass die Unterlage, deren Höhe den Anschliffwinkel bestimmt, fest verankert bleibt.

Aus Tab. 8.2 geht hervor, dass sich mit abnehmendem Anschliffwinkel größere Werte für *d'* ergeben. Beispielsweise erhält man für $\alpha = 2°17'$ eine 25-fache Vergrößerung der Schichtdicke. Es hat sich auch herausgestellt, dass sich bei diesem Wert des Anschliffwinkels eine optimale Messgenauigkeit erreichen lässt. Eine Abweichung von $\Delta\alpha \pm 0{,}5'$ würde allerdings zu einem Fehler von etwa 1 % führen [8.6]. Der Anschliffwinkel muss daher auf ±0,5′ genau eingehalten werden, damit der Messfehler bei der Schichtdickenmessung 1 % nicht überschreitet.

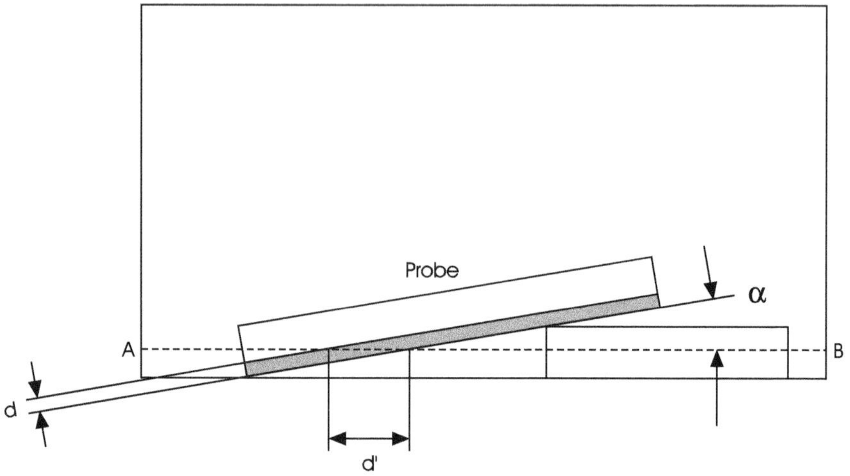

Abb. 8.13: Anfertigung eines Schrägschliffs durch mechanisches Abtragen bis zur Schrägschliffebene AB, α: Anschliffwinkel

Für die Einstellung und Bestimmung des Anschliffwinkels α bestehen zwei Möglichkeiten. Zum einen kann man die Höhe der Unterlage so wählen, dass der Probekörper bereits beim Einbetten in die richtige Schräglage kommt (Abb. 8.13) und beim Schleifen und Polieren gleichmäßig abgetragen wird. Die zweite Möglichkeit ergibt sich daraus, dass die Schräglage des Probekörpers am fertigen Schliff bestimmt wird [8.8]. Zu diesem Zweck muss er in einem transparenten Kunstharz mit bekanntem Brechungsindex n_B eingebettet werden. Danach wird die Schliffoberfläche unter dem Mikroskop, wie in Abb. 8.14 angedeutet, zunächst senkrecht zur optischen Achse ausgerichtet und dann so weit geneigt, bis die Oberfläche der Schicht durch das transparente Einbettmaterial hindurch mit maximaler Helligkeit reflektiert wird.

Die wahre Schichtdicke d, die im Mikroskop beobachtete scheinbare Schichtdicke d' und der Neigungswinkel β sind gemäß folgender Beziehung

$$d = d' \sin\alpha = d' \sin\beta \,/\, n_B \tag{8.15}$$

miteinander verknüpft. Der Fehler bei der Winkelbestimmung nach diesem Verfahren dürfte etwa ±0,5° betragen.

Die genaue Bestimmung des Anschliffwinkels α stellt jedoch im Allgemeinen ein Problem dar und kann als ein wesentlicher Nachteil des Schrägschliffverfahrens aufgefasst werden. Hinzu kommt, dass man bei dieser Methode eine geringere Auflösung in Kauf

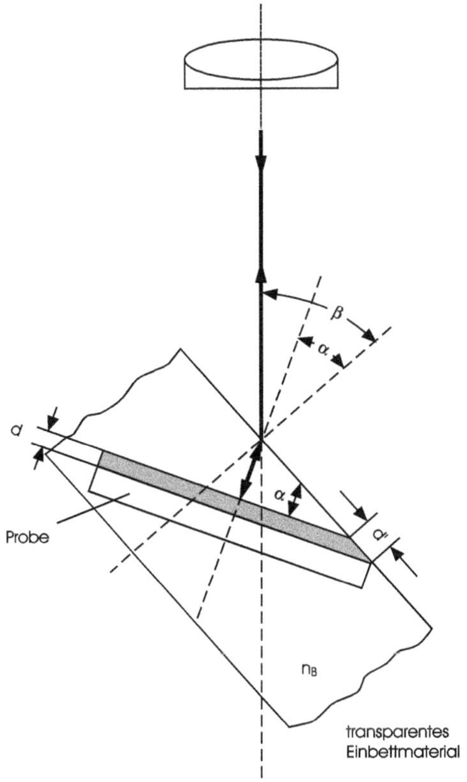

Abb. 8.14: Lichtoptische Bestimmung des Anschliffwinkels α bei Verwendung eines durchsichtigen Einbettmaterials mit bekanntem Brechungsindex n_B [8.8]

nehmen muss, da man nur kleinere Vergrößerungen anwenden kann. Die Messunsicherheit beim Schrägschliff-Verfahren wird somit nicht nur durch die Oberflächenbeschaffenheit des Substrats und der Schicht, sondern auch durch die Ablesegenauigkeit im Mikroskop bestimmt.

8.4.1.1.3 Einschliffverfahren

Bei diesem Verfahren wird die zu untersuchende Schicht entweder mit einer Schleifscheibe oder Schleifkugel unter einem flachen Winkel zu einem „Sehnenschliff" oder „Radialschliff" angeschliffen, so dass ihre Dicke eine erhebliche Streckung erfährt.

Beim Sehnenschliff wird die Schicht, wie aus Abb. 8.15 hervorgeht, mit einer genau zentrierten feinkörnigen Schleifscheibe bis zum Substrat eingeschliffen. Der Durchmesser der Schleifscheibe beträgt 200 mm, ihre Breite 12 mm.

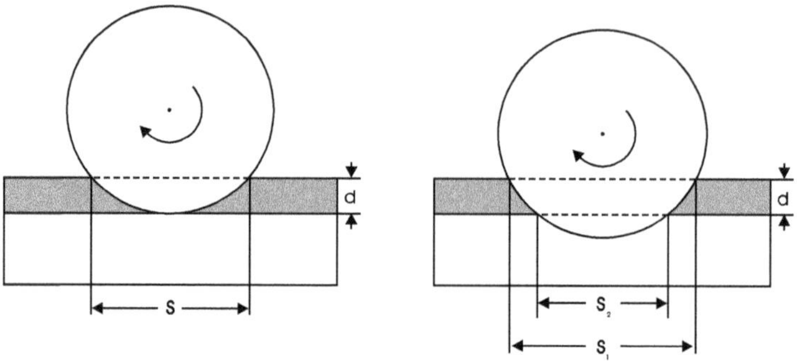

Abb. 8.15: Anfertigung eines Sehnenschliffs mittels einer rotierenden Schleifscheibe; links: bis zum Substrat eingeschliffen, rechts: ins Substrat hinein geschliffen

Die Schleifscheibe, die mit einer konstanten Presskraft gegen die Schicht gepresst wird, und der Probekörper sind dabei starr gegeneinander positioniert. Da es aber oft schwierig ist, den Schleifvorgang exakt beim Erreichen der Substratoberfläche abzubrechen, schleift man weiter in den Grundwerkstoff hinein. In diesem Fall muss man freilich bei der Berechnung der Schichtdicke die Eindringtiefe der Schleifscheibe im Substrat berücksichtigen. Für die Berechnung der wahren Schichtdicke *d* können die geometrischen Beziehungen, die in Abb. 8.16 angegeben sind, herangezogen werden.

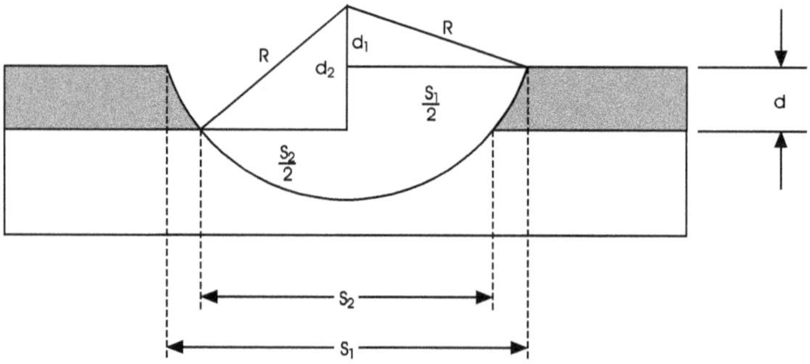

Abb. 8.16: Berechnung der wahren Schichtdicke *d* aufgrund geometrischer Beziehungen beim Sehnenschliff [8.9]

Sie lässt sich nach der mikroskopischen Ermittlung der Sehnenlänge S_2 der eingeschliffenen Schicht und S_1 des eingeschliffenen Substrats bei bekanntem Radius *R* der Schleifscheibe wie folgt berechnen:

$$d = d_2 - d_1 = \sqrt{R^2 - \left(\frac{S_2}{2}\right)^2} - \sqrt{R^2 - \left(\frac{S_1}{2}\right)^2} \quad (8.16)$$

Die Genauigkeit der Schichtdickenmessung mit dieser Methode hängt im Wesentlichen davon ab, wie exakt die beiden Sehnenlängen ermittelt werden. Ein großer Nachteil des Sehnenschliffs besteht darin, dass es nicht möglich ist, die Güte der Schliffoberfläche durch weiteres Polieren zu verbessern. Eine eindeutige Unterscheidung zwischen dem Substrat und der Schicht im Mikroskop ist aber durch eine geeignete chemische oder physikalische Anätzung der beiden Kontaktpartner möglich.

Der Einsatz des Einschliffverfahrens ist besonders vorteilhaft bei Mehrfachschichten, bei denen es darauf ankommt, den Aufbau und die Dicke der einzelnen Schichtlagen zu untersuchen.

Eine genauere Schichtdickenmessung mit geringerem Zeitaufwand kann man mit Hilfe des Radialschliffs erreichen [8.10]. Dabei wird die zu messende Schicht mit einer Schleifkugel vom Durchmesser R = 6 bzw. 10 mm bis zur Substratoberfläche hindurch eingeschliffen. Die Schleifkugel, deren Anpressdruck an die Proben stufenlos eingestellt werden kann, rotiert dabei mit 100 bis 1 500 U/s; sie ist leicht auswechselbar. Als Schleifmittel verwendet man dabei Poliertonerde oder Diamantpaste, die Schleifpartikel mit einer Korngröße von 0,25 bis 7 μm enthält. Das Schleif- bzw. Poliermittel wird auf der Kugeloberfläche verteilt und mit einem geeigneten Verdünnungsmittel aufgeschlämmt.

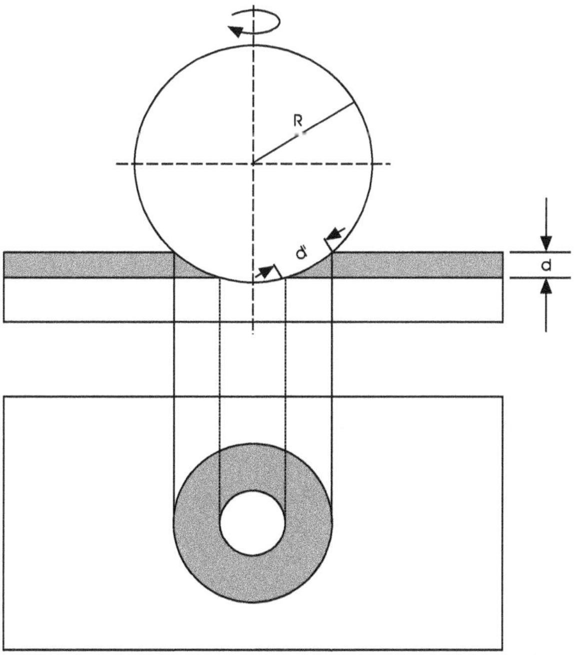

Abb. 8.17: Anfertigung eines Radialschliffs mittels einer rotierenden Schleifkugel

Die Schleifbedingungen sind von der Dicke und den mechanischen Eigenschaften der Schicht abhängig. Anschließend werden in Anlehnung an Abb. 8.17 der Durchmesser D_K der entstandenen Kugelkalotte und die scheinbare Breite der Schicht d' lichtmikroskopisch ausgemessen.

Mit Hilfe der Beziehung

$$d = \frac{(D_k - d')\,d'}{2\,R} \tag{8.17}$$

kann nun die wahre Schichtdicke d ermittelt werden [8.10].

Da der Einschliffwinkel bei diesem Verfahren bei 1 bis 2° liegt, können Vergrößerungsfaktoren von 20 bis 60 erreicht werden. Dies bedeutet, dass mit Hilfe des Einschliffverfahrens in besonderen Fällen Schichten von 0,05 µm noch ausgemessen werden können. Allerdings ist es auch bei dieser Methode nicht möglich, der Schliffoberfläche durch nachträgliches Polieren eine höhere Qualität zu verleihen.

In Abb. 8.18 sind die beim Schrägschliff- bzw. Einschliffverfahren zu erwartenden Messfehler in Abhängigkeit von der Schichtdicke graphisch dargestellt. Zum Vergleich sind auch die beim Querschliffverfahren erzielten Ergebnisse mit berücksichtigt worden.

Bei der Aufstellung dieses Diagramms wurde für die mikroskopische Ablesegenauigkeit der Wert 0,5 µm angenommen. Ferner wurde berücksichtigt, dass sich Messgenauigkeiten besser als 3 % nur selten in der Praxis realisieren lassen. Aus dieser Darstellung ergibt sich, dass Schichtdicken oberhalb 15 µm genügend genau mit Hilfe des Querschliffverfahrens (Q) gemessen werden können. Bei größeren Schichtdicken übertrifft die Genauigkeit dieser Methode sogar diejenige des Schrägschliffverfahrens (S), bei dem etwaige Messfehler bei der Winkelbestimmung oft unvermeidlich sind. Ferner kann man diesem Diagramm entnehmen, dass das Einschliffverfahren mit der Schleifkugel (E) stets den geringsten Messfehler aufweist. Infolge der mikroskopischen Ablesefehler bei der Vermessung der Kugelkalotte muss hier jedoch ein Fehler von ≈1 % in Kauf genommen werden. Sieht man Messabweichungen von ±25 % als oberste noch vertretbare Grenze für eine quantitative Dickenmessung an [8.8], so ergeben sich für die einzelnen Verfahren etwa folgende, gerade noch ausmessbare Schichtdicken:

- 2 µm beim Querschliffverfahren
- 0,5 µm beim Schrägschliffverfahren bei 5facher Schichtverbreiterung
- 0,05 µm beim Radialschliffverfahren bei 20- bis 60facher Schichtverbreiterung

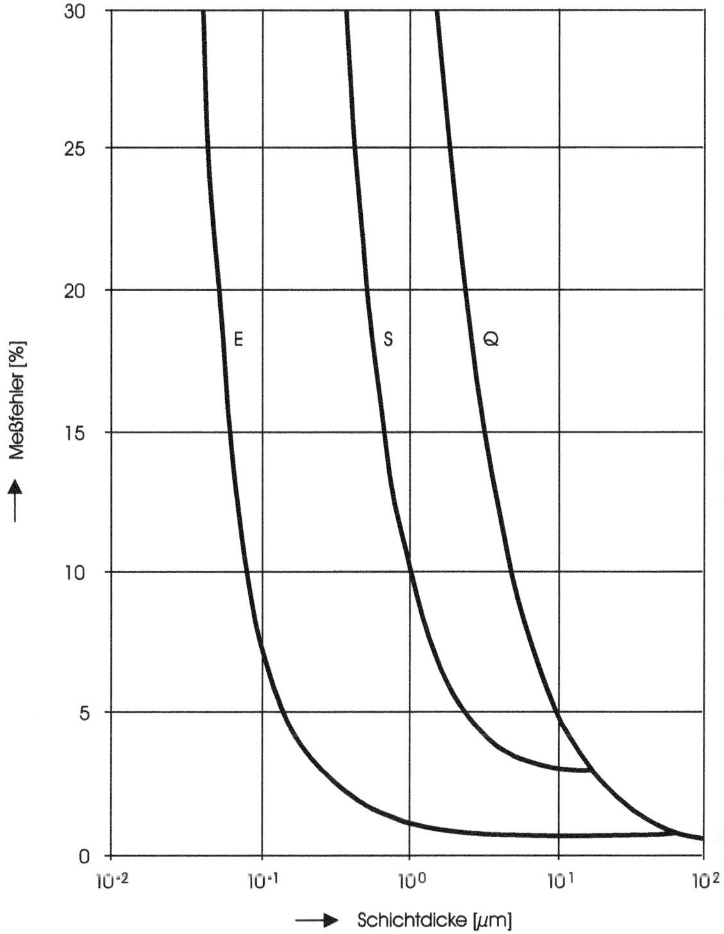

Abb. 8.18: Messfehler in Abhängigkeit von der Schichtdicke für verschiedene Anschlifftechniken; Q: Querschliff, S: Schrägschliff (5-fache Schichtverbreiterung), E: Einschliff (Schleifkugel) [8.8]

8.4.1.2 Coulometrisches Verfahren

Die coulometrische Methode zur Schichtdickenmessung nach DIN ISO 2177:2004 stellt eine Umkehrung der elektrochemischen Metallabscheidung dar und beruht auf der Bestimmung der Elektrizitätsmenge, die erforderlich ist, um die Schicht auf elektrolytischem Wege aufzulösen [8.11-8.13]. Sie liefert einen diskreten Wert für die lokale Schichtdicke. Durch eine entsprechend große Anzahl der Messungen lässt sich aber ein Wert für die mittlere Schichtdicke erhalten. Vor der Messung muss das beschichtete Bauteil mit Hilfe geeigneter Reinigungsmittel von Fett- und Schmutzschichten, insbesondere aber von etwaigem passivierendem Oberflächenfilm befreit werden. Anschließend ist die Probe unter dem kleinen Kunststoffgefäß der Messapparatur, die in Abb. 8.19a zu sehen ist, zu positionieren.

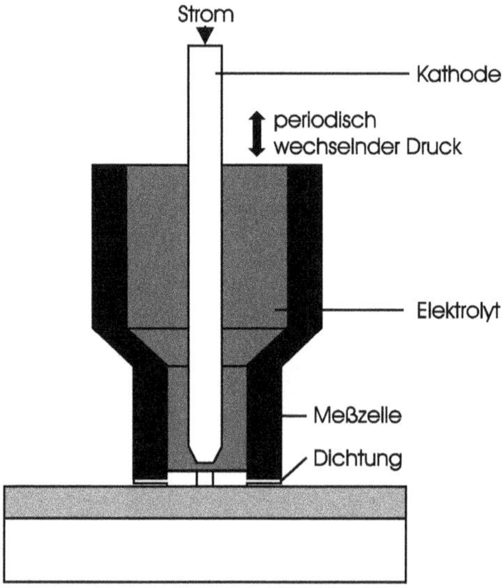

Abb. 8.19a: Versuchsapparatur zur Schichtdickenmessung mittels coulometrischen Verfahren (anodische Schichtablösung) [8.11]

Das Kunststoffgefäß enthält die geeignete Elektrolytlösung zum örtlichen Ablösen der Schicht und sitzt mit einem Gummiring dicht auf dem Probekörper. Die Schicht fungiert bei dieser Anordnung als Anode, während die den elektrischen Strom führende Elektrode die Rolle der Kathode übernimmt. Eine Konstantstromquelle (Galvanostat) prägt einen definierten Strom auf die Messzelle ein und stellt damit das Ablösen der Schicht sicher. Der Durchmesser der Ablösefläche unter dem Elektrolytbehälter beträgt 1,5 bis 3,2 mm. Die zur Ablösung verschiedener Schichtwerkstoffe verwendeten Elektrolyte sind so zusammengesetzt, dass das örtliche Ablösen der Schicht erst dann beginnt, wenn ein elektrischer Strom durch die Messzelle fließt.

Nach Beginn des Stromflusses stellt sich ein Potentialverlauf ein, der während des Ablösevorgangs konstant bleibt. Während die Schicht vom Elektrolyten angegriffen und aufgelöst wird, erfolgt die Aufzeichnung des Potentialverlaufs in Abhängigkeit von der Zeit. Dabei wird die Potentialmessung mit einem hochohmigen Messgerät gegen eine Bezugselektrode vorgenommen. Sobald die Schicht bis zum Grundmaterial aufgelöst ist, beobachtet man einen Potentialsprung, der das Ende der anodischen Schichtauflösung anzeigt. Die Ursache dafür ist, dass nun das Substrat mit seinem eigenen elektrochemischen Potential die Rolle der Anode übernimmt. Der Potentialsprung kann schalttechnisch zum Unterbrechen des Stromflusses in der Messzelle und somit zum Anhalten des Messvorganges benützt werden. Der zeitliche Potentialverlauf ist in Abb. 8.19b schematisch wiedergegeben.

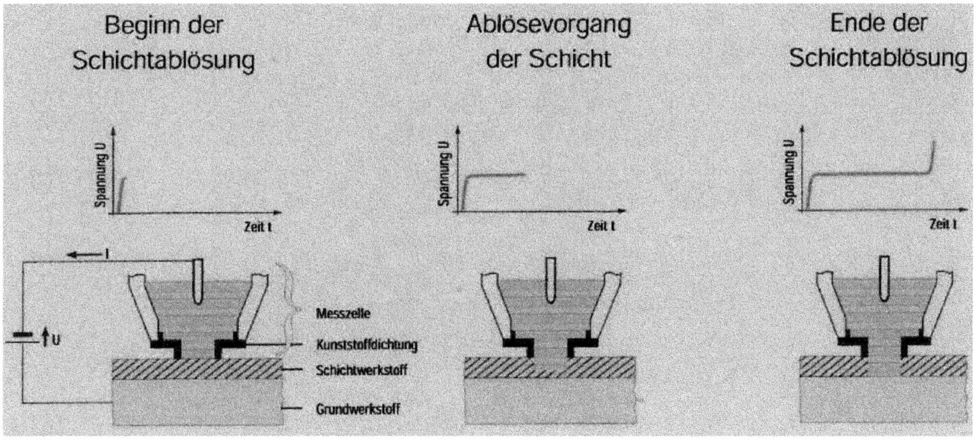

Abb. 8.19b: Potentialverlauf in Abhängigkeit von der Ablösedauer beim coulometrischen Verfahren [8.29]

Die Schichtdicke d in µm ergibt sich gemäß folgender Beziehung:

$$d = \frac{\ddot{A}_e \cdot I \cdot t \cdot \Theta_a}{A \cdot \rho} \tag{8.18}$$

Die in dieser Beziehung vorkommenden Symbole bedeuten:

$\ddot{A}_e$ Elektrochemisches Äquivalent = $M/z \cdot F$ (F = 26,8 Ah/mol) in g/A · s
I Ablösestrom in A
t Ablösezeit in s
Θ_a Anodische Stromausbeute[7] in %
A Ablösefläche in cm^2
ρ Dichte des abgelösten Schichtwerkstoffs in g/cm^3

[7] Die anodische Stromausbeute (auch anodischer Wirkungsgrad) ist das Verhältnis der tatsächlich abgelösten Metallmenge zur theoretisch ablösbaren. Sie beträgt 100 %, wenn soviel Metall abgelöst wird, wie nach dem FARADAYschen Gesetz zu erwarten ist. Sie kann auch über als 100 % ansteigen, wenn sich das abzulösende Metall nicht nur elektrochemisch, sondern gleichzeitig auch chemisch löst.

Die Konstanthaltung der Stromdichte während der Messung sowie die Erreichung des maximalen anodischen Wirkungsgrads von 100 % sind wichtige Voraussetzungen für eine genaue coulometrische Schichtdickenmessung. Der Stromfluss darf durch die Bildung von Gasblasen nicht unterbrochen werden. Diese können den zeitlichen Potentialverlauf verändern und dadurch zu einer Verfälschung des Messergebnisses führen. Die Gasblasenbildung wird deshalb über die gesamte Messdauer mittels eines periodischen Pumpvorganges unterbunden.

Besteht die Schicht aus zwei oder mehreren unterschiedlichen Lagen, oder hat sich an der Grenzfläche zwischen dem Grund- und dem Schichtwerkstoff eine Legierung gebildet, so wird der zeitliche Verlauf des Potentials entsprechend zwei oder mehrere Sprünge aufweisen. Auf diese Weise ist es möglich, mit Hilfe der coulometrischen Methode die Dicke von zwei oder mehreren Schichten auf demselben Messpunkt zu bestimmen, da jede einzelne Schicht ihr eigenes elektrochemisches Potential besitzt. Darin ist der besondere Vorteil dieser Methode zu sehen. So lassen sich mehrschichtige Nickelschichten oder kombinierte Schichten (z. B. Cu/Ni/Cr) auf Stahl mit Hilfe des coulometrischen Verfahrens stufenweise ausmessen. Ferner eignet sich diese Methode für Kleinteile, bei denen die Schichtdickenmessung mit anderen Verfahren nicht möglich oder sehr aufwendig ist. Dabei können Schichtdicken zwischen 0,5 und 50 µm bestimmt werden. Die Messgenauigkeit bei Schichtdicken $\geq$ 50 µm ist allerdings nicht mehr zufrieden stellend. Während die maximal erreichbare Genauigkeit des coulometrischen Verfahrens unter Laborbedingungen bei ±2 bis 3 % liegt, bewegt sie sich zwischen ±4 bis 8 % in der betrieblichen Praxis [8.12].

Kontaminations- und Korrosionsschichten, die den Kontakt zwischen dem Elektrolyten und der Schicht unterbrechen und dadurch den Verlauf des elektrischen Stromes beeinflussen, können die Genauigkeit dieser Methode stark beeinträchtigen. Hierbei kann die Oberflächenrauheit des Substrats eine große Rolle spielen. Daher wird empfohlen, dass der Mittenrauwert Ra der Substratoberfläche den Wert $\leq 0{,}5 \cdot d$ möglichst nicht überschreiten sollte [8.12].

Abschließend sei folgendes festgestellt: Der Flexibilität und die Vielfalt der Einsatzmöglichkeiten des coulometrischen Verfahrens stehen die nicht unerhebliche Probenvorbereitung und der relativ große Messaufwand als Nachteile gegenüber. Die Bestimmung eines einzelnen Schichtdickenwertes kann bis zu mehreren Minuten in Anspruch nehmen. Hinzu kommt, dass bei dickeren Schichten der Elektrolyt erneuert werden muss.

Typische Kombinationen von Grundwerkstoffen und Schichten, deren Dicken mit Hilfe des coulometrischen Verfahrens gemessen werden können, sind in Tab. 8.4 zusammengestellt.

Tab. 8.4: Einsatz des coulometrischen Verfahrens bei unterschiedlichen Kombinationen von Grund- und Schichtwerkstoffen [EN ISO 2177]

Schicht	Grundwerkstoff						
	Aluminium	Kupfer/ Kupferlegierungen	Nickel	Nickel-Kobalt-Eisen	Silber	Stahl	Zink	Nichtmetalle
Blei	●	●	●	●	●	●		●
Cadmium	●	●	●			●		●
Chrom	●	●	●			●		●
Kupfer	●	(*)	●			●	●	●
Nickel	●	●		●		●		●
Nickel[1)]	●	●	●	●		●		●
Silber	●	●	●			●		●
Zink	●	●	●			●		●
Zinn	●	●	●			●		●
Zinn-Blei	●	●	●	●		●		●

1) Autokatalytisch abgeschiedene Nickel-Phosphor-Schichten mit Phosphorgehalten innerhalb bestimmter Grenzen

(*) Nur auf Kupferwerkstoffen

Über die Zusammensetzung der ISO-Prüflösungen zur Schichtdickenmessung mittels coulometrischen Verfahren gibt Tab. 8.5 Auskunft.

Tab. 8.5: ISO-Prüflösungen zur Schichtdickenmessung nach dem coulometrischen Verfahren [8.1]

Schicht	Grundwerkstoff				
	Eisen	Kupfer/ Kupferlegierungen	Nickel	Aluminium	Zink
Cadmium	A1, B1	A1, B1	A1	A1	
Chrom	A2, B2	A3, B3	A2, B4	A2, B4	
Kupfer	A4, B5		A4, B6	A4	B7
Blei	B8	B8	B8		
Nickel	A5, B9	A5, B10		A5,B9	
Silber	A6	A7, B11	A6		
Zinn	A3, B12	A3, B12	A3	A2, B13	
Zink	A8, B14	A8, B14	A8	A8	

Tab. 8.5: ISO-Prüflösungen zur Schichtdickenmessung nach dem coulometrischen Verfahren [8.1] (*Fortsetzung*)

A1	100 g/l KJ + 0,1 g J_2	B1	30 g KCl + 30 g NH_4Cl/l
A2	100 g/l Na_2SO_4	B2	186 g H_3P_04 + 10 g CrO_3/l
A3	150 g/l NaOH	B3	100 g/l Na_2CO_3
A4	80 g $NaK_4H_4O_6$ + 100 g NH_4NO_3/l	B4	98 g/l H_3PO_4
A5	30 g NH_4NO_3 + 30 g NaCNS/l	B5	800 g NH_4NO_3 + 10 ml NH_4OH/l
A6	100 g $NaNO_3$ + 5 g HNO_3/l	B6	100 g K_2SO_4 + 20 ml H_3PO_4/l
A7	180 g/l KCNS	B7	30 % H_2SiF_6
A8	100 g/l NaCl	B8	200 g CH_3COONa + 200 g CH_3COONH_4/l
		B9	800 g NH_4NO_3 + 3,8 g $(NH_2)_2CS$/l
		B10	42 g/l NaCl
		B11	100 g/l KF
		B12	100 g H_2SO_4 + 5 g KF/l
		B13	100 g/l KCl
		B14	100 g/l NaCl

4.8.1.2.1 STEP-Test

Der STEP-Test (STEP: Simultaneous Thickness and Electrochemical Potential) nach DIN EN ISO 2177 und ASTM B 764-04 ist ein coulometrisches Verfahren und wird zur gleichzeitigen Bestimmung von Einzelschichtdicken und elektrochemischen Potentialdifferenzen in Nickel-Mehrfachschichtsystemen herangezogen. Gegenüber der üblichen coulometrischen Schichtdickenmessung wird hier eine mit einer isolierten Bezugselektrode versehene Messzelle verwendet. In der Messzelle werden die Nickelschichten nacheinander in einem Elektrolyten durch kontrollierte Zuführung von elektrischem Strom abgelöst.

Nickel kann sowohl als matte Schicht (Mattnickel), halbglänzende Schicht (Halbglanznickel) oder auch glänzende Schicht (Glanznickel) abgeschieden werden. Matte Nickelschichten entstehen in zusatzfreien Grundelektrolyten[8]. Durch geeignete Zusätze kann man aber glänzende Nickelschichten auch bei hohen Schichtdicken erzeugen.

[8] Die Erzeugung von Mattnickeloberflächen für dekorative Zwecke erfolgt durch Zusatz von geeigneten anorganischen oder organischen Feststoffen. Der Matteffekt entsteht dadurch, dass durch den Einbau dieser in der Elektrolytlösung suspendierten Fremdbestandteile die örtliche Nickelabscheidung und damit der Schichtaufbau unterbrochen wird. Dies führt zur Entstehung von optisch diffus reflektierenden Oberflächen. Je nach Elektrolytparametern, Wirkungsmechanismen und dem resultierenden optischen Eindrucks spricht man von Satin- (oder Perlglanz-), Schwarz- oder Anthrazitvernicklung.

Der Glanzeffekt entsteht dadurch, dass die Zusätze stark kornverfeinernd wirken. Die bekanntesten Zusätze dieser Art sind Sulfonimide, Sulfonamide, Benzolsulfonsäuren, Naphthalinsulfonsäuren, Alkylsulfonsäuren, Sulfinsäure und Akrylsulfonsulfonate (s. Abschnitt 3.4.1.4.1).

In dem Maße, in dem die Glanzzusätze das Gefüge des Nickelniederschlages feinkörniger machen, beeinflussen sie auch seine mechanischen Eigenschaften, insbesondere aber sein elektrochemisches Potential. Glanznicküberzüge sind stärker korrosionsanfällig als die Mattnickelschichten, da sie schwefelhaltig sind. Je höher der Schwefelgehalt ist, desto unedler ist die Glanznickelschicht.

Die so genannten Halbglanznickelüberzüge, die seit einiger Zeit besondere Bedeutung gewonnen haben, werden aus gleichen Grundelektrolyten abgeschieden, wie sie bei der Glanzvernicklung eingesetzt werden. Die verwendeten Zusatzstoffe - die bekanntesten von ihnen sind Gumarin und 1,4-Butindiol - sind jedoch schwefelfrei. Das elektrochemische Potential der Halbglanznickelüberzüge ist daher edler als das der Glanznickelschichten. Die Halbglanznickelschichten werden also nicht wegen ihres Halbglanzes eingesetzt, sondern damit sie besondere korrosionstechnische Aufgaben übernehmen.

Man vernickelt das vor Korrosion zu schützende Teil, das aus Haftfestigkeitsgründen mit einer dünnen Kupferschicht überzogen ist, zunächst mit einer Halbglanzschicht und darüber dann mit einer Glanznickelschicht. Als Endüberzug wird eine Glanzchromschicht mit einer dicke von etwa 0,3 µm beaufschlagt. In diesem Dreischichtsystem Halbglanznickel-Glanznickel-Glanzchrom ist die Glanznickelschicht am unedelsten und daher am stärksten korrosionsanfällig. Bei etwaigen Verletzungen wirkt sie deshalb gegenüber der darunter liegenden Halbglanznickelschicht als Opferanode und schützt diese vor Korrosion. Im Laufe der Zeit korrodiert zwar die unedle Glanznickelschicht infolge der Lokalelementbildung mit dem darüber liegenden edleren Glanzchrom, es kommt dabei jedoch nicht zu einem bis zum Grundmetall durchgehenden Lochfraß. Die Korrosion breitet sich vielmehr in der Glanznickelschicht seitlich aus. Die Potentialdifferenz zwischen dem Glanz- und Halbglanznickel ist ein Maß für die Sperrwirkung des Halbglanznickels gegen den Korrosionsangriff. Ein edles Halbglanznickel wird langsam angegriffen, und der Schutz des darunter liegenden Teils wird lange Zeit gewährleistet bleiben.

Der Einsatz von Nickel-Mehrfachschichten hat zu erheblichen Fortschritten in Richtung Korrosionsschutz geführt. Üblicherweise sind es zwei bis vier unterschiedliche Nickelschichten. So werden z. B. auf der Kupfergrundschicht Schichten aus Halbglanznickel, hoch schwefelhaltigem Nickel, Glanznickel und mikrorissigem oder mikroporigem Nickel abgeschieden. Die zuletzt genannten Spezialnickelschichten müssen eine bestimmte

Mindestanzahl von Diskontinuitäten aufweisen. Darauf befindet sich dann noch eine harte Chromschicht[9].

Um die korrosionsschützende Wirkung von verchromten Nickel-Mehrfachschichten auf Bauteilen aus Metall oder Kunststoff für Zierteile im Fahrzeugbau zu prüfen, muss man die Schichtdicke und die zwischen den einzelnen Nickelschichten bestehenden elektrochemischen Potenzialdifferenzen messen. Die Messung der Potenzialdifferenzen erlaubt Rückschlüsse auf das Korrosionsverhalten der Nickelschichten. Dies wurde bisher mit kostenintensiven und zeitaufwändigen Salzsprühtests geprüft. Mit Hilfe des STEP-Tests ist es jedoch möglich, die Dicke und die Differenz der elektrochemischen Potentiale von Halbglanz- und Glanznickelschichten gleichzeitig und schnell zu messen. Dabei werden die Auflösungspotentiale der aufeinander liegender Nickelschichten in einer Lösung aus 300 g/l $NiCl_2 \cdot 6\,H_2O$, 50 g/l NaCl und 25 g/l H_3BO_3 bei pH = 3 und festgelegter Lösegeschwindigkeit bestimmt. Der hohe Nickelgehalt der Lösung garantiert, dass das Ablösepotential nur von der Aktivität des Nickels abhängt. Die Chloridlösung dient dazu, dass sich Nickel ohne Passivitätserscheinungen auflöst, und die Borsäure agiert als Puffer [8.28]. Die Durchführung der Messung wird mit einer Vorrichtung bewerkstelligt, deren prinzipieller Aufbau in Abb. 8.20a zu sehen ist.

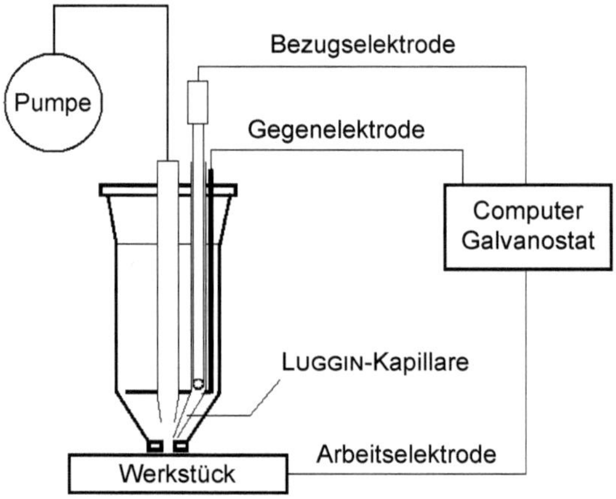

Abb. 8.20a: Prinzipieller Aufbau der Vorrichtung zur Durchführung des STEP-Tests [8.28]

[9] Es sei darauf hingewiesen, dass selbst wenn aufgrund des STEP-Tests die Schichtdicken und die elektrochemischen Potentialdifferenzen stimmen, das noch keine Garantie dafür ist, dass das Nickel-Mehrfachschichtsystem die Erwartungen hinsichtlich des Korrosionsschutzes erfüllt. Nickelschichten mit großen inneren Spannungen können aufreißen; eingeschlossene Fremdmaterialien oder Poren können Ausgangspunkt für Lochfraßkorrosion sein; schlecht gegossene Grundmaterialien können Fehler verursachen.

Herzstück der Apparatur ist eine Aufsatzzelle aus Glas oder Kunststoff, die an der Unterseite eine Öffnung besitzt, mit der sie auf das Werkstück aufgepresst wird. Anpresskraft, Dichtungsform und Dichtungsmaterial sind so aufeinander abgestimmt, dass immer die gleiche Fläche auf dem Werkstück aufgelöst wird. Verschlissene Dichtungen, zu hohe Anpresskräfte oder anhaftende Luftblasen sind häufige Fehlerquellen. Deshalb sollte nach jeder Messung die abgelöste Stelle unter dem Mikroskop auf Vollständigkeit und Größe kontrolliert werden. Die Pumpe bewegt den Elektrolyten in der Messzelle, damit ständig frischer Elektrolyt zur Ablösefläche gelangt. Über den Stromkreis Galvanostat-Gegenelektrode-Elektrolyt-Arbeitselektrode-Galvanostat wird ein konstanter Strom geleitet. Üblicherweise arbeitet man mit 260 oder 160 mA/cm^2. Das sind bei 2,2 mm Lochdurchmesser in der Dichtung 9,85 mA bzw. 6,2 mA. Je höher der Strom gewählt wird, desto schneller ist die Messung beendet. Wendet man geringere Ströme an, erhält man besser ausgeprägte STEP-Kurven [8.28].

Das Ablösepotential wird stromlos zwischen dem Werkstück und der Bezugselektrode mit einem hochohmigen Millivoltmeter gemessen oder dem Analogeingang eines entsprechend ausgerüsteten Computers zugeführt. Das Ablösepotential hängt von der Ablösestromdichte ab, und man muss bei Vergleichen immer angeben, mit welchem Strom gemessen worden ist. Zwischen Gegenelektrode und Bezugselektrode besteht bei Stromfluss ein elektrisches Feld. Der Elektrolyt wirkt als ohmscher Widerstand. Durch die Positionierung der Spitze der LUGGIN-Kapillare im Elektrolyten kann man das gemessene Potential beeinflussen. Je kleiner die Messzelle ist, desto gravierender machen sich Positionsänderungen der Kapillarenspitze bemerkbar [8.28].

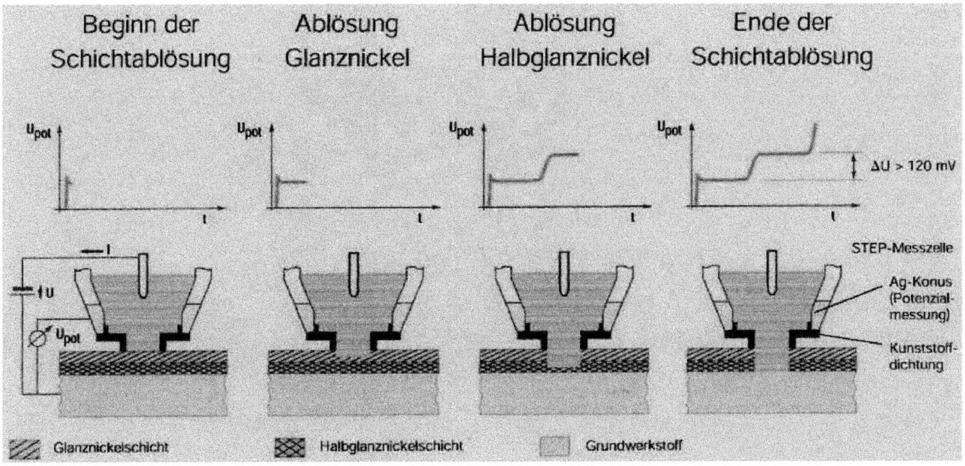

Abb. 8.20b: Schematische Darstellung des STEP-Test-Verfahrens am Beispiel eines Triplex-Nickelschichtsystems (Spezial-, Halbglanz- und Glanznickelschicht) [8.29]

Je weiter die Auflösung vordringt, desto mehr Schichten werden angeschnitten, die alle zur Potentialbildung entsprechend ihrem Flächenverhältnis beitragen. Abb. 8.20b zeigt in schematischer Darstellung den STEP-Test nach ASTM B 764-94 am Beispiel eines Triplex-Nickelschichtsystems (Spezial-, Halbglanz- und Glanznickelschicht) [8.29].

Die Auswertung eines STEP-Test-Diagrams ist in Abb. 8.20c angedeutet.

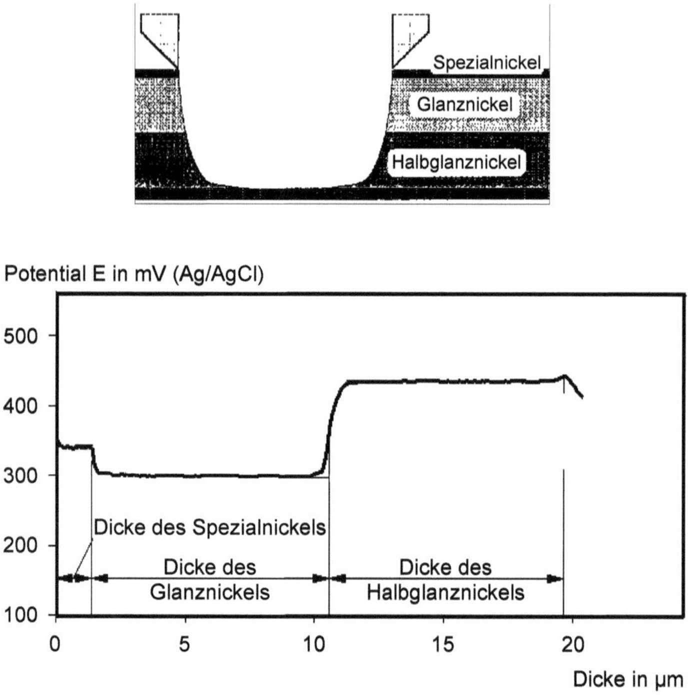

Abb. 8.20c: Auswertung eines STEP-Test-Diagramms (Bestimmung einzelner Schichtdicken)

8.4.2 Zerstörungsfreie Verfahren

Die zerstörungsfreien Verfahren zur Schichtdickenmessung haben den besonderen Vorteil, dass sie die Wiederverwendung des geprüften Bauteiles zulassen. Darüber hinaus erlauben sie, die Schichtdicken von Klein- und Kleinstobjekten in großer Stückzahl schnell und zuverlässig zu bestimmen. Daraus ergibt sich die Möglichkeit der lückenlosen Kontrolle der laufenden Fertigung. Die zerstörungsfreien Methoden beruhen auf bestimmten physikalischen Eigenschaften von Materialien. Dazu zählen die Ordnungszahl, die elektrische Leitfähigkeit und die magnetische Permeabilität. Der praktische Einsatz dieser Methoden wird daher bestimmt durch die Natur und Eigenschaften des Grund- und des Schichtwerkstoffes, wobei verschiedene Kombinationen denkbar sind.

Beim Schichtwerkstoff kann es sich um ein ferromagnetisches oder nichtmagnetisches bzw. ein elektrisch leitendes oder nicht leitendes Material handeln. Das gleiche gilt für das Bauteil.

Die zerstörungsfreie Schichtdickenmessung gestaltet sich relativ einfach und genau, wenn das Bauteil und die Schicht hinsichtlich der oben genannten Eigenschaften völlig unterschiedlich sind. Sie wird zunehmend schwieriger, je mehr der Grund- und der Schichtwerkstoff in ihren physikalischen Eigenschaften einander ähnlich sind. Die Vielfalt der angewandten zerstörungsfreien Methoden zur Schichtdickenmessung verbietet eine umfassende Erörterung dieser Verfahren. Im Folgenden werden daher einige ausgewählte Methoden diskutiert, die häufig zur Schichtdickenbestimmung eingesetzt werden.

8.4.2.1 Wirbelstromverfahren

Eine der vielseitigsten Methoden der zerstörungsfreien Schichtdickenmessung ist das Wirbelstromverfahren, welches auf folgendem physikalischem Prinzip beruht [8.13–8.16]. Wird eine kleine von hochfrequentem Wechselstrom durchflossene Spule einem elektrisch leitenden Werkstoff angenähert (Abb. 8.21a), so werden in diesem kreisförmig geschlossene Wirbelströme induziert, die bei der HF-Spule eine Rückkopplung verursachen. Die induzierten Wirbelströme sind so gerichtet, dass sie das elektromagnetische Feld der HF-Spule schwächen. Dadurch ändern sich die Induktivität und der Wirkwiderstand der HF-Spule.

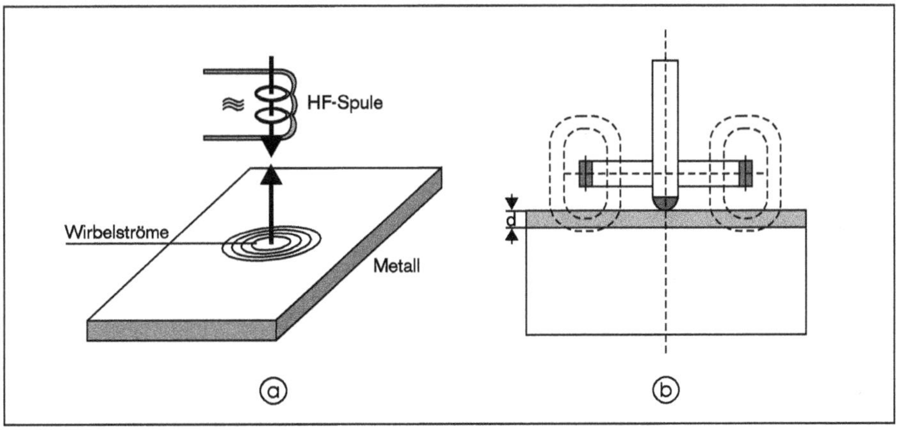

Abb. 8.21: Schichtdickenmessung mittels Wirbelstromverfahren [8.13, 8.14]
a: Entstehung induzierter Wirbelströme im metallischen Substrat
b: Schichtdickenmessung mit der Messsonde

Der Grad der Schwächung hängt von dem Abstand zwischen der HF-Spule und dem Grundwerkstoff ab. Ist dieser beschichtet, so wird bei der Annäherung der Messsonde in Abhängigkeit von der Dicke der Schicht eine Rückwirkung auf den Primärstrom der HF-Spule hervorgerufen [8.14]. Die Stärke des induzierten Wirbelstromes ist bei gegebener Frequenz auch von der elektrischen Leitfähigkeit der Schicht abhängig und somit ein Maß für ihre Dicke. Man erhält deshalb ein von der Schichtdicke abhängiges Messsignal, wenn die elektrischen Leitfähigkeiten des Substrats und der Schicht verschieden sind. Die Schichtdicke d kann mit Hilfe folgender Beziehung in etwa abgeschätzt werden:

$$d = \frac{500}{\sqrt{k \cdot f \cdot \chi \cdot \mu}} \quad [\text{mm}] \tag{8.19}$$

Die Symbole bedeuten: f Frequenz [Hz], χ elektrische Leitfähigkeit [mS/m] und μ magnetische Permeabilität[10] des Schichtwerkstoffes. k ist eine schichtspezifische Konstante.

Durch Umwandlung dieses elektrischen Effektes zeigt das Messgerät die gesuchte Schichtdicke durch einen Zeigeranschlag direkt an. Abb. 8.21b zeigt die Schichtdickenmessung mit der Messsonde

Bei der praktischen Durchführung der Schichtdickenmessung mittels Wirbelstromverfahren sind folgende Gesichtspunkte zu berücksichtigen: Vor der Messung ist eine Eichung des Messgerätes vorzunehmen. Ferner ist darauf zu achten, dass die Messstellen genügend Abstand vom Rand des Messobjektes haben, um mögliche Messfehler auszuschalten. Der Grund hierfür liegt in der Tatsache, dass sich das elektromagnetische Wechselfeld bei den heute üblichen Messsonden, die einen Durchmesser von etwa 2 mm haben, auf einen Bereich von 3 mm um die Sondenachse erstreckt. Die induzierten Wirbelströme bleiben zwar auf dünne Oberflächenbereiche beschränkt (Skin-Effekt[11]), müssen sich aber im Grundwerkstoff vollständig ausbilden können, damit eine einwandfreie Messung möglich ist. Die Voraussetzung dafür ist neben der Betriebsfrequenz des

[10] Die magnetische Permeabilität μ (auch magnetische Leitfähigkeit oder absolute Permeabilität) bestimmt die Durchlässigkeit von Materie für magnetische Felder. Sie ist der Quotient aus der magnetischen Flussdichte B und der magnetischen Feldstärke H ($\mu = B/H$).

[11] Als Skin-Effekt oder Hautwirkung bezeichnet man die Erscheinung, dass in elektrischen Leitern Wechselströme hoher Frequenz im Wesentlichen nur in den Oberflächenschichten fließen. Während beim Gleichstrom der komplette Leiterquerschnitt von Elektronen durchflossen wird, wird der Elektronenfluss beim Wechselstrom in Abhängigkeit der Frequenz an die Oberfläche des Leiters gedrückt. Dieser Effekt bewirkt, dass bei Wechselströmen nur die Oberfläche des Leiters für den Transport der Elektronen zur Verfügung steht. Die Ursache des Skin-Effekts ist das Magnetfeld, das beim Stromfluss entsteht. Dieses bildet sich nicht nur um den Leiter, sondern auch im Kern des Leiters und nimmt nach außen hin sehr stark ab. Die Eindringtiefe des Stromes (die Skindicke) beträgt bei Frequenzen von 50 Hz, 10 kHz, 10 MHz entsprechend 9,40, 0,66 und 0,021 mm.

Messgerätes und der elektrischen Leitfähigkeit des Messobjektes eine Mindestdicke des Grundwerkstoffes. Muss aber die Schichtdickenmessung beispielsweise an einem Blech vorgenommen werden, dessen Dicke eine vollständige Ausbildung der induzierten Wirbelströme nicht zulässt, so ist durch Unterlegung eines gleichartigen Werkstoffes die erforderliche Mindestdicke des Grundwerkstoffes zu simulieren.

Mit dem Wirbelstromverfahren kann man die Dicke von elektrisch nicht leitenden bzw. nicht ferromagnetischen Schichten auf nicht ferromagnetischen Substraten bestimmen. Ebenso kann diese Methode für die Messung der Dicke von nicht ferromagnetischen Schichten auf elektrisch nicht leitenden bzw. ferromagnetischen Basismaterialien eingesetzt werden.

Die Voraussetzungen für einen optimalen Einsatz des Wirbelstromverfahrens sind in Tab. 8.6 zusammengefasst. Darin weist der Index 1 auf den Schichtwerkstoff, der Index 2 auf den Grundwerkstoff hin.

Demnach sollten die Permeabilitätszahlen beider Werkstoffe möglichst 1 betragen. Das heißt, das Wirbelstromverfahren ist besonders geeignet für nichtmagnetische Werkstoffe.

Tab. 8.6: Voraussetzungen für den optimalen Einsatz des Wirbelstromverfahrens [8.16]

Gute Voraussetzungen	$\mu_{r1} = 1, \chi_1 = 0$ $\mu_{r2} = 1, \chi_2 \gg 0$
Anwendbar	$\mu_{r1} = 1, \chi_1 < \chi_2$ $\mu_{r2} = 1, \chi_2 < \chi_1$
Auch anwendbar	$\chi_1 : \chi_2 \leq 1 : 3;\ \chi_1 : \chi_2 \geq 3$
Nicht anwendbar	$\chi_1 \approx \chi_2$

μ_r: relative Permeabilität[12] (Permeabilitätszahl)
Index 1: Schicht
Index 2: Substrat

[12] Werden unterschiedliche Werkstoffe in eine stromdurchflossene Leiterschleife mit konstanter Magnetfeldstärke eingebracht, dann lassen sich verschiedene magnetische Flussdichten messen. Die Permeabilität (Durchlässigkeit) für die Feldlinien kann stärker oder schwächer ausgeprägt sein. Diese besondere magnetische Eigenschaft der Werkstoffe wird durch die relative Permeabilität oder Permeabilitätszahl μ_r charakterisiert. Die Permeabilitätszahl eines Stoffes gibt an, wie viel Mal größer die magnetische Flussdichte gegenüber Vakuum (oder Luft) bei gleicher Durchflutung ist. Die Permeabilitätszahl eines Werkstoffes ist keine Konstante. Sie ist von der magnetischen Feldstärke abhängig und strebt oftmals einem Sättigungswert zu.

Gute Voraussetzungen liegen vor, wenn die elektrische Leitfähigkeit des Schichtwerkstoffs 0 ist, das Substrat aber aus einem elektrisch gut leitenden Werkstoff besteht. Anwendbar ist diese Methode auch für metallische Schichten auf metallischen Substraten, wenn sich die Leitfähigkeiten der beiden Kontaktpartner deutlich voneinander unterscheiden; ausreichend ist ein Verhältnis von $\chi_1 : \chi_2 \leq 1 : 3$ bzw. $\chi_1 : \chi_2 \geq 3 : 1$. Das Wirbelstromverfahren ist nicht anwendbar, wenn die Leitfähigkeiten von Grund- und Schichtwerkstoff praktisch identisch sind [8.16].

Weitere Parameter, die den Messwert beeinflussen können, sind in Tab. 8.7 zusammengestellt. Daraus geht aber gleichzeitig hervor, dass es grundsätzlich möglich ist, durch geeignete Eichverfahren die etwaigen Einflussgrößen weitgehend auszuschalten.

Tab. 8.7: Einfluss verschiedener Faktoren auf den Messwert bei der Schichtdickenmessung mit Hilfe des Wirbelstromverfahrens [8.16]

Parameter	Einfluss
Randabstand	Einfluss bis etwa 3 mm
Dicke des Grundwerkstoffs	$d_{min} = f(f, \chi)$ f: Betriebsfrequenz der Sonde χ: elektrische Leitfähigkeit
Oberflächenkrümmung	Bei großen Krümmungsradien kein Einfluss, bei kleinen Krümmungsradien Kalibrieren auf der gekrümmten Fläche; Messung dann wie auf der Ebene
Oberflächenrauheit	Rauer Grundwerkstoff, einebnende Schicht: Sowohl auf dem unbeschichteten Werkstoff als auch auf dem beschichteten Werkstoff wird eine etwa gleich große, additive Schicht vorgetäuscht. Differenzbildung (durch Kalibrieren oder rechnerisch) ergibt richtige Anzeige.
Neigung der Messsonde	Kalibrierung ist senkrechtem Aufsetzen zugeordnet, Neigung bis ±20 % ergeben keine Anzeigefehler, bei größeren Neigungen wird eine zu große Schichtdicke vorgetäuscht
Zwischenschichten	Leitfähige Zwischenschichten ($\mu_r = 1$) werden mit Grundwerkstoff zusammen als neuer Ersatz-Grundwerkstoff betrachtet, auf dem geeicht und gemessen wird; Anzeige ist richtig
Leitfähigkeit der Schicht	Einfluss vorhanden; falls Leitfähigkeit der Schicht durch eingelagerte leitfähige Pigmente verursacht ist, kann nach dem Eichen auf entsprechenden Vergleichsproben gemessen werden; metallische Schichten müssen mit anders geeichtem Gerät gemessen werden
Elektrische und magnetische Fremdfelder	Kein Einfluss, da in den Geräten selektive Verstärker arbeiten

Die Anwendung von Vergleichsproben, die ähnliche Eigenschaften und Geometrie aufweisen wie die zu messenden Objekte, ist dabei eine sinnvolle Maßnahme. Nimmt man die Eichung der Methode vor den Messungen auf solchen Vergleichsproben vor, dann kann man davon ausgehen, dass Fremdeinflüsse weitgehend ausgeschaltet sind [8.16].

Das Wirbelstromverfahren eignet sich besonders dann, wenn es darauf ankommt, am Messobjekt mehrere Hundert Einzelmessungen durchzuführen, um sich ein möglichst genaues Bild über die Gleichmäßigkeit der Schichtdickenverteilung zu verschaffen. Dies ist beispielsweise bei kupferlaminierten Epoxidharzplatten der Fall, die oft als Ausgangsmaterial für gedruckte Schaltungen herangezogen werden. Hinzu kommt, dass in diesem Fall die unterschiedlichen elektrischen Leitfähigkeiten die Dickenmessung mit dem Wirbelstromverfahren als besonders vorteilhaft erscheinen lassen. Dabei kommt einer genauen Messung der Dicke der galvanisch aufgebrachten Kupferschicht eine besondere Bedeutung zu. Die manuelle Durchführung der Schichtdickenmessung würde jedoch großen Zeitaufwand erfordern und Messfehler zur Folge haben, die nicht ohne weiteres akzeptiert werden können. Hier kann das Wirbelstromverfahren gute Dienste leisten, wenn man den Vorgang der Schichtdickenmessung durch ein geeignetes Software-Programm automatisiert. Dies kann dergestalt bewerkstelligt werden, dass die Messsonde die auf der galvanisch verkupferten Epoxidharzplatte festgelegten Messstellen automatisch und der Reihe nach absucht und die Schichtdickenmessung vornimmt. Auf diese Weise ist es möglich, eine sehr große Anzahl von Einzelmessungen mit hinreichender Genauigkeit innerhalb von wenigen Minuten durchzuführen. Die Messergebnisse können dann vom Rechner in Form von zwei- bzw. dreidimensionalen Darstellungen zusammengefasst werden, in denen die Abweichungen der Schichtdicke vom Sollwert durch unterschiedliche Farben sichtbar gemacht werden. Abb. 8.22 zeigt exemplarisch die Schichtdickenverteilung, die aufgrund von 150 Einzelmessungen an einer 540 mm × 400 mm Platte mit Hilfe des automatisierten Wirbelstromverfahrens ermittelt wurde. Die dunklen Bereiche weisen auf Abweichung vom Sollwert hin.

In diesem Zusammenhang sei auf eine Beobachtung hingewiesen, die die Empfindlichkeit dieser Methode unterstreicht. Je nachdem, ob man die Dicke der galvanisch aufgebrachten Kupferschicht unmittelbar nach der Abscheidung oder zu einem späteren Zeitpunkt bzw. nach einer Wärmebehandlung ermittelt, stellt man eine Dickenzunahme fest. In dem Balkendiagramm, das in Abb. 8.23 wiedergegeben ist, sind die Ergebnisse mehrerer solcher Messungen zusammengefasst. Um diesen Effekt deutlicher erscheinen zu lassen, sind die gemessenen Schichtdickenwerte mit den Ergebnissen des Querschliffverfahrens ins Verhältnis gesetzt und auf 25 µm normiert.

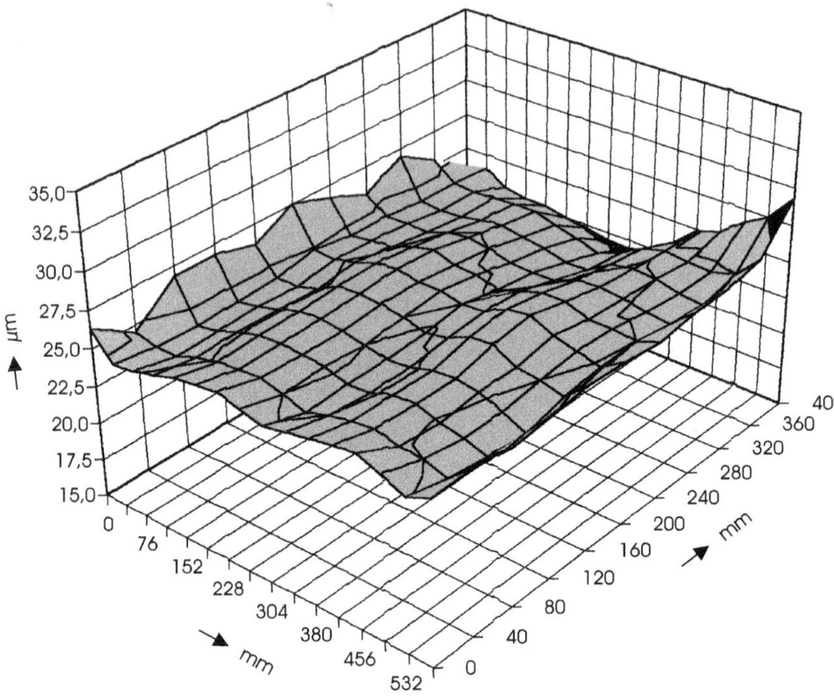

Abb. 8.22: Bestimmung der Dicke einer auf eine Epoxidharzplatte galvanisch aufgebrachten Kupferschicht mit Hilfe des automatisierten Wirbelstromverfahrens

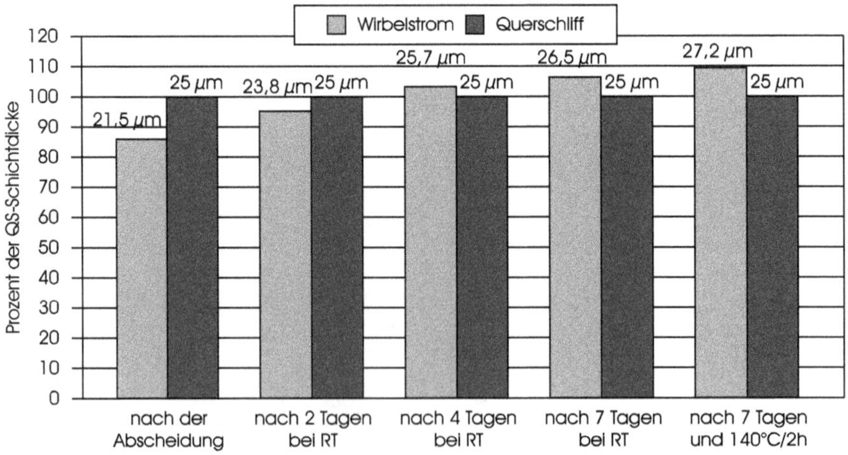

Abb. 8.23: Bestimmung der Schichtdicke galvanisch abgeschiedener Kupferschichten mittels Wirbelstromverfahren in Abhängigkeit von der Lagerung und Wärmebehandlung

Wie dieser Darstellung zu entnehmen ist, steigt der mit dem Wirbelstromverfahren gemessene Wert der Schichtdicke mit zunehmender Lagerungsdauer an. Auch die Wärmebehandlung bei 140 °C/2 h führt zu einer Dickenzunahme. Die Ursache für diese zunächst überraschende Beobachtung ist in den Vorgängen zu suchen, die sich während der Lagerung bzw. thermischen Behandlung in der Kupferschicht abspielen. Im abgeschiedenen Zustand besitzt die Kupferschicht naturgemäß eine große Anzahl von Gitterbaufehlern wie Leerstellen, Zwischengitteratomen und Versetzungen, die einen entscheidenden Einfluss auf ihre elektrische Leitfähigkeit ausüben. Sie führen zu einer Erhöhung des elektrischen Widerstandes gegenüber einer Kupferqualität geringerer Gitterbaufehler. Jeder Vorgang, der die Anzahl der Gitterbaufehler verringert, wird daher eine teilweise oder vollständige Eliminierung der Widerstandserhöhung zur Folge haben. Alle Gitterbaufehler haben die Tendenz, bei Temperaturen $T > 0$ K auszuheilen, da ihre Beweglichkeit zunimmt. Als thermisch aktivierte Prozesse laufen derartige Ausheilungsvorgänge bei Raumtemperatur (RT) langsamer und bei höheren Temperaturen entsprechend schneller ab. Abb. 8.24 zeigt den idealisierten Verlauf der Abnahme des elektrischen Zusatzwiderstandes $\Delta\rho$ des Kupfers in Abhängigkeit von der Temperatur.

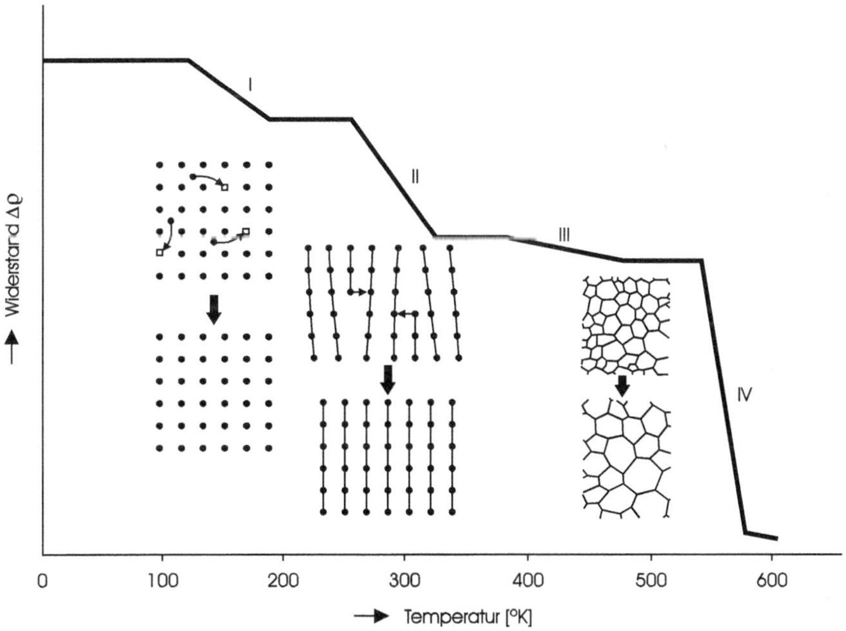

Abb. 8.24: Stufenweiser Rückgang des elektrischen Widerstandes von Kupfer in Abhängigkeit von der Temperatur und den sich dabei abspielenden Vorgängen im Kristallgitter und Gefüge

Man beobachtet einen stufenweisen Rückgang des elektrischen Widerstandes mit steigender Temperatur. Die dabei ablaufenden atomistischen Vorgänge lassen sich wie folgt vereinfacht beschreiben. Der erste relativ steile Abfall des Widerstandes bei tiefen Temperaturen (Stufe I) ist der Rekombination von so genannten FRENKEL-Paaren[13] zuzuordnen. Dabei findet infolge der Diffusion der Zwischengitteratome zu den Leerstellen eine Ausheilung bzw. Annihilation der Punktfehler statt. Auch die Wanderung und Ausheilung von Doppelleerstellen und Leerstellenagglomeraten spielen dabei eine Rolle. Die Reaktion von Versetzungen entgegengesetzter Vorzeichen ist die Ursache für die weitere Abnahme des Widerstandes in der Stufe II. Dieser Reaktion zufolge nimmt die Anzahl der Stufenversetzungen innerhalb der einzelnen Kupferkristallite ab. Während über die sich in Stufe III abspielenden Prozesse noch keine Klarheit besteht, wird der steile Abfall des Widerstandes in Stufe VI auf die primäre Rekristallisation zurückgeführt, die eine deutliche Erniedrigung der Versetzungsdichte bewirkt. Hierbei handelt es sich um eine Zunahme der mittleren Größe der Kupferkristallite und ihrer Orientierungsunterschiede. Dabei geht die Anzahl der Korngrenzen stark zurück.

Nähere Untersuchungen haben ergeben, dass die oben geschilderten Vorgänge auch während der Auslagerung bei Raumtemperatur bzw. Erwärmung auf 140 °C in der Kupferschicht ablaufen und zu einer Erniedrigung ihres elektrischen Widerstandes führen. Dabei ist noch zu berücksichtigen, dass die Wärmebehandlung gleichzeitig eine Austreibung des Wasserstoffes bewirkt, der während der Abscheidung in die Kupferschicht gelangt. Die Folge dieser Maßnahme ist eine weitere Abnahme des elektrischen Widerstandes der Kupferschicht. Da die Stärke des induzierten Wirbelstromes beim Wirbelstromverfahren auch von der elektrischen Leitfähigkeit abhängt, liefert diese Methode - bedingt durch die Erholung der elektrischen Leitfähigkeit - höhere Werte für die Dicke der ausgelagerten bzw. wärmebehandelten Kupferschichten.

8.4.2.2 Röntgenfluoreszenz-Verfahren

Als Fluoreszenz bezeichnet man allgemein die Erscheinung, bei der elektromagnetische Strahlen beim Auftreffen auf Materie die Atome in einen angeregten Zustand versetzen und dadurch die Emission von Lichtquanten gleicher oder größerer Wellenlänge auslösen. Bei der Röntgenfluoreszenz handelt es sich entsprechend um die Anregung der Atome mit Röntgenstrahlen. Diese sind energiereiche elektromagnetische Wellen, deren Energie etwa 5 000mal größer ist als die des sichtbaren Lichtes und deren Wellenlänge zwischen 10^{-6} und 10^{-10} cm liegt. Trifft ein Photon der Röntgenstrahlung auf ein Elektron des

[13] Ein FRENKEL-Paar entsteht dadurch, dass ein Atom seinen regulären Gitterplatz verlässt und auf eine nicht besetzte Position im Kristallgitter wandert. Infolgedessen entstehen eine Leerstelle und ein Zwischengitteratom, die aufeinander eine anziehende Wechselwirkung ausüben.

Atomverbandes des zu untersuchenden Materials, so wird dem Elektron eine bestimmte Energiemenge übertragen, die es ihm ermöglicht, den Atomverband zu verlassen. Die dadurch entstandene Lücke wird spontan durch ein anderes, energiereicheres Elektron wieder aufgefüllt, welches von einer höheren Elektronenschale in die Fehlstelle springt. Diese interatomaren Wechselwirkungen sind in Abb. 8.25a vereinfacht dargestellt.

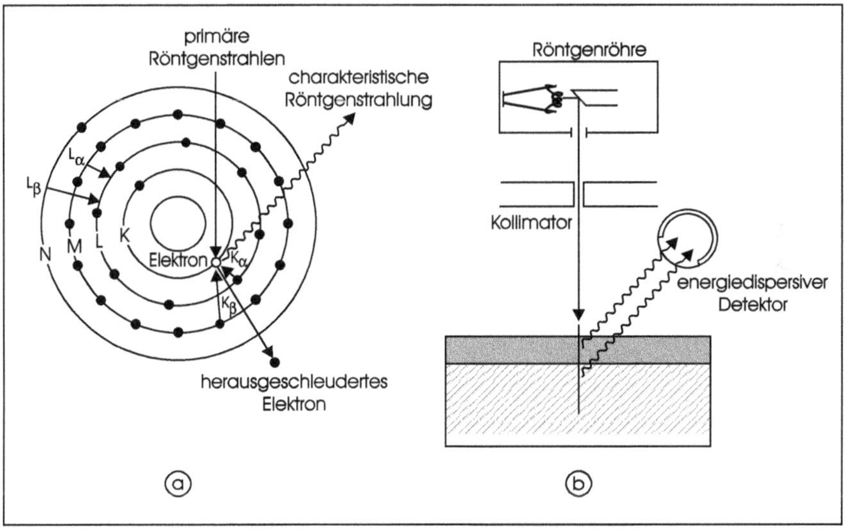

Abb. 8.25: Schichtdickenmessung mittels Röntgenfluoreszenz-Verfahren
a: Wechselwirkung zwischen primärem Röntgenstrahl und Elektronen
b: Messanordnung zur Messung der Schichtdicke

Die Energiedifferenzen zwischen den einzelnen Elektronenschalen sind für jedes Atom spezifisch. Die bei dem oben genannten Vorgang frei werdende Energie manifestiert sich als Röntgenstrahlung, die infolgedessen eine charakteristische Wellenlänge besitzt. Man spricht von einer K_α- bzw. K_β-Strahlung, wenn ein Elektron aus der K-Schale herausgeschleudert und durch ein Elektron aus der L- bzw. M-Schale ersetzt wird. Entsprechend unterscheidet man zwischen L_α- bzw. L_β-Strahlung, wenn ein Elektron aus der L-Schale den Atomverband verlässt und die zurückgebliebene Lücke durch ein Elektron aus der M- bzw. N-Schale aufgefüllt wird.

Bei einem beschichteten Werkstoff werden sowohl in der Schicht als auch im Grundwerkstoff charakteristische Strahlungen erzeugt, die in einen energiedispersiven Detektor gelangen und dort separat nachgewiesen werden. Ist die Intensität der zur Anregung verwendeten Röntgenstrahlung konstant, so ist die Intensität der von der Schicht emittierten charakteristischen Strahlung ein Maß für ihre Dicke. Demzufolge wird die Intensität der charakteristischen Strahlung umso größer sein, je dicker die aufgebrachte Schicht ist. Bei der Schichtdickenmessung mit Hilfe des Röntgenfluoreszenz-Verfahrens geht man deshalb wie folgt vor: Man bestimmt die Intensität der fluoreszierenden Röntgenstrahlung einer Schicht von bekannter Dicke und vergleicht sie mit der der zu messenden Schicht [8.17-8.20]. Grundsätzlich gibt es zwei Möglichkeiten, dies zu bewerkstelligen: die Emissions- und die Transmissionsmethode.

Bei der Schichtdickenmessung nach der Emissionsmethode wird die Strahlung, die von dem Schichtwerkstoff emittiert wird, zur Messung seiner Dicke herangezogen. Bei dem Messverfahren nach der Transmissionsmethode verwendet man hingegen die Strahlung, die vom Grundwerkstoff ausgesendet wird. In der Regel arbeitet man nach dem Emissionsprinzip, dessen Aufbau in Abb. 8.25b schematisch dargestellt ist. Das Messobjekt wird mit einem Röntgenstrahl, der durch einen Kollimator ausgeblendet und auf einen genau festgelegten Messpunkt fokussiert wird, bestrahlt. Dort wird das Material ionisiert, d. h., es werden sowohl in der Schicht als auch im Grundwerkstoff charakteristische Strahlungen erzeugt, die den Messpunkt verlassen und in den energiedispersiven Detektor gelangen. Mit einer nachgeschalteten Elektronik ist es nun möglich, selektiv die Strahlung, die vom Schichtwerkstoff emittiert wird, zur Bestimmung seiner Dicke zu verwenden. Es können Messpunkte mit einem Durchmesser der Größenordnung 0,2 mm realisiert werden, so dass es ohne weiteres möglich ist, auch an Klein- und Kleinstteilen die Schichtdickenmessung vorzunehmen.

An dieser Stelle sei auf folgende Sachverhalte hingewiesen:

Charakteristische Strahlungen von Atomen unterschiedlicher Ordnungszahlen weisen verschiedene Energien auf und können deshalb voneinander unterschieden werden. Je höher die Ordnungszahl eines Elementes ist, umso größer ist die Energie der emittierten Strahlung und umgekehrt. Charakteristische Strahlungen von Atomen mit Ordnungszahlen unter 20 besitzen sehr niedrige Energien und werden daher zum größten Teil im Messobjekt absorbiert. Nur ein geringer Teil dieser Strahlung gelangt in den Detektor und löst dort Signale aus, die jedoch kaum vom elektronischen Rauschen getrennt werden können. Die charakteristischen Strahlungen von Elementen hoher Ordnungszahl (50 und darüber) sind hingegen so energiereich, dass sie durch den Detektor hindurchgehen, ohne dabei irgendwelche Signale auszulösen. Bei Elementen, deren Ordnungszahlen zwischen 20 und 50 liegen, lassen sich die jeweiligen charakteristischen Strahlungen ohne weiteres nachweisen. Zu berücksichtigen ist dabei, dass die Intensität der charakteristischen K-Strahlung zu 80 % auf die K_α- und zu 20 % auf die K_β-Strahlung zurückgeht, während sich die Intensität der charakteristischen L-Strahlung zu gleichen Teilen aus der L_α- und L_β-Strahlung zusammensetzt. Will man beispielsweise die Dicke einer

Silberschicht (Ordnungszahl 47) auf einem Nickelsubstrat (Ordnungszahl 28) bestimmen, so ist die AgK-Strahlung zum Nachweis von Silber zu verwenden. Bei Elementen mit Ordnungszahlen zwischen 70 und 90 werden hingegen die charakteristischen L-Stahlungen nachgewiesen. Infolgedessen wird beispielsweise bei der Bestimmung der Dicke einer Goldschicht (Ordnungszahl 79) auf einem Nickelsubstrat die AuL-Strahlung herangezogen.

Bei Elementen, die sich im Periodensystem nebeneinander befinden, z. B. Nickel und Kupfer, ist der Energieunterschied zwischen den emittierten charakteristischen Strahlungen sehr gering. Die Trennschärfe des energiedispersiven Detektors für Strahlungen unterschiedlicher Energien ist jedoch begrenzt, so dass die charakteristischen Strahlungen von Nickel und Kupfer nicht voneinander vollständig getrennt werden können. Bei der Bestimmung der Dicke einer Nickelschicht auf einem Kupfersubstrat nach dem Emissionsprinzip wird deshalb ein gewisser Anteil der charakteristischen Strahlung von Kupfer mit registriert. Der Wert der zu bestimmenden Nickelschicht wird dadurch beeinflusst. Handelt es sich bei dem Substrat nicht um reines Kupfer, sondern um eine Kupferlegierung, beispielsweise Messing, so können die Kupferatome aufgrund der Wechselwirkungen mit den Zinkatomen charakteristische Strahlung von geringerer Intensität emittieren. Dadurch würde der gemessene Wert für die Dicke der Nickelschicht wieder anders ausfallen. In solchen Fällen kann also die Schichtdickenmessung durch das Basismaterial beeinflusst werden. Durch den Einsatz von selektiven Filtern kann man dieses Problem umgehen.

Die Schichtdickenmessung mit Hilfe des Röntgenfluoreszenz-Verfahrens ist zwar unabhängig von den strukturellen und physikalischen Eigenschaften der zu messenden Schicht, wird jedoch entscheidend durch ihre chemische Zusammensetzung beeinflusst. Dieser Sachverhalt spielt bei Legierungsschichten eine große Rolle. Das Paradebeispiel hierfür liefern die Zinn-Blei-Schichten unterschiedlicher Zusammensetzung, von denen eine anhand von Abb. 8.26 näher betrachtet werden soll.

Auf einem Kupfersubstrat sind zunächst eine 3 µm starke Nickelschicht und anschließend eine 8 µm dicke Zinn-Blei-Schicht abgeschieden (Abb. 8.26a). Beim Beschuss mit Röntgenstrahlen werden infolge der Wechselwirkungen mit dem Verbundsystem Signale ausgelöst, die durch Pfeile angedeutet sind. Die Vorgänge, die sich bei der Bestrahlung in der Probe mit Röntgenstrahlen abspielen, lassen sich wie folgt zusammenfassen:

Im Messfleck werden die charakteristische K-Strahlung von Zinn (Ordnungszahl 50) und die charakteristische L-Strahlung von Blei (Ordnungszahl 82) erzeugt. Die dort erzeugte charakteristische Strahlung des Substrats (Nickel/Kupfer) wird nach der Emission zum

Teil in der Zinn-Blei-Schicht absorbiert; der Rest gelangt in den Detektor und kann ausgewertet werden. Der große Energieunterschied zwischen den charakteristischen Strahlungen von Zinn und Blei führt dazu, dass sie, wie aus dem Energiespektrum hervorgeht, vollständig voneinander getrennt, registriert und analysiert werden können. Je nachdem ob man nun die charakteristische Strahlung von Zinn oder die von Blei zur Dickenbestimmung der Zinn-Blei-Schicht heranzieht, erhält man unterschiedliche Resultate. Die Ursache dafür liegt darin begründet, dass die Strahlungsintensität der charakteristischen Strahlung der einen Komponente durch die Anwesenheit der anderen erheblich beeinflusst wird. Die charakteristische Strahlung, die beispielsweise von den Zinnatomen emittiert wird, kann zu einer zusätzlichen Ionisierung der Bleiatome führen. Die Folge davon ist, dass, bezogen auf die jeweiligen tatsächlichen Konzentrationen, die Strahlungsintensität von Zinn weniger und die von Blei mehr registriert wird. Im vorliegenden Fall wurde die charakteristische Strahlung von Zinn zur Bestimmung der Schichtdicke und Konzentration herangezogen. Die an drei Stellen vorgenommene Schichtdickenmessung ergab für die Zinn-Blei-Schicht den Wert 7,89 ± 0,33 µm. Der Sn-Gehalt konnte mit 71,3 ± 0,75 % bestimmt werden. Das zugehörige Energiespektrum ist in Abb. 8.26b zu sehen. Darin sind die entsprechenden Peaks der Elemente zu erkennen.

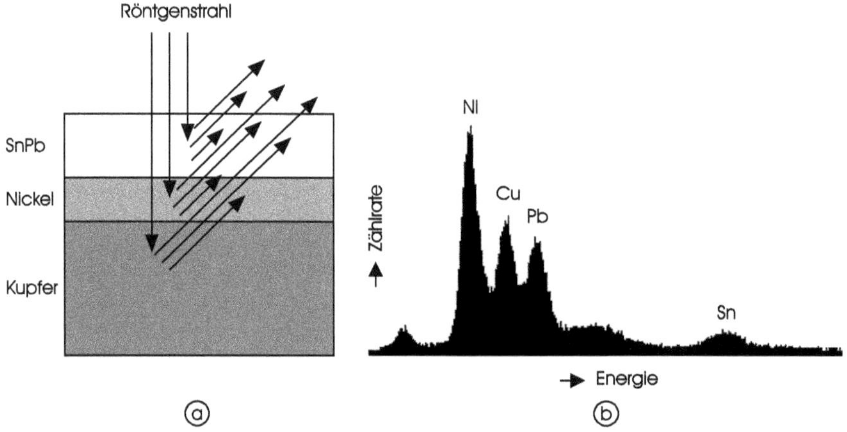

Abb. 8.26: Bestimmung der Dicke und der Zusammensetzung einer Zinn-Blei-Schicht mittels Röntgenfluoreszenz-Verfahren
a) Wechselwirkungen zwischen dem Primärstrahl und den einzelnen Schichten
b) Energiespektrum

Das Ausmaß der gegenseitigen Beeinflussung der Komponenten hängt von dem Verhältnis der jeweiligen Konzentrationen ab. Aus diesem Grund müssen bei den Legierungsschichten generell neben der Schichtdicke gleichzeitig auch die Konzentrationen der einzelnen Komponenten bestimmt werden. Dabei ist eine Genauigkeit von 0,5 bis

1 Massenprozent ausreichend. Bei Legierungsschichten, die aus zwei Komponenten bestehen, ist dies ohne großen Aufwand möglich, vorausgesetzt, dass sich die charakteristischen Strahlungen der beiden Komponenten voneinander getrennt nachweisen lassen.

Befindet sich zwischen dem Substrat und der Schicht eine Zwischenschicht, die beispielsweise zur Verbesserung der Haftfestigkeit oder als Diffusionssperre dient, so ist es möglich, auch die Dicke der Zwischenschicht mit Hilfe des Röntgenfluoreszenz-Verfahrens zu bestimmen. Dies ist darauf zurückzuführen, dass die am Messpunkt erzeugten charakteristischen Strahlungen der drei verschiedenen Materialien, nämlich der Schicht, der Zwischenschicht und des Grundwerkstoffes, in den Detektor gelangen und dort getrennt als die jeweilige Strahlung analysiert werden.

Ein weiteres Beispiel zeigt Abb. 8.27. Es handelt sich dabei um die Ergebnisse der Röntgenuntersuchungen eines „Handy"-Gehäuses aus ABS, worauf eine Dreischicht-Kombination aus Kupfer/Nickel/Chrom abgeschieden ist.

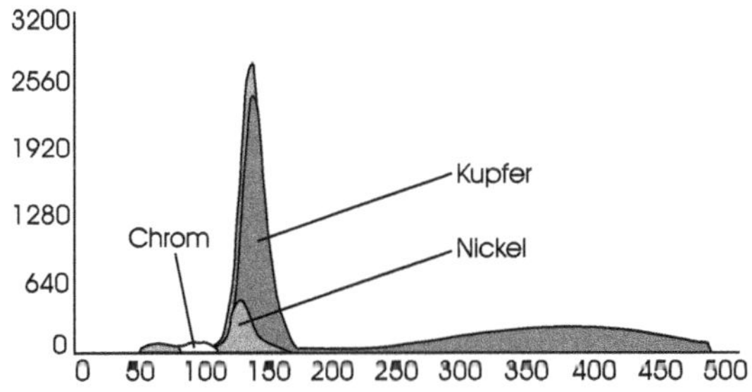

	Kupfer	Nickel	Chrom
1	5,60 µm	0,57 µm	0,27 µm
2	5,33 µm	0,54 µm	0,25 µm
3	5,54 µm	0,53 µm	0,24 µm
4	5,47 µm	0,55 µm	0,27 µm
5	5,50 µm	0,57 µm	0,26 µm
$\bar{x}$	5,49 µm	0,55 µm	0,26 µm
σ	0,100	0,017	0,013

Abb. 8.27: Ergebnisse der Schichtdickenmessung an einem Trägerwerkstoff aus ABS mit dem Schichtaufbau Kupfer/Nickel/Chrom (Röntgenanalytik Messtechnik GmbH) Links: Spektrum, rechts: Bestimmung der Schichtdicke

Während die Kupferschicht (~ 5 µm) als Funktionsschicht die Aufgabe einer hochsensiblen Abschirmung des Funkgeräts übernimmt, dient die Nickelschicht (~ 0,5 µm) zum Schutz der Kupferschicht. Der Chromschicht (~ 0,25 µm) fällt lediglich die dekorative Aufgabe zu. Die zuletzt genannten Schichten sind extrem dünn und stellen hohe Anforderungen an die Messmethode.

In solchen Fällen sind Eichnormale mit folgendem Aufbau erforderlich: gleicher Schichtwerkstoff bekannter Dicke auf einem ausreichend dickem Zwischenschichtmaterial bzw. gleiches Zwischenschichtmaterial bekannter Dicke auf einem ausreichend dickem Substrat. Die Kalibrierung erfolgt in diesem Fall mit den reinen Elementen Kupfer, Nickel und Chrom sowie dem Trägerwerkstoff ABS.

Tab. 8.8: Bestimmung der Schichtdicke von Einfach- und Mehrfachschichten auf unterschiedlichen Grundwerkstoffen mittels Röntgenfluoreszenz-Verfahren (Helmut Fischer GmbH + Co, Sindelfingen)

Substrat	Schichtwerkstoff															
	Ag	Al	Au	Cd	Cr	Cu	Ni	NiZn	Pb	Pd	PdNi	Rh	Sn	SnPb	TiN	Zn
Bronze	●	●	●		●	●	●		●	●	●	●	●	●	●	●
Eisen	●	●	●	●	●	●	●	●	●	●			●			●
Epoxid	●					●	●			●						●
Kovar[14]	●	●	●		●	●	●		●	●	●		●	●		●
Kupfer	●	●	●		●		●		●	●	●	●	●	●		●
Messing	●	●	●		●	●	●		●	●	●	●	●	●		●
Nickel	●	●	●		●	●			●	●	●	●	●	●		
Oxidkeramik	●		●			●	●			●						
Palladium/Nickel			●													
Silber		●	●		●	●	●			●		●	●	●		
Wolframkarbid															●	

Die ermittelten Spektren für die einzelnen Elemente Kupfer, Nickel und Chrom sind in Abb. 8.27 zu sehen. Sie werden zur Berechnung der jeweiligen Schicht herangezogen. Da sich Kupfer und Nickel hinsichtlich ihrer Energie kaum voneinander unterscheiden, liegen ihre Spektren praktisch aufeinander, so dass eine analytische Trennung ihrer Linien in diesem Fall nicht möglich ist. Mit Hilfe einer speziellen mathematischen Methode ist es jedoch möglich, ihre Spektren kenntlich zu machen. Die Ergebnisse der Schichtdickenmessung sind in Abb. 8.27 tabellarisch angegeben.

Aus Tab. 8.8 geht hervor, dass man neben den Einfachschichten auch die Dicke von Mehrfachschichten, die auf unterschiedlichen Grundwerkstoffen abgeschieden sind, mit Hilfe des Röntgenfluoreszenz-Verfahrens bestimmen kann.

8.4.2.2.1 Kontinuierliche Messung

Das Röntgenfluoreszenz-Verfahren ist eine leistungsstarke Methode zur berührungslosen, zerstörungsfreien Schichtdickenmessung, die sich durch hohe Flexibilität und Messgenauigkeit auszeichnet und bei einer großen Zahl von Kombinationen von Schicht und

[14] Kovar ist die Handelsbezeichnung von Legierungen mit geringen Wärmeausdehnungskoeffizienten. Die typische Zusammensetzung einer solchen Legierung ist 54 % Eisen, 29 % Nickel und 17 % Kobalt.

Substrat eingesetzt werden kann. Ein weiterer Vorteil dieser Methode besteht darin, dass sie sich für die kontinuierliche Schichtdickenmessung in Durchaufgalvanisieranlagen, d. h. direkt am bewegten Messgut, eignet [8.21, 8.22]. In solchen Anlagen werden auf massivem Grundwerkstoff Edelmetallstreifen oder Legierungsschichten selektiv längs der Transportrichtung aufgetragen. Die kontinuierliche Bestimmung der Dicke von Gold-, Palladium-, Silber-, Nickel-, Zinn- und Zinn-Blei-Schichten, die auf diese Weise auf Bändern und Drähten aus Kupfer oder Messing aufgebracht werden, gewinnt zunehmend an Bedeutung. Die so beschichteten Bänder und Drähte finden Anwendung in Elektrotechnik und Elektronik. Wie eine solche kontinuierliche Schichtdickenmessung innerhalb der Fertigungslinie realisiert werden kann, zeigt Abb. 8.28. Darin ist das Messprinzip stark vereinfacht skizziert.

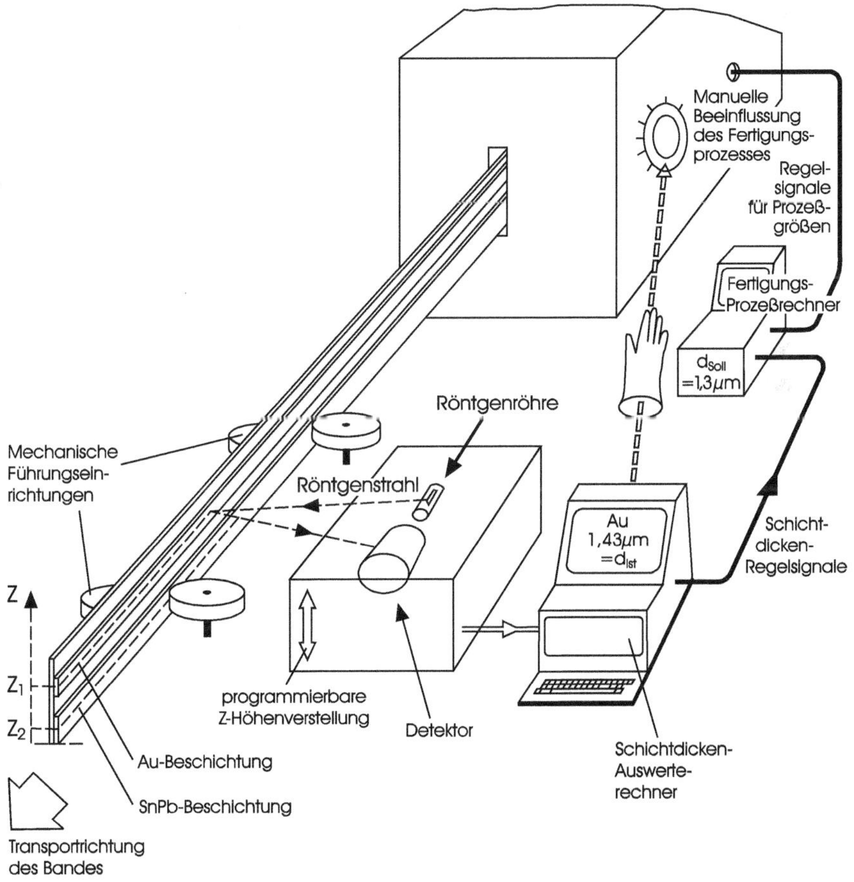

Abb. 8.28: Kontinuierliche Schichtdickenmessung an selektiv aufgetragenen Edelmetall- und Legierungsschichten in der Fertigungslinie mittels Röntgenfluoreszenz-Verfahren [8.21]

Aus dieser Skizze ist ersichtlich, dass der Messkopf zur Schichtdickenmessung während des Fertigungsvorganges direkt in die Durchlauflinie installiert werden muss. Der Primär-Röntgenstrahl wird auf die Metallbeschichtung fokussiert; ein Detektor registriert die emittierte Sekundär-Röntgenstahlung. Durch die Betätigung der programmierbaren *z*-Höhenverstellung im Messkopf kann die Fokussierung des Primär-Röntgenstrahles wahlweise auf die Goldschicht oder Zinn-Blei-Beschichtung erfolgen. Im letzteren Fall werden neben der Schichtdicke gleichzeitig auch die Prozentanteile von Zinn und Blei mit bestimmt.

Beispiele für den Einsatz des Röntgenfluoreszenz-Verfahrens zur kontinuierlichen Schichtdickenmessung an Zweifach- und Legierungsschichten sind in Tab. 8.9 enthalten.

Tab. 8.9: Beispiele für den Einsatz des Röntgenfluoreszenz-Verfahrens zur kontinuierlichen Schichtdickenmessung an Zweifach- und Legierungsschichten [8.21]

Schichtfolge/Grundwerkstoff	Messbereich
Ag/Ni/Cu	0–3 µm Ag 0–20 µm Ni
Au/Ni/Cu	0–1,6 µm Au 0–20 µm Ni
Au/Ni/NiFe	0–1,6 µm Au 0–20 µm Ni
Au/Ag/Ni	0–3 µm Au 0–40 µm Ag
Au/Pd/Ni	0–5 µm Au 0–40 µm Pd
Pd/Ni/Cu	0–3 µm Pd 0–20 µm Ni
Rh/Au/Ni	0–4 µm Rh 0–8 µm Au
Sn/Ni/Cu	0–4 µm Sn 0–20 µm Ni
SnPb/Cu	0–30 µm
SnPb/Ni	0–30 µm

8.4.2.2.2 Standardfreie Messung

Angesichts der steigenden Anforderungen an galvanische Überzüge müssen immer komplexere Schichtsysteme entwickelt und in der Praxis eingesetzt werden. Beispielsweise besitzt die Beschichtung einer Badarmatur aus Messing folgenden Aufbau: eine reine

Nickelschicht auf dem Grundwerkstoff Messing, darüber eine Palladium-Nickel-Schicht und darüber wiederum eine dünne Deckschicht aus Ruthenium. Genaue Kenntnis der Zusammensetzung und der Dicke der einzelnen Schichten ist für die Beurteilung der Funktionstüchtigkeit der Armatur von praktischer Bedeutung.

Die Untersuchung der Eigenschaften neuartiger Schichtsysteme, insbesondere die Bestimmung ihrer Dicke, erfordert zuverlässige Standards, die für die Kalibrierung der Messung notwendig sind. Unter einem Standard oder einer Normalen ist in diesem Zusammenhang eine Referenzprobe zu verstehen, bei der alle zu analysierenden Größen einschließlich ihrer Toleranzen im Hinblick auf das zu untersuchende Schichtsystem bekannt und zertifiziert sind. Solche Standards sind aber nur in den seltensten Fällen verfügbar und müssen oft unter großem Aufwand hergestellt werden. In der Praxis versucht man durch die Benutzung von so genannten Vergleichsproben solange Abhilfe zu schaffen, bis solche Standards verfügbar sind.

Der Wunsch, unabhängig von Standards, also „standardfrei", zuverlässig und genau messen zu können, ist daher leicht nachzuvollziehen, zumal eine solche Messtechnik einen beachtlichen Gewinn an Flexibilität bei der Fertigungskontrolle bedeutet. Dabei ist zu berücksichtigen, dass standardfreie Messung ein Merkmal der Auswertung, aber nicht des Messverfahrens sein kann.

Solche Messmethoden existieren bereits seit einiger Zeit [8.23-8.25]. Ihr Prinzip lässt sich stark vereinfacht anhand der schematischen Darstellung in Abb. 8.29 erläutern.

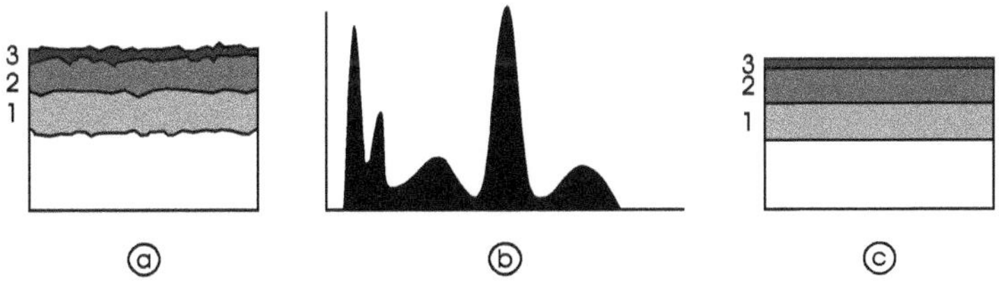

Abb. 8.29: Schematische Darstellung des Prinzips der standardfreien Schichtdickenmessung mit dem Röntgenfluoreszenz-Verfahren

Der Ausgangspunkt ist der Querschnitt durch eine Probe, die aus dem Grundwerkstoff und dem Schichtsystem aus den drei Einzelschichten 1, 2 und 3 besteht (Abb. 8.29a). Die auf der standardfreien Messtechnik basierende Messung erfasst die Struktur des Schichtsystems und liefert ein entsprechendes Fluoreszenzspektrum an das Auswerteprogramm (Abb. 8.29b). In dieses gehen die Betriebsdaten der Röntgenröhre (Hochspannung, Anodenstrom), die Eigenschaften des Gerätes (Eintrittswinkel der

Primärstrahlung, Austrittswinkel der vom Detektor erfassten Fluoreszenzstrahlung) und die Spektraldichtefunktion der Strahlenquelle (Intensität und Energieverteilung der Primärstrahlung) ein. Nun werden aufgrund einer physikalischen Modellierung der Wechselwirkungen zwischen Primärstrahlung und Probe die unbekannten Größen, d. h. im vorliegenden Fall die Dicken der drei Schichten, berechnet (Abb. 8.29c).

8.4.3 In-situ-Verfahren

Je nachdem, ob die Schichtdickenmessung während oder nach der Abscheidung erfolgt, kann man sie als in situ bzw. ex situ bezeichnen. Der große Nachteil der Ex-situ-Methoden besteht darin, dass sie erst nach der Beendigung der Abscheidung eingesetzt werden und, wenn die gemessene Schichtdicke nicht dem geforderten Sollwert entspricht, keine Möglichkeit mehr besteht, in den bereits abgeschlossenen Abscheidungsprozess korrigierend einzugreifen. Wünschenswert ist es daher die Schichtdicke möglichst in-situ zu messen. Diese Vorgehensweise gestattet, die Zunahme der Schichtdicke während der Abscheidung kontinuierlich und in Abhängigkeit von der Abscheidungsdauer zu verfolgen und erforderlichenfalls korrektive Maßnahmen einzuleiten. Aus diesem Grund hat es nicht an Versuchen gefehlt, solche Methoden zu entwickeln. Es hat sich jedoch immer wieder herausgestellt, dass die praktische Realisierung der theoretisch möglichen Lösungen außerordentlich problematisch sein kann.

8.4.3.1 Inselmethode

Eine Methode, die mittlerweile mit großem Erfolg zur In-situ-Messung der Schichtdicke in der Leiterplattenfertigung eingesetzt wird, ist die so genannte Inselmethode, deren Prinzip in Abb. 8.30 angedeutet ist [8.26].

Auf der kupferkaschierten Epoxidharzplatte, die das Ausgangsmaterial für die Herstellung von gedruckten Schaltungen bildet, werden kreisförmige Messstellen, Inseln genannt, mit dem Radius r_i so herausgeätzt, dass sie über einen schmalen Steg mit der umliegenden Kupferkaschierung leitend verbunden sind. Der Steg wird teilweise mit einer Lackschicht isoliert (Abb. 8.30). Jede Insel fungiert während der galvanischen Kupferabscheidung als Messpunkt für die Erfassung der lokalen kathodischen Stromdichte und muss aus messtechnischen Gründen bestimmte Abmessungen aufweisen. Die Anzahl und die Anordnung der Inseln hängen von der Größe der kupferkaschierten Epoxidharzplatte ab. Die Praxis hat aber gezeigt, dass im Allgemeinen fünf solche Inseln, nach dem in Abb. 8.30 angegebenen Muster angeordnet, völlig ausreichen. Diese Anordnung hat sich als repräsentativ für die örtliche Schichtdickenverteilung herausgestellt.

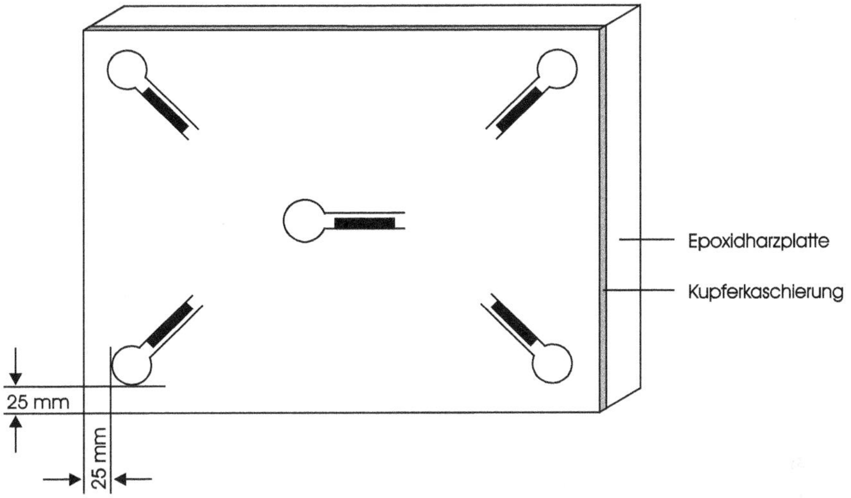

Abb. 8.30: Halbinselförmig auf der kupferkaschierten Epoxidharzplatte herausgeätzte Messstellen zur In-situ-Bestimmung der Dicke der galvanisch abgeschiedenen Kupferschicht

Da der elektrische Strom nur durch die schmalen Stege die Inseln erreichen kann, müssen die Abmessungen der Stege so gewählt werden, dass sie keine allzu starke Erwärmung erfahren, d. h. keine unzulässigen Veränderungen durch „Verbrennen" erleiden. Die Länge l_s und die Breite b_s eines Steges können nach den eben genannten Gesichtspunkten festgelegt werden, seine Dicke d_s ist jedoch durch die Stärke der Kupferkaschierung vorgegeben.

Bei Kupfer ist zwar eine maximale Stromdichte von 1 000 A/cm^2 theoretisch noch zulässig, doch sollte der Wert 600 A/cm^2 möglichst nicht überschritten werden, um der Gefahr eines Verbrennens aus dem Wege zu gehen. Bei einer Breite von b_s = 0,15 cm und einer Dicke von d_s = 17,5 µm ergibt sich für die Stromdichte am Steg ($i_s = i/b \cdot d$) ein noch vertretbarer Wert von 610 A/cm^2, wenn der angelegte elektrische Strom I = 160 mA beträgt. Ist der durch den Steg zur Insel fließende Strom aufgrund dieser Überlegung mit 160 mA festgelegt, so lässt sich die lokale Stromdichte i_i innerhalb der Insel mit der Fläche F berechnen ($i_i = I/F = I/\pi\, r^2$ = 3 A/dm^2). Werden höhere Stromdichten benötigt, müssen die Abmessungen der Stege entsprechend vergrößert werden.

Der durch einen Steg zur Insel fließende elektrische Strom verursacht einen Spannungsabfall U_s, dessen Größe sich wie folgt ermitteln lässt:

$$U_s = I \cdot R = I \cdot \rho_{Cu} \cdot \frac{l_s}{b_s \cdot d_s} \tag{8.20}$$

ρ_{Cu} ist der spezifische elektrische Widerstand des Kupfers.

Unter Berücksichtigung der entsprechenden Zahlenwerte in Gl. (8.20) ergibt sich für den Spannungsabfall der Wert 3,4 mV. Mit Hilfe eines geeigneten Messgerätes von hinreichender Empfindlichkeit kann man Spannungen dieser Größenordnung genau messen und so die örtliche kathodische Stromdichte bestimmen. Zu diesem Zweck werden, wie in Abb. 8.31 angedeutet, dünne Drähte an den Stegen angelötet und über einen Multiplexer und Verstärker mit einem Rechner verbunden.

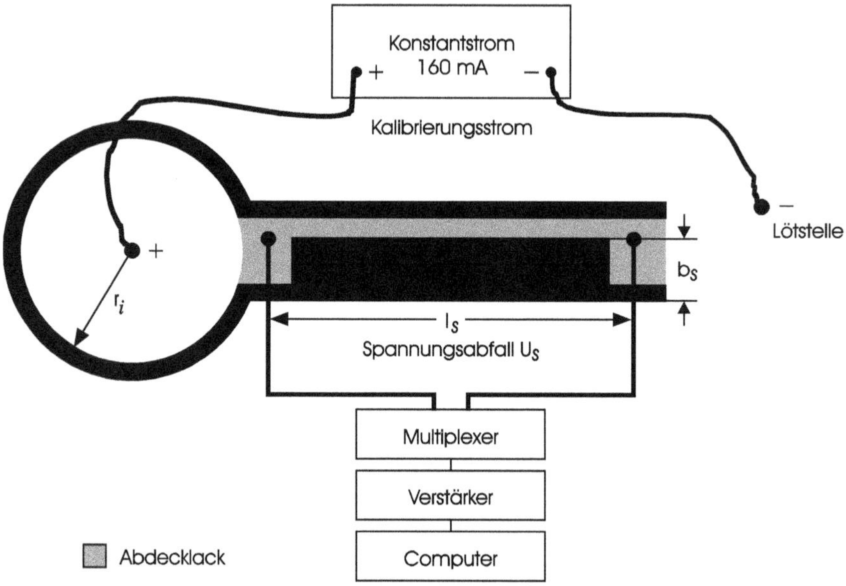

Abb. 8.31: Messung des Spannungsabfalls und Kalibrierung des Steges als Präzisionswiderstand

Zur Kalibrierung der Messung lässt man einen konstanten elektrischen Strom von 160 mA von der Insel (+) zur Kathode (-) fließen, misst den zwischen den beiden Lötpunkten am Steg auftretenden Spannungsabfall und speichert diesen als den jeden Messpunkt individuell charakterisierenden Korrekturfaktor. Damit wird ein Präzisionswiderstand mit einer Genauigkeit von 21 mΩ erzeugt. Die von der Messeinrichtung geforderte Messgenauigkeit ist damit erfüllt.

Abb. 8.32 zeigt die praktische Ausführung der Inselmethode, wobei aus Gründen der Übersichtlichkeit auf die Darstellung der elektrischen Verdrahtung verzichtet worden ist.

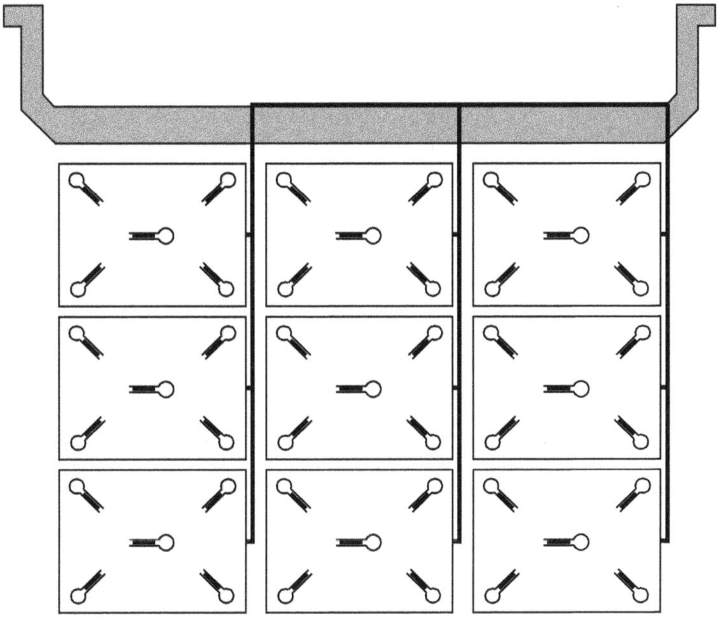

Abb. 8.32: Anordnung der mit „Inseln" versehenen Leiterplatten am Warenträger zur In-situ-Kontrolle der galvanisch abgeschiedenen Kupferschicht

Sie liefert innerhalb von wenigen Minuten umfangreiche Daten, die nicht nur über die örtliche Schichtdickenverteilung, sondern darüber hinaus auch über den aktuellen Zustand des Abscheidungsprozesses Aufschluss geben. Stellt man Abweichungen von der vorgegebenen Sollschichtdicke fest, kann man aufgrund der erzielten Daten Maßnahmen zur Optimierung des Abscheidungsprozesses und damit Korrektur der Schichtdickenverteilung einleiten. Zu diesem Zweck müssen folgende Einflussgrößen überprüft werden:

- Der Abstand zwischen der Anode und der Kathode
- Die Anzahl, Art und Anordnung der Anoden
- Das Arbeitsfenster des Abscheidungsprozesses
- Die Elektrolytbewegung
- Die Geometrie und Position der Blenden
- Die elektrische Leitfähigkeit an den Gestellen

8.4.3.2 Optipulse-Methode[15]

Der zunehmende Trend zur Miniaturisierung der Leiterplatte wirkt sich besonders auf das Aspektenverhältnis (aspect ratio), d. h. das Verhältnis der Leiterplattendicke zum Bohrlochdurchmesser aus. Je größer dieses Verhältnis ist, umso schwieriger lässt sich Kupfer mit der gewünschten Schichtdicke von 25 µm mittels Gleichstromverfahren auf der Oberfläche und in den Bohrungen der Leiterplatte abscheiden. Der Mikro-Streufähigkeit (s. Abschnitt 3.4.1.5.4) des Kupferelektrolyten kommt hier eine besondere Rolle zu. Falls erforderlich, muss sie durch Verwendung spezieller Elektrolytzusätze verbessert werden.

Seit einiger Zeit wird auch das Pulsstromverfahren, allgemein als Pulse-Plating bekannt (s. Abschnitt 4.3.2), zur Verkupferung der Leiterbahnen und Bohrungen von Leiterplatten eingesetzt. Dabei wird die Leiterplatte abwechselnd als Kathode und Anode geschaltet, so dass die kathodische Kupferabscheidung und die anodische Kupferauflösung aufeinander folgen. Die Höhe und Dauer der vorgegebenen kathodischen und anodischen Strompulse können, wie in Abb. 8.33 angedeutet, sehr unterschiedlich sein.

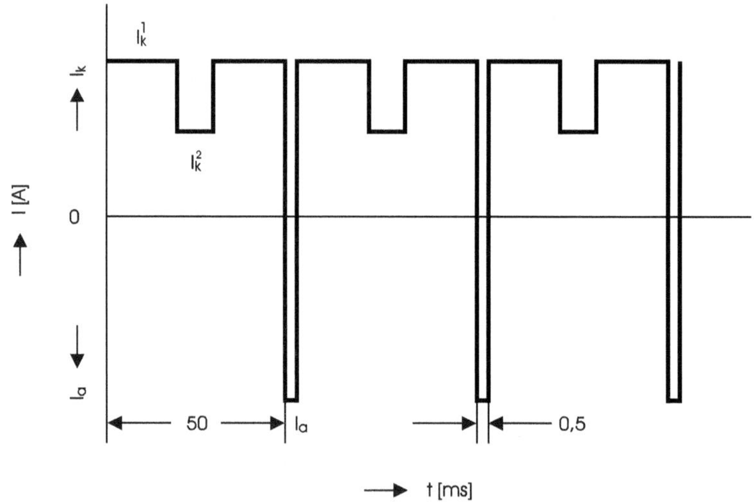

Abb. 8.33: Verlauf der kathodischen und anodischen Strompulse bei der Kupferabscheidung mittels Pulsstromverfahren (Strom-Zeit-Diagramm)

[15] Optipulse ist ein von D. Nitsche (Atotech Deutschland GmbH Berlin, Materials Science) auf der Grundlage der Inselmethode entwickeltes Verfahren zur Schichtdickenmessung und Prozeßoptimierung bei der Kupferabscheidung mit Pulsstromverfahren.

Im vorliegenden Fall arbeitet man im kathodischen Bereich mit zwei unterschiedlichen Strompulsen I_k^1 und I_k^2, um eine bessere Dickenverteilung der Kupferschicht zu erzielen. Der kurze anodische Strom I_a dient zur Auflösung und Beseitigung der Rauheitsspitzen der Schichtoberfläche.

Auch beim Pulsstromverfahren spielt die Mikro-Streufähigkeit des Kupferelektrolyten eine wichtige Rolle und muss erforderlichenfalls durch Zugabe von Additiven verbessert werden.

Die Überwachung des Abscheidungsprozesses und der Schichtdickenverteilung kann beim Pulsstromverfahren ebenso wie beim Gleichstromverfahren mit Hilfe der Inselmethode vorgenommen werden. Die Voraussetzung dafür ist, dass die Methode, wie im Folgenden ausgeführt, entsprechend den Gegebenheiten modifiziert wird.

Die den Abscheidungsprozess bestimmenden Faktoren sind beim Pulsstromverfahren weniger die Elektrolytbewegung durch Lufteinblasung oder Warenbewegung, sondern vielmehr die kurzen anodischen Strompulse. Die Erfassung der Messdaten erfordert daher eine andere Vorgehensweise als bei der Inselmethode in ihrer ursprünglichen Form. Um die kurzen anodischen Strompulse mit hinreichender Genauigkeit bestimmen zu können, sind nun mindestens 10 Messungen notwendig. Dies bedeutet, dass alle 50 µs eine Messung durchgeführt werden muss. Geht man davon aus, dass die Kupferabscheidung mittels Pulsstromverfahren etwa 30 Minuten in Anspruch nimmt, so müssen 36 000 000 Messungen pro Messpunkt aufgenommen und verarbeitet werden. Dies entspricht 20 000 Messungen pro Sekunde und pro Messpunkt. Da für einen Messwert 8 Byte Speicherplatz benötigt werden, beläuft sich der Speicherbedarf bei 36 000 000 Messwerten auf 288 MByte pro Kanal. Zwei Kanäle werden benötigt, um die Vorder- und die Rückseite der Leiterplatte zu erfassen. Damit beträgt der minimale Speicherbedarf 576 MByte. Zur Optimierung einer mit Pulsstromverfahren arbeitenden Horizontalanlage zur Leiterplattenfertigung sind erfahrungsgemäß 10 Testläufe erforderlich.

8.4.3.2.1 Optimierungsmaßnahmen

Die Qualität der mit Pulsstrom abgeschiedenen Kupferschichten wird durch die Pulsform und die verwendeten Additive entscheidend beeinflusst. Maßnahmen, die zur Optimierung des Abscheidungsprozesses eingeleitet werden, müssen daher diesen Einflussgrößen Rechnung tragen.

8.4.3.2.2 Wirksame Pulsform

Die in Abb. 8.34 reproduzierten Strom-Zeit-Diagramme sollen dokumentieren, dass die auf der Leiterplatte tatsächlich wirksame Pulsform in aller Regel nicht mit der am Pulsgeber eingestellten Charakteristik übereinstimmt. Das heißt, man muss oft mit erheblichen Abweichungen zwischen der vorgegebenen und tatsächlichen Pulsform rechnen.

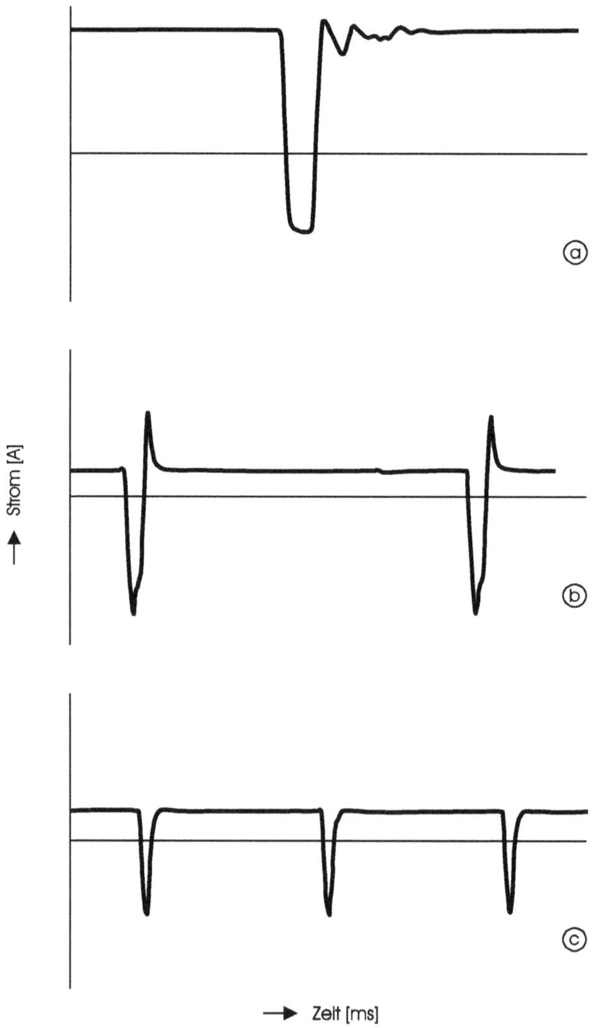

Abb. 8.34: Verlauf der auf der Leiterplatte wirksamen Pulsform
a: langes Einschwingen nach dem anodischen Strompuls
b: hohes Überschwingen im kathodischen Bereich
c: ungenügende anodische Pulsdauer

Anhand dieser Strom-Zeit-Diagramme, die die realen Verhältnisse wiedergeben, kann man das Ein- und Ausschwingverhalten des Pulsstromes verfolgen. Das lange Einschwingen nach dem anodischen Strompuls (Abb. 8.34a) stellt eine unerwünschte Erscheinung dar, da der zeitliche Verlauf des Pulsstroms nicht eindeutig definiert ist. Das Überschwingen im kathodischen Bereich (Abb. 8.34b) bedeutet zu hohe kathodische Stromdichten und ist daher ebenfalls unerwünscht. Im letzten Fall (Abb. 8.34c) werden zwar diese Abweichungen nicht beobachtet, die kurze Dauer des anodischen Strompuls hat jedoch zur Folge, dass die anodische Kupferauflösung nicht vollständig erfolgen kann.

Derartige Abweichungen von der vorgegebenen Pulsform sind auf folgende Sachverhalte zurückzuführen: Zum einen verhält sich der Elektrolyt wegen des Richtungswechsels des Pulsstromes wie ein Kondensator, zum anderen stellen die eingesetzten Blenden oder ungünstig platzierten Zubehörteile einen weiteren Störfaktor dar.

Die Pulsform ist jedoch im Hinblick auf die Mikro-Streufähigkeit des Kupferelektrolyten und das Mikrogefüge der abgeschiedenen Kupferschicht ein entscheidender Einflussfaktor. Der Prozess der Kupferabscheidung muss deshalb auf der gesamten Länge der Horizontalanlage überwacht und optimiert werden. Die Optipulse-Methode erlaubt, jeden einzelnen Strompuls exakt zu analysieren und der jeweiligen Position der Leiterplatte der Horizontalanlage zuzuordnen.

8.4.3.2.3 Zugabe von Additiven

Durch umfangreiche Laborversuche konnte gezeigt werden, in welchen Dosierungen Additive die Mikro-Streufähigkeit des Kupferelektrolyten günstig beeinflussen. Es hat sich herausgestellt, dass sie sich zuweilen wie Inhibitoren verhalten. Infolgedessen kann - bei gleicher Pulsvorgabe - die Differenz zwischen dem kathodischen und dem anodischen Strompuls auf der Leiterplatte unterschiedlich groß ausfallen, oder das Abscheidungspotential der Kupferabscheidung zu höheren Werten verschoben werden. Dadurch kann es, wie aus Abb. 8.35 ersichtlich, zu einer Änderung des zeitlichen Verlaufs der auf der Leiterplatte wirksamen Pulsform kommen. Die bei gleicher Elektrolytzusammensetzung und gleichen Pulsparametern, aber unterschiedlichen Konzentrationen des Grundeinebners (GE) aufgenommenen Strom-Zeit-Diagramme dokumentieren die hohe Empfindlichkeit der Optipulse-Methode gegenüber Konzentrationsschwankungen der Additive im Kupferelektrolyten.

Diese Ergebnisse machen deutlich, dass es möglich ist, die Mikro-Streufähigkeit des Kupferelektrolyten durch die Wahl der richtigen Konzentration der Additive wesentlich zu verbessern.

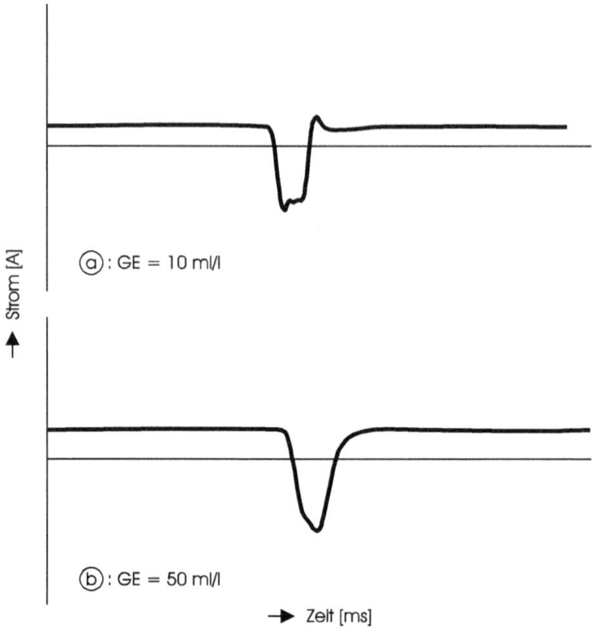

Abb. 8.35: Einfluss der Konzentration des Grundeinebners im Kupferelektrolyten auf den zeitlichen Verlauf des Pulsstroms (GE: Grundeinebner)

8.4.3.2.4 Beeinflussung der Kupferqualität

Für die Prüfung der Qualität der im Pulsstromverfahren abgeschiedenen Kupferschichten stehen verschiedene Methoden zur Verfügung. Die Bestimmung der Duktilität zur Beurteilung der Qualität der Kupferschichten hat sich z. B. als eine besonders geeignete Methode erwiesen. Sie vermag jedoch das Verhalten der Kupferschicht unter den im Bohrloch herrschenden Bedingungen nicht vorauszusagen. Eine andere, diesbezüglich aussagefähigere Methode ist der weit verbreitete Lötschock-Test, bei dem die aus der Leiterplatte entnommenen Proben einem Thermoschock im Lötbad ausgesetzt werden. Die dabei festgelegten Bedingungen sind:

- T = 260 °C
- t = 10 s
- Lage der Probe im Lötbad: schwimmend
- Anzahl der Thermoschock-Tests: 3 Mal

Der Nachteil dieser Prüfmethode liegt darin, dass die Natur und Güte des verwendeten Basismaterials die Testergebnisse mitbestimmen.

Eine weitere Prüfmethode ist der Thermocycle-Test, mit dessen Hilfe 1 000 und mehr Zyklen zwischen -55 °C und +125 °C bei Verweilzeiten von jeweils ca. 15 Minuten durchgeführt werden können. Der Nachteil dieses Verfahrens ist, dass die Durchführung eines Tests etwa vier Wochen in Anspruch nimmt.

Seit kurzem steht eine neue Prüfmethode zur Verfügung, mit deren Hilfe Thermoschok-Tests in wesentlich kürzeren Zeiten durchgeführt werden können. Es handelt sich dabei um den so genannten Interconnect Stress Test (IST). Hierbei werden als Testproben Coupons verwendet, bei denen die Bohrlöcher meanderförmig miteinander elektrisch verbunden sind. Die Coupons werden elektrisch innerhalb von 3 Minuten auf 150 °C aufgeheizt und anschließend auf Raumtemperatur abgekühlt. Die IST-Methode erlaubt, 250 Zyklen pro Tag durchzuführen. Während der thermischen Beanspruchung der Coupons misst man laufend den elektrischen Widerstand der Kupferschicht in den Bohrlöchern. Überschreiten die gemessenen Werte den zu erwartenden elektrischen Widerstand um mehr als10 %, dann liegt ein Hinweis auf die unzureichende Qualität der Kupferschicht vor. Die Widerstandsmessungen können durch elektronenmikroskopische Untersuchungen ergänzt und untermauert werden. Zum Beispiel lassen die in Abb. 8.36 reproduzierten TEM[16]-Aufnahmen die thermische Belastbarkeit der mittels Pulsstromverfahren in den Bohrungen abgeschiedenen Kupferschichten voraussagen.

Abb. 8.36: Mikrogefüge von mittels Pulsstromverfahren abgeschiedenen Kupferschichten unterschiedlicher Qualität; links: thermische Belastbarkeit hoch; rechts: niedrig

Aus der linken Aufnahme geht hervor, dass zu Beginn der Abscheidung sehr feine Kupferkristallite an der Bohrlochwandung (dunkler Bereich) entstehen, die allmählich weiter wachsen. Der mehr oder weniger regelmäßige Aufbau der relativ großen Kristallite lässt eine gute thermische Belastbarkeit der Kupferschicht vermuten. Die rechte Aufnahme

[16] Transmission Electron Microscope (Durchstrahlungselektronenmikroskop)

zeigt ebenfalls, dass das Wachstum der Kupferkristallite an der Bohrlochwandung (dunkler Bereich) einsetzt. Man kann aber feststellen, dass in diesem Fall ein inhomogenes, aus unregelmäßig aufgebauten Kupferkristalliten bestehendes Mikrogefüge mit zahlreichen Zwillingsbildungen (s. Abschnitt 2.2.2.3.2) vorliegt. Diese Charakteristik deutet darauf hin, dass mit einem Versagen der Kupferschicht unter thermischer Beanspruchung zu rechnen ist.

Das Mikrogefüge der Kupferschicht wird durch die Pulsform und die zugegebenen Additive bestimmt. Hohe Duktilität, gepaart mit hoher Zerreißfestigkeit, ergibt eine hohe Zähigkeit und ist somit die Voraussetzung dafür, dass die Kupferschicht den Thermocycle-Test besteht. Werden, wie in Abb. 8.37 angedeutet, Bohrungen in den auf der kupferkaschierten Leiterplatte herausgeätzten Inseln angebracht, dann besteht die Möglichkeit, über die wirksame Pulsform auch das Mikrogefüge der Kupferschicht im Bohrloch zu beeinflussen. Zu diesem Zweck müssen die Mittelwerte der wirksamen Pulsformen bestimmt werden. Die Strompulse auf der Vorder- und der Rückseite der Leiterplatte sind häufig phasenverschoben. Durch Vorgabe einer dem Mittelwert der beiden Strompulse entsprechenden Pulsform gelingt es, auch in den Bohrungen Kupferabschichten mit zäh-duktilem Verhalten abzuscheiden.

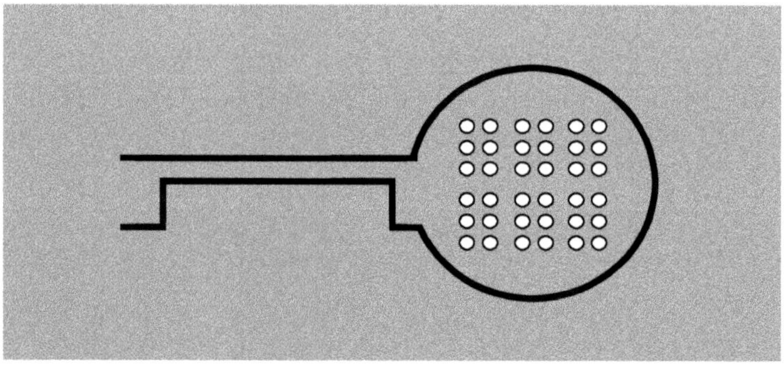

Abb. 8.37: Aus der Kupferkaschierung herausgeätzte und mit Bohrungen versehene Testinsel zur Optimierung der Qualität der im Bohrloch abgeschiedenen Kupferschicht

8.4.3.2.5 Bestimmung der Schichtdicke

Zur Bestimmung der Dicke der Kupferschicht mit Hilfe der Optipulse-Methode wird der Steg an der Testinsel, wie unter 8.4.3.1 beschrieben, kalibriert. Man erhält für jeden Messpunkt einen charakteristischen Korrekturfaktor. Aufgrund von Gl. (8.20) ergibt sich für einen Spannungsabfall von 3,4 mV eine Stromdichte von 3 A/dm^2.Wird nun für die Abscheidungsdauer von einer Minute jede einzelne Messung mit dem Korrekturfaktor der jeweiligen Testinsel berechnet und werden daraus Mittelwerte gebildet, dann ergibt sich für die Berechnung der Schichtdicke d folgende Beziehung:

$$d = \frac{M_{Cu} \cdot I \cdot t \cdot \Theta_k}{z \cdot F \cdot A \cdot \rho_{Cu}} \tag{8.21}$$

Darin bedeuten: M_{Cu} Atommasse und ρ_{Cu} die Dichte des Kupfers, Θ_k die kathodische Stromausbeute und A die zu beschichtende Fläche.

Literaturverzeichnis

[8.1] *Biestek, T. und Sekowski, S.*: „Methoden zur Prüfung metallischer Überzüge", Eugen G. Leuze Verlag Saulgau/Württ., 1973

[8.2] *Kanani, N.*: „Schichtprüfungen" in „Technologie der Galvanotechnik", herausgegeben von *B. Gaida und K. Aßmann*, Eugen G. Leuze Verlag Saulgau/Württ., 1996

[8.3] *Petzow, G.*: „Metallographisches Ätzen", 5. Auflage, Gebrüder Borntraeger Berlin, 1976

[8.4] *Petzow, G. und Exner, E.*: „Die Herstellung von Metallschliffen für lichtmikroskopische Untersuchungen" in „Handbuch der Mikroskopie in der Technik, Band III, Teil 1", Umschau Verlag Frankfurt, 1968

[8.5] *Schumann, H.*: „Metallographie", VEB Deutscher Verlag für Grundstoffindustrie Leipzig, 1967

[8.6] *Nitsche, K.*: „Schichtmesstechnik", VEB Deutscher Verlag für Grundstoffindustrie Leipzig, 1974

[8.7] *Vander Voort, G. F.*: „Metallography - Principle and Practice", McGraw-Hill Book Company New York, 1984

[8.8] *Herff, K. und Roeder, E.*: „Untersuchung und Messung dünner Schichten", Praktische Metallographie 2 (1972) 11, 615-623

[8.9] *Whitelam Jr., F. E.*: „Using Radial Sectioning to Measure Thin Layers", reprinted from the March 1985 issue of Metal Progress Magazine

[8.10] *Herff, K. und Roeder, E.*: „Vorrichtung zur Messung geringer Schichtdicken", Praktische Metallographie 5 (1968) 10, 557-566

[8.11] *Gühring, W. H.*: „Praxisnahe Verfahren, Geräte und Anlagen zur Schichtdickenmessung", Sonderdruck aus Metalloberfläche (1976), Heft 3, 4 und 5

[8.12] *Jojko, Z. und Prušek, J.*: „Schichtdickenmessung - Das coulometrische Verfahren in der Praxis", Galvanotechnik 69 (1978) 8, 700-703

[8.13] *Plog, H.*: „Schichtdicken-Messung, Verfahren und Geräte", Eugen G. Leuze Verlag Saulgau/Württ., 1968

[8.14] *Ott, A.*: „Schichtdickenmessung im Anschluss an die galvanische und stromlose Metallabscheidung“, Galvanotechnik 1 (1976), 27-36

[8.15] *Gühring, W. H.*: „Übersicht über die wichtigsten Verfahren und Geräte zur Messung galvanisch oder chemisch abgeschiedener Metallschichten“, Messen + Prüfen 11 (1977), 731-742

[8.16] *Schubert, Ch.*: „Schichtdickenmessung mit magnetischen und Wirbelstromverfahren“, Werkstatt und Betrieb 2 (1979), 123-127

[8.17] *Latter, T. D. T.*: „X-Ray Fluorescence for Coating Thickness Measurement“, Circuit World, Vol. 10, No. 1 (1983), 20-25

[8.18] *Behncke, H. H.*: „Coating Thickness Measurement by the X-Ray Fluorescence Method“, Metal Finishing 5 (1984), 33-39

[8.19] *Lehmann, W.*: „Exakte Schichtdicken-Messung mittels Röntgenfluoreszenz“, Metalloberfläche 39 (1985) 3, 85-88

[8.20] *Seitz, F. und Käs, H.*: „Schichtdickenmessung an Leiterplatten mit dem Röntgenfluoreszenz-Verfahren“, Materialprüfung 33 (1991) 1-2, 14-16

[8.21] *Staib, W.*: „Kontinuierliche Schichtdickenmessung in Durchlauf-Galvanisieranlagen“, Metalloberfläche 41 (1987) 5, 213-219

[8.22] *Behncke, H.*: „X-Ray Thickness Testing for Continuous Plating“, Plating and Surface Finishing 5 (1987), 112-115

[8.23] *Rößiger, V.*: „Schichtdicke: Messen ohne Standards?“, Metalloberfläche 47, (1993) 8, 400-403

[8.24] *Rößiger, V.*: „Schichtdicke: Komplexe Schichten sicher messen“, Metalloberfläche 47 (1993) 9, 469-473

[8.25] *Rößiger, V. und Kaiser, K.-H.*: „Win(dows) FTM: eine neue Software für die Schichtdickenmessung nach dem Röntgenfluoreszenz-Verfahren“ in Jahrbuch Oberflächentechnik (1998), 313-318, Metall-Verlag GmbH Heidelberg

[8.26] *Ehrich, H.-J., Kanani, N. und Nitsche, D.*: „Ein Optimierungsverfahren zur Schichtdickenverteilung beim Leiterbahnaufbau gedruckter Schaltungen“ in Jahrbuch Oberflächentechnik, Band 47 (1991), 175-191, Metall-Verlag GmbH Berlin/Heidelberg

[8.27] *Harnisch, C., Asam, T. und Rehers, D.*: „Schichtdicke“ in „Moderne Mess- und Prüfverfahren für metallische und andere anorganische Überzüge“, herausgegeben von *N. Kanani*, expert verlag Renningen, 2007

[8.28] *Fuhrmann, A.*: „STEP-Test“ in „Moderne Mess- und Prüfverfahren für metallische und andere anorganische Überzüge“, herausgegeben von *N. Kanani*, expert verlag Renningen, 2007

[8.29] *N. N.*: „Coulometrische Schichtdickenmessung“ (DIN EN ISO 2177)“, Broschüre der Firma Helmut Fischer GmbH + Co. KG, Sindelfingen

9 Bestimmung der Zusammensetzung metallischer Schichten

9.1 Einleitung

Mit dem Aufbringen einer metallischen Schicht auf einem Bauteil bezweckt man primär die Erzeugung spezieller Oberflächeneigenschaften, die den praktischen Einsatz des Bauteils erst möglich machen. Unabhängig vom Beschichtungsverfahren und davon, ob die Schicht aus einem Metall, einer Legierung oder mehreren Lagen besteht, bestimmt die Zusammensetzung der Schicht die chemischen, physikalischen, mechanischen und technologischen Eigenschaften des Verbundsystems Bauteil/Schicht. Zu den letztgenannten Eigenschaften zählen das Verschleißverhalten, die Korrosionsbeständigkeit, der Kontaktwiderstand, die Löt- und Schweißbarkeit, um nur einige wenige zu nennen. Ferner ist zu berücksichtigen, dass sich auf der Schichtoberfläche fast immer ein dünner oxidischer Film bildet, der sich wiederum mit einer chemisorbierten Wasserhaut oder Kontaminationsschicht überzieht. Bei der letzteren handelt es sich in der Regel um organische Verbindungen vom Typ C_nH_m. Die schematische Darstellung in Abb. 9.1 soll diesen Sachverhalt illustrieren. Darin erscheinen Dickenverhältnisse wegen der logarithmischen Skalierung stark verzerrt.

Es ist daher von grundlegendem Interesse, die chemische Beschaffenheit der Schicht mit geeigneten Analysenmethoden möglichst genau zu charakterisieren. Die wichtigsten Anforderungen, die dabei an angewandte Methoden gestellt werden, lassen sich in etwa wie folgt zusammenfassen:

- Zweckentsprechende Informationstiefe (von wenigen Monolagen bis zu wenigen µm)
- Hohe absolute Nachweisgrenze
- Hohes Auflösungsvermögen hinsichtlich Ort, Masse und Energie
- Qualitativer und quantitativer Nachweis möglichst aller Elemente
- Nachweis von chemischen Bindungszuständen und Verbindungen
- Möglichkeit der Aufnahme von Konzentrationstiefenprofilen
- Nachweis von Isotopen

Anstrengungen zur Erfüllung dieser Anforderungen haben in jüngster Zeit zu einer stürmischen Entwicklung zahlreicher Untersuchungsmethoden geführt [9.1 - 9.46], die hinsichtlich Informationstiefe, Auflösungsvermögen, Eindeutigkeit und Quantifizierbarkeit den Erfordernissen der Praxis durchaus gerecht werden. Tab. 9.1 enthält eine Auswahl solcher analytischen Methoden [9.8, 9.29].

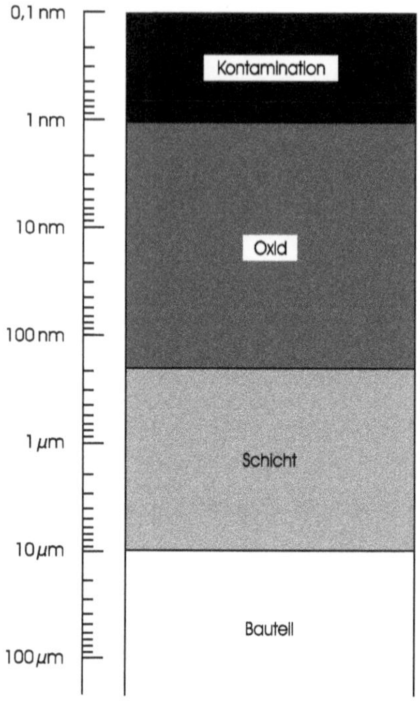

Abb. 9.1: Bildung eines Oxid- und Kontaminationsfilms auf der abgeschiedenen Schicht (logarithmische Skala!)

Tab. 9.1: Analytische Methoden zur Untersuchung von Schichten

AEMA	Auger Electron Microanalysis
AES	Auger Electron Spectroscopy
ARXPS	Angle-Resolved X-Ray Photoelectron Spectroscopy
ASLEEP	Automated Scanning Low Energy Electron Probe
DIMA	Direct Imaging Mass Analysis
DSIMS	Dynamic Secondary Ion Mass Spectroscopy
EDX	Energy Dispersive X-Ray Analysis
EDXRF	Energy Dispersive X-Ray Fluorescence
EELS	Electron Energy Loss Spectroscopy
EID	Electron-Induced Desorption
EIS	Electron Impact Spectroscopy
EMPA	Electron Microprobe Analysis
ESCA	Electron Spectroscopy for Chemical Analysis
ESDN	Electron-Stimulated Ion Desorption
FDMS	Field Desorption Mass Spectroscopy
FEES	Field Electron Energy Spectroscopy

Tab. 9.1: Analytische Methoden zur Untersuchung von Schichten (*Fortsetzung*)

FIMS	Field Ion Mass Spectroscopy
GDMS	Glow-Discharge Mass Spectroscopy
IEX	Ion-Excited X-Rays
IIXS	Ion-Induced X-Ray Spectroscopy
ILS	Ion Loss Spectroscopy
IMMA	Ion Microprobe Mass Analysis
INMS	Ionized Neutral Mass Spectroscopy
INS	Ion Neutralization Spectroscopy
ISS	Ion Scattering Spectroscopy
LMMA	Laser Microprobe Mass Analysis
LDMS	Laser Desorption Mass Analysis
LEEIXS	Low Energy Electron-Induced X-Ray Spectroscopy
LEELS	Low Energy Electron Loss Spectroscopy
LEMBS	Low Energy Molecular Beam Scattering
LMP	Laser Microprobe
LOES	Laser Optical Emission Spectroscopy
MBSS	Molecular Beam Surface Scattering
NIRMS	Noble Gas Ion Reflection Mass Spectroscopy
NIRS	Neutral Impact Radiation Spectroscopy
PDMS	Plasma Desorption Mass Spectroscopy
QMS	Quadropole Mass Spectroscopy
RIBS	Rutherford Ion Backscattering
SAES	Scanning Auger Electron Spectroscopy
SAM	Scanning Auger Microprobe
SDLTS	Scanning Deep Level Transient Spectroscopy
SIIMS	Secondary Ion-Imaging Mass Spectroscopy
SIMA	Secondary Ion Microanalysis
SIMS	Secondary Ion Mass Spectroscopy
SIPS	Sputter-Induced Photoelectron Spectroscopy
SNMS	Secondary Neutral Mass Spectroscopy
SPIXE	Scanning Photon-Induced X-Ray Emission
SSIMS	Static Secondary Ion Mass Spectroscopy
TELESCA	Transmission Electron Loss Spectroscopy for Chemical Analysis
UMPA	Universal Microprobe Mass Analyzer
UPS	Ultra Photoelectron Spectroscopy
WDX	Wavelength Dispersive X-Ray Analysis
XAES	X-Ray-Induced Auger Electron Spectroscopy
XPS	X-Ray Photoelectron Spectroscopy
XRF	X-Ray Fluorescence
XUPS	Extremely Ultraviolet Photoelectron Spectroscopy

Die meisten dieser Methoden beruhen auf den Wechselwirkungen zwischen Anregungspartikeln wie Ionen, Elektronen und Photonen, die in Form fokussierter Strahlen auf die zu untersuchende Probe (Substrat/Schicht) gerichtet werden, und der Schicht. Infolge dieser Wechselwirkungen werden aus der Schicht Ionen, Neutralteilchen, Elektronen oder Photonen herausgelöst, die als spezifische Informationsträger Aufschluss über ihre chemische Zusammensetzung geben. Mit Hilfe geeigneter Detektoren lassen sich diese Signale analytisch erfassen und auswerten. In Abb. 9.2 sind die für die analytische Untersuchung von Schichten wichtigsten Verfahren schematisch dargestellt.

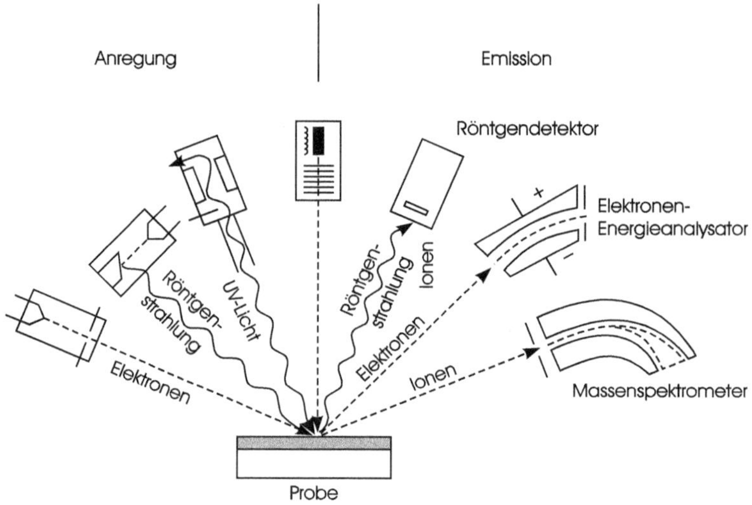

Abb. 9.2: Anregung der Schicht durch Elektronen, Photonen (Röntgenstrahlung, UV-Licht) und Ionen und die analytische Erfassung der emittierten Signale [9.4]

Tab. 9.2: Übersicht über die wichtigsten analytischen Methoden

Anregung durch Emission von	Photonen	Elektronen	Ionen
Photonen	XRF		IEX
Elektronen	ESCA (XPS, UPS)	AES	INS
Ionen			ISS/SIMS/GDMS
Neutralteilchen			SNMS

AES Auger Electron Spectroscopy
ESCA Electron Spectroscopy for Chemical Analysis
GDMS Glow Discharge Mass Spectroscopy
IEX Ion-Excited X-Rays
INS Ion Neutralization Spectroscopy
ISS Ion Scattering Spectroscopy
SIMS Secondary Ion Mass Spectroscopy
SNMS Secondary Neutral Mass Spectroscopy
UPS Ultra Photoelectron Spectroscopy
XPS X-Ray Photoelectron Spectroscopy
XRF X-Ray Fluorescence

Die sich hieraus ergebenden Möglichkeiten zur Anregung der Schicht und Erfassung der von ihr emittierten Signale sind in Tab. 9.2 in Form einer Matrix zusammengefasst.

Das Ausmaß der Anregung und der Emission wird durch die spezifischen Parameter der auftreffenden Partikel wie Ladung, Intensität, Energie und Masse sowie durch den Einfallswinkel, unter dem sie auf die Schicht treffen, bestimmt. Diesen Sachverhalt soll die schematische Darstellung in Abb. 9.3 verdeutlichen.

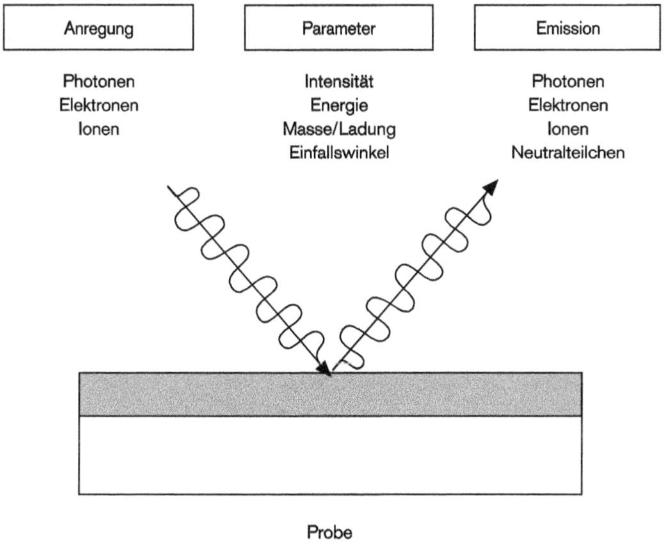

Abb. 9.3: Variierung der Intensität, Energie, Ladung und des Einfallswinkels der Anregungspartikel bestimmt die Emission der Signale aus der Schicht

Aus der großen Zahl der in Tab. 9.1 aufgeführten analytischen Untersuchungsverfahren sollen hier nur einige, für die Belange der Galvanotechnik besonders interessante und aussagekräftige Methoden herausgegriffen und näher diskutiert werden [9.1]. Zu ihnen gehören in erster Linie die massenspektrometrischen Methoden wie die Ionenstreuungs-Spektrometrie (ISS), Sekundärionen-Massenspektrometrie (SIMS) und Sekundärneutralteilchen-Massenspektrometrie (SNMS) sowie die elektronenspektroskopischen Verfahren wie Auger-Elektronenspektroskopie (AES) und Elektronenspektroskopie für chemische Analyse (ESCA). Die Skizzen in Abb. 9.4 sollen die wesentlichen Merkmale dieser Methoden hervorheben.

Zum besseren Verständnis der Zusammenhänge bei den zu diskutierenden Analysentechniken sollen zunächst einige der wichtigsten Termini wie Auflösungsvermögen, Informationstiefe, Nachweisgrenze und Empfindlichkeit definiert werden.

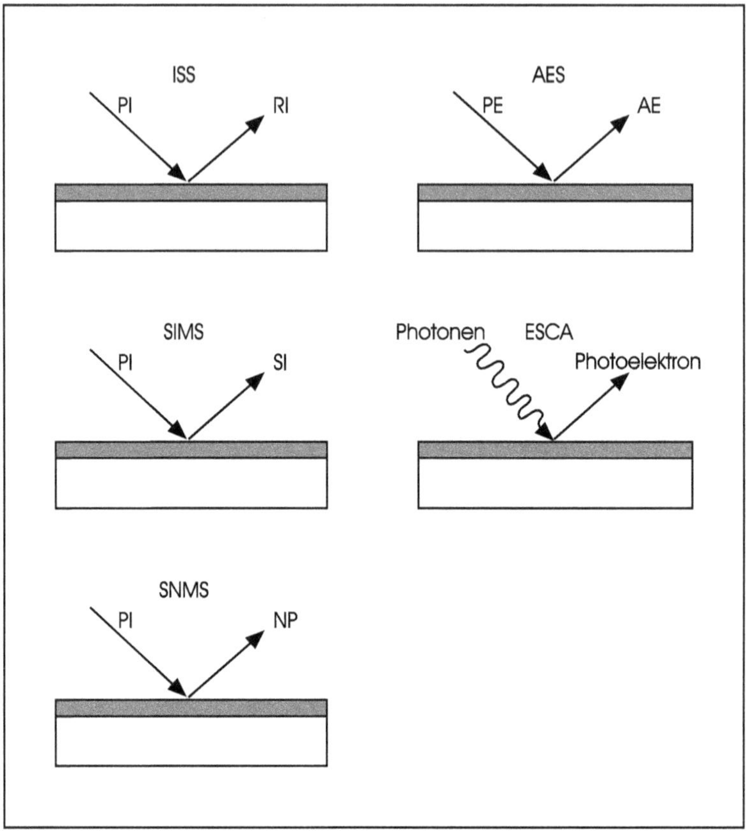

Abb. 9.4: Massenspektrometrische (links) und elektronenspektroskopische (rechts) Analysenmethoden; PI: Primärionen, RI: rückgestreute Primärionen, SI: Sekundärionen, NP: Neutralteilchen, PE: Primärelektronen, AE: AUGER-Elektronen

9.1.1 Auflösungsvermögen

In der Lichtmikroskopie versteht man unter dem Auflösungsvermögen eines Mikroskops seine Fähigkeit, den kleinsten noch nachweisbaren Abstand zwischen zwei Punkten sichtbar zu machen. In Anlehnung an diese Definition lässt sich das laterale Auflösungsvermögen (Ortsauflösung) eines analytischen Verfahrens wie folgt charakterisieren: Zwei chemisch identisch zusammengesetzte Punkte in der Schicht können dann getrennt erfasst werden, wenn das Intensitätsminimum zwischen ihnen nicht größer ist als 75 % des Intensitätsmaximums (Abb. 9.5a). Im Gegensatz zu dieser „qualitativen“ lateralen Auflösung fordert die Definition des „quantitativen“ lateralen Auflösungsvermögens, dass ein bestimmter Anteil der gemessenen Intensität innerhalb des analysierten Schichtvolumens entsteht (Abb. 9.5b).

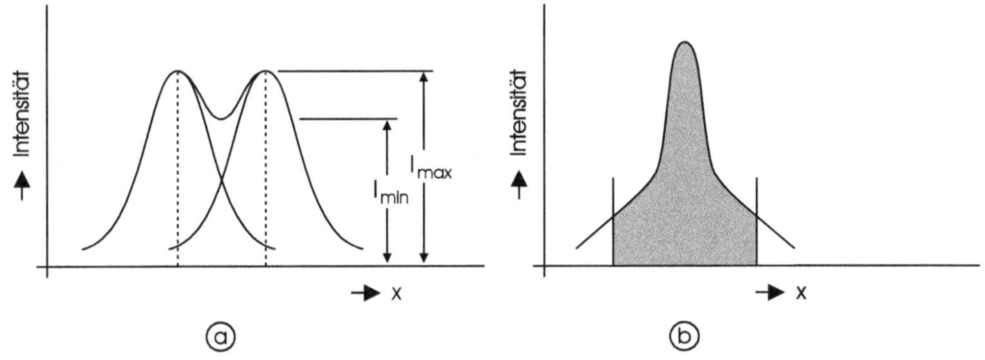

Abb. 9.5: Zur Definition des Auflösungsvermögens [9.30]
a: „qualitative" laterale Auflösung, b: „quantitative" laterale Auflösung

Die laterale Auflösung wird durch den Primärstrahl und die geometrische Form und Ausdehnung des Wechselwirkungsvolumens in der Schicht bestimmt.

9.1.2 Informationstiefe

Die Informationstiefe ist eine der wichtigsten Kenngrößen des verwendeten analytischen Verfahrens und gibt an, aus welcher Tiefe unterhalb der Schicht noch ein Beitrag zum emittierten Signal geleistet wird (Abb. 9.6).

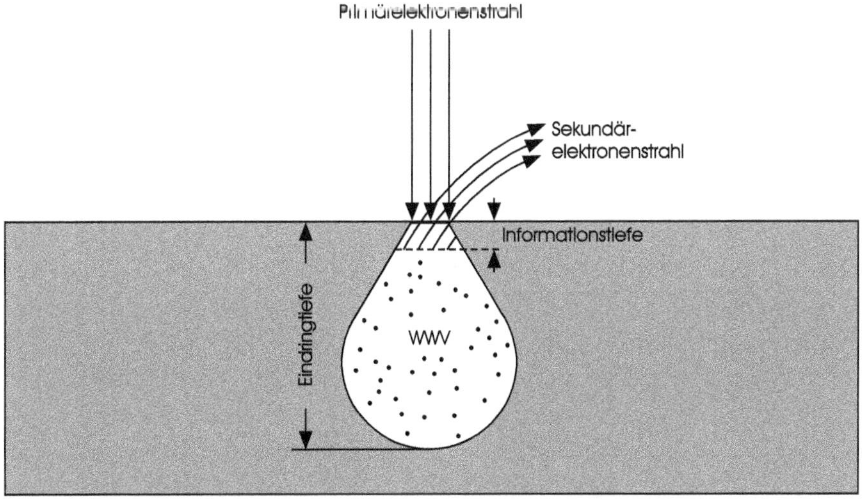

Abb. 9.6: Zur Definition der Informationstiefe am Beispiel von Primär- und Sekundärelektronen (WWV: Wechselwirkungsvolumen)

Die Informationstiefe wird durch die Eindringtiefe des Primärstrahls und die Austrittstiefe des von der Schicht emittierten Sekundärstrahls bestimmt. Welche Bedeutung sie für die eindeutige Charakterisierung der chemischen Beschaffenheit der Schicht hat, lässt sich anhand der in Abb. 9.7 schematisch dargestellten Beispiele erörtern.

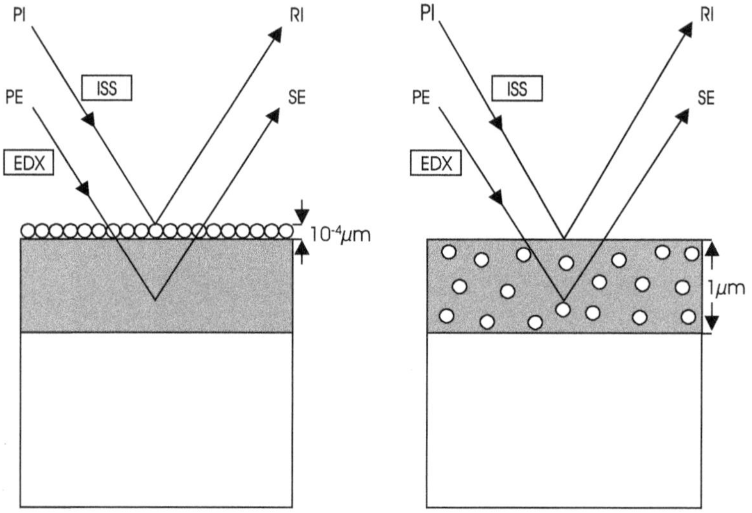

Abb. 9.7: Bedeutung der Informationstiefe des analytischen Verfahrens für die Bestimmung der chemischen Zusammensetzung der Schicht

Links in dieser Darstellung ist die Schicht chemisch rein und homogen, jedoch überdeckt durch einen dünnen Film aus fremden Atomen. Die Anwendung der energiedispersiven Röntgenanalyse (EDX) würde die Existenz dieses Films auf der Schichtoberfläche kaum nachweisen können, da die energiereichen Primärelektronen (PE) durch ihn hindurch in die Schicht eindringen. Dort lösen sie Sekundärelektronen (SE) und Röntgenstrahlen ($h \cdot \nu$) aus. Würde man nun die emittierten Röntgenstrahlen zur chemischen Analyse der Schicht verwenden, so würde sie als völlig rein und homogen erscheinen. Setzt man hingegen die Methode der Ionenstreuungs-Spektrometrie (ISS) ein, so werden die niedrigenergetischen Primärionen (PI) nur mit den auf der Schichtoberfläche liegenden Fremdatomen in Wechselwirkung treten und infolgedessen reflektiert werden (RI). Man erhält somit nur Aufschluss über die chemische Natur des Verunreinigungsfilms.

Rechts in der Darstellung sind die Verhältnisse genau umgekehrt. Die Schicht ist chemisch nicht rein, sondern enthält fremde Atome in statistischer Verteilung. Die energiedispersive Röntgenanalyse erlaubt in diesem Fall die Analyse der chemischen Zusammensetzung der Schicht und somit den Nachweis der Fremdatome mit hinreichender Genauigkeit.

Die Ionenstreuungs-Spektrometrie würde hingegen eine chemisch reine Schicht vortäuschen, da die Primärionen nicht ins Innere der Schicht eindringen können.

Diese Beispiele zeigen deutlich, auf welche Kriterien bei der Wahl der analytischen Methode zu achten ist. In Abb. 9.8 sind die Informationstiefen der massenspektroskopischen (ISS, SMIS, SNMS) und elektronenspektroskopischen (AES, ESCA) Verfahren in grober Annäherung angedeutet. Zum Vergleich ist auch die Informationstiefe der energiedispersiven Röntgenanalyse (EDX) angegeben.

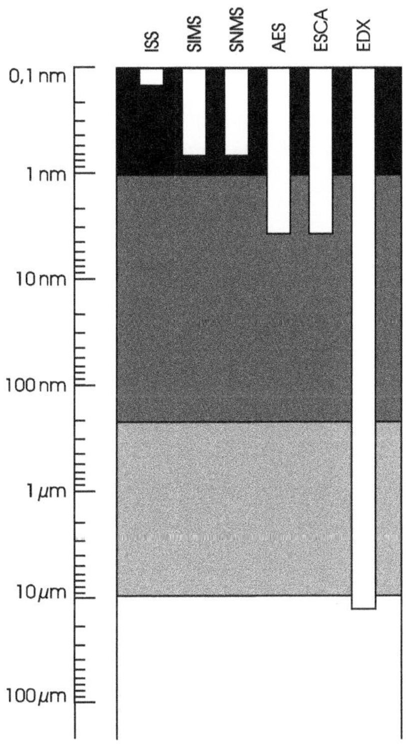

Abb. 9.8: Informationstiefen der wichtigsten Analysenmethoden zur Untersuchung von Schichten

Aus dieser Darstellung geht hervor, dass die Informationstiefen von ISS, SIMS, SNMS, AES und ESCA (0,1 bis 3 nm) wesentlich niedriger sind als die von EDX (1 bis 10 μm). In diesem Sinne zählen SIMS und SNMS, insbesondere aber ISS, zu den oberflächensensitivsten Analysenverfahren. Erst durch den Einsatz dieser Methoden ist es möglich, Informationen über die chemische Beschaffenheit der obersten Regionen der Schichtoberfläche zu erhalten.

9.1.3 Nachweisgrenze

Von besonderer Bedeutung für analytische Untersuchungen ist auch die Nachweisgrenze des gewählten Verfahrens. Darunter ist die kleinste noch nachweisbare Konzentration eines Elementes mit der Ordnungszahl Z zu verstehen, das in der Schicht vorhanden ist. Mit Hilfe dieser Kenngröße kann man nach der Identifizierung eines bestimmten Elementes (qualitative Analyse) auch dessen Konzentration bestimmen (quantitative Analyse).

Die absolute Nachweisgrenze wird als Anzahl der Atome des betreffenden Elementes pro Volumeneinheit (N/cm^3) der Schicht oder in ppma (parts per million atomic) angegeben. Letztere Angabe, die gewöhnlich kurz ppm genannt wird, drückt aus, dass auf je 10^6 Atome der Schicht ein fremdes Atom vorhanden ist. Eine analytische Methode mit einer absoluten Nachweisgrenze von 1 ppm ist demnach in der Lage, in einem Schichtvolumen von 1 cm^3, welches etwa 10^{23} Atome enthält, 10^{17} Fremdatome (Atome eines weiteren Elementes) nachzuweisen. Die absolute Nachweisgrenze wird gelegentlich auch in ppmm (parts per million mass) angegeben. 1 ppmm bedeutet ein Massenanteil Verunreinigung pro 10^6 Massenanteile der Schicht. Dieses Konzentrationsmaß entspricht der Angabe 1 µg/g.

9.1.4 Empfindlichkeit

Um die Konzentration c_A des Elementes A aus der registrierten Intensität I_A bestimmen zu können, muss man einen zusätzlichen Faktor ρ berücksichtigen, der als Empfindlichkeit bezeichnet wird. Er ist abhängig von den spezifischen Parametern des analytischen Systems, von der Natur und Konzentration des zu bestimmenden Elements und von der Schicht selbst. Sie lässt sich mit Hilfe von Eichproben (Standards) bestimmen.

9.2 Massenspektrometrische Methoden

Wird die zu untersuchende Schicht mit Ionen von einigen 100 bis mehreren 1 000 eV bombardiert, so werden neben dem reflektierten Anteil auch positiv oder negativ geladene Ionen sowie elektrisch neutrale Teilchen (Atome oder Moleküle) aus der Schicht herausgeschlagen. Diese Vorgänge, Reflexion und Emission, sind in Abb. 9.9 schematisch dargestellt.

Die reflektierten Primärionen bzw. die emittierten Sekundärionen und die Neutralteilchen, die Aufschluss über den chemischen Zustand der Probe geben, können nun massenspektrometrisch analysiert werden. Als Massenspektrometrie bezeichnet man ein

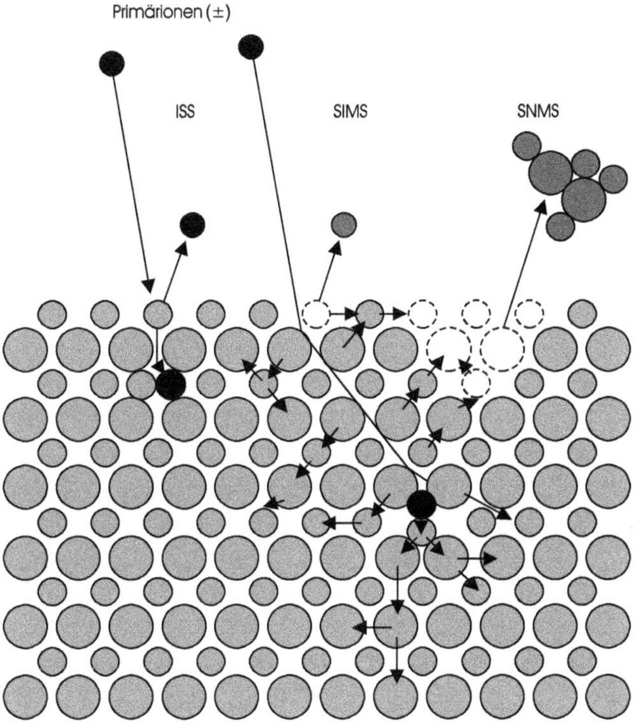

Abb. 9.9: Wechselwirkungen (Reflexion und Emission) zwischen Primärionen unterschiedlicher Ladung und Energie und den Atomen der Schicht [9.12]

Verfahren, bei dem Ionen beschleunigt und durch elektrische oder magnetische Felder nach ihren Massen/Ladungsverhältnissen (m/e) getrennt werden. Dabei können einfach geladene Ionen mittlerer Masse durch Beschleunigungsspannungen von etwa 2 000 V eine Geschwindigkeit von 10^4–10^5 m/s erlangen. Sowohl Ionen gleicher Ladung und unterschiedlicher Massen als auch Ionen gleicher Masse und unterschiedlicher Ladungen können beschleunigt und anschließend nach ihrer Energie bzw. Masse voneinander getrennt werden Die getrennten Ionen werden dann als Ionenstrom elektrisch gemessen. Der Trennungsvorgang eines Ionenstrahls in einem elektrischen bzw. magnetischen Feld ist in Abb. 9.10 skizziert.

Abb. 9.10a zeigt das Verhalten eines Ionenstrahls aus zwei Ionen gleicher Massen, aber unterschiedlicher Energie beim Durchlaufen eines elektrischen Feldes. Ionen größerer Energie werden weniger stark abgelenkt, während die mit geringerer Energie eine größere Ablenkung erleiden. Beide erfahren gleichzeitig eine Richtungsfokussierung dergestalt, dass diejenigen, die näher an die positive Platte des Kondensators gelangen, vom Feld gebremst und stärker abgelenkt werden (F_2), während die näher an die negative Platte vorbei fliegenden Ionen zwar beschleunigt, aber schwächer abgelenkt werden (F_1). In Abb. 9.10b ist das Verhalten eines Ionenstrahls aus zwei Ionen gleicher Energie, aber unterschiedlicher Masse in einem magnetischen Feld zu sehen. Sie werden verschieden stark abgelenkt und gleichzeitig in ihrer Bewegungsrichtung so fokussiert, dass sie hinter dem Magnetfeld zu je einem Ionenbündel gleicher Masse (F_1 und F_2) vereinigt werden.

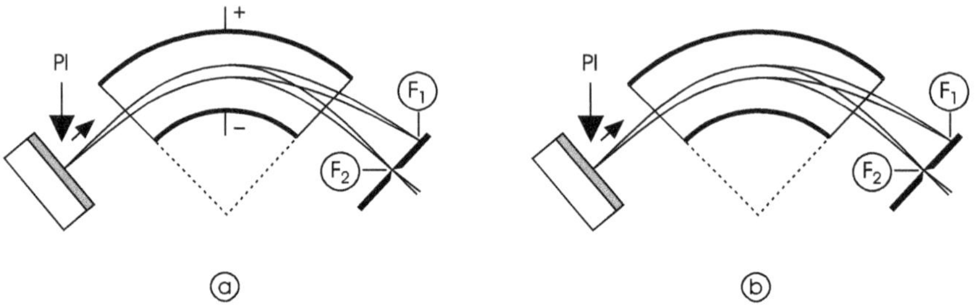

Abb. 9.10: a: Ionenstrahl aus zwei Ionen gleicher Masse, aber unterschiedlicher Energie in einem elektrischen Feld, b: Ionenstrahl aus zwei Ionen gleicher Energie, aber unterschiedlicher Masse in einem magnetischen Feld; F_1 und F_2: Fokussierungspunkte [9.46]

9.2.1 Ionenstreuungs-Spektrometrie (ISS)

Beschießt man die Schicht mit Ionen niedriger kinetischer Energie, werden sie nicht in die Schicht eindringen, sondern direkt an ihrer Oberfläche rückgestreut, da die Wechselwirkungen, die sie hervorrufen, sich an der obersten Atomlage der Oberfläche abspielen. Dies ist insbesondere bei LEIS (Low Energy Ion Scattering) der Fall [9.9, 9.10], bei der, wie in Abb. 9.11 angedeutet, die Oberfläche mit einem gebündelten, monoenergetischen Strahl von Edelgasionen der Masse m und der Energie E_0 beschossen wird.

Nach dem Aufprall auf den Oberflächenatomen werden die Primärionen nach dem Mechanismus des elastischen binären Stoßes rückgestreut, wobei sie einen Teil ihrer Energie verlieren. Ihre kinetische Energie beträgt nach dem Aufprall E. Die chemische Charakterisierung der Schichtoberfläche beruht nun darauf, dass die reflektierten Primärionen in einem Detektor nach ihrer Energie analysiert werden. Abb. 9.12 zeigt schematisch die experimentelle Einrichtung zur Durchführung der ISS-Analyse.

Die Auswahl der Primärionen richtet sich nach der Masse der Schichtatome. Häufig werden H^+-, Ne^+- oder Ar^+-Ionen herangezogen, deren Energien zwischen 0,5 und 3 keV liegen.

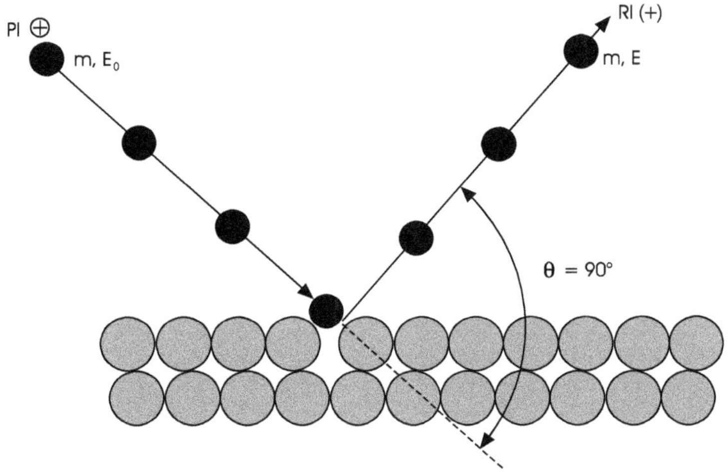

Abb. 9.11: Beschuss der Schicht mit einem gebündelten Ionenstrahl (PI) niedriger kinetischer Energie und deren Rückstreuung (RI) unter dem Rückstreuwinkel Θ

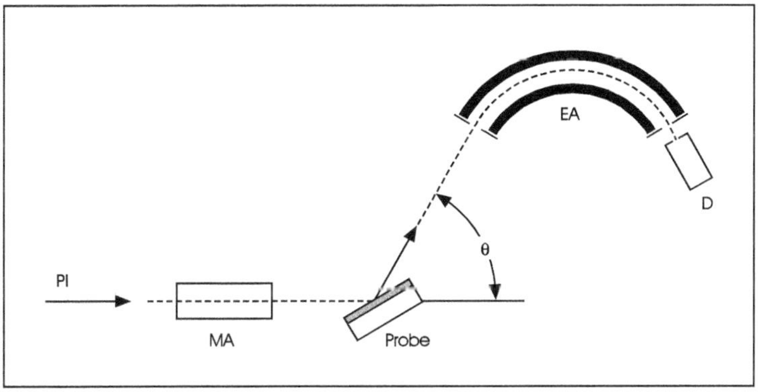

Abb. 9.12: Einrichtung zur Durchführung der Ionenstreuungs-Spektrometrie
PI: Primärionenstrahl, MA: Massenanalysator, Probe: (Substrat/Schicht),
EA: Energieanalysator, D: Detektor

Die Wechselwirkungen zwischen den einfallenden Primärionen und den Oberflächenatomen werden nicht nur durch die Masse dieser Atome, sondern auch durch den Einfallswinkel ψ der Primärionen bestimmt. Das heißt, hat man den Einfallswinkel festgelegt, hängt der Energieverlust der Primärionen nur noch von der Masse der Oberflächenatome ab. Infolgedessen kann man durch die Messung der Energie der rückgestreuten Primärionen die Masse der Oberflächenatome ermitteln und somit die chemische Beschaffenheit der Schichtoberfläche bestimmen. Die mathematische Beziehung, die die Grundlage dieses Verfahrens bildet, lautet [9.29]:

$$\frac{E}{E_0} = \frac{m^2}{(m+M)^2} \left\{ \left[\frac{M^2}{m^2} - \sin^2\theta \right]^{1/2} + \cos^2\theta \right\} \tag{9.1}$$

Darin bedeuten E_0 und E die Energien der einfallenden bzw. reflektierten Primärionen mit der Masse m, M die Masse der Oberflächenatome und Θ der Rückstreuwinkel.

Nach der Bestimmung der Energie E kann man die Masse M ermitteln. Wählt man die experimentellen Bedingungen so, dass $\Theta = 90°$ ist (Abb. 9.11), vereinfacht sich die rechnerische Auswertung von Gl. (9.1) erheblich.

Die Aussagekraft und die Genauigkeit der Ionenstreuungs-Spektrometrie können anhand der in Abb. 9.13 wiedergegebenen Spektren erörtert werden, in denen die Intensität, d. h. die Anzahl der reflektierten Primärionen pro Sekunde über die Energie (von Null bis zur Energie der Primärionen), aufgetragen sind.

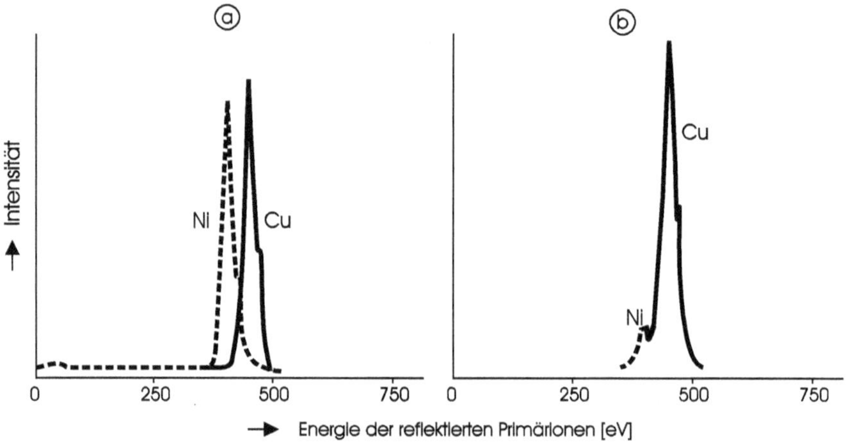

Abb. 9.13: ISS-Spektren einer Kupfer-Nickel-Legierung; a: nicht geglüht, b: geglüht 730 °C; Beschuss mit Ne^+-Ionen (E_0 = 1,5 keV), Einfallswinkel ψ = 142°

Eine homogen aufgebaute CuNi-Schicht mit der Zusammensetzung Cu : Ni = 1 : 1, deren ISS-Spektrum in Abb. 9.13a zu sehen ist, wurde einer Wärmebehandlung bei 730 °C unterworfen. Wie zu erwarten, führte die thermische Beanspruchung zu einer ungleichmäßigen Verteilung der Cu- und Ni-Atome in der Schicht. Mit Hilfe der Ionenstreuungs-Spektrometrie ist es möglich, das Ausmaß dieser Veränderung zu verfolgen. Bei der nicht geglühten Probe beobachtet man zwei diskrete Peaks gleicher Intensität, die auf die gleichmäßige Verteilung von Kupfer und Nickel im Bereich der Schichtoberfläche hinweisen.

Das Spektrum der geglühten Probe hingegen enthält zwei Peaks unterschiedlicher Höhe, was darauf schließen lässt, dass die Wärmebehandlung eine signifikante Anreicherung der Schichtoberfläche an Kupfer bewirkt hat.

Die Ionenstreuungs-Spektrometrie erlaubt, auch die Topologie der Schichtoberfläche zu studieren. Diese Möglichkeit beruht auf dem so genannten Schatteneffekt [9.2]. Wenn ein Atom *i* auf der Oberfläche adsorbiert ist, dann wird es, wie aus Abb. 9.14 ersichtlich, je nach Einfallswinkel (ψ_1, ψ_2 ...) eine unterschiedliche Anzahl von Oberflächenatomen (k_1, k_2 ...) abschatten. Durch Variierung des Einfallswinkels ändert sich daher das Intensitätsverhältnis I_i/I_k. Ist das Atom i aber in der Oberfläche eingebaut, dann ist dieses Verhältnis praktisch unabhängig vom Einfallswinkel.

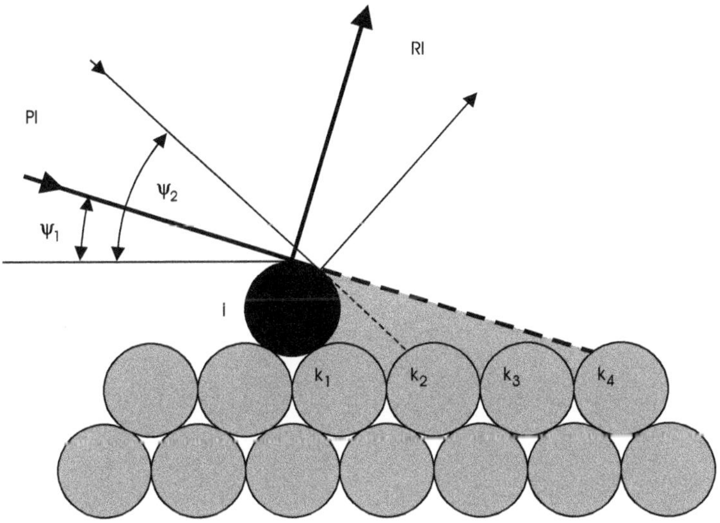

Abb. 9.14: Untersuchung der Topologie der Schichtoberflächen mit Hilfe der Ionenstreuungs-Spektrometrie aufgrund des Schatteneffekts [9.2]

Ferner ist es möglich, die Anordnung von chemisorbierten Molekülen auf der Schichtoberfläche zu studieren, d. h. die Frage zu beantworten, welches Atom des Moleküls sich auf der Oberfläche angelagert hat.

Die wesentlichen Vorteile der Ionenstreuungs-Spektrometrie lassen sich wie folgt zusammenfassen:

- Ausgesprochene oberflächensensitive Charakteristik
- Zerstörungsfreie Analyse der Schichtoberfläche
- Nachweis aller Elemente, ausgenommen Wasserstoff

- Einfache und schnelle Erstellung eines Spektrums
- Möglichkeit der Aufnahme von Konzentrationsprofilen

Als etwaige Nachteile sind zu erwähnen:

- Nachweis von Isotopen und Verbindungen nicht möglich
- Relativ geringe laterale Auflösung

9.2.2 Sekundärionen-Massenspektrometrie (SIMS)

Die Oberfläche einer Schicht kann durch Beschuss mit positiven oder negativen Primärionen hinreichender Energie zur Emission von Sekundärionen angeregt werden, die ebenfalls positiv oder negativ sein können und Auskunft über den chemischen Zustand der Oberfläche geben. Dieser Vorgang ist in Abb. 9.15 schematisch dargestellt.

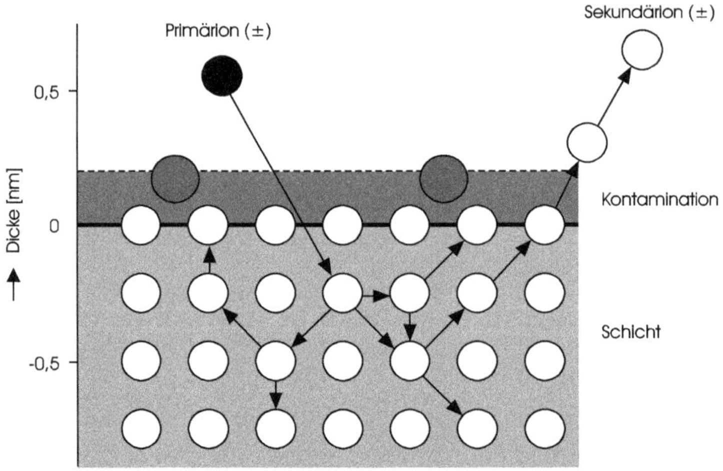

Abb. 9.15: Energieübertragung und Emission von Sekundärionen durch Beschuss der Schichtoberfläche mit Primärionen mit einer Energie von einigen keV [9.13]

Zur Erklärung des Mechanismus des Emissionsvorganges sind verschiedene Modelle vorgeschlagen worden. Das Modell der Impulsübertragung in der Schicht durch Stoßkaskaden, das im Folgenden näher erläutert werden soll, scheint jedoch eine breitere Zustimmung gefunden zu haben [9.13]. Nach diesem Modell geben die Primärionen, die je nach ihrer Energie mehr oder minder tief in die Schicht eindringen können, durch Zusammenstöße einen Teil ihrer Energie an die Gitteratome ab. Als Folge davon bilden sich im Gitter Stoßkaskaden aus, die zum Teil wieder an die Schichtoberfläche gelangen können.

Bei diesen Zusammenstößen verteilt sich die Energie der Primärionen auf so viele Gitteratome, dass im Durchschnitt nur eine relativ geringe kinetische Energie zur Anregung der Oberflächenatome zur Verfügung steht. Ist sie größer als die Bindungsenergie[1] der Atome im Atomverband, dann kann sie bewirken, dass die obersten Oberflächenatome herausgeschleudert werden.

Während dieses Emissionsprozesses besteht auch eine gewisse Wahrscheinlichkeit, dass infolge des Elektronenaustausches mit dem Leitungsband des Schichtmetalls eine Ionisierung der aus der Oberfläche herausgeschlagenen Atome stattfindet. Dabei können sowohl positive als auch negative Ionen entstehen. Als Faustregel gilt, dass elektropositive Elemente, z. B. Metalle, überwiegend positive Ionen liefern. Da die Sekundärionen (SI) praktisch von allen Oberflächenkomponenten gebildet werden und ihr Austrittsort überwiegend auf die obersten Atomlagen beschränkt ist, geben sie wertvolle Hinweise über die chemische Zusammensetzung der Schichtoberfläche. Dies erklärt auch die hohe Oberflächensensitivität der SIMS. Von großer praktischer Bedeutung dabei ist die SI-Ausbeute $S^{\pm}$, die wie folgt definiert ist:

$$S^{\pm} = \frac{N_{SI}^{\pm}}{N_{PI}} \tag{9.2}$$

$N_{SI}^{\pm}$ bedeutet die Anzahl der positiv oder negativ geladenen Sekundärionen, N_{PI} die Anzahl der auftreffenden Primärionen.

Die SI-Ausbeute variiert nicht nur von Element zu Element (bis zum Faktor 3), sondern hängt auch stark von der Matrix der Schicht und der Beschaffenheit ihrer Oberfläche ab. Diese Abhängigkeiten können u. U. die quantitative Auswertung der Massenspektren erschweren. Darüber hinaus muss man sich vergegenwärtigen, dass der Anteil der Sekundärionen an dem zerstäubten Material verhältnismäßig gering ist. Wird beispielsweise ein Volumen von 100 × 100 × 10 nm abgesputtert, so werden etwa 10^6 Atome erzeugt, von denen aber nur 10^5 bis 10^1 ionisiert sind. Von diesen werden wiederum nur etwa 10 % als Sekundärionen detektiert [9.19]. Um die SI-Ausbeute zu erhöhen, ist es daher erforderlich, die im Überschuss emittierten Neutralteilchen durch zusätzliche Elektronenstöße zu ionisieren. Hierzu hat sich die Verwendung von Cs^+- oder O_2^+-Ionen als eine wirksame Maßnahme erwiesen. Häufig wird ein Gemisch aus O_2^+- und Ar^+-Ionen eingesetzt, um eine höhere SI-Ausbeute zu erzielen.

---

1 Als Bindungsenergie wird die Energie bezeichnet, die benötigt wird, um ein Teilchen aus einem System, in dem es gebunden ist, herauszulösen. Die Bindungsenergie wird freigesetzt, wenn zwei oder mehrere Teilchen durch Anziehungskräfte ein gebundenes System bilden. Dies bedeutet, dass das gebundene System eine negative potentielle Energie hat.

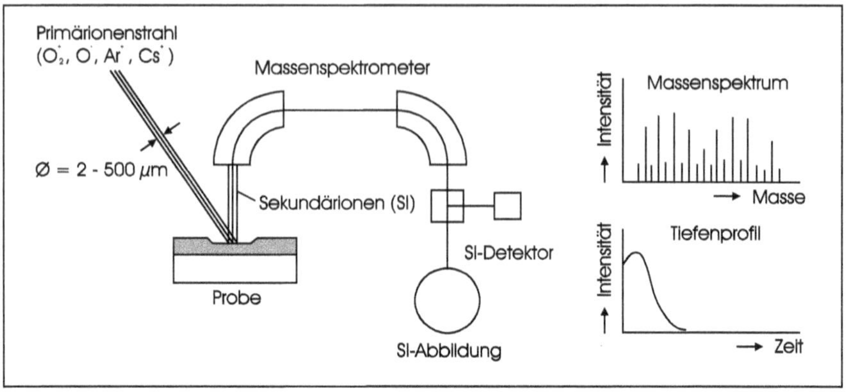

Abb. 9.16: Schematische Darstellung einer SIMS-Anlage zur Aufnahme eines Massenspektrums bzw. Tiefenprofils [9.16]

Der prinzipielle Aufbau einer SIMS-Anlage ist in Abb. 9.16 schematisch dargestellt.

Zur Erzeugung von Primärionen dienen entweder Gas-Ionenquellen, bei denen die Gasatome bzw. -moleküle durch Elektronenstoß ionisiert werden, oder Flüssigmetall-Ionenquellen, bei denen aus einer Metallschmelze durch Feldextraktion Ionen generiert werden. Als Primärionen werden O^{2-}, O^-, Ar^+, Ga^+ oder Cs^+ mit Energien von einigen hundert eV bis 20 keV herangezogen. Der Primärionenstrahl wird nach dem Verlassen der Ionisationskammer in einem Magnetfeld von etwaigen Verunreinigungen befreit und auf die Probe (Substrat/Schicht) gerichtet. Der Durchmesser des Ionenstrahls lässt sich je nach Erfordernissen zwischen mehreren hundert µm und 100 nm fokussieren und gezielt auf den ausgewählten Bereich der Schichtoberfläche leiten. Mit Flüssigmetall-Ionenquellen können Ionenstrahlen mit einem Durchmesser von 100 nm (Cs^+) bis 20 nm (Ga^+) erzielt werden [9.19]. Die Probengröße richtet sich nach den Gegebenheiten des Gerätes. Die Standardabmessungen liegen bei Durchmessern von < 15 mm und Dicken von < 10 mm.

Die emittierten Sekundärionen entfernen sich mit einer mittleren Geschwindigkeit von der Schichtoberfläche. Sie werden über eine spezielle Ionenoptik, die gleichzeitig eine ablenkende und sammelnde Wirkung hat, in einem Massenspektrometer fokussiert und dort nach ihren Massen getrennt. Danach treffen sie zum Nachweis auf einen hochempfindlichen SI-Detektor. Hier können die Sekundärionen im Zählverfahren mit Zählraten von 10^7 cps (counts per second) nachgewiesen werden. Hohe Massenauflösung liegt vor, wenn der Massenunterschied zwischen Primär- und Sekundärionen groß ist (m_{PI}/m_{SI} > 10 000).

Der positive oder negative SI-Strom des Elementes A, welches in der Schicht eingebettet ist, lässt sich wie folgt ermitteln [9.3]:

$$I_A^{\pm} = k \cdot I_P \cdot S_A^{\pm} \cdot p_A^{\pm} \cdot a_A \int_0^{\infty} c_A(Y)\, dY \tag{9.3}$$

Darin bedeuten: $I_A^{\pm}$ die gemessene SI-Intensität des Elementes A (Anzahl der Sekundärionen pro Sekunde), k eine apparative Konstante, I_P die PI-Intensität (Anzahl der Primärionen pro Sekunde), $S_A^{\pm}$ die SI-Ausbeute (mittlere Anzahl der Sekundärionen pro Primärion), $p_A^{\pm}$ die Ionisierungswahrscheinlichkeit (Anteil der positiven oder negativen Sekundärionen an der Gesamtzahl der abgetragenen Teilchen), a_A die Isotopenhäufigkeit und c_A die atomare Konzentration von A als Funktion der Tiefe Y.

Ergänzend sei angemerkt, dass Sekundärionen nur bei extrem sauberen Oberflächen und unter UHV-Bedingungen (~ 10^{-8} Pa) als Folge so genannter „kinetischer Emission" entstehen. Bei kontaminierten Oberflächen (Abb. 9.15) ist der Anteil der „chemischen Emission" an der Entstehung der Sekundärionen wesentlich größer. Dies geht aus Tab. 9.3, in der die gemessenen SI-Ausbeuten für saubere bzw. mit Sauerstoff beladenen Oberflächen verschiedener Metalle enthalten sind, eindeutig hervor.

Tab. 9.3: SI-Ausbeute S^+ nach dem Beschuss von sauberen bzw. sauerstoffbeladenen Oberflächen mit Ar^+-Ionen (2,5 keV) [9.12]

Metall	saubere Oberfläche	oxidbedeckte Oberfläche
Mg	0,01	0,90
Al	0,007	0,70
Ti	0,0013	0,40
V	0,001	0,30
Cr	0,0012	1,20
Mn	0,0006	0,30
Fe	0,0015	0,35
Ni	0,0006	0,045
Cu	0,0003	0,007
Sr	0,0002	0,16
Nb	0,0006	0,05
Mo	0,00065	0,40
Ba	0,0002	0,03
Ta	0,00007	0,02
W	0,00009	0,035
Si	0,0084	0,58
Ge	0,0044	0,02

Wird der Primärionenstrahl in einem *x-y*-Raster über die Schichtoberfläche gelenkt, so lässt sich auch das SI-Verteilungsbild eines bestimmten Elementes rekonstruieren (Abb. 9.16). Damit ist auch die Möglichkeit gegeben, das Vorhandensein etwaiger Verunreinigungen auf der Schichtoberfläche nachzuweisen.

Je nach Stromdichte der Primärionen unterscheidet man zwischen stationärer und dynamischer SIMS [9.3, 9.13, 9.16–9.19].

9.2.2.1 Stationäre Sekundärionen-Massenspektrometrie (SSIMS)

Bei der stationären SIMS (SSIMS) wird unter UHV-Bedingungen mit sehr geringen Stromdichten (10^{-9} A/cm^2, 0,5–2 keV) und relativ großem Beschussfleck (0,1 cm^2) gearbeitet. Diese Vorgehensweise hat zur Folge, dass während der Analyse wenig Schichtmaterial, d. h. nur die oberste Monolage der Schichtoberfläche, abgetragen wird. Dadurch findet nur eine geringfügige Zerstörung der Schichtoberfläche statt. Jeder Primärioneinschlag ist von dem anderen nicht nur zeitlich, sondern auch räumlich getrennt [9.19]. Die Nachweisempfindlichkeit dieser Methode ist zwar elementabhängig, erlaubt jedoch 1 ppm einer Monolage noch nachzuweisen. Mit Hilfe der SSIMS kann man deshalb die sich auf der Schichtoberfläche abspielenden Adsorptions- und Oxidationsprozesse effektiv untersuchen. Diese Methode eignet sich auch besonders für die Charakterisierung der äußersten Monolagen von organischen Stoffen. Die Dauer einer Messung liegt zwischen 10 s und 1 h.

9.2.2.2 Dynamische Sekundärionen-Massenspektrometrie (DSIMS)

Im Falle der dynamischen SIMS (DSIMS) wird die Schicht hingegen mit hoher Primärionenstromdichte beschossen (10^{-4} A/cm^2, 2–20 keV), wodurch die Schichtoberfläche im Vergleich zur SSIMS schnell abgetragen wird (bis etwa 1 µm/h). Mit DSIMS lassen sich quantitative Tiefenanalysen durchführen. Die Möglichkeit solcher Analysen beruht darauf, dass die obersten Atomlagen der Schichtoberfläche infolge des Beschusses mit Primärionen nacheinander abgetragen werden. Das Konzentrationsprofil eines bestimmten Elementes in Abhängigkeit von der Tiefe lässt sich nun dadurch ermitteln, dass die SI-Intensität eines für dieses Element charakteristischen Massenspektrums als Funktion der Sputterzeit zyklisch registriert wird. Ein solches Tiefenprofil gibt dann die Verteilung des Elementes senkrecht zur Schichtoberfläche wieder (Abb. 9.16).

Tiefenprofilmessungen im µm-Bereich erfordern im Allgemeinen eine Messzeit von etwa 1 Stunde; hinzu kommt der Zeitaufwand für die Datenbearbeitung. Die Topographie der Schichtoberfläche spielt bei der Aufnahme von Tiefenprofilen eine wichtige Rolle.

Eine raue Schichtoberfläche kann zu einer ungleichmäßigen Abtragung und damit einer Beeinflussung der Ergebnisse der SI-Analyse führen.

Abb. 9.17 zeigt das SIMS-Spektrum einer elektrolytisch abgeschiedenen Kupferschicht.

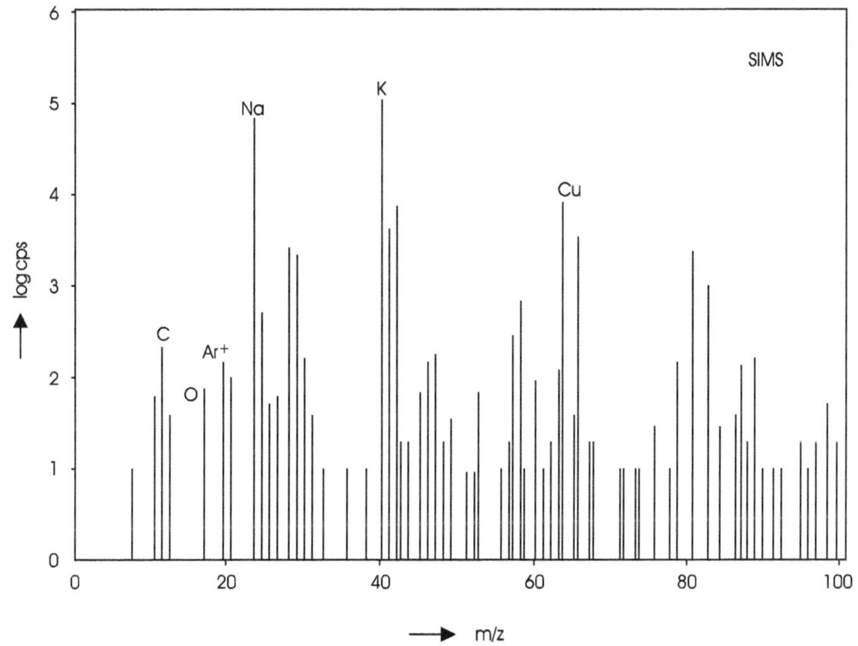

Abb. 9.17: SIMS-Spektrum einer galvanisch abgeschiedenen Kupferschicht nach dem Beschuss mit Ar^+-Primärionen (cps: counts per second)

Das Spektrum enthält zahlreiche Peaks, die für diese Analysenmethode typisch und eine Folge der leichten Ionisierbarkeit bestimmter Elemente sind. Eine eindeutige Zuordnung und Quantifizierung der einzelnen Peaks ist nicht in allen Fällen möglich. Wegen der Kompliziertheit der sich abspielenden Ionisierungsprozesse ist das Spektrum qualitativ interpretierbar. Dennoch liefert es brauchbare Informationen bezüglich der chemischen Reinheit der Kupferschicht. Dem Spektrum ist zunächst zu entnehmen, dass die Signale für Kupfer sowie Natrium und Kalium dominierend sind. Die letzteren stammen wahrscheinlich aus Verunreinigungen geringster Konzentration, die sich auf der Schichtoberfläche befinden. Ferner sind schwächere Signale für Sauerstoff und Kohlenstoff zu beobachten. Sie stammen vermutlich aus der Kontaminationsschicht, die sich unmittelbar nach der Abscheidung auf der Oberfläche der Kupferschicht gebildet hat. Der Ar^+-Peak ist darauf zurückzuführen, dass die Kupferschicht mit Ar^+-Ionen beschossen wurde.

Wegen der hohen Nachweisempfindlichkeit der SIMS erscheinen im Spektrum noch viele weitere Peaks unterschiedlicher Intensität, die nicht eindeutig zugeordnet werden können. Es gibt allerdings keinen Anhaltspunkt für das Vorhandensein von Wasserstoff. Weitere SIMS-Untersuchungen an solchen Kupferschichten haben ergeben, dass sie Verunreinigungen in der Größenordnung von nur 1 ppm enthalten.

Die in Abb. 9.18 reproduzierten Ergebnisse der SIMS-Untersuchungen zeigen die Konzentrationen verschiedener Elemente in einer mit Pulsstrom abgeschiedenen Kupferschicht sowie ihrer Tiefenprofile.

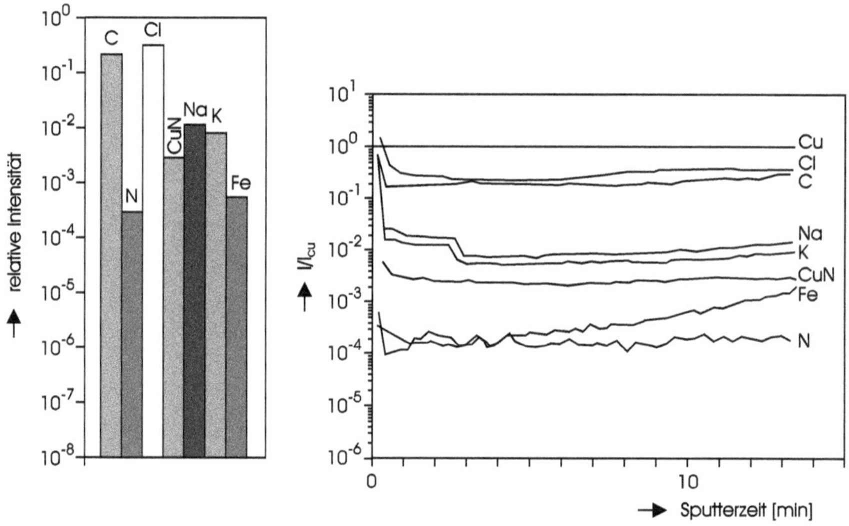

Abb. 9.18: SIMS-Analyse einer mit Pulsstrom abgeschiedenen Kupferschicht
a: Konzentrationen einiger Elemente (normiert auf Cu-Intensität über Zeit)
b: Tiefenprofile

Die Kupferschicht wurde mit O_2^+-Ionen beschossen und mit einer Sputtergeschwindigkeit von ca. 90 nm/min abgetragen. Man erkennt die Änderung der Konzentrationen der einzelnen Elemente in Abhängigkeit von der Sputterzeit. CuN ist eine anfallende Teilchenart, die den N-Gehalt widerspiegelt, jedoch als Molekül nicht unbedingt in der Schicht vorhanden ist.

Die besonderen Vorteile der SIMS lassen sich wie folgt zusammenfassen:

- Informationstiefe im Monolagen-Bereich
- Laterale Auflösung im Bereich von Atomabständen
- Nachweisgrenze im ppm[2]- bzw. ppb[3]-Bereich (10^{-9}–10^{-12} g)
- Nachweis aller chemischen Elemente inkl. Wasserstoff
- Nachweis von chemischen Verbindungen
- Nachweis von Isotopen
- Geringfügige Oberflächenzerstörung (SSIMS)
- Möglichkeit der quantitativen Analyse
- Tiefenprofilmessungen

Diesen Vorzügen stehen folgende Nachteile gegenüber:

- Unterschiedliche Empfindlichkeiten für verschiedene Oberflächenstrukturen
- Ioneninduzierte Oberflächenreaktionen
- Zerstörung der Schichtoberfläche (DSIMS)
- Probleme bei der quantitativen Analyse wegen ausgeprägter Matrixeinflüsse

9.2.3 Sekundärneutralteilchen-Massenspektrometrie (SNMS)

Neben der Sekundärionen-Massenspektrometrie hat in der letzten Zeit auch die Sekundärneutralteilchen-Massenspektrometrie bei der Erforschung von Schichten zunehmend an Bedeutung gewonnen [9.6, 9.20, 9.21]. Im Unterschied zur SIMS wird jedoch bei der SNMS der Fluss von neutralen Atomen oder Molekülen massenspektrometrisch analysiert, die infolge des Primärionenbeschusses von der Schichtoberfläche emittiert werden (Abb. 9.9). Demzufolge sind die SNMS-Signale durch etwaige elektrische Aufladung der Schicht nicht beeinflusst. Während die Sekundärionen direkt mit einem Massenspektrometer nachgewiesen werden können, müssen die Neutralteilchen vor der massenspektrometrischen Analyse erst ionisiert werden. Dies erfolgt entweder mit Hilfe der Elektronenkomponente eines speziellen HF-Niederdruckplasmas oder durch einen Elektronenstrahl. Man spricht deshalb auch von der Elektronengas-SNMS bzw. Elektronenstrahl-SNMS. Je effektiver die Nachionisierung der Neutralteilchen erfolgt, umso höher ist die Nachweisempfindlichkeit dieser Methode.

---

[2] 1 ppm (parts per million) = 1 Millionstel = 0,000 1 % = 1 Milligramm pro Kilogramm (mg/kg) bzw. 1 Milliliter pro Kubikmeter (ml/m^3)

[3] 1 ppb (parts per billion) = 1 Milliardstel = 0,000 000 1 % = 1 µg/kg bzw. 1 $\mu l/m^3$

Durch die Entkopplung der beiden Prozesse (Neutralteilchenemission und Nachionisierung) ist eine quantitative Bestimmung der im Massenspektrum registrierten SNMS-Peaks wesentlich einfacher, als es bei der SIMS der Fall ist. Die Voraussetzung hierfür ist die Kenntnis der elementspezifischen Nachionisierungswahrscheinlichkeit und der gerätespezifischen Parameter. Gerade in der Möglichkeit der Quantifizierung liegt der entscheidende Vorteil der SNMS.

Je nachdem welche experimentelle Anordnung zum Beschuss der Schichtoberfläche mit Primärionen herangezogen wird, unterscheidet man drei Verfahrensvarianten, die als direkte, separate oder externe Beschussmethode bezeichnet werden. Die charakteristischen Merkmale dieser Verfahrensvarianten sind in Abb. 9.19 schematisch dargestellt.

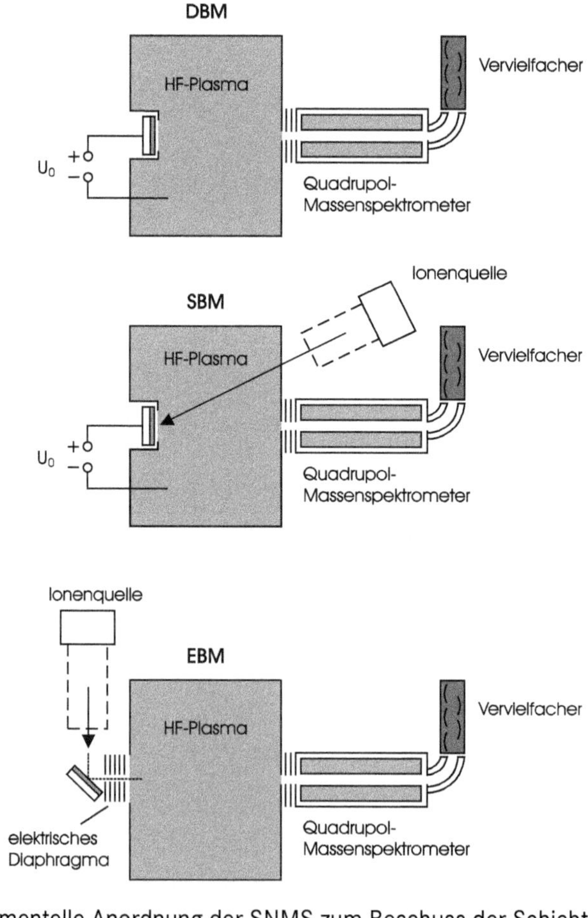

Abb. 9.19: Experimentelle Anordnung der SNMS zum Beschuss der Schichtoberfläche mit Primärionen (DBM: Direkte Beschussmethode; SBM: Separate Beschussmethode; EBM: Externe Beschussmethode) [9.21]

9.2.3.1 Direkte Beschussmethode (DBM)

Bei der direkten Beschussmethode (Direct Bombardment Mode, DBM) befindet sich die Probe (Substrat/Schicht) in direktem Kontakt mit dem HF-Plasma. Aufgrund seiner hohen Ionendichte ($\approx 10^{10}/\text{cm}^3$) fungiert das Plasma als eine effektive Ionenquelle, wobei die Schichtoberfläche durch die Plasmaionen (Ar^+, 0,2-0,6 keV) zerstäubt wird. Bei diesen niedrigen Energien sind atomare Durchmischungen sowie Änderungen der Topographie der Schichtoberfläche praktisch ausgeschlossen. Bei Sputterraten von 1 nm/s ist ein nahezu ebener Abtrag über große Bereiche gewährleistet. Die Elektronenkomponente des Plasmas stellt das für die Nachionisierung der emittierten Neutralteilchen erforderliche Elektronengas zur Verfügung.

9.2.3.2 Separate Beschussmethode (SBM)

Im Falle der separaten Beschussmethode (Separate Bombardment Mode, SBM) hingegen wird die Probe mit einem Primärionenstrahl aus einer separaten Ionenquelle bombardiert, die seitlich des Plasmas montiert ist. Der Primärionenstrahl (Ar^+, 5 keV) trifft unter einem vorgegebenen Winkel auf die Schichtoberfläche und rastert sie ab.

9.2.3.3 Externe Beschussmethode (EBM)

Bei der externen Beschussmethode (External Bombardment Mode, EBM) befindet sich die Probe im Gegensatz zu den vorhin genannten Fällen außerhalb der Plasmakammer und ist durch ein elektrisches Diaphragma von dieser getrennt. Die Schichtoberfläche wird mit einem Primärionenstrahl, der aus einer externen Ionenquelle stammt, beschossen. Durch das elektrische Diaphragma ist die Möglichkeit gegeben, den Durchgang elektrisch geladener Partikel gänzlich zu unterdrücken.

Die Intensität I eines Neutralteilchens X, das die Schicht verlässt, lässt sich durch folgende Beziehung beschreiben [9.20]:

$$I_X = I_P \cdot S_X \cdot \alpha_X \cdot \eta_{SNMS} \cdot (1 - p_X^+ - p_X^-) \tag{9.4}$$

Darin bedeuten I_P der Primärionenstrom, S_X die partielle Zerstäubungsausbeute für die Teilchenart X, α_X der Nachionisierungskoeffizient, η_{SNMS} der Geometrie-, Transmissions- und Verstärkungsfaktor des verwendeten SNMS-Systems, p_X^+ und p_X^- die Ionisierungswahrscheinlichkeiten bei der Emission der Teilchenart X.

Da bei der SNMS der Sputter- und Ionisierungsprozess voneinander abgekoppelt sind, wird ein Empfindlichkeitsfaktor $D_X = \alpha_X \cdot \eta_{SNMS}$ eingeführt, der im Wesentlichen eine

Apparatekonstante für die Teilchenart X darstellt. Er liegt für alle Elemente in der gleichen Größenordnung.

Generell ist anzumerken, dass aufgrund der niedrigen Beschussenergien bei der SNMS auch in Mehrkomponentensystemen kaum eine bevorzugte Zerstäubung von Elementen auftreten kann. Neben der guten Quantifizierbarkeit der Signale, was sowohl bei der Elektronenstrahl-SNMS als auch Elektronengas-SNMS der Fall ist, zeichnet sich besonders das letztere Verfahren durch eine niedrige Nachweisgrenze (≤ 1 ppm) für alle Elemente aus. Bei der Elektronenstrahl-SNMS können durch Feinfokus-Ionenquellen Analysen mit einer lateralen Auflösung im µm-Bereich erreicht werden.

Ein Beispiel für die Zuverlässigkeit der mittels SNMS erzielten quantitativen Analyse ist Tab. 9.4 zu entnehmen.

Tab. 9.4: Vergleich von analytischen Bestimmungen mittels SNMS bzw. nasschemisch am Beispiel einer Eisenlegierung (Leybold-Heraeus)

Element	Konzentration in Atom-%	
	SNMS	Nasschemisch
Fe	70,200	70,150
Cr	19,500	19,260
Ni	7,890	8,000
Si	1,360	1,310
Mn	1,030	1,060
P	0,043	0,046

Abb. 9.20 zeigt ein nach der direkten Beschussmethode aufgenommenes SNSM-Spektrum einer elektrolytisch abgeschiedenen Kupferschicht.

Es ist festzustellen, dass das SNMS-Spektrum neben den Cu-Peaks auch Signale für Argon, mit dem die Probenoberfläche beschossen wurde, und andere Teilchenarten enthält. Die Mehrzahl dieser Signale konnte zwar identifiziert werden, die zugehörigen Peaks sind jedoch aus Gründen der Übersichtlichkeit nicht im Massenspektrum gekennzeichnet. Die unterschiedlichen Intensitäten für die einzelnen Peaks gestatten eine quantitative Abschätzung der jeweiligen Konzentrationen, insbesondere deshalb, weil die SNSM im Gegensatz zur SIMS praktisch frei von Matrixeffekten ist. Nähere Untersuchungen bezüglich der Reinheit der Kupferschicht haben ergeben, dass die Verunreinigungen an Nickel und Eisen im Bereich von 1 ppm liegen. Das Massenspektrum gibt zugleich einen Eindruck von der großen Dynamik der SNMS-Analyse. So können neben dem Matrixelement, im vorliegenden Fall Kupfer, auch Spurenelemente mit Nachweisempfindlichkeiten im µg/g-Bereich erfasst werden.

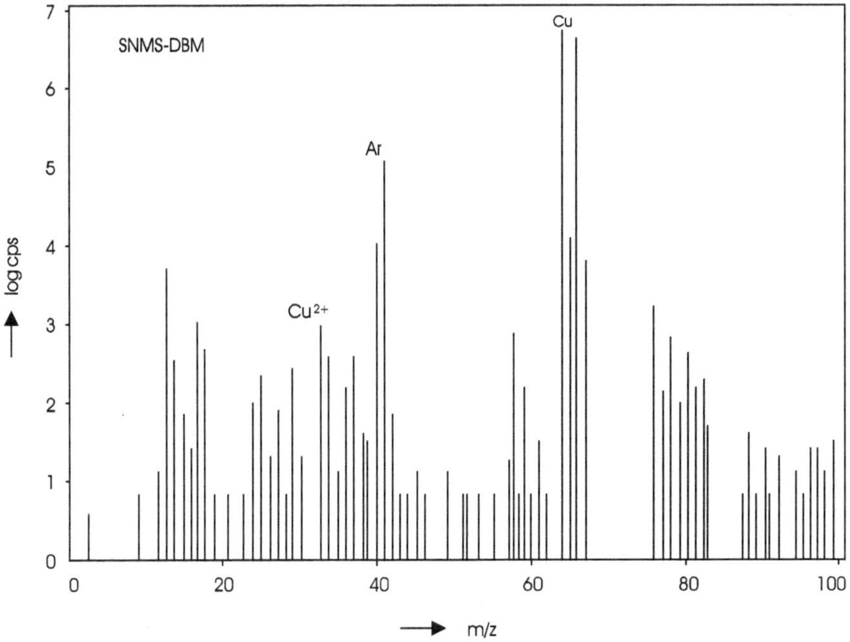

Abb. 9.20: SNSM-Spektrum einer galvanisch abgeschiedenen Kupferschicht, aufgenommen nach der direkten Beschussmethode (DBM)

Wie bereits erwähnt, erlaubt die SNMS, auch Konzentrationsprofile mit hoher Tiefenauflösung aufzunehmen. SNMS-Tiefenprofile enthalten alle notwendigen Informationen, die für die Bestimmung eines hinreichend genauen Konzentrationstiefenprofils notwendig sind. Mit Hilfe der Elektronengas-SNMS im DBM-Mode kann man quantitative Tiefenprofile mit einer extrem hohen Auflösung von 1 nm erzielen. Ein Beispiel hierfür ist in Abb. 9.21 wiedergegeben.

Dieses Spektrum zeigt, dass mit zunehmender Abtragstiefe die Intensität der Zinkschicht zurückgeht, während die des Eisens verstärkt in Erscheinung tritt. Das Vorhandensein und die Änderung des Cr-Signals deuten darauf hin, dass sich auf dem Zinküberzug eine Chromschicht befindet. Mit Hilfe solcher Tiefenprofile können qualitative und quantitative Aussagen über die Konzentration eines oder mehrerer Elemente als Funktion der Tiefe von der Schichtoberfläche gemacht werden. Auch die Grenzfläche Substrat/Schicht lässt sich auf diese Weise näher untersuchen.

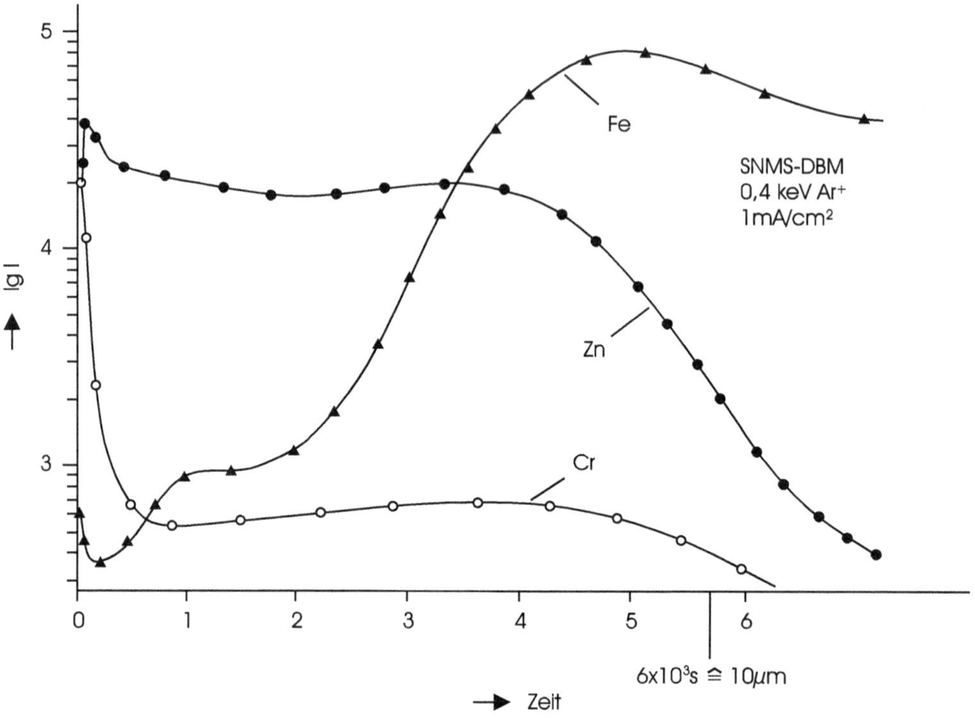

Abb. 9.21: SNMS-Tiefenprofil eines verzinkten Stahlblechs (Leybold-Heraeus)

Die wesentlichen Vorteile der SNMS lassen sich wie folgt zusammenfassen:

Nachweis aller chemischen Elemente

- Hohe Tiefenauflösung (0,5–1 nm), bedingt durch Beschuss mit niederenergetischen Primärionen
- Direkter Zusammenhang zwischen den SNMS-Intensitäten und der chemischen Zusammensetzung der untersuchten Oberfläche
- Quantitative Tiefenprofilanalyse mit einer Dynamik von mehr als drei Größenordnungen
- Geringfügige Matrixeffekte
- Problemlose Analyse elektrisch nicht leitender Schichten

Als Nachteile könnten folgende Aspekte genannt werden:

- Relativ geringe laterale Auflösung
- Zerstörung der Schichtoberfläche

9.3 Elektronenspektroskopische Methoden

Neben den geschilderten massenspektrometrischen Methoden existieren elektronenspektroskopische Analyseverfahren, bei denen Elektronen sowie Photonen als Primärstrahlen verwendet werden. Trifft ein solcher Strahl von Primärelektronen auf die Schicht, wird er teilweise reflektiert und löst gleichzeitig die Emission von Strahlungen aus der Schicht aus. Diese Vorgänge sowie die Energieverteilung $N(E)$ der reflektierten und emittierten Elektronen sind in Abb. 9.22 schematisch wiedergegeben. Darin ist die Anzahl N der Elektronen als Funktion ihrer Energie E aufgetragen.

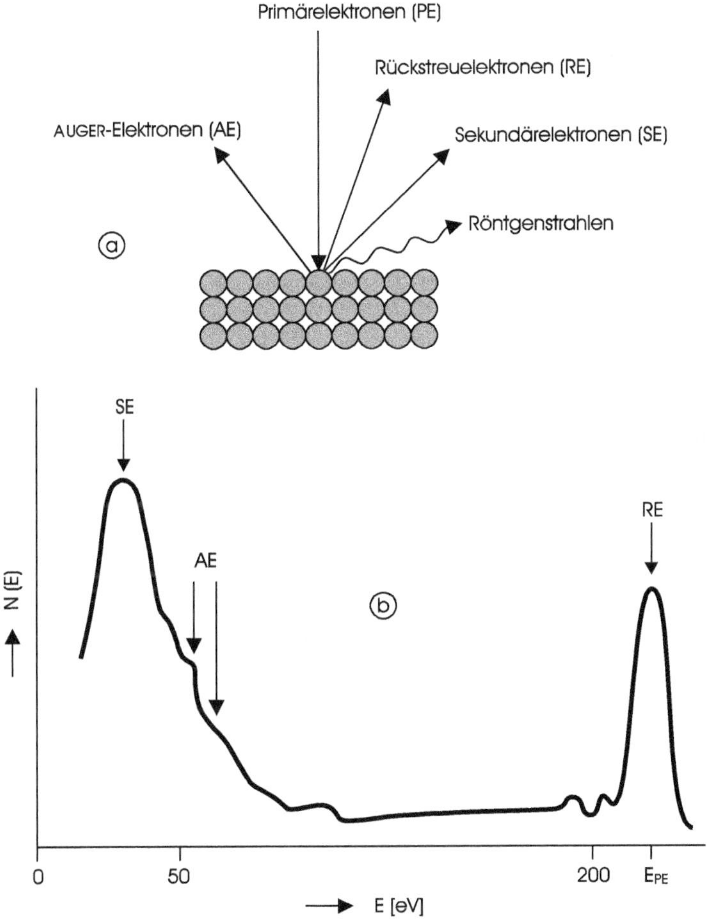

Abb. 9.22: Wechselwirkungen zwischen einfallenden Primärelektronen und Oberflächenatomen
a) Beschuss der Schicht mit Primärelektronenstrahl (PE)
b) Energieverteilungskurve der reflektierten bzw. emittierten Elektronen

Die Energieverteilungskurve $N(E) = f(E)$ weist drei Bereiche auf, denen drei unterschiedliche Wechselwirkungsmechanismen zugrunde liegen.

Der rechte Peak (RE) wird durch jene Primärelektronen verursacht, die nach dem Aufprall auf die Schichtoberfläche elastisch, d. h. ohne Energieverlust, reflektiert werden. Sie machen etwa 1 % der Primärelektronen aus. Ein großer Teil der Primärelektronen wird aber inelastisch gestreut, d. h., die Mehrzahl von ihnen verliert infolge zahlreicher Stoßprozesse mit den Gitteratomen der Schicht weitgehend ihre Energie. Die verbleibende Energie streut dann über ein ausgedehntes niedriges Niveau, das dem mittleren Bereich der Energieverteilungskurve entspricht.

Der linke Peak (SE) stammt von den Sekundärelektronen, die nach dem Aufprall der Primärelektronen aus dem Atomverband der Schicht herausgelöst werden. Zu ihnen gehört eine Gruppe von Elektronen niedriger Energie, die als AUGER-Elektronen bekannt sind. Sie sind auf der Energieverteilungskurve als AE gekennzeichnet.

Abb. 9.23 zeigt den prinzipiellen Aufbau eines Elektronenspektrometers, mit dessen Hilfe die Energieverteilung der Elektronen bestimmt werden kann.

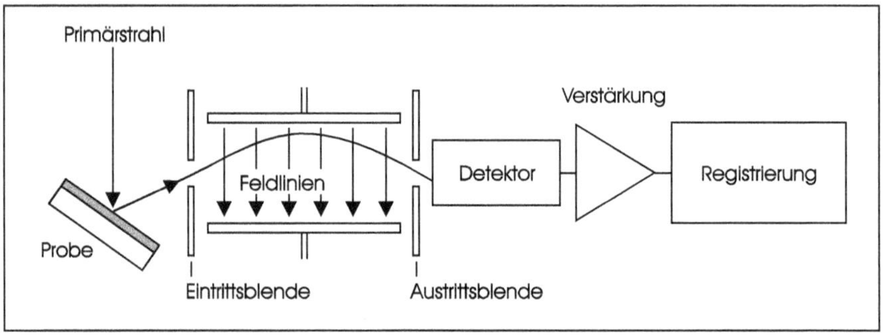

Abb. 9.23: Aufbau eines Elektronenspektrometers zur Bestimmung der Energie und Intensität der emittierten Elektronen [9.30]

Durch die Änderung des elektrischen bzw. magnetischen Felds werden die von der Probe kommenden Elektronen fokussiert und so in ihrer Bewegung beeinflusst, dass sie je nach ihrer kinetischen Energie nacheinander in den Detektor gelangen. Die Energieverteilungskurve erhält man, indem man die registrierten Intensitäten als Funktion der angelegten Feldstärke aufträgt.

Zu den wichtigen Varianten elektronenspektroskopischer Verfahren zählen die AUGER-Elektronenspektroskopie [9.22-9.33] und die Elektronenspektroskopie für chemische Analyse [9.34-9.43].

9.3.1 AUGER-Elektronenspektroskopie (AES)

Die Anwendung der AUGER-Elektronenspektroskopie als eine nicht destruktive Methode zur Untersuchung der chemischen Zusammensetzung von Schichten gewinnt zunehmend an Bedeutung. Ihre Entstehung verdanken die AUGER-Elektronen, wie in Abb. 9.24 angedeutet, einem dreistufigen Reorganisationsprozess, der sich in der Elektronenhülle des angeregten Atoms abspielt [9.24, 9.25, 9.31]. Er umfasst den Anregungs-, Zerfalls- und Relaxationsprozess.

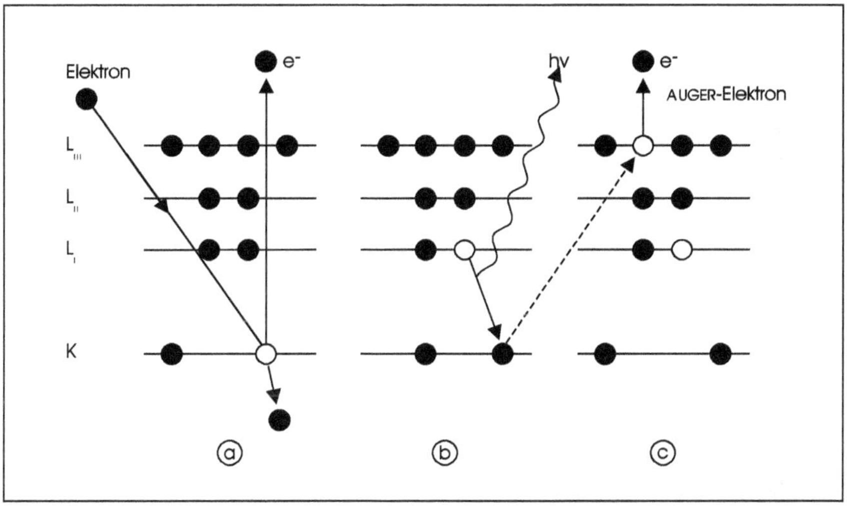

Abb. 9.24: Entstehung eines AUGER-Elektrons durch Zusammenstoß eines Primärelektrons mit einem Atom der Schicht
a: Anregungsprozess, b: Zerfallsprozess, c: strahlungsloser Relaxationsprozess

Trifft ein Primärelektron ausreichender Energie auf ein Atom der Schicht, so besteht die Möglichkeit, dass es ein Elektron aus der K-Schale, d. h. der innersten Elektronenhülle des Atoms herausschleudert und dadurch in dieser eine Leerstelle erzeugt (Anregungsprozess, Abb. 9.24a). Daraufhin findet innerhalb kürzester Zeit eine Reorganisation der Elektronenkonfiguration statt, wobei ein energiereicheres Elektron aus einer anderen Schale, beispielsweise aus der L_I-Schale, in die entstandene Leerstelle springt und diese wieder auffüllt. Die Energie, die hierbei frei wird, ergibt sich aus der Differenz

$$\Delta E = E_{L_I} - E_K \tag{9.5}$$

und wird im Allgemeinen in Form eines Röntgenquants der Frequenz $\nu_{L1,K}$ abgestrahlt (Zerfallsprozess, Abb. 9.24b). Sie kann aber auch zum Herausschlagen eines weiteren

Elektrons, beispielsweise aus der L_{III}-Schale, beitragen (strahlungloser Relaxationsprozess, Abb. 9.24c). Die kinetische Energie dieses Elektrons, das als AUGER-Elektron bezeichnet wird, ergibt sich nun als Differenz zweier Energiegrößen:

$$E_{AE} = (E_{L_{III}} - E_{L_I} - E_K) - \Phi_A \qquad (9.6)$$

Φ_A ist die Austrittsarbeit in eV. Sie ist die kleinste Energie, die benötigt wird, um ein Elektron aus einem ungeladenen Festkörper zu lösen. Die Werte für die sind in Tab. 9.5 zusammengestellt.

Tab. 9.5: Austrittsarbeiten einiger Elemente

Element	Austrittsarbeit Φ_A in eV
Platin	5,32
Nickel	5,00
Gold	4,80
Silber	4,60
Wolfram	4,54
Kupfer	4,39
Molybdän	4,20
Tantal	4,19
Molybdän	4,16
Aluminium	3,00
Lithium	2,20
Barium	1,80
Cäsium	1,70
Lanthanhexaborid (LaB_6)	2,70

Die Messung der kinetischen Energie des AUGER-Elektrons, die eine charakteristische Größe darstellt, erlaubt eindeutige Rückschlüsse auf die Natur des betreffenden Atoms. Die AUGER-Elektronen machen sich in der Energieverteilungskurve durch Stellen diskreter Energie bemerkbar (Abb. 9.22). Diese gerade noch erkennbaren Unstetigkeiten können durch elektronisches Differenzieren der Funktion N(E) aus dem Untergrund hervorgehoben werden. Eine solche elektronisch abgeleitete Kurve ist in Abb. 9.25 schematisch dargestellt.

Die Maxima in dem durch die elektronische Ableitung gewonnenen AES-Spektrum geben nun aufgrund tabellarisch vorliegender Energiewerte Auskunft über die Art der

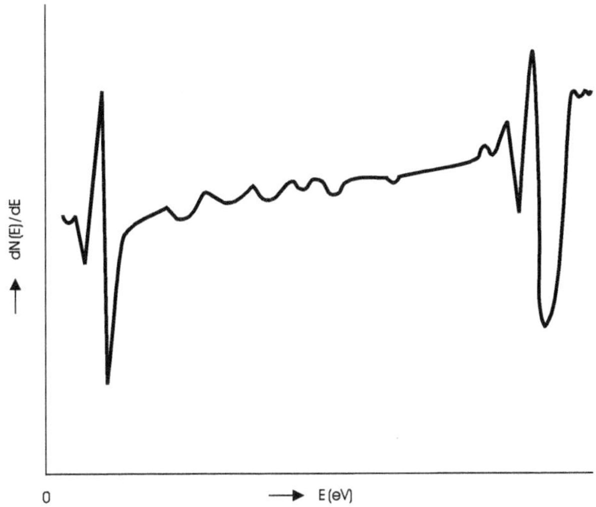

Abb. 9.25: Elektronisch ermittelte Ableitung d$N(E)$/dE der Energieverteilungskurve

Atome der Schichtoberfläche. Aus dem Abstand zwischen den Maxima und den Minima der Kurve („peak-to-peak"-Intensitäten) kann man ferner die Konzentrationen der betreffenden Atomarten bestimmen.

Bedingt durch die geschilderten Relaxationsprozesse in der Elektronenhülle eines angeregten Atoms, lassen sich nur Elemente mit einer Ordnungszahl von $Z > 3$ nachweisen. Auf der anderen Seite besitzt die AUGER-Elektronenspektroskopie den großen Vorzug, gerade bei den leichten Elementen Bor, Kohlenstoff, Sauerstoff und Stickstoff eine besonders hohe Ausbeute an Elektronen zu liefern (Abb. 9.26). Dadurch kann die Anwesenheit dieser Elemente in der Schicht leicht nachgewiesen werden.

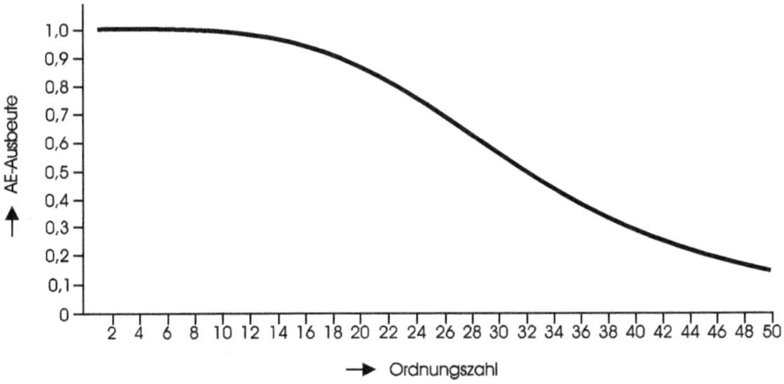

Abb. 9.26: Ausbeute an AUGER-Elektronen in Abhängigkeit von der Ordnungszahl der Elemente [9.24]

Für die Durchführung von AUGER-Untersuchungen wird häufig der so genannte Zylinderspiegelanalysator (CMA: Cylindrical Mirror Analyzer) eingesetzt, dessen prinzipieller Aufbau in Abb. 9.27 dargestellt ist [9.28, 9.30].

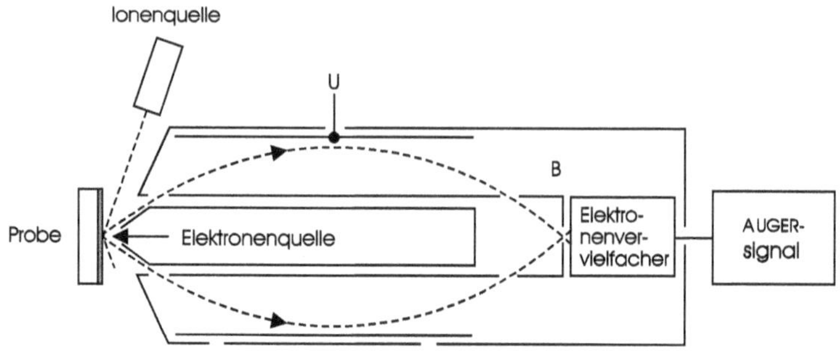

Abb. 9.27: Prinzipieller Aufbau eines Zylinderspiegelanalysators (CMA) zur Aufnahme von AES-Spektren

Der Zylinderspiegelanalysator besteht aus zwei koaxialen Zylindern, zwischen denen eine negative elektrische Spannung U angelegt wird. Elektronen, die infolge des Beschusses mit dem Primärelektronenstrahl von einem bestimmten Punkt der Schichtoberfläche emittiert werden, bewegen sich auf der Mantelfläche eines Kegels mit dem Öffnungswinkel $\approx 42°$. Sie gelangen zwischen die Zylinderflächen, wo sie durch das elektrische Feld auf die CMA-Achse zurückfokussiert werden, und erreichen durch die Austrittsblende (B) den Elektronenvervielfacher. Die Energieverteilung der emittierten Elektronen wird nun in Abhängigkeit von der angelegten Spannung gemessen. Die Ionenquelle dient zum Abtragen der Schichtoberfläche für die Aufnahme von Tiefenprofilen.

Die zu untersuchende Schicht wird üblicherweise mit einem Primärelektronenstrahl niedriger Energie (Durchmesser ~ 3 bis 1 µm, $E_{kin} \approx 10$ bis 1 000 eV) beschossen. Die Elektronen stehen in Wechselwirkung mit den Atomen der Schichtoberfläche und werden dabei durch Energieverlust inelastisch gestreut. Die Länge des Weges zwischen zwei aufeinander folgenden inelastischen Stößen, die als mittlere freie Weglänge bezeichnet wird, hängt von dem Schichtmaterial und der kinetischen Energie der Primärelektronen ab. Sie variiert unter den üblichen experimentellen Bedingungen zwischen 0,3 und 5 nm. Bei Metallen liegt sie häufig bei 0,5 bis 1 nm. Die sich durch die effektive Austrittstiefe der AUGER-Elektronen ergebende Informationstiefe wird als das Dreifache der mittleren freien Weglänge, also 1 bis 15 nm, angenommen.

Die Intensität I_A der AUGER-Linie des in der Schicht vorhandenen Elementes A ergibt sich aufgrund folgender Beziehung [9.31]:

$$I_A = I_P \cdot \sigma_A \, (1 + r_M) \cdot T \cdot D \int_0^{\infty} c_A \exp\left(\frac{-Y \cdot \cos\theta}{\lambda_M} \right) \cdot dY \qquad (9.7)$$

Die in dieser Gleichung vorkommenden Symbole bedeuten: I_P Primärelektronenstrom, σ_A Wirkungsquerschnitt[4] für die Emission der AUGER-Linie, r_M Rückstreufaktor der Primärelektronen, T Transmissionseffizienz des Elektronenspektrometers, D Detektoreffizienz, Θ Elektronenaustrittswinkel bezüglich der Oberflächennormale und c_A Konzentration des Elementes A als Funktion der Tiefe Y.

Die kinetische Energie der AUGER-Elektronen ist lediglich von der Energiedifferenz der am AUGER-Prozess beteiligten Elektronenschalen abhängig und liegt meist im Bereich von 20 bis 2 000 eV. Diese niedrige Energie ist auch dafür verantwortlich, dass die aus der Schicht austretenden Elektronen nur aus den obersten Atomlagen der Oberfläche (≈ 2 nm) stammen.

Das in Abb. 9.28 wiedergegebene AES-Spektrum gibt Aufschluss über die chemische Beschaffenheit der Oberfläche einer außenstromlos abgeschiedenen Kupferschicht.

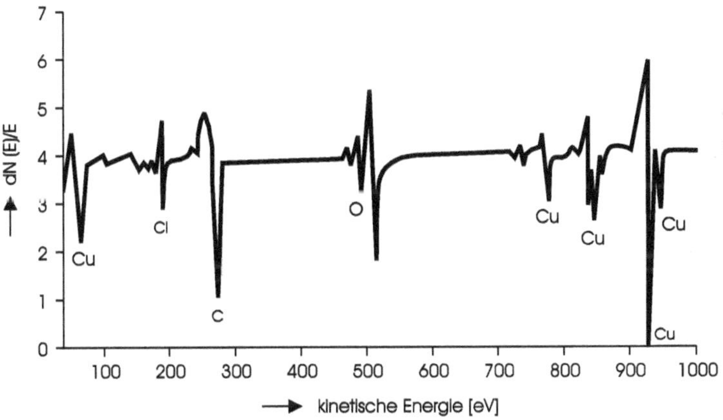

Abb. 9.28: AES-Übersichtsspektrum einer chemisch abgeschiedenen Kupferschicht

4 In der Elementarteilchenphysik wird jedem punktförmig gedachten Teilchen eine Fläche als gedachte „Zielscheibe" zugeordnet. Die Größe der Zielscheibe wird so gewählt, dass eine Wechselwirkung (z. B. ein Streuprozess oder eine Reaktion) stattfindet, wenn ein einfallendes Teilchen die Zielscheibe trifft bzw. keine Wechselwirkung stattfindet, wenn es sie verfehlt. Diese hypothetische Fläche ist der Wirkungsquerschnitt σ des Target-Teilchens. Er ist ein Maß für die Wahrscheinlichkeit, dass eine Wechselwirkung bei der gegebenen Energie des einfallenden Teilchens stattfindet. Als Einheit des Wirkungsquerschnitts wird 1 barn (engl.: Scheune) verwendet (1 barn = 1 b = $1 \cdot 10^{-28}$ m^2). Als noch kleinere Einheiten benutzt man Millibarn (1 mb) und Mikrobarn (1 µb).

Das Spektrum gibt Auskunft über den Zustand der Schichtoberfläche nach der Abscheidung und deutet auf das Vorhandensein eines Kontaminationsfilms aus Chlor, Kohlenstoff und Sauerstoff hin, der sich auf der Kupferschicht gebildet hat. Während Kohlenstoff und Sauerstoff vermutlich aus dem Gerät stammen, bleibt der Ursprung des Chlors zunächst unklar.

Außer den AUGER-Linien von Kupfer sind in diesem Spektrum keine weiteren Linien zu verzeichnen, was darauf schließen lässt, dass die Oberfläche der untersuchten Kupferschicht praktisch frei von Beimengungen ist.

Wird nun mit Hilfe der Ionenquelle des AUGER-Spektrometers (Abb. 9.27) die Schichtoberfläche kontinuierlich oder alternierend abgetragen, dann besteht die Möglichkeit, auch Tiefenanalysen an der Kupferschicht durchzuführen. Zu diesem Zweck können Ar^+- oder Kr^+-Ionen herangezogen werden. Übliche Abtragraten betragen 1 bis 100 nm pro Minute. Bei dieser Betriebsart können Schichttiefen zwischen 0,5 nm und 10 µm erreicht werden. Mit Hilfe dieser Sputtereinrichtung und einer konstanten Abtragsgeschwindigkeit von 2,5 nm/min wurden die in Abb. 9.29 reproduzierten Tiefenprofile erstellt.

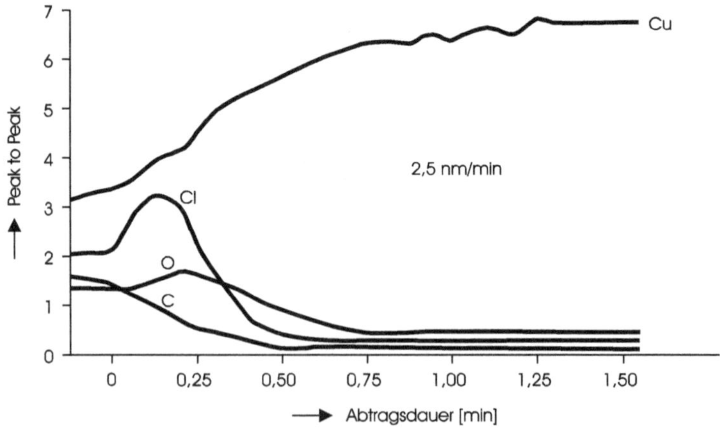

Abb. 9.29: Konzentrationsprofile der Elemente C, Cl, O_2 und Cu in einer chemisch abgeschiedenen Kupferschicht

Daraus geht deutlich hervor, dass die Elemente Chlor, Sauerstoff und Kohlenstoff offensichtlich nur auf der Oberfläche der Kupferschicht vorhanden sind, da ihre Konzentrationen mit zunehmender Sputterzeit rapide zurückgehen. In einer Tiefe von 1 nm liegt praktisch nur noch reines Kupfer vor.

Das so genannte Sehnenschliffverfahren (s. Abschnitt 8.4.1.1.3, Abb. 8.15), das vielfach zur Schichtdickenmessung bei Mehrfachschichten eingesetzt wird, kann auch dazu benutzt werden, Konzentrationsprofile bis zu einer Tiefe von 1 bis 100 µm aufzunehmen.

Ein Beispiel dieser Art ist in Abb. 9.30 wiedergegeben. Es handelt sich dabei um einen galvanisch verzinkten Stahl, der zur Verbesserung der Haftfestigkeit für Farbanstriche anschließend chromatiert wurde. Das Konzentrationsprofil des Zinks lässt die Dicke der Zinkschicht auf etwa 30 bis 35 µm abschätzen. Ferner erkennt man, dass das Chrom bis zu einer Tiefe von 5 µm in die Zinkschicht eingedrungen ist.

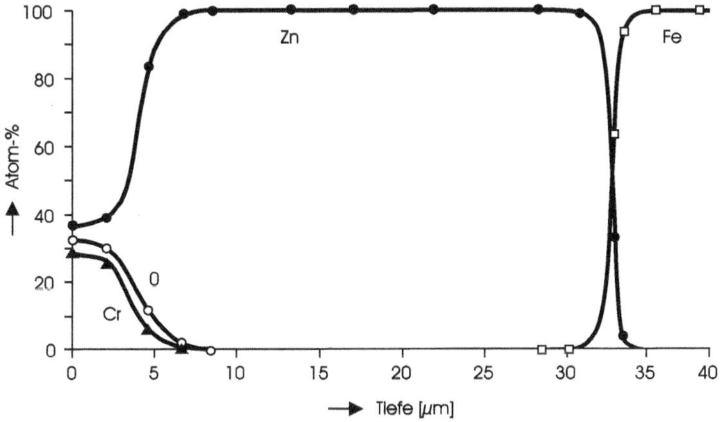

Abb. 9.30: Tiefenprofilmessung an einer galvanisch auf Stahl abgeschiedenen und mittels Sehnenschliffverfahren präparierten Zinkschicht [9.32]

9.3.1.1 Raster-AUGER-Mikroanalyse (SAM)

Eine Weiterentwicklung der AES ist die Raster-AUGER-Mikroanalyse (SAM: Scanning AUGER Microanalysis), bei der man im Unterschied zu der konventionellen Methode über die Möglichkeit verfügt, durch das Abrastern der Probenoberfläche Elementverteilungsbilder zu erzeugen. Der Durchmesser des Primärelektronenstrahls liegt dabei zwischen 1 µm bis 25 nm, und die analysierbare Schichtoberfläche erstreckt sich von 0,5 cm^2 bis zu einem Fleck mit einem Durchmesser von weniger als 1 µm. Mit Hilfe solcher Raster-AUGER-Sonden kann man bei einer Beschleunigungsspannung von 35 kV Elementverteilungen mit einer lateralen Auflösung von weniger als 0,1 µm aufnehmen [9.20]. Allerdings ist zu beachten, dass die zu diesem Zweck benötigten hohen Primärelektronenstromdichten zu einer lokalen Aufheizung der Schicht führen können. Auch andere Strahlenschäden und elektroneninduzierte Desorptionsvorgänge sind nicht auszuschließen.

Die wesentlichen Vorteile der AUGER-Elektronenspektroskopie lassen sich wie folgt zusammenfassen:

- Informationstiefe zwischen 0,5 und 10 nm
- Nachweisgrenze typischerweise zwischen 10^{-2} und 10^{-3} einer Monolage
- Laterale Auflösung ca. 0,2 µm
- Nachweis aller Elemente bis auf Wasserstoff und Helium
- Möglichkeit der Punkt- und Linienanalyse der Elemente Lithium bis Uran
- Möglichkeit der Tiefenprofilanalyse in Kombination mit einer Sputtereinrichtung
- Aufnahme von Elementverteilungsbildern

Als Nachteile gelten:

- Nachweis von Elementen erst ab Ordnungszahlen $Z > 3$
- Geringe Nachweisempfindlichkeit im Bereich von 0,1 bis 1 Atom-%
- Aufladungsprobleme bei der Analyse von nicht leitenden Schichten
- Interpretationsprobleme infolge der Überlappung von Peaks
- Nachweis von Verbindungen aus den Spektren nur in begrenztem Umfang möglich

9.3.2 Elektronenspektroskopie für chemische Analyse (ESCA)

Eine weit verbreitete Methode zur analytischen Untersuchung von Schichten ist die so genannte Elektronenspektroskopie für chemische Analyse, die auf dem Photoeffekt in den inneren Atomorbitalen beruht. Dabei wird die Schicht mit monochromatischen Photonen beschossen (Anregung), und die emittierten Elektronen und Photoelektronen werden in einem Elek-tronenspektrometer energetisch analysiert (Emission). Dabei verändern die Photonen kaum die Zusammensetzung der Schichtoberfläche.

Die Vorgänge der Anregung und Emission sind in Abb. 9.31 schematisch dargestellt.

Die kinetische Energie E_{kin} eines emittierten Photoelektrons ergibt sich aus der Energiebilanz:

$$E_{kin} = h \cdot \nu - E_B - \Phi_A \qquad (9.8)$$

Darin sind $h = 6{,}622 \cdot 10^{-34}$ J · s = $4{,}136 \cdot 10^{-15}$ eV · s das PLANCKsche Wirkungsquantum und ν die Lichtfrequenz. Das Produkt $h \cdot \nu$ ist die Energie des anregenden Photons. Φ_A ist die Analysator-Austrittsarbeit und da sie im Allgemeinen < 1 eV ist, kann sie in der Regel vernachlässigt werden. E_B ist die Bindungsenergie des Elektrons und daher

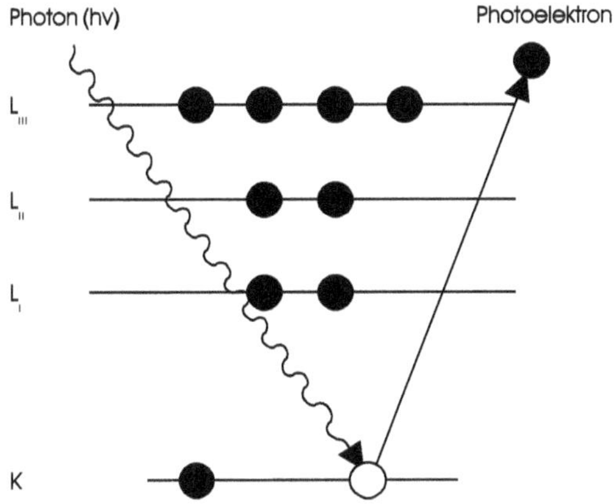

Abb. 9.31: Anregung eines Atoms durch Beschuss mit Photonen und Emission von Photoelektronen

atom- bzw. elementspezifisch, vorausgesetzt, das Photoelektron erleidet keine inelastischen Stöße in der Schicht.

Wegen der relativ geringen kinetischen Energie der emittierten Photoelektronen ist die ESCA auf eine Tiefe bis zu 2 nm unter der Schichtoberfläche beschränkt und damit ein geeignetes Verfahren zur Oberflächenanalyse. Das Verfahren liefert darüber hinaus Informationen über die Bindungszustände der an der Schichtoberfläche vorliegenden Atome.

Je nachdem ob man als Anregungsquelle UV-Licht oder Röntgenstrahlen verwendet, spricht man von Ultraviolett-Photoelektronenspektroskopie (UPS) bzw. RÖNTGEN-Photoelektronenspektroskopie (XPS).

9.3.2.1 Ultraviolett-Photoelektronenspektroskopie (UPS)

Bei der UPS verwendet man als Primärstrahlung monochromatische UV-Strahlung, die man bei einer unter einem Druck von ca. 13 Pa (≈ 0,1 Torr) betriebenen Heliumentladungslampe gewinnt. Die so erhaltene HeI-Strahlung besitzt eine Wellenlänge von λ = 58 nm und die Energie E = 21,21 eV. Durch Druckerniedrigung kann man auch die HeII-Strahlung (λ = 30,4 nm, E = 40,8 eV) erzeugen. Die Anregungsstrahlung wird dann durch eine Kapillare in die Probenkammer geführt und auf die Schichtoberfläche gerichtet. Die Energieauflösung der Methode ist infolge der äußerst geringen Linienbreiten der HeI- und HeII-Strahlung (HeI: 0,003 eV; HeII: 0,017 eV) so hoch, dass man sogar die Schwingungsspektren der Moleküle aufnehmen kann. Die UPS wird daher bevorzugt zur Untersuchung von Valenz- und Leitungsbandstrukturen eingesetzt [9.3].

9.3.2.2 RÖNTGEN-Photoelektronenspektroskopie (XPS)

In der Praxis wird viel häufiger die RÖNTGEN-Photoelektronenspektroskopie (XPS) eingesetzt, bei der zur Anregung der Schichtoberfläche Röntgenstrahlen verwendet werden. Dabei verwendet man bevorzugt AlK_{α}-Strahlung (E = 1 486 eV, Linienbreite: 0,83 eV) oder MgK_{α}-Strahlung (E = 1 253 eV, Linienbreite: 0,68 eV).

Der prinzipielle Aufbau eines RÖNTGEN-Photoelektronenspektrometers ist in Abb. 9.32 schematisch dargestellt.

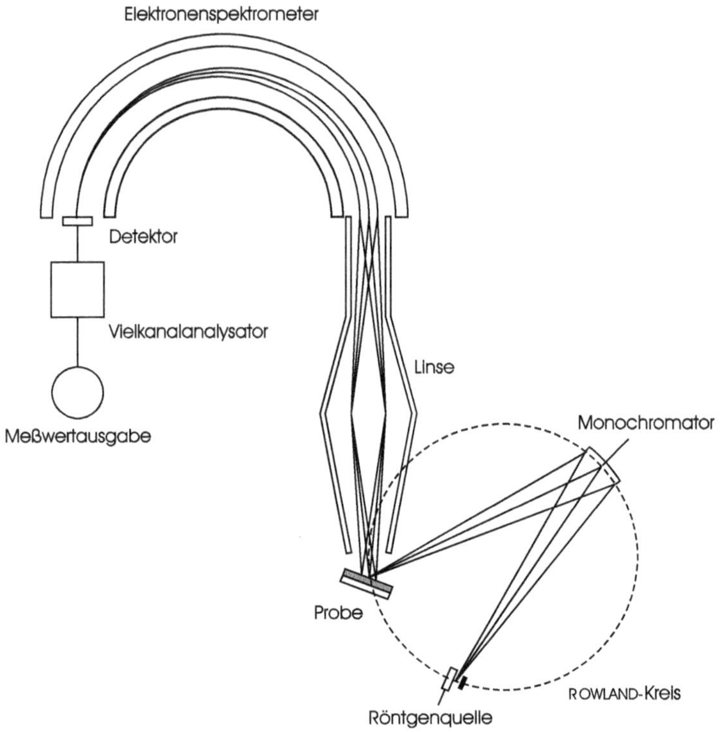

Abb. 9.32: Aufbau des RÖNTGEN-Photoelektronenspektrometers [9.40]

Durch die Anregung mit Röntgenstrahlung werden aus der Schicht Photoelektronen ausgelöst, die durch das Linsensystem zu einem Strahl gebündelt werden. In dem Elektronenspektrometer werden die emittierten Elektronen hinsichtlich ihrer kinetischen Energie analysiert. Über den Elektronendetektor wird anschließend die Intensität als Funktion der kinetischen Energie gemessen und mittels entsprechender Elektronik gespeichert. Die Intensität I_A des Photoelektrons für das Element A lässt sich aufgrund der Beziehung aus Gl. (9.9) ermitteln [9.3].

$$I_A = g \cdot J_P \cdot \sigma_P \int_0^{\infty} c_A \cdot \exp\left(-\frac{Y}{\lambda_{eff}}\right) \cdot dY \tag{9.9}$$

g ist eine apparativ bedingte Größe, J_p der Photonenfluss, σ_p der Photonen-Wirkungsquerschnitt, c_A die atomare Konzentration des Elementes A als Funktion der Tiefe Y und λ_{eff} die effektive Austrittstiefe.

Ähnlich wie bei der AES wird auch hier die Anzahl der pro Sekunde emittierten Elektronen in Abhängigkeit von der Energie registriert. Aufgrund tabelliert vorliegender Werte für die Bindungsenergien kann man die Identifizierung der Atome und Moleküle sowie ihrer Bindungszustände vornehmen. Im Gegensatz zur AES, bei der die Energie der emittierten AUGER-Elektronen nur durch die Art des angeregten Atoms bestimmt wird, hängt die Energie der ausgesandten Photoelektronen außerdem auch von der Wellenlänge der anregenden Röntgenstrahlung ab.

Die Informationstiefe liegt zwischen 0,5 und 10 nm, und die Nachweisgrenze für Elementkonzentration beträgt aufgrund unterschiedlicher Photonen-Wirkungsquerschnitte 0,1 bis 1 Atom-% des betreffenden Elements. Hinsichtlich des Auflösungsvermögens der XPS ist folgendes anzumerken: Da sich Röntgenstrahlen schwer fokussieren lassen, ist der bestrahlte Oberflächenbereich relativ groß und beträgt etwa 1×1 cm^2. Durch die Entwicklung leistungsfähigerer Röntgenquellen ist es aber neuerdings möglich, einen Röntgenbrennfleck mit einem Durchmesser von nur 150 µm auf der Probenoberfläche zu erzeugen. Dies hat die Herstellung von so genannten „Small Spot“-XPS-Geräten (SSXPS) wesentlich vorangetrieben, bei denen nur ein geringer Teil der von der Schicht emittierten Elektronen elektronenoptisch ausgeblendet werden. Damit lassen sich örtliche Auflösungen um 150×150 µm^2 erreichen [9.5]. Der Nachteil, der dabei hingenommen werden muss, ist natürlich ein gewisser Intensitätsverlust.

Abb. 9.33 zeigt das XPS-Übersichtsspektrum der Oberfläche einer chemisch erzeugten Kupferschicht direkt nach der Abscheidung.

Die einzelnen Peaks in diesem Spektrum werden durch unterschiedliche Relaxationsprozesse der Elektronenzustände verursacht, wobei neben den Photoelektronen auch AUGER-Elektronen auftreten. Dies ist der Grund, weshalb in diesem Spektrum neben den XPS-Signalen auch AUGER-Peaks zu beobachten sind. Diese zeichnen sich dadurch aus, dass ihre energetische Lage unabhängig von der Wellenlänge der verwendeten Röntgenstrahlung ist. Aus dem XPS-Spektrum geht hervor, dass sich auf der Kupferschichtoberfläche ein Kontaminationsfilm gebildet hat. Darauf weisen die von Sauerstoff und Kohlenstoff stammenden Peaks (O_{1s} und C_{1s}).

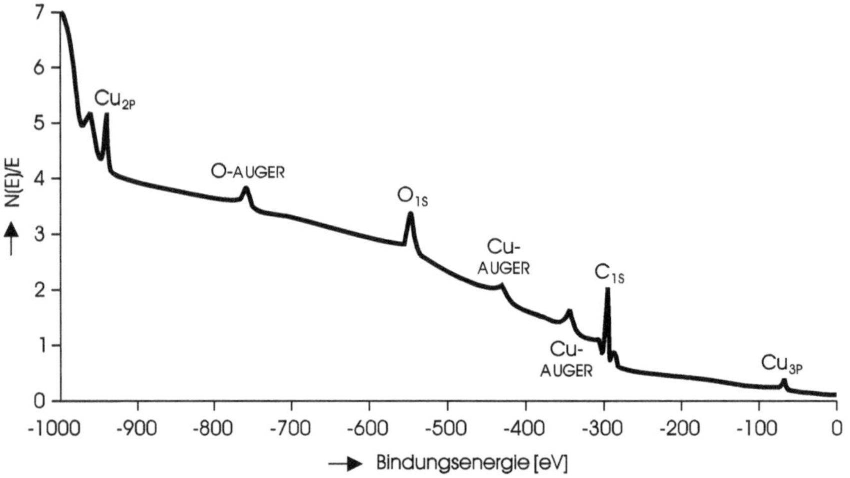

Abb. 9.33: XPS-Übersichtsspektrum der Oberfläche einer chemisch abgeschiedenen Kupferschicht direkt nach der Abscheidung

Mit Hilfe der Ionenquelle, mit der das XPS-Gerät ausgerüstet ist, ist es nun möglich, die Schichtoberfläche während der Analyse Monolage für Monolage abzutragen und so den Kontaminationsfilm zu entfernen. Dadurch erhöht sich die Nachweisempfindlichkeit für die in der Kupferschicht vorhandenen metallischen Verunreinigungen. Das XPS-Übersichtsspektrum der Schichtoberfläche nach dem Entfernen des Kontaminationsfilms ist in Abb. 9.34 zu sehen.

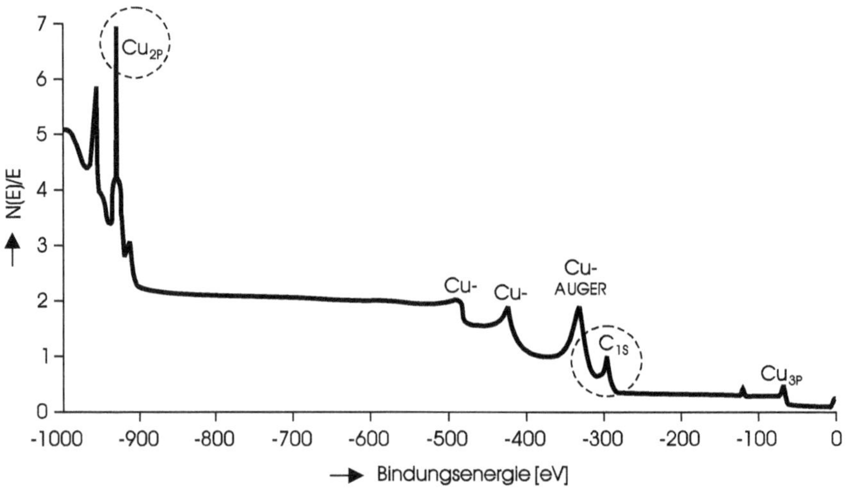

Abb. 9.34: XPS-Übersichtsspektrum der Kupferschichtoberfläche nach der Reinigung durch Ionensputtern

Die besondere Bedeutung der ESCA liegt darin, dass sie über den Nachweis von Elementen hinaus Informationen über die Bindungszustände der Oberflächenatome liefert. Dies beruht auf der Tatsache, dass die Bindungsenergie eines Elektrons im Atomverband auch von den Nachbaratomen beeinflusst wird. Das heißt, je nachdem ob sich das betrachtete Elektron in einem reinen Element oder einer Verbindung befindet, unterscheiden sich seine Bindungsenergien um einen geringfügigen Betrag. Dieser Sachverhalt lässt sich am Beispiel der Oxidation eines Metalls, z. B. Berylliums, demonstrieren (Abb. 9.35).

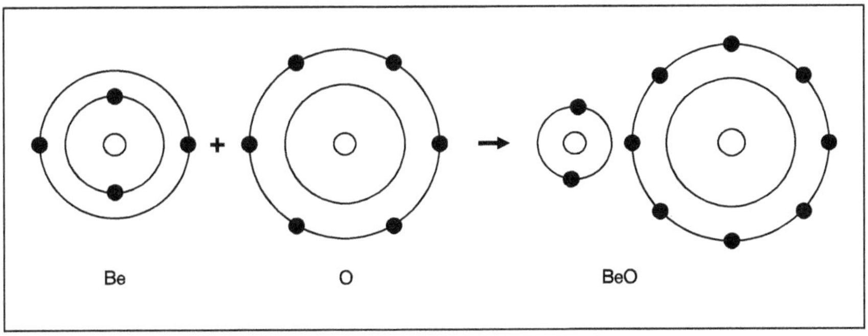

Abb. 9.35: Zunahme der Bindungsenergie eines Elektrons durch Überführung des reinen Metalls in eine Oxidverbindung am Beispiel von Beryllium und Berylliumoxid

Da beim Oxidationsvorgang Elektronen abgegeben werden, werden die noch im Metall verbleibenden Elektronen fester an ihren Atomkern gebunden. Infolgedessen ist eine höhere Ionisierungsenergie erforderlich, um sie aus dem Atomverband zu entfernen. Es ist die so genannte chemische Verschiebung (chemical shift), die eine Peak-Verschiebung im XPS-Spektrum verursacht und dadurch die Unterscheidung zwischen einer metallischen und einer chemischen Bindung ermöglicht. Da das Entfernen des Kontaminationsfilms durch das Ionensputtern eine Änderung der Bindungsverhältnisse auf der Oberfläche der Kupferschicht zur Folge hat, ist eine entsprechende Verschiebung der Intensitätslinien im XPS-Spektrum zu erwarten. Dies ist in der Tat der Fall. Die Verschiebung des Cu_{2p}- bzw. C_{1s}-Peaks ist in den Ausschnitten der jeweiligen Spektren deutlich zu erkennen (Abb. 9.36).

Aus diesen Spektren geht hervor, dass der Cu_{2p}-Peak, von ursprünglich -934,0 nun auf -932,8 eV verschoben worden ist. Die entsprechenden Werte für C_{1s}-Peak sind -286,0 und -285,1 eV.

Mit einem energetisch hochauflösenden Elektronenspektrometer lassen sich Peak-Verschiebungen von < 1 eV nachweisen.

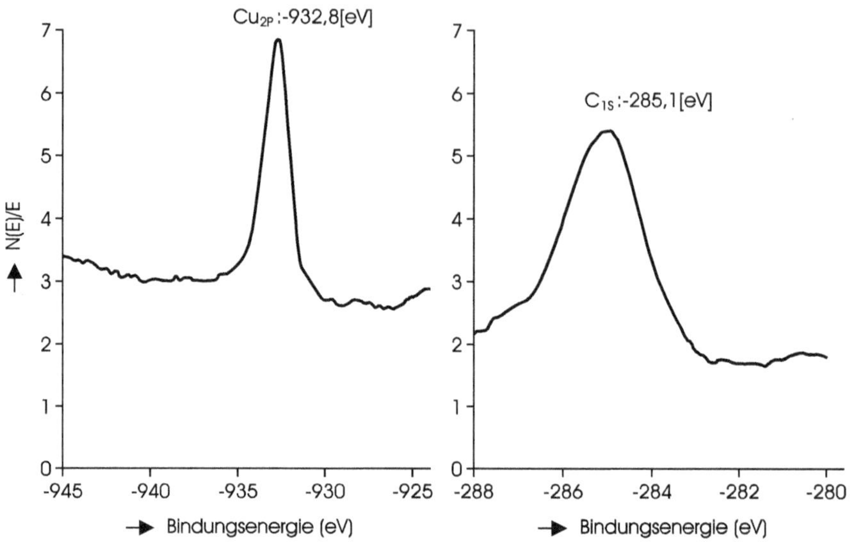

Abb. 9.36: Verschiebung (chemical shift) des C_{2p}- bzw. C_{1s}-Peaks nach dem Entfernen des Kontaminationsfilms von der Oberfläche der Kupferschicht

Als wesentliche Vorteile der ESCA sind zu nennen:

- Informationstiefe von ca. 0,5-10 nm
- Nachweisempfindlichkeit von 10^{-1} und 10^{-2} Teilchen pro Monolage
- Nachweis der Elemente Lithium bis Uran
- Eindeutigkeit des Elementnachweises
- Detailspektren zur Bestimmung der Bindungsenergien
- Bestimmung des Oxidationszustandes aufgrund chemischer Verschiebung
- Abschätzung der Konzentration aus den Intensitäten bzw. der relativen Mengen aus den Intensitätsverhältnissen

Als Nachteile sind anzusehen:

- Geringe laterale Auflösung (5-100 μm)
- Geringe Tiefenauflösung
- Beeinträchtigung der absoluten Genauigkeiten durch etwaige strahleninduzierte Nebeneffekte

Die in Tab. 9.6 zusammengestellten charakteristischen Merkmale sollen den Vergleich der einzelnen Analysenmethoden erleichtern und Hinweise in Bezug auf ihren praktischen Einsatz geben.

Tab. 9.6: Methoden zur analytischen Untersuchung der Schichtoberfläche und ihre charakteristische Merkmale

Charakteristika	Analysemethode				
	ISS	SIMS	SNMS	AES	ESCA
Anregung durch	Ionen	Ionen	Ionen	Elektronen	Photonen
Strahldurchmesser [µm]	100	100	100	0,2-3	~ 1 000
Emission von	Ionen	Ionen	Neutralteilchen	Elektronen	Elektronen
Informationstiefe [Monolage]	1	1	1	1-10	10
Nachweis von Elementen	$Z > 1$	alle	alle	$Z > 2$	$Z > 1$
Nachweis von Isotopen	nein	ja	ja	nein	nein
Nachweis von Verbindungen	nein	ja	ja	möglich	ja
Nachweisgrenze [ppm]	1 000	1	1	100	1 000
Analysierte Fläche [mm^2]	0,5-5	0,1-10	0,1-10	10^{-10}-10^{-2}	2-100
Laterale Auflösung [µm]	100	0,1-1	100	0,1-3	150-1 000
Variation der atomaren Empfindlichkeit	× 50	× 10^4	× 10^4	× 10	× 10
Quantitative Analyse	möglich	möglich	möglich	ja	möglich
Tiefenprofilanalyse	möglich	ja	ja	ja	möglich
Oberflächenzerstörung	nein	ja	ja	gering	gering
Analysen von nicht leitenden Schichten	ja	ja	ja	nein	ja

9.4 Mikroanalyse

Die bisher besprochenen analytischen Verfahren sind mehr oder minder oberflächensensitive Analysemethoden, d. h., sie liefern in erster Linie Informationen über die chemische Beschaffenheit der Schichtoberfläche. Will man die chemische Zusammensetzung der Schicht selbst bestimmen, muss man auf andere analytische Methode zurückgreifen, die eine größere Eindringtiefe besitzen. Eine Methode der Wahl ist die Röntgenanalyse. Sie beruht auf den Wechselwirkungen zwischen dem Primärelektronenstrahl und den Atomen der Schicht.

Je nach Höhe der Beschleunigungsspannung U und Natur des Schichtwerkstoffs dringen die Primärelektronen (PE) mehr oder weniger tief in die Schicht ein und werden innerhalb des so genannten Anregungsvolumens (Elektronendiffusionszone) von den Atomen der Schicht abgebremst, abgelenkt und gestreut oder in anderen Wechselwirkungen verwickelt. Das Anregungsvolumen hat bei leichten Elementen (niedrige Ordnungszahl *Z*) eine birnenförmige, bei schweren Elementen (hohe Ordnungszahl *Z*) eine kugelförmige Gestalt [9.47, 9.49]. Seine geometrische Ausdehnung wird durch die Höhe der Beschleunigungsspannung und die in der Schicht stattfindende radiale Elektronenstreuung beeinflusst (Abb. 9.37).

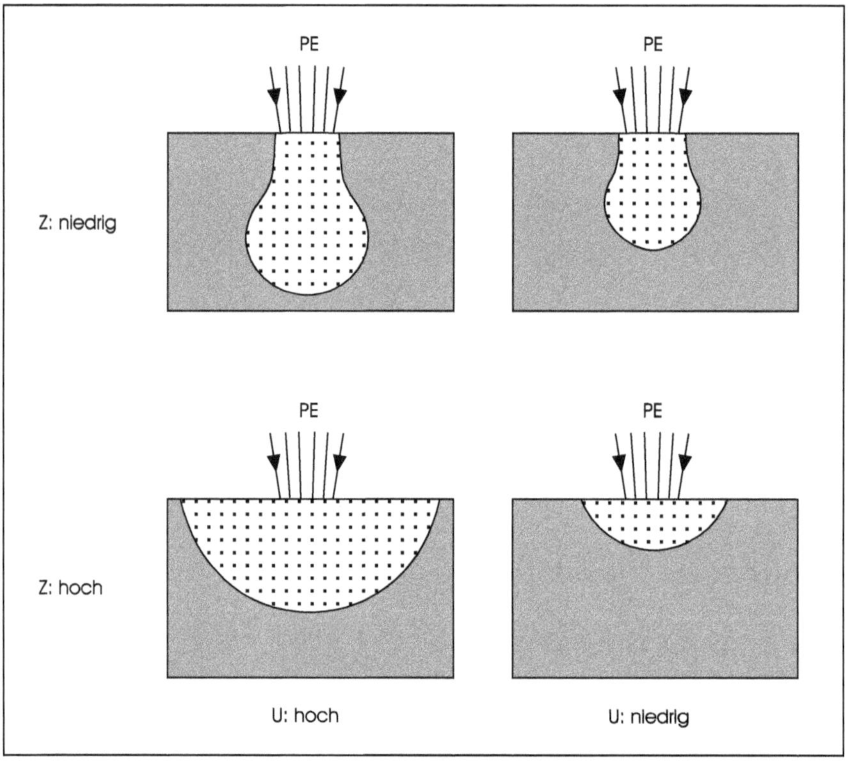

Abb. 9.37: Einfluss der Ordnungszahl *Z* und der Beschleunigungsspannung *U* auf die Gestalt und Größe des Anregungsvolumens

Die effektive Reichweite (Eindringtiefe) *R* [µm] der Primärelektronen in die Schicht hängt nicht nur von der Beschleunigungsspannung *U* [kV] und der Ordnungszahl *Z* ab, sondern auch von der mittleren relativen Atommasse *A*, der Dichte ρ [g/cm^3] des Schichtwerkstoffs und der kritischen Anregungsspannung U_K [kV], unterhalb der keine Anregung stattfindet. Sie kann nach CASTAING [9.51] wie folgt berechnet werden:

$$R = 0{,}0033 \cdot (U^{1,7} - U_\text{K}^{1,7}) \cdot \frac{A}{\rho \cdot Z} \tag{9.10}$$

Bei einer Beschleunigungsspannung von 30 kV, die oft in der Praxis angewendet wird, beträgt die effektive Eindringtiefe der Primärelektronen in Aluminium ~ 5 µm, in Kupfer ~ 2 µm und in Blei 1 µm. Bei 10 kV verringern sich die Werte für Aluminium und Blei auf ~ 1 µm bzw. 0,2 µm.

Die Primärelektronen lösen im Innern der Schicht verschiedene Prozesse aus und bewirken dadurch die Emission zahlreicher Signale, zu denen die Sekundärelektronen (SE), die Rückstreuelektronen (RE) sowie die kontinuierliche Bremsstrahlung und die charakteristische Röntgenstrahlung[5] (γ) gehören. Sie unterscheiden sich voneinander u. a. durch ihre verschieden großen Diffusionszonen, aus denen sie die Schicht verlassen können. Die Entstehungsorte dieser Strahlungen sind in Abb. 9.38 schematisch angedeutet.

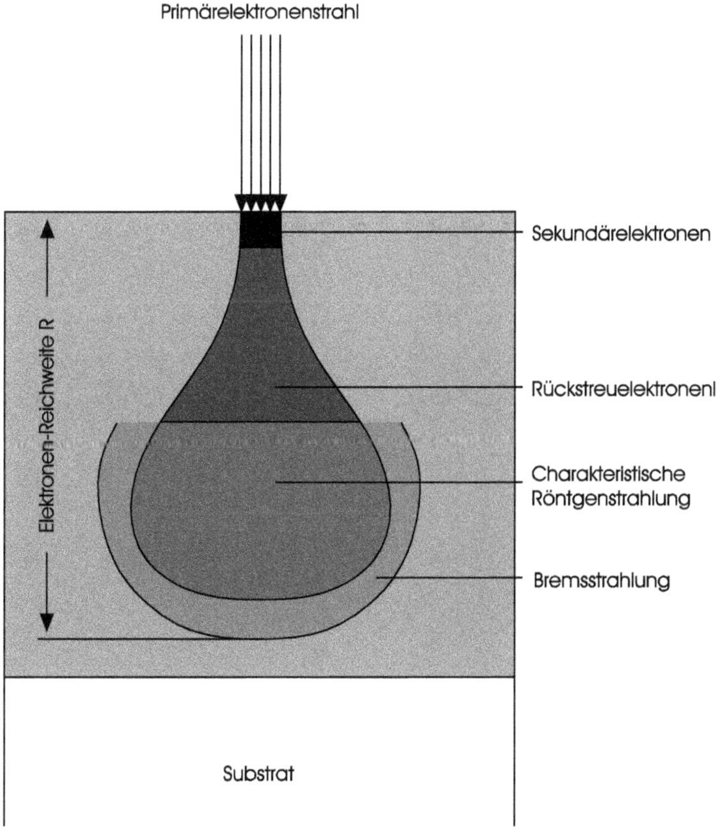

Abb. 9.38: Entstehung von Sekundär- und Rückstreuelektronen sowie charakteristischer Röntgenstrahlung und kontinuierlicher Bremsstrahlung innerhalb des Anregungsvolumens

[5] Die charakteristische Röntgenstrahlung ist als Linienspektrum der Teil des Röntgenspektrums, der für das jeweils verwendete Anodenmaterial typisch und eindeutig ist.

Sekundärelektronen: Die Sekundärelektronen entstehen in einer dünnen Zone der Schichtoberfläche innerhalb des vom Primärelektronenstrahl erfassten Oberflächenbereichs. Sie werden zur Erstellung von REM-Aufnahmen benutzt, da sie hohe laterale Auflösung in der Größenordnung um 10 nm ergeben und Oberflächenbilder hoher Tiefenschärfe erzeugen.

Rückstreuelektronen: Die Rückstreuelektronen haben eine schlechtere laterale Auflösung als die Sekundärelektronen, da sie aus einem und größeren und tiefer liegenden Bereich der Schicht herrühren. Aufnahmen von der zu untersuchenden Schicht unter Benutzung der Rückstreuelektronen sind deshalb nur bis zu Vergrößerungen um 2 000× sinnvoll. Sie lassen jedoch das Relief der Schichtoberfläche besonders plastisch erscheinen. Der Grund dafür liegt in der geradlinigen Flugbahn der Rückstreuelektronen zum Detektor, wodurch Schichtbereiche auf der dem Detektor abgewandten Seite abgeschattet werden. Zudem hängt der Rückstreukoeffizient, d. h. der auf den Primärelektronenstrahl bezogene Anteil an Rückstreuelektronen, von der mittleren Ordnungszahl ab. Der dadurch bedingte Kontrast in den Rückstreuelektronenbildern kann als Orientierungshilfe bei Gefügeuntersuchungen ausgenutzt werden.

Die Kurven in Abb. 9.39 geben das Auflösungsvermögen von Sekundär- bzw. Rückstreuelektronen in Abhängigkeit vom Durchmesser des Primärelektronenstrahls wieder.

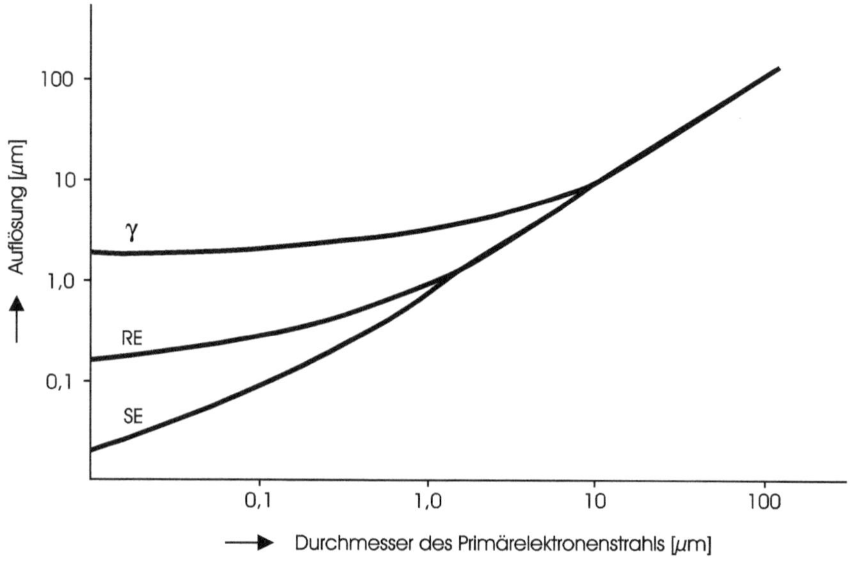

Abb. 9.39: Abhängigkeit des Auflösungsvermögens von Sekundär- und Rückstreuelektronen sowie Röntgenstrahlung vom Durchmesser des Primärelektronenstrahls [9.57]

Darin ist zum Vergleich auch die mit Röntgenstrahlen erreichbare Auflösung angegeben. Man erkennt, dass bei Röntgenbildern nur dann eine Auflösung von einigen µ erwartet werden kann, wenn der Durchmesser des Primärelektronenstrahls nicht größer als 1 µm ist. Die Kurven sind allerdings nur als Klassifizierung des Auflösungsvermögens der drei Strahlungsarten anzusehen.

Röntgenstrahlung: Für die Emission von Röntgenstrahlung aus der Schicht sind zwei Prozesse verantwortlich. Werden die auftreffenden Primärelektronen innerhalb der Schicht an den Atomkernen gestreut und dadurch abgebremst, so verlieren sie einen Teil ihrer kinetischen Energie, die in Form von so genannte Bremsstrahlung ausgesendet wird (Abb. 9.40a). Dabei entsteht ein kontinuierliches Röntgenspektrum (Abb. 9.40b), das zwar alle Energien umfasst, jedoch keine analytischen Informationen über die Zusammensetzung der Schicht liefert. Das kontinuierliche Röntgenspektrum bildet ein störendes Grundrauschen, das sich nicht ohne weiteres eliminieren lässt.

Treffen hingegen die Primärelektronen innerhalb der Schicht auf die Elektronen der Atome und schleudern sie aus ihren Schalen hinaus, dann werden die entstandenen Lücken in weniger als 10^{-15} Sekunden durch Elektronen aus anderen Schalen wieder aufgefüllt (Abb. 9.40a). Dabei wird die Energiedifferenz in Form von charakteristischer Röntgenstrahlung frei (Abb. 9.40b). Je nach Herkunft spricht man von K-, L- oder M-Strahlung.

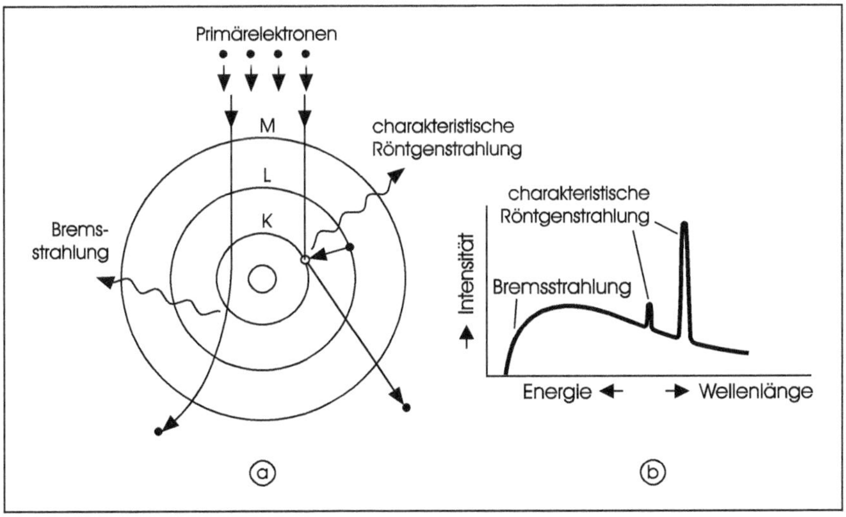

Abb. 9.40: Zur Entstehung kontinuierlicher Bremsstrahlung und charakteristischer Röntgenstrahlung; a: Wechselwirkungen zwischen einfallenden Primärelektronen und Atomen, b: Röntgenspektrum

Das charakteristische Röntgenspektrum besteht, im Gegensatz zur Bremsstrahlung, aus einer Anzahl von Linien oder Peaks, deren Lage für die in der Schicht enthaltenen Elemente spezifisch ist.

Die von der Schicht emittierten Röntgensignale können nun mit Hilfe geeigneter Spektrometer hinsichtlich ihrer Energie oder Wellenlänge analysiert und als Intensität registriert werden. Liefert das Spektrometer die Intensität als Funktion von der Energie $I = f(E)$, so spricht man von energiedispersiver Röntgenanalyse [9.47-9.55]. Wird dagegen die Intensität als Funktion von der Wellenlänge $I = f(\lambda)$ registriert, dann liegt der Fall von wellenlängendispersiver Röntgenanalyse vor [9.56-9.60].

Die physikalische Grundlage hierfür ist der allgemeine Zusammenhang zwischen Energie und Wellenlänge einer Strahlung, der durch folgende Beziehung gegeben ist:

$$E = \frac{h \cdot c}{\lambda} \tag{9.11}$$

Darin bedeuten h das PLANCKsche Wirkungsquantum und c die Lichtgeschwindigkeit. Die Intensität I_0 der Röntgenstrahlung, d. h. die Höhe der Peaks, lässt sich wiederum aufgrund der Beziehung

$$I_0 = k \cdot (U - U_k)^{5/3} \tag{9.12}$$

ermitteln. Darin ist k eine Konstante.

9.4.1 Energiedispersive Röntgenanalyse (EDX)

Das zur Durchführung energiedispersiver Röntgenanalyse verwendete Spektrometer besteht im wesentlichen aus einem Halbleiterdetektor (Röntgendetektor), einem Vielkanalanalysator und Datenausgabegeräten. Der prinzipielle Aufbau ist in Abb. 9.41 dargestellt [9.47, 9.52].

Der Halbleiterdetektor Si(Li) besteht aus einem hochreinen und fehlerarmen Silizium-Einkristall, in dem durch Dotieren mit Lithium ein relativ hochohmiger pn-Übergang erzeugt wird. Er befindet sich zwischen zwei dünnen Goldelektroden, an denen eine Spannung von 1 500 V anliegt, und muss ständig mit flüssigem Stickstoff gekühlt werden, damit seine Eigenschaften durch Diffusion des Lithiums nicht verloren gehen. Um ihn vor Kontamination und Vereisung zu schützen, wird er hinter einem 7,5 μm dicken röntgendurchlässigen Beryllium-Fenster angeordnet.

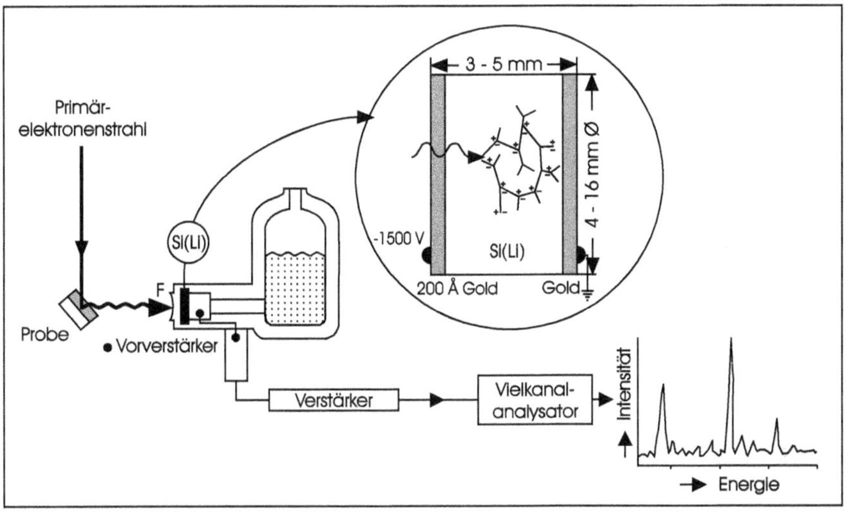

Abb. 9.41: Prinzipieller Aufbau des Spektrometers zur energiedispersiven Röntgenanalyse F: Beryllium-Fenster

Zur chemischen Analyse der Schicht wird der Röntgendetektor dicht an die Probe herangeführt, damit die emittierten Röntgenstrahlungen von einem möglichst großen Raumwinkel erfasst werden. Die oft gewählte 45°-Kippung der Probe (Abb. 9.42) ermöglicht zum einen eine hohe Ausbeute an Sekundärelektronen, zum anderen einen günstigen Abnahmewinkel Θ für charakteristische Röntgenstrahlung. Dieser ist unter bestimmten

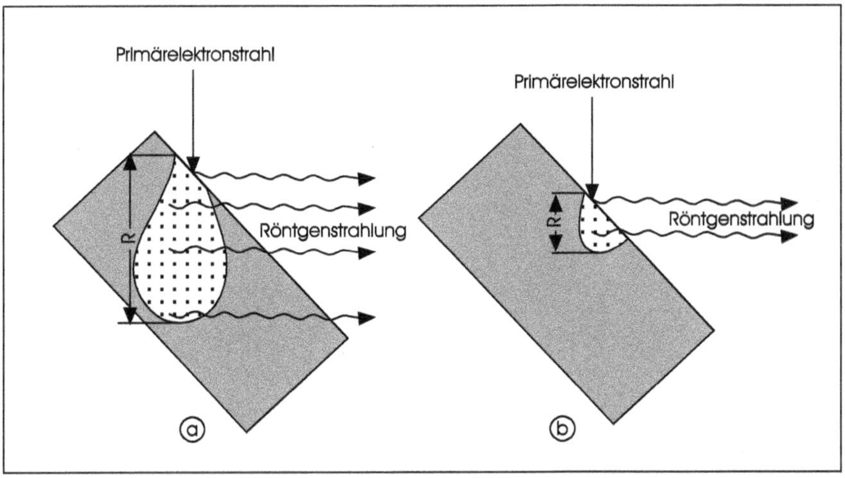

Abb. 9.42: 45°-Kippung der Probe zur Erhöhung der SE-Ausbeute und Vergrößerung des Anregungsvolumens; a: leichtes Element, b: schweres Element

Voraussetzungen (planpolierte Schichtoberfläche und konstante Positionierung des Röntgendetektors) eine Apparatekonstante. Die Neigung der Probe bewirkt darüber hinaus eine Vergrößerung des zu analysierenden Bereiches und lässt mehr Analysen an verschiedenen Stellen der Schicht zu.

Die charakteristischen Röntgenstrahlen werden beim Durchgang durch die Schicht z. T. absorbiert. Bestimmend für das Ausmaß der Absorption sind die Länge der durchlaufenen Strecke (Absorptionslänge) und der werkstoffspezifische Absorptionskoeffizient μ. Aus Abb. 9.43 geht hervor, dass die Absorptionslänge d durch die zunehmende Kippung der Probe kleiner wird.

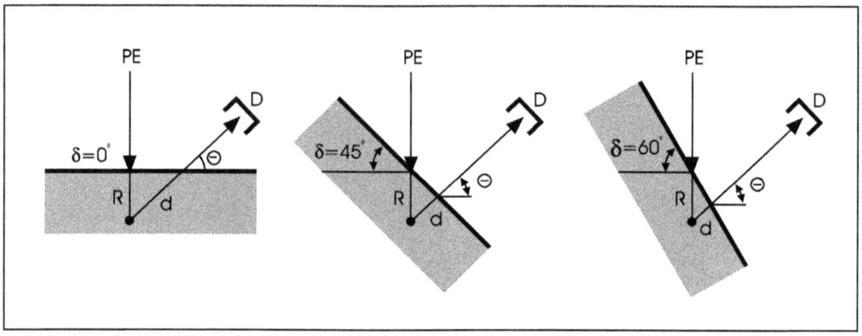

Abb. 9.43: Abnahme der Absorptionslänge d mit steigendem Kippwinkel δ [9.49]
PE: Primärelektronenstrahl, Θ: Abnahmewinkel, D: Röntgendetektor

Während die Absorptionslänge d für die nicht gekippte Probe (δ = 0)

$$d = R \cdot \frac{1}{\sin\theta} \tag{9.13a}$$

beträgt, verkleinert sich ihr Wert bei der gekippten Probe ($\delta \neq 0$) zu:

$$d = R \cdot \frac{\cos\delta}{\sin(\theta + \delta)} \tag{9.13b}$$

Die Verkleinerung der Absorptionslänge mit zunehmendem Kippwinkel hat einen Anstieg der Intensität der emittierten Röntgenstrahlung zur Folge. Bezeichnet man die Intensität bei δ = 0 mit I_0, dann ergibt sich für den Fall, dass $\delta \neq 0$:

$$I = I_0 \cdot e^{-\mu \cdot d} = e^{-\mu \cdot R \cdot \frac{\cos\delta}{\sin(\theta+\delta)}} \tag{9.14}$$

Die von der Schicht emittierten charakteristischen Röntgenstrahlen der Intensität I gelangen nun in den Röntgendetektor. Sie werden in der pn-Übergangszone des Halbleiters absorbiert und rufen dort Ionisierungen hervor (Abb. 9.42). Die bei den Ionisierungsprozessen entstandenen Ladungsträger, deren Zahl proportional zur Energie der Röntgenquanten ist, bewegen sich unter dem Einfluss der elektrischen Spannung zu den Goldelektroden. Aus der Kenntnis, dass für jeden Ionisierungsprozess im Si(Li)-Halbleiter, d. h. für die Bildung eines Elektron-Loch-Paares gemäß

$$n \cdot \mathrm{Si} + \gamma \rightarrow n \cdot \mathrm{Si}^{+} + n \cdot e^{-} \qquad (9.15)$$

eine Energie von 3,8 eV benötigt wird [9.52], lässt sich die Anzahl n der maximal möglichen Ionisierungen leicht ermitteln. Bestimmt man umgekehrt die Anzahl der Ionisierungen, so kann man auf die Energie des Röntgenquants schließen. Zu diesem Zweck leitet man die beim Ionisierungsprozess entstandenen Elektronen einem Vorverstärker zu (Abb. 9.42). Man erhält Spannungsimpulse, deren Höhe proportional zu der Anzahl der Elektronen und damit der Energie der Röntgenquanten ist. Nach weiterer Verstärkung werden die Spannungsimpulse in einem Vielkanalanalysator entsprechend ihren Energien sortiert. Dies geschieht simultan für den gesamten gewählten Energiebereich, so dass die Entstehung des Energiespektrums auf einem Bildschirm verfolgt werden kann.

9.4.1.1 Qualitative EDX-Analyse

Bei der qualitativen EDX-Analyse einer chemisch oder galvanisch abgeschiedenen Schicht begnügt man sich mit der Beantwortung der Frage, welche Elemente in ihr vorhanden sind. Unterwirft man die Schicht im Sinne dieser Fragestellung einer energiedispersiven Röntgenanalyse, dann erhält man ein so genanntes EDX-Spektrum. Es besteht aus einer leicht gekrümmten Grundlinie, die auf die kontinuierliche Bremsstrahlung zurückzuführen ist, und diskreten Linien, die den charakteristischen Röntgenstrahlung der in der Schicht vorhandenen Elemente entsprechen. Aus der Höhe der Peaks lassen sich die Konzentrationen der in der Schicht vorhandenen Elemente abschätzen. Dabei kann man in erster Nährung davon ausgehen, dass große Peaks hohen und kleine Peaks niedrigen Konzentrationen entsprechen.

Ein solches Spektrum ist in Abb. 9.44 am Beispiel einer 10 µm dicken, galvanisch auf Kupfer abgeschiedenen Zinn-Blei-Schicht wiedergegeben.

Die Cu-Peaks stammen vom Kupfersubstrat.

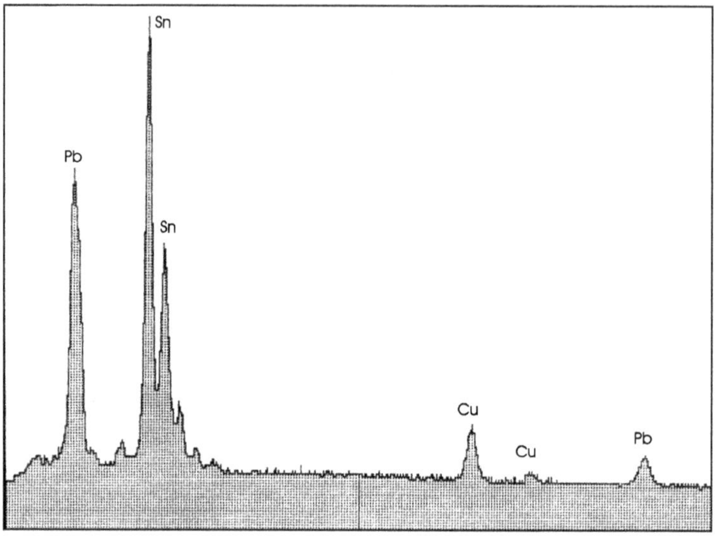

Abb. 9.44: EDX-Spektrum einer galvanisch auf einer Kupferunterlage abgeschiedenen 10 µm dicken Zinn-Blei-Schicht eutektischer Zusammensetzung (U = 20 kV)

Die energiedispersive Röntgenanalyse erlaubt den Nachweis von Elementen mit Ordnungszahlen $Z \geq 11$ (Natrium), da die charakteristischen Röntgenstrahlungen der Elemente mit $Z < 11$ im 7,5 µm dicken Beryllium-Fenster des Röntgendetektors größtenteils absorbiert werden. So werden beispielsweise 40 % der Natrium-K_α-Strahlung und 98 % der Sauerstoff-K_α-Strahlung vom Beryllium-Fenster zurückgehalten.

Ein Element gilt mit größter Wahrscheinlichkeit als nachgewiesen, wenn seine Röntgenlinien im EDX-Spektrum mindestens um drei Standardabweichungen den Untergrund überragen. Der Nachweis eines Elementes wird somit durch die Forderung bestimmt, dass sich die Intensität seiner Röntgenstrahlung deutlich von dem Spektrum der Bremsstrahlung abheben muss. Die Energieauflösung des Röntgendetektors als die entscheidende Größe für die Trennung von Röntgenlinien wird für eine Energie von 5,894 keV (Mangan-K_α-Linie) angegeben und besitzt für den Si(Li)-Detektor einen theoretischen Wert von 79 eV. Praktisch wird aber ein Wert von 150 eV erreicht. Aus diesem Grund ist diese Methode nicht in der Lage, die Elemente, die sich im Periodensystem vor dem Kohlenstoff befinden, nachzuweisen.

Die Nachweisgrenzen der energiedispersiven Röntgenanalyse liegen um oder unter 0,1 Massen-% für Zählraten von 100 bis 500 Sekunden. Durch die Erhöhung der Beschleunigungsspannung kann man eine Verbesserung der Nachweisgrenze bewirken.

Bei der qualitativen EDX-Analyse bedient man sich unterschiedlicher Darstellungsmöglichkeiten, nämlich Punkt- und Linienanalysen sowie Erstellung von Elementverteilungsbildern.

9.4.1.1.1 Punktanalyse

Ziel der Punktanalyse ist es, einzelne Stellen der Schicht, die von besonderem Interesse sind, anzupeilen und zu analysieren. Zu diesem Zweck fixiert man den Primärelektronenstrahl anhand des auf dem Bildschirm sichtbar gemachten Sekundär- oder Rückstreuelektronenbildes auf die interessierende Stelle. Anschließend analysiert man den bestrahlten Bereich, indem man die Intensitäten der Röntgenstrahlung registriert. In Abb. 9.45 sind das Rückstreuelektronenbild und die Punkanalyse einer Zinn-Blei-Schicht zu sehen. Der auf dem RE-Bild mit (+) gekennzeichnete Gefügebestandteil besteht demnach hauptsächlich aus Blei mit geringfügigen Mengen an Zinn. Die Kupferlinien stammen aus der Kupferunterlage.

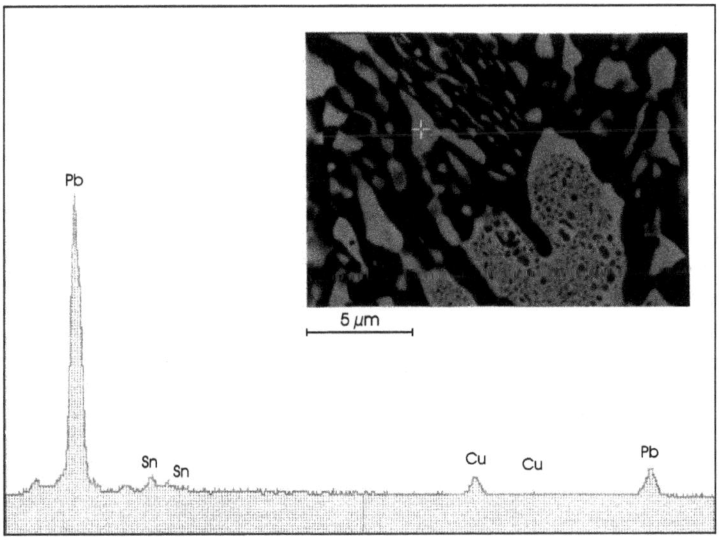

Abb. 9.45: Rückstreuelektronenbild und Punktanalyse (+) in einer 10 µm dicken Zinn-Blei-Schicht (U = 20 kV)

9.4.1.1.2 Linienanalyse

Ergeben mehrere Punktanalysen unterschiedliche Konzentrationen für ein und dasselbe Element, so empfiehlt sich, die Verteilung dieses Elementes längs einer festgelegten Linie zu bestimmen und ein Konzentrations-Weg-Diagramm zu erstellen. Zu diesem Zweck ist der Röntgendetektor so einzustellen, dass nur ein bestimmter Energiebereich aus dem gesamten Röntgenspektrum ausgeblendet wird. Anschließend wird der Primärelektronenstrahl langsam entlang der ausgewählten Linie bewegt (Line-Scan). So werden die ankommenden Röntgenimpulse in konstanten Zeitintervallen der Reihe nach in den Kanälen des Vielkanalanalysators gesammelt. Abb. 9.46 zeigt anhand eines RE-Bildes die Konzentrationsprofile von Zinn und Blei in einer Zinn-Blei-Schicht entlang einer ausgewählten Linie.

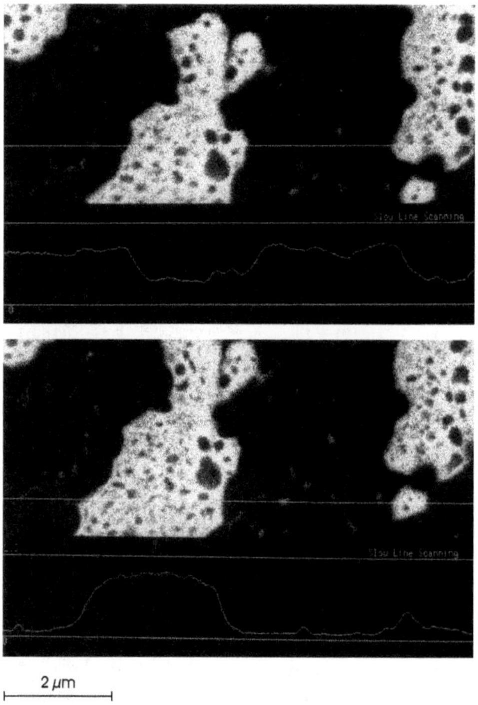

Abb. 9.46: Rückstreuelektronenbild und Konzentrationsprofile (Linienanalysen) von Zinn (oben) und Blei (unten) in einer 10 μm dicken Zinn-Blei-Schicht (U = 20 kV)

Die hell erscheinenden Gefügebestandteile bestehen aufgrund der Analyseergebnisse hauptsächlich aus Blei eingebettet in der zinnreichen Grundmatrix.

9.4.1.1.3 Elementsverteilungsbild

Zur Erstellung des Verteilungsbildes eines Elementes lässt man den fein gebündelten Primärelektronenstrahl unter gleichen Bedingungen wie bei der Punktanalyse in zwei zueinander senkrechten Richtungen eine bestimmte Fläche der Schicht abrastern.

Auf dem Bildschirm entsteht ein Punktmuster, das die Verteilung des Elementes im abgetasteten Schichtbereich sichtbar macht. Obwohl solche Verteilungsbilder die feinen Konzentrationsunterschiede nicht wiedergeben, stellen sie dennoch eine sinnvolle Ergänzung zu den Punkt- und Linienanalysen dar. Für die Erstellung eines brauchbaren Elementverteilungsbilds werden 50 000 bis 100 000 Impulse benötigt. Die in Abb. 9.47 reproduzierten Verteilungsbilder für Zinn und Blei weisen darauf hin, dass der auf dem Rückstreuelektronenbild hell erscheinende Gefügebestandteil hauptsächlich aus Blei besteht.

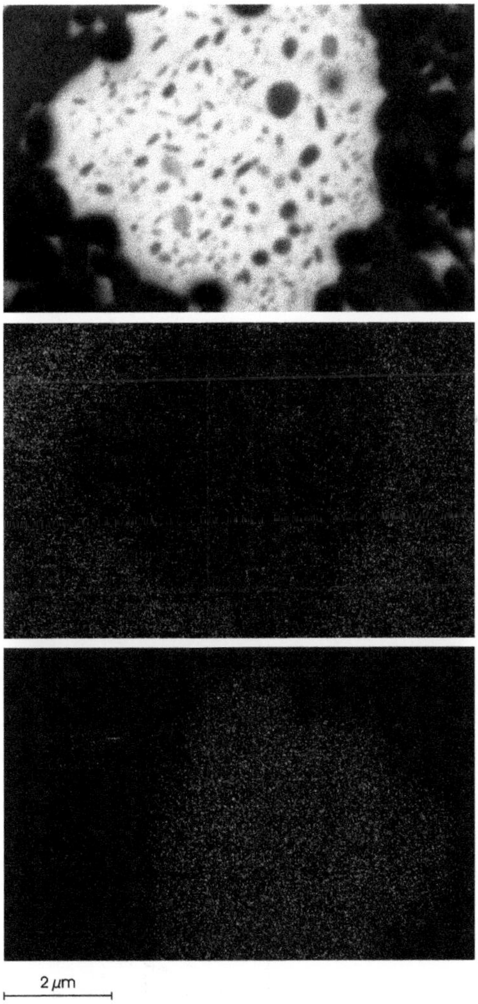

Abb. 9.47: Rückstreuelektronenbild und Verteilungsbilder für Zinn und Blei in einer 10 µm dicken Zinn-Blei-Schicht (U = 20 kV)

9.4.1.2 Quantitative EDX-Analyse

Ziel der quantitativen EDX-Analyse ist es, die Konzentrationen aller in der Schicht enthaltenen Elemente vollständig und genau zu bestimmen. Hierzu sind planpolierte Schliffe hoher Qualität erforderlich, um zuverlässige und reproduzierbare Ergebnisse zu erzielen. Andernfalls muss man mit starker Verfälschung der Analysen rechnen. Die schematische Darstellung in Abb. 9.48 zeigt am Beispiel einer Punktanalyse welche Auswirkungen die Oberflächenmorphologie auf die Ergebnisse der Röntgenanalyse haben kann [9.48, 9.55].

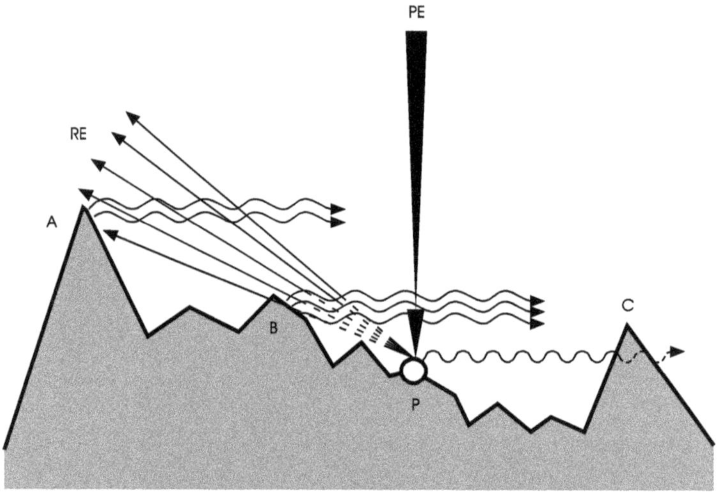

Abb. 9.48: Einfluss der Oberflächenmorphologie auf das Ergebnis der Röntgenanalyse am Beispiel der Punktanalyse

Die von dem zu analysierenden Teilchen P ausgehenden Rückstreuelektronen lösen an den aus der Matrix herausragenden Kanten A und B charakteristische Röntgenstrahlung aus. Gleichzeitig wird die vom Teilchen emittierte charakteristische Röntgenstrahlung auf dem Weg zum Röntgendetektor durch die Rauheitsspitze C zum größten Teil absorbiert. Als Folge davon erhält man keine Informationen über die Zusammensetzung des Teilchens P, sondern vielmehr über die in den Kanten A und B vorhandenen Elemente.

Hinzu kommt, dass der Kippwinkel der Probe und der Abnahmewinkel für die charakteristischen Röntgenstrahlen bei Schichten mit rauen Oberflächen nicht eindeutig definiert sind.

Neben den genannten Morphologieeffekten sind auch weitere Faktoren zu berücksichtigen, die ebenfalls einen großen Einfluss auf das Ergebnis der quantitativen EDX-Analyse ausüben [9.50, 9.52]. Sie werden im Folgenden kurz erörtert.

Geht man bei der Bestimmung der Konzentration c_x des Elementes x in der Schicht davon aus, dass ein linearer Zusammenhang zwischen c_x und der Intensität I_x der Röntgenstrahlung besteht, dann kann man wie folgt verfahren. Als erstes misst man die Röntgenintensität des Elementes x in der Schicht (I_x^{Schicht}). Danach bestimmt man unter gleichen Bedingungen die Röntgenintensität des Elementes x in einem Standard, sofern es einen solchen gibt (I_x^{Standard}). Die gesuchte Konzentration c_x ergibt sich dann aus dem Verhältnis

$$c_x = \frac{I_x^{\text{Schicht}}}{I_x^{\text{Standard}}} \tag{9.16}$$

Tatsächlich trifft jedoch die Annahme eines linearen Zusammenhangs zwischen c_x und I_x nicht zu. Der Grund dafür liegt darin, dass bestimmte Matrixeffekte das Ergebnis der quantitativen EDX-Analyse stark beeinflussen können. Es müssen daher entsprechende Korrekturfaktoren in die Berechnungen eingeführt werden. Die wichtigsten unter ihnen sind die F_Z-, F_A- und F_F-Korrekturfaktoren.

9.4.1.2.1 Ordnungszahl-Korrekturfaktor

Der Ordnungszahl-Korrekturfaktor F_Z beschreibt die Anzahl der insgesamt in der Schicht erzeugten Röntgenquanten. Dabei trägt er der Tatsache Rechnung, dass ein beträchtlicher Bruchteil der auf die Schicht treffenden Elektronen zurückgestreut wird und deshalb nicht zur Röntgenquantenproduktion beiträgt. Ferner berücksichtigt er das Abbremsvermögen des Schichtwerkstoffs für schnelle Elektronen. Diese können nämlich keine Röntgenquanten mehr auslösen, sobald sie durch Abbremsvorgänge (Länge ihres Weges innerhalb der Schicht) ihre Energien größtenteils verloren haben. Im einfachsten Fall nimmt man an, dass der auf die Masse bezogene Energieverlust pro Weglängeneinheit konstant und von der Energie unabhängig ist.

9.4.1.2.2 Absorptions-Korrekturfaktor

Der Absorptions-Korrekturfaktor F_A berücksichtigt den folgenden Sachverhalt: Der Elektronenstrahl besitzt eine gewisse Eindringtiefe in die Schicht. Das birnen- oder halbkugelförmige Elektroneneindringvolumen hängt dabei von der Ordnungszahl Z des Schichtwerkstoffs und der Beschleunigungsspannung U ab. Es charakterisiert den

Bereich der Schicht, in der es noch Elektronen gibt, die in der Lage sind, Röntgenquanten der gemessenen Wellenlänge zu erzeugen. Diese werden auf ihrem Wege zum Detektor z. T. durch die Schicht absorbiert und zu einem weiteren Teil durch das Eintrittsfenster, das sich vor dem Detektor befindet. Man hat demzufolge zu unterscheiden zwischen der in der Schicht erzeugten, der aus der Schicht austretenden und der vom Detektor tatsächlich gemessenen Röntgenintensität. Da die einzelnen Röntgenquanten aber aus verschiedenen Tiefen stammen, erfahren sie auf ihrem Weg durch die Probe in Richtung Detektor eine unterschiedlich starke Abschwächung durch Absorption. Der Röntgenabnahmewinkel spielt deshalb für alle Mikrosonden eine wichtige Rolle und sollte vom Standpunkt der Absorption aus so groß wie möglich sein. Das Ausmaß der Absorption wird von der Zusammensetzung der Schicht bestimmt.

9.4.1.2.3 Fluoreszenz-Korrekturfaktor

Der Fluoreszenz-Korrekturfaktor F_F berücksichtigt die Tatsache, dass die Röntgenstrahlung auf ihrem Weg innerhalb der Schicht andere, in der Ordnungszahl tiefer liegende Elemente zur Emission von charakteristischer Röntgenstrahlung anregen kann. Wenn beispielsweise die zu untersuchende Schicht neben Eisen (Z = 26) noch Ni (Z = 27) enthält, dann wird die durch das Eisen angeregte Ni-Strahlung die zu messende Fe-Strahlung verstärken. Durch diese Sekundärfluorenszenz wird die ursprünglich erzeugte Strahlung verstärkt, wodurch ein zu hoher Gehalt vorgetäuscht wird. Zur Fluoreszenzkorrektur gehört auch die Berücksichtigung des Anteils, der durch das kontinuierliche Spektrum, die Bremsstrahlung, erzeugt wird. Im Allgemeinen kann dieser Anteil jedoch vernachlässigt werden. Das Ausmaß dieser Anregung hängt von der Energie der Röntgenstrahlung ab.

Unter Berücksichtigung dieser Korrekturfaktoren erhält man folgende Gleichung für die quantitative Bestimmung der Konzentration c_x des Elements x:

$$c_x = (F_Z)_x \cdot (F_A)_x \cdot (F_F)_x \cdot \frac{I_x^{\text{Schicht}}}{I_x^{\text{Standard}}} \tag{9.17}$$

Die so genannten ZAF-Korrekturprogramme, die auf der Grundlage dieser Überlegungen entwickelt worden sind, lassen gute quantitative Ergebnisse erzielen[6].

---

[6] Vergleichende Untersuchungen haben ergeben, dass bei Gehalten höher als 20 Massen-% bei den energiedispersiven Analysen mit einem relativen Fehler von ±5 % gerechnet werden muss. Bei Gehalten zwischen 5 und 20 % kann dieser Fehler etwa 10 % betragen. Bei noch niedrigeren Gehalten (5 %) können sehr große Fehler bis zu 100 % auftreten. Durch Verwendung von Reinstandards und Einsatz von ZAF-Korrekturprogrammen kann der relative Fehler aber stark herabgesetzt werden.

Die Vorteile der energiedispersiven Röntgenanalyse können wie folgt zusammengefasst werden:

- Einfache und schnelle Erstellung von Punkt-, Linien- und Flächenanalysen auch an gewölbten oder rauen Schichtoberflächen
- Simultaner Nachweis aller Elemente zwischen Natrium und Uran in wenigen Minuten
- Möglichkeit der quantitativen Analyse an ebenen und planpolierten Schichtoberflächen
- Nachweisgrenzen um oder unter 0,1 Massen-%.
- Schonung empfindlicher Proben, bedingt durch schwache Strahlungsströme in der Größenordnung 0,5 nA

Diesen Vorteilen stehen im Wesentlichen folgende Nachteile gegenüber:

- Nachweis leichter Elemente, insbesondere Kohlenstoff und Sauerstoff, nicht möglich
- Trennung benachbarter Elemente bei niedrigen Beschleunigungsspannungen nicht ohne weiteres möglich
- Nachweis geringer Konzentrationen bei benachbarten Elementen problematisch
- Analyse dünner Schichten wegen der großen Eindringtiefe des Primärelektronenstrahls nicht einwandfrei
- Analyse sehr kleiner Einschlüsse in der Größenordnung des Durchmessers des Anregungsvolumens (~ 1 µm) nicht immer möglich
- Auftreten zusätzlicher Linien im EDX-Spektrum infolge von Quantenverlusten im Detektor (Escape-Linien) oder Impulsüberlagerung (Pile-Up-Effekt)

9.4.2 Wellenlängendispersive Röntgenanalyse (WDX)

Die wellenlängendispersive Röntgenanalyse beruht auf der spektralen Zerlegung der von der Schicht emittierten charakteristischen Röntgenstrahlen nach ihren Wellenlängen. Zu diesem Zweck verwendet man so genannte Analysatorkristalle, an deren Netzebenen die Röntgenstrahlen in die einzelnen Wellenlängen zerlegt und reflektiert werden (Abb. 9.49a). Mit Hilfe geeigneter Detektoren werden dann die Intensitäten der jeweiligen Röntgenlinien registriert, verstärkt, umgeformt und in der angeschlossenen Recheneinheit qualitativ oder quantitativ ausgewertet.

Die dabei stattfindende kohärente Streuung der Röntgenstrahlen erzeugt in Abhängigkeit vom Netzebenenabstand des verwendeten Analysatorkristalls und der Wellenlänge der Röntgenstrahlung Interferenzen in bestimmten Raumrichtungen. Diese lassen sich als selektive Reflexion des einfallenden Röntgenstrahls an den Netzebenen des Analysatorkristalls deuten. Dieser Vorgang folgt dem BRAGGschen Reflexionsgesetz.

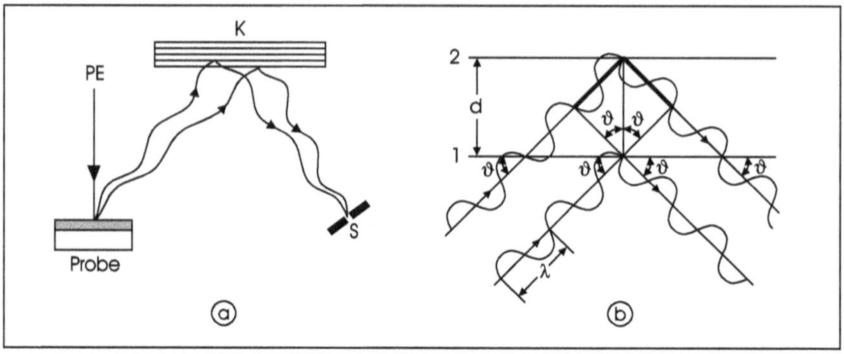

Abb. 9.49: Wellenlängendispersive Röntgenanalyse
a: Prinzipschema der Funktionsweise (K: Analysatorkristall, S: Detektorspalt)
b: Ableitung des BRAGGschen Reflexionsgesetzes

9.4.2.1 BRAGGsches Reflexionsgesetz

Treffen zwei Röntgenwellen der Wellenlänge λ unter dem Auftreffwinkel ϑ, auch Glanzwinkel genannt, auf den Analysatorkristall, dessen Netzebenenabstand d beträgt, so werden sie an den Netzebenen unter dem gleichen Winkel reflektiert. Dabei muss der von der Netzebene 2 (Abb. 9.49b) reflektierte Strahl einen längeren Weg zurücklegen als derjenige, der von der Netzebene 1 reflektiert wird. Der Wegunterschied (in Abb. 9.49b dick eingezeichnet) beträgt $2 \cdot d \cdot \sin\vartheta$. Nur wenn dieser Wegunterschied gleich der Wellenlänge λ oder ein ganzzahliges Vielfaches von ihr ($n \cdot \lambda$) ist, werden sich die beiden Strahlen nach ihrer Reflexion in ihren Amplituden verstärken. Die mathematische Formulierung dieses physikalischen Zusammenhanges findet ihren Ausdruck im BRAGGschen Reflexionsgesetz:

$$n \cdot \lambda = 2 \cdot d \cdot \sin\vartheta \qquad (9.18a)$$

n = 1, 2, 3, ... gibt die Reflexionsordnung an, d. h. die Netzebene an der die Reflexion der einfallenden Röntgenstrahlung stattfindet.

Ein Nachteil der wellenlängendispersiven Röntgenanalyse, nämlich der Linienreichtum der WDX-Spektren, findet seine Begründung eben darin, dass gemäß Gl. (9.18a) zu jeder emittierten Röntgenlinie außer dem Reflex 1. Ordnung noch Linien höherer Ordnungen ($n > 1$) hinzu kommen.

Ein wichtiges Beurteilungskriterium für die Auswahl des Analysatorkristalls ist sein Auflösungsvermögen, das mathematisch als $\mathrm{d}\vartheta/\mathrm{d}\lambda$ definiert werden kann. Durch Differenziation der BRAGGschen Gleichung erhält man:

$$\frac{\mathrm{d}\vartheta}{\mathrm{d}\lambda} = \frac{n}{2 \cdot d} \cdot \frac{1}{\cos\vartheta} \tag{9.18b}$$

Hieraus geht hervor, dass das Auflösungsvermögen des Analysatorkristalls umso größer ist, je kleiner sein Netzebenenabstand d ist. Ferner stellt man fest, dass es mit steigendem Glanzwinkel ϑ ebenfalls zunimmt. Man verwendet daher Analysatorkristalle mit unterschiedlichen Netzebenenabständen, um die charakteristischen Röntgenlinien möglichst vieler Elemente erfassen zu können. Aus der Vielzahl der zur Verfügung stehenden Analysatorkristalle enthält Tab. 9.7 eine kleine Auswahl [9.56, 9.60].

Tab. 9.7: Häufig für die wellenlängendispersive Röntgenanalyse verwendete Analysatorkristalle

Kristall	Netzebenenabstand in nm	Wellenlängenbereich in nm
LiF (Lithiumfluorid)	0,201	0,07–0,35
Quarz	0,423	0,15–0,70
EDDT (Ethylendiamin-d-tartrat)	0,435	0,15–0,70
PET (Pentaerythritol)	0,439	0,15–0,70
ADP (Ammonium Dihydrogenphosphat)	0,530	0,20–0,90
KAP (Kalzium-Phthalsäure)	1,330	0,50–0,25
Bleistearat	4,900	1,50–10,0

Der am häufigsten verwendete Analysatorkristall ist (LiF, Reflexionsebene (200)). Er besitzt neben seinem hohen Reflexionsvermögen eine relativ gute Auflösung und ist weitestgehend temperatur- und strahlungsunempfindlich. Der Lithiumfluorid-Kristall wird für den Nachweis aller Elemente zwischen Kalzium und Uran eingesetzt. Zur Analyse von leichten Elementen (Aluminium bis Chlor) verwendet man den Ethylendiamin-d-tartrat-Kristall (EDDT, Reflexionsebene (020)) oder den Pentaerythritol-Kristall (PE, Reflexionsebene (002)). Im Vergleich zu EDDT besitzt der Pentaerythritol-Kristall etwa die gleiche Auflösung aber ein besseres Reflexionsvermögen. Er ist jedoch temperatur- und strahlungsempfindlich [9.60]. Die Salze der Phthalsäure, insbesondere das Kalzium (KAP), eigenen sich mit ihren großen Netzebenenabständen und gutem Reflexionsvermögen für den Nachweis von Magnesium, Natrium und Fluor.

Um alle Elemente von $Z = 4$ und $Z = 92$ nachweisen zu können, muss ein großer Wellenlängenbereich von 0,5 bis 100 Å abgedeckt werden. Dies setzt die Verwendung von mindestens 3 Analysatorkristallen mit unterschiedlichen Netzebenenabständen voraus. Die wellenlängendispersiven Spektrometer sind daher meist mit mehreren Analysatorkristallen bestückt, die auf einer drehbaren Halterung positioniert und in einem evakuierbaren Gehäuse untergebracht sind. Das Gehäuse wird thermostatisiert, um temperaturbedingte Änderungen der Netzebenenabstände zu vermeiden.

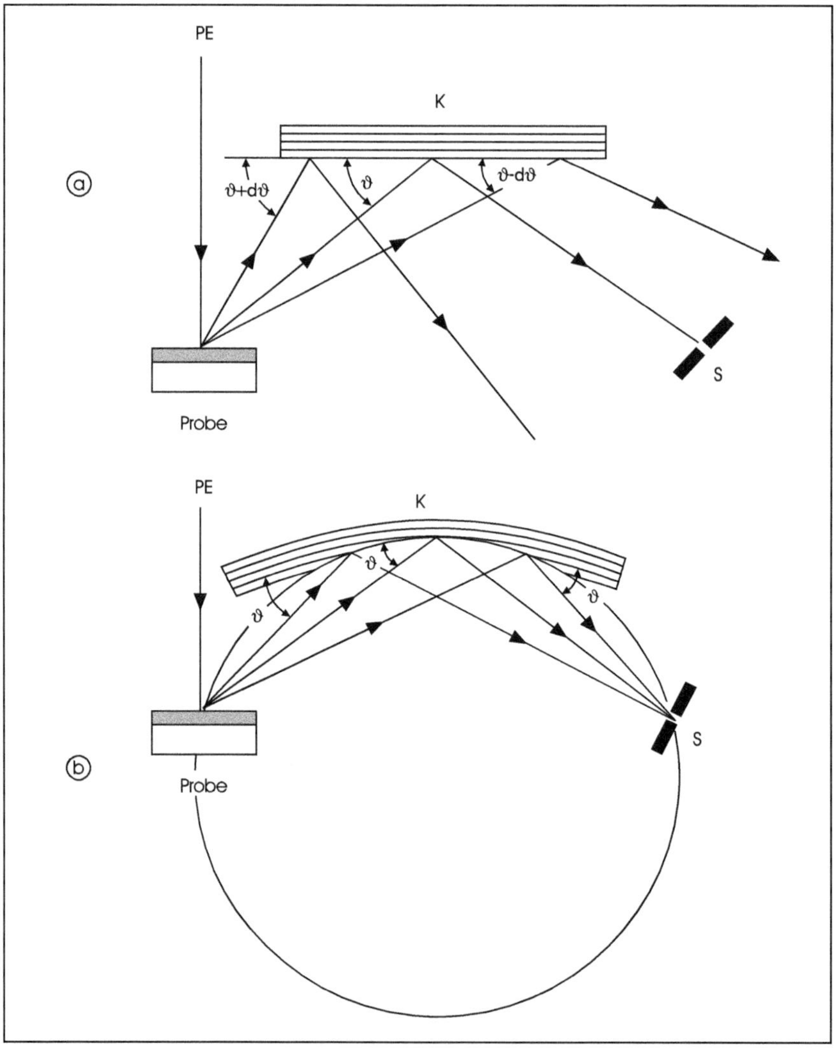

Abb. 9.50: Spektrometer zur wellenlängendispersiven Röntgenanalyse
a: flacher und ebener Analysatorkristall
b: gebogener und konkav angeschliffener Analysatorkristall

Die größte Wellenlänge, die von dem Analysatorkristall reflektiert werden kann, beträgt $\lambda = 2\ d$, wenn $\vartheta = 90°$ ist. Dieser Wert reduziert sich allerdings aus gerätetechnischen Gründen auf $\lambda = 1{,}6\ d$. Nach dem BRAGGschen Gesetz ist es nun aber möglich, durch Drehen des Analysatorkristalls eine spektrale Zerlegung des einfallenden Röntgenstrahls innerhalb des Wellenlängenbereichs $\lambda < 2\ d$ zu erreichen. Bei Spektrometern mit flachen und ebenen Analysatorkristallen kann aber nur ein geringer Anteil der reflektierten Röntgenstrahlung in den Detektorspalt gelangen (Abb. 9.50a). Um gute Fokussierungsbedingungen zu erhalten, verwendet man daher voll- oder zumindest semifokussierende Spektrometer, bei denen gekrümmte Analysatorkristalle eingesetzt werden. Dadurch kann, wie aus Abb. 9.50b ersichtlich, ein größerer Raumwinkel erfasst werden [9.56, 9.58, 9.59].

Beim vollfokussierenden Spektrometer, mit dem man eine vollständige Fokussierung der reflektierten Röntgenstrahlen und damit die höchste Intensität erreichen kann, liegen die Probe (punktförmige Röntgenquelle), der gekrümmte Analysatorkristall und der Detektorspalt auf dem Umfang eines Kreises, des so genannten ROWLAND-Kreises, mit dem Radius R (Abb. 9.50b). Der Krümmungsradius des Analysatorkristalls ist gleich $2\ R$, und damit er sich dem ROWLAND-Kreis anschmiegt, ist er zusätzlich auf der Innenseite auf den Radius R konkav angeschliffen.

Zur Aufnahme eines WDX-Spektrums wird der Glanzwinkel ϑ mit Hilfe eines Motors kontinuierlich verändert, um Röntgenstrahlen verschiedener Wellenlänge zu erfassen. Dabei wird die Intensität der Röntgenlinien von einem Schreiber als Funktion von λ registriert. Während ϑ verändert wird, bleiben die Probe, der Analysatorkristall und der Detektorspalt auf dem ROWLAND-Kreis. Damit ist sicher gestellt, dass der Detektorspalt ständig auf den Analysatorkristall gerichtet ist, und dass dieser wiederum mit dem Detektorspalt und der Probe den Winkel ϑ einschließt.

Das so genannte Linearspektrometer, das häufig Verwendung findet, stellt eine Weiterentwicklung des vollfokussierenden Spektrometers dar. Es erlaubt, auch den Abnahmewinkel Θ konstant zu halten. Dies wird dadurch erreicht, dass für jedes ϑ und damit auch λ der Radius R des ROWLAND-Kreises geändert wird (Abb. 9.51).

Die wellenlängendispersive Röntgenanalyse eignet sich in besonderer Weise für die qualitative Bestimmung der chemischen Zusammensetzung von Schichten sowohl in der Routineanalytik als auch im Bereich der Forschung. Darüber hinaus erlaubt sie zuverlässige quantitative Bestimmungsanalysen. Ein Beispiel dieser Art ist in Tab. 9.8 wiedergegeben. Dabei handelt es sich um eine chemisch abgeschiedene 30 µm dicke Nickel-Phosphor-Schicht mit einem Phosphorgehalt von ~ 12 %.

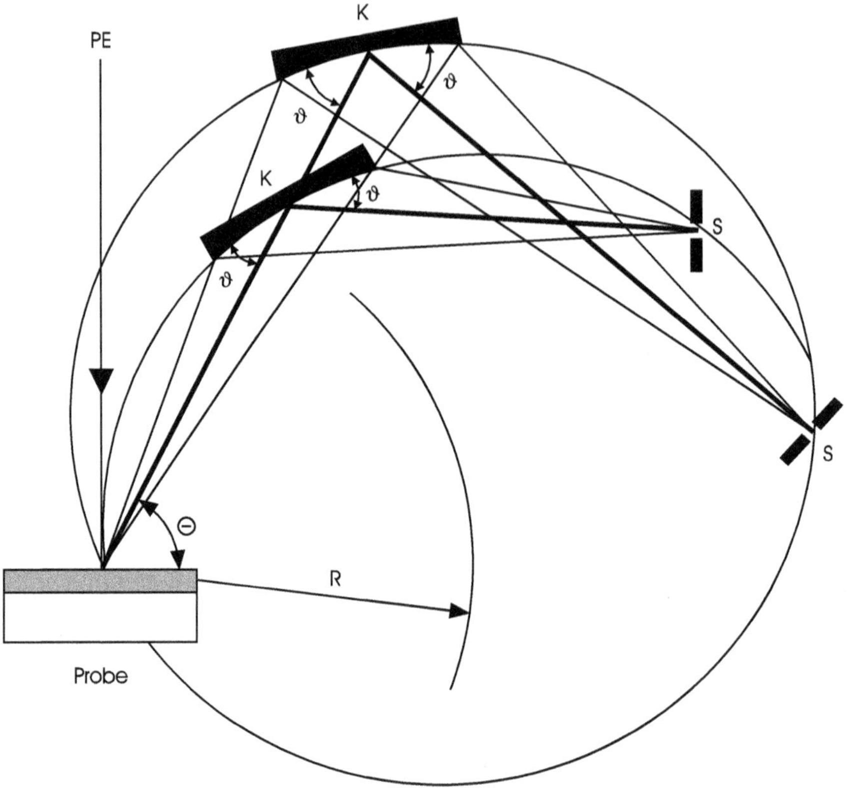

Abb. 9.51: Linearspektrometer mit gebogenen und konkav angeschliffenen Analysatorkristallen und sich veränderndem Radius des ROWLAND-Kreises [9.59]

Tab. 9.8: Quantitative Bestimmung der chemischen Zusammensetzung einer Nickel-Phosphor-Schicht mittels wellenlängendispersive Röntgenanalyse

Ni	P	Cl	Si	S
87,6482	12,0858	0,0155	0,0170	0,0425
87,7610	12,0240	0,0052	0,0158	0,0025
87,7333	12,2272	0,0181	0,0063	0,0151
87,3573	12,4953	0,0181	0,0088	0,0176
87,3127	12,6112	0,0285	0,0284	0,0176
87,5564	12,3897	0,0000	0,0101	0,0250
87,5434	12,3885	0,0361	0,0094	0,0225
87,4427	12,5296	0,0129	0,0148	0,0000
87,5675	12,3906	0,0155	0,0114	0,0151
87,4243	12,4054	0,0000	0,0217	0,0151

9.4.2.2 WDX vs. EDX

Die Gegenüberstellung von WDX und EDX (Tab. 9.9) erlaubt, einen objektiven Vergleich der Stärken und Schwächen der energie- und der wellenlängendispersiven Röntgenanalyse vorzunehmen.

Tab. 9.9: Gegenüberstellung der energie- und wellenlängendispersiven Röntgenanalyse [9.52]

Merkmale	Röntgenanalyse	
	EDX	WDX
Aufwand für Probenpräparation	gering	hoch
Probenoberfläche	rau	planpoliert
Strahlstrom	10^{-10} bis 10^{-12} A	10^{-7} bis 10^{-9} A
Probenbelastung	niedrig	hoch
Spektrale Auflösung (bei 5,9 keV)	niedrig (~ 134 eV)	hoch (~ 10 eV)
Signal-Rausch-Verhältnis	-100	-1 000
Zählrate	hoch	niedrig
Freiheitsgrade	6-7	3
Erfasster Raumwinkel	groß	klein
Abnahmewinkel	variabel	fest
Entstehung des Spektrums	simultan	sequentiell
Analysedauer	~ 200 s pro Spektrum	~ 200 s pro Spektrum
Elementnachweis	${}_{9}F$ ${}_{92}U$	${}_{4}Be$ - ${}_{92}U$
Nachweisgrenze	~ 0,1 %	~ 0,01 %
Nachweis eher leichter Elemente	problematisch	leicht
Quantitative Analyse	bedingt möglich	möglich
Darstellungsmöglichkeiten	Bildschirm, *x-y-* Schreiber	*x-t*-Schreiber

9.5 Glimmentladungsspektroskopie (GDOES)

Die Glimmentladungsspektroskopie (engl.: Glow Discharge Optical Emission Spectroscopy, GDOES) ist ein spektroskopisches Verfahren, das zur qualitativen und quantitativen Bestimmung von Elementen in metallischen und nichtmetallischen Festkörpern eingesetzt werden kann [9.62-9.71]. Sie kann daher auch zur Bestimmung einzelner Elemente und deren Konzentration und Verteilung innerhalb abgeschiedener Schichten herangezogen werden.

Die Glimmentladungsspektroskopie beruht auf optischer Emission und wird mit Hilfe eines Gerätes durchgeführt, das aus einem Gasentladungsgefäß als kombinierte Licht- und Zerstäubungsquelle und einem optischen UV-VIS-Spektrometer als Detektionssystem besteht. Das Prinzipschema der Funktionsweise ist in Abb. 9.52 dargestellt.

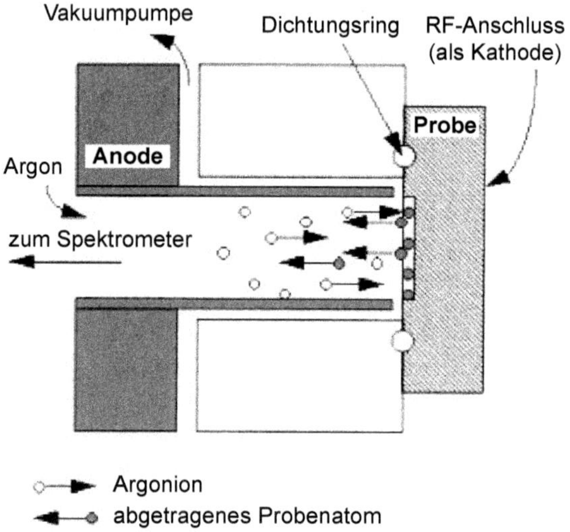

Abb. 9.52: Prinzipschema der Funktionsweise der Glimmentladungsspektroskopie [9.70]

Als Lichtquelle dient eine „anormale negative Glimmentladung"[7], die in einem Niederdruck-Argonplasma (500 bis 1 000 Pa) zwischen einer zylinderförmigen Anode und der Kathode (Probe) aufgebaut wird. An die Probe wird eine negative Spannung angelegt.

Die in der Entladung (im Plasma) erzeugten positiven Edelgasionen (meist einfach positiv geladene Argonionen), die aufgrund des negativen Potentials der Probe auf diese hin beschleunigt werden, lösen auf der Probenoberfläche eine kontinuierliche und gleichmäßige Zerstäubung aus. Je nach Anode entsteht auf der Probenoberfläche ein Brennfleck mit 2 bis 4 mm Durchmesser. Dieser vertieft sich mit zunehmender Analysenzeit, so dass sich ein zylindrisches Loch mit bis zu 100 µm Tiefe bildet. Typische Erosionsgeschwindigkeiten liegen bei 3 µm/min, weshalb kurze Messzeiten im Bereich von Minuten für die Analysenmethode charakteristisch sind.

[7] Anormal und negativ bedeuten, dass die Glimmentladung bei Überspannung (1 000 V, 200 mA) betrieben und das Glimmlicht im Bereich der negativen Kathode beobachtet wird.

Die aus den obersten Monolagen der Probe herausgeschlagenen Atome werden nun im Plasma durch Zusammenstöße mit anderen Teilchen zur Emission von elementspezifischem Licht angeregt. Das Licht wird in einem Gitterspektrometer in seine spektralen Anteile zerlegt und von den Photomultipliern registriert (Abb. 9.53).

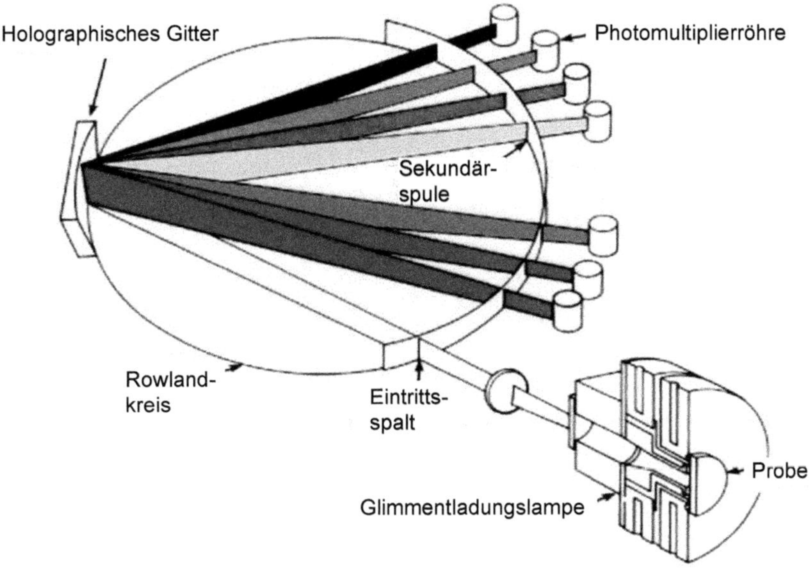

Abb. 9.53: Aufbau des optischen Emissionsspektrometers

Die Trennung der Wellenlängen erfolgt mit einer optischen Anordnung auf einem ROWLAND-Kreis. Dadurch ist es möglich, die charakteristischen Spektrallinien aller Elemente gleichzeitig zu messen. Wird mit Hilfe eines Computersystems die Messung zudem zeitabhängig aufgelöst, so können die Konzentrationsänderungen aller vorliegenden Elemente entlang der Tiefenachse durch eine Schicht erfasst werden.

Zur Auswertung der gemessenen Intensitäts-Zeit-Profile wird das Spektrometer mit Hilfe von Eichproben (Standards) kalibriert. Das Ergebnis ist ein Konzentrations-Tiefenprofil, das genaue Informationen über die Zusammensetzung der Schicht bis zu einer Tiefe von 100 µm und mehr liefert. Die Nachweisgrenze liegt für die meisten Elemente zwischen 0,1 µg/g und 100 µg/g, der erfassbare Schichtdickenbereich zwischen 10 nm und 200 µm.

Abb. 9.54 zeigt den mit GDOES erfassbaren Tiefenbereich im Vergleich zu dem der SNMS, SIMS, AES und ESCA.

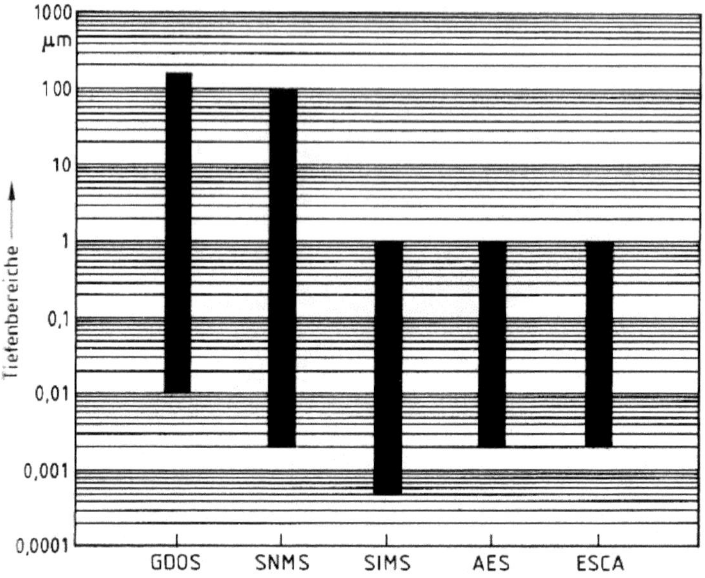

Abb. 9.54: Erfassbare Tiefenbereiche (in µm) verschiedener Oberflächenanalyseverfahren im Vergleich [9.63]

Für die Durchführung der Tiefenprofilanalyse ist eine plane Oberfläche von mindestens 2,5 mm (besser größer 14 mm) Durchmesser und die Verfügbarkeit von entsprechenden Eichstandards erforderlich. Zeitaufgelöste GDOES-Intensitätsverläufe werden mit Hilfe einer Multimatrixkalibration in ein Konzentrations-Tiefenprofil transformiert. Eine derartige Kalibration hat den Nachteil, dass unterschiedliche Werkstoffe verschiedene Zerstäubungsraten aufweisen und zunächst eine Normierung der Elementgehalte auf 100 % erforderlich ist, bevor anschließend die Bestimmung der Elementkonzentration einer unbekannten Probe erfolgen kann. Die Messtiefe der Probe wird durch den Vergleich der aufgenommenen Sputterrate mit der Sputterrate von Reineisen ermittelt.

In Abb. 9.55 ist das GDOES-Konzentrationsprofil eines vergoldeten Essbestecks aus Chromstahl zu sehen. Die Kalibrierung des Spektrometers erfolgt in solchen Fällen mit Goldmassivproben und Cr-Ni-Stählen bekannter Zusammensetzung.

Essbestecke werden häufig zum Zwecke der Veredelung galvanisch mit Silber- oder Goldschichten (30 nm bis 10 µm dick) beaufschlagt. Die Qualitätskontrolle in der Produktion erfolgt oft durch Tiefenprofilanalyse mittels GDOES. Anhand Abb. 9.55 erkennt man, dass selbst in der sehr dünnen Goldschicht (64 nm) Nebenbestandteile wie Nickel mit 0,2 % nachgewiesen und quantifiziert werden können. Ferner stellt man fest, dass sich zwischen dem Stahl und der Goldschicht eine 280 nm dicke Nickelschicht mit 0,5 % Co befindet.

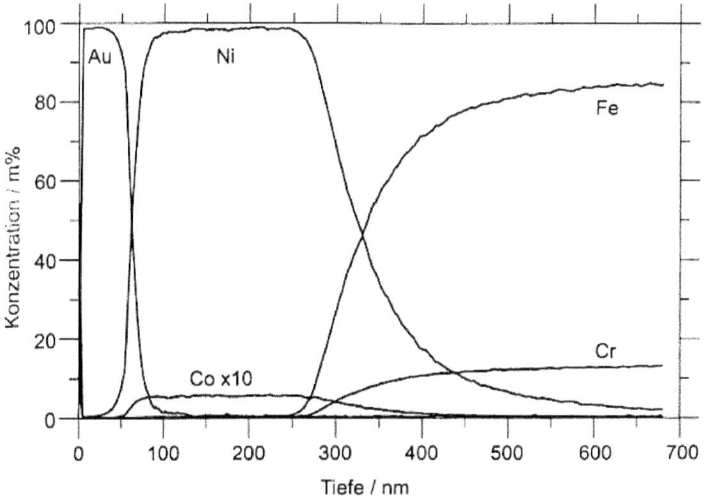

Abb. 9.55: GDOES-Konzentrationsprofil einer Besteckoberfläche [9.66]

Die Analysezeit für eine solche Untersuchung beträgt etwa 15 Sekunden. Insgesamt werden einschließlich der Probenvorbereitung und Auswertung bei vorher kalibriertem Spektrometer einige Minuten benötigt [9.66].

Auch aufgebrachte Passivierungen, die zum Schutz vor Zinkkorrosion dienen, lassen sich mittels GDOES sehr gut abschätzen. Die in Abb. 9.56 reproduzierten Messergebnisse deuten darauf hin, dass die chrom(III)-haltige Passivierung eine Schichtstärke von etwa 225 nm besitzt. Die maximale Chromkonzentration liegt und sinkt auf 1 % ab.

Außenstromlos abgeschiedene Nickel-Phosphor-Schichten enthalten oft eingelagerte Feststoffpartikel, deren gleichmäßige Verteilung für den Einsatz dieser Dispersionsschichten zwingend erforderlich ist. Das GDOES-Tiefenprofil kann helfen zu beurteilen, ob das Legierungselement Phosphor und der eingelagerte Feststoff gleichmäßig in der Nickelmatrix verteilt sind.

Abb. 9.57 zeigt das Tiefenprofil einer mittelphosphorhaltigen Nickel-Phosphor-Schicht auf Stahl mit einer Dicke von ca. 30 µm und eingelagerten Diamantpartikeln der Körnung 1-3 µm (Die Skalierung muss bei dieser Art der Darstellung bei der Auswertung berücksichtigt werden).

Man erkennt, dass der Phosphorgehalt über eine Schichtdicke von etwa 20 µm stetig von ca. 7 % auf ca. 5 % abnimmt. Dies könnte daran liegen, dass die Abscheidung anfangs mit einer höheren Abscheidungsgeschwindigkeit erfolgte, was zu einem geringeren Einbau des Phosphors in der Schicht führt. Ferner geht aus dieser Darstellung hervor, dass die Diamantpartikel (C) mit 10 Massen-% gleichmäßig über die Schichttiefe verteilt sind.

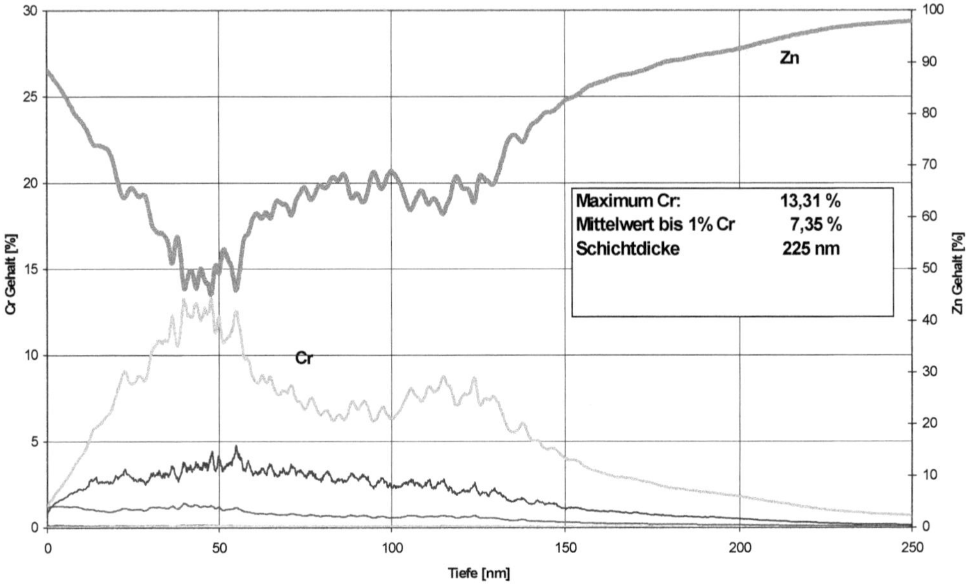

Abb. 9.56: GDOES-Tiefenprofil einer Passivierungsschicht [9.71]

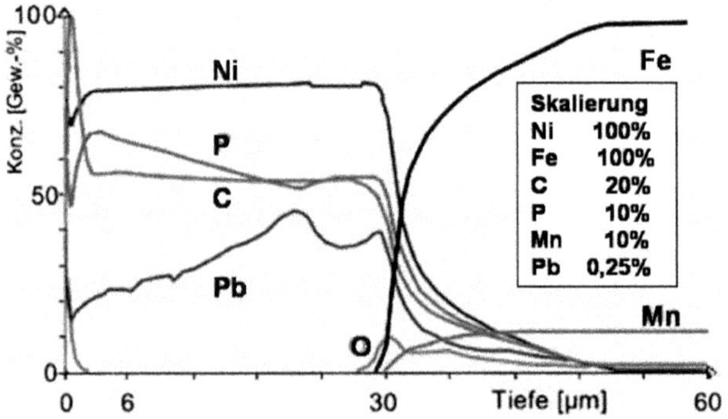

Abb. 9.57: GDOES-Tiefenprofil einer Nickel-Phosphor-Schicht mit eingebauten Diamantpartikeln [9.67]

Tab. 9.10 enthält die Phosphorgehalte verschiedener Nickel-Phosphor-Schichten, die mit EDX und GDOES im Querschliff und unter Anwendung eines Nickelstandards 99,9 % bestimmt wurden. Die Messergebnisse zeigen gute Übereinstimmung zwischen den gemessenen Werten. Die Abweichungen liegen größenordnungsmäßig im Bereich der Streuung der beiden Verfahren.

Tab. 9.10: Bestimmung des Phosphorgehalts verschiedener Nickel-Phosphor-Schichten mittels EDX und GDOES [9.61]

Phosphorgehalt [%]: EDX	Phosphorgehalt [%]: GDOES
3,75	4,27
4,86	4,38
7,63	9,00
9,43	10,53
10,00	10,92
10,53	9,31
10,91	9,38
11,35	9,69

Die besonderen Vorteile der Glimmentladungsspektroskopie sind:

- Tiefenprofilanalysen runder und gekrümmter Proben sind möglich.
- Bestimmung aller Elemente (H bis U) mit Konzentrationen im ppm-Bereich bis zu einer Tiefe von 100 µm ist mit einer einzigen Messung möglich.
- Die Tiefenauflösung beträgt in Abhängigkeit von der Oberflächenrauheit ca. 10 % der abgetragenen Tiefe.
- Nachweisgrenzen liegen bei 0,1 bis 50 ppm; Ausnahme Cl und F.
- Wegen hoher Abtraggeschwindigkeit ist die Messzeit kurz (10 nm/s bis 200 nm/s), und die Bedienung ist einfach.
- Gleichzeitige Bestimmung von 40 und mehr Elementkonzentrationen als Funktion der Sputtertiefe ist möglich.
- Schichten mit Dicken von wenigen Nanometern bis zu 100 µm quantitativ sind bestimmbar.
- Die Anschaffungs- und Analysenkosten sind im Vergleich mit anderen oberflächenanalytischen Verfahren günstig und gering.

Diesen Vorteilen stehen folgende Nachteile gegenüber:

- Plane Oberflächen mit mindestens 7 µm Durchmesser erforderlich
- Zerstörung der Probenoberfläche
- Laterale Auflösung > 2 mm
- Verfügbarkeit von Eichstandards
- Bindungszustände nur eingeschränkt nachweisbar

Die in Tab. 9.11 zusammengestellten charakteristischen Merkmale aller besprochenen oberflächenanalytischen Verfahren geben Hinweise bezüglich ihres möglichen praktischen Einsatzes.

Tab. 9.11: Gegenüberstellung der analytischen Methoden zur Untersuchung von Schichten

Charakteristika	Oberflächenanalysenmethode					
	ISS	SIMS	SNMS	AES	ESCA	GDOES
Anregung	Ionen	Ionen	Ionen	Elektronen	Photonen	Ionen
Strahldurchmesser	100 µm	100 µm	100 µm	0,2-3 µm	~ 1 000 µm	2-4 mm
Emission	Ionen	Ionen	Neutral- teilchen	Elektronen	Elektronen	Atome
Tiefenbereich in nm	keine	o. Z.[1)] $0{,}1-10^3$	$0{,}5-10^4$	o. Z. 10-100	o. Z. 1-100	$1-10^5$
Informationstiefe in nm	1	0,5-1	1-2	1-6	0,5-10	m. Z. 1-100
Tiefenauflösung in %	keine	m. Z. 10	10	o. Z. 2 nm	o. Z. 0,5 nm	7-12
Tiefenprofil- analyse	nicht	m. Z.[2)] > 10 µm QS[3)]	m. Z. 5-10 µm	m. Z. 1-2 µm QS	m. Z. 1 µm QS	m. Z. 40- 150 µm
Laterale Auflösung	100 µm	0,3 µm	20 µm	0,2 µm	200 µm	2,5-8 mm
Simultananalyse	keine	keine	keine	keine	keine	alle Elemente
Nachweisgrenze in %	10^{-4}	bis 10^{-4}	$10^{-1}-10^{-4}$	0,1-5	0,1-1	$10^{-2}-10^{-4}$
Elementnachweis	$Z > 1$	alle	alle	Z^3 3	$Z > 1$	alle
Quantitative Messung	möglich	möglich	möglich	ja	möglich	ja
Nachweis von Verbindungen	nein	nein	nein	nein	ja	nein
Nachweis von Isotopen	nein	ja	ja	nein	nein	nein
Analyse von nicht leitenden Schichten	ja	ja	ja	nein	ja	ja
Zerstörung der Oberfläche	ja	ja	ja	nein	ja	ja

1) Ohne Zerstäubung
2) Mit Zerstäubung
3) Querschliff

Literaturverzeichnis

[9.1] *Benninghoven, A.*: „Neue Methoden zur Untersuchung von Festkörperoberflächen“, Phys. Blätter 32 (1976), 298-308

[9.2] *Frommeyer, G. und Sölter, H.-J.*: „Anwendung spektroskopischer Analysemethoden für Oberflächen- und Grenzschichtuntersuchungen“, Teil 1 und 2, Metalloberfläche 33, 12 (1979) 546-550 und 34, 1 (1980), 19-23

[9.3] *Mathieu, H. J.*: „Moderne Oberflächen-Analysenmethoden“, Teil 1 und 2, Oberfläche-Surface 24, 2 (1983), 40-44 und 24, 3 (1983), 78-83

[9.4] *Hantsche, H.*: „Grundlagen der Oberflächenanalysenverfahren AES/SAM, ESCA (XPS), SIMS und ISS im Vergleich zur Röntgenmikroanalyse und deren Anwendung in der Materialprüfung“, Microscopica Acta 87, 2 (1983), 97-128

[9.5] *Bilger, G.*: „Messverfahren für die Oberflächenanalytik“, Oberfläche+JOT, 8 (1989), 32-37

[9.6] *Braun, W. und Bradshaw, A. M.*: „Methoden der Oberflächenanalytik“, Vakuum in der Praxis 4 (1989), 291-300

[9.7] *Kanani, N.*: „Oberflächenanalyse: technische Möglichkeiten, praktische Anwendungen“ im Berichtsband „Vorbehandlung - Grundlage erfolgreicher Oberflächentechnik“ der DGO-Bezirksgruppe Berlin, Eugen G. Leuze Verlag Saulgau/Württ., 1993

[9.8] *Hantsche, H.*: „Abreviation for microscopical and analytical methods“, Microscopica Acta 87, 3 (1983), 217-276

[9.9] *Smith, D.*: „Analysis of Surface Composition with Low-Energy Backscattered Ions“ in „Modern Methods of Surface Analysis“ by *P. Mark and J. D. Levine* (Editors), North-Holland Publishing Company Amsterdam, 1971

[9.10] *Armour, D. G.*: „Ion scattering spectroscopy“ in „Methods of surface analysis - Techniques and Application“ by *J. M. Walls* (Editor), Cambridge University Press, 1992

[9.11] *Buhl, R., Huber, W. K. und Löbach, E.*: „Messung von Konzentrationsprofilen dünner Schichten mit der Sekundärionenmassenspektrometrie (SIMS)“, Vakuum-Technik 24, 7 (1975), 189-193

[9.12] *Benninghoven, A.*: „Development in Secondary Ion Mass Spectroscopy and Application to Surface Studies“, Surface Science 53 (1975), 596-625

[9.13] *Düsterhöft, H.*: „Sekundärionen-Massenspektroskopie“ in „Handbuch Festkörperanalyse“, VEB Verlag Berlin, 1979

[9.14] *Richter, C.-E.*: „Sekundärionen-Massenspektrometrie und Ionenstrahl-Mikroanalyse“ in „Ausgewählte Untersuchungsverfahren in der Metallkunde“, VEB Verlag Leipzig, 1982

[9.15] *Wall, J. M.*: „Surface analytical techniques: their developing role in the characterisation of surfaces, thin films and surface coatings", Trans. Inst. Metal Finish. 62, 2 (1985), 163-168

[9.16] *Grasserbauer, M.*: „Sekundär-Ionen-Massenspektrometrie (SIMS)", in „Angewandte Oberflächenanalyse", Springer-Verlag Berlin, 1986

[9.17] *Vickermann, J. C.*: „Static secondary ion mass Spectroscopy" in „Methods of Surface Analysis - Techniques and Application" by *J. M. Walls* (Editor), Cambridge University Press, 1989

[9.18] *Sykes, D. E.*: „Dynamic secondary ion mass spectroscopy" in „Methods of Surface Analysis - Techniques and Application" by *J. M. Walls* (Editor), Cambridge University Press, 1989

[9.19] *Grasserbauer, M.*: „Sekundärionen-Massenspektrometrie", Chemie in unserer Zeit, 28, 5 (1994), 222-232

[9.20] *Müller, K.-H.*: „Oberflächenanalytische Verfahren zur Charakterisierung von Festkörperoberflächen und dünnen Schichten", Nachr. Chem. Tech. Lab. 37, 11 (1989), 3-11

[9.21] *Oechsner, H.*: „Surface and Depth Profile Analysis of Insulator Materials" in „Oberflächentechnik SURTEC '89", Hanser Verlag München, 1989

[9.22] *Chang, C. C.*: „Auger Electron Spectroscopy", Surface Science 25 (1971), 53-79

[9.23] *Dini, J. W. and Musket, R. G.*: „Application of Auger Electron Spectroscopy in Electroplating", Plating 8 (1973), 811-814

[9.24] *Stupian, G.*: „Auger Electron Spectrometry" in „Systematic Materials Analysis, Vol. I" by *J. H. Richardson and R. V. Peterson* (Editors), Academic Press New York, 1974

[9.25] *Rivière, C. J.*: „Auger Spectroscopy" in „Modern Physical Techniques in Materials Technology" by *T. Mulvey and R. K. Webster* (Editors), Oxford University Press, 1994

[9.26] *Hofmann, S.*: „Oberflächen- und Tiefenanalyse mit der Auger-Elektronen-Spektroskopie (AES)", Mikrochimica Acta, Suppl. 7 (1977), 109-128

[9.27] *Klau, M. und Oertel, G.*: „Auger-Elektronenspektroskopie" in „Handbuch Festkörperanalyse", VEB Verlag Berlin, 1979

[9.28] *Klöber, J.*: „Auger-Elektronenspektroskopie" in „Ausgewählte Untersuchungsverfahren in der Metallkunde", VEB Verlag Leipzig, 1982

[9.29] *Seah, M. P.*: „Auger Electron Spectroscopy" in „Microscopic Methods in Metals" by *U. Gonser* (Editor), Springer-Verlag Berlin, 1986

[9.30] *Dudek, J.*: „Auger Elektronen-Mikroanalyse, Grundlagen und Anwendungen" in „Angewandte Oberflächenanalyse", herausgegeben von *M. Grasserbauer, H. J. Dudek und M. F. Ebel*, Springer-Verlag Berlin, 1985

[9.31] *Jitschin, W.*: „Augerelektronen-Spektroskopie (AES)", Physik in unserer Zeit 20 (1989), 35-39

[9.32] *Bishop, H. E.*: „Auger electron spectroscopy" in „Methods of Surface Analysis - Techniques and Application" by *J. M. Walls* (Editor), Cambridge University Press, 1992

[9.33] *Shew, B.-Y. and Huang, J.-L.*: „Quantitative AES investigation of magnetron sputtered Ti-Al-N film" Surface and Coatings Technology 73 (1995), 66-72

[9.34] *Trautwein, A. und Keune, W.*: „Photoelektronenspektroskopie: Prinzip und Anwendung in der Metallphysik", Metall 26, 5 (1972), 435-442

[9.35] *Holm, R.*: „ESCA - eine neue Methode zur Bestimmung von Elementen und ihren Bindungszuständen in der Oberfläche von Festkörpern", Teil 1 und 2, G-I-T Fachzeitschrift 16, 1 (1972), 12-19 und 112-116

[9.36] *Holm, R.*: „Photo- und Augerelektronenspektroskopie (ESCA) und Sekundärionenmassenspektroskopie (SIMS)", Metalloberfläche 27, 6 (1973), 199-207

[9.37] *Hagström, S.*: „Photoelectron Spectroscopy of Surfaces", Vakuum-Technik 23, 2 (1974), 46-53

[9.38] *Proctor, W. G.*: „X-Ray Photoelectron Spectrometry (ESCA)" in „Systematic Materials Analysis, Vol. II" by *J. H. Richardson and R. V. Peterson* (Editors), Academic Press New York, 1974

[9.39] *Berg, U.*: „Photoelektronenspektroskopie" in „Handbuch Festkörperanalyse", VEB Verlag Berlin, 1979

[9.40] *Werfel, F.*: „Photoelektronen-Spektroskopie" in „Ausgewählte Untersuchungsverfahren in der Metallkunde", VEB Verlag Leipzig, 1983

[9.41] *Ebel, M. F.*: „Röntgen-Photoelektronen-Spektrometrie" in „Angewandte Oberflächenanalyse", herausgegeben von *M. Grasserbauer, H. J. Dudek und M. F. Ebel*, Springer-Verlag Berlin, 1985

[9.42] *Wertheim, G. K.*: „X-Ray Photoelectron Spectroscopy" in „Microscopic Methods in Metals" by *U. Gonser* (Editor), Springer-Verlag Berlin, 1986

[9.43] *Christie, A. B.*: „X-ray photoelectron spectroscopy" in „Methods of Surface Analysis - Techniques and Application" by *J. M. Walls* (Editor), Cambridge University Press, 1992

[9.44] *Critchlow, G. W.*: „Instrumental Techniques for the Surface Analysis of Materials", Trans IMF, 74 (3) (1997), 108-114

[9.45] *Madelung, O. W.*: „Oberflächenanalyse, Verfahren, Anwendung, Anbieteradressen", VDI-Verlag GmbH Düsseldorf 1989

[9.46] *Bock, R.*: „Methoden zur Analytischen Chemie", Bd. 1, Verlag Chemie GmbH Weinheim, 1974

[9.47] *Engel - Klingele*: „Rasterelektronenmikroskopische Untersuchungen von Metallschäden", Gerling Institut für Schadenforschung und Schadenverhütung GmbH Köln, 1974

[9.48] *Hantsche, H.*: „Zur quantitativen Röntgenmikroanalyse: Die Ermittlung notwendiger geometrischer Daten für energiedispersive Systeme mit verschiebbarem Detektor", Beitr. elektronenmikrokop. Direktabb., Oberfläche. 7 (1974), 531-625

[9.49] *Hantsche, H.*: „Messung zur Abhängigkeit des Röntgensignals vom Kippwinkel der Probenoberfläche", Beitr. elektronenmikrokop. Direktabb., Oberfläche. 10 (1977), 615-626

[9.50] *Schlüter, P.*: „Mikroanalyse am Rasterelektronenmikroskop", Sonderdruck aus LaborPraxis, Heft 6 (1979)

[9.51] *Hillmer, T.*: „Praktische Erfahrungen bei der Werkstoffmikroanalyse mit dem Raster-Elektronenmikroskop, Teil 1 und 2", Praktische Metallographie 16 (1979), 465-479 und 521-536

[9.52] *Hantsche, H.*: „Energiedispersive Röntgenmikroanalyse - Anwendungsgebiete, Grenzen und Fehlermöglichkeiten", GIT Fachzeitschrift für das Laboratorium 25 (1981), 682-689

[9.53] *Statham, P. J.*: „Prospects for improvement in EDX microanalysis", Journal of Microanalysis, Vol. 130, Pt 2, May (1983), 165-176

[9.54] *Lewis, D. B.*: „Scanning Electron Microscopy and X-ray Microanalysis", Inst. Metal Finish, 70 (40), (1992), 198-202

[9.55] *Bomback, J. L.*: „Practical Limitations of X-Ray Analysis in the Scanning Electron Microscope", 73rd Ann. Meeting ASTM, Toronto/Canada, June 1970

[9.56] *Brown, L. C. and Thresh, H.*: „Electron-Probe Microanalysis" in „Tools and Techniques in Physical Metallurgy, Vol. 2", by *F. Weinberg* (Editor), Marcel Dekker, Inc. N. Y., 1970

[9.57] *Gullasch, J.*: „Elektronenstrahlmikroanalyse, Physikalisch Grundlagen und Grenzen dieser Analysenmethode", GIT Fachzeitschrift für das Laboratorium, Heft 12 (1970), 1397-1403

[9.58] *Beier, W., Röder, A. und Brümmer, O.*: „Elektronenstrahl-Mikroanalyse", in „Handbuch Festkörperanalyse mit Elektronenstrahl, Ionen und Röntgenstrahlen", Autorenkollektiv, VEB Deutscher Verlag für Grundstoffindustrie Berlin, 1979

[9.59] *Hunger, H.-J.*: „Elektronenstrahl-Mikroanalyse und Rasterelektronen-Mikroskopie", in „Ausgewählte Untersuchungsverfahren in der Metallkunde", Autorenkollektiv, VEB Deutscher Verlag für Grundstoffindustrie Leipzig, 1983

[9.60] *Ritschel, B.*: „Die wellenlängendispersive Röntgenfluoreszenzanalyse", CLB Chemie für Labor und Betrieb, Heft 1 und 2 (1985), 14-17 und 73-74

[9.61] *Sorg, M. und Ladwein, T.*: „Elektrochemische Charakterisierung von Chemisch-Nickel-Schichten", Bericht der Hochschule für Wirtschaft und Technik Aalen, Aalen, 2005

[9.62] *Bengtson, A.*: „Quantitative depth profile analysis by glow discharge", Spectrochim. Acta 1994, 411-429

[9.63] *Böhm, H.*: „Tiefenprofilanalyse in der Glimmentladungsspektroskopie", Metalloberfläche 46 (1992) 3, 125-130

[9.64] *Böhm, H.*: „Glimmentladungsspektroskopie zur Untersuchung von dekorativen Schichten", JOT (1994) 4, 124-128

[9.65] *Asam, T.*: „GDOES-Tiefenprofilanalyse", Metalloberfläche 51 (1997) 2, 123-125

[9.66] *Präßler, F. und Grahl, A.*: „Effiziente Tiefenprfilanalytik", Metalloberfläche 51 (1997) 11, 862-863

[9.67] *Asam, T. et al.*: „GDOES Depth Profile Analyses of Conducting and Non-Conducting Layers in the Analysis of Coatings", Trens IMF (1999), 77 (5), B91-B94

[9.68] *Deraed, C. und Backus, G.*: „Neue Anwendungsmöglichkeiten der Glimmentladungs-Spektroskopie" JOT (1999) 9, 98-99

[9.69] *Paatsch, W. und Hodoroaba, V.-D.*: „GDOES - Ein Verfahren zur Messung von Wasserstoffprofilen an beschichten Bauteilen", Metalloberfläche 56 (2002) 2, 41-44

[9.70] *Aeberhard, M. et al.*: „Schichtzusammensetzung - qualitativ und qualitativ", Metalloberfläche 56 (2002) 2, 46-51

[9.71] *Harnisch, C., Asam, T. und Rehers, D.*: „Schichtdicke" in „Moderne Mess- und Prüfverfahren für metallische und andere anorganische Überzüge", herausgegeben von *N. Kanani*, expert verlag Renningen, 2007

10 Darstellung der Gitterstruktur metallischer Schichten

10.1 Einleitung

Galvanisch oder außenstromlos abgeschiedene Schichten sind fast immer kristallin[1] und als solches polykristallin, d. h. sie bestehen aus einer Vielzahl sehr kleiner Kristallite, die durch Korngrenzen voneinander getrennt sind. Sowohl die Kristallite als auch die Korngrenzen lassen sich durch zweckmäßiges Anätzen mit geeigneten Ätzmitteln lichtmikroskopisch sichtbar machen und auswerten. Das so entstandene mikroskopische Schliffbild zeigt das *Gefüge*[2] der Schicht und liefert damit wichtige Informationen über ihre Natur und Eigenschaften.

Die räumliche, durch die Korngrenzen festgelegte Ausdehnung der Kristallite wird durch den Begriff *Korngröße* definiert. Sie wird entweder durch den mittleren Durchmesser oder die Fläche der Kristallite anhand lichtmikroskopischer Schliffbilder ausgemessen und quantitativ erfasst.

Kristallite sind in der Regel unterschiedlich orientiert; nicht selten jedoch beobachtet man eine Vorzugsrichtung ihrer kristallographischen Achsen. In solchen Fällen spricht man vom Vorhandensein einer *Textur*. Liegt keine Textur vor, d. h. die Kristallite sind bezüglich ihrer Orientierung völlig regellos verteilt, dann sind die Schichteigenschaften, wie z. B. die elektrische und thermische Leitfähigkeit, die Festigkeit und Härte, die Duktilität und Zähigkeit, isotrop, d. h. in allen Raumrichtungen gleich. Bei Anwesenheit einer Textur hingegen sind die Eigenschaften anisotrop, also richtungsabhängig. Die Anisotropie macht sich besonders bei der plastischen Umformung des beschichteten Bauteils ungünstig bemerkbar.

Kristallite sind zwar fehlerhafte Kristalle, besitzen jedoch alle charakteristischen Merkmale von ideal aufgebauten Kristallen. Zu diesen Merkmalen zählt die streng periodische Anordnung der Atome in allen Raumrichtungen, das so genannte Raumgitter. Es ist dieses Raumgitter, das die Eigenschaften einer metallischen Schicht bestimmt.

---

1 Zu den wenigen Ausnahmen zählen die außenstromlos abgeschiedenen Nickel-Phosphor-Schichten hohen Phosphorgehalts (DIN 50966, DIN EN ISO 4527). Wird beim außenstromlosen Abscheiden von Nickel mehr als 10 % Phosphor in die Nickelmatrix eingebaut, so entstehen Schichten mit amorphem Gefüge, eine Mikrostruktur, die auch als „metallisches Glas“ bezeichnet wird. Erst eine thermische Nachbehandlung bei 400 °C und 1 Stunde bewirkt, dass sich das amorphe Gefüge ins kristalline umwandelt.

2 Als Gefüge bezeichnet man den mikroskopischen Aufbau eines Festkörpers, der durch die chemische Zusammensetzung, Form, Größe und Anordnung der einzelnen Kristallite bestimmt wird.

Man denke beispielsweise daran, dass das Eisen seinen Ferromagnetismus verliert, sobald sein kubisch-raumzentriertes Raumgitter infolge der Erhitzung bei 911 °C in das kubisch-flächenzentrierte übergeht.

Die folgenden Ausführungen beschäftigen sich daher mit den *Gittertypen* metallischer Schichten und ihren spezifischen Aspekten.

10.2 Raumgitter

Das Raumgitter, d. h. die räumliche Anordnung der Atome, lässt sich als Punktgitter, wie in Abb. 10.1 geschehen, bildlich darstellen.

Das Raumgitter, das die Kristallstruktur wiedergibt, wird also aus einer Vielzahl kleinster Volumeneinheiten aufgebaut, die man als *Elementarzelle* oder *Einheitszelle* (EZ) bezeichnet. Eine solche Elementarzelle ist in Abb. 10.1 vergrößert und dick eingezeichnet. Sie ist im Koordinatensystem x, y, z durch die Achsenabschnitte a, b, c (Kantenlängen) und die Raumwinkel α, β, γ eindeutig und vollständig definiert. Je nach Größe der Achsenabschnitte und der Art der drei Raumwinkel unterscheidet man verschiedene Gittertypen.

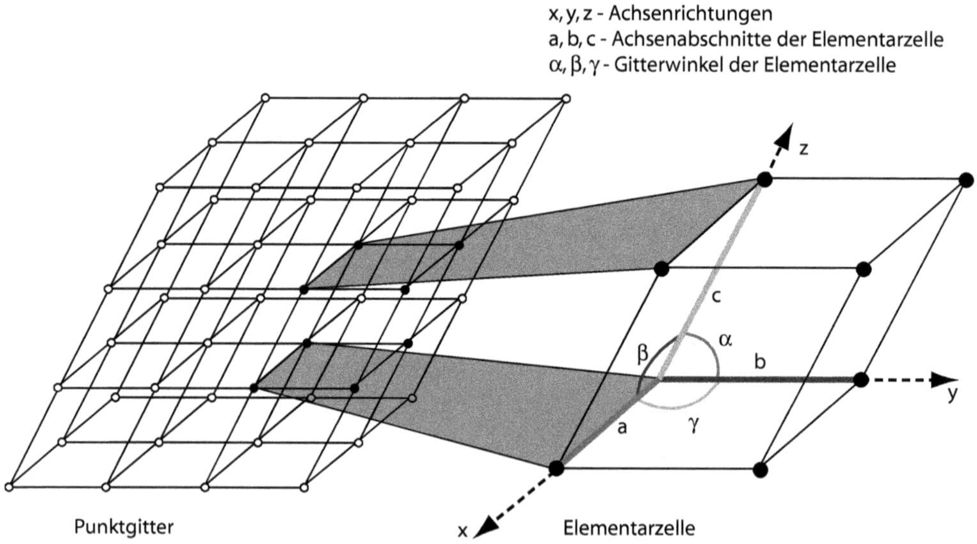

Abb. 10.1: Regelmäßige und periodische Anordnung der Atome in einem Raumgitter [10.1]

10.3 Gittertypen von Metallschichten

Die meisten Metalle und die aus ihnen bestehenden Schichten kristallisieren, wie aus Tab. 10.1 hervorgeht, im kubischen bzw. hexagonalen Gitter. Der Grund hierfür ist die richtungs*un*abhängige Anziehungskraft, die das Elektronengas auf das Ionengerüst ausübt. Da die Anordnung der Atomrümpfe nicht durch bevorzugte Bindungsrichtungen beeinflusst wird, streben Metalle zur möglich dichtesten oder zu sehr dichten Atomanordnungen. Die folgenden Ausführungen beschäftigen sich daher mit diesen Gittertypen.

Tab. 10.1: Gittertypen einiger Metalle

Kubisch			**Hexagonal**
Kubisch-raumzentriert	**Kubisch-flächenzentriert**	**Diamantgitter**	
Chrom	Aluminium	Germanium	Beryllium (α-Be)
Molybdän	Blei	Silizium	Cadmium
Niob	Gold	α-Zinn	Kobalt (α-Co)
Vanadium	Kupfer		Magnesium
Wolfram	Nickel		Titan (α-Ti)
α-Eisen (α-Fe)[3]	Platin		Zink
β-Titan (β-Ti)	Silber		Zirkonium (α-Zr)
β-Zirkon (β-Zr)	β-Kobalt (β-Co)		

10.3.1 Kubisches Gitter

Das kubische Raumgitter zeichnet sich dadurch aus, dass die drei Raumachsen x, y, und z senkrecht zueinander stehen, d. h. die Winkel α, β und γ sind gleich und betragen 90°, und die Achsenabschnitte a, b und c sind ebenfalls gleich groß. Die Elementarzelle des kubischen Raumgitters ist somit ein Würfel. Die Würfelecken werden *Gitterplätze* genannt.

Je nachdem ob sich die Metallatome nur an den Würfelecken, oder auch im Mittelpunkt des Würfels bzw. in den Mittelpunkten der Würfelflächen befinden, unterscheidet man kubisch-primitive, kubisch-raumzentrierte und kubisch-flächenzentrierte Gitter [10.7].

[3] Einige Metalle besitzen innerhalb bestimmter Temperaturbereiche unterschiedliche Gitterstrukturen oder Modifikationen. Die Modifikationen werden mit steigender Temperatur als α, β, γ und δ bezeichnet. Das bekannteste Beispiel ist Eisen mit seinen drei Modifikationen α-, γ- und δ-Fe.

10.3.1.1 Kubisch-primitiv

In Abb. 10.2 sind die Elementarzelle und das Kugelmodell des so genannten kubisch-primitiven Gitters (kp) wiedergegeben. Die Bezeichnung primitiv soll zum Ausdruck bringen, dass die Metallatome, die man sich als harte Kugeln vorstellt, nur an den Ecken der würfelförmigen Elementarzelle sitzen.

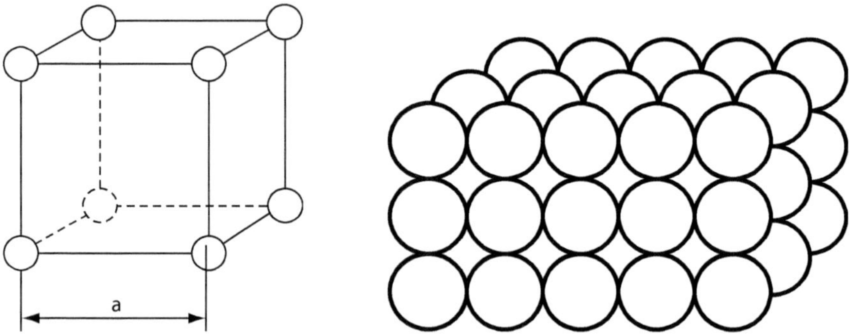

Abb. 10.2: Die Elementarzelle (links) und das Kugelmodell des kubisch-primitiven Gitters (rechts)

Die Abstände, die die Atome zueinander einnehmen, werden durch elektrostatische Kraftwirkungen zwischen den benachbarten Atomkernen einerseits, und den äußeren Elektronen und Atomkernen andererseits bestimmt. Während zwischen den benachbarten Atomkernen Abstoßungskräfte wirksam sind, herrschen zwischen den Elektronen und den Atomkernen Anziehungskräfte. Den energetisch günstigsten Abstand zwischen zwei Atommittelpunkten nennt man die *Gitterkonstante a* des betreffenden Raumgitters.

Das kubisch-primitive Gitter ist eine geometrische Fiktion, da es keine metallische Schicht gibt, die in diesem Gittertyp kristallisiert[4]. Die Bedeutung des kubisch-primitiven Gitters liegt aber darin, dass man mit seiner Hilfe die wichtigsten Merkmale der Raumgitter metallischer Schichten beschreiben kann. Diese sind:

- *Anzahl der Atome pro Elementarzelle (z):* Sie gibt die Zahl der tatsächlich in der Elementarzelle vorhandenen Atome an.

[4] Polonium (Po) ist ein kurzlebiges Zerfallsprodukt der Uranreihe. 1000 Tonnen Pechblende (Uranpecherz, UO_2) enthalten ca. 0,03 g Polonium. α-Po (thermischer Existenzbereich unter -76 °C) besitzt als einzig bekanntes Metall kubisch-primitives Gitter mit der Gitterkonstante $a = 3{,}35 \cdot 10^{-10}$ m und der Koordinationszahl KZ = 6. Bei -75 ± 15 °C wandelt sich das α-Po in das rhomboedrische β-Po um.

- *Raumerfüllung (RE):* Sie ist das Verhältnis des Gesamtvolumens aller in der Elementarzelle vorhandenen Atome zum Volumen der Elementarzelle. Die Raumerfüllung ist ein Maß für die Packungsdichte des betrachteten Raumgitters.
- *Koordinationszahl (KZ):* Sie gibt die Anzahl der Atome an, die ein im Raumgitter befindliches Atom in kleinster Entfernung umgeben. Sie hängt eng mit der Raumerfüllung zusammen.

Anzahl der Atome pro Elementarzelle z: In der kubisch-primitiven Elementarzelle sind die acht Ecken jeweils mit einem Atom besetzt. Jedes dieser Atome gehört aber zu 8 benachbarten Elementarzellen (s. Abb. 10.7). Somit ergibt sich für die Anzahl der Atome in der kubisch-primitiven Elementarzelle $z_{kp} = 8 \cdot 1/8 = 1$. Das heißt, die Elementarzelle des kubisch-primitiven Gitters enthält nur ein einziges Atom.

Raumerfüllung RE: Mit V_A Volumen eines Atoms und V_{EZ} Volumen der Elementarzelle lässt sich die Raumerfüllung definitionsgemäß mit Hilfe folgender Beziehung berechnen:

$$\mathrm{RE} = \frac{z \cdot V_A}{V_{EZ}} \tag{10.1}$$

Für die Raumerfüllung der kubisch-primitiven Elementarzelle mit der Kantenlänge a und dem Atomradius r_A ergibt sich somit

$$(\mathrm{RE})_{kp} = \frac{z_{kp} \cdot V_A}{(V_{EZ})_{kp}} = \frac{1 \cdot \frac{4}{3} \cdot \pi \cdot r_A^3}{a^3} = \frac{1 \cdot \frac{4}{3} \cdot \pi \cdot \left(\frac{a}{2}\right)^3}{a^3} = \frac{\pi}{6} = 0{,}52 \tag{10.2}$$

Die kubisch-primitive Elementarzelle ist also zu 52 % ausgefüllt; der Rest ist leer.

Die Bestimmung des Atomradius r_A kann anhand der Würfelebene der kubisch-primitiven Elementarzelle vorgenommen werden (Abb. 10.3). Da sich die benachbarten Atome in dieser Ebene berühren, erhält man $r_A = a/2$.

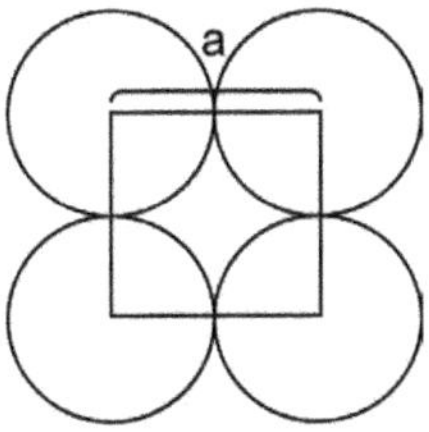

Abb. 10.3: Berechnung des Atomradius in der kubisch-primitiven Elementarzelle

Koordinationszahl KZ: In der kubisch-primitiven Elementarzelle ist jedes Atom von 6 Atomen im Abstand a umgeben, nämlich je 2 in jeder Richtung der Würfelkante. Damit ergibt sich für die Koordinationszahl der kubisch-primitiven Elementarzelle $(KZ)_{kp} = 2$.

10.3.1.2 Kubisch-raumzentriert

Kennzeichnend für das kubisch-raumzentrierte Gitter (krz) ist, dass 8 Atome an den Ecken und ein Atom in der Mitte der würfelförmigen Elementarzelle sitzen. Abb. 10.4 zeigt die Elementarzelle und das Kugelmodell des kubisch-raumzentrierten Gitters.

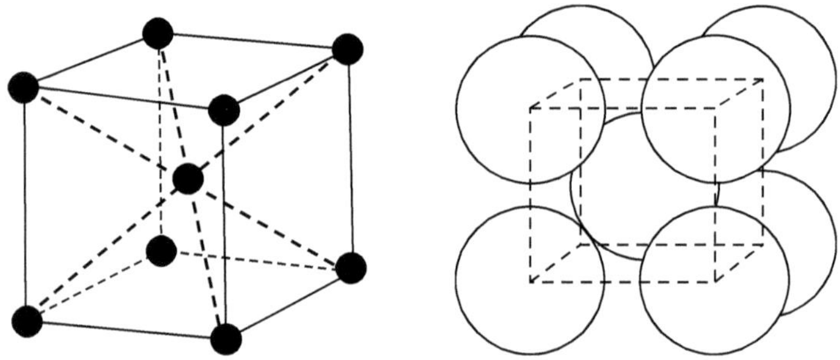

Abb. 10.4: Die Elementarzelle (links) und das Kugelmodell (rechts) des kubisch-raumzentrierten Gitters

Abb. 10.5 demonstriert, wie das kubisch-raumzentrierte Gitter (gestrichelt dargestellt) auf das kubisch-primitive Gitter (dick eingezeichnet) zurückgeführt werden kann.

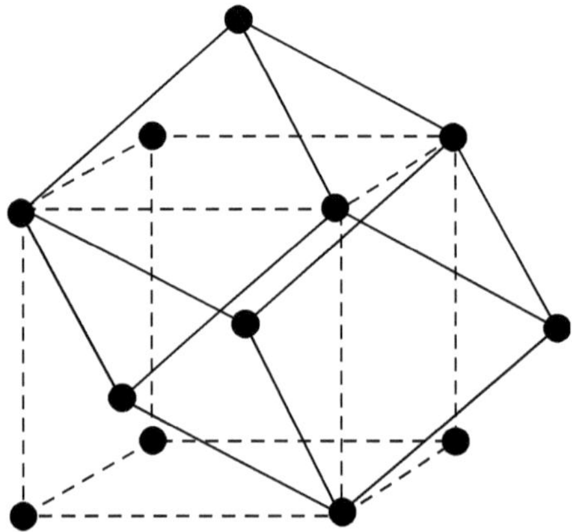

Abb. 10.5: Beziehung zwischen dem kubisch-raumzentrierten (gestrichelt dargestellt) und dem kubisch-primitiven Gitter (dick eingezeichnet)

Die Elementarzelle des kubisch-raumzentrierten Gitters entsteht, indem, wie aus Abb. 10.6 ersichtlich, zwei Atomschichten A und B so aufeinander zu liegen kommen, dass die Atomstapelfolge ...ABABAB... zustande kommt. Bei dieser Anordnung der Atome hat erst die dritte Atomschicht die gleiche Position wie die erste.

Abb. 10.6: Entstehung der Elementarzelle des kubisch-raumzentrierten Gitters [10.2]

Anzahl der Atome pro Elementarzelle z: Wie aus Abb. 10.7 hervorgeht, befinden sich zwar 8 Atome auf den Ecken der kubisch-raumzentrierten Elementarzelle, jedes von ihnen gehört aber nur zu 1/8 zu ihr. Das Atom in der Mitte der Elementarzelle gehört jedoch gänzlich zu ihr.

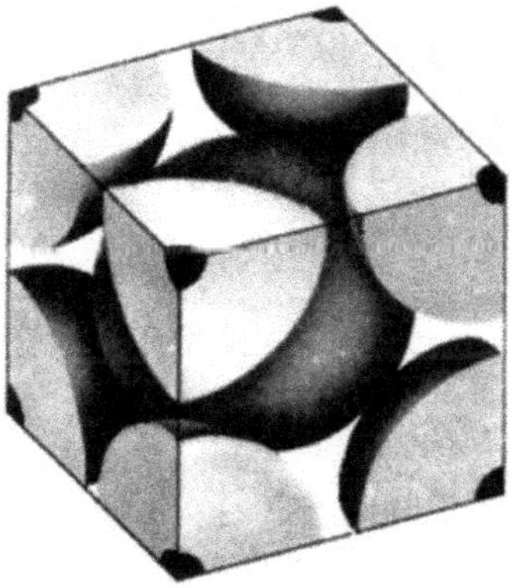

Abb. 10.7: Anzahl der Atome in der kubisch-raumzentrierten Elementarzelle [10.3]

Daraus ergibt sich für die Anzahl der Atome in der kubisch-raumzentrierten Elementarzelle $z_{krz} = 1/8 \cdot 8 + 1 \cdot 1 = 2$.

Raumerfüllung RE: Die Raumerfüllung der kubisch-raumzentrierten Elementarzelle ergibt sich als Verhältnis des Gesamtvolumens der darin enthaltenen Atome ($z_{krz} \cdot V_A$) zum Volumen der Elementarzelle $(V_{EZ})_{krz}$. Für die Raumerfüllung der kubisch-raumzentrierten Elementarzelle ergibt sich somit

$$(RE)_{krz} = \frac{z_{krz} \cdot V_A}{(V_{EZ})_{krz}} = \frac{2 \cdot \frac{4}{3} \cdot \pi \cdot r_A^3}{a^3} = \frac{2 \cdot \frac{4}{3} \cdot \pi \cdot \left(\frac{a \cdot \sqrt{3}}{4}\right)^3}{a^3} = \frac{\pi \cdot \sqrt{3}}{8} = 0{,}68 \qquad (10.3)$$

Die kubisch-raumzentrierte Elementarzelle ist zu 68 % ausgefüllt, der Rest ist leer.

Der Atomradius r_A lässt sich bestimmen, wenn man berücksichtigt, dass das in der Raummitte der Elementarzelle befindliche Atom die acht auf den Ecken sitzenden Atomen berührt, während sich diese untereinander nicht berühren. Diesen Sachverhalt verdeutlicht Abb. 10.8, welche die Anordnung der Atome in der so genannten Dodekaederebene wiedergibt. Die Länge der Raumdiagonale ist $a\sqrt{3}$, daraus ergibt sich für den Atomradius $r_A = a \cdot \sqrt{3/4}$.

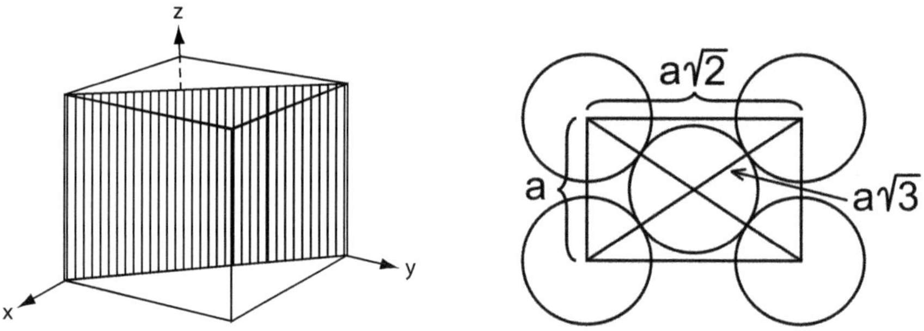

Abb. 10.8: Berechnung des Atomradius in der kubisch-raumzentrierten Elementarzelle

Koordinationszahl KZ: In der kubisch-raumzentrierten Elementarzelle ist jedes Atom (A) von 8 Atomen in einem Abstand von $d = a \cdot \frac{\sqrt{3}}{2} = 0{,}886 \cdot a$ unmittelbar umgeben. Diese befinden auf den Würfelecken (Abb. 10.9).

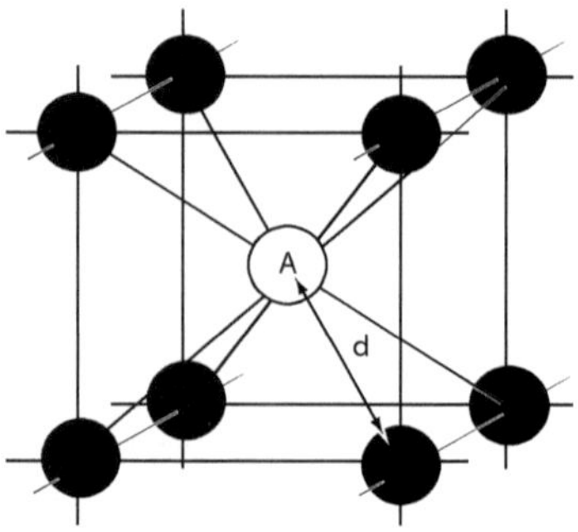

Abb. 10.9: Koordinationszahl der kubisch-raumzentrierten Elementarzelle

Damit ergibt sich für die Koordinationszahl $(KZ)_{krz} = 8$. Dasselbe Atom ist ferner von 6 weiteren Atomen benachbart, die sich im Abstand von a befinden, nämlich je 2 entlang der Richtung der Würfelkante. Das sind die übernächsten Nachbaratome.

10.3.1.3 Kubisch-flächenzentriert

Kennzeichnend für das kubisch-flächenzentrierte Gitter (kfz) ist, dass 8 Atome an den Ecken und 6 Atome in der Mitten der Flächen der würfelförmigen Elementarzelle sitzen. Abb. 10.10 zeigt die Elementarzelle und das Kugelmodell des kubisch-flächenzentrierten Gitters.

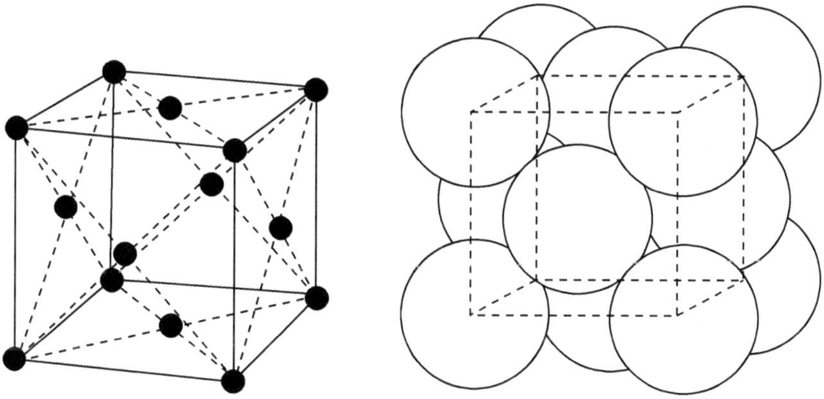

Abb. 10.10: Die Elementarzelle (links) und das Kugelmodell (rechts) des kubisch-flächenzentrierten Gitters

Abb. 10.11 demonstriert schematisch, wie das kubisch-flächenzentrierte Gitter (gestrichelt dargestellt) auf das kubisch-primitive Gitter (dick eingezeichnet) zurückgeführt werden kann.

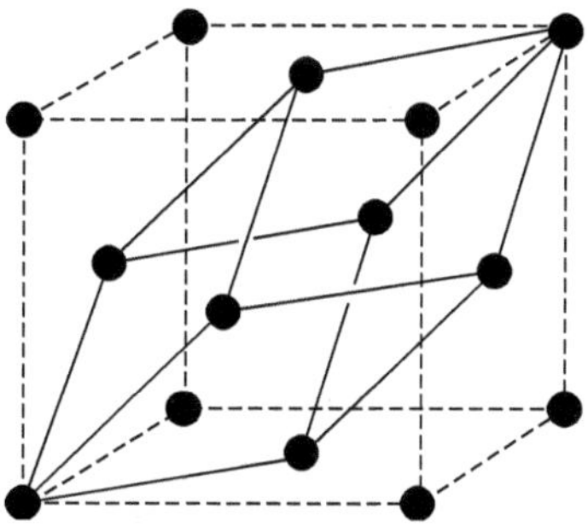

Abb. 10.11: Beziehung zwischen dem kubisch-flächenzentrierten (gestrichelt dargestellt) und dem kubisch-primitiven Gitter (dick eingezeichnet)

Die Elementarzelle des kubisch-flächenzentrierten Gitters entsteht, indem, wie aus Abb. 10.12 ersichtlich, drei Atomschichten A, B und C so aufeinander zu liegen kommen, dass die Atomstapelfolge ...ABCABCABC... zustande kommt.

Abb. 10.12: Entstehung der Elementarzelle des kubisch-flächenzentrierten Gitters [10.2]

Bei dieser Anordnung der Atome hat, wie man in Abb. 10.13 sehen kann, erst die vierte Atomschicht die gleiche Position wie die erste.

Anzahl der Atome pro Elementarzelle *z*: Wie aus Abb. 10.14 ersichtlich, enthält die kubisch-flächenzentrierte Elementarzelle 8 Atome an den Ecken, die zu je 1/8, und sechs Atome in den Mittepunkten der Würfelebenen, die zu je ½ zu ihr gehören.

Für die Anzahl der Atome in der Elementarzelle ergibt sich somit $z_{\text{kfz}} = 8 \cdot 1/8 + 6 \cdot 1/2 = 4$.

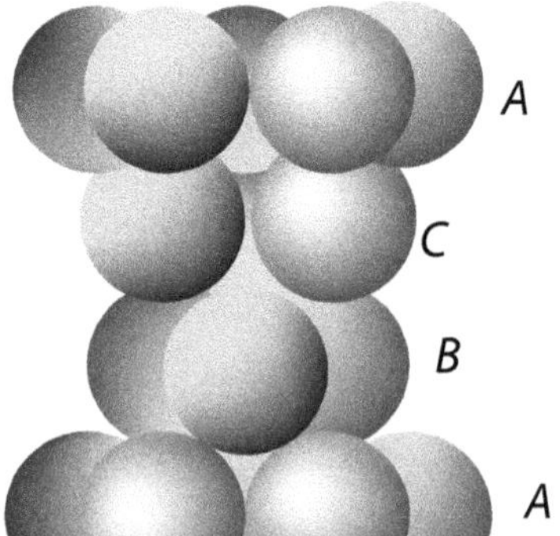

Abb. 10.13:
Atomstapelfolge im kubisch-flächenzentrierten Gitter

Abb. 10.14:
Anzahl der Atome in der kubisch-flächenzentrierten Elementarzelle [10.3]

Raumerfüllung RE: Die Raumerfüllung der kubisch-flächenzentrierten Elementarzelle ergibt sich als Verhältnis des Gesamtvolumens der darin enthaltenen Atome ($z_{kfz} \cdot V_A$) zum Volumen der Elementarzelle (V_{EZ}). Damit erhält man für die Raumerfüllung

$$(RE)_{kfz} = \frac{z_{kfz} \cdot V_A}{(V_{EZ})_{kfz}} = \frac{4 \cdot \frac{4}{3} \cdot \pi \cdot r_A^3}{a^3} = \frac{4 \cdot \frac{4}{3} \cdot \pi \cdot \left(\frac{a \cdot \sqrt{2}}{4}\right)^3}{a^3} = \frac{\pi \cdot \sqrt{2}}{6} = 0{,}74 \qquad (10.4)$$

Die kubisch-flächenzentrierte Elementarzelle ist zu 74 % ausgefüllt, der Rest ist leer. Dies ist die höchst mögliche Packungsdichte in einem Raumgitter. Das kubisch-flächenzentrierte Gitter stellt somit die dichteste Kugelpackung dar. Man spricht von kubisch-flächenzentriert dichtester Packung (*kdP*).

Der Atomradius r_A lässt sich ermitteln, wenn man berücksichtigt, dass das in der Mitte der Würfelebene der Elementarzelle befindliche Atom die vier Atome auf den Würfelecken berührt, während diese sich untereinander nicht unmittelbar berühren. Abb. 10.15 veranschaulicht die Anordnung der Atome in der Würfelebene.

Die Länge der Flächendiagonale ist $a\sqrt{2}$; daraus ergibt sich $r_A = a \cdot \sqrt{2/4}$.

Koordinationszahl KZ: In der kubisch-flächenzentrierten Elementarzelle ist jedes Atom (A) von 12 Atomen in einem Abstand von $d = \frac{\sqrt{2} \cdot a}{2} = 0{,}707 \cdot a$ unmittelbar umgeben, nämlich je 2 in den 6 Flächendiagonalen (Abb. 10.16).

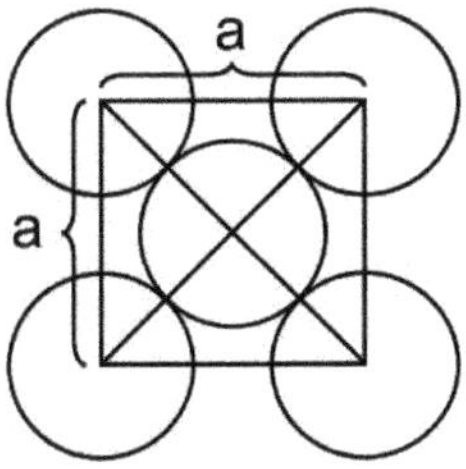

Abb. 10.15:
Berechnung des Atomradius in der kubisch-flächenzentrierten Elementarzelle

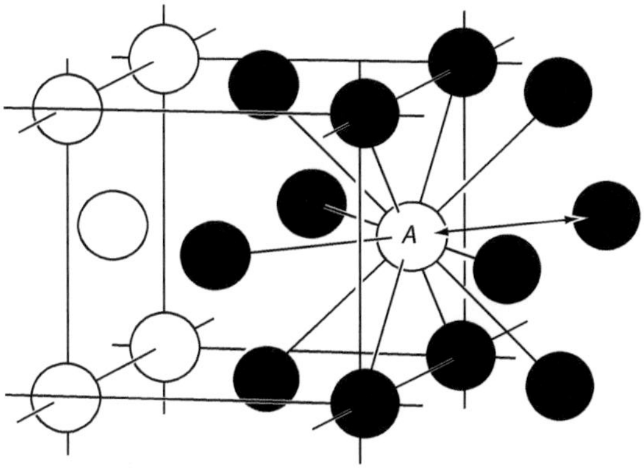

Abb. 10.16:
Koordinationszahl der kubisch-flächenzentrierten Elementarzelle

Die Koordinationszahl beträgt somit $(KZ)_{kfz} = 12$. Die übernächsten Nachbaratome befinden sich im Abstand von a; ihre Anzahl beträgt 6, nämlich je 2 entlang der Richtung der Würfelkante.

10.3.1.3.1 Diamantgitter

Zu den kubischen Gittertypen gehört auch das so genannte Diamantgitter. Als eine Modifikation des Kohlenstoffs zeichnet sich Diamant dadurch aus, dass jedes Kohlenstoffatom dreidimensional mit vier weiteren Kohlenstoffatomen in Form eines Tetraeders vernetzt ist. Da die Tetraederanordnung der Kohlenstoffatome ein dem kubisch-flächenzentrierten Gitter verwandtes Raumgitter bildet, spricht man von Diamantgitter.

Das Diamantgitter entsteht dadurch, dass innerhalb der kubisch-primitiven Elementarzelle ein kleiner Würfel eingebaut wird, von dem nur je zwei gegenüberliegende Eckpunkte mit Atomen besetzt sind (Abb. 10.17 links). Die Verbindungslinien zwischen diesen Atomen bilden die Kanten eines Tetraeders. So ist jedes Atom von 4 anderen im gleichen Abstand befindlichen Atomen umgeben; jedes Atom ist der Mittelpunkt eines von 4 Atomen bestimmten Tetraeders (Abb. 10.17 Mitte).

Anzahl der Atome pro Elementarzelle z: Die Atome bilden ein kubisch-flächenzentriertes Gitter, indem vier weitere Atome pro Elementarzelle abwechselnd die so genannten Tetraederlücken besetzen (Abb. 10.17 rechts). Die Elementarzelle des Diamantgitters enthält somit 8 Atome ($z_D = 8$).

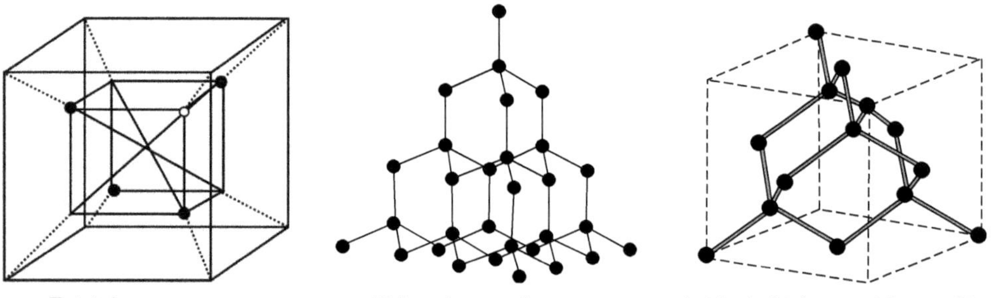

Entstehung | Tetraederanordnung | kubisch-flächenzentriertes Gitter

Abb. 10.17: Diamantgitter

Raumerfüllung RE: Die maximale Raumerfüllung beträgt rund 46 % ($(RE)_D = 46$ %), d. h. weniger als beim kubisch-primitiven Gitter (52 %).

Koordinationszahl KZ: Die Koordinationszahl beträgt 4, $(KZ)_D = 4$.

10.3.2 Hexagonales Gitter

Das hexagonale Gitter ist ein Raumkörper mit einer sechseckigen Basisfläche und einer ebenso sechseckigen Deckfläche. Die sechs Ecken der beiden Flächen bilden die Gitterpunkte. In der Mitte jeder der beiden Flächen befindet sich ein weiterer Gitterpunkt. Die entsprechenden Gitterpunkte werden durch gerade Verbindungslinien miteinander verbunden.

10.3.2.1 Hexagonal-primitiv

Das hexagonal-primitive Gitter lässt sich am leichtesten mit Hilfe von drei in einer Ebene liegenden Achsen $a_1 = a_2 = a_3 = a$, die miteinander einen Winkel von 120° bilden, und einer zu dieser Ebene senkrecht stehenden *c*-Achse ($c \neq a$) beschreiben (Abb. 10.18).

Die Kantenlänge der hexagonalen Basisebene beträgt *a*; die Höhe *c* ist in der Regel größer als *a*. Die kugelförmig gedachten Atome sitzen in den Ecken des Prismas und in der Mitten der hexagonalen Basis- und Deckfläche.

Das hexagonale Prisma gibt zwar die Symmetrie des hexagonal-primitiven Gitters sehr gut wieder, kann jedoch nicht als dessen eigentliche Elementarzelle betrachtet werden, da es selbst aus drei gleichen Parallelepipeden[5] (viereckigen Prismen) besteht. Ein solches Parallelepiped, d. h. die eigentliche Elementarzelle des hexagonal-primitiven Gitters, ist in Abb. 10.19 dargestellt.

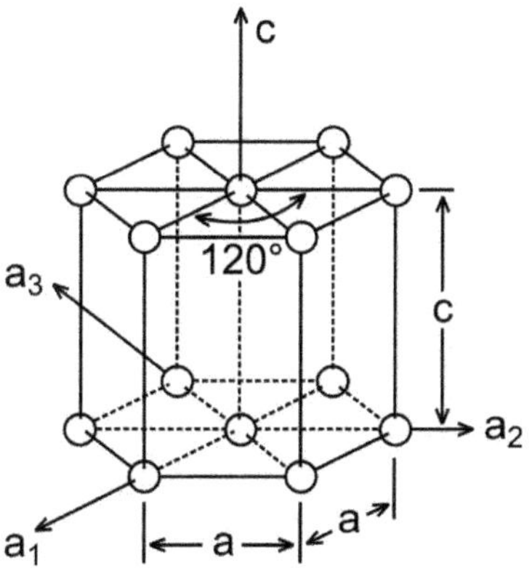

Abb. 10.18:
Hexagonales Prisma zur Beschreibung des hexagonal-primitiven Gitters

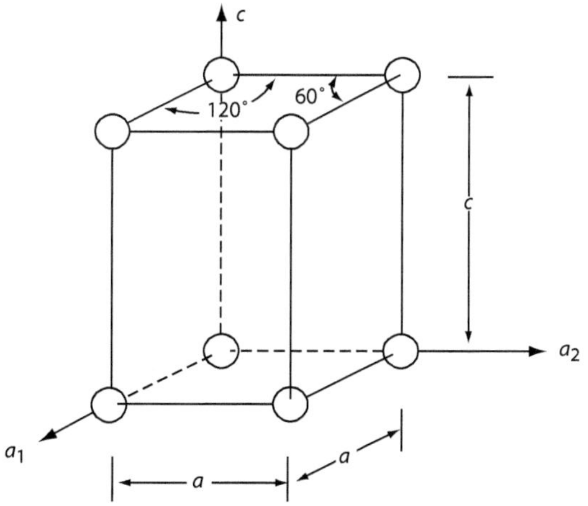

Abb. 10.19:
Viereckiges Prisma als Elementarzelle des hexagonal-primitiven Gitters

5 Ein Parallelepiped ist ein Raumkörper, der von sechs Parallelogrammen begrenzt ist.

Man bezeichnet das hexagonale Prisma (Abb. 10.18) als die große Elementarzelle und das viereckige Prisma (Abb. 10.19) als die kleine Elementarzelle des hexagonal-primitiven Gitters.

Metalle bzw. metallische Schichten kristallisieren nicht im hexagonal-primitiven Gitter, sondern in einem hexagonalen Kristallgitter, in dessen Innerem sich auch Atome befinden.

10.3.2.2 Hexagonal dichtester Packung

Das Kugelmodell des hexagonalen Gitters dichtester Packung ist in Abb. 10.20 wiedergegeben.

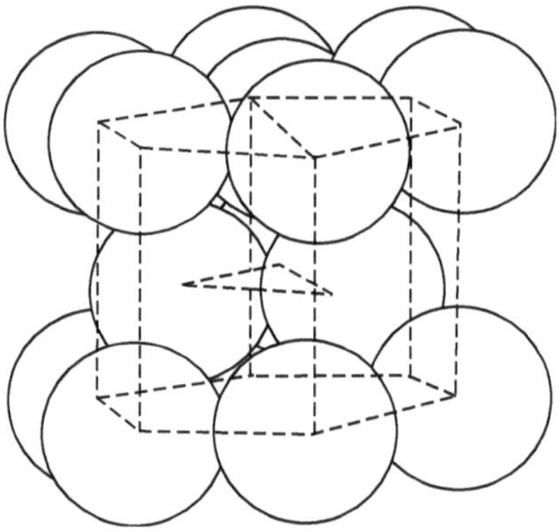

Abb. 10.20: Das Kugelmodell des hexagonalen Gitters dichtester Packung

Dieses Raumgitter entsteht, wenn, wie aus Abb. 10.21 ersichtlich, zwei Atomschichten A und B so übereinander zu liegen kommen, dass die Atomstapelfolge ...ABABAB... zustande kommt.

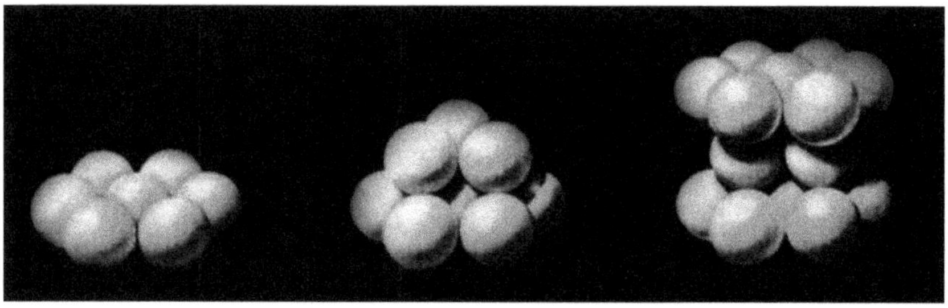

Abb. 10.21: Entstehung des hexagonalen Gitters dichtester Packung [10.2]

Bei dieser Anordnung der Atome hat erst die dritte Atomschicht die gleiche Position wie die erste.

Anzahl der Atome pro Elementarzelle *z*: An den Ecken der großen Elementarzelle des hexagonalen Gitters befinden insgesamt sich 12 Atome, die zu je 1/6 zu ihr gehören. Ferner enthält jede der beiden Basisebenen der großen Elementarzelle ein Atom, das nur zur Hälfte zur Elementarzelle gehört. Darüber hinaus gibt es weitere drei Atome, die sich innerhalb der großen Elementarzelle befinden (Abb. 10.22a).

Somit ergibt sich für die Anzahl der Atome in der großen Elementarzelle des hexagonalen Gitters $z_{\text{hex, groß}} = 12 \cdot 1/6 + 2 \cdot 1/2 + 3 \cdot 1 = 6$.

An den Ecken der kleinen Elementarzelle des hexagonalen Gitters (Abb. 10.22b) befinden sich 8 Atome, die zu je 1/8 zu ihr gehören. Ferner befindet sich innerhalb der Elementarzelle (nicht aber in ihrer Mitte!) ein weiteres Atom. Somit ergibt sich für die Anzahl der Atome in der kleinen Elementarzelle des hexagonalen Gitters $z_{\text{hex, klein}} = 8 \cdot 1/8 + 1 \cdot 1 = 2$.

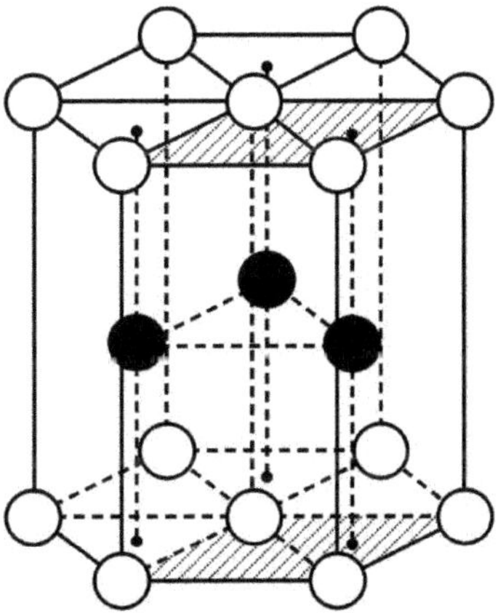

Abb. 10.22a:
Anzahl der Atome in der großen Elementarzelle des hexagonalen Gitters

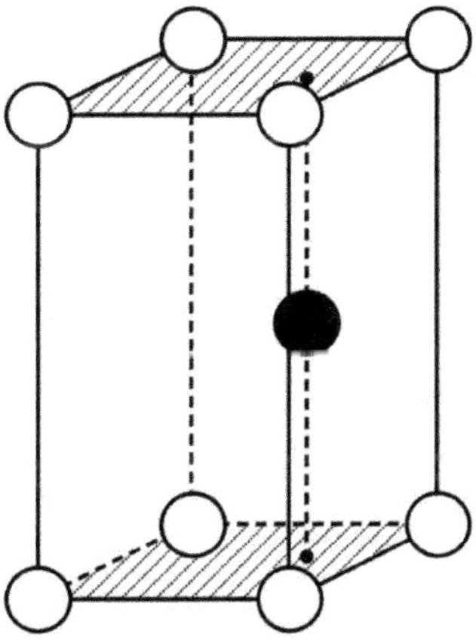

Abb. 10.22b:
Anzahl der Atome in der kleinen Elementarzelle des hexagonalen Gitters

Raumerfüllung RE: Die Raumerfüllung der großen Elementarzelle des hexagonalen Gitters ergibt sich als Verhältnis des Gesamtvolumens der darin enthaltenen Atome ($z_{\text{hex, groß}} \cdot V_A$) zum Volumen der Elementarzelle $(V_{EZ})_{\text{hex, groß}}$.

$$(RE)_{hex,\,groß} = \frac{z_{hex,\,groß} \cdot V_A}{(V_{EZ})_{hex,\,groß}} = \frac{z_{hex,\,groß} \cdot \frac{4}{3} \cdot \pi \cdot r_A^3}{6 \cdot \frac{a^2 \cdot \sqrt{3}}{4} \cdot c}$$

$$= \frac{6 \cdot \frac{4}{3} \cdot \pi \cdot \left(\frac{a}{2}\right)^3}{6 \cdot \frac{a^2 \cdot \sqrt{3}}{4} \cdot \frac{2 \cdot a \cdot \sqrt{2}}{\sqrt{3}}} = \frac{\frac{\pi \cdot a^3}{6}}{\frac{a^3 \cdot \sqrt{2}}{2}} = \frac{2 \cdot \pi}{6 \cdot \sqrt{2}} = 0{,}74 \tag{10.5a}$$

Die Raumerfüllung der kleinen Elementarzelle des hexagonalen Gitters ergibt sich ebenfalls als Verhältnis des Gesamtvolumens der darin enthaltenen Atome ($z_{hex,\,klein} \cdot V_A$) zum Volumen der Elementarzelle $(V_{EZ})_{hex,\,klein}$.

$$(RE)_{hex,\,klein} = \frac{z_{hex,\,klein} \cdot V_A}{(V_{EZ})_{hex,\,klein}} = \frac{z_{hex,\,klein} \cdot \frac{4}{3} \cdot \pi \cdot r_A^3}{2 \cdot \frac{a^2 \cdot \sqrt{3}}{4} \cdot c}$$

$$= \frac{2 \cdot \frac{4}{3} \cdot \pi \cdot \left(\frac{a}{2}\right)^3}{2 \cdot \frac{a^2 \cdot \sqrt{3}}{4} \cdot \frac{2 \cdot a \cdot \sqrt{2}}{\sqrt{3}}} = \frac{\frac{\pi \cdot a^3}{3}}{a^3 \cdot \sqrt{2}} = \frac{\frac{\pi}{3}}{\sqrt{2}} = 0{,}74 \tag{10.5b}$$

Es stellt sich heraus, dass das hexagonale Gitter zu 74 % ausgefüllt ist, der Rest ist leer. Dies ist die höchst mögliche Packungsdichte eines Raumgitters. Das hexagonale Gitter stellt somit die dichteste Kugelpackung dar. Man spricht von hexagonal dichtester Packung (hdP).

Gl. (10.5a) und Gl. (10.5b) beruhen auf folgender Überlegung:

Wenn im hexagonalen Gitter die Atome der Zwischenebene genau in die Zwischenlücken der Atome der Basisebene zu liegen kommen, d. h. die beiden Atomschichten dichtest aufeinander liegen (Abb. 10.23), dann ergibt sich eine gleichschenklige Pyramide, deren Höhe H durch folgende Beziehung gegeben ist:

$$H = \frac{c}{2} = \sqrt{a^2 - \left(\frac{a}{\sqrt{3}}\right)^2} = \frac{a \cdot \sqrt{2}}{\sqrt{3}} \tag{10.6}$$

Hieraus ergibt sich: $c = \frac{2 \cdot a \cdot \sqrt{2}}{\sqrt{3}}$.

Aus der gleichschenkligen Pyramide erhält man zugleich für den Atomradius $r_A = a/2$.

Abb. 10.23:
Gleichschenklige Pyramide aus vier Atomen im hexagonalen Gitter

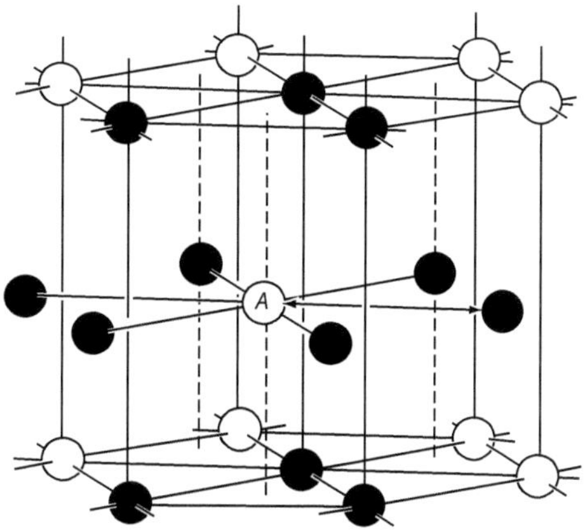

Abb. 10.24:
Koordinationszahl im hexagonalen Gitter

Koordinationszahl KZ: Aus der räumlichen Atomanordnung im hexagonalen Gitter geht hervor, dass jedes Atom (A) 6 nächste Nachbarn besitzt, die sich im Abstand (a) in derselben Ebene befinden (Abb. 10.24).

Für die Koordinationszahl der Elementarzelle des hexagonalen Gitters ergibt sich somit $(KZ)_{\text{hex}} = 6$.

Darüber hinaus hat dieses Atom sechs weitere Nachbarn, von denen sich drei in der Ebene über und drei in der Ebene unter der Ebene des betrachteten Atoms befinden (Abb. 10.24). Diese sechs Atome in den benachbarten Schichten haben einen Abstand von $a' = \sqrt{\frac{1}{3} \cdot a^2 + \frac{1}{4} \cdot c^2}$ von dem betrachteten Atom (A). a' wird nur dann genau gleich a, wenn das Verhältnis $\frac{c}{a} = \frac{2 \cdot \sqrt{2}}{\sqrt{3}} = 1{,}633$ ist. Ist diese Bedingung erfüllt, dann hat das Atom (A) zwölf nächste Nachbarn im Abstand a, d. h. $(\text{KZ})_{\text{hex}} = 12$.

Der Abstand zwischen den zwölf nächsten Nachbarn jedes Atoms im hexagonalen Gitter wird durch die Länge der c-Achse bestimmt. Die zwölf Nachbaratome haben nur dann den gleichen Abstand von dem betrachteten Atom, wenn das Achsenverhältnis c/a einen bestimmten Wert aufweist, den man als der Idealwert bezeichnet. Er ist gegeben durch

$$\left(\frac{c}{a}\right)_{\text{ideal}} = \frac{2 \cdot \sqrt{2}}{\sqrt{3}} = 1{,}633 \tag{10.7}$$

Wenn diese Bedingung erfüllt ist, herrscht dichtest mögliche Anordnung der Atome im hexagonalen Gitter. Das heißt, nur bei diesem Wert hat jedes Atom zwölf nächste Nachbarn im exakt gleichen Abstand.

In der Natur treten häufig Abweichungen von dem idealen Achsenverhältnis $c/a = 1{,}633$ auf, d. h. der tatsächlich bei den hexagonal kristallisierenden metallischen Schichten beobachtete Wert ist oft entweder größer oder kleiner als 1,633.

- Ist $c/a > 1{,}633$, so rücken die Atome in der Richtung der c-Achse auseinander.
- Ist $c/a < 1{,}633$, dann müssen die Atome in der Basisebene auseinanderrücken, um den Atomen der Zwischenebene Platz zu machen.

Sowohl bei größeren als auch bei kleineren Werten von c/a sinkt die Raumerfüllung der hexagonalen Elementarzelle.

Tab. 10.2 enthält einige Metalle, die hexagonale Kristallstruktur besitzen. Dieser Tabelle kann man entnehmen, welche von ihnen den idealen Wert des Achsenverhältnisses $c/a = 1{,}633$ aufweisen.

Tab. 10.2: c/a-Verhältnis einiger Metalle mit hexagonalem Raumgitter

Metall	c/a
Beryllium (α-Be)	1,57
Hafnium (Hf)	1,58
Osmium (Os)	1,58
Rubidium (Ru)	1,59
Zirkonium (α-Zr)	1,59
Titan (α-Ti)	1,60
Thallium (Tl)	1,60
Magnesium (Mg)	1,62
Kobalt (α-Co)	1,63
Osmium (Os)	1,64
Zink (Zn)	1,86
Cadmium (Cd)	1,88

Aus dieser Tabelle geht hervor, dass Beryllium mit $c/a = 1{,}57$ ein besonders kleines Achsenverhältnis besitzt. Während Magnesium, Kobalt und Osmium nahezu das ideale Achsenverhältnis aufweisen, liegen bei Zink und Cadmium die stärksten Abweichungen vom idealen Wert vor. Die Raumerfüllung beträgt bei diesen Metallen nur noch 64 %, also weniger als beim kubisch-raumzentrierten Gitter (68 %). Deshalb kann man bei diesen Metallen nicht mehr von einer hexagonal dichtesten Packung sprechen.

Das hexagonale Gitter dichtester Packung (hdP) und das kubisch-flächenzentrierte Gitter (kdP) haben beide die gleiche, höchst mögliche Packungsdichte von 74 %. Diese hohe Packungsdichte ergibt sich aus der speziellen Atomanordnung in den beiden Gittern. In beiden Fällen befinden sich nämlich die Atome der einen Atomschicht exakt in den Vertiefungen der darunter liegenden Atomschicht. Das hexagonale Gitter zeichnet sich dadurch aus, dass erst die Atome der 3. Atomschicht die gleiche Position besitzen wie die der 1. Atomschicht. Das heißt, die Atomstapelfolge lautet ...ABABAB..., und die *c*-Achse steht senkrecht zur dichtest gepackten hexagonalen Basisebene (Abb. 10.25 links). Kennzeichnend für das kubisch-flächenzentrierte Gitter ist jedoch, dass erst die Atome der 4. Atomschicht die gleiche Position haben wie die der 1. Atomschicht. Hier ist die Atomstapelfolge ABCABCABC..., und die Raumdiagonale steht senkrecht zu den dichtest gepackten Ebenen, den Oktaederebenen (Abb. 10.25 rechts).

Tab. 10.3 gibt eine Zusammenfassung der wichtigsten Merkmale der kubischen Gitter und des hexagonalen Gitters.

Tab. 10.3: Die wichtigsten Merkmale des kubischen und des hexagonalen Gitters

Gittertyp	Anzahl der Atome pro Elementartelle z	Raumerfüllung RE in %	Koordinationszahl KZ
Kubisch-primitiv (kp)	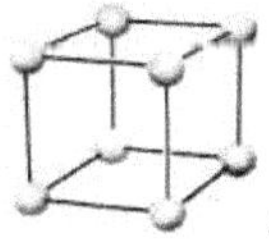 $z = 1$	52	6
Kubisch-raumzentriert (krz)	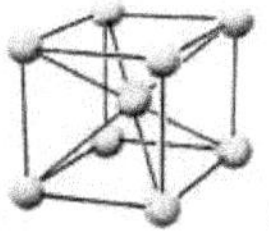 $z = 2$	8	68
Kubisch-flächenzentriert (kfz)	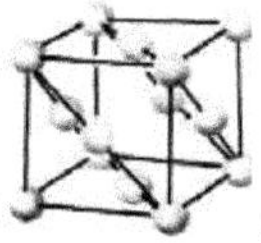 $z = 4$	74	12
Hexagonal dichteste Packung (hdP)	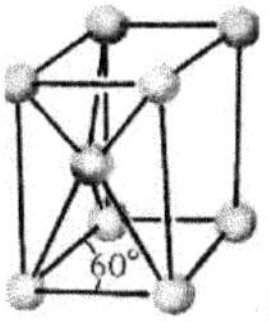 $z = 2$	74	12

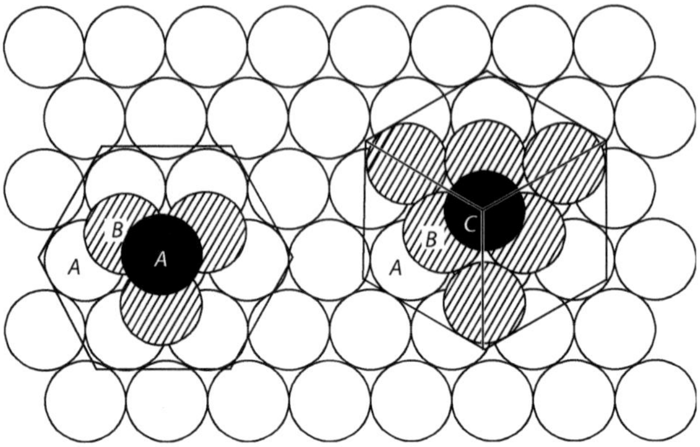

Abb. 10.25: Atomstapelfolge im hexagonalen (links) und im kubisch-flächenzentrierten Gitter (rechts)

10.3.3 Tetragonales Gitter

Ein weiterer und wichtiger Gittertyp, der hier erwähnt werden muss, ist das tetragonal-raumzentrierte Gitter. In Abb. 10.26 ist dieses Gitter zu sehen. Darin ist zum Vergleich auch die primitive Form dieses Gittertyps dargestellt.

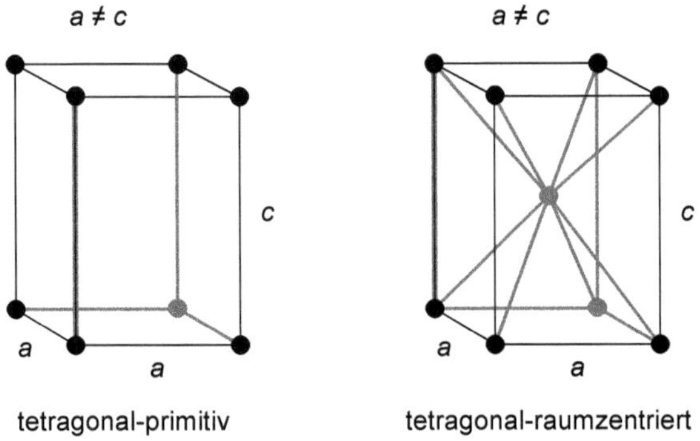

Abb. 10.26: Elementarzelle des tetragonalen Gitters

Kennzeichnen für diesen Gittertyp sind die beiden Achsen a und c ($a \neq c$) sowie die drei rechten Winkel ($\alpha = \beta = \gamma = 90°$). Für die Bestimmung der Zahl der Atome pro Elementarzelle z_{tetr}, der Raumerfüllung $(RE)_{tetr}$ und der Koordinationszahl $(KZ)_{tetr}$ können ähnliche Überlegungen angestellt werden, wie bei den bereits diskutierten Gittertypen.

Dem tetragonalen Gitter kommt große Bedeutung zu, wenn es sich um Zinn und Zinnüberzüge handelt.

Zinn tritt in drei verschiedenen Modifikationen auf, die unterschiedliche Dichten aufweisen. Es sind:

- α-Zinn mit kubischem Diamantgitter und einer Dichte von 5,75 g/cm^3
- β-Zinn mit tetragonal-raumzentriertem Gitter und einer Dichte von 7,31 g/cm^3
- γ-Zinn mit rhombischem Gitter und einer Dichte von 6,54 g/cm^3

Das α-Zinn ist ein grau-schwarzes Pulver und nur unterhalb von 13,2 °C stabil.

Das β-Zinn (s. Abb. 5.17a) ist silberweiß und relativ weich und als metallisches Zinn die einzige Modifikation, die von technischer Bedeutung ist. Es existiert im Temperaturbereich 13,2-162 °C.

Das γ-Zinn ist sehr spröde und zerspringt beim Herunterfallen in Stücke. Sein Stabilitätsbereich ist oberhalb von 162 °C.

Zu den Eigenarten des Zinns gehören der *Zinnschrei* und *Zinnpest*.

Beim Verbiegen einer Stange aus Zinn (tetragonal-raumzentriertem β-Zinn) tritt ein charakteristisches Geräusch auf, das als Zinnschrei oder Zinngeschrei bekannt ist. Es entsteht durch die Reibung der β-Kristallite aneinander. Das Geräusch tritt allerdings nur bei Zinn mittlerer Reinheit auf; ultrareines und stark verunreinigtes Zinn zeigen dieses Verhalten nicht. Geringe Beimengungen von Blei verhindern den Zinnschrei.

Zinnpest: Das β-Zinn wandelt sich beim Unterschreiten von 13,2 °C in das grau-schwarze α-Zinns um. Diese Umwandlung geht von einzelnen Zentren im β-Sn aus und breitet sich langsam aus. Sie äußert sich an Zinngegenständen, Zinnfiguren und alten Orgelpfeifen aus Zinn durch dunkle Flecke und Bläschen an der Oberfläche. Da das spezifische Volumen des α-Zinns um 27 % größer ist als das des β-Zinns, entsteht bei dieser Umwandlung - bedingt durch die extreme Volumenzunahme - ein pulverförmiges Produkt. Diesen Zerfall des Zinnmetalls zu Pulver nennt man Zinnpest. Die Neigung des β-Zinns zur Umwandlung in α-Zinn nimmt mit abnehmender Temperatur zwar zu, die Umwandlungsgeschwindigkeit wird jedoch geringer. Das bedeutet, dass die β/α-Umwandlung kinetisch so gehemmt wird, dass sie erst bei einer Temperatur von ca. -48 °C stattfinden kann. Die Umwandlung von β-Sn in α-Sn wird durch Legieren mit Antimon und Wismut verhindert, mit Aluminium oder Zink jedoch beschleunigt.

10.4 Indizierung von Gitterebenen und Richtungen

Die Netz- bzw. Gitterebenen eines Raumgitters werden üblicherweise mit Hilfe der so genannten MILLERschen Indizes oder MILLER-BRAVAIS-Indizes gekennzeichnet (indiziert). Die ersteren werden bei kubischen Gittern, die letzteren bevorzugt bei hexagonalem Gitter verwendet.

10.4.1 MILLERsche Indizierung

Zur Bestimmung der MILLERschen Indizes einer kristallographischen Ebene in kubischen Gittern legt man ein rechtwinkliges räumliches Koordinatensystem mit den Achsen *x*, *y*, *z* zugrunde. Zur Kennzeichnung, d. h. Indizierung der Ebene wird nun die Länge der Achsenabschnitte *a*, *b* und *c* ermittelt, die diese Ebene auf der *x*-, *y*- und *c*-Achse abtrennt. Die MILLERschen Indizes der Ebene sind drei ganzzahlige Zahlen h, k und l, die ein Zahlentriplett in Form von (hkl) bilden.

Die schraffierte Ebene in Abb. 10.27 beispielsweise schneidet die *x*-Achse im Abstand einer Einheit (1) vom Koordinatenursprung. Die *y*- und *z*-Achse schneidet sie jedoch erste im Unendlichen. Die Ebene kann demnach mit den Achsenabschnitten 1, ∞, ∞ gekennzeichnet bzw. indiziert werden. Die MILLERschen Indizes für diese Ebene erhält man nun, indem man die Reziprokwerte der Achsenabschnitte bildet $\left(\frac{1}{1}, \frac{1}{\infty}, \frac{1}{\infty} \equiv 1,0,0\right)$ und das Ergebnis in runde Klammern setzt: (100).

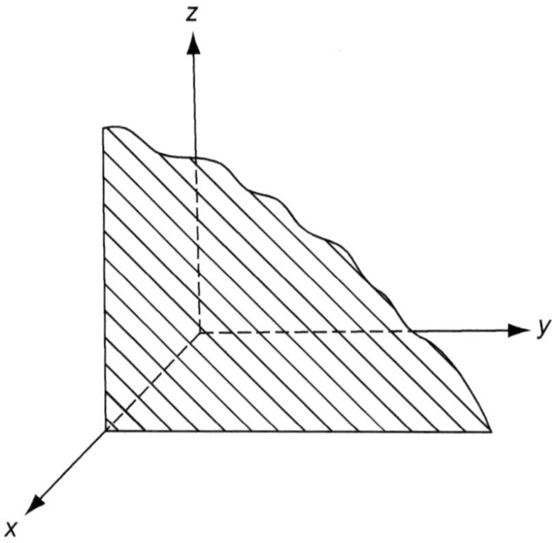

Abb. 10.27: Zur Indizierung einer kristallographischen Ebene

Drei Typen von Ebenen werden in der kubisch-primitiven Elementarzelle als besonders wichtig erachtet. Es handelt sich bei ihnen um die Hexaederebene (Sechsflächner), Dodekaederebene (Zwölfflächner) und Oktaederebene (Achtflächner). Diese Ebenen sind in Abb. 10.28 in der genannten Reihenfolge durch Schraffierung hervorgehoben.

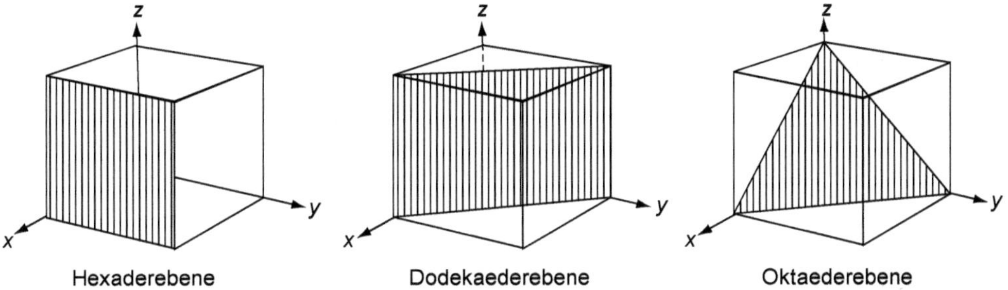

Abb. 10.28: Kristallographisch unterschiedliche Ebenen in der kubischen-primitiven Elementarzelle

Kennzeichnend für eine Hexaederebene (bekannt als Würfelebene) ist, dass sie eine Raumachse im Abstand a schneidet (z. B. die x-Achse) und parallel zu der von den beiden anderen Achsen aufgespannten Ebene verläuft (hier die z-y-Ebene).

Die Dodekaederebene zeichnet sich dadurch aus, dass sie zwei Achsen im Abstand a schneidet (z. B. die x- und y-Achse) und parallel zu der anderen Achse verläuft (hier die z-Achse).

Die Oktaederebene schneidet hingegen alle drei Achsen im Abstand a.

Die Würfelebene und die Dodekaederebene sind jeweils mit vier Atomen auf ihren vier Ecken bestückt, während die Oktaederebene nur drei Atome in ihren Ecken enthält. Da aber die Fläche F_W der Würfelebene ($F_W = a^2$) kleiner ist als die Fläche der F_D der Dodekaederebene ($F_D = a \cdot \sqrt{2} \cdot a = 1{,}41 \cdot a^2 = 1{,}41 \cdot F_W$), ist die Würfelebene die dichtest gepackte Ebene in der kubisch-primitiven Elementarzelle.

Für die drei in Abb. 10.29 schraffierten Würfelebenen ergeben sich somit die MILLERschen Indizes (100), (010) und (001).

In ähnlicher Weise erfolgt die Indizierung der übrigen drei Würfelebenen, die in Abb. 10.30 durch Schraffierung hervorgehoben worden sind.

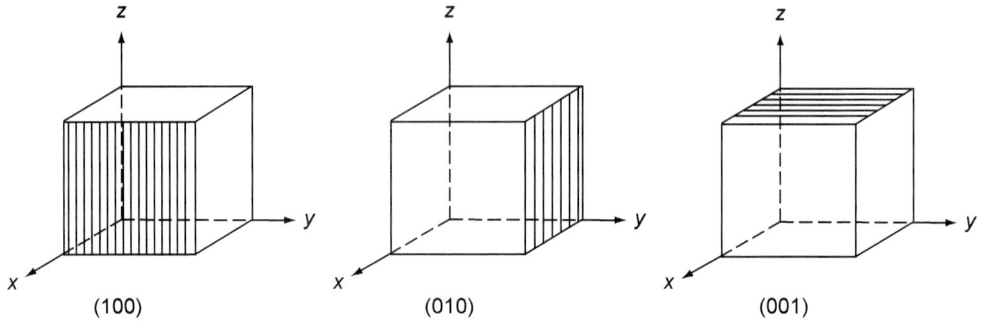

Abb. 10.29: Millersche Indizes der schraffierten Würfelebenen im kubisch-primitiven Gitter

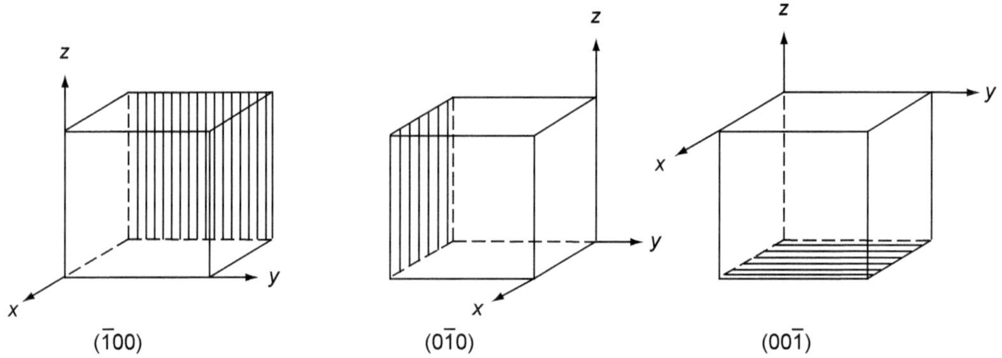

Abb. 10.30: Millersche Indizes der schraffierten Würfelebenen im kubisch-primitiven Gitter

Hierzu transponiert man die Koordinatenachsen so, dass die Ebenen jeweils die Verlängerungen dieser Achsen schneiden. Die Achsenabschnitte werden daher mit einem Minuszeichen versehen. Die Millerschen Indizes lauten also (-100), (0-10) und (00-1). Es hat sich eingebürgert, die Minuszeichen als Querstriche über die Zahlen zu setzen: $(\bar{1}00)$, $(0\bar{1}0)$ und $(00\bar{1})$.

Die sechs Würfelebenen sind aber vom kristallographischen Standpunkt gleichwertig. Um diesen Sachverhalt zum Ausdruck zu bringen, setzt man die Millerschen Indizes der Würfelebene (100) stellvertretend für alle sechs Würfelebenen in geschwungene Klammern. Das Kürzel {100} stellt die Gesamtheit der Millerschen Indizes aller Würfelebenen.

Aus Abb. 10.31 geht hervor, dass die schraffierte Dodekaederebene die *x*- und die *y*-Achse im Abstand 1 vom Koordinatenursprung schneidet, aber parallel zur *z*-Achse läuft, diese also erst im Unendlichen trifft. Für die Achsenabschnitte ergeben sich somit die Zahlenwerte 1, 1, ∞. Die Reziprokwerte lauten 1, 1, 0, und somit erhält man als Millersche Indizes für diese Ebene das Zahlentriplett (110).

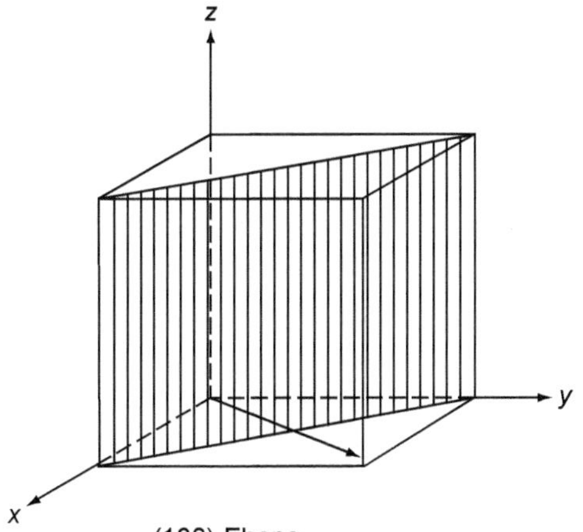

Abb. 10.31: MILLERsche Indizes einer Dodekaederebene im kubisch-primitiven Gitter

Wie man leicht herausfinden kann, existieren im kubisch-primitiven Gitter zwölf Dodekaederebenen (daher auch der Name: Zwölfflächner). Sie sind in Abb. 10.32 wiedergegeben. Man erkennt, dass sie je zu zwei kristallographisch gleichwertig sind.

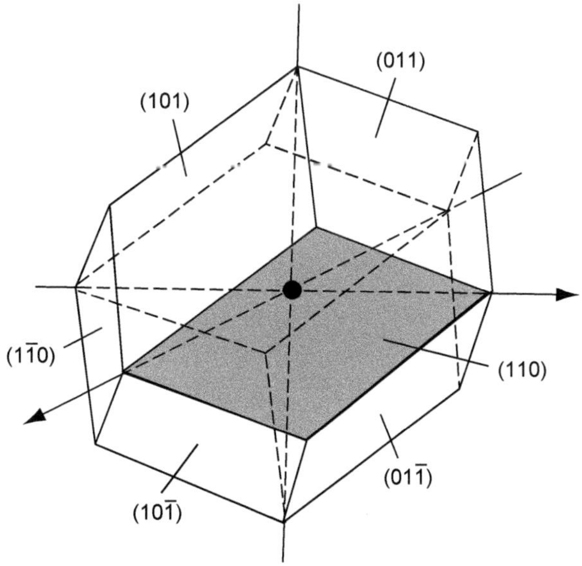

Abb. 10.32: Dodekaederebenen im kubisch-primitiven Gitter

Mit dem Kürzel {110} kann man die Gesamtheit der Dodekaederebenen in einem kubisch-primitiven Gitter wiedergeben.

Aus Abb. 10.33 geht hervor, dass die schraffierte Oktaederebene sowohl die *x*- als auch die *y*- und *z*-Achse im Abstand 1 vom Koordinatenursprung schneidet. Für die Achsenabschnitte ergeben sich somit die Zahlenwerte 1, 1, 1. Die Reziprokwerte sind ebenfalls 1, 1, 1, und somit lauten die MILLERschen Indizes für diese Ebene (111).

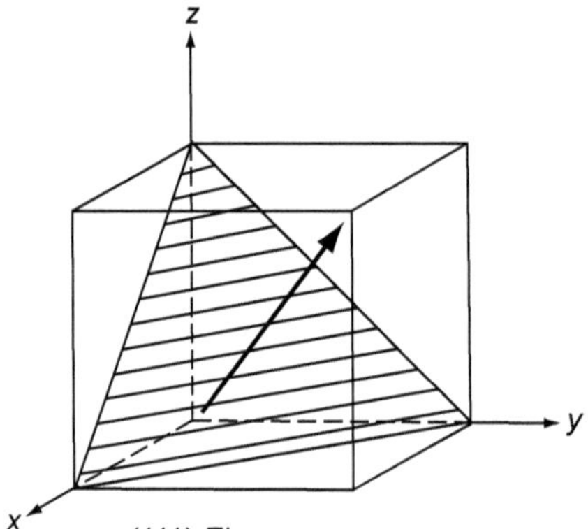

Abb. 10.33: MILLERsche Indizes einer Oktaederebene im kubisch-primitiven Gitter

Man kann leicht feststellen, dass acht Oktaederebenen im kubisch-primitiven Gitter existieren (daher auch der Name: Achtflächner). Sie sind in Abb. 10.34 zu sehen und zu je zwei kristallographisch gleichwertig.

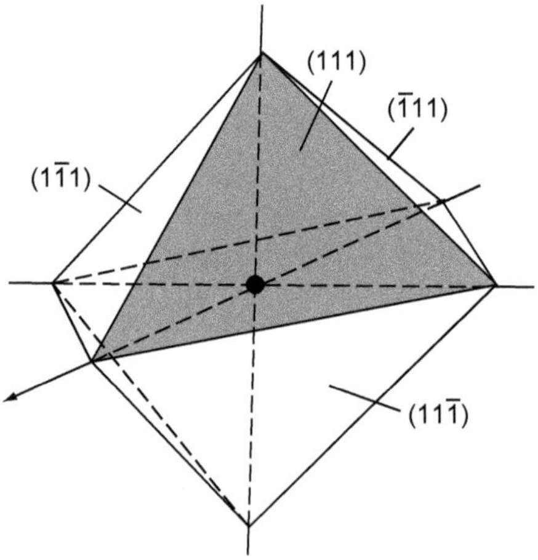

Abb. 10.34: Oktaederebenen im kubisch-primitiven Gitter

Mit dem Kürzel {111} kann man die Gesamtheit die Oktaederebenen im kubisch-primitiven Gitter kennzeichnen.

Zusammenfassend lauten die MILLERschen Indizes der Ebenen im kubisch-primitiven Gitter wie folgt:

Art der Ebene	Würfelebenen	Dodekaederebene	Oktaederebenen
MILLERsche Indizes	{100}	{110}	{111}

Auch als Vektoren aufgefasste kristallographische Richtungen innerhalb des kubisch-primitiven Gitters können durch die MILLERschen Indizes indiziert werden. Dabei werden die drei ganzzahligen Indizes *u*, *v* und *w*, die ein Zahlentriplett in Form von [*uvw*] bilden, als Notation [*uvw*] verwendet.

Um die MILLERschen Indizes einer kristallographischen Richtung im kubisch-primitiven Gitter zu ermitteln, versucht man herauszufinden, zu welcher kirstallographischen Ebene die gesuchte Richtung senkrecht steht. Zur Indizierung dieser Richtung setzt man dann die MILLERschen Indizes der Ebene in eckige Klammern (Abb. 10.35).

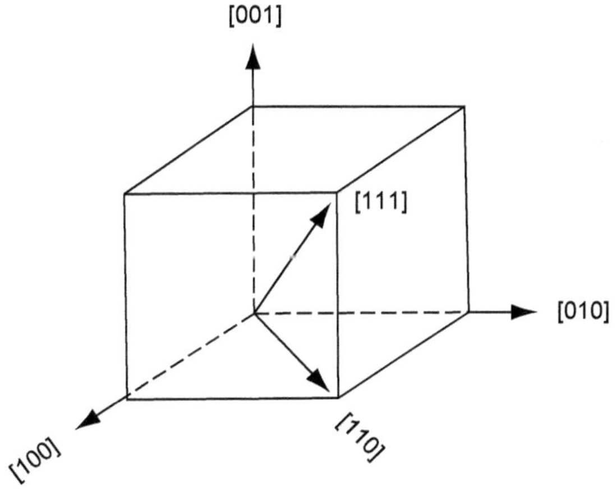

Abb. 10.35: Indizierung von Richtungen

Die zu den Würfelebenen (100), (010) und (001) senkrecht stehenden Richtungen erhalten somit die MILLERschen Indizes [100], [010] und [001], während Richtungen senkrecht zu der Dodekaederebene (110) und Oktaederebene (111) mit [110] bzw. [111] indiziert werden.

Die MILLERschen Indizes der Richtungen, die senkrecht zu den Würfelebenen stehen lauten also: [100], [010], [001], [$\bar{1}$00], [0$\bar{1}$0] und [00$\bar{1}$]. Dabei ist zu berücksichtigen, dass diese Richtungen zu je zwei kristallographisch gleichwertig. Um die Gesamtheit aller dieser Richtungen anzugeben, setzt man die Millerschen Indizes der Richtung [100] in spitze Klammern, d. h <100>.

In gleicher Weise gibt man alle Richtungen, die senkrecht zu den Dodekaederebenen im kubisch-primitiven Gitter stehen (Abb. 10.35), mit <110> an.

Ebenso werden alle Richtungen, die die Normalen zu den Oktaederebenen im kubisch-primitiven Gitter darstellen (Abb. 10.36), mit dem Kürzel <111> charakterisiert. Aus Abb. 10.36 geht hervor, dass es sich bei diesen Richtungen um Raumdiagonalen handelt und dass sie je zu zwei kristallographisch gleichwertig sind.

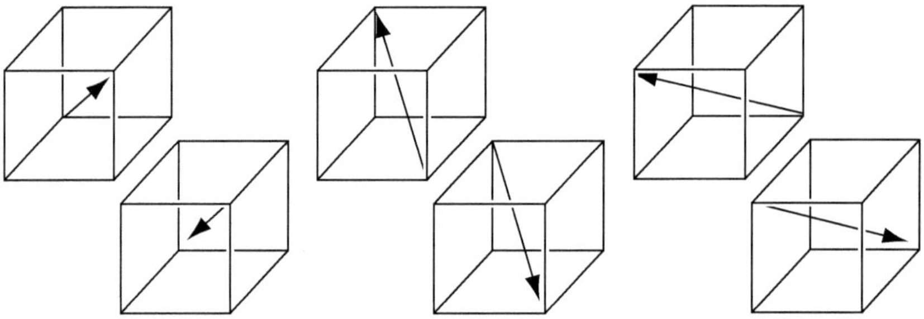

Abb. 10.36: Kristallographische Richtungen des Typs <111>

Zusammenfassen lauten die Millerschen Indizes der Richtungen im kubisch-primitiven Gitter wie folgt:

Art der Ebene	Würfelebenen	Dodekaederebene	Oktaederebenen
Ebenennormale	<100>	<110>	<111>

10.4.2 Miller-Bravais-Indizierung

Für die Indizierung von kristallographischen Ebenen und Richtungen in kubischen Systemen benötigt man lediglich drei Indizes, die man in einem dreiachsigen Koordinatensystem allgemein als $\{hkl\}$ bzw. $\langle hkl \rangle$ angibt.

Die Indizierung von kristallographischen Ebenen und Richtungen im hexagonalen Gitter wird jedoch in einem vierachsigen Koordinatensystem, dem so genannten Miller-Bravais-Koordinatensystem, vorgenommen, das in Abb. 10.37 zu sehen ist.

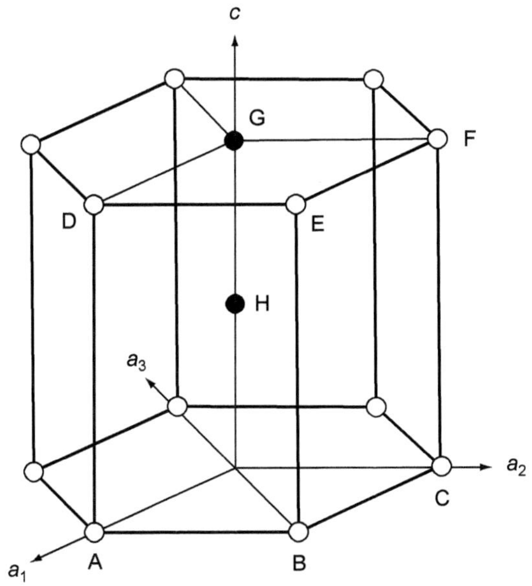

Abb. 10.37: MILLER-BRAVAIS-Koordinatensystem zur Beschreibung des hexagonalen Gitters

Das Koordinatensystem besteht aus drei gegeneinander unter den Winkel von 120° geneigte, gleich lange und in der Basisebene liegende Achsen a_1, a_2 und a_3 und einer auf ihnen senkrecht stehende *c*-Achse. Man hat es also in diesem Fall mit vier Indizes für jede Ebene bzw. Richtung zu tun, nämlich den MILLER-BRAVAIS-Indizes, die man allgemein als {*hkil*} bzw. <*hkil*> angibt. Dabei gilt die Bedingung

$$i = -(h + k)$$

Die Indizes *h, k, i* und *l* sind wieder die ganzzahligen reziproken Achsenabschnitte der vier Koordinatenachsen a_1, a_2, a_3 und *c*.

Auch für die Kennzeichnung von Richtungen benutzt man die Miller-Bravais-Indizes [*uvtm*] mit:

$$t = -(u + v)$$

Ein Vorteil der MILLER-BRAVAIS-Indizes liegt darin, dass kristallographisch gleichwertige Ebenen auch mit äquivalenten Indizes bezeichnet werden können. Ein weiterer Vorteil dieser Schreibweise ist, dass der Vektor [*uvtm*], ähnlich wie in kubischen Gittern, senkrecht auf der Ebene (*hkil*) steht.

Im hexagonalen Gitter gibt es über die Basis- und Deckfläche hinaus noch zwei weitere Arten von kristallographisch relevanten Ebenen, nämlich die Prismen- und Pyramidenebenen. Diese sind anhand von Abb. 10.38 und Abb. 10.39 in Tab. 10.4 zusammengefasst.

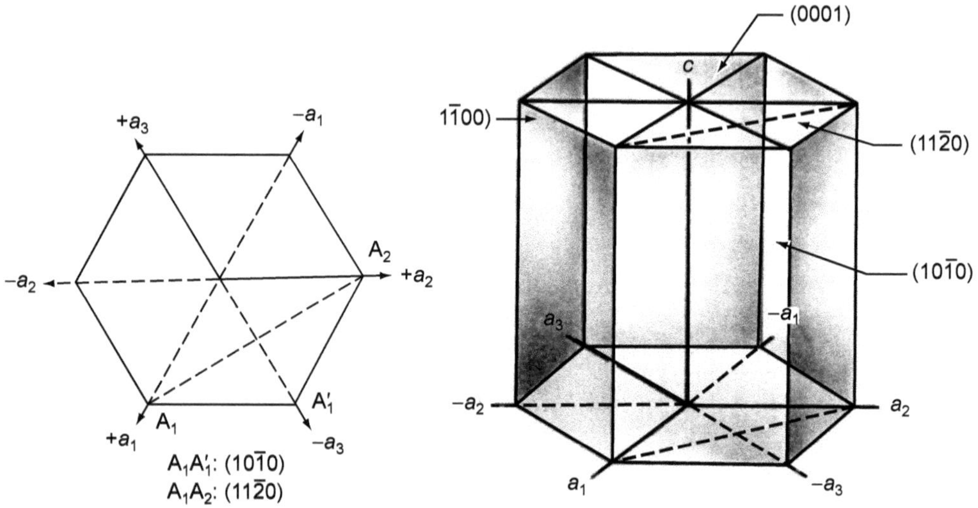

Abb. 10.38: Bestimmung der MILLER-BRAVAIS-Indizes von Prismenebenen 1. und 2. Art im hexagonalen Gitter

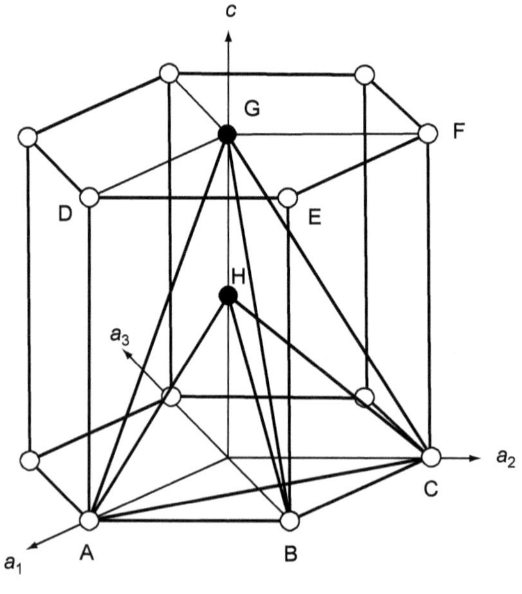

Abb. 10.39: Bestimmung der MILLER-BRAVAIS-Indizes von Pyramidenebenen 1. und 2. Art im hexagonalen Gitter

Tab. 10.4: Kristallographisch relevante Ebenen im hexagonalen Gitter

	Prismenebenen		Pyramidenebenen	
	1. Art	**2. Art**	**1. Art**	**2. Art**
Beispiel	ABED	ACFD	1. Ordnung: ABG	1. Ordnung: ACG
Beispiel			2. Ordnung: ABH	2. Ordnung: ACH

In Abb. 10.38 (links) ist ein regelmäßiges Sechseck als die Grundfläche des hexagonalen Prismas gezeichnet und darin sind die drei Achsen a_1, a_2 und a_3 eingetragen.

Die parallel zur *c*-Achse und senkrecht zur Basisebene verlaufende Ebene, deren Spur als A_1A_1' (Abb. 10.38 links) zu sehen ist, stellt eine Prismenebene 1. Art dar. Für die Bestimmung der Miller-Bravais-Indizes dieser Ebene müssen die Achsenabschnitte ermittelt werden, in denen die einzelnen Achsen geschnitten werden. Das ist für die Achse a_1 der Abstand 1, für die Achse a_2 ∞. Diese Prismenebene schneidet die Achse a_3 bei -1 und die *c*-Achse aber erst im Unendlichen. Für die Achsenabschnitte erhält man somit die Werte 1, ∞, -1, ∞. Daraus ergeben sich die Miller-Bravais-Indizes als reziproke Werte zu 1, 0, -1, 0. Die Indizierung für diese Ebene lautet folglich $(10\bar{1}0)$. In Abb. 10.38 (rechts) sind die Miller-Bravais-Indizes einer weiteren Prismenebene 1. Art als $(1\bar{1}00)$ angegeben. Somit lässt sich die Gesamtheit aller Prismenebenen 1. Art mit dem Kürzel $\{10\bar{1}0\}$ charakterisieren.

Die zur *c*-Achse parallel und zur Basisebene senkrecht stehende Ebene, deren Spur als A_1A_2 verläuft (Abb. 10.38 links), ist eine Prismenebene 2. Art. Durch die Feststellung der Achsenabschnitte lassen sich die Miller-Bravais-Indizes dieser Ebene ermitteln. Das ist für die Achsen a_1 und a_2 jeweils der Abstand 1, für die Achse a_3 der Abstand -1/2. Die senkrecht stehende *c*-Achse wird von dieser Prismenebene erst im Unendlichen geschnitten. Die Werte für die Achsenabschnitte lauten also 1, 1, -1/2 und ∞, und die Reziprokwerte 1, 1, -2, 0. Daraus ergeben sich folglich die Miller-Bravais-Indizes $(11\bar{2}0)$ als Indizierung dieser Ebene. In Abb. 10.38 (rechts) sind die Miller-Bravais-Indizes dieser Prismenebene als $(11\bar{2}0)$ angegeben. Alle Prismenebenen 2. Art lassen sich somit mit dem Symbol $\{1120\}$ charakterisieren.

Bei der Indizierung der Pyramidenebenen 1. und 2. Art im hexagonalen System geht man ähnlich vor wie bei Prismenebenen 1. und 2. Art. Dabei ist zu berücksichtigen, dass die Pyramidenebenen je nach Art und Ordnung (Tab. 10.4) die *c*-Achse im Abstand 1 (im Punkt G) bzw. im Abstand 1/2 (im Punkt H) schneiden. Anhand von Abb. 10.39 sind die Miller-Bravais-Indizes der verschiedenen Pyramidenebenen ermittelt worden und in Tab. 10.5 zusammengestellt.

Tab. 10.5: MILLER-BRAVAIS-Indizes der Pyramidenebenen im hexagonalen Gitter

Pyramidenebenen	
1. Art	**2. Art**
1. Ordnung: ABG: $(10\bar{1}1)$	1. Ordnung: ACG: $(11\bar{2}1)$
2. Ordnung: ABH: $(10\bar{1}2)$	2. Ordnung: ACH: $(11\bar{2}2)$

Die Gesamtheit der Pyramidenebenen 1. Art/1. Ordnung können somit als {1011} und die der Pyramidenebenen 2. Art/1. Ordnung als {1121} angegeben werden. Für die Pyramidenebenen 1.Art/2. Ordnung bzw. 2. Art/2. Ordnung gelten entsprechend {1012} und {1122}.

Die Indizierung von Richtungen im hexagonalen System soll am Beispiel der in Abb. 10.40 angedeuteten kristallographischen Richtung erläutert werden. Diese steht offensichtlich senkrecht zu der Prismenebene 2. Art, deren Spur auf der Basisebene entlang der Linie B_2B_3 verläuft. Die Ebene schneidet die drei Achsen a_1, a_2 und a_3, verläuft jedoch parallel zur c-Achse. Die Achsenabschnitte sind: 1/2 für die Achse a_1, -1 für die Achse a_2 und ebenfalls -1 für die Achse a_3. Die c-Achse wird erst im Unendlichen geschnitten. Es liegen also die Werte 1/2, -1, -1, ∞ als Achsenabschnitte vor. Ihre Reziprokwerte sind 2, -1, -1, 0. Daraus ergeben sich die MILLER-BRAVAIS-Indizes der in Betracht gezogenen Ebene als $(2\bar{1}\bar{1}0)$.

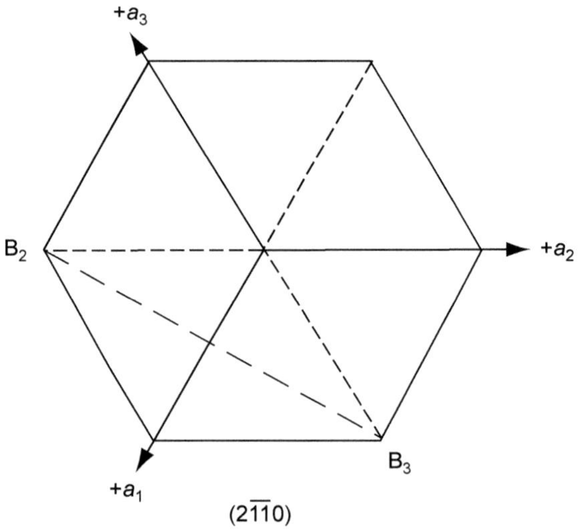

Abb. 10.40: Bestimmung der MILLER-BRAVAIS-Indizes einer kristallographischen Richtung im hexagonalen Gitter

Folglich lauten die MILLER-BRAVAIS-Indizes der gesuchten Richtung, die die Normale der Prismenebene darstellt $[2\bar{1}\bar{1}0]$.

Die MILLER-BRAVAIS-Indizes für zwei weitere Richtungen im hexagonalen Gitter sind in Abb. 10.41 zu sehen.

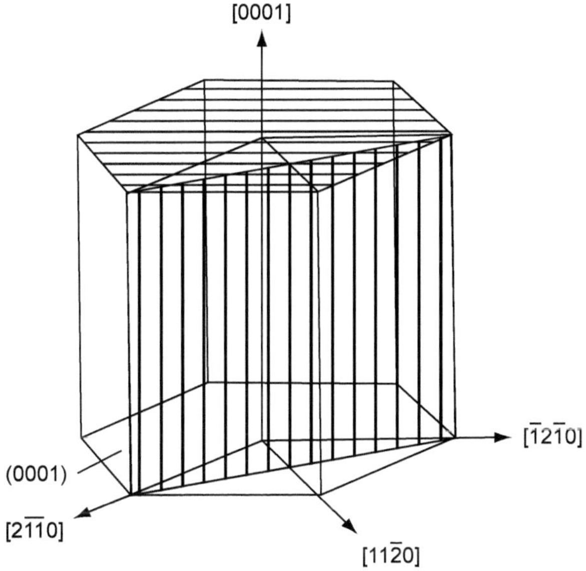

Abb. 10.41: MILLER-BRAVAIS-Indizes verschiedener Richtungen im hexagonalen Gitter

Für die Ermittelung der Richtungen im hexagonalen System gelten allgemein die Regeln zur Addition von Vektoren. Die Größe der zu vier Achsenrichtungen parallel gezeichneten Vektoren wird dabei so gewählt, dass die des dritten der negativen Summe der beiden ersten entspricht.

10.5 Gleitsysteme

Unter den unzähligen kristallographischen Gitterebenen eines Raumgitters nehmen die so genannten *Gleitebenen* (GE) eine besondere Stellung ein. Kennzeichnend für sie ist, dass sie am dichtesten mit Atomen besetzt sind.

In jeder Gleitebene gibt es unendlich viele kristallographische Richtungen. Darunter kommt es aber den so genannten *Gleitrichtungen* (GR) eine besondere Bedeutungen. Diese zeichnen sich ebenfalls durch ihre dichteste Atompackung aus.

Gleitebenen und Gleitrichtungen bilden zusammen die *Gleitsysteme* (*GS*) in einem gegebenen Raumgitter. Die Anzahl der Gleitsysteme n_{GS} ergibt sich als Produkt aus der Anzahl der Gleitebenen n_{GE} und der Anzahl der Gleitrichtungen n_{GR}:

$$n_{GS} = n_{GE} \cdot n_{GR} \tag{10.8}$$

10.5.1 Kubisch-raumzentriertes Gitter

Im kubisch-raumzentrierten Gitter stellen die Dodekaederebenen des Typs {110} die dichtest gepackten Ebenen dar, da sie jeweils fünf Atome enthalten (Abb. 10.42a). Da aber die 12 Dodekaederebenen zu je zwei kristallographisch gleichwertig sind, kann man 6 von ihnen als Gleitebenen in Betracht ziehen. Daraus ergibt sich $n_{GE} = 6$.

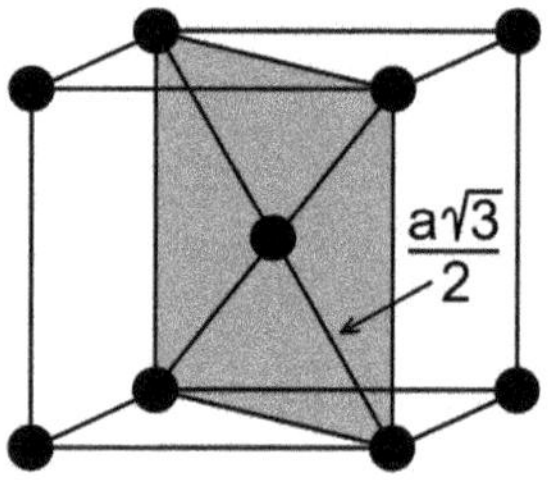

Abb. 10.42a: Dodekaederebene, die dichtest gepackte Ebene in der kubisch-raumzentrierten Elementarzelle

Jede Dodekaederebene beinhaltet vier dichtest gepackte Richtungen des Typs <111>, entlang der beiden Raumdiagonalen (Abb. 10.42b), welche als Gleitrichtungen fungieren. Da aber die vier Gleitrichtungen zu je zwei kristallographisch gleichwertig sind, beträgt die Anzahl von Gleitrichtungen 2 ($n_{GR} = 2$).

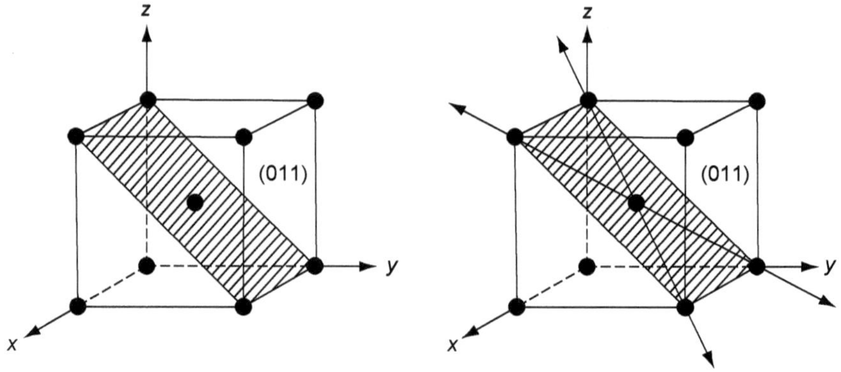

Abb. 10.42b: Gleitrichtungen im kubisch-raumzentrierten Gitter

Das kubisch-raumzentrierte Gitter besitzt somit zwölf Gleitsysteme:

$$(n_{\mathrm{GS}})_{\mathrm{krz}} = n_{\mathrm{GE}} \cdot n_{\mathrm{GR}} = 6 \cdot 2 = 12$$

Zur Kennzeichnung eines bestimmten, aus einer Gleitebene und einer Gleitrichtung bestehenden Gleitsystems bedient man sich der Schreibweise

$$(\mathrm{GE})[\mathrm{GR}],\ \text{z. B. } (011)[11\bar{1}]$$

Die Gesamtheit der Gleitsysteme wird wie folgt dargestellt:

$$\{\mathrm{GE}\}\langle\mathrm{GR}\rangle,\ \text{z. B. } \{110\}\langle 111\rangle$$

Schichten aus Metallen mit kubisch-raumzentrierten Gittern können u. U. über mehr als zwölf Gleitsysteme verfügen. Tab. 10.6 gibt Auskunft über die mögliche Anzahl der Haupt- und Nebengleitsysteme in Schichten mit kubisch-raumzentrierten Gitter.

In kubisch-raumzentrierten Schichten können theoretisch 48 Gleitsysteme vorkommen.

Tab. 10.6: Mögliche Gleitsysteme im kubisch-raumzentrierten Gitter

Gleitebene (GE)	Gleitrichtung (GR)	Anzahl der gleichwertigen Ebenen	GR pro GE	Anzahl der Gleitsysteme (GS)
{110}	<111>	6	2	6 × 2 = 12
{112}	<111>	12	1	12 × 1 = 12
{123}	<111>	24	1	24 × 1 = 24

10.5.2 Kubisch-flächenzentriertes Gitter

Die dichtest gepackten Ebenen im kubisch-flächenzentrierten Gitter sind die Oktaederebenen des Typs {111}, da sie jeweils sechs Atome enthalten (Abb. 10.43a).

Somit fungieren alle acht Oktaederebenen als Gleitebenen. Da sie aber zu je zwei kristallographisch gleichwertig sind, kann man vier von ihnen als Gleitebenen in Betracht ziehen, d. h. $n_{\mathrm{GE}} = 4$.

Jede Oktaederebene enthält sechs dichtest gepackte Richtungen des Typs <110>, entlang der drei Flächendiagonalen, die als Gleitrichtungen fungieren (Abb. 10.43b).

Da sie aber zu je zwei kristallographisch gleichwertig sind, beträgt die Anzahl von Gleitrichtungen n_{GR} = 3. Die Gleitung findet also im kubisch-flächenzentrierten Gitter auf {111}-Ebenen entlang der <110>-Richtungen.

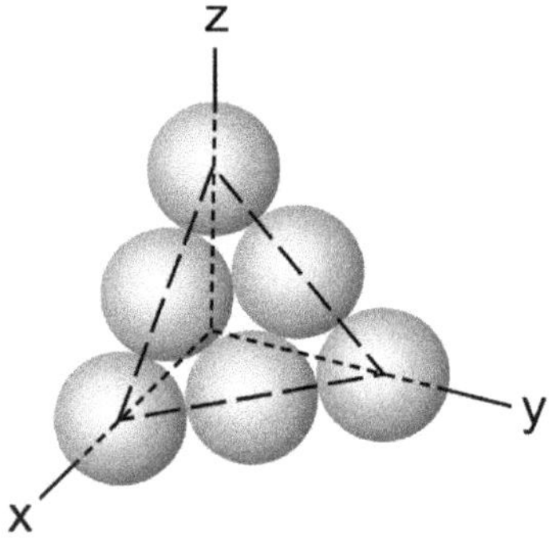

Abb. 10.43a:
Oktaederebene, die dichtest gepackte Ebene in der kubisch-flächenzentrierten Elementarzelle

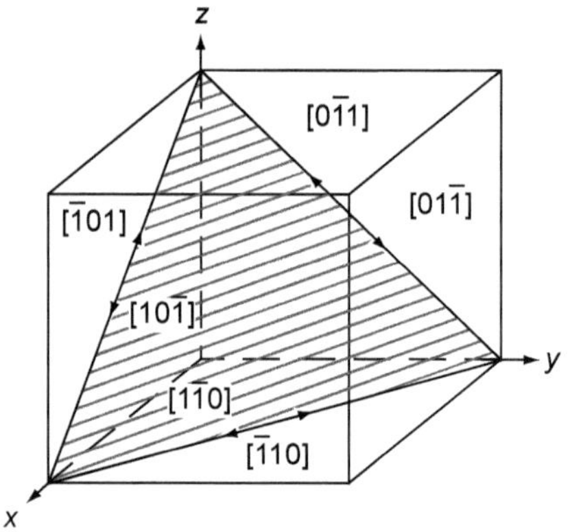

Abb. 10.43b:
Gleitrichtungen im kubisch -flächenzentrierten Gitter

Das kubisch-flächenzentrierte Gitter besitzt somit zwölf Gleitsysteme:

$$(n_{GS})_{kfz} = n_{GE} \cdot n_{GR} = 4 \cdot 3 = 12$$

Zur Kennzeichnung eines bestimmten, aus einer Gleitebene und einer Gleitrichtung bestehenden Gleitsystems bedient man sich der Schreibweise

(GE)[GR], z. B. (111)[01$\bar{1}$]

Die Gesamtheit der Gleitsysteme wird wie folgt dargestellt:

{GE}<GR>, z. B. {111}<110>

In Tab. 10.7 sind die Gleitsysteme im kubisch-flächenzentrierten Gitter zusammengefasst.

Tab. 10.7: Mögliche Gleitsysteme im kubisch-flächenzentrierten Gitter

Gleitebene (GE)	Gleitrichtung (GR)	Anzahl der gleich-wertigen Ebenen	GR pro GE	Anzahl der Gleitsysteme (GS)
{111}	<110>	4	3	4 × 3 = 12

Angaben über die experimentell beobachteten Gleitsysteme in einigen kubisch-flächenzentrierten Metallenschichten enthält Tab. 10.8.

Tab. 10.8: Gleitsysteme von Kupfer, Nickel und Silber [7]

Metall	Gleitsystem
Kupfer (99,9999 %)	(111)[110]
Nickel (99,80 %)	(111)[110]
Silber (99,99 %)	(111)[110]

10.5.3 Hexagonales Gitter

Im hexagonalen Gitter sind die dichtest gepackten Ebenen die Basis- und Deckebenen des Typs (0001), die als primäre Gleitebenen fungieren (Abb. 10.44). Da diese Ebenen aber kristallographisch gleichwertig sind, kann man eine von ihnen als Gleitebene in Betracht ziehen, d. h. $n_{GE} = 1$.

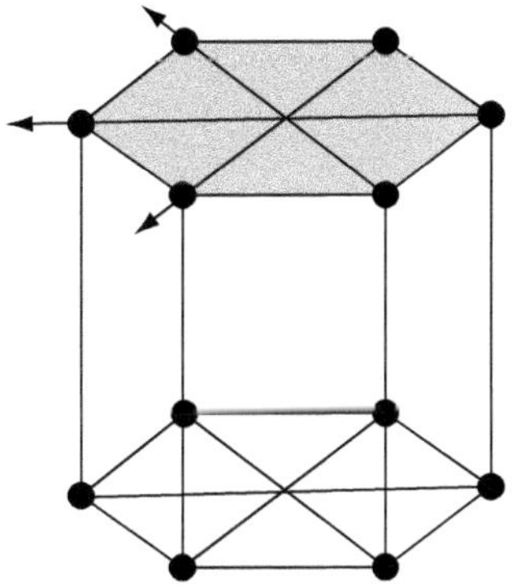

Abb. 10.44: Gleitebenen und Gleitrichtungen im hexagonalen Gitter

Die (0001)-Ebene enthält drei dichtest gepackte Richtungen des Typ <1120>, die als unabhängige Gleitrichtungen anzusehen sind (Abb. 10.44). Für die Anzahl der Gleitrichtungen erhält man somit $n_{GR} = 3$.

Das hexagonale Gitter besitzt drei Gleitsysteme:

$$(n_{GS})_{hex} = n_{GE} \cdot n_{GR} = 1 \cdot 3 = 3$$

Zur Kennzeichnung eines bestimmten, aus einer Gleitebene und einer Gleitrichtung bestehenden Gleitsystems bedient man sich der Schreibweise

(GE)[GR], z. B. (0001)[2$\bar{1}\bar{1}$0]

Die Gesamtheit der Gleitsysteme wird wie folgt dargestellt:

{GE}<GR>, z. B. {0001}<1120>

Diese Aussage gilt allerdings nur für dichtest gepackte hexagonale Gitter, d. h. hexagonale Kristalle mit einem Achsenverhältnis c/a = 1,633. Bei $c/a \neq$ 1,633 können, wie aus Tab. 10.9 hervor geht, andere Ebenen als primäre Gleitebenen tätig werden.

Tab. 10.9: Zusammenhang zwischen dem Achsenverhältnis c/a und primären Gleitebene bei Metallenschichten mit hexagonalem Gitter

Metallschicht	c/a	Primäre Gleitebene bei RT
Cadmium	1,8856	(0001)
Zink	1,8563	(0001)
Kobalt	1,6235	(0001)
Zirkonium	1,5931	(10$\bar{1}$0)
Titan	1,5873	(10$\bar{1}$0)

Bei metallischen Schichten mit hexagonalem Gitter und dem Achsenverhältnis c/a < 1,633 ist die Basisebene nicht mehr die dichtest gepackte Ebene, sondern vergleichbar mit den Prismenebenen 1. und 2. Art. In solchen Schichten werden daher Gleitsysteme des Typs {10$\bar{1}$0}<1120> aktiv; hinzu kommen auch die Pyramidenebenen 1. Art {10$\bar{1}$1 als Gleitebenen (Abb. 10.45). Das Pyramidalgleiten 1. Art/1. Ordnung ({10$\bar{1}$1<11$\bar{2}$0>) erfolgt wie das Basis- und Prismengleiten parallel zu <11$\bar{2}$0>-Richtung. Das Pyramidalgleiten 2. Art/2. Ordnung ({11$\bar{2}$2<11$\bar{2}$3>) ist im Gegensatz dazu das einzige Gleitsystem, dessen Richtung nicht parallel zur Basisebene ist (Abb. 10.45).

Tab. 10.10 gibt Aufschluss über mögliche Gleitsysteme im hexagonalen Gitter[6].

Aus dieser Tabelle geht hervor, dass es 18 mögliche Gleitsysteme im hexagonalen Gitter wirksam werden können.

[6] Die Besonderheit des Abgleitverhaltens im hexagonalen Gitter liegt darin, dass in der Regel nur vier unabhängige Gleitsysteme vorhanden sind: zwei auf der Basisebene und zwei auf der Prismenebenen. Die Gleitsysteme der Pyramidenebenen 1. Art/1. Ordnung sind darin enthalten. Das Pyramidalgleiten 2. Art/2. Ordnung weist zwar fünf unabhängige Gleitsysteme auf, es kann jedoch nur in wenigen Metallschichten merklich aktiviert werden (z. B. Cadmium).

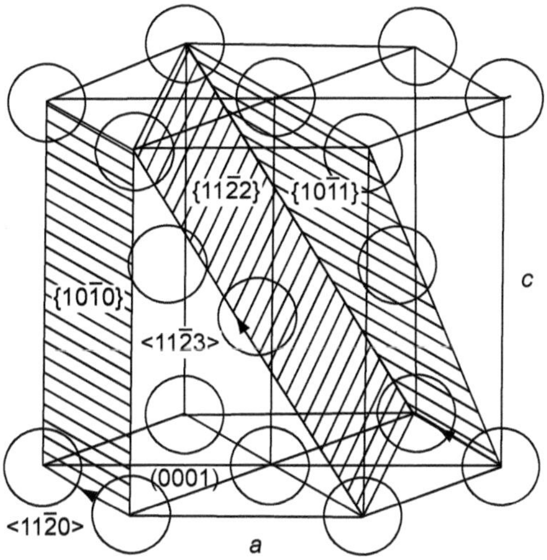

Abb. 10.45: Mögliche Gleitsysteme im hexagonalen Gitter mit einem Achsenverhältnis $c/a < 1{,}633$

Tab. 10.10: Mögliche Gleitsysteme im hexagonalen Gitter

Gleitebene (GE)	Gleitrichtung (GR)	Anzahl der gleichwertigen Ebenen	GR pro GE	Anzahl der Gleitsysteme (GS)
(0001), Basisebene	<1120>	1	3	1 × 3 = 3
(10$\bar{1}$0), Prismenebene	<1120>	3	1	3 × 1 = 3
(10$\bar{1}$1), Pyramidenebene	<1120>	6	1	6 × 1 = 6
(11$\bar{2}$2), Pyramidenebene	<1123>	6	1	6 × 1 = 6

Die in der Praxis beobachteten Gleitsysteme einiger Metalle mit hexagonalem Gitter sind in Tab. 10.11 zusammengestellt.

Tab. 10.11: Gleitsysteme einiger Metalle [7]

Metall	Gleitsystem
Zink (99,999 %)	(0001)[2$\bar{1}\bar{1}$0]
Magnesium (99,996 %)	(0001)[2$\bar{1}\bar{1}$0]
Titan (99,99 %)	(10$\bar{1}$0)[2$\bar{1}\bar{1}$0][7]

[7] Interessant in diesem Zusammenhang ist das Verhalten von Titan und seinen Legierungen. Bei Titan treten noch die Ebenen (0001) und (10$\bar{1}$1) als Gleitebenen auf. Es hat ein Achsenverhältnis von $c/a = 1{,}5873$ und verformt sich deshalb durch Prismen- und Pyramidengleitung. Dieses Verhalten ist als Titan-Mechanismus bekannt.

10.6 Gittertypen von Legierungsschichten

Eine Legierung ist eine feste Lösung oder ein festes Gemenge mit metallischem Charakter aus zwei oder mehreren chemischen Elementen, von denen mindestens eines ein Metall ist. Im ersten Fall spricht man von homogenen einphasigen Legierungen, wie z. B. Nickel-Kupfer-Legierungen, im zweiten Fall von heterogenen mehrphasigen Legierungen, wie z. B. Eisen-Kohlenstoff-Legierungen (Stahl). Einphasige Legierungen sind wie reine Metalle einheitlich aufgebaut, ihre Kristallite sind durch Korngrenzen voneinander getrennt. Mehrphasige Legierungen bestehen hingegen aus verschiedenen Phasen, die man im Lichtmikroskop optisch voneinander unterscheiden kann.

Der metallische Hauptbestandteil der Legierung wird als Grund-, Basis- oder Wirtsmetall bezeichnet, die an der Legierungsbildung beteiligten Elemente als Legierungselemente oder Komponenten.

Bei einphasigen Legierungen werden die Eigenschaften im Wesentlichen durch die chemische Zusammensetzung (Anteile der Legierungselemente) bestimmt, bei mehrphasigen Legierungen zusätzlich durch die Verteilung der Phasen.

Bis auf wenige Ausnahmefälle werden Bauteile und Werkzeuge aus Legierungen hergestellt, da diese den Anforderungen der Praxis weit besser gerecht werden als reine Metalle. Dies gilt auch für chemisch oder elektrochemisch abgeschiedene metallische Schichten. Neben den reinen Metallschichten werden seit einiger Zeit zunehmend auch Legierungsschichten erzeugt. Als Beispiel können Messingschichten oder Überzüge aus Zinklegierungen, wie Zink-Eisen, Zink-Kobalt und Zink-Nickel genannt werden.

Eine Legierung, ob eine feste Lösung (Mischung) oder ein festes Gemenge, entsteht dadurch, dass die Atome der beteiligten chemischen Elemente in das Gitter des Basis- oder Wirtsmetalls eingebaut werden. Man spricht von Mischkristallbildung und unterscheidet hauptsächlich zwischen zwei Mischkristallarten: Austausch- und Einlagerungsmischkristallen.

10.6.1 Austauschmischkristalle

Von einem Austauschmischkristall oder Substitutionsmischkristall spricht man, wenn die Atome der Legierungselemente auf regulären Gitterplätzen des Grundmetalls sitzen. Damit ein Austauschmischkristall entstehen kann, müssen folgende Voraussetzungen erfüllt sein:

- Beide Komponenten müssen den gleichen Gittertyp aufweisen.
- Die Gitterkonstanten der Komponenten dürfen sich maximal um 15 % unterscheiden.
- Beide Komponenten müssen in ihren chemischen Eigenschaften ähnlich sein.
- Die Differenz der Elektronegativitäten[8] der Komponenten darf nicht zu groß sein.
- Beide Komponenten müssen im flüssigen Zustand vollständig mischbar sein.

Sind diese Voraussetzungen erfüllt, dann kommt beispielsweise eine aus nur zwei Komponenten bestehende binäre Legierung dadurch zustande, dass die Atome des Wirtsmetalls (beispielsweise A) durch die Atome der Komponente B ersetzt (substituiert) werden. In Abb. 10.46 ist am Beispiel eines kubisch-primitiven Gitters die Entstehung eines binären Austauschmischkristalls aus A und B schematisch und zweidimensional dargestellt.

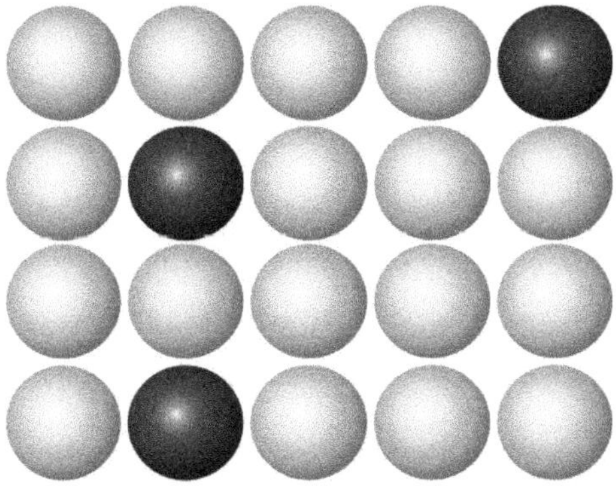

Abb. 10.46: Austauschmischkristall: Substitution der Atome der einen Komponenten durch die Atome der anderen [10.4]

Abb. 10.47 zeigt die Raumgitter von zwei Austauschmischkristallen aus Kupfer und Zink bzw. Kupfer und Gold.

Während der Austauschmischkristall aus CuZn ein kubisch-raumzentriertes Gitter aufweist, besitzt derjenige aus CuAu ein kubisch-flächenzentriertes Gitter.

---

[8] Die Elektronegativität (EN) ist ein relatives Maß für das Bestreben eines Atoms, in einem Molekül die Bindungselektronen an sich zu ziehen. Die Elektronegativität eines Elementes lässt sich durch den Ausdruck $EN = 0{,}31 \cdot (n + 1)/r + 0{,}5$ angeben. Darin bedeutet n die Anzahl der Valenzelektronen, r der Radius der einfach homoöpolaren Bindung. Atome mit hoher Elektronegativität bezeichnet man auch als elektronegativ, solche mit geringer Elektronegativität als elektropositiv. Fluor hat den höchsten EN-Wert (4). Edelmetalle haben keine EN-Werte.

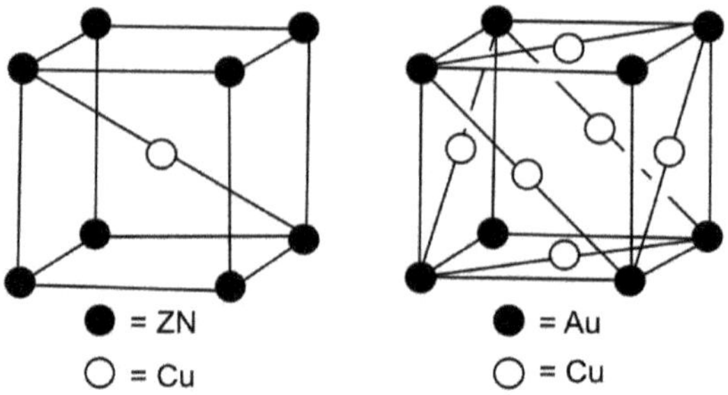

Abb. 10.47: Raumgitter von Austauschmischkristallen aus Zink und Kupfer bzw. Gold und Kupfer

10.6.2 Einlagerungsmischkristalle

Ein Einlagerungsmischkristall ist eine chemische, nicht stöchiometrische, kristalline Verbindung aus mindestens zwei Elementen, üblicherweise einem Metall und einem Nichtmetall, wobei die sehr viel kleineren Atome des Nichtmetalls die Zwischengitterplätze im Kristallgitter des Wirtsmetalls einnehmen. Dieses kann noch so dicht gepackt sein, in den so genannten Gitterlücken zwischen den Atomen findet sich immer noch Platz für kleinere Atome, die man als *Einlagerungsatome* bezeichnet.

Damit ein Einlagerungsmischkristall entstehen kann, müssen gewisse Bedingungen erfüllt sein. Die wichtigste dabei ist: Die Atome der einen Komponente (z. B. B) müssen viel kleiner sein als die des Wirtsmetalls A ($r_B \approx 0{,}15 \cdot r_A$)

Ist diese Bedingung erfüllt, so können die B-Atome in statistischer Verteilung die Zwischengitterplätze im Gitter des Wirtsmetalls einnehmen bzw. in den *Gitterlücken* Platz finden.

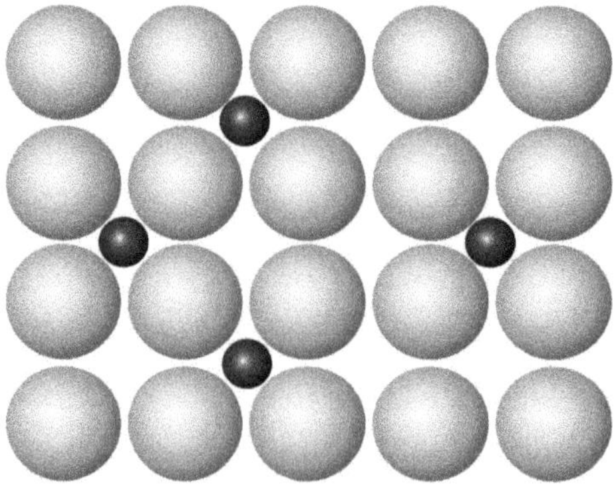

Abb. 10.48: Einlagerungsmischkristall: interstitieller Einbau der Atome der einen Komponenten in den Zwischengitterplätzen der anderen [10.4]

In Abb. 10.48 ist am Beispiel eines kubisch-primitiven Raumgitters die Entstehung eines Einlagerungsmischkristalls schematisch und zweidimensional dargestellt; die B-Atome befinden sich in den Zwischengitterplätzen von A.

10.6.2.1 Gitterlücken

Als Gitterlücken bezeichnet man die in den Raumgittern von Metallen existierenden Hohlräume. Es gibt zwei Arten von Gitterlücken: *Tetraeder-* und *Oktaederlücken.*

Ein Tetraeder (Vierflächner) ist ein regelmäßiger, von vier gleichseitigen Dreiecken begrenzter Raumkörper. Es besitzt sechs gleichlangen Kanten, vier Ecken, in denen jeweils drei Flächen zusammentreffen.

Ein Oktaeder (Achtflächner) ist ein regelmäßiger, von acht gleichseitigen Dreiecken begrenzter Raumkörper. Es besitzt zwölf gleich lange Kanten, sechs Ecken, in denen jeweils vier Flächen zusammentreffen.

10.6.2.1.1 Tetraederlücken

Die Tetraederlücke ist der Hohlraum in einem Tetraeder, der frei bleibt, wenn die Ecken des Tetraeders mit kugelförmigen Atomen des Radius r_A besetzt sind, die sich berühren. Die Größe der Tetraederlücke kann durch den Radius der größten Kugel (r) angegeben werden, die in diesen Hohlraum hineinpasst.

Aus Abb. 10.49 ergibt sich

$$\cos 30° = \frac{r_A}{r_A + r} = 0{,}866 \tag{10.8a}$$

$$r = \frac{1 - 0{,}866}{0{,}866} = 0{,}155 \cdot r_A \tag{10.8b}$$

Hieraus lässt sich die Regel ableiten, wonach Fremdatome, deren Radius < 15 % des Atomradius des Wirtsmetalls beträgt, in den Tetraederlücken Platz finden. Abb. 10.50 zeigt ein Fremdatom in einer Tetraederlücke.

In Abb. 10.51 sind die Tetraederlücken in den Elementarzellen des kubisch-raumzentrierten, des kubisch-flächenzentrierten und des hexagonalen Gitters zu sehen.

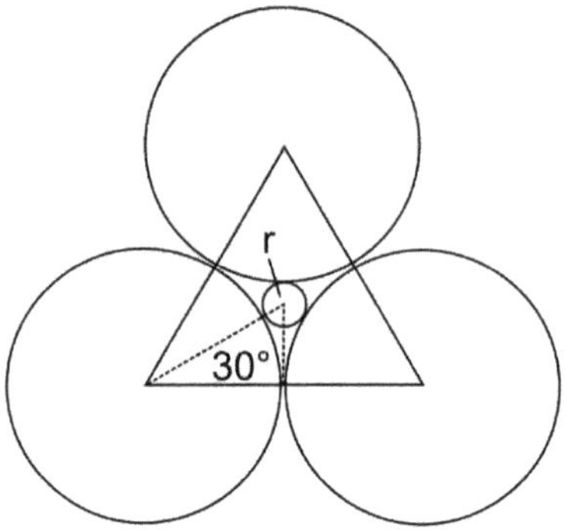

Abb. 10.49:
Tetraederlücke

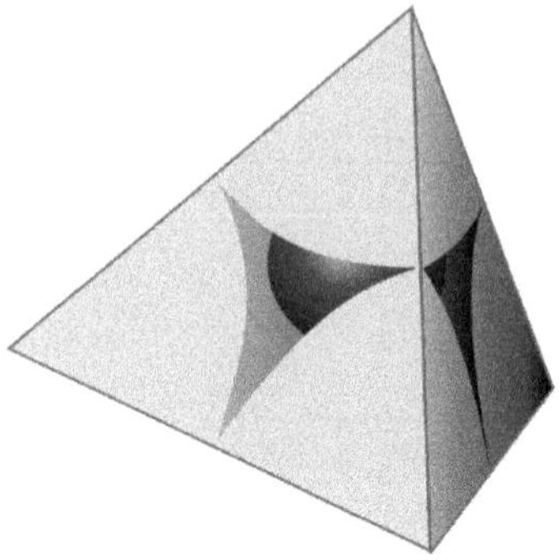

Abb. 10.50:
Fremdatom in einer Tetraederlücke [10.5]

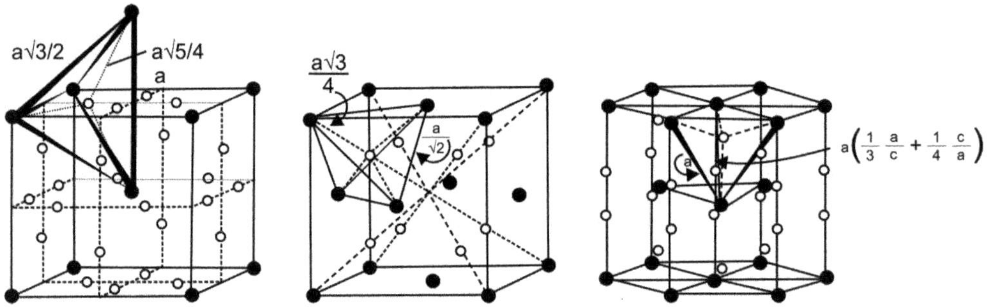

Abb. 10.51: Tetraederlücken in den Elementarzellen des kubisch-raumzentrierten, kubisch-flächenzentrierten und hexagonalen Gitters [10.6]
● Atome des Wirtsgitters, ○ Interstitiell gelöste Fremdatome

10.6.2.1.2 Oktaederlücken

Die Oktaederlücke ist der Hohlraum in einem Oktaeder, der frei bleibt, wenn die Ecken des Oktaeders mit kugelförmigen Atomen (r_A) besetzt sind, die sich berühren. Die Größe der Oktaederlücke kann durch den Radius der größten Kugel (r) angegeben werden, die in diesen Hohlraum hineinpasst.

Aus Abb. 10.52 ergibt sich für die dichteste Packung (kubisch-flächenzentriert und hexagonal)

$$(r_A + 2 \cdot r + r_A)^2 = 2 \cdot r_A^2 + 2 \cdot r_A^2 \quad (10.9a)$$

$$2 \cdot r_A + 2 \cdot r = \sqrt{2} \cdot 2 \cdot r_A \quad (10.9b)$$

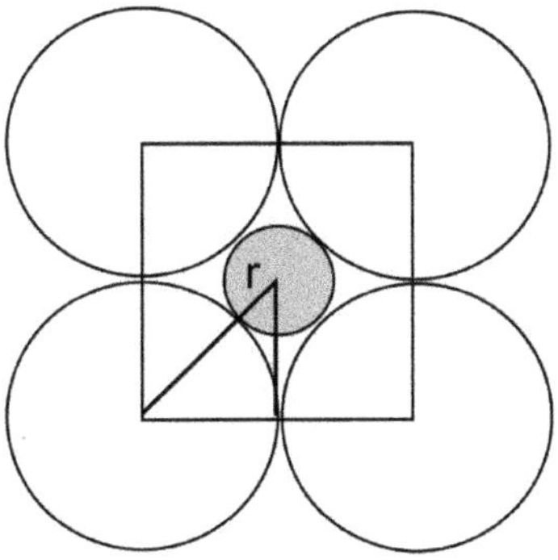

Abb. 10.52:
Oktaederlücke

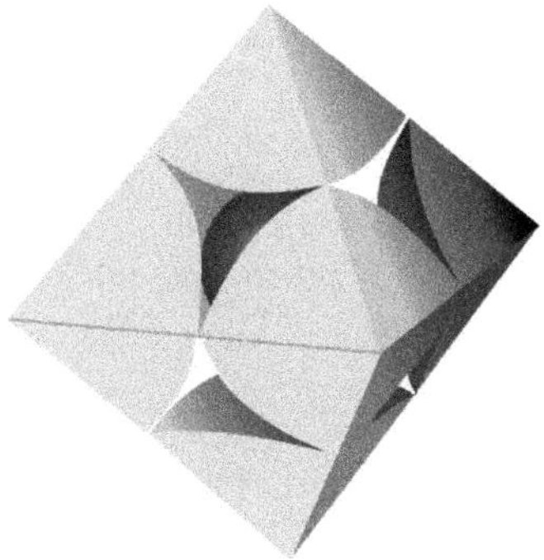

Abb. 10.53:
Fremdatom in einer Oktaederlücke [10.5]

$$r = \sqrt{2} \cdot r_A - r_A = (1{,}414 - 1) \cdot r_A = 0{,}414 \cdot r_A \qquad (10.9c)$$

und für das kubisch-raumzentrierte Gitter

$$r = [(2\sqrt{3})/3 - 1] \cdot r_A = 0{,}155 \cdot r_A \qquad (10.10d)$$

Hieraus lässt sich die Regel ableiten, wonach Fremdatome, deren Radius < 40 % des Atomradius des Wirtsmetalls beträgt, in den Oktaederlücken Platz finden. Abb. 10.53 zeigt ein Fremdatom in einer Oktaederlücke.

In Abb. 10.54 sind die Oktaederlücken in den Elementarzellen des kubisch-raumzentrierten, des kubisch-flächenzentrierten und des hexagonalen Gitters zu sehen.

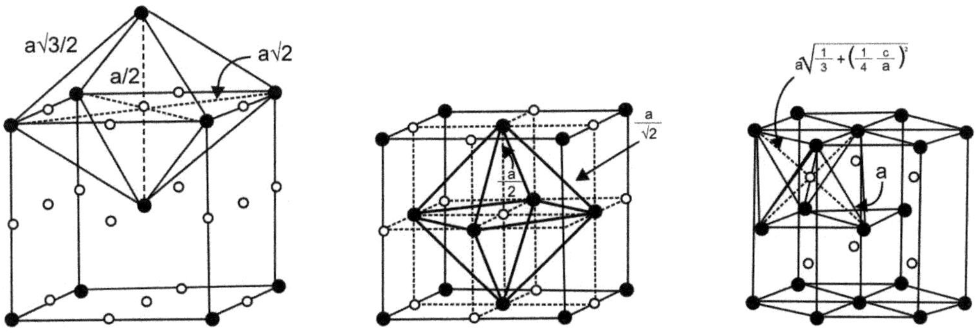

Abb. 10.54: Oktaederlücken in den Elementarzellen des kubisch-raumzentrierten, kubisch-flächenzentrierten und hexagonalen Gitters [10.6]
● Atome des Wirtsgitters, ○ Interstitiell gelöste Fremdatome

Literaturverzeichnis

[10.1] *Ivers-Tiffée, E. und Münch, A. v.*: „Werkstoffe der Elektrotechnik“, 9. Auflage, B. G. Teubner Verlag Stuttgart, 2004

[10.2] *Slade, E.*: „Metalle“, König Verlag München, 1973

[10.3] *Rudden, M. N. and Wilson, J.*: „Elements of Solid States Physics“, John Wiley & Sons Ltd. New York, 1980

[10.4] *Anderson, J. C. and Leaver, K. D.*: „Materials Science“, The English Language Book Society and Nelson London, 1969

[10.5] *Azaroff, L. V.*: „Introduction to Solids“, McGraw-Hill Book Company New York, 1960

[10.6] *Cahn, R. W.* (Editor): „Physical Metallurgy“, Second revised edition, North-Holland Publishing Company Amsterdam, 1970

[10.7] *Kanani, N.*: „Werkstoffkunde für Oberflächentechniker und Galvaniseure“, Carl Hanser Verlag München, 2006

[10.8] *Fischer, H.*: „Elektrolytische Abscheidung und Elektrokristallisation von Metallen“, Springer Verlag Berlin, Göttingen, Heidelberg, 1954

[10.9] *Dettner, H. W.; Elze, J.*: „Handbuch der Galvanotechnik“, Bd. I/1, Carl Hanser Verlag München, 1963

11 Bestimmung der Eigenspannungen metallischer Schichten

11.1 Einleitung

Eigenspannungen, auch innere Spannungen genannt, sind lokale Spannungen, die in einem Festkörper zurückbleiben, selbst wenn alle von außen auf ihn wirkenden Belastungen auf Null reduziert werden. Anders ausgedrückt, Eigenspannungen sind Spannungen, die ohne Einwirkung äußerer Kräfte im Festkörper vorhanden und wirksam sind. Bei dem Festkörper kann sich um ein Bauteil oder eine metallische Schicht handeln.

Es ist davon auszugehen, dass galvanisch oder außenstromlos abgeschiedene Schichten praktisch immer mit Eigenspannungen behaftet sind. Diese bestimmen die mechanischen Eigenschaften und beeinflussen die Geschwindigkeit des Risswachstums in der Schicht und damit die Lebensdauer des beschichteten Bauteils. Gezielt eingebrachte Eigenspannungen in der Schicht können sich hingegen günstig auf die Bauteilbeanspruchung auswirken und seine Lebensdauer entscheidend erhöhen.

Über die Entstehung der Eigenspannungen gibt es viele Theorien [11.1 - 11.7]. Die meisten von ihnen sind jedoch nicht in der Lage, die komplexen Phänomene befriedigend und plausibel zu deuten. Die häufigsten Ursachen für das Vorhandensein von Eigenspannungen in massiven Werkstoffen sind Kaltverformung, lokale Temperaturgradienten, inhomogene plastische Verformungen und Gefügeumwandlungen im festen Zustand.

Generell ist folgendes festzustellen: Der atomare Aufbau von Metall- bzw. Legierungsschichten weicht erheblich von dem Idealzustand ab. Die in ihnen vorhandenen Fehlordnungen lassen sich als *chemisch* oder *strukturell* klassifizieren. Gerade diesen Gitterstörungen verdanken die abgeschiedenen Schichten viele ihrer für die Praxis nützlichen Eigenschaften.

11.1.1 Chemische Fehlordnungen

Chemische Fehlordnungen (Mitabscheidung und Einbaus fremder Atome) sind oft unvermeidlich und auf zweierlei Ursachen zurückzuführen. Zum einen entstehen sie durch die Legierungselemente, die gezielt in die Schicht eingebaut werden, um bestimmte Eigenschaften einzustellen, zum anderen aber durch die Mitabscheidung und den Einbau organischer und anorganischer Substanzen aus dem Abscheidungsbad. In beiden Fällen kann es zudem zu örtlicher Anreicherung eines Elementes oder einer Fremdsubstanz durch Diffusion kommen.

Sind die Radien der mitabgeschiedenen und eingebauten Fremdatome etwa so groß wie der Radius der Schichtatome, dann sind die Gitterverzerrungen vernachlässigbar klein. Besitzen sie jedoch größere Radien, dann kann es zu merklichen Verspannungen in der Schicht kommen. Abb. 11.1 soll diesen Sachverhalt verdeutlichen.

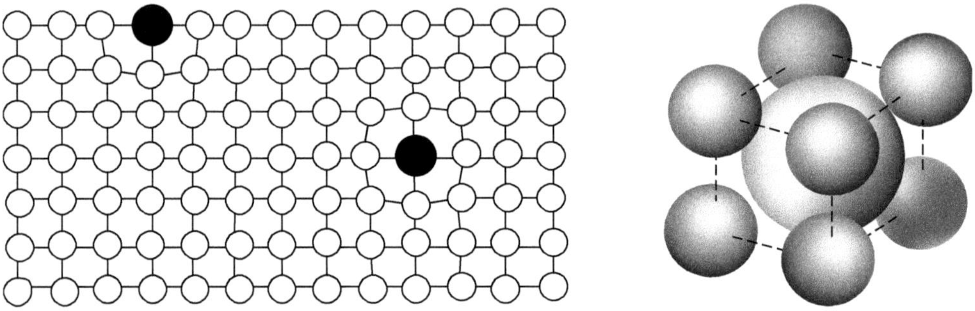

Abb. 11.1: Elastische Gitterverzerrungen in einer Schicht infolge substitutionell eingebauter Fremdatome mit größerem Radius

Auch bei Einlagerung kleinerer Atome entstehen Gitterverzerrungen, da sie ins Gitter der Schicht aufgenommen werden müssen. Die Auswirkung der Störung durch ein einzelnes Atom kann durchaus die Reichweite von bis zu 100 Atomen haben.

11.1.2 Strukturelle Fehlordnungen

Strukturelle Fehlordnungen (Gitterbaufehler) sind Störungen im geometrischen Aufbau des Gitters. Sie entstehen während der Elektrokristallisation und können punktförmig (Leerstellen, Zwischengitteratome), linienförmig (Stufen- und Schraubenversetzungen), flächenförmig (Korngrenzen, Zwillingsgrenzen) oder räumlich (Poren, Risse) sein (s. Abschnitt 2.2.2). Sie können ebenso wie die chemischen Fehlordnungen weit reichende Verspannungen im Gitter verursachen.

Die Entstehung von Eigenspannungen in metallischen Schichten infolge chemischer und struktureller Fehlordnungen illustriert Abb. 11.2 in zusammenfassender und schematischer Form.

Insbesondere sind es die linienförmigen Gitterbaufehler (Versetzungen), die einen beachtlichen Beitrag zur Entstehung von Eigenspannungen leisten. Dies verdeutlicht Abb. 11.3.

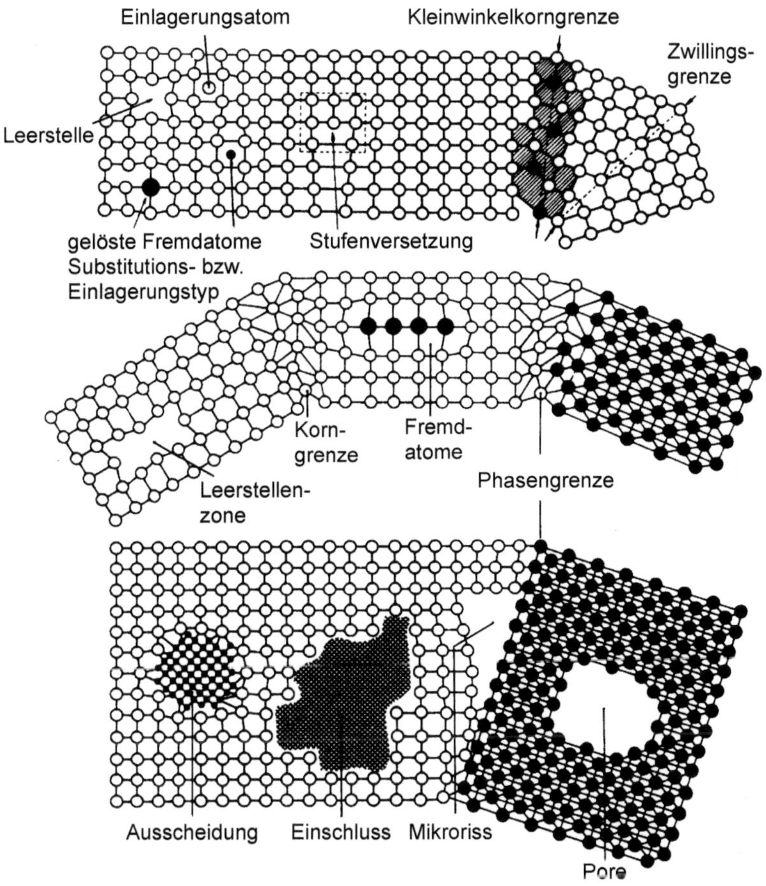

Abb. 11.2: Entstehung von Eigenspannungen in metallischen Schichten infolge chemischer und struktureller Fehlordnungen [11.8]

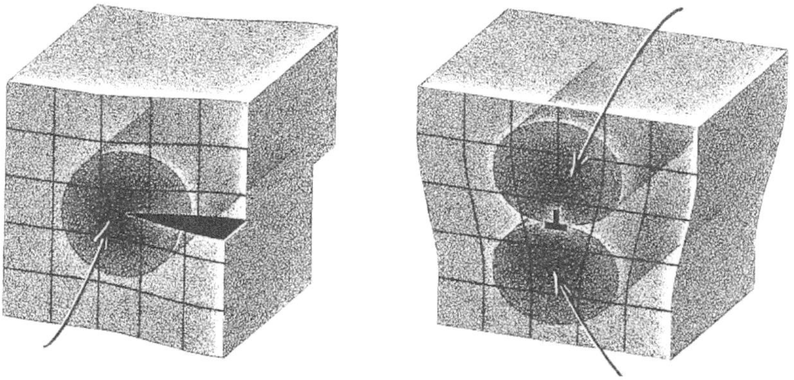

Abb. 11.3: Entstehung von Gitterverzerrungen durch Schrauben- und Stufenversetzungen [11.9]

Die Anwesenheit einer Schraubenversetzung verursacht in dem sie umgebenden Bereich elastische Gitterverzerrungen (Abb. 11.2 links), die einer Stufenversetzung Druck- und Zugspannungen (Abb. 11.2 rechts). Im letzteren Fall werden nämlich die Gitteratome im oberen Bereich zusammengedrängt (Druckspannung), während die darunter auseinander gezogen werden (Zugspannung).

Die Vorstellung von Versetzungen ist zwar ein Modell, die Spannungen, die sie im Gefüge verursachen, sind aber real und können auf metallographischem Weg sichtbar gemacht werden. Dazu braucht man nur die Schichtoberfläche anzuätzen. Die Atome im Spannungsfeld einer Versetzung lösen sich schneller aus der Oberfläche und hinterlassen so genannte Ätzgrübchen. Das sind pyramidenförmige Eindrücke in der Oberfläche, die unter dem Lichtmikroskop sichtbar werden.

11.2 Arten von Eigenspannungen

Je nach Größe und Verteilung unterschiedet man zwischen

- Eigenspannungen 1. Art (σ_E^I)
- Eigenspannungen 2. Art (σ_E^{II})
- Eigenspannungen 3. Art (σ_E^{III})

Diese Unterteilung beruht auf der räumlichen Auflösung der Eigenspannungen und soll darüber Auskunft geben, in welchem Bereich sie sich nach Betrag und Richtung angenähert konstant ausdehnen. Nach ihrem Wirkungsfeld werden dann die Eigenspannungen in *Makro-* und *Mikro-Eigenspannungen* unterteilt.

Von technischer Bedeutung sind Makro-Eigenspannungen, da sie die Lebensdauer, die Formstabilität und das Bruchverhalten eines Bauteils maßgeblich bestimmen.

11.2.1 Eigenspannungen 1. Art

Eigenspannungen 1. Art $\left(\sigma^I = \frac{\int \sigma \cdot df}{\int df}\right)_{\text{mehrere Körner}}$ sind Makro-Eigenspannungen, da sie sich nahezu homogen über größere makroskopische Bereiche, d. h. über mehrere Körner erstrecken. Die mit ihnen verbundenen inneren Kräfte und Momente stehen miteinander im Gleichgewicht. Eigenspannungen 1. Art entstehen beispielsweise bei der Umformung, mechanischer Bearbeitung oder bei der Wärmebehandlung metallischer Werkstoffe. Sie bestimmen weitestgehend das Stabilitätsverhalten von Schichten (Risse, Verzug) und werden ihrer Natur nach als *Eigendruck-* oder *Eigenzugspannung* identifiziert.

11.2.1.1 Eigendruckspannung

Ist eine auf einem dünnen, biegsamen Substrat aufgebrachte, haftfeste Metallschicht mit Eigendruckspannungen behaftet, so biegt sich das Substrat, wie in Abb. 11.4 angedeutet, konkav.

Eigendruckspannung ($\sigma_E < 0$)   Spannungsfreie ($\sigma_E = 0$)   Eigenzugspannung ($\sigma_E > 0$)

Abb. 11.4: Deformation eines dünnen und biegsamen Metallsubstrats unter Einwirkung der Eigenspannung σ_E der Schicht (schwarz)

Dies liegt daran, dass die Schicht unter der Eigendruckspannung zur Kontraktion tendiert, d. h. sie zieht sich zusammen und verbiegt dadurch das Substrat dergestalt, dass sie selbst an der konkaven Seite zu liegen kommt.

Eigendruckspannungen sind insofern vorteilhaft, als sie eine Verdichtung des Schichtwerkstoffs bis hin zum Verschluss der darin vorhandenen Poren und Risse führen. Darüber hinaus verbessern sie die Dauerfestigkeit der Schicht erheblich.

11.2.1.2 Eigenzugspannung

Besitzt die auf einem dünnen, biegsamen Substrat aufgebrachte, haftfeste Metallschicht hingegen Eigenzugspannung, so neigt sie zur Dilatation, d. h. sie dehnt sich aus und verbiegt dadurch das Substrat so, dass sie selbst auf der konvexen Seite zu liegen kommt (Abb. 11.3).

Eigenzugspannungen bewirken zwar eine Verbesserung der Abriebfestigkeit und damit ein günstigeres Verschleißverhalten der Schicht, können jedoch zur Rissbildung und Porenaufweitung in der Schicht führen. Dies würde die Korrosionsschutzwirkung der Schicht erheblich vermindern.

Da Eigenzugspannungen Anlass zur Rissbildung in metallischen Schichten geben, kann man *mikrorissige Überzüge* dadurch herstellen, dass man sie mit hohen Eigenzugspannungen abscheidet. Diese Überlegung spielt bei der Abscheidung mikrorissiger Chromüberzüge eine große Rolle. Die REM-Aufnahme in Abb. 11.5 zeigt einen mikrorissigen Chromüberzug, der aus einem schwefelsauren Chromelektrolyten abgeschieden wurde. Darin entspricht eine Länge von 2 cm einer Risslänge von 2,5 µm.

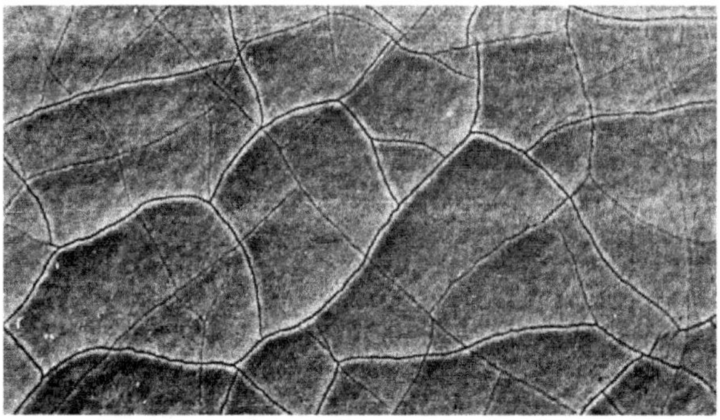

Abb. 11.5: REM-Aufnahme von der Oberfläche eines mikrorissigen Chromüberzuges

Solche Mikrorisse sind auf hohe Eigenzugspannungen im Chromüberzug zurückzuführen. Diese werden durch Volumenkontraktion infolge der Umwandlung des sich zunächst bildenden instabilen hexagonalen Chromhydrids (HCr) in das thermodynamisch stabile kubisch-raumzentrierte Chrom verursacht: $(HCr)_{hexagonal} \rightarrow Cr_{krz}$

Die zugehörigen Gitterparameter und die Dichtewerte sind der folgenden Aufstellung zu entnehmen:

	Gitterparameter	Dichte [g/cm^3]
Chromhydrid:	hexagonal (a = 0,2716 nm, c = 0,4422 nm)	6,231
Chrom:	kubisch-raumzentriert (a = 0,2885 nm)	7,192

Die Rissnetzwerke verbessern die Korrosionsschutzwirkung der Chromüberzüge wesentlich, da der Korrosionsangriff auf viele Stellen verteilt wird. Die Mikrorissigkeit sorgt in der Praxis auch für weitere positive Schichteigenschaften, z. B. bei Hydraulik-Bauteilen für eine verbesserte Ölhaftung.

11.2.2 Eigenspannungen 2. Art

Eigenspannungen 2. Art $\left(\sigma^{II} = \frac{\int \sigma \cdot df}{\int df} - \sigma^{I}\right)_{\text{ein Korn}}$ sind ebenfalls Mikro-Eigenspannungen und wirken innerhalb kleinerer, mikroskopischer Bereiche (Körner) gleichmäßig. Sie sind innerhalb eines Korns konstant, variieren aber von Korn zu Korn. Solche Spannungen sind Folge der Streckgrenzenanisotropie; die Streckgrenzen verschiedener Phasen im Werkstoff sind unterschiedlich, dadurch erfolgt eine plastische Verformung inhomogen. Ein weiterer Grund für diese Eigenspannungen können unterschiedliche Wärmeausdehnungskoeffizienten verschiedener Phasen in mehrphasigen Schichten sein.

Die mit Eigenspannungen 2. Art verbundenen inneren Kräfte und Momente stehen miteinander innerhalb der Kristallite im Gleichgewicht.

Eigenspannungen 2. Art sind für die Kaltverfestigung[1] und den BAUSCHINGER-Effekt[2] verantwortlich.

11.2.3 Eigenspannungen 3. Art

Eigenspannungen 3. Art ($\sigma_E^{III} = \sigma - (\sigma_E^I + \sigma_E^{II})$) sind inhomogene Mikro-Eigenspannungen, die auf submikroskopische Bereiche von nur einigen Atomabständen beschränkt. Sie treten z. B. in der Umgebung von Versetzungen[3] auf. Die mit ihnen verbundenen inneren Kräfte und Momente sind über atomare Ausdehnungen im Gleichgewicht.

Eigenspannungen 3. Art ändern ihren Betrag und/oder ihre Richtung innerhalb eines Korns. Sie werden auch als Nano-Eigenspannungen bezeichnet und sind für die Festigkeit metallischer Schichten verantwortlich.

Tab. 11.1 enthält weitere ergänzende Angaben über die beschriebenen Eigenspannungsarten und ihr Zusammenwirken.

In der Regel ist davon auszugehen, dass eine Überlagerung der drei Eigenspannungsarten in Schicht vorliegt. Es gilt also:

$$\sigma_E = \sigma_E^I + \sigma_E^{II} + \sigma_E^{III} \tag{11.1}$$

Dies bedeutet, dass der lokale Eigenspannungswert in realen Fällen eine Überlagerung der drei Eigenspannungsarten darstellt. Abb. 11.6 soll diesen Sachverhalt am Beispiel des Eigenspannungsverlaufs entlang dreier Körner in der *x*-*y*-Ebene verdeutlichen.

---

[1] Bei polykristallinen Schichten kann das Materialverhalten bis zu einem bestimmten Spannungsniveau durch eine lineare isotrope Elastizitätsbeziehung beschrieben werden. Oberhalb dieses Spannungsniveaus ist das plastische Materialverhalten mit weiter ansteigender Spannung erkennbar. Diese Eigenschaft wird *Kaltverfestigung* genannt.

[2] Verformt man eine metallische Schicht plastisch zuerst in eine Richtung und anschließend in die entgegengesetzte Richtung, dann ist die Elastizitätsgrenze der Schicht in dieser Richtung niedriger als vorher. Der Grund dafür sind die gegenseitigen Blockierungen von Versetzungen. Als BAUSCHINGER-Effekt bezeichnet man diese richtungsbestimmte Änderung der Elastizitätsgrenze.

[3] Gelegentlich werden die Eigenspannungen, die an den Versetzungen auftreten, als Eigenspannungen IV. Art bezeichnet.

Tab. 11.1: Eigenschaften der Eigenspannungen 1., 2. und 3. Art [11.10]

Eigenschaften	Eigenspannungen		
	I. Art	II. Art	III. Art
Spannungen sind über	größere Bereiche (mehrere Körner) nahezu homogen	kleinere Bereiche (ein Korn oder Kornbereiche) nahezu homogen	kleinste Bereiche (mehrere Atomabstände) inhomogen
Die mit den Eigenspannungen verbundenen Kräfte und Momente sind im Gleichgewicht über	den ganzen Körper	hinreichend viele Körner	einen hinreichend großen Teil eines Korns
Bei Eingriffen in das Gleichgewicht	treten immer makroskopische Maßänderungen auf	können makroskopische Maßänderungen auftreten	treten keine makroskopischen Maßänderungen auf
Mathematische Beschreibung im Überlagerungsfall	$\sigma^{\mathrm{I}} = \left(\frac{\int \sigma \, \mathrm{d}f}{\int \mathrm{d}f} \right)_{\substack{\text{mehrere} \\ \text{Körner}}}$	$\sigma^{\mathrm{II}} = \left(\frac{\int \sigma \, \mathrm{d}f}{\int \mathrm{d}f} \right)_{\substack{\text{ein} \\ \text{Korn}}} - \sigma^{\mathrm{I}}$	$\sigma^{\mathrm{III}} = \sigma - (\sigma^{\mathrm{I}} + \sigma^{\mathrm{II}})$
Bedeutung im Überlagerungsfall	Mittelwert	Mittelwert der Schwankungen um σ^{I}	Schwankungen um $(\sigma^{\mathrm{I}} + \sigma^{\mathrm{II}})$

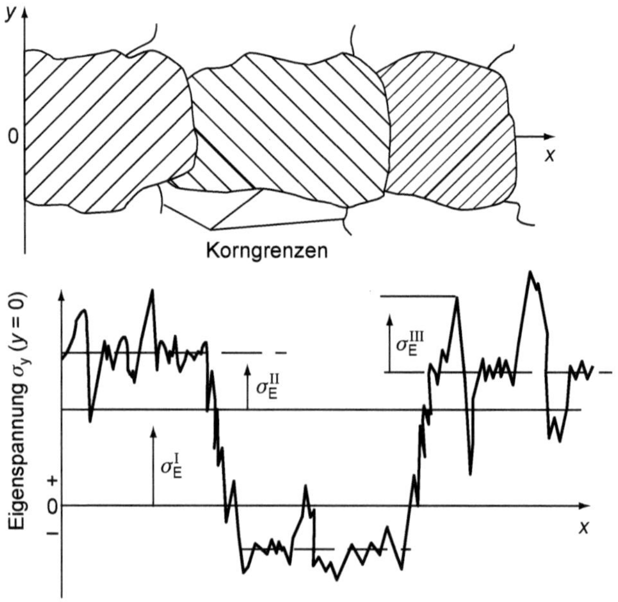

Abb. 11.6: Überlagerung von Eigenspannungen 1., 2. und 3. Art [11.10]

11.3 Epitaxie-Effekte

Als Epitaxie bezeichnet man das gerichtete und geordnete Aufwachsen von Schichtkristalliten und unterscheidet dabei zwischen Homoepitaxie und Heteroepitaxie.

Verwachsen gleichartige kristalline Festkörper, so spricht man von Homoepitaxie. Dies ist der Fall, wenn z. B. eine Zinkschicht auf einem Zinksubstrat abgeschieden wird.

Unter Heteroepitaxie versteht man hingegen das gerichtete Aufwachsen einer polykristallinen Schicht auf einem polykristallinen Substrat eines anderen Stoffes. Heteroepitaktische Abscheidung ist nur möglich, wenn die Kristallgitter der beiden Stoffe einigermaßen zusammenpassen.

Als Fehlpassung oder „Misfit" definiert man die prozentuale Abweichung der Gitterkonstanten. Ist diese kleiner als 5 %, findet das epitaktische Wachstum meist leicht statt. Die aufgebrachte Schicht gleicht sich dann an der Phasengrenze Substrat/Schicht dem Substratmaterial an. Um die Differenzen in den Gitterabständen auszugleichen, bilden sich an der Phasengrenze dann meist in regelmäßigen Abständen Versetzungen aus, die man als *Anpassungsversetzungen* bezeichnet.

In diesem Zusammenhang ist zwischen *artfremden* und *arteigenen* Eigenspannungen zu unterscheiden.

Artfremde Eigenspannungen entstehen dann, wenn die Metallschicht auf einem strukturell anders aufgebauten Substrat mit abweichender Gitterkonstante abgeschieden wird. Diese Eigenspannungen sind an der Phasengrenze Substrat/Schicht am höchsten und nehmen mit zunehmender Dicke der Schicht ab. Den artfremden Eigenspannungen überlagern sich die arteigenen Eigenspannungen, die unabhängig vom Substrat in der Metallschicht vorliegen.

11.4 Messverfahren

Der Unterschied zwischen Eigenspannungen und äußeren mechanischen Spannungen besteht darin, dass sie sich den üblichen Mess- und Berechnungsmethoden entziehen.

Mit den heute üblichen Messverfahren werden vorwiegend Eigenspannungen 1. Art (Makro-Eigenspannungen) erfasst. Die messtechnische Erfassung und Trennung der Eigenspannungen 2. und 3. Art (Mikro-Eigenspannungen) ist sehr aufwendig und unbefriedigend [11.11-11.12].

Die Auswirkungen der Eigenspannungen auf die spannungsabhängigen Schichteigenschaften lassen sich aber aufgrund des HOOKEschen Gesetzes untersuchen. Das heißt, bei bekanntem funktionellem Zusammenhang zwischen Ursache und Wirkung (Eigenspannung/Eigenschaftsänderung) kann die Größe der Eigenspannungen bestimmt werden. Dies gilt sowohl für die Makro-, als auch Mikro-Eigenspannungen.

Für die Messung der Makro-Eigenspannungen metallischer Schichten sind zahlreiche Methoden vorgeschlagen worden [11.1-11.8]. Die meisten von ihnen beruhen darauf, dass ein dünner Metallstreifen entweder einseitig oder beidseitig beschichtet wird. Im ersten Fall biegt sich der Metallstreifen während des Abscheidungsvorgangs je nach Art der Eigenspannung (Zug oder Druck) in der einen oder anderen Richtung. Wird die Biegung gemessen, so kann auf die Art der Eigenspannung geschlossen werden. Im zweiten Fall verkürzt oder verlängert sich der Metallstreifen während des Abscheidungsvorgangs je nach Art der Eigenspannung (Zug oder Druck). Durch die Messung der Längenänderung kann die Natur der Eigenspannung bestimmt werden.

Grundsätzlich sollten bei beiden Verfahren Schichten von ausreichender Dicke zur Bestimmung der Eigendruck- bzw. Eigenzugspannung herangezogen werden. Zu dünne Schichten sind oft porig und inhomogen. Hinzu kommt, dass die Struktur und damit auch die mechanischen Eigenschaften solcher Schichten stark durch Epitaxieeffekte des artfremden Substratsmaterials beeinflusst werden.

Aus der breiten Palette der Messverfahren, die zur Bestimmung von Makro-Eigenspannungen in Schichten zur Verfügung stehen, sollen im Folgenden die Zweistreifen-Methode, das Spiralkontraktometer, das Disk-Tensometer, das IS-Meter^{TM} und das In-situ-Messsystem MSM 200 diskutiert werden.

11.4.1 Zweistreifen-Methode

Eine einfache Methode zur Feststellung, ob die abgeschiedenen Schichten mit Eigendruck- oder Eigenzugspannungen behaftet sind, ist die Zweistreifenmethode. Das Messprinzip beruht auf der Verbiegung zweier einseitig mit einem Speziallack isolierter Metallstreifen unter dem Einfluss der Makro-Eigenspannung der darauf abgeschiedenen Schicht (Abb. 11.7).

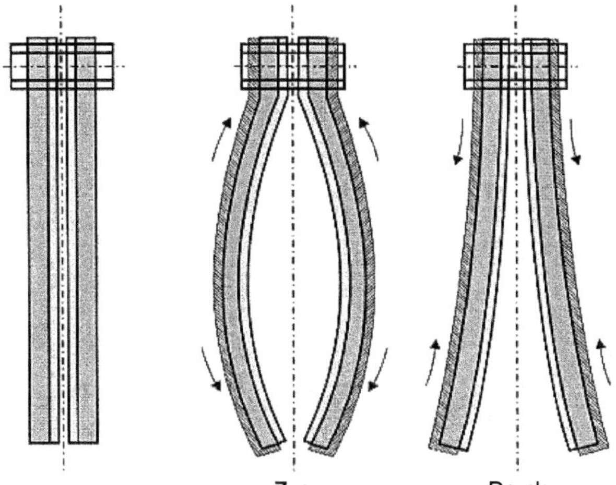

Abb. 11.7: Zweistreifen-Methode zur Messung von Eigenspannungen 1. Art

Der folgende mathematische Zusammenhang kann zur Berechnung der Makro-Eigenspannung σ_E der Schicht herangezogen werden:

$$\sigma_E = \left[\frac{d \cdot E_1}{6 \cdot r} \cdot \left(\frac{s}{d} \right)^2 + 6 \cdot \frac{E_1}{E_2} \cdot \frac{x}{d} \right] \ [\text{N/mm}^2] \qquad (11.2)$$

Darin bedeuten:

E_1 Elastizitätsmodul des Metallstreifens
E_2 Elastizitätsmodul der Schicht
s Dicke des Metallstreifens
d Dicke der Schicht
r Krümmungsradius
x Abstand der Schicht von der neutralen Ebene (Mittellinie des Streifens)

In der Praxis werden zwei einseitig abgedeckte Weichkupferstreifen so zusammengefügt, dass die nicht abgedeckten Seiten nach außen zeigen. Beschichtet man diese Seiten, so verbiegen sich die Kupferstreifen in unterschiedliche Richtungen, je nachdem, ob die abgeschiedene Schicht Eigendruck- oder Eigenzuspannung besitzt. Da sich beim Vorliegen von Eigenzugspannungen die beiden Kupferstreifen an ihren freien Enden zusammendrücken, lassen sich mit Hilfe dieses Verfahrens nur Eigendruckspannungen bestimmen. Je weiter die freien Enden der beiden Kupferstreifen auseinander klaffen, umso größer sind bei gleicher Expositionszeit, d. h. gleicher Schichtdicke, die Eigendruckspannungen. In Abb. 11.8 ist dies an einem Beispiel zu sehen. Das linke Streifenpaar deutet darauf hin, dass die abgeschiedene Schicht Eigenzugspannungen besitzt.

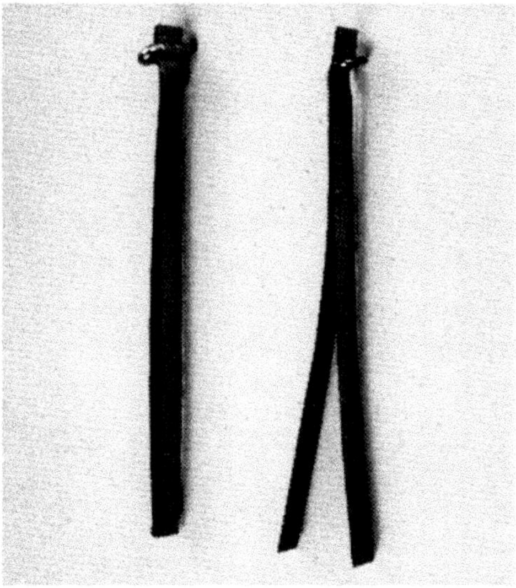

Abb. 11.8: Bestimmung von Eigendruckspannungen in Schichten mittels Zweistreifen-Methode (links: Eigenzugspannung, rechts: Eigendruckspannung)

Die Zweistreifen-Methode liefert insofern unbefriedigende Ergebnisse, als sich Schichten von 20 µm Dicke mit einer Standardabweichung von etwa 40 MPa vermessen lassen. Dieses einfache Verfahren eignet sich dennoch ausgezeichnet als Indikationsverfahren, um Aufschluss darüber den Spannungszustand der abgeschiedenen Schichten zu erhalten.

11.4.2 Spiralkontraktometer

Das Spiralkontraktometer [11.13] hat sich zur Messung der Makro-Eigenspannungen in Schichten besonders bewährt. Der Aufbau des Gerätes ist in Abb. 11.9 schematisch dargestellt.

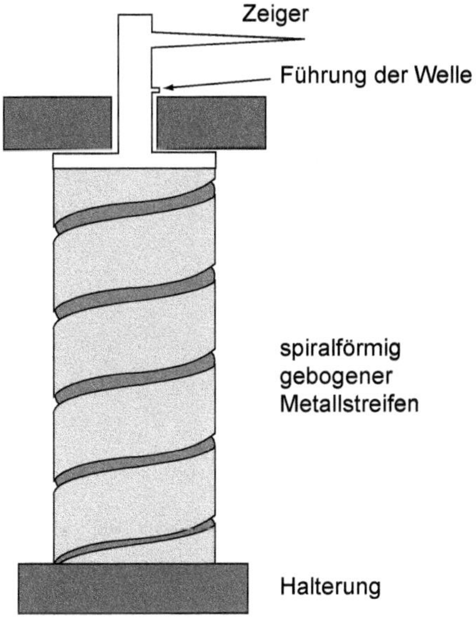

Abb. 11.9: Spiralkontraktometer zur Messung von Eigenspannungen 1. Art [11.13]

Ein spiralförmig gebogener Metallstreifen, meist aus Edelstahl, wird innenseitig mit einem Lack abgedeckt. Anschließend wird die Außenseite des Metallstreifens beschichtet. Je nachdem, ob die Schicht mit Eigendruck- oder Eigenzugspannung behaftet ist, verdreht sich der Metallstreifen in die eine oder andere Richtung. Die Verdrehung, die ein Maß für die Größe der Makro-Eigenspannung ist, wird durch einen Zeiger angezeigt. Dreht sich der Zeiger im Uhrzeigesinn, so liegen Eigenzugspannungen vor. Umgekehrt sind auf Eigendruckspannungen zu schließen, wenn der Zeiger sich gegen den Uhrzeigesinn dreht.

Unter der Voraussetzung, dass der Elastizitätsmodul der abgeschiedenen Schicht mit dem des Metallstreifens identisch ist, erhält man aufgrund elastizitätstheoretischer Überlegungen folgende Beziehung:

$$\sigma_{\mathrm{E}} = k \cdot \frac{2}{b \cdot s} \cdot \frac{\varphi}{d} \cdot \left(1 + \frac{d}{s}\right) \quad [\mathrm{N/mm^2}] \qquad (11.3a)$$

φ ist der Drehwinkel, d die Dicke der Schicht in mm, b und s die Breite und Dicke des Metallstreifens in mm. k symbolisiert die Spiralkonstante in N · mm.

Da die Größen b und s konstant sind, kann man sie mit der Spiralenkostante k zu einer allgemeinen Eichkonstante K wie folgt zusammenfassen:

$$K = \frac{2 \cdot m \cdot l \cdot g}{\varphi_0 \cdot \beta \cdot s} \quad [\mathrm{N/m \cdot grd}] \tag{11.3b}$$

Darin bedeuten:

m Masse des Prüfgewichts (28,35 g)
l Hebelarm für das Prüfgewicht (25,4 mm)
g Erdbeschleunigung (9,8 $\mathrm{m/s^2}$)
φ_0 Individuell gemessene Winkel (abhängig von der Spirale; 123° ± 5°)
β Steigung (axiale Breite) der Spirale (20 mm)
s Dicke der Spirale (0,258 mm)

Auf der anderen Seiten ist das Verhältnis d/s bei der üblichen Dicke des Metallstreifens (s = 0,3 bis 0,4 mm) für Schichtdicken bis etwa 0,03 mm (30 µm) vernachlässigbar klein. Damit lässt sich Gl. (11.3a) wie folgt vereinfachen:

$$\sigma_E = K \cdot (\varphi / d) \quad [\mathrm{N/mm^2}] \tag{11.3c}$$

φ symbolisiert den gemessenen Winkel nach 30 Minuten Abscheidung, d die Dicke der abgeschieden Schicht (20 µm).

Für den Fall, dass die Elastizitätsmoduln des Metallstreifens (E_1) und der Schicht (E_2) unterschiedlich sind, kann folgende Formel [11.14] zu Berechnung der Eigenspannung herangezogen werden:

$$\sigma_E = K \cdot \varphi \cdot \frac{s+d}{s \cdot d} \cdot \left[1 + \frac{E_2 - E_1}{E_1} \cdot \frac{d}{d+s} - \frac{14}{3} \cdot \frac{E_2 - E_1}{E_1} \cdot \left(\frac{d}{d+s} \right)^2 \right] \tag{11.3d}$$

Bei kleinen Schichtdicken ist der Unterschied der Werte nach (11.3a) und (11.3d) nur etwa 0,1 %. Er kann aber bei 40 µm dicken Schichten 2 % betragen.

Es sei an dieser Stelle erwähnt, dass die mit dem Spiralkontraktometer bestimmten Werte für Makro-Eigenspannungen von Schichten keine Absolutwerte darstellen. Die oben angegebenen Auswertungsformeln sind Näherungslösungen.

Mit dem Spiralkontraktometer können Makro-Eigenspannungen mit einer Genauigkeit von 20 N/mm^2 bestimmt werden. Abb. 11.10 zeigt im Wahrscheinlichkeitsdiagramm die Messergebnisse an chemisch abgeschiedenen Nickel-Phosphor-Schichten. Die Expositionszeiten betrugen 1, 2 und 3 Stunden; die Schichtdicken lagen bei 10, 20 und 30 μm.

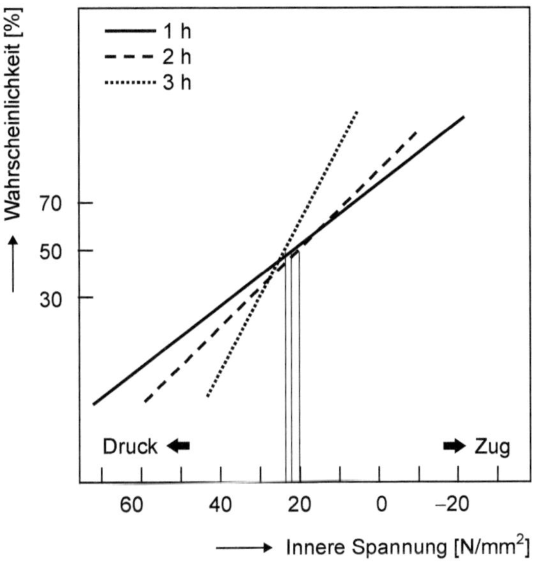

Abb. 11.10: Mit Spiralkontraktometer gemessene Makro-Eigenspannungen von Nickel-Phosphor-Schichten unterschiedlicher Dicke (Wahrscheinlichkeitsdiagramm)

Je steiler die Geraden in diesem Wahrscheinlichkeitsdiagramm sind, umso geringer ist die Varianz[4]. Man erkennt deutlich, dass die Varianz der Messungen mit steigender Expositionszeit deutlich abnimmt. Die Messung an den 10 und 20 μm dicken Schichten sind derart ungenau, dass man höchstens von einer Spannungsindikation und nicht von einer Spannungsmessung reden kann.

Das Spiralkontraktometer ermöglicht somit Messungen der Makro-Eigenspannungen mit einer 2σ-Varianz (95 %) von etwa 20 N/mm^2, wenn man Schichtdicken von etwa 30 μm vermisst.

[4] Die Varianz (σ^2) ist ein Maß für die Streuung der Wahrscheinlichkeitsverteilung von Zufallsvariablen. Eine geringe Streuung ist oftmals von Vorteil, da die Werte mit hoher Wahrscheinlichkeit in der Nähe des Erwartungswertes liegen. Die Varianz wird berechnet, indem man die Abstände der Messwerte vom Mittelwert quadriert, addiert und durch die Anzahl der Messwerte teilt: $\sigma^2 = [\Sigma\,(x - x)^2]/[n - 1]$. Die Wurzel der Varianz ergibt die Standardabweichung σ.

11.4.3 Disk-Tensometer

Ein Nachteil der mit Metallstreifen arbeitenden Verfahren besteht darin, dass sich die Metallstreifen nach der Beschichtung nicht nur verbiegen, sondern u. U. auch verwinden können, wodurch die Messergebnisse verfälscht werden. Eine verlässlichere Messmethode, die diesen Nachteil nicht besitzt, ist das Disk-Tensometer [11.15]. Hierbei bedient man sich eines scheibenförmigen Substrates, welches ebenfalls einseitig beschichtet wird. Der Vorteil liegt darin, dass die durch die Eigenspannungen der Schicht bedingte Aufwölbung oder Durchbiegung der Scheibe gleichmäßiger ist als das Verbiegen eines Streifens.

Das Disk-Tensometer besteht aus einer Epoxidscheibe mit einem Durchmesser von 100 mm und einer Dicke von 1 mm. Die Epoxidscheibe wird vor und nach der Beschichtung so auf dem Messtisch der Apparatur positioniert, dass sie auf den Spitzen der drei auf dem Messtisch befestigten Auflagestifte zu ruhen kommt. Seitlich am Rande des Messtisches angebrachte Führungen erleichtern die genaue Zentrierung der Epoxidscheibe (Abb. 11.11).

Abb. 11.11: Disk-Tensometer Messung von Eigenspannungen 1. Art [11.15]

Aus der Mitte des Messtisches ragt die Tastspitze des unter der Tischplatte befestigten Wegaufnehmers heraus. Sie wird durch eine Feder gegen den Mittelpunkt der Epoxidscheibe gedrückt und wandelt die durch Eigenspannungen bedingte Wölbung oder Durchbiegung der Epoxidscheibe proportional in Gleichspannung um. Der Wegaufnehmer erfasst Messwege bis 150 mm und wird mit einer Gleichspannung von 10 V gespeist. Die Auflösung der Weglängenmessung beträgt 0,3 μm. Über die Belastungsvorrichtung des Messtisches wird die zunächst unbeschichtete und anschließend beschichte Epoxidscheibe mit Gewichten belastet. Diese Maßnahme dient dazu, die Messbedingungen möglichst identisch zu gestalten. Bei der Messung der Makro-Eigenspannungen der abgeschiedenen Schicht wird die Epoxidscheibe mit einem zusätzlichen Gewicht belastet, dessen Höhe sich nach den Messbedingungen richtet. Der Messvorgang besteht nun darin, dass die durch Eigenspannungen der einseitig aufgebrachten Schicht bedingte Wölbung oder Durchbiegung der Epoxidscheibe mit Hilfe der Tastspitze des Wegaufnehmers erfasst wird. Für die Berechnung der Eigenspannungen dient folgende Beziehung:

$$\sigma_E = \frac{F}{2\,\pi \cdot H \cdot D} \quad [\mathrm{N/mm^2}] \tag{11.4}$$

F ist die Kraft, die notwendig wird, um die Wirkung der Eigenspannungen zu kompensieren, *H* symbolisiert das Ausmaß der Aufwölbung der Scheibe bezogen auf ihren ebenen Ausgangszustand, *D* ist die Dicke der Epoxidscheibe.

Durch eine hinreichende genaue Bestimmung von *H* und *D* und Aufbringung einer konstanten Last *F* lässt sich die Eigenspannung der Scheibe bestimmen.

Zur Messung der Makro-Eigenspannungen in Schichten unterschiedlicher Dicke können einseitig 30 μm dick verkupferte Epoxidscheiben herangezogen werden. Die Messungen an den unbeschichteten und beschichteten Epoxidscheiben erfolgen unter einer Vorlast von 2 N. Die Zusatzlast bei der Bestimmung der Eigenspannungen der beschichten Epoxidscheiben beträgt 3,947 N.

Für die Bestimmung der Makro-Eigenspannung einer 48,8 μm dicken Nickel-Phosphor-Schicht wurde mit der Wert von 39,5 MPa ermittelt (Abb. 11.12). Die Standardabweichung betrug etwa 5 N/mm². Bei dünneren Schichten würden sich größere Standardabweichungen ergeben.

Mit dem Disk-Tensometer lassen sich somit Nickel-Phosphor-Schichten mit einer Dicke von etwa 15 μm, d. h. halb so dick wie beim Spiralkontraktometer, mit etwa der gleichen Varianz vermessen.

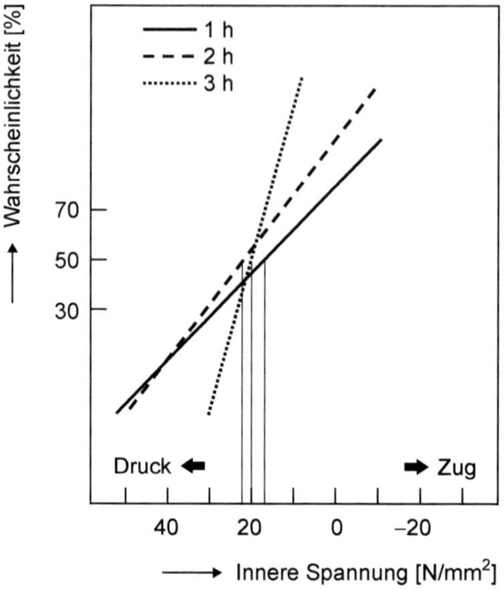

Abb. 11.12: Mit Disk-Tensometer gemessene Eigenspannungen in Nickel-Phosphor-Schichten unterschiedlicher Dicke (Wahrscheinlichkeitsdiagramm)

11.4.4 IS-Meter™

Der Aufbau der Dilatometer- oder Streifendehnungsmethode ist in Abb. 11.13 wiedergegeben [11.16].

Das Messprinzip beruht darauf, dass ein glattes, dünnes Streifen- oder Drahtmuster in das Abscheidungsbad eingetaucht und vollständig beschichtet wird. Die Länge des Probemusters beträgt etwa 250 mm. Die bandförmigen Probemuster sind meistens 0,05, 0,1 oder 0,15 mm stark; die Bandbreite hat auf die Messung keinen Einfluss und beträgt in der Regel 10 ± 1 mm. Die drahtförmigen Probemuster haben meistens einen Durchmesser von 0,2 bis 0,5 mm. In jedem Fall muss das Probemuster gerade, unverformt und unbeschädigt sein [11.16].

Das Streifen- oder das Drahtmuster wird nach sorgfältiger Reinigung, Spülung und Trocknung in der Einspannvorrichtung des IS-Meters eingespannt. Wichtig dabei ist, dass die Längsachse des Probemusters möglichst genau mit der Achse des IS-Meters übereinstimmt. Danach erhält das Probemuster eine definierte Vorspannung durch Justieren der Rändelmutter des Gerätes. Dies ist notwendig, um etwaige kleine und unerwünschte Deformationen des Probemusters auszugleichen. Nun wird das IS-Meter in das Abscheidungsbad eingetaucht und einige Minuten lang temperiert.

Durch Drehen der Messuhrskala wird die Nullstellung des Zeigers genau eingestellt. Nach Beendigung des Abscheidungsvorgangs wird die Dicke der abgeschiedenen Schicht genau ermittelt.

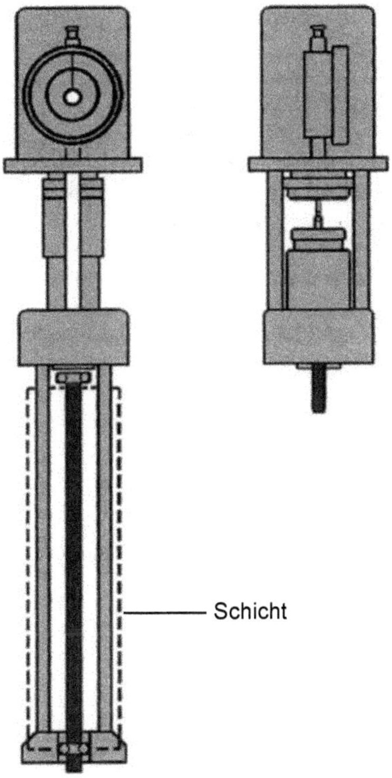

Abb. 11.13: IS-Meters zur Messung von Eigenspannungen 1. Art [11.16]

Durch die Eigenspannung der aufgebrachten Schicht entsteht eine axiale Kraft, die das eingespannte Probemuster deformiert. Bei Eigenzugspannung wird es gestaucht, bei Eigendruckspannung hingegen gedehnt. Aus den Elastizitätsmoduln des Probemusters E_1 und der Schicht E_2, der Längenänderung ΔL und unter Berücksichtigung der POISSONsche Zahl[5] ν kann man nun die Makro-Eigenspannung, die im ganzen Querschnitt der Schicht wirkt, berechnen. Die entsprechenden Berechnungsformeln für Streifen- bzw. Drahtmuster lauten wie folgt:

[5] Die POISSONsche Zahl (auch Querkontraktionszahl, Querdehnungszahl, Querdehnzahl genannt) ist das Verhältnis aus relativer Dickenänderung $\Delta d/d$ zur relativen Längenänderung $\Delta l/l$ bei Einwirkung einer äußeren Kraft: $\nu = (\Delta d/d)/(\Delta l/l)$

$$\sigma_{\mathrm{E}}^{\mathrm{S}} = \frac{E_1 \cdot s + 2 \cdot d \cdot E_2}{2 \cdot L_0 \cdot d \cdot (1 - \nu)} \cdot \Delta L \quad [\mathrm{N/mm^2}] \tag{11.5a}$$

$$\sigma_{\mathrm{E}}^{\mathrm{D}} = \frac{E_1 \cdot s^2 + 4 \cdot d \cdot (s + d) \cdot E_2}{4 \cdot L_0 \cdot d \cdot (s + d) \cdot (1 - \nu)} \cdot \Delta L \quad [\mathrm{N/mm^2}] \tag{11.5b}$$

Mit dem IS-Meter kann man den Sinn und die Größe der in der abgeschiedenen Schicht wirksamen Makro-Eigenspannung bestimmen. Dabei ist aber zu berücksichtigen, dass die Eigenspannung besonders von der Zusammensetzung, den Verunreinigungen und den Zusätzen des Bades abhängt. Auch die Abscheidungsbedingungen, wie der pH-Wert und die Bewegung des Elektrolyten üben einen starken Einfluss aus. Bei Vergleichmessungen ist es daher sehr wichtig, dass gleiche Bedingungen eingehalten werden.

11.4.5 In-situ-Messsystem MSM 200

Bei dieser Methode [11.17, 11.18] handelt es sich um ein in-situ Messsystem zur Erfassung von Makro-Eigenspannungen in galvanisch oder außenstromlos abgeschiedenen Schichten. Abb. 11.14 zeigt die Messanordnung, bei der ein handelsüblicher Laptop oder PC zur Messdatenerfassung, Berechnung und graphischen Darstellung der Eigenspannung dient.

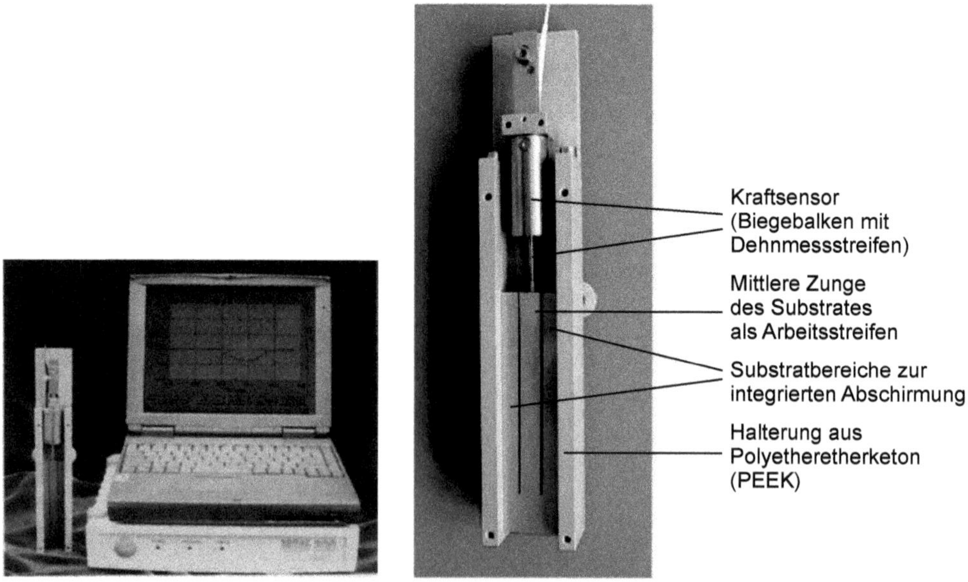

Abb. 11.14: In-situ Messsystem MSM 200 zur Messung von Eigenspannungen 1. Art [11.17, 11.18]

Der kompakte Messsensor ist über ein Interface mit dem Computer verbunden. Das Sensorsystem ist aus Titan, Edelstahl 18/10 und Polyetheretherketon gefertigt und damit chemikalienbeständig. Das Interface hat durch die 16-Bit-Auflösung eine hohe Empfindlichkeit.

Das Messprinzip beruht auf der Methode des einseitig beschichteten Streifens, dessen Verbiegen durch den festen Sitz in der Halterung unterbunden wird. Der Verlauf der Eigenspannungen in der Schicht wird während der Beschichtung mit einem hochempfindlichen Kraftsensor aufgenommen. Da der Messstreifen infolge der Eigenspannungen der Schicht danach strebt sich zu verbiegen, übt dieser eine Kraft auf den Sensor aus. Diese Kraftänderung wird erfasst und dient als Grundlage zur Berechnung der Eigenspannung.

Ein handelsüblicher Laptop oder PC dient zur Messdatenerfassung, Berechnung und graphischen Darstellung der Eigenspannungen.

Die Berechnung der Makro-Eigenspannung erfolgt mit Hilfe folgender Formel:

$$\sigma_E = \frac{4 \cdot F \cdot l}{3 \cdot b \cdot s \cdot d} \quad [\mathrm{N/mm^2}] \tag{11.6a}$$

Darin bedeuten:

F Kraft am Messfühler in mN
L Entfernung des Berührungspunktes des Messfühlers auf dem Probestreifen bis zur Oberkante der Einspannung in mm
b Breite des Probestreifens in mm
s Dicke des Probestreifens in mm
d Dicke der Schicht in µm

Die Kraft wird mit dem MSM 200 gemessen. Eine mechanische Vorspannung des Kraftsensors wird durch einen Nullabgleich ausgeglichen.

Die Schichtdicke lässt sich z. B. als Produkt der Abscheidungsgeschwindigkeit und Abscheidungsdauer ($d = v_A \cdot t$) ermitteln.

Fasst man alle in Gl. (11.6a) vorkommenden Konstanten zu einer Geometriekonstante G, dann ergibt sich für die Berechnung der Eigenspannung folgende einfache Formel:

$$\sigma_E = G \cdot F / t \tag{11.6b}$$

Eigendruckspannungen erhalten ein negatives, Eigenzugspannungen ein positives Vorzeichen.

11.4.6 Röntgenographische Bestimmung

Die Bestimmung der Eigenspannungen polykristalliner Werkstoffe mittels Röntgenbeugung beruht darauf, dass Netzebenenabstände sich ändern ($d_0 \rightarrow d$), sobald sich ein spannungsfreies Gitter unter Einwirkung äußerer Kräfte oder innerer Verspannungen elastisch verformt. Dieser Sachverhalt hat zwangsläufig eine Änderung des BRAGG-Winkels ($\Theta_0 \rightarrow \Theta$) zur Folge, woraus sich die Verschiebung der Röntgeninterferenzlinien bestimmen lässt [11.19, 11.20].

Die Änderung der Netzebenenabstände und damit des BRAGG-Winkels unter Einwirkung einer äußeren Kraft F ist in Abb. 11.15 dargestellt. Die darin eingezeichneten Pfeile zeigen die einfallenden und die an den Netzebenen um die Netzebenennormale gebeugten Röntgenstahlen.

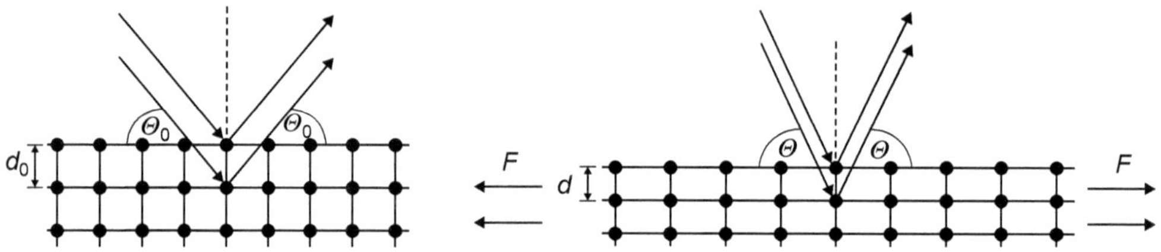

Abb. 11.15: Beugung der Röntgenstrahlen an den Netzebenen eines kubisch-primitiven Gitters; links: unverspanntes Gitter; rechts: verspanntes Gitter

Die relative Änderung des Netzebenenabstands wird als Gitterdehnung ε bezeichnet:

$$\frac{d - d_0}{d_0} = \frac{\Delta d}{d_0} = \varepsilon \tag{11.7}$$

Diese Änderung führt zu einer Veränderung der Lage der Interferenzlinie (Abb. 11.15 rechts).

Die Änderung des BRAGG-Winkels $\Delta\Theta$ lässt sich aufgrund folgender Beziehung ermitteln:

$$\Delta\Theta = \Theta - \Theta_0 = -\tan\Theta_0 \cdot \frac{\Delta d}{d_0} = -\tan\Theta_0 \cdot \varepsilon \tag{11.8}$$

Gegenüber dem Winkel Θ_0 im unverspannten Zustand des Gitters tritt unter dem Winkel Θ eine Interferenzlinie auf.

Da bei der Röntgenbeugung an polykristallinen Werkstoffen im Allgemeinen mehrere Kristallite vom Röntgenstrahl erfasst werden, sind Eigenspannungen 2. und 3. Art nicht unterscheidbar und den Eigenspannungen 1. Art überlagert. Eigenspannungen 2. und 3. Art führen aufgrund einer höheren Streubreite der Netzebenenabstände zu einer Verbreiterung der Peaks, Eigenspannungen 1. Art bewirken hingegen eine Verschiebung der Peakmaxima, da alle reflektierenden Netzebenen einer Netzebenenschar in gleicher Weise verzerrt werden.

11.4.6.1 sin^2 ψ-Verfahren

Für die experimentelle Bestimmung der Eigenspannungen mittels Röntgenstrahlen wird häufig das sin^2 ψ-Verfahren herangezogen, das zur Gruppe der zerstörungsfreien Methoden gezählt wird und auf folgender Überlegung beruht:

Bei einer Probe aus einem polykristallinen Werkstoff werden mehrere Kristallite vom primären Röntgenstrahl erfasst. Misst man in unterschiedlichen Richtungen, so erhält man die Intensität von Netzebenen unterschiedlicher Orientierung und Abstände. Es ergibt sich so ein Interferenzkegel.

Für die Bestimmung der Eigenspannung in der Probe ist die Verknüpfung der gemessenen Gitterdehnung mit elastizitätstheoretischen Gesichtspunkten notwendig. Legt man ein Koordinatensystem mit den Winkeln φ und ψ zugrunde, so lautet die Beziehung zwischen der gemessenen Gitterdehnung $\varepsilon_{\varphi,\psi}$ und den oberflächenparallelen Hauptspannungen σ_1 und σ_2 sowie den Hauptdehnungen ε_1, ε_2 und ε_3:

$$\varepsilon_{\varphi,\psi} = \varepsilon_1 \cos^2\varphi \sin^2\psi + \varepsilon_2 \sin^2\varphi \sin^2\psi + \varepsilon_3 \cos^2\psi \qquad (11.9)$$

Darin bedeuten E der Elastizitätsmodul [N/mm^2], und ν die Poissonsche Zahl. Beide Größen sind werkstoffspezifische Kenngrößen und netzebenenabhängig.

Die Verknüpfung der Hauptdehnungen mit den Hauptspannungen ist durch das Hookesche Gesetz gegeben:

$$\varepsilon_1 = \frac{1}{E}(\sigma_1 - \sigma_2), \quad \varepsilon_2 = \frac{1}{E}(\sigma_2 - \nu\,\sigma_1), \quad \varepsilon_3 = -\frac{\nu}{E}(\sigma_1 + \sigma_2) \qquad (11.10)$$

Das heißt:

$$\varepsilon_{\varphi,\psi} = \frac{\nu+1}{E}(\sigma_1 \cos^2\varphi + \sigma_2 \sin^2\varphi)\sin^2\psi - \frac{\nu}{E}(\sigma_1 + \sigma_2) \tag{11.11}$$

Durch Einführung der so genannten röntgenographischen Elastizitätskonstanten (REK) s_1 und ½ · s_2 (auch Voigtsche Elastizitätskonstanten genannt), wobei $S_1 = -\nu/E$ und ½ $S_2 = (\nu + 1)/E$ sind, erhält man die Grundgleichung der röntgenographischen Verfahren zur Ermittlung elastischer Spannungen:

$$\varepsilon_{\varphi,\psi} = \frac{1}{2}S_2 \cdot \sigma_\varphi \sin^2\psi + S_1(\sigma_1 + \sigma_2) \tag{11.12}$$

mit $\sigma_\varphi = \sigma_1 \cos^2\varphi + \sigma_2 \sin^2\varphi$.

Die Bestimmung des ebenen Spannungszustandes ist somit auf die Ermittlung der Gitterdehnung $\varepsilon_{\varphi,\psi}$ zurückgeführt, welche mittels der Änderung der Interferenzlinienlagen gemessen werden kann.

Zur präzisen Berechnung der Eigenspannung ist eine möglichst genaue Bestimmung der röntgenographischen Elastizitätskonstanten unerlässlich, da besonders metallische Schichten in Abhängigkeit von ihren Herstellungsparametern ein weites Spektrum aufweisen.

Abb. 11.16 zeigt ein Röntgendiffraktomer zur röntgenographischen Eigenspannungsmessung. Die Probenpositionierung erfolgt an der Position 1. Die angegebenen Winkel stellen die für die Vermessung notwendigen Kippwinkel dar, um die die Probe während der Messung gekippt und gedreht wird.

Während bei der Diffraktometeraufnahme in üblicher Strahlgeometrie nur Netzebenen zur Reflexion kommen, die parallel zur Probenoberfläche liegen, erreicht man durch eine Kippung der Probe um den Winkel ψ, dass bei der Spannungsmessung auch solche Netzebenen reflektieren, die nicht parallel zur Oberfläche orientiert sind.

Der große Vorteil der röntgenographischen Spannungsmessung liegt in der zerstörungsfreien Messung, soweit die Messvorrichtung es erlaubt. Ein großer Nachteil dieses Verfahrens liegt aber in der geringen Eindringtiefe von wenigen µm (ca. 10 bis 20 µm) je nach verwendeter Strahlung und zu untersuchendem Werkstoff, so dass nur oberflächennahe Bereiche der Probe erfasst werden. Eine eventuell vorhandene z-Komponente der Eigenspannung geht an der Oberfläche mangels einer Einspannung immer gegen null. Das heißt, man misst unter der Voraussetzung, dass im erfassten Probenvolumen keine z-Spannungskomponente vorhanden ist.

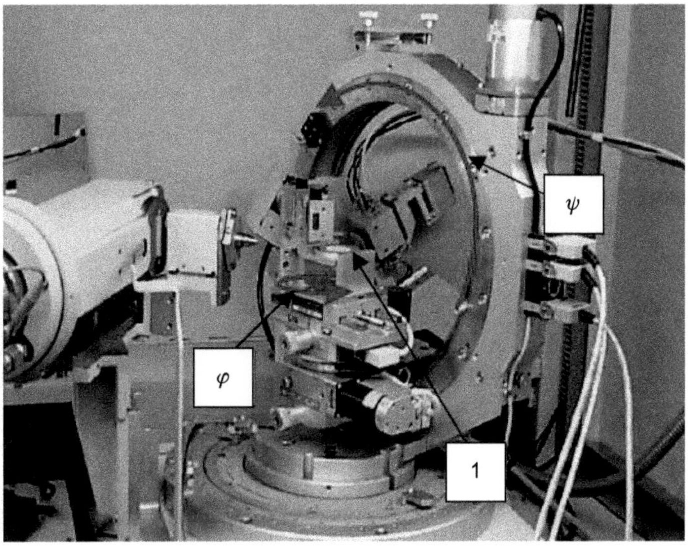

Abb. 11.16: Röntgendiffraktometer[6] zur röntgenographischen Eigenspannungsmessung [11.20]

Zur Erstellung eines Eigenspannungstiefenprofils erfolgt in den meisten Fällen ein schrittweiser elektrolytischer Abtrag der Oberfläche. Hierbei muss allerdings berücksichtigt werden, dass es zu einer Zerstörung der Probe bzw. des Bauteils kommen kann.

Ferner darf man den Einfluss der Texturierung der Schichten bei der röntgenographischen Spannungsmessung nicht außer Acht lassen, da diese zur Folge hat, dass nicht alle für die Spannungsberechnung notwendigen Beugungsreflexe in entsprechender Intensität auftreten.

6 Technische Universität Ilmenau; Röntgendiffraktometer D5000 mit offener Eulerwiege der Firma Bruker AXS GmbH

11.5 Reduzierung/Beseitigung

Galvanisch oder chemisch abgeschiedene metallische Schichten sind naturgemäß fast immer mit arteigenen und/oder artfremden Eigenspannungen behafte. Sie sind nur dann spannungsfrei, wenn die Summe aller Kräfte und Momente, die in ihnen Eigenspannungen hervorrufen, gleich Null ist. Diese Voraussetzung ist in der Praxis oft nicht gegeben. Es gibt jedoch Maßnahmen, mit deren Hilfe man die Intensität solcher Spannungen reduzieren oder gar gänzlich beseitigen kann. Thermische Nachbehandlung bei reinen Metallschichten oder Optimierung der Zusammensetzung bei Legierungsschichten zählen zu solchen Maßnahmen.

11.5.1 Thermische Nachbehandlung

Eine mit arteigenen und artfremden Eigenspannungen behaftete Metallschicht lässt sich durch eine zweckmäßige thermische Nachbehandlung weitgehend von inneren Spannungen befreien. Dies soll am Beispiel chemisch abgeschiedener Kupferschichten demonstriert werden. Die Kenndaten des verwendeten Kupferbades sind in Tab. 11.2 zusammengestellt.

Tab. 11.2: Kupferelektrolyt zur chemischen Abscheidung von Kupferschichten

Elektrolyttyp	Stabilisator	Baddichte ρ [g/cm^3]	pH-Wert	Temperatur T [°C]	Abscheiderate v [µm/h]
EDTA (28 g/l)	S, CN	1,05	12,8–13	60	3

Aus diesem Elektrolyten wurden Kupferschichten mit einer Dicke von etwa 20 µm auf ABS-Platten abgeschieden, deren Oberfläche mit Chromschwefelsäure und Wasserstoffperoxid entgiftet und anschließend in einem geeigneten Aktivator/Reduktor-System aktiviert worden war. ABS lässt sich in Acetonlösung leicht auflösen, so dass die Kupferschichten frei von mechanisch induzierten Fehlern waren.

Die Messung der Eigenspannungen 3. Art erfolgte an wärmebehandelten Kupferschichten durch röntgenographische Reflexbreitenanalyse. Dabei diente die so genannten „korrigierte integrale Linienbreite“ δ_b, die mit Hilfe der Röntgen-Feinstrukturuntersuchung bestimmt wurde, als Maß für die Höhe der Eigenspannung. Abb. 11.17 zeigt exemplarisch den thermisch bedingten Rückgang der Eigenspannungen in einer Kupferschicht.

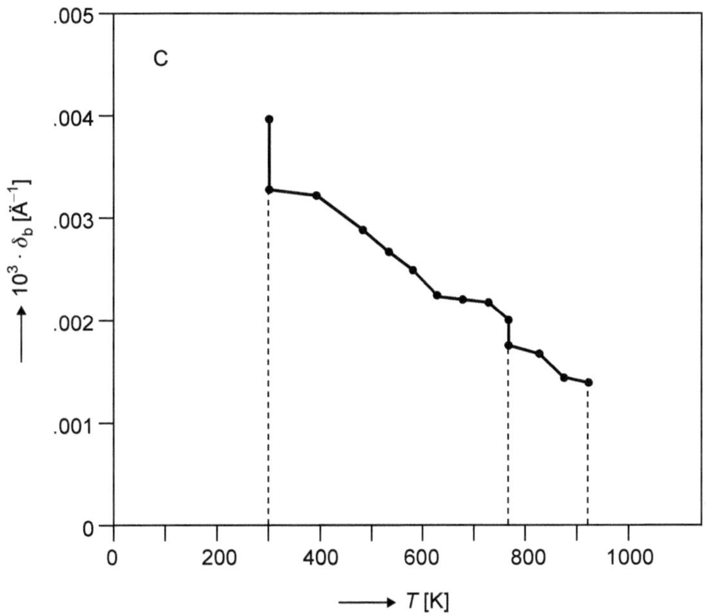

Abb. 11.17: Rückgang der Eigenspannungen 3. Art in einer chemisch abgeschiedenen Kupferschicht infolge der thermischen Nachbehandlung (d_{Cu} = 20 µm, Haltezeit: 30 min) [11.21]

11.5.2 Optimierung der Zusammensetzung

Bei Legierungsschichten ist es unter günstigen Umständen möglich, durch optimale Zusammensetzung Schichten frei von inneren Spannungen abzuscheiden. Bekanntes Beispiel hierfür sind Nickel-Phosphor-Schichten mit Phosphorgehalten um 10 % Phosphor.

Untersuchungen [11.22–11.25] haben gezeigt, dass der Phosphorgehalt starken Einfluss auf die Art und die Größe der Eigenspannungen in Nickel-Phosphor-Schichten ausübt. Nach diesen Untersuchungen gehen die unerwünschten Eigenzugspannungen mit steigendem Phosphorgehalt zurück. Abb. 11.18 liefert hierzu einen Beleg.

Hieraus geht hervor, dass Nickel-Phosphor-Schichten, deren Phosphorgehalte unter 10 % ist, Eigenzugspannungen aufweisen, solche mit Phosphorgehalten über 10 % jedoch Eigendruckspannungen. Die Spannungsfreiheit wird demnach bei einem Phosphorgehalt von ~10 % erreicht.

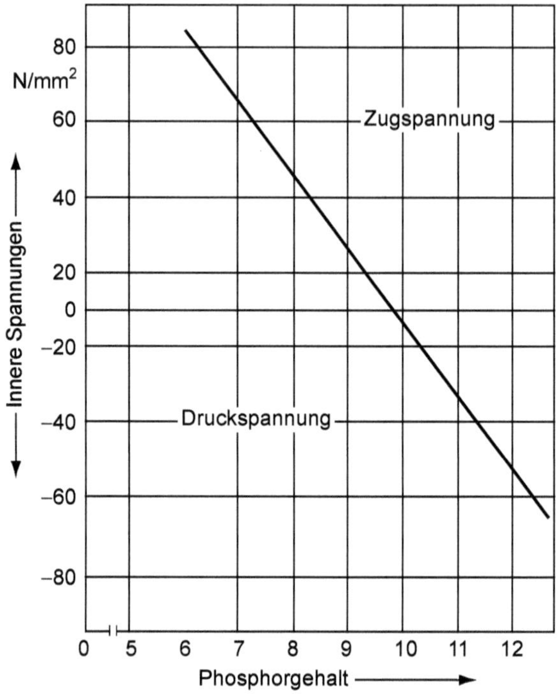

Abb. 11.18: Einfluss des Phosphorgehalts auf Eigenspannungen in Nickel-Phosphor-Schichten

Literaturverzeichnis

[11.1] *Dettner, H. W.; Elze, J.*: „Handbuch der Galvanotechnik“, Bd. II, Carl Hanser Verlag München, 1966, S. 97

[11.2] *Dvorák, A.*: „Messung der Eigenspannung galvanischer Überzüge“, in Metalloberfläche 27 (1973) 8, S. 284-288

[11.3] *Rohrbach, C.* (Herausgeber): „Handbuch für experimentelle Spannungsanalyse“, VDI-Verlag Düsseldorf 1989

[11.4] *Schwarz, T.*: „Beitrag zur Eigenspannungsermittlung an isotropen anisotropen sowie inhomogenen, schichtweise aufgebauten Werkstoffen mittels Bohrlochmethode und Ringkernverfahren“, Dissertation , Staatliche Materialprüfungsanstalt (MPA), Universität Stuttgart, 1996

[11.5] *Weil, R.*: Plating and Surface Finishing, September 1997, pp. 56-57

[11.6] *Weil, R.*: Plating and Surface Finishing, October 1997, pp. 22-23

[11.7] *Kutzschbach, P.*: „Messungen innerer Spannungen“, Praktikumsanleitung, Technische Universität Ilmenau, 2001

[11.8] *Spieß, L.; Schwarzer, R.; Behnken, H.; Teichert, G.*: „Moderne Röntgenbeugung-Röntgendiffraktometrie für Materialwissenschaftler, Physiker und Chemiker", Teubner Verlag Wiesbaden, 2005

[11.9] *Moffatt, W. G., Pearsall, G. W., Wulff, J., Brophy, J. H., Rose, R. M. and Hayden, W.*: „The Structure and Properties of Materials", Volume I, II, III and IV, John Wiley & Sons, Inc. New York, 1964/65

[11.10] *Gräfen, H.* (Herausgeber): „Lexikon Werkstofftechnik", VDI Verlag GmbH Düsseldorf, 1991

[11.11] *Schils, H. und Jehn, H.*: „Spannungsmessung an dünnen Schichten", Jahrbuch Oberflächentechnik, Bd. 50 (1994), S. 345-360

[11.12] *Romankiewicz, K. und Metzner, M.*: „Eigenspannungen" in „Moderne Mess- und Prüfverfahren für metallische und andere anorganische Überzüge", herausgegeben von *N. Kanani*, expert verlag Rennigen, 2006

[11.13] *Brenner, A. and Senderoff, S.*: Proc. Amer. Electropol. Soc. 35 (1948), S. 53

[11.14] *Orth, H.*: Metalloberfläche 30 (1976) 8, S. 364-372

[11.15] *Kanani, N., Riedel W. und Rolff, R.*: Metalloberfläche 41 (1987), S. 255-258

[11.16] *Siegert, W.*: Metalloberfläche 39 (1985) 1, S. 27-30

[11.17] *Heiner, R. et al.*: Galvanotechnik 91 (2000), Nr. 9, S. 2483-2493

[11.18] *Heuberger, U., Pfund, A. und Zielonka, A.*: Galvanotechnik 91 (2000), Nr. 5, S. 1236-1240

[11.19] *Glocker, R.*: „Materialprüfung mit Röntgenstahlen", 5. Auflage, Springer-Verlag Berlin, Heidelberg, New York, Tokio, 1985

[11.20] *Scholtes, B.*: „Grundlagen der röntgenographischen Spannungsmessung an quasiisotropen Vielkristallen", in Röntgonographische Gefügeanalyse, DGM - Fortbildungsseminar Binz/Rügen 1990, L-5

[11.21] *Kanani, N.*: „Eigenschaften von außenstromlos abgeschiedenen Kupferschichten" in „Kupferschichten: Abscheidung, Eigenschaften, Anwendungen", herausgegeben von *N. Kanani*, Eugen G. Leuze Verlag Bad Saulgau, 2000

[11.22] *N. N.*: The Engineering Properties of EN Deposits, INCO-Publication (1977)

[11.23] *Fields, W., Duncan, R. and Zickraff, J. R.*: „Electroless Plating", Publication of ASM Committee on EN-Plating (1984)

[11.24] *Tulsi, S. S.*: Trans. IMF 64 (1986), S. 73-76

[11.25] *Kanani, N.*: „Chemische Vernicklung, Nickel-Phosphor-Schichten: Herstellung, Eigenschaften, Anwendungen", Eugen G. Leuze Verlag Bad Saulgau, 2007

12 Bestimmung der mechanischen Eigenschaften metallischer Schichten

12.1 Einleitung

Galvanisch oder außenstromlos beschichtete Werkstoffe und Bauteile sind oft in der Praxis unterschiedlichsten mechanischen und thermischen Beanspruchungen ausgesetzt. Diese äußeren Kräfte und Spannungen können in den Schichten elastische oder plastische Verformungen verursachen, die sie erwartungsgemäß überstehen müssen, ohne dabei ihre Haftfestigkeit zu verlieren oder zu Bruch zu gehen. Das elastische und das plastische Verhalten metallischer Schichten sind somit von großer Bedeutung für die Funktionstüchtigkeit und Lebensdauer der Bauteile.

12.2 Elastisches Verhalten

Als Elastizität bezeichnet man die Eigenschaft einer metallischen Schicht, die unter äußerer Belastung erfahrene Verformung bei Entlastung zurückzubilden. Das elastische Verhalten der Schicht, d. h. ihre reversible Verformungsfähigkeit, ist von besonderer Bedeutung, wenn beispielsweise das beschichtete Bauteil elastisch beansprucht wird.

Stellt man sich die Bindungen zwischen den Atomen einer metallischen Schicht als federnd vor (Abb. 12.1), dann wird es leicht nachvollziehbar, weshalb sie sich elastisch

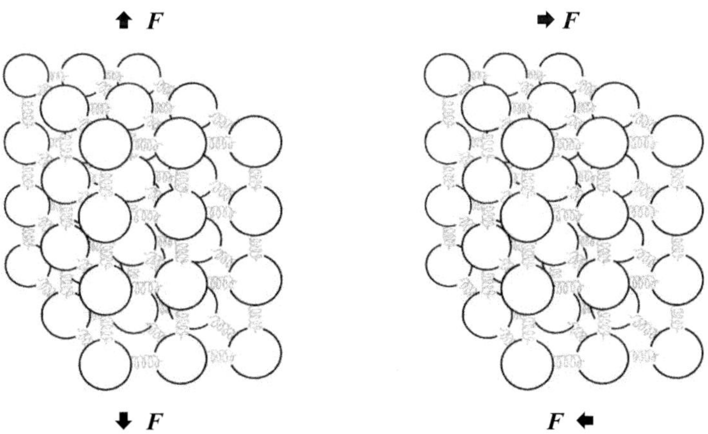

Abb. 12.1: Elastisches Verhalten einer metallischen Schicht unter Wirkung einer Normalkraft (links) bzw. einer Scherkraft (rechts)

verhält. Nachdem sie unter einer Zug- bzw. Normalkraft eine Dehnung (Abb. 12.1 links) oder unter einer Scher- bzw. Querkraft eine Scherung (Abb. 12.1 rechts) erfahren hat, kehrt sie in ihre ursprüngliche Form zurück, sobald die äußere Kraft entfernt wird (Entlastung). Dabei setzt sie die gesamte aufgenommene Verformungsenergie vollständig wieder frei.

Man spricht von linear-elastischem Verhalten, wenn bei dem elastischen Vorgang zwischen der äußeren Kraft F und der reversiblen Verformung eine lineare Beziehung in Form von $y = a \cdot x$ besteht, und der Koeffizient a eine Materialkonstante, d. h. abhängig vom Schichtmaterial ist.

12.2.1 Normalbeanspruchung

Wirkt die äußere Kraft senkrecht zum Schichtquerschnitt, so dass die Schicht auseinander gezogen (gedehnt) wird, dann kann ihr linear-elastisches Verhalten durch das HOOKEsche Gesetz beschrieben werden:

$$\sigma = E \cdot \varepsilon \tag{12.1}$$

Nach dieser Beziehung ist die Spannung σ proportional der Dehnung ε. Das HOOKEsche Gesetz gilt für kleine Verformungen bis ε = 0,1 %.

Der Proportionalitätskoeffizient E, der Elastizitätsmodul, ist eine Materialkonstante und wird üblicherweise in N/mm^2 oder GPa (1 GPa = 10^9 Pa = 10^{-3} N/mm^2) angegeben. Tab. 12.1 enthält die Elastizitätsmoduln einiger metallischer Schichten.

Tab. 12.1: Die Elastizitätsmoduln einiger metallischer Schichten

Metallische Schicht	Elastizitätsmodul [N/mm^2]
Blei	16 560
Zinn	45 000
Cadmium	51 000
Gold	78 700
Silber	83 000
Titan	105 000
Zink	108 000
Kupfer	125 000
Nickel	200 000
Chrom	279 000

12.2.1.1 Spannungs-Dehnungs-Diagramm

Der klassische Zugversuch[1] nach DIN EN 10002 ist ein Standardverfahren, mit dessen Hilfe das elastische Verhalten metallischer Werkstoffe untersucht werden kann. Dabei werden Zugproben bestimmter Form und Abmessungen unter Wirkung einer Normalkraft langsam und stoßfrei auf Zug beansprucht.

Die auf den Ausgangsquerschnitt S_0 der Zugprobe bezogene Zugkraft F ist die Nennspannung $\sigma = F/S_0$. Die relative Längenänderung der Zugprobe in % ist die Dehnung $\varepsilon = (L - L_0)/L_0 = \Delta L/L_0$.

In Abb. 12.2 ist das elastische Verhalten von zwei Schichtwerkstoffen unterschiedlichen Elastizitätsmoduls ($E_1 \neq E_2$) graphisch wiedergegeben.

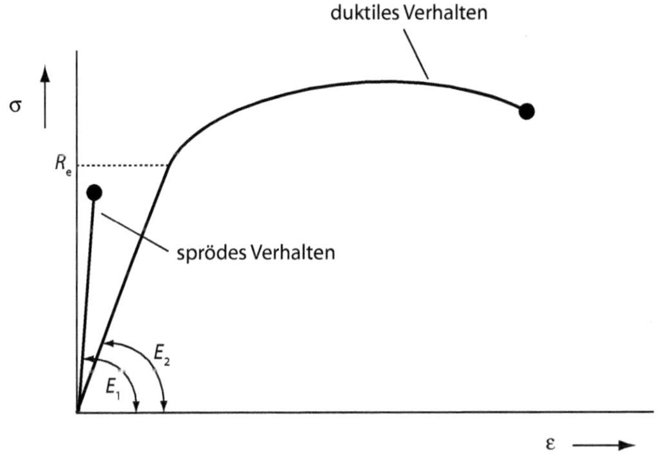

Abb. 12.2: Spannungs-Dehnungs-Diagramm (elastisches Verhalten, $E_1 > E_2$)

In beiden Fällen beobachtet man einen linearen Anstieg der Funktion $\sigma = f(\varepsilon)$ bis zu einem Spannungswert, der mit R_e und als Streckgrenze bezeichnet wird. In diesem Bereich herrscht eine strenge Proportionalität zwischen Spannung und Dehnung ($\sigma = E \cdot \varepsilon$). Demzufolge kehrt die Probe in ihre ursprüngliche Form zurück, sobald sie entlastet wird.

Aus dem Diagramm geht hervor, dass je größer der Elastizitätsmodul des Werkstoffs ist, aus dem die Zugprobe stammt, desto geringer ist dessen elastische Verformung bei der gleichen Belastungshöhe.

[1] Obwohl im Zugversuch das Werkstoffverhalten unter *einachsigem Spannungszustand* untersucht wird, können die erzielten Ergebnisse oft auf andere Belastungsarten übertragen werden. Einachsiger Spannungszustand bedeutet, dass in der Zugprobe nur Zugspannungen auftreten, die in einer einzigen Richtung wirken.

Die Streckgrenze R_e gibt die Grenze an, bis zu der die Zugprobe elastisch gestreckt bzw. gedehnt werden kann. Beim Überschreiten der Streckgrenze erfährt sie eine irreversible plastische Verlängerung.

Die Energie, die Zugprobe bei der elastischen Verformung maximal aufnehmen kann, entspricht der pro Volumeneinheit aufzubringenden Verzerrungsenergie, um die Probe bis zum Beginn der plastischen Verformung, d. h. bis an die Streckgrenze zu verformen. Für einachsige Zugbeanspruchung ergibt sich die Verzerrungsenergie U_v

$$U_v = \frac{1}{2} \cdot R_e \cdot \varepsilon_{Re} \tag{12.2a}$$

ε_{Re} ist die elastische Dehnung beim Erreichen der Streckgrenze. Nach dem Hookeschen Gesetz ($\varepsilon = \sigma/E$; $\varepsilon_{Re} = R_e/E$) erhält man somit

$$U_v = \frac{R_e^2}{2 \cdot E} \tag{12.2b}$$

Hieraus lässt sich folgendes schlussfolgern: Die Fähigkeit einer metallischen Schicht, Verzerrungsenergie zu speichern und sich dabei elastisch zu verformen, ist umso besser, je höher die Streckgrenze und je niedriger der Elastizitätsmodul des Schichtwerkstoffs ist.

12.2.2 Scherbeanspruchung

Wirkt die äußere Kraft tangential zur Schichtoberfläche, dann findet gemäß Abb. 12.3 ein Scherprozess in der Schicht statt.

Man spricht von einer Scher- oder Schubbeanspruchung und bezeichnet die Spannung als Scher-, oder Schubspannung τ.

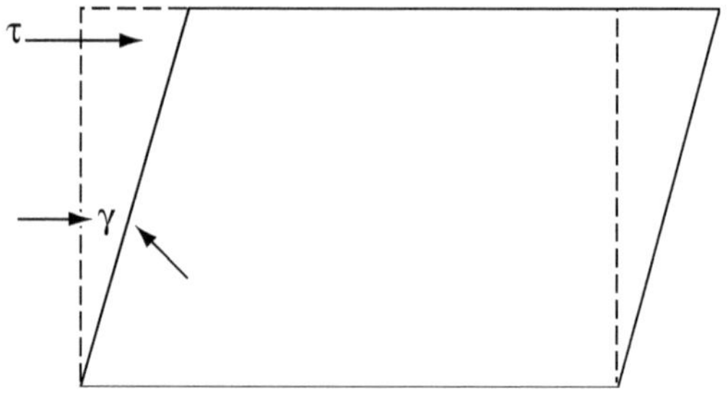

Abb. 12.3: Scherbeanspruchung einer metallischen Schicht unter einer Scherkraft

Zwischen der Schubspannung und der durch sie hervorgerufenen Scherbeanspruchung besteht - analog zum HOOKEschen Gesetz - die Beziehung

$$\tau = G \cdot \gamma \tag{12.3}$$

Der Winkel γ (Verschiebungs-, Scher-, oder Schubwinkel genannt) wird im Bogenmaß in die Gleichung eingesetzt.

G ist der Schubmodul (auch Gleitmodul oder Schermodul genannt); er ist eine Materialkonstante und gibt Auskunft über die linear-elastische Verformung der Schicht unter einer Querkraft oder Schubspannung.

Der Schubmodul wird wie der Elastizitätsmodul in N/mm^2 oder GPa angegeben. Tab. 12.2 enthält Angaben über die Schubmoduln einiger metallischer Schichten.

Tab. 12.2: Die Schubmoduln einiger metallischer Schichten

Metallische Schicht	Schubmodul [N/mm^2]
Blei	5 600
Cadmium	19 000
Zinn	20 800
Gold	28 220
Silber	30 000
Zink	34 000
Titan	40 600
Zink	43 000
Kupfer	48 000
Nickel	76 000
Chrom	115 000

Zwischen dem Schub- und dem Elastizitätsmodul herrscht bei isotropem Schichtmaterial folgende Beziehung:

$$E = 2 \cdot (1 + \nu) \cdot G \tag{12.4}$$

ν ist die POISSONsche Zahl, sie ergibt sich aus folgender Beziehung:

$$\nu = \frac{\frac{\Delta D}{D_0}}{\frac{\Delta L}{L_0}} = \frac{\varepsilon_{\text{quer}}}{\varepsilon_{\text{längs}}} \tag{12.5}$$

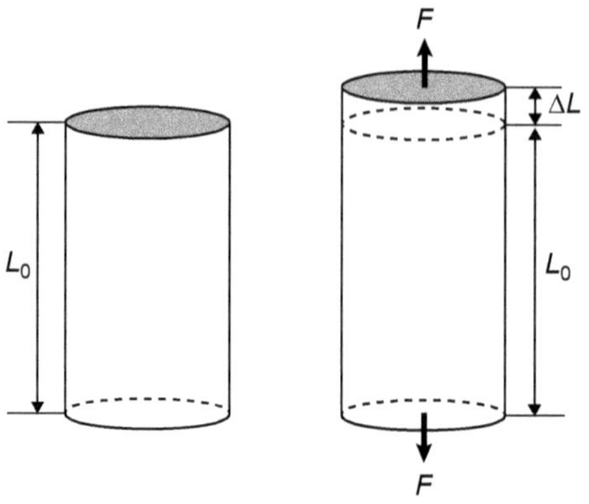

Abb. 12.4: Längenzunahme und Querschnittsabnahme bei einem zylindrischen Stab unter Wirkung der Zugkraft *F*

Die POISSONsche Zahl ist der mathematische Ausdruck folgenden Sachverhalts (Abb. 12.4):

Bei der elastischen Beanspruchung einer runden Zugprobe mit der Länge L_0 und dem Durchmesser D_0 unter der Normalkraft F tritt eine Dehnung $\varepsilon_{\text{längs}} = \Delta L/L_0$ ein. Gleichzeitig findet eine Querschnittsverringerung $\varepsilon_{\text{quer}} = \Delta D/D_0$ statt. Das Verhältnis $\varepsilon_{\text{quer}}/\varepsilon_{\text{längs}}$ ist eine Materialkonstante, d. h. abhängig vom Schichtmaterial.

Typische Werte der POISSONschen Zahl liegen zwischen 0,1 und 0,4; häufig aber bei 0,3. Tab. 12.3 gibt Auskunft über die POISSONschen Zahlen einiger Metallschichten.

Tab. 12.3: POISSONsche Zahl (Querkontraktionszahl) einiger metallischer Schichten

Metall	POISSONsche Zahl ν
Chrom	0,21
Zink	0,29
Nickel	0,31
Titan	0,33
Zinn	0,34
Kupfer	0,35
Silber	0,38
Gold	0,42
Blei	0,45

Gl. (12.4) lässt sich somit wie folgt wiedergeben:

$$G = \frac{E}{2 \cdot (1+\nu)} \approx \frac{E}{2,6} \tag{12.6}$$

Mit dem Gültigkeitsbereich der POISSONsche Zahl $0 \leq \mu \leq 0,5$ ergeben sich folgende Grenzen für den Schubmodul:

$$\frac{1}{3} E \leq G \leq \frac{1}{2} E \tag{12.7}$$

12.2.2.1 Zusammenhang zwischen Schub- und Zugspannung

Der Zusammenhang zwischen der Schub- und Zugspannung lässt anhand von Abb. 12.5 ableiten.

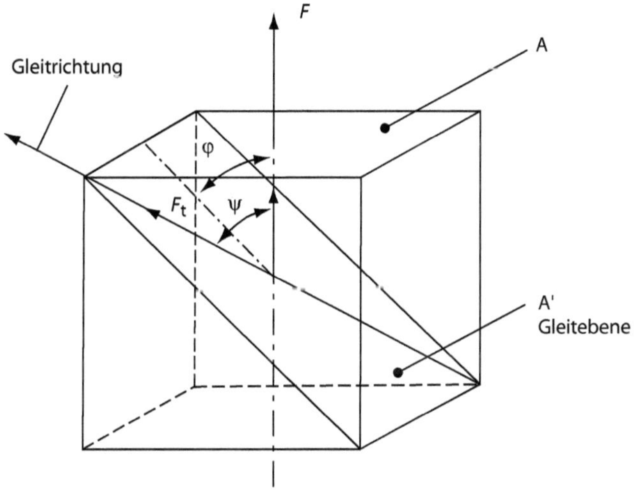

Abb. 12.5: Beziehung zwischen Zug- und Schubspannung [12.1]

Darin bedeuten:

F Normalkraft (Zugkraft)
F_t Tangentialkraft (Querkraft)
φ Winkel zwischen der Gleitebene A' und der Normalkraft
ψ Winkel zwischen der Gleitrichtung und der Normalkraft

Die Normalkraft F steht senkrecht zur Fläche A und bewirkt die Normalspannung (Zugspannung) $\sigma = F/A$. Die Tangentialkraft F_t liegt in der Gleitebene A' und bewirkt die Schubspannung $\tau = F_t/A'$.

Mit Hilfe der beiden Winkel φ und ψ lässt sich der Zusammenhang von F und F_t bzw. A und A' wie folgt ausdrücken:

$$\sin\varphi = \frac{A}{A'}, \quad \cos\psi = \frac{F_t}{F}$$

Aus $A' = A/\sin\varphi$ und $F_t = F \cdot \cos\psi$ folgt

$$\tau = \frac{F \cdot \sin\varphi \cdot \cos\psi}{A} = \sigma \cdot \sin\varphi \cdot \cos\psi \tag{12.8}$$

Diese Beziehung macht deutlich, dass die in der Gleitebene wirksame Schubspannung τ sowohl von der Normalspannung σ als auch von der Lage der Gleitebene abhängt. Sie erreicht ihr Maximum von $\tau_{max} = 0{,}5 \cdot \sigma$, wenn $\varphi = \psi = 45°$ ist. Das Produkt $\sin\varphi \cdot \cos\psi$ wird daher als Orientierungsfaktor bezeichnet. Das Gleiten (plastische Verformung) beginnt in dem Gleitsystem, das den günstigen Orientierungsfaktor besitzt.

12.3 Plastisches Verhalten

Als Plastizität bezeichnet man die Eigenschaft einer metallischen Schicht, unter äußerer Belastung eine irreversible, d. h. dauerhafte Verformung zu erfahren, ohne dabei zu Bruch zu gehen, und bei Entlastung nicht mehr ihre ursprüngliche Form anzunehmen. Das plastische Verhalten metallischer Schichten ist für die Herstellung von Gebrauchsgegenständen aller Art aus beschichteten Teilen besonders wichtig.

Das plastische Verhalten lässt sich anhand des technischen Spannungs-Dehnungs-Diagramms in Abb. 12.6 beschreiben.

Wird die Grenze des elastischen Bereiches bei $R_{p0,01}$ überschritten, dann geht die strenge Proportionalität zwischen σ und ε verloren, und die Probe beginnt sich plastisch zu verformen. Es erfolgt ein allmählicher Übergang zu einer nicht-linearen Beziehung zwischen σ und ε. Dabei erfährt die Probe eine bleibende plastische Verformung, d. h. sie kehrt nach Entlastung nicht mehr in ihre ursprüngliche Form zurück. Dieser Übergangsbereich wird durch die so genannte Dehngrenze charakterisiert. Als Dehngrenze definiert man die Nennspannung $R_{p0,2}$, bei der der plastische Dehnungsanteil ε_{pl} einen kleinen Wert von 0,2 % erreicht.

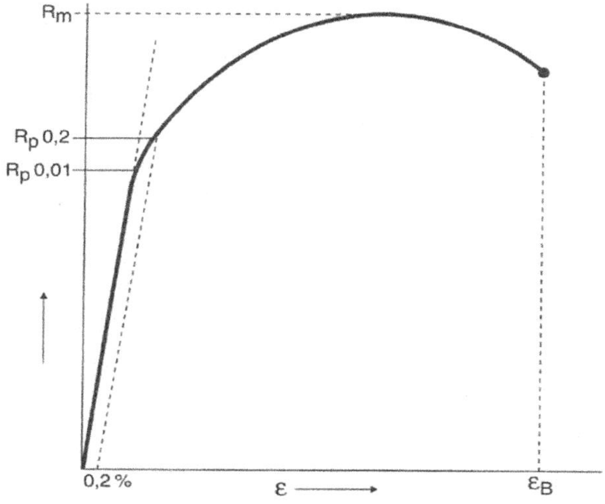

Abb. 12.6: Spannungs-Dehnungs-Diagramm (plastisches Verhalten)

Über die Dehngrenze hinaus muss zur weiteren plastischen Verformung der Zugprobe die Normalkraft stetig erhöht werden. Die beim Erreichen der maximalen Normalkraft F_{max} vorliegende Nennspannung wird als Zugfestigkeit $R_m = F_{max}/S_0$ definiert. Beim Überschreiten der Zugfestigkeit setzt die Einschnürung der Probe ein, bis sie schließlich zu Bruch geht.

Aus dem Spannungs-Dehnungs-Diagramm kann man weitere, das plastische Verhalten der Zugprobe kennzeichnende Festigkeits- und Verformungskennwerte ableiten. Sie sind in Tab. 12.4 zusammengestellt.

Tab. 12.4: Aus dem Spannungs-Dehnungs-Diagramm abgeleitete Festigkeits- und Verformungskennwerte

Dehngrenze	R_p	[%]
Streckgrenze	R_e	[N/mm²]
Zugfestigkeit	R_m	[N/mm²]
Gleichmaßdehnung	A_g	[%]
Bruchdehnung	A	[%]
Brucheinschnürung	Z	[%]

Als Gleichmaßdehnung A_g bezeichnet man die auf die Anfangsmesslänge L_0 bezogene plastische Längenänderung ($L - L_0$) der Zugprobe unter der maximalen Kraft F_{max}:

$$A_g = \frac{L - L_0}{L_0} \cdot 100 \tag{12.9}$$

Die Bruchdehnung A gibt an, wie weit sich die Zugprobe plastisch dehnen lässt, ehe sie zu Bruch geht. Somit charakterisiert die Bruchdehnung die plastische Verformungsfähigkeit eines Werkstoffes. Formelmäßig lässt sie sich als die auf die Anfangsmesslänge L_0 der Zugprobe bezogene bleibende Längenänderung ($L_u - L_0$) nach dem Bruch angeben (L_u ist die Länge der Zugprobe nach dem Bruch):

$$A = \frac{L_u - L_0}{L_0} \cdot 100 \tag{12.10}$$

Die Bruchdehnung setzt sich, da die elastische Dehnung beim Bruch zurückgeht, aus der Gleichmaßdehnung und Brucheinschnürung zusammen.

Die Brucheinschnürung Z ist die größte bleibende Querschnittsänderung nach dem Bruch bezogen auf den Anfangsquerschnitt S_0.

$$Z = \frac{S_0 - S_u}{S_0} \cdot 100 \tag{12.11}$$

Darin bedeutet S_u der Querschnitt der Zugprobe nach dem Zerreißen.

12.3.1 Mechanismus

Das plastische Verhalten metallischer Schichten wird im Wesentlichen durch die Wanderung von Versetzungen, namentlich Stufenversetzungen, innerhalb der Kristallite bestimmt. Stufenversetzungen können sich jedoch nur in bestimmten Netzebenen, nämlich Gleitebenen (GE), und entlang bestimmter kristallographischen Richtungen, nämlich Gleitrichtungen (GR), bewegen. Kennzeichnend für diese ist bekanntlich, dass sie am dichtesten mit Atomen besetzt sind (s. Abschnitt 10.5). Damit kann man phänomenologisch beschreiben, weshalb sich die Versetzungsbewegung in der Gleitebene und entlang der Geleitrichtung vollzieht:

Eine Gleitebene stellt mit ihrer dichtesten Atompackung sozusagen die „glatteste“ Fahrbahn für die Fortbewegungen der Versetzung dar. So ist die Abgleitung in der Gleitebene mit geringstem Reibungswiderstand verbunden.

Ebenso erfordert das Abgleiten der Versetzung entlang einer Gleitrichtung mit ihrer dichtesten Atompackung den kleinsten Energieaufwand.

In Abb. 12.7 ist eine Stufenversetzung in einem Kristall als die Halbebene ABCD dargestellt. Die zur Zeichenebene senkrecht stehende Linie DC ist die Versetzungslinie.

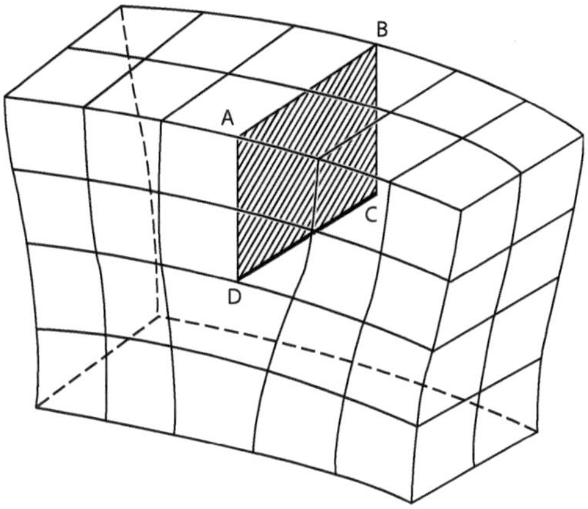

Abb. 12.7: Darstellung einer Stufenversetzung in einem Kristall [12.2]

Die Anwesenheit der Halbebene bewirkt, dass die Gitteratome im oberen Bereich des Kristalls zusammengedruckt im unteren Bereich jedoch auseinander gezogen werden. Die Grenzfläche zwischen diesen beiden deformierten Bereichen ist die Gleitebene. Darin kann sich die Versetzungslinie DC bewegen.

Die schematische Darstellung in Abb. 12.8 soll verdeutlichen, wie sich eine Versetzungslinie unter Einwirkung einer Schubkraft auf den Gleitebene von links nach rechts bewegt und so eine plastische Verformung des Kristalls verursacht.

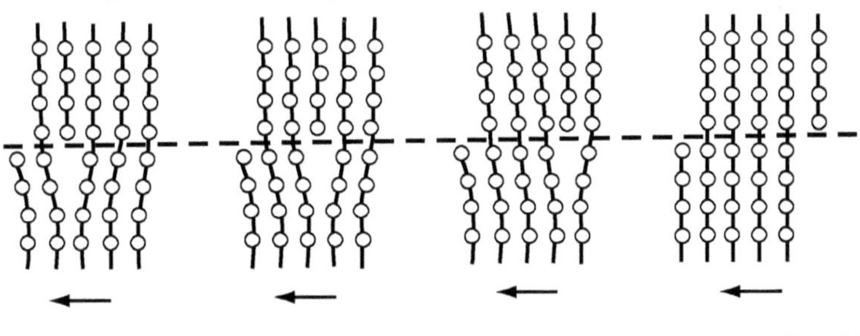

Abb. 12.8: Bewegung einer Stufenversetzung innerhalb eines Kristalls unter Einwirkung einer Schubkraft [12.2]

Die plastische Verformbarkeit metallischer Schichten wird somit von der Anzahl der Gleitebenen und Gleitrichtungen, d. h. von der Anzahl der primären Gleitsysteme in ihren Kristallgittern bestimmt. Ihr Ausmaß hängt davon ab, welches Gleitsystem bevorzugt unter Einwirkung der äußeren Kraft aktiviert wird. Je höher die Anzahl der Gleitsysteme einer metallischen Schicht ist, umso leichter lässt sie sich plastisch verformen, vorausgesetzt die Gleitsysteme behindern sich gegenseitig nicht, kommen sich also nicht sozusagen in die Quere.

In der Praxis beobachtet man, dass sich Schichten mit kubisch-flächenzentrierten Gittern (z. B. Kupfer) am besten plastisch verformen lassen im Vergleich zu denen mit kubisch-raumzentrierten bzw. hexagonalen Gittern (z. B. Chrom und Zink). Der Grund dafür liegt in der Tatsache, dass die zuletzt genannten Schichten über (zu) viele Gleitsysteme verfügen, die sich gegenseitig behindern. Kubisch-raumzentrierte Schichten verfügen nämlich über 48, und hexagonale über 18 Gleitsysteme, während kubisch-flächenzentrierte nur 12 Gleitsysteme besitzen. In jedem Gleitsystem herrscht, wie oben ausgeführt, die maximale Schubspannung. Mit fortschreitender plastischer Verformung werden immer mehr Gleitsysteme aktiv. Kommt es zu einer gegenseitigen Bewegungsbehinderung, dann tritt eine Verfestigung der metallischen Schicht ein (Abb. 12.9).

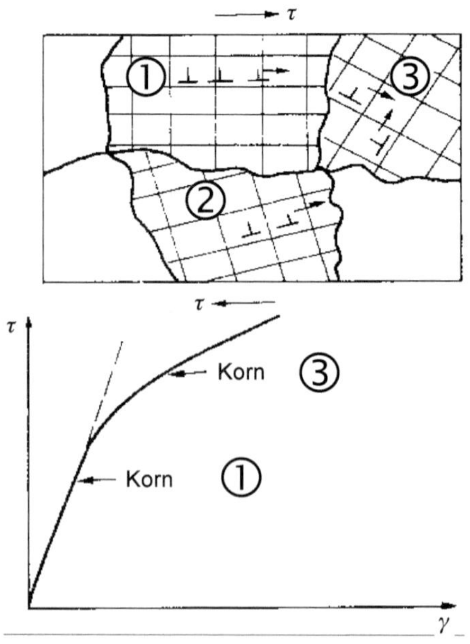

Abb. 12.9: Verfestigung einer metallischen Schicht infolge Blockierung von Versetzungen [12.3]

Diese Darstellung zeigt die Bewegung von Stufenversetzungen (⊥) entlang bestimmter Gleitrichtungen in den Gleitebenen von drei Kristalliten unterschiedlicher Orientierung. Die Verfestigung der metallischen Schicht setzt ein, sobald sich die Versetzungen gegenseitig blockieren (③).

12.3.2 Hall-Petch-Beziehung

Die Spannung σ, die für die plastische Verformung einer reinen polykristallinen Metallschicht erforderlich ist, setzt sich aus zwei Anteilen zusammen, nämlich

- aus der Spannung σ_0, die notwendig ist, um die Versetzungen in den Kristalliten in Bewegung zu setzen, und
- aus einem Term $k^{-1/2}$, der die Behinderung der Versetzungsbewegung durch Korngrenzen beschreibt (k ist eine materialspezifische Konstante).

Dieser als Hall-Petch-Beziehung bekannte Zusammenhang zwischen Korngröße und Festigkeit lautet:

$$\sigma = \sigma_0 + k \cdot d^{-1/2} \tag{12.12}$$

Sie beschreibt den Einfluss der Kristallite (der Korngröße) auf die plastische Verformbarkeit. Demnach ist die Spannung, die für die plastische Verformung einer metallischen Schicht erforderlich ist, umso höher, je feinkörniger das Gefüge der Schicht ist. Anders ausgerückt, eine Schicht mit kleinen Körnern besitzt zwar eine hohe Festigkeit, lässt sich aber umso schwerer plastisch verformen. Ein besseres plastisches Verhalten erhält man also, wenn man von mit Hilfe geeigneter Maßnahmen vornherein grobkörniger Schichten abscheidet, oder feinkörnige Schichten einer Wärmebehandlung unterwirft und somit eine Rekristallisation in ihnen hervorruft (Abb. 12.10).

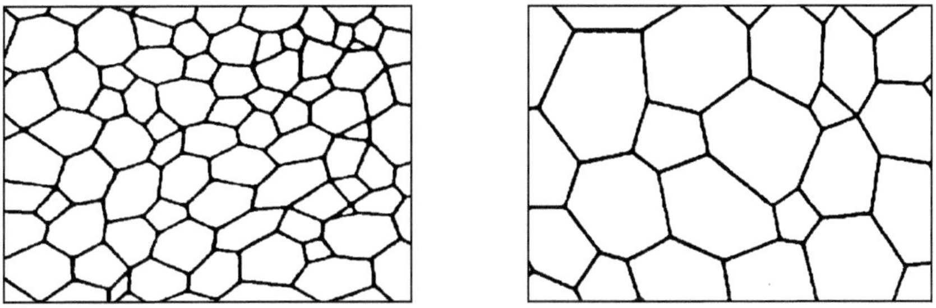

Abb. 12.10: Verbesserung des plastischen Verhaltens durch Überführung des feinkörnigen Gefüges in ein grobkörniges

12.4 Mikrohärte

Als Härte (H) eines Werkstoffes bezeichnet man den Widerstand, den er dem Eindringen eines härteren Körpers entgegensetzt. Diese Definition setzt voraus, dass der Eindringkörper, auch Intender oder Prüfkörper genannt, eine bestimmte geometrische Form besitzt und mit einer definierter Druckkraft für eine bestimmte Zeit in den zu prüfenden Werkstoff eingedruckt wird.

Die Härte einer metallischen Schicht lässt sich als Quotient aus der Druckkraft F und der Fläche A des Eindrucks, der nach der Wegnahme des Eindringkörpers im Werkstoff bleibt, quantitativ bestimmen:

$$H = \frac{F}{A} \tag{12.13}$$

Die Härtemessung wird häufig zur Qualitätskontrolle durchgeführt, da sie oft direkt an der Schicht vorgenommen werden kann. Sie kann auch Aufschluss über den aktuellen Zustand (Verformung, Wärmebehandlung etc.) der Schicht liefern.

Man unterscheidet zwischen Makro- und Mikrohärte.

Von Makrohärte spricht man, wenn der Eindringkörper mit großen Druckkräften[2] in die Probe eingedrückt wird. Kennzeichnend für die Makrohärte ist, dass bei ihrer Bestimmung viele Körner (Kristallite) vom Eindringkörper erfasst werden. Die Makrohärte ist unabhängig von der Höhe der Druckkraft und damit eine Materialkonstante.

Von der Mikrohärte spricht man hingegen, wenn die Härte einzelner Kristallite oder sehr kleine Bereiche der Schicht bestimmt wird. In diesem Fall müssen freilich geringere Prüflasten[3] angewandt werden, damit der Eindruck hinreichend klein ist. Die Ausmessung der Eindruckdiagonalen (< 100 µm) kann in diesem Fall nur mit Hilfe eines Lichtmikroskops erfolgen.

Im Gegensatz zu Makrohärte ist die Mikrohärte von der Prüfkraft abhängig. Der Grund dafür liegt in der Tatsache, dass die plastische Deformation der Schicht von der Zahl der aktiven Kristallflächen und damit von der kristallographischen Orientierung der Kristallite bestimmt wird.

[2] Größenordnung beispielsweise beim VICKERS-Verfahren: 100 bis 200 N

[3] Größenordnung beispielsweise beim VICKERS-Verfahren: 0,05 bis 2 N

Für die Mikrohärte gilt:

$$F = \alpha \cdot d^n \quad (12.14)$$

n ist der so genannte Meyer-Exponent, der eine vom Material abhängige Konstante darstellt. Der Meyer-Exponent kann kleiner, gleich oder größer als 2 sein:

- Ist $n < 2$, dann erreicht man bei Verwendung kleiner Prüflasten kleinere Härtewerte.
- Ist $n = 2$, dann ist die Mikrohärte unabhängig von der Größe der angewandten Prüflast.
- Ist $n > 2$, dann erreicht man bei Verwendung kleiner Prüflasten höhere Härtewerte.

Die letzteren beiden Fällen ($n = 2$, $n < 2$) kommen allerdings selten vor.

12.4.1 Messmethoden

Die wichtigsten Verfahren zur Messung der Mikrohärte metallischer Überzüge sind Vickers, und Knoop. Dementsprechend spricht man von Vickers-Härte (HV), Knoop-Härte (HK). Neuerdings kann man auch die so genannte Martens-Härte (HM) bzw. Eindringhärte (H_{IT}) mittels instrumentierter Eindringprüfung (ITT[4]) bestimmen. Die zuletzt genannte Methode erlaubt, darüber hinaus auch weitere mechanische Kennwerte von Überzügen, wie z. B. den elastischen Eindringmodul E_{IT} und die elastische und plastische Verformungsarbeit zu ermitteln.

Bei allen drei Härteprüfverfahren wird ein Eindringkörper bestimmter geometrischer Form mit einer bestimmten Kraft für eine bestimmte Zeit in die Schicht eingedrückt. Nach der Wegnahme des Eindringkörpers wird am entstehenden Eindruck ein Messwert bestimmt und daraus die Härte des untersuchten Objekts berechnet.

12.4.1.1 Vickers-Verfahren

Die Härte nach Vickers (DIN EN ISO 6507-1 bis 3) wird als Quotient aus Kraft und Fläche (Prüfkraft dividiert durch Eindruckoberfläche) errechnet.

Für die Messung der Härte nach Vickers wird eine quadratische Diamantpyramide mit einem Öffnungswinkel von 136° als Eindringkörper verwendet. Dieser wird unter der Prüflast F stoßfrei in die zu untersuchende Schicht gedrückt und 10 bis 15 Sekunden lang gehalten (Abb. 12.11).

4 Instrumented Indentation Test

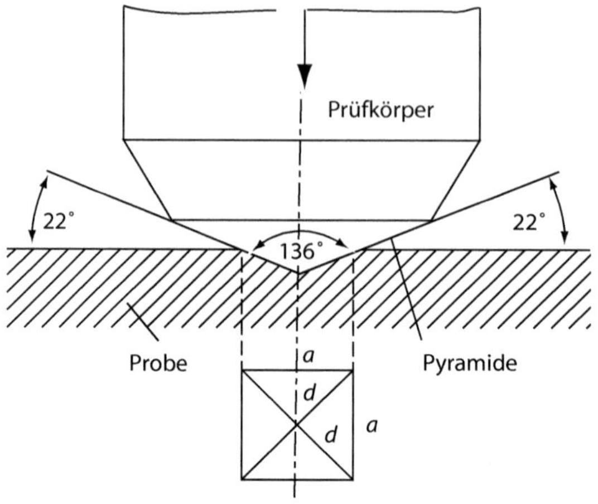

Abb. 12.11: Härtemessung nach VICKERS

Aus der Diagonale *d* in mm, die auf der Mattscheibe der Härteprüfgeräts abgelesen wird, berechnet man die Eindruckoberflächen in mm^2. Dabei bleiben die elastischen Verformungen unberücksichtigt. Aus dem Verhältnis Prüfkraft *F* und Eindruckoberfläche *A* erhält man die VICKERS-Härte.

$$HV = \frac{0{,}102 \cdot F}{A} = \frac{0{,}102 \cdot F}{\dfrac{d^2}{2 \cdot \sin\dfrac{136°}{2}}} = \frac{0{,}102 \cdot F}{\dfrac{d^2}{1{,}854}} = \frac{0{,}102 \cdot 1{,}854 \cdot F}{d^2} = \frac{0{,}189 \cdot F}{d^2} \quad (12.15)$$

Die Diagonale *d* des Härteeindrucks ist um den Faktor 1,41 größer als die Kante *a*. Ihre Messung ist deshalb mit kleineren Fehlern behaftet, d. h. sie lässt sich genauer bestimmen. Hinzukommt, dass manchmal tonnenförmige Eindrücke entstehen, d. h. die Kanten des Härteeindrucks keine Geraden mehr sind, sondern kleine Bögen bilden.

Es wird zwar erwartet, dass durch die Prüfkraft *F* ein der Pyramidenspitze des Diamanten entsprechender quadratischer Eindruck mit zwei gleichen Diagonalen im Prüfstück erzeugt wird. Dies ist jedoch - bedingt durch die Beschaffenheit der Schichtoberfläche - oft nicht der Fall, d. h. $d_1 \neq d_2$. In solchen Fällen wird die Eindruckdiagonale *d* als Mittelwert der beiden Diagonalen d_1 und d_2 gebildet ($d = ½ (d_1 + d_2)$).

Die Charakteristika des VICKERS-Verfahrens sind in Tab. 12.5 zusammengefasst.

Die Vickers-Härte wird als dimensionslose Zahl zusammen mit der Bezeichnung HV angegeben. Ein Beispiel für die vollständige Angabe der Vickers-Härte wäre: 500 HV 25/10.

Tab. 12.5: Charakteristika des VICKERS-Verfahrens (Prüfkraft: 0,102 · *F* in N)

Eindringkörper	Messgröße in mm	Bezeichnung
Diamantpyramide mit quadratischer Grundfläche Flächenwinkel: 136° Längskantenwinkel: 148°	Mittelwert der beiden Eindruckdiagonalen	Zahlenwert, Kraft, Zeit (Zeit wird angegeben, wenn sie von der Norm abweicht.)

Diese Angabe besagt, dass die Mikrohärte nach VICKERS 500 beträgt, die Prüflast *F* = 245 N mit dem Faktor 0,102 multipliziert wurde und die Eindruckdauer 10 Sekunden betrug.

Die Härtemessung nach VICKERS ist fast universell anwendbar und eignet sich für sehr weiche und sehr harte ebenso dünne Schichten. Ein weiterer Vorteil liegt darin, dass man selbst bei kleinen Eindrücken die Diagonalen des Härteeindrucks ziemlich genau ausmessen und den Härtewert relativ exakt bestimmen kann. Hinzukommt, dass die Oberflächenbeschädigung sehr gering ist.

Je nachdem, ob die Mikrohärte auf der Schichtoberfläche oder am Schichtquerschnitt vorgenommen wird, muss man dafür Sorge tragen, dass die Härte des Überzuges gemessen wird und nicht eine Mischhärte aus Schicht und Substrat.

Wird die Messung der VICKERS-Härte auf der Schichtoberfläche vorgenommen, dann muss die angewendete Prüfkraft so dimensioniert sein, dass die Tiefe des Eindrucks kleiner als 1/10 der Schichtdicke ist. Dies bedeutet, dass die Schichtdicke mindestens 1,4mal größer sein muss als die mittlere Länge der Eindruckdiagonale. Ferner müssen die Prüfkräfte so gering sein, dass die Schicht nicht in den Grundwerkstoff eingedrückt wird, was zu einer Verfälschung des Härtewertes führen würde.

Bei der Messung der VICKERS-Härte am Schichtquerschnitt sollte nach ISO 4516 (Erstausgabe 1980) darauf geachtet werden, dass der Abstand jeder Ecke des Eindrucks von der Schichtkante mindestens ½ *d* (Abb. 12.12), und der Abstand der Mittelpunkte zweier Eindrücke mindestens 2,5 *d* beträgt.

Seit 2002 werden diese Werte jedoch als nicht praktikable angesehen. Die Mindestschichtdicke muss nun für harte Schichten 80 µm und für weiche Schichten 100 µm betragen. Der Abstand zweier Eindrücke sollte 5 *d* sein.

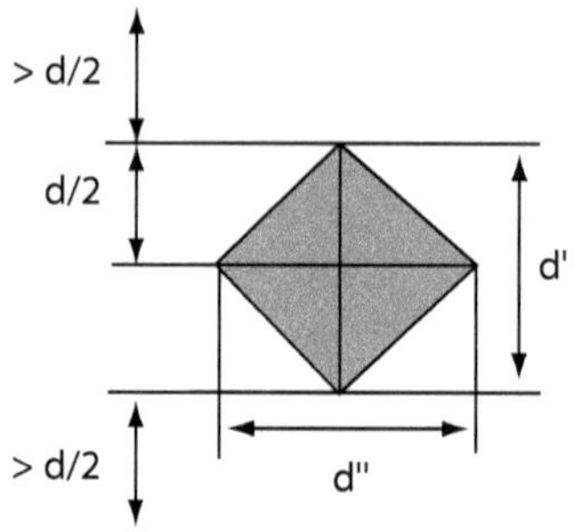

Abb. 12.12: Bedingungen bei der Messung der VICKERS-Härte im Schichtquerschnitt

12.4.1.2 KNOOP-Verfahren

Beim KNOOP-Verfahren, das speziell für metallische Überzüge in DIN EN ISO 4516 beschrieben ist, wird eine Diamantpyramide mit rhombischer Grundfläche und einem Längskantenwinkel von 172,5° bzw. 130° verwendet. Die Diamantpyramide wird unter der Prüfkraft *F* auf die Schichtoberfläche bzw. den Schichtquerschnitt aufgesetzt, wodurch ein typischer Eindruck erzeugt wird. Abb. 12.13 zeigt den Eindringkörper nach KNOOP im Vergleich zu VICKERS.

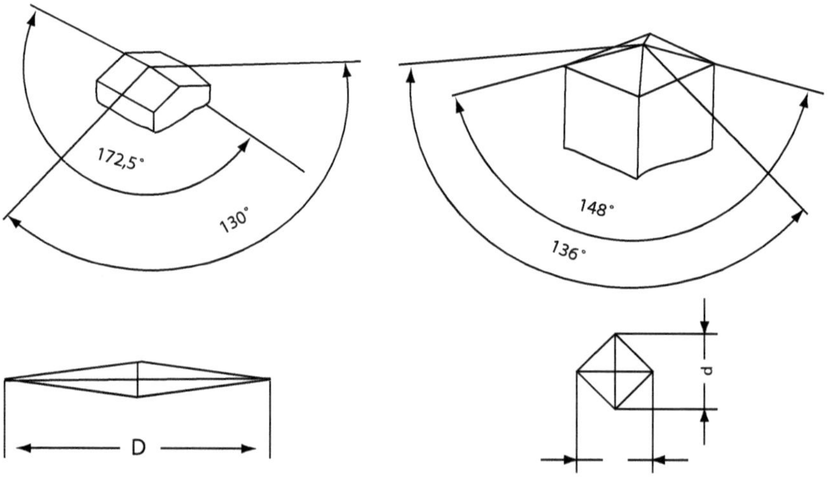

Abb. 12.13: KNOOP-Eindringkörper (links) im Vergleich zum VICKERS-Eindringkörper (rechts)

Bei der Bestimmung der KNOOP-Härte wird nur die längere Diagonale *D* des Eindrucks berücksichtigt.

Die Formel zur Berechnung der KNOOP-Härte lautet:

$$\mathrm{HK} = \frac{0{,}102 \cdot F}{A_p} = 14{,}229 \cdot 10^6 \cdot \frac{0{,}102 \cdot F}{D^2} \tag{12.16}$$

A_p ist die projizierte Fläche des Eindrucks.

Die KNOOP-Härte wird als dimensionslose Zahl angegeben. Eine Angabe wie 500 HK 0,2 bedeutet, dass die KNOOP-Härte 500 beträgt, und die Prüflast F = 1,962 N mit dem Faktor 0,102 multipliziert wurde (entsprechend der Gewichtskraft von 0,2 kg).

Die Mindestdicke der Schicht an der Prüfstelle muss bei einer Messung von der Oberfläche mehr als das 0,35-fache der Diagonale betragen. Bei einer Messung im Querschliff sind in DIN EN ISO 4516 für weiche Schichten (< 300 HK) 40 µm und für harte Schichten 25 µm spezifiziert. Die Prüfkraft und die Belastungsdauer liegen ähnlich wie beim VICKERS-Verfahren.

Dank der besonderen Form des KNOOP-Eindringkörpers ist diese Methode besonders geeignet für die Messung der Mikrohärte am Querschliff dünner Schichten. Ein Nachteil des Verfahrens liegt darin, dass die Spitzen der Eindruckdiagonalen aufgrund des flachen Eindrucks nur schwer erkennbar sind, wodurch sich die Messunsicherheit erhöht. Die schlechte Erkennbarkeit der Diagonalenspitze wiegt somit den Vorteil der speziellen Geometrie des Eindringkörpers auf, so dass vielfach das KNOOP-Verfahren als keine echte Alternative zur VICKERS-Methode angesehen wird.

Die Charakteristika des KNOOP-Verfahrens sind in Tab. 12.6 zusammengefasst.

Tab. 12.6: Charakteristika des KNOOP-Verfahrens (Prüflast: 0,0196–0,981 N)

Eindringkörper	Messgröße in mm	Bezeichnung
Diamantpyramide mit rhombischer Grundfläche Scheitelwinkel: 172,5° Öffnungswinkel: 130°	Länge der längeren Eindruckdiagonale	Zahlenwert, Kraft, Zeit (Zeit wird angegeben, wenn sie von der Norm abweicht.)

Ein Vergleich des KNOOP-Verfahren mit der VICKERS-Methode führt zu folgenden Ergebnissen:

- Die Last zur Bestimmung der Mikrohärte nach beiden Verfahren sollte im Bereich von 0,5 bis 2 N liegen und vorzugsweise 1 N betragen.
- Bei Schichten von über 25 µm Dicke auf Stahl ist die Messung der Mikrohärte nach VICKERS dem KNOOP-Verfahren vorzuziehen.
- Dünnere Schichten sollten vorzugsweise nach KNOOP vermessen werden. Bei gleicher Prüfkraft entsprechen die Werte der KNOOP-Härte innerhalb der Messgenauigkeit denen der VICKERS-Härte.
- Die Mikrohärte von Schichten auf relativ weichen Kunststoffen (ABS, PPO etc.) sollte bei beiden Verfahren an genügend dicken Querschnitten (30 µm) vorgenommen werden.
- Beide Verfahren stoßen bei sehr dünnen Schichten an ihre Grenzen, da durch das Aufbringen geringerer Prüfkräfte kleine Eindrücke entstehen, deren Ausmessung mit großer Unsicherheit einhergeht.

12.4.1.3 Instrumentierte Eindringprüfung

Die instrumentierte Eindringprüfung, die erst seit 2002 international in DIN EN ISO 14577 genormt ist, stellt eine Verlaufsprüfung dar, aus der die MARTENS-Härte (HM) und die Eindringhärte (H_{IT}) nebst anderen Werkstoffkenngrößen rechnergestützt abgeleitet werden können. Die Funktionsweise dieses Verfahrens ist in Abb. 12.14 schematisch dargestellt.

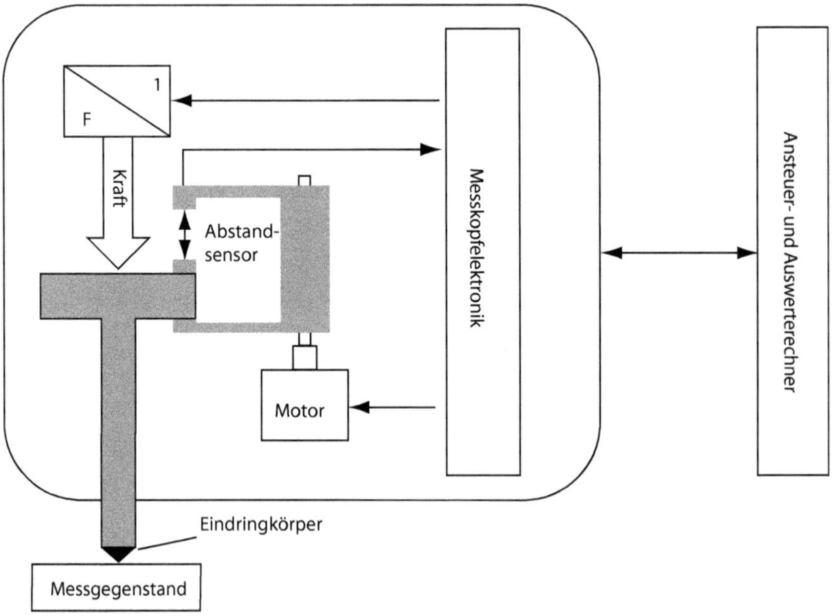

Abb. 12.14: Funktionsweise der instrumentierten Eindringprüfung

Die instrumentierte Eindringprüfung wird üblicherweise mittels einer Diamantpyramide mit quadratischer Grundfläche nach VICKERS oder dreieckiger Grundfläche nach BERKOVICH (Abb. 12.15) als Eindringkörper durchgeführt[5].

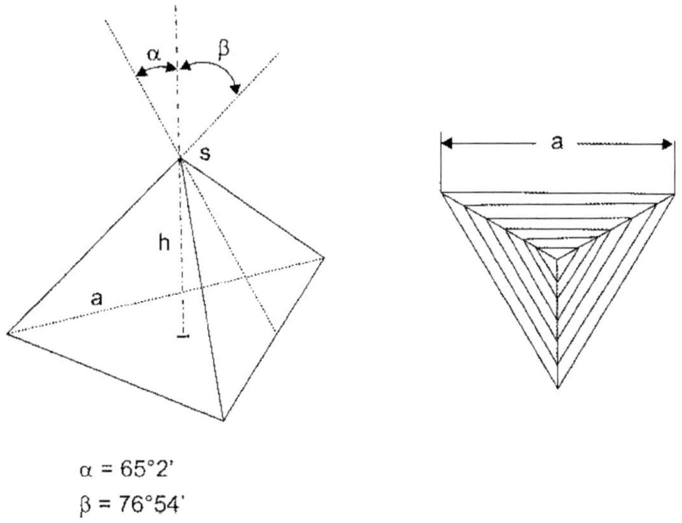

Abb. 12.15: BERKOVICH-Eindringkörper

Der Eindringkörper wird langsam und mit konstanter Geschwindigkeit (max. 2 µm/s) senkrecht auf die Schichtoberfläche oder auf den Schichtquerschnitt abgesenkt.

Sobald die Diamantspitze die Schicht- bzw. Querschnittoberfläche berührt hat und der Nullpunkt bestimmt wurde, wird die Prüfkraft linear in einer definierten Zeit (typisch 20 bis 30 s) erhöht. Nach Erreichen der maximalen Prüfkraft wird sie für eine bestimmte Zeit (typisch 5 bis 30 s) konstant gehalten. Danach wird die Prüfkraft wieder bis auf Null reduziert. Die Kraftrücknahme muss einerseits schnell genug erfolgen, um eine Verfälschung der Entlastungskurve durch Relaxationseffekte zu vermeiden, andererseits müssen genügend Datenpunkte zur Ausrechnung der Eindringhärte und des Eindringmoduls aufgenommen werden.

Abb. 12.16 zeigt eine typische Be- und Entlastungskurve, wie sie bei der instrumentierten Eindringprüfung aufgenommen wird. Darin ist die Prüflast F als Funktion der Eindrucktiefe h dargestellt.

5 Nach DIN EN ISO 14577-1 können bei der instrumentierten Eindringprüfung verschiedene Eindringkörper verwendet werden. Die MARTENS- und Eindringhärte werden mit spitzen Eindringkörpern (VICKERS, BERKOVICH und Würfelecke) bestimmt, der KNOOP-Eindringkörper ist jedoch nicht zulässig.

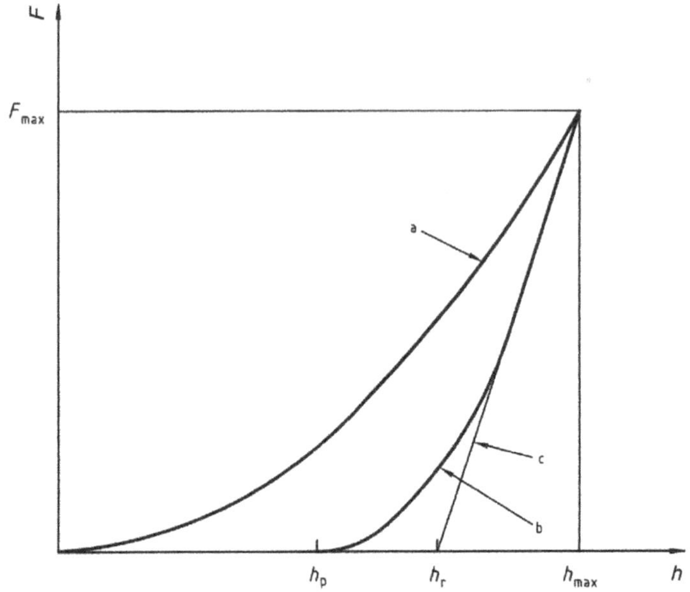

Abb. 12.16: Kraft-Weg-Diagramm der instrumentierten Eindringprüfung
a: Belastung, b: Entlastung, c: Tangente an die Entlastungskurve bei F_{max}

Im Gegensatz zu den Härtprüfverfahren nach VICKERS und KNOOP (Ein-Punkt-Messung!) werden bei der instrumentierten Eindringprüfung kontinuierlich die Prüfkraft und die Eindringtiefe während des gesamten Be- und Entlastungsvorgangs gemessen und aufgezeichnet. Der komplette Zyklus besteht aus drei Phasen: Belasten, Kriechen[6] und Entlasten. Der hier interessierende Vorgang der Be- und Entlastung lässt sich wie folgt beschreiben:

Belastung: Die Prüfkraft wird von minimalem auf maximalem Wert (F_{max}) gesteigert. Dabei nimmt die Steigung der Belastungskurve mit der Eindringtiefe zu, da die Diamantspitze mit einer sich ständig vergrößernden Kontaktfläche in Berührung kommt. In dieser Phase finden sowohl elastische als auch plastische Verformungen in der Schicht statt, die den gesamten Härteeindruck ergeben.

Kriechen: Die maximale Prüfkraft F_{max} wird während einer vorwählbaren Zeitdauer konstant gehalten. Der Diamant dringt zeitabhängig weiter in das Material ein. Dieser Effekt erlaubt Aussagen über das Kriechverhalten der Probe. Die gemessene Eindringtiefenänderung lässt das Kriechen des Materials quantitativ erfassen.

[6] Die maximale Prüfkraft F_{max} wird während einer vorwählbaren Zeitdauer konstant gehalten. Der Diamant dringt zeitabhängig weiter in die Schicht ein. Dieser Effekt erlaubt Aussagen über das Kriechverhalten der Schicht. Die gemessene Änderung der Eindringtiefe lässt das Kriechen der Schicht quantitativ erfassen.

Entlastung: Hier erfolgt die Rücknahme der Prüfkraft. Der Diamant wird durch die elastischen Kräfte aus der Schicht geschoben. Dieser Effekt wird u. a. dazu benutzt, um die elastischen Eigenschaften der Schicht zu bestimmen. Aus der Steigung der sich ergebenden Kurve bei F_{max} kann der „elastische Eindringmodul" E_{IT} berechnet werden. Mit Hilfe der Tangente an der Entlastungskurve kann man ferner auf die Kontakttiefe h_c des plastischen Eindrucks schließen, woraus sich die Eindringtiefe H_{IT} berechnen lässt.

Die instrumentierte Eindringprüfung umfasst drei Arbeitsbereiche, die in Tab. 12.7 aufgeführt sind.

Tab. 12.7: Arbeitsbereiche der instrumentierten Eindringprüfung

	Makrobereich	Mikrobereich	Nanobereich[7]
Prüfkraft F	30 kN - 2 N	< 2 N	
Eindringtiefe h		> 0,2 µm	< 0,2 µm

Die Gemeinsamkeiten und Unterschiede zwischen dem Vickers-, Knoop-Verfahren und der instrumentierten Eindringprüfung sind in Tab. 12.8 in zusammengefasster Form wiedergegeben.

Tab. 12.8: Vergleich der Härteprüfverfahren nach VICKERS und KNOOP mit der instrumentierten Eindringprüfung

Verfahren	Eindringkörper	Auflösung	Information
VICKERS	Diamant quadratische Pyramide	hoch	Mikrohärte (plastische Verformung)
KNOOP	Diamant rhombische Pyramide	hoch	Mikrohärte (plastische Verformung)
Instrumentierte Eindringprüfung	Diamant quadratische oder dreieckige Pyramide	sehr hoch	Mikrohärte (HM, elastische und plastische Verformung), Eindringtiefe (H_{IT}), Eindringmodul (E_{IT}), Kriechverhalten, Verformungsarbeit

[7] Bei Eindringtiefen kleiner als 0,2 µm hängt die mechanische Verformung sehr stark von der realen Geometrie der Eindringkörperspitze ab.

12.4.1.3.1 MARTENS-Härte

Die MARTENS-Härte wird als Quotient aus der maximalen Prüfkraft F_{max} und der Oberfläche $A_s(h)$ des Eindringkörpers berechnet und in N/mm² angegeben:

$$HM = \frac{F}{A_s(h)} = \frac{F_{max}}{k \cdot h_{max}^2} \quad [N/mm^2] \tag{12.17}$$

Mit k = 26,43 für den VICKERS-Eindringkörper und = 26,44 für den BERKOVICH-Eindringkörper.

Den Wert für $A_s(h)$ kann man bei Anwendung des VICKERS-Eindringkörpers aufgrund folgender Beziehung aus der Eindringtiefe h berechnen:

$$A_s(h) = \frac{4 \cdot \sin\frac{\alpha}{2}}{\cos^2\frac{\alpha}{2}} \cdot h^2 \tag{12.18}$$

Wird die Bestimmung der MARTENS-Härte auf der Schichtoberfläche vorgenommen, dann sollte die Schichtdicke mindestens das Zehnfache der Eindringtiefe h betragen[8]. Aufgrund der Mindesteindringtiefe von 0,2 µm im Mikrohärtebereich muss sie also 2 µm betragen. Außerdem muss die Schichtoberfläche so beschaffen sein, dass eine einwandfreie Tiefenmessung möglich ist, d. h. sie muss frei von Oxiden, Fremdstoffen oder sonstigen Verunreinigungen sein.

Die praktische Erfahrung hat gezeigt, dass die auf rauen Oberflächen gemessenen Werte der MARTENS-Härte stark streuen. Darüber hinaus ist die Nullpunktbestimmung zu Beginn jeder Messung ungenau. In solchen Fällen kann man nur mit sehr vielen Messungen einen einigermaßen verlässlichen Mittelwert erhalten. Daher wird in DIN EN ISO 14577-1 die Empfehlung ausgesprochen, dass die Eindringtiefe h mindestens 20 · Ra (Ra arithmetischer Mittenrauwert) betragen soll. Andernfalls wird die Streuung der Messwerte zu groß. Wenn also mit 0,2 µm Eindringtiefe gearbeitet wird, sollte Ra < 10 nm sein.

Starke lokale Oberflächenkrümmungen verzerren sowohl die Eindrücke (wodurch der Eindruckkörper leicht von der Messstelle abrutschen kann) als auch die Kraft-Eindringtiefe-Kurve. Während konvexe Oberflächen bewirken, dass der Härtewert systematisch

[8] Diese als BÜCKLE-Regel bekannte Faustformel steht als Empfehlung in Abschnitt 6.3 der DIN EN ISO 14577-1.

zu hoch gemessen wird, geben konkave Oberflächen Anlass zu niedrigen Messwerten[9] (Abb. 12.17).

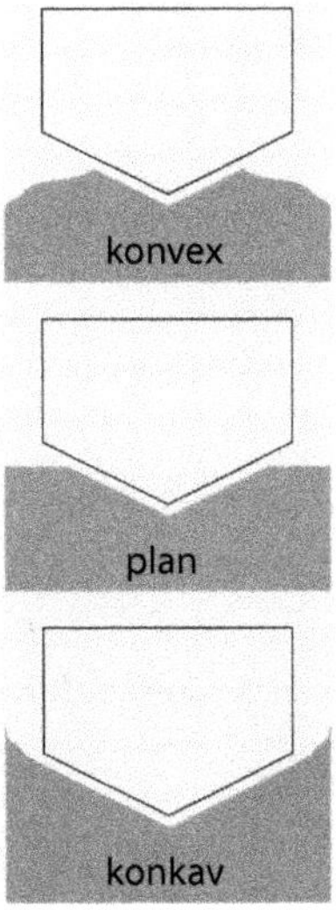

Abb. 12.17: Auswirkungen der Oberflächenkrümmung bei der Bestimmung der MARTENS-Härte

Treten dieser Effekte bei der instrumentierten Eindringprüfung ein, so verursachen sie verzerrte Eindrücke, die oft mit verzerrten Kraft-Eindringtiefe-Kurven einhergehen und ihre genaue Auswertung erschweren.

Wird die Bestimmung der MARTENS-Härte auf dem Schichtquerschliff vorgenommen, so muss die Mindestschichtdicke 8,4 µm betragen, wenn ein VICKERS-Eindringkörper eingesetzt wird. Ferner ist darauf zu achten, dass der Mindestabstand zwischen zwei Eindrücken mindestens das Fünffache des Eindruckdurchmessers beträgt.

Der wesentliche Vorteil der MARTENS-Härte gegenüber der VICKERS- bzw. KNOOP-Härte liegt in der folgenden Tatsache: Bei der Bestimmung der Mikrohärte metallischer Schichten erfährt die Schicht zunächst eine elastische Deformation, die dann in eine bleibende plastische Verformung übergeht. Der plastische Fließvorgang benötigt Zeit und schreitet auch nach Erreichen der Höchstlast noch für eine gewisse Zeit fort. Bei der Bestimmung

[9] Gekrümmte Oberflächen werden in DIN EN ISO 14577-1 zwar nicht explizit behandelt, dafür wird 1° als Limit für den Verkippungswinkel der Oberfläche gegen die Achse des Eindringkörpers angegeben. Eine gekrümmte Oberfläche kann als eine Oberfläche mit kontinuierlich veränderlichem Verkippungswinkel betrachtet werden, woraus man das zulässige Verhältnis aus Krümmungsradius r und Eindringtiefe h abschätzen kann. Für eine VICKERS-Eindringkörper gilt näherungsweise $r \geq 200 \cdot h$. ISO/DIS 14577-4 behandelt die Messung von Beschichtungen und erweitert für diese den zulässigen Verkippungswinkel auf 5°.

der Mikrohärte nach VICKERS bzw. KNOOP wird nur die bleibende plastische Verformung der Schicht in Betracht gezogen. Der elastische Anteil, der insbesondere bei harten Schichtwerkstoffen von Bedeutung ist, bleibt jedoch unberücksichtigt. Bei der Ermittlung der MARTENS-Härte wird hingegen sowohl die elastische als auch die plastische Verformung berücksichtigt.

12.4.1.3.2 Eindringhärte

Die Eindringhärte (sie ist ein Maß für den Widerstand gegenüber einer bleibenden Verformung) wird als Quotient der maximal wirkenden Prüfkraft F_{max} und der projizierten Kontaktfläche A_{p} des Eindringkörpers definiert:

$$H_{\mathrm{IT}} = \frac{F_{\mathrm{max}}}{A_{\mathrm{p}}} \quad [\mathrm{N/mm^2}] \tag{12.19}$$

A_{p} ergibt sich aus $A_{\mathrm{p}} = 24{,}50 \cdot h_{\mathrm{c}}^2$ für den VICKERS-Eindringkörper und $A_{\mathrm{p}} = 23{,}96 \cdot h_{\mathrm{c}}^2$ für BERKOVICH-Eindringkörper. Die Kontakttiefe h_{c} erhält man aus

$$h_{\mathrm{c}} = h_{\mathrm{max}} - 0{,}75\,(h_{\mathrm{max}} - h_{\mathrm{r}})$$

Oft ist es wünschenswert, die gemessenen Werte für die Eindringtiefe in VICKERS-Härte umzurechnen. Die mathematische Beziehung hierfür lautet:

$$\mathrm{HV} = 0{,}0945 \cdot H_{\mathrm{IT}} \quad \text{(für den VICKERS-Eindringkörper)} \tag{12.20a}$$

$$\mathrm{HV} = 0{,}0925 \cdot H_{\mathrm{IT}} \quad \text{(für den BERKOVICH-Eindringkörper)} \tag{12.20b}$$

Wie bei der VICKERS-Härte werden auch bei MARTENS- und Eindringtiefe steigende Härtewerte mit abnehmender Prüfkraft beobachtet. Daher sollten zur besseren Vergleichbarkeit von Härtewerten die Empfehlungen der DIN EN ISO 14577 zur Abstufung der Prüfkräfte eingehalten werden und gleichartige Proben vorzugsweise auch immer unter gleichen Bedingungen vermessen werden.

12.4.1.3.3 Eindringmodul

Der elastische Eindringmodul E_{IT} ist vergleichbar mit dem Elastizitätsmodul (E-Modul) der zu untersuchenden Schicht. Er kann aus dem Anstieg der Tangenten bestimmt werden, die bei F_{max} an die Entlastungskurve angelegt wird. Deutliche Unterschiede zwischen dem elastischen Eindringmodul und dem E-Modul können bei Aufwölbungen und Einsinkungen auftreten. Als Berechnungsgrundlage für den Eindringmodul dient die Gleichung

$$E_{IT} = \frac{1 - \nu_{Probe}^2}{\frac{1}{E_r} - \frac{\nu_{Diamant}^2}{E_{Diamant}}} \quad [N/mm^2] \tag{12.21}$$

Darin bedeuten:

ν_{Probe}	POISSONsche Zahl der Probe
$\nu_{Diamant}$	POISSONsche Zahl des Diamanten (= 0,07)
$E_{Diamant}$	E-Modul des Diamanten (= $1{,}14 \cdot 10^6$ N/mm^2)
$E_r = \frac{\sqrt{\pi}}{2C\sqrt{A_p}}$	Reduzierter Modul [N/mm^2] des Eindruckskontakts ($C = \mathrm{d}h/\mathrm{d}F$ ist die so genannte Kontaktnachgiebigkeit)

12.4.1.3.4 Verformungsarbeit

Die beim Eindringen des Eindringkörpers aufgewendete Arbeit W_{ges} wird gemäß Abb. 12.18 nur teilweise als plastische Verformungsarbeit W_{plast} verbraucht. Der Rest wird bei der Rücknahme der Prüfkraft als elastische Arbeit W_{elast} wieder freigesetzt.

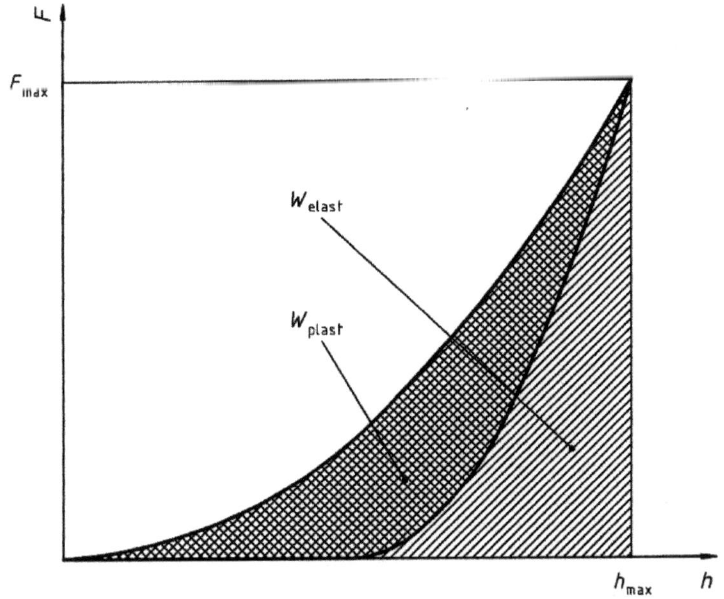

Abb. 12.18: Beim Eindringen des Eindringkörpers aufgewendete Arbeit $W_{ges} = W_{elast} + W_{plast}$

Die Verhältniszahl

$$\eta_{IT} = \frac{W_{elast}}{W_{ges}} \quad [\%] \tag{12.22a}$$

stellt den Anteil der elastischen Verformungsarbeit an der gesamten Verformungsarbeit dar.

Die elastische Verformungsarbeit erhält man durch Integration der Entlastungskurve, die gesamte Verformungsarbeit durch Integration der Belastungskurve. Für η_{IT} ergibt sich somit

$$\eta_{IT} = \frac{\int_{h_{min}}^{h_{max}} F_{Entlastung} \cdot dh}{\int_{h=0}^{h_{max}} F_{Belastung} \cdot dh} \cdot 100 \quad [\%] \tag{12.22b}$$

Der plastische Anteil an der gesamten Verformungsarbeit errechnet sich als $1 - \eta_{IT}$. Üblicherweise besitzen duktile Materialien kleine Werte von η_{IT}.

Literaturverzeichnis

[12.1] *Katzer, F.*: „Werkstofftechnik - Grundwissen für Lehrer“, Volk und Wissen Volkseigener Verlag Berlin 1988

[12.2] *Hull, D.*: „Introduction to Materials Science“, Pergamon Press Oxford 1968

[12.3] *Ashby, M. F. and Jones, D. R. H.*: „Engineering Materials 1“, Pergamon Press Oxford 1980, p. 102

13 Untersuchung des Verschleißverhaltens metallischer Schichten

13.1 Einleitung

Die Tribologie ist ein multidisziplinäres Arbeitsgebiet, das sich im Wesentlichen mit der Wissenschaft und Technik von Festkörperoberflächen befasst, die miteinander in Kontakt und Wechselwirkung stehen und sich gegeneinander bewegen. Sie wird in DIN 50323 wie folgt definiert:

„Tribologie ist die Wissenschaft und Technik von aufeinander wirkenden Oberflächen in Relativbewegung. Sie umfasst das Gesamtgebiet von Reibung und Verschleiß, einschließlich Schmierung, und schließt entsprechende Grenzflächenwechselwirkungen sowohl zwischen Festkörpern als auch zwischen Festkörpern und Flüssigkeiten oder Gasen ein."

Ausführliche Abhandlungen über diese Thematik finden sich u. a. in [13.1-13.7].

Die Anwendung tribologischer Gesetzmäßigkeiten auf die galvanisch oder außenstromlos abgeschiedenen Schichten ist aus wissenschaftlichen und wirtschaftlichen Gründen wichtig.

Die wissenschaftliche Bedeutung liegt darin, dass man dadurch die irreversiblen Vorgänge der Reibung und des Verschleißes systematisch in ihrer Gesamtheit behandeln kann.

Die wirtschaftliche Bedeutung geht aus der Tatsache hervor, dass es erst dadurch möglich wird, eine beachtliche Minderung reibungsbedingter Energieumwandlungen und verschleißbedingter Materialverluste zu erreichen.

13.2 Reibung

Reibung ist der Widerstand, den zwei aufeinander liegende Oberflächen dem Gleiten entgegensetzen. Sie entsteht durch Wechselwirkungen zwischen Atomen und Molekülen der Oberflächen der Reibpartner. Durch Reibung wird die kinetische Energie in andere Energieformen, beispielsweise in Wärme, umgewandelt ((Energieverlust).

Reibung ist keine Werkstoffeigenschaft, sondern die Kenngröße eines Tribosystems. Hierunter ist die Gesamtheit der für Reibung und Verschleiß wichtigen Einflussgrößen zu verstehen, die sich mit der Methodik der Systemanalyse ordnen lassen.

In einem Tribosystem werden bestimmte, für Reibung und Verschleiß relevante Eingangsgrößen in Nutzgrößen transformiert. Das Schema in Abb. 13.1 visualisiert diesen Prozess.

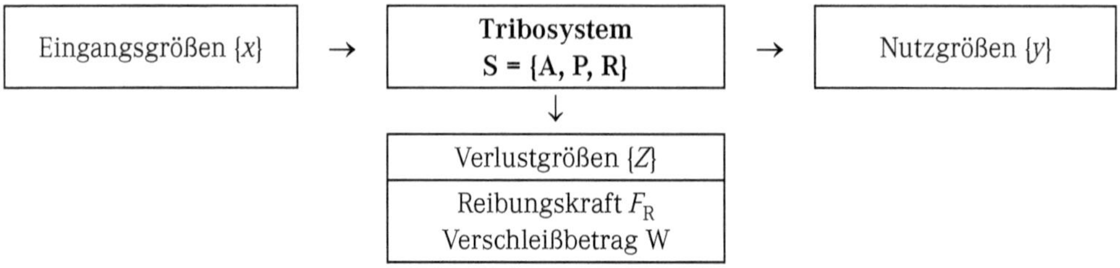

Abb. 13.1: Umwandlung von Eingangsgrößen in Nutzgrößen in einem Tribosystem [13.8]

Die Umwandlung von Eingangsgrößen in Nutzgrößen erfolgt über die Struktur *S* des Tribosystems, die sich formal als S = {A, P, R} darstellen lässt. Darin symbolisieren

A Elemente des Tribosystems (Grundkörper, Gegenkörper, Zwischenstoff und Umgebungsmedium, Abb. 13.2)
P Eigenschaften der Elemente (Stoff- und Formeigenschaften)
R Wechselwirkungen zwischen den Elementen (Reibungszustand und Verschleißmechanismen)

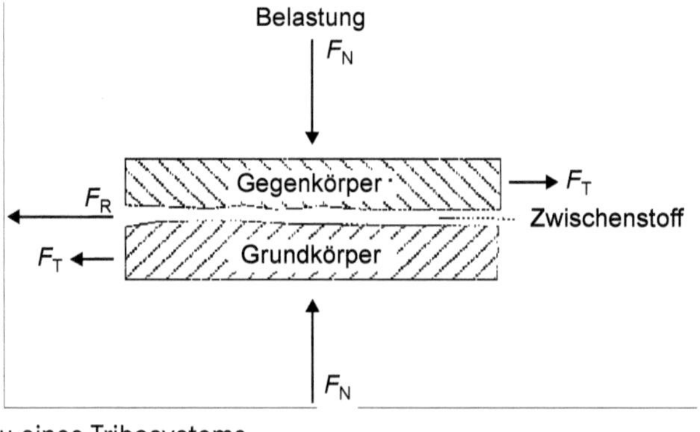

Abb. 13.2: Aufbau eines Tribosystems

Bezüglich der Elemente des Tribosystems (A) sind folgende Einflussgrößen in Betracht zu ziehen:

- Grundkörper: Werkstoff (Schicht), Form, Oberfläche
- Gegenkörper: Werkstoff (Schicht), Form, Oberfläche
- Zwischenstoff: Schmierstoff, Art, Viskosität
- Umgebungsmedium: Atmosphäre (Luft), Schutzgas, Vakuum

Ferner sind folgende Parameter zu berücksichtigen:

- Belastung: Größe, zeitlicher Verlauf
- Art der Bewegung: Gleiten, Rollen, Stoßen
- Temperatur: Höhe, zeitlicher Verlauf

In einem aus zwei Festkörpern (Grundkörper/Gegenkörper: Schicht/Schicht) bestehenden Tribosystem sind in Abhängigkeit vom Bewegungszustand zwischen Ruhereibung und Bewegungsreibung zu unterscheiden:

Ruhereibung (Relativgeschwindigkeit = 0), auch Haftreibung oder statistische Reibung genannt, ist die Reibung, die bei Beginn einer Gleitbewegung als „Schwellenwert" zu überwinden ist.

Bewegungsreibung (Relativgeschwindigkeit ≠ 0), auch als Gleitreibung oder dynamische Reibung bezeichnet, ist die Reibung, die während einer Gleitbewegung als „Durchschnittswert" überwunden werden muss, damit eine bestimmte Gleitgeschwindigkeit beibehalten werden kann.

13.2.1 Reibungszahl

Nach Abb. 13.3 ist eine Kraft, genannt Reibungskraft F_R, notwendig, um die Reibung zwischen dem Grund- und Gegenkörper zu überwinden. Sie ist der von außen wirkenden Tangentialkraft F_T entgegengerichtet. Ihr Betrag wächst proportional zur Normalkraft F_N. Es gilt also

$$F_R \propto F_N = \mu_R \cdot F_N \tag{13.1}$$

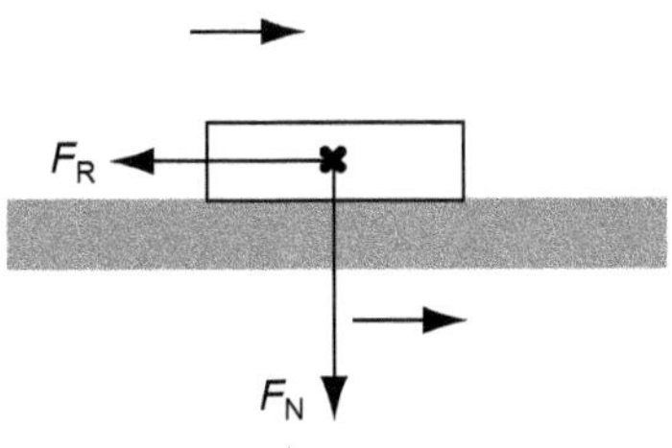

Abb. 13.3: Wirksame Kräfte zwischen zwei in Kontakt befindlichen Festkörpern

Der Proportionalitätsfaktor μ_R wird als Reibungszahl[1] bezeichnet. Sie ist das Verhältnis aus Reibungskraft F_R und der senkrecht zur Reibungsfläche wirkenden Normalkraft F_N (Anpresskraft, Drucklast) und somit eine dimensionslose Größe.

[1] Andere geläufige Bezeichnungen sind: Reibzahl, Reibbeiwert, Reibungskoeffizient

Die einfache Beziehung $\mu_R = F_R/F_N$ darf jedoch nicht darüber hinweg täuschen, dass Reibung als Systemeigenschaft nicht nur von der Normalkraft, sondern auch von dem Gegenpartner, der Gleitgeschwindigkeit, dem Laufweg, der Oberflächenrauheit, dem Schmiermittel und anderen Faktoren abhängt. So ist es nicht verwunderlich, dass die in der Literatur angegebenen Reibungszahlen oft widersprüchlich sind.

Der Wert von μ_R lässt sich bei Festkörpern theoretisch und annäherungsweise abschätzen. Hiezu muss man sich die Ursache der Reibung vor Augen führen. Sie rührt daher, dass sich die beiden Kontaktpartner (Grundkörper/Gegenkörper: Schicht/Schicht) nur in Mikrokontaktbereichen berühren. Die Summe der Mikrokontaktbereiche ergibt die wahre Kontaktfläche A, deren Größe nur einen Bruchteil der geometrischen Kontaktfläche ausmacht. In den Mikrokontaktbereichen können atomare Bindungen zur Adhäsion bzw. Bildung von Mikroverschweißungen führen, die während einer Tangentialbewegung plastisch verformt und abgeschert werden. Dementsprechend bezeichnet man die zum Überwinden der Mikroverschweißungen notwendige und in Wärme (Reibungswärme) umgewandelte Energie als Reibungsarbeit. Die unbekannte wahre Kontaktfläche lässt sind nun wie folgt abschätzen:

$$A = F_N / \sigma_B \tag{13.2}$$

Darin symbolisiert σ_B die Zugfestigkeit.

Die Reibungskraft entsteht dadurch, dass die plastisch verformten Rauheitsspitzen des weicheren Kontaktpartners abgeschert werden. Das heißt, die Reibungskraft ergibt sich als Produkt der wahren Kontaktfläche und der Scherfestigkeit τ_B des weicheren Kontaktpartners.

$$F_R = A \cdot \tau_B \tag{13.3}$$

Aus (13.2) und (13.3) ergibt sich

$$F_R = \frac{F_N \cdot \tau_B}{\sigma_B} \tag{13.4}$$

Aufgrund der Proportionalität der Scherfestigkeit und der Zugfestigkeit $\tau_B \approx 0{,}5 \cdot \sigma_B$ (s. Abschnitt 12.2.2.1) und unter Berücksichtigung der Definition der Reibungszahl (13.1) erhält man

$$\mu_R = \frac{\tau_B}{\sigma_B} \approx \frac{0{,}5 \cdot \sigma_B}{\sigma_B} \approx 0{,}5 \tag{13.5}$$

13.2.2 Reibungszustände

Je nach Natur und Dicke des Zwischenstoffs zwischen den Reibungspartner (Schicht/Schicht) können unterschiedliche Reibungszustände, wie Festkörperreibung, Flüssigkeitsreibung, Grenzreibung, Mischreibung und Gasreibung zwischen den beiden Kontaktpartnern auftreten.

13.2.2.1 Festkörperreibung

Festkörperreibung liegt vor, wenn die Reibpartner unmittelbar miteinander in Kontakt stehen und ihre Oberflächen sich berühren. Dadurch werden die Oberflächenerhöhungen durch Abrieb oder Verschleiß eingeebnet. Sie tritt beispielsweise auf, wenn kein Schmierstoff verwendet wird, oder die Schmierung versagt. Bei ungünstiger Werkstoffpaarung und großer Flächenpressung verschweißen die Oberflächen miteinander (Fressen).

13.2.2.2 Flüssigkeitsreibung

Flüssigkeitsreibung herrscht, wenn sich zwischen den Gleitflächen ein permanenter Schmierfilm befindet, der sie vollständig voneinander trennt. Die entstehende geringe Reibung beruht darauf, dass die Schmierstoffmoleküle aufeinander gleiten. Für einen verschleißfreien Betrieb ist es wesentlich, dass die Betriebsbedingungen Flüssigkeitsreibung ermöglichen. Beim Anfahren oder Auslaufen lassen sich aber im Allgemeinen Grenz- und Mischreibung nicht vermeiden, wobei ein gewisser Verschleiß stattfindet.

13.2.2.3 Grenzreibung

Grenzreibung tritt auf, wenn die Oberflächen der Reibpartner mit adsorbierten Schmierstoffmolekülen bedeckt sind. Sie stellt einen Sonderfall der Festkörperreibung dar und liegt vor, wenn die Reibung durch die Eigenschaften der Oberflächenbereiche und des Schmierstoffes bestimmt wird.

13.2.2.4 Mischreibung

Mischreibung herrscht, wenn sich Festkörperreibung und Grenzreibung bzw. Flüssigkeitsreibung und Gasreibung überlagern, so dass die Belastung partiell von Festkörperkontakten und von einem tragenden Film aufgenommen wird. Mischreibung kann bei unzureichender Schmierung oder zu Beginn der Bewegung zweier Reibpartner mit Schmierung auftreten. Dabei berühren sich die Gleitflächen punktuell. Reibung und Verschleiß sind in diesem Fall geringer als bei der Festkörperreibung.

13.2.2.5 Gasreibung

Gasreibung liegt vor, wenn Reibung in einem, die Reibpartner lückenlos trennenden gasförmigem Film stattfindet. Dieser kann durch aerostatische[2] oder aerodynamische[3] Schmierung erzeugt werden kann.

13.2.2.6 Stribeck-Kurve

Die Reibungszustände bei Gleitreibung zwischen zwei Festkörpern werden durch die Stribeck-Kurve (Abb. 13.4a) beschrieben. Sie kennzeichnet den Verlauf der Reibungszahl ölgeschmierter Tribosysteme als Funktion einer Parameter-Kombination, die im Wesentlichen durch die Viskosität des Schmieröls, die Geschwindigkeit und die Belastung (Normalkraft) gegeben ist.

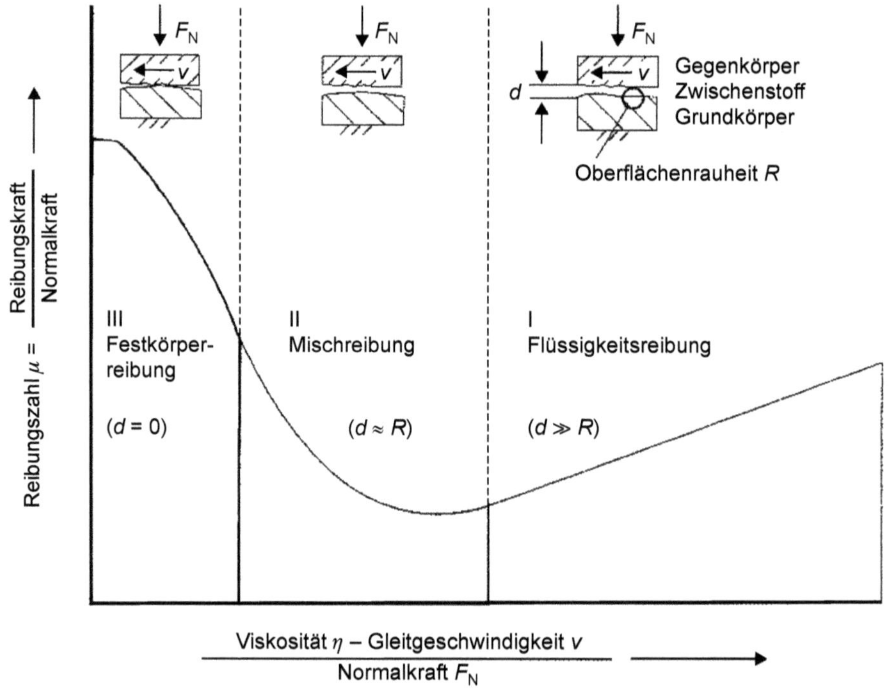

Abb. 13.4a: Verlauf der Reibungszahl ölgeschmierter Reibpartner als Funktion der Parameter-Kombination Viskosität η, Gleitgeschwindigkeit v und Normalkraft F_R [13.8]

[2] Trennung von Kontaktpartnern durch einen Luft- bzw. Gasfilm, der durch einen von außen aufgebrachten Luft- bzw. Gasdruck erzeugt wird.

[3] Trennung von Kontaktpartnern durch einen Luft- bzw. Gasfilm, der durch ihre Relativbewegung erzeugt wird.

Die bei Flüssigkeits-, Misch- und Festkörperreibung vorherrschenden Verhältnisse sind in Abb. 13.4b schematisch dargestellt:

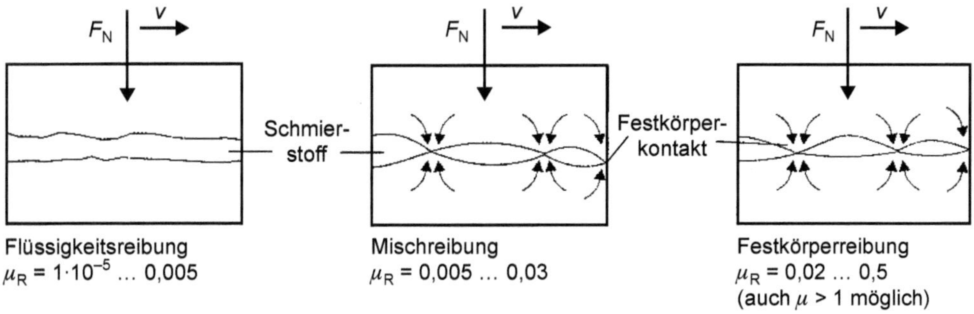

Abb. 13.4b: Schematische Darstellung verschiedener Reibungszustände und die damit verbundenen Reibungszahlen [13.9]

Ist die Summe der Rautiefen von Grund- und Gegenkörper kleiner als die Schmierfilmdicke, so herrscht Flüssigkeitsreibung vor. Dieser Reibungszustand kann nur erreicht werden, wenn die Parameter-Kombination hinreichend hohe Werte annimmt. Außerdem muss die konstruktive Gestaltung des Tribosystems die Bildung eines sich in Strömungsrichtung verengenden Spalts zulassen, damit sich im Schmierfilm ein Druck aufbauen kann, der der von außen aufgebrachten Kraft entgegenwirkt.

Verringert sich mit abnehmender Gleitgeschwindigkeit oder zunehmender Belastung die Dicke des Schmierfilms so weit, dass sie die Gesamtrautiefe von Grund- und Gegenkörper erreicht, dann wird die Belastung nur noch teilweise vom Schmierfilm aufgenommen; ein anderer Teil wird durch unmittelbaren Kontakt der Rauheitshügel übertragen. Neben der Flüssigkeitsreibung findet nun auch Festkörper- bzw. Grenzreibung statt. Es liegt Mischreibung vor.

Verschwindet mit weiter abnehmender Geschwindigkeit oder zunehmender Belastung der Anteil der Flüssigkeitsreibung, so herrscht Festkörper- bzw. Grenzreibung vor.

Anhaltswerte für die Reibungszahl enthält Tab. 13.1.

Tab. 13.1: Anhaltswerte für die Reibungszahl bei unterschiedlichen Reibungszuständen [13.8]

Gleitreibung	Reibungszahl
Festkörperreibung	
▶ Metall/Metall	0,30-1,5
▶ Keramik/Keramik	0,20-1,5
▶ Kunststoff/Metall	0,05-1,5
Flüssigreibung	~ 0,01
Grenzreibung	0,10-0.1
Gasreibung	~ 0,0001

13.2.3 Maßnahmen zur Reibungsverminderung

Zur Verminderung der Reibung und damit auch des Verschleißes bedient man sich eines Schmierstoffes als Zwischenstoff, mit dessen Hilfe die Kontaktflächen der Reibpartner voneinander getrennt werden. Dabei unterscheidet man neben der bereits erwähnten aerostatischen und aerodynamischen Schmierung noch zwischen hydrostatischer[4] und hydrodynamischer[5] Schmierung. Der Vorteil der hydrostatischen Gegenüber der hydrodynamischen Schmierung liegt vor allem darin, dass auch bei kleinen Geschwindigkeiten wie beim Anfahren und Auslaufen von hoch belasteten Reibpartnern Mischreibung oder Grenzreibung vermieden wird.

Eine Verminderung der Festkörperreibung ist auch durch folgende Maßnahmen [13.8] möglich:

1. Einschränkung der Bildung atomarer Bindungen zwischen den Reibpartnern
2. Beschränkung der plastischen Verformung auf die äußersten Oberflächenbereiche

Bei metallischen Werkstoffen kann die Bildung von atomaren Bindungen zwischen den Reibpartnern durch Adsorptions- und Reaktionsschichten auf der Oberfläche eingeschränkt werden. Beim Fehlen dieser Schichten oder ihrem Durchbrechen können metallische Reibpartner verschweißen, so dass die Reibungszahl extrem hohe Werte annimmt.

[4] Trennung von Kontaktpartnern durch einen flüssigen Schmierfilm, der durch einen von außen aufgebrachten Druck erzeugt wird.

[5] Trennung von Kontaktpartnern durch einen flüssigen Schmierfilm, der durch die Relativbewegung erzeugt wird. Sie ermöglicht vor allem bei ölgeschmierten Reibpartnern einen reibungsarmen und weitgehend verschleißfreien Betrieb.

Die Beschränkung der plastischen Verformung kann durch Metallschichten mit hexagonal dichtester Packung (Idealwert des Achsenverhältnisses: c/a = 1,633, s. Abschnitt 10.3.2.2) erreicht werden, weil diese Schichten für eine plastische Verformung nur drei Basisgleitsysteme zur Verfügung haben.

13.3 Verschleiß

DIN 50320 definiert den Begriff Verschleiß wie folgt:

„Verschleiß ist der fortschreitende Materialverlust aus der Oberfläche eines festen Körpers (Grundkörper), hervorgerufen durch mechanische Ursachen, d. h. Kontakt- und Relativbewegung eines festen, flüssigen oder gasförmigen Gegenkörpers."

Diese Definition impliziert die Tatsache, dass Verschleiß immer eine Systemeigenschaft ist und nicht eine Eigenschaft der beteiligten Reibpartner.

Verschleiß ist einer der Hauptgründe für Bauteilbeschädigung und den damit verbundenen Ausfall von Maschinen und Geräten (Materialverlust). Beim Verschleißvorgang werden von der Bauteiloberfläche infolge mechanischer Ursachen, wie beispielsweise Reibung, kleine Teilchen herausgebrochen, wodurch sie sich verändert und das Versagen des Bauteils verursacht. Die Verringerung von Verschleiß ist daher eine wesentliche Möglichkeit, die Lebensdauer von Maschinen und Geräten zu erhöhen und damit Kosten und Rohstoffe einzusparen.

Verschleißfestigkeit, auch Verschleißbeständigkeit genannt, ist der Widerstand, den die auf einem Bauteil aufgebrachte Schicht einer Verschleißbeanspruchung welcher Art auch immer entgegensetzt. Sie ist keine Werkstoffkenngröße, sondern eine Systemeigenschaft und wird von vielen Parametern bestimmt. Der Konstrukteur von verschleißbeanspruchten Maschinenelementen oder Bauteilen kann daher nicht auf Analogien zu den herkömmlichen volumenbezogenen Festigkeitsdaten zurückgreifen. Vielmehr muss er die besondere Komplexität der grenzflächenmechanischen Verschleißvorgänge in Betracht ziehen. Schließlich haben Versuche zu einer einheitlichen Behandlung von Reibungs- und Verschleißproblemen zu der Erkenntnis geführt, dass tribologische Probleme nur in einer Systembetrachtung mit einer interdisziplinären Konzeption zu lösen sind.

13.3.1 Verschleißbetrag

Unter Verschleißbetrag[6] W wird allgemein eine zahlenmäßige Angabe über die direkte oder indirekte Änderung der Masse oder der Gestalt eines verschleißenden Festkörpers verstanden. Er bezieht sich auf die Menge der während des Verschleißvorgangs von der Festkörperoberfläche abgelösten Verschleißprodukte[7] oder die durch den Verschleißvorgang bewirkte Gestaltänderung. Der Reziprokwert des Verschleißbetrages wird Verschleißwiderstand genannt. Bezieht man den Verschleißbetrag eines Werkstoffes auf den eines Referenzwerkstoffs, so spricht man von relativem Verschleißbetrag; sein reziproker Wert ist dann der relative Verschleißwiderstand.

13.3.1.1 Verschleiß-Messgrößen

Als Verschleiß-Messgrößen bezeichnet man jene Messgrößen, die den Verschleißbetrag quantitativ kennzeichnen. Die wichtigsten Verschleiß-Messgrößen sind in der DIN 50321 genormt. Zu den so genannten direkten Verschleiß-Messgrößen gehören:

- Linearer Verschleißbetrag W_L
- Planimetrischer Verschleißbetrag W_Q
- Volumetrischer Verschleißbetrag W_V
- Massenmäßiger Verschleißbetrag W_M

Bezieht man die genannten Verschleiß-Messgrößen auf Zeit, so spricht man vom Verschleißraten W_L/t, W_Q/t, W_V/t und W_M/t. Werden die Verschleiß-Messgrößen hingegen auf den Verschleißweg s bezogen, also W_L/s, W_Q/s, W_V/s und W_M/s, dann spricht man von Verschleißintensitäten.

Aus den Verschleißbeträgen W_L, W_Q, W_V und W_M lassen sich die so genannten K-Werte berechnen. Für W_V gilt beispielsweise:

$$K = \frac{W_V}{F_N \cdot s} \tag{13.6}$$

[6] Im allgemeinen Sprachgebrauch werden Verschleiß und Verschleißbetrag oft als Synonyme verwendet. Wegen der Mehrdeutigkeit dieses Begriffes ist es daher sinnvoll zwischen Verschleiß (als Vorgang) und Verschleißbetrag (als Ergebnis) zu unterscheiden.

[7] Im Unterschied zu diesem so genannten „Netto"-Verschleißbetrag ist der „Brutto"-Verschleißbetrag derjenige Verschleißbetrag, der sich auf die Summe des „Netto"-Verschleißbetrags und des noch unverschliessenen, aber unbrauchbar gewordenen Restes des Bauteiles bezieht.

Durch diese Normierung wird der jeweilige *K*-Wert quasi eine Materialkonstante. Streng genommen ist der *K*-Wert nur für rein abrasiven Verschleiß konstant.

Vielfach wird in der Literatur auch der so genannte *Z*-Wert angegeben. Er ist wie folgt definiert:

$$Z = 2 \cdot 10^5 \cdot K \cdot \mathrm{HV} \tag{13.7}$$

HV bedeutet in dieser Beziehung die VICKERS-Härte des weicheren der beiden Kontaktpartner.

13.3.2 Verschleißmechanismen

Verschleiß wird hauptsächlich durch vier unterschiedliche Mechanismen verursacht, die in DIN 50320 (Verschleiß-Begriffe) beschreiben werden und in Abb. 13.5 in schematischer Darstellung zu sehen.

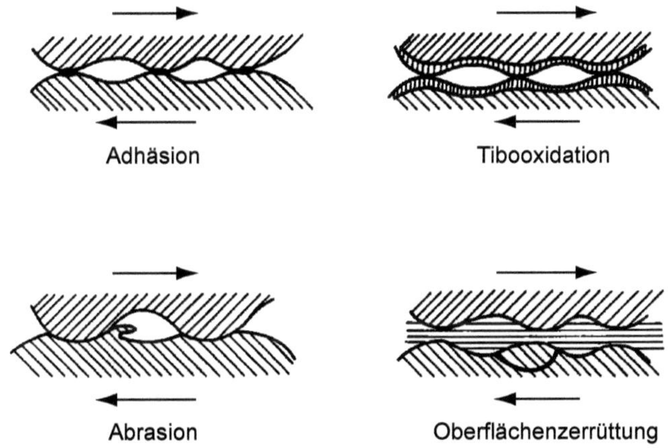

Abb. 13.5: Die Grundmechanismen des Verschleißes [13.10]

Neben diesen Verschleißmechanismen gibt es auch einige Sonderformen des Verschleißes, beispielsweise die Erosion, die jedoch auch durch die vier Verschleißmechanismen beschrieben werden können.

Es kommt selten vor, dass nur ein einziger Mechanismus den Verschleiß verursacht. In der Regel überlagern sich die vier Verschleißmechanismen auch dann, wenn ein Mechanismus dominiert. Es ist also davon auszugehen, dass alle Verschleißvorgänge stets als irgendwie gewichtete Summe der vier Grundmechanismen zu verstehen sind.

Die Bestimmung der individuellen Verschleißarten am gesamten Verschleißschaden gestaltet sich schwierig. Oft ist es nur möglich, nur Aussagen über das geprüfte Tribosystem zu machen, welches vorrangig durch Materialpaarung und Anordnung der Reibpartner gekennzeichnet ist. Von diesen Parametern hängt ab, wie der Anteil der unterschiedlichen Verschleißmechanismen an dem Prozess ist. Hinzu kommt, dass sich während des Verschleißprozesses die Verschleißmechanismen ändern können, z. B. durch Bildung von abrasive Partikeln als Folge von Oberflächenzerrüttung und Tribooxidation.

Die durch die vier Grundmechanismen verursachten Verschleißarten sind:

- Adhäsionsverschleiß (adhäsiver Verschleiß, Haftverschleiß)
- Abrasionsverschleiß (abrasiver Verschleiß, Furchungsverschleiß)
- Reaktionsschichtverschleiß (Korrosivverschleiß)
- Zerrüttungsverschleiß (Wälzverschleiß)

13.3.2.1 Adhäsion

Unter Adhäsion versteht man im Zusammenhang mit Verschleißvorgängen die Bildung von atomaren Bindungen (Mikroverschweißungen) zwischen dem Grund- und Gegenkörper unter entsprechend hohem Kontaktdruck. Diese werden während einer tangentialen Bewegung abgeschert. Sind die Adhäsionskräfte stärker als die Kohäsionskräfte (Zugfestigkeit) des einen Reibpartners, dann werden Partikel aus dem kohäsiv schwächeren Schichtwerkstoffs herausgerissen. Als Folge davon entstehen Löcher, und es kommt zum Materialübertrag auf den Gegenkörper.

Die REM-Aufnahme in Abb. 13.6 zeigt den durch adhäsiven Verschleiß verursachten großflächigen Materialabtrag.

Adhäsiver Verschleiß (Abb. 13.5) erfolgt vor allem bei den Bedingungen der Festkörperreibung, er kann aber auch bei Mischreibung oder bei Reibung in Gegenwart von Schmierfilmen auftreten. Bei den letztgenannten Fällen muss die angewendete Kraft so groß sein, dass der Schmierfilm durchbrochen und der Kontakt der beiden Werkstoffe ermöglicht wird. Die Kraftabhängigkeit des Verschleißes ist in Abb. 13.7 schematisch wiedergegeben.

Der adhäsive Verschleiß führt oft zum Versagen von bewegten Maschinenteilen durch „Festfressen“, weshalb er in der Praxis sehr gefürchtet ist.

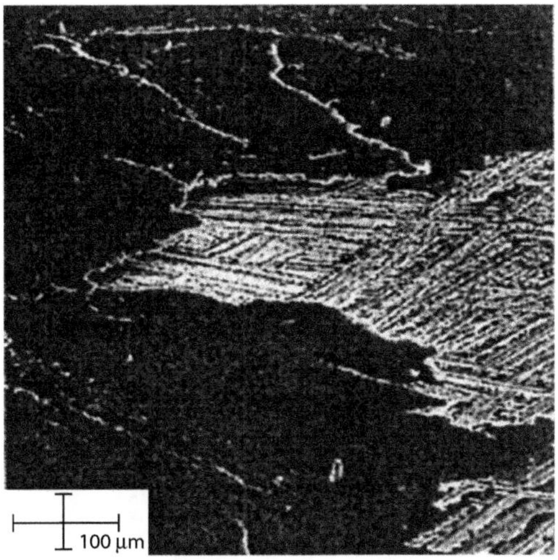

Abb. 13.6: Großflächiger Materialabtrag durch adhäsiven Verschleiß (Gegenkörper: Fe-Stift) (Fe/Mg, $F = 5\ N/cm^2$, $v = 1\ m/s$, $w > 10\ km$, $2 \cdot 10^{-7}$ Torr) [13.11]

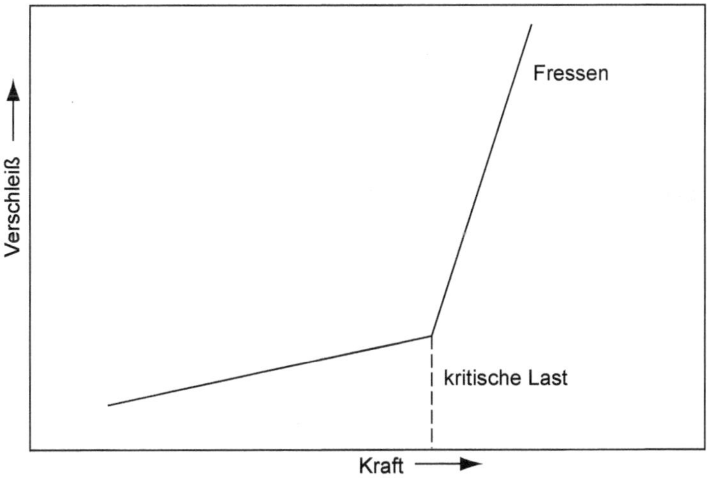

Abb. 13.7: Abhängigkeit des adhäsiven Verschleißes von der Kraft bei Mischreibung

Wenn die Flächenpressungen nicht zu groß sind, ist das Volumen (V) des adhäsiven Verschleißes proportional der aufgebrachten Last (F_N), des Gleitwegs (s) und umgekehrt proportional der Härte (HV) des weicheren Reibpartners:

$$V = k \cdot \frac{F_N \cdot s}{HV} \tag{13.8}$$

k ist der dimensionslose Verschleißkoeffizient, der von der Werkstoffpaarung (Schicht/Schicht) abhängt.

Bei der Wahl von Werkstoffen oder Beschichtungen, die adhäsivem Verschleiß ausgesetzt sind, ist darauf zu achten, dass metallische Paarungen nicht aus kubisch-flächenzentrierten, sondern aus kubisch-raumzentrierten oder hexagonalen Metallen gebildet werden.

13.3.2.2 Abrasion

Unter Abrasion ist das Herausbrechen von Teilchen oder Kristalliten aus der Werkstoffoberfläche zu verstehen, das durch Wirkung harter Partikel hervorgerufen wird.

Kennzeichnend für den abrasiven Verschleiß (Abb. 13.5) sind Mikrozerspannungsprozesse, bei denen die Oberfläche des Grundkörpers durch den härteren Gegenkörper penetriert oder durch abrasive Partikel in charakteristischer Weise beschädigt wird. Dringen harte Teilchen, z. B. Schleifmittelkörner oder Rauheitsspitzen eines der Reibpartner in die Oberfläche des anderen ein, dann entstehen in dieser Furchen, Kratzer und Mulden.

Die REM-Aufnahme in Abb. 13.8 zeigt eine durch abrasiven Verschleiß stark zerfurchte Oberfläche.

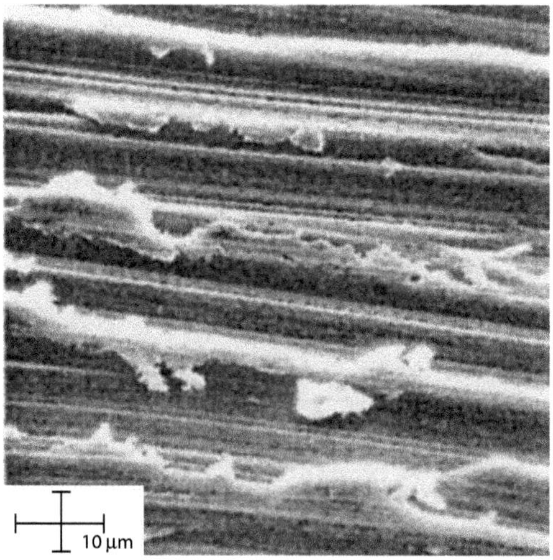

Abb. 13.8: Zerfurchte Oberfläche durch abrasiven Verschleiß (Grundkörper: Al-Scheibe) (Fe/Al, F = 2,3 N/cm^2, v = 1 m/s, w > 10 km, 5 · 10^{-6} Torr) [13.11]

Der abrasive Verschleiß einer Schicht wird hauptsächlich von dem Verhältnis der Härte des angreifenden Materials zu der Härte des Schichtwerkstoffs bestimmt. Ist die Härte der Abrasivstoffe geringer als die der Schicht, kann keine Ritzung oder Mikrozerspannung der Schicht erfolgen, der Verschleiß bleibt gering. Größerer abrasiver Verschleiß erfolgt erst dann, wenn die Härte des Gegenkörpers die Härte der Schicht übersteigt. Der abrasive Verschleiß zeigt daher eine typische Tieflage/Hochlage-Charakteristik, die von der Härte des Abrasivstoffes abhängt (Abb. 13.9).

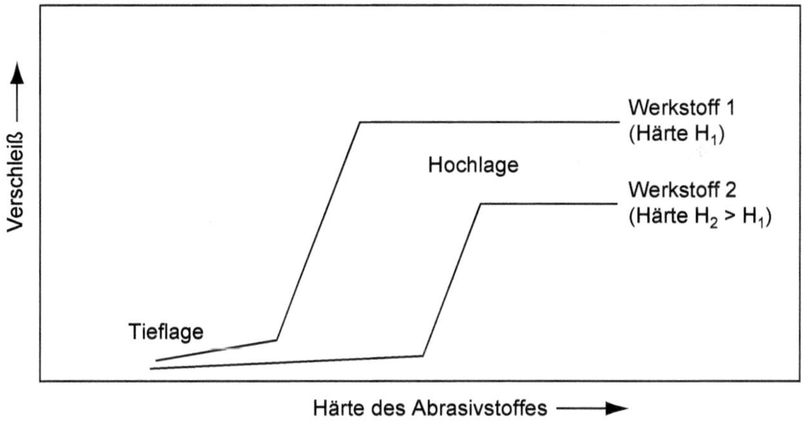

Abb. 13.9: Tieflage/Hochlage-Charakteristik des abrasiven Verschleißes

Der Verschleißwiderstand (reziproker Verschleißbetrag) einer Schicht gegen abrasive Beanspruchung ist im Allgemeinen erst gegeben, wenn die Werte der Schichthärte mindestens die Hälfte der Härte des Abrasivstoffes erreichen.

Das Verschleißvolumen (V) steigt beim abrasiven Verschleiß linear mit zunehmender Last und zunehmendem Gleitweg s an, d. h. es ist etwa dem Produkt aus Last und Weg proportional:

$$V \sim F_N \cdot s \quad (13.9)$$

Zur Verringerung des abrasiven Verschleißes müssen Bauteile oft mit geeigneten Überzügen beschichten werden. In solchen Fällen muss die Härte des Überzuges höher sein als die des Gegenkörpers, oder sie muss harte Partikel in zäher Matrix erhalten (Dispersionsschichten).

13.3.2.3 Tribooxidation

Die Bildung von Zwischenschichten, z. B. Oxidschichten, infolge chemischer Reaktion der Reibpartner mit dem Umgebungsmedium, beispielsweise mit dem Schmierstoff, und ihre Zerstörung durch Relativbewegung der Bauteile nennt man Reaktionsschichtverschleiß. Dieser Verschleißmechanismus, der infolge chemischer Reaktion und mechanischer Zerstörung der Reaktionsschicht entsteht, wird auch tribochemische Reaktion genannt. Die Bezeichnung Tribooxidation (Abb. 13.5) rührt daher, dass bei vielen Schichten das Reibungs- und Verschleißverhalten durch solche Oxidationsschichten bestimmt wird. Tribooxidation tritt fast immer zusammen mit adhäsivem Verschleiß auf.

Die REM-Aufnahme in Abb. 13.10 zeigt Oxidationsprodukte, die infolge der Tribooxidation auf der verschlissenen Oberfläche entstanden sind.

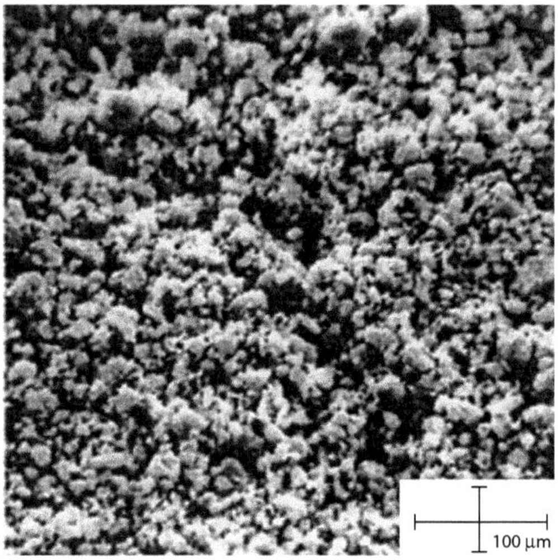

Abb. 13.10: Tribooxidativ beanspruchte Oberfläche (Gegenkörper: Fe-Stift) (Fe/Co, F = 14 N/cm^2, v = 1 m/s, w > 10 km, 760 Torr) [13.11]

Die bei der Reibung auftretenden hohen Temperaturen sowie die Art und Konzentration der die Schichtoberfläche angreifenden Substanzen spielen bei diesem Verschleißmechanismus eine wesentliche Rolle. Andererseits können Korrosionsprodukte, die beispielsweise durch Lochfraß entstehen, oder Oberflächenrauheiten, die sich bilden, zusätzlich den adhäsiven Verschleiß verstärken.

13.3.2.4 Oberflächenzerrüttung

Wird ein Bauteil durch Stöße auf seine Oberfläche beansprucht, so erfährt es Zerrüttungen in seinen Randschichten. Infolgedessen kommt es zur Riss- und Grübchenbildung in diesen Regionen. Als Oberflächenzerrüttung (Abb. 13.5) bezeichnet man daher einen Verschleißmechanismus, der durch die Ermüdung oberflächennaher Zonen und ein Herausbrechen von Werkstoffpartikeln gekennzeichnet ist. Dies ist insbesondere beim Prall- und Stoßverschleiß sowie Mahl- und Gleitstrahlverschleiß der Fall. Oberflächenzerrüttung tritt auch oft in Wälzlagern durch das ständige Überrollen auf, weshalb man in diesem Fall von Wälzverschleiß spricht.

Die REM-Aufnahme in Abb. 13.11 zeigt Risse, die durch Oberflächenzerrüttung entstanden sind.

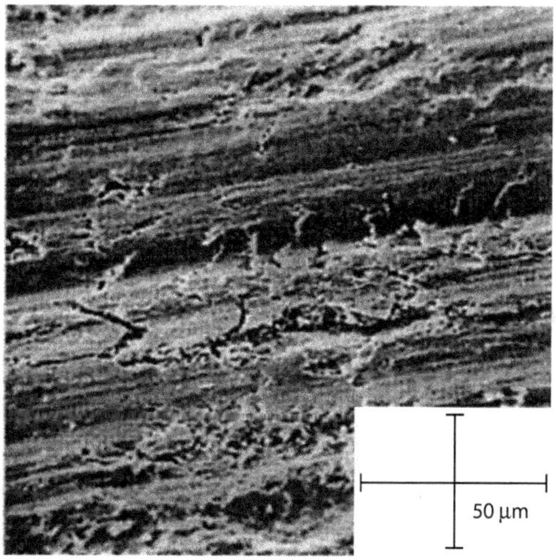

Abb. 13.11: Durch Oberflächenzerrüttung verursachte Ermüdungsrisse (Co/Fe, F = 14 N/cm^2, v = 1 m/s, w > 10 km, 1 Torr) [13.11]

Maßnahmen zur Bekämpfung der Oberflächenzerrüttung bestehen beispielsweise im Erzeugen von Druckeigenspannungen in den Oberflächenbereichen von abgeschiedenen Schichten.

Die typischen Erscheinungsformen der vier besprochenen Verschleißarten sind Tab. 13.2 enthalten.

Tab. 13.2: Typische Erscheinungsformen des Verschleißes [13.4]

Verschleißart	Erscheinungsform
Adhäsiver Verschleiß	Fresser, Löcher, Kuppen, Schuppen, Materialübertrag
Abrasiver Verschleiß	Kratzer, Riefen, Mulden, Wellen
Tribooxidation	Reaktionsprodukte (Schichten, Partikel)
Oberflächenzerrüttung	Risse, Grübchen

13.3.3 Verschleißprüfung

Die Verschleißprüfung reicht von Betriebsversuchen (Feldversuchen) an Maschinen und Anlagen unter Praxisbeanspruchungen über Prüfstandversuche bis hin zu Modellversuchen mit einfachen Probekörpern. In DIN 50322 werden sechs Kategorien der Verschleißprüfung unterschieden, die in Abb. 13.12 zu sehen sind.

Kategorien	Art des Versuches		Symbol
I	Betriebs- bzw. betriebsähnliche Versuche	Betriebsversuch (Feldversuch)	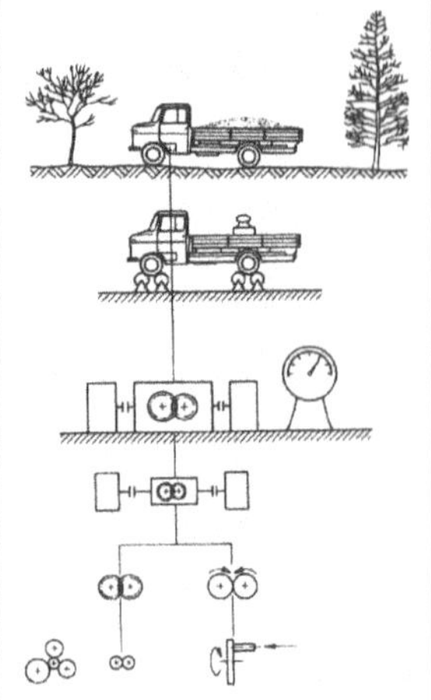
II		Prüfstandsversuch	
III		Prüfstandsversuch mit Aggregat oder Baugruppe	
IV	Versuche mit Modellsystem	Versuch mit unverändertem Baueil oder verkleinertem Aggregat	
V		Beanspruchungsähnlicher Versuch mit Probekörpern	
VI		Modellversuch mit einfachen Probekörpern	

Abb. 13.12: Kategorien der Verschleißprüfung nach DIN 50322

Betriebs- bzw. Feldversuche (Kategorie I) haben für die Praxis die größte Aussagekraft. Sie geben Auskunft darüber, wie die Lebensdauer von Maschinen und Anlagen durch den Verschleiß begrenzt wird.

Bei Prüfstandversuchen mit Aggregat oder Baugruppen (Kategorie III) werden Einzelaggregate aus einer Anlage ausgebaut und definierten Beanspruchungen unterworfen. Durch den Ausbau können vor allem das Schwingungsverhalten und die thermischen Verhältnissen variiert werden.

13.3.3.1 Modellversuche

Streng genommen sind direkte Versuche an Maschinenelementen und Bauteilen der einzig richtige Weg, um exakte Daten über ihr Verschleißverhalten unter realen Bedingungen zu erhalten. Solche Untersuchungen nehmen jedoch einen zu langen Zeitraum in Anspruch und sind wegen des damit verbundenen großen Aufwands oft wirtschaftlich nicht vertretbar. Aus diesem Grunde sind im Laufe der Zeit verschiedene Verschleißprüfmethoden (Modelversuche, Kategorie VI) entwickelt worden, die praxisrelevante Aussagen bezüglich des Verschleißverhaltens von Maschinenelementen und Bauteilen schneller und mit geringerem Aufwand zulassen.

Solche Modellversuche [13.4, 13.12] werden oft mittels spezieller Prüfgeräte und in der Regel mit einfachen Probekörpern, gelegentlich auch mit Bauteilen oder Teilen von Bauteilen durchgeführt. Dabei werden folgende Aufgaben bearbeitet [13.13]:

- Aufklärung von Reibungs- und Verschleißmechanismen
- Qualitätskontrolle von Werkstoffen und Schmierstoffen
- Charakterisierung des tribologischen Verhaltens von Werkstoffen und Schmierstoffen

Zur Untersuchung des Reibungs- und Verschleißverhaltens galvanisch oder außenstromlos abgeschiedener Schichten werden häufig der Falex-Tester, der TABER-Abraser, die Methode der gekreuzten Zylinder, das Stift-Scheibe-Tribometer und neuerdings auch der TOG-Prüfstand herangezogen. Dabei ist zu berücksichtigen, dass Verschleißuntersuchungen mit diesen Prüfgeräten nur Hinweise auf die Verschleißfestigkeit dieser Schichten geben können und die erzielten Ergebnisse nicht unbedingt auf das tatsächliche Verhalten von beschichteten Bauteilen schließen lassen. Weitere vergleichende Untersuchungen sind daher unerlässlich.

13.3.3.1.1 Falex-Tester

Der Falex-Tester, dessen schematischer Aufbau in Abb. 13.13 zu sehen ist, eignet sich besonders gut zur Prüfung des adhäsiven Verschleißes im geschmierten Zustand.

Bei diesem Test wird ein mit der zu untersuchenden Schicht überzogener Stab mit einem Durchmesser von 6,25 mm zwischen zwei stationären, V-förmigen Gegenkörpern mit einer Drehgeschwindigkeit von 290 Umdrehungen pro Minute zum Drehen gebracht. Dabei werden die V-förmigen Gegenkörper mit Hilfe von Federn gegen den Stab so gerückt und die Belastung bis zu 1 800 kg erhöht.

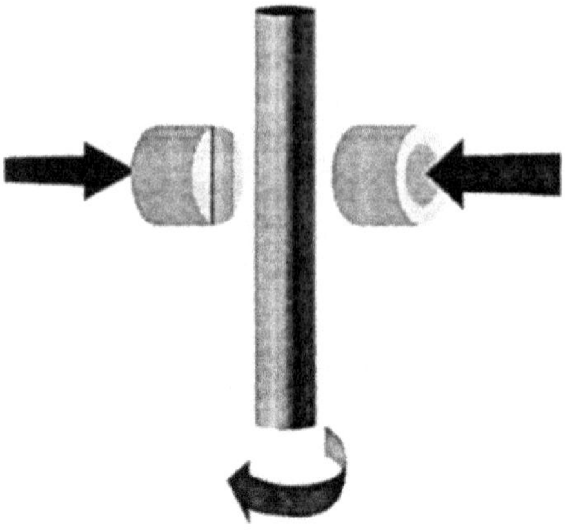

Abb. 13.13:
Falex-Tester zur Prüfung
des adhäsiven Verschleißes [13.14]

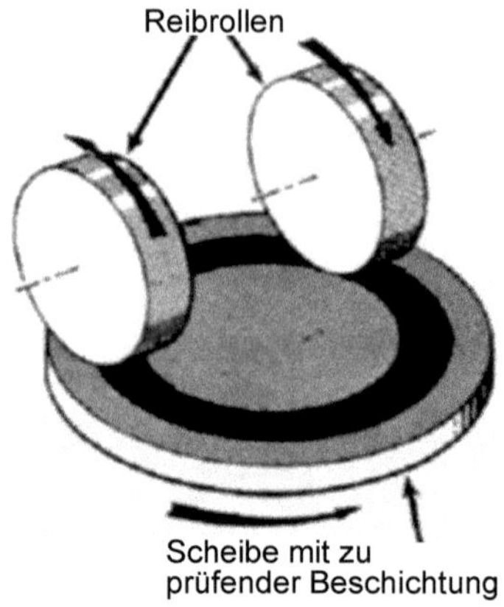

Abb. 13.14:
TABER-Abraser zur Untersuchung
des abrasiven Verschleißes

13.3.3.1.2 TABER-Abraser

Zu den oft durchgeführten Modellversuchen zur Simulation des abrasiven Verschleißes zählt das als TABER-Abraser bekannte Prüfverfahren (Abb. 13.14).

Dabei wird eine mit der zu untersuchenden Schicht beaufschlagte Scheibe auf dem Drehgestell des Prüfgeräts befestigt und bei konstanter Drehzahl von zwei Reibrollen mit einstellbarem Auflagegewicht abgerieben. Auf diese Weise wird ein definierter, trockener Reibverschleiß in der Schicht erzeugt.

Die Verschleißintensität (W_L/w, W_Q/w, W_V/w oder W_M/w) wird bei dieser Prüfeinrichtung nicht nur von der Belastung, sondern auch von der Art der Reibrollen bestimmt. Harte und starre Reibrollen mit grober Körnung (so genannte H10-Reibrollen mit keramischer Bindung) rufen eine besonders intensive, dagegen weiche, elastische Reibrollen (so genannte CS10-Reibrollen mit gummiartiger Bindung) eine weniger intensive Furchung in der Schicht hervor. Die REM-Aufnahmen in Abb. 13.15 zeigen die unterschiedliche Oberflächenbeschaffenheit der beiden Reibrollen.

H10-Reibrollen beanspruchen die Schichtoberfläche ausschließlich furchend, wobei die Furchen je nach Schichtwerkstoff bis zu 10 µm tief sein können. Diese Art des Angriffs kann als reiner Furchungsverschleiß bezeichnet werden.

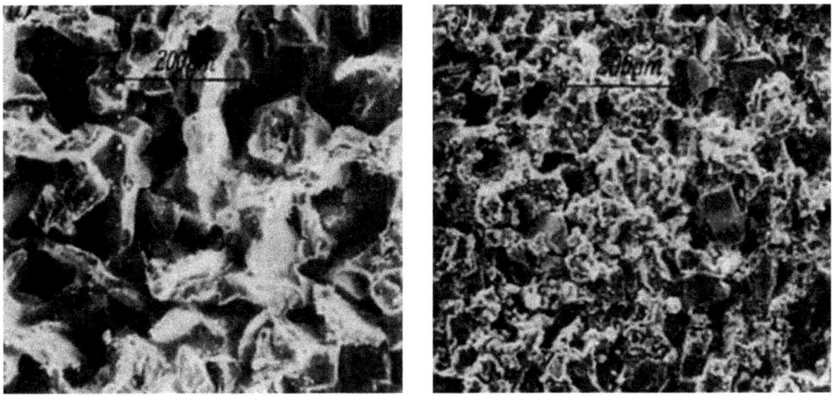

Abb. 13.15: REM-Aufnahmen von der Oberfläche einer H10-Reibrolle (links) und einer CS10-Reibrolle (rechts) [13.15]

Der Angriff der Schichtoberfläche durch CS10-Reibrollen ist hingegen wesentlich geringer. Bei der Verwendung solcher Reibrollen findet außerdem eine Glättung der Schichtoberfläche statt, was mit einem Poliervorgang vergleichbar ist. Da der Angriff durch CS10-Reibrollen in seiner Gesamtheit schwächer ist, wird er als Schürfverschleiß bezeichnet.

Gemessen wird in beiden Fällen gewichtsanalytisch der Massenverlust nach einer bestimmten Anzahl von Umdrehungen. Durch Umrechnung kann auch die Dickenabnahme der Nickel-Phoshor-Schicht bestimmt werden.

Der Abrieb in mg pro 1 000 Umdrehungen bei einer Belastung von 10 N und dem Einsatz von CS10-Reibrollen wird als TABER-Index definiert.

Gemäß den Güte- und Prüfbedingungen (Gütesicherung RAL[8]-RG-600 Teil 2) werden für die höchste Beanspruchungsstufe 5 mg pro 1 000 Umdrehungen (CS10-Reibrolle; 9,81 N Belastung) vorgesehen und dies bei einer vorgeschriebenen VICKERS-Härte von mindestens 800 HV 0,1.

13.3.3.1.3 Gekreuzte Zylinder

Häufig werden durch Einbau von PTFE-Partikeln in die abgeschiedene Schicht besondere Eigenschaften, wie niedriger Reibwert und anti-adhäsives Verhalten, erreicht.

---

[8] 1925 gründeten die deutsche Privatwirtschaft und die damalige deutsche Regierung als gemeinsame Initiative den „Reichs-Ausschuss für Lieferbedingungen (RAL)".

Da die abgeriebenen PTFE-Partikel zwischen den Reibpartnern einen Trockenschmierfilm bilden, ist eine Verschleißprüfung mit dem Taber-Abraser wenig sinnvoll, da hierbei der Abrieb abgesaugt wird. Aussagefähiger ist die Methode der gekreuzten Zylinder, die in Abb. 13.16 dargestellt ist.

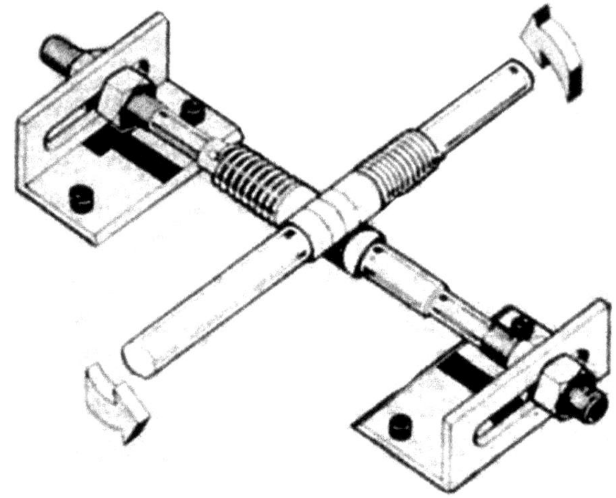

Abb. 13.16: Funktionsprinzip der gekreuzten Zylinder [13.16]

Quer zu einem stationären Zylinder wird ein zweiter Zylinder gedreht, wobei einer oder beide beschichtet sein können. Auf diese Weise können auch verschiedene Werkstoffpaarungen getestet werden. Gemessen wird die Fläche der Verschleißzone. Gleichzeitig kann über die benötigte Kraft zur Rotation der Reibwert bestimmt werden.

13.3.3.1.4 Stift-Scheibe-Tribometer

Neben dem Falex-Tester, dem Taber-Abraser und der Methode der gekreuzten Zylinder werden immer mehr Verschleißprüfungen mit den so genannten Stift-Scheibe-Tribometern vorgenommen. Abb. 13.17 zeigt den prinzipiellen Aufbau eines solchen Tribometers, das sich besonders für die Untersuchung des Furchungsverschleißes eignet.

Tab. 13.3 gibt Auskunft über die speziellen Kenndaten des Stift-Scheibe-Tribometers.

Zur Bestimmung des Einflusses unterschiedlicher Reibpaarungen werden der Stahlstift und die Scheibe des Tribometers entweder mit derselben Schicht überzogen, oder es wird ein unbeschichteter Stahlstift als Reibpartner verwendet. Durch diese Vorgehensweise lassen sich Kombinationen erproben, die interessante Hinweise für die Praxis liefern können.

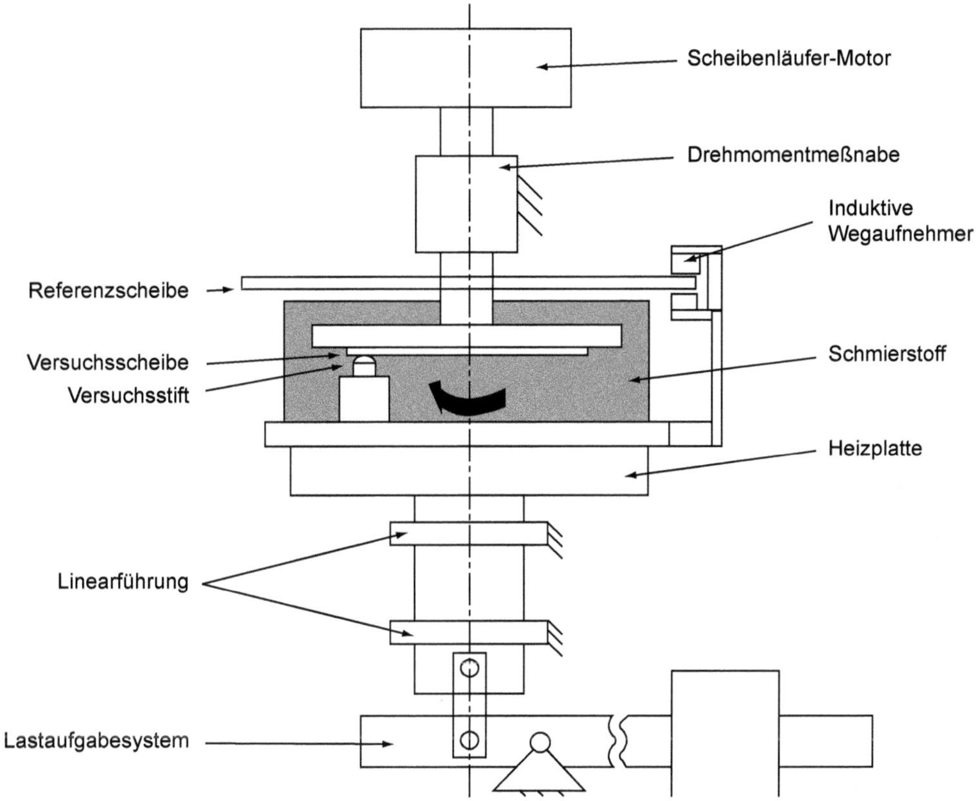

Abb. 13.17: Stift-Scheibe-Tribometers zur Simulation des adhäsiven Verschleißes [13.17]

Tab. 13.3: Tribologische Kenndaten des Stift-Scheibe-Tribometers

Bewegungsart	Gleitend
Bewegungsablauf	kontinuierlich
Normalkraft	10 N
Gleitgeschwindigkeit	0,3 m/s
Gleitweg	2 000 m
Beanspruchungsdauer	1 h 51 min
Grundkörper	Stahlscheiben mit 66 mm Reibungsdurchmesser
Gegenkörper	Stifte aus Stahl X155CrVMo121 mit balliger Gleitfläche, Radius 6 mm
Zwischenstoff	Siliconöl bei 160 °C
Reibungszustand	Mischreibung

Detailliertere Informationen über das Verschleißverhalten Schichten erhält man, wenn man sich hierzu der so genannten voll instrumentierten Universal-Stift-Scheibe-Tribometer bedient. Sie ermöglichen die kontinuierliche Messung des Reibungskoeffizienten und des Abriebs (linearer Verschleißbetrag W_L, volumetrischer Verschleißbetrag W_V, massenmäßiger Verschleißbetrag W_M, K-Wert, Z-Wert) sowohl im Vakuum (zur Simulation des adhäsiven Verschleißes) als auch in Luft oder in mildem Schadgas (zur Simulation des korrosiven Verschleißes). Universal-Stift-Scheibe-Tribometer erlauben also, Aussagen über die bei der Verschleißbeanspruchung ablaufenden Verschleißmechanismen zu treffen.

13.3.3.1.5 TOG-Prüfstand

Oft ist es aufschlussreich, den Hauptmechanismus des Verschleißes möglichst getrennt zu studieren, denn nur so lassen sich generelle Aussagen über das tribologische Verhalten von abgeschiedenen Schichten zu machen. Dies lässt sich durchaus, wie aus Tab. 13.4 hervorgeht, mit den bereits diskutierten Modellversuchen bewerkstelligen.

Tab. 13.4: Messung einzelner Verschleißmechanismen

Verschleißprüfverfahren	Verschleißmechanismus	Bewegungsform	Kontaktform
Falex-Tester	Abrasion	Rotation	Linie
TABER-Abraser	Adhäsion	Rotation	Linie
Gekreuzte Zylinder	Adhäsion	Rotation	Punkt
Stift-Scheibe-Tribometer	Adhäsion	Rotation	Punkt

Das Problem besteht jedoch oft darin, dass die Bewegungsform und der Bewegungsablauf bei diesen Modellversuchen oft nicht mit den Anforderungen an das reale Bauteil identisch sind. Auch die Kontaktform kann nicht gerade als realistisch bezeichnet werden, da Punkt- und Linienkontakte nicht zur Modellierung von Flächenbelastungen herangezogen werden können.

Ein Verschleißprüfverfahren, welches die oben genannten Anforderungen (Ähnlichkeit der Beanspruchung Test/Praxis, Flexibilität des Prüfprinzips, d. h. Anpassung von Test an die Bedingungen der Praxis) weitgehend zu erfüllen vermag, ist der TOG-Prüfstand [13.18]. Weitere Vorteile dieses Verfahrens sind einfache Handhabung der Probenanfertigung und des Probenaustauschs, sichere Auswertung sowie geringer Zeitaufwand und geringe Betriebskosten.

Abb. 13.18 zeigt den schematischen Aufbau des TOG-Prüfstands (TOG: Translatorische, oszillierende Gegenbewegung).

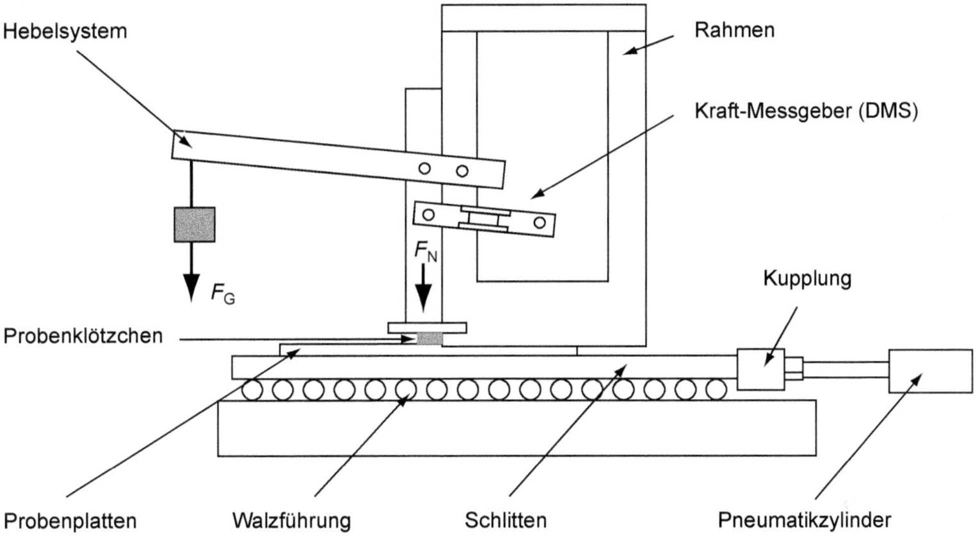

Abb. 13.18: Prinzipieller Aufbau des TOG-Prüfstands [13.18]

Die Grundidee dabei ist der Einsatz eines tribologischen Prüfprinzips, das bei den bereits geschilderten Modellversuchen nicht realisiert wird: der plan/plan Kontakt bei gleichzeitiger translatorischer oszillierender Relativbewegung. Beim TOG-Prüfstand wird ein Probeklötzchen mit definiertem Druck auf die Probenplatte gepresst, während diese eine translatorisch-oszillierende Bewegung vollzieht.

Die Auswertung des Verschleißtests erfolgt über den Masseverlust am Probeklötzchen und über die Ermittlung der Tiefe der Verschleißspur auf der Probenplatte. Darüber hinaus kann die Reibzahl mit Hilfe des Kraft-Messgebers über die gesamte Dauer des Tests ermittelt werden. Damit sind Aussagen über das Einlaufverhalten möglich.

Mit diesem Prüfgerät lassen sich häufig vorkommende Beanspruchungsformen an Kfz-Teilen nachvollziehen (Tab. 13.5).

Tab. 13.5: Typische Verschleißbeanspruchungen an Kraftfahrzeugteilen nach [13.18]

Kfz-Teil	Verschleißart	Bewegungsform	Kontaktform
Kolbenring	Adhäsion, Abrasion	TOG	Fläche, Linie
Viskosekupplung	Adhäsion, Abrasion	Rotation	Fläche
Bremskolben	Adhäsion, Abrasion, Korrosion	TOG	Fläche, Linie
Stoßdämpfer	Adhäsion, Abrasion, Korrosion	TOG	Fläche, Linie

Der TOG-Prüfstand zeichnet sich durch hohe Flexibilität aus. Neben der Veränderung des Bewegungsablaufes (Weglänge, Geschwindigkeit, Standzeit) ist der zusätzliche Einsatz von abrasiven Partikeln, Schmierstoffen und korrosiven Medien möglich. Eine Veränderung der Geometrie des Probenklötzchens lässt auch andere Belastungsarten zu. Der Aufwand zur Herstellung von Probeklötzchen und Probenplatte ist gering. Eine Überarbeitung ist oft möglich und erlaubt so den mehrmaligen Einsatz der Probenkörper. Die Dauer eines Testes liegt je nach Schärfe der Belastung im Bereich von Minuten.

Literaturverzeichnis

[13.1] *Habig, K.-H.:* Materialprüfung 17 (1975), S. 358-365

[13.2] *Czichos, H.*: „Tribology“, Elsevier Sci. Publ. Comp. Amsterdam, 1978

[13.3] *Hornbogen, E.*: Metall 34 (1980), S. 1079-1086

[13.4] *Habig, K.-H.:* „Verschleiß und Härte von Werkstoffen“, Carl Hanser Verlag München, 1980

[13.5] *Kirschke, K.*: Oberfläche-Surface 22 (1981), S. 364-367

[13.6] *Bunk, W., Hansen, J. und Geyer, M.*: „Tribologie“, Springer Verlag Berlin, 1981

[13.7] *Hansen, J.*: Studie Tribologie, 1. Fortschreibung, DFVLR, Köln 1985

[13.8] *Gräfen, H.* (Herausgeber): „Lexikon Werkstofftechnik“, VDI Verlag GmbH Düsseldorf, 1991

[13.9] *Wuttke, W.*: „Tribophysik - Reibung und Verschleiß von Metallen“, Carl Hanser Verlag München, 1987

[13.10] *Bartz, W. J.* (Herausgeber): „Verschleißhemmende Schichten“, expert verlag Ehningen bei Böblingen, 1993

[13.11] *Santer, E. und Klaffke, D.*: „Tribologische Grundlagen“, VDI Wissensforum: Moderne Schichttechnik für Konstrukteure, Braunschweig, 7.6.-8.6.2005

[13.12] *Simon, H. und Thoma, M.*: „Angewandte Oberflächentechnik für metallische Werkstoffe“, Carl Hanser Verlag München, 1985

[13.13] *Klaffke, D.*: „Verschleiß dünner Schichten“, in „Moderne Mess- und Prüfverfahren für metallische und andere anorganische Überzüge“, herausgegeben von *N. Kanani*, expert verlag Rennigen-Malmsheim, 2006

[13.14] *Dini, J. W.*: „Electrodeposition - The Materials Science of Coatings and Substrates“, Noyes Publications Park Ridge, New Jersey, USA, 1993

[13.15] *Wiegand, H. und Heinke, G.*: Metalloberfläche 24 (1970), S. 163-170

[13.16] *Knaak, E.*: Galvanotechnik 82 (1991), Nr. 10, S. 3400-3406

[13.17] *Kanani, N. et al.*: Metalloberfläche 47 (1993), 3, S. 130 134

[13.18] *Fischer, Ch. T. und Siegert, W.*: Metalloberfläche 48 (1994) 12, S. 878-881

14 Bestimmung der physikalischen Eigenschaften metallischer Schichten

14.1 Einleitung

Mit dem Begriff „physikalische Eigenschaften“, zu denen beispielsweise der Schmelzpunkt, die Dichte, die elektrische und die thermische Leitfähigkeit sowie das Reflexvermögen gehören, wird eine Spezifizierung des allgemeinen Begriffes Eigenschaft vorgenommen.

Physikalische Eigenschaften beruhen auf Zustandsänderungen (z. B. das Schmelzen eines reinen Metalls beim Überschreiten seines Schmelzpunktes) und sind unabhängig vom Messort und Messverfahren. Sie werden mit Hilfe physikalischer Theorien gedeutet und durch physikalische Experimente bestätigt.

14.2 Schmelzpunkt

Als Schmelzpunkt oder Schmelztemperatur bezeichnet man eine charakteristische Temperatur, bei der eine metallische Schicht aus dem festen (kristallinen) Zustand in den flüssigen übergeht.

Während eine reine Metallschicht einen Schmelzpunkt besitzt (z. B. Kupfer: 1 083 °C, Nickel: 1 455 °C), weist eine Legierungsschicht in aller Regel einen Schmelzbereich auf und geht erst, je nach Zusammensetzungen, beim Überschreiten der so genannten Liquidustemperatur in den schmelzflüssigen Zustand über. Zwei Beispiele für solche Schichten sind die galvanisch erzeugten Zink-Nickel-Schichten (Nickelgehalt 11 bis 18 %) und die außenstromlos abgeschiedenen Nickel-Phosphor-Schichten (Phosphorgehalt bis 15 %). Beide Schichten zeichnen sich u. a. durch ihre hohe Korrosionsbeständigkeit, weshalb sie in vielen Bereichen der Industrie und Technik eingesetzt werden. Aus Abb. 14.1 geht beispielsweise hervor, wie sich die Korrosionsbeständigkeit von Zink durch Legieren mit Nickel verbessert. Darin gibt die Ordinate den Zahlenfaktor an, um den sich die Korrosionsbeständigkeit erhöht.

Der Schmelzpunkt des Hauptmetalls ändert sich durch das Zulegieren des Legierungselements, wie dies aus Abb. 14.2 am Beispiel von autokatalytisch abgeschiedenen Nickel-Phosphor-Schichten ersichtlich ist. In diesem Fall nimmt der Schmelzpunkt des Nickels durch den Einbau von Phosphor kontinuierlich und fast linear ab und erreicht den niedrigsten Wert von 870 °C bei einem Phosphorgehalt der Schicht von 11,2 %.

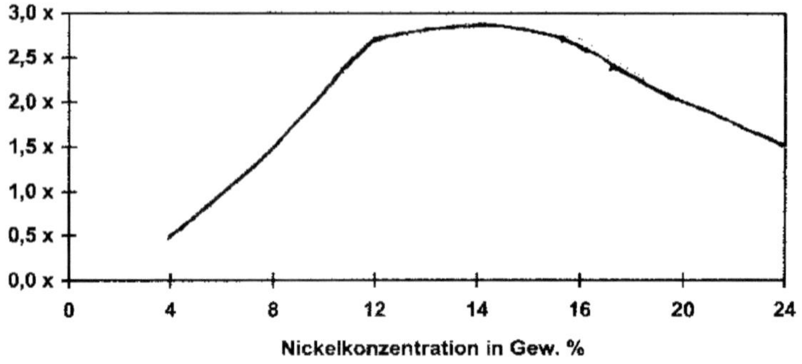

Abb. 14.1: Verbesserung der Korrosionsbeständigkeit von Zinkschichten durch Legieren mit Nickel [14.1]

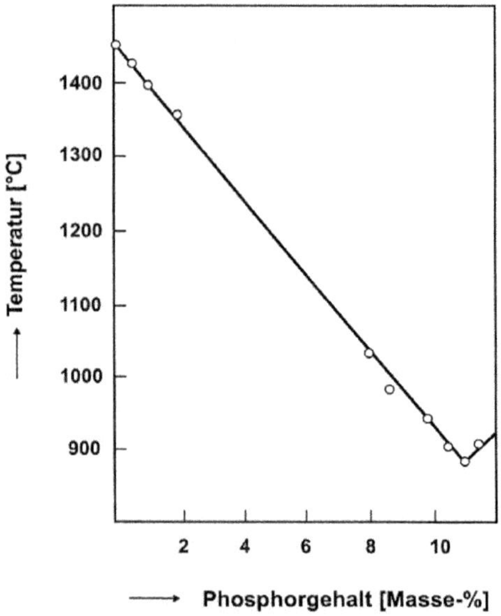

Abb. 14.2: Abnahme des Schmelzpunkts des Nickels durch Einbau von Phosphor [14.2]

14.3 Dichte

Als Dichte ρ einer Schicht bezeichnet man das Verhältnis ihrer Masse m zu ihrem Volumen V ($\rho = m/V$ g/cm^3). Sie ist wie die Masse eine ortsunabhängige Größe. Da aber das Volumen vom Druck und von der Temperatur abhängig ist, ist auch die Dichte druck- und temperaturabhängig. Bei konstantem Druck ist sie daher für die Temperatur anzugeben, bei der sie bestimmt wurde. In den Tabellen beziehen sich die Dichteangaben in der Regel auf die Temperatur von 20 °C.

14.3.1 Bestimmung durch Wägung

Die einfachste Möglichkeit zur Bestimmung der Dichte einer abgeschiedenen Schicht ist die genaue Ermittlung ihrer Masse und ihres Volumens und die nachfolgende Berechnung nach $\rho = m/V$. Während die Masse durch Wägung ermittelt werden, kann das Volumen nur aufgrund einer speziellen Form, beispielsweise eines Würfels, eines Quaders oder einer Scheibe aus der betreffenden Schicht, berechnet werden.

Eine andere Möglichkeit besteht darin, ein Stück von der Schicht in einem mit Wasser gefüllten Messzylinder zu tauchen. Die Zunahme des Flüssigkeitsspiegels im Messzylinder zeigt dann das tatsächliche Volumen des Schichtstücks an.

14.3.2 Bestimmung mit Pyknometer

Für die Bestimmung der Dichte von Schichten bedient man sich oft eines Pyknometers. Das ist ein kleines Glasgefäß (Abb. 14.3) von etwa 1 bis 20 ml Inhalt, dessen eingeschliffener Stopfen eine Kapillarbohrung enthält, aus der beim Verschließen des luftblasenfrei gefüllten Pyknometers die „überschüssige“ Flüssigkeit (meist Wasser) austreten kann. Durch vorsichtiges Abtupfen der Kapillaröffnung wird dafür gesorgt, dass das Pyknometer eine definierte Menge Wasser enthält.

Der Vorteil des Pyknometers besteht also darin, dass sein Volumen wiederholbar mit exakt der gleichen Menge Wasser (auf-) gefüllt werden kann.

Abb. 14.3: Pyknometer

Das Messprinzip beruht auf der Verdrängung der im Gefäß befindlichen Flüssigkeit. Dabei wird erst das leere bzw. das mit Flüssigkeit gefüllte Gefäß gewogen, und dann das zu messende Schichtstück in das Gefäß gegeben. Bei allen Messungen ist die exakte Temperatur der verwendeten Flüssigkeit von Bedeutung.

Zur Messung der Dichte einer Schicht wird diese vorsichtig in Form einer Folie vom Trägermaterial abgezogen. Danach werden folgende Wägungen ausgeführt:

Pyknometer, leer:	w_0
Pyknometer, voll mit Wasser aufgefüllt:	w_W
Pyknometer, mit ausreichender Menge Folie gefüllt:	w_F
Pyknometer, mit Folie und voll mit Wasser aufgefüllt:	$w_{(F+W)}$

Nun kann die Dichte der Schicht mit Hilfe folgender Beziehung durch Einsetzen der Ergebnisse der Wägungen in Gramm bestimmt werden:

$$\rho = \frac{w_F - w_0}{(w_F - w_0) - (w_{(F+W)} - w_W)} \tag{14.1}$$

Das Ergebnis der Dichtemessung wird umso besser, je mehr das Pyknometer Schicht in zerkleinerter Form enthält.

Für genauere Messungen muss die Abhängigkeit des Pyknomertervolumens von der Temperatur bekannt sein. Bei Pyknometern mit etwa 30 ml Inhalt kann die Messunsicherheit bis auf 0,01 ‰ der Dichte herabgedrückt werden. Eine Berücksichtigung der Tatsache, dass die Dichte des Wassers bei Raumtemperatur nicht exakt gleich 1 g/cm^3 beträgt, ist im Allgemeinen nicht erforderlich.

14.3.3 Bestimmung mit hydrostatischer Waage

Falls man die Schicht nicht als Folie abziehen möchte, kann ihre Dichte auch auf dem Trägerwerkstoff bestimmt werden. Zu diesem Zweck werden etwa 300 mg Schicht auf einem Stahlblech oder einem anderen Substrat abgeschieden. Das Stahlblech wird sowohl vor dem Beschichten als auch danach in Luft und in einer Flüssigkeit bekannter Dichte, z. B. Tetrachlorkohlenstoff CCl_4 (ρ_T = 1,594 g/cm^3), gewogen. Dabei wird das Stahlblech mit einem sehr dünnen Perlonfaden an den Balken einer Präzisionswaage (hydrostatische Waage) gehängt. Das Gefäß mit der Messflüssigkeit muss so angeordnet werden, dass das Stahlblech voll eintaucht.

Nach dem Prinzip von ARCHIMEDES wird auf das eingetauchte Stahlblech eine senkrecht nach oben gerichtete Kraft (Auftrieb) erzeugt, deren Größe der Gewichtskraft der verdrängten Messflüssigkeit entspricht. Für die Dichte der Schicht gilt nun:

$$\rho = \frac{(G_{ges/L} - G_{Tr/L}) \cdot \rho_{Fl}}{(G_{ges/L} - G_{Tr'/L}) - (G_{ges/Fl} - G_{Tr/Fl})} \tag{14.2}$$

Darin bedeuten:

$G_{Tr/L}$ Gewicht des Trägers an Luft
$G_{Tr/Fl}$ Gewicht des Trägers in Flüssigkeit
$G_{ges/L}$ Gewicht des Trägers plus Schicht an Luft
$G_{ges/Fl}$ Gewicht des Trägers plus Schicht in Flüssigkeit
ρ_{Fl} Dichte der Flüssigkeit

Die Dichte von Nickel beträgt bei Raumtemperatur 8,9 g/cm^3. Die Mitabscheidung von Phosphor setzt sie, wie aus Abb. 14.4 ersichtlich, herab.

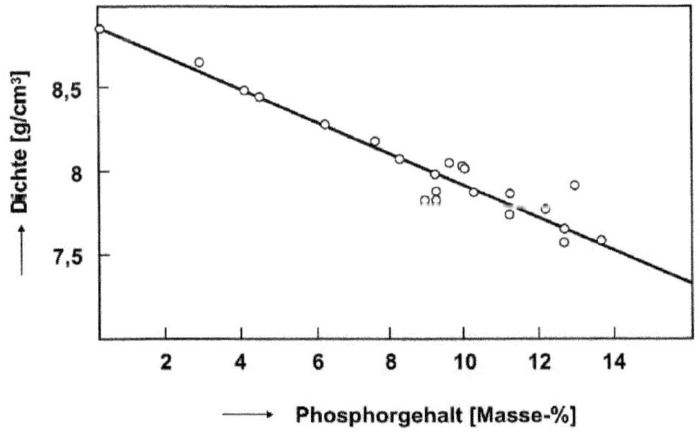

Abb. 14.4: Abnahme der Dichte des Nickels durch Einbau von Phosphor [14.2]

Die Dichte von Nickel-Phosphor-Schichten lässt sich bis zu einem Phosphorgehalt von etwa 18 % mit Hilfe folgender Beziehung berechnen:

$$\rho = \frac{113{,}6 - c_p}{12{,}7} \tag{14.3}$$

Darin symbolisiert c_P den Phosphorgehalt der Schicht.

In Abb. 14.5 sind einige experimentell ermittelte Dichtewerte in Abhängigkeit vom Phosphorgehalt graphisch dargestellt und den errechneten Werten gegenübergestellt.

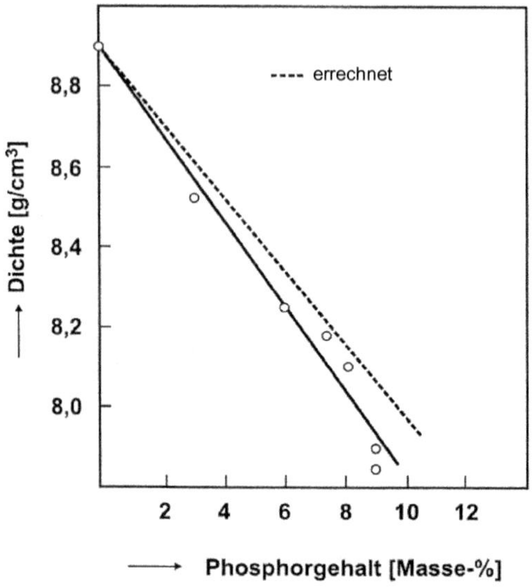

Abb. 14.5: Experimentell und rechnerisch ermittelte Dichte von Nickel-Phosphor-Schichten in Abhängigkeit ihres Phosphorgehalts [14.3]

14.4 Reflexionsvermögen

Trifft ein Lichtstrahl auf eine metallische Oberfläche, so kann er vor ihr zurückgeworfen (reflektiert), vom Metall selbst geschluckt (absorbiert) oder durch den Metallkörper hindurchgehen, d. h. transmittiert werden. Sehr häufig sind alle drei Erscheinungen gleichzeitig zu beobachten, d. h., der auftreffende Lichtstrahl wird teils reflektiert, teils absorbiert und teils transmittiert (Abb. 14.6).

Selbstverständlich muss die Summe der Anteile an Reflexion, Absorption und Transmission nach dem Energiesatz 1 bzw. 100 % ergeben. Sie hängen von der Temperatur des Metalls und der Wellenlänge des auftreffenden Lichtstrahls ab.

Während bei glatten, spiegelnden Metalloberflächen zu jeder Einfallsrichtung des Lichtstrahls eine bestimmte Reflexionsrichtung gehört, erfolgt die Reflexion des Lichtes bei rauen bzw. matten Oberflächen diffus, d. h. nach allen Seiten. Abb. 14.7 zeigt die Reflexion eines senkrecht einfallenden Lichtstrahles an einer glatten und einer rauen Metalloberfläche.

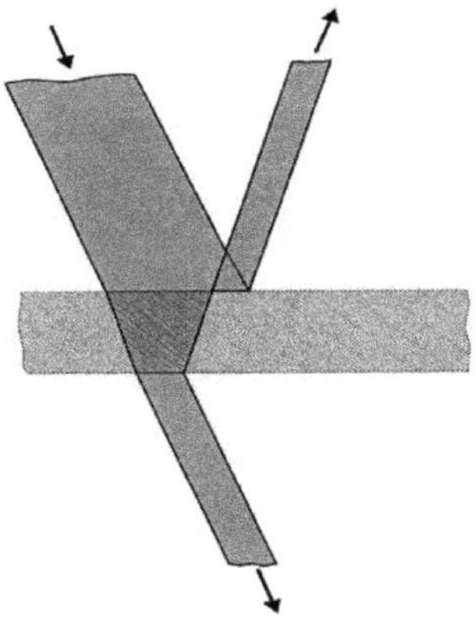

Abb. 14.6: Reflexion, Absorption und Transmission des Lichtstrahls beim Auftreffen auf ein Metall

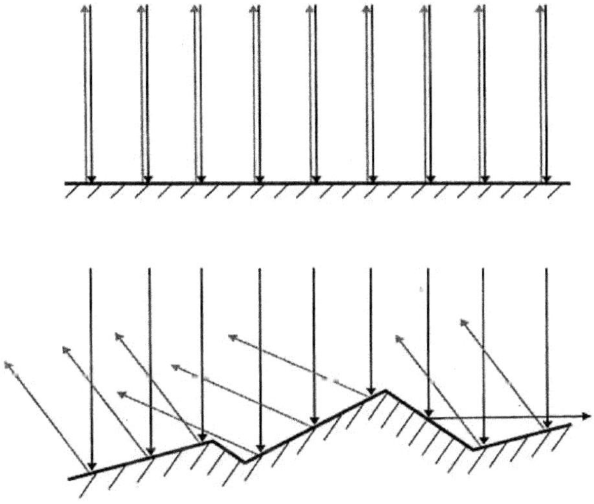

Abb. 14.7: Reflexion eines senkrecht einfallenden Lichtstrahles an einer glatten (oben) und einer rauen (unten) Metalloberfläche

Trifft ein Lichtstrahl auf ein Metall mit dem Brechungsindex[1] n (auch Brechzahl genannt) und einer ebenen Oberfläche, deren Lot um den Winkel α zur Einfallsrichtung geneigt ist, so wird er teilweise unter den Spiegelwinkel α reflektiert, teilweise dringt er in das Metall ein, wobei er zum Einfallslot hin gebrochen wird und gegen es den Winkel β einnimmt (Abb. 14.8).

1 Der Brechungsindex ist ein Maß für die Änderung der Ausbreitungsrichtung von Wellen an der Grenzfläche zweier Medien, in denen sie verschiedene Ausbreitungsgeschwindigkeiten haben. Er ist abhängig vom Aggregatzustand des Stoffes.

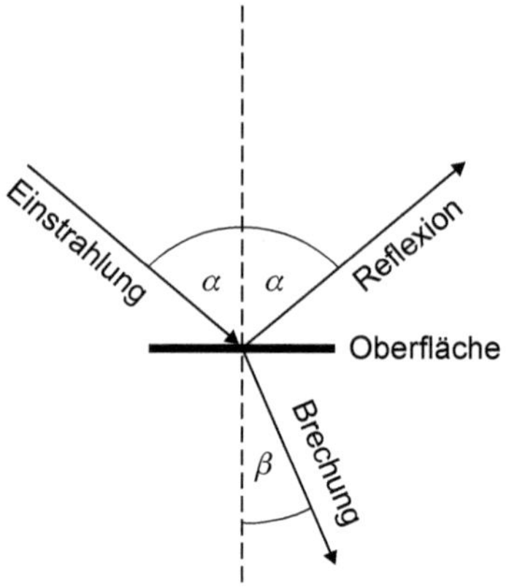

Abb. 14.8: Gesetzmäßigkeiten für die Reflexion von Licht an einer ebenen Metalloberfläche

Für den Brechungsindex gilt:

$$n = \frac{\sin \alpha}{\sin \beta} \tag{14.4}$$

Für den reflektierten Anteil der Lichtstrahlung ergibt sich

$$R = \frac{1}{2} \cdot \left[\frac{\sin^2(\alpha - \beta)}{\sin^2(\alpha + \beta)} + \frac{\tan^2(\alpha - \beta)}{\tan^2(\alpha + \beta)} \right] \tag{14.5}$$

Hieraus erhält man für senkrechten Einfall des Lichtstrahls ($\alpha = 0°$):

$$R^{\alpha=0} = \left(\frac{n-1}{n+1} \right)^2 \tag{14.6}$$

Unter dem Reflexionsvermögen einer Metalloberfläche versteht man nun das Verhältnis der reflektierten zur auffallenden Lichtstrahlung. Polierte Metalloberflächen haben, bei senkrechtem Lichteinfall, ein Reflexionsvermögen von 50 bis 95 %, versilberte Glasspiegel etwa 88 %. In Tab. 14.1 sind die Reflexionsvermögen einiger Metalle als Vergleich zu Nickel zusammengestellt.

Der metallische Glanz wird durch die Änderung der Lichtwellenlänge bei der Reflektion und Beugung des sichtbaren, polychromatischen Lichtes an der Oberfläche hervorgerufen. Er wird im Wesentlich durch den Anteil des streng nach dem geometrischen Reflexionsgesetz reflektierten und den Anteil des diffus gestreuten Lichtes bestimmt.

Tab. 14.1: Reflexionsvermögen einiger Metalle

Metall	Reflexionsvermögen in %
Silber	~ 90
Aluminium	~ 85
Zinn	~ 70
Chrom	~ 65
Kupfer	~ 62
Gold	~ 61
Nickel	~ 55-60
Cadmium	~ 52
Zink	~ 50

Unebene und raue Oberflächen weisen weniger Glanz bzw. Spiegelung auf, dafür aber mehr diffuse Reflexion. Grob verallgemeinernd kann man sagen, dass der metallische Glanz umso höher ist, je mehr Licht bei der Bestrahlung der Oberfläche mit parallelen Lichtstrahlen zurückgestrahlt wird.

Der Glanz ist zwar eine typische Eigenschaft metallischer Oberflächen, er ist jedoch keine rein physikalische Größe, da bei dessen Wahrnehmung auch physiologische Vorgänge eine Rolle spielen. Der optische Eindruck des metallischen Glanzes kann daher nicht physikalisch eindeutig definiert werden, da er auch durch die subjektive Wahrnehmung des Reflexionsvermögens beeinflusst wird.

Der metallische Glanz ist eine so komplexe Eigenschaft, dass es nicht verwundert, wenn es eine Anzahl unterschiedlicher Definitionen und viele verschiedene Angaben darüber gibt. Eine Definition des Glanzes als Reflexionswert kann nicht alle Eigenschaften der glänzenden Metalloberfläche erfassen, die das menschliche Auge als Glanz empfindet. Man kann ihn aber als die Fähigkeit einer metallischen Oberfläche definieren, eine „gute" Spiegelabbildung eines Objektes zu liefern.

Die experimentelle Bestimmung des Glanzes bereitet einige Schwierigkeiten, da der subjektive Glanzeindruck nicht durch das Messverfahren erfasst werden kann. Gemessen wird er häufig mit Hilfe von Reflektometern, von denen einige in [14.4-14.7] beschrieben werden.

Abb. 14.9 zeigt das Prinzip eines Verfahrens zur Glanzmessung, das auf der Bestimmung des Verhältnisses des direkt und diffus reflektierten Lichtes beruht, das auf eine ebene metallische Oberfläche gelenkt wird.

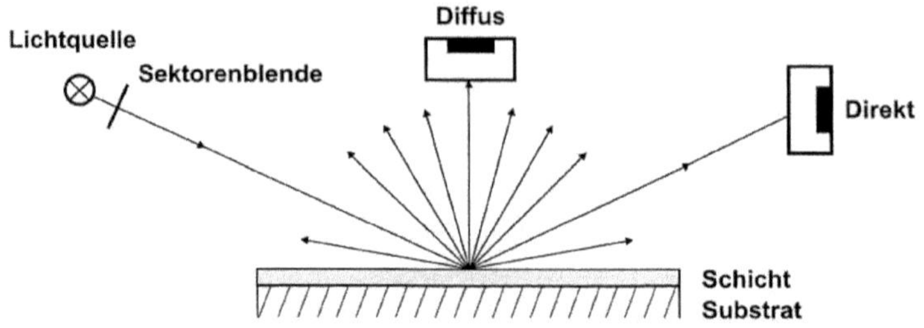

Abb. 14.9: Messanordnung zur Bestimmung des Glanzes einer metallischen Oberfläche
Diffus: Photozelle zur Bestimmung des diffus reflektierten Lichtstrahls
Direkt: Photozelle zur Bestimmung des direkt reflektierten Lichtstrahls

Will man den subjektiven Einfluss ausschließen, d. h. den Vergleich verschiedener Oberflächen bezüglich des Glanzes objektivieren, so kann man das unter einem bestimmten Winkel von der Oberfläche direkt reflektierte und das diffus reflektierte Licht messen. Zur Messung des direkt reflektierten Lichtes muss der Ausfallwinkel genau so groß wie der Einfallswinkel sein. Man erhält einen Helligkeitswert K_d für das direkt reflektierte Licht. Das diffus reflektierte Licht kann man z. B. unter einem Ausfallwinkel von Null Grad messen. Man erhält einen Messwert K_0 für das diffus reflektierte Licht. Zur Bewertung des Glanzes der Schichten lassen sich aus den beiden Messwerten zwei Bewertungskriterien bilden:

- Der Glanzkoeffizient γ_p
- Der Glanzgrad S_B

Mit dem Glanzkoeffizienten

$$\gamma_p = \frac{K_d}{K_0} \cdot \left(\frac{1}{p}\right) \tag{14.7}$$

lassen sich Unterschiede zwischen verschiedenen glänzendem Schichten gut erfassen. p ist der Korrekturfaktor, mit dem berücksichtigt werden kann, dass alle anderen Metalle weniger als Silber reflektieren. Mit dem Glanzgrad

$$S_B = \frac{K_d - K_0}{K_d + K_0} \tag{14.8}$$

lassen sich die Abhängigkeiten in einem weiten Bereich matter bis glänzender Schichten gut erfassen, wenn man z. B. für ein Metall die Abhängigkeit des Glanzes von variierenden Arbeitsbedingungen darstellen will.

Die Glanzgrade „matt“, „blank“, „glänzend“, „hochglänzend“ und „spiegelglänzend“ sind Gegenstand der DIN 50960.

Bedingung für den Glanz abgeschiedener Schichten ist, dass an der Schichtoberfläche nur mikroskopische und submikroskopische Unebenheiten vorliegen, die kleiner als die Wellenlänge des sichtbaren Lichtes sind. Dieser Sachverhalt zeigt, dass offensichtlich ein enger, mathematisch komplizierter Zusammenhang zwischen dem Glanz und der Oberflächenmorphologie dieser Schichten im Bereich von etwa 20 bis 200 nm besteht [14.7, 14.8].

14.5 Elektrische Eigenschaften

Abgeschiedene Schichten sind wie alle anderen metallischen Werkstoffe mehr oder weniger elektrische Leiter. Ihre wichtigsten elektrischen Eigenschaften sind der spezifische elektrische Widerstand bzw. dessen Kehrwert die spezifische elektrische Leitfähigkeit und der Kontakt- oder Übergangswiderstand.

14.5.1 Spezifischer elektrischer Widerstand

Der elektrische Widerstand R eines elektrischen Leiters mit der Länge L und dem Querschnitt q ist durch folgende Beziehung gegeben:

$$R = \rho \cdot \frac{L}{q} \quad [\Omega] \tag{14.9}$$

Darin ist ρ der spezifische elektrische Widerstand, der im SI-System mit $[\Omega \cdot \mathrm{m}]$, im CGS-System mit $[\Omega \cdot \mathrm{cm}]$ und im technischen Maßsystem mit $[\Omega \cdot \mathrm{mm}^2/\mathrm{m}]$ angegeben wird. Er ist eine temperaturabhängige Größe.

Die bekannteste Methode zur Bestimmung des spezifischen elektrischen Widerstands einer Schicht ist das Strom-Spannungs-Verfahren. Eine Messanordnung dieser Art ist in Abb. 14.10 dargestellt.

Zu diesem Zweck wird die Schicht auf einem Kunststoffsubstrat abgeschieden und anschließend in Form einer Folie abgezogen, eine Vorgehensweise, die kein allzu großes Problem bereitet. Hinzu kommt der Vorteil, dass die abgeschiedene Schicht keine Dickenunterschiede aufweist, so dass der Querschnitt der zu messenden Prüfmuster überall konstant ist. Die vom Substrat abgezogene Folie mit der konstanten Dicke wird nun zu

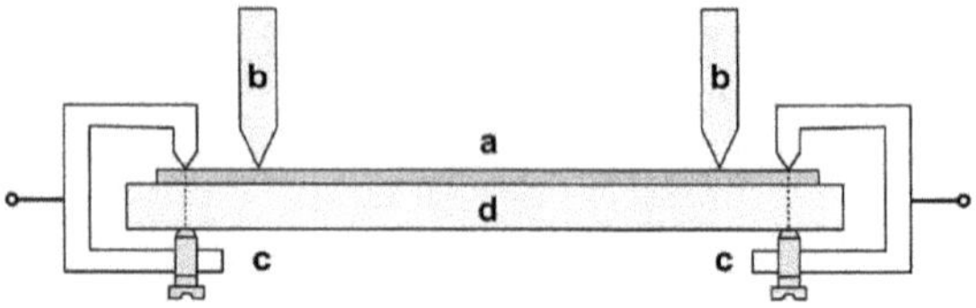

Abb. 14.10: Messanordnung zur Bestimmung des spezifischen elektrischen Widerstands von Schichten parallel zur Oberfläche [14.9]
a: Schicht; b: Potentialschneiden; c: Stromschneiden; d: nicht leitende Grundplatte

einem Streifen bestimmter Breite und Länge geschnitten. Danach wird der Streifen in eine nicht leitende Vorrichtung gespannt und an den Enden kontaktiert. Die Strom- und Potentialkontakte sind getrennt, damit der Kontaktwiderstand nicht berücksichtigt zu werden braucht.

Weitere Messverfahren zur Messung des spezifischen Widerstands werden in [14.9] beschrieben. Ferner sei auf DIN-IEC 468 „Verfahren zur Messung des spezifischen elektrischen Widerstandes metallischer Werkstoffe" verwiesen.

Die Ergebnisse solcher Messungen zeigen am Beispiel von Nickel-Phosphor-Schichten, dass der spezifische elektrische Widerstand vom Phosphorgehalt abhängt. Wie aus Abb. 14.11 ersichtlich, steigt er erwartungsgemäß (s. Abschnitt 2.2.3.1) mit zunehmendem Phosphorgehalt stark an.

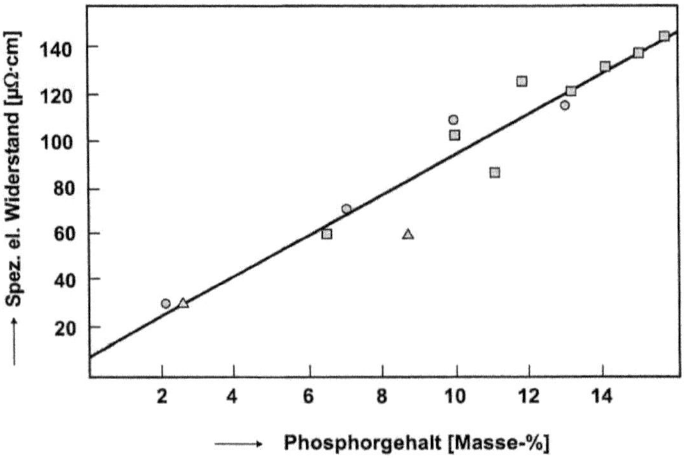

Abb. 14.11: Spezifischer elektrischer Widerstand von Nickel-Phosphor-Schichten in Abhängigkeit vom Phosphorgehalt [14.2]

14.5.2 Spezifische elektrische Leitfähigkeit

Die elektrische Leitfähigkeit steht für die Fähigkeit von Metallen und Halbmetallen, Elektronen zu leiten. Sie ist abhängig von der Temperatur, wobei sich Metalle und Halbleiter gegensätzlich verhalten. In Metallen nimmt die elektrische Leitfähigkeit mit zunehmender Temperatur ab, während sie in Halbleitern mit steigender Temperatur zunimmt.

Der Kehrwert des spezifischen elektrischen Widerstands ($1/\rho$) wird als spezifische elektrische Leitfähigkeit κ bezeichnet. Der Zahlenwert von κ wird entsprechend in $[1/\Omega \cdot m]$ bzw. $[1/\Omega \cdot cm]$ oder $[m/\Omega \cdot mm^2]$ angegeben. κ ist wie ρ ist temperaturabhängig.

Silber besitzt die höchste spezifische elektrische Leitfähigkeit, dicht gefolgt von Kupfer (Tab. 14.2). Wenn es aber auf eine sehr hohe Leitfähigkeit ankommt, insbesondere an der Außenhaut (Skineffekt), dann kann Kupfer mit Silber überzogen werden.

Tab. 14.2: Spezifische elektrische Leitfähigkeit κ $[m/\Omega \cdot mm^2]$ einiger Metallschichten

Schicht	Spezifische elektrische Leitfähigkeit bei 25 °C
Silber	62,5
Kupfer	56,2
Gold	43,5
Aluminium	36,0
Zink	16,5
Messing	15,9
Nickel	14,5
Platin	10,2
Zinn	8,3

Die spezifische elektrische Leitfähigkeit von abgeschiedenen Schichten spielt in der Schwach- und Starkstromtechnik, besonders jedoch in der Hoch- und Höchstfrequenztechnik eine nicht zu vernachlässigende Rolle. Durch den Skin-Effekt bedingt, fließt nämlich der weitaus größte Teil des hochfrequenten Stromes im äußeren, beschichteten Teil des Leiters.

Generell gilt, dass sich der elektrische Widerstand und damit auch die elektrische Leitfähigkeit von abgeschiedenen Schichten mit der Zeit ändern.

14.5.3 Kontaktwiderstand

Der Kontakt- oder Übergangswiderstand ist der elektrische Widerstand bei Stromfluss zwischen zwei sich berührenden, elektrisch leitenden Körpern. Er tritt auf, wenn bei einem beschichten Teil ein elektrischer Strom von einem elektrisch leitenden Substrat in die elektrisch leitende Schicht übertritt, oder umgekehrt. Er setzt sich zusammen aus den Kontaktwiderständen und den Widerständen der beiden Kontaktpartner:

$$R_{\text{Übergang}} = R_{\text{Substrat}} + R_{\text{Zwischenschicht}} + R_{\text{Endschicht}}$$

Messmethoden zur Bestimmung des Kontaktwiderstandes (EN IEC 60512, vormals DIN 41640) werden u. a. in [14.10–14.12] und neuerdings in [14.13, 14.14] beschrieben. Man bedient sich dabei Drei-, bzw. Vierkontaktverfahren, die im Regelfall über einen Computer gesteuert sind, da eine exakte Statistik der Einzelergebnisse ermittelt werden muss.

Dies liegt daran, dass der Kontaktwiderstand im Gegensatz zum spezifischen elektrischen Widerstand keine rein physikalische Eigenschaft, sondern eine Systemeigenschaft ist. Das heißt, er hängt sowohl von der Härte der Schichten, der Kontaktkraft und anderen Messparametern als auch von der Lagerzeit, dem Klima etc. ab.

Im Zusammenhang mit der Substitution von Edelmetallen durch andere Schichten kommt dem Kontaktwiderstand eine besondere Bedeutung zu.

14.6 Thermische Leitfähigkeit

Die thermische Leitfähigkeit ist ein Wert, der die Fähigkeit eines Stoffes kennzeichnet, Wärme zu leiten. Mit steigender Temperatur nimmt die thermische Leitfähigkeit ab. Wird sie gemessen, so kommt es zu einer Zustandsänderung.

Bei der Wärmeleitung innerhalb eines Körpers wird Wärmeenergie weitergeleitet. An Stellen höherer Temperatur besitzen die Atome bzw. Moleküle des Körpers mehr Energie und übertragen einen Teil davon auf Ihre Nachbarn, die geringere Energie besitzen. Die Wärmeleitung wird nur dann als stationär bezeichnet, wenn die Temperaturdifferenz ΔT konstant ist. Für die transportierte Wärmemenge Q gilt:

$$Q = \lambda \cdot q \cdot \frac{\Delta T}{L} \cdot t \quad [\text{J}] \tag{14.10}$$

mit

L Länge des Wärmeleiters in m
q Querschnitt des Wärmeleiters in m^2
ΔT Temperaturdifferenz zwischen Anfang und Ende des Wärmeleiters in °C
T Dauer der Wärmeleitung in s

Der Proportionalitätsfaktor λ [W/m · K] ist die spezifische Wärmeleitzahl oder die Wärmeleitfähigkeit.

Den Quotienten Q/t bezeichnet man als Wärmestrom. Er ist die Wärmemenge, die durch einen Stab der Länge L und des Querschnitts q pro Zeiteinheit fließt, wenn an den beiden Stabenden die unterschiedlichen Temperaturen T_1 und T_2 herrschen.

Tab. 14.3 enthält Angaben über die thermischen Leitfähigkeiten einiger Metallschichten.

Tab. 14.3: Thermische Leitfähigkeit einiger Metallschichten bei 25 °C

Schicht	Wärmeleitfähigkeit [W/m · K]	Bezogen auf Silber [%]
Silber	429	100
Kupfer	401	93,47
Gold	317	73,89
Aluminium	237	55,24
Zink	116	27,04
Cadmium	96,8	22,56
Chrom	93,7	21,84
Nickel	90,7	21,14
Platin	71,6	16,69
Zinn	66,6	15,52

Zwischen der spezifischen Wärmeleitzahl λ und der spezifischen elektrischen Leitfähigkeit κ besteht gemäß der WIEDEMANN-FRANZschen Beziehung (s. Abschnitt 2.2.3.2) ein einfacher Zusammenhang. Bei Metallen ist der Quotient λ/κ bei gegebener (nicht zu tiefer) Temperatur praktisch konstant.

$$\frac{\lambda}{\kappa} = \frac{1}{3}\left(\frac{\pi \cdot k}{e}\right)^2 \cdot T = \text{const} \qquad (14.11)$$

Darin bedeuten k die BOLTZMANN-Konstante = $1{,}38 \cdot 10^{-23}$ J/K und e die elektrische Elementarladung = $1{,}602 \cdot 10^{-19}$ C.

14.6.1 Thermischer Ausdehnungskoeffizient

Der Längenausdehnungskoeffizient α eines Stoffes gibt die relative Längenänderung bei einer Temperaturerhöhung um 1 °C an:

$$\alpha = \frac{1}{L_1} \cdot \left(\frac{L_2 - L_1}{T_2 - T_1} \right) = \frac{1}{L_1} \cdot \frac{\Delta L}{\Delta T} \tag{14.12}$$

Darin bedeut L_1 die Länge bei der Temperatur T_1, und L_2 die bei T_2, wobei $T_2 > T_1$.

Der Volumenausdehnungskoeffizient γ eines Stoffes gibt die relative Volumenänderung bei einer Temperaturerhöhung um 1 °C an:

$$\gamma = \frac{1}{V_1} \cdot \left(\frac{V_2 - V_1}{T_2 - T_1} \right) = \frac{1}{V_1} \cdot \frac{\Delta V}{\Delta T} \tag{14.13}$$

Die beiden thermischen Ausdehnungskoeffizienten sind temperaturabhängig. Daher ist die Angabe der Bezugstemperatur zur eindeutigen Kennzeichnung erforderlich. Da α und γ sehr kleine Größen sind, erhält man aus (14.8) und (14.9) folgende Beziehung:

$$\gamma = 3 \cdot \alpha \tag{14.14}$$

Der lineare thermische Ausdehnungskoeffizient α lässt sich experimentell wesentlich leichter und genauer ermitteln als der Volumenausdehnungskoeffizient γ. Aus diesem Grund wird oft die Bestimmung der thermisch bedingten Längenänderung der Ermittlung der Temperaturabhängigkeit des spezifischen Volumens vorgezogen. Zu diesem Zweck können verschiedene Mess- und Registerverfahren angewendet werden. Eines davon ist das Dilatometer-Verfahren, dessen Prinzip in Abb. 14.12 zu sehen ist.

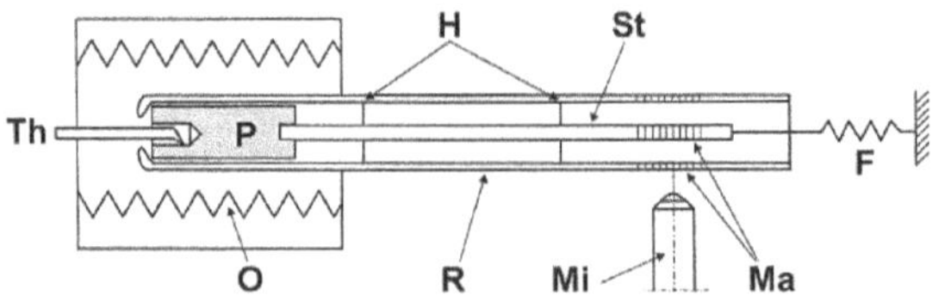

Abb. 14.12: Dilatometer zur Messung thermisch bedingter Längenänderung

In einem Ofen (O), dessen Temperatur mit Hilfe eines Thermoelements (Th) gemessen und geregelt wird, befindet sich das Ende eines Quarzrohrs (R), in das die zu messende Probe (P) gebracht wird. Die Temperatur der Probe wird ebenfalls mit dem Thermoelement bestimmt. Die beim Aufheizen der Probe auftretenden Längenänderungen werden auf einen Quarzstab (St) übertragen, der durch zwei Halterungen (H) geführt und durch eine Feder (F) an die Probe gedrückt wird. Durch die auf dem Quarzstab und dem Quarzrohr angebrachten Messmarken (Ma) lässt sich die thermisch bedingte Längenänderung der Probe mit dem Messmikroskop (Mi) bestimmen. Zusammenhängende Wertepaare von Temperatur und Ausdehnung, in ein Koordinatensystem eingetragen, ergeben die Ausdehnungskurve des Probenmaterials.

Eine Verfeinerung und damit Verbesserung dieser mechanisch arbeitenden Versuchsanordnung lässt sich erreichen, wenn die Bewegung des Quarzstabes zur Auslenkung eines Spiegels genutzt wird, so dass die Messung optisch vorgenommen kann.

14.7 Magnetische Eigenschaften

Einige galvanisch oder außenstromlos abgeschiedene Schichten, zu denen Nickel- und Nickel-Phosphor-Schichten gehören, besitzen magnetische Eigenschaften, die je nach Einsatzgebiet erwünscht oder unerwünscht sein können. Zum leichteren Verständnis der komplexen Zusammenhänge werden im Folgenden einige grundlegende Überlegungen über den Magnetismus mitgeteilt.

Die magnetischen Eigenschaften von Festkörpern werden durch ihr diamagnetisches, paramagnetisches oder ferromagnetisches Verhalten charakterisiert. Ein Festkörper kann die magnetischen Feldlinien eines Magnetfeldes auseinander drängen oder verdichten. Im ersten Fall verhält er sich diamagnetisch, im zweiten Fall paramagnetisch.

Die Ursache des Diamagnetismus, der immer vorhanden ist, liegt im folgenden Sachverhalt. Infolge der Bahn- und Spinbewegung der Elektronen wird durch das äußere Magnetfeld ein magnetisches Moment induziert, das diesem Feld entgegenwirkt. Die Folge ist, dass sich der Festkörper praktisch „unmagnetisch“ verhält.

Für den Paramagnetismus sind die magnetischen Eigenmomente der Elektronen verantwortlich. Jedes Elektron besitzt aufgrund seines Spins und seines Bahnmoments ein magnetisches Eigenmoment, BOHRsches Magneton genannt, dessen Vorzeichen je nach der Richtung des Elektronenspins entweder positiv oder negativ ist. Eine Elektronenschale, die mit gleicher Anzahl von Elektronen positiven und negativen Spins aufgefüllt ist, besitzt kein resultierendes magnetisches Moment, da die von ihren Elektronen hervorgerufenen Magnetfelder sich aufheben. Ist sie aber nur teilweise mit Elektronen besetzt, und ist die Zahl der Elektronen ungerade, dann ist ein magnetisches Moment vorhanden. Atome, in denen sich die magnetischen Einzelmomente der Elektronen nicht gegenseitig aufheben, sind paramagnetisch. Stoffe aus solch paramagnetischen Atomen bilden in einem äußeren Magnetfeld ein zusätzliches, diesem Magnetfeld gleichgerichtetes magnetisches Moment. Der Paramagnetismus überwiegt den Diamagnetismus um viele Größenordnungen.

Einige wenige Metalle, zu denen Nickel gehört, und einige bestimmte Legierungen zeigen ein besonderes magnetisches Verhalten, das als Ferromagnetismus bezeichnet wird. Solche Metalle und Legierungen werden als Ferromagnetika bezeichnet.

Der Ferromagnetismus ist eine Kristalleigenschaft und kommt dadurch zustande, dass die elektrostatische Wechselwirkung, die zwischen den benachbarten Atomen stattfindet, eine Ausrichtung der Elektronenspins bewirkt. Charakteristisch für die Ferromagnetika ist, dass bei ihnen ganze Kristallbereiche, die als WEISSsche Bezirke bezeichnet werden, bereits ohne ein äußeres Magnetfeld magnetisch sind. Man spricht von spontaner Magnetisierung. Diese Bereiche, die etwa 10^{11} bis 10^{16} Atome umfassen, können im Lichtmikroskop sichtbar gemacht werden.

14.7.1 Magnetisierung

Das magnetische Verhalten ferromagnetischer Stoffe lässt sich anhand der Magnetisierungskurve untersuchen. Eine bildliche Darstellung der Abhängigkeit der magnetischen Induktion[2] (B) von der magnetischen Feldstärke (H) gibt die Hystereseschleife in Abb. 14.13.

Die Stärke eines Magnetfeldes wird durch die Feldstärke H zum Ausdruck gebracht, die in [A/m] oder Oersted [Oe] gemessen wird ($1\ \text{A/m} \approx 10^{-2}$ Oe). Bringt man einen „unmagnetischen" kristallinen Stoff in ein Magnetfeld, so orientieren sich die in ihm vorhandenen magnetischen Dipole unter der Wirkung des Magnetfeldes in der Feldrichtung. Dadurch erhöht sich die magnetische Induktion. Den Zuwachs an magnetischer Induktion (ΔB) bezeichnet man als magnetische Polarisation oder Magnetisierung M, die in [$\text{V} \cdot \text{s/m}^2$] oder TESLA [T] angegeben wird ($1\ \text{V} \cdot \text{s/m}^2 = 1$ T).

2 Die magnetische Induktion oder die magnetische Flussdichte ist neben der magnetischen Feldstärke ein Feldvektor des magnetischen Feldes. Er wird durch die Kraftwirkung auf bewegte elektrische Ladungen bzw. auf elektrische Ströme definiert. B und H sind im Vakuum proportional zueinander ($B = \mu_0 \cdot H$; μ_0 magnetische Feldkonstante), im Festkörper kommt jedoch der Beitrag der Magnetisierung hinzu.

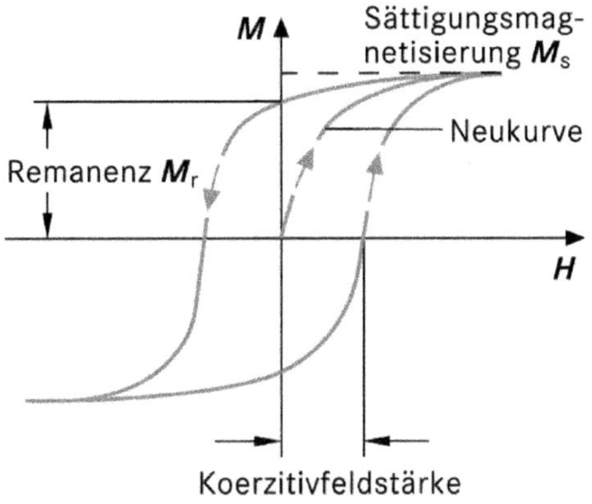

Abb. 14.13: Hystereseschleife eines ferromagnetischen Stoffes

Mit zunehmender Feldstärke steigt die Magnetisierung entlang der Neukurve (die gestrichelte Kurve) an, bis die Sättigungsmagnetisierung M_S erreicht ist. Bei weiterer Erhöhung der Feldstärke ist nur noch eine geringe Zunahme der Magnetisierung über M_S hinaus zu beobachten.

Wird die Feldstärke nach dem Erreichen der Sättigungsmagnetisierung wieder reduziert, so erhält man für M Werte, die über denen der Neukurve liegen (die durchgezogene Kurve). Die bei $H = 0$ noch vorhandene Magnetisierung nennt man Remanenz M_r.

Beim Anlegen eines Gegenfeldes sinkt die Magnetisierung M weiter, bis sie bei einer bestimmten Feldstärke gleich Null wird. Diese Feldstärke, die allgemein als Koerzitivfeldstärke H_c bezeichnet wird, stellt jenes magnetische Gegenfeld dar, das notwendig ist, um die Remanenz M_r völlig zu beseitigen.

Bei weiterer Erhöhung des Gegenfeldes wird schließlich die Sättigungsmagnetisierung $-M_S$ erreicht. Wegen des irreversiblen Charakters des Magnetisierungsvorgangs wird die voll ausgesteuerte Magnetisierungskurve als magnetische Hystereseschleife bezeichnet.

Die durch die Hystereseschleife umrandete Fläche stellt ein Maß für die Magnetisierungsarbeit dar, die in Form von Wärme verloren geht (Hystereseverlust). Je nach der Größe der Koerzitivfeldstärke spricht man von magnetisch „weichen“ oder „harten“ Stoffen. Die zugehörigen Hystereseschleifen sind dementsprechend schmal bzw. breit. Für magnetisch weiche Materialien ist H_c klein, für magnetisch harte groß.

Abb. 14.14 zeigt die Magnetisierungskurven für Nickel-Einkristalle entlang der kristallographischen Richtungen [100], [110] und [111]. Die Sättigungsmagnetisierung beträgt 0,625 T.

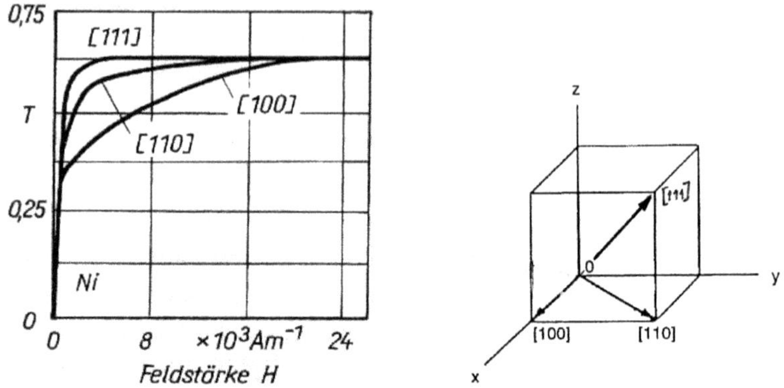

Abb. 14.14: Richtungsabhängigkeit der Magnetisierung bei Nickel-Einkristallen [14.15]

Dieser Darstellung ist zu entnehmen, dass die Magnetisierungsarbeit bei Nickel in Richtung der Raumdiagonalen [111] am kleinsten und in Richtung der Würfelkante [100] am größten ist. Die Magnetisierungsarbeit in Richtung der Flächendiagonalen [110] liegt zwischen diesen beiden Extremwerten. Die Richtung der Raumdiagonale wird daher als die leichte, die Richtung der Würfelkante hingegen als die schwere Magnetisierungsrichtung bezeichnet.

Die Sättigungsmagnetisierung des polykristallinen Nickels beträgt 0,68 T bei 20 °C.

14.7.2 Curie-Temperatur

Der Ferromagnetismus geht mit zunehmender Temperatur verloren. Der Grund dafür liegt in der Tatsache, dass oberhalb einer charakteristischen Temperatur, die als Curie-Punkt T_C bezeichnet wird, die Wärmebewegung der Atome die Ausrichtung die Spinmomente verhindert. Ferromagnetische Stoffe verhalten sich daher nach dem Überschreiten ihrer Curie-Punkte paramagnetisch.

Der Curie-Punkt von Nickel liegt je nach Reinheitsgrad bei 360 bis 370 °C (Abb. 14.15).

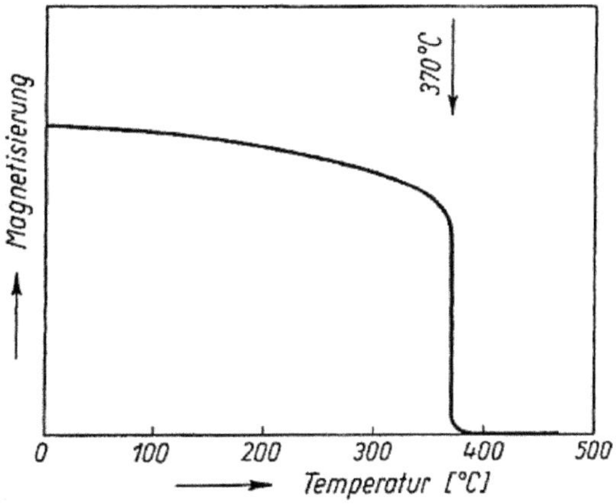

Abb. 14.15: Abhängigkeit des CURIE-Punktes von Nickel von der Temperatur

14.8 Benetzbarkeit

Mit Benetzbarkeit bezeichnet man die Fähigkeit eines Festkörpers, mit einer Flüssigkeit eine gemeinsame Grenzfläche zu bilden, d. h. sich von ihr benetzen zu lassen. Beide Vorgänge, Benetzbarkeit und Benetzung, spielen sich direkt an der Grenzfläche Festkörper/Flüssigkeit ab.

Der Vorgang der Benetzbarkeit spielt eine wichtige „Doppelrolle" in der Galvanotechnik: zum einen bei der Abscheidung metallischer Schichten, zum anderen im Einsatzbereich dieser Schichten.

Die unerlässliche Bedingung dafür, dass sich ein Bauteil überhaupt beschichten lässt, ist seine Benetzbarkeit. Lässt es sich nämlich nicht von der Elektrolytlösung benetzen, so kann auch keine haftfeste Schicht auf seiner Oberfläche erzeugt werden.

Ebenso ist die unerlässliche Bedingung dafür, dass sich eine abgeschiedene metallische Schicht löten, schweißen und bonden lässt, ist ihre Benetzbarkeit. Lässt sie sich nämlich vom Lot bzw. Schweiß- und Bondmaterial nicht benetzen, so ist es unmöglich, die Verbindungstechniken erfolgreich durchzuführen. Dieser Sachverhalt ist insofern von besonderer Bedeutung, als die Löt- und Bondbarkeit metallischer Schichten eine große Rolle in der Elektrotechnik und Elektronik spielt.

Aus den oben erwähnten Gründen soll im Folgenden das Phänomen Benetzbarkeit deshalb kurz erörtert werden.

14.8.1 Oberflächenenergie

Betrachtet man die Oberfläche eines metallischen Festkörpers im atomaren Maßstab, so stellt man fest, dass den obersten Oberflächenatomen Bindungspartner fehlen. Die Folge ist, dass sich die Bindungsenergien der Oberflächenatome von denen der Atome im Inneren des Festkörpers unterscheiden. Die Differenz der beiden Bindungsenergien ist die so genannte Oberflächenenergie γ. Sie ist die reversible Arbeit, die nötig ist, um die Grenzfläche zwischen zwei verschiedenen Phasen (fest/flüssig, flüssig/gasförmig, fest/gasförmig) isobar und isotherm um die Flächeneinheit 1 cm^2 zu vergrößern:

$$\gamma = \left(\frac{\partial G}{\partial O}\right)_{T,\,p,\,n_i} \tag{14.15}$$

G ist die freie Enthalpie, O die molare Oberfläche. Anzumerken sei noch, dass

- γ stets positiv ist, da O (die Oberfläche) positiv ist.
- γ von Temperatur, Druck und Molekulargewicht abhängig ist.
- γ (Arbeit/Fläche; SI-Einheit mJ/m^2) wird in der Regel als Kraft/Länge in mN/m angegeben.
- γ für die Benetzbarkeit von Metalloberflächen ausschlaggebend ist.

Man spricht auch oft von der Oberflächenspannung, wenn sich um die Grenzfläche zwischen einer Flüssigkeit und ihrem Dampf bzw. einem Festkörper und Gas handelt. Streng physikalisch ist diese Unterscheidung jedoch nicht gerechtfertigt, da jede Oberfläche zugleich eine Grenzfläche ist.

Es hat sich gezeigt, dass saubere Metalloberflächen hohe Oberflächenenergien aufweisen und sich daher von Flüssigkeiten leicht benetzen lassen. Als grobe Regel gilt für Metalle, dass ihre Oberflächenenergien (in mN/m) in etwa ihren Schmelzpunkten (in °C) entsprechen. Als Beispiel hierfür sei das Eisen genannt, dessen Oberflächenenergie 1 150 mN/m, und dessen Schmelzpunkt 1 535 °C beträgt. Diese empirisch gefundene Korrelation zwischen der Oberflächenenergie und dem Schmelzpunkt ist Ausdruck dafür, dass die Oberflächenenergien - wie die Schmelzpunkte - unmittelbar mit der Stärke der atomaren Bindungskräfte verknüpft sind.

Dass der Zustand und die Beschaffenheit der Festkörperoberfläche einen großen Einfluss auf ihre Benetzbarkeit ausüben, zeigt das Beispiel Aluminium. Aluminium besitzt eine Oberflächenenergie von 660 mN/m und einen Schmelzpunkt von 660 °C und müsste nach der oben genannten Regel leicht benetzbar sein. Taucht man aber ein technisches

Werkstück aus Aluminium in Leitungswasser (Oberflächenenergie: 72-73 mN/m) und zieht es wieder heraus, so wird man feststellen, dass es sich doch nicht benetzen lässt. Der Grund besteht darin, dass die Werkstückoberfläche von einer dünnen Oxidhaut und möglicherweise anderen Fremdsubstanzen maskiert ist, die ihre Benetzung durch das Wasser verhindern.

Dieses Beispiel soll verdeutlichen, dass man in der Regel in aller wenigsten Fällen mit sauberen Metalloberflächen zu tun hat. Diese sind fast immer von festgebundenen chemischen Reaktionsschichten bedeckt, auf denen sich wiederum relativ lose Adsorptionsfilme und Verunreinigungen unterschiedlicher Art sowie Staubteilchen und sonstige Partikel befinden. Tab. 14.4 enthält Angaben über die Natur und die etwaige Dicke solcher Fremdsubstanzen.

Tab. 14.4: Aufbau des obersten Bereiches einer Metalloberfläche

Partikel	Staub, Abrieb, Salze	10 bis 100 µm
Verunreinigungen	Fett, Öl	ca. 3 nm
Adsorptionsfilme	KW[1], CO_2, H_2O	ca. 0,3 bis 0,5 nm
Reaktionsschichten	Me-O, Me-O-H, Me-N	ca. 1 bis 10 nm

[1] Die Kohlenwasserstoffe (C_nH_m) sind eine Stoffgruppe von Verbindungen, die aus Kohlenstoff und Wasserstoff bestehen.

Es muss also fast immer damit gerechnet werden, dass sich Metalloberflächen mit einer dünnen, benetzungshemmenden Haut überziehen.

14.8.1.1 Youngsche Gleichung

Die Verhältnisse bei der Benetzung einer Metalloberfläche durch eine Flüssigkeit lassen sich anhand von Abb. 14.16 am Beispiel eines Flüssigkeitstropfens in Kontakt mit einem metallischen Substrat beschreiben.

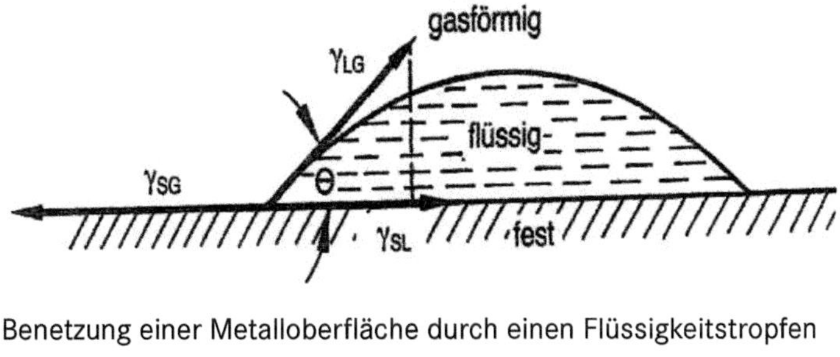

Abb. 14.16: Benetzung einer Metalloberfläche durch einen Flüssigkeitstropfen

Wenn ein Flüssigkeitstropfen in gasförmigem Milieu die glatte Oberfläche eines Festkörpers berührt, wird er sich im Extremfall entweder auf dieser ausbreiten („vollständige Benetzung“) oder zusammenziehen („unvollständige Benetzung). Im Fall der vollständigen Benetzung sind die Adhäsionskräfte größer als die Kohäsionskräfte. Bei unvollständiger Benetzung sind die Verhältnisse umgekehrt.

Um sich eine Vorstellung vom Ausmaß der Benetzung der Festkörperoberfläche durch den Flüssigkeitstropfen im Realfall zu machen, muss man die Oberflächenenergien zwischen Gas und Flüssigkeit, Gas und Festkörper sowie Flüssigkeit und Festkörper in Relation setzen. Wenn der sich adhäsiv ausbreitende Flüssigkeitstropfen zur Ruhe gekommen ist (Gleichgewichtszustand), lässt sich diese Relation durch folgende Gleichung zum Ausdruck bringen:

$$\gamma_{\mathrm{SG}} = \gamma_{\mathrm{SL}} + \gamma_{\mathrm{LG}} \cdot \cos\Theta \tag{14.16a}$$

In dieser als YOUNGsche Gleichung bekannten Beziehung bedeuten:

γ_{SG} Grenzflächenenergie fest/gasförmig
γ_{SL} Grenzflächenenergie fest/flüssig
γ_{LG} Grenzflächenenergie flüssig/gasförmig

Der Randwinkel Θ (auch Kontakt- bzw. Benetzungswinkel genannt), d. h. der Winkel zwischen der Tangente an die Flüssigkeitsoberfläche und der Grenzfläche Substratmetall/Flüssigkeitstropfen stellt ein quantitatives Maß für die Benetzung dar. Er wird durch die Grenzflächenenergien der drei koexistierenden Phasen fest, flüssig und gasförmig bestimmt.

Das Zustandekommen des Randwinkels ist wie folgt begründbar: Die Wechselwirkungen zwischen den Molekülen eines homogenen Stoffes, im vorliegenden Fall also des Metallsubstrats, der Flüssigkeit und der diese beiden umgebenden Luft, werden durch Kohäsionskräfte bestimmt. Zwischen den Molekülen verschiedener Stoffe, im vorliegenden Fall Substrat/Luft, Flüssigkeit/Luft und Substrat/Flüssigkeit, herrschen molekulare Wechselwirkungen; man spricht von Adhäsionskräften. Je nach Verhältnis von Adhäsions- und Kohäsionskräften kann der Flüssigkeitstropfen benetzend oder nicht benetzend sein. Bei einer benetzenden Flüssigkeit ist die Adhäsion größer als die Kohäsion (z. B. Wasser auf Glas: $\Theta = 0°$). Bei einer nicht benetzenden Flüssigkeit ist umgekehrt die Kohäsion größer als die Adhäsion (z. B. Quecksilber auf Glas: $\Theta = 150°$). Somit kann man, wie in Abb. 14.17 geschehen, den Randwinkel Θ als Ausdruck der Benetzung auffassen.

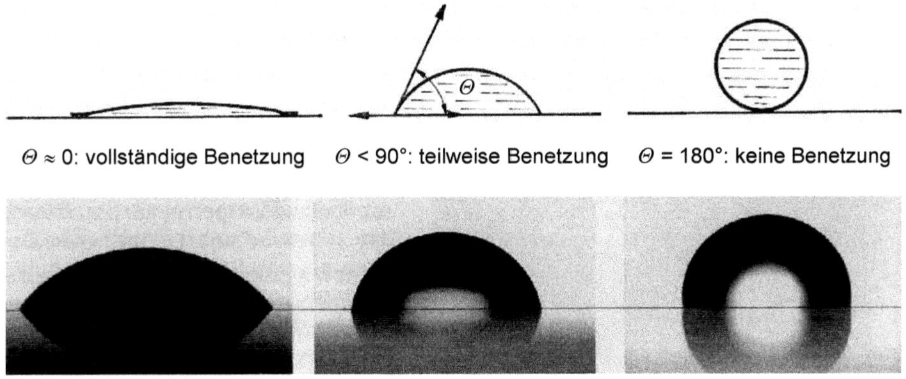

Abb. 14.17: Unterschiedliche Benetzung eines Metalls durch einen Flüssigkeitstropfen

Es ergeben sich drei Fälle:

1. $\Theta = 0°$: Die Flüssigkeit spreitet[3] auf der Metalloberfläche.
2. $0° < \Theta < 90°$: Mit größer werdendem Randwinkel spreitet die Flüssigkeit zunehmend weniger auf der Metalloberfläche.
3. $\Theta > 90°$: Die Flüssigkeit perlt von der Metalloberfläche ab.

Somit ist nur bei ausreichender Benetzung ein inniger, vollflächiger Kontakt zwischen der Flüssigkeit und dem Festkörper möglich. Dies geschieht wiederum dann, wenn der Festkörper eine möglichst große Oberflächenenergie besitzt.

Streng genommen gilt der Randwinkel Θ als Gleichgewichtswert bei einer vollkommen glatten Oberfläche sowie einem völlig homogenen Flüssigkeitstropfen bzw. Metallsubstrat. Unter diesen Voraussetzungen lässt sich Gl. (14.16) aus dem Kraftvektoren-Diagramm mathematisch ableiten, in dem nur die horizontalen Komponenten berücksichtigt werden.

Physikalisch bedeutet diese Gleichung, dass die Grenzflächenadhäsion dann groß ist, wenn die Vernichtung der Flüssigkeits- und der Festkörperoberfläche durch Bildung einer gemeinsamen Grenzfläche unter möglichst großem Energiegewinn stattfindet, d. h., wenn Oberflächen hoher Energie vernichtet werden.

[3] Von Spreiten spricht man, wenn eine Flüssigkeit eine Oberfläche so benetzt, daß ein Kontaktwinkel von näherungsweise 0° entsteht; es findet also eine vollständige Benetzung der Oberfläche statt.

Durch die Umschreibung der Gl. (14.16a) erhält man die so genannte kritische Oberflächenenergie γ_c:

$$\cos\Theta = \frac{\gamma_{SG} - \gamma_{SL}}{\gamma_{LG}} \equiv \frac{\gamma_c}{\gamma_{LG}} \qquad (14.16b)$$

γ_c stellt die größte Grenzflächenenergie (Oberflächenspannung) einer Flüssigkeit dar, die sich gerade auf einer Festkörperoberfläche spreitet.

Aus der obigen Beziehung geht hervor, dass cos Θ und γ_c direkt miteinander proportional sind. Diese Proportionalität wird mit Hilfe des so genannten ZISMAN-Diagramms graphisch dargestellt.

Beim ZISMAN-Diagramm handelt es sich um eine graphische Darstellung zur Ermittlung der kritischen Oberflächenspannung (eigentlich der freien Oberflächenenergie[4]) eines Festkörpers. Die Abszisse (x-Achse) trägt die Oberflächenspannungen der benutzten Testflüssigkeiten, die Ordinate (y-Achse) den Kosinus der gemessenen Kontaktwinkel (cos Θ). Der Wert auf der x-Achse, bei dem die Bedingung des Spreitens für den aufgebrachten Tropfen auf dem Festkörper erstmalig eintritt (cos Θ = 1), wird die kritische Oberflächenspannung genannt.

14.8.1.1.1 Bestimmung des Benetzungswinkels

Sind die Oberflächenenergien γ_{SG}, γ_{SL} und γ_{LG} bekannt, so lässt sich der Benetzungswinkel Θ mit Hilfe der Gl. (14.17b) ermitteln. Andernfalls müssen die Oberflächenenergien erst experimentell bestimmt werden [14.16–14.18]. Hierfür stehen kommerzielle Geräte zur Verfügung[5].

Für die direkte Bestimmung des Benetzungswinkels kann die WILHELMY-Plattenmethode herangezogen werden, deren prinzipieller Aufbau in Abb. 14.18 zu sehen ist.

---

4 Die freie Oberflächenenergie ist Maß für den gesamten Energieinhalt einer Festkörperoberfläche, das ein Äquivalent zu Oberflächenspannung bei Flüssigkeiten darstellt. Die Gesamtenergie kann für viele praktische Anwendungen, als aus dispersen und polaren Anteilen zusammengesetzt betrachtet werden. Disperse Anteile sind die Anteile in der Oberflächenenergie oder Grenz- bzw. Oberflächenspannung, die ihre Ursache in disperser Wechselwirkung (Anziehung zwischen induzierten Dipolen) an der Phasengrenzfläche finden. Polare Anteile sind die Anteile in der Oberflächenenergie, die ihre Ursache in der polaren Wechselwirkung an der Phasengrenzfläche finden.

5 Zum Beispiel das Blasendruck-Tensiometer BP100 oder das Tropfenkonturanalysesystem TKA-System DSA1 V.1.80 der Firma Krüss GmbH Hamburg, für die Bestimmung der Oberflächen- und Grenzflächenspannung.

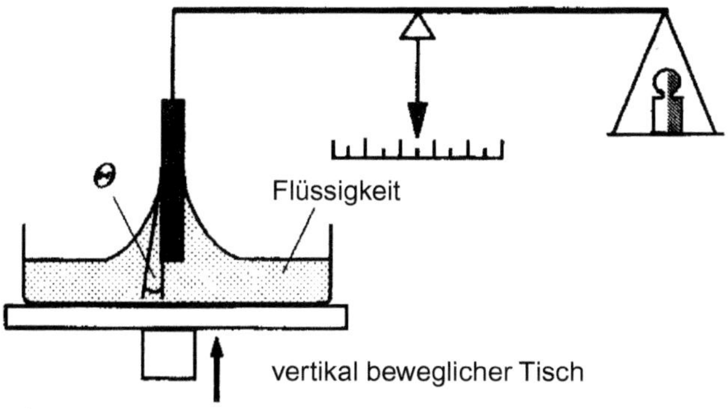

Abb. 14.18: WILHELMY-Vorrichtung zur Bestimmung des Benetzungswinkels

Als Messkörper dient eine senkrecht aufgehängte rechteckige Testplatte bekannter Geometrie. Die Plattenunterkante wird mit der Flüssigkeit in Kontakt gebracht und dadurch benetzt. Die benetzte Länge ist gegeben durch $L_b = 2\,l + 2\,b = 40$ mm (Länge $l = 19{,}9$ mm, Breite $b = 0{,}1$ mm). Gemessen wird die Kraft P_{max}, die erforderlich ist, um die Testplatte aus der Flüssigkeit herauszuziehen. Der Benetzungswinkel Θ lässt sich nun aufgrund folgender Beziehung berechnen:

$$\cos\Theta = \frac{P_{max}}{L_b \cdot \gamma_{LG}} \qquad (14.17)$$

Für Bestimmung der Grenzflächenenergie γ_{LG} ist wie folgt zu verfahren:

- Das Kraftmesssystem wird mit angehängter Testplatte vor dem Benetzen in Luft auf Null tariert.
- Die Flüssigkeit wird mit ihrer Oberfläche gegen die Unterkante der Testplatte gehoben, bis die Flüssigkeit „anspringt“, d. h. die Platte benetzt wird. Durch Drehen der Kraft-Schraube wird die Waage auf Null gebracht.
- Die aus der Benetzung resultierende Kraft K in Skalenteilen wird abgelesen und aus Tabellen in mN/m umgerechnet.

14.8.2 Lötbarkeit

Als Löten bezeichnet man das Verbinden von Metallen durch andere geschmolzene und wieder erstarrte Metalle. In der Regel werden hierzu eine niedrig schmelzende Metalllegierung und ein Flussmittel verwendet. Die Aufgabe des Flussmittels besteht darin, den vorhandenen Oxidfilm von der zu lötenden Oberfläche zu beseitigen und seine Neubildung zu verhindern.

Im Gegensatz zum Schweißen werden beim Löten die zu verbindenden Metalle nicht flüssig. Man unterscheidet nach DIN 8505, 8511, 8513 und 1707 zwischen Weichlöten bei Temperaturen < 450 °C (meist 185 bis 400 °C) unter Verwendung von Zinn-Blei-Antimon-Legierungen und Hartlöten bei Temperaturen > 450 °C (meist 600 bis 1 100 °C) unter Verwendung von Kupfer-, Messing-, Bronze- und Silberloten [14.19, 14.20].

Das Weichlöten ist eine der wichtigsten Fertigungstechnologien der elektronischen Industrie. Angesichts der hohen Anzahl gefertigter Lötverbindungen und den nicht zu unterschätzenden Folgen einer Fehllötung kommt der Produktion von qualitativ hochwertigen Wichlötungen eine große wirtschaftliche und technische Bedeutung zu [14.21]. Dies umso mehr, wenn man berücksichtigt, dass die wirtschaftliche Entwicklung in den Industrieländern in den letzten Jahrzehnten entscheidend von den strukturverändernden Fortschritten auf dem Gebiet der Elektronik getragen wurde.

Unter Lötbarkeit versteht man die Eigenschaft einer Metalloberfläche, sich unter den gegebenen Bedingungen von Flussmittel und Temperatur durch flüssiges Lot benetzen und mit einem anderen Bauteil fest verbinden zu lassen [14.22]. Sie ist keine Werkstoff-, sondern eine Systemeigenschaft.

Die wichtigste Voraussetzung für ein erfolgreiches Löten ist, dass das flüssige Lot in unmittelbaren Kontakt zum festen Metall kommt und es vollständig benetzt. Alle fest haftenden Verunreinigungen auf der zu lötenden Metalloberfläche, wie beispielsweise Oxide, sind eine Sperrschicht in der metallischen Kontinuität und verhindern die Benetzung. Ein Lottropfen auf einer oxidierten oder sonst verunreinigten Oberfläche verhält sich etwa wie ein Tropfen Wasser auf einer fettigen Oberfläche; er benetzt sie nicht (Abb. 14.19). Infolgedessen ist die Haftung mangelhaft, und der Lottropfen lässt sich leicht entfernen. Der Ausdruck „Tränenbildung" (heute Entnetzung) rührt von diesem Sachverhalt her.

Ist die Metalloberfläche aber ausreichend sauber, dann spreitet das aufgeschmolzene Lot auf der Metalloberfläche, d. h. der Rand- oder Benetzungswinkel ist verschwindend klein.

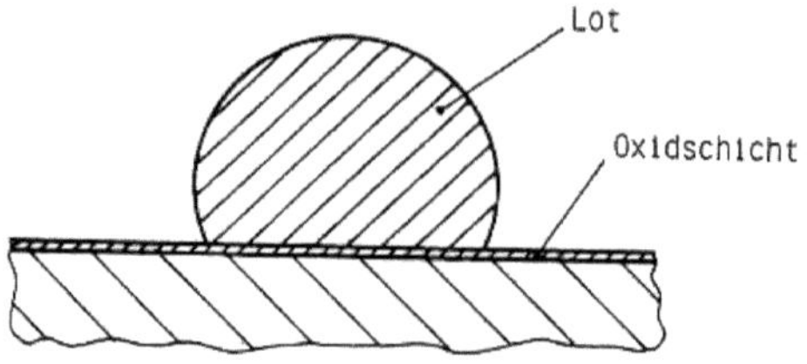

Abb. 14.19: Flüssiger Lottropfen auf einer oxidierten Metalloberfläche

Infolgedessen kommen die Atome des Lotes und des Metallsubstrats dicht zusammen und führen durch gegenseitige Diffusion zur Bildung einer Legierung. Das Ergebnis ist gute mechanische Haftung verbunden mit einer guten elektrischen Leitfähigkeit. Diese Verhältnisse sind in Abb. 14.20 schematisch dargestellt.

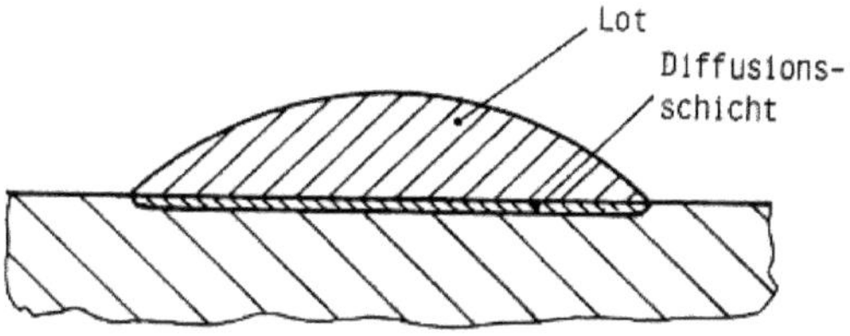

Abb. 14.20: Flüssiger Lottropfen auf einer sauberen Metalloberfläche (Legierungsbildung)

Zudem kommt es zu einer mechanischen Verankerung des aufgeschmolzenen Lotes, da die Rautiefen und Kavernen in der Metalloberfläche vom Lot ausgefüllt werden.

Streng genommen gilt die Annahme einer flachen Grenzfläche zwischen Lot und Metalloberfläche nicht für das Gleichgewicht. Vielmehr ist von den in Abb. 14.21 schematisch wiedergegebenen Verhältnissen auszugehen.

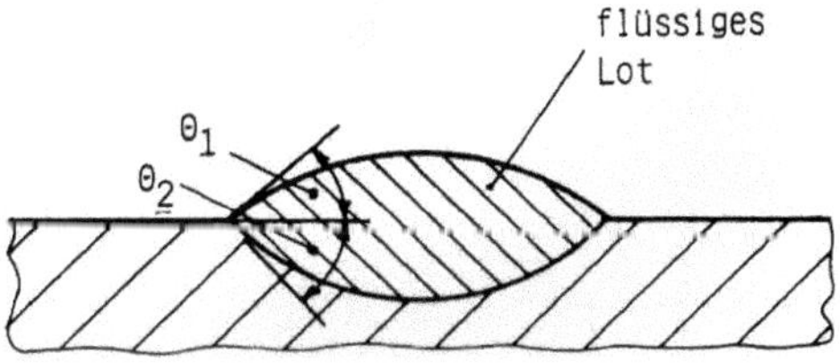

Abb. 14.21: Flüssiger Lottropfen auf einer flachen Fläche.

Somit lautet die erweiterte Form der YOUNGschen Gleichung für den Lötprozess:

$$\gamma_{SG} = \gamma_{SL} \cdot \cos\Theta_2 + \gamma_{LG} + \cos\Theta_1 \tag{14.18}$$

Die Annahme einer flachen Ebene ist aber hinreichend genau, um das Lötprozess zu beschreiben zu können.

14.8.2.1 Prüfmethoden

Prüfmethoden zur Untersuchung der Lötbarkeit sind im Regelfall Prüfverfahren zur Messung des Benetzungsverhaltens unter Lötbedingungen. In DIN 32506 (Teil 1 bis 4),

DIN IEC 68, Teil 2 bis 20) sowie in [14.23] sind einige Prüfverfahren angegeben. Zur Verfügung steht auch eine Reihe von kommerziellen Lötbarkeitsprüfgeräten, mit deren Hilfe die Lötbarkeit von Metallen nach praktischen Gesichtspunkten geprüft wird[6]. Darunter die so genannte Benetzung, die häufig für die Beurteilung der Lötbarkeit abgeschiedener Schichten eingesetzt wird.

14.8.2.1.1 Benetzungswaage

Die Lötbarkeit von Schichten wird neuerdings mit Hilfe einer Benetzungswaage untersucht. Diese besteht im Wesentlichen aus einer Wanne, in der sich das aufgeschmolzene Lot befindet, und einer Waage, mit der die Benetzungskraft ermittelt werden kann. Unter Benetzungskraft versteht man die Kraft, die das aufgeschmolzene Lot auf den beschichten Prüfling ausübt, wenn es dessen Oberfläche benetzt und sich auf ihr ausbreitet.

Die Lötwanne lässt sich automatisch auf und ab bewegen, womit die Möglichkeit gegeben ist, das beschichtete Bauteil bis zu einer bestimmten Tiefe in das geschmolzene Lot einzutauchen. Zu diesem Zweck wird das Bauteil am Waagebalken aufgehängt.

Die Funktionsweise der Benetzungswaage und das sich daraus ergebende Kraft-Zeit-Diagramm (Benetzungskurve) sind in Abb. 14.22 schematisch wiedergegeben.

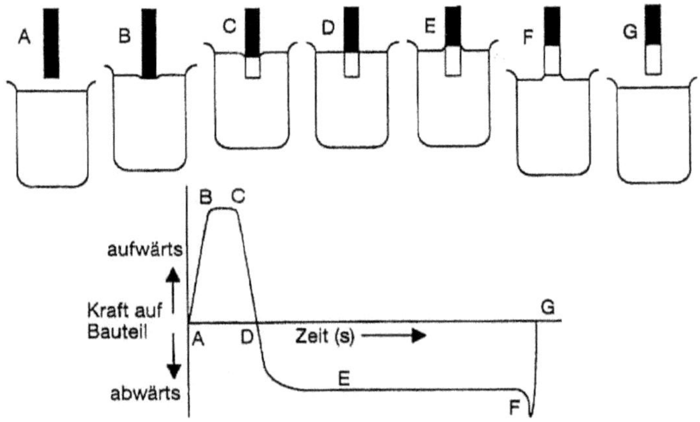

Abb. 14.22: Benetzungswaage zur Messung der Benetzbarkeit von Schichten [14.24]
Oben: Funktionsweise der Benetzungswaage
Unten: das Kraft-Zeit-Diagramm

6 Dr.-Ing. Georg Wazau GmbH Mess- und Prüfsysteme, Berlin

Sobald das beschichtete Bauteil in das aufgeschmolzene Lot taucht (A), vermindert sich sein Gewicht um die Auftriebskraft des verdrängten Lotes, erhöht sich aber um die Kraft, die zur Bildung des abwärts gerichteten Meniskus der Lotoberfläche gegen die Bauteiloberfläche notwendig ist (C). Die auf das Bauteil wirkende Kraft ist daher zunächst nach oben gerichtet. Die Steigung AB wird durch die Eintauchtiefe und die Bauteilgeometrie bestimmt; das Zeitintervall BC ist im wesentlichen von der Wärmekapazität des Bauteils und dem Wärmeübergang abhängig.

Wird das Bauteil vom Lot benetzt, was sich dadurch bemerkbar macht, dass das Lot an der Bauteiloberfläche aufsteigt, so bildet sich ein aufwärts gerichteter Meniskus, und die auf die Waage ausgeübte Kraft nimmt ab (D). Ab jetzt schreitet die Benetzung fort, und die Kraft wird, wenn sich das Bauteil gut von dem aufgeschmolzenen Lot benetzen lässt, negativ. Sie erreicht ihr Maximum bei E. Der Grad der Benetzung wird durch CE angezeigt. Nachdem die maximale Kraft bei E erreicht ist, bleibt der Meniskus stabil, und die Stabilität der Benetzung im letzten Teil der Tauchperiode kann durch das Verhältnis Kraft F/Kraft E ausgedrückt werden. Die Punkte F und G markieren den Augenblick der Entfernung des Bauteils aus dem Lötbad.

Die präzise Form der Benetzungskurve hängt von einer großen Zahl physikalischer und chemischer Parameter ab, wie z. B. der Wärmeleitfähigkeit des beschichteten Bauteils, der Gasumgebung, der chemischen Flussmittelaktivität (Menge und Art) und der Oxidfilmbildung. Für unterschiedliche Benetzungsgrade ergeben sich entsprechende Kurvenzüge. Das Kraft-Zeit-Diagramm in Abb. 14.23 enthält neben der Kurve für den Fall

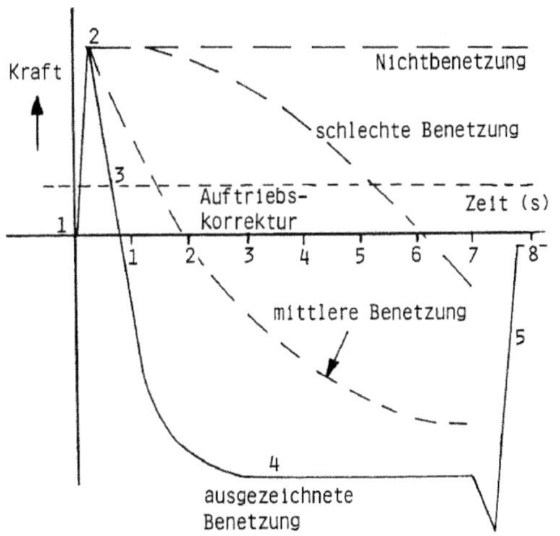

Abb. 14.23: Schematische Darstellung der Benetzungskurven für unterschiedliche Benetzungsgrade

der einwandfreien Benetzung weitere Benetzungskurven, die sich dann ergeben, wenn die Benetzung der Bauteiloberfläche durch das aufgeschmolzene Lot nicht den idealen Verhältnissen entspricht. Darin ist auch der Fall der völligen Nichtbenetzung angedeutet.

Die parallel zur Zeitachse eingezeichnete gestrichelte Linie (3) repräsentiert den durch das Eintauchen eines Teils des Prüflings verursachten Auftrieb.

Typische Benetzungskurven, die sich bei der Untersuchung der Lötbarkeit mittels Benetzungswaage ergeben, sind in Abb. 14.24 zusammengestellt.

Irreguläre Benetzung findet oft bei Bauteilen mit großem Wärmebedarf statt.

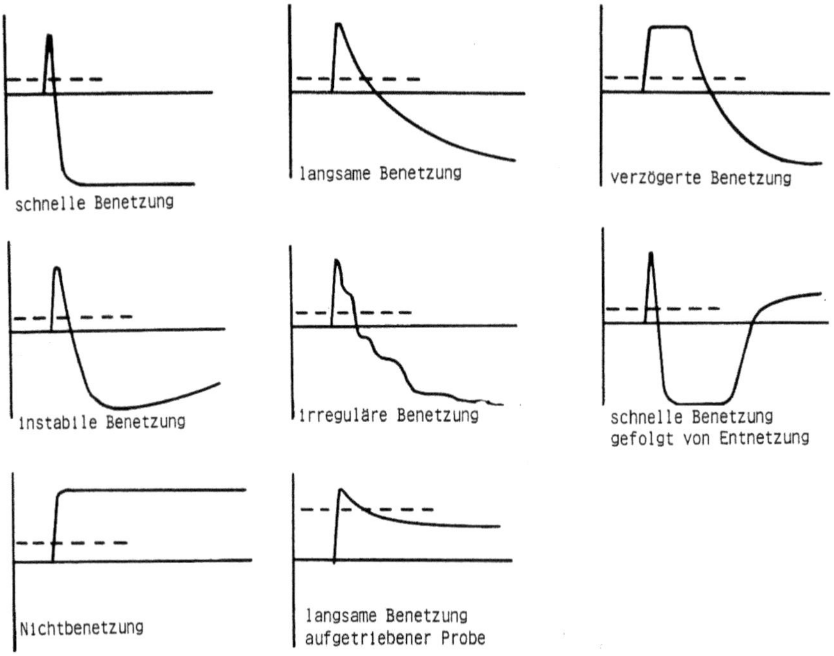

Abb. 14.24: Typische Benetzungskurven bei der Bestimmung der Lötbarkeit mittels Benetzungswaage

14.8.3 Schweißbarkeit

Als Schweißen bezeichnet man das Verbinden von Metallen unter Verwendung von Wärme oder/und Druck mit oder ohne Zuführen eines artgleichen oder ähnlichen Zusatzstoffes (DIN 1910).

Beim Schmelzschweißen können Gase, elektrische Lichtbögen und Elektronenstrahlen verwendet werden. Ferner kommt auch aluminiumthermisches Schmelzschweißen zur Anwendung (DIN 1910, 1913, 2301, 8554/7 und 8571).

Die Einordnung des Schweißens in die Fertigungstechnik erfolgt gemäß DIN 8580 und DIN 8595.

Die Schweißbarkeit einer abgeschiedenen Schicht bezeichnet die Möglichkeit, den Stoffschluss an einem beschichteten Bauteil durch ein schweißtechnisches Fertigungsverfahren herbeizuführen. Die Schweißbarkeit eines beschichteten Bauteils wird durch drei Faktoren bestimmt:

- Schweißneignung des Schichtwerkstoffs
- Schweißmöglichkeit der Fertigung
- Schweißsicherheit der Konstruktion

Die Schweißneigung kann zur differenzierteren Betrachtung in drei Unterbegriffe unterteilt werden:

- Chemische Zusammensetzung, beispielsweise Härte, Alterung, Sprödbruchneigung, Schmelzbadverhalten
- Metallurgische Eigenschaften, beispielsweise Seigerung, Einschlüsse, Korngröße, Gefüge, Anisotropie
- Physikalische Eigenschaften, beispielsweise thermisches Ausdehnungsverhalten, Wärmeleitfähigkeit, Schmelzpunkt, Festigkeit

Als Schweißmöglichkeit bezeichnet man den Einfluss der Fertigung auf die Schweißbarkeit. Beispielsweise ist ein Vor- und Nachwärmen nicht immer möglich, oder ein Ausschleifen der Naht vor dem Schweißen.

Die fertigungsbedingte Schweißmöglichkeit umfasst drei Arbeitsschritte:

- Vorbereitung zum Schweißen, beispielsweise Schweißverfahren, Art der Zusätze, Hilfsstoffe
- Ausführung der Schweißarbeiten, beispielsweise Wärmeführung, Wärmeeinbringung, Schweißfolge
- Nachbehandlung, beispielsweise Wärmebehandlung, Schleifen, Beizen

Neben dem Schichtwerkstoffverhalten wird die Schweißbarkeit auch durch die konstruktive Gestaltung des Bauteiles wesentlich mitbestimmt. Diesen Einfluss nennt man Schweißsicherheit.

Die konstruktionsbedingte Schweißsicherheit berücksichtigt folgende Aspekte:

- Konstruktive Gestaltung, z. B. Schichtdicke, Kraftschluss im Bauteil, Anordnung der Schweißnähte
- Beanspruchungszustand, z. B. Art und Größe der Spannungen im Schichtwerkstoff, Korrosionsverhalten

14.8.4 Bondbarkeit

Als Bonden bezeichnet man in der Elektrotechnik eine Verbindungstechnik mittels hauchdünner Drähte, in der Halbleitertechnologie eine meist unlösbare Verbindung zwischen zwei Körpern.

Als ein wichtiges Verfahren der Fügetechnik bedeutet Bonden das stoffschlüssige Verbinden zwischen Materialien, Komponenten und/oder Anschlusselementen von einer zur nächst höheren Verdrahtungsebene bei der Herstellung elektronischer Bauteile [14.25]. Die elektrische Kontaktierung zwischen den Chipanschlussflächen des Dies[7] und den Trägerstreifen (Leadframe[8]) stellt ein Beispiel für das Bonden dar. Man unterscheidet zwischen Draht-, Chip-, Wafer- und anodischem Boden.

Das Drahtbonden bezeichnet einen Verfahrensschritt, bei dem mittels dünner Drähte (Bonddraht) ein Chip mit den elektrischen Anschlüssen des Gehäuses verbunden wird. Das Chipbonden oder Die-Bonden bezeichnet den Verfahrensschritt der Befestigung der vereinzelten Bruchstücke des Wafers auf einer Grundplatte. Das Waferbonden ist

---

7 Die ist in der Halbleitertechnik die Bezeichnung eines einzelnen gehäuselosen Halbleiter-Chips. Ein solcher Die oder „Nacktchip" wird üblicherweise durch Sägen oder Brechen des fertig bearbeiteten Wafers in rechteckige Teile gewonnen, auf denen sich je ein vollständiges, funktionsfähiges Bauteil befindet. Der Begriff Nacktchip ist in der Hybrid-Technik verbreitet und umfasst alle Halbleiterbauelemente, die gehäuselos als Chip in dieser Technik eingesetzt werden. Er stellt eine Abgrenzung zu den Chips dar, die durch Bonden und Verkappen zu Halbleiterbauelementen mit eigenem Gehäuse fertig gestellt werden, wobei es sich um die gleichen Chips handeln kann. Sprachlich ist jedoch diese Bezeichnung nicht korrekt, da ein Chip gemäß Definition „nackt" ist und somit Nacktchip und Chip Bezeichnungen für ein und denselben Gegenstand sind.

8 Leadframe, auch Lead frame genannt, ist ein IC-Gehäuse, dass im Wesentlichen aus einem Chipträger und Anschlussleitungen besteht. Seines Aussehens wegen wird es gelegentlich auch „Spinne" genannt. Produktionstechnisch ist das Leadframe ein Träger für Halbleiter in Form eines Bandes, das die Behandlung der Halbleiter in Durchlaufprozessen erlaubt. Im Allgemeinen wird jedoch nur das Anoden-Kathoden-Konstrukt samt der Reflektorwanne als Leadframe bezeichnet.

ein Verfahrensschritt, bei dem zwei Wafer miteinander verbunden werden. Anodisches Bonden ist ein Verbindungsverfahren, das besonders bei der Herstellung von Sensoren und mikromechanischen Bauelementen der Halbleiter- und Mikrosystemtechnik zur Anwendung kommt.

In der Elektrotechnik werden häufig Kontaktschichtsysteme aus Leitschicht, Sperrschicht und verbindungsfähiger Kontaktschicht eingesetzt. Die Sperrschicht verhindert eine Diffusion von Leitschichtatomen an die Oberfläche.

Dank ihrer hohen Härte und Verschleißfestigkeit sowie ihrer günstigen thermischen Eigenschaften finden chemisch abgeschiedene Nickel-Phosphor-Schichten hierbei breite Anwendung. Beim Einsatz in Kontaktschichtsystemen wird durch die Morphologie dieser Schichten, die so genannte Blumenkohlstruktur, schon bei geringen Schichtdicken eine hohe Diffusionssperrwirkung erzielt.

Höchste Anforderungen an die Sperrschichtwirkung von Nickel-Phosphor-Schichten stellt die Mikroelektronik bei Cu-Ni/P-Au-Schichtsystemen für Drahtbonden dar. Metallische Verunreinigungen der Bondfläche (beispielsweise durch Cu) können zum einen zur Bildung von Metalloxidschichten führen, wodurch die Bondbarkeit eingeschränkt bzw. unmöglich wird, zum anderen können sie zur Einschränkung der Zuverlässigkeit der Bondverbindung führen, deren Folge Frühausfälle des Kontaktes sind. Die chemisch abgeschiedene Nickel-Phosphor-Schicht muss wirkungsvoll eine Diffusion von Cu-Atomen in die Au-Schicht unterbinden [14.26]. Die REM-Aufnahme in Abb. 14.25 zeigt das Kontaktschichtsystem eines Drahtbondpads im Querschliff.

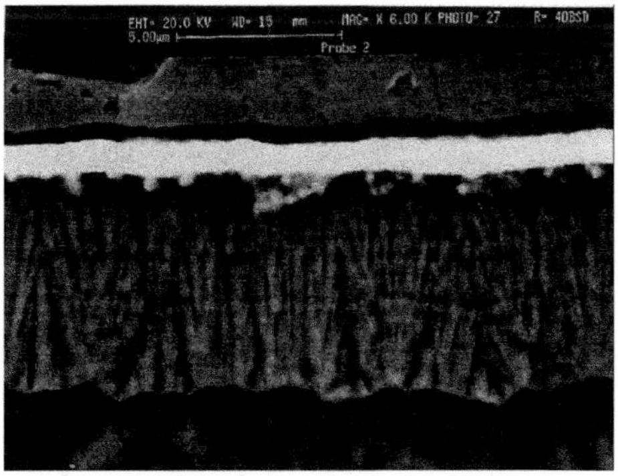

Abb. 14.25: Drahtbondpad, Schichtsystem: Cu-Ni/P-Au (REM-Aufnahme, Querschliff geätzt, V = 6 000×) [14.26]

Auf das Cu-laminierte Leiterplattenmaterial werden 5 bis 8 µm dicke Nickel-Phosphor-Schicht und 1 bis 2 µm dicke Au-Schicht abgeschieden. Typisch für die Nickel-Phosphor-Schicht ist der rhytmisch-lamellare Aufbau. Die Schichtausbildung kann jedoch säulenförmig erfolgen. Ein solcher Schichtaufbau kann bei durchgehenden Poren in der Nickel-Phosphor-Schicht zu einer erhöhten Cu-Diffusion in die Au-Schicht beitragen, so dass Konzentrationen in und auf der Goldoberfläche von über 50 ppm werden erreicht können. Die Folgen sind Ausfälle der Drahtbondverbindungen.

Mit einer Unterbrechung des Wachstums der Nickel-Phosphor-Schicht nach halber Beschichtungszeit sowie erneuter Keimbildung und nachfolgendem Schichtwachstum lässt sich ein Duplex- Nickel-Phosphor-Schichtsystem aufbauen (Abb. 14.26).

Man erkennt, dass auf der Oberfläche der ersten Nickel-Phosphor-Schicht einige Zentren existieren, auf denen erneut Keimbildung eingesetzt hat. Häufig ist, ausgehend von der Cu-Oberfläche, eine durchgehende säulenförmige oder knospige Abscheidung zu erkennen. Die zweite Nickel-Phosphor-Schicht wächst teilweise unter Beibehaltung der Morphologie der ersten weiter. Die Anzahl durchgehender Poren in der Nickel-Phosphor-Schicht wird aber hierdurch nur geringfügig verringert.

Erst ein Tripex- Nickel-Phosphor-Schichtsystem (Abb. 14.27) ist in der Lage, die Anzahl durchgehender Poren deutlich zu minimieren.

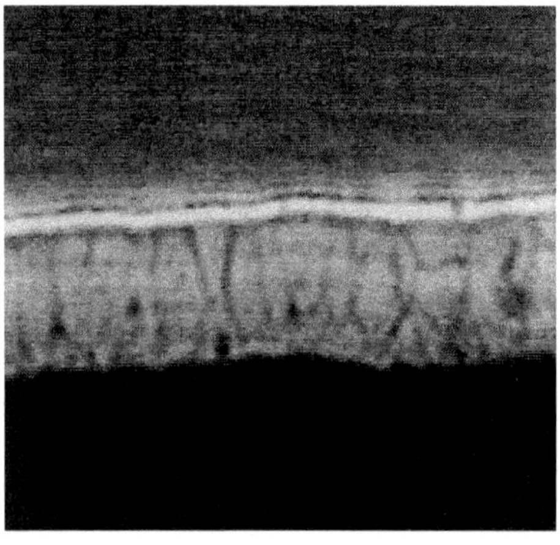

Abb. 14.26:
Drahtbondpad, Schichtsystem:
Cu-Ni/P-Sandwich/Au
(REM-Aufnahme, Querschliff, V = 750×)
[14.26]

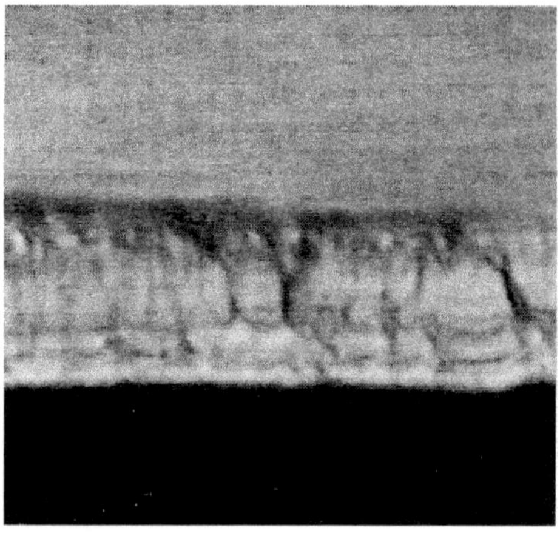

Abb. 14.27:
Drahtbondpad, Schichtsystem:
Cu-Ni/P-Sandwich/Au
(REM-Aufnahme, Querschliff, V = 1 500×)
[14.26]

Es zeigt sich, dass zur völligen Vermeidung der diffusionsfördernden säulenförmigen oder knospigen Strukturen eine Vielzahl von Schichten (ein Sandwich) notwendig wäre. Ein solcher Aufbau ist mit einem erhöhten technologischen Aufwand verbunden. Eine verbesserte Diffusionssperrwirkung und damit ein verbesserter Korrosionsschutz durch die Nickel-Phosphor-Schicht rechtfertigt diese Maßnahme.

Literaturverzeichnis

[14.1] *Vater, L. D.*: „Die Zink/Nickelabscheidung" Metalloberfläche 5 (1989), S. 201-205

[14.2] *Parkinson, R.*: „Properties and applications of electroless nickel", Nickel Development Institute (NiDI) Technical Series № 10081, 1997

[14.3] *N. N.*: „The Engineering Properties of EN Deposits", INCO-Publication, 1977

[14.4] *Brücker, F.*: Kontrolle 6 (1985) Febr., S. 50-51

[14.5] *Möller, K.-H. und Brücker, F.*: Galvanotechnik 70 (1979), S. 1220-1221

[14.6] *N. N.*: Product Finishing 48 (1984) 5, S. 150-152

[14.7] *Schlötterer, H.*: Metalloberfläche 16 (1962), S. 49-52, S. 81-84, S. 141-147

[14.8] *Riedel, W.*: Dissertation, FB Chemie, Freie Universität Berlin, 1970

[14.9] *Elze, J., Plog, H. und Riedel, W.*: „Handbuch der Galvanotechnik 111", herausgegeben von *H. W. Dettner* und *J. Elze*, Carl. Hanser Verlag München, 1969

[14.10] *Rolff, R.*: Metalloberfläche 32 (1978), S. 110-113

[14.11] *Becker, H. und Schnabl, R.*: Metalloberfläche 34 (1980), S. 510-515

[14.12] *Großmann, H. und. Schaudt, G.*: Galvanotechnik 67 (1976), S. 292-297

[14.13] *Gehlert, B.*: „Empfindlicher Kontaktwiderstandsmessung", Test Kompendium 2004, S. 68-70

[14.14] *Rauscher, G.*: „Kontaktwiderstandsmessung an sehr dünnen chromfreien Konversionsschichten", Galvanotechnik 4/2007, S. 980-983

[14.15] *Nitzsche, K. und Ulrich, H.-U.* (Herausgeber): „Funktionswerkstoffe der Elektrotechnik und Elektronik", Dr. Alfred Hüthig Verlag Heidelberg, 1986

[14.16] *Schwenker, G.*: „Über eine wesentliche Verfeinerung der Oberflächenspannungsmessung nach der Bügelmethode und über die Oberflächenspannung verdünnter Salzlösungen", Annalen der Physik, Vol. 403, Heft 5 (1931), S. 525-557

[14.17] *Dörfler, H.-D.*: „Grenzflächen- und Kolloidchemie", VCH Weinheim, 1994

[14.18] *Birdi, K. S.*: „Handbook of Surface and Colloid Chemistry", CRC Press Boca Raton, New York, 1997

[14.19] *Dettner, H. W.*: „Lexikon für Metalloberflächenveredlung", Eugen G. Verlag Saulgau/Württ., 1989

[14.20] *Kanani, N.*: Metallkundliche Aspekte und Probleme von bleihaltigen Loten, 22. Ulmer Gespräch, Eugen G. Leuze Verlag Bad Saulgau, 2000

[14.21] *Schmitt-Thomas, Kh., G. und Zahel, H. M.*: Metall 37 (1983), S. 43-49

[14.22] *Twaites, C. J.*: Zinn und seine Verwendung 130 (1981), S. 8-11

[14.23] *Friedrich, D.*: Elektronik Produktion und Prüftechnik (1981), S. 281-284

[14.24] *Verbunt, H.*: Metalloberfläche 50 (1996) 7, S. 551-554

[14.25] *Scheel, W.* (Herausgeber): „Baugruppentechnologie der Elektronik", 1. Auflage, Eugen G. Leuze Verlag Saulgau/Württ., 1997

[14.26] *Gesemann, R., Müller, F. und Eysert, A.*: „NiP-Diffusionsschichten", Jahrbuch der Oberflächentechnik, Bd. 49 (1993), S. 191-200

15 Einfluss metallischer Schichten auf Bauteileigenschaften

15.1 Einleitung

Durch galvanisches oder außenstromloses Beschichten eines Bauteils aus Metall oder Kunststoff erzeugt man einen Verbundwerkstoff. Dabei kann es - eine feste Haftung zwischen der Schicht und dem Grundwerkstoff vorausgesetzt - zu einer unerwünschten Beeinflussung der Eigenschaften des Grundwerkstoffs durch die aufgebrachte metallische Schicht kommen.

Aus metallkundlicher Sicht lassen sich vier unterschiedliche Wechselwirkungen zwischen dem Grundwerkstoff und der aufgebrachten Schicht feststellen. Diese sind:

- Epitaxie
- Diffusion
- Adhäsion
- Morphologieeffekte

Sie können den Grundwerkstoff und dessen Eigenschaften beeinflussen.

Angesichts der relativ hohen Härte und Zugfestigkeit, des hohen *E*-Moduls und der verhältnismäßig geringen plastischen Verformbarkeit einiger Schichten, ist damit zu rechnen, dass bei vielen Verbundwerkstoffen die Steifigkeit steigt, während die Duktilität sinkt. Dies gilt insbesondere dann, wenn der Grundwerkstoff gut verformbar ist, beispielsweise bei Aluminium- und vielen Kupferwerkstoffen sowie Kunststoffen.

Eine nachteilige Beeinflussung des Grundwerkstoff und seiner Eigenschaften kann bereits während des Abscheidungsprozesses stattfinden. In diesem Fall kommt der Wasserstoffaufnahme durch den Grundwerkstoff die größte praktische Bedeutung zu, da sie Anlass zur Rissbildung und damit zur erhöhten Sprödbruchneigung im Grundwerkstoff gibt. Dieses wasserstoffinduzierte Sprödbruchverhalten wird allgemein als Wasserstoffversprödung bezeichnet.

15.2 Wasserstoffversprödung

Bei kathodischen Stromausbeuten $\Theta_k < 100$ % (s. Abschnitt 8.3) wird an der Kathode (Bauteil) stets Wasserstoff mitabgeschieden. Die Mitabscheidung von Wasserstoff hat nicht nur den Nachteil, dass ein Teil des Elektrolysestroms für die Abscheidung verloren geht, sondern der Wasserstoff wird an der Bauteiloberfläche in atomarer Form erzeugt und verbindet sich (rekombiniert) dort zum größten Teil zu molekularem Wasserstoff, der in Form von Gasblasen aus dem Elektrolytlösung entweicht.

Diese nicht beabsichtigte Wasserstoffentwicklung kann formal durch folgende Bruttoreaktionen beschreiben werden:

$$2\,H^+ + 2\,e^- \rightarrow H_2 \qquad (15.1)$$

$$2\,H_2O + 2\,e^- \rightarrow 2\,OH^- + H_2 \qquad (15.2)$$

Die Reaktion (15.1) findet in sauren Lösungen statt, die ausreichende Mengen an Protonen (H^+) enthalten, und diese unmittelbar entladen werden.

In alkalischen Lösungen, in denen sich die Reaktion (15.2) vollzieht, ergibt sich die Wasserstoffentwicklung unmittelbar aus dem Wasser.

Wie bei der Kristallisation, d. h. der Entstehung und dem Wachstum thermodynamisch stabiler Keime, ist auch bei der Wasserstoffentwicklung die Bildung der Wasserstoffmoleküle gehemmt. Diese kinetische Hemmung drückt sich in einer Überspannung aus, die man als Wasserstoffüberspannung bezeichnet.

Die Wasserstoffüberspannung ist stark vom Elektordenmaterial abhängig. So zeigen im Hinblick auf die chemische oder elektrochemische Wasserstoffentwicklung Elektroden aus einigen Metallen wie Cadmium, Eisen, Silber, Zink und Zinn eine hohe Überspannung für die Entladung von Wasserstoffionen. Die Wasserstoffüberspannung liegt beispielsweise bei einer Eisenelektrode bei etwa -440 mV, bei einer Zinkelektrode bei ca -780 mV. Diese Metalle besitzen ein großes Adsorptionsvermögen für Wasserstoffatome und verzögern deshalb die Umsetzung von atomarem Wasserstoff zu molekularem ($2\,H \rightarrow H_2$).

Einige andere Metalle, wie beispielsweise Kobalt, Nickel und Chrom besitzen hingegen eine niedrige Überspannung für die Entladung von Wasserstoffionen. Das heißt, an diesen Metallen entlädt sich Wasserstoff mit geringer Überspannung. Diese Metalle katalysieren die Vereinigung der Wasserstoffatome zu Wasserstoffmolekülen.

Demnach sind Oberflächen aus diesen Metallen geeignet, um die Überspannung für die die Entladung der Wasserstoffionen herabzusetzen und die Bildung von molekularem Wasserstoff zu fördern.

Um die Wasserstoffüberspannung eines Elektrodenmaterials zu bestimmen, stellt man dieses einer wasserstoffumspülten platinierten Platinelektrode (Platinmohr oder Platinschwarz[1]) gegenüber. An der Platinelektrode besitzt Wasserstoff keine Überspannung, so dass sich sofort Wasserstoffgas entwickelt. Der Vorgang vollzieht sich etwa wie folgt:

1. Antransport von Oxoniumionen (H_3O^+) zur Phasengrenze Elektrolyt/Elektrode

2. Entladung der Oxoniumionen:
   2.1 An der Platinelektrode unter Bildung von adsorbierten H-Atomen
   $H_3O^+ + e^- \rightarrow H\ (ad) + H_2O$
   2.2 An adsorbierten H-Atomen unter Bildung von H_2-Molekülen:
   $H_3O^+ + H\ (ad) + e^- \rightarrow H_2\ (ad) + H_2O$

3. Rekombination der adsorbierten H-Atome zu adsorbierten H_2-Molekülen:
   $2\ H\ (ad.) \rightarrow H_2\ (ad.)$

4. Desorption der adsorptierten H_2-Moleküle

5. Abtransport des gebildeten Wasserstoffs durch Gasblasenentwicklung

Stellt man nun der wasserstoffumspülten Platinelektrode eine Elektrode aus dem zu untersuchenden Metall gegenüber, so entspricht die Wasserstoffüberspannung der Elektrode der angelegten Spannung, bei der die Stromstärke I deutlich ansteigt.

Wird der Prozess der Rekombination des Wasserstoffs aus welchen Gründen auch immer gehemmt, bleibt der Wasserstoff im atomaren Zustand an der Grundwerkstoffoberfläche erhalten.

[1] *Platinmohr* oder *Platinschwarz* ist ein schwarzes Pulver von sehr fein verteiltem Platin, das die Katalysatorwirkung von Platin für die Wasserstoffentwicklung verstärkt, wenn es auf die Oberfläche der Platinelektrode aufgebracht ist.

In diesem Fall kann der atomare Wasserstoff aufgrund seines kleinen Atomradius[2] sehr leicht ins Gitter des Grundwerkstoffs diffundieren und dort interstitiell gelöst werden. Verbinden sich nun diese herum diffundierenden Wasserstoffatome im Inneren des Grundwerkstoffs zu Wasserstoffmolekülen ($2\,H \rightarrow H_2$), so geht zum einen ihre Beweglichkeit verloren und zum anderen bewirken die entstandenen Wasserstoffmoleküle weit reichende Verspannungen im Gitter des Grundwerkstoffs. Diese führen zu einer Zunahme der Sprödigkeit des Grundwerkstoffs. Besonders Metalle, bei denen bereits verspanntes Gitter vorliegt, wie z. B. gehärtete Stähle, werden durch die Wasserstoffaufnahme sehr bruchempfindlich. Bei der elektrolytischen oder außenstromlosen Metallabscheidung auf solchen Grundwerkstoffen muss daher auf die richtige Auswahl der Elektrolyte besonders geachtet werden.

Die Menge des im Grundwerkstoff gelösten Wasserstoffgases $c_{(\text{Gas im Metall})}$ hängt vom Druck und von der Temperatur ab. Bei konstanter Temperatur gilt für zweiatomige Gase, zu denen das Wasserstoffmolekül gehört, das SIEVERTsche Druckgesetz, das besagt, dass die im Metall gelöste Gasmenge proportional zur Quadratwurzel des Partialdruckes $P_{(\text{Gas über Metall})}$ des betreffenden Gases über dem festen oder flüssigen Metall ist:

$$c_{(\text{Gas im Metall})} = k \cdot \sqrt{P_{(\text{Gas über Metall})}} \tag{15.3}$$

Dieser Sachverhalt ist ein Beweis dafür, dass diese Gase von metallischen Werkstoffen in atomarer Form gelöst werden und nicht in Form von Molekülen.

Unter Wasserstoffversprödung ist somit eine Wasserstoffschädigung zu verstehen, die als Folge der Diffusion atomaren Wasserstoffs in das Innere des Grundwerkstoffs und der Bildung von Wasserstoffmolekülen auftreten kann[3].

---

[2] Einem Atom werden je nach Bindungsverhältnissen verschiedenartige Radien zugeschrieben. Ein absoluter Atomradius kann deshalb nicht angegeben werden, weil ein Atom nach den wellenmechanischen Vorstellungen der Quantenmechanik keine definierte Grenze besitzt. So unterscheidet man aus praktischen Gründen zwischen dem berechneten Atomradius, dem kovalenten Atomradius und dem VAN-DER-WAALS-Radius. Der kovalente Radius bezeichnet den halben Abstand zweier Atome, die kovalent gebunden sind. Der VAN-DER-WAALS-Radius eines Atoms bezeichnet den Radius einer gedachten harten Kugel, welche als Modell für das Atomverhalten herangezogen wird. VAN-DER-WAALS-Radien werden durch die Abstände nicht verbundener Atompaare in Kristallen ermittelt. Der berechnete Atomradius des Wasserstoffs beträgt 25 pm, sein kovalenter Radius 37 pm, und sein VAN-DER-WAALS-Radius 120 pm.

[3] Um molekularen Wasserstoff (H_2) in atomaren (H) zu zerlegen, muss die Energie von 436,22 kJ/mol aufgebracht werden. Umgekehrt wird bei der Rekombination von zwei Wasserstoffatomen zu einem Wasserstoffmolekül ($2\,H \rightarrow H_2$) diese Energie wieder freigesetzt. Das Gleichgewicht liegt unter Normalbedingungen vollkommen auf der rechten Seite der Reaktion, denn atomarer Wasserstoff reagiert sehr rasch und stark exotherm zu molekularem Wasserstoff.

Durch die Wasserstoffversprödung besonders gefährdet sind Bauteile aus Stahl mit folgenden Merkmalen:

- Zugfestigkeit größer als 1 200 N/mm^2
- Brucheinschnürungen kleiner als 50 %
- Härte größer als 40 HRC oder 450 HV
- Zug-Eigenspannungen
- Oberflächenkerben

Das Zusammentreffen mehrerer dieser Merkmale erhöht das Schadensrisiko. Grundsätzlich kann jeder metallische Werkstoff mit diesen Merkmalen zur Wasserstoffversprödung neigen [15.1, 15.2]. Die elektrochemischen Vorgänge, die zur Versprödung führen, sind in [15.2-15.11] beschrieben.

Die Wasserstoffaufnahme kann aber auch bereits beim kathodischen Entfetten und beim Beizen erfolgen, und zwar aus folgenden Gründen:

- Beim kathodischen Entfetten wird an der Werkstückoberfläche Wasserstoff erzeugt, der die Dispergiewirkung bei der Metallreinigung verstärkt.
- Beim Beizen mit Mineralsäuren wird durch Angriff auf den Grundwerkstoff eine der gelösten Metallmenge äquivalente Menge Wasserstoff an den jeweils gerade kathodisch polarisierten Oberflächenbereichen entladen.

Es kann als gesichert angenommen werden, dass der überwiegende Anteil des in den Grundwerkstoff eindringenden Wasserstoffs aus der Vorbehandlung, im Allgemeinen aus dem Beizprozess stammt [15.12].

15.2.1 Mechanismus

Der erste Schritt in sauren Elektrolytlösungen[4] ist der Transport von hydratisierten Wasserstoff-Ionen (H^+_{aq}) an die Phasengrenze Metalloberfläche/Elektrolytlösung. Diese Positionsänderung soll hier als $(H^+_{aq})_{Oberfläche}$ symbolisiert werden. An der Phasengrenze angelangt, werden die Wasserstoff-Ionen nach der VOLMER-Reaktion zum atomaren Wasserstoff reduziert, der an der Metalloberfläche adsorbiert wird (H_{ad}):

$$\text{VOLMER-Reaktion:} \quad (H^+_{aq})_{Oberfläche} + e^- \rightarrow H_{ad} \qquad (15.4)$$

[4] In alkalischen Elektrolyten kann sich Wasserstoff nach $H_2O + e^- \rightarrow OH^- + H$ bilden.

Die an der Metalloberfläche adsorbierten Wasserstoffatome rekombinieren sich nach der TAFEL-Reaktion zu adsorbierten Wasserstoffmolekülen $(H_2)_{ad}$, wenn keine Störungen diesen Prozess verhindern:

$$\text{TAFEL-Reaktion:} \quad H_{ad} + H_{ad} \rightarrow (H_2)_{ad} \tag{15.5}$$

Die aufeinander folgenden Reaktionsschritte (15.4) und (15.5) werden als VOLMER-TAFEL-Mechanismus bezeichnet. Er stellt einen „chemischen" Rekombinationsprozess dar.

In Abb. 15.1 sind die Reaktionsschritte bei der Reduktion von Wasserstoff an der Phasengrenze Metalloberfläche/Elektrolytlösung nach dem VOLMER-TAFEL-Mechanismus schematisch dargestellt.

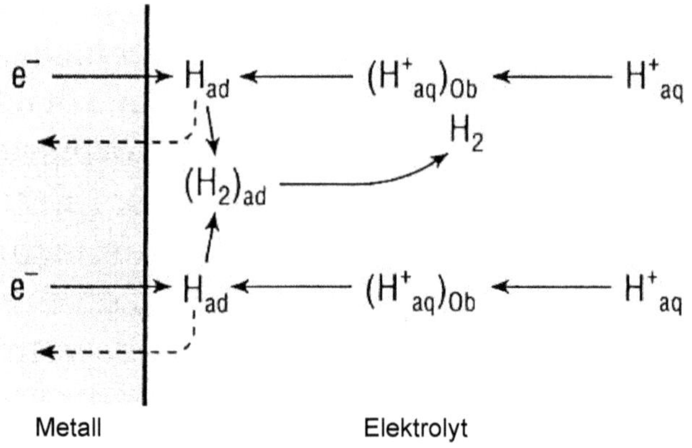

Abb. 15.1: Reaktionsschritte bei der Reduktion von Wasserstoff an der Phasengrenze Metalloberfläche/Elektrolytlösung nach dem VOLMER-TAFEL-Mechanismus [15.13]

Darin deutet der gestrichelt dargestellte Pfeil die Diffusion von adsorbierten Wasserstoffatomen in das Metallsubstrat (Wasserstoffabsorption) an, wenn ihre Rekombination zu Wasserstoffgas ($H_{ad} + H_{ad} \rightarrow H_{2ad} \rightarrow H_2\uparrow$) gehemmt ist.

Mit dem VOLMER-TAFEL-Mechanismus konkurriert ein anderer, der als HEYROVSKY-Mechanismus bezeichnet wird und im Gegensatz zum ersteren einen „elektrochemischen" Rekombinationsprozess der adsorbierten Wasserstoffatome darstellt. Dabei reagiert der schon vorhandene adsorbierte atomare Wasserstoff H_{ad} mit einem hydratisierten Wasserstoff-Ion $(H^+_{aq})_{Oberfläche}$ und einem Elektron zu einem adsorbierten Wasserstoffmolekül $(H_2)_{ad}$:

$$\text{HEYROVSKY-Mechanismus:} \quad H_{ad} + (H^+_{aq})_{Oberfläche} + e^- \rightarrow (H_2)_{ad} \tag{15.6}$$

Abb. 15.2 stellt die Reaktionsschritte bei der Reduktion von Wasserstoff an der Phasengrenze Metalloberfläche/Elektrolytlösung nach dem VOLMER-HEYROVSKY-Mechanismus schematisch dar.

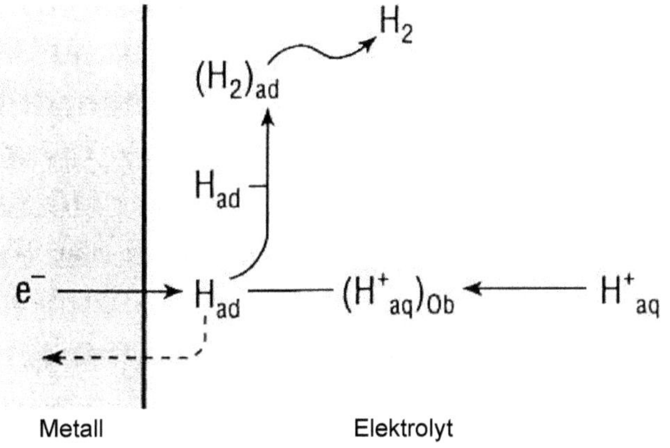

Abb. 15.2: Reaktionsschritte bei der Reduktion von Wasserstoff an der Phasengrenze Metalloberfläche/Elektrolytlösung nach dem VOLMER-HEYROVSKY-Mechanismus [15.13]

Auch in diesem Fall deutet der gestrichelt dargestellte Pfeil die Möglichkeit der Diffusion von adsorbierten Wasserstoffatomen in das Stahlsubstrat (Wasserstoffabsorption) an, wenn ihre Rekombination zu Wasserstoffgas ($H_{ad} + H_{ad} \rightarrow H_{2ad} \rightarrow H_2\uparrow$) gehemmt ist.

Bei beiden Mechanismen entweichen die entstandenen Wasserstoffmoleküle nach der Desorption als Gas.

Wird die Rekombination von atomarem Wasserstoff zum Wasserstoffmolekül jedoch gehindert, so bildet sich vor der Metalloberfläche eine große Wasserstoffatomkonzentration auf. Dies ist beispielsweise in Gegenwart von so genannten Promotoren der Fall. Diese sind Verbindungen der Elemente Antimon, Arsen, Phosphor, Schwefel (Sulfide, Schwefelwasserstoff) und Selen. Außerdem wirken Cyanide und Kohlenmonoxid als Promotoren.

In Gegenwart solcher Stoffe ist mit einer kritischen Erhöhung der Wasserstoffadsorption bzw. -absorption zu rechnen. Dabei tritt der atomare Wasserstoff in das Metallgitter über und wird dort interstitiell gelöst. Die Menge des gelösten Wasserstoffs hängt vom Gittertyp und der Temperatur ab.

Eine zur Wasserstoffversprödung führende und daher unerwünschte Reaktion ist nun die Rekombination des atomaren Wasserstoffs zu molekularem Wasserstoff im Inneren des metallischen Grundwerkstoffs. Dieser Vorgang, der sehr hohe Drücke erzeugt, kann zur reversiblen oder irreversiblen Werkstoffversprödung führen.

Im Falle der reversiblen Werkstoffversprödung, wie dies im Allgemeinen bei hochfesten Stählen der Fall ist, ergibt sich eine Schädigung der mechanischen Eigenschaften im plastischen Bereich. Der Mechanismus dieser Wasserstoffversprödung wird heute u. a. auch mit Hilfe der Dekohäsionstheorie erklärt. Danach bildet sich, wie aus Abb. 15.3 ersichtlich, unterhalb einer Oberflächenkerbe ein mehrachsiger Spannungszustand mit einer plastischen Zone aus.

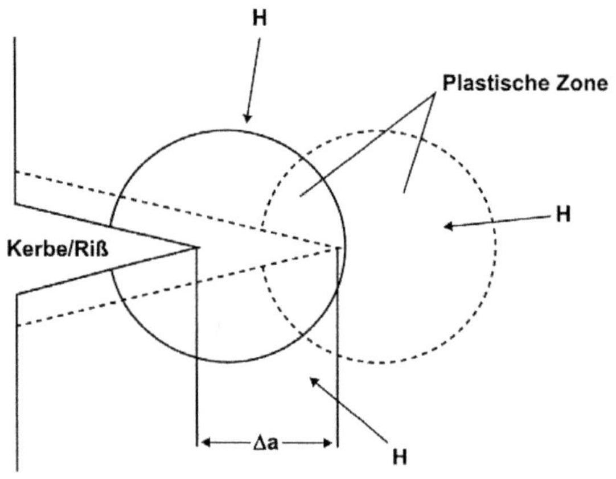

Abb. 15.3: Modell zum Mechanismus der Wasserstoffversprödung [15.8]

In diese plastische Zone wandern die Wasserstoffatome hinein und führen dort zu einem höheren energetischen Zustand, der die Gitterbindung mindert. Es ergibt sich also innerhalb des Werkstoffs unterhalb der Kerbe ein Riss, dessen Spitze sich ins Innere des Grundwerkstoffs fortpflanzt und zum Sprödbruch des Bauteils führt. Hieraus folgt, dass der wasserstoffinduzierte Sprödbruch nur dann ablaufen kann, wenn die Wasserstoffatome genügend Zeit haben, um in den kritischen Werkstoffbereich hinein diffundieren zu können.

Dieser Tatbestand hat Auswirkungen auf die Prüftechnik für die Wasserstoffversprödung. Im Allgemeinen werden Zeitstandsversuche über einige 100 Stunden bei einer Belastung des Werkstückes mit etwa 90 % der Streckgrenze durchgeführt.

Infolge des wasserstoffinduzierten Sprödbruchs nimmt die Bruchdehnung des Grundwerkstoffs deutlich ab. Abb. 15.4 zeigt hierzu beispielhaft die Bruchbilder einer nicht versprödeten und einer wasserstoffbeladenen Zugprobe aus Stahl.

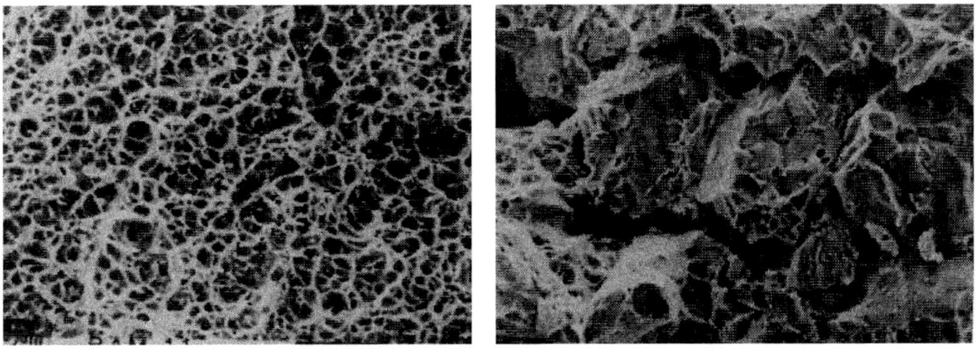

Abb. 15.4: Bruchmorphologie einer nicht wasserstoffbeladenen, duktilen (links) und einer wasserstoffversprödeten Probe (Werkstoff 34 Cr 4) [15.12]

Während die unbehandelte Probe (Zugfestigkeit R_m = 1 550 N/mm^2) ein deutlich duktiles Bruchbild zeigt, ist bei der wasserstoffversprödeten Probe ein interkristalliner Bruchverlauf zu beobachten, der darüber hinaus klaffende Korngrenzen, kleine Grübchen und duktile Restanteile auf den Kornflächen aufweist. Dieses Bruchbild scheint typisch für wasserstoffversprödete, niedriglegierte, hochfeste Stähle zu sein. Infolge der Wasserstoffversprödung sinkt die ursprüngliche Zugfestigkeit des Stahls auf einen Wert von $0{,}8 \cdot R_m$ = 1 240 N/mm^2 herab.

Um die Gefahr eines wasserstoffinduzierten Sprödbruches zu verringern, muss die kritische Überlagerung der maßgebenden Einflüsse (hohe Bauteilfestigkeit, Wasserstoffangebot an der Bauteiloberfläche) möglichst vermieden werden.

Unbestritten ist der Einfluss einer Temperung nicht zu dicker Schichten zur Vermeidung der Wasserstoffversprödung des Grundmaterials. Im DIN-Entwurf 50969 „Wärmebehandlung chemisch und/oder elektrochemisch behandelter hochfester Bauteile aus Stahl zur Vermeidung von wasserstoffinduzierten Sprödbrüchen" werden beispielsweise für chemisch vernickelte niedriglegierte hochfeste Stähle mit $1\,250 \leq R_m \leq 1\,450$ N/mm^2 und $R_m \geq 1\,450$ N/mm^2 Haltezeiten zwischen 3 und 23 Stunden bei Tempertemperaturen von 190 ± 15 °C empfohlen.

Die Wärmebehandlung sollte möglichst unmittelbar nach Beschichtung durchgeführt werden. Damit der sich gebildete Wasserstoff ausgetrieben werden kann, darf die Schicht nicht zu dick sein ($3\ \mu m \leq d \leq 15\ \mu m$) und einige durchgehende Poren enthalten. Andernfalls kann es zur Blasenbildung kommen.

15.3 Dauerwechselfestigkeit

Bekanntlich kann ein Werkstoff eine Belastung, die er einmal ausgehalten hat, ohne zu Bruch zu gehen, nicht beliebig oft ertragen kann. Wird er häufig be- und entlastet, d. h. schwingend beansprucht, so geht er bereits bei Belastungen zu Bruch, die unterhalb der Streckgrenze, also noch im elastischen Bereich liegen.

In Abb. 15.5 ist der allgemeine Fall einer periodisch schwingenden Beanspruchung wiedergegeben.

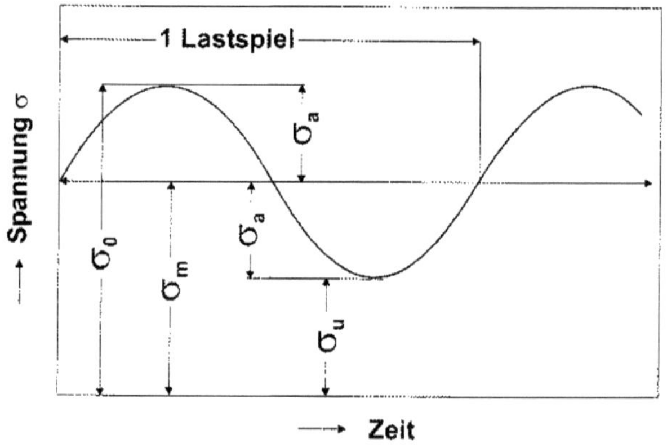

Abb. 15.5: Allgemeiner Fall einer periodisch schwingenden Beanspruchung

Bei dieser Art der Beanspruchung wechselt die Belastung sinusförmig mit der Amplitude σ_a, auch Spannungsausschlag genannt, zwischen einer Oberspannung σ_o und einer Unterspannung σ_u. Das vollständige Durchlaufen einer Sinusschwingung nennt man ein Lastspiel.

Für den Spannungsanschlag ergibt sich:

$$2\sigma_a = \sigma_o + \sigma_u \qquad (15.7)$$

In Abb. 15.6 erkennt man den Fall, bei dem sich eine sinusförmige Schwingungsbeanspruchung einer ruhenden Belastung (Mittelspannung σ_m) überlagert hat. Man spricht von einer Beanspruchung im Schwellbereich. Steht der Werkstoff dabei ständig unter Zugspannung, so handelt es sich um eine Beanspruchung im Zug-Schwellbereich (a), bei Druckspannung entsprechend um eine Beanspruchung im Druck-Schwellbereich (b).

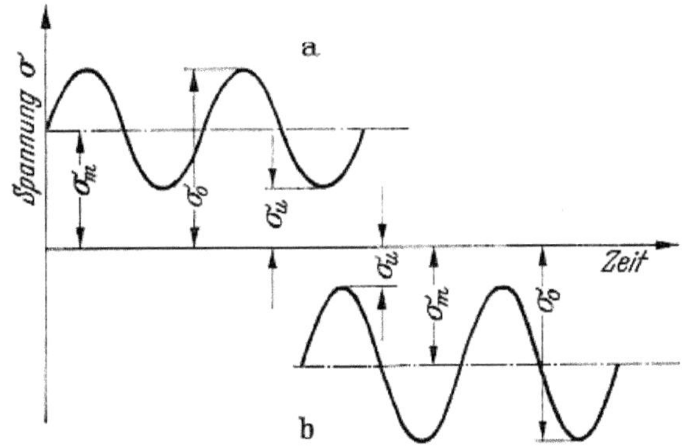

Abb. 15.6: Periodisch schwingende Beanspruchung im Schwellbereich unter Zug (a) bzw. Druck (b)

Die Mittelspannung beträgt:

$$\sigma_{\mathrm{m}} = \frac{1}{2}(\sigma_{\mathrm{o}} + \sigma_{\mathrm{u}}) \tag{15.8}$$

Von einer Wechselbeanspruchung spricht man, wenn bei der Beanspruchung sowohl Zug- als auch Druckspannungen auftreten. Die reine Wechselbeanspruchung ist dadurch gekennzeichnet, dass die Oberspannung positiv, die Unterspannung dagegen negativ und die Mittelspannung gleich Null ist. Dieser Fall ist in Abb. 15.7 dargestellt.

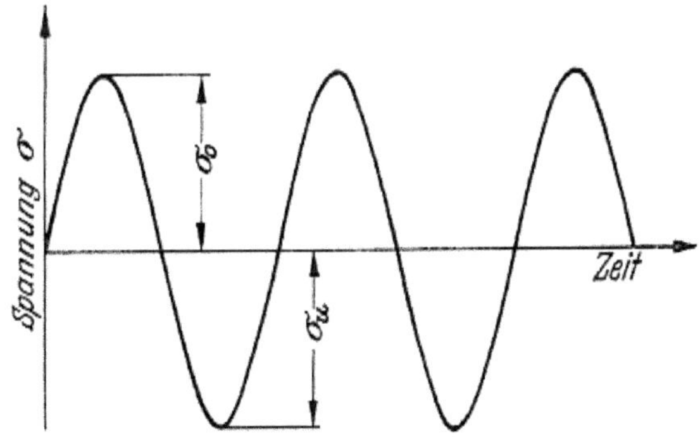

Abb. 15.7: Reine Wechselbeanspruchung ($\sigma_o = \sigma_u$, $\sigma_m = 0$)

Im Gegensatz zu dieser Belastungsart haben bei der Beanspruchung im Wechselbereich Ober- und Unterspannung zwar entgegengesetzte Vorzeichen, sind aber nicht mehr gleich groß, so dass die Mittelspannung ungleich Null ist. In dem in Abb. 15.8 dargestellten Fall hat die Mittelspannung einen positiven Wert.

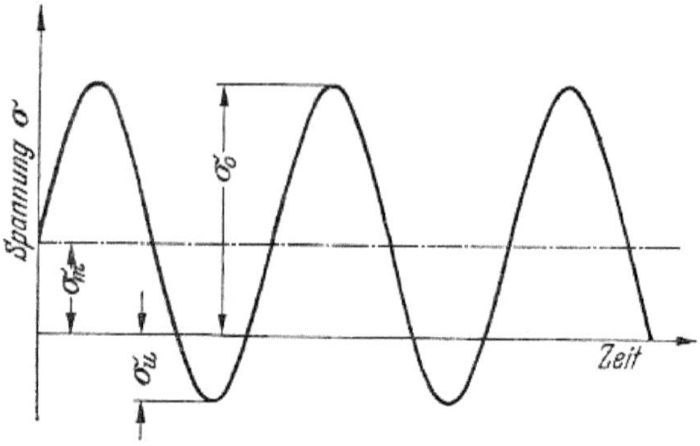

Abb. 15.8: Beanspruchung im Wechselbereich mit ungleich großer Zug- und Druckspannung

Im Allgemeinen wird der Belastungszustand durch die Mittelspannung σ_m und die Spannungsamplitude σ_a gekennzeichnet.

Soll ein Werkstoff im Dauerversuch geprüft werden, so wird ein Probestab aus dem Werkstoff in die Prüfmaschine eingespannt und einem bestimmten Belastungszustand (gegeben durch σ_m und σ_a) unterworfen. Der Probestab wird so oft belastet, bis der Bruch eintritt. Messgröße dabei ist die Zahl der ausgehaltenen Lastspiele bis zum Bruch. Man prüft bei verschieden großer Spannungsamplitude σ_a, aber konstant gehaltener Mittelspannung σ_m.

15.3.1 Wöhler-Kurve

Trägt man nun die Spannungsamplitude σ_a als Funktion der Lastspielzahl N halblogarithmisch auf, dann erhält man die so genannte Wöhler-Kurve, wie sie in Abb. 15.9 wiedergegeben ist.

Aus dieser Darstellung geht hervor, dass der Spannungsausschlag von der statischen Festigkeit (Lastspielzahl $N = 1$) zunächst steil abfällt, danach mit zunehmender Lastspielzahl flacher wird und schließlich sich einem Grenzwert σ_A nähert. Dieser wird als Dauerfestigkeit bezeichnet. Die Dauerfestigkeit ist somit die maximale Wechselbelastung, die ein Werkstoff bei gegebener Mittelspannung σ_m beliebig oft aushalten kann, ohne zu Bruch zu gehen.

Theoretisch müsste man bei der Prüfung unendlich große Lastspielzahlen anwenden; in der Praxis hat es sich jedoch gezeigt, dass es genügt, mit endlichen Lastspielzahlen zu prüfen. Die Lastspielzahl, die bei der Prüfung erreicht werden muss, beträgt für verschiedene Werkstoffe unterschiedliche Werte.

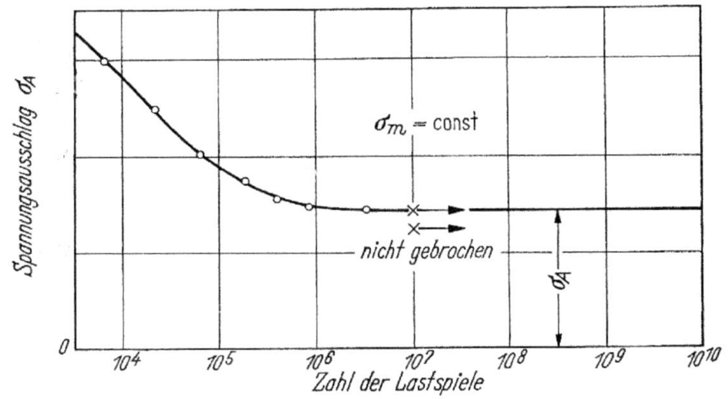

Abb. 15.9: Spannungsamplitude σ_a in Abhängigkeit von der Lastspielzahl N (WÖHLER-Kurve) [15.14]

Erfahrungsgemäß gilt es für:

Stahl:	$10 \cdot 10^6$ Lastspiele
Kupferlegierungen:	$30 \cdot 10^6$ Lastspiele
Leichtmetalllegierungen:	$10 \cdot 10^6$ Lastspiele

Die Ermittlung der Lastspielzahl ist, wie die folgende Überlegung zeigt, eine relative aufwendige Angelegenheit. Vollführt die Prüfmaschine beispielsweise 3 000 Lastspiele pro Minute, so kann die Aufstellung einer WÖHLER-Kurve einschließlich der Messpunkte für geringere Lastspielzahlen bis zu zwei Wochen in Anspruch nehmen.

Metallisch beschichtete Bauteile versagen bei schwingender Beanspruchung ebenso bei niedrigeren Spannungen als im einachsigen Zugversuch, da durch die Wechselverformung eine Ermüdung des Grundwerkstoffes auftritt. Man untersucht das Ermüdungsverhalten im Umlaufbiegeversuch nach DIN 50113 [15.15.15.16]. Gemessen wird dabei die Änderung der Bauteilfestigkeit als Funktion der Anzahl der Lastwechsel.

Die durch Wechselverformung bedingte Ermüdung des Grundwerkstoffes kann durch eine aufgebrachte Schicht signifikant verändert werden. Abb. 15.10 zeigt beispielsweise, wie sich die Dauerfestigkeit eines Stahls durch eine etwa 30 µm dicke Nickel-Phosphor-Schicht mit 12 % Phosphor ändert.

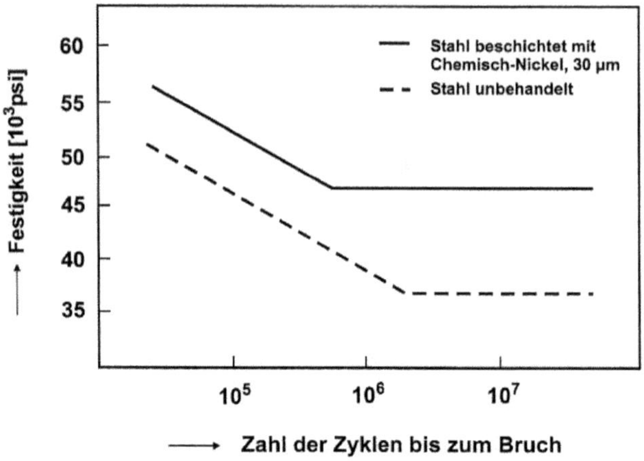

Abb. 15.10: Änderung der Dauerfestigkeit des Stahls AISI[5] 1055[6] durch chemische Vernicklung [15.17]

15.4 Porigkeit

Mit dem Begriff Porigkeit ist das Vorhandensein von Poren in einer abgeschiedenen Schicht gemeint. Die Porosität ist hingegen eine physikalische Größe und stellt das Verhältnis von Hohlraumvolumen zu Gesamtvolumen der Schicht dar. Sie ist ein Maß für die Dichte einer Schicht, die Hohlräume aufweist.

Abb. 15.11 zeigt in schematischer Darstellung Poren in unterschiedlichen metallischen Schichten, bis zum Grundwerkstoff Stahl (Fe) durchgehen.

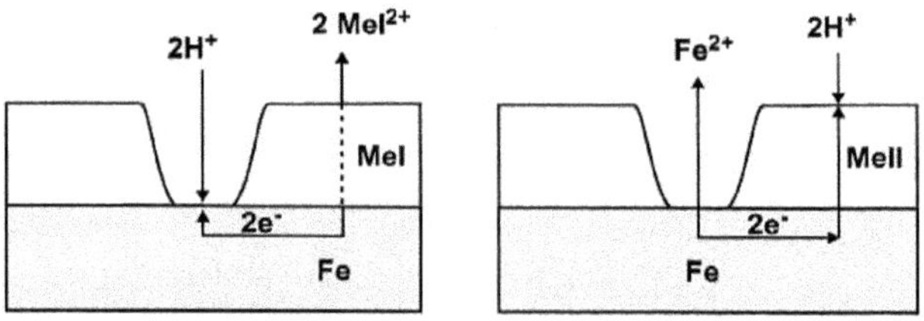

Abb. 15.11: Bis zum Grundwerkstoff durchgehende Poren in unterschiedlichen, auf Stahl (Fe) abgeschiedenen Schichten (MeI: Al, Cd, Zn; MeII: Ag, Cu, Ni, Sn)

---

5 American Iron and Steel Institute

6 Unlegierter Stahl, ähnlich dem Stahl Ck 60, mit der ungefähren Zusammensetzung 0,5–0,6 % C, 0,5–0,9 % Mn, 0,35 % Si, 0,04 % S + P.

Was nun solche Poren tatsächlich bewirken und wie sie die Eigenschaften des Grundwerkstoffs nachteilig beeinflussen können, hängt davon ab, ob die aufgebrachten Schichten „edel“, „halbedel“ oder „unedel“ sind. Galvanisch oder chemisch abgeschiedene Schichten werden nämlich nach ihren Standardpotentialen in edle, halbedle und unedle unterteilt.

Das Standardpotential $\varepsilon°$ in Volt (V) ist das Potential, das zwischen einem Metall und der Normalwasserstoffelektrode (H_2-Elektrode) gemessen wird. Da das Standardpotential der H_2-Elektrode definitionsgemäß gleich Null ist ($\varepsilon^0_{H_2/H^+} = 0$), sind die gemessenen Standardpotentiale der Metalle $\varepsilon^0_{Me/Me^{z+}}$ entweder positiv oder negativ.

Tab. 15.1 gibt anhand der zugehörigen Standardpotentiale Auskunft über die Natur einiger Metallschichten.

Tab. 15.1: Einige edle und unedle Metallschichten sortiert nach ihren Standardpotentialen

Metall		Symbol	Standardpotential [V]
edel	Gold	Pt	+1,50
	Platin	Au	+1,20
	Silber	Ag	+0,81
	Kupfer	Cu	+0,35
	Normalwasserstoffelektrode: $\varepsilon^0_{H_2/H^+} = 0$ V		
unedel	Zinn	Sb	-0,16
	Nickel	Ni	-0,25
	Cadmium	Cd	-0,40
	Chrom	Cr	-0,74
	Zink	Zn	-0,76

Edle Schichten sind solche, die an der Luft nicht oxidieren und nur schwer chemische Verbindungen eingehen. Zu dieser Gruppe gehören Schichten aus Gold und Platin und Silber sowie die so genannten Platinmetalle (Ruthenium, Rhodium, Palladium, Osmium und Iridium). Definitionsgemäß besitzen die edlen Schichten positive Standardpotentiale.

Im Gegensatz zu den edlen Schichten haben viele andere, wie beispielsweise Schichten aus Cadmium, Chrom und Zink, große Affinität zum Luftsauerstoff, oxidieren deshalb leicht an der Luft und korrodieren schnell. Ferner gehen sie chemische Verbindungen mit anderen Elementen ein. Diese als unedel bezeichneten Schichten besitzen definitionsgemäß negative Standardpotentiale.

Schichten, deren Standardpotentiale sich nicht sehr vom dem der Noramalwasserstoffelektrode unterscheiden, wie Kupfer, Zinn und Nickel, werden als halbedel bezeichnet. Sie nehmen eine Mittelstellung zwischen den edlen und den unedlen Schichten ein.

Ist der Grundwerkstoff Stahl (Abb. 15.11) elektrochemisch edler als die aufgebrachte Schicht, dann bildet sich ein Lokalelement, wodurch die Schicht anodisch in Lösung geht und so den Grundwerkstoff kathodisch schützt. Dieses Verhalten ist beispielsweise typisch für Überzüge aus Zink und Cadmium, die in nahezu allen Korrosionsmedien unedler sind als Stahl.

Ist der Grundwerkstoff Stahl hingegen unedler als die Schicht, dann korrodiert die am Porenboden freigelegte Stelle, indem sie anodisch in Lösung geht. Dieses Verhalten beobachtet man bei edleren Überzügen aus beispielsweise Zinn, Kupfer, Silber und Nickel. Chemisch abgeschiedene Nickel-Phosphor-Schichten gehören zu dieser Gruppe von Überzügen.

Die Porigkeit von abgeschiedenen Schichten, d. h. die Anwesenheit von Hohlräumen oder Rissen, die bis zum Grundwerkstoff durchgehen, bedarf daher besonderer Aufmerksamkeit, da theoretisch, an Stellen, an denen das Grundmaterial frei liegt, infolge der Ausbildung von Lokalelementen ein verstärkter Korrosionsangriff auftreten kann. Das gilt insbesondere dann, wenn der Grundwerkstoff elektrochemisch unedler ist als die aufgebrachte Schicht. In diesem Fall ist die Fläche der als Kathode fungierenden Schicht weit größer als die des als Anode wirksamen freigelegten Grundwerkstoffs.

Edlere Überzüge können somit nur dann die Korrosion des unedleren Untergrundmaterials (z. B. Stahl und Aluminiumgrundwerkstoffe) verhindern, wenn sie keine Poren oder Risse besitzen, die bis zum Grundwerkstoff reichen. Andernfalls fördern sie sogar die Korrosion des Bauteils. Nur wenn es gelingt, diese Schichten porenfrei abzuscheiden, erreicht man eine Barriere, die das Bauteil vor Korrosionsangriff schützen kann.

Bauteile, die mit porenfreien Schichten überzogen sind, erfahren einen deutlichen Schutz vor Korrosion, insbesondere dann wenn sie keine mechanischen Beanspruchungen erfahren. Unter mechanischer Beanspruchung, beispielsweise plastischer Verformung, kann es jedoch zu Komplikationen kommen. Beim Biegen eines beschichteten Bauteils können sich beispielsweise zunächst wenige, nicht zusammenhängende Risse in der Schicht bilden, die sich im Lauf der weiteren Verformung zu größeren Konglomeraten vereinigen können. Aus diesem Grunde ist es angebracht, vor dem Beschichten eine Analyse der möglichen mechanischen Beanspruchung des Bauteils unter betrieblichen Bedingungen zu erstellen.

15.4.1 Nachweismethoden

Die bekanntesten Porennachweisverfahren für Schichten auf Aluminium, Kupfer und Stahl sind in der Anlage E der ISO 4527 und in ÖNORM C 2550 beschrieben.

Die Prüfung der Porosität von Schichten auf Aluminiumwerkstoffen kann durch Tauchen in einer NaOH-Lösung (100 g/l) vorgenommen werden.

Schichten auf Kupferwerkstoffen können in Essigsäure CH_3COOH und einem Gemisch von Kaliumhexacyanoferrat ($K_3[Fe(CN)_6]$, auch rotes Blutlaugensalz genannt) und Methylzellulose in kochendem Wasser auf Porigkeit geprüft werden.

Der Porennachweis bei Schichten auf Eisenwerkstoffen kann mittels Heißwasser-Tests (kochendes Wasser, pH-Wert = 6,7 ± 0,5, 24 Stunden) vorgenommen werden. Häufiger werden Ferroxyl-, Salzsprüh-, Kesternich- oder Acrylamid-Gel-Test angewandt, die im Folgenden kurz beschrieben werden. Weitere Methoden zum Nachweis von Poren werden in [15.19] besprochen.

15.4.1.1 Ferroxyl-Test

Der Ferroxyl-Test beruht darauf, dass sich die durch die Poren in der Schicht freigelegten Stellen im Stahlsubstrat durch die Wirkung der Testlösung blau (Preußisch- oder Turnbulls-Blau[7]) färben. Die Testlösung besteht aus 1 g/l Kaliumhexacyanoferrat(III), 30 g/l Natriumchlorid (NaCl, kristallisiert), 1 g/l Phenolphthalein und gegebenenfalls 60 g/l Gelatine in destilliertem Wasser. Der Gelatinezusatz dient zur Fixierung und längeren Erhaltung der Farblösung.

Die Porenprüfung kann als Tauchtest oder mit imprägniertem Filterpapier durchgeführt werden. Die genaue Vorgehensweise ist in ISO 4527 und ISO 1462 angegeben. Messwert ist die Anzahl der Poren pro Flächeneinheit.

15.4.1.2 Salzsprühtest

Salzsprühnebelprüfungen mit verschiedenen Natriumchlorid-Lösungen werden in DIN 50021, ISO 1462, ISO 3768, ISO 3769, ISO 3770 und DIN EN ISO 9227:1990 beschrieben.

[7] Turnbulls-Blau ist ein lichtechtes, tiefblaues anorganisches Pigment. In der Farbenindustrie wird es auch Berliner Blau oder Eisenblau genannt.

Beim Neutralen Salzsprühtest (NSS-Test) und Essigsaurem Salzsprühtest (ESS-Test) wird das beschichtete Bauteil ununterbrochen oder in regelmäßigen Abständen der Wirkung eines sich absetzenden Sprühnebels ausgesetzt. Abb. 15.12 zeigt die Prüfkammer in schematischer Darstellung.

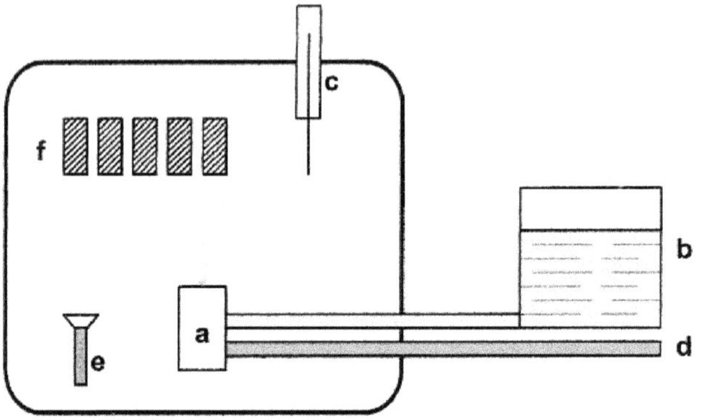

Abb. 15.12: Prüfkammer zur Durchführung von NSS- bzw. ESS-Test zum Nachweis von Poren in Schichten
a: Nebeldüse
b: Vorratsbehälter Prüflösung
c: Temperatur-, Mess- und Regeleinrichtung
d: Druckluft (1,0 bar)
e: Auffangeinrichtung Prüflösung
f: Prüfgut

Zur Nachahmung der Beanspruchung durch das Meeresklima verwendet man als Sprühmittel eine Natriumchlorid-Lösung (50 g/l), die unter definierten Bedingungen (pH = 6,5–7,2, T = 35 °C) in der Prüfkammer vernebelt wird. Diese Lösung ist aggressiver als natürliches Meerwasser, wird jedoch häufig durch Zusatz von Essigsäure zur Einstellung des pH-Werts auf 3,1–3,3 noch aggressiver gemacht, um die Versuchsdauer abzukürzen. In diesem Fall spricht man von essigsaurem Salzsprühtest (ESS-Test).

Zur Prüfung werden die beschichteten Teile in der Prüfkammer so positioniert, dass während des Prüfverlaufs keine Korrosionsprodukte auf andere Prüflinge tropfen können. Gegebenenfalls müssen die Prüfmuster mit nichtmetallischen Fixierungen befestigt werden. Nach dem Schließen der Kammertür wird die Prüfung gestartet. Die Prüfmuster können je nach Anforderung alle 24 Stunden oder zu einem anderen festgesetzten Zeitpunkt begutachtet werden. Dazu werden sie vorher mit deionisiertem Wasser gespült und mit ölfreier Druckluft getrocknet. Nun kann die Auszählung der Poren vorgenommen werden. Die Auswertung erfolgt nach EN ISO 10289:2001 (Tab. 15.2).

Tab. 15.2: Auswertung des Salzsprüh-Tests zum Porennachweis nach EN ISO 10289:2001

Korrodierte Fläche [%]	Bewertungsskala
0	10
> 0-0,1	9
> 0,1-0,25	8
> 0,25-0,5	7
> 0,5-1,0	6
> 1,0-2,5	5
> 2,5-5,0	4
> 5,0-10	3
> 10-25	2
> 25-50	1
> 50	0

15.4.1.3 Kesternich-Test

Die Prüfung mit Schwefeldioxid unter Feuchtigkeitskondensation wird in DIN EN ISO 6988 in Verbindung mit der „Restnorm“ DIN 50018 behandelt. Diese als Kesternich-Test bekannte Prüfung beruht auf der Bildung von schwefliger Säure im Augenblick der Feuchtigkeitskondensation auf den Prüflingen durch die Gegenwart von Schwefeldioxid. Auf diese Weise werden Verhältnisse erzeugt, die den industriellen Klimaten nachempfunden sind.

In die Prüfkammer (Abb. 15.13, Volumen: 300 Liter) werden vor der Prüfung 2 Liter deionisiertes Wasser eingefüllt.

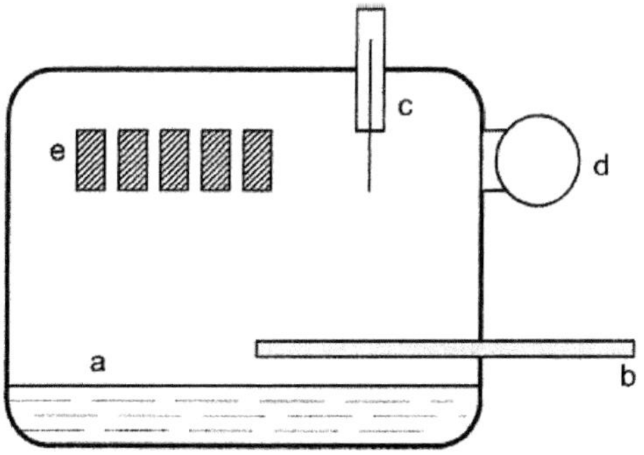

Abb. 15.13: Prüfkammer zur Durchführung von Kesternich-Test zum Nachweis von Poren in Schichten
a: 2 Liter dest. Wasser
b: Gaseinleitung
c: Temperatur-, Mess- und Regeleinrichtung
d: Gebläse
e: Prüfgut

Kondenswasserklima: 0,33 Vol-% SO_2 (1,0 l S); 0,67 Vol-% SO_2 (2,0 l SO_2) Zyklus (24 h):

Heizen	8 h	40 °C	100 % relative Luftfeuchte
Belüften	16 h	20 °C	75 % relative Luftfeuchte

Für die Positionierung der Prüfmuster gelten dieselben Vorschriften wie beim Salzsprühtest. Die Kammer wird hermetisch verschlossen, und es wird Schwefeldioxid eingeleitet (je nach Anforderung 1,0 oder 2,0 Liter). Das in der Bodenwanne befindliche Wasser wird erwärmt bis eine Prüftemperatur von 40 °C und eine relative Luftfeuchte von ca. 100 % erreicht ist. Diese Bedingungen werden 8 Stunden gehalten. Danach wird die Kammer automatisch belüftet, und die Proben werden 16 Stunden bei Raumbedingungen gelagert. Damit ist ein Prüfzyklus abgeschlossen. Eine Runde KESTERNICH-Test entspricht 24 Stunden Prüfzeit, wobei die Einwirkzeit des Schadgases SO_2 nur 8 Stunden ist. Nach 1 bis 3 Runden lassen sich die Poren, falls vorhanden, gut auszählen. Es gilt jedoch zu beachten, dass Nicekl-Phosphor-Schichten aus schwermetallstabilisierten Elektrolyten im Regelfall in der SO_2-Atmosphäre schwarz anlaufen. Die Auswertung erfolgt wie beim Salzsprühtest.

Der KESTERNICH-Test hat sich für die Untersuchung der Porigkeit von Schichten gegenüber dem Salzsprühtest als besonders effektiv erwiesen. Der große Vorteil dieser Prüfungsmethode besteht darin, dass man dickere Schichten (20 bis 30 µm) in wesentlich kürzeren Zeiten prüfen kann.

15.4.1.4 Acrylamid-Gel-Test

Ebenso wie der Ferroxyl-, Salzsprüh- und KESTERNICH-Test hat sich auch der Acrylamid-Gel-Test zum Nachweis von Poren in Schichten bewährt. Diese Methode, die eine elektrographische Porenprüfung darstellt, diente ursprünglich als Porentest für Goldüberzüge. Bei der elektrographischen Porenprüfung wird der Grundwerkstoff anodisch angelöst, und die dabei entstehenden Metall-Ionen werden durch einen Indikator an der Schichtoberfläche angezeigt. Bei ebenen Schichten verwendet man als Indikator imprägniertes Prüfpapier, bei profilierten Teilen eine gelierte Flüssigkeit.

Die Prüfvorrichtung zum Durchführen des Acrylamid-Gel-Tests ist in Abb. 15.14 schematisch dargestellt.

Das beschichtete Teil wird mit einer Acrylamid-Lösung bestrichen und in ein Glasgefäß gelegt, das als Elektrolyten eine KCl-Lösung und als Kathode ein Edelstahlnetz enthält.

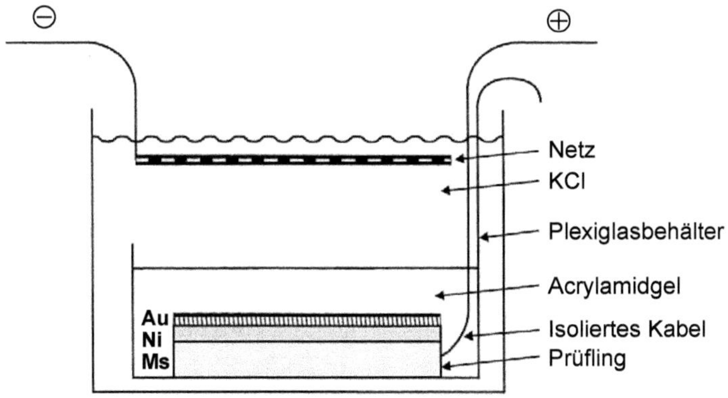

Abb. 15.14: Prüfvorrichtung zur Durchführung des Acrylamid-Gel-Tests zum Nachweis von Poren in Schichten [15.18]

Zwischen dem Edelstahlnetz und der Probe, die als Anode fungiert, wird ein Potential von etwa 100 mV gelegt.

Zur Prüfung der Porosität von Schichten auf Stahl hat sich eine Acrylamid-Lösung bewährt, die aus den drei Lösungen im Verhältnis 1,2 g, 0,1 g und 20 g hergestellt wird. Die drei Lösungen sind:

Lösung I: 100 g Ammoniumperoxidsulfat
400 g dest. H_2O

Lösung II: *N,N,N',N'*-Tetramethyl-Äthylen-Diamin

Lösung III:
6,0 g Aerosil
50,0 g Acrylamid
1,1 g *N,N'*-Methylen-Bis-Acrylamid
120,0 g dest. H_2O
15,0 g Äthanol
15,0 g dest. H_2O
1,0 g Tiron[8] (zuvor in Äthanol und H_2O gelöst)

Die Acrylamid-Lösung muss mittels eines Holzspatels rasch auf die Prüfstelle aufgebracht werden, da diese sehr schnell aushärtet. Nach einer Einwirkzeit von 3 bis 10 Minuten färbt sie sich dort, wo sich Poren befinden, rotbraun.

8 Tiron (Brenzcatechin-3,5-disulfonsäure) dient als Indikator in der Komplexometrie, bevorzugt bei der Bestimmung von Eise(III) im sauren Medium (pH ≈ 2,5). Der Farbumschlag erfolgt von blaugrün nach gelb.

Literaturverzeichnis

[15.1] *Nielsen, O.*: Erzmetall 13 (1960), S. 381-387

[15.2] *Jadosh, G.*: Electroless Nickel Conference III (1983)

[15.3] *Simon, H.*: Metalloberfläche 33 (1979), S. 340-349

[15.4] *Bauer, C.-O.*: Maschinenmarkt 87 (1981), S. 1123-1126

[15.5] *Paatsch, W.*: Metalloberfläche 35 (1981), S. 234-235

[15.6] *Paatsch, W.*: Verbindungstechnik 13 (1981) 1/2, S. 27-31

[15.7] *Huhnen, J.*: Draht 36 (1985), S. 141-144 u. S. 241-243

[15.8] *Paatsch, W.*: Oberfläche-Surface 28 (1987), S. 15-18

[15.9] *Jansen, R.*: Vortrag „Vermeidung der Wasserstoffversprödung in der Vorbehandlung", DGO-Arbeitskreis Wasserstoffversprödung, 21. November 2001 (SurTec GmbH)

[15.10] *Jansen, R. und Preikschat, P.*: „Vermeidung der Wasserstoffversprödung bei der Verzinkung gehärteten Stahls", Jahrbuch Oberflächentechnik 57 (2001), S. 85-101

[15.11] *Hickel, T., Stratmann, M. und Neugebauer, J.*: „Wasserstoffversprödung - Mechanismen verstehen und verhindern", Thyssen Krupp Steel, Center of Materials, Duisburg (2.8.2006)

[15.12] *Paatsch, W.*: Galvanotechnik 85 (1994), Nr. 3, S. 767-773

[15.13] *Kaesche, H.*: „Die Korrosion der Metalle", Springer Verlag Berlin, 1979

[15.14] *Wassermann, G.*: „Praktikum der Metallkunde und Werkstoffprüfung", Springer-Verlag Berlin, 1965

[15.15] *Broszeit, E., Heinke, G. und Wiegand, H.*: Metall 25 (1971), S. 1110-1114

[15.16] *Kehrer, H.-P., Ziese, J. und Hoffmann, F.*: HTM 37 (1982), S. 174-179

[15.17] *N. N.*: „ELNIC EN-School-Handbuch", Elnic-Inc., Nashville-TN, USA, 1982

[15.18] *Rolff, R.*: Galvanotechnik 73 (1982), S. 451-452

[15.19] *Beyer, K.*: „Poren- und Rissprüfung" in „Prüfung von funktionellen metallischen Schichten", herausgegeben von *T. W. Jelinek*, Eugen G. Leuze Verlag Saulgau/Württ., 1997

16 Bestimmung der Duktilität metallischer Schichten

16.1 Einleitung

Als Duktilität bezeichnet man die Fähigkeit eines metallischen Werkstoffes, sich unter Einwirkung äußerer Kräfte plastisch und damit dauerhaft zu verformen. Duktile Materialien lassen sich beispielsweise durch Biegen und Tiefziehen gut kaltverformen, während spröde Materialien bei geringer Verformung zu Bruch gehen. Brauchbare Informationen darüber, ob sich ein Material unter Belastung spröde oder duktil verhält, liefert der klassische Zugversuch. Abb. 16.1 zeigt die Spannungs-Dehnungs-Kurve einer spröden und einer duktilen Zugprobe in einem Spannungs-Dehnungs-Diagramm. Daraus geht Folgendes hervor: Je höher die Duktilität eines metallischen Werkstoffes, umso besser ist seine plastische Verformbarkeit.

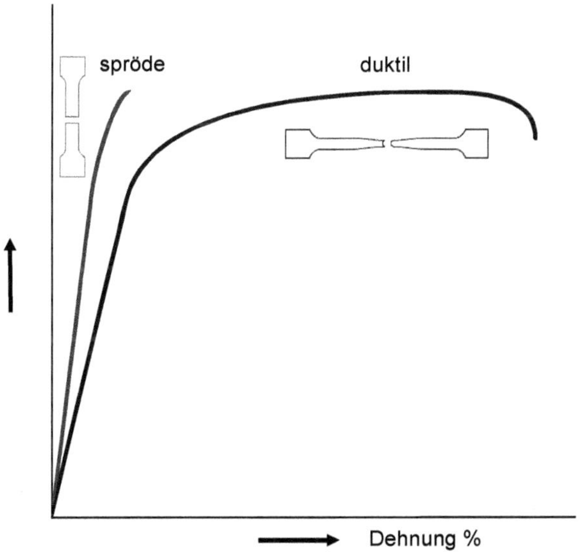

Abb. 16.1: Spannungs-Dehnungs-Kurve eines spröden und eines duktilen Materials

Je nach Werkstoff beobachtet man weit auseinander liegende Duktilitätswerte. Während z. B. Glas aufgrund seiner Sprödigkeit ohne erkennbare Verformung plötzlich zu Bruch geht, verformt sich Baustahl um mehr als 25 %, bevor er beim Erreichen der Bruchdehnung (ε_B) reißt. Gold ist wiederum so duktil, dass es sich in Form von Blattgold auf eine Dicke von wenigen Atomlagen austreiben lässt.

Werkstoffe hoher Duktilität finden sehr häufig Anwendung im Bauwesen. Der Grund hierfür liegt u. a. darin, dass beispielsweise ein duktiles Tragwerk sein Versagen bei Einwirkung größer Belastungen sichtbar ankündigt, bevor es zu Bruch geht. Auch in der Automobilindustrie sind duktile Materialien angesagt, da sich ein Auto im Falle eines Unfalls plastisch verformen soll.

16.2 Messverfahren

Auch im Falle von chemisch oder galvanisch abgeschiedenen Überzügen ist die Duktilität ein Maß für ihre plastische Verformbarkeit unter Zug- oder Druckbeanspruchung und bestimmt weitestgehend die Funktionstüchtigkeit des beschichteten Werkstücks bzw. Bauteils. Unter diesem Begriff wird die Gesamtdehnung ε, d. h. sowohl die elastische als auch die plastische Verformung der Schicht bis zum Zerreißen verstanden. Anhand der in Abb. 16.2 schematisch dargestellten Spannungs-Dehnungs-Diagramme kann man sich ein Bild darüber machen, wie unterschiedlich sich spröde bzw. duktile Schichten unter Zugbelastung verhalten.

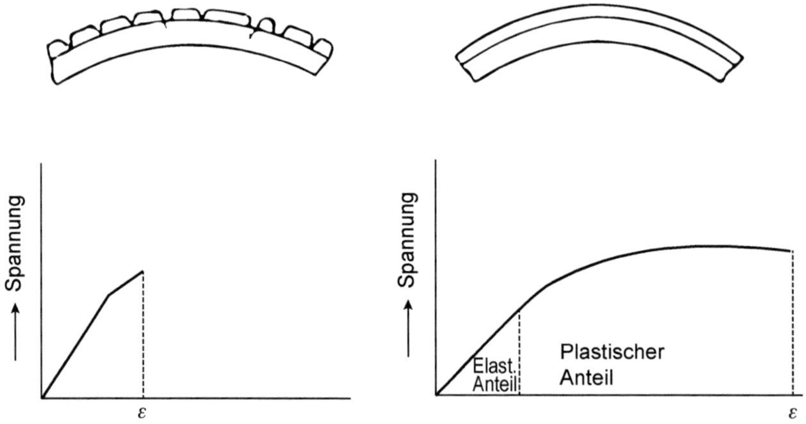

Abb. 16.2: Spannungs-Dehnungs-Diagramm einer spröden (links) und einer duktilen Schicht (rechts)

Als spröde gelten metallische Schichten, deren Bruchdehnung weniger als 5 % ist. Sie weisen einen kleinen plastischen Bereich auf, der praktisch gleich dem elastischen Anteil ist. Bei duktilen Schichten ist hingegen der elastische Anteil wesentlich kleiner als der plastische. Schichten, die eine Bruchdehnung von mehr als 5 % besitzen, werden als duktil bezeichnet. Folgende Überlegungen mögen verdeutlichen, welche Bedeutung der Duktilität eines metallischen Überzuges zukommt.

Erstens: Bei allen beschichteten Werkstücken und Bauteilen, die während ihres praktischen Einsatzes Temperaturschwankungen ausgesetzt sind, wird die Brauchbarkeit des Überzuges danach beurteilt, ob er den thermisch bedingten Formänderungen des Grundwerkstoffes folgen kann. Ist dies nicht der Fall, so kann es zu Rissbildungen oder lokalen Abplatzungen im Überzug kommen, wodurch die Substratoberfläche an diesen Stellen freigelegt und den Umwelteinflüssen schutzlos ausgesetzt wird. Im Extremfall kann es sogar vorkommen, dass die Haftfestigkeit des Überzuges gänzlich verloren geht, wenn sich das plastische Formänderungsvermögen und die thermischen Ausdehnungskoeffizienten des Grund- und des Schichtwerkstoffes gravierend voneinander unterscheiden.

Zweitens: Die Schutzwirkung duktiler Überzüge gegenüber dem Korrosionsangriff ist bedeutend höher als die der spröden Beschichtungen. Der Grund hierfür liegt in der Tatsache, dass duktile Überzüge in der Regel grobkörniger sind als spröde Schichten, das heißt, sie enthalten weit weniger Korngrenzen. Diese fallen - bedingt durch ihre thermodynamische Metastabilität - bevorzugt dem Korrosionsangriff anheim, weshalb spröde Schichten mit ihren zahlreichen Korngrenzen frühzeitig ihre Schutzwirkung gegenüber Korrosion verlieren.

Drittens: Auch das Verschleißverhalten duktiler Überzüge ist oft dem der spröden Schichten überlegen. Dies hängt u. a. damit zusammen, dass die verschiedenen Verschleißmechanismen unter praktischen Bedingungen in unterschiedlichem Ausmaß wirksam werden können.

Aus den vorangegangenen Ausführungen geht klar hervor, dass der kritischen Prüfung der Duktilität galvanisch oder chemisch abgeschiedener Überzüge große praktische Bedeutung zukommt [16.1-16.8]. Die Messung der Duktilität solcher Überzüge ist ein wichtiges Qualitätskriterium für ihre Brauchbarkeit. Aus diesem Grund sind im Laufe der Zeit viele Messmethoden entwickelt worden, die es erlauben, diese wichtige Eigenschaft metallischer Überzüge möglichst quantitativ und genau erfassen zu können. Mithilfe dieser Prüfverfahren kann die Messung der Duktilität eines Überzuges entweder am Substrat-Schicht-Verbund oder direkt an Folien vorgenommen werden, die zu diesem Zweck aus dem Überzug hergestellt werden müssen (Abb. 16.3).

Dabei muss man sich darüber im Klaren sein, dass einige Prüfgeräte sowohl den elastischen als auch den plastischen Anteil der Verformung bestimmen, während andere nur den plastischen Anteil erfassen. So werden beispielsweise beim hydraulischen Wölbungsversuch beide Anteile und beim mechanischen Wölbungsversuch nur die plastische Verformung berücksichtigt (beide Verfahren werden im Folgenden erörtert).

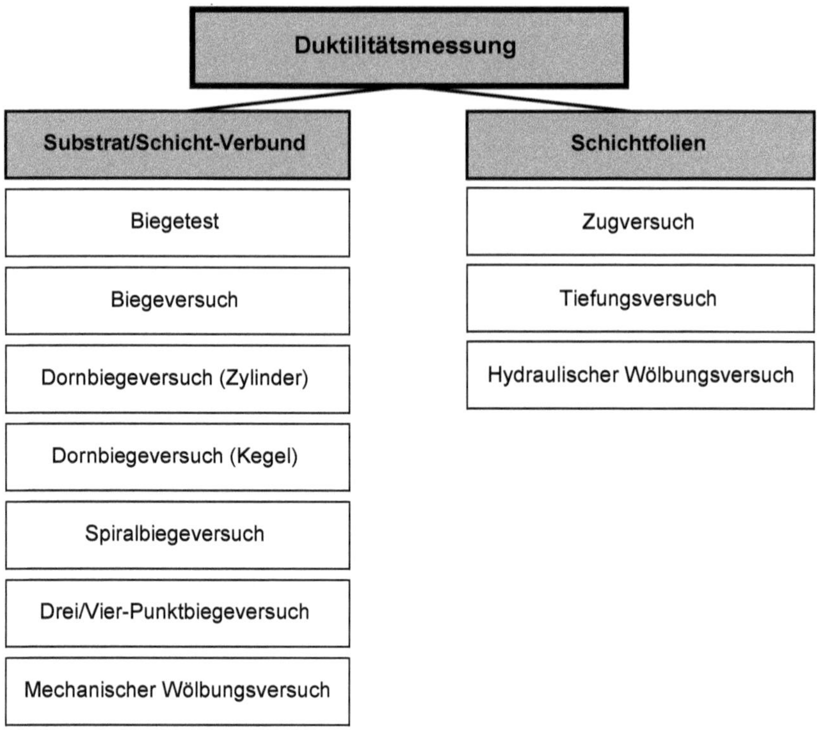

Abb. 16.3: Methoden der Duktilitätsmessung

16.2.1 Duktilitätsmessung am Substrat-Schicht-Verbund

Typisch für beschichtete Teile ist, dass der Grundwerkstoff in der Regel eine um ein Vielfaches größere Dicke besitzt als der darauf abgeschiedene Überzug. Zur Erzielung brauchbarer Ergebnisse aus den Duktilitätsmessungen ist es deshalb wichtig, dafür zu sorgen, dass zwischen der Dicke der Unterlage und der des Überzugs ein vernünftiges Verhältnis besteht. Auch die Gleichmäßigkeit der Schichtdickenverteilung ist in diesem Zusammenhang von Bedeutung und muss bei der Schichtabscheidung ins Auge gefasst werden. Ferner ist zu berücksichtigen, dass Duktilitätsmessungen an beschichteten Teilen nur dann verwertbare Aussagen bezüglich der Verformbarkeit der aufgebrachten Überzüge vermitteln, wenn das Grundmaterial ein größeres plastisches Formänderungsvermögen besitzt als der zu prüfende Überzug. Diese Voraussetzung gilt auch dann, wenn der Überzug aus mehreren Schichten besteht.

Bei den Messmethoden, die für die direkte Messung der Duktilität am Substrat-Schicht-Verbund eingesetzt werden, muss der Verformungsprozess, z. B. Dehnung, Biegung, Wölbung u. Ä. in dem Augenblick abgebrochen werden, in dem sich die ersten Risse im

Überzug bilden. Die rechtzeitige Erkennung des Zeitpunkts der ersten Rissbildung bei diesen Beanspruchungsarten stellt jedoch das Hauptproblem dar. Ferner darf auch nicht übersehen werden, dass das Ergebnis der Duktilitätsmessung von den mechanischen Eigenschaften des Substrats und der Haftfestigkeit des Überzugs beeinflusst wird.

Die wichtigsten Methoden zur Messung der Duktilität am Substrat-Schicht-Verbund sind der einfache Biegetest, der Biegeversuch, der zylindrische Dornbiegeversuch, der konische Dornbiegeversuch, der Spiralbiegeversuch, der Drei- bzw. Vier-Punktbiegeversuch und der mechanische Wölbungsversuch.

16.2.1.1 Der einfache Biegetest

Die einfachste Methode zur qualitativen Duktilitätsprüfung besteht darin, ein dünnes Metallblech, das galvanisch oder außenstromlos mit der zu untersuchenden Schicht beaufschlagt wurde, zu biegen. Entstehen bei einer kleinen Biegung Risse in der Schicht, so ist ihre Duktilität völlig unzureichend. Eine Variante dieser Verfahrensweise ist in Abb. 16.4 zu sehen.

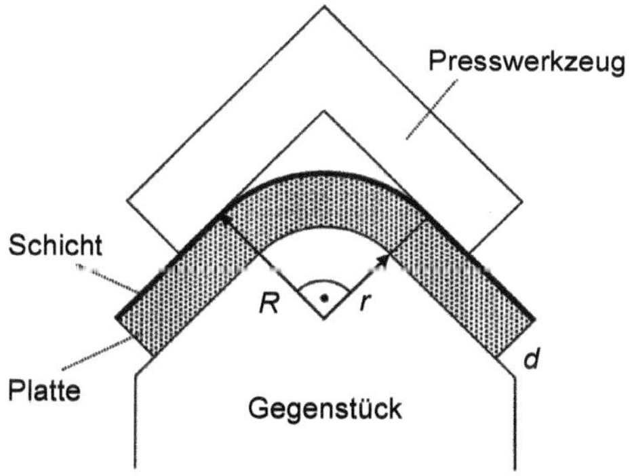

Abb. 16.4: Biegetest zur qualitativen Duktilitätsmessung am Substrat-Schicht-Verbund [16.8]

Ein mit der zu untersuchenden Schicht beschichtetes Metallblech wird mittels eines rechtwinkligen Presswerkzeugs über ein Gegenstück mit dem Radius r gebogen (gegebenenfalls müssen die der Reibung ausgesetzten Oberflächen mit einem Gleitmittel versehen werden). Dadurch dehnt sich die beschichtete Oberfläche des Metallblechs aus und die Dehnung ε [%] als ein Maß für die Duktilität der Schicht ergibt sich als Funktion des Biegeradius r:

$$\varepsilon = \frac{R - r}{r} \tag{16.1}$$

16.2.1.2 Der Biegeversuch

Der Biegeversuch wird bevorzugt zur Messung der Duktilität von relativ duktilen Überzügen eingesetzt, die auf Kupfersubstrat oder ABS-Kunststoffplatten galvanisch abgeschieden sind. Der aus Substrat und Überzug bestehende streifenförmige Prüfkörper wird, wie in Abb. 16.5a angedeutet, in die Versuchsvorrichtung einseitig eingespannt und um einen Biegezylinder mit vorgegebenem Radius hin- und hergebogen.

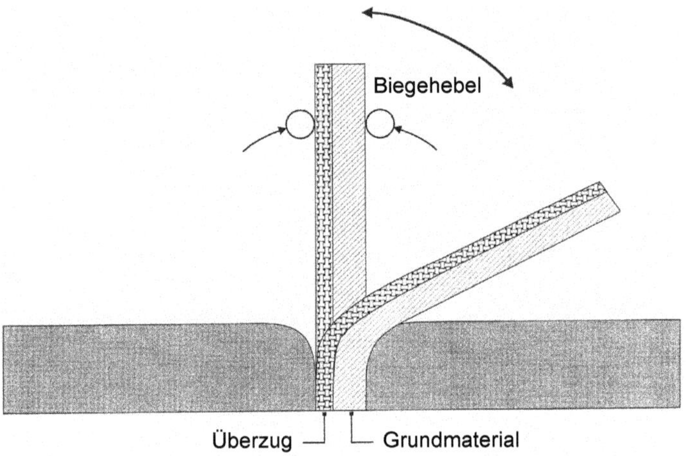

Abb. 16.5a: Biegeversuch zur Duktilitätsmessung am Substrat-Schicht-Verbund (optische Beobachtung der Rissbildung im Überzug) [16.2]

Die Anzahl des Hin- und Herbiegens, bei der erstmalig Risse im Überzug beobachtet werden, gilt als ein qualitatives Maß für die Duktilität des Überzugs. Das Absuchen von Rissen kann durch regelmäßige Beobachtung der Schichtoberfläche mit einem Stereomikroskop erleichtert werden. Diese Vorgehensweise erfordert allerdings eine entsprechende Gerätekonstruktion, die den Einbau und das Einschwenken des Stereomikroskops erlaubt. Der Zeitpunkt der ersten Rissbildung, insbesondere bei spröden Überzügen, kann, wie in Abb. 16.5b angedeutet, elektrisch verfolgt werden.

Der zu prüfende Überzug wird auf einer ABS-Platte abgeschieden, woraus dann Streifen mit den Abmessungen 1 × 10 cm herausgeschnitten werden. Das Herausschneiden oder Herausfräsen der Versuchsstreifen muss sehr sorgfältig durchgeführt werden, damit an den Rändern keine Riss- und Kerbbildungen entstehen. Andernfalls ist mit großer Streuung der Messergebnisse zu rechnen. Nach dem Einspannen in die Messapparatur wird der Versuchsstreifen derart gebogen, dass sich der Überzug unter Zugbeanspruchung deformiert. Lässt man nun einen elektrischen Strom von ca. 1 mA durch den

Überzug fließen und misst die zugehörige Spannung, so stellt man fest, dass sich die Spannung schlagartig erhöht, sobald die Rissbildung einsetzt. In diesem Moment wird der Biegeradius des Versuchsstreifens abgelesen und als Maß für die Duktilität der Schicht verwendet.

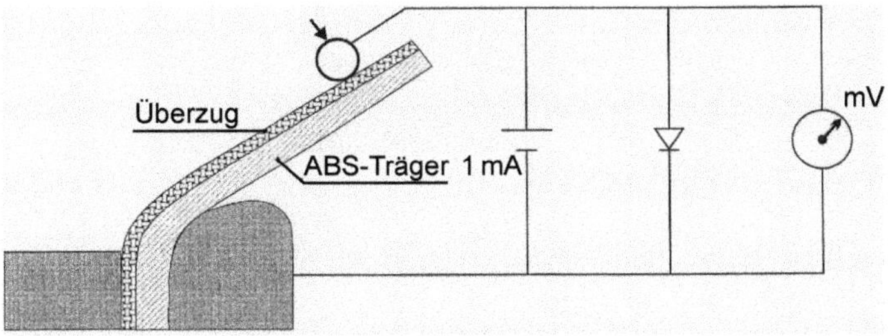

Abb. 16.5b: Biegeversuch zur Duktilitätsmessung am Substrat-Schicht-Verbund (elektrische Verfolgung der Rissbildung im Überzug) [16.2]

16.2.1.3 Der zylindrische Dornbiegeversuch

Beim zylindrischen Dornbiegeversuch nach DIN ISO 1915 wird ein streifenförmiger, beschichteter Prüfling um einen zylindrischen Dorn eines bestimmten Durchmessers gebogen, bis Risse im Überzug sichtbar werden. Die Beobachtung der ersten Rissbildung kann mit einer Lupe oder mithilfe eines Stereomikroskops erfolgen. Sehr kleine Risse lassen sich allerdings kaum auf diese Weise lokalisieren. Die Auswertung spröder Schichten mithilfe dieses Verfahrens ist einfacher als bei duktilen Überzügen. In jedem Falle ist mit mehr oder weniger größer Streuung der Ergebnisse zu rechnen, wenn die Probenvorbereitung nicht sorgfältig und sachgemäß erfolgt ist.

Es gibt spezielle Geräteausführungen, bei denen der Dorn aus mehreren Massivzylindern mit immer kleiner werdendem Durchmesser besteht. Die Dorndurchmesser liegen zwischen 6 und 50 mm. Zur Bestimmung der Duktilität des Überzugs wird der Prüfling beginnend mit dem größten Dorndurchmesser der Reihe um den einzelnen Zylinder gebogen, bis die ersten Risse im Überzug nachgewiesen werden können. Der Dorndurchmesser *D*, bei dem die erste Rissbildung erfolgt, stellt ein Maß für die Duktilität des zu prüfenden Überzuges dar. Bei bekannter Gesamtdicke *T* (Grundmaterial und Überzug) ergibt sich für die Bruchelongation ε_B:

$$\varepsilon_B = \frac{T}{D+T} \cdot 100\,[\%] \tag{16.2}$$

16.2.1.4 Der konische Dornbiegeversuch

Auch der konische Dornbiegeversuch nach DIN EN ISO 6860 kann als qualitatives Prüfverfahren zur Duktilitätsmessung am Substrat-Schicht-Verbund herangezogen werden. Hierbei erfährt die auf einem Stahlblech abgeschiedene Schicht beim definierten Verbiegen um einen konischen Dorn eine Streckung (Elongation). Je kleiner der Biegungsradius ist, umso größer ist das Ausmaß der Elongation. Sie ist an der Dornspitze mit dem kleinsten Radius am größten. Bei unzureichender Duktilität bildet sich an der Dornspitze ein Riss in der Schicht und beginnt in Richtung der größeren Radien zu wachsen. Die Rissbildung lässt Schlüsse auf die Elastizität der Schicht zu. Als Ergebnis der Duktilitätsmessung gibt man den Radius des konischen Dorns an, bei dem der Riss endet.

16.2.1.5 Der Spiralbiegeversuch

Der Spiralbiegeversuch wurde ursprünglich zur Bestimmung der Dehnbarkeit verhältnismäßig spröder Überzüge entwickelt. Die schematische Darstellung in Abb. 16.6 illustriert den Aufbau dieser Testeinrichtung.

Ein mit dem zu prüfenden Überzug beschichteter Blechstreifen wird über einen Spant gebogen, der das Profil einer logarithmischen Spirale hat und durch die folgende mathematische Gleichung beschrieben werden kann:

$$R = 0{,}4473\ \mathrm{e}^{0{,}5\,\varphi} \tag{16.3}$$

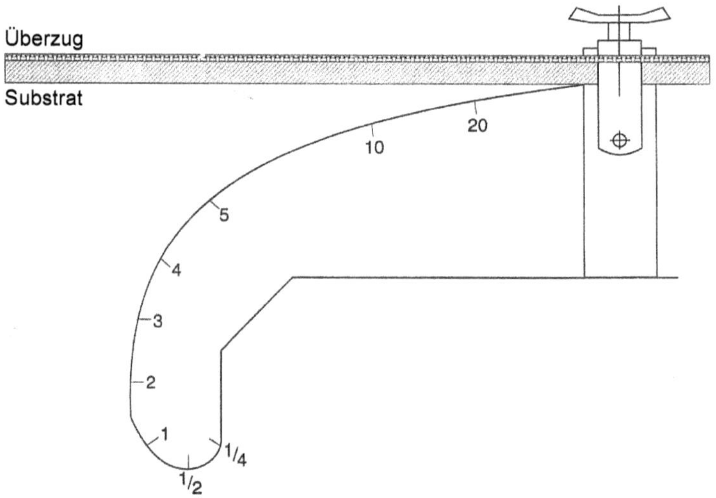

Abb. 16.6: Spiralbiegeversuch zur Duktilitätsmessung am Substrat-Schicht-Verbund [16.2]

Darin stellt R den Radius und φ den Polarwinkel dar. Die Durchführung der Duktilitätsmessung vollzieht sich nach folgendem Schema: Eine polierte Blechprobe wird einseitig mit dem zu untersuchenden Überzug beschichtet und zu Versuchsstreifen mit den Abmessungen 1 × 28 cm zerteilt. Zur Vermeidung von Kerbwirkungen werden die Schnittkanten der Versuchsstreifen mithilfe einer Schmirgelscheibe geglättet. Nach der Bestimmung der Dicke wird das eine Ende des Versuchsstreifens, wie aus Abb. 16.6 ersichtlich, in den Schlitz der Messapparatur eingespannt und der Versuchsstreifen selbst langsam über den Spant gebogen. Derjenige Krümmungsradius, bei dem der Überzug den ersten Riss anzeigt, kann direkt an der Skala des Spantes abgelesen werden. Er dient als ein Maß für die Bestimmung der Duktilität des Überzugs.

Aus dem Krümmungsradius R und der Dicke T kann die Bruchelongation ε_B in Prozenten angegeben werden:

$$\varepsilon_B = \frac{T}{2R+T} \cdot 100\,[\%] \qquad (16.4)$$

Der Spiralbiegeversuch ist besonders für Überzüge mittlerer Duktilität (0,4 % $\leq \varepsilon_B \leq$ 6 %) geeignet.

16.2.1.6 Der Drei-/Vier-Punkt-Biegeversuch

Der Drei- bzw. Vier-Punkt-Biegeversuch, dessen Aufbau in Abb. 16.7 skizziert ist, wird ebenfalls zur Messung der Duktilität von galvanisch abgeschiedenen Überzügen herangezogen.

In beiden Fällen wird der Prüfling mithilfe einer speziellen Vorrichtung in Richtung der Flächennormalen gebogen. Der Stempel, der in der Mitte des Prüflings die Biegung bewirkt, hat ein oder zwei Aufsetzschneiden. Oft wird dem Vier-Punkt-Biegeversuch der Vorzug gegeben, da beim Drei-Punkt-Biegeversuch die Gefahr einer Knickbildung besteht. Diejenige Durchbiegung (δ), bei der erste Risse im Überzug auftreten, ist ein Maß für die Bruchelongation ε_B. Bei bekannter Gesamtdicke T des Prüflings ergibt sich für die Bruchelongation

$$\varepsilon_B = \frac{\frac{16}{3} \cdot (\delta \cdot T)}{L^2} \cdot 100\,[\%] \qquad (16.5)$$

Darin ist L der Abstand der äußeren Auflageflächen.

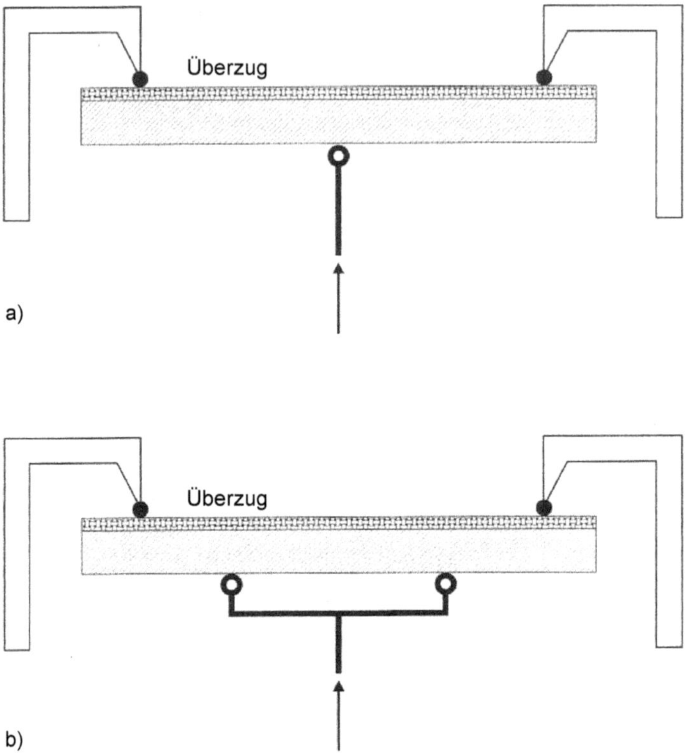

Abb. 16.7: Punkt-Biegeversuch zur Duktilitätsmessung am Substrat-Schicht-Verbund: a) Drei-Punkt-Biegeversuch, b) Vier-Punkt Biegeversuch

16.2.1.7 Der mechanische Wölbungsversuch

Als eine besonders geeignete Methode zur quantitativen Vermessung der Duktilität metallischer Schichten am Substrat-Schicht-Verbund hat sich der mechanische Wölbungsversuch nach DIN 50145 erwiesen, dessen Funktionsweise schematisch in Abb. 16.8 wiedergegeben ist.

Der Prüfling, eine einseitig beschichtete Metallfolie aus Weicheisen oder Kupfer, wird zwischen die Festhalteplatten der Messeinrichtung eingespannt und von unten mittels eines kugelförmigen Gegenkörpers (∅ = 4 mm) nach oben gedrückt, wodurch er sich in Form einer Kalotte ausweitet. Dies kann auch dadurch bewerkstelligt werden, dass die Festhalteplatten mittels eines geeigneten Drehmechanismus mit einer gleichmäßigen Geschwindigkeit nach unten geführt werden. In jedem Fall ist zu beachten, dass das Verhältnis zwischen dem Durchmesser der Prüffläche und dem des Mikrodorns eine kritische Größe darstellt und im Voraus genau festzulegen ist.

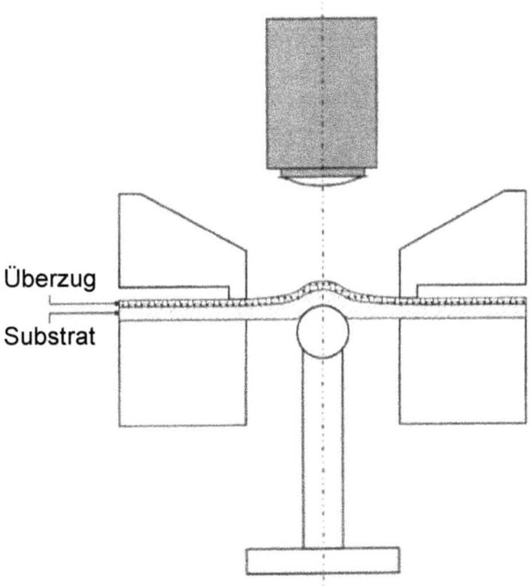

Abb. 16.8: Mechanischer Wölbungsversuch zur Duktilitätsmessung am Substrat-Schicht-Verbund [16.8]

Der Nullpunkt der Messung, d. h. der Augenblick, in dem der Mikrodorn mit dem Probekörper in Berührung kommt, kann durch elektrischen Stromfluss angezeigt werden. Während der Beanspruchung bildet sich ein kleiner kalottenförmiger Verformungsbereich in der Mitte des Probekörpers. Die jeweilige Höhe der Kugelkalotte lässt sich über einen Umdrehungszähler ermitteln. Beim Auftreten der ersten Risse in der Schicht, die übrigens mittels eines Lichtmikroskops beobachtet werden können, wird die Stromzufuhr zum Umdrehungszähler automatisch unterbrochen. Dadurch lässt sich die momentane Höhe der Kugelkalotte festhalten, die ein Maß für die Duktilität der zu prüfenden Schicht darstellt. Auch die Anzahl der Umdrehungen des Getriebemotors kann als Maß für die Duktilität der Schicht herangezogen werden.

Auch bei dieser Messmethode spielt die Beschaffenheit des Trägermaterials eine wichtige Rolle. Zu harte oder zu dicke Substrate führen nicht zum gewünschten Ergebnis. Es hat sich gezeigt, dass Kupfer mit einer Stärke von ca. 0,25 mm ein geeignetes Substratmaterial darstellt. Für die Reproduzierbarkeit der Messergebnisse ist auch die Natur der zu messenden Schicht eine wichtige Einflussgröße. Handelt es sich bei der Schicht um ein sehr duktiles Material, so ist diese Methode weniger geeignet für die Duktilitätsmessung. Sehr duktile Schichten zeigen nämlich bei dieser Art der Beanspruchung keine Neigung zur Rissbildung. Dagegen lassen sich spröde Überzüge ohne weiteres mit diesem Testverfahren auswerten.

Der besondere Vorteil des mechanischen Wölbungsversuchs besteht darin, dass er auch die Bestimmung der Duktilität kombinierter Schichten erlaubt. Formelmäßig lässt sich die Duktilität D in Anlehnung an Abb. 16.9 aus der Geometrie der Kalotte berechnen.

$$D = \frac{(A + \Delta A) - A}{A} = \frac{A + \Delta A}{A} - 1 = \frac{2 \cdot R \cdot h}{r^2} - 1 \qquad (16.6)$$

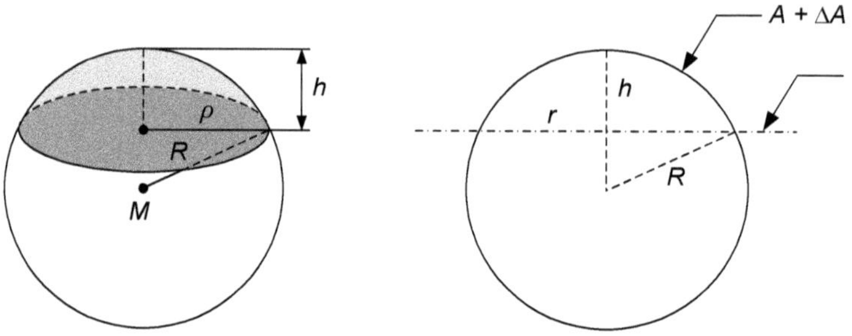

Abb. 16.9: Berechnung der Duktilität aus der Geometrie der Kalotte

Darin bedeuten $A = \pi \cdot r^2$ die Grundfläche und $A + \Delta A = 2 \cdot \pi \cdot R \cdot h$ die Oberfläche der Kalotte. Für den Radius R gilt $(R - h)^2 + r^2 = R^2$. Rechnet man daraus $R = (h^2 + r^2)/2$ h und berücksichtigt dabei, dass das Volumen der entstandenen Ausbauchung eine Funktion der Höhe h ist, d. h. $V = f(V) = \frac{\pi}{6} \cdot h^2 + \frac{\pi}{2} \cdot h \cdot r^2$, dann kann man h ermitteln. Für die Berechnung der Duktilität ergibt sich dann die folgende Beziehung:

$$D = \left[\frac{h}{r}\right]^2 = \left[\frac{\sqrt[3]{\frac{3 \cdot V}{\pi} + \sqrt{\left(\sqrt{\frac{3 \cdot V}{\pi}}\right)^2 + r^6}}}{r} + \frac{\sqrt[3]{\frac{3 \cdot V}{\pi} - \sqrt{\left(\sqrt{\frac{3 \cdot V}{\pi}}\right)^2 + r^6}}}{r}\right]^2 \qquad (16.7)$$

Mithilfe eines programmierbaren Rechners kann die Duktilität aus dem Kalottenvolumen im Augenblick des Bruches berechnet werden.

16.2.2 Duktilitätsmessung an Schichtfolien

Die direkte Durchführung der Duktilitätsmessung an Überzugsfolien setzt fehlerfreie Prüffolien aus der zu untersuchenden Schicht voraus. Für die Herstellung solcher Folien gibt es zwei Möglichkeiten. Entweder wird die zu untersuchende Schicht chemisch oder galvanisch auf einem metallischen Substrat abgeschieden and anschließend abgezogen, oder sie wird auf einem Kunststoff erzeugt, der sich chemisch leicht ablösen lässt.

16.2.2.1 Herstellung von Schichtfolien

Das Abziehen einer auf einem metallischen Substrat abgeschiedenen Metallschicht setzt eine sehr geringe Haftung zwischen der Schicht und dem Substrat voraus. Dies lässt sich durch die Abscheidung der Schicht auf einer passivierbaren Substratoberfläche realisieren. Rostfreie Stähle sind zu diesem Zweck sehr geeignet, erfordern jedoch größte Sorgfalt und Vorsicht hinsichtlich der Oberflächenbehandlung. Denn selbst leichte und winzige Kratzer auf der Stahloberfläche reproduzieren sich in der Schicht und beeinträchtigen die Aussagekraft der Duktilitätsmessung entscheidend. Das Entfernen dieser Art von Oberflächenfehlern ist wiederum aufwendig. Daher sind erhöhte Vorsichtsmaßnahmen beim Hantieren solcher Stahlsubstrate unerlässlich. Leichter zu handhaben sind Trägermaterialien aus einseitig polierten und hochglanzvernickelten Kupfer- bzw. Messingblechen, deren Oberfläche nach etwaigen Verletzungen ohne großen Aufwand wieder poliert und vernickelt werden kann. Unmittelbar vor der Abscheidung der zu untersuchenden Schicht wird die Nickeloberfläche passiviert. Dies lässt sich durch Eintauchen des vernickelten Substrats in verdünnte Chromsäure H_2CrO_4 (1 bis 5 %ig) für die Dauer von 30 bis 60 Sekunden erreichen. Danach wird das vernickelte Kupfer- oder Messingblech sorgfältig gespült und in das Abscheidungsbad gebracht. Um zu verhindern, dass die Passivierung der Nickeloberfläche durch den Elektrolyten zerstört wird, muss man das Blech mit dem Minuspol des eingeschalteten Gleichrichters verbinden. Nach der Abscheidung muss man die zu untersuchende Schicht sehr sorgfältig und unter Vermeidung jeglicher mechanischer Belastung vom Substrat ablösen.

Eine weitere Möglichkeit zur Folienherstellung ist die Schichtabscheidung auf einem Kunststoff-Trägermaterial, das sich chemisch leicht auflösen und entfernen lässt. Wichtig dabei ist, dass das Lösemittel auf keinen Fall die Schicht selbst angreift. Als besonders geeignet für diesen Zweck hat sich der ABS-Kunststoff erwiesen. Die Oberfläche der ABS-Platte muss vor der Abscheidung mit Chromschwefelsäure (H_2SO_4 + CrO_3) oder Schwefelsäure bzw. Wasserstoffperoxid (H_2O_2) behandelt und entgiftet werden. Anschließend ist eine Aktivierung der Oberfläche vorzunehmen, welche die Schichtabscheidung erst in Gang setzt. Dies erfolgt in der Regel durch Bekeimung der Oberfläche mit Palladium, indem man die ABS-Platte in eine Aktivator-/Reduktor-Lösung eintaucht. Auf der so elektrisch leitend gemachten Substratsoberfläche kann nun die Schichtabscheidung vorgenommen werden. Danach lässt sich die Schicht durch Auflösen der ABS-Platte in Aceton (C_3H_6O) freilegen. Der Vorteil dieser Art von Folienherstellung besteht darin, dass eine unbeabsichtigte mechanische Verletzung der Schicht in Form von Kratzern oder Falten praktisch ausgeschlossen ist.

Es wird empfohlen, in beiden Fällen der Folienherstellung Schichten mit einer Dicke von 5 bis 100 µm, vorzugsweise im Bereich von 20 bis 40 µm, möglichst frei von inneren Spannungen abzuscheiden. Ferner sollte unabhängig von der Art der Folienherstellung darauf geachtet werden, dass die Prüffolie stets aus der Mitte der freigelegten Schicht entnommen wird. Damit sollen die Einflüsse galvanischer Randeffekte, die zu Ungleichmäßigkeit der Schichtdickenverteilung führen, möglichst vermieden werden.

Die wichtigsten Methoden zur Messung der Duktilität von Überzugsfolien sind der Zugversuch, der Tiefungsversuch und der hydraulische Wölbungsversuch.

16.2.2.2 Der Zugversuch

Die Durchführung des Zugversuchs zur Bestimmung der Duktilität metallischer Schichten setzt die Anfertigung von Zugproben bestimmter Abmessungen aus solchen Schichten voraus. Dies kann sich oft als besonders schwierig erweisen. Die Ursache dafür liegt zum Teil darin, dass die zu prüfenden Schichten in der Regel eine Dicke von einigen µm bis 1/10 mm besitzen. Darüber hinaus ist die Bearbeitung der geschnittenen Ränder der Zugproben durch Schleifen und Polieren kaum möglich. Die sich beim Herausschneiden oder Herausstanzen an den Rändern der Zugproben gebildeten Mikrorisse üben aber während der Zugbeanspruchung eine Kerbwirkung aus und verfälschen dadurch die zu messenden Duktilitätswerte. Bei einem abrupten Einschnitt - etwa einem Riss oder einer Kerbe - drängen sich die Spannungslinien am Ende des Risses bzw. der Kerbe besonders dicht zusammen, so dass die lokale Spannungskonzentration dort sehr groß werden kann (Abb. 16.10).

Das Problem der Kerbwirkung kann zwar in bestimmten Fällen dadurch umgangen werden, dass man die Zugproben in ihrer endgültigen Form galvanisch oder chemisch auf einem geeigneten Trägermaterial abscheidet und anschließend abzieht. Diese Vorgehensweise ist jedoch sehr zeitraubend und für die Herstellung einer großen Anzahl von Zugproben praktisch untauglich.

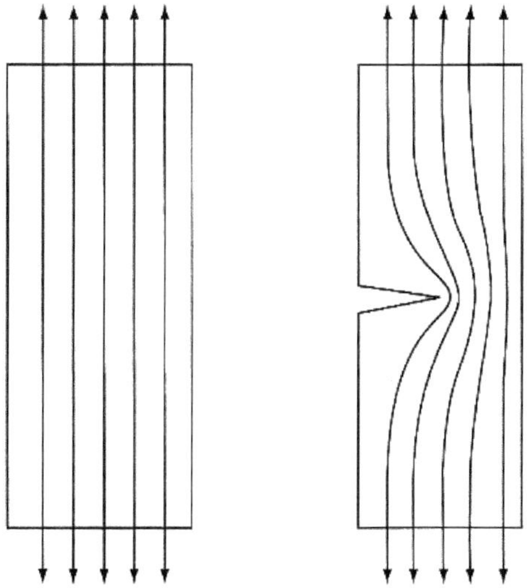

Abb. 16.10: Einfluss einer Kerbe in der Prüffolie auf die Schichtduktilität im Zugversuch

Auch das Einspannen der Zugproben entlang ihrer Längsachse in den Einspannköpfen der Zerreißmaschine ist oft ein schwieriges Unterfangen. Dabei ist die exakte Justierung der Zugprobe eine wichtige Voraussetzung für die genaue Bestimmung der Duktilität. Etwaige mechanische Verletzungen im Einspannbereich können zum frühzeitigen Reißen der Zugprobe führen und somit völlig falsche Werte ergeben. Um dieses Problem auszuschalten, sollten die beiden Enden der Zugproben, die in der Regel die Form eines Schulterstabes haben, in geeigneter Weise verstärkt werden.

Unter der Voraussetzung, dass den hier dargelegten Einflussfaktoren Rechnung getragen wird, und die abgeschiedenen Schichten möglichst frei von inneren Spannungen sind, kann der Zugversuch zuverlässige Informationen bezüglich der Duktilität der zu untersuchenden Schicht liefern. Sie ergibt sich aus dem Verhältnis

$$100 \cdot \frac{\Delta L}{L} = 100 \cdot \frac{L - L_0}{L} \; [\%] \qquad (16.8)$$

Darin bedeutet L_0 die vor dem Versuch auf der Zugprobe markierte Messlänge und L die nach dem Zerreißen der Folie gemessene Länge.

Es sei darauf hingewiesen, dass die Messung der Duktilität spröder Schichtfolien mithilfe des Zugversuchs sehr schwierig ist und oft zu nicht reproduzierbaren Ergebnissen führt.

16.2.2.3 Der Tiefungsversuch

Das Prinzip des Tiefungsversuchs ist in Abb. 16.11 zu sehen. Die vom Substrat abgelöste und als Folie dienende metallische Schicht wird zwischen die Festhalteplatten der Vorrichtung eingespannt und mittels eines kugelförmigen Gegenkörpers soweit nach unten gedruckt, bis sie zu Bruch geht.

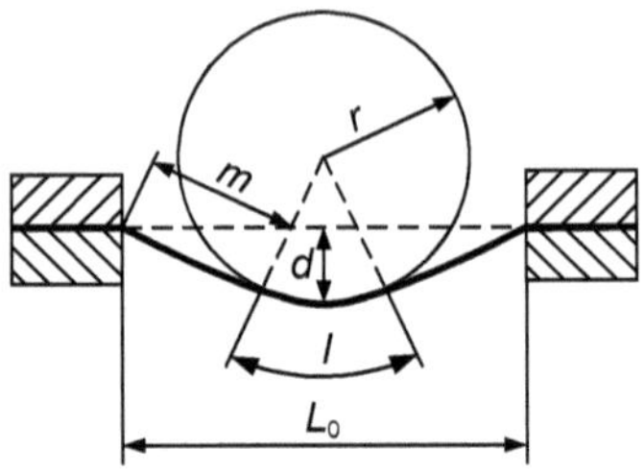

Abb. 16.11: Tiefungsversuch zur Duktilitätsmessung an Schichtfolien [16.9]

Die für die Berechnung der Bruchdehnung $\varepsilon_B = (L - L_0)/L_0$ benötigte Länge L lässt sich dann wie folgt ermitteln:

$$L = 2\,m + I \tag{16.9}$$

Für m und I ergeben sich aufgrund mathematischer Zusammenhange folgende Ausdrücke:

$$m = \sqrt{\left(\frac{L_0}{2}\right)^2 + (r-d)^2 - r^2} \tag{16.10}$$

$$I = 2\,r \cdot \tan^{-1}\left[\frac{r \cdot L_0 - 2\,m \cdot (r-d)}{m \cdot L_0 + 2\,r \cdot (r-d)}\right] \tag{16.11}$$

16.2.2.4 Der hydraulische Wölbungsversuch

Der hydraulische Wölbungsversuch, der sich zur Messung der Duktilität an Schichtfolien als besonders aussagekräftig erwiesen hat, ist bereits in einer Reihe von Publikationen beschrieben worden [16.2 bis 16.8]. Der prinzipielle Aufbau der Versuchseinrichtung ist in Abb. 16.12 schematisch wiedergegeben.

Die zu prüfende Schichtfolie, deren Präparation nach einem der bereits geschilderten Herstellungsverfahren erfolgen kann, wird zwischen zwei metallischen Scheiben dicht befestigt. Der so in der Mitte der Prüffolie übriggebliebene kleine kreisförmige Bereich (Durchmesser von 8 mm) befindet sich über einer mit Wasser gefüllten zylindrischen Kammer und wird mittels eines Kolbens, der das Wasser nach oben drückt, ausgewölbt. Bei diesem Vorgang bewegt sich der mit einem Motor angetriebene Kolben mit konstanter Geschwindigkeit gegen die eingespannte Schichtfolie. Durch den Druck wölbt sich die Folie, wobei die Höhe der dabei entstehenden Kugelkalotte durch einen Wegaufnehmer gemessen wird. Gleichzeitig wird der Flüssigkeitsdruck mittels eines Druckmessers ermittelt. Ein in die Messapparatur integriertes Mikroprozessorsystem errechnet aus der Kalottenhöhe die Vergrößerung des anfangs kreisförmigen Probenbereichs, welche ein Maß für die Duktilität der Schichtfolie darstellt. Aus dem Flüssigkeitsdruck p, dem Kalottenradius r und der Foliendicke d wird gemäß der Mechanik einer Kugelkalotte die Spannung σ berechnet:

$$\sigma = \frac{r \cdot p}{2 \cdot d} \tag{16.12}$$

Der hydraulische Wölbungsversuch wird bis zum Bruch der Folie fortgesetzt. Danach lassen sich die Bruchelongation als ein Maß für die Duktilität sowie die Zugfestigkeit der Schichtfolie automatisch errechnen.

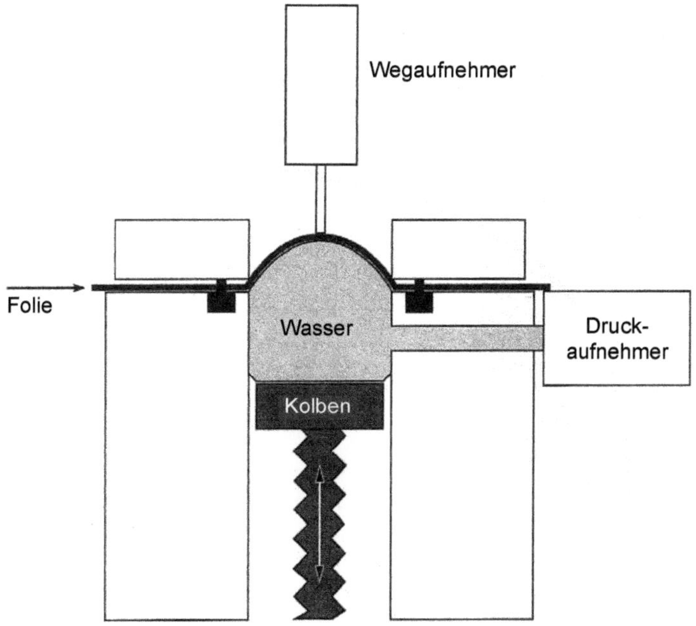

Abb. 16.12: Aufbau des hydraulischen Wölbungsversuchs zur Duktilitätsmessung an Schichtfolien

Abb. 16.13a zeigt das Ergebnis der Duktilitätsmessung an einer galvanisch hergestellten duktilen Kupferfolie mittels eines hydraulischen Wölbungsversuchs. Die Messwertausgabe erfolgte alphanumerisch über eine LCD-Anzeige auf einem angeschlossenen Plotter in Form eines Spannungs-Dehnungs-Diagramms. Die Abszisse zeigt die Elongation der Schichtfolie als Flächenzunahme in Prozent. Auf der Ordinate ist der Flüssigkeitsdruck normiert auf eine konstante Foliendicke von 25 μm aufgetragen.

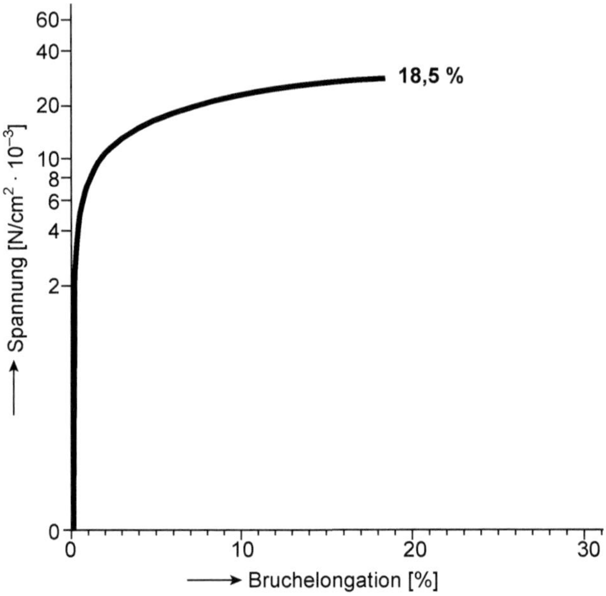

Abb. 16.13a: Spannungs-Dehnungs-Diagramm einer galvanisch abgeschiedenen Kupferschicht

Die Messung wurde beim Zerreißen der Kupferfolie abgebrochen. Abb. 16.13b zeigt ein Foto der dabei entstandenen Kugelkalotte.

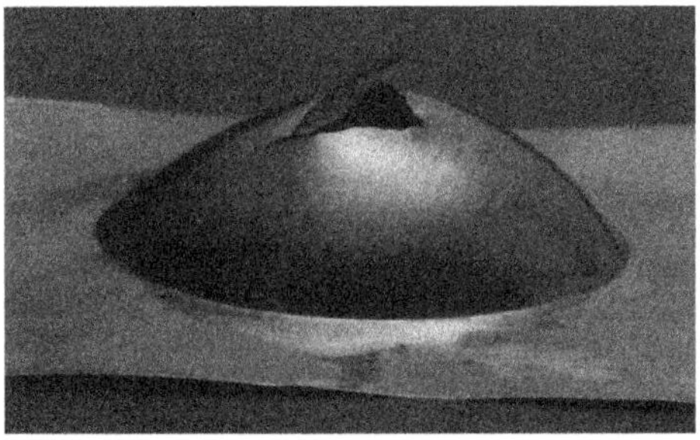

Abb. 16.13b: Bruch einer galvanisch hergestellten duktilen Kupferfolie im hydraulischen Wölbungsversuch

Galvanisch abgeschiedene Kupferschichten dienen zum einen als Zwischenschicht vor dem Vernickeln und Verchromen von Stahloberflächen zum Zwecke der Verbesserung der Korrosionsbeständigkeit, zum anderen zum Vorverkupfern von Zinkdruckguss, dessen Oberflächenporen durch Abscheidung von Kupfer aus Kupferelektrolyten mit hoher Mikrostreuung (Einebnung) geschlossen werden, wodurch die Korrosionsanfälligkeit des galvanischen Schichtsystems vermindert wird [16.10].

Mithilfe des hydraulischen Wölbungsversuchs wurden auch die Duktilitäten von vier Kupferfolien bestimmt, die aus vier verschiedenen Kupferbädern chemisch abgeschieden worden waren. Die zugehörigen Spannungs-Dehnungs-Diagramme sind in Abb. 16.14 zu sehen. Die Messungen wurden sowohl im abgeschiedenen als auch im wärmebehandelten Zustand durchgeführt.

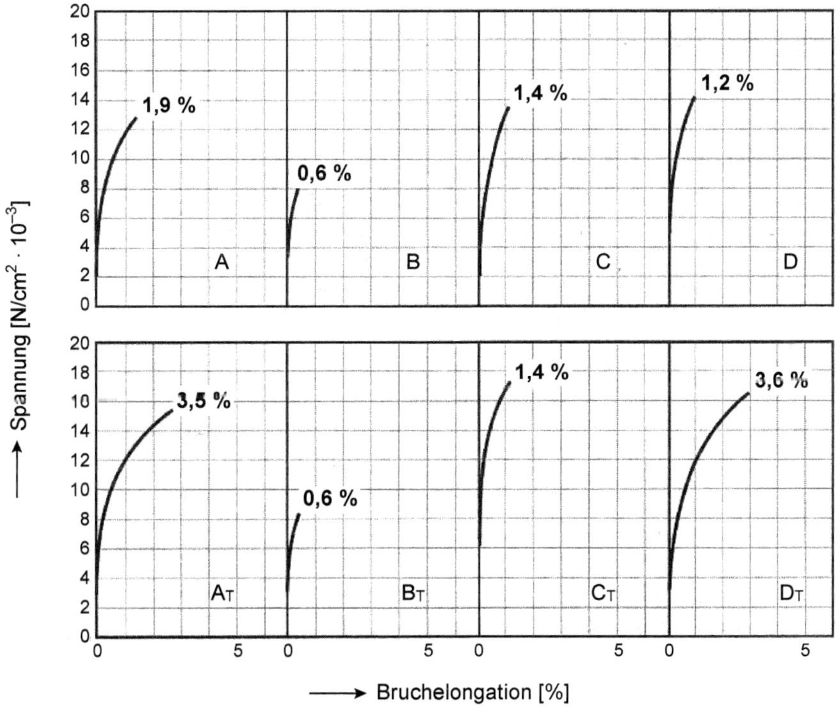

Abb. 16.14: Spannungs-Dehnungs-Diagramme von vier chemisch abgeschiedenen Kupferschichten
oben: im Abscheidungszustand
unten: nach einer Wärmebehandlung bei 130 °C/1 h

Die niedrigen Duktilitätswerte der untersuchten Kupferschichten können mehrere Gründe haben. Zum einen ist zu berücksichtigen, dass chemisch abgeschiedene Kupferschichten in der Regel mit Druck- oder Zug-Eigenspannungen behaftet sind, deren Höhe durch den Abscheidungsprozess bestimmt wird. Diese inneren Spannungen können die mechanischen Eigenschaften der Kupferschicht, insbesondere aber ihre Duktilität negativ beeinflussen. Zum anderen muss man sich darüber im Klaren sein, dass die Duktilität eine stark strukturabhängige Eigenschaft ist, das heißt sie wird durch die Beschaffenheit des Mikrogefüges, wie Korngröße und Korngrößenverteilung, sowie Gitterbaufehler und Korngrenzendichte entscheidend beeinflusst. Im vorliegenden Fall zeigen die zugehörigen TEM-Aufnahmen in Abb. 16.15 Kupferkristallite verschiedener Größe, die aufgrund ihrer unterschiedlichen Orientierungen zum Elektronenstrahl hell oder grau bzw. dunkel erscheinen. Die Reflexionswinkel sind in der Regel so klein, dass nur solche Netzebenen zur Reflexion kommen, die praktisch parallel zum einfallenden Elektronenstrahl verlaufen. Das hat zur Folge, dass bereits geringste Verkippung der Kristallite gegenüber dem Elektronenstrahl diese als hell oder dunkel erscheinen lässt.

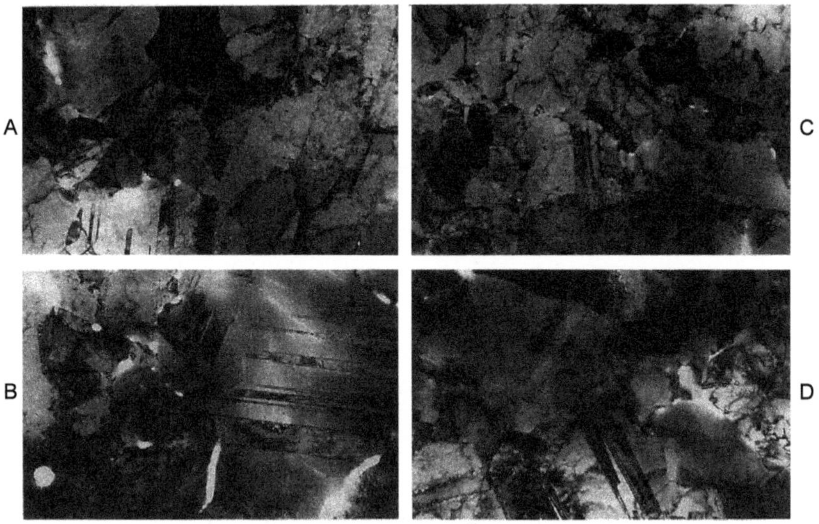

Abb. 16.15: TEM-Aufnahmen zur Charakterisierung des Mikrogefüges von chemisch abgeschiedenen Kupferschichten im abgeschiedenen Zustand (Vergrößerung: 60 000×)

Aus den Aufnahmen geht hervor, dass die Kupferkristallite mehr oder weniger Verzwillingungen in Form von Streifen mit geradlinig verlaufenden Abgrenzungen enthalten. Die Zwillingsbildung dürfte allerdings durch die metallographische Probenpräparation bedingt sein, die stets mit einer gewissen plastischen Deformation der Probe einhergeht.

Den Aufnahmen ist des Weiteren zu entnehmen, dass die Kupferkristallite eine Vielzahl von Versetzungen besitzen, die als kurze dunkle Linien erscheinen. Auch submikroskopische Poren in Form von winzigen, kreisrunden hellen Flecken sind in einigen Kupferkristalliten zu sehen. Sie können während des elektrolytischen Abdünnens der TEM-Proben entstanden sein. Besonders deutlich zu sehen sind Hohlräume entlang der Korngrenzen bei der mit dem Buchstaben B gekennzeichneten Kupferschicht.

Die in Abb. 16.16 wiedergegebenen TEM-Aufnahmen belegen, dass die Wärmebehandlung der Kupferfolien bei 130 °C und einer Stunde nur bei den Prüffolien A und D zu einer Erhöhung der Duktilitätswerte geführt hat.

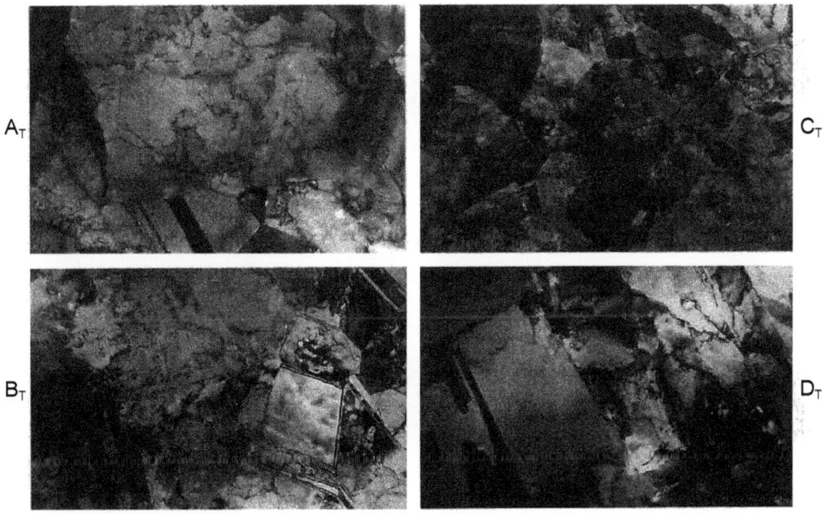

Abb. 16.16: TEM-Aufnahmen zur Charakterisierung des Mikrogefüges von chemisch abgeschiedenen Kupferschichten im wärmebehandelten Zustand (Vergrößerung: 80 000×)

Offensichtlich sind die noch vorhandene hohe Versetzungsdichte und die zahlreichen Korn- und Zwillingsgrenzen die Ursachen für die niedrigen Duktilitätswerte. Die Aufnahmen zeigen, dass die Mikrogefüge der wärmebehandelten Kupferschichten neben den zahlreichen Gitterbaufehlern und Korngrenzen auch eine Vielzahl von Mikrorissen enthalten.

Die bisherigen Überlegungen lassen klar erkennen, dass Duktilitätsmessungen an chemisch abgeschiedenen Schichten stets mit mikrostrukturellen Untersuchungen mittels Durchstrahlungsmikroskopie (TEM) einhergehen gehen müssen, wenn man ihr sprödes Verhalten einigermaßen befriedigend interpretieren will.

16.2.2.5 Hydraulischer Wölbungsversuch vs. Zugversuch

Die Duktilitäten von galvanisch bzw. chemisch hergestellten Kupferfolien wurden in weiteren Tests auch im Zugversuch ermittelt. Die Ergebnisse dieser Messungen im Falle der duktilen galvanischen Kupferfolien sind zum Vergleich mit den Ergebnissen der Duktilitätsmessungen mittels hydraulischen Wölbungsversuchs in Abb. 16.17 zusammengestellt.

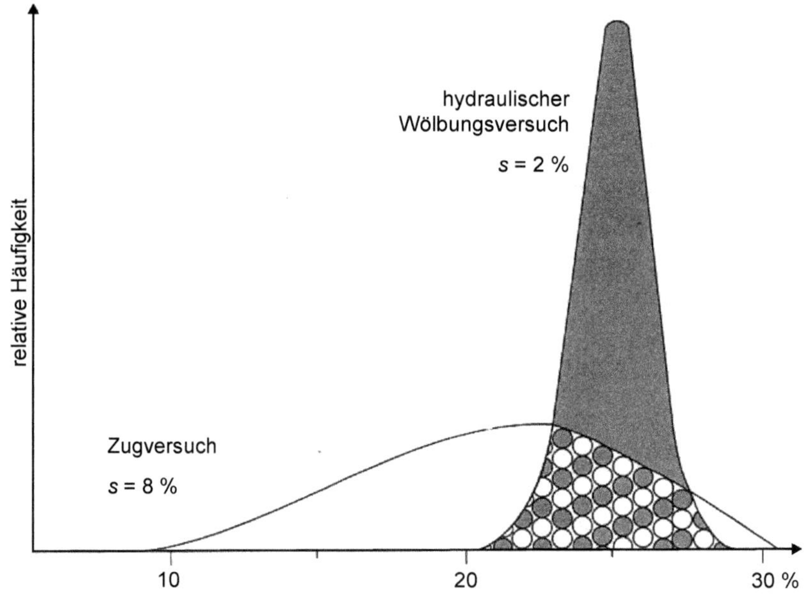

Abb. 16.17: Vergleich der Reproduzierbarkeit der Duktilitätswerte von galvanisch abgeschiedenen Kupferfolien im Zug- bzw. hydraulischen Wölbungsversuch (s = Standardabweichung)

Aus dieser Darstellung geht hervor, dass die Reproduzierbarkeit der mittels eines hydraulischen Wölbungsversuchs durchgeführten Messungen wesentlich höher ist als beim Zugversuch. Die Gründe dafür liegen im folgenden Sachverhalt: Die Probenvorbreitung beim hydraulischen Wölbungsversuch erfordert einen wesentlich geringeren Aufwand, was weniger Bearbeitungsfehler bedeutet.

Die Handhabung und die Durchführung der Messungen sind beim hydraulischen Wölbungsversuch einfacher als beim Zugversuch.

Die Einflussfaktoren, die die Ergebnisse des Zugversuches verfälschen, lassen sich bei beim hydraulischen Wölbungsversuch gänzlich vermeiden.

Die mithilfe einer Universalzugmaschine sowie mittels eines hydraulischen Wölbungsversuchs durchgeführten Duktilitätsmessungen an chemisch abgeschiedenen Kupferschichten sind in Tab. 16.1 wiedergegeben.

Tab. 16.1: Gegenüberstellung der im Zugversuch und mittels eines hydraulischen Wölbungsversuchs gemessenen Duktilitäten von chemisch abgeschiedenen Kupferfolien

Kupferschicht	Wölbungstest	Zugversuch	
	20 × 20 mm	50 × 5 mm V = 1,5 mm/min	20 × 5 mm V = 5,0 mm/min
A	1,9	1,4	1,7
A_T	3,5	2,3	2,0
B	0,6	0,8	0,6
B_T	0,6	0,9	0,4
C	1,4	1,2	2,2
C_T	1,4	1,3	1,8
D	1,2	0,8	1,6
D_T	3,6	2,3	2,0

Die Angaben in dieser Tabelle dokumentieren die relativ gute Übereinstimmung der im Zugversuch und mittels eines hydraulischen Wölbungsversuchs gemessenen Duktilitätswerte. Die geringfügigen Unterschiede sind auf die unterschiedliche Beanspruchungsdynamik und die unterschiedlichen Verformungsmechanismen der beiden Messmethoden zurückzuführen.

Ausgewählte Normen zur Duktilitätsmessung

DIN 50101 Teil 1: Prüfung metallischer Werkstoffe; Tiefungsversuch an Blechen und Bädern mit einer Breite von 90 mm (nach Erichsen), Dickenbereich: 0,2 bis 2 mm

DIN 50101 Teil 2: Prüfung metallischer Werkstoffe; Tiefungsversuch an Blechen und Bädern mit einer Breite von 90 mm (nach Erichsen), Dickenbereich: 2 bis 3 mm

DIN 50102: Prüfung metallischer Werkstoffe; Tiefungsversuch an schmalen Bädern (nach Erichsen), Breitenbereich: 30 mm bis unter 90 mm

ASTM B489: Ductility of electroplated metal coating on sheet or strip, bend test, recommendable practice

ASTM B490: Ductility of electrodeposited foils, micrometer bend test, recommendable practice

ISO 8401 2017-02: Metallic coatings - Review of methods of measurement of ductility

Literaturverzeichnis

[16.1] *Dettner, H. W. und Elze, E.* (Hrsg.): „Handbuch der Galvanotechnik“, Band III, Carl Hanser Verlag München, 1969

[16.2] *Rollf, R.*: „Die Messung der Duktilität mit Hilfe eines hydraulischen Wölbungstestes“, Metalloberfläche Heft 12 (1978), 537-560

[16.3] *Dahms, W. und Rolff, R.*: „Messmethode zur Bestimmung der Duktilität von galvanisch oder chemisch reduktiv abgeschiedenen Metallschichten (Mikrodorngerät)“, Metalloberfläche, Heft 10 (1981), 402-405

[16.4] *Smith, P. M.*: „A New Method of Testing the Ductility of Electroplated Foil“, Circuit World, Vol. 9, No. 2. (1983), 35-39

[16.5] *Kanani, N.*: „Untersuchung der Schichteigenschaften von Kupferüberzügen aus außenstromlosen Bädern“, Galvanotechnik 80, Heft 12 (1989), 4242-4260

[16.6] *Schulz, R., Nitsche, D. und Kanani, N.*: „Qualitätssicherung durch Überwachung der mechanisch-technologischen Eigenschaften von Überzügen“, Metall Verlag GmbH Berlin, Heidelberg, Jahrbuch Oberflächentechnik, Band 48 (1992), 460-467

[16.7] *Jelinek, T. W. et al.*: „Prüfung von funktionellen metallischen Schichten“, Eugen G. Leuze Verlag Saulgau/Württ., 1997

[16.8] *Kanani, N. und Nitsche, D.*: „Duktilität“ in „Moderne Mess- und Prüfverfahren für metallische und andere anorganische Überzüge“, herausgegeben von *N. Kanani*, expert verlag Renningen, 2007, S. 97-110

[16.8] *Allmendinger, T.*: „Zur Charakterisierung galvanischer Schichten - Teil II: Duktilität und Flexibilität“, Galvanotechnik 9/2008, S. 2146

[16.9] *Schenzel, H.-G.*: „Schichtprüfung am Beispiel von chemisch abgeschiedenen Ni-P-Schichten“, in: „Galvanische Schichten - Abscheidung, Eigenschaften, Anwendungen, Messmethoden, Qualitätssicherung“, herausgegeben von *H. Jehn*, Eugen G. Leuze Verlag Bad Saulgau, 1993

[16.10] *Jelinek, T. W.*: „Praktische Galvanotechnik - Ein Lehr- und Handbuch“, 7., aktualisierte Auflage, Eugen G. Leuze Verlag Bad Saulgau, 2013, S. 240

17 Korrosionsbeständigkeit metallischer Schichten

17.1 Einleitung

Der Begriff Korrosion wird in DIN 50900 Teil 1 wie folgt definiert:

„Korrosion ist die Reaktion eines metallischen Werkstoffs mit seiner Umgebung, die eine messbare Veränderung des Werkstoffs bewirkt und zu einer Beeinträchtigung der Funktion eines metallischen Bauteils oder eines ganzen Systems führen kann. In den meisten Fällen ist diese Reaktion elektrochemischer Natur, in einigen Fällen kann sie jedoch auch chemischer oder physikalischer Natur sein."

Im Zusammenhang mit dieser Definition sei Folgendes angemerkt:

Erstens: Der Begriff Korrosion wurde ursprünglich nur auf Metalle (ausgenommen Edelmetalle) angewendet, umfasst heutzutage aber alle Werkstoffe, also auch Polymere, Glas und Keramik.

Zweitens: Der Begriff Umgebung in dieser Definition umfasst alle korrosiven Medien, die zu einer Beeinträchtigung der Funktionen von Bauteilen, Werkstücken und Gebrauchsgegenständen sowie Industrie-, Chemie- und Sanitäranlagen führen können. Neben der atmosphärischen Luft gehören zu ihnen aggressive Gase, Wasser (Feuchtigkeit) und Elektrolyte (Säuren, Basen, Salze). Die in den Salzlösungen vorhandenen Ionen, wie Cl^-, NH_4^+, NO_2^-, NO_3^- und SO_4^{2-} greifen Metalle wie Al, Cu, Fe und Zn an und bilden entsprechende Cloride, Nitrate oder Sulfate bzw. Komplexsalze. Auch der Erdboden, in dem allerlei Leitungssysteme wie Wasser-, Gas- und Ölleitungen sowie diverse Anlagen vergraben sind, muss zu den korrosiven Medien gezählt werden. Seine korrosive Wirkung wird durch die in der Luft vorhandenen Schadstoffe, wie etwa SO_2, verursacht, die durch Regenwasser in den Erdboden gelangen. Dadurch ändert sich der pH-Wert des Bodens in Richtung saurer Reaktionen. Böden mit einem pH-Wert < 6 sind stark aggressiv. Auch die erheblichen Mengen von Phosphat- und Stickstoffverbindungen, die durch den Regen aus den Düngemitteln herausgelöst werden und in den Erdboden gelangen, intensivieren seine korrosive Wirkung. Die Art und der Umfang des Korrosionsangriffs auf die erdverlegten Metalle hängen von mehreren Faktoren ab, wie der Beschaffenheit des Bodens, der spezifischen Leitfähigkeit, dem pH-Wert und dem Gehalt an Cl^-, SO_4^{2-} und $CaCO_3/MgCO_3$ sowie dem Wassergehalt.

17.2 Die Triebkraft der Korrosion

Die Korrosion metallischer Werkstoffe ist ein natürlicher Vorgang. Metalle kommen in der Natur in Form von Erzen vor, d h. chemischen Verbindungen vor allem mit nichtmetallischen Elementen. In diesem Zustand besitzen sie die niedrigste Energie und sind thermodynamisch stabil. Sie werden durch das Erschmelzen bei hohen Temperaturen aus ihren Verbindungen herausgelöst und befinden sich dann als reine Metalle in einem unnatürlichen und thermodynamisch instabilen Zustand. Infolgedessen tendieren sie dazu, in ihren natürlichen, chemisch stabilen Zustand zurückzukehren, das heißt zu korrodieren. Die Triebkraft der Korrosion der Metalle ist somit ihre starke Neigung, vom energiereichen metallischen Zustand in den energieärmeren stabilen Zustand einer chemischen Verbindung, wie z. B. Oxide, überzugehen. Diese Triebkraft wird dadurch bestimmt, wie leicht sich das Metall auflöst, also korrodiert, respektive wie leicht es Elektronen freigesetzt. Dies ist wiederum von der Art des Metalls abhängig und wird durch sein elektrochemisches Potenzial bestimmt. Der Verlauf der Korrosion hängt somit einerseits von den Eigenschaften des betreffenden Metalls ab, andererseits von der Art des Mediums, mit dem das Metall in Kontakt steht. Zu den Faktoren, die den Korrosionsvorgang beschleunigen, gehören u. a. die elektrische Leitfähigkeit, der pH-Wert und die Temperatur.

17.3 Korrosionsmechanismen

Die Vorgänge, die sich bei der Korrosion von Metallen und Legierungen abspielen, sind chemischer, vor allem aber elektrochemischer Natur. Bei beiden Vorgängen findet ein Elektronenaustausch statt. Während die elektrochemische Korrosion mit einem messbaren elektrischen Strom einhergeht, ist der Stromfluss bei der chemischen Korrosion vernachlässigbar klein. Im Folgenden werden die beiden Mechanismen näher erörtert.

17.3.1 Chemische Korrosion

Bei der chemischen Korrosion reagieren die Reaktionspartner, also das Metall und der Luftsauerstoff, unmittelbar miteinander und gehen eine chemische Verbindung ein. Dabei werden die Sauerstoffmoleküle an der Metalloberfläche gespalten und verbinden sich mit den Metall-Ionen, die unter Abgabe von Elektronen aus dem Metallgitter austreten. Der Elektronenaustausch findet zwischen den Metall-Ionen auf der Oberfläche und den Luftsauerstoffatomen statt. Die Ionisierung und die Elektronenaufnahme spielen sich also am gleichen Ort ab. Dieser Vorgang lässt sich formal als Oxidation des Metalls (Me) mit dem Luftsauerstoff (O_2) unter Bildung einer Oxidschicht darstellen:

$$2\,Me + O_2 \rightarrow 2\,MeO \qquad (17.1)$$

Ist die gebildete Oxidschicht dicht und haftfest, kann sie in bestimmen Fällen als Schutzschicht wirken und das darunterliegende Metall vor weiterem korrosiven Angriff schützen. In einem solchen Fall spricht man von der Bildung einer Passivschicht. Ein bekanntes Beispiel hierfür ist die hauchdünne, fest anhaftende und porenfreie Aluminiumoxidschicht, mit der sich Reinaluminium an der Luft spontan überzieht. Diese Schicht entsteht, indem sich die Oberflächenatome des Reinaluminiums mit den Sauerstoffatomen der Luft gemäß der Reaktionsgleichung

$$4\,Al + 3\,O_2 \rightarrow 2\,Al_2O_3 \qquad (17.2)$$

chemisch verbinden. Nach einigen Tagen erreicht die Aluminiumoxidschicht ihre maximale Dicke, die, je nach der Luftfeuchtigkeit, bis zu einigen Tausendstel Millimetern betragen kann. Sie verleiht dem Reinaluminium eine hohe Korrosionsbeständigkeit.

Ist die Oxidschicht hingegen locker und porös, dann kann sie das darunterliegende Metall nicht mehr vor dem korrosiven Angriff der Umgebung schützen. Bekanntestes Beispiel hierfür ist der Vorgang der Rostbildung auf der Oberfläche mancher Stähle. Als Rost bezeichnet man das Korrosionsprodukt, das aus Eisen durch Oxidation mit Luftsauerstoff in Gegenwart von Feuchtigkeit gemäß dem Reaktionsschema

$$2\,Fe + 3\,H_2O + 3/2 \cdot O_2 \rightarrow 2\,Fe(OH)_3 \qquad (17.3a)$$

entsteht. Durch Wasserabgabe bildet sich hieraus schwerlösliches Eisen(III)-oxid-hydroxid

$$Fe(OH)_3 \rightarrow FeO(OH) \cdot H_2O \qquad (17.3b)$$

das sich auf der Eisenoberfläche ablagert. Der entstandene Rost ist porös und kann den Stahl nicht vor weiterer Zersetzung schützen.

Der Grund dafür, dass die Aluminiumoxidschicht dicht und haftfest ist, der Rost jedoch nicht, liegt in den Dichteunterschieden zwischen Aluminium bzw. Eisen und ihren jeweiligen Oxiden. Während Aluminiumoxide höhere Dichten aufweisen als Aluminium, sind die Dichten der Eisenoxide deutlich geringer als die des Eisens. Die Zahlenangaben in Tab. 17.1 belegen diesen Sachverhalt.

Auch trockene Gase können Metalle angreifen und mit ihnen chemische Verbindungen eingehen. Dabei erfolgt ein direkter Elektronenaustausch zwischen den Atomen auf der

Metalloberfläche und dem gasförmigen Reaktionspartner. Die Geschwindigkeit, mit der der chemische Angriff abläuft, steigt mit zunehmender Temperatur stark an.

Tab. 17.1: Dichteunterschiede zwischen Aluminium und Eisen und ihren Oxiden

Metall	Dichte [g/cm³]	Oxid	Dichte [g/cm³]
Aluminium	2,7	γ-Al_2O_3	3,4
		α-Al_2O_3	4,0
Eisen	7,9	FeO	5,7
		Fe_2O_3	5,3
		Fe_3O_4	5,2

17.3.2 Elektrochemische Korrosion

Bei der elektrochemischen Korrosion laufen Vorgänge ab, die ähnlich denen sind, die sich in einem galvanischen Element abspielen. Ein solches Element ist ein Energieumwandler, d. h. es erzeugt auf elektrochemischem Wege eine elektrische Spannung. Die Spannung entsteht dann, wenn zwei unterschiedliche Metalle in eine elektrisch leitende wässrige Lösung getaucht werden. Die Metalle neigen dazu, sich mehr oder minder aufzulösen, das heißt als positive Ionen in die Lösung überzugehen. Die Elektronen, die dann in den Metallgittern zurückbleiben, führen dazu, dass die Metalle gegenüber der Lösung negativ geladen sind. Infolgedessen entsteht ein Ladungsunterschied bzw. eine Spannungsdifferenz an der Grenzfläche Metall/Lösung. Die Höhe der Spannung hängt von der Natur der Metalle und der Art der Lösung ab. Die folgenden Ausführungen sollen diese Vorgänge näher erläutern.

17.3.2.1 Galvanische Elemente

Ein galvanisches Element, das auch als *galvanische* oder *elektrolytische* Zelle bezeichnet wird, besteht aus zwei verschiedenen Elektroden (Metallen), die sich, wie in Abb. 17.1 dargestellt, in einem Elektrolyten (elektrisch leitender wässriger Lösung) befinden.

Die Elektroden (Anode und Kathode) sind mittels eines äußeren Metalldrahts elektrisch miteinander verbunden. Der Elektrolyt - ein Medium, in dem der elektrische Strom durch Ionen transportiert wird - verbindet die beiden Elektroden miteinander, indem er den Austausch von Ionen ermöglicht. Eine ionendurchlässige Membran, angeordnet zwischen der Anode und der Kathode, verhindert einen Kurzschluss der Zelle. Die an den Elektroden stattfindenden Oxidations- und Reduktionsreaktionen (Redoxreaktionen) sind dafür verantwortlich, dass zwischen der Anode und der Kathode ein elektrischer Strom fließt.

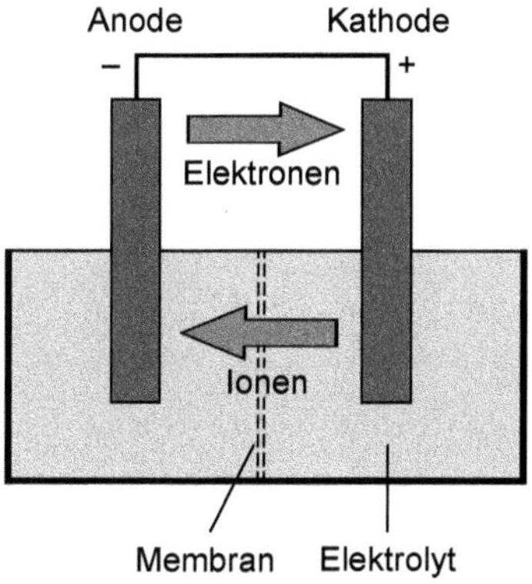

Abb. 17.1: Prinzipieller Aufbau eines galvanischen Elements

Das Anodenmetall geht in Form von positiven Ionen in die Elektrolytlösung über und setzt dabei Elektronen frei. Diese anodische Metallauflösung[1] lässt sich am Beispiel der Oxidation eines zweiwertigen Metalls wie folgt beschreiben:

$$Me \rightarrow Me^{2+} + 2\,e^- \qquad (17.4)$$

Die freigesetzten Elektronen fließen nun, wie in Abb. 17.1 angedeutet, durch den äußeren Metalldraht zur Kathode. Dort angelangt, können sie in Abhängigkeit vom pH-Wert bzw. der O_2-Konzentration des Elektrolyten zwei mögliche Reaktionen auslösen. Zum einen können sie durch Reduktion von Wasserstoff-Ionen diese zum molekularen Wasserstoff (H_2) entladen, zum anderen können sie zur Reduktion von Sauerstoff beitragen. Da sich diese Reduktionsreaktionen an der Kathode abspielen, spricht man in beiden Fällen von kathodischer Reaktion. Das Kathodenmetall bleibt dabei unversehrt.

Bei genügend saurer Elektrolytlösung ($pH \leq 4{,}5$) findet die Entladung von Wasserstoff-Ionen an der Kathode statt, wobei sich molekularer Wasserstoff bildet, der als Gas entweicht:

$$2\,H^+ + 2\,e^- \rightarrow H_2\uparrow \qquad (17.5)$$

Wenn der Elektrolyt nicht genügend sauer ist, findet anstelle von Wasserstoffentwicklung die Reduktion von Sauerstoff statt, wobei sich je nach pH-Wert zwei Reaktionen abspielen.

---

[1] Die Metallauflösung. d. h. die Korrosion des Werkstoffs findet stets an der Elektrode statt, deren elektrochemisches Potential geringer ist als das des Wasserstoffes. Diese Elektrode wird zur Anode und schützt dadurch die Elektrode mit dem höheren Potential, die Kathode, vor Korrosion.

Bei pH-Werten zwischen 4,5 und 7 verbindet sich der im Elektrolyten gebundene Sauerstoff unter Elektronenverbrauch mit den reichlich vorhandenen Wasserstoff-Ionen zu Wasser:

$$O_2 + 4\,H^+ + 4\,e^- \rightarrow 2\,H_2O \tag{17.6a}$$

In neutralen bis basischen Elektrolyten (pH ≥ 7) werden aus Sauerstoff und Wasser unter Verbrauch von Elektronen OH^--Ionen erzeugt:

$$O_2 + 2\,H_2O + 4\,e^- \rightarrow 4\,OH^- \tag{17.6b}$$

Abb. 17.2 zeigt die Abhängigkeit der Gleichgewichtspotenziale der Wasserstoffentwicklung und Sauerstoffreduktion vom pH-Wert.

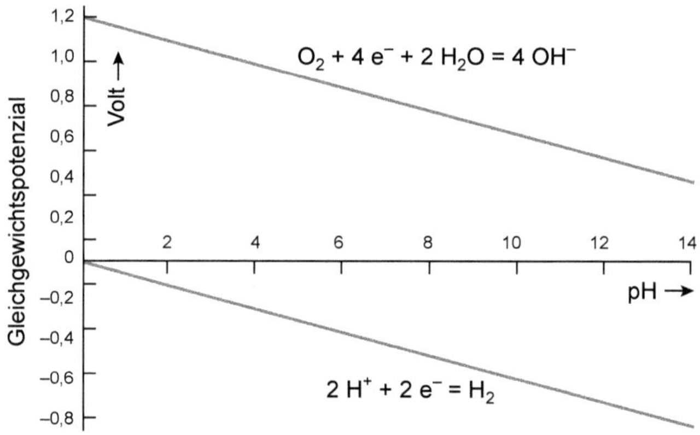

Abb 17.2: pH-Abhängigkeit der Gleichgewichtspotenziale der Wasserstoffentwicklung und Sauerstoffreduktion

Erste Hinweise darüber, welche Metalle sich anodisch und welche sich kathodisch verhalten bzw. welche *unedel* und welche *edel* sind, findet man in der sogenannten *elektrochemischen Spannungsreihe*, in der die Normal- oder Standardelektrodenpotentiale chemischer Elemente zusammengestellt sind. Sie werden in Volt angegeben und beziehen sich auf die Normalwasserstoffelektrode[2] und Normalbedingungen (Temperatur 25 °C; Druck 1,013 bar). Als Bezugspunkt dient das Gleichgewichtspotenzial der Redoxreaktion $H_2 \leftrightarrows 2\,H^+ + 2\,e^-$, das als 0 V festgelegt wurde ($E^\circ_{H_2/2H^+} = 0$). Tab. 17.2 gibt einen Auszug aus der elektrochemischen Spannungsreihe wieder. Darin sind die Redoxreaktionen mit ihren Normalpotenzialen (gerundet auf zwei Stellen nach dem Komma) angegeben.

[2] Die Normal- oder Standardwasserstoffelektrode ist eine Platinelektrode, die unter Normalbedingungen mit Wasserstoffgas bespült wird.

Tab. 17.2: Auszug aus der elektrochemischen Spannungsreihe

Redoxreaktion	Normalpotenzial
$Mg \leftrightarrows Mg^{2+} + 2\ e^-$	-2,37 V
$Al \leftrightarrows Al^{3+} + 3\ e^-$	-1,66 V
$Ti \leftrightarrows Ti^{2+} + 2\ e^-$	-1,63 V
$Cr \leftrightarrows Cr^{2+} + 2\ e^-$	-0,91 V
$Zn \leftrightarrows Zn^{2+} + 2\ e^-$	-0,76 V
$Cr \leftrightarrows Cr^{3+} + 3\ e^-$	-0,74 V
$Fe \leftrightarrows Fe^{2+} + 2\ e^-$	-0,45 V
$Cd \leftrightarrows Cd^{2+} + 2\ e^-$	-0,40 V
$Ni \leftrightarrows Ni^{2+} + 2\ e^-$	-0,26 V
$Sn \leftrightarrows Sn^{2+} + 2\ e^-$	-0,14 V
$Pb \leftrightarrows Pb^{2+} + 2\ e^-$	-0,13 V
$Fe \leftrightarrows Fe^{3+} + 3\ e^-$	-0,04 V
$H_2 \leftrightarrows 2\ H^+ + 2\ e^-$	0,00 V
$Cu \leftrightarrows Cu^{2+} + 2\ e^-$	+0,35 V
$Cu \leftrightarrows Cu^+ + e^-$	+0,52 V
$Ag \leftrightarrows Ag^+ + e^-$	+0,80 V
$Pd \leftrightarrows Pd^{2+} +2\ e^-$	+0,96 V
$Pt \leftrightarrows Pt^{2+} + 2\ e^-$	+1,18 V
$Au \leftrightarrows Au^{2+} + 2\ e^-$	+1,40 V
$Au \leftrightarrows Au^{3+} + 3\ e^-$	+1,50 V
$Au \leftrightarrows Au^+ + e^-$	+1,69 V

Alle Metalle, die gegenüber der Normalwasserstoffelektrode ein negatives Potenzial haben, sind per definitionem *unedel.* Sie lösen sich anodisch auf und gehen als positive Ionen in die Elektrolytlösung über. Die Metalle, die gegenüber der Normalwasserstoffelektrode ein positives Potenzial aufweisen, sind hingegen *edel.* Sie geben sehr wenige oder gar keine Ionen in den Elektrolyten ab. Das Korrosionsverhalten von Metallen wird somit durch ihre Stellung in der elektrochemischen Spannungsreihe bestimmt.

Sehr unedle Metalle wie Mg, Al und Ti mit sehr negativen Normalpotenzialen sowie unedle Metalle wie Zn und Fe, deren Normalpotenziale unter -0,40 V liegen, korrodieren in neutralen wässrigen Lösungen auch bei Abwesenheit von Sauerstoff unter Wasserstoffentwicklung. Abb. 17.3 zeigt beispielsweise die Korrosionsgeschwindigkeit von Eisen, Zink und Aluminium in Abhängigkeit vom pH-Wert.

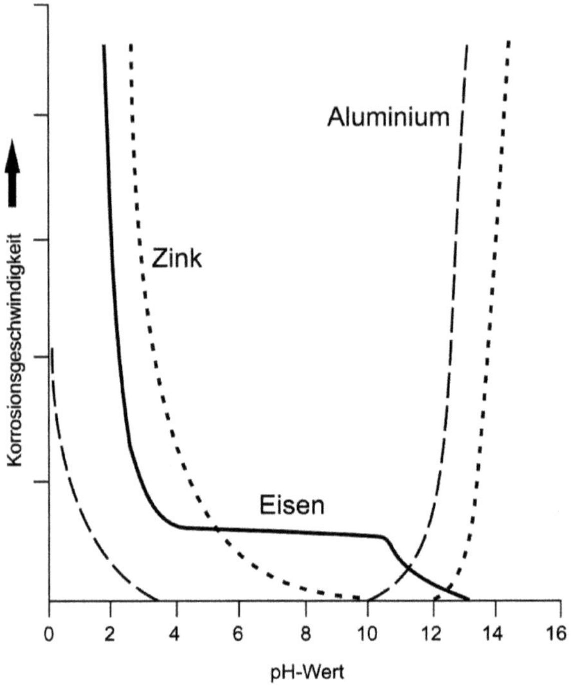

Abb. 17.3: Korrosionsgeschwindigkeit von Eisen, Zink und Aluminium in Abhängigkeit vom pH-Wert [17.1]

Während Eisen im sauren Bereich eine deutliche höhere Korrosionsgeschwindigkeit als im basischen Bereich aufweist, korrodieren Zink und Aluminium sowohl im sauren als auch im basischen Bereich mit einer hohen Geschwindigkeit und zeigen damit ihren amphoteren Charakter. Beispielsweise löst sich Zink in allen Säuren, aber auch in Laugen gemäß den folgenden Reaktionsgleichungen:

$$Zn + H_2SO_4 \rightarrow ZnSO_4 + H_2 \quad (17.7a)$$

$$Zn + 2\ NaOH + 2\ H_2O \rightarrow Na_2[Zn(OH)_4] + H_2 \quad (17.7b)$$

Weniger unedle Metalle, wie z. B. Cd, Ni, Sn und Pb, mit Normalpotenzialen zwischen -0,50 V und 0 V, können in neutralen wässrigen Lösungen in Gegenwart von Sauerstoff korrodieren, in sauren Lösungen auch bei Abwesenheit von Sauerstoff unter Wasserstoffentwicklung.

Edelmetalle wie Ag, Pd, Pt und Au mit Normalpotenzialen über +0,70 V gehen sehr schwer chemische Verbindungen ein und sind im Allgemeinen korrosionsbeständig.

Neben den Edelmetallen gibt es auch sogenannte Halbedelmetalle, die ebenfalls weitgehend korrosionsbeständig sind und nur in Gegenwart von Sauerstoff in Lösungen korrodieren. Kupfer ist ein typischer Vertreter solcher Halbedelmetalle. Die Bildung einer dünnen braun bis graugrünen Patinaschicht auf Kupfer und Kupferlegierungen, die häufig auf Dächern, Dachrinnen, Regenfallrohren, Fassaden, Kirchtürmen und Denkmälern zu beobachten ist, stellt ein Beispiel dieser Art dar. Als Patina, die auch „Edelrost" genannt wird, bezeichnet man die natürliche Verwitterungsschicht, die aus basischen Carbonaten und Sulfaten besteht und sich im Laufe von Jahren durch die Reaktion von Kupfer mit dem in der Luft enthaltenen Kohlendioxid gemäß

$$2\,Cu + CO_2 + H_2O + O_2 \rightarrow CuCO_3 \cdot Cu(OH)_2 \qquad (17.8)$$

bildet. Sie schützt das Kupfer vor weiterer Verwitterung (Korrosion).[3] Durch Zugabe von Legierungselementen wird die Deckschichtbildung positiv beeinflusst. Die gute Korrosionsbeständigkeit der Kupferwerkstoffe (Messing, Bronze) beruht eben auf ihrer Fähigkeit, stabile Deckschichten auszubilden, die den Werkstoff vor einem weiteren Korrosionsangriff schützen.

Es sei an dieser Stelle noch angemerkt, dass das Gleichgewichts- bzw. Redox-Potential einer Redoxreaktion ($Ox + z_e^- \rightarrow Red$) sowohl temperatur- als auch konzentrationsabhängig ist. Diese Abhängigkeiten werden durch die Nernst-Gleichung beschrieben:

$$E = E^0 + \frac{R\,T}{z_0\,F} \ln \frac{a_{Ox}}{a_{Red}} \qquad (17.9)$$

Darin bedeuten:

E: Gleichgewichts- bzw. Redox-Potential
E^0: Standardelektrodenpotential
R: universelle Gaskonstante = 8,314 J mol^{-1} K^{-1}
T: absolute Temperatur in Kelvin (K)
z_e: Anzahl der übertragenen Elektronen
F: Faraday-Konstante = 96 485 As mol^{-1}
a: Ionenaktivität[4] des betreffenden Redox-Partners

[3] Patina darf nicht mit Grünspan verwechselt werden. Grünspan ist ein wasserlösliches Salz und entsteht aus der Reaktion von Kupfer mit Essigsäure. Es ist ein Gemisch basischer Kupfer(II)-Acetate von grüner oder blauer Farbe und zerstört das Kupfer.

[4] Die Ionenaktivität ist in verdünnten Lösungen stets kleiner als die tatsächliche Ionenkonzentration.

17.3.2.2 Korrosionselemente

Im Gegensatz zu einem galvanischen Element, bei dem die Anode und Kathode räumlich voneinander getrennt und durch einen äußeren Metalldraht miteinander verbunden sind, befinden sich bei einem Korrosionselement die Anode und Kathode im direkten elektrischen Kontakt. Ein Korrosionselement verhält sich demnach wie ein kurzgeschlossenes galvanisches Element. Korrosionselemente spielen bei der elektrochemischen Korrosion von Metallen und Legierungen eine wesentliche Rolle. Auf der Oberfläche eines Metalls (oder einer Legierung) bilden sich zahlreiche mikroskopisch kleine Anoden und Kathoden (anodische und kathodische Bereiche), die freilich elektrisch leitend miteinander verbunden sind. Die Existenz solcher Bereiche kann man sich am Beispiel eines ausgedehnten Rohrleitungssystems veranschaulichen. Ein Wechsel der Bodenbeschaffenheit, das heißt unterschiedliche Sauerstoff-, Feuchte- und/oder Salzgehalte, führt zur Ausbildung von anodischen und kathodischen Bereichen auf der Rohrleitung. Die anodischen Bereiche verhalten sich wie ein unedles Metall und gehen als positive Ionen in den als Elektrolyten fungierenden Boden über. An diesen Stellen korrodiert die Rohrleitung nach und nach. Die dabei freigesetzten Elektronen fließen durch das Rohrmetall zu den Orten, an denen sich die kathodischen Bereiche befinden. Dort entladen sie gemäß (17.5) die Wasserstoff-Ionen zum molekularen Wasserstoff oder reduzieren gemäß (17.6) den im Boden vorhandenen Sauerstoff. Dementsprechend spricht man von Wasserstoff- bzw. Sauerstoff-Korrosion. Die bei der Korrosion umgesetzte Masse G in g ergibt sich als

$$G = \frac{M}{z\,F}\,I\,t \tag{17.10}$$

Darin bedeuten: M die Atommasse in g/mol, z die Wertigkeit des Metallions, I der Korrosionsstrom in A und t die Zeit in Sekunden. Ist der Korrosionsstrom bestimmt, dann lässt sich die Korrosionsstromdichte i_{korr} als I dividiert durch die korrodierende Metalloberfläche ermitteln.

Zusammenfassend lässt sich Folgendes festhalten: Die elektrochemische Korrosion spielt eine weitaus größere technische Rolle als die chemische Korrosion. Sie unterscheidet sich grundsätzlich von der letzteren. Während Feuchtigkeit bei der chemischen Korrosion praktisch keine Rolle spielt, ist die Anwesenheit eines wässrigen Elektrolyten bei der elektrochemischen Korrosion eine unerlässliche Bedingung. Der Elektrolyt enthält entweder Ionen, oder nimmt sie auf und ermöglicht deren Wanderung. Anders als bei der chemischen Korrosion finden bei der elektrochemischen Korrosion zwei örtlich von einander getrennte Teilreaktionen statt, und zwar an der Anode und an der Kathode. Auf metallischen Oberflächen bilden sich Korrosionselemente (anodische und kathodische Bereiche), die durch das Metall elektrisch und durch den Elektrolyten elektrolytisch leitend miteinander verbunden sind. Die anodischen Bereiche verhalten sich wie ein unedles Metall und lösen sich auf (Oxidationsreaktion, Korrosion). Dabei werden Elektronen freigesetzt. Die kathodischen Bereiche hingegen verhalten sich wie ein edleres Metall und bleiben unversehrt. Die freigesetzten Elektronen fließen zu den kathodischen Bereichen und werden dort verbraucht (Reduktionsreaktion). Dabei kommt es entweder zur Entwicklung von Wasserstoffgas („Wasserstoffkorrosion" oder „Säurekorrosion") oder zur Reduktion von Sauerstoff („Sauerstoffkorrosion"). Die „Wasserstoffkorrosion" oder „Säurekorrosion" tritt in reiner Form gemäß (17.5) nur dann auf, wenn der Elektrolyt völlig luftfrei ist. Im Allgemeinen ist jedoch davon auszugehen, dass er Sauerstoff enthält. In solchen Fällen sind an der Kathode nicht länger die Wasserstoffionen die Elektroaufnehmer, sondern an ihre Stelle treten Sauerstoffatome. Diese nehmen Elektronen auf und es bilden sich Sauerstoffionen, die sich durch Reaktion mit Wassermolekülen gemäß (17.6b) zu Hydroxidionen (OH^-) verbinden. Das Gleichgewichtspotential der Sauerstoffkorrosion ist erheblich höher als das der Wasserstoffkorrosion (s. Abb. 17.2), so dass sogar Metalle angegriffen werden, die von einer Säurekorrosion verschont bleiben.

Die Potenzialdifferenz zwischen den anodischen und den kathodischen Bereichen bestimmt die Geschwindigkeit und das Ausmaß der Korrosion des Metalls.

17.4 Korrosionsschutz

Angesichts der enormen volkswirtschaftlichen Schäden, die durch Korrosion verursacht werden können, ist der Schutz vor Korrosion eine wichtige vorbeugende Maßnahme. Da ein absoluter Korrosionsschutz jedoch nicht erreicht werden kann, zielen alle Schutzmaßnahmen darauf ab, die Geschwindigkeit und das Ausmaß des korrosiven Angriffs so weit zu verringern, dass eine Schädigung von Bauteilen während ihrer Lebensdauer möglichst vermieden werden kann.

Korrosionsschutzmaßnahmen werden in der Regel in zwei große Gruppen unterteilt, die man als *aktiven* und *passiven* Korrosionsschutz bezeichnet. Während beim aktiven Korrosionsschutz direkt in die elektrochemischen Reaktionsabläufe eingegriffen wird, indem man die am Korrosionsvorgang beteiligten Stoffe, nämlich das Material des Werkstücks und das korrosive Medium, optimiert und modifiziert, dient der passive Korrosionsschutz dazu, das zu schützende Werkstück und das angreifende korrosive Medium (Wasser, Elektrolytlösung, Luft ...) voneinander zu trennen. Dies kann dadurch bewerkstelligt werden, dass man die Oberfläche des gefährdeten Bauteils mit einer Schutzschicht aus einem korrosionsbeständigen Material überzieht. Das Überzugsmaterial kann, wie in Abb. 17.4 angedeutet, nichtmetallisch, metallisch oder organisch sein.

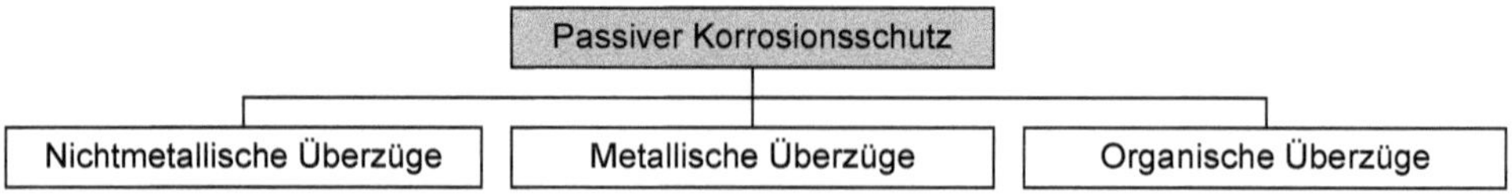

Abb. 17.4: Klassifizierung von Korrosionsschutzschichten

Metallische Überzüge können aus einer oder mehreren Lagen aufgebaut sein. Ihr Aufbau und ihre Dicke werden von der Exposition, der geforderten Standzeit und anderen Faktoren bestimmt. Das Schema in Abb. 17.5 zeigt, welche Fülle von Überzügen heute allein zum passiven Korrosionsschutz von Schrauben zur Verfügung steht.

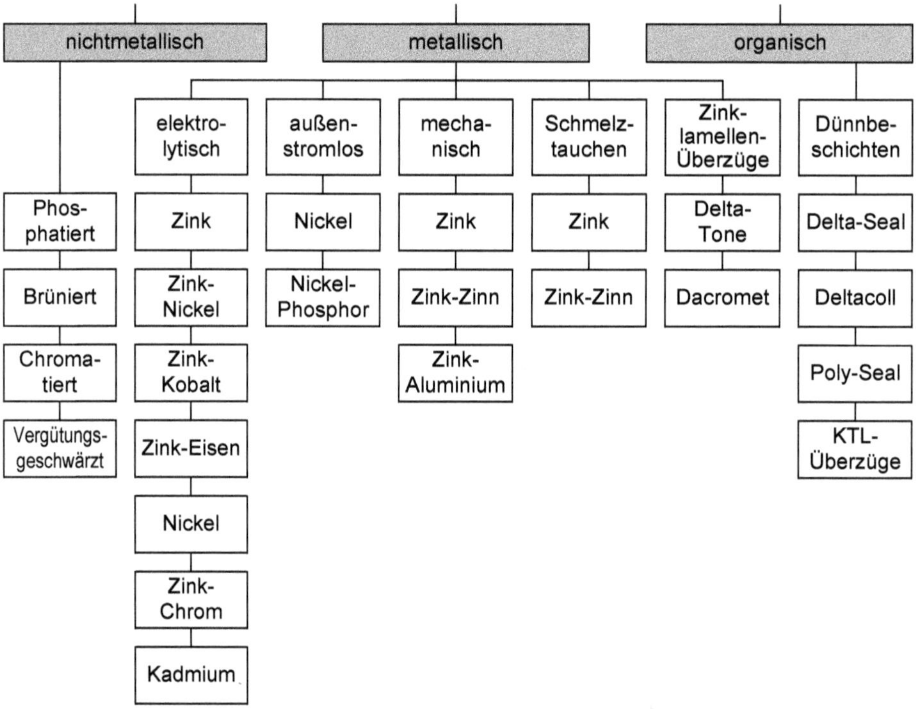

Abb. 17.5: Gebräuchliche Oberflächenüberzüge zum Schutz von Schrauben vor Korrosion [17.2]

Im Folgenden soll nur die Wirkungsweise von metallischen Überzügen erörtert werden, die entweder galvanisch (elektrochemisch) oder außenstromlos (chemisch) zum passiven Korrosionsschutz auf Bauteilen aufgetragen werden. Die Vorzüge solcher Überzüge sind neben ihrer hohen Schutzwirkung ihre hohe Festigkeit und ihr optisches Aussehen, das mitunter angenehm und gefällig sein kann. Ein weiterer, besonderer Vorteil von metallischen Überzügen besteht darin, dass die erwünschte effektive Korrosionsschutzwirkung bereits durch verhältnismäßig dünne Schichten erreicht werden kann.

17.4.1 Metallische Überzüge

Galvanisch oder chemisch abgeschiedene metallische Überzüge müssen, abgesehen davon, dass sie haftfest, porenfrei und duktil sein müssen, noch eine wichtige technische Forderung erfüllen. Es wird von ihnen erwartet, dass sie korrosionsbeständig sind und das darunterliegende metallische Werkstück oder Bauteil vor elektrochemischer Korrosion schützen. Beispiele für galvanisch erzeugte Überzüge, ihrer Anwendungsgebiete und ihre Korrosionsbeständigkeit sind in Tab. 17.3 zusammengestellt.

Welche Korrosionsschutzdauer pro Jahr man durch passiven Korrosionsschutz erreichen kann, zeigt Abb. 17.6 am Beispiel von Zinküberzügen unterschiedlicher Dicke in verschiedenen Umgebungen.

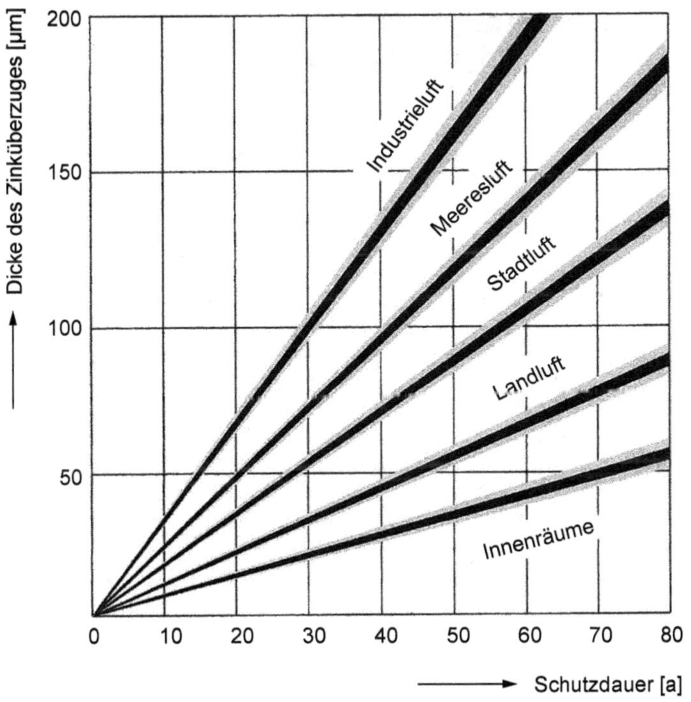

Abb. 17.6: Schutzdauer von Zinküberzügen verschiedener Dicke in unterschiedlichen Umgebungen [17.4]

Tab. 17.3: Galvanisch abgeschiedene Überzüge zum passiven Korrosionsschutz [17.3]

Bezeichnung	Verfahren	Anwendung	Korrosionsbeständigkeit
Galvanisch verzinken (ISO 4042, DIN 50979)	Metallabscheidung im galvanischen Bad Nachbehandlung durch Passivieren Optional mit Versiegelung	In Bereichen mit geringer bis mittlerer Korrosionsbeanspruchung z. B. allgemeiner Maschinenbau, Elektrotechnik - thermische Belastbarkeit systemabhängig 80 °C–120 °C	Korrosionsbeständigkeit bis zu 200 h gegen Grundmetallkorrosion (Rotrost) im Salzsprühtest nach DIN 50021 SS (ISO 9227) (Schichtdicken und systemabhängig)
Galvanisch Zink-Legierungsschicht (Zink-Eisen) (Zink-Nickel) (ISO 4042, DIN 500979)	Metallabscheidung im galvanischen Bad Nachbehandlung durch Passivieren Optional mit Versiegelung	In Bereichen höchster Korrosionsbeanspruchung z. B. bei Bauteilen im Motorraum oder an Bremsen, wo sowohl durch große Wärme als auch durch Streusalzeinfluss im Winter die normale galvanische Verzinkung überfordert ist	höchster kathodischer Korrosionsschutz - schon bei Schichtstärken ab 5 µm (wichtig für Passungen) keine voluminösen Korrosionsprodukte bei Zink-Nickel Korrosionsbeständigkeit bis zu 720 h gegen Grundmetallkorrosion (Rotrost) im Salzsprühtest nach DIN 50021 SS (ISO 9227) (Schichtdicken und systemabhängig)
Galvanisch vernickeln (DIN EN 12540)	Metallabscheidung im galvanischen Bad Optional mit Imprägnierung	In Bereichen sehr geringer Korrosionsbeanspruchung z. B. dekorative Anwendungen im Innenbereich Bestandteil eines Mehrschichtsystems, z. B. Kupfer-Nickel-Chrom	Nickel kann aufgrund seiner elektrochemischen Eigenschaften gegenüber dem Stahl nicht die Funktion einer Opferanode einnehmen.
Galvanisch verchromen (DIN EN 12540)	Metallabscheidung im galvanischen Bad Meist als Überzug auf vernickelte Oberflächen Dicke der Chromschicht meist zwischen 0,2 und 0,5 µm	In Bereichen sehr geringer Korrosionsbeanspruchung z. B. dekorative Anwendungen im Innenbereich Bestandteil eines Mehrschichtsystems, z. B. Kupfer-Nickel-Chrom	Chrom kann aufgrund seiner elektrochemischen Eigenschaften gegenüber dem Stahl nicht die Funktion einer Opferanode einnehmen.
Mechanisch verzinken (DIN EN 12683)	Metallpulver wird auf die Bauteile aufgehämmert, Glasperlen dienen als „Aufprallmaterial“. Die Beschichtung erfolgt mittels eines chemischen Mediums, keine Anwendung von Strom Die Beschichtung erfolgt bei Raumtemperatur	Sicherungsscheiben hochfeste federnde Bauteile (keine Gefahr der Wasserstoffinduzierung während des Beschichtungsprozesses)	Korrosionsbeständigkeit bis 144 h gegen Grundmetallkorrosion (Rotrost) im Salzsprühtest nach DIN 50021 SS (ISO 9227) (Schichtdicken und systemabhängig)

17.4.1.1 Korrosionsverhalten

Das Korrosionsverhalten metallischer Überzüge kann aufgrund der Stellung des verwendeten Metalls in der elektrochemischen Spannungsreihe ziemlich genau vorausgesagt werden. Ist der Schichtwerkstoff unedler als das Grundmetall, das heißt, sein elektrochemisches Potenzial ist negativer als das des Grundmetalls, dann wird er korrosiv angegriffen, und das Werkstück bleibt vom Korrosionsangriff verschont. Man spricht in diesem Fall von kathodischem Schutz. Umgekehrt ist der Schichtwerkstoff edler als das Grundmetall, das heißt sein elektrochemisches Potenzial ist positiver als das des Grundmetalls, dann wird er nicht angegriffen und kann so das Werkstück vor Korrosion schützen.

Das Verzinken von Stahl ist ein anschauliches Beispiel für die Wirkungsweise des kathodischen Schutzes. Gemäß den Angaben in der elektrochemischen Spannungsreihe ist Zink unedler als Eisen und trotzdem ist es für den Schutz des edleren Stahls vor Korrosion von größter Bedeutung. Dies erklärt auch, warum der überwiegende Teil der Zinkproduktion unlegiert als Überzug auf Stahl verwendet wird.

Frisch aufgebrachte Zinküberzüge weisen eine Oberfläche auf, die praktisch frei von Verunreinigungen ist. An der Atmosphäre bildet sich dann zunächst eine Zinkoxidschicht ZnO, die unter der Wirkung von Luftfeuchtigkeit zu Zinkhydroxid $Zn(OH)_2$ und mit dem Kohlendioxid der Luft zum basischen Zinkcarbonat (Zinkhydroxidcarbonat) mit der Formel $[ZnCO_3]_2 \cdot [Zn(OH)_2]_3$ umgewandelt wird. Dieses Reaktionsprodukt bildet eine Schutzschicht, die schwer wasserlöslich ist. Die Bildung der Schutzschicht erfolgt je nach vorliegenden Verhältnissen innerhalb weniger Tage bis zu mehreren Monaten. Die beginnende Schichtbildung kann man optisch an der Veränderung der Zinkoberfläche erkennen. Sie verliert allmählich ihren anfänglichen Glanz, um nach längerer Zeit hell- bzw. dunkelgrau zu werden. Die Korrosionsgeschwindigkeit nimmt nach der Bildung der Schutzschicht merklich ab.

Ein unverletzter Zinküberzug, d. h. ohne Risse oder Poren, besitzt einen hohen Widerstand gegen atmosphärischen Angriff. Wird er verletzt, wie in Abb. 17.7 angedeutet, kann er bei einem elektrochemischen Angriff als Opferanode wirken und dadurch den Stahl weiterhin vor Korrosion schützen, denn in einem solchen Fall kommt die sogenannte Flächenregel zum Tragen, d. h. das Verhältnis der Fläche des als Anode fungierenden Zinküberzugs zu der Fläche des kathodisch wirkenden Stahls am Riss- bzw. Porengrund. Die Oberfläche des Zinküberzugs ist viel größer als die des freigelegten Stahls ($S_{Zinküberzug} \gg S_{Stahl}$). Deshalb wird der durch die Defektstelle offengelegte Stahl kaum korrodieren. Mit anderen Worten: Eine Beschädigung der Zinkschicht beeinträchtigt nicht ihre Korrosionsschutzwirkung.

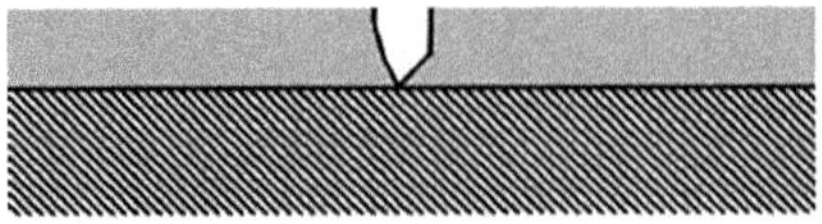

Abb. 17.7: Zinküberzug mit einem offenen Riss

Bildet sich auf der Zinkoberfläche Schwitzwasser, wodurch der Zutritt von CO_2 aus der Umgebungsluft gehemmt wird, dann kann es zur Entstehung des sogenannten Weißrostes kommen. Es handelt sich dabei um eine poröse, schlecht haftende Schicht, deren typische Zusammensetzung mit 2 $ZnCO_3 \cdot 3\ Zn(OH)_2 \cdot 3\ H_2O$ (mit wenig Zinkoxid und sehr wenig Zinkcarbonat) angegeben werden kann. Da der Weißrost keine schützende Deckschicht ist, setzt sich die Korrosion des Zinks unvermindert weiter fort, bis die Stahloberfläche zum Vorschein kommt. Nun beginnt der Stahl zu korrodieren, wobei der sogenannte Rotrost entsteht. Dieser ist ein kräftiges, rostbraunes und eisenoxidhaltiges Korrosionsprodukt. Ein mit Zink beschichteter Stahl zeigt daher erst dann Rotrost, wenn die Zinkschicht durch die Entstehung von Weißrost keinen Schutz mehr bietet.

Generell lässt sich Folgendes feststellen: Treten bei Überzügen, die unedler sind als das Substratmetall, Defekte wie Risse oder Poren auf, so verhalten sie sich nach wie vor anodisch: Das heißt der Überzug löst sich auf, und das Bauteil bleibt geschützt. Der Vorteil solcher Überzüge liegt also darin, dass etwaige Defekte zunächst nicht zur Korrosion am Substratmaterial führen. Der Nachteil bei solchen Schutzschichten ist aber, dass sie sich mit der Zeit auflösen und daher bei Lagerungen, die sehr strenge Maßtoleranzen besitzen, nicht in Frage kommen.

Eine weitere Möglichkeit, Bauteile vor Korrosion zu schützen, besteht darin, sie mit einem metallischen Überzug zu beschichten, der edler ist als das Bauteil selbst. Ein solcher Überzug agiert als Barriere zwischen dem Bauteil und dem Umgebungsmedium, so dass keine Korrosion am Bauteil stattfinden kann. Dies setzt allerdings voraus, dass der Überzug komplett frei von Defekten ist. Sobald er aber beschädigt wird oder Risse bzw. Poren aufweist, kommt das unedlere Grundmetall an der Defektstelle mit dem Elektrolyten in Berührung. Da die Schutzschicht mit dem Grundmetall elektrisch leitend verbunden ist, bildet sich ein sogenanntes Kontaktelement, eine Art galvanische Zelle. Das elektrochemisch unedlere Bauteil geht an der Defektstelle anodisch in Lösung und gibt dabei Elektronen ab. Die edlere Schutzschicht nimmt Elektronen auf, und es kommt entweder zur Entwicklung von Wasserstoff oder zur Reduktion von Sauerstoff. Die bereits erwähnte Flächenregel ist nun dafür verantwortlich, dass sich der korrosive Angriff auf das Bauteil verstärkt fortsetzt. Der elektrochemisch edlere Überzug mit seiner ausgedehnten Oberfläche wirkt kathodisch, während sich das am Riss- oder Porengrund offengelegte unedlere Substrat anodisch verhält. Die Überzugsoberfläche, die in Relation zu der Oberfläche der Defektstelle wesentlich größer ist ($S_{Kathode} \gg S_{Anode}$), führt zur verstärkten Korrosion am Riss- bzw. Porengrund. Hinzu kommt noch ein Faktor: Je höher die Differenz zwischen den elektrochemischen Potenzialen des Überzugs und des Substrats ist, umso höher ist das Ausmaß der Korrosion.

Ausführliche Tabellen in DIN EN ISO 12944-5 erleichtern die Auswahl des am besten geeigneten Überzugs für einen bestimmten Anwendungszweck und die geforderte Schutzdauer unter Umgebungsbedingungen.

17.5 Korrosionsprüfungen

Korrosionsprüfungen werden durchgeführt, um die Wirksamkeit des Korrosionsschutzes von metallischen Überzügen in korrosiver Umgebung festzustellen. Sie werden zumeist in Korrosions- und Klimakammern durchgeführt, wobei gezielt korrosionsförderliche Agenzien eingesetzt werden. Ziel dabei ist es, vergleichende Ergebnisse bei unterschiedlichen Überzügen zu erhalten. Die häufig eingesetzten Prüfmethoden sind: Salzsprühnebelprüfung nach DIN EN ISO 9227 (NSS, ASS, CASS)[5], Klimawechselprüfung nach DIN 50017, Schwefelsaure Klimaprüfung nach DIN EN ISO 6988 und DIN 50018 sowie Klimaprüfung nach VDA-Prüfblatt 621-415. Einige dieser Prüfmethoden wurden in Abschnitt 15.4.1 im Zusammenhang mit Porennachweis in metallischen Schichten besprochen.

DIN-Normen zur Korrosion der Metalle

DIN 50929 Bl. 1: Korrosion der Metalle – Korrosionswahrscheinlichkeit metallener Werkstoffe bei äußerer Korrosionsbelastung – Teil 1: Allgemeines

DIN 50929 Bl. 2: Korrosion der Metalle – Korrosionswahrscheinlichkeit metallener Werkstoffe bei äußerer Korrosionsbelastung – Teil 2: Installationsteile innerhalb von Gebäuden

DIN 50929 Bl. 3: Korrosion der Metalle – Korrosionswahrscheinlichkeit metallener Werkstoffe bei äußerer Korrosionsbelastung – Teil 3: Rohrleitungen und Bauteile in Böden und Wässern

DIN-Normen zu Korrosionsuntersuchungen

DIN 50905 Teil 1: Korrosion der Metalle; Korrosionsuntersuchungen; Grundsätze

DIN 50905 Teil 2: Korrosion der Metalle; Korrosionsuntersuchungen; Korrosionsgrößen bei gleichmäßiger Flächenkorrosion

[5] NSS = Neutrale Salzsprühnebelprüfung, ASS = Essigsaure Salzsprühnebelprüfung, CASS = Kupferbeschleunigte, essigsaure Salzsprühnebelprüfung

DIN 50905 Teil 3: Korrosion der Metalle; Korrosionsuntersuchungen; Korrosionsgrößen bei ungleichmäßiger und örtlicher Korrosion ohne mechanische Belastung

DIN 50905 Teil 4: Korrosion der Metalle; Korrosionsuntersuchungen; Durchführung von chemischen Korrosionsversuchen ohne mechanische Belastung in Flüssigkeiten im Laboratorium

DIN 50917 Teil 1: Korrosion der Metalle; Naturversuche, Freibewitterung

DIN 50917 Teil 2: Korrosion der Metalle; Naturversuche, Naturversuche in Meerwasser

DIN 50918: Korrosion der Metalle; Elektrochemische Korrosionsuntersuchungen

DIN 50919: Korrosion der Metalle; Korrosionsuntersuchungen der Kontaktkorrosion in Elektrolytlösungen

DIN 50920 Teil 1: Korrosion der Metalle; Korrosionsuntersuchungen in strömenden Flüssigkeiten

DIN EN ISO 12944-Normen zum Korrosionsschutz

Teil 1: Allgemeine Einleitung

Teil 2: Einteilung der Umgebungsbedingungen

Teil 3: Grundregeln der Gestaltung

Teil 4: Arten von Oberflächen und Oberflächenvorbehandlung

Teil 5: Beschichtungssysteme

Teil 6: Laborprüfungen zur Bewertung von Beschichtungssystemen

Teil 7: Ausführung und Überwachung von Korrosionsschutzarbeiten

Teil 8: Erarbeiten von Spezifikationen für Erstschutz und Instandsetzung

Literaturverzeichnis

[17.1] *Ruppert, J.*: „Möglichkeiten der quantitativen Korrosionsvorhersage für Baustähle in Gewässern mittels einer elektrochemischen Messzelle“, Dissertation, Fakultät für Chemieingenieurwesen und Verfahrenstechnik des Karlsruher Instituts für Technologie (KIT), 2017, S. 41

[17.2] „Korrosion metallischer Verbindungsmittel in Holz und Holzwerkstoffen“, Informationsdienst Holz, Spezial, Februar 2013, S. 13

[17.3] „Allgemeine technische Informationen zu Schrauben und Verbindungselementen“, Reca Norm GmbH, Info Nr. 16, S. 16.41-16.42

[17.4] *Hofmann, H. und Spindler, J.*: „Verfahren in der Beschichtungs- und Oberflächentechnik“, Fachbuchverlag Leipzig im Carl Hanser Verlag München, 2015, S. 117

Stichwortverzeichnis

A

Abrasion 680, 690, 691
Abrasionsverschleiß 678
ABS 109, 110, 196, 319, 359, 360, 361, 382, 383, 384, 465, 634, 658
Abschirmung 20, 110, 465
Absorption 245, 251, 534, 542, 698, 699
Absorptionskoeffizient 534
Achsenverhältnis 579, 580, 600, 601
Acrylnitril-Butadien-Styrol 109, 196, 359, 382
Adatome 6, 258, 272, 280, 284, 290, 291, 292, 295, 297, 298, 303
Adhäsion 296, 307, 308, 382, 386, 670, 678, 690, 691, 716, 731
Adhäsionsarbeit 386
Adhäsionsverschleiß 678
AFM 323, 324, 352, 353, 357, 358, 359, 360, 361, 362, 363, 364, 365, 366, 367
Akkumulatoren 108
Aktivierungsenergie 284, 287, 304, 314, 377, 381
Aktivität 168, 221, 450
Aktivitätskoeffizient 168
Alkaliphosphatierung 21
alkalische Elektrolyte 134
Altautoverordnung 319
Aluminium-Gusslegierungen 78, 79
Aluminium-Knetlegierungen 78, 79, 80
Aluminiumlegierungen 56, 77, 78, 80, 81, 175
Anisotropie 301, 563, 725
anodische Stromausbeute 418, 445
anorganische Lacke 4, 9
Anschliffwinkel 436, 437, 438
Äquivalentleitfähigkeit 150
Äquivalentmasse 150
Äquivalentmenge 150
Arrhenius-Beziehung 377
atmosphärisches Plasmaspritzen 4, 10
Ätzdauer 360, 434
Ätzen 353, 427, 430, 433, 434, 435
Ätzlösungen 434
Ätzverfahren 434
Aufdampfen 4, 5
Auflösung 196, 228, 324, 325, 326, 333, 334, 352, 358, 359, 379, 423, 431, 438, 452, 475, 488, 489, 498, 505, 508, 509, 510, 519, 520, 526, 527, 530, 531, 545, 549, 555, 556, 612, 625, 629, 661
Auflösungsvermögen 44, 324, 329, 334, 357, 410, 422, 423, 426, 483, 487, 488, 530, 545
Auftragen 2, 4, 6
Auftragsschweißen 3, 4, 6, 7
Ausdehnungskoeffizient 195, 708
außenstromlose Elektrolyte 157
Austauschmischkristalle 66, 602
Austauschstromdichte 199, 201, 203, 219, 283
Austrittsarbeit 328, 514, 520
autokatalytische Abscheidung 365
autokatalytische Metallabscheidung 250
Avogadro-Zahl 415

B

basisorientierter Reproduktionstyp 300, 301
Bauschinger-Effekt 615
Baustähle 73
Beilby-Schicht 429, 430
Beizen 359, 361, 373, 383, 384, 385, 725, 735
Benetzbarkeit 144, 172, 287, 713, 714, 722
Benetzungstheorie 386
Benetzungswaage 722, 724
Benetzungswinkel 287, 288, 289, 295, 716, 718, 719, 720
Berkovich-Eindringkörper 659, 662, 664
Beschichtungstechnologien 2
Beschleuniger 158, 164, 171, 172, 362
Beschleunigungsspannung 38, 326, 424, 425, 426, 519, 527, 528, 529, 536, 541
Biegetest 756
Biegeversuch 756
Bildungsenergie 38, 39
Bindungsenergie 499, 520, 525
Bindungsmechanismus 57, 58
Bohrlochmetallisierung 180
Bohrsches Magneton 709
Boltzmannsche Konstante 38, 61
Bondbarkeit 713, 726, 727
Braggsches Reflexionsgesetz 544

Brechungsindex 423, 438, 439, 699, 700
Brechzahl 423, 699
Bremsstrahlung 529, 531, 532, 535, 536, 542
Bronze 85
Brownsche Molekularbewegung 37
BR-Typ 300, 301, 302
Bruchdehnung 109, 211, 647, 648, 738

C
Cannizzaro-Reaktion 180
Carbide 73, 74, 194
Ceramic Matrix Composite 113
CFC 241
charakteristische Röntgenstrahlung 529, 533, 540
Chelate 130
chemical shift 525, 526
Chemical Vapor Deposition (CVD) 4
chemische Korrosion 778
chemischer Sauerstoffbedarf 174
chemische Verkupferung 175
chemische Vernicklung 169
chemische Verschiebung 525
Chemisch Nickel 20, 365
chemisch-reduktive Metallabscheidung 188
Chipbonden 726
Chromatieren 17, 19, 215
Chromatierung 19
Chromatschichten 19, 21
Chromsäure 19
Chromschichten 18, 21, 398
Chromschwefelsäure 174, 359, 360, 361, 383, 634
Clustern 324, 347, 350
CMM 236
Compositionally Modulated Multilayers 236
constant current mode 331, 332, 357
constant height mode 331, 332, 357
Coulombsche Kraft 124, 148
Coulombsches Gesetz 123
Coulometrisches Verfahren 443
CSB 174
Curie-Punkt 712
Curie-Temperatur 712
CVD 3
CVD-Verfahren 3, 4, 5
cyanidfreie Elektrolyte 136
cyanidhaltige Elektrolyte 134

D
Dauerwechselfestigkeit 740
DBT 236
Debye-Temperatur 61
Deckfähigkeit 132, 136, 150, 151, 152
Deckvermögen 150
Dekohäsionstheorie 738
Diamantgitter 194, 565, 574, 583
dichtester Kugelpackung 58
Die-Bonden 726
Dielektrizitätskonstante 123, 276
Diffusion 5, 6, 202, 204, 220, 221, 259, 260, 261, 265, 267, 269, 270, 282, 291, 315, 316, 325, 347, 374, 376, 377, 379, 381, 460, 532, 609, 721, 727, 728, 731, 734, 736, 737
Diffusionsbarrieren 381
Diffusionsgrenzstromdichte 268
Diffusionskoeffizienten 247, 261, 315, 376, 377
Diffusionskonstanten 377
Diffusionsschicht 227, 234, 235, 236, 240, 247, 265, 266, 267, 268, 269, 270, 271, 279, 280, 283, 310, 378
Diffusionstheorie 374, 382
Diffusionsüberspannung 282
Dispersionshärtung 217
Dispersionsschichten 17, 18, 21, 175, 192, 216, 217, 218, 220, 221, 240, 241, 553, 681
Dispersionsteilchen 193
Displays 108
Disproportionierung 179
Dissoziation 124, 134, 146, 159, 160, 245
Dissoziationsgrad 146, 147, 148
Doppelelektrolytverfahren 236
Doppelsalze 159
Dornbiegeversuch 756
Dotierung 97, 99, 100
DPP 236
Drahtbonden 726, 727
dreidimensionale Keime 293, 295
Drei/Vier-Punktbiegeversuch 756
Druckknopf-Theorie 361, 383, 384
Dual Bath Technique 236
Dual Plating Process 236
Duktilität 24, 26, 53, 137, 138, 157, 478, 480, 563, 731, 753
Duktilitätsmessung 756
Duktilitätswerte 753

Durchdringungsverbundwerkstoffe 111, 114
Durchkontaktierung 180, 363
Durchlaufgalvanisierung 14, 15
Durchschallungsmethode 406
Durchstrahlungsmikroskopie 773
Durchtrittsprozess 281
Durchtrittsreaktion 201, 282
Durchtrittsüberspannung 201, 281, 282, 283

E

Edelmetallbekeimung 387
Edelmetallschichten 19
Edelstähle 71, 72
EDS 199, 265, 272
EDTA 130, 163, 176, 177, 634
EDX 379, 484, 490, 491, 532, 535, 536, 537, 540, 541, 543, 549, 554, 555
Eigendruckspannungen 613, 620, 621, 627, 630
Eigenspannungen 137, 157, 301, 315, 316, 609, 610, 611, 612, 613, 614, 615, 616, 617, 618, 619, 621, 622, 623, 624, 625, 626, 627, 628, 629, 630, 631, 634, 635, 636, 735
Eigenzugspannungen 612, 613, 618, 619, 620, 621, 627, 630
eindimensionale Defekte 40
eindimensionale Keime 292
Eindringmodul 653, 661, 664
Eindringtiefe 440, 454, 490, 527, 528, 529, 541, 543, 632, 660, 661, 662, 663, 664
Einebner 141
Einebnung 137, 141, 142, 143, 157, 431, 432
Einebnungseffekt 140, 141, 143
Einebnungsvermögen 141, 142, 227
Einebnungswirkung 143
Einfallswinkel 487, 495, 496, 497, 702
Einlagerungsmischkristalle 64, 604
Einsatzstähle 73, 74
Einschliffverfahren 439, 442
Eisenlegierungen 33, 69, 77
Elastizitätsmodul 54, 55, 77, 81, 619, 621, 631, 640, 641, 642, 643, 664
elektrisch 24, 58, 77, 81, 88, 96, 105, 109, 146, 473, 703
elektrochemische Korrosion 780
elektrochemische Metallabscheidung 198
elektrochemisches Äquivalent 219, 417
elektrochemische Spannungsreihe 208, 782, 791
elektrochemisches Potential 446, 449
elektroforetische Kraft 125
Elektrokristallisation 281, 284, 290, 298, 610
Elektrolysedauer 415, 417, 419, 420
elektrolytische Doppelschicht 199, 201, 203, 229, 248, 265, 266, 271, 272, 273, 274, 275, 276, 277, 278, 279, 280, 281, 282, 283, 290, 291, 336, 386
Elektrolytüberwachung 166, 167
Elektrolytzusätze 137, 166, 359, 474
Elektromigration 291
Elektronegativität 603
Elektronenaustausch 154, 189, 327
Elektronengas 57, 58, 505, 507, 508, 509, 565
Elektronenstrahl 323, 379, 505, 508, 541
Elektronenvolt 38
elektrostatische Theorie 386
Elementarladung 38, 125, 326, 416, 424, 707
Elementarzelle 37, 292, 293, 564, 565, 566, 567, 568, 569, 570, 571, 572, 573, 574, 575, 576, 577, 578, 579, 580, 582, 585, 596, 598
Elementsverteilungsbild 538
ellipsoidförmige Keime 297
Elongation 760
Eloxalschichten 21
Eloxieren 17, 21
Emaillieren 3
Empfindlichkeit 75, 76, 332, 406, 457, 472, 477, 487, 492, 527, 629
Energieauflösung 521, 536
Energieverteilungskurve 511, 512, 514, 515
Enthalpie 295, 296
Epitaxie 292, 617, 731
Epitaxie-Effekte 617
Erichsen-Test 392
Erosion 2
ESS-Test 748
Expositionszeit 14, 143, 366, 415, 417, 620, 623
Ex-situ-Methoden 470

F

Faradaysche Konstante 201, 259, 338, 416
Faradayscher Strom 279, 336
Faradaysches Gesetz 219, 224, 445
Faserverbundwerkstoffe 111, 112
Feldemissions-Rasterelektronenmikroskop 379
feldorientierter Isolationstyp 300

feldorientierter Texturtyp 301
Fermi-Energie 99, 328, 333
Fermi-Fläche 99
Fermi-Grenze 99
Fernordnung 34, 48, 49, 89
Festkörperreibung 671, 673, 674, 678
Ficksche Diffusionsgesetze 375
FI-Typ 300
Flächenregel 791
Flammspritzen 4, 11
Fluoreszenzstrahlung 470
Flüssigkeitsreibung 671, 673
Formaldehyd 161, 176, 177, 178, 179, 180
Frank-Modell 303
Frankscher Wachstumsmechanismus 350
Frank-van-der-Merwe-Mechanismus 340, 341
Frank-van-der-Merwe-Wachstumsmodell 308
freies Cyanid 134, 213
Frenkel-Mechanismus 39
Frenkel-Paar 460
FT-Typ 301
Füllermethode 97, 98

G

galvanische Elemente 780
Galvanisieren 3, 4, 12, 16, 27
Galvanisierungsanlagen 13
Galvanisierungseinrichtungen 13
Galvanisierungsverfahren 12
Galvanoformung 17, 18, 19, 20, 22
gelbes Blutlaugensalz 128
Gestellgalvanisierung 12, 13, 14
Gitterbaufehler 37, 52, 53, 56, 60, 67, 87, 315, 381, 459, 610
Gitterkonstante 34, 35, 36, 292, 566, 617
Gitterlücken 604, 605
Gitterwinkel 37
Glanzbereich 139, 140
Glanzbildner 137, 138, 139, 140
Glanzeffekt 449
Glanzkoeffizienten 702
Glanzmessingelektrolyt 215
Glanzmittel 138, 139
Glanznickelschichten 143, 449, 450
Glanzträger 138
Glanzvermögen 146
Glanzzusätze 132, 135, 138, 139, 215, 408, 449
Gleichgewichtspotential 154, 199, 201, 206, 221, 338, 340, 342
Gleichmaßdehnung 647, 648
Gleichstromabscheidung 234, 235, 242
Gleichstrom-Elektrolyse 200, 206, 207, 209, 232, 234, 267, 270, 271, 273
Gleichstromverfahren 200, 223, 224, 225, 241, 243, 273, 310, 311, 474, 475
Gleitebenen 595, 596, 597, 599, 600, 601, 648, 650, 651
Gleitfähigkeit 24
Gleitlacke 4, 9
Gleitrichtungen 43, 595, 596, 597, 598, 599, 648, 650, 651
Gleitsysteme 595, 596, 597, 598, 599, 600, 601, 650
Gleitverhalten 192
Glockengalvanisierung 14
Gouy-Chapman-Modell 274, 275, 276
Gouy-Chapman-Schicht 276
Grenzfläche, kohärente 296
Grenzflächenarbeit 296
Grenzflächenenergie 285, 286, 295, 296, 297, 386, 716, 718, 719
Grenzflächenspannung 144, 718
Grenzreibung 671, 673, 674
Grenzstromdichte 208, 234
Großwinkelkorngrenzen 47, 49, 53
Grundstähle 71

H

Haftfestigkeit 8, 10, 11, 21, 37, 46, 361, 373, 374, 377, 381, 383, 386, 387, 388, 389, 390, 391, 392, 393, 394, 395, 397, 398, 399, 400, 401, 402, 403, 404, 405, 406, 465, 519, 639
Haftfestigkeitsprüfung 388, 389, 391, 395, 398, 399, 403, 405, 406, 407
Halbglanznickel 448, 449
Halbglanznickelüberzüge 449
Hall-Petch-Beziehung 651
Haring-Blum-Zelle 154, 155, 156
Härte 194, 195
Hartstoffe 193, 194, 195
Helmholtz-Ebene 278, 283
Helmholtz-Perrin-Modell 273, 274, 275
Helmholtz-Schicht 273, 276, 278, 281, 283, 290
Heyrovsky-Mechanismus 736, 737

hochlegierte Stähle 70, 71
Hochleistungskeramiken 119
Hookesches Gesetz 356, 618
Hull-Zelle 151, 152, 154
Hundeknochen-Effekt 227
Hydratationsverhalten 262, 265
hydraulischer Wölbungsversuch 756
hydrostatische Waage 696
Hystereseschleife 710, 711

I
Induktion 710
Informationstiefe 483, 487, 489, 490, 491, 505, 516, 520, 523, 526, 527, 556
inkohärente Zwillingsgrenze 50
In-situ-Verfahren 470
instabile Rissausbreitung 52
instrumentierte Eindringprüfung 658
Interconnect Stress Test 479
Ionenbeweglichkeit 126
Ionenleiter 58, 126, 272
Ionenleitung 202
IST 479

K
Kaltverformung 45, 53, 609
kathodische Stromausbeute 208, 419, 420
Kavitation 2
Keimbildung 42, 235, 243, 284, 285, 286, 287, 288, 289, 290, 292, 293, 294, 296, 300, 302, 303, 306, 308, 310, 323, 343, 350, 358, 359, 728
Keimbildungsarbeit 150, 286, 289, 292, 293, 294
Keimbildungsreaktion 163
Keimwachstum 297, 303
keramische Werkstoffe 114
Kesternich-Test 749, 750
Kippwinkel 534, 540, 632
Kirkendall-Effekt 381
Knoop-Eindringkörper 656, 659
Knoop-Verfahren 656, 657, 658, 661
Koerzitivfeldstärke 24, 711
kohärente Zwillingsgrenze 50
kohlenstofffaserverstärkter Kohlenstoff 241
Komplexbildner 130, 158, 162, 163, 170, 172, 175, 176, 177, 190, 208, 237
Komplexbildung 162, 212, 281
Komplexe 127, 128, 130, 132, 133, 159, 240, 257
Komplexsalz 159
Kompositwerkstoffe 110
Konstantan 87
Konstitutionsformel 129, 139
Kontaktwiderstand 373, 483, 704, 706
Kontaktwinkel 287, 717, 718
Konvektion 202, 220, 221, 246, 259, 260, 261, 265, 269, 280
Koordinationszahl 128, 566, 567, 568, 570, 571, 573, 574, 579, 581, 582
Kornflächenätzung 433
Korngrenzen 34, 46, 47, 49, 50, 51, 53, 67, 68, 73, 87, 302, 314, 315, 381, 433, 460, 563, 602, 610, 651, 739
Korngrenzenätzung 433
Korngrenzenspannung 49
Korngrenzenwinkel 49
Korrosion 777, 778
Korrosionsbeständigkeit 19, 20, 21, 23, 26, 53, 73, 74, 75, 76, 80, 89, 137, 157, 172, 196, 317, 365, 483, 693, 694
Korrosionselemente 786
Korrosionsgeschwindigkeit 784
Korrosionsmechanismen 778
Korrosionsprüfungen 793
Korrosionsschutz 787
Korrosionsschutzdauer 789
Korrosionsschutzschichten 788
Korrosionsverhalten 791
Kossel-Stranski-Modell 298
Kovar 466
Kraft-Weg-Diagramme 408
Kriechverhalten 53, 660, 661
Kristallisationsüberspannung 281, 283, 295, 302
Kristallkeime 140, 258, 284, 285, 286, 287, 289, 290, 291, 292, 293, 294, 298, 300, 301, 302, 303, 305
Kristallstruktur 194, 196, 306, 564, 580
Kristallwachstum 146, 284, 295, 298, 300, 304, 306, 308, 316, 339, 350
Kristallwasser 158
kugelförmige Keime 295
Kunststoffe 20, 33, 88, 89, 90, 92, 93, 94, 95, 96, 97, 109, 175, 188, 352
Kupfer-Gusslegierungen 85
Kupfer-Knetlegierungen 83
Kupferlegierungen 83

L

Lackieren 3, 4, 8, 9, 21
Lagermetall 86
Längen-Ausdehnungskoeffizient 403
laserinduzierte Metallabscheidung 244
Lastspielzahl 742, 743
Leadframe 726
Leerstellen 37, 38, 39, 53, 60, 87, 374, 381, 459, 460, 610
Leerstellenkonzentration 38, 39, 375
Legierungsabscheidung 210, 235
Legierungsschichten 7, 16, 17, 20, 136, 175, 190, 192, 205, 208, 209, 216, 222, 234, 235, 236, 237, 239, 241, 365, 436, 463, 464, 467, 468, 602, 609, 634, 635, 693
Leiterplatten 180
Leitfähigkeit 14, 24, 53, 58, 59, 60, 61, 64, 66, 77, 78, 81, 88, 96, 97, 98, 99, 100, 101, 103, 104, 105, 106, 107, 108, 109, 132, 133, 137, 146, 147, 148, 149, 150, 153, 154, 167, 168, 211, 251, 261, 306, 325, 328, 452, 454, 455, 456, 459, 460, 473, 563, 693, 703, 705, 706, 707, 721
Leitsalze 133, 137, 150, 262
Lennard-Jones-Potential 354, 356
Liganden 128, 129, 130, 362
linearer Ausdehnungskoeffizient 77, 81
Linienanalyse 520, 537
Literbelastung 166
Lokalelement 746
Lokalelementbildung 433, 449
Lorenz-Zahl 61
Loschmidtsche Zahl 415
Lötbarkeit 24, 137, 157, 317, 719, 720, 721, 722, 724
Lufteinblasung 141, 146, 147, 173, 218, 246, 475
Luggin-Kapillare 451

M

magnetisch 24, 709
Magnetisierung 710, 711, 712
Makro-Eigenspannungen 612, 618, 625
Makrohärte 652
Makro-Streufähigkeit 152, 155, 156, 157
Manganin 87
Martens-Härte 653, 658, 662, 663
Massengalvanisierung 13
Matthiessensche Regel 59
Mattnickel 448
mechanischer Wölbungsversuch 756
metallische Bindung 57, 58, 388
metallisches Glas 563
Metallsalze 127, 131, 158, 240, 257
Metallverteilung 137
Metal Matrix Composite 112
Metal Turn Over 173, 174
Meyer-Exponent 653
Migration 202, 259, 261, 262
Mikro-Eigenspannungen 612, 614, 615, 618
Mikrohärte 652, 653, 655, 657, 658, 661, 663
Mikrorissigkeit 614
Mikrorührung 246, 248
Mikro-Streufähigkeit 157
Miller-Bravais-Indizes 584, 591, 592, 593, 594, 595
Millersche Indizes 584, 585, 586, 588, 589, 590
Mischkristallbildung 64, 75, 602
Mischreibung 671, 673, 674, 678, 679, 689
Monelmetall 87
Monolage 221, 307, 308, 340, 341, 342, 502, 520, 524, 526, 527
Monozeit 307
MTO 173, 174
Multilayer 24, 108, 180, 236, 237, 238, 427, 436

N

Nachweisempfindlichkeit 502, 504, 505, 520, 524, 526
Nachweisgrenze 483, 487, 492, 505, 508, 520, 523, 527, 536, 549, 551, 556
Nahordnung 47, 48, 49, 89, 90, 124, 125
Natriumhypophosphit 161, 170, 171, 172, 173, 176, 190
NE-Metalle 33
Nernst-Gleichung 282, 785
Nernst-Planck-Gleichung 259
Nernstsche Diffusionsschicht 225, 246, 266, 267, 270, 271
Netzebene 37, 42, 43, 44, 303, 305, 544
Netzmittel 144, 145, 146, 158, 172
Neusilber 85
neutrale Elektrolyte 133
Nichtleiter 96, 164, 175
Nichtoxidkeramiken 117
nichtrostende Stähle 72

Nickelschichten 19, 21, 132, 310, 311, 446, 448, 449, 450
Niederdruck-Plasmaspritzen 4, 10
niedriglegierte Stähle 70
non contact mode 357
Normalpotenziale 782
Normalwasserstoffelektrode 347, 348, 745, 782
NSS-Test 748
nulldimensionale Defekte 37
nulldimensionale Keime 292

O

Oberflächenaktivierung 188, 362
Oberflächendiffusion 258, 280, 282, 284, 290, 298, 316
Oberflächenenergie 296, 386, 714, 717, 718
Oberflächenfehler 37, 52, 298
Oberflächenmorphologie 225, 250, 293, 306, 310, 348, 349, 364, 365, 366, 385, 540, 703
Oberflächenrauheit 227, 385, 446, 456, 555, 670
Oberflächenschutzmethoden 3
Oberflächenspannung 144, 714, 718
Oberflächentopographie 324, 331, 333, 335, 337, 346, 347, 352, 357
Oberflächenvorbehandlung 359
Oberflächenzerrüttung 678, 683, 684
Öffnungswinkel 353, 357, 383, 401, 423, 516, 653, 657
Ollard-Test 398, 399
OPD 338, 339, 341, 343, 345
Ordnungszahl 452, 462, 463, 492, 515, 528, 530, 541, 542
organische Lacke 4, 9
Over Potential Deposition 338
Oxidation 2, 11, 21, 99, 133, 171, 174, 188, 189, 418, 525
Oxidationsreaktion 787
Oxidkeramiken 116
Oxoniumionen 733

P

Passivierung 162, 167, 553
Patina 785
Pauli-Repulsion 354
Permeabilität 452, 454, 455
Permeabilitätszahl 455
Phosphatieren 17, 21
Photolyse 245
pH-Regulatoren 158, 164, 165, 171, 178
Physical Vapor Deposition (PVD) 4, 5
Plancksches Wirkungsquantum 326, 425, 532
Platinelektrode 733
Poissonsche Zahl 627, 631, 643, 644, 645, 665
Polarisation 154, 223, 710
Polyamid 109
Polycarbonat 109
Polyetherimid 109
Polyimid 109
Polymere 88, 89, 90, 92, 96, 97, 100, 101, 102, 105, 108
Polymer Matrix Composite 112
Polymer/Metall-Haftung 382, 386
Polyphenylenoxid 109
Polypropylen 109
Polysulfon 109
Polytetrafluorethylen 195, 217
Poren 21, 27, 52, 53, 87, 145, 241, 325, 350, 381, 383, 385, 450, 610, 613, 728, 739, 744, 745, 746, 747, 748, 749, 750, 751
Porigkeit 744, 746, 747, 750
Potentialbarriere 327, 328, 329, 330
Potentialdifferenz 154, 161, 199, 201, 259, 283, 449
primäre Glanzmittel 138
primäre Stromdichteverteilung 149, 153, 154
Prüflösungen 447
PTFE 195, 196, 217, 218, 687
Pufferlösungen 165
Pulsparameter 230, 235
Pulsstrom 200, 228, 229, 230, 231, 232, 233, 234, 235, 236, 237, 238, 242, 243, 253, 270, 271, 273, 279, 280, 310, 311, 475, 504
Pulsstromabscheidung 231, 232, 233, 234
Pulsstromdichte 230, 231, 233, 271, 311
Pulsstrom-Elektrolyse 236, 271
Pulsstromverfahren 200, 228, 241, 243, 310, 311, 347, 474, 475, 478, 479
Punktanalyse 537, 538, 540
PVD 3
Pyknometer 695, 696

Q

Quadrol® 130, 163, 176, 177
Qualitätsstähle 71, 72
Querkontraktionszahl 627, 644
Querschliffverfahren 427, 442

R

Randwinkel 296, 716, 717
Rasterelektronenmikroskop 34, 331, 334, 379, 423, 424, 426
Rasterkraftmikroskopie 323, 352, 357, 358, 359, 362, 365
Rastersondenmikroskopie 323, 324, 325
Rastertunnelmikroskopie 323, 326, 327, 331, 335, 336, 337, 343, 352
Raumerfüllung 567, 569, 573, 574, 577, 578, 580, 581, 582
Raumgitter 36, 58, 563, 564, 565, 566, 567, 573, 574, 576, 580, 596, 603, 604
Reaktionsordnung 127
Reaktionsüberspannung 281
Realkristall 38, 40, 41, 43, 45
Redox-Potential 161, 165, 190, 785
Redox-Reaktion 179, 189
Reduktion 99, 162, 179, 188, 189, 191, 221, 233, 419, 736, 737
Reduktionsmittel 131, 157, 160, 161, 165, 170, 176, 177, 179, 188, 189, 190, 200, 257, 362
Reduktionsreaktion 780, 787
Reduktionsverfahren 188, 192, 197
Reflexionsgesetz 543, 544, 700
Reflexionsvermögen 19, 24, 57, 88, 137, 138, 365, 545, 698, 700, 701
Reibung 126, 262, 583, 667, 668, 669, 670, 671, 672, 674, 675, 678, 682
Reibungskoeffizient 23, 669
Reibungszahl 18, 26, 195, 196, 669, 670, 672, 673, 674
Reinigung 4, 12, 26, 29, 33, 373, 374, 381, 524, 626
Rekombination 373, 460, 733, 734, 736, 737
Rekristallisationstemperatur 45
REM 34, 196, 239, 249, 318, 323, 331, 353, 379, 383, 423, 426, 530, 613, 614, 678, 680, 682, 683, 686, 687, 727, 728
Remanenz 711
RKM 352
Röntgenanalyse 490, 491, 527, 532, 533, 535, 536, 540, 543, 544, 545, 546, 547, 548, 549
Röntgenfluoreszenz-Verfahren 460, 461, 464, 466, 467, 469
Röntgenstrahlen 460, 463, 490, 521, 522, 523, 531, 534, 535, 540, 543, 547, 630, 631
Rotguss 86
Rotrost 792
Rowland-Kreis 547, 551

S

Salzsprühtest 747, 748, 750
Sandwich-Schichten 221, 222
Sättigungsmagnetisierung 711, 712
Sauerstoffkorrosion 433
saure Elektrolyte 131
SBT 237
Schallemission 407, 408
Schallemissionsanalyse 407
scheibenförmige Keime 296
Schichtdickenmessung 243, 420, 421, 427, 437, 441, 443, 444, 446, 447, 448, 452, 453, 454, 456, 457, 461, 462, 463, 464, 465, 466, 467, 468, 469, 470, 474, 519
Schichtdickenverteilung 28, 137, 149, 152, 156, 196, 197, 223, 224, 225, 226, 227, 228, 241, 242, 421, 457, 470, 473, 475
Schichtverbundwerkstoffe 113
Schmelztauchen 3, 4, 7
Schnellarbeitsstähle 74
Schrägschliffverfahren 436, 439, 442
Schraubenversetzung 40, 41, 42, 44, 304, 305, 316, 350, 351, 610, 612
Schubspannung 53, 54, 642, 643, 645, 646, 650
Schweißbarkeit 23, 80, 483, 724, 725, 726
sekundäre Glanzmittel 138
sekundäre Stromdichteverteilung 154
selektive Beschichtung 251
SEM 325, 334
Shielding 20
Sievertsches Druckgesetz 734
Single Bath Technique 237
Single Plating Process 237
Skin-Effekt 454, 705
soft contact mode 357
Sol-Gel-Verfahren 3
Spannungs-Dehnungs-Diagramm 641, 647, 753
Spannungsrelaxationsprozesse 407
Spannungszustand 55, 620, 641, 738
spezifischer elektrischer Widerstand 703, 704
Spiralbiegeversuch 756
Spiralkontraktometer 621, 622, 623, 625
SPM 323, 325, 334
SPP 237
Sprödbruch 52, 738

Sputtern (Aufstäuben) 4, 5, 6
Stabilisatoren 158, 163, 164, 166, 171, 172, 176, 177, 178
Stabilität 62, 73, 105, 106, 108, 136, 137, 157, 163, 167, 171, 172, 192, 221, 240, 241, 298, 723
Standardabweichung 243, 620, 623, 625, 774
Standardelektrodenpotentiale 782
Standardpotential 61, 221, 338, 745
Standzeit 172, 173, 692
starke und schwache Elektrolyte 123
STEP-Test 448, 451, 452
Stern-Graham-Modell 273, 276, 277, 278
STM 323, 324, 325, 326, 331, 333, 334, 335, 336, 337, 338, 339, 340, 341, 342, 343, 344, 346, 347, 348, 350, 351, 357
Stokessches Gesetz 125
Stranski-Krastanov-Mechanismus 341, 342
Stranski-Krastanov-Wachstumsmodell 308
Streckgrenze 71, 73, 78, 614, 641, 642, 647, 738, 740
Streufähigkeit 136, 152, 153, 154, 155, 156, 157, 196, 474, 475, 477
Stribeck-Kurve 672
Stromausbeute 179, 208, 215, 224, 234, 268, 418, 445, 481
Stromdichte-Potential-Kurven 202, 203, 204, 205, 206, 208, 211, 212, 431, 432
Strom-Zeit-Diagramme 476, 477
Strom-Zeit-Funktionen 228, 229
Stückgalvanisierung 12
Stufenversetzung 42, 43, 44, 45, 46, 612, 649
Sulfamate 131

T

Taber-Abraser 23, 685, 686, 688, 690
Taber-Index 687
Tafel-Gerade 203
Tafel-Reaktion 736
Target 6, 517
Teilchenverbundwerkstoffe 112
Tenside 144, 145
Tensiometer 718
Textur 563
theoretische Zugfestigkeit 53, 55, 57
thermisch 24, 60, 88, 105, 109, 634, 706, 707
thermische Ausdehnungskoeffizienten 319, 388, 403, 404, 708
thermisches Spritzen 3, 4, 9
Thermocycle-Test 479, 480
Tiefenauflösung 509, 510, 526, 555, 556
Tiefenprofilanalyse 510, 520, 527, 552, 556
Tiefenstreuung 14, 150
Tiefungsversuch 756
Tribometer 685, 688, 690
Tribooxidation 678, 682, 684
Trockenschmierstoffe 193, 195
Trommelgalvanisierung 14
Tunnelprozess 327
Tunnelspannung 329, 330, 335
Tunnelstrecke 329, 332, 335
Turnbulls-Blau 747

U

Übergangswiderstand 5, 373, 703, 706
Überspannung 154, 201, 250, 283, 301, 550, 732
UD-Typ 302
Ultraschall 218, 405, 406, 409
Ultraschallmikroskopie 409, 410
Umkehrpulsstrom 228
Umwandlungsschichten 17, 18, 21
Under Potential Deposition 222, 340
universelle Gaskonstante 261
unlegierte Stähle 69
unorientierter Dispersionstyp 302
UPD 222, 340, 341, 342, 343, 345
UV-Licht 360, 486, 521

V

Valenzelektronen 57, 328, 603
van-der-Waals-Kräfte 354, 374
van-der-Waals-Radius 734
Varianz 623, 625
Verbundwerkstoffe 110
Verformungsarbeit 653, 661, 665, 666
Verschleißbeständigkeit 365, 675
Verschleißbetrag 668, 676, 681, 690
Verschleißfestigkeit 18, 19, 21, 23, 24, 74, 75, 109, 196, 675, 685, 727
Verschleißintensität 686
Verschleißmechanismen 668, 677, 678, 685, 690
Verschleiß-Messgrößen 676
Verschleißprüfung 684, 688
Verschleißwiderstand 20, 23, 26, 88, 137, 157, 365, 676, 681

Versetzungsdichte 44, 57, 430, 460
Versetzungslinie 40, 42, 43, 44, 45, 298, 350, 649
Versiegelung 19
Verzerrungsenergie 42, 297, 642
Verzunderung 2
Vicat-Zahl 109
Vickers-Eindringkörper 656, 662, 663, 664
Vickershärte 109, 196
Vickers-Mikrohärte 17, 18, 23
Vickers-Verfahren 652, 653, 657
Voigtsche Elastizitätskonstanten 632
Volmer-Reaktion 735
Volmer-Tafel-Mechanismus 736
Volmer-Weber-Mechanismus 338, 339
Volmer-Weber-Wachstumsmodell 307
Volumen-Ausdehnungskoeffizient 403
Vorbehandlung 4, 12, 16, 21, 26, 33, 188, 373, 374, 382, 393, 399, 557, 735, 752

W

Wachstumsgeschwindigkeit 309, 314, 351
Walzplattieren 4, 8
Wanderungsenergie 39
Wanderungsgeschwindigkeit 126, 146, 147, 148
Warenbewegung 141, 146, 147, 166, 192, 475
Wärmebehandlung 8, 23, 69, 70, 71, 72, 79, 378, 457, 458, 459, 460, 496, 612, 651, 652, 725, 739
Wärmeleitfähigkeit 60, 61, 77, 81, 88, 89, 251, 707, 723, 725
Wärmeleitzahl 60, 61, 195, 707
Wasserstoffaufnahme 734
Wasserstoffentwicklung 165, 191, 732
Wasserstoffüberspannung 732
Wasserstoffversprödung 731, 732, 734, 735, 737, 738, 739
Weichlöten 720
Weißrost 792
Weisssche Bezirke 710
Whisker 55, 311, 313, 314, 315, 316, 317, 318, 319, 350
Whiskerbildung 313, 314, 317, 318, 319
Whiskerwachstum 314, 315
Widerstandsüberspannung 283
Wiedemann-Franzsches Gesetz 61
Wilhelmy-Plattenmethode 718
Wirbelstromverfahren 453, 454, 455, 457, 458, 459, 460
Wirkungsgrad 16, 136, 208, 213, 418, 445
Wirkungsquerschnitt 517, 523
Wöhler-Kurve 742, 743
Wölbungsversuch
- hydraulischer 756
- mechanischer 756

Y

Youngsche Gleichung 715, 716

Z

ZAF-Korrekturprogramme 542
Zentralion 124, 125, 128, 129, 130
Zinklegierungen 24, 602
Zinkphosphatierung 21
Zinkschichten 19, 136, 233, 694
Zink-Whisker 316
Zinnpest 583
Zinnschrei 407, 583
Zinn-Whisker 317
Zisman-Diagramm 718
Z-Typ 302
Zugfestigkeit 89, 109
Zugversuch 753
Zusätze 13, 14, 78, 137, 144, 146, 157, 227, 250, 346, 448, 725
Zusatzstoffe 131, 449
zweidimensionale Defekte 46
zweidimensionale Keime 292
Zwilligsübergangstyp 299, 302
Zwillingsgrenzen 47, 50, 51, 53, 302, 610
Zwillingslamelle 50, 51
Zwischengitteratome 39, 40, 53, 460, 610
Zwischenschicht 465